Springer-Lehrbuch

Dr.-Ing. Anton Vlcek
Professor, Technische Hochschule Darmstadt

Dr. Eng. Hans Ludwig Hartnagel
Professor, Technische Hochschule Darmstadt

Die ersten drei Auflagen erschienen (als Monographien) unter dem Titel „Zinke/Brunswig: Lehrbuch der Hochfrequenztechnik".

ISBN 3-540-55084-4 4. Aufl. Springer-Verlag Berlin Heidelberg NewYork
ISBN 3-540-17042-1 3. Aufl. Springer-Verlag Berlin Heidelberg NewYork

Die Deutsche Bibliothek - CIP-Einheitsaufnahme
Hochfrequenztechnik / Zinke ; Brunswig. -
Berlin ; Heidelberg ; New York ; London ; Paris ; Tokyo ;
Hong Kong ; Barcelona ; Budapest : Springer.
(Springer-Lehrbuch)
Früher u. d. T.: Lehrbuch der Hochfrequenztechnik
NE: Zinke, Otto [Hrsg.]
2. Elektronik und Signalverarbeitung. - 4., neubearb. Aufl./
hrsg. von Anton Vlcek und Hans Ludwig Hartnagel. - 1993
ISBN 3-540-55084-4
NE: Vlcek, Anton [Hrsg.]

Satz: Macmillan India Ltd, Bangalore, Indien
Offsetduck: Mercedes-Druck, Berlin; Bindearbeiten: Lüderitz & Bauer, Berlin
60/3020 - 5 4 3 2 1 0 - Gedruckt auf säurefreiem Papier

Zinke/Brunswig

Hochfrequenztechnik 2

Elektronik und Signalverarbeitung

4., neubearbeitete Auflage

Herausgegeben von Anton Vlcek und Hans Ludwig Hartnagel

Mit 592 Abbildungen

Springer-Verlag
Berlin Heidelberg NewYork
London Paris Tokyo
Hong Kong Barcelona Budapest

Vorwort zur vierten Auflage

Der nunmehr in der 4. Auflage vorliegende Band 2 des Lehrbuches der Hochfrequenztechnik von Zinke und Brunswig wurde erstmals nicht mehr von Herrn Professor Dr.-Ing. Dr.-Ing.E.h. Otto Zinke bearbeitet. Vielmehr hat er die beiden Unterzeichner gebeten, sein Werk für die weiteren Auflagen fortzuführen, wobei Herr Professor Dr.-Ing. Anton Vlcek bei diesem Band die Federführung übernommen hat.

Wie bereits bei den früheren Auflagen wurden Inhalt und Darstellungsweise den sich wandelnden Erfordernissen angepaßt. Erweiterungen wurden in den Kapiteln über Halbleiter-Elektrotechnik vorgenommen, während Kürzungen an anderer Stelle, z.B. bei der Vakuumelektronik und im Kapitel über Rauschen dafür sorgten, daß der Gesamtumfang des Bandes zugunsten eines moderaten Ladenpreises nicht gewachsen ist. Der Band erscheint erstmals innerhalb der Reihe „Springer-Lehrbuch“ in dem für diese Reihe charakteristischen Einband und mit dem prägnanteren Haupttitel „Hochfrequenztechnik“.

In der letzten Auflage gefundene Fehler wurden korrigiert, und die Herausgeber danken an dieser Stelle allen denen, die Hinweise gegeben haben. Sie danken auch dem Verlag, der für einen kompletten Neusatz gesorgt hat.

Unser besonderer Dank gilt den Autoren für ihre Mühe und die gute Zusammenarbeit.

Schließlich sei noch angemerkt, daß Zuschriften – besonders solche mit konstruktiv kritischem Inhalt – dankbar entgegengenommen werden.

Darmstadt, im Januar 1993

Anton Vlcek
Hans Ludwig Hartnagel

Inhaltsverzeichnis

Inhalt des ersten Bandes
Hochfrequenzfilter, Leitungen, Antennen

7. Halbleiter, Halbleiterbauelemente und Elektronenröhren

Halbleiter als Gleichrichter sind seit 1874 bekannt, den ersten Halbleiterverstärker schufen Bardeen, Brattain und Shockley erst 1948 mit dem bipolaren Spitzentransistor. Seitdem entwickelten sich Halbleiterdioden und Transistoren so lebhaft, daß bei Ausgangsleistungen sogar über 30 W und Frequenzen weit über 800 MHz in den 50er Jahren beginnend Röhrenverstärker in Rundfunkgeräten und Rechnern durch Transistorverstärker verdrängt wurden. Röhren benötigen Heizleistung für die Glühkathode, viel höhere Betriebsspannungen als Transistoren und entwickeln höhere Verlustwärme. Ferner sind Transistoren kleiner und leichter als Elektronenröhren und gestatten Miniaturisierung und Integration.

Abbildung 7/1 zeigt, wie von Frequenzen $f = 200$ MHz ab zu den höheren Frequenzen des Mikrowellenbereichs die maximal erreichbaren Ausgangsleistungen P der Leistungstransistoren (Sendertransistoren) von etwa 100 W auf 1 W proportional etwa $1/f^2$ abfallen. Der linke Teil des schraffierten Bandes gehört zu bipolaren Silizium-Transistoren (Abschn. 7.3), der rechte Teil zu Galliumarsenid-Feldeffekttransistoren (Abschn. 7.4).

Die Großsender der Hörrundfunktechnik sind bei Frequenzen von etwa 30 MHz (Obergrenze des Kurzwellenbereichs) mit Sendetetroden bestückt, die Ausgangsleistungen von 500 bis 800 kW liefern können und mit Verdampfungs- oder Siedekondensationskühlung ausgerüstet sind.

Die maximal erreichbaren und üblichen Ausgangsleistungen gehen bei Sendetetroden von UKW-Sendern oberhalb 100 MHz auf etwa 120 kW zurück, wobei Wasserkühlung oder Verdampfungskühlung notwendig ist.

Sender für die Fernsehbänder IV und V (470 bis 790 MHz) haben in der Endstufe Sendetetroden mit etwa 20 kW Ausgangsleistung, die entweder mit forcierter Luftkühlung oder mit Siedekondensationskühlung betrieben werden. Ihre Abmessungen sind mit ca. 150 mm Länge und 160 mm Durchmesser sowie einem Gewicht von 5 bis 7 kg relativ klein im Verhältnis zu Maßen und Gewichten der obengenannten Hochleistungstetroden. Benötigt man bei Frequenzen über 200 MHz größere Leistungen, so hat man als Verstärkerröhren Klystrons (Abschn. 9.2.5) oder Wanderfeldröhren (TWT = Traveling Wave Tubes) und als Generatorröhren Magnetrons und Gyrotrons (Abschn. 10.3) mit Dauerleistungen zwischen 100 W und 1 MW zur Verfügung.

Nicht immer sind so hohe Leistungen erforderlich: Leistungen zwischen 10 und 100 W können von Wanderfeldröhren mit Luftkühlung bei Frequenzen oberhalb 30 GHz ($\lambda < 1$ cm) verarbeitet werden. Vielschlitz-Klystrons (EIO = Extended Interaction Oscillators) geben Leistungen ab zwischen 1 und 10 W bei Frequenzen zwischen 50 und 200 GHz (s. Abb. 7/1).

Bei allen diesen Verstärker- bzw. Generatorröhren fällt die Ausgangsleistung bzw. die Verstärkung mit wachsender Frequenz ähnlich wie bei Leistungstransistoren, nur sind bei gleicher Frequenz die erreichbaren Röhrenleistungen um den Faktor 10^3 bis 10^4 höher [64, 65] bzw. bei gleicher Leistung sind die Betriebsfrequenzen der Röhren noch zehnfach höher als die der Transistoren (s. Abb. 7/1 unten).

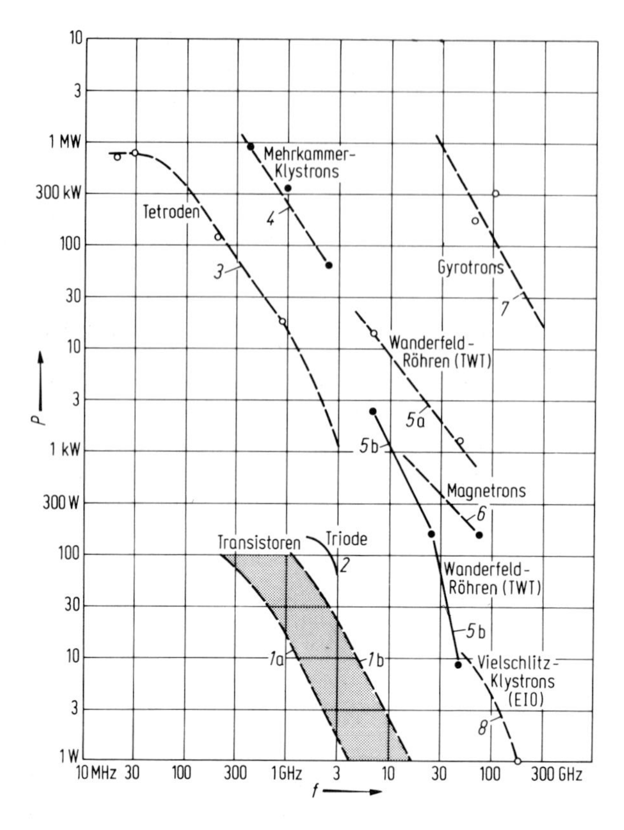

Abb. 7/1. Maximale Dauerleistung, abhängig von der Frequenz, für im Handel erhältliche Transistoren und Elektronenröhren. *1a* npn-Silizium-Transistoren mit Gewinn ≈ 10 dB, *1b* Galliumarsenid-MES-Feldeffekttransistoren, Impatt-Dioden, *2* koaxiale Metall-Keramik-Triode, z. B. YD 1381 (Luftkühlung), *3* Metall-Keramik-Sende-Tetroden (Siede- oder Verdampfungskühlung), *4* Mehrkammer-Klystrons (Wasserkühlung), *5a* Wanderfeld-Röhren (TWT) (Wasserkühlung), für Bodenstationen, *5b* Wanderfeld-Röhren (TWT) (Luftkühlung), auch für Satellitenstationen, *6* Magnetrons (Luft- und Wasserkühlung), *7* Gyrotrons (Wasserkühlung), *8* Vielschlitz-Klystrons (Extended Interaction Oscillators)

7.1 Physikalische Eigenschaften von Halbleitern

Besonders wichtige Halbleiter für elektrische Schaltungen sind die Elemente Silizium und Germanium in Spalte IVb des periodischen Systems und stöchiometrische Verbindungen von Elementen der Nachbarspalten IIIb und Vb wie Galliumarsenid oder Indiumphosphid. Halbleiter wirken als elektrische Isolatoren in der Nähe des absoluten Nullpunktes der Temperatur, sofern sie als reine, homogene Einkristalle vorliegen. Sie zeigen elektrische Leitfähigkeit bei gesteigerter Temperatur und unter der Wirkung von Licht oder Korpuskularstrahlung (Energiezufuhr). Bei Störung der Homogenität oder der Reinheit wächst die Leitfähigkeit der Halbleiter im Gegensatz zum Verhalten der Metalle.

Halbleiter weisen gegenüber Metallen nicht nur um viele Zehnerpotenzen kleinere Leitfähigkeit auf, sondern zeigen auch eine Reihe von Besonderheiten[1]:

1. Halbleiter können als Gleichrichter wirken. Spitzengleichrichter sind seit 1874 durch Ferdinand Braun als Kristalldetektoren bekannt geworden. Als Kristalle

[1] Die Göttinger Physiker R.W. Pohl und R. Hilsch gaben wesentliche Beiträge zur Festkörperphysik und zeigten vor 1938 an Halbleiter-Dioden u. -Trioden aus durchsichtigen Alkali-Halogenid-Kristallen (KJ, KBr, KCl, NaCl mit heteropolarer Bindung und Ionenleitung) die Wanderung von Ladungsträgern und ihre Steuerungsmöglichkeit [54]. Nachteile der Stoffwanderung sind Alterung und langsame Bewegung der Ladungsträger, so daß Kristalle mit Ionenleitung technisch als Gleichrichter- und Verstärkerelemente nicht verwendbar sind.

dienten z. B. Bleiglanz, Pyrit, Karborund. 1915 entdeckte Benedicks die Gleichrichterwirkung von Germanium. Größere Bedeutung erhielten für Meßzwecke Kupferoxydul (Cu_2O) (L.O. Grondahl 1920) und Selen (Se) als Starkstromgleichrichter (E. Presser 1925). Seit etwa 1940 kamen wegen ihrer besseren Reproduzierbarkeit und höheren Strombelastung Germanium (Ge) und Silizium (Si) in den Vordergrund, besonders als pn-Flächengleichrichter.

2. Halbleiter zeigen bei Belichtung Änderung ihres Widerstandes und das Entstehen eines Photoelements (bereits 1873 von May bzw. C.F. Fritts an Selen entdeckt). Batterien aus Silizium-Einkristallphotoelementen spielen heute bei der Umwandlung der Sonnenstrahlung in elektrische Energie mit Wirkungsgraden über 10% eine Rolle (Stromversorgung von Satelliten). Photowiderstände werden aus Selen, Bleisulfid, Cadmium-Chalkogenid (CdS, CdSe und CdTe) hergestellt.
3. Halbleiter haben im Gegensatz zu den Metallen einen negativen Temperaturkoeffizienten des spezifischen Widerstandes, leiten also bei höherer Temperatur besser und werden daher auch als *Heißleiter* verwendet.
4. Die Phosphoreszenz und Lumineszenz der Halbleiter wird in Leuchtstofflampen und Fernsehbildschirmen verwendet. Leuchtdioden und Laser werden in der optischen Nachrichtentechnik verwendet.
5. Ihre besondere Bedeutung gewannen die Halbleiter, als es 1948 I. Bardeen, W.H. Brattain und W. Shockley gelang, in dem bipolaren Spitzen-Transistor ein neues Verstärkerelement mit reiner Elektronenleitung zu schaffen. Den drei Wissenschaftlern wurde 1956 der Nobelpreis für Physik verliehen.

7.1.1 Leitfähigkeit von Halbleitern [25]

Betrachtet man den elektrischen Strom als Strömung von Ladungsträgern, die sich mit der mittleren Geschwindigkeit v bewegen, so gilt sowohl in Metallen wie in Halbleitern, Elektrolyten, Elektronenröhren und gasgefüllten Röhren das Grundgesetz für die Stromdichte J:

$$J = env\,. \tag{7.1/1}$$

Dabei bedeutet $e = 1{,}6 \cdot 10^{-19}$ As die Elementarladung und n die Zahl der Ladungsträger pro Volumeneinheit. Das Produkt en kann man also auch als Raumladungsdichte bezeichnen. Sie ist in Metallen außerordentlich hoch, da die Konzentration n der den Ladungstransport übernehmenden Elektronen die gleiche Größenordnung hat wie die Anzahl der Atome (Kupfer z. B. hat $8{,}5 \cdot 10^{22}$ Atome je cm^3).

Da in Metallen, Halbleitern und Flüssigkeiten Stromdichte J und treibende Feldstärke E über die Leitfähigkeit κ nach

$$J = \kappa E \tag{7.1/2}$$

verknüpft sind, folgt für diese Stoffe aus Gl. (7.1/1) und (7.1/2), daß Leitfähigkeit κ und Konzentration n der Ladungsträger einander proportional sind:

$$\kappa = en\frac{v}{E} = enb\,. \tag{7.1/3}$$

Der Quotient v/E heißt *Beweglichkeit* b. Er hat für Kupfer den Wert

$$b \approx 0{,}4\frac{\text{m/sec}}{\text{V/cm}} = 40\frac{\text{cm}^2}{\text{Vs}}\,.$$

Die Beweglichkeit in Halbleitern ist größer: Bei Silizium beträgt die Beweglichkeit der Elektronen etwa 1000 bis 2000 cm^2/Vs und bei Germanium etwa 4000 cm^2/Vs, bei Galliumarsenid (GaAs) mehr als 8000 cm^2/Vs, erreicht also hier den hundertfachen

Wert gegenüber Kupfer. Trotzdem ist die Leitfähigkeit der Halbleiter um viele Zehnerpotenzen geringer als die der Metalle, weil die Zahl n der Ladungsträger in Halbleitern viel kleiner ist.

7.1.2 Eigenleitung von Halbleitern (Ge, Si, GaAs)

Einkristalle aus halbleitendem Material (Ge oder Si oder GaAs), die ein ganz gleichmäßiges Gitter ohne Fehlstellen wie in Abb. 7.1/1 besitzen, haben in der Nähe des absoluten Temperaturnullpunkts keine Elektronen für den Ladungstransport zur Verfügung, weil alle 4 Elektronen der äußersten Schale für die Bindungen an die Nachbaratome gebraucht werden. Für Verbindungshalbleiter gilt dies entsprechend, da auch hier im Mittel vier äußere Elektronen pro Atom zur Verfügung stehen. Da z. B. Ga drei äußere Elektronen hat und As fünf, verhält sich GaAs ähnlich wie Si. Diese Einkristalle kristallisieren im Diamantgitter des Kohlenstoffs (s. Tab. 7.1/1). Bei tiefen Temperaturen sind also reine Halbleitereinkristalle ausgezeichnete Isolatoren. Bei höheren Temperaturen reicht die thermische Energie aus, einzelne Gitterbindungen aufzubrechen, so daß Elektronen, z. B. von einem äußeren Feld bewegt, im Kristall wandern können. Die zum Aufbrechen nötige Energie ΔW beträgt je Bindung für Ge etwa 0,7 eV und 1,1 eV für Si, für GaAs 1,42 eV. Nach kurzer Zeit wird das Elektron dann in eine andere aufgebrochene Bindung eintreten. Zwischen dieser Rekombination und der Trägerneubildung gibt es bei jeder Temperatur einen Gleichgewichtszustand mit einer bestimmten Zahl von Ladungsträgern, welche die Eigenleitung des reinen Kristalls bestimmt. Bei Zimmertemperatur ist die Zahl der Ladungsträger im

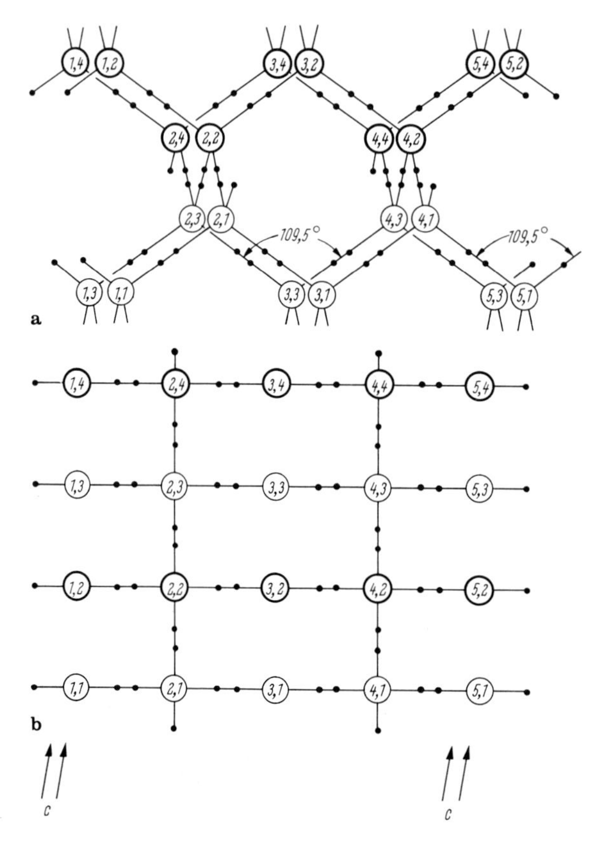

Abb. 7.1/1a u. b. Gitter von Germanium und Silizium (Diamantgitter): **a** ist die Ansicht von **b** in Richtung *c*

Tabelle 7.1/1. Für Halbleiter wichtiger Ausschnitt aus dem periodischen System

Schale \ Spalte	II	III	IV	V	VI
2p		B	(C)	(N)	(O)
3p		Al	Si	P	S
4p	Zn	Ga	Ge	As	Se
5d	Cd	In	(Sn)	Sb	Te

In der letzten Zeile ist Zinn (Sn) eingeklammert, da es nur in der unterhalb 17 °C beständigen, grauen Modifikation die Struktur des Diamantgitters und Halbleitercharakter besitzt.

Germanium etwa $2{,}5 \cdot 10^{13}\ \mathrm{cm}^{-3}$ und bei Silizium etwa $3{,}7 \cdot 10^{9}\ \mathrm{cm}^{-3}$ (also um den Faktor 10^9 bzw. 10^{13} kleiner als bei Kupfer), bei GaAs etwa $1{,}8 \cdot 10^{6}\ \mathrm{cm}^{-3}$.

Bemerkenswert ist, daß die elektrische Leitfähigkeit durch eine zweite Art des Ladungstransports erhöht wird. Dort, wo beim Aufbrechen der Bindungen Elektronen fehlen, rücken unter der Wirkung des angelegten elektrischen Feldes Elektronen von den Nachbaratomen nach. Dieser Platzwechsel wiederholt sich, bis an dem Ende mit tieferem Potential Elektronen fehlen. Man kann dann anstelle des fortlaufenden Platzwechsels der Elektronen entgegen der Feldrichtung auch von der Wanderung der positiven „Defektelektronen" oder „Löcher" *in Feldrichtung* sprechen. Diese Vorstellung ist in der Halbleitertechnik üblich geworden. Die Löcherleitung wird auch als *p-Leitung* (positive Ladungsträger), die Elektronenleitung als *n-Leitung* (negative Ladungsträger) bezeichnet. Da die Beweglichkeit b_p der Löcher sich von der

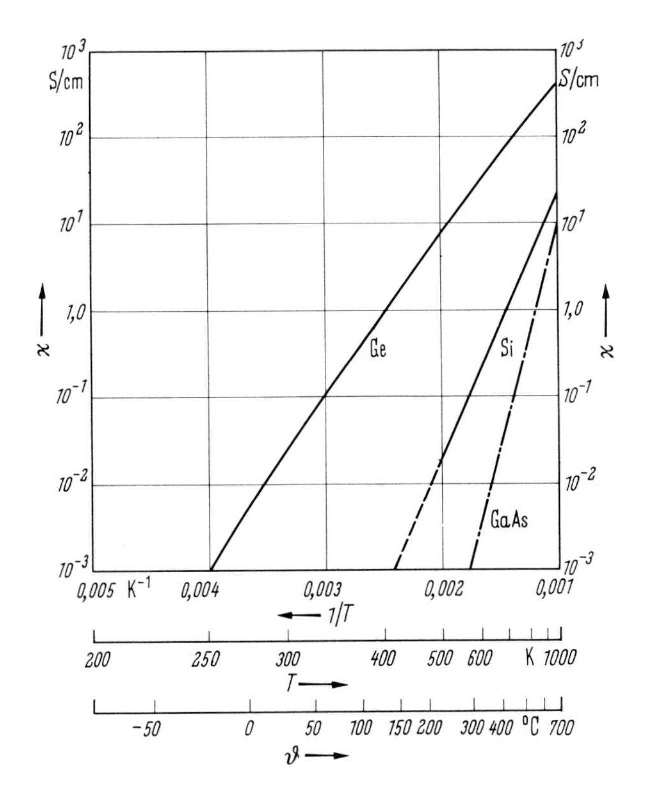

Abb. 7.1/2. Eigenleitfähigkeit von Germanium (Ge) und Silizium (Si), abhängig von der Temperatur, für Galliumarsenid (GaAs) nach [67]

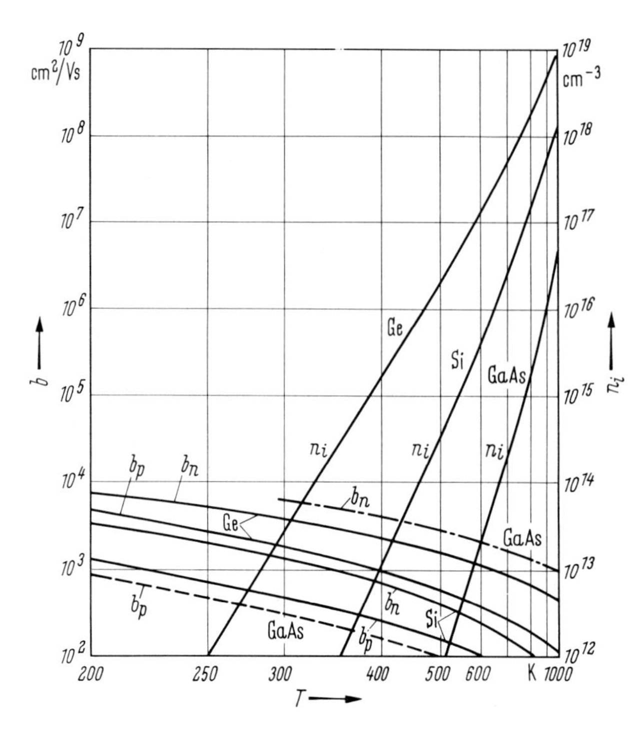

Abb. 7.1/3. Trägerkonzentration n_i bei Eigenleitung und Beweglichkeit b in Abhängigkeit von der Temperatur bei Germanium und Silizium sowie Galliumarsenid nach [67]

Beweglichkeit b_n der Elektronen unterscheidet, kann man die Konzentration der Elektronen n und die der Löcher p nicht einfach addieren, um die Leitfähigkeit zu erhalten. Vielmehr gilt in Erweiterung von (7.1/3) bei Halbleitern für die Leitfähigkeit

$$\kappa = e(nb_n + pb_p). \quad (7.1/4)$$

Bei Eigenleitung ist $n = p = n_i$[1], weil beim Aufbrechen jeder Bindung immer ein Elektron und ein Loch zugleich entstehen und bei der Rekombination zugleich verschwinden. Abb. 7.1/2 zeigt den Verlauf der Leitfähigkeit in Abhängigkeit von der Temperatur. Man erkennt aus Abb. 7.1/3 deutlich, daß die Beweglichkeit b mit steigender Temperatur abnimmt. Die Konzentration n_i der Ladungsträger nimmt aber viel stärker zu, so daß auch die Leitfähigkeit wegen der überwiegenden, mit der Temperatur wachsenden Trägerzahl bei erhöhter Temperatur T stark anwächst. Es ist n_i proportional $T^{3/2} \exp(-\Delta W/2kT)$.

Die genannten niedrigen Werte der Eigenleitfähigkeit werden nur an extrem reinen Kristallen ohne Störstellen gemessen, wobei weniger als 1 Fremdatom auf etwa 10^8 Kristallatome entfällt. Da im cm^3 Germanium $4{,}5 \cdot 10^{22}$ Atome vorhanden sind, bedeutet dies die Anwesenheit von weniger als $5 \cdot 10^{14}$ Fremdatomen im cm^3.

7.1.3 Störstellenleitung (Dotierung)

Die Leitfähigkeit der Grundsubstanz, die wegen deren großen Reinheit sehr klein ist, wird bei der Herstellung von Halbleiter-Bauelementen durch definierte Beimengung (Dotieren) von Elementen der Spalte V oder III des Periodischen Systems (Tab. 7.1/1) zu Halbleitern der Spalte IV um mehrere Zehnerpotenzen erhöht. Phosphor, Arsen und Antimon sind fünfwertig, passen also nur mit 4 Elektronen ihrer äußersten Schale in das Gitter von Germanium oder Silizium hinein. Das fünfte Elektron kann schon

---

[1] Der Index i weist auf die Bezeichnung intrinsic conduction hin.

mit einer Energie von nur 0,1 eV abgetrennt werden und steht dann als Leitungselektron zur Verfügung. Die genannten fünfwertigen Elemente sind daher Elektronenspender und werden „Donatoren" genannt. Durch die Zugabe eines Donators erhält man also *n*-leitendes Germanium bzw. Silizium.

Umgekehrt werden Fremdatome der Gruppe III mit nur 3 Elektronen in der Außenschale, wie Indium, Gallium, Aluminium und Bor, nach ihrem Einbau Elektronen aus den Nachbarbindungen der vierwertigen Grundsubstanz aufnehmen, damit als „Akzeptoren" wirken und p-Leitung ergeben. Durch Röntgenuntersuchung des Gitters sowie mit radioaktivem Sb wurde bewiesen, daß die Fremdatome wirklich in das Gitter eingebaut werden und nicht etwa in Zwischengitterplätze gedrängt werden.

Bemerkenswert ist, daß man aus den Elementen der Spalten III und V Verbindungen aufgebaut hat, die im stöchiometrischen Gleichgewicht (Mischung genau im Verhältnis der Atomgewichte) eigenleitend sind, dagegen bei Abweichungen davon ebenfalls Störstellenleitung zeigen. Diese zuerst von Welker systematisch untersuchten Verbindungen, die zunächst in Hallsonden und Hallgeneratoren verwendet wurden, heißen III-V-Verbindungen. Beispiele sind Galliumarsenid (GaAs), Galliumphosphid (GaP) und Indiumantimonid (InSb). Auch hier kann durch Dotieren mit Elementen geeigneter Nachbarspalten *n*- oder *p*-Leitung erreicht werden. GaAs ist von großer Bedeutung für Höchstfrequenztransistoren und andere Bauelemente sowie weitere Verbindungen wie GaAlAs für Bauelemente der optischen Nachrichtentechnik.

Bei der Dotierung mit Fremdatomen kommt eine erhebliche Zahl von Ladungsträgern („Majoritätsträger") zu den Eigenleitungsträgern hinzu. Die entgegengesetzt geladenen Ladungsträger bleiben an der Leitung beteiligt, bilden aber bei stärkerer Dotierung eine verschwindende Minderheit („Minoritätsträger"). Ihre Zahl kann aus dem Gleichgewichtszustand zwischen Trägerneubildung und Rekombination bestimmt werden. Die Trägerneubildung durch thermische Energie ist wie bei der Eigenleitung proportional n_i^2, unabhängig von der Zahl der Störstellen. Die Rekombination verläuft entsprechend dem Massenwirkungsgesetz[1] proportional n und p. Im Gleichgewichtszustand nach dem Einbringen der Fremdatome ist dann

$$np = n_i^2 . \tag{7.1/5}$$

Wenn z. B. durch Akzeptoren die Löcherdichte p so gesteigert wird, daß $p > n_i$ ist, muß entsprechend die Elektronendichte $n = n_i^2/p$ klein gegen n_i werden, während bei Eigenleitung $n = n_i$ bleibt.

7.1.4 Die Schrödingergleichung

In den voranstehenden Abschnitten dieses Kapitels wurden dem Elektron (allgemein den Ladungsträgern), wenn auch nicht direkt ausgesprochen, die Eigenschaften eines Partikels zugeschrieben. Mit dieser Betrachtungsweise ist es gelungen, eine Reihe von Phänomenen, die in der Elektronik eine wichtige Rolle spielen, zufriedenstellend zu erklären und einer Handhabung zugänglich zu machen, die mit alltäglichen Erfahrungen verstanden werden können. Leider reicht die Modellvorstellung des Elektrons als Partikel nicht aus, um alle an und mit ihm beobachteten Effekte befriedigend zu erklären. In diesem Zusammenhang sei z. B. auf das von C.J. Davisson und L.H. Germer 1927 durchgeführte Experiment zur Elektronenbeugung verwiesen, bei dem die gemessenen Elektroneninterferenz-Figuren mit einem Partikelbild des Elektrons nicht zu erklären sind. Vielmehr wurde mit diesem Versuch erstmals die von de

---

[1] Das Massenwirkungsgesetz oder Gesetz des chemischen Gleichgewichts wurde 1864 von den norwegischen Chemikern Guldberg und Waage gefunden.

Broglie aufgrund von theoretischen Überlegungen aufgestellte Hypothese, wonach jedem Körper mit dem Impuls p eine Wellenlänge zuzuordnen ist, experimentell verifiziert. Seitdem ist die de Broglie-Hypothese ein Gesetz, und es lautet mit $h = 6{,}62 \cdot 10^{34}$ Js als dem Planckschen Wirkungsquantum

$$\lambda = \frac{h}{p}. \tag{7.1/6}$$

Gleichung (7.1/6) verknüpft für denselben Körper auf der linken Seite eine Welleneigenschaft über die Proportionalitätskonstante h mit einer Partikeleigenschaft. Dieses Nebeneinander von Wellen- und Partikeleigenschaft wird sehr deutlich beim Elektronenmikroskop, dessen Auflösungsvermögen durch die den Elektronen zugehörige Wellenlänge bestimmt wird; die Fokussierungsmöglichkeiten der Elektronenstrahlen durch elektrische und magnetische Linsen (erstmals 1927 von Hans Busch angegeben) aber werden sachgerecht bei Annahme des Bildes eines Elektrons als geladenes Partikel beschrieben. Eine gleichsam spiegelbildliche Situation finden wir bei elektromagnetischen Wellen vor. Mit Einführung der hypothetischen Verschiebungsstromdichte hat J.C. Maxwell 1873 ihre Existenz vorausgesagt. Die experimentelle Verifizierung gelang H. Hertz 1887/88. Nicht alle mit und an elektromagnetischen Wellen beobachteten Effekte konnten damit verstanden werden; so z. B. der äußere Photoeffekt, bei dem durch Einstrahlung einer elektromagnetischen Welle aus einer Metalloberfläche Elektronen emittiert werden. Die Deutung dieses Effektes gelang 1905 A. Einstein durch Einführung von Lichtquanten, auch Photonen genannt, die sich wie Partikel verhalten. Experimentell kann man feststellen, daß man den Photonen die Energie

$$W = h \cdot f = \hbar \cdot \omega$$

$$\hbar = \frac{h}{2\pi} \tag{7.1/7}$$

und mit der Lichtgeschwindigkeit c den Impuls

$$p = \frac{\hbar \cdot \omega}{c} \tag{7.1/8}$$

zuzuordnen hat.

Die Maxwellgleichungen und die aus ihnen folgende Wellengleichung sind Erfahrungsgesetze, die für eine Vielzahl von Experimenten deren Ausgang richtig beschreiben und voraussagen. Sie sind durch Naturbeobachtung und in den Köpfen von Faraday, Ampère und insbesondere Maxwell entstanden und nicht herzuleiten. Das gleiche gilt jetzt auch für jene Gleichung, mit der man die Eigenschaften von Elektronen voraussagen kann; sie entstand durch Naturbeobachtung und im Kopfe des Physikers Erwin Schrödinger (1926). Sie wird deshalb Schrödingergleichung genannt und ist nicht herzuleiten. Sie lautet mit m als der Masse des Elektrons und V als dem Potential, in dem es sich bewegt,

$$-\frac{\hbar^2}{2m}\nabla^2\Psi + V\Psi = \mathrm{j}\hbar\frac{\partial\Psi}{\partial t}. \tag{7.1/9}$$

Bevor wir uns näher mit dieser Gleichung beschäftigen, insbesondere mit der Bedeutung der Funktion Ψ, seien noch einige grundlegende Zusammenhänge bei Wellen rekapituliert.

Für eine homogene, monospektrale und ebene Welle χ ist mit ω als Kreisfrequenz, k als Wellenzahl und Ausbreitung in positiver z-Richtung anzusetzen:

$$\chi = A\,\mathrm{e}^{\mathrm{j}(\omega t - kz)}. \tag{7.1/10}$$

Durch Integration von χ über die Wellenzahl und $A = A(k)$, $\omega = \omega(k)$ kann eine Wellengruppe χ_g beschrieben werden.

$$\chi_g(z,t) = \int_{-\infty}^{+\infty} A(k)\,e^{j(\omega(k)t - kz)}\,dk. \tag{7.1/11}$$

Wir beschränken den Wertebereich von $A(k) \neq 0$ auf die nähere Umgebung von k_0, d.h. $k_0 - \frac{\Delta k}{2} \leq k \leq k_0 + \frac{\Delta k}{2}$ und erhalten als Spezialfall der Wellengruppe das Wellenpaket

$$\chi_g(z,t) = \int_{k_0 - \frac{\Delta k}{2}}^{k_0 + \frac{\Delta k}{2}} A(k)\,e^{j(\omega(k)t - kz)}. \tag{7.1/12}$$

Die Funktion $\omega(k)$ wird bei reellem k um k_0 in eine Taylorreihe entwickelt,

$$\omega(k) = \omega(k_0) + \left(\frac{d\omega}{dk}\right)_{k=k_0}(k - k_0) + \ldots,$$

welche bei ausreichend kleinem Δk nach dem linearen Term abgebrochen wird. Es gilt dann

$$\omega(k)t - kz = \omega_0 t - k_0 z + (k - k_0)\left\{\left(\frac{d\omega}{dk}\right)_{k=k_0}\cdot t - z\right\}.$$

Als Ausdruck für das Wellenpaket läßt sich dann schreiben

$$\chi_g(z,t) = \chi_0(z,t)\,e^{j(\omega_0 t - k_0 z)}, \tag{7.1/13}$$

mit

$$\chi_0(z,t) = \int_{k_0 - \frac{\Delta k}{2}}^{k_0 + \frac{\Delta k}{2}} A(k)\exp\left[j(k - k_0)\left\{\left(\frac{d\omega}{dk}\right)_{k=k_0}\cdot t - z\right\}\right]. \tag{7.1/14}$$

In den Gleichungen (7.1/13) und (7.1/14) ist $\chi_0(z,t)$ als mittlere Amplitude zu deuten. Diese ist auf einer Fläche $\left(\frac{d\omega}{dk}\right)_{k=k_0}\cdot t - z$ konstant, woraus für die Gruppengeschwindigkeit v_g des Wellenpakets

$$v_g = \left(\frac{d\omega}{dk}\right)_{k=k_0} \tag{7.1/15}$$

folgt und für seine Phasengeschwindigkeit v_p aus Gleichung (7.1/13)

$$v_p = \frac{\omega_0}{k_0} = \lambda\cdot f. \tag{7.1/16}$$

Für $t = 0$ und $A(k) = 1$ nimmt Gl. (7.1/12) die leicht integrierbare Form

$$\chi_g(z,\, t = 0) = \int_{k_0 - \frac{\Delta k}{2}}^{k_0 + \frac{\Delta k}{2}} e^{-jkz}\,dk$$

an, und das Ergebnis der Integration lautet

$$\chi_g(z,\, t = 0) = \Delta k\,\frac{\sin\left(\frac{\Delta k}{2}\cdot z\right)}{\frac{\Delta k}{2}\cdot z}\,e^{-jk_0 z}. \tag{7.1/17}$$

Der prinzipielle Verlauf von $|\chi_g|$ ist zusammen mit dem zugehörigen $A(k)$ in Abb. 7.1/4 dargestellt. Aus dieser Darstellung wird die Berechtigung dafür abgeleitet, daß die wesentliche räumliche Ausdehnung des Wellenpakets durch ein Intervall Δz beschrieben werden kann. Es ist naheliegend, wenn auch willkürlich, dieses Intervall durch die Verfügung

$$\frac{\Delta k}{2} \cdot \frac{\Delta z}{2} = \frac{\pi}{2}$$

festzulegen, woraus sofort folgt

$$\Delta k \cdot \Delta z = 2\pi . \tag{7.1/18}$$

Wir nehmen das Wellenpaket nunmehr als ein Modell für ein Elektron. Es bewegt sich dann mit der Gruppengeschwindigkeit nach Gl. (7.1/15) und besitzt mit seiner Masse m demnach die kinetische Energie $\frac{1}{2} m v_g^2$. Die für Photonen geltende Energiebeziehung nach Gl. (7.1/7) übertragen wir jetzt auch auf das Elektron, setzen also an

$$\frac{1}{2} m v_g^2 = \hbar \omega . \tag{7.1/19}$$

Wird Gl. (7.1/19) nach k differenziert und danach Gl. (7.1/15) eingesetzt, so gewinnen wir die Differentialgleichung

$$h = 2\pi m \frac{\mathrm{d} v_g}{\mathrm{d} k} , \tag{7.1/20}$$

deren Integration mit $k = \frac{2\pi}{\lambda}$ sofort auf die de Broglie-Wellenlänge führt.

$$h \cdot k = 2\pi m v_g = h \frac{2\pi}{\lambda} = 2\pi p , \tag{7.1/21}$$

$$\lambda = \frac{h}{m v_g} = \frac{h}{p} . \tag{7.1/22}$$

Die Möglichkeiten, unter plausiblen Annahmen nichtklassische Ergebnisse in der Physik zu erzielen, sind damit nicht erschöpft. Wenn wir z. B. in Gl. (7.1/18) Δk entsprechend Gl. (7.1/21) durch $\Delta k = \frac{1}{h} \cdot 2\pi \Delta p$ ersetzen, so erhalten wir direkt die Heisenbergsche Unschärferelation

$$\Delta p \, \Delta z = h . \tag{7.1/23}$$

Zu ihrer Interpretation werde angenommen, daß der Ort eines Elektrons sehr genau bekannt, Δz also sehr klein sei. Nach Gl. (7.1/18) muß dann Δk groß werden, was aber der Definition der Gruppengeschwindigkeit entgegensteht. Ihre Bestimmung wird mit

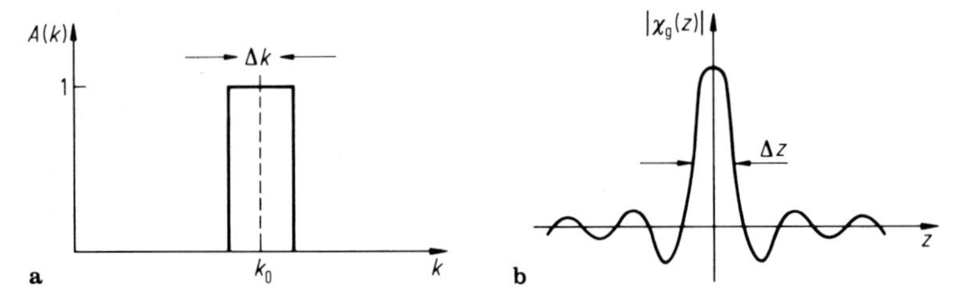

Abb. 7.1/4. a Stark vereinfachte spektrale Amplitudenverteilung in einem Wellenpaket; **b** momentane räumliche Verteilung eines Wellenpakets

zunehmendem Δk zunehmend unsicherer und damit die Bestimmung des Impulses des Elektrons. Andererseits, wenn sein Impuls sehr genau bekannt ist, so muß Δz groß werden, seine Ortsbestimmung wird unsicher. Die beschriebenen Sachverhalte haben zahlreiche Analogien in Fachgebieten, die dem Ingenieur der Nachrichtentechnik oft vertrauter sind als der Umgang mit Elektronen als Wellen. Es wird aber davor gewarnt, diesen Analogien zu viel Gewicht beizumessen. Sie erleichtern das Vertrautwerden mit neuen, bislang ungewohnten Denkweisen. Für das Elektron werden verläßliche und weiterreichende Aussagen freilich nur durch Beschäftigung mit der Schrödingergleichung gewonnen. Für einige einfache Beispiele wollen wir uns jetzt ihrer Lösung zuwenden. Lösungen $\Psi(\boldsymbol{r}, t)$ der Schrödingergleichung heißen Wellenfunktionen. Den Wellenfunktionen selbst kommt keine direkte physikalische Bedeutung zu. Sie sind aber ein mathematisches Hilfsmittel, um durch eine wohldefinierte Rechenvorschrift Wahrscheinlichkeitsaussagen über das Verhalten eines Elektrons machen zu können. Es ist

$$P(r, t) = |\Psi(\boldsymbol{r}, t)|^2 \, \mathrm{d}V \tag{7.1/24}$$

die Wahrscheinlichkeit, das Elektron zur Zeit t im Volumenelement $\mathrm{d}V$ an der Stelle $\boldsymbol{r}$ anzutreffen. Damit $P(\boldsymbol{r}, t)$ als Wahrscheinlichkeit angesprochen werden kann, muß die Nebenbedingung

$$\int_V |\Psi(\boldsymbol{r}, t)|^2 \, \mathrm{d}V = 1 \tag{7.1/25}$$

erfüllt sein. Die Wellenfunktion $\Psi(\boldsymbol{r}, t)$ sollte nach den vorstehenden Ausführungen nicht mehr als etwas künstliches, hochtheoretisches und unverständliches erscheinen, sondern unter Beachtung der diskutierten Unschärfen im Elektronenort als einzig vernünftiger und äußerst praktischer Ansatz. Zur Lösung der Schrödingergleichung machen wir, wie z. B. auch für die Wellengleichung, einen Produktansatz in der Form

$$\Psi(\boldsymbol{r}, t) = R(\boldsymbol{r}) \, T(t)$$

und erhalten aus Gl. (7.1/19)

$$-\frac{\hbar^2}{2m}\frac{1}{R}\nabla^2 R + V = \mathrm{j}\hbar\frac{1}{T}\frac{\partial T}{\partial t}\,. \tag{7.1/26}$$

Beide Seiten in Gl. (7.1/26) können einander nur gleich sein, wenn jede für sich gleich der selben Konstanten, sagen wir W, ist und d.h.

$$-\frac{\hbar^2}{2m}\nabla^2 R + VR = WR\,, \tag{7.1/26a}$$

$$\mathrm{j}\hbar\frac{\partial T}{\partial t} = WT\,. \tag{7.1/26b}$$

Die letzte dieser beiden Gleichungen kann leicht integriert werden und ergibt

$$T = \mathrm{e}^{-\mathrm{j}\frac{W}{\hbar}\cdot t} \tag{7.1/27}$$

Die Konstante W hat die Dimension einer Energie. Eine genauere Untersuchung an Hand der Gl. (7.1/26a) zeigt, daß es sich hierbei um die Gesamtenergie des Elektrons, also um die Summe aus seiner kinetischen und potentiellen Energie handelt.

Für die Lösung von Gl. (7.1/26a) betrachten wir nur den eindimensionalen Fall der Elektronenbewegung in x-Richtung und dies zunächst im potentialfreien Raum ($V = 0$). Wir haben dann die Gleichung

$$\frac{\partial^2 R}{\partial x^2} + \frac{2m}{\hbar^2} WR = 0 \tag{7.1/28}$$

zu lösen. Diese ist mit

$$k^2 = \frac{2m}{\hbar^2} W \tag{7.1/29}$$

vom Helmholtz-Typ wie er von der Lösung elektrodynamischer Feldprobleme her bekannt ist. Als Lösung erhalten wir

$$R(x) = C_1 \,\mathrm{e}^{\mathrm{j}kx} + C_2 \,\mathrm{e}^{-\mathrm{j}kx}. \tag{7.1/30}$$

Da wir eine Elektronbewegung im potentialfreien Raum vorausgesetzt haben, enthält W nur die kinetische Energie des Elektrons. Also gilt für Gl. (7.1/29)

$$k^2 = \frac{2m}{\hbar^2} \frac{1}{2} m v_g^2 = \frac{m^2 v_g^2}{\hbar^2} = \frac{p^2}{\hbar^2}, \tag{7.1/31}$$

womit wir einerseits aus der Schrödingergleichung die Gl. (7.1/8) realisiert, andererseits mit $k = \frac{2\pi}{\lambda}$ auch die Gl. (7.1/6) verifiziert haben. Der parabelförmige Zusammenhang zwischen Energie W und Wellenzahl k, wie er in Gl. (7.1/29) beschrieben ist und für ein frei bewegliches Elektron gilt, ist in Abb. 7.1/5 dargestellt.

Als zweites Beispiel sei ein Elektron betrachtet, das sich innerhalb eines Potentialtopfes nach Abb. 7.1/6 befindet. Die Wände des Potentialtopfes seien unendlich hoch, das Elektron kann ihn deswegen sicher nicht verlassen, d. h. die Wahrscheinlichkeit, es im Topfaußenraum vorzufinden, ist gleich Null. Die Randbedingungen für die Wellenfunktion lauten deshalb

$$R(x) = 0 \quad \text{für } x < 0 \text{ und } x > l.$$

Im Topfinnenraum gilt wieder Gl. (7.1/28) mit Gl. (7.1/29). Die Randbedingung $x = 0$ wird durch die Lösungsfunktion

$$R(x) = C_1 \sin kx$$

erfüllt, zur Erfüllung der Randbedingung bei $x = l$ darf die Wellenzahl nur noch die diskreten Werte k_n annehmen

$$k_n = \frac{n \cdot \pi}{l} \quad n = 1, 2, 3, \ldots . \tag{7.1/32}$$

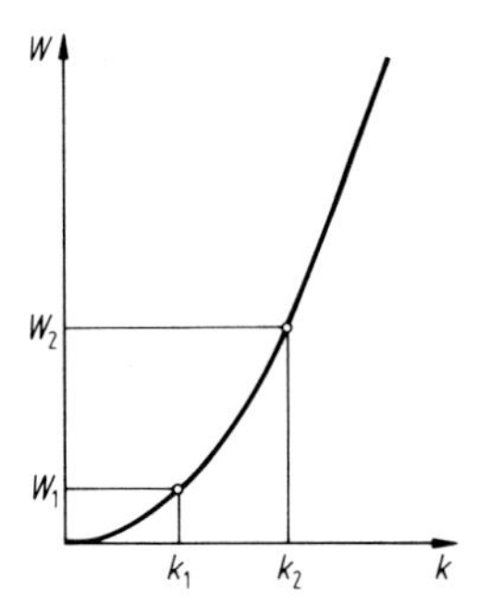

Abb. 7.1/5. $W(k)$-Diagramm eines freien Elektrons. Willkürlich herausgehoben sind zwei zulässige Energieniveaus, wenn es sich in einem Potentialtopf befindet

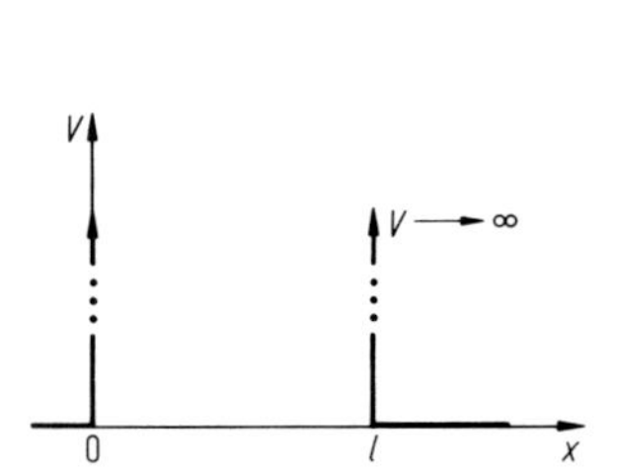

Abb. 7.1/6. Eindimensionaler Potentialtopf mit unendlich hohen Wänden

Den diskreten Wellenzahlen entsprechen nach Gl. (7.1/29) die diskreten Energiewerte

$$W_n = \frac{\hbar^2}{2m} k_n^2 = \frac{\hbar^2}{2m} \left(\frac{n \cdot \pi}{l} \right)^2 . \tag{7.1/33}$$

Das „eingesperrte Elektron" ist nur noch fähig, diskrete Energiewerte anzunehmen, was klassisch nicht zu erklären ist. Die beiden ersten „Energieeigenwerte" sind für ein willkürliches Beispiel in Abb. 7.1/5 markiert. Unter den modernen Hochfrequenzhalbleiterbauelementen gibt es zahlreiche Beispiele für derartige Energieniveaus in Potentialtrögen, wie z. B. bei dem für die Nachrichtentechnik wichtigen HEMT (*h*igh *e*lectron *m*obility *t*ransistor).

Wegen der großen praktischen Bedeutung werde noch der Fall diskutiert, daß ein Elektron gegen eine Potentialbarriere nach Abb. 7.1/7 anläuft. In den Bereichen $x < 0$ und $x > l$ ist Gl. (7.1/28) maßgebend und im Bereich $0 \leq x \leq l$ die Gleichung

$$\frac{\partial^2 R}{\partial x^2} + \frac{2m}{\hbar^2}(W - V)R = 0 . \tag{7.1/34}$$

Ohne Rechnungen im einzelnen zu verfolgen, wird festgestellt:

$$x < 0 \text{ und } x > l \quad k_1^2 = \frac{2m}{\hbar^2} W; \qquad 0 \leq x \leq l \quad k_2^2 = \frac{2m}{\hbar^2}(W - V).$$

Zur Erfüllung der Randbedingungen bei $x = 0$ sind entsprechend Gl. (7.1/30) mit $k = k_1$ für den Raumbereich $x < 0$ notwendigerweise $C_1 \neq 0$ und $C_2 \neq 0$. Die Erfüllung der Randbedingung bei $x = l$ liefert für den Raumbereich $x > l$ $C_1 \neq 0$ und $C_2 = 0$. k_1^2 ist positiv definit, k_1 also stets reel. Die Wahrscheinlichkeit, im Bereich $x > l$ ein Elektron anzutreffen, ist demnach konstant. Im Bereich $x < 0$ finden wir endliche konstante Wahrscheinlichkeiten für Elektronen, die auf die Potentialbarriere zulaufen ($C_1 \neq 0$) und für Elektronen, die sich im Wellenbild in negativer x-Richtung ausbreiten ($C_2 \neq 0$). Im Barrierenzwischenraum sind zwei Fälle zu unterscheiden. Für $W > V$ ist k_2 reel. Klassisch reicht in diesem Fall die Energie des Elektrons aus, um die Potentialbarriere zu überwinden, es kann zu keinem „reflektierten" Elektron kommen, was jetzt nicht mehr haltbar ist, die Wahrscheinlichkeit für das Vorfinden eines solchen Elektrons ist endlich. Für $W < V$ wird k_2 imaginär, und das bedeutet einen Anteil exponentiell abnehmender Wellenfunktion. Ist dieser Anteil bei $x = l$ noch endlich, so wird mit endlicher Wahrscheinlichkeit ein Elektron auch für $x > l$ vorgefunden, das keinen Energieverlust erlitten hat, das Elektron verhält sich so, als wäre es durch die Potentialbarriere hindurch getunnelt. Man spricht deshalb vom Tunneleffekt. Wiederum ist dieser Effekt klassisch nicht zu deuten, denn danach müßte das Elektron an der Potentialbarriere total reflektiert werden. Auch hierzu gibt es zahlreiche Anwendungen bei modernen Bauelementen der Hochfrequenzelektronik wie bei den verschiedenen Ausführungen und Arten von Tunneldioden.

Den bisher behandelten Beispielen kommt unmittelbar nur eine stark idealisierte physikalische Bedeutung zu. So ist zwar das Elektron im Potentialtopf nach Abb. 7.1/6 ein besonders einfaches Modell für ein Metall, insofern aber unzutreffend, als innerhalb eines Metalls die Gitterbausteine positiv geladen sind und sich demnach

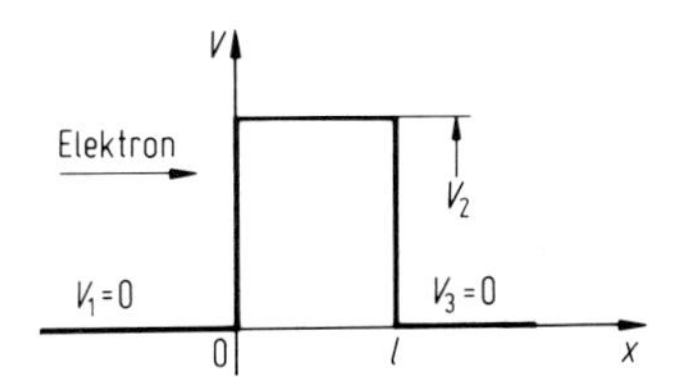

Abb. 7.1/7. Eindimensionale Potentialbarriere

eine Potentialverteilung einstellt, wie sie für den eindimensionalen Fall in Abb. 7.1/8a skizziert ist. Im allgemeinen ist der genaue Potentialverlauf nicht bekannt. Er ist auch viel zu kompliziert, um hier einer analytischen Behandlung zugänglich zu sein. Um zu sehen, wie sich ein Elektron in einem periodischen Potentialverlauf prinzipiell verhält, wird daher ein Modell nach Abb. 7.1/8b zugrundegelegt, das nach Kronig-Penney benannt ist. Es ist nunmehr die zeitunabhängige Schrödingergleichung in der Form

$$\frac{\hbar^2}{2m}\frac{\partial^2 R}{\partial x^2} + (W - V(x))\,R = 0$$

zu lösen, und zwar wegen der Periodizität im Potentialverlauf mit der räumlichen Periode a unter der Nebenbedingung (Floquet-Theorem)

$$R(x + a) = R(x)\,e^{jKa}\,, \tag{7.1/35}$$

mit notwendigerweise reeller Konstante K. An Hand von Gl. (7.1/35) wird festgestellt, daß man sich bei der Lösung der Schrödingergleichung auf ein einzelnes Raumintervall, z. B. $-b \geq x \geq c$, beschränken darf, und es gilt im Bereich $-b \leq x \leq 0$

$$R_1 = C_1 \sin(k_1 x) + C_2 \cos(k_1 x); \qquad k_1^2 = \frac{2m}{\hbar^2} W \tag{7.1/36}$$

und im Bereich $0 \leq x \leq c$

$$R_2 = D_1 \sin(k_2 x) + D_2 \cos(k_2 x); \qquad k_2^2 = \frac{2m}{\hbar^2}(W - V_0)\,. \tag{7.1/37}$$

Einarbeitung der Randbedingung bei $x = 0$ und der Gl. (7.1/35) liefert schließlich die transzendente Bestimmungsgleichung

$$\cos(k_1 b)\cos(k_2 c) - \frac{k_1^2 + k_2^2}{2k_1 k_2}\sin(k_1 b)\sin(k_2 c) = \cos(Ka) \tag{7.1/38}$$

für die jetzt nur noch zugelassenen Energiewerte. Zur weiteren Diskussion von Gl. (7.1/38) werde der Potentialverlauf nach dem Kronig-Penney-Modell in Idealisierung als periodische Folge von Dirac-Impulsen angenommen. Gleichung (7.1/38) vereinfacht sich dann zu

$$\cos(k_1 a) - \frac{k_2}{2k_1}\sin(k_1 a)\,k_2 c = \cos(Ka)\,, \tag{7.1/39}$$

die jetzt leicht graphisch gelöst werden kann. Dazu wird die linke Seite von Gl. (7.1/39) als Funktion von $k_1 a$ berechnet und bildlich dargestellt, wie dies in Abb. 7.1/9 skizzenhaft geschehen ist. Da Werte der rechten Seite von Gl. (7.1/39) nur zwischen $+1$ und -1 liegen können, gibt es für sie Lösungen nur solange, als ihre linke Seite

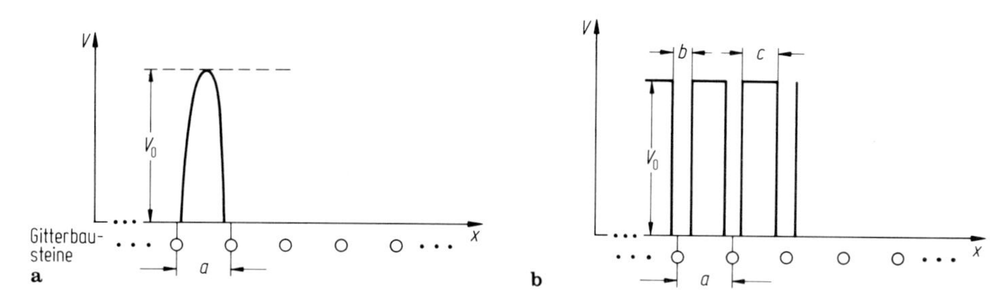

Abb. 7.1/8. **a** Eindimensionaler Potentialverlauf in einem Kristall; **b** Näherung des Potentialverlaufs nach Kronig-Penney

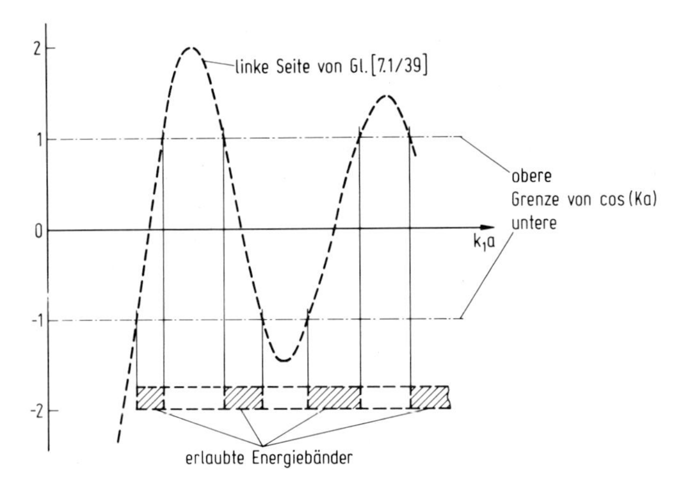

Abb. 7.1/9. Graphische Darstellung zur Konstruktion von Energiebändern nach dem Kronig-Penney-Modell

dem Betrage nach kleiner oder höchstens gleich 1 ist. Das ist für die in Abb. 7.1/9 durch Schraffur gekennzeichneten $k_1 a$-Werte der Fall, und da nach Gl. (7.1/36) in k_1 die Energiewerte enthalten sind, ist damit auch das Zustandekommen von Energiebändern in Festkörpern jedenfalls grundsätzlich erklärt. Die Umrechnung der gewonnenen Ergebnisse in eine W–k_1-Darstellung liefert einen Zusammenhang, wie er im Prinzipiellen in Abb. 7.1/10 gezeigt ist. Das Kronig-Penney-Modell ist nicht das einzige, mit dem Bandstrukturen erklärt werden können. So liefern das Ziman-Modell und das Feynmann-Modell ähnliche Ergebnisse. Bezüglich ihrer Behandlung wird auf Spezialliteratur verwiesen.

Als letztes Beispiel werden jetzt noch die Verhältnisse für ein Wasserstoffatom betrachtet. Diesem Beispiel kommt unmittelbar physikalische Bedeutung zu, es zeigt aber auch, daß die Behandlung schon nur wenig komplizierter Elemente zumindest im Rahmen dieses Lehrbuchs wegen der enormen mathematischen Anforderungen nicht mehr möglich ist. Das Wasserstoffatom besteht aus einem schweren Atomkern, der als ruhend betrachtet wird, und einem Elektron. Für seine potentielle Energie in Abstand r vom Atomkern und mit e als der Elementarladung ergibt sich nach dem Coulombschen Gesetz

$$V(r) = -\frac{e^2}{4\pi\varepsilon_0 r}, \tag{7.1/40}$$

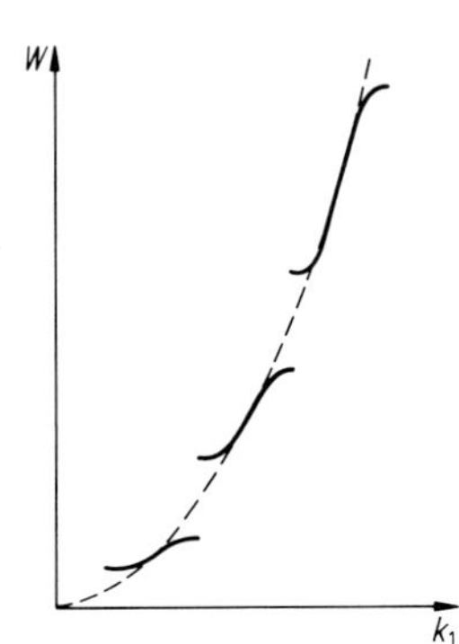

Abb. 7.1/10. Energiebänder nach dem Kronig-Penney-Modell

so daß jetzt die zeitunabhängige Schrödingergleichung in der Form

$$\frac{\hbar^2}{2m}\nabla^2\Psi + \left(W + \frac{e^2}{4\pi\varepsilon_0 r}\right)\Psi = 0 \qquad (7.1/41)$$

zu lösen ist. Wegen der radialen Symmetrie des Potentials ist es zweckmäßig, Kugelkoordinaten r, ϑ, φ einzuführen. In diesen Koordinaten lautet Gl. (7.1/41)

$$\frac{\hbar^2}{2m}\frac{\partial}{\partial r}\left(r^2\frac{\partial\Psi}{\partial r}\right) + r^2\left(W + \frac{e^2}{4\pi\varepsilon_0 r}\right)\Psi + \Lambda\Psi = 0 \qquad (7.1/42)$$

mit

$$\Lambda = \frac{\hbar^2}{2m}\left\{\frac{1}{\sin\vartheta}\frac{\partial}{\partial\vartheta}\left(\sin\vartheta\frac{\partial}{\partial\vartheta}\right) + \frac{1}{\sin^2\vartheta}\frac{\partial^2}{\partial\varphi^2}\right\}$$

Ganz allgemein kann eine Lösung von Gl. (7.1/42) mit einem Separationsansatz in der Form angegeben werden:

$$\Psi_{n,1,m_e}(r, \vartheta\varphi) = R_{ne}(r)\, Y_e^{m_e}(\vartheta, \varphi)\,, \qquad (7.1/43)$$

wobei für die Separationsparameter n, l, m_l, welche jetzt Quantenzahlen genannt werden, gilt

$$n = 1, 2, 3, \ldots$$

$$l = 0, 1, 2, \ldots, n-1$$

$$m_l = 0, \pm 1, \pm 2, \ldots, l$$

Es hat historische Gründe, daß die Quantenzahlen l oft mit Buchstaben benannt werden, und zwar nach der folgenden Zuordnung

$$l = \begin{matrix} 0, 1, 2, 3, 4, \ldots, (n-1) \\ s, p, d, f, g, \ldots \text{ alphabetisch}\ . \end{matrix}$$

Der Elektronenzustand $\Psi_{1,0,0}$ wird daher auch als $\Psi_{1,s,0}$ geschrieben. Für diesen Grundzustand (niedrigste Energie) ergibt Gl. (7.1/43) den Ausdruck

$$\Psi_{1,0,0} = \Psi_{1,s,0} = R_{10}(r)\cdot Y_0^0(\vartheta, \varphi)\, e^{-\alpha r}\cdot 1 \qquad (7.1/44)$$

mit

$$\alpha = \frac{e^2 m}{4\pi\hbar^2\varepsilon_0} \qquad \text{und} \qquad W = -\frac{e^4 m}{8\varepsilon_0^2\hbar^2}\,.$$

Die höheren Wasserstoffeigenfunktionen folgen aus Gl. (7.1/43) mit der Anmerkung, daß es sich bei den Funktionen $Y_e^{m_e}(\vartheta, \varphi)$ um Kugelflächenfunktionen, also um Produkte von zugeordneten Kugelfunktionen der Ordnung l und des Grades $|m_l|$ mit Exponentialfunktion $e^{jm_e\varphi}$ handelt. Lösungen der Schrödingergleichung für den Wasserstoff sind also explizit und analytisch anzugeben. Schon für das nächst einfachere Heliumatom mit seinen 2 Elektronen ist dies nicht mehr möglich. Es kann zwar die zeitunabhängige Schrödingergleichung aufgestellt werden. Für die Elektronen 1 und 2, die sich im Abstand r_1 und r_2 vom Atomkern und im gegenseitigen Abstand r_{12} befinden, lautet sie

$$-\frac{\hbar^2}{2m}(\nabla_1^2\Psi + \nabla_2^2\Psi) + \frac{e^2}{4\pi\varepsilon_0}\left(\frac{1}{r_{12}} - \frac{1}{r_1} - \frac{1}{r_2} - E\right)\Psi = 0\,. \qquad (7.1/45)$$

Eine analytische Lösung von Gl. (7.1/45) kann aber nicht mehr angegeben werden. Die bisher gewonnenen Ergebnisse sind dennoch sehr geeignet, den Aufbau von

Materie besser zu verstehen, wenn sie noch um eine weitere Quantenzahl, nämlich den Spin und das Pauli-Ausschluß-Prinzip, ergänzt werden. Die Spin-Quantenzahl ist auf die Werte $\pm 1/2$ beschränkt und folgt leider nicht aus der Schrödingergleichung, und das Pauli-Prinzip besagt, daß außer bei Supraleitern ein Elektronenzustand jeweils nur von einem einzigen Elektron eingenommen werden kann. Zwanglos kann man jetzt z. B. das Periodensystem der Elemente entwickeln, wie es in Tabelle 7.1/2 dargestellt ist. Ihr Zustandekommen sei an den ersten Elementen erläutert. Man beginnt mit Wasserstoff, Kernladung 1, 1 Elektron, Grundzustand daher 1s. Mit Kernladung 2 und 2 Elektronen erhalten wir Helium im Grundzustand $1s1s = 1s^2$; die beiden Zustände unterscheiden sich im Spin. Bei 3 Kernladungen und entsprechend 3 Elektronen kann das dritte Elektron nach dem Pauli-Prinzip den Zustand 1s nicht mehr einnehmen, sondern muß in den nächst höheren gehen, das ist der Zustand 2s. Der Elektronenzustand für das Element Lithium wird durch $1s^2 2s$ beschrieben. Bei Beryllium kommt noch ein weiteres Elektron im Zustand 2s, aber mit entgegengesetztem Spin hinzu, für Beryllium gilt daher die Zustandsbeschreibung $1s^2 2s^2$. Beim Bor muß das fünfte Elektron den Zustand 2p einnehmen, weil der Zustand 2s beim

Tabelle 7.1/2. Periodensystem der Elemente

Periode	Kernladung	Name	Symbol	Elektronen	
1	1	Wasserstoff	H	1 s	
	2	Helium	He	$1\,s^2$	= K-Schale
2	3	Lithium	Li	$1\,s^2\ 2\,s$	
	4	Beryllium	Be	$1\,s^2\ 2\,s^2$	
	5	Bor	B	$1\,s^2\ 2\,s^2\ 2\,p$	
	6	Kohlenstoff	C	$1\,s^2\ 2\,s^2\ 2\,p^2$	
	7	Stickstoff	N	$1\,s^2\ 2\,s^2\ 2\,p^3$	
	8	Sauerstoff	O	$1\,s^2\ 2\,s^2\ 2\,p^4$	
	9	Fluor	F	$1\,s^2\ 2\,s^2\ 2\,p^5$	
	10	Neon	Ne	$1\,s^2\ 2\,s^2\ 2\,p^6$	= K + L-Schale
3	11	Natrium	Na	$1\,s^2\ 2\,s^2\ 2\,p^6\ 3\,s$	
	12	Magnesium	Mg	$1\,s^2\ 2\,s^2\ 2\,p^6\ 3\,s^2$	
	13	Aluminium	Al	$1\,s^2\ 2\,s^2\ 2\,p^6\ 3\,s^2\ 3\,p$	
	14	Silizium	Si	$1\,s^2\ 2\,s^2\ 2\,p^6\ 3\,s^2\ 3\,p^2$	
	15	Phosphor	P	$1\,s^2\ 2\,s^2\ 2\,p^6\ 3\,s^2\ 3\,p^3$	
	16	Schwefel	S	$1\,s^2\ 2\,s^2\ 2\,p^6\ 3\,s^2\ 3\,p^4$	
	17	Chlor	Cl	$1\,s^2\ 2\,s^2\ 2\,p^6\ 3\,s^2\ 3\,p^5$	
	18	Argon	A	$1\,s^2\ 2\,s^2\ 2\,p^6\ 3\,s^2\ 3\,p^6$	= K + L + M-Schale
4	19	Kalium	K	KL $3\,s^2\ 3\,p^6\ 4\,s$	
	20	Kalzium	Ca	KL $3\,s^2\ 3\,p^6\ 4\,s^2$	
	21	Skandium	Sc	KL $3\,s^2\ 3\,p^6\ 4\,s^2\ 3\,d$	
	22	Titan	Ti	KL $3\,s^2\ 3\,p^6\ 4\,s^2\ 3\,d^2$	
	23	Vanadin	V	KL $3\,s^2\ 3\,p^6\ 4\,s^2\ 3\,d^3$	
	24	Chrom	Cr	KL $3\,s^2\ 3\,p^6\ 4\,s\ \ 3\,d^5$	
	25	Mangan	Mn	KL $3\,s^2\ 3\,p^6\ 4\,s^2\ 3\,d^5$	
	26	Eisen	Fe	KL $3\,s^2\ 3\,p^6\ 4\,s^2\ 3\,d^6$	
	27	Kobalt	Co	KL $3\,s^2\ 3\,p^6\ 4\,s^2\ 3\,d^7$	
	28	Nickel	Ni	KL $3\,s^2\ 3\,p^6\ 4\,s^2\ 3\,d^8$	
	29	Kupfer	Cu	KL $3\,s^2\ 3\,p^2\ 4\,s\ \ 3\,d^{10}$	
	30	Zink	Zn	KL $3\,s^2\ 3\,p^6\ 4\,s^2\ 3\,d^{10}$	
	31	Gallium	Ga	KL $3\,s^2\ 3\,p^6\ 4\,s^2\ 3\,d^{10}\ 4\,p$	
	32	Germanium	Ge	KL $3\,s^2\ 3\,p^6\ 4\,s^2\ 3\,d^{10}\ 4\,p^2$	
	33	Arsen	As	KL $3\,s^2\ 3\,p^6\ 4\,s^2\ 3\,d^{10}\ 4\,p^3$	
	34	Selen	Se	KL $3\,s^2\ 3\,p^6\ 4\,s^2\ 3\,d^{10}\ 4\,p^4$	
	35	Brom	Br	KL $3\,s^2\ 3\,p^6\ 4\,s^2\ 3\,d^{10}\ 4\,p^5$	
	36	Krypton	Kr	KL $3\,s^2\ 3\,p^6\ 4\,s^2\ 3\,d^{10}\ 4\,p^6$	

Tabelle 7.1/2. Fortsetzung

Periode	Kernladung	Name	Symbol	Elektronen
5	37	Rubidium	Rb	KLM $4s^2\ 4p^6\ 5s$
	38	Strontium	Sr	KLM $4s^2\ 4p^6\ 5s^2$
	39	Yttrium	Y	KLM $4s^2\ 4p^6\ 5s^2\ 4d$
	40	Zirkon	Zr	KLM $4s^2\ 4p^6\ 5s^2\ 4d^2$
	41	Niob	Nb	KLM $4s^2\ 4p^6\ 5s\ 4d^4$
	42	Molybdän	Mo	KLM $4s^2\ 4p^6\ 5s\ 4d^5$
	43	Technetium	Tc	KLM $4s^2\ 4p^6\ 5s^2\ 4d^5$
	44	Ruthenium	Ru	KLM $4s^2\ 4p^6\ 5s\ 4d^7$
	45	Rhodium	Rh	KLM $4s^2\ 4p^6\ 5s\ 4d^8$
	46	Palladium	Pd	KLM $4s^2\ 4p^6\ 4d^{10}$
	47	Silber	Ag	KLM $4s^2\ 4p^6\ 5s\ 4d^{10}$
	48	Kadmium	Cd	KLM $4s^2\ 4p^6\ 5s^2\ 4d^{10}$
	49	Indium	In	KLM $4s^2\ 4p^6\ 5s^2\ 4d^{10}\ 5p$
	50	Zinn	Sn	KLM $4s^2\ 4p^6\ 5s^2\ 4d^{10}\ 5p^2$
	51	Antimon	Sb	KLM $4s^2\ 4p^6\ 5s^2\ 4d^{10}\ 5p^3$
	52	Tellur	Te	KLM $4s^2\ 4p^6\ 5s^2\ 4d^{10}\ 5p^4$
	53	Jod	J	KLM $4s^2\ 4p^6\ 5s^2\ 4d^{10}\ 5p^5$
	54	Xenon	X	KLM $4s^2\ 4p^6\ 5s^2\ 4d^{10}\ 5p^6$ ← = K + L + M + N-Schale
6	55	Cäsium	Cs	KLM $4s^2\ 4p^6\ 5s^2\ 4d^{10}\ 5p^6\ 6s$
	56	Barium	Ba	KLM $4s^2\ 4p^6\ 5s^2\ 4d^{10}\ 5p^6\ 6s^2$
	57	Lanthan	La	KLM $4s^2\ 4p^6\ 5s^2\ 4d^{10}\ 5p^6\ 6s^2\ 5d$
	58	Cer	Ce	KLM $4s^2\ 4p^6\ 5s^2\ 4d^{10}\ 5p^6\ 6s^2\ 5d\ 4f$
	59	Praseodym	Pr	KLM $4s^2\ 4p^6\ 5s^2\ 4d^{10}\ 5p^6\ 6s^2\ 5d\ 4f^2$
	60	Neodym	Nd	KLM $4s^2\ 4p^6\ 5s^2\ 4d^{10}\ 5p^6\ 6s^2\ 4f^4$
	61	Promethium	Pm	KLM $4s^2\ 4p^6\ 5s^2\ 4d^{10}\ 5p^6\ 6s^2\ 4f^5$
	62	Samarium	Sm	KLM $4s^2\ 4p^6\ 5s^2\ 4d^{10}\ 5p^6\ 6s^2\ 4f^6$
	63	Europium	Eu	KLM $4s^2\ 4p^6\ 5s^2\ 4d^{10}\ 5p^6\ 6s^2\ 4f^7$
	64	Gadolinium	Gd	KLM $4s^2\ 4p^6\ 5s^2\ 4d^{10}\ 5p^6\ 6s^2\ 5d\ 4f^7$
	65	Terbium	Tb	KLM $4s^2\ 4p^6\ 5s^2\ 4d^{10}\ 5p^6\ 6s^2\ 5d\ 4f^8$
	66	Dysprosium	Dy	KLM $4s^2\ 4p^6\ 5s^2\ 4d^{10}\ 5p^6\ 6s^2\ 5d\ 4f^9$
	67	Holmium	Ho	KLM $4s^2\ 4p^6\ 5s^2\ 4d^{10}\ 5p^6\ 6s^2\ 5d\ 4f^{10}$
	68	Erbium	Er	KLM $4s^2\ 4p^6\ 5s^2\ 4d^{10}\ 5p^6\ 6s^2\ 5d\ 4f^{11}$
	69	Thulium	Tm	KLM $4s^2\ 4p^6\ 5s^2\ 4d^{10}\ 5p^6\ 6s^2\ 4f^{13}$
	70	Ytterbium	Yb	KLM $4s^2\ 4p^6\ 5s^2\ 4d^{10}\ 5p^6\ 6s^2\ 4f^{14}$
	71	Lutetium	Lu	KLM $4s^2\ 4p^6\ 5s^2\ 4d^{10}\ 5p^6\ 6s^2\ 5d\ 4f^{14}$
	72	Hafnium	Hf	KLMN $5s^2\ 5p^6\ 6s^2\ 5d^2$
	73	Tantal	Ta	KLMN $5s^2\ 5p^6\ 6s^2\ 5d^3$
	74	Wolfram	W	KLMN $5s^2\ 5p^6\ 6s^2\ 5d^4$
	75	Rhenium	Re	KLMN $5s^2\ 5p^6\ 6s^2\ 5d^5$
	76	Osmium	Os	KLMN $5s^2\ 5p^6\ 6s^2\ 5d^6$
	77	Iridium	Ir	KLMN $5s^2\ 5p^6\ 6s^2\ 5d^7$
	78	Platin	Pt	KLMN $5s^2\ 5p^6\ 6s\ 5d^9$
	79	Gold	Au	KLMN $5s^2\ 5p^6\ 6s\ 5d^{10}$
	80	Quecksilber	Hg	KLMN $5s^2\ 5p^6\ 6s^2\ 5d^{10}$
	81	Thallium	Tl	KLMN $5s^2\ 5p^6\ 6s^2\ 5d^{10}\ 6p$
	82	Blei	Pb	KLMN $5s^2\ 5p^6\ 6s^2\ 5d^{10}\ 6p^2$
	83	Wismut	Bi	KLMN $5s^2\ 5p^6\ 6s^2\ 5d^{10}\ 6p^3$
	84	Polonium	Po	KLMN $5s^2\ 5p^6\ 6s^2\ 5d^{10}\ 6p^4$
	85	Astatium	At	KLMN $5s^2\ 5p^6\ 6s^2\ 5d^{10}\ 6p^5$
	86	Emanation	Em	KLMN $5s^2\ 5p^6\ 6s^2\ 5d^{10}\ 6p^6$
7	87	Francium	Fr	KLMN $5s^2\ 5p^6\ 6s^2\ 5d^{10}\ 6p^6\ 7s$
	88	Radium	Ra	KLMN $5s^2\ 5p^6\ 6s^2\ 5d^{10}\ 6p^6\ 7s^2$
	89	Aktinium	Ac	KLMN $5s^2\ 5p^6\ 6s^2\ 5d^{10}\ 6p^6\ (7s^2\ 6d)$
	90	Thorium	Th	KLMN $5s^2\ 5p^6\ 6s^2\ 5d^{10}\ 6p^6\ (7s^2\ 6d^2)$
	91	Protaktinium	Pa	KLMN $5s^2\ 5p^6\ 6s^2\ 5d^{10}\ 6p^6\ (7s^2\ 6d\ 5f^2)$
	92	Uran	U	KLMN $5s^2\ 5p^6\ 6s^2\ 5d^{10}\ 6p^6\ 7s^2\ 6d\ 5f^3$

Beryllium schon doppelt besetzt ist. Es gilt also bei Bor die Zustandsbeschreibung $1s^2 2s^2 2p$. Durch konsequente Weiterführung der voranstehenden Überlegungen gelangt man zum Periodensystem.

Abschließend soll noch auf den Begriff der effektiven Masse eingegangen werden. Nach Gl. (7.1/8) gilt für den Impuls p eines Elektrons

$$p = \frac{\hbar \cdot \omega}{c} = \hbar k = m v_g$$

und für seine Energie nach Gl. (7.1/29) im potentialfreien Raum

$$W = \frac{k^2 \hbar^2}{2m} .$$

Für die Gruppengeschwindigkeit v_g gilt also einerseits

$$v_g = \frac{\hbar k}{m} , \tag{7.1/46}$$

andererseits gilt aber auch

$$\frac{1}{\hbar} \frac{dW}{dk} = \frac{\hbar k}{m} , \tag{7.1/47}$$

so daß schließlich der Ausdruck für die Gruppengeschwindigkeit lautet

$$v_g = \frac{1}{\hbar} \frac{dW}{dk} . \tag{7.1/48}$$

Für die Beschleunigung folgt daraus

$$\frac{dv_g}{dt} = \frac{1}{\hbar} \frac{d}{dt}\left(\frac{dW}{dk}\right) = \frac{1}{\hbar} \frac{d}{dk}\left(\frac{dW}{dt}\right) . \tag{7.1/49}$$

Der in Gl. (7.1/49) auftretende Ausdruck $\frac{dW}{dt}$ kann als Leistung aus dem Produkt Kraft × Geschwindigkeit berechnet werden

$$\frac{dW}{dt} = F v_g = F \frac{1}{\hbar} \frac{dW}{dk} \tag{7.1/50}$$

und schließlich in Gl. (7.1/49) die Beschleunigung auch durch das zweite Newtonsche Gesetz ausdrücken, so daß gilt

$$\frac{dv_g}{dt} = \frac{F}{m} = \frac{1}{\hbar} \frac{d}{dk}\left(\frac{dW}{dt}\right) = \frac{1}{\hbar^2} \frac{d^2 W}{dk^2} \cdot F , \tag{7.1/51}$$

woraus sich die Definition für die effektive Masse m_{eff} ergibt.

$$m_{eff} = \frac{\hbar^2}{\frac{d^2 W}{dk^2}} . \tag{7.1/52}$$

Sie ergibt für das freie Elektron, wie nicht anders zu erwarten,

$$m_{eff} = m ,$$

wird aber auch so beibehalten, wenn sich das Elektron in einem Potentialgebirge aufhält. Die effektive Masse kann dann je nach den Eigenschaften des W-k-Diagramms z. B. unendlich groß oder auch negativ werden.

7.1.5 Bändermodell von Halbleitern

Die Größe der Bindungsenergie der Elektronen von etwa 1 eV bzw. 0,1 eV bei Donatoren und Akzeptoren kann quantitativ aus dem Bändermodell halbleitender Kristalle ermittelt werden.

Nach dem Schalenmodell der Atome sind die Elektronen in verschiedenen Schalen um den Atomkern angeordnet. Die inneren Schalen sind abgeschlossen (voll besetzt), die äußerste Schale ist außer bei Edelgasen nicht abgeschlossen. Entsprechend Abb. 7.1/11b sind beim Kohlenstoff die Schale K, bei Silizium (Abb. 7.1/11d) die Schalen K und L abgeschlossen. In den nicht vollbesetzten Schalen L beim Kohlenstoff und M bei Silizium bestimmen je 4 Valenzelektronen die Wertigkeit. Nach dem Pauliprinzip entsprechen den verschiedenen Abständen der Elektronen vom Atomrumpf auch ihre speziellen Energiewerte W für die Zustände 2s und 2p in Schale L bzw. 3s und 3p in Schale M (Abb. 7.1/11a rechts und c rechts). Sind die Atome nicht wie in Gasen relativ weit voneinander entfernt, sondern im Festkörperkristall mit Abständen von nur wenigen Å benachbart,[1] so bewirkt die enge Kopplung der oszillierenden Elektronen eine Aufspaltung der Eigenfrequenzen und damit der diskreten Energiewerte zu Energiebändern (Wilson 1931).

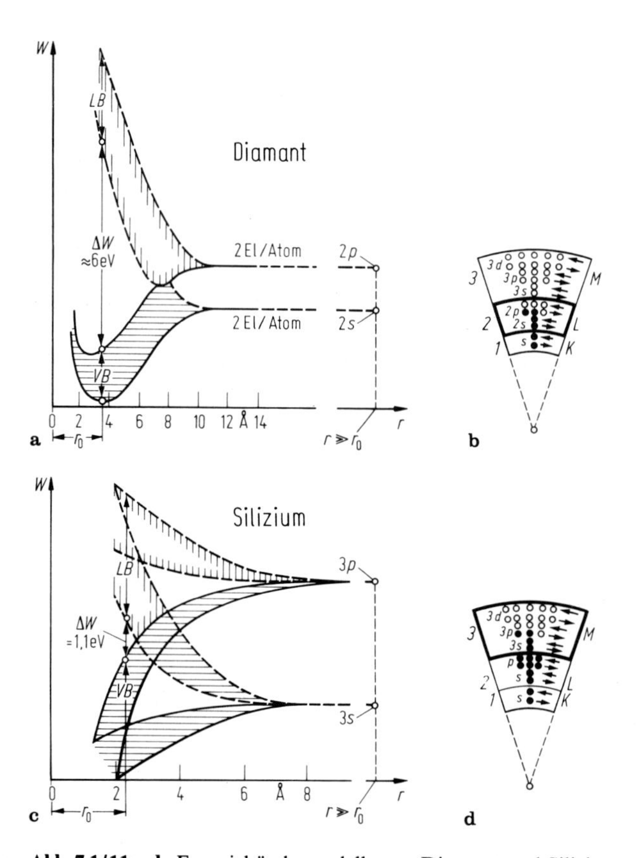

Abb. 7.1/11a–d. Energiebändermodelle von Diamant und Silizium. **a, c** Energieniveaus des Valenzbandes (VB) und des Leitungsbandes (LB) von Diamant bzw. Silizium als Funktion der Gitterkonstanten; **b, d** die äußeren Schalen der Elektronenhülle von Diamant bzw. Silizium

[1] Angströmeinheit: 1 Å = 10^{-10} m = 0,1 nm.

Diese Aufspaltung entspricht dem Auswandern der Höcker des Übertragungsfaktors beim Kopplungsbandfilter mit wachsender Kopplung (s. Abb. 1.3/4).

Abb. 7.1/11a zeigt diese Energiebänder für Abstände < 10 Å. Bemerkenswert ist, daß alle 4 Elektronen je Atom das Valenzband VB bei relativ niedrigen Energiewerten zusammen mit je 1 Elektron der 4 Nachbaratome vollständig füllen. Elektronen dieses Bandes tragen daher nicht zur Stromleitung bei. Die beiden oberen Grenzlinien bestimmen die Energiewerte des Leitungsbandes LB. Es ist bei $T = 0$ K und tiefen Temperaturen nicht von Elektronen besetzt. Der Bandabstand („verbotenes Band") ΔW zwischen LB und VB ist mit ≈ 6 eV bei Diamant so groß, daß er unter dem Einfluß der Wärmeenergie nicht überbrückt werden kann (Elektronen haben nach der in Gl. 7.6/3 auftretenden Temperaturspannung u_T bei $T = 300$ K eine mittlere Energie von 0,026 eV, bei $T = 2400$ K eine mittlere Energie von 0,2 eV). Daher ist Kohlenstoff in der Diamantstruktur ein ausgezeichneter Isolator.

Im Gegensatz dazu ist bei Germanium $\Delta W = 0{,}7$ eV, Silizium mit $\Delta W = 1{,}1$ eV der Bandabstand um eine Zehnerpotenz kleiner. Daher reicht die Wärmeenergie bei Zimmertemperatur aus, daß Elektronen vom Valenzband ins Leitungsband gelangen können. Zur Eigenleitung tragen dann nicht nur diese quasifreien Elektronen entsprechend ihrer Zahl n und ihrer Beweglichkeit b_n bei, sondern auch die Löcher p im Valenzband mit ihrer Beweglichkeit b_p.

Bewegte Elektronen im Leitungsband und bewegte Löcher im Valenzband nehmen höhere Energiewerte an als ohne Feld. Häufig ist die Löcherbeweglichkeit b_p kleiner als die Elektronenbeweglichkeit b_n, wie es Abb. 7.1/3 quantitativ zeigt.

Abb. 7.1/12a–c zeigt schematisch die Niveauunterschiede ΔW beim Isolator (a), beim eigenleitenden Halbleiter (b) und bei Metallen (c) oder (d). Der eigenleitende Halbleiter besitzt die gleiche Zahl beweglicher Elektronen und Löcher (in 7.1/12b durch $p = 2$ und $n = 2$ angedeutet).

Alle technisch verwendeten Halbleiterdioden und Transistoren verwenden durch gezielten Einbau von Störstellen p-dotierte bzw. n-dotierte Halbleiterschichten. Für diese zeigt Abb. 7.1/13a bzw. b das Energiebänderschema. Beim Einbau von Donatoren werden Elektronen mit geringem Energieaufwand $W_L - W_D \lessapprox 0{,}1$ eV an das Leitungsband abgegeben. Das Niveau W_D des ionisierten ortsfesten Donators liegt z. B. beim Einbau von Antimon (Sb) in Si nur um 0,039 eV unter der Kante W_L des Leitungsbandes. Elektronen sind hier die Majoritätsträger des n-leitenden Siliziums (durch $n = 4$, $p = 1$ angedeutet).

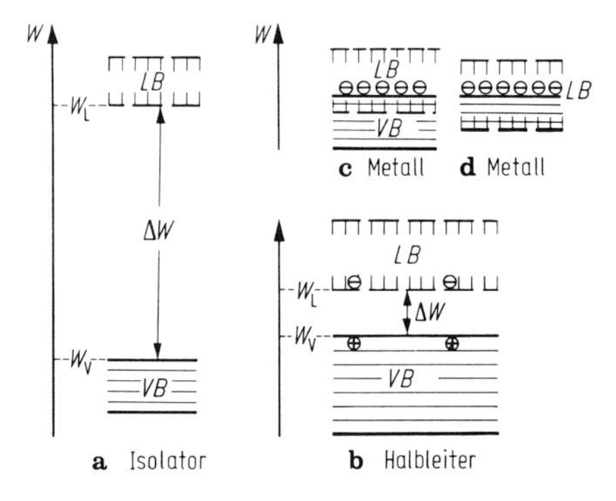

Abb. 7.1/12a–d. Bänderschema für reine Isolatoren (**a**); Halbleiter mit Eigenleitung (**b**) und Metalle (**c** und **d**)

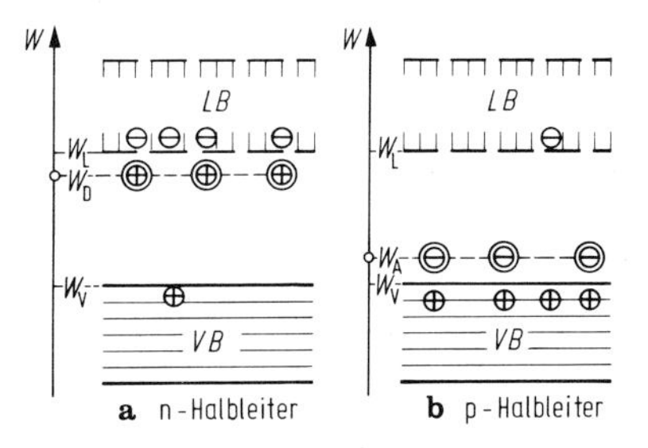

Abb. 7.1/13a u. b. Bänderschema für Halbleiter mit Donatoren bzw. Akzeptoren: **a** n-leitend, W_D = Energieniveau für ortgsfeste ionisierte Donatoren; **b** p-leitend, W_A = Energieniveau der ortsfesten ionisierten Akzeptoren

Wird der Halbleiter mit Akzeptoren dotiert, so wandern Valenzelektronen in die Akzeptoratome und lassen bewegliche Löcher im Valenzband zurück. Das Niveau W_A der negativ ionisierten Akzeptoren ist z. B. beim Dotieren von Si mit Bor (B) um 0,045 eV über der Bandkante W_v des Valenzbandes gelegen. Hier sind Löcher die Majoritätsträger des p-leitenden Siliziums ($p = 4$, $n = 1$).

Die erhöhte Rekombination mit ihrer Verminderung der Zahl der jeweiligen Minoritätsträger entsprechend dem Gesetz $np = n_i^2$ ist in Abb. 7.1/13 zusammen mit Abb. 7.1/12b angedeutet. Wird bei einer Dichte von $n_i = p_i = 10^{13}/\mathrm{cm}^3$ für eigenleitendes Halbleitermaterial durch Akzeptoren eine Löcherdichte $p = 10^{16}/\mathrm{cm}^3$ erreicht, so sinkt die Zahl der Elektronen als Minoritätsträger auf $n = 10^{10}/\mathrm{cm}^3$ herab.

7.1.6 Trägerdichte als Funktion der Zustandsdichte und der Fermi-Verteilung

Die Verteilung der Trägerdichte in Abhängigkeit von der Niveauhöhe im Valenzband und im Leitungsband wird durch die Zustandsdichte D und die Fermi-Verteilung w geregelt, welche die Wahrscheinlichkeit für die Besetzung eines Zustandes angibt. Nach dem Pauli-Prinzip ist die Zahl der für Elektronen und Löcher möglichen Energie- „Zustände“ (Plätze) beschränkt. Als Zustandsdichte $D(W)$ wird die Anzahl der möglichen Zustände pro Volumen- und Energieeinheit bezeichnet. Im Intervall zwischen W und $W + \mathrm{d}W$ sind die „Zustände“ $D(W)\,\mathrm{d}W$. Volumen vorhanden.

Abbildung 7.1/14a zeigt die Kurven der möglichen Zustandsdichte für Elektronen und Löcher horizontal über der senkrechten Energieachse nach [26]. Die im leitungs- und Valenzband im Mittel vorhandenen Trägerdichten erhält man nach Multiplikation der Zustandsdichte mit der Kurve der Fermi-Verteilung $w = f(W)$, welche die Besetzungswahrscheinlichkeit w für einen Energiewert W nach der Funktion[1]

$$w = f(W) = \frac{1}{1 + \mathrm{e}^{(W - W_F)/kT}} \tag{7.1/53}$$

bestimmt. Darin bedeutet W_F das Fermi-Niveau (Fermi-Kante), das bei eigenleitfähigen Halbleitern nahe der Mitte des „verbotenen Bandes“ liegt und mit einigen eV sehr groß im Verhältnis zu kT bei Raumtemperatur bleibt.

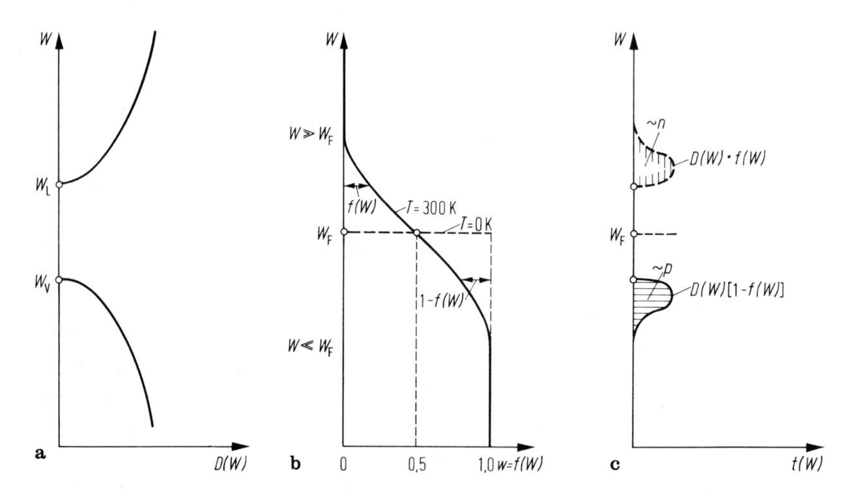

Abb. 7.1/14a–c. Zustandsdichte D, Fermi-Verteilung w und Trägerdichte t in Abhängigkeit von der Höhe W des Energieniveaus

[1] Diese Funktion heißt auch Fermi-Dirac-Funktion.

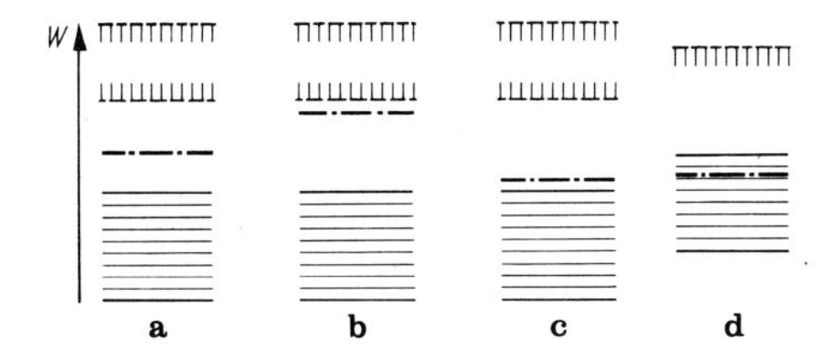

Abb. 7.1/15a–d. Lage der Fermi-Kante (-····-): **a** beim Halbleiter mit Eigenleitung; **b** beim n-Halbleiter; **c** beim p-Halbleiter; **d** für ein Metall

Formel (7.1/53) bedingt folgende Zuordnung:

$$W \gg W_F \quad w \to e^{-W/kT} \qquad \to 0$$

$$W = W_F \quad w = 0{,}5$$

$$W \ll W_F \quad w \to 1/(1 + e^{-W_F/kT}) \to 1.$$

Für $T \to 0$ K verläuft diese Funktion wie eine Sprungfunktion: Alle Energiezustände oberhalb der Fermi-Kante W_F sind unbesetzt (das Leitungsband ist leer), aber alle Energiezustände unterhalb der Fermi-Energie sind mit je einem Elektron besetzbar. Dieser abrupte Sprung bei $W = W_F$ wird bei Temperaturen oberhalb 0 K verschleift (s. Abb. 7.1/14b).

Die tatsächlich vorhandenen Trägerdichten werden aus den Kurven der Zustandsdichte $D(W)$ durch Multiplikation mit der Fermi-Verteilung $f(W)$ nach Gl. (7.1/53) ermittelt (s. Abb. 7.1/14c). Integriert man die Trägerdichtekurven $t(W)$, so ergeben sich die Trägerkonzentrationen n und p proportional den schraffierten Flächen in Abb. 7.1/14c.

Für die verschiedenen Fälle der eigenleitenden bzw, n- oder p-dotierten Halbleiter und für ein Metall gibt Abb. 7.1/15 eine Übersicht über die Lage des Fermi-Niveaus.

7.1.7 Der Elektronentransfereffekt

Wie in den vorhergehenden Abschnitten gezeigt, werden die Elektronen der verschiedenen äußeren Schalen der Atome beim Einkristallverband sehr stark beeinflußt. Auch hier muß die Lösung der Schrödinger-Gleichung (7.1/9) erhalten werden, um die Eigenschaften dieser Elektronenwellen zu beschreiben. Die hierfür erforderlichen Berechnungen sind äußerst umfangreich und werden in der theoretischen Physik mit Hilfe großer Rechenanlagen durchgeführt.

Es hat sich herausgestellt, daß eine gute Beschreibung der hierbei erhaltenen Ergebnisse die Elektronenenergie in Abhängigkeit vom Elektronenimpuls ist, der ja in der Teilchenphysik durch mv gegeben ist. (Bezüglich einer systematischen Behandlung der folgenden Zusammenhänge sei auf [62] verwiesen.)

Da Komponenten von v in den drei Richtungen des $\boldsymbol{r}$-Vektors, wie x, y und z, auftreten, spricht man von der Darstellung der Energiewerte in Abhängigkeit vom Impulsraum.

Die so erhaltenen Energiebandstrukturen für Si und GaAs in Abhängigkeit von sorgfältig ausgewählten Strecken im Impulsraum sind durch Abb. 7.1/16 gegeben.

Der Impulsraum ist dem Wellenvektorraum $\boldsymbol{k}$ proportional, der in Abschn. 7.1.4 als Vektor der Phasenkonstanten der Wellenfunktion eingeführt wurde. Dieser Impulsraum ist auch durch den Begriff des „reziproken Gitters" bei der Röntgen-oder Elektronenstrahlbeugung gegeben. Hier werden gewisse Ebenen im Kristall durch die Millerschen Indizes in runden Klammern beschrieben, die die normierten Koordinatenwerte im Kristallkoordinatensystem darstellen.

Eine Ebene parallel zur y- und z-Achse, welche die x-Achse bei 1 schneidet, wird mit (100) bezeichnet.

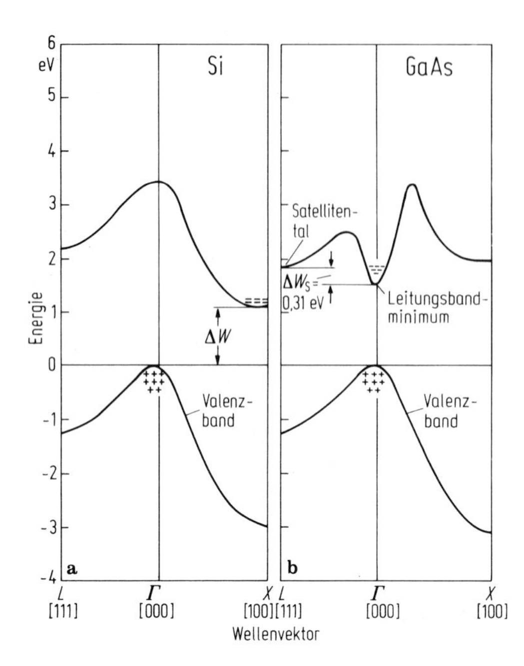

Abb. 7.1/16a u. b. Energiekonturen im Impulsraum für das unterste Leitungsband und das oberste Valenzband. L, Γ und X sind Positionen im Impulsraum, bei denen Leitungsbandminima auftreten: **a** für Silizium; **b** für Galliumarsenid; $\Delta W_S = 0{,}31$ eV ist der Abstand zwischen W im Satellitental und W im Leitungsbandminimum

Für die Positionen im Impulsraum werden rechteckige Klammern verwendet. So ist [000] das Zentrum des Impulsraumes und [100] der Endpunkt auf einer der Impulskoordinaten.

Man erkennt, daß das Bändermodell des Abschn. 7.1.5 nur eine Vereinfachung der Zusammenhänge darstellt. Das verbotene Band ΔW wird durch die Energiedifferenz zwischen Leitungsbandminimum und oberstem Valenzbandmaximum gegeben.

Bei einigen Halbleitern liegen diese Extrema beim gleichen Impulswert; z. B. bei GaAs beim Zentrum des Impulsraumes, der mit dem Buchstaben Γ bezeichnet wird.

Bei anderen Halbleitern, wie Si, liegen die Extrema an verschiedenen Punkten. Beim ersteren Halbleitertyp kann daher die Rekombination zwischen Elektronen und Löchern ohne Abgabe oder Aufnahme von einem Impuls stattfinden und ist daher schneller; beim zweiten Fall kann nur rekombiniert werden, wenn gleichzeitig ein Impuls berücksichtigt werden kann, wie er durch eine gleichzeitige (Schaffung oder) Aufnahme einer Gitterschwingung gegeben ist, die als Phononenteilchen beschrieben werden.

Man sieht auch aus Abb. 7.1.16, daß bei den Impulsraumpositionen L und X weitere Minima auftreten, die als Satellitentäler bezeichnet werden. Durch Aufheizen der Elektronen mittels eines angelegten elektrischen Feldes können Elektronen in diesen Seitentälern auftreten, falls nicht vorher andere Effekte dies verhindern, wie die Lawinenerzeugung von Elektronenlochpaaren, durch den Feldeffekt oder durch Kollision mit dem Gitter. Dies ist möglich, wenn der Energieabstand ΔW_s des tiefsten Minimums vom nächst tieferen Seitenminimum, dem Satellitental, kleiner als ΔW ist, aber größer als die thermische Rauschenergie kT (k = Boltzmann-Konstante, T = Temperatur in Kelvin). Man spricht dann vom Elektronentransfereffekt.

Wenn wir den Teilchenbegriff für Elektronenwellen im Einkristallgitter wieder einführen wollen, um mit einem einfachen Modell zu arbeiten, dann ist das möglich, nachdem eine effektive Masse m_{eff} definiert wurde, die durchweg andere Werte als die Elektronenmasse im freien Raum hat. An Hand von Gl. (7.1/52) sieht man, daß die Masse m_{eff} umgekehrt proportional zur zweiten Ableitung der Energiekontur nach dem Impuls (zur Bandkrümmung) ist. Aus Abb. 7.1/16 kann somit gesehen werden, daß im Zentraltal für GaAs bei Γ die effektive Masse kleiner ist als beim Satellitental bei L. Die Beweglichkeit eines Ladungsträgers ist durch folgende Gleichung gegeben:

$$b = \frac{e\tau}{m_{\text{eff}}}$$

wobei τ die Impulsrelaxationszeit ist, d. h. die Zeit zwischen zwei impulsaustauschenden Kollisionen. Die Elektronenbeweglichkeit im tiefsten Minimum (für GaAs beim Γ-Tal) ist daher höher als beim Satellitental (für GaAs beim L-Tal). Dieser Effekt läßt sich für Hochfrequenzerzeugung und-verstärkung verwerten und wird auch als Gunn-Effekt beschrieben, da Gunn die hierdurch erzeugten Oszillationen am GaAs 1963 zum ersten Mal experimentell beobachtet hat. Hierzu sei noch auf die Abschn. 7.2.4.4 und 10.2.2 verwiesen.

Der Gunn-Effekt kann somit nicht am Si beobachtet werden, jedoch an einer größeren Reihe von Verbindungshalbleitern wie InP u. a. (s. z. B. [61], S. 78–99).

7.2 Halbleiterbauelemente mit zwei Elektroden (Dioden und Gunn-Elemente)

7.2.1 Der p-n-Übergang

7.2.1.1 Überblick: Der p-n-Übergang ohne äußere Spannung. Die bisherigen Betrachtungen bezogen sich auf homogen dotierte Halbleiterkristalle. Im folgenden soll nun das elektrische Verhalten eines Kristalls untersucht werden, der aus einer p-leitenden und einer n-leitenden Zone nach Abb. 7.2/1a besteht, die in einer Grenzzone aneinanderstoßen [27]. Dabei werde die vereinfachende Annahme gemacht, daß die Dichte N_{D} der Donatoren im n-Gebiet und die Dichte N_{A} der Akzeptoren im p-Gebiet bis an die Grenzfläche konstant seien und dann auf Null absinken (Abb. 7.2/1b). Dabei ist zunächst eine gleich starke Störstellenkonzentration im p- und n-Gebiet vorausgesetzt ($N_{\text{A}} = N_{\text{D}}$).

Die Dichte der beweglichen Ladungsträger zu beiden Seiten der Grenzfläche wird dem plötzlichen Übergang der Störstellen nicht folgen. Vielmehr werden durch thermische Diffusion entsprechend Abb. 7.2/1c bzw. d Löcher nach rechts und Elektronen nach links übergehen. Es bildet sich ein Diffusionsstrom aus, der dem Dichtegefälle $\mathrm{d}n/\mathrm{d}x$ bzw. $\mathrm{d}p/\mathrm{d}x$ der beweglichen Ladungsträger proportional ist. Wenn aber z. B. Elektronen aus dem n-Gebiet in das p-Gebiet diffundieren, so hinterlassen sie in dem vorher neutralen n-Gebiet ortsfeste positive Donatorionen. Ebenso hinterlassen Löcher, die aus dem p-Gebiet herausdiffundieren, dort negative Akzeptorionen. Die dadurch entstehende Raumladung hat ein elektrisches Feld zur Folge, welches einen Strom in der dem Diffusionsstrom entgegengesetzten Richtung fließen läßt. Dieser Strom wird durch Minoritätsträger gebildet, die aus den angrenzenden feldfreien Gebieten in die Raumladungsschicht hineindiffundieren oder durch thermische Paarbildung in der Raumladungsschicht selbst entstehen. Da nach außen hin kein Strom fließt, müssen Diffusions- und Feldstrom im Mittel einander gleich sein.

Diese Vorgänge haben eine Verteilung der beweglichen Ladungsträger zur Folge, wie sie in Abb. 7.2/1c im logarithmischen Maßstab dargestellt ist. Abb 7.2/1d zeigt die

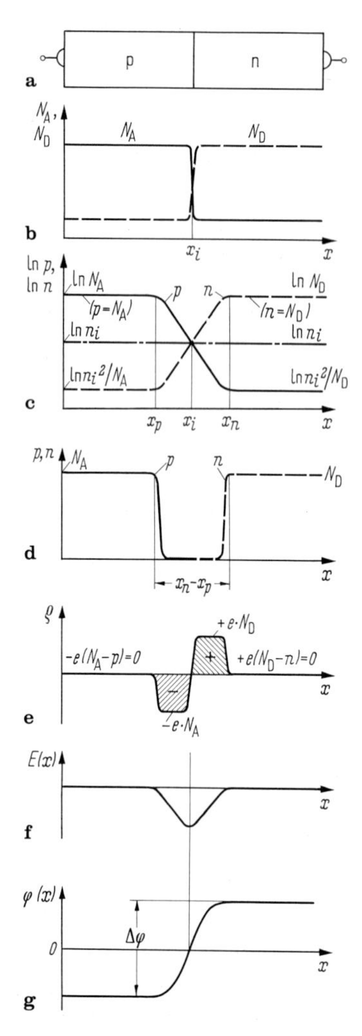

Abb. 7.2/1a–g. Verhalten der p-n-Schicht bei gleicher Dotierung: **a** p-n-Halbleiterkristall; **b** Dotierung, abhängig von x; **c** Ladungsträgerverteilung (logarithmisch); **d** Ladungsträgerverteilung (linear); **e** Raumladungsdichte; **f** Elektrische Feldstärke; **g** Potentialverteilung

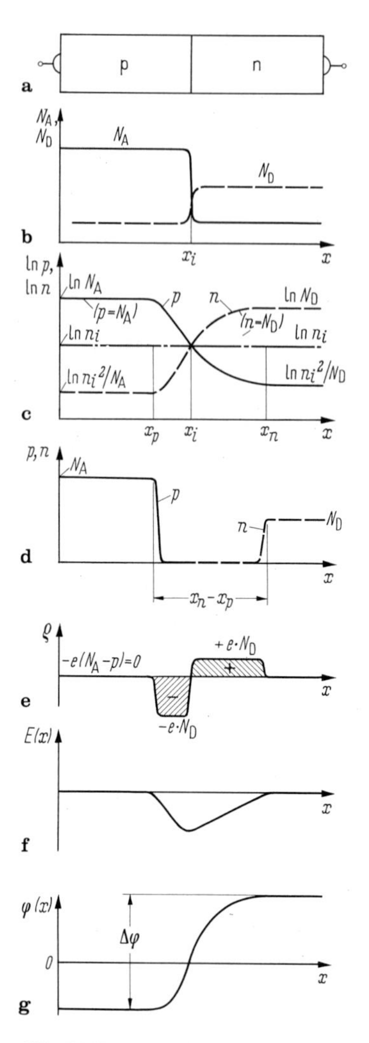

Abb. 7.2/2a–g. Verhalten der p-n-Schicht bei ungleicher Dotierung (1 : 2). **a–g** wie bei 7.2/1

gleiche Verteilung im linearen Maßstab und macht die Verarmung an Ladungsträgern in der Sperrschicht zwischen x_p und x_n deutlich. Aus den Verteilungen der Störstellendichte und der Dichte der beweglichen Ladungsträger (Abb. 7.2/1b, d) ergibt sich nun die Verteilung der Raumladungsdichte ϱ nach der Beziehung

$$\varrho = e(N_D - N_A + p - n) = e(N_D - n) - e(N_A - p)\,.$$

Dabei ist N_D die Konzentration der (positiven) Donatorionen, N_A die der (negativen) Akzeptorionen. In Abb. 7.2/1e ist diese Verteilung unter Berücksichtigung der Vorzeichen aufgetragen. Der Bereich zwischen x_p und x_n ist die Breite der Raumladungszone (Sperrschicht). Die Größe der hier herrschenden Raumladungsdichte ist wesentlich durch die Dichte der Störstellenionen gegeben, links von x_i durch $-eN_A$ und rechts von x_i druch $+eN_D$.

Das gilt streng nur für einen abrupten Übergang zwischen p- und n-Gebiet. Bei allmählichen Übergängen kann die Dichte der freien Ladungsträger in der Umgebung der Grenzfläche nicht als verschwindend klein gegenüber der Störstellendichte betrachtet werden. Für die Raumladungszone gilt dann: $\varrho = -e(N_A - p)$ für $x_p < x \leq x_i$ bzw. $\varrho = e(N_D - n)$ für $x_i \leq x < x_n$. Links von x_p und rechts von x_n verschwindet die Raumladung, da die Ladungen der Störstellenionen durch die hier vorhandenen freien Ladungsträger neutralisiert werden ($N_A = p$ und $N_D = n$).

Die Raumladung in der Grenzschicht ist Ursache einer elektrischen Feldstärke E und eines Potentials φ. Den Zusammenhang zwischen Potential und Raumladung gibt die Poissonsche Gleichung an:

$$\frac{d^2\varphi}{dx^2} = -\frac{\varrho}{\varepsilon}.$$

Die Feldstärke folgt durch Integration der ϱ-Kurve aus

$$E(x) = -\frac{d\varphi}{dx} = \frac{1}{\varepsilon} \int_{x=x_p}^{x} \varrho \, dx.$$

$\varphi(x)$ gewinnt man durch Integration von $E(x)$. Den Verlauf von $E(x)$ und $\varphi(x)$ zeigen Abb. 7.2/1f, g. Für das Potential wurde dabei an der Stelle x_i der Wert Null angenommen, an welcher die Dichte der beweglichen Ladungsträger gleich der Inversionsdichte ist ($n = p = n_i$).

Die Potentialschwelle $\Delta\varphi$, die auch Diffusionsspannung genannt wird, ist von außen nicht meßbar, da sich an den Übergängen zwischen Halbleiter und Metall entgegengesetzt gerichtete Potentialstufen ausbilden, die zusammen $\Delta\varphi$ kompensieren.

7.2.1.2 Bändermodell, Ladungen, Feldstärke und Potential im p-n-Übergang. Um die von außen meßbaren elektrischen Eigenschaften des p-n-Übergangs herleiten und einen Zusammenhang mit den Materialparametern des zur Herstellung verwendeten Halbleiters herstellen zu können, ist eine nähere Betrachtung der Ladungsträgerdichten und ihrer Energien im Bändermodell erforderlich. An der Grenzfläche der beiden unterschiedlich dotierten Gebiete, dem stöchiometrischen p-n-Übergang, gehe die Dichte N_A der Akzeptoren im p-Gebiet sprunghaft auf Null zurück, während die Dichte der Donatoren auf ihren Wert N_D des n-Gebietes ansteigt. Diesem plötzlichen Übergang der Dotierstoffkonzentration kann die Konzentration der freibeweglichen Löcher und Elektronen nicht folgen, da sie sich aufgrund der thermischen Diffusion in die Nachbargebiete ausbreiten. Das dadurch entstehende Übergangsgebiet muß sich jedoch ebenso wie die sich anschließenden Bahngebiete im thermischen Gleichgewicht befinden, so daß auch hier die Gleichgewichtsbedingung $pn = n_i^2$ für das Produkt der beiden Ladungsträgerdichten gültig bleibt [76, 77]. Die Anreicherung von Elektronen im p-Gebiet hat deshalb eine Verarmung von Löchern zur Folge, während die Anreicherung der Löcher im n-Gebiet die Elektronenkonzentration vermindert. Setzen wir voraus, daß keine äußere elektrische Spannung anliegt, muß das Fermi-Niveau W_F der Elektronenenergieverteilung auf beiden Seiten die gleiche Höhe haben und auch ungestört durch das Übergangsgebiet gehen. Die Lage der Bandkanten wird sich jedoch der verschliffenen Ladungsträgerverteilung anpassen und ebenfalls einen breiteren Übergangsbereich ausbilden.

Eine qualitative Veranschaulichung der Situation zeigt Abb. 7.2/3. Die Absenkung der Valenzbandkante im p-Gebiet und die Anhebung der Leitungsbandkante im

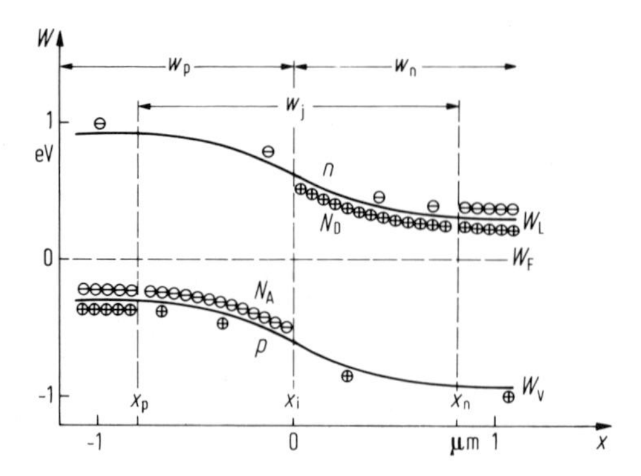

Abb. 7.2/3. Das Bänderschema im p-n-Übergang ohne äußere Spannung (Silizium mit $N_D = N_A = 10^{15}/\mathrm{cm}^3$) W_F Ferminiveau (ortsunabhängig), W_L Energie an der Leitungsbandkante, W_V Energie an der Valenzbandkante, w_j Weite der Raumladungszone, w_p = p-Gebiet, w_n = n-Gebiet

n-Gebiet entsprechen einer Verarmung der Majoritätsträgerdichten, die durch die Vergrößerung der jeweiligen Minoritätsträgerdichten nicht ausgeglichen wird. Es entsteht eine Verarmungszone, in der eine durch die übrig bleibenden Dotierstoffionen erzeugte ortsfeste Raumladung herrscht.

Um eine analytische Berechnung durchführen zu können, sind einige Vereinfachungen zweckmäßig, die in vielen Anwendungsfällen berechtigt sind. Bei Verwendung von Dotierstoffen mit flachen Donator-oder Akzeptorniveaus mit einem Abstand $<0{,}05$ eV von den Bandkanten, Beschränkung auf Konzentrationen unter $10^{18}\,\mathrm{cm}^{-3}$ und Temperaturen über $-40\,°\mathrm{C}$, kann davon ausgegangen werden, daß alle Donatoren und Akzeptoren ionisiert sind. Sie bewirken dann eine ortsfeste Ladung N_{A-} und N_{D+}, die in den Bahngebieten außerhalb des p-n-Übergangsbereichs durch die Ladungsdichte der beweglichen Löcher p_+ und Elektronen n_- gerade kompensiert wird:

$$p_+ = N_{A-} = N_A \qquad n_- = N_{D+} = N_D\,. \tag{7.2/1}$$

Das Fermi-Niveau liegt innerhalb des verbotenen Bandes, und die Beziehung für die Besetzungsdichte w vereinfacht sich [80] zu

$$w = \mathrm{e}^{-(W - W_F)/kT}\,.$$

Durch Multiplikation mit der Zustandsdichte $D(W)$ und Integration über die Energie kann der Zusammenhang der Ladungsträgerdichten in Valenz- und Leitungsband mit der Lage des Fermi-Niveaus auf einfache Weise ausgedrückt werden:

$$p = n_i\,\mathrm{e}^{(W_i - W_F)/kT} \qquad n = n_i\,\mathrm{e}^{(W_F - W_i)/kT}\,. \tag{7.2/2a}$$

Dabei ist W_i die Elektronenenergie in der Mitte zwischen Valenz- und Leitungsband und n_i die Löcher- und Elektronendichte des undotierten Halbleiters. Diese Beziehungen beschreiben den thermischen Gleichgewichtszustand und sind im gesamten Halbleiter, auch im p-n-Übergangsgebiet, gültig. Sie lassen sich mit Hilfe der Beziehungen $\mathrm{d}W/\mathrm{d}\varphi = -e$ und $kT/e = u_T (= 25{,}9\,\mathrm{mV}$ bei Zimmertemperatur) auch als Potentialzusammenhänge formulieren

$$p = n_i\,\mathrm{e}^{(\varphi_F - \varphi)/u_T} \qquad n = n_i\,\mathrm{e}^{(\varphi - \varphi_F)/u_T}\,. \tag{7.2/2b}$$

Für die Potentialberechnung setzen wir nun die eindimensionale Poisson-Gleichung an

$$\frac{\mathrm{d}^2\varphi}{\mathrm{d}x^2} = -\frac{\varrho}{\varepsilon}, \tag{7.2/3}$$

wobei die Raumladungsdichte ϱ die Differenz aus der festen Akzeptor-und Donatorladung und der beweglichen Löcher- und Elektronenladung ist. Mit (7.2/1) und (7.2/2b) kann die Poisson-Gleichung weiterentwickelt werden zu

$$\frac{d^2\varphi}{dx^2} = \frac{-e}{\varepsilon}\left(N_D - N_A - 2n_i \sinh\frac{\varphi - \varphi_F}{u_T}\right). \tag{7.2/4}$$

Im Inneren des p-n-Übergangs, d. h. in dem Bereich, wo die Bandverbiegung einen Potentialhub von mehr als $2u_T$ bewirkt hat, ist die Konzentration der beweglichen Löcher und Elektronen bereits so weit abgesunken, daß sie gegen die der festen Ladungen N_A und N_D vernachlässigt werden kann. Hier herrscht also eine konstante Raumladungsdichte, und die Poisson-Gleichung vereinfacht sich zu:

$$\underset{x<x_i}{\text{links:}}\ \frac{d^2\varphi}{dx^2} = \frac{eN_A}{\varepsilon} \qquad \underset{x>x_i}{\text{rechts:}}\ \frac{d^2\varphi}{dx^2} = \frac{-eN_D}{\varepsilon}$$

mit den Lösungen:

$$\varphi = \varphi_p + \frac{eN_A}{2\varepsilon}(x - x_p)^2 \qquad \text{und} \qquad \varphi = \varphi_n - \frac{eN_D}{2\varepsilon}(x_n - x)^2.$$

Das sind zwei Parabeln, die ihre Scheitelpunkte an den Rändern der Raumladungszone haben und am stöchiometrischen p-n-Übergang ohne Steigungs-(Feldstärke-) sprung ineinander übergehen müssen. Der gesamte Potentialhub muß, da keine Spannung anliegt, der Differenz der Potentiale der p- und n-Bahngebiete entsprechen. Diese Differenz $\Delta\varphi$, die Diffusionsspannung genannt wird, läßt sich aus (7.2/2b) ermitteln:

$$\Delta\varphi = \varphi_n - \varphi_p = U_D = u_T \ln\frac{N_A N_D}{n_i^2}. \tag{7.2/5}$$

Mit diesen Randbedingungen kann die Potentiallösung präzisiert werden zu:

$$\text{links: } \varphi = -u_T \ln\frac{N_A}{n_i} + \frac{eN_A}{2\varepsilon}(x - x_p)^2$$

$$\text{rechts: } \varphi = u_T \ln\frac{N_D}{n_i} - \frac{eN_D}{2\varepsilon}(x_n - x)^2. \tag{7.2/6a}$$

Das ist die bekannte Parabelnäherung von Schottky für den Potentialverlauf im p-n-Übergang [78]. Mit ihr läßt sich die Ausdehnung der Raumladungszonen berechnen:

$$\text{links: } x_i - x_p = \sqrt{\frac{2\varepsilon U_D}{eN_A(1 + N_A/D_D)}};$$

$$\text{rechts: } x_n - x_i = \sqrt{\frac{2\varepsilon U_D}{eN_D(1 + N_D/N_A)}}. \tag{7.2/6b}$$

Die Abbildungen 7.2/4 und 5 zeigen die vollständige Auswertung der Ergebnisse für Si, wobei auch die elektrische Feldstärke $E = -\operatorname{grad}\varphi$ berechnet wurde. Sie hat ihren höchsten Wert immer am stöchiometrischen p-n-Übergang x_i, und die negativen und positiven Raumladungszonen beinhalten die gleiche Ladungsmenge. Das gilt auch für unsymmetrische p-n-Übergänge, wie Abb. 7.2/5 zeigt. Der Hauptunterschied ist hier, daß sich das Geschehen in den schwächer dotierten Bereich verlagert. Die Größenordnung der Ausdehnung der Raumladungszonen im betrachteten Dotierungsbereich von 10^{12} bis $10^{17}/\text{cm}^3$ liegt zwischen 0,1 und 10 µm.

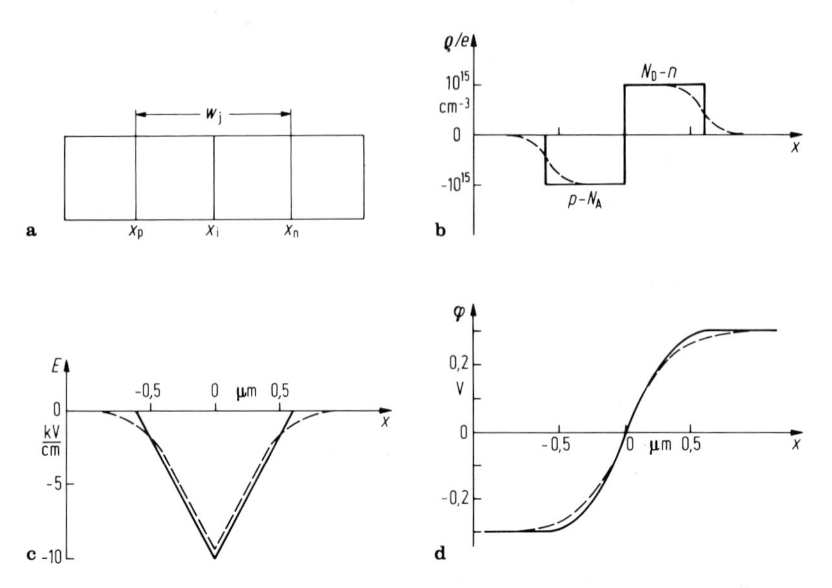

Abb. 7.2/4a–d. Zur Berechnung der Potentialverteilung im symmetrischen p-n-Übergang; —— Schottkysche Parabelnäherung; – – – exakte Lösung. **a** Aufbauschema des p-n-Übergangs; **b** Verteilung der Nettoladungsträgerdichte; **c** Elektrische Feldstärke $E(x)$; **d** Elektrisches Potential $\varphi(x)$

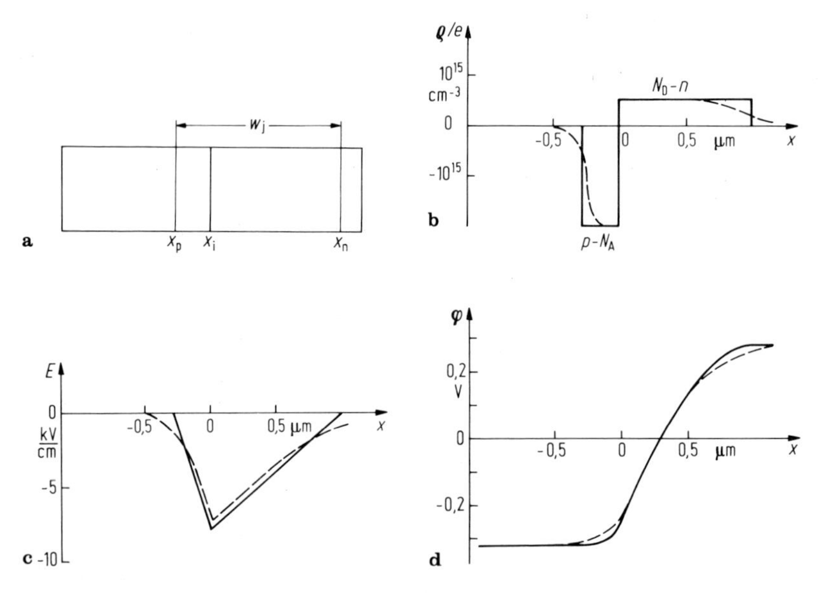

Abb. 7.2/5. Wie Abb. 7.2/4, jedoch für unsymmetrische Dotierung

Da wir bei der Parabelnäherung die Randzonen vernachlässigt haben, liefert sie etwas zu kleine Werte für die Raumladungsweite. Eine Korrektur kann durchgeführt werden, indem wir versuchen, eine Lösung der Poisson-Gleichung zu finden, die in den Randzonen der Raumladungszone gültig ist. Hier kann der Exponentialterm $\sinh[(\varphi - \varphi_F)/u_T]$ nicht vernachlässigt werden. Setzen wir jedoch den Näherungswert $(\varphi - \varphi_F)/u_T$, der bei kleinen Potentialänderungen noch gut stimmt, ein, so ergibt sich wieder eine einfache analytische Lösung der Poisson-Gleichung [78]:

$$\text{links: } \varphi = -u_T \ln \frac{N_A}{n_i}\left[1 - e^{-\frac{(x_p - x)}{L_D}}\right]$$

$$\text{mit} \quad L_D = \sqrt{\frac{u_T \varepsilon}{e N_A}}$$

$$\text{rechts: } \varphi = u_T \ln \frac{N_D}{n_i}\left[1 - e^{-\frac{(x - x_n)}{L_D}}\right]$$

$$\text{mit} \quad L_D = \sqrt{\frac{u_T \varepsilon}{e N_D}} \,. \tag{7.2/7}$$

Die Ränder der Raumladungszone zeigen ein exponentielles Abklingen der Potentialstörung mit der Abklingkonstante L_D, der sogenannten Debye-Länge. Die Raumladungsweite vergrößert sich auf beiden Seiten effektiv um den Betrag der Debye-Länge, also um etwa $2L_D$.

Die Tatsache, daß sich ohne Anlegen einer äußeren Spannung und bei Vorhandensein beweglicher Ladungsträger ein Potentialabfall aufbauen kann, erscheint zunächst paradox und soll deshalb kurz erläutert werden. Der Potentialgradient in der Raumladungszone führt an sich zu einem Feldstrom:

$$I_{\text{Feld}} = e \frac{d\varphi}{dx}(p\mu_p + n\mu_n) \,.$$

Er muß von einem entgegengesetzten Strom in jedem Punkt des p-n-Übergangs ausgeglichen werden. Dies bewerkstelligt der durch den Konzentrationsgradienten der Ladungsträger hervorgerufene Diffusionsstrom, der dem Fickschen Diffusionsgesetz folgt:

$$I_{\text{Diff}} = e\left(D_p \frac{dp}{dx} - D_n \frac{dn}{dx}\right) .$$

Dieser Ausdruck läßt sich mit der Nernst-Einstein-Beziehung $D = u_T \mu$ und durch Einsetzen von (7.2/2b) umformen, und es ergibt sich

$$I_{\text{Diff}} = -I_{\text{Feld}} \,.$$

Dem Hub des elektrischen Potentials steht der Hub des Diffusionspotentials entgegen, daher der Name Diffusionsspannung für den elektrischen Potentialhub. Die sich aufhebenden Diffusions- und Feldströme sorgen bei kurzzeitigen Störungen dafür, daß sich das thermische Gleichgewicht stets sofort wieder einstellt [76].

7.2.1.3 Statische Kennlinie des p-n-Übergangs. Die Raumladungszone des p-n-Übergangs hat durch die Ladungsträgerverarmung im Vergleich zu den sich anschließenden p- und n-Bahngebieten eine stark reduzierte Leitfähigkeit. Legt man eine äußere Spannung U an, so wird sie, je nach Polarität, nur den Potentialabfall im p-n-Übergang vergrößern oder verkleinern. Mit den gleichen Vereinfachungen wie im vorigen Abschnitt heißt das, daß die Raumladungszone, deren Raumladungsdichte ja festliegt, ihre Ausdehnung ändern muß, um sich dem veränderten Potentialhub $\Delta\varphi = U_D - U$ anzupassen. Die Lösung der Poisson-Gleichung kann in gleicher Weise wie zuvor mit dieser neuen Randbedingung durchgeführt werden, und es ergeben sich nun die spannungsabhängigen Raumladungsweiten:

$$x_i - x_p = \sqrt{\frac{2\varepsilon(U_D - U)}{e(N_A + N_A^2/N_D}} \qquad x_n - x_i = \sqrt{\frac{2\varepsilon(U_D - U)}{e(N_D + N_D^2/N_A)}} \,. \tag{7.2/8}$$

Um die Ladungsträgerdichten innerhalb der Raumladungszone berechnen zu können, gehen wir zunächst davon aus, daß die Wechselwirkung zwischen Löchern im Valenzband und Elektronen im Leitungsband nur gering ist und zwei voneinander unabhängige Elektronengase im Boltzmann-Gleichgewicht vorliegen (Quasigleichgewicht, d. h., beide Gase sind in sich im thermischen Gleichgewicht, jedoch gilt nicht mehr die Beziehung $np = n_i^2$). Ihre Lage im Energiebändermodell wird durch die Lage der benachbarten Neutralgebiete der betreffenden Ladungsträgersorte bestimmt. Das Fermi-Niveau des n-Gebiets setzt sich also in die Raumladungszone fort und bestimmt dort mit Gl. (7.2/2a) die Dichte der Elektronen, während die Dichte der Löcher durch das Fermi-Niveau des p-Gebiets festgelegt wird. Die Höhen der beiden Fermi-Niveaus W_{Fn} und W_{Fp} unterscheiden sich durch die angelegte Spannung U um den Betrag $W_{\mathrm{Fn}} - W_{\mathrm{Fp}} = Ue$.

Die Dichte der Elektronen und Löcher an dem Rand der Raumladungszone, der dem entsprechenden Bahngebiet gegenüber liegt, wird gegenüber dem Gleichgewichtswert ohne Spannung um den Faktor e^{U/u_T} vergrößert bzw. verkleinert. Damit ergeben sich nun die Quasigleichgewichtswerte für die Dichte der Elektronen am p-Gebietsrand und der Löcher am n-Gebietsrand zu:

$$n_p = \frac{n_i^2}{N_A} e^{U/u_T} \qquad p_n = \frac{n_i^2}{N_D} e^{U/u_T}. \tag{7.2/9}$$

Die sich nun einstellenden Verhältnisse sind in Abb. 7.2/6a, b und Abb. 7.2/7a, b für eine positive und negative Spannungsbeaufschlagung dargestellt. Die veränderten Randkonzentrationen breiten sich tief in die Bahngebiete aus. Dabei wirkt der Injektion bei positiver Polung der Rekombinationsmechanismus entgegen, der dafür sorgt, daß die überschüssige Minoritätsladungsträgerdichte in der Tiefe allmählich abgebaut wird. In umgekehrter Weise wird das Minoritätsträgerdefizit, das sich bei negativer Polung einstellt, durch den Generationsmechanismus in der Tiefe der Bahngebiete abgebaut. Die injizierte bzw. verminderte Minoritätsträgerdichte bewirkt keine Raumladung, da sie durch nur leichte Verschiebung der Majoritätsträger kompensiert werden können. Die Bahngebiete bleiben also weiterhin neutral, so daß die Minoritätsträger nur durch Diffusion in die Bahngebiete hineintransportiert werden. Die Ermittlung der Ladungsträgerdichteverteilung kann deshalb mit dem Diffusionsgesetz (2. Ficksches Gesetz) durchgeführt werden:

$$\frac{dn_p}{dt} = D_n \frac{d^2 n_p}{dx^2} \quad \text{und} \quad \frac{dp_n}{dt} = D_p \frac{d^2 p_n}{dx^2}. \tag{7.2/10}$$

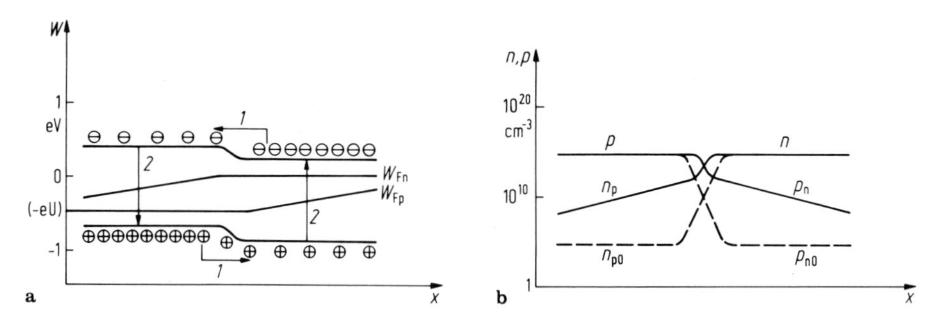

Abb. 7.2/6a u. b. Ladungsträgerinjektion und Rekombination im p-n-Übergang bei positiver Spannung am p-Gebiet: **a** Bänderschema, *1* Ladungsträgeranreicherung durch Injektion, *2* Abbau der Anreicherung durch Rekombination; **b** Ladungsträgerdichten, - - - - Trägerdichten ohne angelegte Spannung

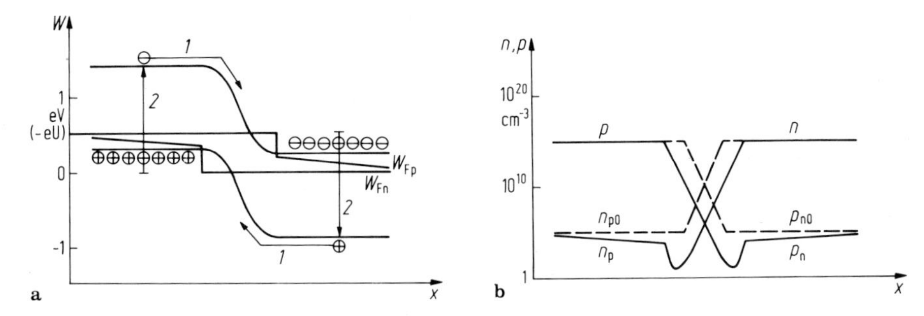

Abb. 7.2/7a u. b. Ladungsträgerverarmung und Generation im p-n-Übergang bei negativer Spannung U am p-Gebiet **a** Bänderschema, *1* Ladungsträgerverarmung, *2* Abbau der Verarmung durch Generation; **b** Ladungsträgerdichten, - - - - Trägerdichten ohne angelegte Spannung

Für die Rekombination und Generation kann der lineare Ansatz gemacht werden:

$$\frac{dn_p}{dt} = \frac{n_p - n_{p0}}{\tau_p} \quad \text{und} \quad \frac{dp_n}{dt} = \frac{p_n - p_{n0}}{\tau_n}, \tag{7.2/11}$$

d. h., die Rekombinations- und Generationsraten sind der Konzentrationsabweichung proportional. Die Ratenkonstante ist der Kehrwert der Lebensdauer der Überschußladungsträger der sog. Minoritätsträgerlebensdauer τ. Aus Gl. (7.2/9) bis (7.2/11) ergibt sich die Lösung für die Ortsverteilung der Minoritätsträger:

$$n_p = (n_i^2/N_A)(e^{U/u_T} - 1)\, e^{(x - x_p)/L_n}$$
$$p_n = (n_i^2/N_D)(e^{U/u_T} - 1)\, e^{(x_n - x)/L_p}. \tag{7.2/12}$$

Bei positiver Polung der angelegten Spannung (+ am p-Gebiet) liefert die Diffusionsgleichung (7.2/12) ein exponentielles Abklingen von Überschußladungsträgern in die Neutralgebiete mit der Abklingkonstante $L = \sqrt{D\tau}$, der Diffusionslänge. Je größer die Spannung ist, desto größer wird der Minoritätsladungsträgerüberschuß und die mit ihm verbundene Rekombinationsrate in den Diffusionsschwänzen (Abb. 7.2/6). Bei negativer Polung hingegen (am p-Gebiet) findet schon bei kleinen Spannungen von $U = -2u_T = -0{,}052$ V eine praktisch vollständige Verarmung statt, so daß sich die Form des Diffusionsschwanzes bei weiterer Vergrößerung des Betrags der Sperrspannung nicht mehr wesentlich ändern kann. Die weitere Verarmung beschränkt sich dann auf die Raumladungszone und ein verschwindend kleines Diffusionsgebiet, dessen Ausdehnung nicht durch die Minoritätsträgerlebensdauer, sondern durch die wesentlich kürzere Ladungsträgerrelaxationszeit bestimmt ist (Abb. 7.2/7).

Die Rekombination bzw. Generation in den Diffusionsschwänzen liefert einen Strom, der auf der p-n-Übergangsseite jeweils durch die Diffusion, verursacht durch die Konzentrationsgradienten, voll übernommen werden muß. Machen wir nun den Ansatz für den Diffusionsstrom an den p-n-Übergangsgrenzen x_p und x_n mit dem 1. Fickschen Gesetz:

$$I = \frac{dQ_p}{dt} + \frac{dQ_n}{dt} = eF\left[D_p \left.\frac{dp_n}{dx}\right|_{x_n} - D_n \left.\frac{dn_p}{dx}\right|_{x_p} \right].$$

Die Ladungsträgergradienten lassen sich aus Gl. (7.2/12) leicht berechnen, und für den Stromfluß ergibt sich dann:

$$I = I_S(e^{U/u_T} - 1) \quad \text{mit} \quad I_S = F\left(\frac{eD_n n_i^2}{N_A L_n} + \frac{eD_p n_i^2}{N_D L_p}\right). \tag{7.2/13a}$$

Das ist die Shockleysche Kennliniengleichung des p-n-Übergangs [76] (Abb. 7.2/8a). Sie sagt aus, daß bei negativen Spannungen ein sehr kleiner spannungsunabhängiger Sperrstrom I_S fließt, während bei positiven Spannungen ein exponentiell mit der Spannung (mit 60 mV/Strom-Dekade) ansteigender Flußstrom einsetzt. Sie ist so lange gültig, wie die Konzentration der injizierten Ladung klein ist gegenüber der Majoritätsträgerdichte im Injektionsgebiet, d. h. der p-n-Übergang sich im Zustand schwacher Injektion befindet. Bei symmetrischen p-n-Übegängen ist dies bis zu Spannungen der Fall, die noch kleiner als die Diffusionsspannung U_D sind. Unsymmetrische p-n-Übergänge hingegen erreichen die Grenze zur starken Injektion bereits bei der kleineren Spannung $U_0 = u_T \ln (N^2/n_i^2)$, wobei N die Akzeptor- bzw. Donatordichte der schwächer dotierten Seite ist.

Im vorliegenden Fall langer Bahngebiete geht der exponentielle Strom-Spannungs-Anstieg bereits vor Erreichen der starken Injektion in einen schwächeren, linearen Anstieg über. Verantwortlich dafür ist der Serienwiderstand der Bahngebiete, dessen Spannungsabfall IR_S in der Kennliniengleichung berücksichtigt werden muß:

$$I = I_S(e^{(U - IR_S)/u_T} - 1)\,. \tag{7.2/13b}$$

Durch Auflösen nach der Spannung U ergibt sich daraus:

$$U = u_T \ln \frac{I + I_S}{I_S} + IR_S\,.$$

Der Spannungsabfall am p-n-Übergang setzt sich aus dem Shockleyschen Term und dem Serienwiderstandsterm zusammen. Welcher der beidenTerme kennlinienbestimmend wird, kann durch Berechnen des differenziellen Widerstands $\mathrm{d}U/\mathrm{d}I$ entschieden werden. Nehmen wir an, daß Gl. (7.2/13) bis zur Spannung U_0 für den Shockley-Term noch annähernd gültig und $N_A \gg N_D$ ist (p^+-n-Übergang), erhalten wir:

$$\frac{\mathrm{d}U}{\mathrm{d}I} = \frac{u_T}{I} + R_S = \frac{u_T L_p}{F N_D e D_p} e^{(U_0 - U)/u_T} + \frac{L_B}{F N_D e \mu_p}$$

$$= \frac{u_T L_p}{F N_D e D_p} \left(e^{(U_0 - U)/u_T} + \frac{L_B}{L_p} \right)$$

mit $\mu_p = D_p/u_T$.

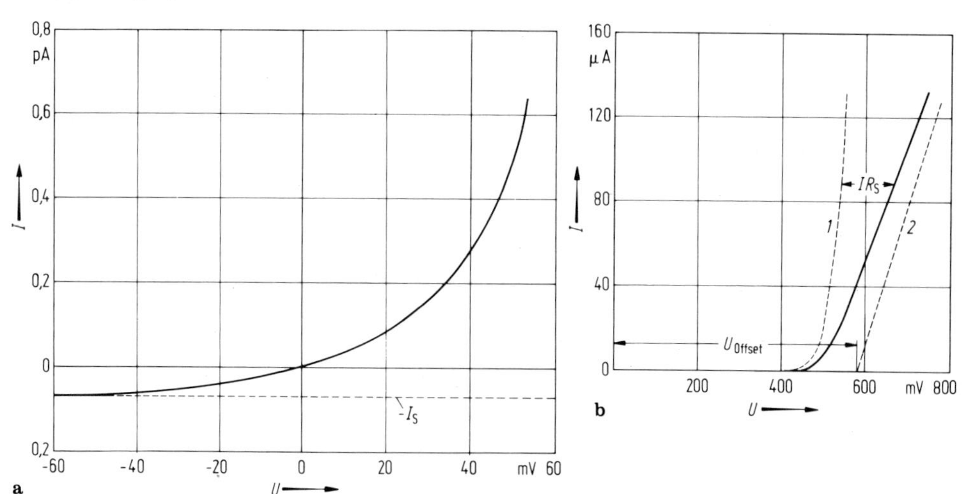

Abb. 7.2/8a u. b. Kennlinie eines Silizium-p-n-Übergangs in verschiedenen Strombereichen ($N_A = N_D = 10^{15}\,\mathrm{cm}^{-3}$ $L_n = L_p = 100\,\mu\mathrm{m}$, $F = 10^{-3}\,\mathrm{cm}^2$, $T = 300\,\mathrm{K}$) **a** Shockleysche Kennlinie bei kleinen Strömen; **b** Berücksichtigung des Serienwiderstands R_S bei großen Strömen *1* Shockley-Kennlinie, *2* Um die Offsetspannung versetzte Widerstandskennlinie

Der Serienwiderstandsterm überwiegt, wenn die angelegte Spannung größer als die sogenannte Offsetspannung U_{offset} wird:

$$U_{\text{offset}} = U_0 - u_T \ln \frac{L_B}{L_p}.$$

Da die Offsetspannung stets kleiner als die Einsatzspannung der starken Injektion ist, bleibt (7.2/13b) für p-n-Übergänge mit langen Bahngebieten gültig. Starke Injektion tritt nur bei Bahngebietslängen auf, die kürzer als die Diffusionslängen der injizierten Minoritätsträger sind. Dieser Fall tritt bei PIN-Dioden ein und erfordert eine Modifizierung der Shockley-Theorie. Er ist in Abschn. 7.2.3.1 behandelt. Im Bereich großer Ströme kann die Kennliniengleichung stark vereinfacht werden Abb. 7.2/8b) zu

$$I = (U - U_0)/R_S. \qquad (7.2/13c)$$

Die Größe der Ströme, die in p-n-Übergängen fließen können, ist durch die Shockley-Theorie direkt mit den im Halbleiter stattfindenden Rekombinationsmechanismen verknüpft (s. Abschn. 7.1). Bei einigen Verbindungshalbleitern (GaAs) ist ein direkter strahlender Übergang möglich, der zu kurzen Minoritätsträgerlebensdauern und entsprechend kurzen Diffusionslängen von nur wenigen µm führt. Bei Silizium und Germanium ist der strahlende Übergang nicht möglich, und die Rekombination kann nur über Rekombinationszentren stattfinden. Rekombinationszentren werden einerseits durch die flachen Dotierstoffniveaus, die nur entsprechend ihrem Besetzungszustand wirksam werden, und andererseits durch tiefe Trapniveaus, die voll wirksam sind, gebildet [34]. Tiefe Trapniveaus entstehen durch Kompensationsdotierungen, spezifische Verunreinigungen mit Niveaus in Bandmitte (Cu, Au in Si, Ge oder Cr, O in GaAs) und Kristallfehler (Versetzungen, Oberflächenzustände). Die in Abb. 7.2/9 gezeigte Abhängigkeit der Diffusionslänge von den Trap- und Dotierstoffdichten darf nur qualitativ interpretiert werden, da sich im konkreten Fall je nach Art der vorhandenen Trap- und Dotierstoffarten größere Abweichungen ergeben können.

Im Shockleyschen Modell ist nur der Rekombinations-Generationsstrom in den Bahngebieten berücksichtigt. Das Vorhandensein tiefer Trapniveaus in Bandmitte ermöglicht noch einen zusätzlichen Rekombinations-Generations-Strom I_T innerhalb der Raumladungszone [63]. Er ist proportional zu ihrer Ausdehnung und zu der in ihr vorliegenden Trapdichte N_T:

$$I_T \sim F N_T \sqrt{U_D - U}.$$

Für die praktische Auswertung der gewonnenen Erkenntnisse ist darauf zu achten, daß je nach verwendetem Halbleitermaterial und bei verschiedenen Arbeitspunkten auf der Kennlinie stark unterschiedliche Temperaturabhängigkeiten der Ströme

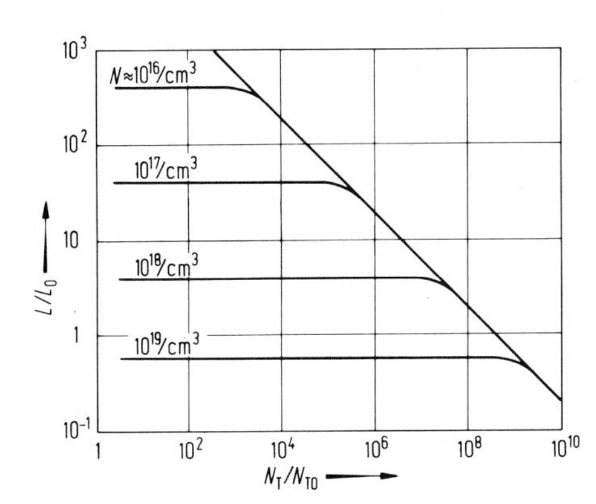

Abb. 7.2/9. Qualitative Abhängigkeit der Minoritätsträgerdiffusionslänge von der Trapdichte N_T und der Dotierstoffkonzentration N ($N_0 \approx 10^{10}$ cm^{-3}, $L_0 \approx 1$ µm in Si)

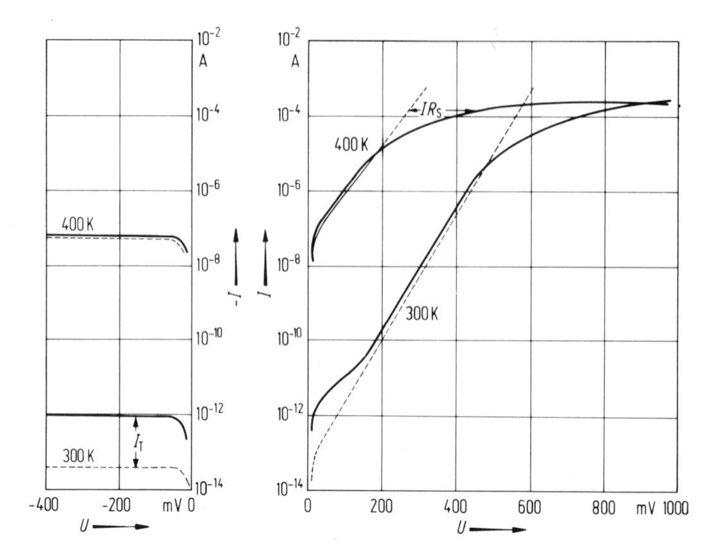

Abb. 7.2/10. Gesamtdarstellung der Kennlinie des p-n-Übergangs der Abb. 7.2/8a und b im logarithmischen Maßstab für verschiedene Temperaturen und mit Berücksichtigung der durch Traps erzeugten Zusatzströme I_T - - - - Shockleysche Kennlinie ($N_A = N_D = 10^{15}$ cm^{-3}, $F = 10^{-3}$ cm^2)

vorliegen (Abb. 7.2/10). Der in der Raumladungszone entstehende Generations-Rekombinations-Strom hat eine wesentlich geringere Temperaturabhängigkeit als die Shockleyschen Ströme und dominiert bei tieferen Temperaturen die Sperrkennlinie. Die Schwelltemperatur, ab der die Shockleyschen Ströme überwiegen, ist proportional zum Bandabstand des Halbleiters und liegt für Silizium bei etwa 300 bis 350 K. Da der Serienwiderstand nur schwach temperaturabhängig ist, verengt sich der nutzbare Arbeitsbereich der Kennlinie mit steigenden Temperaturen durch den stark ansteigenden Sättigungsstrom. Auch hier ist die für eine bestimmte Anwendung erlaubte Arbeitstemperatur proportional zum Bandabstand des verwendeten Halbleiters.

7.2.1.4 Durchbruchsmechanismen. Werden große negative, d. h. in Sperrichtung gepolte Spannungen an einen p-n-Übergang angelegt, geht der Sperstrom bei Erreichen einer kritischen Spannung steil nach oben. Als Ursache tritt, je nach Auslegung des Dotierungsprofils und der Umgebungstemperatur der Durchbruch aufgrund thermischer Instabilität oder der Lawinendurchbruch, verursacht durch Ladungsträgermultiplikation in der Raumladungszone, oder der Tunneldurchbruch bei besonders hohen Feldstärken auf.

Der thermische Durchbruch hat seine Ursache in der Temperaturabhängigkeit der Sperrströme, die sich selbst durch ihre eigene Verlustleistung und der damit verbundenen Erwärmung vergrößern. Der thermische Durchbruch tritt dann ein, wenn die Wärmeableitung nicht ausreicht, die nun erhöhte Verlustleistung mit der aufgetretenen Temperaturerhöhung abzuführen. Die Bedingung für den Durchbruch läßt sich wie folgt formulieren:

$$U\alpha > 1/R_{\text{th}}$$

mit R_{th} = Wärmewiderstand und $\alpha = \mathrm{d}I_{\text{Sperr}}/\mathrm{d}T$.

Daraus läßt sich ableiten, daß die Gefahr eines thermischen Durchbruchs in der Regel nur bei hochsperrenden Dioden besteht, wenn beim Einbau und in der Gehäusekonstruktion keine hinreichenden Maßnahmen zur Wärmeableitung getroffen wurden. Er führt bei spannungskonstanter Betriebsart zur Zerstörung der Diode.

Diese Gefahr besteht, wenn auch in geringerem Maße, ebenso beim Lawinen- und Tunneldurchbruch, wenn der Steilanstieg des Sperrstroms nicht durch äußere Serienwiderstände begrenzt wird, um eine Überhitzung zu vermeiden. Beide Durchbruchsmechanismen haben ihre Ursache in der hohen Feldstärke innerhalb der Raumladungszone, die sich mit Gl. (7.2/6) für den Fall konstanter Dotierung berechnen läßt zu

$$E = \int_{x_p}^{x_i} \frac{\varrho}{\varepsilon} \, dx = \frac{-eN_A}{\varepsilon}(x - x_p).$$

Mit Gl. (7.2/8) läßt sich daraus der Höchstwert ermitteln:

$$E_{max} = -\frac{eN_A}{\varepsilon}(x_i - x_p) = -\sqrt{\frac{2eN_A N_D(U_D - U)}{\varepsilon(N_A + N_D)}}. \tag{7.2/14}$$

Hohe Dotierungen führen also in gleicher Weise wie hohe negative Spannungen zu hohen Feldstärken in der Raumladungszone. Die in ihr vorhandenen Minoritätsträger (entweder Löcher oder Elektronen) werden durch das Feld beschleunigt, bis sie ihre Energie durch einen Stoßprozeß wieder abgeben. Ist die Energie, die auf der freien Beschleunigungsstrecke gewonnen wird, groß genug, so wird dabei auch ein Stoßprozeß möglich, der ein Elektron aus dem Valenzband in das Leitungsband hebt. Das entspricht der Erzeugung eines frei beweglichen Elektron-Loch-Paares, das sich nun wieder in gleicher Weise vermehren kann.

Dieser *Lawinenmechanismus* bewirkt nicht nur ein einfaches Ansteigen des Sperrstroms, sondern ist auch in der Lage, sich selbst zu verstärken und unbegrenzt anzuwachsen. Ein Elektron, das von rechts in die Raumladungszone eintritt, erzeugt ja nicht nur Elektronen, die sich in der gleichen Richtung bewegen, sondern auch Löcher, die sich entgegengesetzt bewegen. Sie erzeugen auf ihrem Rückweg wiederum auf der rechten Raumladungsseite neue Elektronen, die sich von neuem fortpflanzen können. Wenn das Verhältnis der Zahl der auf diese Weise neu erzeugten Elektronen zu der der anfangs eingetretenen Elektronen größer als eins wird, facht sich der Lawinenmechanismus in kürzester Zeit selbst an [63, 80].

Bei bekannten Ionisationsraten α_n für Elektronen und α_p für Löcher kann die Lawinenmultiplikation des Sperrstroms und die Lawinendurchbruchsspannung des p-n-Übergangs durch numerische Lösung (Abb. 7.2/12) der beiden folgenden Differentialgleichungsansätze berechnet werden:

$$dI_n = dI_p = I_p \alpha_p \, dx + I_n \alpha_n \, dx.$$

Dabei sind α_n und α_p wegen ihrer starken Feldstärkeabhängigkeit (Abb. 7.2/11) ortsabhängig vorauszusetzen. Für den vereinfachten Fall $\alpha_n = \alpha_p = \alpha$ kann die Wirkung des Ionisationseffekts auf die Sperrströme durch ein einfaches Integral

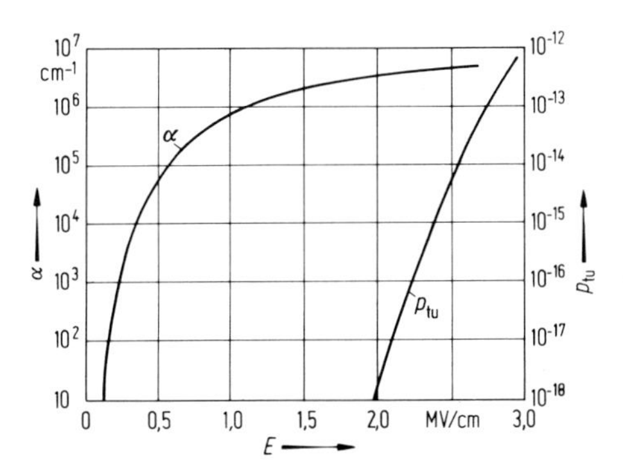

Abb. 7.2/11. Feldstärkeabhängigkeit des Ionisationskoeffizienten α und der Tunnelwahrscheinlichkeit p_{tu} in Silizium (vereinfachte Darstellung)

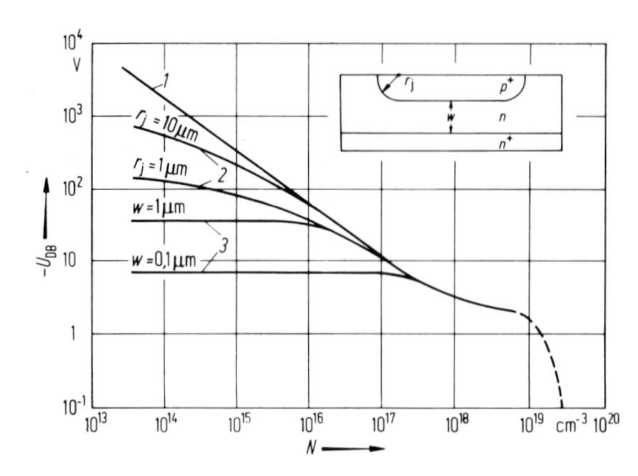

Abb. 7.2/12. Durchbruchspannung $-U_{DB}$ von abrupten Silizium-p^+-n-Übergängen, abhängig von der Dotierung N bei verschiedenen r_j und w ——Lawinendurchbruch; - - - - Tunneldurchbruch: *1* ebener p-n-Übergang, *2* Berücksichtigung der Randkrümmung (r_j), *3* Berücksichtigung der Raumladungsweitenbegrenzung in der Tiefe (w)

ausgedrückt werden:

$$I = I_S \bigg/ \left(1 - \int_{x_p}^{x_n} \alpha\, dx\right).$$

Der Strom wächst unbegrenzt, wenn das Integral über die Ionisationsrate α gleich eins wird. Bei höher dotierten p-n-Übergängen ist dazu eine höhere Feldstärke nötig als bei schwach dotierten. Bei Dotierungen ab 10^{18} cm^{-3} wird sie schließlich so hoch, daß sich als konkurrierender Mechanismus zur Sperrstromerhöhung der Tunneleffekt bemerkbar macht und bei Dotierungen über 10^{19} cm^{-3} den Verlauf der Kennlinie im Durchbruch allein bestimmt.

Der *Tunneldurchbruch* (auch *Zener-Durchbruch* genannt) ist eigentlich kein echter Durchbruch mit Selbstanfachung, sondern führt lediglich zu einem mit der Spannung exponentiell steigenden Sperrstrom, der von der Durchbruchspannung ab einen vorgegebenen, anwendungsbezogenen Schwellwert übersteigt. Dies kann auf anschauliche Weise mit der quantenmechanischen Aufenthaltswahrscheinlichkeit der Valenzbandelektronen der p-dotierten Seite auf der n-dotierten Seite erklärt werden. Für sie stellt sich das verbotene Band als Energiebarriere dar, in deren Tiefe die Aufenthaltswahrscheinlichkeit der Elektronen exponentiell abklingt [22]. Während die Höhe der Barriere der materialabhängige Bandabstand $\Delta\varphi$ ist, wird ihre Form und laterale Abmessung durch das Dotierungsprofil und die Höhe der angelegten Spannung festgelegt. Sie läßt sich in der Regel recht gut durch eine Dreiecksbarriere annähern, deren Breite x_B durch die Maximalfeldstärke Gl. (7.2/14) und den Bandabstand ausgedrückt werden kann:

$$x_B = \Delta\varphi / E_{max}.$$

Für die Dreiecksbarriere läßt sich die Aufenthaltswahrscheinlichkeit der Valenzbandelektronen der p-Seite im Leitungsband der n-Seite ausrechnen und eine Abschätzung für den Tunnelstrom I_T gewinnen [63, 80]):

$$I_T = F i_{T0} e^{-E_0/E_{max}} \quad \text{mit} \quad i_{T0} = 10^9\ \text{A/cm}^2 \quad \text{und} \quad E_0 = 8{,}5 \cdot 10^7\ \text{V/cm}.$$

Durch Einsetzen von Gl. (7.2/14) erhalten wir eine Bestimmungsgleichung für die Durchbruchspannung, wenn wir für I_T einen festen Schwellwert vorgeben:

$$U_{DB} = U_D - \frac{E_0^2 (N_A + N_D)\varepsilon}{e N_A N_D \left(\ln \dfrac{I_T}{F i_{T0}}\right)^2}.$$

Die Temperaturabhängigkeit des Tunnel- und des Lawinendurchbruchs ist gegenläufig. Während der Tunnelstrom mit der Temperatur steigt, und die Tunneldurchbruchsspannung deshalb sinkt, steigt die Lawinendurchbruchspannung an. Der Grund dafür ist einerseits die Verringerung des Bandabstands und der damit verbundenen Energiebarriere und andererseits die Verringerung der mittleren freien Weglänge durch verstärkte Phononstreuung. Dieser Umstand wird bei Zenerdioden, die in Spannungsregelschaltungen als Referenzspannungsquellen eingesetzt werden, ausgenützt, um temperaturunabhängige Arbeitspunkte zu erhalten. Das kann durch entsprechende Dotierungswahl geschehen, die dafür sorgt, daß der Tunnel- und der Lawineneffekt sich im Durchbruch gerade ablösen, oder durch Serienschaltung einer Diode mit Lawinen- und einer Diode mit Tunneldurchbruch.

Obwohl die Durchbruchspannung von p-n-Übergängen sehr stark von der Dotierung abhängt, muß bei realen Halbleiterbauelementen meist auch die geometrische Begrenzung der Raumladungszone durch seitliche Berandungen und Kontaktgebiete in der Tiefe berücksichtigt werden (Abb. 7.2/12). Während der Randeffekt durch Verwendung der Mesatechnologie (Abb. 7.2/26) weitgehend ausgeschaltet werden kann, ist die Begrenzung in die Tiefe meist zur Optimierung anderer elektrischer Parameter (z. B. Serienwiderstand und Schaltzeit) notwendig.

7.2.2 Der Metall-Halbleiter-Übergang

7.2.2.1 Ladungen und Potential im Metall-Halbleiter-Übergang. Der elektrische Anschluß von Halbleiterbauelementen erfolgt in der Regel über Metallkontakte, die möglichst die durch die Dotierstoffverteilung erzeugten Kennlinieneigenschaften unverändert lassen sollen. Andererseits ist jedoch schon seit Anbeginn der Hochfrequenzelektronikentwicklung bekannt, daß sich mit Metall-Halbleiter-Übergängen selbst bereits gute Gleichrichtereigenschaften erzielen lassen. Um die Eigenschaften dieser, für die Hochfrequenztechnik besonders wichtigen Schottkydioden einerseits und der Kontaktanschlüsse von p-n-Übergängen andererseits zu verstehen, sollen nun die Überlegungen des vorigen Kapitels auf den Metall-Halbleiter-Übergang ausgedehnt werden.

Betrachten wir zunächst die Oberfläche eines Halbleiters ohne Metallisierung (Abb. 7.2/13). Da an der Oberfläche das Kristallgitter aufhört, ist dort das Energiebänderschema des Inneren nicht mehr gültig. Die Elektronenenergiebänder lösen sich wieder in Einzelniveaus auf, deren energetische Lage durch die unregelmäßigen

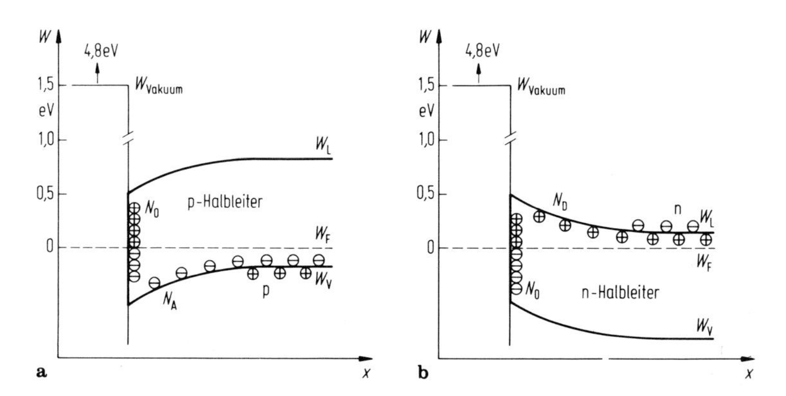

Abb. 7.2/13a u. b. Zur Ausbildung von Raumladungsrandschichten durch Oberflächenzustände. Ortsabhängigkeit der Energie W beim Übergang vom Vakuum zum Halbleiter: **a** zum p-Halbleiter; **b** zum n-Halbleiter

Bindungsverhältnisse an der Oberfläche modifiziert werden. Dadurch entstehen innerhalb des verbotenen Bandes Elektronenenergieniveaus, die Donator- oder Akzeptorcharakter haben können und pauschal als Oberflächenzustände bezeichnet werden (Bardeensches Randschichtmodell [76, 77]). Sie fixieren das Fermi-Niveau an der Oberfläche bei einer Energie, die sich aus der Dichte der Oberflächenzustände, ihrer Energieverteilung und der Forderung nach Elektroneutralität ergibt. Da diese Energie in den meisten Fällen in der Nähe der Mitte des verbotenen Bandes liegt, haben die Oberflächenzustände sowohl bei n- als auch bei p-Dotierung eine Verarmungsrandschicht zur Folge.

Vergleicht man nun das Bänderschema der Halbleiteroberfläche mit dem einer aufzubringenden Metallschicht (Abb. 7.2/14a), so zeigt sich, daß wegen der verschiedenen Vakuumaustrittsarbeiten die Fermi-Energien von Metall und Halbleiter meist auf verschiedenem Niveau liegen. Bringt man nun die beiden Materialien in engen Kontakt, so daß sie leitend miteinander verbunden sind, so müssen sich ihre Fermi-Niveaus einander angleichen. Die dazu notwendige Bandverbiegung resultiert in einer veränderten Ladungsverteilung. Ist die Metallaustrittsarbeit kleiner als die Halbleiteraustrittsarbeit, bildet sich im Metall eine positiv geladene Verarmungsrandschicht, die ihre Spiegelladung in einer Zunahme der negativen Ladung in den Oberflächenzuständen und durch Abbau der positiv geladenen Raumladungszone bei n-Halbleitern (Abb. 7.2/14b) bzw. Vergrößerung der negativ geladenen Raumladungszone bei p-Halbleitern findet. Die resultierenden Verhältnisse werden am einfachsten durch die Energiebarriere $e\varphi_{\mathrm{Bn}}$ für die Metallelektronen charakterisiert, die sich zwischen Fermi-Niveau und der Leitungsbandkante an der Metall-Halbleiter-Grenzfläche einstellt. Ohne Berücksichtigung der Oberflächenzustände würde sie sich als die Differenz der Vakuumaustrittsarbeiten von Metall und Halbleiter ergeben (Schottky-Modell). Die in Wirklichkeit auftretenden Barrierenhöhen werden durch das Vorhandensein der Oberflächenzustände jedoch in der Nähe der natürlichen Randschichtbarriere festgehalten. Wie Abb. 7.2/15 zeigt, läßt sich durch die Materialauswahl bei der Metallisierung nur bei Silizium eine nennenswerte Barrierenmodifizierung herbeiführen [63].

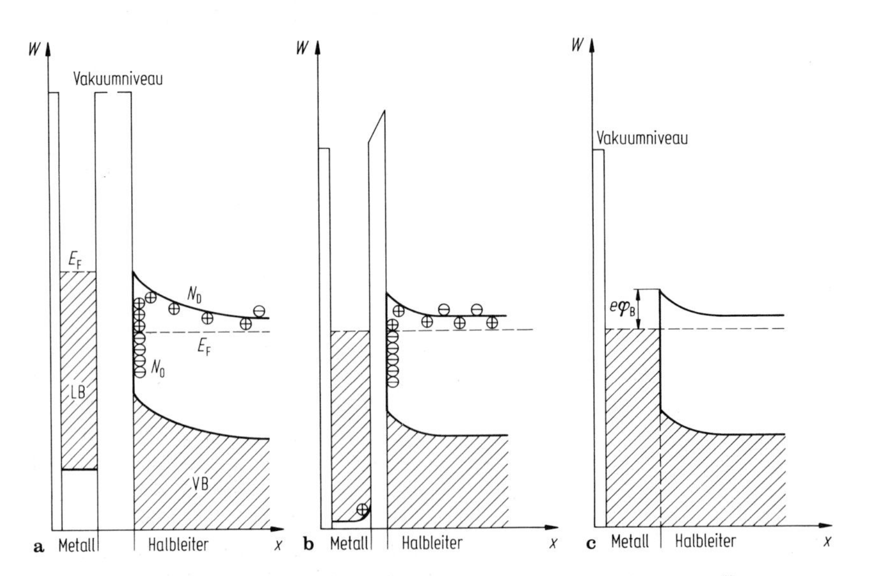

Abb. 7.2/14a–c. Energiebänder zur Barrierenbildung im Metall-Halbleiter-Übergang: **a** Energiebänder von Metall und getrenntem Halbleiter; **b** Metall-Halbleiter-Übergang mit Randschichten; **c** Vereinfachtes Arbeitsmodell

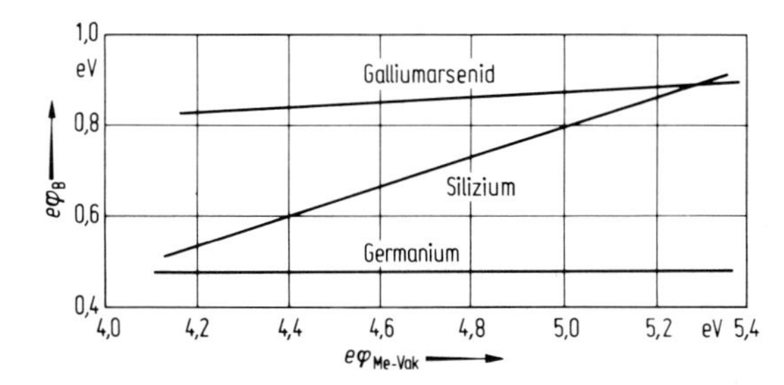

Abb. 7.2/15. Abhängigkeit der Metall-Halbleiter-Barriere $e\varphi_B$ von der Metall-Vakuum-Austrittsarbeit $e\varphi_{Me-Vak}$ bei verschiedenen Halbleitern [63]

Die Berechnung des Potentialverlaufs in der Raumladungszone kann zunächst wieder mit der Schottkyschen Parabelnäherung durchgeführt werden. Die Ergebnisgleichungen (7.2/6) bis (7.2/8) sind auch für Metall-Halbleiter-Übergänge gültig, wenn für die Diffusionsspannung die Differenz aus dem Grenzschicht- und dem Halbleiterpotential eingesetzt wird:

$$U_D = \varphi_{Bn} - \Delta\varphi/2 + u_T \ln \frac{N_D}{n_i} \quad \text{bei n-Halbleitern}$$

$$U_D = \varphi_{Bn} - \Delta\varphi/2 - u_T \ln \frac{N_A}{n_i} \quad \text{bei p-Halbleitern} \qquad \Delta\varphi = \text{Bandabstand.}$$

Dabei wird die Ausdehnung der Dipolschicht, die sich aus den Oberflächenzuständen und der Verarmungsrandschicht des Metalls bildet, als so klein angenommen, daß sie neben ihrer Wirksamkeit bei der Einstellung der Barrierenhöhe keine weitere Berücksichtigung in Potentialverlauf und Energiebänderschema finden muß (Abb. 7.2/14c).

In der unmittelbaren Nachbarschaft zum Metall wird der Potentialverlauf durch einen weiteren Mechanismus, den Schottky- oder Bildkrafteffekt, noch einmal leicht modifiziert. Ein Elektron, das sich der Grenzfläche nähert, influenziert im Metall eine positive Spiegelladung und wird durch die dabei entstehende elektrostatische Anziehung eine Verminderung der potentiellen Energie erfahren, deren Betrag sich aus dem Coulombschen Gesetz herleitet:

$$\Delta_s W = \frac{-e^2}{16\pi\varepsilon x}.$$

Wegen der in der Raumladungszone geneigten Bandkanten hat dies eine Absenkung der effektiv wirksamen Elektronenbarriere zur Folge, die der in ihr herrschenden Feldstärke proportional ist:

$$\Delta\varphi_{Bn} = \sqrt{\frac{eE_{max}}{4\pi\varepsilon}}.$$

Bei den höchsten in Halbleitern möglichen Feldstärken von 10^6 V/cm können damit Barrierenabsenkungen von bis zu 100 mV entstehen [63].

7.2.2.2 Statische Kennlinie des Metall-Halbleiter-Übergangs. Versuchen wir mit der Shockleyschen Argumentation aus Abschn. 7.2.1.2 auch die Kennlinie von Metall-Halbleiter-Übergängen herzuleiten, muß erst einmal klargestellt werden, wie sich Elektronen und Löcher verhalten, wenn sie in das Metall eintreten. Sowohl das Leitungsband als auch das Valenzband des Halbleiters sind mit dem Leitungsband des Metalls direkt verbunden. Die Elektronen des Halbleiters entsprechen hoch angeregten Elektronen des Metalls und können sich mit ihnen frei austauschen. Die Löcher des Halbleiters entsprechen unbesetzten Elektronenzuständen im Metall, die tief unterhalb des Fermi-Niveaus liegen. Tritt nämlich ein Elektron des Halbleitervalenzbandes in einen solchen unbesetzten Zustand über, so entspricht dies einer Injektion eines Loches in den Halbleiter. Umgekehrt kann auch der Halbleiter Löcher an das Metall abgeben, indem er Metallelektronen ins Valenzband übernimmt. Da die unbesetzten Elektronenzustände und die angeregten Elektronen im Metall nur eine Lebensdauer von 10^{-13} bis 10^{-12} s (Relaxationszeit) besitzen, wirkt die Metallgrenzfläche als Fläche unendlich hoher Rekombinationsgeschwindigkeit für Überschußladungsträger des Halbleiters, die in sie eintreten. In der anderen Richtung wirkt sie als Emissionsquelle für Elektronen und Löcher, wobei die jeweilige Barriere φ_{Bn} für die Elektronen und $\varphi_{\mathrm{Bp}} = \varphi_{\mathrm{Bn}} - \Delta\varphi$ für die Löcher als strombegrenzender Faktor wirksam wird.

Betrachten wir nun einen Metall-n-Halbleiter-Übergang, dessen Barriere φ_{Bn} größer als der Abstand des Fermi-Niveaus von der Leitungsbandkante ist. In der Raumladungszone fließen wieder die sich aufhebenden Diffusions- und Feldströme. Die Konzentration der Elektronen nimmt in der Raumladungszone zur Grenzfläche hin ab, während die Konzentration der Löcher zunimmt. Bei Anlegen einer Spannung an das Metall wird die Konzentration der Elektronen an der Metallgrenzfläche und die der Löcher am Halbleiterrand der Raumladungszone entsprechend der Shockleyschen Argumentation folgendermaßen verändert, wobei wieder angenommen werden kann, daß die Spannung von der Raumladungszone getragen wird:

$$n_{\mathrm{Grenzfl.}} = N_{\mathrm{D}}\, \mathrm{e}^{-(U_{\mathrm{D}}-U)/u_{\mathrm{T}}} \qquad p_{\mathrm{n}} = \frac{n_{\mathrm{i}}^2}{N_{\mathrm{D}}}\, \mathrm{e}^{U/u_{\mathrm{T}}}. \tag{7.2/15}$$

Die veränderte Löcherkonzentration auf der Halbleiterseite führt in gleicher Weise wie beim p-n-Übergang zu Injektion oder Verarmung und den entsprechenden Rekombinations- und Generationsströmen und der damit verbundenen Minoritätsträgerspeicherung im n-Bahngebiet (Abb. 7.2/16). Ganz anders hingegen verhalten sich die Elektronen. Die bei positiver Polung angereicherten Elektronen können sofort mit dem Elektronengas des Metalls wechselwirken (relaxieren) und liefern einen Strom, der ihren atomistischen Geschwindigkeitskomponenten in Richtung zum Metall entspricht. Das gleiche gilt bei umgekehrter Polung für die Metallelektronen, die in der Raumladungszone sofort abgezogen werden und relaxieren. Die Elektronen verhalten sich in beiden Fällen so, als würden sie ins Vakuum emittiert werden. Für diesen Fall gilt das Richardsonsche Gesetz (s. a. Abschn. 7.5.4 und [63, 82]):

$$I_{\mathrm{n}} = C^* F T^2\, \mathrm{e}^{-\varphi_{\mathrm{B}}/u_{\mathrm{T}}}$$

$$C^* = 4\pi e m k^2/h^3$$

mit φ_{B} = eff. Barrierenpotential, F = Fläche, m = Elektronenmasse.

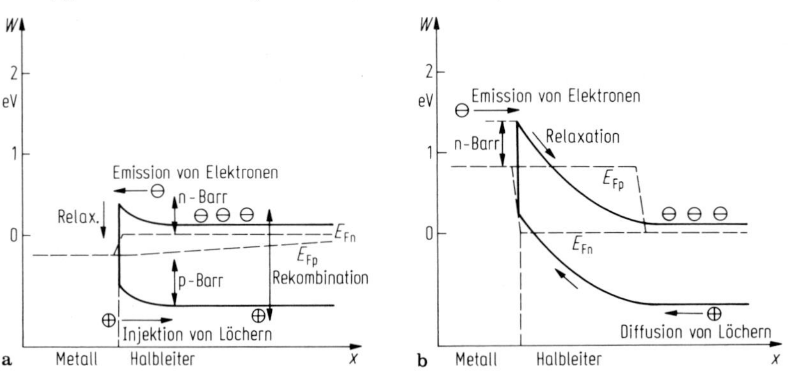

Abb. 7.2/16a u. b. Transportmechanismen in Metall-Halbleiter-Übergängen: **a** Flußpolung; **b** Sperrpolung

Da die wirksame Barrierenhöhe bei negativer Polung konstant bleibt und bei positiver durch den Betrag der angelegten Spannung vermindert wird (Abb. 7.2/16a und b), ergibt sich für den Elektronenstrom:

$$I_n = C^* F T^2 \, e^{-\varphi_{Bn}/u_T} (e^{U/u_T} - 1) \,. \tag{7.2/16a}$$

Die Stromkomponente der Löcher kann aus der Shockley-Gleichung (7.2/13) hergeleitet werden:

$$I_p = \frac{e D_p n_i^2}{N_D L_p} F (e^{U/u_T} - 1) \,. \tag{7.2/16b}$$

Die Kennliniengleichungen von Metall-p-Halbleiter-Übergängen ergeben sich durch einfache Vertauschung der Indizes.

Die Minoritätsträgergleichung (7.2/16b) ist nur für Flußspannungen gültig, die kleiner als die Diffusionsspannung des Metall-Halbleiter-Übergangs sind. Bei größeren Flußspannungen wird die Injektion durch die Minoritätsträgerbarriere begrenzt, und es ergibt sich für unser Beispiel des Metall-n-Halbleiter-Übergangs der maximale Löcherstrom:

$$I_{p\,max} = C^* F T^2 \, e^{-\varphi_{Bp}/u_T} \,. \tag{7.2/16c}$$

Hieraus ist klar ersichtlich, daß der Minoritätsträgerstrom nahezu vollständig unterdrückt werden kann, wenn die Majoritätsträgerbarriere kleiner als die komplementäre Minoritätsträgerbarriere ist, d. h., wenn $\varphi_{Bn} < \Delta\varphi/2$ bei n-Halbleitern und $\varphi_{Bp} < \Delta\varphi/2$ bei p-Halbleitern ist. Es ergibt sich dann der Vorteil, daß der Stromleitungsmechanismus bis hinauf zu Frequenzen von 1000 GHz trägheitslos bleibt.

Das Bild der statischen Strom-Spannungs-Kennlinie wird jedoch auch noch bei höheren Barrieren durch die Majoritätsträgergleichung (7.2/16a) dominiert, da der Minoritätsträgerstrom bei Einsetzen realistischer Diffusionslängen (>3 µm) vernachlässigbar klein bleibt. Da die Emissionsbarriere im Halbleitergebiet liegt, ist zur Berechnung der Richardson-Konstante C^* die effektive Elektronen- bzw. Löchermasse im Halbleiter einzusetzen. Die beschriebene Bethesche Emissionstheorie ist für große Feldstärken (bei Sperrpolung meist der Fall) und für große Stromdichten nicht mehr streng gültig und ist durch komplexere Modelle ([63, 82]) zu ersetzen, in denen eine Barrierenerniedrigung durch Schottky- und Tunneleffekt und eine Strombegrenzung durch Ladungsträgerdiffusion berücksichtigt wird.

Im folgenden sei eine vereinfachte Erläuterung der im Kennlinienbild relevanten Effekte gegeben (Abb. 7.2/17). Der größe Teil der Flußkennlinie wird durch das Richardsonsche Gesetz hinreichend genau beschrieben (mit $C^* = 110$ und $30\ \mathrm{A/cm^2\,K^2}$ für n- bzw. p-Silizium). Der Übergang zu Flußspannungen, die größer als die Diffusionsspannung des Metall-Halbleiter-Übergangs sind, entspricht dem Spannungsabfall am Serienwiderstand R_S des Bahngebietes, der nach Abbau der Barriere die Nachlieferung von Ladungsträgern begrenzt. Für große Spannungen ergibt sich dann wieder der lineare Stromanstieg:

$$I = (U - U_D)/R_S \,.$$

Die Barrierenabsenkung durch den Schottky-Effekt kann durch einen multiplikativen Faktor M_S vor dem Sättigungsstrom berücksichtigt werden. Mit Hilfe der Schottkyschen Parabelnäherung (7.2.14) berechnet sich die Barrierenabsenkung gleichförmig dotierter Metall-Halbleiter-Übergänge zu:

$$\Delta\varphi_B = \left(\frac{N e^3 (U_D - U)}{8\pi^2 \varepsilon^3} \right)^{0{,}25}$$

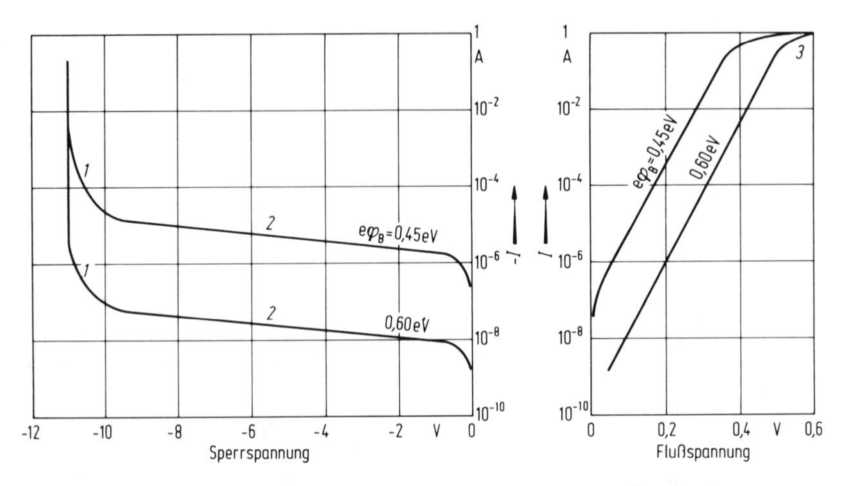

Abb. 7.2/17. Strom-Spannungs-Kennlinien von Metall-Halbleiter-Übergängen verschiedener Barrierenhöhen $e\varphi_B = 0{,}45$ und 0,6 eV in Sperr- und Flußrichtung ($N_D = 5 \cdot 10^{16}\,\mathrm{cm}^{-3}$, $F = 10^{-6}\,\mathrm{cm}^2$, $L_{Bn} = 0{,}2\,\mu\mathrm{m}$): *1* Sperrstromanstieg und Durchbruch infolge der Lawinenmultiplikation, *2* Sperrstromanstieg infolge Barrierenabsenkung durch Schottky- und Tunneleffekt, *3* Flußstrombegrenzung durch Serienwiderstand

und der Multiplikationsfaktor M_S ist dann:

$$M_S = \mathrm{e}^{\Delta\varphi_B/u_T} = \mathrm{e}^{\frac{0{,}04\,\mathrm{V}^{0{,}75}(U_D - U)^{0{,}25}}{u_T}} \quad \text{bei } N = 5 \cdot 10^{16}/\mathrm{cm}^3 \quad \text{und} \quad \varepsilon_r = 11{,}8\,.$$

Der Schottky-Effekt führt zu einer Abflachung der Fluß- und einer ansteigenden Sperrkennlinie. Bei höheren Dotierungspegeln ($>10^{16}/\mathrm{cm}^3$) muß eine zusätzliche Barrierenabsenkung durch den Tunneleffekt berücksichtigt werden. Bei den sich dann einstellenden geringen Barrierenbreiten kann die Spitze der Barriere bereits durchtunnelt werden und wird dadurch effektiv weiter abgeflacht. Er bewirkt bei den für die Diodenherstellung interessanten Dotierungspegeln nur eine leichte Korrektur zum Schottky-Effekt, kann aber an den Rändern der Metallisierungsstruktur durch die dort auftretenden Feldstärkeüberhöhungen dominant werden und die Kennlinie stark degradieren.

Der Sperrstrom erfährt bei hinreichend großen Spannungen natürlich auch die Lawinenmultiplikation, für die die gleiche Dotierungsabhängigkeit wie beim unsymmetrischen p-n-Übergang gilt (Abb. 7.2/12 Kurve *2*).

7.2.2.3 Der Metall-Halbleiter-Übergang als Ohmscher Kontakt. Ein Metallkontakt auf Halbleitern wird, wie wir im vorigen Abschnitt sahen, i. allg. eine nichtlineare Kennlinie aufweisen und die elektrischen Eigenschaften eines Halbleiterbauelements stark verändern, wenn nicht Maßnahmen getroffen werden, daß er als Ohmscher Kontakt anzusehen ist. Unter einem Ohmschen Kontakt versteht man einen Metallkontakt, der so optimiert ist, daß er in der Kennlinie des Halbleiterbauelements überhaupt nicht oder nur in Form eines kleinen Serienwiderstands in Erscheinung tritt.

Gelingt es, die Barrierenhöhe des Metall-Halbleiter-Übergangs so zu wählen, daß die Elektronenbarriere $e\varphi_{Bn}$ gleich dem Abstand der Leitungsbandkante vom Fermi-Niveau ist (Abb. 7.2/18a), die Diffusionsspannung also Null wird, fällt der exponentielle Kennlinienteil weg, und es ergibt sich wenigstens bei Polung in Flußrichtung ein Ohmsches Verhalten des Majoritätsträgerstroms. Da in diesem Fall auch der Sperrstrom sehr groß ist, kann dieser Kontakt als Ohmscher Kontakt verwendet werden, wenn keine große Stromaussteuerung notwendig ist. Zu beachten ist dabei

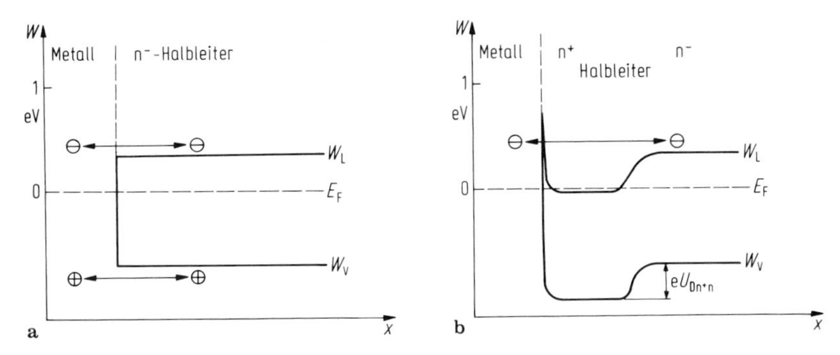

Abb. 7.2/18a u. b. Der Metall-Halbleiter-Übergang als Ohmscher Kontakt: **a** angepaßte Barriere; **b** Tunnelbarriere

die hohe Rekombinationsrate für Minoritätsträger. Ein häufiger Anwendungsfall ist z. B. die Substratkontaktierung von MOS-Transistoren.

Ist ein hoch strombelastbarer Kontakt gefordert, muß die Diodeneigenschaft des Metall-Halbleiter-Übergangs möglichst vollständig abgebaut werden, indem die Raumladungszonen kurzgeschlossen werden. Das leistet der Tunneleffekt, wenn die Halbleiterdotierung groß genug ist, d. h. hohe Werte von über $10^{20}/\mathrm{cm}^3$ erreicht. Unterstützend wirkt auch hier die Verwendung kleiner Majoritätsträgerbarrieren, deren Größe sowohl die Ausdehnung als auch die Höhe der effektiv wirksamen Tunnelbarriere mitbestimmt. Verwendet man diesen Kontakt zum Anschluß von schwach dotierten Halbleitergebieten, entsteht natürlich immer ein n^+-n- oder p^+-p-Übergang in Serienschaltung mit einem entsprechenden Potentialhub $U_D = u_T \ln (N_{A,D}/N_{A,D})$ (Abb. 7.2/18b). Er zeigt zwar für sich betrachtet rein Ohmsches Verhalten, kann aber die Funktion benachbarter p-n-Übergänge stark beeinflussen (s. Abschn. 7.2.3.1).

In der praktischen Realisierung von Metallkontakten auf Halbleiterbauelementen müssen viele weitere Faktoren beachtet werden, wie z. B. Haftfestigkeit, Temperaturbeständigkeit, Korrosionseigenschaften, Strukturierbarkeit, Kontaktierbarkeit nach außen. Abbildung 7.2/19 demonstriert dies am Aufbau einer typischen Hochfrequenzdiode für professionelle Anwendungen. Die Diode selbst besteht aus einem gut n-leitenden Siliziumeinkristall, auf den durch ein Epitaxieverfahren eine schwächer

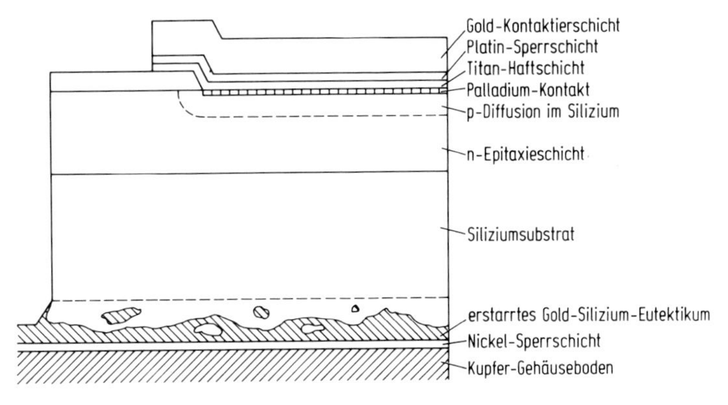

Abb. 7.2/19. Aufbau von ohmschen Metall-Halbleiter-Kontakten am Beispiel einer Silizium-Hochfrequenzdiode

dotierte Schicht gleicher Kristalleigenschaften aufgebracht wurde [84]. Der p-n-Übergang wird durch eine mittels Festkörperdiffusion erzeugte, in p-Richtung umdotierte Schicht gebildet, deren Dotierungsmaximum von $>10^{20}/\text{cm}^3$ an der Kristalloberfläche liegt. Diese p-Zone ist seitlich von einer Isolatorschicht berandet, die dafür sorgt, daß die Halbleiteroberfläche dort, wo die Raumladungszone des p-n-Übergangs an die Oberfläche tritt, definiert und oberflächenzustandsarm abgeschlossen ist. Sie wird mit einer Mehrschichtmetallisierung abgedeckt, deren einzelne Schichten unterschiedliche Aufgaben haben. Die erste Schicht ist Palladiumsilizid, das metallische Eigenschaften hat, auf Silizium eine sehr kleine Löcherbarriere von nur 0,35 V hat und im Verein mit der hohen p-Dotierung einen guten Tunnelkontakt bildet. Die oberste Goldschicht eignet sich gut, um eine Golddrahtkontaktierung mit einem Thermokompressionsverfahren durchzuführen, und ist ein guter Korrosionsschutz. Da Gold jedoch schon bei 370 °C mit Silizium eine eutektische Reaktion zeigt, ist eine Zwischenlage von Titan und Platin eingebaut, um die Temperaturfestigkeit zu erhöhen und ein Durchschmelzen des Kontaktes durch die p-Zone zu vermeiden. Beim Rückseitenkontakt hingegen wird die eutektische Reaktion benützt, um den Kristall im Gehäuse zu befestigen. Er wird bei Temperaturen von 400 °C auf den vergoldeten Gehäuseboden gedrückt, wobei sich ein flüssiges Gold-Silizium-Gemisch bildet, das sich bei Temperaturen unter 370 °C wieder verfestigt. Um einen guten Tunnelkontakt zu erreichen, muß dem Gold ein Dotierstoff beigemengt sein (As oder Sb), der für eine Dotierstoffanreicherung an der Kristalloberfläche beim Erstarren der Schmelze sorgt.

7.2.2.4 Übergänge in Heterostrukturen. In den bisherigen Herleitungen wurde von homogenem, einkristallinem Halbleitermaterial ausgegangen, das, mit Ausnahme der Dotierung, frei von Verunreinigungen ist und keine größere Dichte von Kristallfehlern aufweist. Heterostruktur-Übergänge entstehen, wenn Schichten aus unterschiedlichen Halbleitermaterialien aufeinandertreffen. Oft werden hier Halbleiter mit verschiedenem Bandabstand, aber mit gleichem Leitfähigkeitstyp kombiniert (z. B. Abb. 7.2/20a). In diesem Fall entsteht in dem Gebiet mit dem niedrigen Bandabstand eine Anreicherungsschicht und in dem anderen eine Verarmungsschicht, die zusammen dafür sorgen, daß das Ferminiveau in größerer Entfernung des Übergangs den der Dotierung entsprechenden Abstand von der Bandkante einhalten kann. Völlig analog zum Metall-Halbleiter-Übergang bildet sich eine effektive Elektronen- oder Löcherbarriere aus, die die Strom- und Kapazitätskennlinien bestimmt. Ist ein Gebiet p- und das andere n-leitend (Abb. 7.2/20c), so ergibt sich auch hier im Gebiet des höheren Bandabstands eine zusätzliche Potentialspitze, die die p-n-Übergangseigenschaften wesentlich modifizieren kann. Wegen der vielen Kombinationsmöglichkeiten

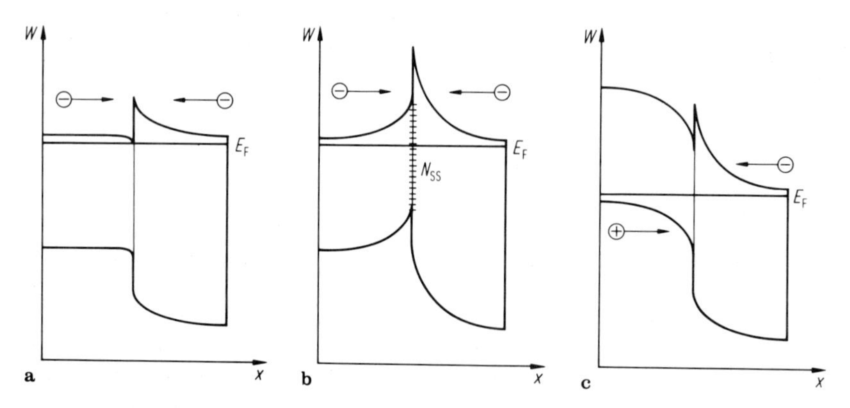

Abb. 7.2/20a–c. Bandverlauf in Heterostrukturübergängen: **a** n-n-Übergang; **b** n-n-Übergang mit Grenzflächenzuständen; **c** p-n-Übergang

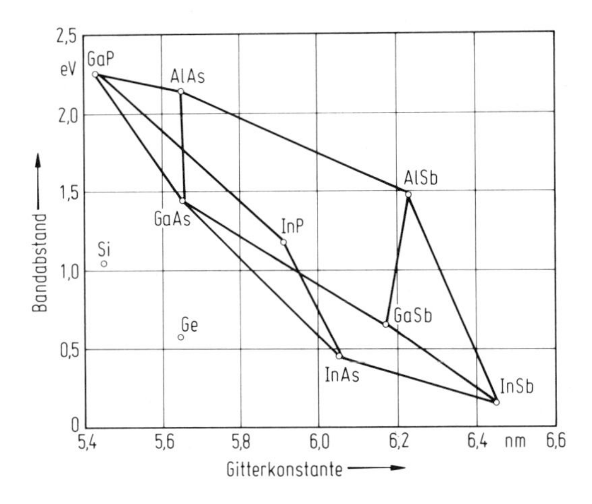

Abb. 7.2/21. Gitter- und Bandabstand von III-V-Halbleitern und möglichen Mischverbindungen

von Heterostrukturen sei hier auf eine erschöpfende Behandlung aller Möglichkeiten verzichtet. Es kommen die gleichen Berechnungsverfahren wie auch bei homogenen Halbleitern zur Anwendung, wobei allerdings die Diskontinuität der Bandkanten berücksichtigt werden muß.

Versucht man nun, derart berechnete Heteroübergänge herzustellen, so ergeben sich massive Probleme aus der Tatsache, daß ihre Gitterabstände in der Regel nicht gleich sind. An der Grenzfläche des Übergangs entstehen deshalb Gitterfehler, die zu Elektronenzuständen im verbotenen Band führen. Sie verhalten sich meist ähnlich wie die bereits in Abschn. 7.2.2.1 diskutierten Oberflächenzustände und halten das Fermi-Niveau in einem festen Niveau in Nähe der Bandmitte fest. Wie in Abb. 7.2.20/b dargestellt, ergibt sich eine zusätzliche Bandaufwölbung, die in der Regel die erwünschten Eigenschaften des Heteroübergangs stark degradiert.

Einen Ausweg aus dieser Sackgasse brachte die Erforschung der Gruppe der III/V-Verbindungshalbleiter, deren Gitterkonstanten und Bandabstände in Abb. 7.2/21 dargestellt sind. Auch Mischungen der einzelnen Verbindungen der Form, wie z. B. $In_xGa_{1-x}As$, sind möglich, wobei sich durch Variation des Mischungsfaktors x eine unendlich große Vielfalt an Kombinationen von Gitterkonstanten und Bandabständen ergibt. Heterostrukturen sind so mit derart kleinen Fehlanpassungen machbar, daß Grenzflächenzustände nicht mehr nennenswert stören. Besonderes Augenmerk sei auf die Gruppe $Ga_xAl_{1-x}As$ und Ge gerichtet, deren Gitterabstandscharakteristik derart steil ist, daß von vorneherein eine in vielen Fällen ausreichende Gitteranpassung gewährleistet ist. Mit ihr werden heute viele Heterostrukturen in der Serienfertigung realisiert (siehe auch High-Elektron-Mobility-Transistoren, Kap. 7.4).

7.2.3 Hochfrequenzdioden

Obwohl die häufigste Anwendung von p-n- und Metall-Halbleiter-Übergängen heute auf dem Gebiet der integrierten Schaltungen liegt, die bis zu einigen Millionen solcher Einzelstrukturen auf einem Halbleiterkristall in sich vereinigen, werden in der Hochfrequenztechnik nach wie vor Einzelbauelemente benötigt, die sich wegen ihrer speziellen Dotierungsprofile und abweichenden Herstellprozesse nur schwer in integrierter Form verwirklichen lassen. Ungeachtet der Vielzahl von unterschiedlichen Anwendungsfällen [81] können bei den passiven Hochfrequenzdioden drei Hauptgruppen unterschieden werden, die jeweils den gleichen physikalischen Mechanismus benützen. Die erste Gruppe der PIN-Dioden und Speichervaraktoren baut auf dem Mechanismus der Ladungsspeicherung beim Betrieb des p-n-Übergangs in Flußrichtung auf, während die zweite Gruppe der Kapazitätsdioden und Sperrschichtvaraktoren die variable Kapazität der Raumladungszonen bei Polung in Sperrichtung verwendet. Nur die dritte Gruppe der Schottkydioden macht von der eigentlichen Diodenkennlinie Gebrauch, da nur der in ihnen verwendete Metall-Halbleiter-Übergang für hohe Frequenzen hinreichend trägheitsarm ist.

7.2.3.1 PIN-Dioden und Speichervaraktoren. Die Gruppe der ladungsspeichernden PIN-Dioden und Speichervaraktoren wird nahezu ausschließlich aus Silizium hergestellt. Der Grund liegt in der hohen Minoritätsträgerlebensdauer in Siliziumeinkristallen und den bei Silizium besonders gut beherrschten Passivierungsmethoden, die notwendig sind, um zusätzliche Rekombinationsmechanismen an den Seitenflächen der aktiven Gebiete zu vermeiden. Wir können deshalb zunächst wieder davon ausgehen, daß die seitliche Berandung keine entscheidende Rolle spielt und ein eindimensionales Modell für die Beschreibung der Diode ausreicht. Die Dotierungsprofile in dieser Diodengruppe können vom p^+-p-n-n^+-, p^+-p-n^+- oder vom p^+-n-n^+-Typ sein, wobei das Dotierungsniveau in der Mittelzone bei den PIN-Dioden so niedrig wie möglich sein sollte. Der Idealfall einer undotierten *I*-Mittelzone (intrinsische Zone) ist nicht realisierbar. Die niedrigsten erreichbaren Dotierungsniveaus sind bei Siliziumsubstratkristallen $5 \cdot 10^{12}/\mathrm{cm}^3$ und bei Epitaxieschichten $5 \cdot 10^{13}/\mathrm{cm}^3$. Die Ausdehnung der Mittelzone beträgt je nach Frequenzbereich der Anwendung zwischen wenigen µm und einigen 100 µm. Speichervaraktoren sind im wesentlichen verkleinerte PIN-Dioden mit Mittelzonenweiten um 1 µm.

Wenden wir uns zunächst der langen PIN-Diode zu mit Blick auf ihre Hauptanwendung als Schalter und regelbarer Widerstand für Hochfrequenzsignale im Bereich zwischen 50 MHz und 50 GHz (Abb. 7.2/22). Die PIN-Diode wird mit einem für HF-Signale abgeblockten Steuerkreis in ihre verschiedenen Kennlinienarbeitspunkte ausgesteuert und zeigt je nach Polung und Spannungsbeaufschlagung unterschiedliche Leitwerte im Hochfrequenzkreis. Dieses Verhalten weisen im Prinzip alle Dioden auf. Die Optimierung der PIN-Diode besteht darin, daß sie bei Flußaussteuerung einen rein Ohmschen, leistungsunabhängigen Hochfrequenzwiderstand hat und bei Polung in Sperrichtung mit einer extrem niedrigen spannungskonstanten Koppelkapazität abschaltet.

Als Beispiel für die Herleitung der typischen PIN-Diodeneigenschaften sei eine epitaxiale Diode mit einer Weite w der Mittelzone von 20 µm, einer Fläche von $200 \times 200\ \mu\mathrm{m}^2$ und einem symmetrischen p^+pnn^+-Dotierungsprofil angenommen (Abb. 7.2/23a).

Die Begrenzung des in der Mittelzone liegenden p-n-Übergangs durch die hochdotierten p^+- und n^+-Bahngebiete hat sowohl für die Sperr- als auch für die Flußpolung wichtige Konsequenzen. Die Raumladungszone dehnt sich wegen des niedrigen Dotierungsniveaus bereits bei geringen Spannungen ($-U > 8$ V) soweit aus, daß sie die hochdotierten Bahngebiete erreicht. Durch die hier stark ansteigende Raumladungsdichte ist ein weiteres nennenswertes Anwachsen nicht mehr möglich, und die Raumladungszone verhält sich nun wie ein Plattenkondensator konstanter Kapazität, die in unserem Beispiel mit $\varepsilon_{\mathrm{Si}} = 10^{-12}$ As/Vcm den Wert 0,2 pF hat ($\varepsilon_{\mathrm{Si}} = \varepsilon_{\mathrm{rSi}}\varepsilon_0$ mit $\varepsilon_{\mathrm{rSi}} = 11{,}8$).

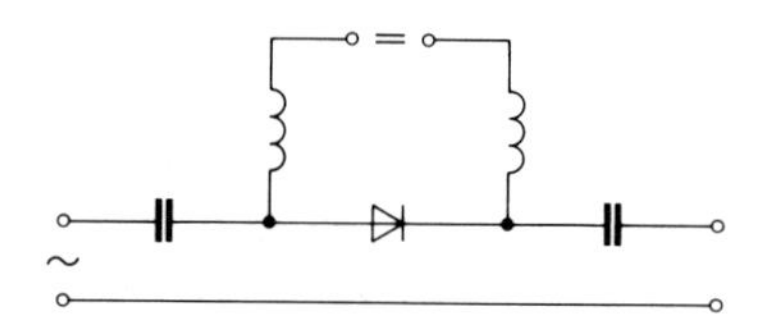

Abb. 7.2/22. Trennung von Gleich-(NF-) und Wechselspannungs-(HF-) Aussteuerung von Dioden in Hochfrequenzschaltungen

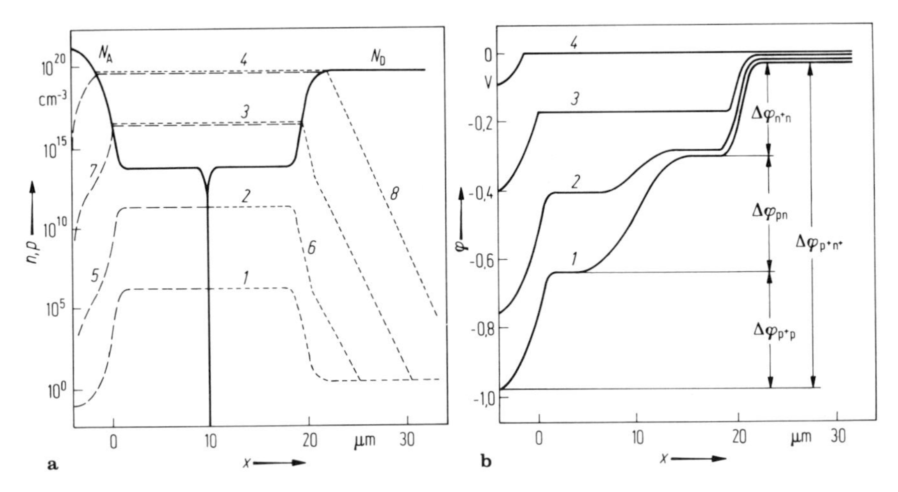

Abb. 7.2/23a u. b. Ladungsträgerdichten und Bandverlauf in PIN-Dioden bei Flußpolung: **a** Ladungsträgerdichten, —— Donatoren und Akzeptoren, – – – injizierte Elektronen, - - - - injizierte Löcher; **b** Potentialverlauf, *1* Gleichgewichtszustand stromlos, *2* schwache Injektion, Abbau von $\Delta\varphi_{pn}$, *3* starke Injektion, Abbau von $\Delta\varphi_{p+p}$ und $\Delta\varphi_{n+n}$, *4* starke Injektion, Überwiegen der Rekombination in den Kontakt- und Substratbahngebieten, *5* und *6* p^+p- und n^+n-Barrierenwirkung auf n,p-Konzentration, *7* und *8* Kontakt- bzw. Substratdiffusionsschwänze

Im Bandverlauf (Abb. 7.2/23b) erzeugt die hohe Dotierung der Bahngebiete Stufen, die als Barriere für die bei Polung in Flußrichtung injizierten Minoritätsträger wirken. Die Ausdehnung der Minoritätsträgerdiffusionsschwänze wird also ebenfalls durch die Bahngebiete begrenzt. Da die Minoritätsträgerlebensdauer τ im schwach dotierten Mittelgebiet sehr hoch ist und die resultierenden Diffusionslängen ($>100\ \mu m$) ihre Weite meist übertrifft, kann die Minoritätsträgerdichte im Mittelgebiet als konstant angesehen werden (Abb. 7.2/23a). Im Bereich schwacher Injektion, d. h. bei Flußspannungen, die kleiner als die Diffusionsspannung des Mittelgebiets sind, läßt sich dann die Stromkennlinie allein mit der Weite w und der Minoritätsträgerlebensdauer τ charakterisieren:

$$I = \frac{e n_i^2 w F}{N_{D,A}\tau} (e^{U/u_T} - 1)\,. \tag{7.2/17a}$$

Dabei wurde die Rekombinationsrate nach Gl. (7.2/11) als räumlich konstant angesetzt und die spannungsabhängigen Ladungsträgerdichten entsprechend dem Shockleyschen Injektionsansatz Gl. (7.2/2) berechnet.

Bei größeren Flußspannungen werden die p^+n- und nn^+-Barrieren abgebaut, wodurch sich die Ladungsträgerdichte im Mittelgebiet weiter erhöhen läßt. Die hochdotierten Bahngebiete injizieren jetzt ihre Ladungsträger ins Mittelgebiet. Der dabei fließende Rekombinationsstrom ergibt sich dann zu:

$$I = \frac{e N_{D,A} w F}{\tau} (e^{(U - U_{DM})/2u_T} - 1)\,. \tag{7.2/17b}$$

Der Versatz um die Diffusionsspannung U_{DM} des Mittelgebiets liefert den Anschluß an Gl. (7.2/17a). Der um den Faktor 2 verminderte Exponentialterm resultiert aus der Tatsache, daß sich bei der starken Injektion der Spannungsabfall auf den Abbau von zwei Barrieren verteilt.

Der Barrierenabbau hat die weitere Folge, daß ihre Blockierwirkung gegen die Minoritätsträgerinjektion in die Bahngebiete abgebaut wird. Mit zunehmender Spannung bilden sich deshalb wieder Diffusionsschwänze in den Bahngebieten aus, deren

Rekombinationsstrom der Shockley-Gleichung (7.2/13) gehorcht, solange die Dotierungsniveaus der Bahngebiete nicht zu hoch liegen ($<10^{19}/cm^3$). Es ergibt sich dann wieder der steilere exponentielle Stromanstieg, wobei allerdings die wesentlich geringere Minoritätsträgerlebensdauer der Bahngebiete (bzw. Diffusionslängen) angesetzt werden müssen, deren Wert von der Dichte der Streuzentren und damit auch von der Dotierung abhängt. Dieses Bild ändert sich auch bei höheren Dotierungen in den Bahn- bzw. Kontaktgebieten nicht wesentlich.

Die sich für unsere Beispieldiode ergebende Gesamtkennlinie zeigt Abb. 7.2/24. Dabei wurde für das Mittelgebiet eine Lebensdauer von 1 µs und für die Bahngebiete von 40 ps angesetzt, denen Diffusionslängen von 50 µm und 0,2 µm entsprechen. Bei hohen Spannungen geht die Kennlinie in einen um die Diffusionsspannung der Bahngebiete versetzten nahezu Ohmschen Strom-Spannungs-Verlauf über.

Wie die miteingezeichneten Kennlinien von PIN-Dioden mit verschiedenen I-Zonenlängen zeigen, wird bei langen Dioden nahezu der gesamte Kennlinienbereich durch das Kennliniengebiet der starken Injektion bestimmt, das im folgenden näher in Hinblick auf seine Hochfrequenzeigenschaften untersucht werden soll.

Die aus den Bahngebieten injizierten Elektronen und Löcher bilden im Mittelgebiet ein neutrales Plasma, dessen Eigenschaften durch das Kleinsignalersatzschaltbild der Abb. 7.2/25a beschrieben werden kann. Die Elektronen und Löcher verhalten sich wie die Ladungen auf einem verlustbehafteten Kondensator. Sie sind zwar nicht räumlich getrennt, bilden jedoch durch die energetische Trennung durch das

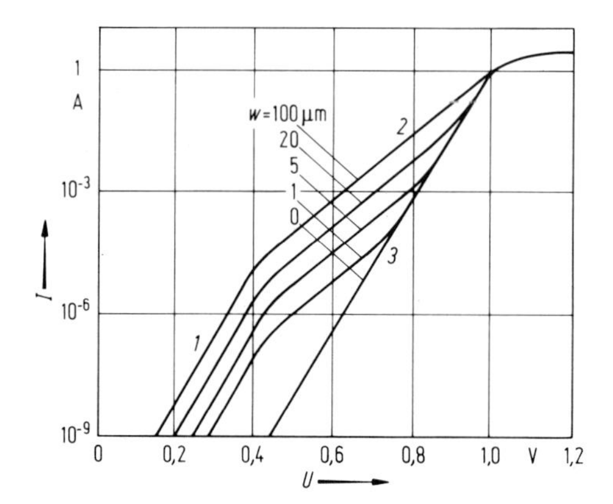

Abb. 7.2/24. Strom-Spannungs-Kennlinien von PIN-Dioden bei Polung in Flußrichtung: *1* schwache Injektion, *2* starke Injektion, *3* Substratinjektion (schwache Injektion) ($N_{A,D} = 5 \cdot 10^{13}$ cm^{-3} im Mittelgebiet, $F = 4 \cdot 10^{-4}$ cm^2, $\tau = 1$ µs in Mittelgebiet, $\tau = 40$ ps im Substrat)

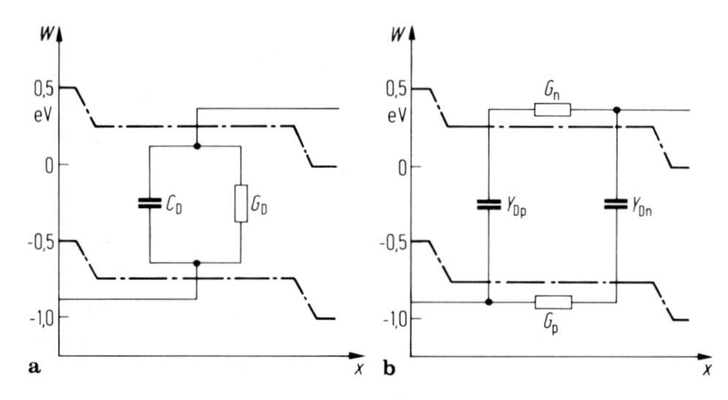

Abb 7.2/25a u. b. Kleinsignal-Ersatzschaltbild der PIN-Diode bei starker Injektion (zur Veranschaulichung eingezeichnet ins Bänderschema): **a** Niederfrequenz-Ersatzschaltbild; **b** Hochfrequenz-Ersatzschaltbild

verbotene Band zwei unabhängige Elektronengase, die die sogenannte Diffusionskapazität $C_D = dQ/dU$ miteinander bilden. Mit $Q = I\tau$ kann sie aus Gl. (7.2/17b) berechnet werden:

$$C_D = \tau \frac{dI}{dU} = \frac{I\tau}{2u_T}.$$

Der Parallelleitwert G_D ergibt sich in gleicher Weise zu:

$$G_D = \frac{dI}{dU} = \frac{I}{2u_T}.$$

Diese Beziehungen gelten nicht mehr bei sehr hohen Frequenzen ($\omega > 2\pi/\tau$), da der Aufbau der veränderten Ladungsträgerdichten bei kleinen Spannungsamplituden nur durch Diffusion und den Generations-Rekombinations-Mechanismus erfolgt und die Zeit τ in Anspruch nimmt. Während der kurzen Zeit $1/\omega$ kann die Konzentrationsänderung sich nur bis zu Tiefen ausbreiten, die der Diffusionslänge $\sqrt{D/\omega}$ entspricht. Es können sich deshalb nur in den Randgebieten der Mittelzone Diffusionskapazitäten ausbilden, die um den Faktor $\sqrt{D/\omega}/w$ kleiner sind. Das gleiche gilt für den Parallelletwert, so daß sich die beiden Gesamtleitwerte für die Randzonen angeben lassen:

$$\text{links:}\quad Y_{Dp} = \frac{I}{2u_T}\sqrt{\frac{D_p}{\omega w^2}}(1 + j\omega\tau) \approx j\frac{I\tau}{2u_T}\sqrt{\frac{\omega D_p}{w^2}}$$

$$\text{rechts:}\quad Y_{Dn} = \frac{I}{2u_T}\sqrt{\frac{D_n}{\omega w^2}}(1 + j\omega\tau) \approx j\frac{I\tau}{2u_T}\sqrt{\frac{\omega D_n}{w^2}} \qquad j = \sqrt{-1}. \tag{7.2/18a}$$

Da $\omega\tau \gg 1$ vorausgesetzt ist, reduzieren sie sich auf ihre kapazitiven Komponenten. Im Ersatzschaltbild (Abb. 7.2/25b) müssen deshalb für die Ränder getrennte Kapazitäten angesetzt werden, die durch die Leitwerte der im zeitlichen Mittel injizierten Ladungsträger verbunden sind. Deren Werte können entsprechend dem gewählten Gleichstromarbeitspunkt I aus den Beweglichkeiten der betreffenden Ladungsträgersorten berechnet werden [34]

$$G_p = pe\mu_p F/w = I\tau\mu_p/w^2 \qquad \text{und} \qquad G_n = I\tau\mu_n/w^2. \tag{7.2/18b}$$

Überschreitet die Mittelzonenlänge einen Wert W_{krit}, so wirken die Diffusionskapazitäten als Kurzschluß und das Ersatzschaltbild reduziert sich zu einer Parallelschaltung der Längsleitwerte. Unterhalb dieses Wertes ergibt sich dann entsprechend eine Parallelschaltung der Diffusionskapazitäten:

$$\begin{aligned} Y &= G_p + G_n \quad \text{für } W \gg W_{krit} \\ Y &= Y_{Dp} + Y_{Dn} \quad \text{für } W \ll W_{krit} \end{aligned} \qquad \text{mit} \qquad W_{krit} = \frac{u_T(\mu_p + \mu_n)}{\sqrt{D\omega}}. \tag{7.2/18c}$$

Ein rein reeller Kleinsignalleitwert wird also bei hohen Frequenzen und großen Mittelzonenlängen erzielt, während das kapazitive Verhalten bei kurzen Mittelzonen und niedrigen Frequenzen auftritt.

Ein völlig anderes Ersatzschaltbild ist bei Großsignalaussteuerung anzusetzen (Abb. 7.2/26), da sich hier auch in der Mittelzone starke Felder aufbauen, die den Injektionsmechanismus unterstützen. Die Diffusionskapazität wird nun vom gesamten Mittelzonenvolumen gebildet. Sie ändert während des Aussteuervorgangs ihren Wert und kann deshalb nicht mehr als Kondensator im eigentlichen Sinne bezeichnet werden. Sie hat mit ihm nur noch die Eigenschaft der Ladungsspeicherung gemeinsam, die jedoch eine exponentielle Spannungsabhängigkeit aufweist und zeitlich verzögert einsetzt. Die Zuleitungswiderstände hängen von der Größe der bereits

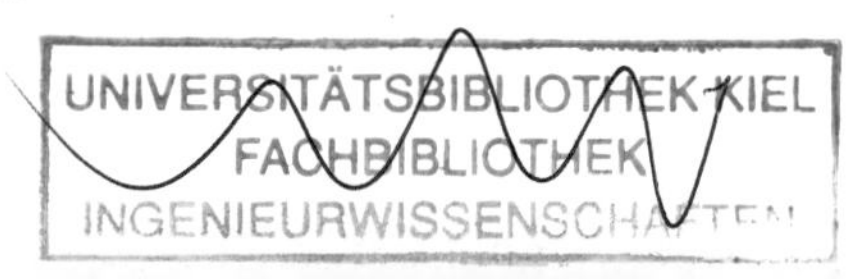

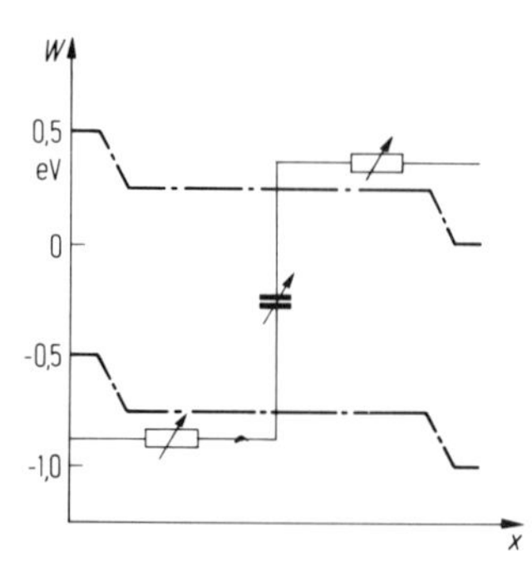

Abb. 7.2/26. Schaltbild für das Großsignalverhalten der PIN-Diode (zur Veranschaulichung im Bänderschema eingezeichnet)

gespeicherten Ladung ab und zeigen deshalb ebenfalls einen stark nichtlinearen Charakter. Die Reaktion der PIN-Diode auf eine Großsignalaussteuerung hängt von der Größe und dem zeitlichen Verlauf des Signals ab. Sie bietet also eine variable Reaktanz an und wird deshalb Speichervaraktor genannt. Durch Anpassung der Mittelzonenweite und Dotierung an Frequenz und Amplitude des Aussteuersignals kann erreicht werden, daß der kapazitive Charakter der Reaktanz überwiegt.

Ein einfaches analytisches Modell des Speichervaraktors ist nicht herleitbar. Eine Zusammenfassung der wichtigsten Modellrechnungen und Auswertungen findet sich in [81]. Lediglich einige Grenzdaten des Speichervaraktors lassen sich direkt angeben. Die in ihm verlustarm speicherbare Ladungsmenge ergibt sich, wenn man davon ausgeht, daß die Verluste mit Einsetzen der Substratinjektion stark anwachsen, zu

$$Q_{\max} = N_{\text{Sub}} ewF .$$

Auch die kürzeste Transitzeit kann angegeben werden, da die injizierte Ladung höchstens mit der Sättigungsdriftgeschwindigkeit von 10^7 cm/s durch die Mittelzone bewegt werden kann:

$$T_{\text{Tr}} \geq w/v_{\text{sätt}} .$$

Eine einfache anschauliche Anwendung des Speichervaraktors zeigt Abb. 7.2/27. Ein über einen Serienwiderstand eingeprägter Strom einer Frequenz, der etwa dem Kehrwert der Minoritätsträgerlebensdauer entspricht (1 MHz für die Beispieldiode), kann der positiven Halbwelle der HF-Amplitude folgen und wird auch beim Wechsel zur negativen Halbwelle noch eine Zeitlang aus dem Reservoir der injizierten Ladung gespeist werden können. Bei Erschöpfung derselben hört er jedoch abrupt auf, und es kann ein kurzer Nadelimpuls von der Breite der Transitzeit, in unserem Beispiel 20 ns, ausgekoppelt werden.

Die grundlegenden Ausführungsformen für die Konstruktion von PIN-Dioden und Speichervaraktoren zeigt Abb. 7.2/28. Die am leichtesten herstellbare Planarstruktur (Abb. 7.2/28a und b) hat in den Randzonen zusätzliche kapazitiv gekoppelte hochohmige Bahngebiete, die natürlich auch mit injizierter Ladung überschwemmt werden. Sie bewirken neben zusätzlichen RC-Verlusten bei Sperrpolung zusätzliche Trägheitsmechanismen durch die Aufweitung des Injektionsraumes. Diesen Nachteil vermeidet die sogenannte Mesadiode (Mesa = Tafelberg) der Abb. 7.2/28c und d. In der „Upside-down“-Konfiguration wird sie dann eingesetzt, wenn große Verlustleistungen anfallen, da bei ihr die aktive Zone direkt an der Wärmesenke sitzt. Bei Wärmewiderständen von 10 bis 20 K/W verträgt sie Verlustleistungen von etwa 10 W ohne wesentliche Funktionsbeeinträchtigung.

Lange PIN-Dioden eignen sich als Schalter und regelbare Hochfrequenzwiderstände. Sie finden Anwendung in Antennenschaltern, Phasenschiebern, Leistungs-

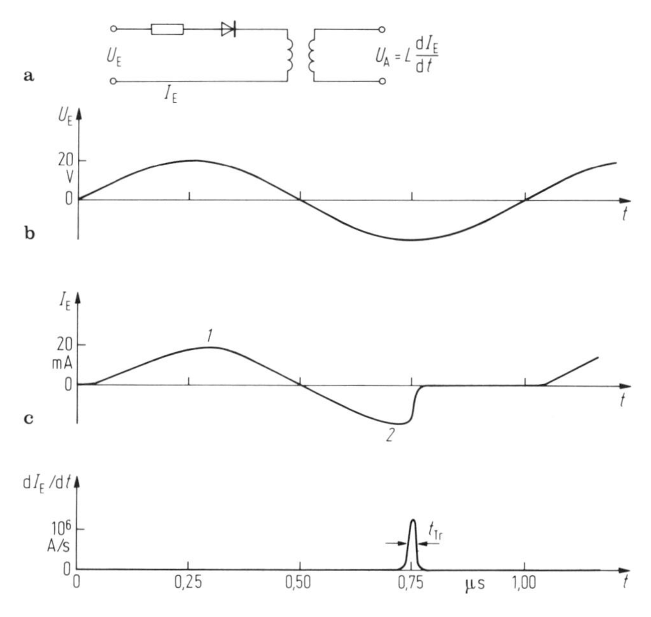

Abb. 7.2/27a–d. Anwendung des Speichervaraktors als Pulsgenerator: **a** Schaltbild; **b** sinusförmige Eingangsspannung; **c** Stromfluß; *1* Aufbau der Speicherladung; *2* Rückzug der Speicherladung; **d** Ausgangspuls mit der Länge der Transitzeit t_{Tr}

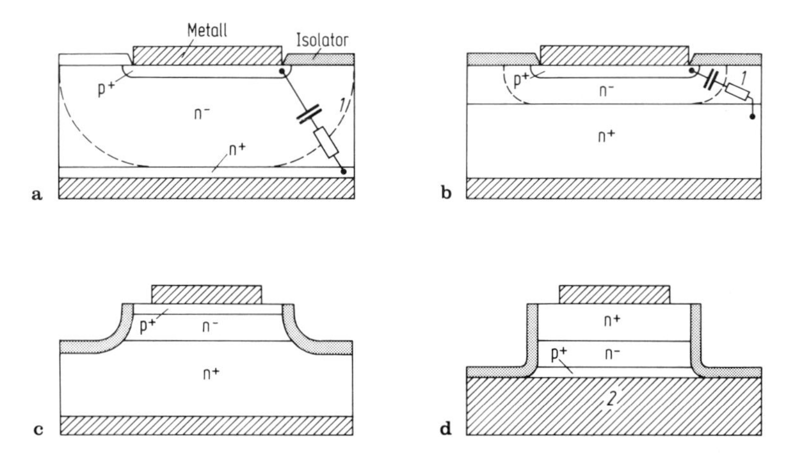

Abb 7.2/28a–d. Bauformen von PIN-Dioden: **a** Planardiode mit langer Mittelzone (schwach dotiertes Substrat beidseitig diffundiert); *1* parasitäres RC-Glied im Randbereich; **b** Planardiode mit kurzer Mittelzone (stark dotiertes Substrat mit Epitaxieschicht und Diffusion); *1* parasitäres RC-Glied im Randbereich; **c** Mesadiode; **d** „Upside-down" -Mesadiode; *2* Metallwärmesenke direkt an aktiver Schicht

begrenzern und Blitzschutzschaltungen. Speichervaraktoren werden in Pulsgeneratorschaltungen und Frequenzvervielfachern und -umsetzern eingesetzt.

7.2.3.2 Kapazitätsdioden und Sperrschichtvaraktoren. Die Raumladungszone des p-n-Übergangs verhält sich bei Kleinsignalaussteuerung wie ein Plattenkondensator mit einem Plattenabstand, der gleich der Raumladungsweite ist. Da die Raumladungszonenweite spannungsabhängig ist, kann er also als mit der Sperrspannung regelbarer Kondensator Anwendung finden. Die darauf aufbauenden Kapazitätsdioden und Sperrschichtvaraktoren verwenden in der Regel ein p^+nn^+-oder Metall-nn^+-Dotierungsprofil, da n-Bahngebiete infolge der höheren Elektronenbeweglichkeit geringere Bahnwiderstände aufweisen. Der Unterschied zwischen Kapazitätsdiode und Sperrschichtvaraktor liegt wiederum in der Größe der Hochfrequenzamplitude bei der Anwendung. Die Kapazitätsdiode wird nur soweit ausgesteuert, daß ihre Kapazität als nahezu konstant angesehen werden kann, während der Sperrschichtvaraktor gerade die Nichtlinearität der Ladungsspeicherung auf der Sperrschichtkapazität bei Großsignalaussteuerung ausnützt. In der technologischen Optimierung ergeben sich dabei aber keine wesentlich unterschiedlichen Aspekte, so daß die im folgenden gewonnenen Ergebnisse der Kleinsignalanalyse auch für die Sperrschichtvaraktoren gültig sind.

Betrachten wir den Fall konstanter Dotierung im Mittelgebiet der Diode, vereinfacht sich die Gl. (7.2/8), die die Ausdehnung der Raumladungszone beschreibt, zu:

$$x = \sqrt{\frac{2\varepsilon(U_\mathrm{D} - U)}{eN_\mathrm{D}}} \,.$$

Die Raumladungszone besitzt dann die Kapazität:

$$C = \frac{\varepsilon F}{x} = F\sqrt{\frac{\varepsilon e N_\mathrm{D}}{2(U_\mathrm{D} - U)}} \,. \qquad (7.2/19)$$

Andere Spannungsabhängigkeiten der Kapazität lassen sich realisieren, wenn von der konstanten Dotierung im Mittelgebiet abgewichen wird. Dafür läßt sich ein Bestimmungsgleichungspaar ableiten, das den Zusammenhang zwischen $C(U)$-Funktion und $N(x)$-Dotierungsprofil herstellt. Bei einer beliebig angenommenen Spannung bildet sich eine Raumladungszone mit der Weite x aus, die eine Ladung beinhaltet, die durch den Dotierungsverlauf festliegt (Abb. 7.2/29). Ändert man die Spannung differentiell um $\mathrm{d}U$, ändert sich die Raumladungsweite um den Betrag $\mathrm{d}x$. Die sich ergebende Ladungsänderung läßt sich auf zwei Arten bestimmen:

$$\mathrm{d}Q = -\,eN_\mathrm{D}(x)\,F\,dx$$

$$\mathrm{d}Q = C\,\mathrm{d}U \,. \qquad (7.2/20a)$$

Aus dem Kapazitätsansatz des Plattenkondensators $C = \varepsilon F/x$ kann das Differential $\mathrm{d}x$ ausgedrückt werden durch

$$\mathrm{d}x = -\,\frac{\varepsilon F}{C^2}\,\mathrm{d}C \,.$$

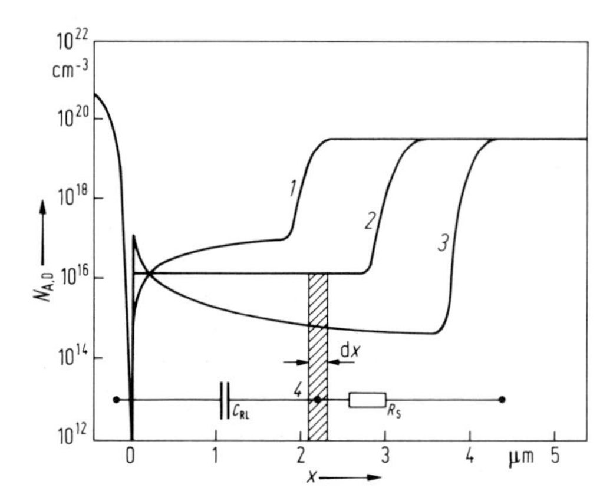

Abb. 7.2/29. Dotierungsprofile von Kapazitätsdioden: *1* graduiertes Profil, *2* abruptes Profil, *3* hyperabruptes Profil, *4* zur Herleitung der Kapazitäts-Spannungskennlinie mit äquivalenten Bauelementen

Eingesetzt in Gl. (7.2/20a) ergibt sich der Zusammenhang zwischen Dotierung und Kapazität:

$$N(x) = \frac{C^3}{\varepsilon e F^2 \,\mathrm{d}C/\mathrm{d}U} \qquad x = \varepsilon F/C\,. \tag{7.2/20b}$$

Die in Abb. 7.2/29 zusätzlich eingetragenen Dotierungsprofile ergeben sich aus folgenden Beispielrechnungen, in denen ein Diodendurchmesser von 200 μm zugrunde gelegt wurde:

Vorgabe $C(U)$-Verlauf	Notwendiges Dotierprofil
$C = 10\,\mathrm{pF.V}\,(U - U_\mathrm{D})^{-1}$	$N(x) = \dfrac{2 \cdot 10^{11}\,\mathrm{cm}^{-2}}{x}$ hyperabrupter p-n-Übergang
$C = 10\,\mathrm{pF.V}^{1/2}\,(U - U_\mathrm{D})^{-1/2}$	$N(x) = 1{,}25 \cdot 10^{16}\,\mathrm{cm}^{-3}$ abrupter p-n-Übergang
$C = 10\,\mathrm{pF.V}^{1/3}\,(U - U_\mathrm{D})^{-1/3}$	$N(x) = 6x \cdot 10^{20}\,\mathrm{cm}^{-4}$ graduierter p-n-Übergang

In der Praxis treten natürlich oft Abweichungen vom angestrebten $C(U)$-Verlauf auf, wenn die notwendigen Dotierprofile nicht herstellbar oder unsinnig sind (z. B. $N = \infty$ für $x = 0$ im ersten Beispiel).

Die Gesetzmäßigkeit des $C(U)$-Verlaufs wird durch die Form des Dotierungsprofils eingestellt. Mit den noch freien Parametern der Diodenfläche und eines multiplikativen Faktors für den Dotierungspegel kann die weitere Anpassung an eine konkrete Aufgabe erfolgen. Wird ein niedriger Pegelfaktor gewählt, läßt sich ein flacher $C(U)$-Verlauf erzielen, der den Vorteil hat, daß die Nichtlinearität der Kapazität sich erst bei größeren Signalpegeln auswirkt. Nachteilig ist hingegen, daß der Serienwiderstand dabei zunimmt. Er kann für jeden Arberitspunkt der $C(U)$-Kennlinie durch Integration über das außerhalb der Raumladungszone liegende neutrale Bahngebiet ermittelt werden:

$$R_\mathrm{s} = \int_{\varepsilon F/C}^{W} \frac{\mathrm{d}x}{F e \mu_\mathrm{n} N_\mathrm{D}}\,. \tag{7.2/21}$$

Da der Serienwiderstand direkt den Verlustfaktor der Kapazität vergrößert, bringt die Verwendung von Halbleitermaterialien hoher Elektronenbeweglichkeit wie z. B. GaAs bessere Parameter. Trotzdem wird in den meisten Fällen Silizium verwendet, da hier die Herstelltechnologie weit genug entwickelt ist, daß sich die theoretisch ermittelten Diodenparameter auch praktisch realisieren lassen, während bei Verwendung von GaAs oft zusätzliche Verlustfaktoren infolge unzureichender Grundmaterialqualität und schlechterer Dotierungsprofilkontrolle hingenommen werden müssen.

7.2.3.3 Schottkydioden. Schottkydiode ist der Sammelbegriff für alle Dioden, die einen Metall-Halbleiter-Übergang als kennlinienbestimmendes Element verwenden. Da der Leitfähigkeitsmechanismus des Metall-Halbleiter-Übergangs nahezu trägheitslos ist, ist die statische Strom-Spannungs-Kennlinie der Schottky-Diode auch bei hohen Frequenzen gültig. Sie findet deshalb in der Hochfrequenztechnik ein breites Anwendungsfeld als Schalter, Gleichrichter und Frequenzumsetzer. In Analogie zum Varaktorbegriff bei den PIN-Dioden wird sie auch als Varistor bezeichnet, wenn die Nichtlinearität der Kennlinie im Vordergrund der Betrachtung steht.

Die ursprüngliche Bauform der Ge- und Si-Spitzendiode [82] wird heute weitgehend durch planare Si- und GaAs-Schottkydioden ersetzt, deren aktive Flächen aufgrund der heute beherrschten Strukturfeinheit kleiner und reproduzierbarer hergestellt werden können.

Das Kleinsignalersatzschaltbild der Schottkydiode ist aus der Aufbaugeometrie (Abb. 7.2/30) leicht abzuleiten. Die Raumladungszone kann als Parallelschaltung der Raumladungszonenkapazität C_{RL} mit dem Diodenleitwert G_D angesehen werden. Sie besitzen einen gemeinsamen Serienwiderstand, der sich aus dem Bahnwiderstand R_{Epi} des noch neutralen Teils der Epitaxieschicht und dem Bahnwiderstand R_{Sub} des hoch dotierten Substrats zusammensetzt. Der Diodenleitwert ergibt sich durch Differenzieren der Kennliniengleichung (7.2/16a) zu:

$$G_D = \frac{C^*FT^2}{u_T} e^{-(\varphi_B - U)u_T} . \qquad (7.2/22)$$

Die Raumladungskapazität und der Serienwiderstand können aus dem Dotierungsprofil berechnet werden. Bevor wir das tun, betrachten wir zunächst den aus dem Ersatzschaltbild resultierenden Gesamtleitwert der Diode (Abb. 7.2/31). Je nach angelegter Spannung kann es stark vereinfacht werden. Bei kleinen bzw. negativen Spannungen wird der Diodenleitwert so klein, daß er gegen den kapazitiven Leitwert der Raumladungszonenkapazität vernachlässigt werden kann. Es stellt sich dann die frequenzabhängige untere Grenze des Gesamtleitwerts ein:

$$G_{min} = (R_{Sub} + R_{Epi})\,\omega^2 C_{RL}^2 .$$

Die obere Grenze stellt sich ein, wenn bei großen Flußspannungen der Diodenleitwert größer als der Leitwert der Serienwiderstände wird:

$$G_{max} = 1/(R_{Sub} + R_{Epi}) .$$

Im Mittelbereich dominiert der Diodenleitwert allein.

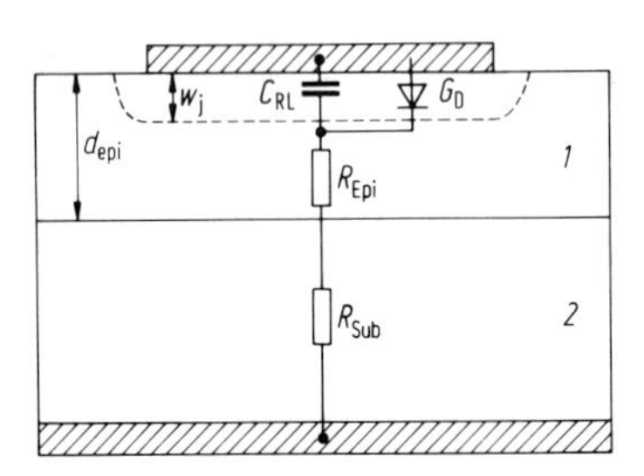

Abb. 7.2/30. Diodenquerschnitt mit Ersatzschaltbild der Schottkydiode: *1* schwachdotierte Epitaxieschicht, *2* stark dotiertes Substrat

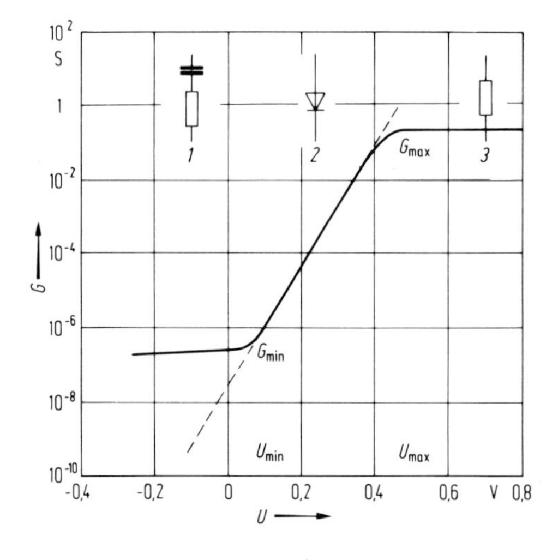

Abb. 7.2/31. Kleinsignalersatzschaltbilder der Schottkydiode in verschiedenen Kennlinienarbeitspunkten und die resultierende Kennlinie des Kleinsignalleiwerts (bei kleinen (*1*), mittleren (*2*) und hohen (*3*) Strömen)

Dabei wurde stillschweigend angenommen, daß in beiden Grenzfällen der gleiche Serienwiderstand wirksam wird. Das ist bei hohen Frequenzen auch meist berechtigt, da dann der Spannungsunterschied $U_{\min} - U_{\max}$ nur noch sehr klein ist und die Ausdehnung der Raumladungszone gegenüber der Gesamtepitaxiedicke vernachlässigt werden kann. Die ist nämlich in der Regel durch eine zusätzliche Sperrspannungsforderung auf größere Werte festgelegt. Für den effektiv wirksamen Dynamikbereich der Schottkydiode läßt sich unter diesen Voraussetzungen eine einfache Formel angeben:

$$\frac{G_{\max}}{G_{\min}} = \frac{1}{(R_{\mathrm{Sub}} + R_{\mathrm{Epi}})^2 \omega^2 C_{\mathrm{RL}}^2} = \frac{1}{\omega^2 \tau^2} \quad \text{mit } \tau = R_{\mathrm{S}} C_{\mathrm{RL}} \,. \qquad (7.2/23)$$

Die Zeitkonstante τ muß im Interesse eines großen Dynamikbereichs so klein wie möglich gemacht werden. Die Berechnung mit (7.2/19) und (7.2/21) führt zu dem Ergebnis:

$$\frac{\tau}{s} = 3{,}5 \cdot 10^{-4} \frac{d_{\mathrm{Epi}}}{\mu\mathrm{m}} \Big/ \sqrt{N_{\mathrm{D}}\,\mathrm{cm}^3} + 1{,}3 \cdot 10^{-22} \cdot \frac{r}{\mu\mathrm{m}} \cdot \sqrt{N_{\mathrm{D}}\,\mathrm{cm}^3}$$

r = Diodenradius.

Daraus läßt sich ablesen, daß vor allem eine kleine Epitaxiedicke und ein kleiner Diodendurchmesser zur Erzielung guter Hochfrequenzparameter nötig sind. Für das Dotierungsniveau ergibt sich dann ein jeweils optimaler Wert, wie in Abb. 7.2/32 anhand der Beispiele einer höhersperrenden Detektordiode und einer Mikrowellenmischerdiode demonstriert ist.

Vor allem bei den Höchstfrequenzschottkydioden mit Durchmessern von wenigen μm ergeben sich Probleme bei der äußeren Kontaktierung, wenn die Primitivkonstruktion der Abb. 7.2/30 verwendet wird. Die Konstruktion der Abb. 7.2/33 löst das Problem, indem der Diodendurchmesser durch eine Isolierschicht definiert wird,

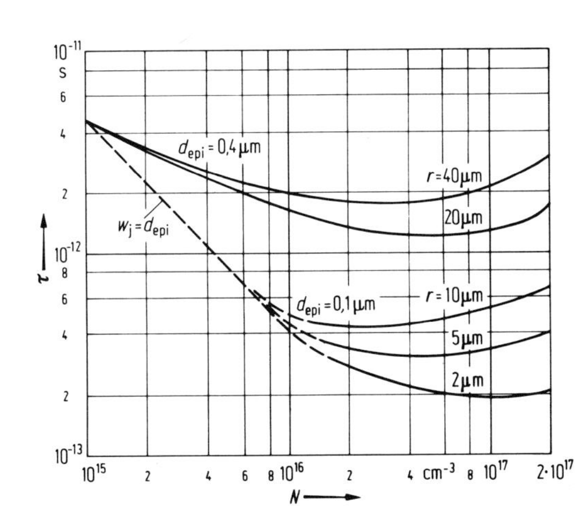

Abb. 7.2/32. *RC*-Zeitkonstante von n-Silizium-Schottkydioden bei verschiedener Größe d_{Epi} und Dotierung (r Radius der aktiven Diodenfläche)

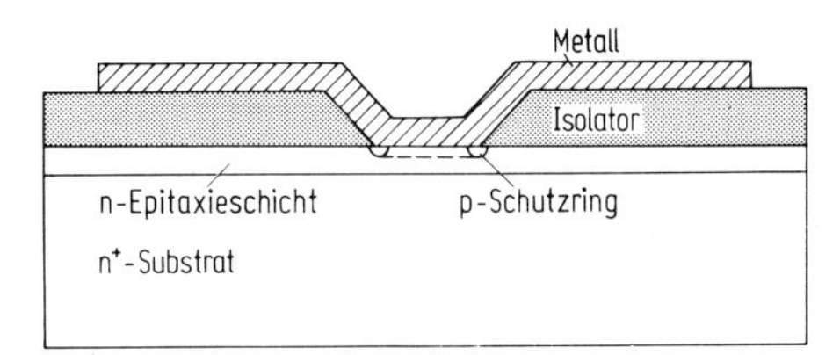

Abb. 7.2/33. n-Silizium-Schottkydiode in Planartechnik mit p-dotiertem Schutzring

die einen großen überlappenden Metallkontakt erlaubt, dessen parasitäre Zusatzkapazität durch entsprechende Dickenauslegung der Isolierschicht gering gehalten werden kann. Leider ergibt sich dadurch wieder ein neues Problem: Im „Dreiländereck“, wo Isolator, Metall und Halbleiter zusammenstoßen, ändert sich die barrierenbestimmende Oberflächenzustandsdichte abrupt, so daß sich an der Isolatorkante ein Bereich in der Regel niedrigerer Barriere einstellt. In ihm fließt sowohl in Sperr- als auch in Flußrichtung ein wesentlich höherer Strom, der zum einen wegen der Gefahr der lokalen Überhitzung die Zuverlässigkeit der Diode beeinträchtigt und zum anderen wegen der zusätzlich im Randgebiet erhöhten Feldstärken einen stärker ausgeprägten Schottky- und Tunneleffekt aufweisen. Durch Einbringen einer auf den Diodenrand lokalisierten Schutzringimplantation kann dieser Effekt vollständig unterdrückt werden. Dabei werden zur Epitaxiedotierung komplementäre Dotieratome in den Randbereich eingebracht, die durch ihre Raumladung im ionisierten Zustand eine scheinbare Barrierenerhöhung bewirken und den Strom auf das Mittelgebiet der Diode konzentrieren.

7.2.3.4 Hochfrequenz-Photodioden. Die Energiebarriere zwischen Valenz- und Leitungsband der Halbleiter von 0,1 bis 3 eV kann durch Wechselwirkung der Valenzelektronen mit Photonen ausreichender Energie leicht überwunden werden. Die auf diese Weise absorbierten Lichtquanten erzeugen jeweils ein Elektron-Loch-Paar und verändern die Ladungsträgerdichten im Halbleiter. Diese veränderten Ladungsträgerdichten werden benützt, um die Lichtstrahlung nachzuweisen (Photodioden, Photowiderstände und Phototransistoren), oder sie in verfügbare elektrische Energie umzusetzen (Photoelemente und Solarzellen). Phototransistoren und Photowiderstände speichern die erzeugten Minoritätsträger und steuern durch die dabei veränderten Potentialverhältnisse einen Majoritätsträgerstrom. Sie erreichen dadurch zwar hohe Verstärkungen des Photostroms, haben aber lange Ansprech- und Abklingzeiten, die mit den Minoritätsträgerlebensdauern identisch sind.

Die PIN-Photodiode (Abb. 7.2/34) mißt die Ladungsträgergeneration direkt als Sperrstromanstieg bei Beleuchtung. Die vom Licht erzeugten Elektronen werden dabei ins n-Gebiet und die Löcher ins p-Gebiet transportiert, so daß sie nicht mehr rekombinieren müssen (Abb. 7.2/35a). Die Ansprechzeit entspricht der kurzen Transferzeit, und es tritt keine Verstärkung auf. Jedoch kann der Quantenwirkungsgrad (Verhältnis der Zahl der gemessenen Elektron-Loch-Paare zur Photonenzahl) sehr hoch sein, da während der kurzen Transferzeit praktisch keine Rekombination auftritt.

Der Nachteil der fehlenden inneren Verstärkung kann dann wieder wettgemacht werden, wenn es gelingt, die parasitären Diodenparameter klein zu halten und damit

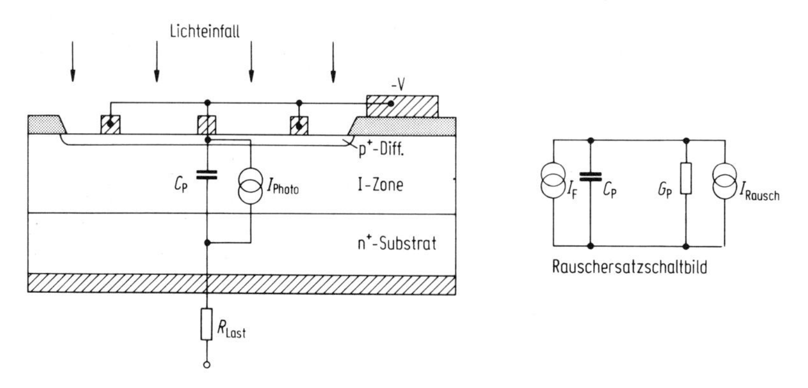

Abb. 7.2/34. Konstruktion und Rauschersatzschaltbild der PIN-Photodiode mit den verschiedenen Teilbereichen des Querschnitts

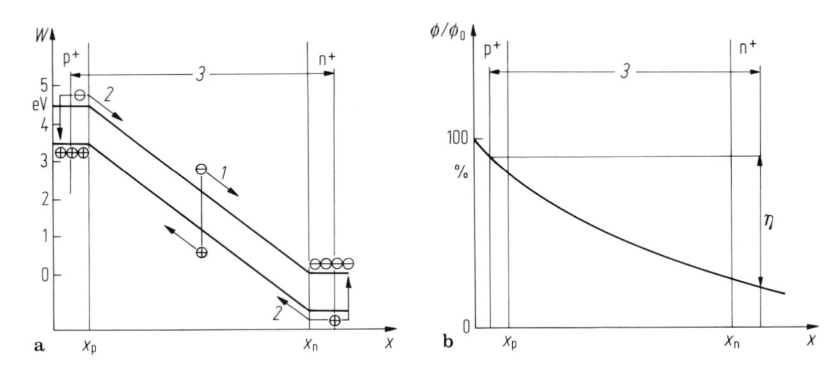

Abb. 7.2/35a u. b. Lichtabsorption und Quantenwirkungsgrad in PIN-Photodioden: **a** Bänderschema; **b** Abklingen der Lichtintensität in der Tiefe; *1* Anregung von Elektron-Loch-Paaren in der Raumladungszone ohne Rekombination, *2* Anregen von Minoritätsträgern in den Bahngebieten mit Diffusion zur Raumladungszone oder Rekombination, *3* nutzbare Absorptionszone

eine effektive Nachverstärkung zu ermöglichen. Bei genügend kleinen Serienwiderständen, Sperrströmen und Transferzeiten und einem hohen Quantenwirkungsgrad wirkt die Photodiode als idealer Detektor ohne eigene Rauschquelle. Die Nachweisempfindlichkeit wird dann nur durch das Quantenrauschen des einfallenden Lichts und das thermische Rauschen des Meßwiderstands im Lastkreis beschränkt. Verknüpfende Größe für die Rauschquelle Lastwiderstand ist dabei die Diodenkapazität, die ihn als Parallelleitwert zur Detektorstromquelle mit der Größe $R_L\omega^2C^2$ transformiert [63]. Von daher muß die Diodenfläche so klein wie möglich gemacht werden. Als Untergrenze kann der Flächenwert ermittelt werden, bei dem infolge der lateralen Ausdehnung des Lichtstrahls und des bei Flächenverkleinerung abnehmenden Quantenwirkungsgrades η das Quantenrauschen dominant wird.

Die Kriterien, die das vertikale Profil der Diode festlegen, zeigt Abb. 7.2/35a und b. Die Lichtintensität Φ_L klingt im Halbleiter durch die Absorption exponentiell ab:

$$\Phi_L = \Phi_{L0}\,e^{-\alpha x}\,. \tag{7.2/24}$$

Senkrechter Lichteinfall vorausgesetzt, gehorcht die Ladungsträgergeneration der gleichen Gesetzmäßigkeit. Durch die Lage dieses Generationsprofils zum Potentialprofil in der Diode können drei Hauptzonen unterschieden werden. Die in der Raumladungszone generierten Ladungsträger driften schnell in ihre zugehörigen Majoritätsgebiete ab und liefern sofort einen Photostrom. Die Feldstärke in der Raumladungszone wird durch Anlegen einer Sperrspannung so groß gemacht (>1 V/µm), daß die Sättigungsdriftgeschwindigkeit (10^7 cm/s) erreicht wird. Für die Transferzeit gilt dann im Mittel

$$T_{tr} = w/2v_{sätt}\,.$$

Um möglichst kleine Kapazitäten zu erhalten, ist es sinnvoll, die Raumladungsweite (Mittelzonenweite der PIN-Struktur) so groß wie möglich zu machen, soweit es die Frequenzbeschränkung durch die Transitzeit erlaubt. Die in den Neutralgebieten erzeugten Minoritätsträger bewegen sich wesentlich langsamer nur durch Diffusion fort. Es können nur diejenigen Minoritätsträger zum hochfrequenten Strom beitragen, die innerhalb der frequenzabhängigen Grenzen

$$l = \sqrt{D_{n,p}/\omega}$$

liegen. Die Gebiete außerhalb dieses Bereichs können als tote Zone betrachtet werden. Um einen hohen Quantenwirkungsgrad η zu erhalten, darf die Eindringtiefe des

Lichts nicht kleiner als die oberflächennahe tote Zone (0,2 µm,) und nicht größer als die durch die Transitfrequenz oder die technologischen Möglichkeiten begrenzte Mittelzonenweite der PIN-Struktur (etwa 100 µm) sein. In dem für die Nachrichtenübertragung mit Glasfaserkabeln wichtigen Bereich der Lichtwellenlänge unter 900 nm bei Frequenzen bis 1 GHz erfüllt Silizium diese Bedingung am besten. Bei größeren Wellenlängen oder höheren Frequenzen ist Germanium als Ausgangsmaterial vorzuziehen.

7.2.4 Dioden für Hochfrequenzoszillatoren

Die nichtlinearen Reaktanzen von Varaktordioden können einerseits benützt werden, um Hochfrequenzenergie von einer Frequenz in eine andere umzusetzen (Abschn. 11.5). Andererseits sind die zu behandelnden aktiven Dioden in der Lage, Hochfrequenzenergie direkt aus Gleichstromleistung zu erzeugen. Zum Teil kann dafür ein frequenzunabhängiger negativer differentieller Leitwert verwendet werden, der schon in Form eines Strom-Spannungs-Verlaufs mit bereichsweise negativer Steigung in der statischen Kennlinie vorliegt (Tunneldiode und schwach dotierte GaAs-Widerstände). Oft sind jedoch aufgrund besonderer Trägheitsmechanismen zusätzlich Laufzeitbedingungen einzuhalten, die die Anwendung auf ein schmales Frequenzband beschränkt (Lawinenlaufzeit- und BARRITT-Dioden, Gunn-Elemente). Dabei ist es dann unerheblich, ob ein negativer differentieller Leitwert bereits in der Gleichstromkennlinie vorhanden ist. Wichtig ist hier nur, daß er bei der Arbeitsfrequenz auftritt, die dann durch einen mit der Diode gekoppelten Resonator festgehalten werden muß.

7.2.4.1 Tunneldioden. Der Tunneleffekt ist grundsätzlich in Abschn. 7.1.4 beschrieben. Auf die Abschn. 9.1.8.1 und 10.2.1 sei hingewiesen.

Wie bereits in Abschn. 7.2.1.3 gezeigt wurde, wird die Energiebarriere zwischen Valenz- und Leitungsband bei hohen Dotierungspegeln von über 10^{18} cm^{-3} für Elektronen und Löcher durchlässig, wenn eine genügend hohe Sperrspannung angelegt wird. Steigert man die Dotierung auf Werte von über 10^{20} cm^{-3}, kann sie auch ohne angelegte Spannung durchtunnelt werden. Die hohe Dotierung hat weiterhin die Folge, daß das Fermi-Niveau nicht mehr innerhalb des verbotenen Bandes liegt, sondern sich ins Leitungs- bzw. Valenzband verschiebt. Sie bewirkt außerdem eine Verringerung des Bandabstands [63]. Das Leitungsband des n-Gebiets ist deshalb auch bei Spannung Null und sogar noch bei positiven Spannungen durch direktes Tunneln (ohne Änderung der Elektronenenergie) aus dem Valenzband erreichbar (Abb. 7.2/36a). Da der p-n-Übergang durch den Tunneleffekt kurzgeschlossen wird,

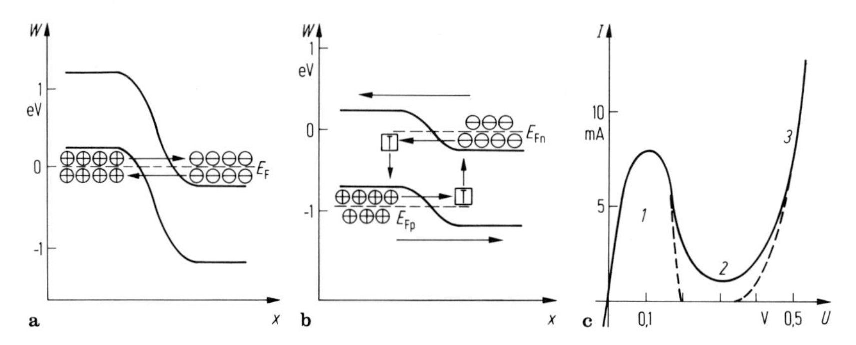

Abb. 7.2/36a–c. Stromleitungsmechanismen und Kennlinie der Tunneldiode: **a** direktes Tunneln bei kleinen Spannungen; **b** indirektes Tunneln und Shockleysche Injektionsströme bei zunehmender Flußspannung; **c** Strom-Spannungs-Kennlinie der Tunneldiode; *1* direktes Tunneln, *2* indirektes Tunneln, *3* Shockleysche Flußkennlinie

zeigt die Diode in Sperrichtung und auch noch bei leicht positiven Spannungen das Ohmsche Verhalten ihres Serienwiderstands. Erst bei Flußspannungen, die größer sind als die Summe der Potentialabstände der Valenz- und Leitungsbandkanten von den p- und n-Fermi-Niveaus, wird der direkte Tunneleffekt unmöglich, so daß der Strom wieder kleiner wird. Er hört nicht völlig auf, da durch indirektes Tunneln, d. h. Tunneln in Trapniveaus innerhalb des verbotenen Bandes mit anschließender Relaxation, ein Reststrom (excess current) möglich bleibt (Abb. 7.2/36b). Er wird bei weiterer Spannungssteigerung dann durch den Shockleyschen Injektionsstrom abgelöst (Abb. 7.2/36c).

Der Tunnelprozeß ist ähnlich wie der Emissionsprozeß bei Schottkydioden nahezu trägheitslos, so daß auch die Hochfrequenzeigenschaften der Tunneldiode von ihrer statischen Kennlinie, ergänzt durch das Kleinsignalersatzschaltbild der Sperrschichtkapazität und des Serienwiderstands, charakterisiert wird. Die maximale Arbeitsfrequenz f_G der Tunneldiode ist dann erreicht, wenn der positive Parallelleitwert, der sich aus dem Serienwiderstand und der Sperrschichtkapazität ergibt, gleich dem negativen differentiellen Leitwert des fallenden Kennlinienastes wird:

$$\omega_G^2 C^2 R_S = -\,\mathrm{d}I/\mathrm{d}U\,. \tag{7.2/25}$$

Um trotz des hohen Dotierungsniveaus kleine Kapazitäten und damit hohe Grenzfrequenzen zu erzielen, muß die Diodenfläche extrem klein gemacht werden. Mit der in Abb. 7.2/37 gezeigten Diodenkonstruktion wird eine Flächenreduzierung erzielt, indem nach Fertigstellung eines planaren kontaktierten p-n-Übergangs der Großteil der aktiven Fläche wieder durch Wegätzen entfernt wird. Die Restfläche kann dann nur wenige μm^2 betragen. Natürlich ergeben diese kleinen Abmessungen hohe Wärmewiderstände (etwa 1000 K/W), so daß der Einsatz der Tunneldiode auf Anwendungen geringer Verlustleistung beschränkt bleibt.

7.2.4.2 Lawinenlaufzeitdioden (IMPATT-Dioden). Die Lawinenlaufzeitdiode wird im Durchbruchsbereich der Strom-Spannungs-Kennlinie bei hohen Stromdichten betrieben. Heute wird nicht nur das von Read 1958 vorgeschlagene $p^+nn^-n^+$-Profil (Read-Diode) eingesetzt, sondern es kommen auch fast alle anderen Diodenprofile vom p^+nn^+- bis zum $p^+p^-pnn^-n^+$-Profil für verschiedene Betriebsmoden-Optimierungen zur Anwendung. Stellvertretend sei hier wieder der symmetrische p-n-Übergang in seiner Realisierung als p^+pnn^+-Doppeldrift-IMPATT-Diode betrachtet (IMPATT = *IMP*act ionisation *A*valanche *T*ransit *T*ime), die eine der effizientesten technisch herstellbaren Lawinenlaufzeitdioden darstellt.

Die Ladungsträgererzeugung durch Stoßionisation findet bei ihr nur in einem eng begrenzten Gebiet in Profilmitte, der sogenannten Lawinenzone, statt, weil hier die höchste Feldstärke herrscht (Abb. 7.2/38a) und die Ionisationsrate α eine starke exponentielle Abhängigkeit von der Feldstärke hat (Abb. 7.2/38b). Außerhalb der Lawinenzone ist die Feldstärke immer noch groß genug, daß die in der Lawinenzone entstandenen Löcher und Elektronen mit der konstanten Sättigungsdriftgeschwindigkeit $v_{\text{sätt}} = 10^7$ cm/s zu den hoch dotierten Bahngebieten gleicher Ladungsträgersorte

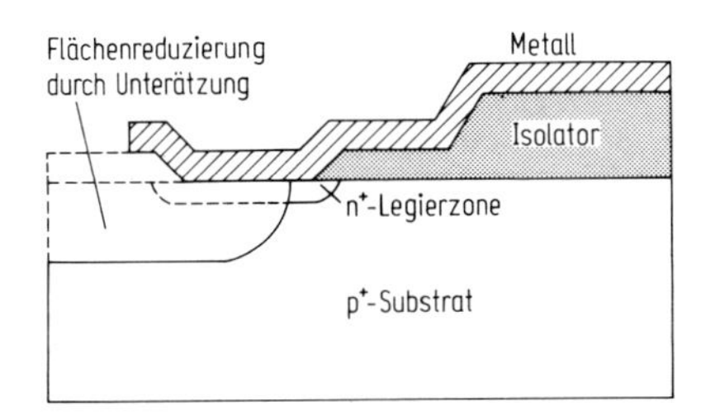

Abb. 7.2/37. Aufbau einer geätzten Tunneldiode

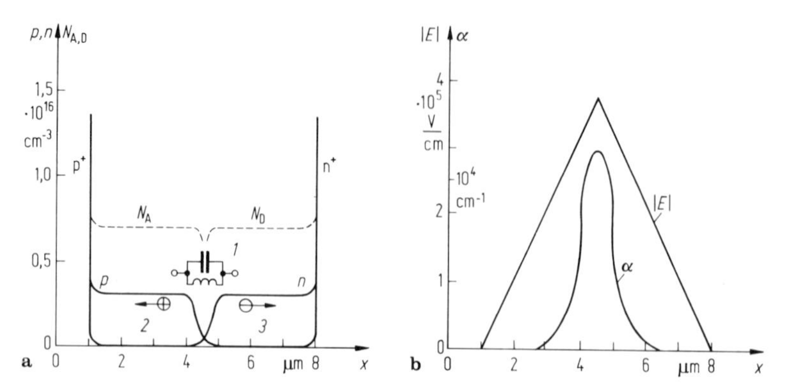

Abb. 7.2/38a u. b. Ladungsträger- und Feldstärkeverteilung in Lawinenlaufzeitdioden (Si oder GaAs, $f = 10$ GHz): **a** Ladungsträgerverteilung, *1* Lawinenzone mit Ersatzschaltbild, *2* p-Driftraum, *3* n-Driftraum; **b** Feldstärke E und Ionisationskoeffizient α

abdriften. In den Driftzonen baut sich deshalb eine räumlich konstante, die Akzeptor- und Donatorladung teilweise kompensierende Raumladung auf (Abb. 7.2/38a):

$$\varrho_p = -\varrho_n = \frac{I}{F v_{\text{sätt}}}.$$

Sie hat zur Folge, daß die effektive Raumladungsdichte mit steigendem Durchbruchsstrom abnimmt und eine höhere Spannung notwendig wird, um die Durchbruchsbedingung aufrechtzuerhalten. Die Steigung der Durchbruchskennlinie ist deshalb zumindest im Arbeitsbereich der IMPATT-Diode positiv und gibt zu keinem differentiell negativen Leitwert Anlaß.

Baut man die Diode jedoch in einen Resonator bestimmter Frequenz ein, kann trotzdem ein negativer Hochfrequenzleitwert auftreten, wenn die Phasenverschiebung zwischen der durch den Resonator eingeprägten Spannung und dem von ihr induzierten Diodenstrom 180° wird. Die Hochfrequenzleistung ist dann negativ, d. h., die Diode gibt Leistung ab, entdämpft den Oszillatorkreis und kann auch noch Leistung an extern angekoppelte Lastwiderstände abgeben. Es ist wichtig, daß sie die 180°-Phasenbedingung auch bei Kleinsignalaussteuerung erfüllt, damit ein selbstanfachendes Anschwingen des Resonators erfolgen kann.

Zur Veranschaulichung der zeitlichen Strom-Spannungs-Verläufe in der IMPATT-Diode bei Kleinsignalaussteuerung sei vereinfachend angenommen, daß der Ladungsträgerionisationskoeffizient α innerhalb der Lawinenzone konstant und für beide Ladungsträgersorten gleich ist. Die Diode befinde sich in einem Gleichgewichtszustand auf dem Durchbruchsast der Gleichstromkennlinie, und es sei nun die Wirkung einer von außen eingebrachten, differentiellen Spannungsänderung $\mathrm{d}U$ über die Länge w_L der Lawinenzone betrachtet. Sie verursacht eine veränderte Feldstärke und damit eine differentielle Änderung $\mathrm{d}\alpha$ der Ionisationsrate:

$$\mathrm{d}\alpha = \frac{\mathrm{d}\alpha}{\mathrm{d}E} \cdot \frac{1}{w_L} \cdot \mathrm{d}U. \tag{7.2/26a}$$

Das Ionisationsratendifferential $\mathrm{d}\alpha$ hat je nach Vorzeichen ein Anwachsen oder Vermindern der Ladungsträgerdichten in der Lawinenzone zur Folge, wobei die Wachstumsrate für jede Ladungsträgersorte proportional der Dichte der bereits vorhandenen Ladungsträger, dem Ionisationsratendifferential $\mathrm{d}\alpha$ und der Driftgeschwindigkeit ist ($v_{\text{Drift}} = v_{\text{sätt}} = 10^7$ cm/s):

$$\frac{\mathrm{d}n}{\mathrm{d}t} = \frac{\mathrm{d}p}{\mathrm{d}t} = (n + p) v_{\text{sätt}} \, \mathrm{d}\alpha$$

bzw.

$$\frac{\mathrm{d}n}{\mathrm{d}t} + \frac{\mathrm{d}p}{\mathrm{d}t} = 2(n + p) v_{\text{sätt}} \, \mathrm{d}\alpha \, .$$

Mit der im ganzen Lawinengebiet gültigen Driftstromgleichung $I = e(n + p) v_{\text{sätt}}$ ergibt sich daraus:

$$\frac{\mathrm{d}I}{\mathrm{d}t} = 2 I v_{\text{sätt}} \, \mathrm{d}\alpha \qquad (7.2/26\text{b})$$

Durch Einsetzen von Gl. (7.2/26a) kann daraus der Zusammenhang der zeitlichen Stromableitung mit der differentiellen Spannungsänderung $\mathrm{d}U$ gewonnen werden:

$$\frac{\mathrm{d}I}{\mathrm{d}t} = \frac{2 I v_{\text{sätt}}}{w_{\mathrm{L}}} \frac{\mathrm{d}\alpha}{\mathrm{d}E} \mathrm{d}U \, . \qquad (7.2/26\text{c})$$

Der Stromänderungsmechanismus hat demzufolge induktiven Charakter, wobei eine Induktivität wirksam wird, die durch den mittleren Strom I des Gleichstromarbeitspunktes auf der Durchbruchskennlinie einstellbar ist:

$$L = \frac{w_{\mathrm{L}}}{2 I v_{\text{sätt}} \, \mathrm{d}\alpha / \mathrm{d}E} \, . \qquad (7.2/27)$$

Natürlich fließen in der Lawinenzone bei sich ändernden Spannungen auch Verschiebungsströme, die ihrer Kapazität $C = \varepsilon F / w_{\mathrm{L}}$ proportional sind:

$$\mathrm{d}I = C \frac{\mathrm{d}U}{\mathrm{d}t} = \frac{\varepsilon F}{w_{\mathrm{L}}} \frac{\mathrm{d}U}{\mathrm{d}t} \, . \qquad (7.2/28)$$

Das Kleinsignalersatzschaltbild der Lawinenzone ist somit die Parallelschaltung einer Induktivität mit einer Kapazität, deren Resonanzfrequenz (Lawinenfrequenz genannt) durch die Wahl des Gleichstromarbeitspunkts einstellbar ist:

$$\omega_{\mathrm{L}} = \sqrt{\frac{2 I v_{\text{sätt}} \, \mathrm{d}\alpha / \mathrm{d}E}{\varepsilon F}} \, . \qquad (7.2/29)$$

Betreibt man die IMPATT-Diode bei Frequenzen, die höher als die Lawinenfrequenz sind, hat die LC-Schaltung der Lawinenzone einen induktiven Leitwert und liefert eine 90°-Phasenverschiebung. Eine weitere Phasenverschiebung erzeugt die Ladungsträgerdrift außerhalb der Lawinenzone, so daß bei richtiger Dimensionierung der Driftgebiete eine Gesamtphasenverschiebung von 180° erreicht wird.

Die Phasenverschiebung der Driftgebiete geht allerdings auf Kosten der effektiv wirksamen Stromamplitude, da der im Außenkreis induzierte Stromfluß der Mittelwert aller in der Driftzone vorhandenen Ladungsträgerstromanteile ist. Da die induktive Phasenverschiebung der Lawinenzone der IMPATT-Diode nur noch eine geringe Driftphasenverschiebung erfordert, hat sie die besten Voraussetzungen für die Erzielung eines guten Umsetzungswirkungsgrades von Gleichstrom- in Hochfrequenzleistung. Genauere Aussagen über erzielbare Wirkungsgrade lassen sich nur über eine aufwendige Großsignalanalyse gewinnen [34, 63, 83]. Bei Frequenzen von 10 Ghz lassen sich mit Siliziumdioden Wirkungsgrade von 12% und bei GaAs-Dioden von über 20% erzielen. Wegen der großen Verlustleistungen, die zur Erzielung brauchbarer Nutzleistungen (z. B. 1 W) erforderlich sind, wird nahezu ausschließlich die "Upside-down"-Mesatechnik als Konstruktionsprinzip verwendet (s. Abschn. 7.2.5).

Sehr hohe Verlustleistungen von mehr als 20 W lassen sich durch die Wärmeableitung des Gehäuses ($R_{th} > 10$ K/W) nicht mehr bewältigen, sind aber dennoch in Form des Pulsbetriebs kurzzeitig möglich. Beim Pulsbetrieb wird die Zeit, in der die Leistung umgesetzt wird, so kurz gewählt, daß die Wärmekapazität C_{th} des aktiven p-n-Übergangsbereichs ausreicht, die Verlustleistung aufzunehmen, ohne zu einer übermäßigen Erwärmung der Diode zu führen. In den Pulspausen kann dann die gespeicherte Wärme über den Wärmewiderstand R_{th} abgeführt werden. Die dazu nötige Zeit ergibt sich aus dem Produkt der Wärmekapazität und dem Wärmewiderstand, so daß sich eine maximale Pulswiederholrate $f_{p\,max}$ angeben läßt:

$$f_{p\,max} = 1/2\pi C_{th} R_{th} \quad (< 0{,}5 \text{ MHz für 10-GHz-Dioden})$$

Die maximal zulässige Pulsleitung $N_{p\,max}$ ist proportional zur zulässigen Temperaturerhöhung ΔT und umgekehrt proportional zur Pulslänge t_p und berechnet sich zu

$$N_{p\,max} = C_{th} \Delta T / t_p \quad (\text{ca. 1 KW bei } \Delta T = 100 \text{ K}, t_p = 10 \text{ ns})$$

Bei den dadurch möglich werdenden hohen Hochfrequenzleistungen treten sehr hohe Stromamplituden auf, die derart hohe Raumladungs- und Plasmadichten bewirken, daß das beschriebene Kleinsignalmodell der IMPATT-Diode auch näherungsweise nicht mehr gültig ist. Es stellt sich der anders geartete Betrieb des TRAPATT-Modus ein (*tra*pped *p*lasma *a*valanche *t*riggered *t*ransit), der Wirkungsgrade bis zu 75% erlaubt [83]. Beim TRAPATT-Modus wird durch die äußere Beschaltung der Diode dafür gesorgt, daß bereits beim Anschwingvorgang eine sehr hohe Überspannung in Sperrichtung der Diode auftritt. Dabei bildet sich durch die Ladungsträgermultiplikation eine so hohe Plasmadichte, daß die Sperrfähigkeit der Diode völlig zusammenbricht und sie auch noch bei der folgenden negativen Halbwelle leitfähig bleibt. Die Frequenz höchster HF-Leistungsabgabe liegt niedriger als beim IMPATT-Modus, da sie durch die Auf- und Abbauzeiten des Plasmas und nicht durch Laufzeiten bestimmt ist.

Hauptanwendungen der Pulstechnik liegen in der Radartechnik, während bei nachrichtentechnischen Anwendungen in der Regel kontinuierliche Leistungsabgabe erforderlich ist.

7.2.4.3 BARITT-Dioden. Die BARITT-Diode (BARITT = *bar*rier *i*njection *t*ransit *t*ime) ist ein reines Laufzeitelement. Sie hat ein p^+np^+-Dotierungsprofil, wobei die p^+-Gebiete auch durch Metallkontakte niedriger p-Barriere (Pt, Pd) ersetzt sein können. Sie ist also eigentlich ein Transistor, dessen Basisgebiet nicht angeschlossen ist und der im Kollektor-Emitter-Durchbruch betrieben wird. Die n-Basisdotierung wird so gewählt, daß die kollektorseitige Raumladungszone bis zum Emitter durchreicht und dort die Löcheremissionsbarriere erniedrigt (Abb. 7.2/39).

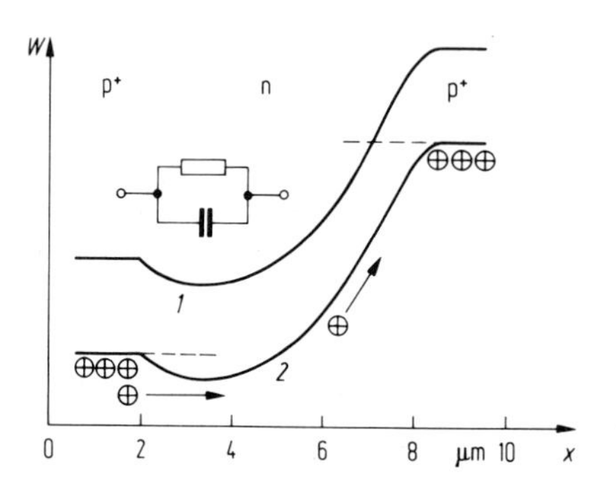

Abb. 7.2/39. Schematischer Bandverlauf und Andeutung der Funktionsmechanismen in 10-GHz-Baritt-Dioden: *1* Injektionsraum mit Ersatzschaltbild, *2* Driftraum

Wegen der direkten kapazitiven Kopplung der Barrierenhöhe an das Kollektorpotential (Kathodenpotential) stellt sich ein Löcheremissionsstrom ein, welcher der angelegten Spannung direkt, und zwar exponentiell folgt. Der Injektionsmechanismus kann dabei genauso behandelt werden wie der der Schottkydiode, wobei allerdings berücksichtigt werden muß, daß wegen der kapazitiven Kopplung eine Kollektorspannungsänderung nur anteilmäßig auf die Löcherbarriere durchgreift [83]. In der linearisierten Kleinsignalannäherung bedeutet das, daß der Injektionsmechanismus sich wie ein Widerstand verhält, d. h., eine differentielle Spannungsänderung bewirkt direkt eine differentielle Stromänderung. Der Wert dieses Widerstands kann durch den Gleichstromarbeitspunkt verändert werden (Steigung der Exponentialkennlinie). Zur Berücksichtigung der Verschiebungsströme in der Injektionszone muß wieder eine parallel geschaltete Kapazität angesetzt werden, so daß sich für die Injektionszone der BARITT-Diode ein paralleler RC-Kreis ergibt, der im Gegensatz zur IMPATT-Diode eine negative Phasenverschiebung zwischen 0 und $-90°$ liefert. Die Driftzone der BARITT-Diode muß deshalb eine nahezu dreimal größere Phasenverschiebung bewerkstelligen, um zu negativen differentiellen Hochfrequenzleitwerten zu gelangen, Ihr Leistungswirkungsgrad reduziert sich deshalb auf Werte, die in der Regel deutlich unter 5% liegen.

Auch die Driftzone der BARITT-Diode zeigt ein etwas anderes Verhalten als die der IMPATT-Diode. Der Kollektor-Emitter-Felddurchgriff erfolgt meist schon bei Spannungen, die weit unterhalb der Lawinendurchbruchsspannung liegen. Die dadurch niedrigeren Feldstärken garantieren nicht mehr, daß die Ladungsträger-(Löcher-) Driftgeschwindigkeit in der ganzen Driftzone gleich ist und den spannungsunabhängigen Sättigungswert einnimmt, so daß die Resonanzbedingungen der Diode, die den negativen Leitwert bestimmen, stark von dem im Resonator herrschenden Hochfrequenzleistungspegel abhängig sind. Die BARRITT-Diode reagiert deshalb sehr stark auf von außen in den Resonator zurückreflektierte Leistungen. Diese an sich negative Eigenschaft kann mit Vorteil in Dopplerradaranwendungen ausgenützt werden, wo die BARRITT-Diode als selbstmischendes Bauelement sowohl die Sender- als auch die Detektorfunktion übernehmen kann [83].

7.2.4.4 Elektronentransfer-Elemente (Gunn-Elemente). Einige Verbindungshalbleiter zeigen beim Überschreiten einer kritischen Feldstärke aufgrund des in Abschn. 7.1.7 beschriebenen Elektronentransfereffekts eine negative differentielle Beweglichkeit (von Gunn 1963 entdeckt). Das in der Anwendung als Elektronentransfer-Element wichtige Halbleitermaterial ist GaAs (auch InP). Es weist bis zur kritischen Feldstärke von 3000 V/cm eine sehr hohe Elektronenbeweglichkeit von über 6000 cm^2/Vs auf, d. h., die Elektronendriftgeschwindigkeit nimmt mit steigender Feldstärke zu. Bei Überschreitung der kritischen Feldstärke bewirkt der Elektronentransfer in das Satellitenminimum mit kleinerer Beweglichkeit (200 cm^2/Vs), ein Absinken der mittleren Driftgeschwindigkeit, bis schließlich bei der Feldstärke von 20000 V/cm die konstante Sättigungsdriftgeschwindigkeit $v_{\text{sätt}}$ erreicht wird, die auch beim GaAs den Wert von 10^7 cm/s hat (Abb. 7.2/40).

Aus der Steigung der Driftgeschwindigkeitskennlinie kann nicht direkt die Größe eines etwaigen negativen Leitwerts eines n^+nn^+-dotierten GaAs-Widerstandselements berechnet werden, weil sie zu Raumladungs- bzw. Elektronendichte-Instabilitäten führt und daher keine nur durch die Dotierung vorgegebene Elektronendichte mehr vorliegt. Kleinste Elektronendichteschwankungen Δn, die bei positiver Beweglichkeit wieder mit der dielektrischen Relaxationszeitkonstante $\tau_D = \varepsilon / n e \mu$ exponentiell abklingen, wachsen bei negativer Beweglichkeit exponentiell an [83]:

$$n(t) = n_0 + \Delta n e^{-t/\tau_D} \quad \text{mit} \quad \tau_D = \varepsilon / n_0 e \mu_n \quad \text{mit} \quad \mu_n \approx -800\,\text{cm}^2/\text{Vs}. \qquad (7.2/30)$$

Die sich dabei ausbildenden Dipol-Raumladungsschichten, Dipoldomänen genannt,

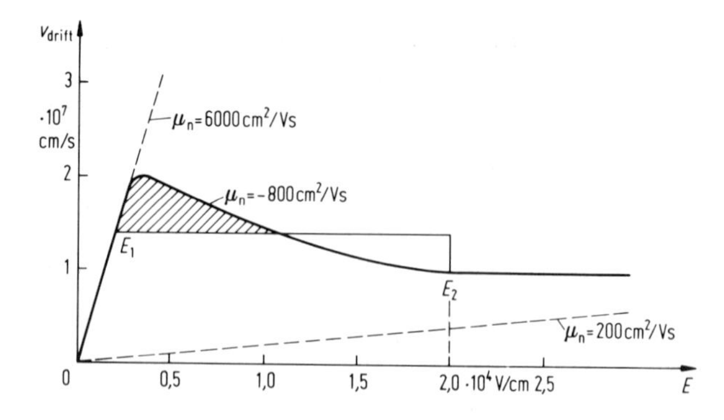

Abb. 7.2/40. Driftgeschwindigkeit und Beweglichkeit in GaAs

tragen ähnlich wie die Raumladungszonen eines p-n-Übergangs einen Potentialabfall, der dazu führt, daß die Feldstärke außerhalb der Domäne sinkt. Bei genügend starker Ausbildung der Domäne wird ihr Potentialverlauf berechenbar. Während die Konzentration der Anreicherungsschicht auf sehr hohe Werte anwachsen kann, wird die Raumladungsdichte der Verarmungsschicht die Konzentration der Donatordotierung annehmen. Das Domänenpotential kann dann wider mit der Schottkyschen Parabelnäherung berechnet werden (Abb. 7.2/41a, b). Die Feldstärke in der Domäne nimmt wieder einen angenähert dreieckförmigen Verlauf an mit dem Spitzenwert E_2 und dem räumlich nahezu konstanten Wert E_1 im Außenraum. Die Auswertung der Schottkyschen Parabelnäherung Gl. (7.2/6) führt zu folgendem Zusammenhang zwischen den beiden Feldstärkewerten und der Gesamtspannung, die längs des gesamten Widerstandsgebiets mit der Länge w und der Dotierung N_D abfällt:

$$U = E_1 w + \frac{\varepsilon(E_2 - E_1)^2}{2N_D e} . \tag{7.2/31}$$

Die Domäne kann nach ihrer Wachstumsphase bei genügender Länge des Driftraumes einen zwar durch das Widerstandsgebiet wandernden, aber stabilen Zustand einnehmen, wenn die über ihre Länge gemittelte Elektronendriftgeschwindigkeit gleich der im Außenraum vorliegenden Elektronendriftgeschwindigkeit wird. Sie schwimmt dann im äußeren Ladungsträgerstrom mit und ändert nicht mehr ihre Größe. Die Stationaritätsbedingung dazu lautet:

$$\frac{1}{b} \int_{x}^{x+b} v_{\mathrm{drift}}\, \mathrm{d}x = v_{\mathrm{ext}} \tag{7.2/32a}$$

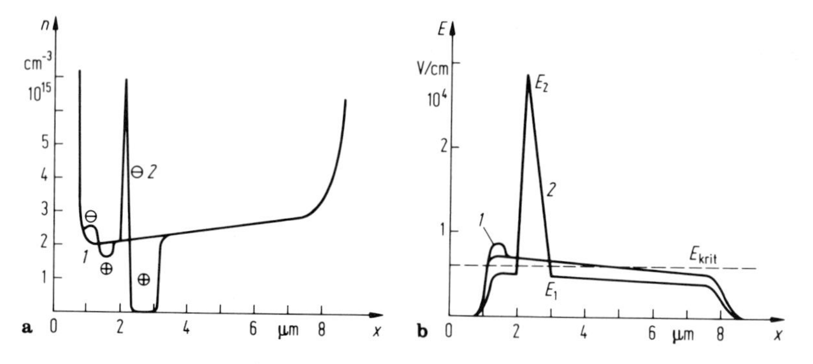

Abb. 7.2/41a u. b. Zur Domänenberechnung in einem 15-GHz-Gunn-Element: **a** Dotierungsprofil und Domänenladung; **b** Feldverteilung vor und nach Domänenausbildung; *1* Primärdomäne, *2* stabile Dipoldomäne

wobei b die Domänenausdehnung in Bewegungsrichtung ist. Wegen der Proportionalität von Feldstärke und Ort innerhalb der Raumladungszone der Domäne kann das Integral auch durch eine Mittelwertsbildung über die Feldstärke ausgedrückt werden:

$$\frac{1}{E_2 - E_1} \int_{E_1}^{E_2} v_{\text{drift}} \, dE = v_{\text{ext}} \,. \qquad (7.2/32b)$$

Die Integration kann leicht grafisch anhand der Driftgeschwindigkeitskurve Abb. 7.2/40 durchgeführt werden und liefert für jeden Vorgabewert für E_1 einen zugeordneten Wert E_2 (Butchersche Flächenregel). Setzt man das Wertepaar in Gl. (7.2/31) ein, kann der dazugehörige Spannungswert berechnet werden. Auch der sich aus diesen angenommenen Vorgabewerten ergebende Strom ist leicht zu ermitteln:

$$I = FeN_D v_{\text{ext}} = FeN_D E_1 \mu_n \,. \qquad (7.2/33)$$

Durch punktweises Berechnen verschiedener Strom-Spannungs-Wertepaare ergibt sich durch das Verfahren der dynamische Kennlinienast der Abb. 7.2/42a, der sich bei Überschreiten der kritischen Feldstärke dann einstellt, wenn sich wandernde stabile Domänen ausbilden. Bauelemente, die den beschriebenen Effekt ausnützen, werden nach ihrem Entdecker Gunn (1963) Gunn-Elemente genannt.

Um den Gunn-Effekt zur definierten Erzeugung von Hochfrequenzschwingungen ausnützen zu können, sind noch einige konstruktive Voraussetzungen zu erfüllen. Bei Anlegen einer überkritischen Spannung sollte sich nur eine Domäne ausbilden, die die gesamte schwach dotierte Laufzone durchlaufen kann, also auf der Kathodenseite entsteht. Das kann durch ein leicht unsymmetrisches Dotierungsprofil erreicht werden, da sich dann bereits vor der Domänenausbildung schon eine leichte Feldanhebung im Kathodenbereich ausbilden kann. Bei einem Spannungsanstieg wird dann zuerst auf der Kathodenseite die kritische Feldstärke überschritten, so daß sich nur dort eine Primärdomäne ausbildet. Ein weiterer Spannungsanstieg führt dann nur zum Anwachsen dieser Primärdomäne. Gleichzeitig sinkt die Feldstärke im übrigen Driftraum ab, wodurch das Ausbilden einer zweiten Domäne verhindert wird (Abb. 7.2/41a und b). Die Domäne wandert nun durch den Driftraum und paßt ihren Ladungsinhalt laufend der gerade anliegenden Spannung an. Sie sorgt dafür, daß der Strom auf einem konstant niedrigen Niveau gehalten wird, solange sie existiert

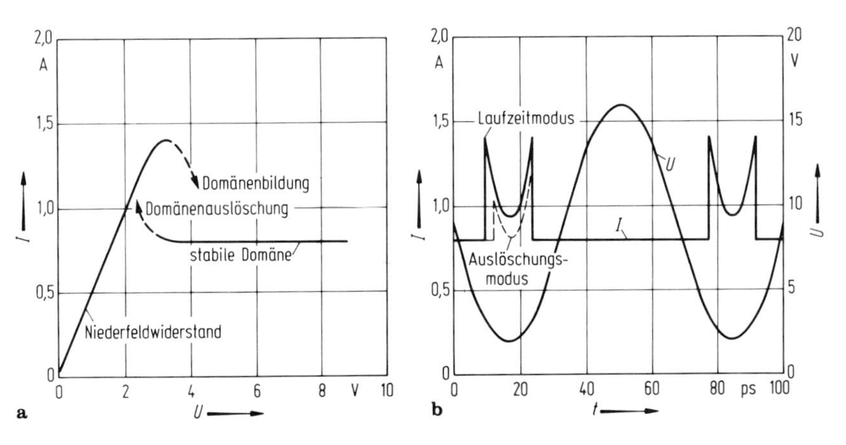

Abb. 7.2/42a u. b. Kennlinie und Oszillatorbetrieb eines Gunn-Elements ($f = 15$ GHz, 300 mW HF-Leistung, 7,2 W Verlustleistung bei $U_{OP} = 9$ V): **a** dynamische Strom-Spannungs-Kennlinie; **b** schematische Darstellung des zeitlichen Strom-Spannungs-Verlaufs ohne Berücksichtigung der Domänenaufbauzeit

(Abb. 7.2/42a). Ist der zeitliche Spannungsverlauf sinusförmig, kann die Domäne wieder ausgelöscht werden, wenn der Momentanwert der Spannung klein genug wird, und der ganze Vorgang wiederholt sich von neuem. Es ergeben sich dabei Stromspitzen, die mit den Spannungsminima der Sinusspannungsaussteuerung zusammenfallen, und damit verbunden folgt ein negativer Leitwert des Gunn-Elements. Dieser Arbeitsmodus, der Domänenauslöschungsmodus, funktioniert auch dann, wenn die Länge des Gunn-Elements größer ist als die Laufstrecke der Domäne. Allerdings sinkt dann der Wirkungsgrad, weil der unterkritische Ohmsche Kennlinienast um so flacher wird, je länger die Laufzone ist. Den besten Wirkungsgrad ($\approx 5\%$) liefert deshalb der Domänenlaufzeitmodus, bei dem die Laufzonenlänge gerade so lang ist, daß die Domäne den Anodenkontakt erreicht hat, wenn die Spannung wieder unterkritisch wird.

7.2.4.5 Heterostruktur-Tunneldioden. Die Abmessungen der Verarmungszonen in Heterostrukturübergängen liegen im Bereich niedriger Dotierstoffkonzentrationen ($<10^{16}/cm^3$) bei einigen hundert Nanometern. Innerhalb von Schichten von nur einigen Nanometern kann somit ihr Beitrag zum Potentialverlauf vernachlässigt werden. Halbleitergebiete mit höherem Bandabstand bilden dann im Leitungs- und Valenzband Rechteckbarrieren für Elektronen bzw. Löcher aus.

In der Heterostruktur-Tunneldiode werden auf einem hochdotierten n-leitenden GaAs-Substrat schwach n-dotierte Schichten aus GaAs, GaAlAs, GaAs, GaAlAs und GaAs und schließlich noch eine stark n-dotierte dickere Kontaktschicht aus GaAs aufgebracht (Abb. 7.2/43a). Die beiden GaAlAs-Schichten bilden im Leitungsband Rechteckpotentialbarrieren von ca. 0,2 eV Höhe, die, infolge ihrer geringen Abmessung von nur etwa 3 nm, von Elektronen durchtunnelt werden können. Beide Barrieren zusammen bilden jedoch wiederum einen quantenmechanischen Potentialtopf, der in seinem Innenbereich zu einer Quantisierung des Impulses der x-Komponenten (x = Stromrichtung) Anlaß gibt. Die Abmessungen des Potentialtopfes sind im Beispiel so gewählt, daß sich ein Quantisierungsniveau bildet. Elektronen, deren Energie auf diesem Niveau liegt, haben auf ihrem Strompfad nur die beiden GaAlAs-Barrieren zu durchtunneln, während die anderen auch noch den Innenbereich des Potentialtopfes als Barriere erleben. Die Tunnelwahrscheinlichkeit als Funktion der Elektronenenergie zeigt auf diesem Niveau einen ausgeprägten Resonanzpeak (Abb. 7.2/43b).

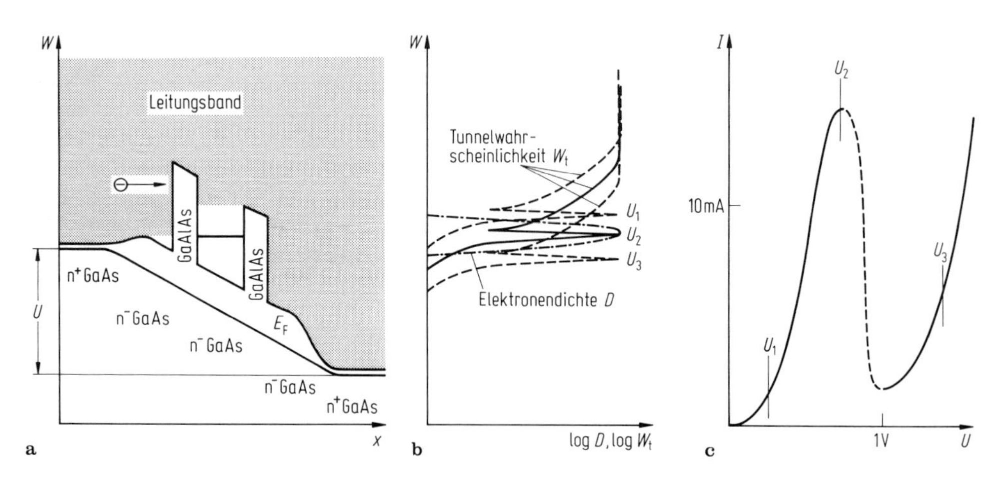

Abb. 7.2/43a–c. Bandverlauf und Kennlinie in Hetero-struktur-Tunneldioden: **a** Bandverlauf bei angelegter Spannung; **b** Berechnung der Stromdichte aus Tunnelwahrscheinlichkeit, Zustandsdichte und Fermiverteilung bei verschiedenen Spannungen; **c** Strom-Spannungs-Kennlinie

Eine angelegte Spannung unterdrückt den nach links fließenden Strom und verschiebt die Lage dieses Peaks in Energieniveaus höherer Elektronendichte des Elektronen liefernden Kontaktgebiets. Mit zunehmender Spannung nimmt der Strom also zu. Er kann durch Scherung der Tunnelwahrscheinlichkeitskurve mit der Elektronendichtekurve (Zustandsdichte Fermiverteilung) und Multiplikation mit der Richardson-Konstante erhalten werden (Abb. 7.2/43b, c). Ab einer bestimmten Schwellspannung liegt der Resonanzpeak unterhalb der Leitungsbandkante des Kontaktgebiets. Der Strom springt auf einen niedrigeren Wert zurück, um erst bei höheren Spannungen wieder anzusteigen. Die resultierende Kennlinie ist nahezu identisch mit der der normalen Tunneldiode des vorigen Abschnitts und es gelten auch die gleichen Anforderungen an die Miniaturisierung der lateralen Abmessungen. Vorteil der Heterostruktur-Tunneldiode (auch RTD = Resonant Tunneling Diode genannt) ist die bei ihr gegebene, größere Freiheit bei der Optimierung der Schwellspannung und des Verhältnisses von Resonanzstrom zu Minimalstrom.

7.2.5 Gehäusebauformen und gehäuselose Chiptechniken

Bei den bisherigen Betrachtungen über die Funktion von Halbleiterdioden wurden bereits parasitäre Kapazitäten und Widerstände bei der Diskussion der Hochfrequenzeigenschften einbezogen. Vor allem bei Frequenzen im GHz-Bereich müssen zusätzlich auch Gehäuse- und Anschlußinduktivitäten und -kapazitäten mitberücksichtigt werden. Das in den meisten Fällen gültige Gesamtersatzschaltbild zeigt Abb. 7.2/44. Die verteilten Anschlußinduktivitäten werden in Form einer inneren und einer äußeren Induktivität berücksichtigt, während die meist schärfer lokalisierbare Kapazität durch einen einzigen Kondensator erfaßt werden kann. Ein weiterer wichtiger Parameter ist der Wärmewiderstand des Gehäuses, der zum Teil erheblich größer als der des Diodenchips selbst sein kann.

Das klassische Glas-Diodengehäuse (Abb. 7.2/45a) besitzt wegen seiner langen Anschlußdrähte eine hohe äußere Induktivität L_e. Um es trotzdem auch für hohe Frequenzen einsetzen zu können, muß L_e durch Anpassungsmaßnahmen in der äußeren Beschaltung abgeglichen werden. Die Wärmeableitung über die dünnen Anschlußdrähte ist ebenfalls nicht optimal, so daß der Anwendungsbereich des an sich sehr kostengünstigen Glasgehäuses sich auf Frequenzen unter 1 GHz und Verlustleistungen bis maximal 2 W beschränkt.

Keine größeren Kompromisse müssen beim Mikrowellen-Metall-Keramik-Gehäuse eingegangen werden. Die Abb. 7.2/45b, c zeigt zwei Varianten einer Vielzahl von möglichen Ausführungsformen. Die Wärmeableitung ist mit der breiten Wärmesenkengeometrie optimal gelöst und ist nur noch von der Gehäusegröße, der Chipkonstruktion der Diode selbst und von der äußeren wärmetechnischen Ankopplung abhängig. Um letztere sicherzustellen, werden oft Schraubfüße integriert, die, bei Verwendung von „Upside-down"-Diodenchips, Verlustleistungen von über 10 W ermöglichen. Das Mikrowellengehäuse hat keine äußere Induktivität. Die innere

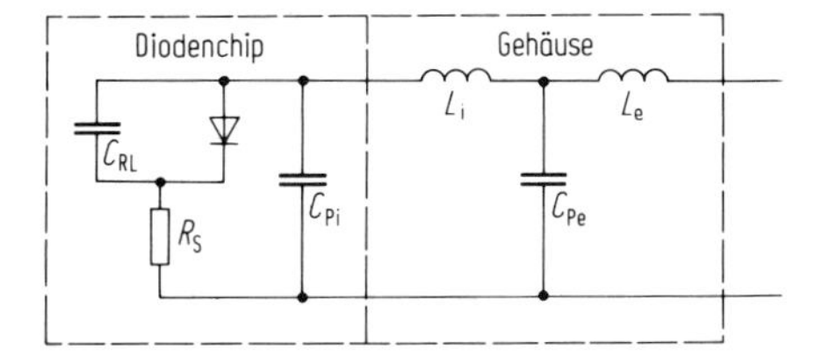

Abb. 7.2/44. Gesamtersatzschaltbild einer Diode im Gehäuse

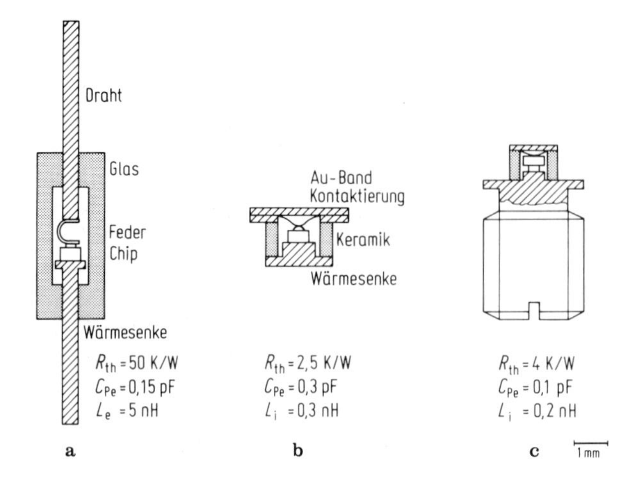

Abb. 7.2/45a–c. Diodengehäusebauformen: **a** Glasgehäuse mit Druckkontakt; **b** Mikrowellengehäuse (Grundbauform); **c** Mikrowellengehäuse mit Schraubwärmesenke

Induktivität wird klein gehalten, indem die Chipkontaktierung mit mehreren kurzen Goldbändern durchgeführt wird.

Sowohl die Kapazität als auch die Induktivität des Gehäuses ist leztlich von seiner äußeren Gesamtabmessung bestimmt. Sie kann ebenso wie die äußeren Chipmessungen nicht beliebig reduziert werden. Es ist deshalb naheliegend, auf das Gehäuse ganz zu verzichten. Prinzipiell ist dies z. B. bei der Konstruktion der Abb. 7.2/45b leicht möglich, wenn man einfach den Deckel und den Keramikisolator wegläßt und den Diodenkontakt selbst direkt verwendet. Meist ist dieses Verfahren jedoch keine echte Alternative, da nun die Kontaktierprobleme in der äußeren Schaltung in ähnlicher Form neu gelöst werden müssen.

Für den Spezialfall lateraler Streifen- und Finleitungsschaltungen existieren allerdings einige Chiptechniken, die ohne Gehäuse auskommen und eine wesentliche Reduzierung der parasitären Parameter ermöglichen. Die sogenannte „Beam-lead"-Diode (Abb. 7.2/46) wird bereits als Chip mit Kontaktierfahnen versehen und kann direkt auf Leitbahnen einer Streifenleitung aufkontaktiert werden. Kleine Induktivitäten und Kapazitäten werden durch die flache Form, kleine Abmessungen und spezielle Glasisoliertechniken erreicht. Der Wärmewiderstand ist allerdings so hoch, daß die „Beam-lead"-Technik nur für Anwendungen kleinerer Verlustleistung in Frage kommt. Bessere Wärmeableitung, jedoch verbunden mit größeren Kapazitäten, bietet die „Flip-chip"-Technik, die anstelle der Kontaktierfahnen kompakte Kontaktknöpfe verwendet. Auch einfache Diodenchips werden oft direkt in Schaltungen eingesetzt. Meist ist dann aber nur noch eine einfache Drahtkontaktierung mit dünnen Drähten hoher Induktivität möglich. Es ergeben sich dabei oft schlechtere Parameter als bei der Verwendung von Mikrowellendioden im Gehäuse, die wegen ihrer hermetischen Dichtheit die höhere Zuverlässigkeit bieten.

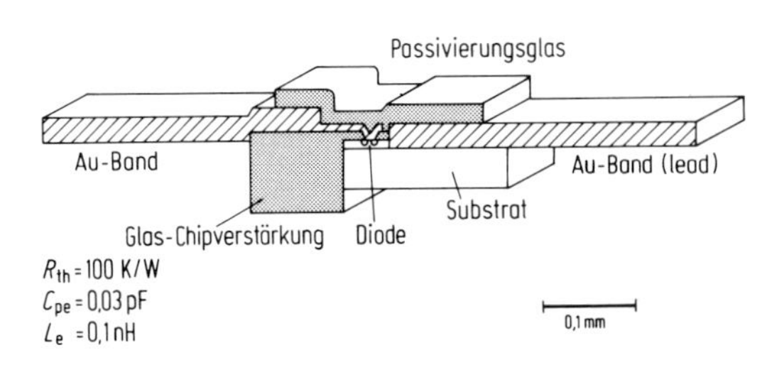

Abb. 7.2/46. Gehäuselose „Beam-lead"-Schottkydiode

7.3 Bipolare Transistoren

Ein bipolarer Transistor besteht aus zwei anschließenden p-n-Übergängen mit einer gemeinsamen mittleren p- bzw. n-Schicht (Abb. 7.3/1a und b). Die Zonenfolge kann pnp oder npn sein. Die drei Zonen des Transistors sind jeweils mit einem Anschluß verbunden. Die beiden äußeren Anschlüsse tragen die Bezeichnungen Emitter (E) und Kollektor (C). Der mittlere Anschluß wird Basis (B) ganannt. Die Basiszone ist im Vergleich zur Emitter- und Kollektorzone schwach dotiert.

Die folgenden Ausführungen beziehen sich, wenn nicht besonders vermerkt, auf npn-Transistoren. Bei pnp-Transistoren sind die Vorzeichen der Gleichströme und Gleichspannungen umzukehren, die Rollen von Elektronen und Löchern zu vertauschen.

Die Raumladungs, Feld- und Potentialverteilungen eines npn-Transistors ohne äußere Spannungsquellen sind in Abb. 7.3/2b–d mit dünnen Linien dargestellt.

Wird ein Transistor in eine Schaltung mit zwei Spannungsquellen gemäß Abb. 7.3/3 eingefügt, so fließt bei geöffnetem Schalter S über die in Sperrichtung gepolte Kollektordiode nur der Kollektorreststrom I_{CO}. Dieser kommt in der bereits beschriebenen Weise (s. Abschn. 7.2.1.2) durch thermische Paarbildung an der Kollektorsperrschicht zustande. Bei geschlossenem Schalter S ist die Emitterdiode in Durchlaßrichtung gepolt. Über diese Sperrschicht fließt dann ein Strom, der wegen der schwachen Dotierung der Basiszone fast nur von den Majoritätsträgern des Emitters, beim npn-Transistor also Elektronen, gebildet wird. Diese treten als Minoritätsträger in den nahezu feldfreien Basisraum ein (s. Abb. 7.3/2c). Da den Elektronen für das Durchwandern der Basiszone kein Potentialgefälle zur Verfügung steht (s. Abb. 7.3/2d), müssen sie den Weg durch die p-zone durch Diffusion zurücklegen. Damit ein großer Teil der vom Emitter injizierten Minoritätsträger bis zur basisseitigen Raumladungszone der Kollektorsperrschicht diffundiert, muß die Basiszone sehr dünn sein

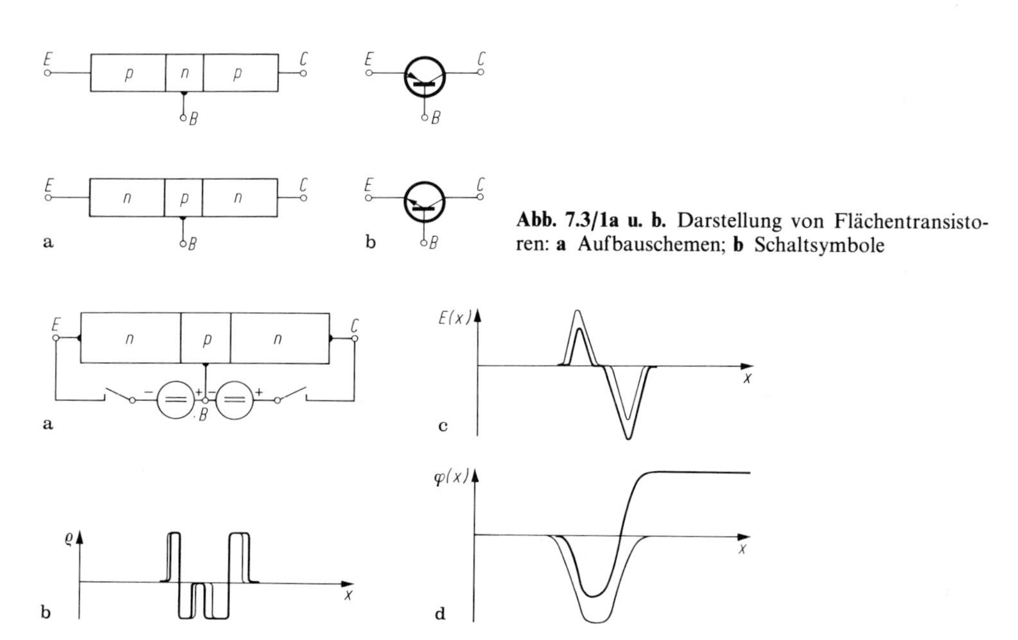

Abb. 7.3/1a u. b. Darstellung von Flächentransistoren: **a** Aufbauschemen; **b** Schaltsymbole

Abb. 7.3/2a–d. npn-Transistor mit idealer Störstellenverteilung: **a** Schaltbild; **b** Raumladungsdichte; **c** elektrische Feldstärke; **d** Potentialverteilung. Die dünnen Linien in **b** bis **d** gelten für geöffnete, die dicken Linien für geschlossene Schalter

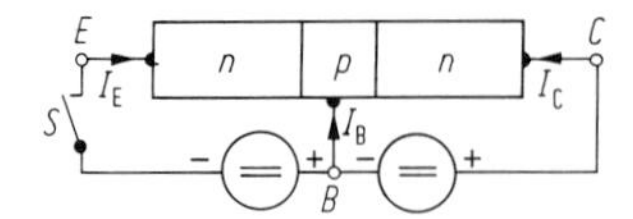

Abb. 7.3/3. Prinzipschaltung eines npn-Transistors mit Strompfeilen

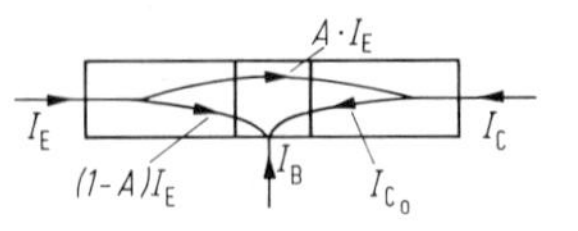

Abb. 7.3/4. Ströme im Transistor

(0,5 bis 50 µm), so daß sie wegen der schwachen Dotierung nur wenige Rekombinationszentren besitzt. Die Elektronen werden an der Kollektorsperrschicht durch das dort vorhandene elektrische Feld beschleunigt und fließen zum Kollektor ab.

Abbildung 7.3/4 zeigt die Stromverteilung im Transistor. Ist AI_E derjenige Teil des Emitterstroms, der zum Kollektor übergeht, so wird der Kollektorstrom $I_C = +I_{CO} - AI_E$. Die als Gleichstromübertragungsfaktor eines Transistors in Basisschaltung bezeichnete Größe A ist stets etwas kleiner als 1 (A = 0,9 bis 0,999). Das hat folgende Gründe:

1. Ein kleiner Teil der vom Emitter in den Basisraum injizierten Träger diffundiert zum Basisanschluß und fließt als Basisstrom ab.
2. Trotz der schwachen Dotierung der Basiszone rekombinieren einige Minoritätsträger mit den Majoritätsträgern der Basis.
3. An den Oberflächen des Kristalls finden Oberflächenrekombinationen durch Vermittlung von Verunreinigungen und Gitterfehlern statt.
4. Auch bei schwach dotierter Basis wird ein Teil des über die Emitterschicht fließenden Stromes von Majoritätsträgern der Basis gebildet. Dieser Anteil des Emitterstroms erhöht den Basisstrom und trägt nichts zur Steuerung des Kollektorstroms bei.

7.3.1 Herstellungsverfahren und Aufbau von Transistoren

Bei Untersuchungen an Germanium-Spizendetektoren fanden Bardeen und Brattain im Jahre 1948 den Transistoreffekt [37]. Die ersten aus Germanium gefertigten Transistoren waren Spitzentransistoren, deren Technik von der Spitzendiode abgeleitet war. Shockley hat dann 1949 den Flächentransistor anhand theoretischer Überlegungen vorausgesagt [38]. Hall und Dunlap gelang 1950 seine Herstellung.

Das klassische Ausgangsmaterial für Transistoren war Germanium. Es muß mit einem ungewöhnlich hohen Reinheitsgrad hergestellt werden, da die für die Transistorwirkung bestimmenden Eigenschaften durch Fremdstoffzusätze in den Größenordnungen von nur 10^{-5} bis 10^{-8} erzielt werden. Daher wird das polykristalline Germanium mehrfach durch sogenanntes Zonenziehen [39, S. 2] gereinigt. Ausgangsmaterial für die Transistorherstellung ist ein aus der Schmelze gezogener Einkristall (Czochralski-Verfahren [40]). Das häufig verwendete Ziehverfahren [39, S. 82] zur Herstellung von p-n-Übergängen wird heute noch für die Herstellung von Photodioden angewendet.

Die Grenzen der Einsatzmöglichkeit von Germanium liegen bei einer maximal zulässigen Temperatur von 100 °C. Bei höheren Temperaturen wird die Eigenleitung so groß, daß Sperrspannungen nicht mehr in genügendem Maße aufrechterhalten werden können.

Das heute bedeutendere Halbleitermaterial ist das Silizium. Der Grund dafür liegt in der höheren zulässigen Betriebstemperatur bis zu 175 °C und in den wesentlich niedrigeren Sperrströmen, weil bei Silizium die Intrinsicdichte n_i um vier Zehnerpotenzen niedriger ist als bei Germanium. Die Erzeugung des reinen Silizium-Einkristalls erfolgt auf ähnliche Weise wie bei Germanium.

Rohsilizium wird durch Chlorwasserstoff in Trichlorsilan umgewandelt und anschließend durch Destillation gereinigt. Durch Reduktion wird hieraus polykristallines Silizium gewonnen, das als Ausgangsmaterial für die Einkristallherstellung nach dem Tiegelzieh- und Zonenziehverfahren dient.

Die größte wirtschaftliche Bedeutung hat das Tiegelziehverfahren nach Czochralski [40, 70], mit dem großtechnisch Siliziumeinkristalle mit Durchmessern von 3 bis 6 Zoll (75 bis 150 mm) hergestellt werden.

Das Zonenziehverfahren wird zur Herstellung höchstreiner, sehr hochohmiger Einkristalle verwendet.

Der aus der Schmelze gezogene Einkristall wird mechanisch bearbeitet, zersägt und geätzt. Für die Weiterverarbeitung der daraus erhaltenen Kristallplättchen sind die folgenden Verfahren wesentlich.

(Das früher zur Herstellung von Germaniumtransistoren verwendete Legierungsverfahren (s. Abschn. 7.14.1.1 der 2. Auflage) ist heute überholt.)

7.3.1.1 Diffusionsverfahren. Mit dem Legierungsverfahren lassen sich Basisdicken nicht unter 10 µm herstellen. Transistoren mit höheren Grenzfrequenzen bzw. kürzeren Schaltzeiten erfordern wegen der kurzen Laufzeiten der Minoritätsträger vom Emitter zum Kollektor Basisdicken von weniger als 1 µm. Zum anderen müssen die Flächen der Emitter- und Kollektorzonen möglichst klein gehalten werden, um die Kapazitäten zu verringern. Hierfür ist das Diffusionsverfahren geeignet, das in verschiedenen Kombinationen mit anderen Verfahren angewendet wird.

Beim Diffusionsverfahren diffundieren die Störstellenatome aus der Gasphase in den festen Halbleiterkristall ein. Die Diffusion erfolgt bei Erwärmung für einige Stunden auf Temperaturen, die 100 bis 200 °C unterhalb des Schmelzpunktes des Halbleiterkristalls liegen, so daß ein Schmelzen und eine partiell flüssige Legierung vermieden werden. Die Dicke des entstehenden p-n-Übergangs hängt von der Oberflächenkonzentration der Dotierungsstoffe, der Temperatur und der Zeit ab und kann daher genau gesteuert werden.

7.3.1.2 Mesatransistor.[1] Die aus dem Siliziumeinkristall geschnittenen Scheiben werden nicht in einzelne Stücke zersägt, sondern als Ganzes geschliffen, hochglanzpoliert und geätzt. Auf einer Scheibe entsteht eine Vielzahl gleicher Systeme. Die n-Siliziumplättchen, die später die Kollektorzone bilden, werden in Bordampf erhitzt. Es entsteht eine nur wenige µm dicke p-Siliziumschicht, die sich durch thermische Oxidation mit einer schützenden SiO_2-Schicht überzieht (Abb. 7.3/5a). Die Oxidschicht wird mit Photolack überzogen, belichtet und anschließend geätzt. Dadurch wird die p-Siliziumschicht an den Stellen der späteren Emitterschicht freigelegt (Abb. 7.3/5b). Durch eine Phosphordiffusion bilden sich in der p-Siliziumschicht unter den Emitterfenstern n-Siliziumzonen (Abb. 7.3/5c). Nach Beseitigung der Oxidschicht werden durch Masken hindurch auf die Basis- und Emitterschichten Metallstreifen aufgedampft, an denen später durch Kaltverschweißung Golddrähte befestigt werden (Abb. 7.3/5d). Die Kollektorinsel, die „Mesa“, wird dadurch herausgearbeitet, daß nach Abdeckung der Flächen um die Metallstreifen mit Wachs die p-Siliziumschicht zwischen den Systemen durch Ätzen abgetragen wird. Mit Diamanten werden die Systeme voneinander getrennt und auf Systemträger auflegiert.

7.3.1.3 Planartransistor. Bei der Herstellung von Planartransistoren geht man von einer polierten, etwa 0,2 mm dicken n-leitenden Siliziumschicht aus, die sich bei etwa 1200 °C im Wasserdampf mit einer festhaftenden, 1 µm dicken SiO_2-Schicht überzieht.

---

[1] mesa (spanisch) = Tafel.

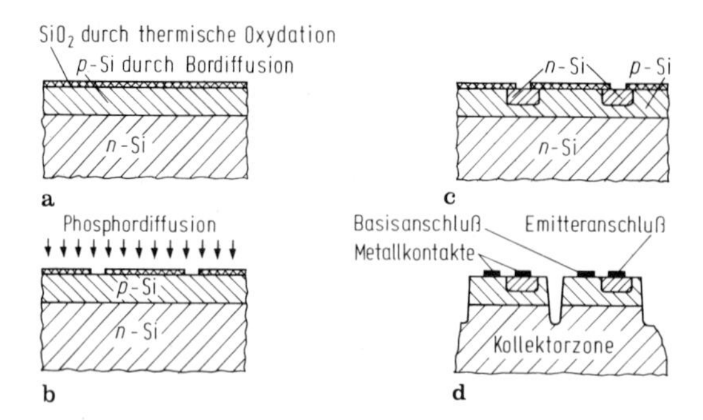

Abb. 7.3/5a–d. Herstellung eines npn-Silizium-Mesa-Transistors: **a** Aufbringen einer p-leitenden Schicht durch Bordiffusion; **b** Phosphordiffusion durch Emitterfenster; **c** Eindiffundierte n-leitende Emitterzonen; **d** zwei fertige Systeme mit Metallkontakten

Mit einem photolithographischen Verfahren wird das n-Silizium an fensterförmigen Öffnungen freigelegt (Abb. 7.3/6a). Bei einer nachfolgenden Bordiffusion bilden sich die p-leitenden Basiszonen (Abb. 7.3/6b). Die Oberflächen der p-Siliziumschicht werden sofort wieder oxydiert. Das photolithographische Verfahren wird wiederholt. Mit Hilfe einer Phosphordiffusion werden durch die dabei entstandenen kleineren Emitterfenster die Emitterzonen in die p-Siliziumschichten eindiffundiert (Abb. 7.3/6c). Um eine Möglichkeit zur Kontaktierung zu schaffen, wird an den Stellen, an denen eine unter dem Siliziumoxid liegende Schicht kontaktiert werden soll, mit Hilfe der Phototechnik ein Oxidfenster geätzt. Dann wird die ganze Scheibe mit Aluminium bedampft. Auf phototechnischem Wege wird das überschüssige Aluminium bis auf die Kontaktstreifen und die bei integrierten Systemen vorgesehenen Verbindungsleitungen zwischen verschiedenen Elementen wieder abgeätzt (Abb. 7.3/6d).

7.3.1.4 Epitaxieverfahren. Unter einer epitaktischen Schicht versteht man allgemein eine Schicht, deren Orientierung in einer beliebigen, aber eindeutigen kristallographischen Beziehung zu der Oberflächenorientierung des Substrats steht [68].

Epitaxieschichten können dabei entweder aus der Gasphase, der flüssigen Phase (Schmelze) oder durch Beschichten im Vakuum auf einem Substrat abgeschieden werden.

Das Substrat ist in der Regel ein (dotierter) Halbleitereinkristall. Epitaktische Schichten können jedoch auch auf isolierenden Substraten aufgebracht werden (Heteroepitaxie).

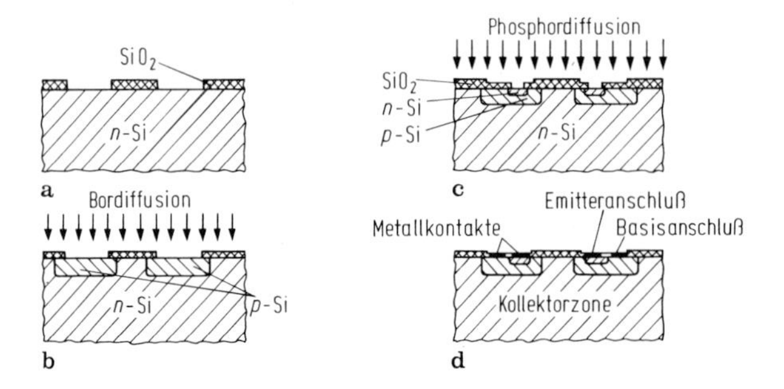

Abb. 7.3/6a–d. Herstellung eines npn-Silizium-Planartransistors: **a** n-Silizium mit Basis-Oxidfenstern; **b** Bordiffusion zur Erzeugung der p-leitenden Basiszonen; **c** Phosphordiffusion zur Erzeugung der n-leitenden Emitterzonen; **d** fertige Systeme mit Metallkontakten

Zur Realisierung einer geringen Sperrschichtkapazität und einer möglichst hohen Durchbruchsspannung ist es erforderlich, die Kollektorzone in der Umgebung des Kollektor-p-n-Übergangs sehr schwach zu dotieren. Die restliche Kollektorzone muß jedoch hoch dotiert sein, um einen niedrigen Kollektorbahnwiderstand und damit ein schnelles Abfließen der Ladungsträger zu erreichen. Man benötigt also eine hochdotierte Kollektorgrundplatte mit einer dünnen hochohmigen schwachdotierten Schicht. Diese inhomogene Störstellenverteilung läßt sich mit dem Diffusionsverfahren nicht erreichen, da dieses immer zu niederohmigen Schichten auf hochohmigem Grundmaterial führt.

Mit dem Epitaxieverfahren kann eine hochohmige Schicht auf einem hochdotierten niederohmigen Substrat erzeugt werden. Hierdurch lassen sich geringe Sperrschichtkapazitäten, hohe Frequenzen, hohe Durchbruchspannungen, niedrige Kollektorbahnwiderstände und hohe Leistungen erreichen.

Abbildung 7.3/7 zeigt den Aufbau eines Epitaxie-Planar-Transistors für eine n^+npn- oder die komplementäre p^+pnp-Struktur.

7.3.1.4.1 Gasphasenepitaxie. Da zum Aufwachsen einer einkristallinen Schicht eine saubere, von mechanischen Störungen freie Substratoberfläche erforderlich ist, wird diese z. B. durch einen Ätzprozeß vor der Beschichtung gereinigt.

Die epitaktische Abscheidung von Si kann z. B. bei Verwendung eines Gasgemisches aus Siliziumvierchlorid und Wasserstoff bei Temperaturen zwischen 1150 und 1250 °C erfolgen.

Die chemische Reduktion zu Silizium findet dabei nicht in der Gasphase, sondern auf der Substratoberfläche statt. Eine Keimbildung in der Gasphase muß vermieden werden, da sonst polykristalline Schichten entstehen. Die Abscheiderate hängt u. a. sehr stark von der Gaskonzentration ab. Bei geringer Siliziumchloridkonzentration kehrt sich der Prozeß sogar um (Gasätzung).

Eine Dotierung kann durch Zugabe von z. B. Diboran oder Phosphin erfolgen. Diese Gase zersetzen sich an der Substratoberfläche pyrolytisch, die Dotieratome werden ins Gitter eingebaut.

Wegen der ätzenden Zwischenreaktion und wegen der Ausdiffusion von Dotierungselementen aus dem Substrat kann es zur unerwünschten Dotierung der Gasphase kommen (Autodoping, [69]).

Hier bietet die Silanepitaxie Vorteile. Sie findet bei Temperaturen zwischen 600 und 1000 °C statt. Das Silan (SiH_4) wird pyrolytisch in Silizium und Wasserstoff zerlegt.

Zur Herstellung monokristalliner Galliumarsenid- bzw. -phosphidschichten wird zum Beispiel gasförmiges Galliummonochlorid verwendet und mit der As- bzw. P-Komponente vermischt. Beim Effer-Verfahren [71, S. 193] werden Arsentrichlorid und hochreines Gallium verwendet (Abb. 7.3/8).

Gasphasenepitaxie-Einrichtungen erfordern erhebliche Sicherheitsvorkehrungen. Zum Beispiel Silan reagiert mit Sauerstoff unter Selbstentzündung, während Diboran und Phosphin äußerst giftig sind.

7.3.1.4.2 Flüssigphasenepitaxie. Die Flüssigphasenepitaxie hat insbesondere bei der Herstellung von Galliumarsenidschichten technische Bedeutung erlangt (z. B. Kipptiegelverfahren nach Nelson [69, 71], s. Abb. 7.3/9).

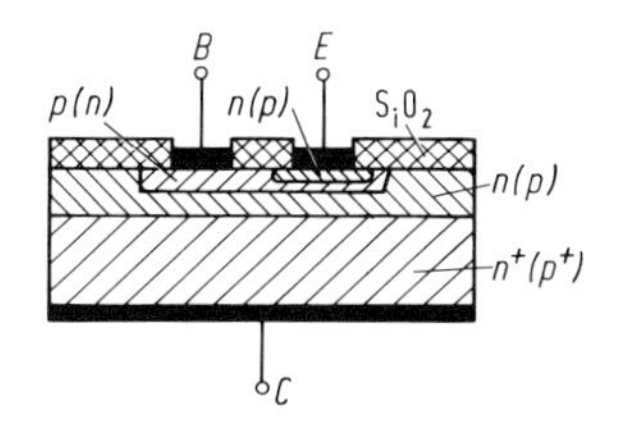

Abb. 7.3/7. Epitaxie-Planar-Transistor (n^+ stark n-leitende Zone, p^+ stark p-leitende Zone)

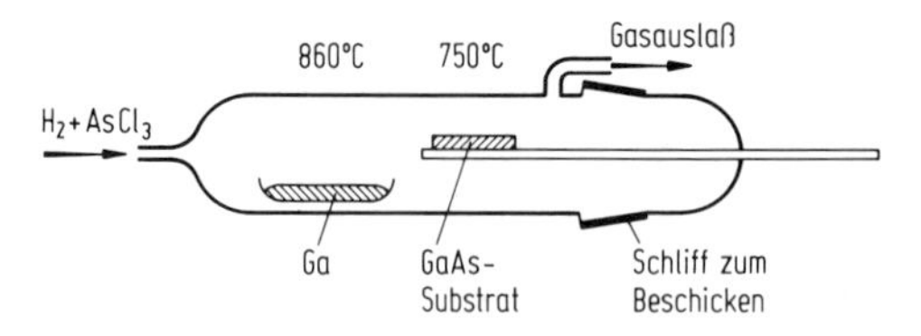

Abb. 7.3/8. Gasphasenepitaxie nach Effer

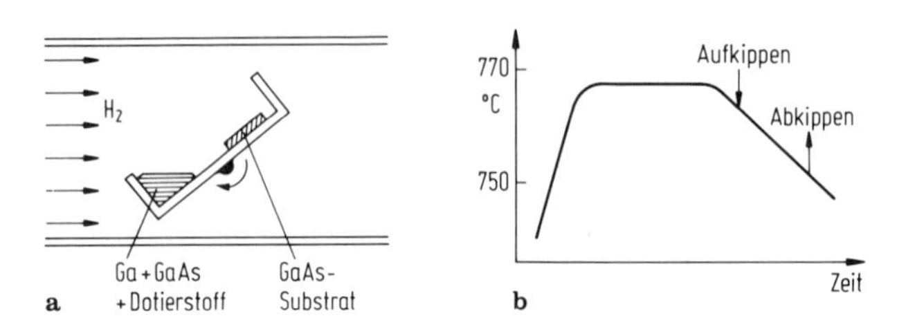

Abb. 7.3/9. a Kipptiegelverfahren nach Nelson; **b** zugehöriges Temperatur-Zeit-Programm

Ein Kippofen z. B. aus Quarzrohr, in dem sich das Substrat und eine mit Galliumarsenid gesättigte Schmelze befinden, wird auf eine Temperatur oberhalb der Kontakttemperatur aufgeheizt und gekippt, so daß die Schmelze das Substrat bedeckt. Dabei löst sich ein Teil der Substratoberfläche in der Schmelze auf. Beim Abkühlen der Schmelze sinkt die Löslichkeit von Arsen in Gallium, und es bildet sich eine dünne GaAs-Schicht auf dem Substrat. Dieses Verfahren erlaubt es, das Schichtwachstum durch Anhalten der Temperatur sofort zu unterbrechen und durch Wechseln der Schmelze die Schicht oder Dotierung zu ändern. Die Dotierstoffe werden der Schmelze oder dem Schutzgas beigefügt. Nach dem Aufbringen der Schicht wird der Ofen in die Ausgangsstellung zurückgekippt.

Zur Herstellung von Mehrfachschichten werden Schmelzbehälter mit mehreren Tiegeln verwendet (Schiebetiegelverfahren) [71, S. 196] (s. Abb. 7.3/10). Eine das Substrat enthaltende Graphitzunge kann unter verschiedene Tiegel geschoben werden. Die Dicke der Epitaxieschichten wird durch die Verweildauer unter dem jeweiligen Schmelztiegel gesteuert.

7.3.1.4.3 Beschichtung im Vakuum. Wie bei der Gasphasenepitaxie sind extrem saubere Substratoberflächen erforderlich (z. B. Sputterätzen). Das Vakuum muß möglichst frei von Restgasatomen sein. Das Substrat wird geheizt. Je wärmer das Substrat ist, desto kürzer ist einerseits die Verweildauer der adsorbierten Atome, desto größer aber andererseits ihre Oberflächenbeweglichkeit, die ihren Einbau an günstigen Gitterplätzen ermöglicht. Die Schichtwachstumsraten sind daher sehr klein.

Bei der Molekularstrahlepitaxie [70, 71] werden die einzelnen Komponenten, z. B. Ga und As, mit konstanter Rate verdampft und treffen als Molekularstrahl auf das geheizte Substrat auf. Durch mechanisches Ausblenden der Molekularstrahlen und Umschalten auf Verdampferquellen mit anderen Materialien lassen sich Folgen von

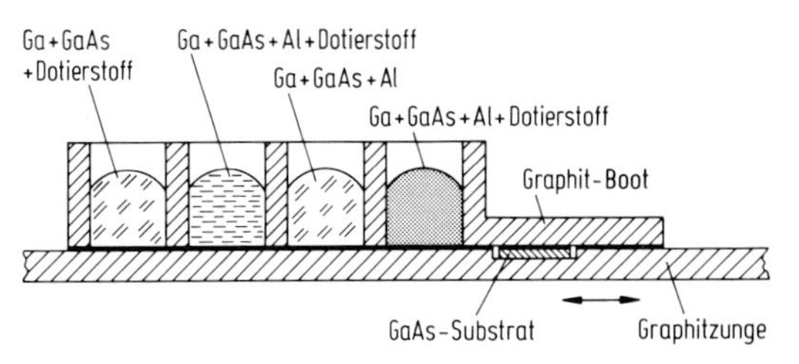

Abb. 7.3/10. Schiebetiegeltechnik

scharf gegeneinander abgegrenzten sehr dünnen Schichten aufbringen. Für niedrigschmelzende Materialien können als Verdampferquellen durch Stromdurchgang geheizte Schiffchen oder Wendeln verwendet werden. Hochschmelzende oder reaktive Materialien werden mit Hilfe von Elektronenstrahlen verdampft (Elektronenstrahlkanonen).

7.3.1.5 Ionenimplantation. Bei der Ionenimplantation werden ionisierte Dotieratome mit Hilfe eines Teilchenbeschleunigers in die Oberfläche eines Einkristalls eingeschossen.

Durch die Ionenimplantation lassen sich teilweise kritische Hochtemperaturprozesse ersetzen.

Die Vorteile liegen in einer sehr guten Prozeßkontrolle und der damit verbundenen höheren Ausbeute. Die Dotierung kann mit einer Genauigkeit bis zu 1% gesteuert werden.

Die Reichweite der eingebrachten Ionen ist gering und etwa gaußverteilt. Die Fremdatome werden durch einen anschließenden Temperprozeß als Donatoren oder Akzeptoren im Gitter aktiviert.

Durch Ionenimplantation hervorgerufene Kristallstörungen können durch Erwärmen auf ca. 750–900 °C ausgeheilt werden.

7.3.2 Strom-Spannungs-Beziehungen (Ebers-Moll-Gleichungen)

Im folgenden wird das statische Verhalten eines idealen npn-Transistors mathematisch formuliert. Dabei werden alle Ströme, die durch die Emitter-Basis-Spannung U_{EB} gesteuert werden, mit dem Index F (forward) und alle Ströme, die durch die Kollektor-Basis-Spannung U_{CB} gesteuert werden, mit dem Index R (reverse) gekennzeichnet.

Mit Abb. 7.3/11 erhält man

$$I_E = I_{FE} + I_{RE} \tag{7.3/1}$$

$$I_C = I_{RC} + I_{FC}\,. \tag{7.3/2}$$

Mit den Bezeichnungen

I_{SE} Sperrsättigungsstrom der Emitterdiode
I_{SC} Sperrsättigungsstrom der Kollektordiode
A_F Vorwärts-Stromübertragungsfaktor
A_R Rückwärts-Stromübertragungsfaktor

gilt

$$I_{FE} = -I_{SE}\left(e^{\frac{-U_{EB}}{U_T}} - 1\right) \qquad I_{RC} = -I_{SC}\left(e^{\frac{-U_{CB}}{U_T}} - 1\right)$$

$$I_{RE} = -A_R I_{RC} \qquad I_{FC} = -A_F I_{FE}\,.$$

Durch Einsetzen erhält man daraus die Beziehungen nach Ebers und Moll [43]

$$\underline{I_E = I_{FE} - A_R I_{RC} = -I_{SE}\left(e^{\frac{-U_{EB}}{U_T}} - 1\right) + A_R I_{SC}\left(e^{\frac{-U_{CB}}{U_T}} - 1\right)} \tag{7.3/3}$$

$$\underline{I_C = -A_F I_{FE} + I_{RC} = +A_F I_{SE}\left(e^{\frac{-U_{EB}}{U_T}} - 1\right) - I_{SC}\left(e^{\frac{-U_{CB}}{U_T}} - 1\right)}\,. \tag{7.3/4}$$

Für den Basisstrom gilt $I_B = -I_E - I_C$ und damit

$$\underline{I_B = (1 - A_F)I_{SE}\left(e^{\frac{-U_{EB}}{U_T}} - 1\right) + (1 - A_R)I_{SC}\left(e^{\frac{-U_{CB}}{U_T}} - 1\right)}\,. \tag{7.3/5}$$

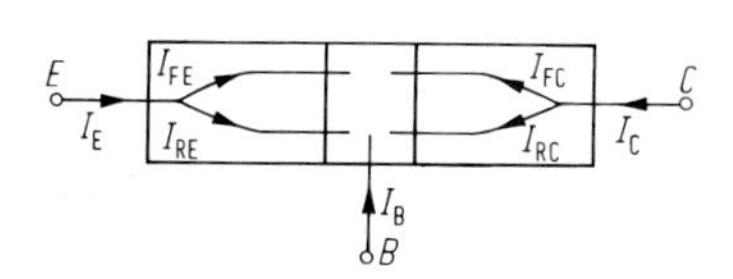

Abb. 7.3/11. Statische Stromverteilung im Transistor

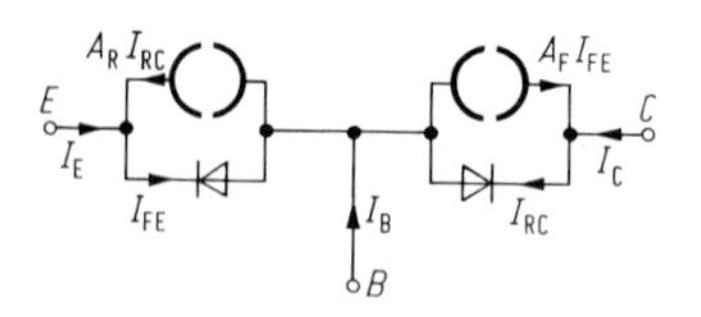

Abb. 7.3/12. Statisches Ersatzbild eines npn-Transistors

Man kann den Gleichungen Gl. (7.3/3) und (7.3/4) das Ersatzbild Abb. 7.5/12 zuordnen, das für beliebig gepolte Anordnungen gilt.

Die Strom-Spannungs-Beziehungen nach Ebers und Moll enthalten vier bei Transistoren wesentliche strom- und spannungs*un*abhängige Parameter I_{SE}, I_{SC}, A_F und A_R. Nach [43] gilt zwischen ihnen die Beziehung

$$A_F I_{SE} = A_R I_{SC} \, . \tag{7.3/6}$$

Dieser Sachverhalt gilt immer dann, wenn die Emitterfläche kleiner als die Kollektorfläche ist. Der Sperrsättigungsstrom I_{SE} der Emitterdiode ist kleiner als der Sperrsättigungsstrom I_{SC} der Kollektordiode, wenn die Emitterfläche kleiner als die Kollektorfläche ist. Dagegen ist der Vorwärts-Stromübertragungsfaktor A_F größer als der Rückwärts-Stromübertragungsfaktor A_R, da die Wahrscheinlichkeit, daß der vom Emitter ausgehende Strom von der größeren Kollektorfläche aufgefangen wird, größer ist als für den Kollektorstrom, der auf die kleinere Emitterfläche trifft. (Es ist oft $A_F \approx 0{,}99$ und $A_R \approx 0{,}90$ bis 0,95.)

Es ist wichtig, ein einfaches Transistormodell zu haben, mit dem Schaltkreise entworfen werden können. Dies gilt besonders für den Entwurf hochkomplexer Integrierter Schaltkreise (ICs vom englischen „integrated circuits"), die heute auch bei hohen Frequenzen möglich sind.

Für Bipolartransistoren ist das Ebers-Moll-Modell sehr brauchbar. Andere Modelle, wie das von Gummel-Poon, berücksichtigen die physikalischen Zusammenhänge eingehender, benötigen aber dafür längere Zeit zur Berechnung [72, S. 151 bis 156].

7.3.3 Betriebsbereiche bipolarer Transistoren

In Abb. 7.3/13 sind die äußeren Spannungen so gepolt, daß die Emitterdiode in Durchlaßrichtung und die Kollektordiode in Sperrichtung betrieben werden. Dieser Betriebsbereich wird als Normalbetrieb bezeichnet. Entsprechend den vier Möglichkeiten, die beiden Dioden zu betreiben, unterscheidet man darüber hinaus den inversen Betrieb, Sperrbetrieb und den Flußbetrieb.

7.3.3.1 Normalbetrieb (Emitterdiode in Durchlaßrichtung, Kollektordiode in Sperrichtung gepolt). Unter den Bedingungen des Normalbetriebes gelten für die Spannungen am npn-Transistor die Ungleichungen $U_{EB} < 0$ und $U_{CB} \gg U_T$. Damit ist eine Vereinfachung der Strom-Spannungs-Beziehungen Gl. (7.3/3) und (7.3/4) möglich

$$I_E \approx -I_{SE}\left(e^{\frac{-U_{EB}}{U_T}} - 1\right) - A_R I_{SC} = I_{FE} - A_R I_{SC} \tag{7.3/7}$$

$$I_C \approx A_F I_{SE}\left(e^{\frac{-U_{EB}}{U_T}} - 1\right) + I_{SC} = -A_F I_{FE} + I_{SC} \, . \tag{7.3/8}$$

Setzt man Gl. (7.3/1) in der Form $I_{FE} = I_E + A_R I_{RC} \approx I_E + A_R I_{SC}$ in Gl. (7.3/8) ein, so erhält man

$$I_C = -A_F(I_E + A_R I_{SC}) + I_{SC}$$
$$= -A_F I_E + I_{SC}(1 - A_R A_F) = -A_F I_E + I_{CO}. \quad (7.3/9)$$

Darin ist I_{CO} der Kollektorreststrom, der bei $I_E = 0$ durch C fließt.

Häufig ist $|I_{FE}| \gg |A_R I_{SC}|$. Dann kann Gl. (7.3/7) weiter vereinfacht werden

$$I_E \approx I_{FE} = -I_{SE}\left(e^{\frac{-U_{EB}}{U_T}} - 1\right) \quad (7.3/10)$$

und es ergibt sich mit Gl. (7.3/9) und (7.3/10) das für den Normalbetrieb oft angegebene gegenüber Abb. 7.3/11 vereinfachte Ersatzbild der Abb. 7.3/13.

7.3.3.2 Inverser Betrieb (Emitterdiode in Sperrichtung, Kollektordiode in Durchlaßrichtung gepolt). Im inversen Betrieb ist bei einem npn-Transistor $U_{EB} \gg U_T$ und $U_{CB} < 0$.

Damit vereinfachen sich die Strom-Spannungs-Beziehungen Gl. (7.3/3) und (7.3/4)

$$I_E \approx A_R I_{SC}\left(e^{\frac{-U_{CB}}{U_T}} - 1\right) + I_{SE} = -A_R I_{RC} + I_{SE} \quad (7.3/11)$$

$$I_C \approx -A_F I_{SE} - I_{SC}\left(e^{\frac{-U_{CB}}{U_T}} - 1\right) = I_{RC} - A_F I_{SE}. \quad (7.3/12)$$

Setzt man Gl. (7.3/11) in Gl. (7.3/12) ein, so erhält man

$$I_E = -A_R I_C + I_{SE}(1 - A_R A_F) = -A_R I_C + I_{E0}. \quad (7.3/13)$$

Darin ist I_{E0} der Emitterreststrom.

Da meistens $|I_{RC}| \gg |A_F I_{SE}|$ gilt, vereinfacht sich Gl. (7.3/12) zu

$$I_C \approx I_{RC} = -I_{SC}\left(e^{\frac{-U_{CB}}{U_T}} - 1\right). \quad (7.3/14)$$

Mit Gl. (7.3/13) und Gl. (7.3/14) erhält man das für den inversen Betrieb oft angegebene Ersatzbild der Abb. 7.3/14.

7.3.3.3 Sperrbetrieb (Emitter- und Kollektordiode in Sperrichtung gepolt). Mit $U_{EB} \gg U_T$ und $U_{CB} \gg U_T$ vereinfachen sich die Strom-Spannungs-Beziehungen Gl. (7.3/3) und (7.3/4) zu

$$I_E \approx I_{SE} - A_R I_{SC}$$
$$I_C \approx -A_F I_{SE} + I_{SC}.$$

Mit Gl. (7.3/6) ergibt sich daraus

$$I_E \approx I_{SE}(1 - A_F)$$
$$I_C \approx I_{SC}(1 - A_R).$$

Damit erhält man das Ersatzbild des Transistors im Sperrbetrieb in Abb. 7.3/15.

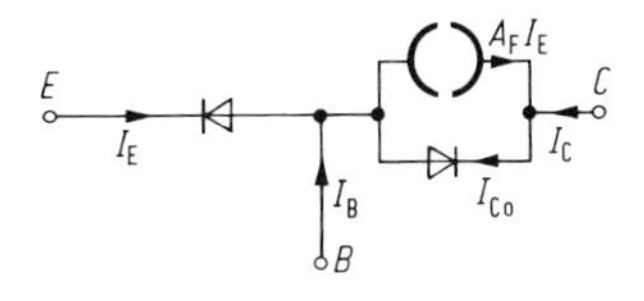

Abb. 7.3/13. Vereinfachtes Ersatzbild eines npn-Transistors im Normalbetrieb

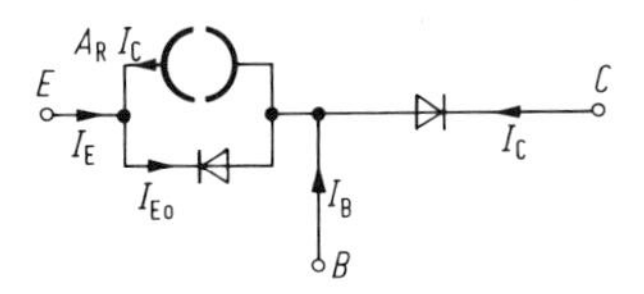

Abb. 7.3/14. Vereinfachtes Ersatzbild eines npn-Transistors im inversen Betrieb

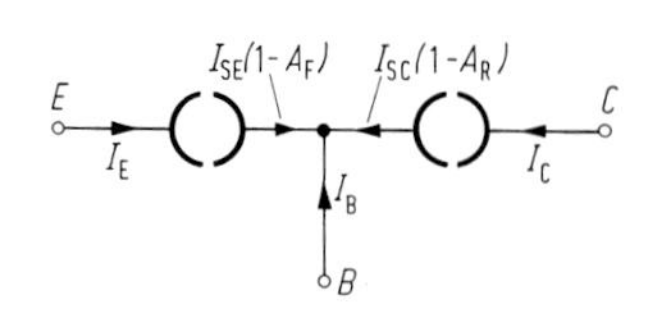

Abb. 7.3/15. Vereinfachtes Ersatzbild eines npn-Transistors im Sperrbetrieb

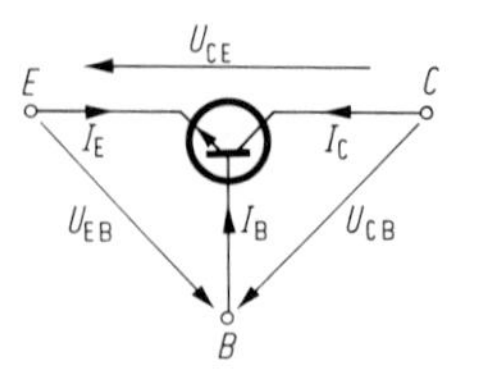

Abb. 7.3/16. Zählpfeile für Spannungen und Ströme am Transistor

7.3.3.4 Flußbetrieb (Emitter- und Kollektordiode in Durchlaßrichtung gepolt). Es sind keine Vereinfachungen der Strom-Spannungs-Beziehungen möglich, da für die Spannungen im Flußbetrieb die Ungleichungen

$$U_{EB} < 0 \qquad \text{und} \qquad U_{CB} < 0$$

gelten.

7.3.4 Kennlinienfelder bipolarer Transistoren

Die in Abschn. 7.3.2 abgeleiteten Elbers-Moll-Gleichungen beschreiben das statische elektrische Verhalten bipolarer Transistoren. Von den 6 Variablen U_{CE}, U_{EB}, U_{CB}, I_C, I_E und I_B sind jedoch nur 4 Größen voneinander unabhängig, da nach Abb. 7.3/16 gilt

$$U_{CE} + U_{EB} - U_{CB} = 0 \tag{7.3/15}$$

$$I_B + I_E + I_C = 0\,. \tag{7.3/16}$$

In den folgenden Abschnitten werden durch Auswertung der Ebers-Moll-Gleichungen die Kennlinienfelder eines bipolaren npn-Transistors in Emitterschaltung bei Normalbetrieb dargestellt:

1. $I_B = f(U_{BE})$ mit U_{CE} als Parameter (Eingangskennlinienfeld)
2. $I_C = f(U_{CE})$ mit I_B als Parameter (Ausgangskennlinienfeld)
3. $I_C = f(I_B)$ mit U_{CE} als Parameter (Aussage über Stromübertragungsfaktor)
4. $U_{BE} = f(U_{CE})$ mit I_B als Parameter (Aussage über Rückwirkung).

Wegen der linearen Zusammenhänge der Gl. (7.3/15 bis 16) können daraus die Kennlinienfelder der Basis- und Kollektorschaltung konstruiert werden.

7.3.4.1 Kennlinien $I_B = f(U_{BE})$ mit U_{CE} als Parameter. Mit $U_{EB} = -U_{BE}$ erhält man aus Gl. (7.3/5)

$$I_B = A_R I_{SC}\left[\frac{1-A_F}{A_R}\frac{I_{SE}}{I_{SC}}\left(e^{\frac{U_{BE}}{U_T}} - 1\right) + \frac{1-A_R}{A_R}\left(e^{\frac{U_{BE}-U_{CE}}{U_T}} - 1\right)\right].$$

Unter Verwendung der Beziehung [s. Gl. (7.3/9)]

$$I_{CO} = I_{SC}(1 - A_F A_R) \tag{7.3/17}$$

und mit Gl. (7.3/6) ergibt sich

$$I_B = \frac{1+K}{A_F+K} I_{CO}\left(\frac{1}{1+K}\, e^{\frac{U_{BE}}{U_T}}\left(1 + K\, e^{\frac{-U_{CE}}{U_T}}\right) - 1\right). \tag{7.3/18}$$

Darin ist

$$K = \frac{A_F}{A_R}\frac{1-A_R}{1-A_F} > 1 \quad \text{und mit } A_F \approx 0{,}99 \text{ der Vorfaktor } \frac{1+K}{A_F+K} \approx 1\,.$$

Für $U_{CE} = 0$ folgt aus Gl. (7.3/18) die Diodenkennlinie

$$I_B = I_{CO}\left(e^{\frac{U_{BE}}{U_T}} - 1\right).$$

Man erkennt in Gl. (7.3/18), daß der Ausdruck $K \exp(-U_{CE}/U_T)$ nur bei kleinen Spannungen U_{CE} von Bedeutung ist. Bei Spannungen $U_{CE} \gg U_T \ln K$ wird die Eingangskennlinie unabhängig von U_{CE} (praktisch für $U_{CE} \geq 0{,}25$ V)

$$I_B \approx I_{CO}\left(\frac{1}{A_F + K} e^{\frac{U_{BE}}{U_T}} - 1\right). \tag{7.3/19}$$

Für ein Zahlenbeispiel mit den Werten

$$A_F = 0{,}995; \qquad A_R = 0{,}95; \qquad I_{CO} = 5\ \text{nA}; \qquad U_T = 26\ \text{mV}$$

erhält man aus Gl. (7.3/18)

$$I_B = 5\ \text{nA}\left(0{,}087\, e^{\frac{U_{BE}}{U_T}}\left(1 + 10{,}47\, e^{\frac{-U_{CE}}{U_T}}\right) - 1\right).$$

In Abb. 7.3/17 sind Eingangskennlinien für einige Werte von U_{CE} dargestellt.

Die nicht vollständige Übereinstimmung mit gemessenen Kurven erklärt sich aus einer Vielzahl verschiedener Effekte, die hier vernachlässigt wurden. Die Ebers-Moll-Gleichungen beschreiben den inneren Transistor. Der Basisbahnwiderstand $R_{BB'}$ der sehr dünnen Basiszone blieb bisher unberücksichtigt. Das Ersatzbild muß daher ergänzt werden, wie in Abb. 7.3/18 gezeigt ist. Andererseits kann je nach Dotierung der Einfluß eines Emitterbahnwiderstandes $R_{E'E}$ von Bedeutung sein. Außerdem wurde bei der Berechnung der Kennlinien für die Temperaturspannung U_T der theoretische Wert $U_T = kT/e$ eingesetzt, der bei realen Transistoren jedoch größer sein kann.

In Abb. 7.3/17 sind für $R_{BB'} = 140\ \Omega$ und $U_T = 26$ bzw. 35 mV gescherte Kennlinien strichliert eingezeichnet.

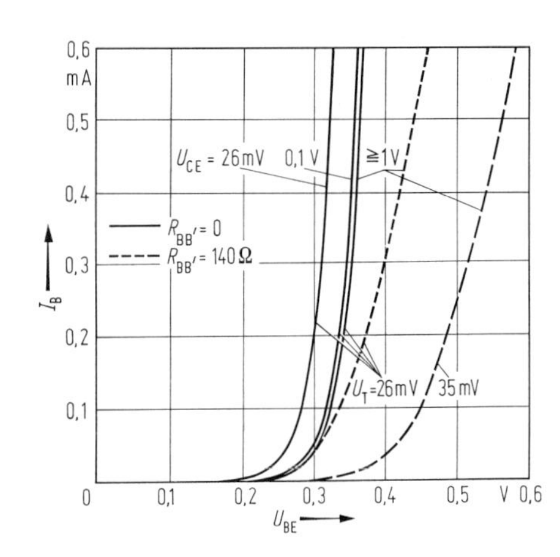

Abb. 7.3/17. Eingangskennlinien eines npn-Silizium-Transistors $I_B = f(U_{CE})$ mit U_{CE} als Parameter: —— theoretische Werte nach Gl. (7.14/18); – – – reale Werte bei Berücksichtigung von $R_{BB'}$ und $U_T = 26$ bzw. 35 mV

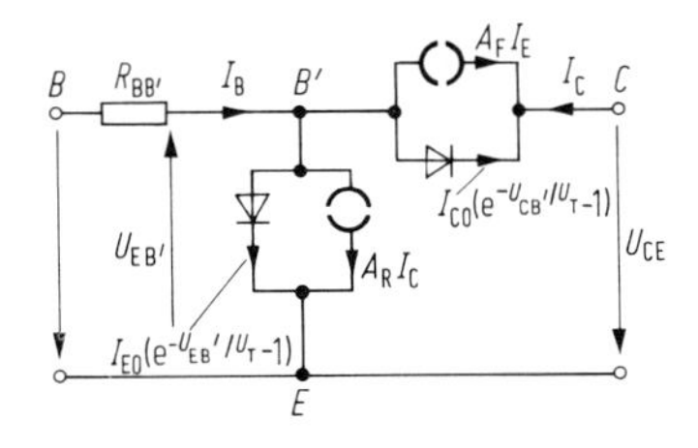

Abb. 7.3/18. Durch einen Basisbahnwiderstand $R_{BB'}$ erweitertes statisches Ersatzbild eines npn-Transistors

7.3.4.2 Kennlinien $I_C = f(U_{CE})$ mit I_B als Parameter. Mit Gl. (7.3/17) erhält man durch Addition von $A_F I_E$ nach Gl. (7.3/3) und I_C nach Gl. (7.3/4) mit $-U_{CB} = U_{BE} - U_{CE}$

$$I_C = -A_F I_E - I_{CO}\left(e^{\frac{U_{BE}}{U_T}} e^{-\frac{U_{CE}}{U_T}} - 1\right).$$

I_E wird durch $-I_C - I_B$ und $e^{\frac{U_{BE}}{U_T}}$ nach Gl. (7.3/18) in der Form

$$\frac{e^{\frac{U_{BE}}{U_T}}}{1+K} \approx \frac{\frac{I_B}{I_{CO}} + 1}{1 + K e^{\frac{-U_{CE}}{U_T}}} \tag{7.3/20}$$

ersetzt

$$I_C \approx \frac{A_F}{1-A_F} I_B - \frac{I_{CO}}{1-A_F}\left[\frac{\frac{I_B}{I_{CO}} + 1}{1 + \frac{1}{K} e^{\frac{U_{CE}}{U_T}}}\left(1 + \frac{1}{K}\right) - 1\right]. \tag{7.3/21}$$

Für $U_{CE} \gg U_T \ln K$ wird I_C unabhängig von U_{CE}

$$I_C \approx \frac{A_F}{1-A_F} I_B + \frac{I_{CO}}{1-A_F}. \tag{7.3/22}$$

Aus Gl. (7.3/21) erhält man durch Einsetzen der Zahlenwerte aus Abschn. 7.3.4.1

$$I_C = 199 I_B - \left(1{,}1 \frac{1 + I_B/5\,\text{nA}}{1 + 0{,}096\, e^{\frac{U_{CE}}{U_T}}} - 1\right)\mu\text{A}.$$

In Abb. 7.3/19 sind Ausgangskennlinien für einige Werte von I_B dargestellt.

Wird die Abhängigkeit des Stromübertragungsfaktors A_F vom Kollektorstrom I_C berücksichtigt, sind die Kennlinien für konstante I_B-Schritte nicht mehr äquidistant. Für das Beispiel $A_F = A_F(I_C)$ in Abb. 7.3/20 erhält man die in Abb. 7.3/19 strichliert eingezeichneten Kennlinien.

Reale Kennlinien weisen auch für $U_{CE} \gg U_T$ eine Abhängigkeit des Kollektorstroms von der Kollektorsperrspannung auf. Dieser Effekt wurde zuerst von Early [44] beschrieben. Mit größer werdendem U_{CE} verbreitert sich die Raumladungszone

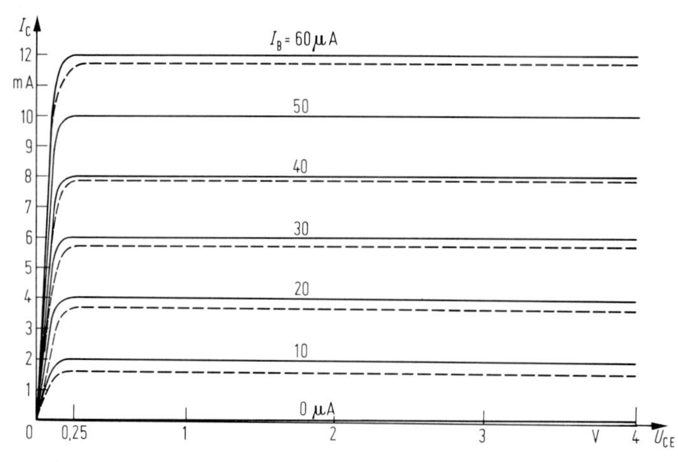

Abb. 7.3/19. Ausgangskennlinien eines npn-Silizium-Transistors $I_C = f(U_{CE})$ mit I_B als Parameter: —— A_F = const; - - - $A_F = A_F(I_C)$ nach Abb. 7.3/20

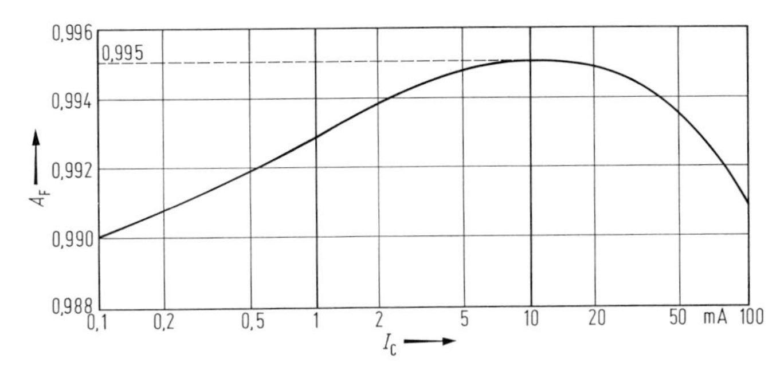

Abb. 7.3/20. Abhängigkeit des Stromübertragungsfaktors A_F vom Kollektorstrom I_C

und die effektive Basisdickte wird kleiner. Infolgedessen steigen A_F und damit I_C mit wachsendem U_{CE} an. Bei hohen Strömen wird die Dichte der in die Basis injizierten Minoritätsträger so hoch (Hochinjektion), daß die Rekombinationsrate in der Basis stark zunimmt. Dadurch sinkt A_F bei hohen Strömen wieder ab (in Abb. 7.3/20 bei $I_C > 10$ mA).

7.3.4.3 Kennlinien $I_C = f(U_B)$ mit U_{CE} als Parameter. Nach Gl. (7.3/21) in der Form

$$I_C \approx \frac{A_F}{1 + A_F}\left(1 - \frac{1 + K}{K + e^{\frac{U_{CE}}{U_T}}}\right)\left(I_B + \frac{I_{CO}}{A_F}\right) \tag{7.3/23}$$

wird I_C für $U_{CE} \gg U_T \ln K$ unabhängig von U_{CE} (d. h. für $U_{CE} \geq 0{,}25$ V)

$$I_C \approx \frac{A_F}{1 - A_F} I_B \frac{1}{1 - A_F} I_{CO}\,. \tag{7.3/22}$$

Die Größe $A_F/(1 - A_F)$ heißt Gleichstromübertragungsfaktor.

Mit den Zahlenwerten aus Abschn. 7.3.4.1 folgt aus Gl. (7.3/23)

$$I_C = 199\left(1 - \frac{11{,}47}{10{,}47 + e^{\frac{U_{CE}}{U_T}}}\right)(I_B + 5{,}025 \text{ nA})\,.$$

In Abb. 7.3/21 sind die Geraden $I_C = f(I_B)$ mit den gleichen Werten für U_{CE} als Parameter wie in Abb. 7.3/17 dargestellt.

Unter Berücksichtigung der Abhängigkeit $A_F = f(I_C)$ aus Abb. 7.3/20 ergibt sich für $U_{CE} \gg U_T \ln K$ die gestrichelte Kennlinie.

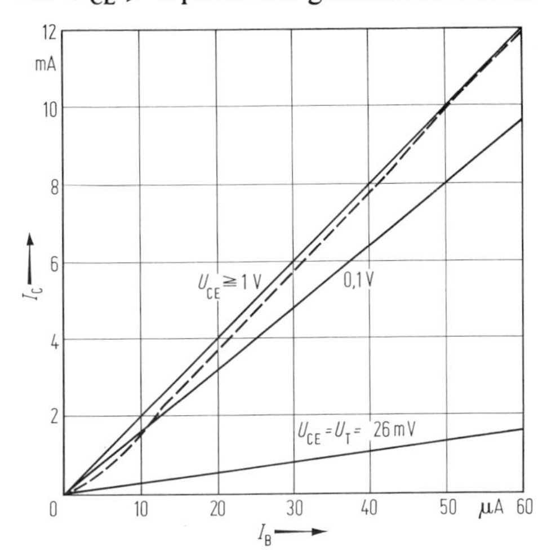

Abb. 7.3/21. Kennlinien $I_C = f(I_B)$ mit U_{CE} als Parameter für einen npn-Silizium-Transistor: —— A_F = const; - - - $A_F = A_F(I_C)$ nach Abb. 7.3/20

7.3.4.4 Kennlinien $U_{BE} = f(U_{CE})$ mit I_B als Parameter. Diese Kennlinien können aus Gl. (7.3/20) in der Form

$$U_{BE} \approx U_T \ln \left[\frac{\frac{I_B}{I_{CO}} + 1}{1 + K e^{\frac{-U_{CE}}{U_T}}} (1 + K) \right] \quad (7.3/24)$$

konstruiert werden.

Mit den Zahlenwerten aus Abschn. 7.3.4.1 erhält man aus Gl. (7.3/24)

$$U_{BE} = 26\,\text{mV} \cdot \ln \left(\frac{I_B/5\,\text{nA} + 1}{1 + 10{,}47\, e^{\frac{-U_{CE}}{U_T}}} 11{,}47 \right).$$

In Abb. 7.3/22 sind die Kennlinien $U_{BE} = f(U_{CE})$ mit den gleichen Werten für I_B als Parameter wie in Abb. 7.3/19 dargestellt.

Für große Spannungen $U_{CE} \gg U_T \ln K$ (praktisch $U_{CE} \geq 0{,}25$ V) wird U_{BE} unabhängig von U_{CE}

$$U_{BE} \approx U_T \ln \left[\left(\frac{I_B}{I_{CO}} + 1 \right) (1 + K) \right].$$

7.3.4.5 Aussteuerungsgrenzen im I_C, U_{CE}-Kennlinienfeld. Die Kennlinienfelder sind die Grundlage zur Dimensionierung von Transistorschaltungen insbesondere bei großer Aussteuerung. Die in Abschn. 7.3.4.2 angegebenen Kennlinien $I_C = f(U_{CE})$ für die Emitterschaltung bleiben jedoch nicht bis zu beliebig hohen Belastungen in der gezeigten Form erhalten. Es existieren Grenzen, deren Überschreiten u. a. zur Zerstörung das Transistors führen können.

In Abb. 7.3/23 sind die Ausgangskennlinien eines npn-Silizium-Epitaxie-Planar-Transistors für Schalter- und Verstärkeranwendungen (BC 108) dargestellt. Aus dem Datenblatt können die folgenden Grenzwerte entnommen werden:

Kollektor-Emitter-Spannung $U_{CEO} = 20$ V
Kollektorstrom $I_{C\,max} = 100$ mA
Sperrschichttemperatur $T_j = 175\,°C$
Wärmewiderstand $R_{th} = 0{,}5$ K/mW

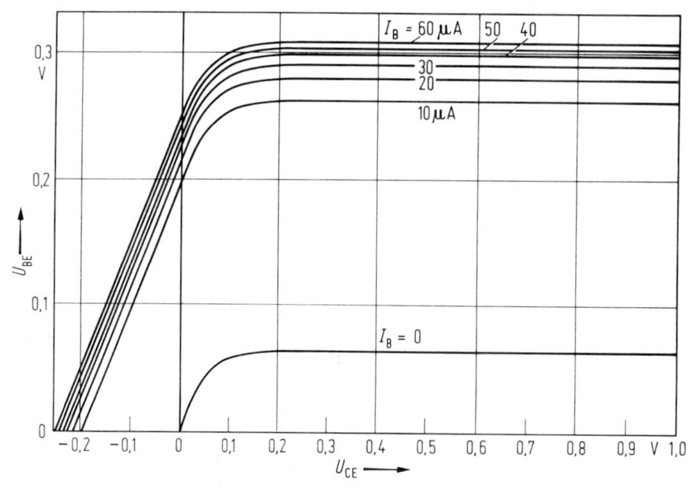

Abb. 7.3/22. Kennlinien $U_{BE} = f(U_{CE})$ mit I_B als Parameter für einen npn-Silizium-Transistor

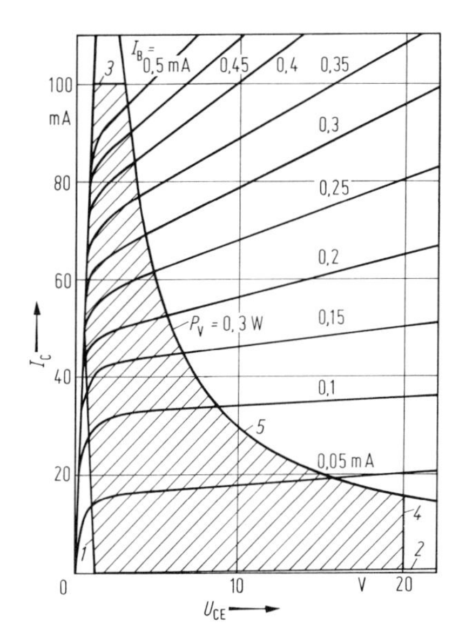

Abb. 7.3/23. Aussteuerungsgrenzen im Ausgangskennlinienfeld des npn-Silizium-Transistors BC 108

Die Kollektorrestspannung grenzt den Kennlinienbereich nach kleinen Spannungen hin ab. Sie wird auch Kollektorsättigungsspannung oder Kniespannung genannt und kann auf verschiedene Arten definiert werden [41, S. 225] (Grenzkurve *1* in Abb. 7.3/23).

Die Grenze zu kleinen Kollektorströmen hin bildet der Kollektor-Emitter-Reststrom $I_{CEO} = I_{CO}/(1 - A_F)$ (Grenzkurve *2* in Abb. 7.3/23).

Der Kollektorstrom wird durch den maximalen Kollektorstrom begrenzt, dessen Wert vom Hersteller nach verschiedenen Gesichtspunkten festgelegt wird (Grenzkurve *3* in Abb. 7.3/23).

Da im Normalbetrieb die Kollektordiode in Sperrichtung betrieben wird, führt die Erhöhung der Sperrspannung zum Durchbruch. Hierbei wirken der Zenerdurchbruch und der Lawinendurchbruch, die reversibel sind, und der Wärmedurchbruch zusammen. Um einen Durchbruch zu vermeiden, wird eine obere Grenze für die Kollektorsperrspannung festgelegt (Grenzgerade *4* in Abb. 7.3/23).

Der Transistor wird durch die Summe aller in ihm umgesetzten Verlustleistungen P_V aufgeheizt. Den größten Anteil liefert die in der Kollektorsperrschicht umgesetzte Verlustleistung P_C, da sie sowohl einen großen Strom I_C als auch eine Spannung U_{CE} aufweist, die größer als alle anderen auftretenden Spannungen ist. Dann gilt mit $U_{CB} \approx U_{CE}$

$$P_V \approx P_C = I_C U_{CB} \approx I_C U_{CE} . \qquad (7.3/25)$$

Schädlich für den Transistor ist die mit der Verlustleistung verbundene Temperaturerhöhung

$$\vartheta_{ü} = T_j - T_{ugb} .$$

Dabei sind T_j die Sperrschichttemperatur und T_{ugb} die Umgebungstemperatur.

Für den Zusammenhang zwischen der Übertemperatur $\vartheta_{ü}$ und der sie verursachenden Verlustleistung gilt bei Wärmegleichgewicht

$$\vartheta_{ü} = T_j - T_{ugb} \approx R_{th} P_C . \qquad (7.3/26)$$

Der Proportionalitätsfaktor R_{th} wird Wärmewiderstand genannt.

Aus Gl. (7.3/25) und (7.3/26) erhält man damit den Zusammenhang

$$I_C U_{CE} = \vartheta_{ü} / R_{th}$$

der im Ausgangskennlinienfeld ein Hyperbel darstellt (Grenzhyperbel *5* in Abb. 7.3/23).

Durch Kühlkörper läßt sich die Gehäuseoberfläche des Transistors vergrößern und damit der effektive Wärmewiderstand verkleinern.

7.3.5 Bipolare Transistoren als Verstärker im Kleinsignalbetrieb

Bei Kleinsignalbetrieb sind die Amplituden der aussteuernden und ausgesteuerten Größen klein gegen die Gleichgrößen des Arbeitspunktes, so daß eine lineare Näherung der nichtlinearen Zusammenhänge zulässig ist.

7.3.5.1 Kleinsignalgleichungen. In der Umgebung des Arbeitspunktes, der durch $U_{BE,A}$, $U_{CE,A}$, $I_{C,A}$ und $I_{B,A}$ festgelegt ist, sind die Änderungen ΔI_B des Basisstromes I_B und ΔI_C des Kollektorstromes I_C eindeutig durch die Änderung ΔU_{BE} und ΔU_{CE} der Spannungen U_{BE} und U_{CE} sowie die Form der Kennlinien festgelegt.

Da die Beziehungen zwischen den Strömen und Spannungen stetige Funktionen darstellen, können sie um den Arbeitspunkt in Taylor-Reihen entwickelt werden.

Aus der Reihenentwicklung für den Basisstrom I_B um den Arbeitspunkt A erhält man

$$I_B = I_{B,A} + \Delta I_B = I_B(U_{BE,A}, U_{CE,A}) + \\ + \left.\frac{\partial I_B}{\partial U_{BE}}\right|_A \Delta U_{BE} + \left.\frac{\partial I_B}{\partial U_{CE}}\right|_A \Delta U_{CE} + \ldots \quad (7.3/27)$$

Wegen der sehr kleinen Änderungen ist es zulässig, die Reihe nach den ersten Differentialquotienten abzubrechen.

Da für $\Delta U_{BE} = \Delta U_{CE} = 0$

$$I_B = I_{B,A} = I_B(U_{BE,A}, U_{CE,A})$$

gilt, erhält man aus Gl. (7.3/27) dann die Näherung

$$\Delta I_B = \left.\frac{\partial I_B}{\partial U_{BE}}\right|_A \Delta U_{BE} + \left.\frac{\partial I_B}{\partial U_{CE}}\right|_A \Delta U_{CE}. \quad (7.3/27a)$$

Wir nehmen an, daß die Änderungen Δ Zeitfunktionen sind und ersetzen[1] ΔI_B durch i_B, ferner ΔU_{BE} durch u_{BE} und ΔU_{CE} durch u_{CE}. Dann erhalten wir

$$i_B = \left.\frac{\partial I_B}{\partial U_{BE}}\right|_A u_{BE} + \left.\frac{\partial I_B}{\partial U_{CE}}\right|_A u_{CE}. \quad (7.3/28)$$

Aus einer entsprechenden Entwicklung für I_C ergibt sich

$$i_C = \left.\frac{\partial I_C}{\partial U_{BE}}\right|_A u_{BE} + \left.\frac{\partial I_C}{\partial U_{CE}}\right|_A u_{CE}. \quad (7.3/29)$$

Mit den Abkürzungen für die Differentialquotienten der Kleinsignalgleichungen eines Transistors in Emitterschaltung (Gl. 7.3/28 und 7.3/29)

$$\begin{bmatrix} i_B \\ i_C \end{bmatrix} = \begin{bmatrix} \left.\frac{\partial I_B}{\partial U_{BE}}\right|_A & \left.\frac{\partial I_B}{\partial U_{CE}}\right|_A \\ \left.\frac{\partial I_C}{\partial U_{BE}}\right|_A & \left.\frac{\partial I_C}{\partial U_{CE}}\right|_A \end{bmatrix} \begin{bmatrix} u_{BE} \\ u_{CE} \end{bmatrix} = \begin{bmatrix} y_{11E} & y_{12E} \\ y_{21E} & y_{22E} \end{bmatrix} \begin{bmatrix} u_{BE} \\ u_{CE} \end{bmatrix}$$

[1] Zeitabhängige Kleinsignalgrößen werden durch kleine Buchstaben gekennzeichnet.

erhält man aus den Ebers-Moll-Gleichungen Gl. (7.3/4 bis 5)

$$y_{11E} = \frac{1 - A_F}{U_T} I_{SE} e^{\frac{U_{BE,A}}{U_T}} + \frac{1 - A_R}{U_T} I_{SC} e^{\frac{(U_{BE,A} - U_{CE,A})}{U_T}}$$

$$y_{12E} = -\frac{1 - A_R}{U_T} I_{SC} e^{\frac{(U_{BE,A} - U_{CE,A})}{U_T}}$$

$$y_{21E} = \frac{A_F}{U_T} I_{SE} e^{\frac{U_{BE,A}}{U_T}} - \frac{I_{SC}}{U_T} e^{\frac{(U_{BE,A} - U_{CE,A})}{U_T}}$$

$$y_{22E} = \frac{I_{SC}}{U_T} e^{\frac{(U_{BE,A} - U_{CE,A})}{U_T}} .$$

Mit den Näherungen aus Abschn. 7.3.3.1 ergibt sich für den Normalbetrieb

$$y_{11E} \approx \frac{1 - A_F}{U_T} I_{SE} e^{\frac{U_{BE,A}}{U_T}} = \frac{1 - A_F}{A_F} y_{21E} \approx \frac{I_{CO}}{A_F + K} \frac{e^{\frac{U_{BE,A}}{U_T}}}{U_T} \tag{7.3/30}$$

$$y_{12E} \approx 0 \tag{7.3/31}$$

$$y_{21E} \approx \frac{A_F}{U_T} I_{SE} e^{\frac{U_{BE,A}}{U_T}} = \frac{A_F}{1 - A_F} y_{11E} = B_F \, y_{11E} \tag{7.3/32}$$

$$y_{22E} \approx 0 . \tag{7.3/33}$$

Durch den Basisbahnwiderstand und den Early-Effekt ergeben sich beim realen Transistor allerdings Abweichungen von diesen Ergebnissen. Die Leitwertparameter sind bei tiefen Frequenzen reell. Bei höheren Frequenzen sind sie jedoch komplex und können daher nicht aus den Strom-Spannungs-Beziehungen oder aus den Kennlinien ermittelt werden.

Für den Sonderfall sinusförmiger Kleinsignalgrößen u und i ist die komplexe Schreibweise möglich. Für ein allgemeines Zweitor (Abb. 7.3/24) lauten die Kleinsignalgleichungen dann

$$I_1 = y_{11} U_1 + y_{12} U_2 \tag{7.3/34}$$

$$I_2 = y_{21} U_1 + y_{22} U_2 . \tag{7.3/35}$$

Die Kleinsignalgleichungen sind außer als Leitwertgleichungen auch in anderen Formen darstellbar. Es ist jederzeit möglich, Parameter einer Darstellung in Parameter einer anderen Darstellung umzurechnen (s. Kap. 9.1).

7.3.5.2 Kleinsignalersatzbilder. Zur besseren Veranschaulichung der Vierpoleigenschaften stellt man Ersatzbilder auf, die passive Elemente und gesteuerte Strom und Spannungsquellen enthalten.

Die getrennte Interpretation der Leitwertgleichungen Gl. (7.3/34 und 35) liefert das Ersatzbild mit 2 gesteuerten Stromquellen Abb. 7.3/25.

Für den Normalbetrieb eines Transistors in Emitterschaltung ergibt sich aus Gl. (7.3/28 bis 33) das vereinfachte Kleinsignalersatzbild nach Abb. 7.3/26.

Die Kleinsignalgleichungen in anderen Darstellungsformen lassen sich in entsprechender Weise in Ersatzbildern veranschaulichen.

Abb. 7.3/24. Allgemeines Zweitor mit Zählpfeilen für I und U

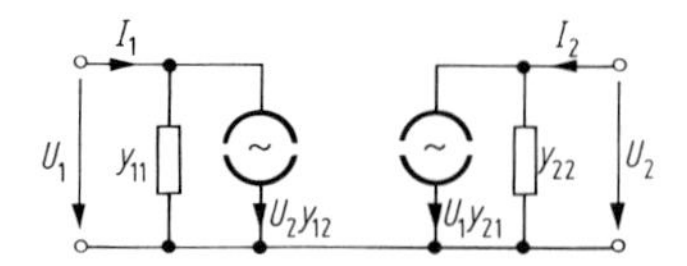

Abb. 7.3/25. Kleinsignalersatzbild des Transistors aus den Leitwertgleichungen

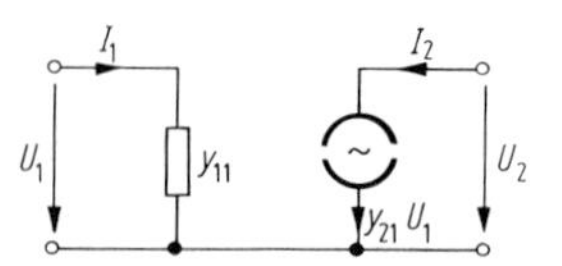

Abb. 7.3/26. Vereinfachtes Kleinsignalersatzbild des Transistors ($y_{12E} = y_{22E} = 0$)

7.3.6 Übertragungseigenschaften einstufiger Transistorschaltungen

7.3.6.1 Übertragungsfaktoren. Übertragungsfaktoren sind nur für sinusförmige Zeitfunktionen definiert. Das Verhältnis einer Ausgangsgröße S_2 eines Zweitors zu einer Eingangsgröße S_1 wird (komplexer) Übertragungsfaktor genannt

$$A = S_2/S_1.$$

S_2 und S_1 können gleichartige oder ungleichartige Größen sein. Die Übertragungsfaktoren gleichartiger elektrischer Größen sind

$A_u = U_2/U_1$ Spannungsübertragungsfaktor

$A_i = I_2/I_1$ Stromübertragungsfaktor

$G = P_2/P_1$ Leistungsübertragungsfaktor.

Die Übertragungsfaktoren ungleichartiger Größen sind

$A_z = U_2/I_1$ Übertragungsimpedanz

$A_y = I_2/U_1$ Übertragungsleitwert.

Die Betriebsübertragungsfaktoren kennzeichnen die Übertragungseigenschaften des beschalteten Zweitors (s. Abb. 7.3/27)

$A_u = U_2/(U_0/2)$ Betriebs-Spannungsübertragungsfaktor

$A_i = I_2/(I_k/2)$ Betriebs-Stromübertragungsfaktor

mit

$$I_k = U_0/Z_0$$

$G = P_2/P_1 = -\dfrac{\mathrm{Re}(U_2 I_2^*)}{\mathrm{Re}(U_1 I_1^*)}$ tatsächliche Leistungsverstärkung

$G_A = P_{2\mathrm{v\,max}}/P_{1\mathrm{V}}$ maximal verfügbare Leistungsverstärkung

mit

$P_{2\mathrm{v\,max}}$ maximal verfügbare Ausgangsleistung (Ausgang und Eingang angepaßt)

$P_{1\mathrm{v}}$ verfügbare Leistung der Signalquelle.

7.3.6.2 Grundschaltungen. Durch Umformen folgen aus Gl. (7.3/28 u. 29) die Kleinsignalgleichungen (in Hybridform) des Transistors in Emitterschaltung

$$u_{BE} = h_{11E} i_B + h_{12E} u_{CE} \quad (7.3/36)$$

$$i_C = h_{21E} i_B + h_{22E} u_{CE}. \quad (7.3/37)$$

Darin sind

$$h_{11E} = \left.\frac{\partial U_{BE}}{\partial I_B}\right|_{U_{CE,A}} = r_{BE} \qquad \text{Eingangswiderstand}$$

$$h_{12E} = \left.\frac{\partial U_{BE}}{\partial U_{CE}}\right|_{I_{B,A}} \qquad \text{Spannungsrückwirkung}$$

$$h_{21E} = \left.\frac{\partial I_C}{\partial I_B}\right|_{U_{CE,A}} = \beta \qquad \text{Stromübertragungsfaktor}$$

$$h_{22E} = \left.\frac{\partial I_C}{\partial U_{CE}}\right|_{I_{B,A}} = 1/r_{CE} \qquad \text{Ausgangsleitwert.}$$

Der Index „A" kennzeichnet den Arbeitspunkt.

Der Zahlenwert für β unterscheidet sich im allgemeinen nur geringfügig von dem des Gleichstromübertragungsfaktors $B_F = A_F/(1 - A_F)$.

Da die Spannungsrückwirkung h_{12E} Werte zwischen 10^{-3} und 10^{-6} annimmt, kann ihr Einfluß bei den folgenden Betrachtungen vernachlässigt werden.

Gl. (7.3/30) entnimmt man mit $A_F + K = \frac{A_F}{A_R}\frac{1 - A_F A_R}{1 - A_F}$ und Gl. (7.3/6 und 17)

$$r_{BE} = 1/y_{11E} \approx \frac{U_T}{(1 - A_F) I_{SE}} \, e^{\frac{-U_{BE,A}}{U_T}} = \frac{U_T(A_F + K)}{I_{CO}} \, e^{\frac{-U_{BE,A}}{U_T}} \approx \frac{U_T}{I_{B,A}} .$$

Für Basisströme zwischen 100 nA und 1 mA ergeben sich Eingangswiderstände zwischen 300 kΩ und 30 Ω.

Der Ausgangswiderstand r_{CE} nimmt mit wachsendem Kollektorstrom ab, ist jedoch für $U_{CE} \gg U_{BE}$ nahezu unabhängig von U_{CE}. Typisch für Kleinsignaltransistoren sind Werte für r_{CE} zwischen 5 kΩ und 500 kΩ.

Mit $h_{12E} \approx 0$ erhält man vereinfachte Kleinsignalgleichungen [s. Gl. (7.3/36 und 7.3/37)]

$$u_{BE} = r_{BE} i_B$$

$$i_C = \beta i_B + \frac{1}{r_{CE}} u_{CE} .$$

In Abb. 7.3/28 ist das zugehörige Kleinsignalersatzbild dargestellt.

Es gibt verschiedene Möglichkeiten, einen Transistor zu betreiben. Man unterscheidet Emitter-, Kollektor- und Basisschaltung je nachdem, ob der Emitter, der Kollektor oder die Basis auf konstantem Potential gehalten werden bzw. an die Verbindung zwischen Eingangs- und Ausgangstor angeschlossen sind.

Emitterschaltung

Für die Emitterschaltung (Abb. 7.3/29) erhält man den Spannungsübertragungsfaktor

$$A_u = \frac{u_2}{u_1} = -\frac{\beta}{r_{BE}} \frac{r_{CE} R_C}{r_{CE} + R_C} .$$

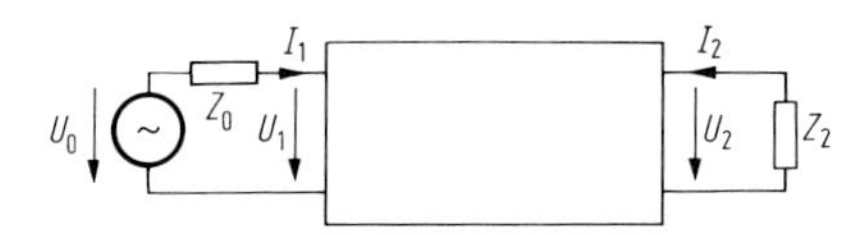

Abb. 7.3/27. Beschaltetes Zweitor

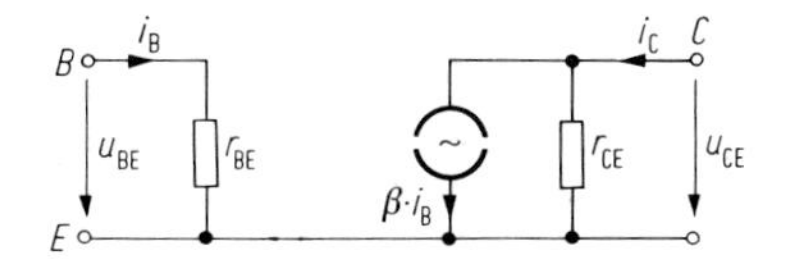

Abb. 7.3/28. Vereinfachtes Kleinsignalersatzbild eines Transistors in Emitterschaltung

Wenn die Bedingung $R_C \ll r_{CE}$ erfüllt ist, kann man mit $r_{BE} \approx U_T/I_{B,A}$ und $\beta \approx B_F$ dafür schreiben

$$A_u \approx -\beta \frac{R_C}{r_{BE}} \approx -\beta \frac{R_C I_{B,A}}{U_T} \approx -\frac{\beta}{B_F}\frac{R_C I_{C,A}}{U_T} \approx -\frac{R_C I_{C,A}}{U_T}. \tag{7.3/38}$$

Man erkennt daraus, daß der Spannungsübertragungsfaktor vom Spannungsabfall an R_C im Arbeitspunkt abhängt.

Der Eingangswiderstand der Emitterschaltung ist

$$r_1 = r_{BE}$$

und der Ausgangswiderstand errechnet sich bei konstanter Eingangsspannung zu

$$r_2 = R_C r_{CE}/(R_C + r_{CE}).$$

Kollektorschaltung

Bei der Kollektorschaltung liegt der Kollektor auf konstantem Potential (Abb. 7.3/30). Der Spannungsübertragungsfaktor

$$A_u = \frac{u_2}{u_1} \approx \frac{1}{1 + \frac{r_{BE}}{\beta}\left(\frac{1}{r_{CE}} + \frac{1}{R_E}\right)}$$

ist mit $\beta > 1$ immer kleiner als 1, und für $r_{BE}/\beta \ll r_{CE} R_E/(r_{CE} + R_E)$ gilt die Näherung

$$A_u \approx 1 - \frac{r_{BE}}{\beta}\left(\frac{1}{r_{CE}} + \frac{1}{R_E}\right).$$

Der Eingangswiderstand

$$r_1 = r_{BE} + \beta \frac{r_{CE} R_E}{r_{CE} + R_C}$$

ist wesentlich größer als bei der Emitterschaltung.

Für den Ausgangsleitwert $1/r_2$ errechnet man

$$\frac{1}{r_2} = \frac{1}{r_{CE}} + \frac{1}{R_E} + \frac{\beta}{r_{BE} + R_0}.$$

R_0 ist der Quelleninnenwiderstand, der in Serie mit r_{BE} liegt.

Der Ausgangswiderstand r_2 ist wesentlich kleiner als bei der Emitterschaltung, weil der Leitwert $\beta/(r_{BE} + R_0)$ überwiegt.

Basisschaltung

Der Spannungsübertragungsfaktor der Basisschaltung (Abb. 7.3/31) ist

$$A_u = \frac{\beta/r_{BE} + 1/r_{CE}}{1/r_{CE} + 1/R_C} \approx \frac{\beta}{r_{BE}}\frac{r_{CE} R_C}{r_{CE} + R_C}, \quad \text{da} \quad r_{CE} \gg r_{BE}/\beta$$

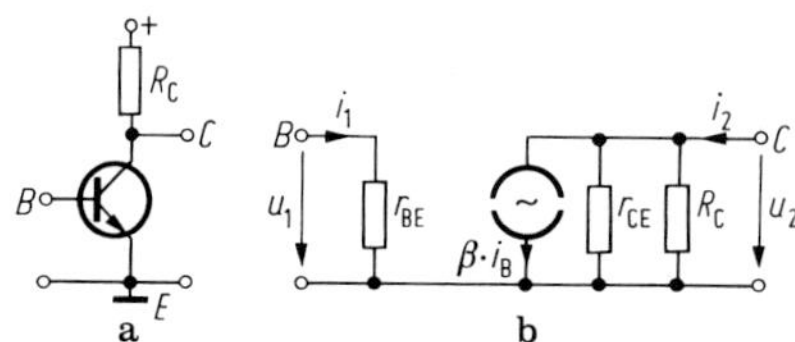

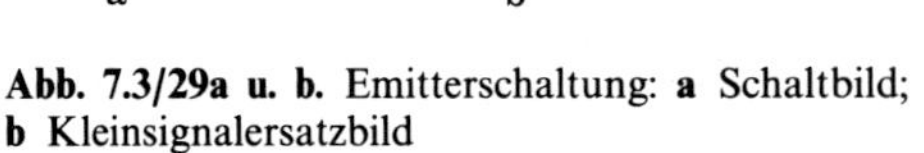
Abb. 7.3/29a u. b. Emitterschaltung: **a** Schaltbild; **b** Kleinsignalersatzbild

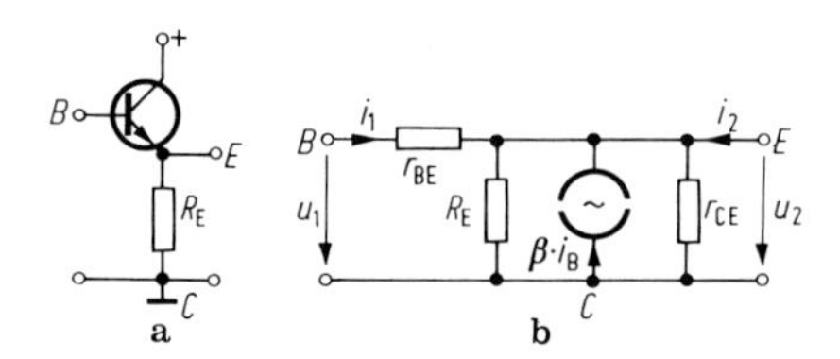

Abb. 7.3/30a u. b. Kollektorschaltung: **a** Schaltbild; **b** Kleinsignalersatzbild

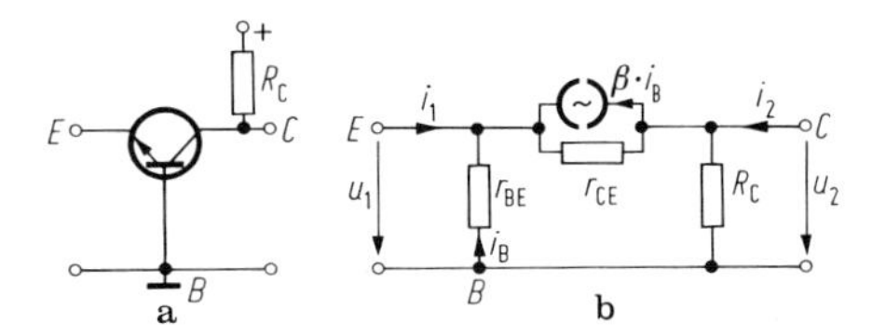

Abb. 7.3/31a u. b. Basisschaltung: **a** Schaltbild; **b** Kleinsignalersatzbild

also dem Betrage nach etwa gleich dem Spannungsübertragungsfaktor der Emitterschaltung, wobei aber hier Ausgangsspannung und Eingangsspannung gleichphasig sind (Umpolung von B und E am Eingang gegenüber Abb. 7.3/29).

Der Eingangswiderstand ist mit $r_{CE} \gg R_C$ und $\beta r_{CE} \gg r_{BE}$

$$r_1 = \frac{(r_{CE} + R_C) r_{BE}}{r_{BE} + (1 + \beta) r_{CE} + R_C} \approx \frac{r_{BE}}{\beta}\left(1 + \frac{R_C}{r_{CE}}\right) \approx r_{BE}/\beta$$

um den Faktor $1/\beta$ niedriger als bei der Emitterschaltung.

Für konstante Eingangsspannung ist der Ausgangswiderstand wie bei der Emitterschaltung

$$r_2 = R_C r_{CE}/(R_C + r_{CE}).$$

7.3.7 Temperaturabhängigkeit und Temperaturstabilisierung bipolarer Transistoren

Die Temperatur beeinflußt das Betriebsverhalten von Transistorschaltungen wesentlich stärker als das von Röhrenschaltungen. Eine Änderung der Temperatur hat eine Änderung sowohl der statischen Größen als auch der dynamischen Kleinsignalparameter zur Folge.

7.3.7.1 Temperatureinflüsse. Für einen Transistor im Normalbetrieb gilt mit $U_{CE} \gg U_T \ln K$ und $U_{CE} \gg U_{BE}$ entsprechend Gl. (7.3/22) mit $B_F = A_F/(1 - A_F)$

$$I_C \approx B_F I_B + (1 + B_F) I_{CO}. \qquad (7.3/39)$$

Darin sind B_F, I_B und I_{CO} temperaturabhängige Größen.

Abbildung 7.3/32 zeigt als Beispiel den typischen Verlauf von $B_F = B_F(I_C)$ für $U_{CE} = \text{const}$ mit der Temperatur als Parameter im Vergleich zu A_F in Abb. 7.3/20. Man erkennt, daß mit größer werdendem I_C die Änderung des Stromübertragungsfaktors B_F mit der Temperatur kleiner wird.

Der Kollektorreststrom I_{CO} wird ausschließlich von der Summe aller verfügbaren Minoritätsträger des Kollektor-p-n-Übergangs gebildet. Er wächst exponentiell mit

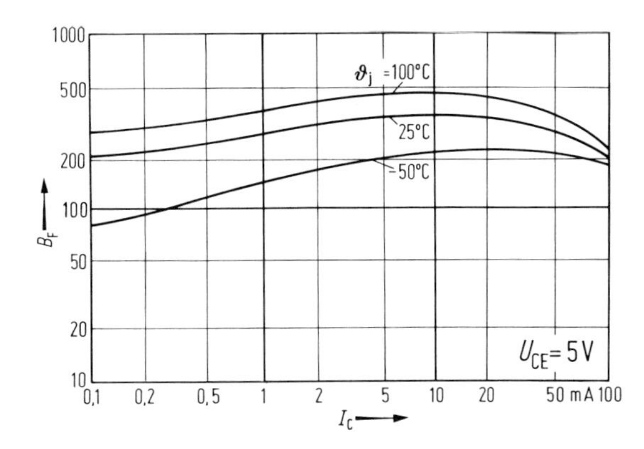

Abb. 7.3/32. Abhängigkeit des Stromübertragungsfaktors B_F vom Kollektorstrom I_C mit der Sperrschichttemperatur ϑ_j als Parameter

der Temperatur an. Näherungsweise gilt die Beziehung

$$I_{CO}(T) \approx I_{CO}(T_0)\,e^{c(T-T_0)} \tag{7.3/40}$$

mit

$$c = \begin{cases} 0{,}09/\mathrm{K} & \text{für Germanium} \\ 0{,}14/\mathrm{K} & \text{für Silizium.} \end{cases}$$

Bei Silizium steigt I_{CO} stärker mit der Temperatur an als bei Germanium. Dagegen ist bei Raumtemperatur der Kollektorreststrom von Germaniumtransistoren etwa um den Faktor 10^4 größer als bei Siliziumtransistoren.

Die Eingangskennlinien werden für $U_{CE} \gg U_T \ln K$ und $U_{BE} \gg U_T \ln(1+K)$ durch die Gleichung [s. Gl. (7.3/19)] beschrieben

$$I_B \approx \frac{I_{CO}(T)}{A_F(T)+K(T)}\,e^{\frac{U_{BE}}{U_T}} = A(T)I_{CO}(T)\,e^{\frac{U_{BE}}{U_T}}\,. \tag{7.3/41}$$

Um den Einfluß der Stromverstärkungen $B_F(T) = A_F/(1-A_F)$ und $B_R(T) = A_R/(1-A_R)$ auf den Basisstrom zu untersuchen, wird $A(T)$ in eine Reihe entwickelt

$$A(T) = A(T_0)\left(1 - \left(\alpha_{BF}\frac{A_F^2}{B_F} + \frac{B_F}{B_R}(\alpha_{BF}-\alpha_{BR})\right)\Delta T + \ldots\right).$$

Da $\alpha_{BF} = (1/B_F)(dB_F/\mathrm{d}T) = (1/B_R)(\mathrm{d}B_R/\mathrm{d}T)$ gilt, erhält man

$$\alpha_A(T_0) = (1/A)(\mathrm{d}A/\mathrm{d}T)\,|\,\alpha_{T_0} = \alpha_{BF}(T_0)\,\frac{A_F^2}{B_F(A_F+K)}\,.$$

Für Zahlenwerte $\alpha_{B_F} = 1$ bis $10\cdot 10^{-3}/\mathrm{K}$ und $B_F \gg 1$ gilt $\alpha_A(T_0) \ll \alpha_{I_{CO}} = c$, so daß der Temperatureinfluß der Stromverstärkungen auf I_B vernachlässigt werden kann.

Dann erhält man aus Gl. (7.3/41) mit Gl. (7.3/40)

$$I_B \approx \frac{I_{CO}(T_0)}{A_F+K}\,e^{\left(c(T-T_0)+\frac{U_{BE}}{U_T}\right)}. \tag{7.3/42}$$

Mit den Zahlenwerten aus Abschn. 7.3.4.1 sind in Abb. 7.3/33 Eingangskennlinien $I_B = I_B(U_{BE})$ mit $\vartheta/°\mathrm{C} = T/\mathrm{K} - 273$ als Parameter dargestellt.

Löst man Gl. (7.3/42) nach U_{BE} auf

$$U_{BE} \approx U_T\left(\ln\left\{\frac{I_B}{I_{CO}}(A_F+K)\right\} - c(T-T_0)\right),$$

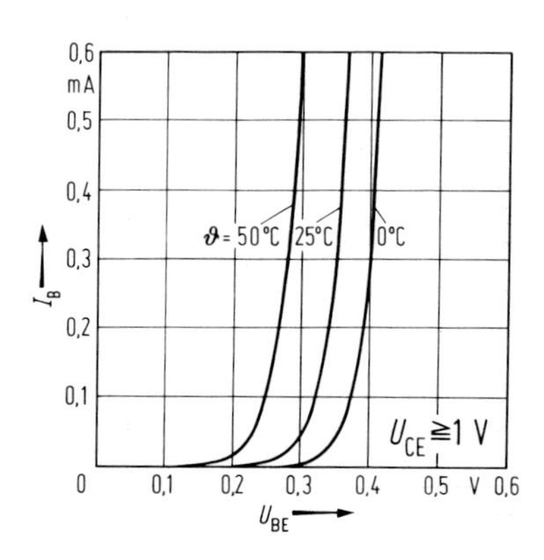

Abb. 7.3/33. Eingangskennlinien $I_B = f(U_{BE})$ in Abhängigkeit von der Temperatur

so erhält man durch Differenzieren für $I_B = \text{const}$

$$\left.\frac{dU_{BE}}{dT}\right|_{I_B=\text{const}} = \frac{U_T}{T_0}\left(\ln\frac{I_B}{I_{CO}}(A_F + K) - cT_0\right)$$

und daraus

$$\left.\frac{dU_{BE}}{dT}\right|_{I_B=\text{const}} \approx \frac{U_{BE}(T_0)}{T_0} - cU_T(T_0). \qquad (7.3/43)$$

Für Basisströme zwischen 1 mA und 100 nA ergeben sich Temperaturdriften der Basis-Emitter-Spannung von

$$\frac{dU_{BE}}{dT} \approx -(2{,}3 \text{ bis } 3{,}1)\,\text{mV/K}.$$

Der Temperaturkoeffizient des Kollektorstroms folgt aus Gl. (7.3/39) für $B_F \gg 1$ und $I_B \gg I_{CO}$ unter Verwendung von Gl. (7.3/43) und (7.3/42)

$$\alpha_{I_c} = \left.\frac{1}{I_C}\frac{dI_C}{dT}\right|_{U_{BE}=\text{const}} \approx \alpha_{B_F} - \frac{1}{U_T}\frac{dU_{BE}}{dT} + c\,\frac{I_{CO}(T_0)}{I_B(T_0)}.$$

Mit $\alpha_{BF} = 5\cdot 10^{-3}$ und $1\,\text{mA} \geq I_B \geq 100\,\text{nA}$ folgt

$$\alpha_{I_c} = (0{,}094 \text{ bis } 0{,}125)/\text{K}.$$

Man erkennt, daß sich der Kollektorstrom bei einer Temperaturerhöhung von 10 °C etwa verdoppelt.

Die Temperaturkoeffizienten der Kleinsignalparameter ergeben sich aus Gl. (7.3/30) und (7.3/32) zu

$$\left.\frac{1}{y_{11E}}\frac{dy_{11E}}{dT}\right|_{I_B=\text{const}} \approx -\frac{1}{U_T}\frac{dU_T}{dT} = -\frac{1}{T}$$

und

$$\left.\frac{1}{y_{21E}}\frac{dy_{21E}}{dT}\right|_{I_B=\text{const}} \approx \alpha_{BF} - \frac{1}{U_T}\frac{dU_T}{dT} = \alpha_{BF} - \frac{1}{T}.$$

Der Eingangswiderstand erniedrigt sich bei einer Temperaturerhöhung um 10 °C auf die Hälfte, während sich die Steilheit etwa verdoppelt.

7.3.7.2 Stabilisierungsmaßnahmen. Da die Übertragungseigenschaften von Transistorverstärkern vom Arbeitspunkt abhängen, ist es notwendig, den Arbeitspunkt gegen Temperatureinflüsse zu stabilisieren.

Eine Möglichkeit hierzu zeigt Abb. 7.3/34. Der Basisstrom wird über eine hochohmige Stromquelle erzeugt

$$I_{B,A} = \frac{U_B - U_{BE,A}}{R_1},$$

so daß sich eine Temperaturänderung nur wenig auswirkt. Der Temperaturkoeffizient des Basisstroms ist

$$\alpha_{I_B} = \frac{\partial I_B}{dT}\frac{1}{I_B} = -\frac{1}{I_{B,A}R_1}\frac{dU_{BE}}{dT} \approx -\frac{1}{U_B}\frac{dU_{BE}}{dT}.$$

Er liegt bei üblichen Schaltungen in der Größenordnung $(10^{-3}$ bis $10^{-4})/\text{K}$, so daß er im allgemeinen kleiner als der Temperaturkoeffizient des Stromübertragungsfaktors B_F ist.

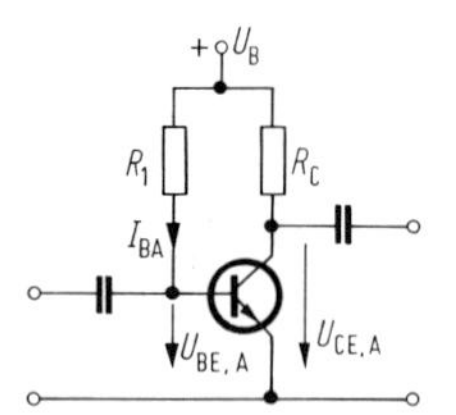

Abb. 7.3/34. Temperaturstabilisierung durch eingeprägten Basisstrom I_{BA}

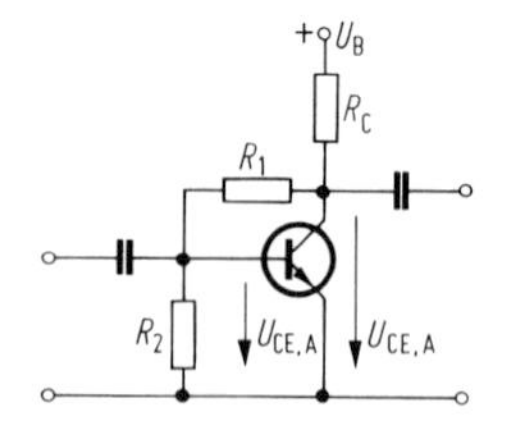

Abb. 7.3/35. Temperaturstabilisierung durch Gleichspannungsgegenkopplung über R_1 und R_2

Eine Verbesserung der Drifteigenschaften wird auch durch Gleichspannungsgegenkopplung erreicht; Abb. 7.3/35. Für

$$U_{CE,A}/(R_1 + R_2) \gg I_{B,A}$$

beträgt der Spannungsübertragungsfaktor der Driftspannungen

$$A_u = \frac{\Delta U_{BE,A}}{\Delta U_{CE,A}} \approx -(1 + R_1/R_2).$$

Wählt man $R_2 \gg R_1$, so ist die Temperaturdrift der Kollektorspannung nicht größer als die der Basis-Emitter-Spannung, während der Spannungsübertragungsfaktor der Kleinsignalspannungen mit $\beta R_2 \gg r_{BE}$

$$A_u = \frac{u_C}{u_{BE}} \approx -\frac{\beta}{r_{BE}} \frac{1}{1/R_1 + 1/R_C + 1/r_{CE}}$$

wesentlich größer als 1 sein kann.

Bei der Stromgegenkopplung (Abb. 7.3/36) wirkt der Emitterwiderstand R_E der Temperaturdrift entgegen, da der Spannungsabfall des Kollektorstroms an R_E die Basis-Emitter-Spannung erniedrigt.

Will man verhindern, daß der Spannungsübertragungsfaktor für die Kleinsignalgrößen in gleichem Maß herabgesetzt wird, muß R_E kapazitiv überbrückt werden. Dann ist auch der Spannungsübertragungsfaktor für die Driftspannungen mit $U_B/(R_1 + R_2) \gg I_{B,A}$

$$A_u = \frac{U_C}{U_{BE,A}} \approx -R_C/R_E$$

wesentlich kleiner als für die Kleinsignalgrößen

$$A_u = \frac{u_C}{u_{BE}} \approx -\frac{\beta}{r_{BE}} \frac{r_{CE} R_C}{r_{CE} + R_C}.$$

Da der Spannungsübertragungsfaktor für die Emitterschaltung entsprechend Gl. (7.3/38) proportional dem Spannungsabfall an R_C ist, muß die Betriebsspannung um den Spannungsabfall an R_E erhöht werden.

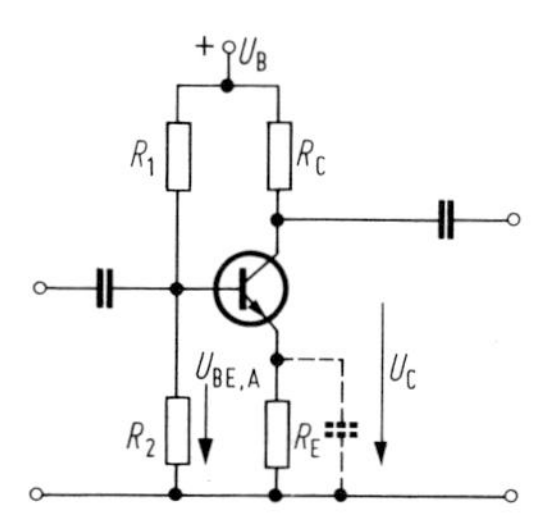

Abb. 7.3/36. Temperaturstabilisierung durch Gleichstromgegenkopplung über R_E

7.3.8 Bipolare Transistoren bei höheren Frequenzen

Aus dem Großsignalersatzbild des Transistors im Normalbetrieb, Abb. 7.3/13, gewinnt man ein Wechselstrom-Kleinsignalersatzbild des Transistors, indem man die p-n-Übergänge durch ihre differentiellen Kleinsignalersatzbilder ersetzt, siehe Abb. 7.3/37.

Dieses Kleinsignalersatzbild gilt auch für höhere Frequenzen, wenn man die Sperrschichtkapazität der in Sperrichtung betriebenen Kollektordiode durch c_{CS} und die Diffusionskapazität der in Durchlaßrichtung betriebenen Emitterdiode durch c_{ED} berücksichtigt. In dem Ersatzbild Abb. 7.3/37 ist jedoch der Wert des Stromübertragungsfaktors $\alpha = \alpha_f$ frequenzabhängig.

7.3.8.1 Frequenzabhängigkeit des Stromübertragungsfaktors α und Grenzfrequenz f_α. Bei hohen Frequenzen sinkt der Stromübertragungsfaktor α infolge der Laufzeit der Träger im Basisraum ab. Berechnungen [45] zeigen, daß sich dafür als elektrisches Ersatzbild ein Kettenleiter ergibt, der durch ein RC-Glied nach Abb. 7.3/38 grob angenähert werden kann.

Daraus folgt

$$\alpha = \frac{\alpha_0}{1 + j\omega CR} = \frac{\alpha_0}{1 + j\dfrac{f}{f_\alpha}} . \qquad (7.3/44)$$

Abbildung 7.3/39 zeigt die Ortskurve des Stromübertragungsfaktors α. Außerdem wurde eine gemessene Kurve gestrichelt eingetragen. Man sieht, daß die Näherung bis etwa f_α brauchbare Ergebnisse liefert.

Der Stromübertragungsfaktor ist definiert als

$$\alpha = -\left.\frac{I_C}{I_E}\right|_{U_{CE}=0} = -h_{21B} = -\frac{y_{21B}}{y_{11B}} . \qquad (7.3/45)$$

Mit der Näherung aus Gl. (7.3/44) erhält man die Definition der Grenzfrequenz f_α aus der Bedingung

$$|\alpha_{f=f_\alpha}| = \alpha_0/\sqrt{2}$$

7.3.8.2 Ersatzschaltbild nach Giacoletto. Ein bis zu Frequenzen $f = f_\alpha/2$ gültiges Π-Ersatzschaltbild des äußeren Transistors nach Giacoletto [46] ist in Abb. 7.3/40 dargestellt. Die Ersatzelemente sind frequenzunabhängig, jedoch abhängig von den Größen des Arbeitspunktes. Die Kapazitäten der Basis-Emitter-Diode $c_{B'E}$ und der Basis-Kollektor-Diode $c_{B'C}$ sind jeweils die Summe aus der Sperrschichtkapazität und der Diffusionskapazität. Im Normalbetrieb ist in der Basis-Emitter-Diode hauptsächlich die Diffusionskapazität wirksam, die etwa proportional dem Kollektorstrom im Arbeitspunkt ist. In der Kollektordiode überwiegt der Einfluß der Sperrschicht-

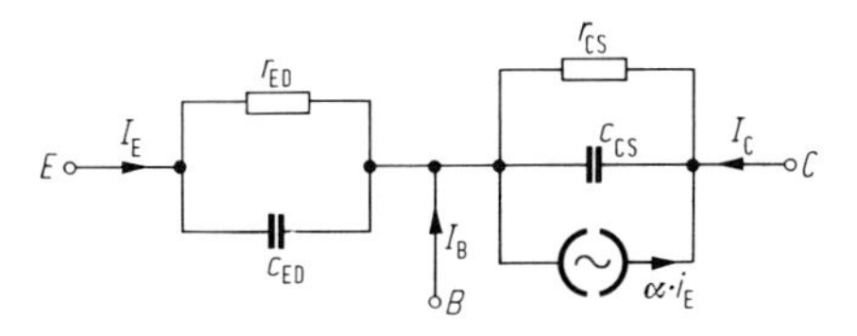

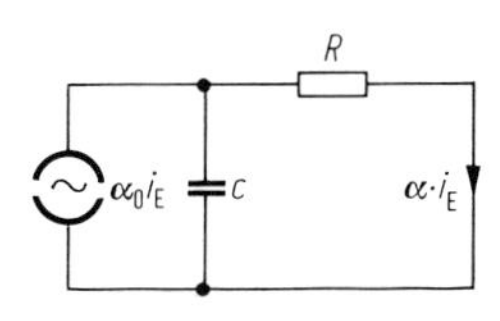

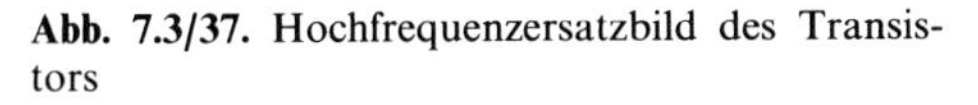

Abb. 7.3/37. Hochfrequenzersatzbild des Transistors

Abb. 7.3/38. Näherungs-Ersatzbild für die Laufzeitwirkung

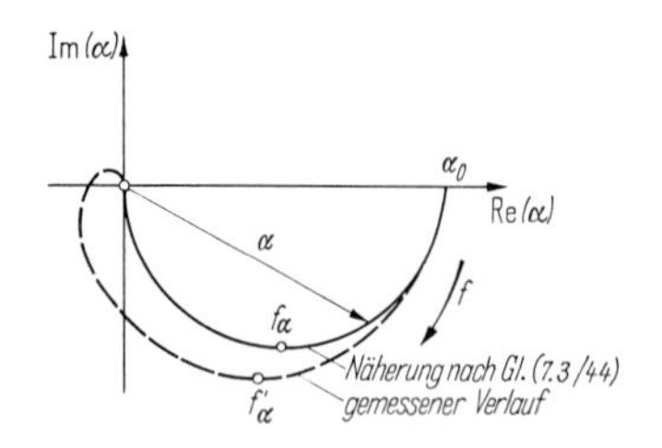

Abb. 7.3/39. Ortskurve des Stromübertragungsfaktors α

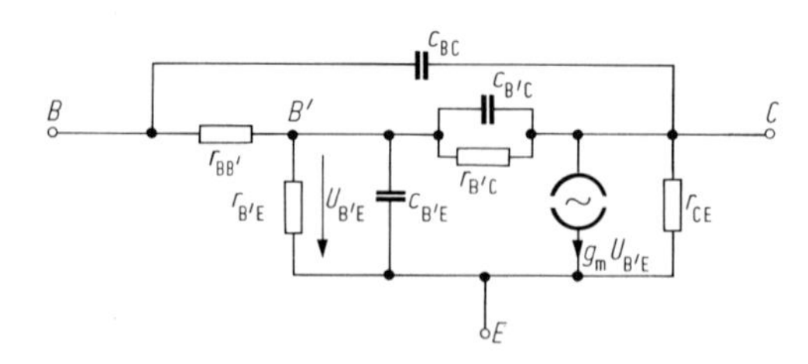

Abb. 7.3/40. Kleinsignalersatzbild nach Giacoletto

kapazität, die proportional $1/\sqrt{U_{CB}}$ mit wachsender Basis/Kollektor-Spannung kleiner wird. Die Widerstände $r_{B'E}$, $r_{B'C}$ und r_{CE} sind proportional $1/I_C$. Der Kleinsignal-Stromübertragungsfaktor $\beta = r_{B'E}\, g_m$ hat in Abhängigkeit vom Kollektorstrom den prinzipiell gleichen Verlauf wie B_F (s. Abb. 7.3/32).

Für tiefe Frequenzen $\omega \ll 1/r_{B'E}c_{B'E}$ und $\omega \ll 1/r_{B'C}c_{B'C}$ erhält man aus Abb. 7.3/40 das Gleichstrom-Kleinsignalersatzbild Abb. 7.3/41, das für $r_{B'C} = 0$ und $r_{BB'} \ll r_{B'E}$ mit dem Ersatzbild Abb. 7.3/28 übereinstimmt.

Bei hohen Frequenzen $\omega \gg 1/r_{B'E}c_{B'E}$ und $\omega \gg 1/r_{B'C}c_{B'C}$ können die Widerstände $r_{B'E}$ und $r_{B'C}$ vernachlässigt werden, so daß sich das Hochfrequenzersatzbild Abb. 7.3/42 ergibt.

Je nach Größe der Ersatzelemente können vereinfachte Ersatzbilder für bestimmte Frequenzbereiche angegeben werden.

7.3.8.3 Grenzfrequenzen f_β und Beziehung zu f_α. Der Kurzschlußstromübertragungsfaktor β der Emitterschaltung ist definiert als

$$\beta = \left.\frac{I_C}{I_B}\right|_{U_{CE}=0} = h_{21E} = \frac{y_{21E}}{y_{11E}}\,.$$

Da mit Gl. (7.3/16) und (7.3/45) gilt

$$I_B = -\,I_C - I_E = -\,I_C - \frac{I_E}{I_C}\,I_C = I_C(1/\alpha - 1)$$

erhält man

$$\beta = \frac{I_C}{I_B} = \frac{\alpha}{1-\alpha}$$

und mit der Näherung der Gl. (7.3/44)

$$\beta = \frac{\alpha_0}{1-\alpha_0}\,\frac{1}{1 + \mathrm{j}\,\dfrac{f}{f_\alpha(1-\alpha_0)}} = \frac{\beta_0}{1 + \mathrm{j}\,\dfrac{f}{f_\beta}}\,. \qquad (7.3/46)$$

f_β ist also um den Faktor $1 - \alpha_0$ kleiner als f_α!

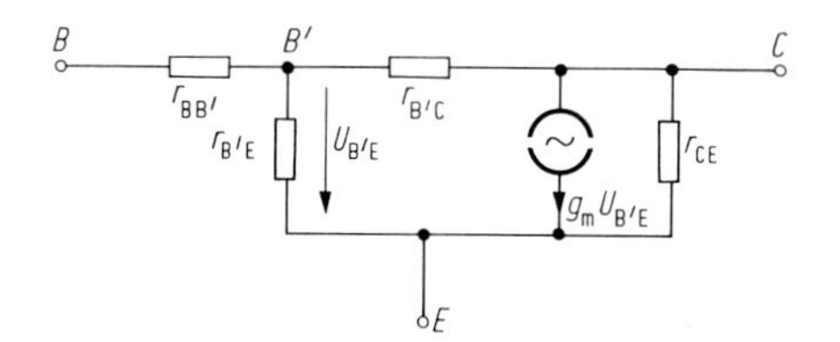

Abb. 7.3/41. Giacoletto-Ersatzbild für tiefe Frequenzen

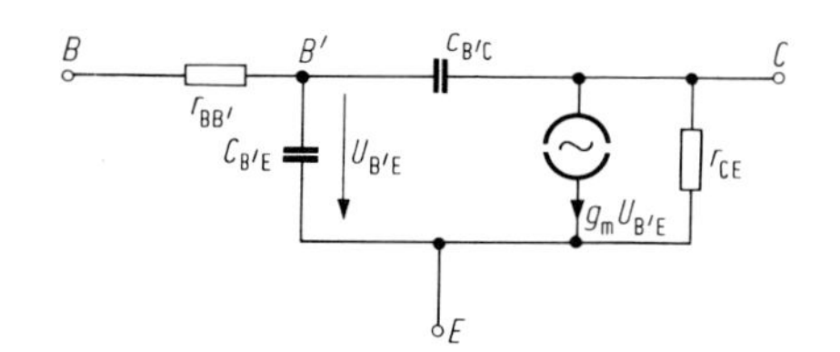

Abb. 7.3/42. Giacoletto-Ersatzbild für hohe Frequenzen

Für $f = f_\beta$ gilt analog zu Abschn. 7.3.8.1 die Definition

$$|\beta_{f=f_\beta}| = \beta_0/\sqrt{2}\,.$$

In Abb. 7.3/43 sind die Frequenzverläufe von $|\alpha|$ und $|\beta|$ für einen Transistor dargestellt, für den $\alpha_0 = 1 - 3\cdot 10^{-3}$ ist. Damit wird $\beta_0 \approx 3{,}3\cdot 10^2$, aber $f_\beta = 3\cdot 10^{-3} f_\alpha \approx 600$ Hz.

7.3.8.4 Transitfrequenz f_T. Man bezeichnet mit Transitfrequenz f_T diejenige Frequenz, bei der der Betrag des Stromübertragungsfaktors β den Wert 1 erreicht

$$|\beta|_{f=f_T} = 1$$

Dies ist die Frequenz, bei der der Ladungstransport über die Basis die gleiche Zeit benötigt wie die halbe Signalperiode. Um diesen Transport zu beschleunigen, wurde ein starker Dotierungsgradient über die Basisstrecke vorgesehen, so daß das daraus resultierende elektrische Feld die Minoritätsträger der Basis nicht mehr zum Kollektor diffundieren, sondern driften läßt. Hiermit kann die Betriebsfrequenz der Transistoren stark erhöht werden. Dieser Transistor trägt den Namen „Drifttransistor".

Aus Gl. (7.3/46) erhält man daraus

$$|\beta| = 1 = \frac{\beta_0}{\sqrt{1 + \dfrac{f_T^2}{f_\beta^2}}}$$

und damit

$$f_T = f_\beta \sqrt{\beta_0^2 - 1}\,.$$

Mit $\beta_0 \gg 1$ gilt der Zusammenhang

$$f_T \approx f_\beta \beta_0 \approx f_\alpha\,.$$

Die Transitfrequenz f_T ist nur wenig kleiner als f_α.

7.3.8.5 Maximale Schwingfrequenz f_{max}. Ein Transistor kann bis zu einer maximalen Schwingfrequenz $f_{max} \gg f_T$ als aktives Element in Oszillatorschaltungen eingesetzt werden. f_{max} ist durch die Gleichung (s. Abschn. 7.3.7.1) definiert

$$A_{pv\,max}|_{f_{max}} = 2P_{2v\,max}/P_{1v}|_{f_{max}} = 1\,.$$

Ersetzt man die Zeitfunktionen der elektrischen Größen durch ihre komplexen Amplituden, so ist die im Lastleitwert (s. Abb. 7.3/44) umgesetzte Wirkleistung

$$P_2 = -\tfrac{1}{2}\,\mathrm{Re}(U_{CE}^* I_C)\,.$$

Bei Leistungsanpassung am Ausgang gilt $Y_L = Y_a^*$, und mit

$$I_C = -U_{CE} Y_L = -U_{CE} Y_a^*$$

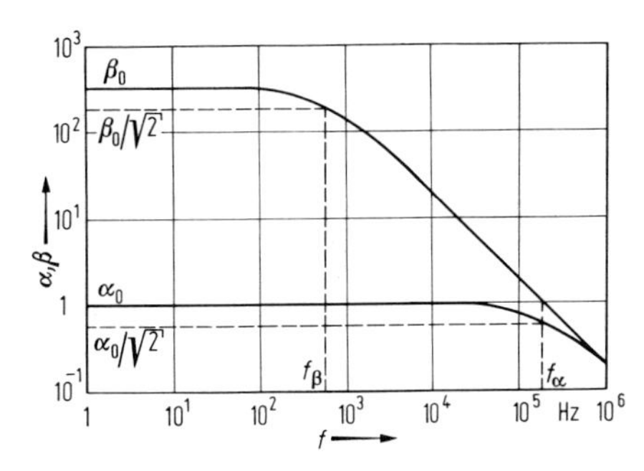

Abb. 7.3/43. Frequenzverlauf der Stromübertragungsfaktoren α und β für einen Transistor mit der Grenzfrequenz $f_\alpha \approx 200$ kHz und $\alpha_0 = 1 - 3\cdot 10^{-3}$

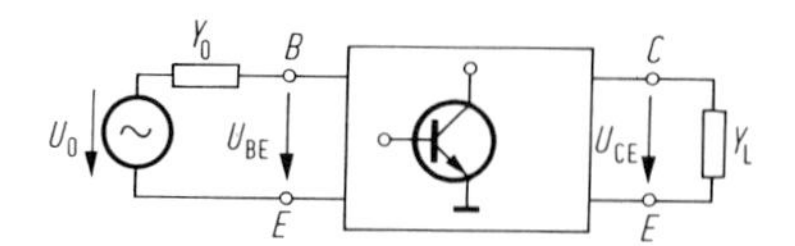

Abb. 7.3/44. Beschaltetes Zweitor (zur Berechnung der maximalen Schwingfrequenz f_{max})

folgt

$$P_{2v\,max} = \tfrac{1}{2}\,\mathrm{Re}(U_{CE}^{*}U_{CE}Y_{a}^{*}) = \tfrac{1}{2}\,|U_{CE}|^2\,\mathrm{Re}(Y_a)\,.$$

Entsprechend erhält man die maximal verfügbare Leistung der Signalquelle

$$P_{1v} = \tfrac{1}{2}\,|U_{BE}|^2\,\mathrm{Re}(Y_e)$$

und damit die Bestimmungsgleichung für f_{max}

$$A_{pv\,max} = \left|\frac{U_{CE}}{U_{BE}}\right|^2 \frac{\mathrm{Re}(Y_a)}{\mathrm{Re}(Y_e)}\Bigg|_{f_{max}} = 1\,.$$

Analog [39, S. 171–174] ist f_{max} als Funktion der Ersatzelemente des Transistors in Emitterschaltung nach [55] $f_{max} = \sqrt{g_m/(16\pi^2 r_{B'B}C_{B'E}C_{B'C})}$.

7.3.9 Bipolare Mikrowellentransistoren

7.3.9.1 Frequenzgrenzen durch verschiedene Zeitkonstanten. Hier sollen Bipolartransistoren behandelt werden, die bei Frequenzen über 1 GHz eingesetzt werden. Dies sind derzeit hauptsächlich Si-Transistoren, da die GaAs-Technologie hierzu noch nicht genügend ausgereift ist. Andererseits stellen GaAs-FET der verschiedenen Arten wichtige kommerzielle Bauteile der Mikrowellenelektronik dar (s. Abschn. 7.4). Die Vorteile des GaAs sind u. a. höhere Elektronengeschwindigkeiten und die Verwendung halbisolierender Substrate. Es können bipolare Si-Transistoren für niedrige Mikrowellenfrequenzen mit Vorteil eingesetzt werden. Hier ist insbesondere die bessere Wärmeleitung gegenüber GaAs wertvoll.

Da die Elektronenbeweglichkeit im Si höher ist als die der Löcher, sind alle Si-Mikrowellentransistoren vom Typ npn. Eine Epitaxiescheibe mit n auf n^+ wird als Substrat benutzt, um den Kollektorserienwiderstand klein zu halten. Die Basis- und Emitterschichten werden durch Diffusion oder Ionenimplantation hergestellt. Um einen guten Betrieb bei hohen Frequenzen zu gewährleisten, müssen die Abmessungen der aktiven Schicht und die parasitären Effekte so klein wie möglich gehalten werden. Der Emitter wird als schmaler Streifen von weniger als 1 μm Breite ausgewählt, da die Stromdichte wegen des Verdrängungseffektes nur an der Emitterperipherie wesentlich ist. Die Basis ist oft nur einige 10 nm dick, um die Transitzeit zu verkleinern. Die Stromverstärkung wird grundsätzlich durch vier Zeitkonstanten begrenzt:

1. Die Aufladezeit der Emitter-Verarmungszone,

   $$\tau_E = r_e(C_e + C_c + C_p)\,.$$

   Der Emitter-Widerstand $r_e = kT/eI_E$ ist gegeben durch die minimal anwendbare Spannung, die wenigstens kT/e sein muß, und den Emitterstrom I_E; τ_E wächst mit den Kapazitäten C, deren entsprechende Indizes für Emitter, Kollektor und Parasitäre stehen.

2. Die Aufladezeit der Basisschicht,

   $$\tau_B = w^2/\eta D_3\,.$$

   Hier gibt der Faktor η den Einfluß des internen Diffusionsfeldes aufgrund eines hier üblichen Dotierungsgradienten der Basis wieder und kann vom Wert 2 für konstante Basisdotierung bis über den Wert 60 für geeignete Dotierungsprofile wachsen. w ist die Dicke der Basisschicht, D_3 ist die Diffusionskonstante der Minoritätsträger in der Basis.

3. Die Übergangszeit in der Kollektorverarmungsschicht,

$$\tau_c = (x_c - w)/2v_s\,,$$

wobei x_c die Verarmungsschichtdicke des Kollektors ist und v_s die Sättigungsgeschwindigkeit dort.

4. Die Aufladezeit des Kollektors,

$$\tau'_c = r_c C_c$$

mit r_c = Reihenwiderstand des Kollektors. τ'_C kann bei Epitaxietransistoren gegen die anderen Zeitkonstanten vernachlässigt werden. Die Summe der drei Zeitkonstanten

$$\tau_{ges} = \tau_E + \tau_B + \tau_C$$

bestimmt die Transitfrequenz f_T gemäß der Gleichung

$$f_T = 1/2\pi \cdot \tau_{ges}\,.$$

Um den Transistor schnell schalten zu können, muß w so klein wie möglich sein, I_E so groß wie möglich und die Kollektordicke so weit erniedrigt werden, wie es die dort akzeptable Durchbruchsspannung gestattet. Natürlich gibt es auch verschiedene Begrenzungen im I_E-Wert, wie z. B. dadurch, daß mehr Minoritätsträger in die Basis gelangen als der dortigen Dotierung entspricht und somit w größer wird.

7.3.9.2 Technologie von bipolaren Mikrowellentransistoren. Bipolare Silizium-HF-Transistoren werden in Planar-Epitaxialtechnik hergestellt.

Bei der Herstellung von Leistungstransistoren für den Einsatz bei hohen Frequenzen müssen folgende Zusammenhänge berücksichtigt werden:

1. Um die Emitterladezeit klein zu halten, muß die Emitterfläche minimiert werden. Die Folge ist eine hohe spezifische Strombelastung des Emitters.
2. Bei hohen Kollektorströmen wird die Transitfrequenz überwiegend durch die Basislaufzeit bestimmt, die proportional zum Quadrat der Basisweite ist. Die Basisweite von HF-Transistoren darf daher nur bei 0,1 bis 0,2 µm liegen.
3. Sind die Emitterfläche klein und die Basisweite gering, muß auch die Kollektorlaufzeit berücksichtigt werden. Daher muß die Raumladungszone dünn sein.
4. Aufgrund der Emitterrandverdrängung wird die wirksame Emitterfläche zu höheren Frequenzen immer geringer. Bei kleinstmöglicher Emitterfläche muß die Emitterrandlänge möglichst groß sein.
5. Große Basisabmessungen erhöhen den Ausgangsleitwert – und damit die Verlustleistung – sowie die innere Rückwirkung, die die Leistungsverstärkung verringert. Daher soll die Basisfläche möglichst klein gehalten werden.

Die sich teilweise widersprechenden Forderungen (kleinste geometrische Abmessungen – hohe Ströme) stellen an die Herstellungstechnik hohe Anforderungen. Es wurden einige spezielle Basis-Emitter-Strukturen entwickelt.

Als Ausgangssubstrat und Träger für npn-Transistoren dient eine hochdotierte Siliziumscheibe (n^+), die den späteren Kollektorkontakt bildet.

Hierauf wird eine dünne niedrigdotierte epitaktische Schicht abgeschieden die die Kollektorzone und die diffundierten Basis- und Emittergebiete enthält. Zunächst werden hochdotierte Basisleitbahnen (p^+) in die niedrig dotierte epitaktische Schicht eindiffundiert. Dann wird die Basisfläche durch p-Diffusion erzeugt. Je nach Geometrie wird die Emitterstruktur eindiffundiert. Die metallischen Kontakte für Basis und Emitterelemente werden auf eine isolierende SiO_2-Schicht aufgebracht, in die Kontaktfenster über Emitter- bzw. Basisflächen eingeätzt sind.

Ein anschließender Ätzprozeß bildet die spezifische Leiterbahnstruktur heraus.

Die verschiedenen Emitterstrukturen haben gemeinsam, daß sie große Emitterrandlängen bei kleinen Emitterflächen und kurze Abstände zwischen Basis und Emitterrändern ermöglichen.

7.3.9.2.1 Fingerstruktur. Bei der Kamm- oder Fingerstruktur sind die Emitterfinger zur Verringerung der Kapazität als einzelne voneinander getrennte Streifen ausgebildet, die über den gemeinsamen metallischen Emitterkontakt miteinander verbunden sind (Abb. 7.3/45).

Zwischen den Emitterfingern sind die Basisleitbahnen eindiffundiert. Dadurch wird der Widerstand zu den Emitterrändern niedrig gehalten. Typische HF-Transistoren besitzen 10 bis 30 Streifen bei einer Streifenbreite bis herab zu 1 μm. Problematisch ist die Kontaktierung der sehr schmalen Leiterbahnen.

HF-Transistoren mit Fingerstruktur sind optimal im Vorstufenbereich von Verstärkern einsetzbar.

7.3.9.2.2 Overlaystruktur. Für Leistungstransistoren wird häufig die Overlaystruktur verwendet. Dabei wird der Emitter aus mehr als hundert Einzelemittern aufgebaut. Die hochdotierten Basisleitbahnen werden als Gitterraster ausgebildet. In den dabei entstehenden Fenstern des Gitterrasters werden die Einzelemitter hergestellt (Abb. 7.3/46).

Nach der Abdeckung mit SiO_2 und Ätzen der Kontaktfenster werden die einzelnen Emitterflecken über die mit Oxid abgedeckten Basisbereiche hinweg untereinander verbunden (overlay). Dadurch sind unabhängig von den Streifenabmessungen breite Metallbahnen für den Emitteranschluß realisierbar. Die in dieser Technik hergestellten HF-Transistoren sind durch Zuverlässigkeit und hohe Ausgangsleistungen gekennzeichnet (typisch 20 W bei 1 GHz) und bis etwa 2 GHz einsetzbar.

7.3.9.2.3 Sonstige Strukturen. Der Mesh-Emitter stellt die inverse Ausführung der Overlaystruktur dar. Die inselförmigen Basisflecken sind von einem gitterförmigen Emitterraster umgeben (Abb. 7.3/47a). Dadurch ist ein sehr gutes Hochstromverhalten bis zu 4 GHz erreichbar.

Bei der Diamantstruktur sind sowohl Basis als auch Emitterflecken rautenförmig ausgebildet (Abb. 7.3/47b). Dadurch lassen sich relativ breite Leiterbahnen realisieren.

Schließlich vereinigt die Mikrogitterstruktur (Abb. 7.3/47c) die schmalen Emitterstreifen der Fingerstruktur mit den breiteren Metallbahnen der Overlaystruktur.

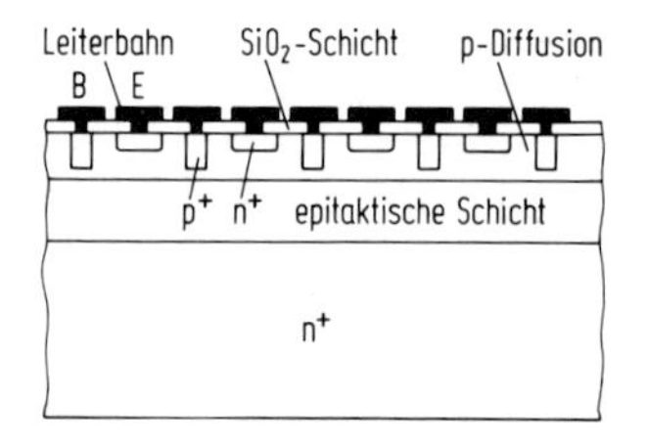

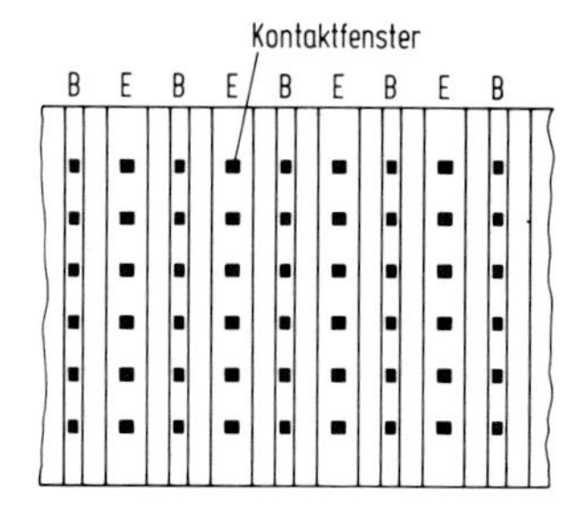

Abb. 7.3/45. Fingerstruktur

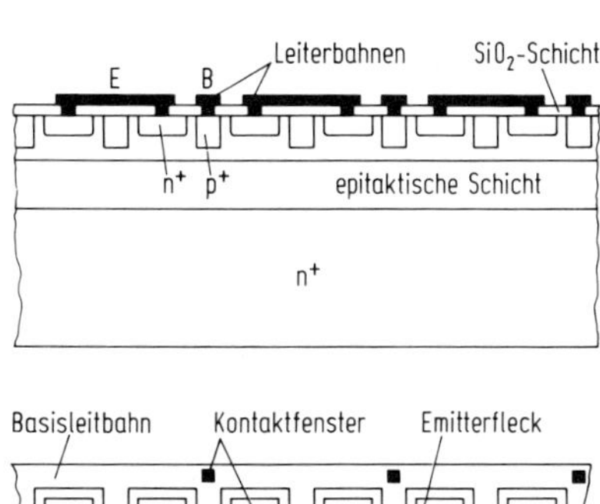

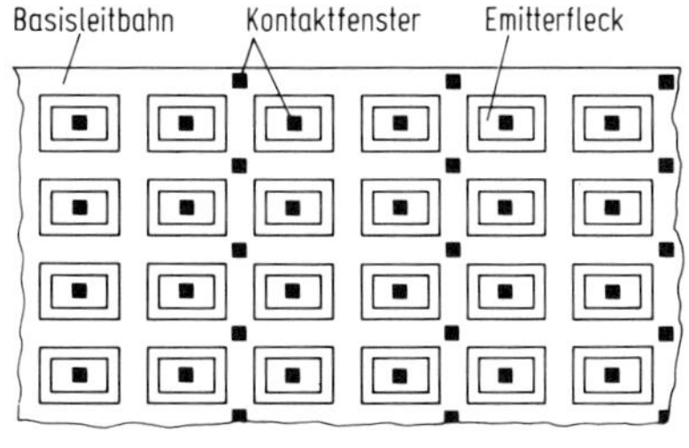

Abb. 7.3/46. Overlaystruktur

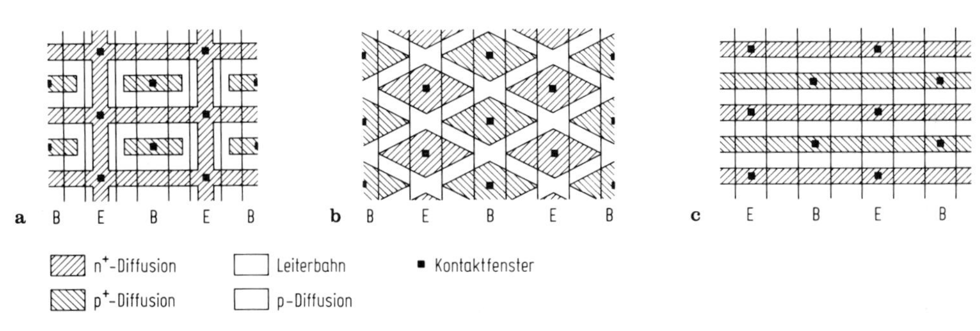

Abb. 7.3/47. **a** Mesh-Emitter; **b** Diamantstruktur; **c** Mikrogitterstruktur

7.3.9.3 Zweitorparameter (Streuparameter) von Hochfrequenzverstärkern. Zur Messung der *Y*- und *Z*-Parameter muß jeweils ein Tor im Kurzschluß oder Leerlauf betrieben werden. Ein Tor im Leerlauf kann jedoch bei hohen Frequenzen Leistung abstrahlen. Aktive Bauelemente neigen zudem bei Kurzschluß oder Leerlauf zum Schwingen.

Daher beschreibt man die Eigenschaften von Hochfrequenztransistoren durch ihre Streuparameter (Band I, Abschn. 4.11). Bei der Bestimmung der Streuparameter werden das Eingangs- und Ausgangstor mit einem frei wählbaren Bezugswiderstand Z_0 abgeschlossen.

An jedem Tor *n* wird eine hinlaufende Wellengröße a_n und eine rücklaufende Wellengröße b_n definiert [73, 74].

Es gelten folgende Definitionen:

$$a_n = \tfrac{1}{2}(u_n + Z_0 i_n)/\sqrt{Z_0} \qquad u_n = (a_n + b_n)/\sqrt{Z_0}$$
$$b_n = \tfrac{1}{2}(u_n - Z_0 i_n)/\sqrt{Z_0} \qquad i_n = (a_n - b_n)/\sqrt{Z_0}\,. \tag{7.3/47}$$

a_n und b_n haben die Dimension der Quadratwurzel aus einer Leistung. u_n und i_n sind komplexe Effektivwerte. Stellt man *b* als Funktion von *a* dar, enthält man die Zweitorgleichungen

$$b_1 = S_{11}a_1 + S_{12}a_2$$
$$b_2 = S_{21}a_1 + S_{22}a_2\,. \tag{7.3/48}$$

S_{11}, S_{12}, S_{21} und S_{22} werden Streuparameter genannt.

$S_{11} = \left.\frac{b_1}{a_1}\right|_{a_2=0}$ ist das Verhältnis zwischen hinlaufender und rücklaufender Wellengröße am Eingangstor und stellt damit einen Eingangsreflexionsfaktor dar. Damit $a_2 = 0$ wird, muß das Ausgangstor mit dem Bezugswiderstand Z_0 abgeschlossen sein.

$S_{12} = \left.\frac{b_1}{a_2}\right|_{a_1=0}$ ist das Verhältnis von hinlaufender Wellengröße am Eingangstor zu rücklaufender Wellengröße am Ausgangstor und wird Durchlaßfaktor, Rückwärtsübertragungsfaktor oder Betriebsübersetzung genannt.

$S_{21} = \left.\frac{b_2}{a_1}\right|_{a_2=0}$ ist der entsprechende Vorwärtsübertragungsfaktor.

$S_{22} = \left.\frac{b_2}{a_2}\right|_{a_1=0}$ ist der am Tor 2 gemessene Reflexionsfaktor.

Zwischen komplexen Widerständen und komplexen Reflexionsfaktoren gilt gemäß Gl. (1.3/39) die Beziehung

$$r = (Z - Z_0)/(Z + Z_0). \tag{7.3/49}$$

Die Streuparameter für einen Bipolartransistor lassen sich in allgemeiner Form aus dem Kleinsignalersatzschaltbild nach Giacoletto, Abb. 7.3/42, berechnen. Dabei wird in der Schaltung mit gemeinsamem Emitter jeweils das Tor 1 (Basis-Emitter) bzw. Tor 2 (Kollektor-Emitter) mit dem Bezugswiderstand Z_0 beschaltet. In der Praxis ist diese Rechnung jedoch sehr aufwendig.

Für viele Transistoren läßt sich die Eingangsimpedanz näherungsweise durch die Reihenschaltung aus einem Widerstand R und einer Kapazität C nachbilden. R des Ersatzschaltbildes gibt im wesentlichen die Wirkung des Basisbahnwiderstandes $r_{BB'}$ (Abb. 7.3/42) wieder. C entspricht überwiegend der Basis-Emitter-Kapazität $C_{B'E}$, da bei hohen Frequenzen die durch $C_{B'C}$ verursachte Rückwirkung klein ist.

Bei hohen Frequenzen kann die Induktivität der Basiszuleitung nicht vernachlässigt werden. Sie wird im vereinfachten Ersatzschaltbild der Eingangsimpedanz, Abb. 7.3/48, durch ein in Serie geschaltetes L berücksichtigt.

Die auf den Bezugswiderstand Z_0 normierte Eingangsimpedanz des Transistors in Emitterschaltung läßt sich aus Abb. 7.3/48 ablesen:

$$Z_1/Z_0 = R/Z_0 + \mathrm{j}\omega L/Z_0(1 - 1/\omega^2 LC)$$

und mit $f_1 = 1/(2\pi\sqrt{LC})$

$$Z_1/Z_0 = R/Z_0 + \mathrm{j}(f/f_1)\sqrt{\frac{L/Z_0}{CZ_0}}\,(1 - (f_1/f)^2). \tag{7.3/50}$$

Für das Zahlenbeispiel $R/Z_0 = 0{,}7$, ferner $\sqrt{L/Z_0/CZ_0} = 0{,}1$ und $f_1 = 1$ GHz läßt sich die Ortskurve im Smith-Diagramm darstellen. Die Ortskurve liegt, wie man leicht aus Gl. (7.3/50) erkennt, auf einem Kreis konstanten Wirkwiderstandes. Z_1/Z_0 wird

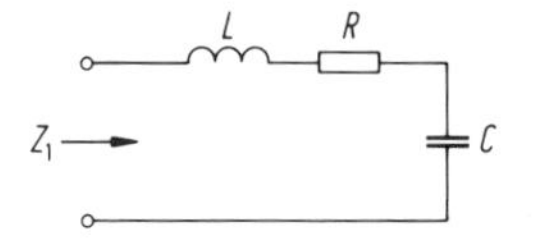

Abb. 7.3/48. Vereinfachtes Ersatzschaltbild für die Eingangsimpedanz Z_1 eines Transistors in Emitterschaltung bei hohen Frequenzen

für $f = f_1$ reell, siehe Abb. 7.3/49. Der Eingangsreflexionsfaktor S_{11} läßt sich daraus ablesen. Mit Gl. (7.3/49) und Gl. (7.3/50) erhält man Real- und Imaginärteil von S_{11}.

$$\mathrm{Re}(S_{11}) = \frac{(R^2 - Z_0^2) + (f/f_1)^2(L/C)(1 - (f_1/f)^2)^2}{(R + Z_0)^2 + (f_1/f)^2(L/C)(1 - (f_1/f)^2)^2}$$

$$\mathrm{Im}(S_{11}) = \frac{2Z_0(f/f_1)\sqrt{L/C}(1 - (f_1/f)^2)}{(R + Z_0)^2 + (f_1/f)^2(L/C)(1 - (f_1/f)^2)^2}.$$

Abbildung 7.3/50 zeigt als Beispiel die Ortskurve der Ausgangsimpedanz eines Transistors in Emitterschaltung, aus der sich der Reflexionsfaktor am Ausgangstor, S_{22}, ablesen läßt. Wie man erkennt, wird der Wirkanteil mit zunehmender Frequenz kleiner. Näherungsweise kann die Ausgangsimpedanz durch das Ersatzschaltbild nach Abb. 7.3/51 dargestellt werden.

Die Ortskurven des Vorwärtsübertragungsfaktors S_{21} und des Rückwärtsübertragungsfaktors S_{12} stellt man in Polarkoordination dar. Abb 7.3/52 zeigt als Beispiel die Ortskurven von S_{21e} und S_{12e} eines realen Transistors [75].

In den Halbleiterdatenbüchern der Hersteller werden häufig zusätzlich zu den Ortskurven die numerischen Werte der Streuparameter in Polarkoordination in

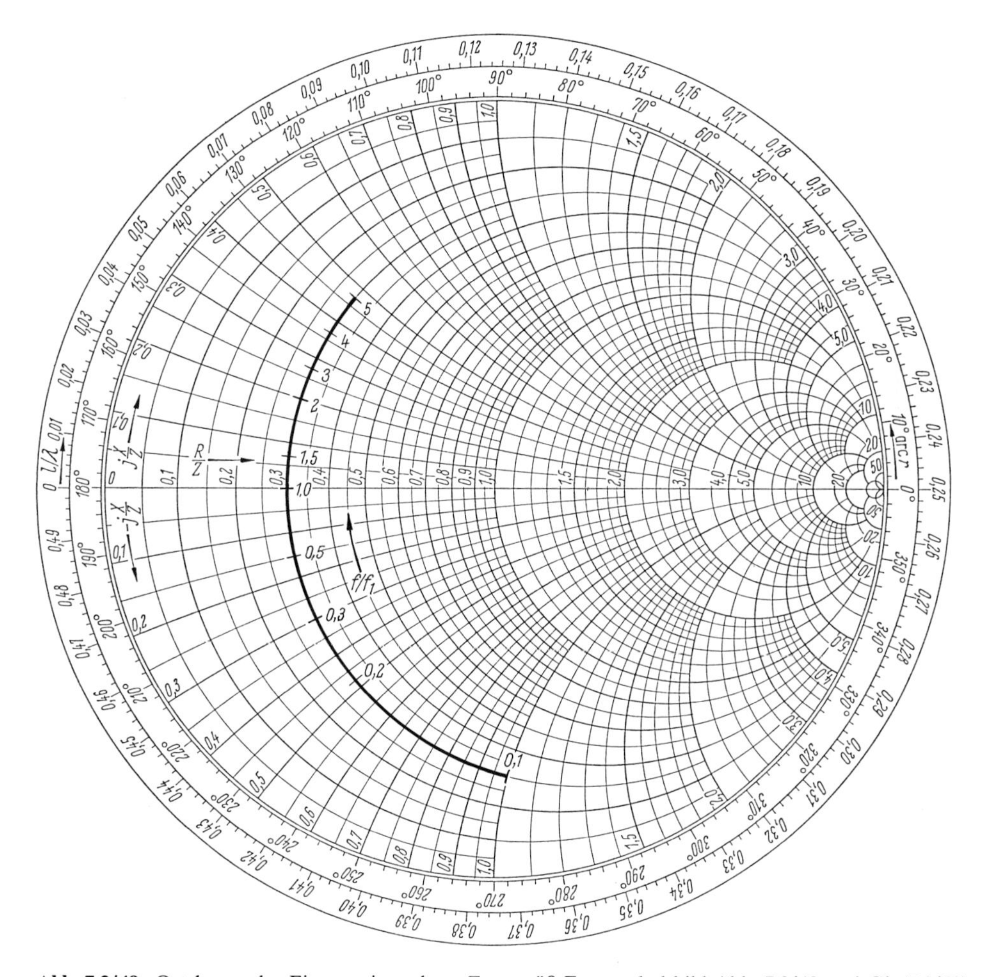

Abb. 7.3/49. Ortskurve der Eingangsimpedanz Z_1 gemäß Ersatzschaltbild Abb. 7.3/48 und Gl. (7.3/50)

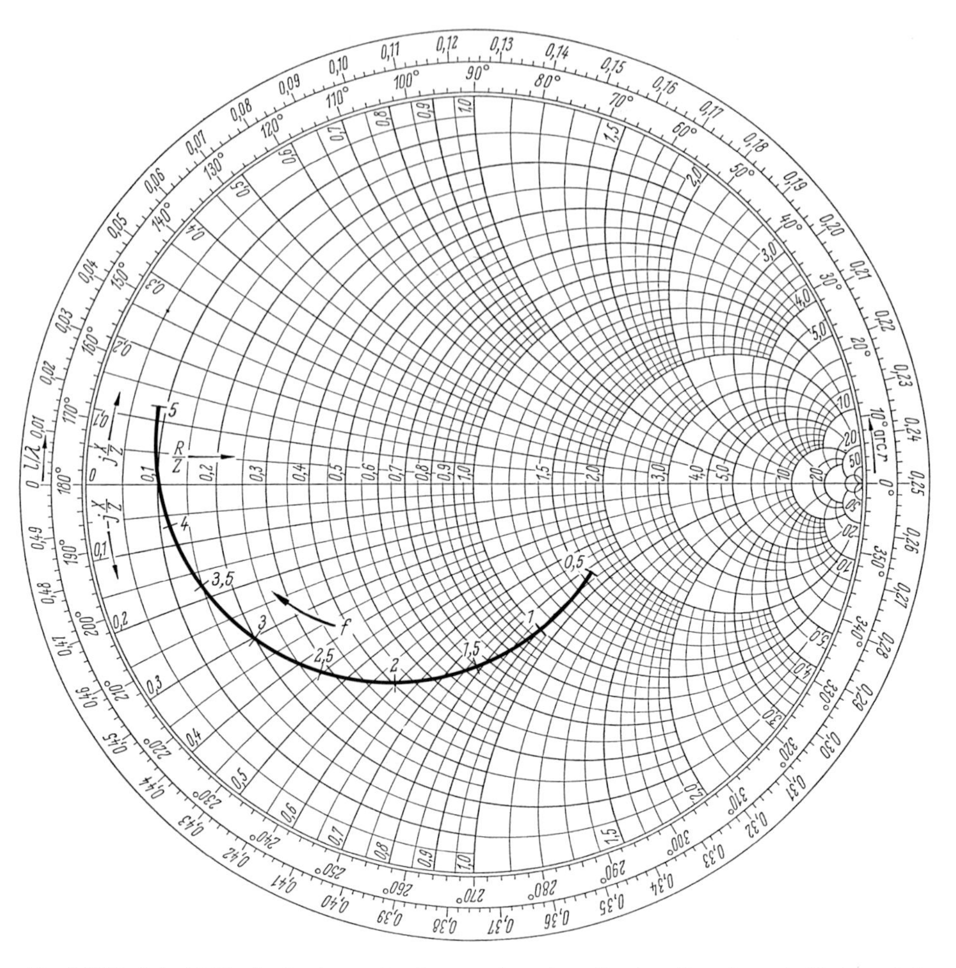

Abb. 7.3/50. Beispiel für die Ortskurve der Ausgangsimpedanz Z_2 eines Transistors in Emitterschaltung

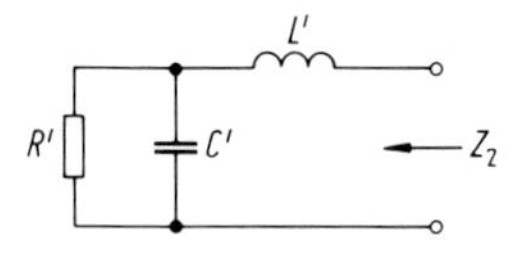

Abb. 7.3/51. Vereinfachtes Ersatzschaltbild für die Ausgangsimpedanz entsprechend der Ortskurve Abb. 7.3/50

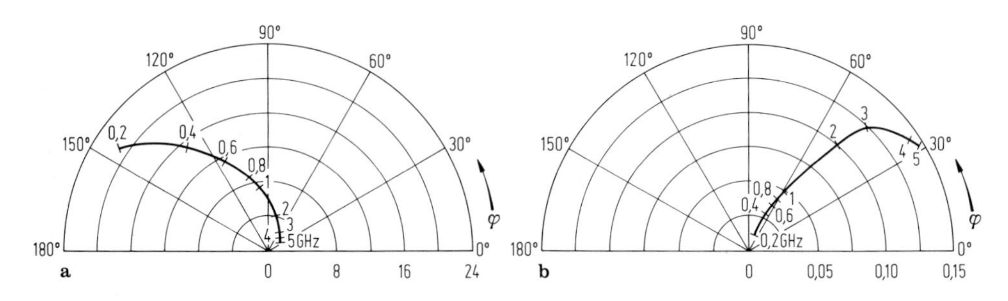

Abb. 7.3/52. Ortskurven von: a S_{21e} und b S_{12e} eines realen Transistors nach [58]

Tabellenform angegeben, um die Berechnung der Anpaßnetzwerke auf Rechenanlagen zu erleichtern (s. Abschn. 7.3.9.2).

Zeichenhilfe für Ortskurve gemäß Abb. 7.3/49 und Gl. (7.3/50):

$$Z_1/Z_0 = R/Z_0 + \mathrm{j}(f/f_1)\sqrt{\frac{L/Z_0}{CZ_0}}\,(1-(f_1/f)^2)$$

Zahlenbeispiel:

$$R/Z_0 = 0{,}7 \quad \sqrt{L/Z_0/CZ_0} = 0{,}1 \qquad f_1 = 1\ \mathrm{GHz}$$

$$\boxed{Z_1/Z_0 = 0{,}7 + \mathrm{j}\,0{,}1\,(f/f_1)(1-(f_1/f)^2)}$$

f/f_1	0,1	0,2	0,3	0,5	1,0	2,0	3,0	4,0	5,0
$\mathrm{Im}(Z_1/Z_0)$	−0,99	−0,48	−0,3	−0,15	0,0	0,2	0,27	0,38	0,48

Zeichenhilfe für Ortskurve gemäß Abb. 7.3/50:
Ausgangsimpedanz gemäß Abb. 7.3/51

$$Z_2/Z_0 = \frac{1/GZ_0}{1+\omega^2C^2/G^2} + \mathrm{j}\omega L/Z_0\left(1 - \frac{C/LG^2}{1+\omega^2C^2/G^2}\right)$$

und mit $f' = \omega C/G$

$$Z_2/Z_0 = \frac{1/GZ_0}{1+f'^2} + \mathrm{j}f'GL/CZ_0\left(1 - \frac{C/LG^2}{1+f'^2}\right)$$

Zahlenbeispiel:

$$1/GZ_0 = 2 \qquad GL/CZ_0 = 0{,}1 \qquad C/LG^2 = 20$$

$$\boxed{Z_2/Z_0 = \frac{2}{1+f'^2} + \mathrm{j}\,0{,}1f'\left(1 - \frac{20}{1+f'^2}\right)}$$

f'	0,5	1,0	1,5	2,0	2,5	3,0	3,5	4,0	4,5	5,0
$\mathrm{Re}(Z_2/Z_0)$	1,6	1,0	0,62	0,4	0,28	0,2	0,15	0,12	0,09	0,08
$\mathrm{Im}(Z_2/Z_0)$	−0,75	−0,9	−0,77	−0,6	−0,44	−0,3	−0,18	−0,07	0,03	0,12

7.3.9.4 Das Heterostrukturverfahren. Zur Zeit kann man Homostrukturtransistoren im Pulsbetrieb bei 1 GHz mit 500 W einsetzen, bei Dauerbetrieb erhält man 60 W bei 2 GHz, 6 W bei 5 GHz und 1,5 W bei 10 GHz. Weitere Verbesserungen sind zu erwarten.

Von Interesse sind heute Heterostrukturtransistoren (s. Abschn. 7.3.10), die einen Emitter mit breiterer Bandlücke als bei Basis und Kollektor verwenden. Dies kann erreicht werden, indem Mischungsänderungen von Verbindungshalbleitern bei gleichbleibender Gitterkonstante gewählt werden (möglich zum Beispiel $Al_xGa_{1-x}As$ auf GaAs). Die Vorteile sind folgende: Löcher der Basis eines npn-Transistors können den Emitter wegen der hohen Energiebarriere (Abb. 7.3/53) nicht erreichen. Da somit die Basis auch sehr hoch dotiert werden kann, kann der Basiswiderstand verkleinert werden. Die Verdrängung des Emitterstromes zur Emitterperipherie wird wegen des verringerten Spannungsabfalls an der Emitter-Basis-Sperrschicht vermindert. Schließlich kann ein solcher Transistor auch noch bei höheren Temperaturen als bei denen mit Si betrieben werden, da die Bandlücke größer ist. Mit den für GaAs

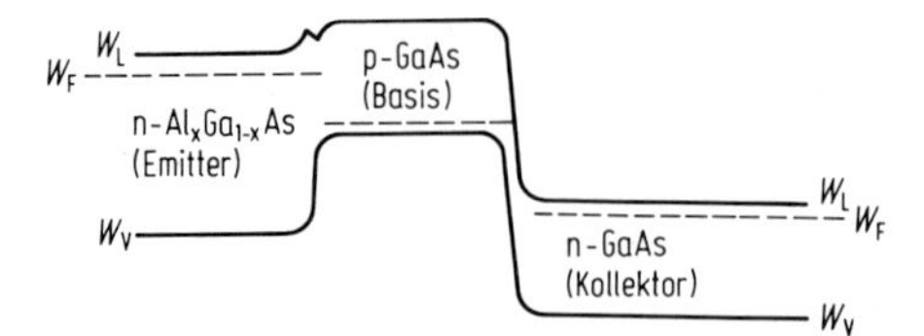

Abb. 7.3/53. Das Energiebanddiagramm eines npn-Heterostrukurtransistors

möglichen Dotierungen, die sehr knapp an den Enden der Bandlücke liegen, kann sogar ein Betrieb bei nur 4 K (Temperatur von flüssigem Helium) erreicht werden.

Bisher sind die Entwicklungen dieser Transistoren wie auch einiger anderer neuer Bipolartransistor-Typen für eine volle kommerzielle Anwendung noch nicht genügend ausgereift.

7.3.10 Heterobipolartransistoren

Gemäß Abschn. 7.2.3 gibt es mit modernen, epitaktischen Verfahren die Möglichkeit, einkristalline Übergänge von einer Art von Halbleiter zu einer anderen Art herzustellen. Man erhält dann die Heteroübergänge, die durch eine scharfe Veränderung der Materialeigenschaften gekennzeichnet sind. Für Hochfrequenztransistoren ist die wichtigste Materialeigenschaft die Bandlücke, deren Änderung die Ladungsträger und deren Transport durch den Halbleiter beeinflußt. Dies hat dazu geführt, daß Bipolartransistoren, die auch für höhere Mikrowellenfrequenzen geeignet sind, eingesetzt werden können. Diese sind als *H*etero-*B*ipolar-*T*ransistoren (HBT) bekannt.

Sie wurden schon 1957 von H. Krömer vorgeschlagen [195], (der seine damaligen Arbeiten am Darmstädter FTZ durchführte). Er hatte erkannt, daß ein Emitter mit großer Bandlücke und eine Basis mit kleiner Bandlücke eine Bänderversetzung am Heteroübergang ergibt, die die Elektroneninjektion eines npn-Transistors in die Basis begünstigt und die Löcherinjektion von der Basis in den Emitter erschwert. Dieser Vorteil würde auch bei starker Basisdotierung und geringer Emitterdotierung bestehen bleiben. Hierdurch kann auch bei geringer Basisdicke ein geringer Basiswiderstand erreicht werden, so daß die entsprechenden Zeitkonstanten (s. Abschn. 7.3.9.1) weiterhin verringert werden können. Es ist beim HBT somit möglich, große Strominjektion vom Emitter zu erhalten, ohne die parasitären Widerstände und Kapazitäten zu groß werden zu lassen, wie es bei den Transistoren aus nur einem Material, den Homo-Bipolartransistoren, geschehen würde. Entsprechendes gilt auch für den pnp-HBT.

Den Querschnitt eines typischen npn-HBT zeigt Abb. (7.3/53). Die meisten HBT bestehen heute aus den beiden Materialien AlGaAs und GaAs, es gibt jedoch eine Vielzahl weiterer Materialzusammensetzungen bei erfolgreichen HBT-Entwicklungen. In Abb. (7.3/53) besteht der Emitter aus n-AlGaAs, die Basis aus p-GaAs und der Kollektor aus n-GaAs. Zur Herstellung eines guten ohmschen Kontaktes (um die R-C-Zeitkonstante zu minimieren) läßt man hochdotierte n^{++}-Schichten epitaktisch wachsen, und zwar sowohl für den Emitter als auch für den Kollektor.

Weitere HBT-Vorteile gegenüber Homo-Bipolartransistoren sind gegeben: Die Verarmungszone zwischen Emitter und Basis auf der Emitterseite kann verhältnismäßig groß sein, um eine kleine Übergangskapazität zu erhalten; und durch Kollektordotierungsprofile kann für die benötige Ladungsträgerübergangszeit der Kollektorverarmungsschicht (s. Abschn. 7.3.9.1) zur Einrichtung der gewünschten Werte von f_T und f_{max} (s. Abschn. 7.3.8.4 und 5) die Kollektor-Durchbruchspannung für hohen Spannungsbetrieb zur Leistungsmaximierung gewählt werden. Andere gitterangepaßte Heteroübergänge wurden erfolgreich mit weiteren Vorteilen eingesetzt. InP-Emitter auf InGaAs-Basis zeigen kleinere Oberflächenrekombinationsraten und höhere Wärmeleitfähigkeiten zur Ableitung der Verlustleistung. Zusätzlich zeigt InGaAs höhere Elektronenbeweglichkeit als GaAs. Es ist möglich, einen Doppelheteroübergang zu benutzen, indem ein nInP-Kollektor unter die p^+GaInAs-Basis gesetzt wird. Hierbei muß eine dünne Übergangsschicht zwischen Basis und Kollektor eingeführt werden, um die Elektronen aus der p-Basis ohne Probleme zu entnehmen. Hierbei ist ein weiterer Vorteil, daß die InP-Durchbruchspannung höher als bei GaAs oder InGaAs aufgrund der größeren Bandlücke ist. Mit solchen Verfahren wurden folgende Werte erhalten: $f_T = 165$ GHz, $f_{max} = 100$ GHz, $\tau_B + \tau_C = 0{,}42$ ps [196] und eine Rauschzahl von 3,33 db bei 18 GHz [197].

Leider läßt sich InP nur mit Schwierigkeiten durch Feststoffquellen-MBE herstellen. Daher wurde InP durch $Al_{0,48}$ $In_{0,52}As$ ersetzt. Die konventionellen AlGaAs/GaAs-HBTs haben jedoch sehr eindrucksvolle Ergebnisse gezeigt mit Basis-Dotierungen von $1 \cdot 10^{20}$ cm^{-3}, nämlich $f_{max} = 218$ GHz und $f_T = 65$ GHz bei Stromdichten von $6{,}6 \cdot 10^4$ A/cm^2 und Ausgangsleistungsdichten (Dauerbetrieb) von 4 W/(mm Emitterlänge) bei 10 GHz mit „Power-added-Wirkungsgrad" von 68% bei dem Betrieb mit Klasse A-B [198]. Es ist zu erwarten, daß schließlich auch die anderen, komplexeren Materialstrukturen eine ähnliche Technologiereife wie GaAlAs erlangen, so daß dann aufgrund der besseren Transporteigenschaften noch eindrucksvollere Transistorergebnisse erzielt werden können.

Es ist daher von Interesse, die verschiedenen Materialeigenschaften zu kennen, um die zu erwartende Weiterentwicklung vorauszusehen. Hier müssen besonders die Werte des Band-Versatzes betrachtet werden, und zwar sowohl für das Leitungsband als auch für das Valenzband. HBTs mit pnp-Struktur können auch von Interesse für hohe Geschwindigkeiten sein, da zwar die τ_B-Werte aufgrund der geringeren Löchergeschwindigkeit in der Basis größer sind, aber die Flächenleitfähigkeit der Basisschicht durch die höhere Elektronenbeweglichkeit im Hinblick auf einen kleinen Basis-Zugriffswiderstand eine kürzere R-C-Zeitkonstante erbringt.

Schließlich sollte an dieser Stelle noch erwähnt werden, daß die HBT-Technologie nicht nur für Leistungsverstärkung, Mischung und Signalerzeugung eingesetzt werden kann, sondern daß auch recht komplexe Analog-ICs für die Nachrichtentechnik und Digital-ICs für schnelle logische Anwendung entwickelt wurden.

7.4 Unipolare Transistoren (Feldeffekttransistoren)

Der Feldeffekttransistor (FET = *f*ield *e*ffect *t*ransistor) wurde bereits lange vor der Entdeckung des bipolaren Transistorprinzips vorgeschlagen. In den Jahren 1925 bis 1945 wiesen mehrere Patentanmeldungen auf die Möglichkeit der Steuerung eines Strompfades in einem Halbleiterkristall mittels senkrecht zum Strompfad stehender Steuerelektroden hin (O. Heil, 1934, J.E. Lilienfeld 1925, 1928). Wesentliche Beiträge zum Verständnis des FET lieferte 1952 W. Shockley [47]. Aufgrund technologischer Probleme, die mit der Halbleiteroberfläche zusammenhingen, gelang die industrielle Herstellung des FET jedoch erst gegen Ende der fünfziger Jahre, also später als die des bipolaren Transistors, der 1950 realisiert wurde.

7.4.1 Prinzip, Ausführungsformen und Kennlinien

7.4.1.1 Typen, Aufbau und Herstellung. Ein FET ist ein Halbleiterbauelement mit drei Anschlüssen, die mit Source, Gate und Drain bezeichnet werden. Der Stromfluß zwischen Source und Drain wird gesteuert durch ein zum Stromfluß senkrechtes Feld, das von der Gateelektrode ausgeht. Am Stromtransport sind nur Majoritätsträger beteiligt, also nur *eine* Ladungsträgerart. Daher spricht man auch von unipolaren Transistoren im Gegensatz zu bipolaren Transistoren (Abschn. 7.3), bei denen beide Ladungsträgerarten zum Stromtransport beitragen.

Bei FETs gibt es eine große Typenvielfalt (Tab. 7.4/1) [63, 95, 96]. Aufgrund der unterschiedlichen Steuerstrecken unterscheidet man MISFET (MIS = *m*etal *i*nsulator *s*emiconductor), JFET (J = *j*unction) [120] und MESFET (MES = *m*etal *s*emiconductor) [121, 122]. Beim MOSFET (MOS = *m*etal *o*xide *s*emiconductor) [119] handelt es sich um einen speziellen MISFET, bei dem für den Isolator ein Oxid (SiO_2) verwendet wird. Je nach aktiver Schicht kennt man z. B. Si-, Ge-, GaAs-, InP-, $Ga_xIn_{1-x}As$-Typen. Der kristalline Schichtaufbau kann als Homostruktur vorliegen, wie etwa im Fall einer epitaktischen Si-Schicht auf Si-Substrat. In einer Homostruktur wird nur ein Halbleitermaterial im Schichtaufbau verwendet. Werden dagegen im kristallinen Schichtaufbau mehrere unterschiedliche Materialien eingesetzt, wie z. B. im Fall einer $Ga_xAl_{1-x}As$-Schicht auf GaAs-Substrat, so spricht man von einer Heterostruktur. Die entsprechenden FETs nennt man Hetero-FETs [183, 184]. Ein besonderes Merkmal von Hetero-FETs ist der mit ca. 10 nm extrem dünne leitende Kanal, der durch das sog. zweidimensionale Elektronengas (2 DEG) gebildet wird. Voraussetzung für dessen Entstehung ist ein sehr abrupter Übergang zwischen zwei Halbleitern mit deutlich unterschiedlichem Bandabstand, wie z. B. GaAlAs und GaAs oder GaAlAs und GaInAs. Für den Hetero-FET sind zahlreiche Namen gebräuchlich: Wegen der hohen Beweglichkeit der Elektronen im zweidimensionalen Elektronengas nennt man diesen auch *H*igh *E*lectron *M*obility *T*ransistor (HEMT). Der Name *T*wo *D*imensional *E*lectron *G*aAs *FET* (TEGFET) beruht auf der Existenz des zweidimensionalen Elektronengases. Die Namen *M*odulation *D*oped *FET* (MODFET), sowie *S*electively *D*oped *H*etero *T*ransistor (SDHT) beziehen sich auf die unterschiedliche Dotierung der Halbleiter, die den Heteroübergang bilden. Der Halbleiter mit dem größeren Bandabstand ist nämlich hoch dotiert, der mit dem kleineren Bandabstand meistens undotiert.

Bei Hetero-FETs oder HEMTs unterscheidet man Strukturen, deren Schichten bezüglich der Gitterkonstanten angepaßt sind (z. B. $Ga_xAl_{1-x}As$ auf GaAs oder $In_{0,53}Ga_{0,47}As$ auf InP) und solche mit fehlangepaßtem Gitter (z. B. $In_xGa_{1-x}As$ auf GaAs). Bei letzteren wird die dünne $In_xGa_{1-x}As$-Schicht komprimiert auf die Struktur des GaAs. Die $In_xGa_{1-x}As$-Schicht ist daher „pseudomorph", so daß solche HEMTs pseudomorph [185] genannt werden.

Weitere Unterscheidungsmerkmale bei FETs sind der Leitungstyp des Kanals (n- bzw. p-leitend), der Drainstrom I_D bei $U_{GS} = 0$ ($I_D = 0$ für $U_{GS} = 0$: selbstsperrend (normally-off) oder $I_D \neq 0$ für $U_{GS} = 0$: selbstleitend (normally-on)), schließlich die Anzahl der getrennt herausgeführten Gates (single gate oder dual gate).

Ein selbstsperrender FET kann nur im Anreicherungsbetrieb (enhancement mode) betrieben werden. Ein selbstleitender FET dagegen kann sowohl im Verarmungsbetrieb (depletion mode) als auch im Anreicherungsbetrieb betrieben werden.

Tabelle 7.4/1. Feldeffekttransistor-Typen (Abb. 7.4/5)

Unterscheidungsmerkmale bei FETs		Typen
Steuerstrecke		MIS (MOS), J, MES
Material		Si, Ge, GaAs, InP, $Ga_xIn_{1-x}As$
kristalliner Schichtaufbau		Homostruktur, Heterostruktur
Leitungstyp des Kanals		n-leitend, p-leitend
Drainstrom bei $U_{GS} = 0$	$I_D = 0$	selbstsperrend (normally-off)
Drainstrom bei $U_{GS} = 0$	$I_D \neq 0$	selbstleitend (normally-on)
Anzahl der Gates		Single Gate, Dual Gate

Im enhancement mode geschieht eine Anreicherung, im depletion mode eine Verarmung des Kanals an Ladungsträgern. Im allgemeinen Sprachgebrauch werden enhancement und depletion jedoch nicht nur zur Beschreibung der Betriebsweise von FETs eingesetzt, sondern auch zur Charakterisierung des FET-Typs. Ein selbstsperrender FET heißt auch enhancement-Typ, weil der aktive Betriebszustand der enhancement mode ist. Ein selbstleitender FET wird auch als Depletion-Typ bezeichnet, obwohl hier beide Betriebszustände möglich sind.

Verglichen mit bipolaren Transistoren besitzen FETs wesentlich höhere Eingangswiderstände, kleinere Rückwirkungen, geringeres Rauschen und besseres Großsignalverhalten. Nachteilig bei FETs sind die im Vergleich zu bipolaren Transistoren geringeren Steilheiten.

Als Einzelhalbleiter werden FETs vor allem für analoge Schaltungsanwendungen in Verstärker-, Mischer- und Oszillatorschaltungen eingesetzt. Si-JFETs werden im Frequenzbereich bis zu einigen hundert MHz und Si-MOSFETs bis zu etwa 1 GHz verwendet. Der Einsatzbereich von GaAs-MESFETs reicht bis zu etwa 60 GHz, der von HEMTs auf GaAs- oder InP-Substrat bis zu etwa 100 GHz (Stand 1990). HEMTs zeichnen sich vor allem durch ihr im Vergleich zu GaAs-MESFETs noch niedrigeres Rauschen bei gleichzeitig höherer Verstärkung aus (Abb. 7.4/20). Wegen der deutlich höheren Herstellkosten von HEMTs (ca. Faktor 3), ist jedoch auch in Zukunft nicht damit zu rechnen, daß diese die GaAs-MESFETs in Kleinsignalanwendungen generell ablösen werden. Einsatzgebiete für HEMTs sind vor allem extrem rauscharme Verstärker (z. B. in der Eingangsstufe von Satellitenfernsehempfängern) sowie Schaltungsanwendungen oberhalb von etwa 30 GHz. Bezüglich der erreichbaren Ausgangsleistung sind HEMTs den GaAs-MESFETs erst bei Frequenzen von oberhalb 60 GHz überlegen, wo letztere nicht mehr sinnvoll eingesetzt werden können (Abb 7.4/22).

Im Bereich integrierter Schaltungen lassen sich mit Si-MOSFETs Digitalschaltungen höchster Integrationsdichte realisieren (Stand 1990: $8 \cdot 10^7$ Transistoren auf einem Chip mit $10 \times 20\ \text{mm}^2$). Auf der Basis des GaAs-MESFET ist inzwischen eine produktionstaugliche Planartechnologie für analoge und digitale integrierte Schaltungen für GHz-Frequenzen und GBit-Raten verfügbar (Abschn. 7.12 und 7.13). HEMTs sind derzeit als Einzelbauelement, aber noch nicht als Bestandteil von integrierten Schaltungen kommerziell erhältlich.

Abbildung 7.4/1 zeigt schematisch den typischen Aufbau von MOSFET, JFET, MESFET und HEMT mit Elektronenleitung im Kanal (sogenannter n-Kanal FET). Ein p-Kanal-FET unterscheidet sich davon lediglich durch Vertauschen der p- und n-Gebiete. Der Si-MOSFET und der Si-JFET sind auf leitendem Substrat aufgebaut, der GaAs-MESFET und der HEMT dagegen auf sehr hochohmigem, sogenanntem semiisolierendem (s.i.) Substrat (spezifischer Widerstand $\varrho \approx 10^8\ \Omega\text{cm}$). Bei den Si-FETs ist der Kanal durch die zwischen den p- und n-Gebieten vorhandene Raumladungszone (Dicke typisch $< 1\ \mu\text{m}$) elektrisch von Masse isoliert. Beim GaAs-MESFET und beim HEMT dagegen erfolgt dic Isolation des Kanals durch das nichtleitende s.i. GaAs-Substrat (Dicke typisch 300 μm). Folglich weisen der GaAs-MESFET und der HEMT wesentlich geringere parasitäre Kapazitäten auf als der Si-FET. Bei fehlender Gatespannung U_{GS} fließt beim dargestellten MOSFET (s. Abb. 7.4/1a) (selbstsperrender Typ) kein Strom zwischen den n^+-Gebieten für Source und Drain. Diese sind über keinen leitenden Kanal miteinander verbunden, sondern durch n^+p-Übergänge voneinander isoliert. Durch eine positive Spannung U_{GS} werden Elektronen an die Halbleiteroberfläche gezogen, so daß dort eine dünne n-leitende Schicht, der sogenannte n-Inversionskanal, entsteht. (Der Inversionskanal ist vom entgegengesetzten Leitungstyp wie das Grundmaterial.) Erst jetzt kann Strom zwischen Source und Drain fließen. Beim JFET, beim MESFET und beim HEMT ist dagegen bereits bei $U_{GS} = 0$ ein leitender Kanal vorhanden (selbstleitende Typen).

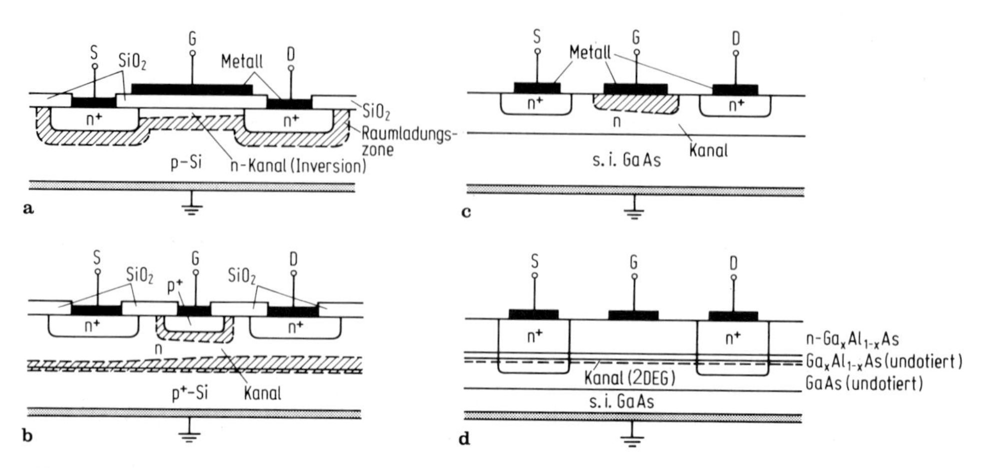

Abb. 7.4/1a–d. Aufbau eines FET mit Elektronenleitung im Kanal: **a** Si-MOSFET; **b** Si-JFET; **c** GaAs-MESFET; **d** $Ga_xAl_{1-x}As$/GaAs-HEMT

Die Steuerstrecke besteht beim MOSFET aus der Gateelektrode, der darunterliegenden (isolierenden) SiO_2-Schicht und dem Kanal. Der Gatestrom ist — unabhängig vom Vorzeichen von U_{GS} — außerordentlich gering. Beim JFET, beim MESFET und beim HEMT wird i. allg. $U_{GS} \leq 0$ gewählt, so daß die Gateelektrode jeweils durch eine Raumladungszone vom Kanal isoliert ist. Beim JFET (s. Abb. 7.4/1b) ist unter dem Gate ein p^+n-Übergang vorhanden. Beim MESFET und beim HEMT ist das Gate ein Metall-Halbleiter-Übergang (sogenannter Schottkykontakt). Der Gatestrom ist nur gering, solange U_{GS} deutlich kleiner ist als die Barrierenspannung (Si: $\approx$ 0,65 V, GaAs: $\approx$ 0,8 V, $Ga_xAl_{1-x}As$: $\approx$ 1,1 V).

Abbildung 7.4/2 erläutert die Herstellung eines diffundierten n-Kanal-Si-MOSFET. Auf ein p-leitendes Si-Substrat wächst eine dünne Si-Oxidschicht auf, in die zwei Fenster für die nachfolgende n-Diffusion der Drain- und Sourcegebiete geätzt werden (Abb. 7.4/2a). Während des n-Diffusionsvorganges wird das stehengebliebene Oxid dicker (ca. 1 µm, sogenanntes Dickoxid). Gleichzeitig entsteht über den Diffusionsgebieten neues dotierstoffhaltiges Si-Oxid. In das Dickoxid werden anschließend Fenster geätzt, und zwar an den Stellen, wo sich später das dünne Gate-Oxid sowie die Source- und Drainkontakte befinden sollen (Abb. 7.4/2b). Darauf wird das Gate-Oxid (sogenanntes Dünnoxid, Dicke ca. 0,1 µm) hergestellt. Dieses wird im Bereich der Source- und Drainkontakte wieder weggeätzt. Anschließend wird ganzflächig Al aufgedampft. Darauf werden die Kontakte für Source, Gate und Drain mittels Ätztechnik strukturiert (Abb. 7.4/2c).

Abbildung 7.4/3 zeigt ein Herstellverfahren für einen ionenimplantierten GaAs-MESFET. Die aktive Schicht wird durch selektive Implantation — meist von Si — in das s.i. GaAs erzeugt (Abb. 7.4/3a). Dabei kann z. B. Photolack als Implantationsmaske verwendet werden. Durch die Implantation werden Schäden im Kristall

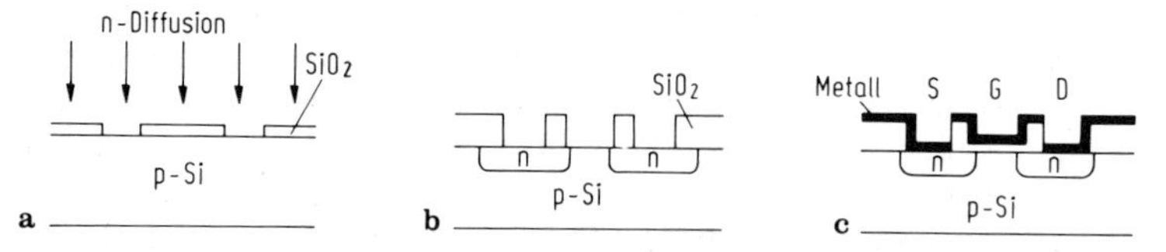

Abb. 7.4/2a–c. Herstellung eines n-Kanal-Si-MOSFET: **a** oxidbedecktes p-Substrat mit Diffusionsfenstern; **b** Fenster im Dickoxid vor Aufwachsen des Gateoxids; **c** fertiger Si-MOSFET

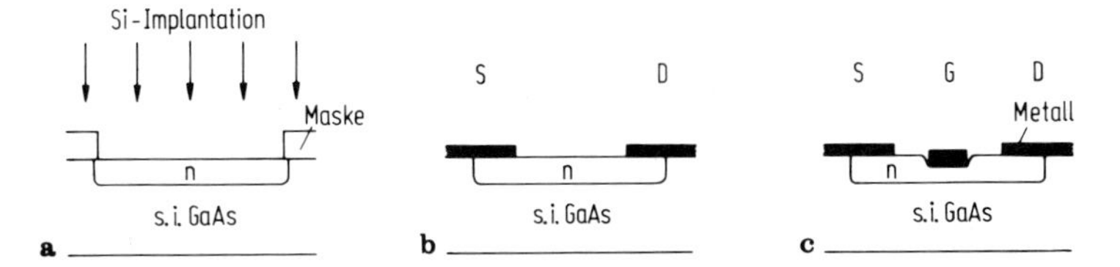

Abb. 7.4/3a–c. Herstellung eines implantierten GaAs-MESFET: **a** selektive Si-Implantation direkt in das s.i. (s.i. = semi isolierend) GaAs; **b** Struktur nach der Herstellung der ohmschen Kontakte; **c** fertiger GaAs-MESFET

erzeugt, die mit einem Hochtemperaturprozeß bei etwa 840 °C ausgeheilt werden können. Dabei muß die GaAs-Oberfläche z. B. durch eine Si_3N_4-Schicht abgedeckt werden, damit das Abdampfen des bei diesen Temperaturen leicht flüchtigen As vermieden wird. Danach wird das ohmsche Metall aufgedampft, und die Source- und Drainkontakte werden mittels Abhebetechnik [69] strukturiert (Abb. 7.4/3b). Die anschließende Gate-Phototechnik dient zunächst der Ätzung eines schmalen Grabens in das GaAs. Anschließend wird das Gatemetall aufgedampft und ebenfalls mittels Abhebetechnik strukturiert, so daß der Gatefinger im Graben zu liegen kommt (Abb. 7.4/3c). Durch dieses sog. Gateversenken wird die Abschnürspannung des GaAs-MESFET eingestellt. Unabhängig davon kann ein niedriger Bahnwiderstand zwischen S und G bzw. G und D realisiert werden.

Der höhere technologische Aufwand bei der Herstellung des HEMT im Vergleich zum GaAs-MESFET ist vor allem in den extremen Anforderungen bei der Schichtherstellung begründet. Hierfür werden nämlich sehr dünne Schichtfolgen mit atomar scharfen Übergängen — sowohl zwischen unterschiedlichen Materialien als auch zwischen sehr hohen und sehr niedrigen Dotierungen — benötigt. Die Molekularstrahlepitaxie (Molecular Beam Epitaxy = MBE) und die Metall-Organische-Gasphasenepitaxie (Metal-Organic Chemical Vapor Deposition = MOCVD) sind hierfür geeignet [183]. Die auf das Schichtwachstum folgenden Technologieschritte zur Herstellung der Kontakte sind den beim GaAs-MESFET angewandten Verfahren sehr ähnlich [186].

Die technologischen Verfahren zur Herstellung von Si-Transistoren sind hochentwickelt. GaAs besitzt dagegen die besseren elektronischen Eigenschaften für die Realisierung von Hochfrequenzbauelementen [96]. Nachteilig bei GaAs und anderen Verbindungshalbleitern ist die schwieriger beherrschbare Technologie. Bei GaAs z. B. gibt es kein brauchbares GaAs-Oxid, so daß sich die ausgereifte Si-Planartechnologie nicht auf GaAs übertragen läßt. Weiterhin scheint die Realisierung von GaAs-MOSFETs wegen der zu hohen Oberflächenzustandsdichte nicht möglich zu sein.

Der Einsatz von neuen Halbleitermaterialien und von neuartigen Heterostrukturen [96] läßt für die Zukunft die Realisierung von MESFETs, MISFETs und HEMTs mit noch besseren Hochfrequenzeigenschaften erwarten. Allerdings sind dabei noch erhebliche technologische Schwierigkeiten zu überwinden.

7.4.1.2 Wirkungsweise und Kennlinien. Wie bereits oben angedeutet, bildet sich beim Si-MOSFET (Abb. 7.4/1a) der Inversionskanal erst aus, wenn $U_{GS} > 0$ ist, und zwar dann, wenn U_{GS} größer wird als die sogenannte Schwellenspannung U_T. Mit wachsendem U_{GS} wird die Inversionsladung im Kanal größer, der Kanalwiderstand entsprechend kleiner, so daß über U_{GS} der Strom I_D zwischen Drain und Source gesteuert werden kann (vgl. Ausgangskennlinienfeld in Abb. 7.4/4b). I_D hängt außer von U_{GS} noch von der Drainspannung U_{DS} ab, die längs des Kanals abfällt. Die Potentialdifferenz zwischen Gate und Kanal nimmt folglich mit wachsender Entfernung von der Source zu. Dies führt zu einer von der Größe von U_{DS} abhängigen Verbreiterung

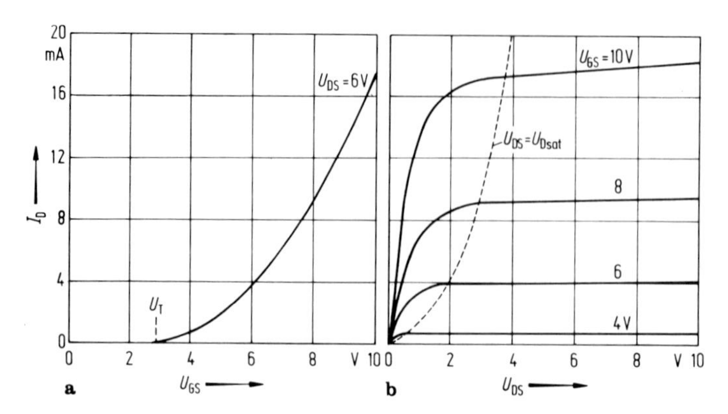

Abb. 7.4/4a u. b. Kennlinien eines selbstsperrenden n-Kanal-MOSFET: **a** Übertragungskennlinie; **b** Ausgangskennlinie; linearer Bereich: $U_{DS} < U_{GS} - U_T$, Sättigungsbereich $U_{DS} \geq U_{D\,sat}$

der Raumladungszone in Richtung Drain. Die Raumladungszone dringt dabei zunehmend in den Inversionskanal ein und verengt ihn entsprechend. Dieser Effekt ist bei kleinen U_{DS} gering (Abb. 7.4/1), so daß für diese der Kanalwiderstand unabhängig von U_{DS} ist. I_D nimmt daher zunächst proportional mit U_{DS} zu (Ohmscher Bereich in Abb. 7.4/4b).

Mit wachsendem U_{DS} wird der am Drain noch vorhandene Kanalquerschnitt immer kleiner. Da jedoch der Kanalstrom für ein gegebenes U_{DS} unabhängig vom Ort ist, muß die Driftgeschwindigkeit der Ladungsträger in Richtung Drain in dem Maße zunehmen wie der Kanalquerschnitt enger wird. Entspricht U_{DS} der Sättigungsspannung $U_{D\,sat}$, so erreichen die Ladungsträger im Kanal an der Drainseite schließlich ihre Sättigungsgeschwindigkeit. I_D kann nicht weiter anwachsen und ist folglich unabhängig von U_{DS} (Sättigungsbereich in Abb. 7.4/4b). Vergrößert man U_{DS} über $U_{D\,sat}$ hinaus, so verschiebt sich der Punkt, an dem die Sättigungsgesehwindigkeit erreicht wird, in Richtung Source.

Die Übertragungskennlinie des Si-MOSFET ist in Abb. 7.4/4a dargestellt. Für $U_{GS} = 0$ fließt kein Strom. Der Transistor ist ein selbstsperrender Typ, für den nur der Anreicherungsbetrieb (d. h. Anreicherung des Kanals mit Ladungsträgern) möglich ist.

Die Funktion von JFET und MESFET ist ähnlich. Wie aus den Abb. 7.4/1b und c ersichtlich, ist bereits bei $U_{GS} = 0$ ein leitender Kanal zwischen Source und Drain vorhanden. Der für den Stromtransport verfügbare Kanalquerschnitt hängt von der Breite der Raumladungszone unter dem Gate ab und läßt sich folglich durch U_{GS} einstellen, Wählt man U_{GS} zunehmend negativer, dann vergrößert sich die Raumladungszone, der Kanalquerschnitt wird kleiner und der Kanalstrom I_D nimmt — bei vorgegebenem U_{DS} — (vgl. Abb. 7.4/5) ab. Erreicht U_{GS} die Abschnürspannung U_T, so wird der Kanal vollständig abgeschnürt, und I_D wird Null. Bei diesen Transistoren handelt es sich um selbstleitende Typen, für die Verarmungsbetrieb üblich ist.

Für ein gegebenes U_{GS} ($U_T < U_{GS} < 0$) wächst der Kanalstrom I_D zunächst proportional mit U_{DS}, solange die Breite der Raumladungszone im Kanal annähernd konstant ist (s. Abb. 7.4/1). Bei größeren U_{DS} nimmt die Breite der Raumladungszone in Richtung Drain zu, so daß dort der Kanalquerschnitt entsprechend abnimmt. Da der Kanalstrom unabhängig vom Ort ist, muß die Driftgeschwindigkeit der Ladungsträger in Richtung Drain zunehmen. Wie beim MOSFET erreichen die Ladungsträger für $U_{DS} = U_{D\,sat}$ an der Drainseite des Kanals ihre Sättigungsgeschwindigkeit. I_D kann nicht weiter mit U_{DS} anwachsen und wird folglich unabhängig von U_{DS}.

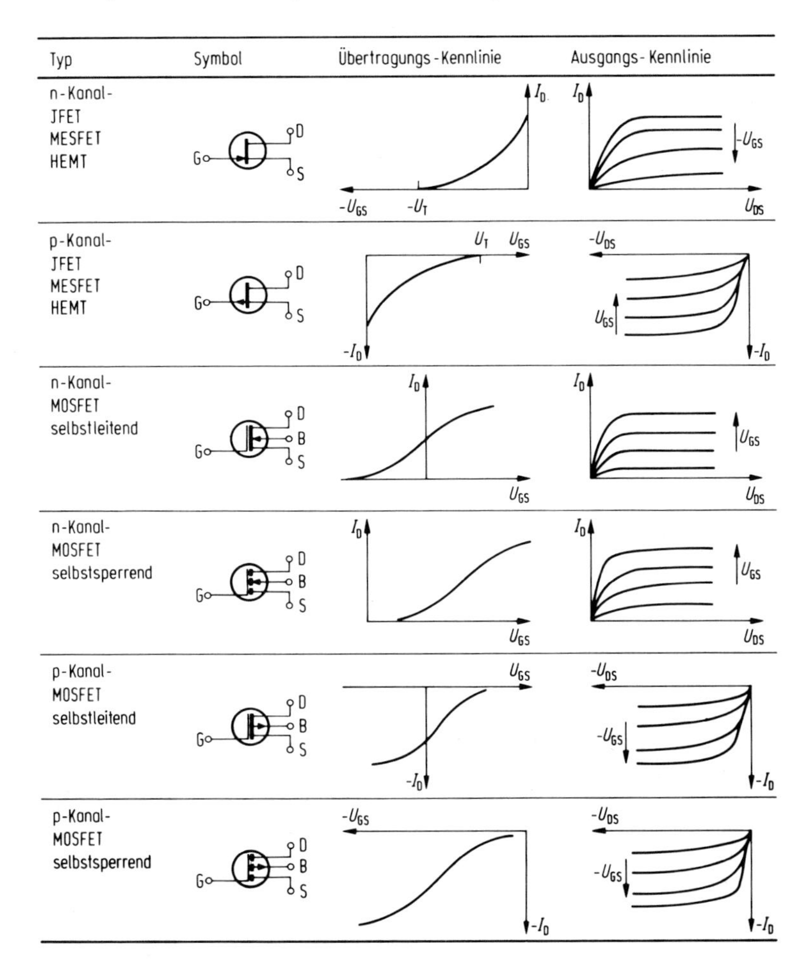

Abb. 7.4/5. Übersicht über FET-Typen

Die Funktion des HEMT beruht darauf, daß ein Material mit großem Bandabstand (z. B. $Ga_xAl_{1-x}As$) mit einem Material mit geringerem Bandabstand (z. B. GaAs) kombiniert wird (s. Abb. 7.4/6). An der Grenzfläche der Materialien entsteht dadurch ein Energiesprung im Leitungsbanddiagramm. Die Leitungselektronen aus

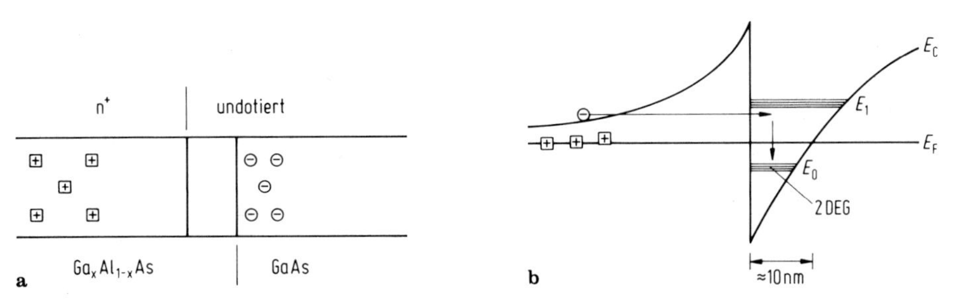

Abb. 7.4/6. a Schichtstruktur; **b** Leitungsbanddiagramm für einen n-Kanal HEMT (⊞ ionisiertes Dotierungsatom, ⊖ Leitungselektron)

dem n^+-dotierten $Ga_xAl_{1-x}As$ sind bestrebt, möglichst niedrige energetische Zustände einzunehmen. Dies ist möglich, indem sie sich in dem annähernd dreiecksförmigen Potentialtopf sammeln, der an der Grenzfläche $Ga_xAl_{1-x}As/GaAs$ im undotierten GaAs gebildet wird. Der Potentialtopf wird vom Sprung in der Leitungsbandkante sowie durch die Bandverbiegung im undotierten GaAs begrenzt. Die Bandverbiegung kommt durch die hohen internen elektrischen Felder zustande, die sich infolge der räumlichen Trennung von ionisierten Dotierungsatomen und freien Leitungselektronen aufbauen. Im Potentialtopf liegt das Fermi-Niveau E_F oberhalb der Leitungsbandkante E_c, so daß sich dort eine ca. 10 nm dicke, quasi zweidimensionale Elektronenschicht ausbilden kann. Die Elektronen sind wegen des engen Potentialtopfes in ihrer Bewegung in der Richtung senkrecht zur Grenzfläche stark eingeschränkt und können daher nur diskrete Energieniveaus einnehmen. Obwohl das GaAs undotiert ist, entsteht dort im Bereich des sog. zweidimensionalen Elektronengases (2DEG) eine hohe Elektronendichte. Die Leitungselektronen sind von ihren Donatoren räumlich getrennt und können sich daher parallel zur Grenzfläche nahezu ohne Kollisionen mit sehr hoher Beweglichkeit und Geschwindigkeit bewegen.

Bei den anderen FET-Typen dagegen stammen die Leitungselektronen von den im Kanal selbst vorhandenen Dotierungsatomen, die infolge der von diesen verursachten Störstellenstreuung [63] die Elektronenbewegung beeinträchtigen. Um auch die Streuung durch direkt an der Grenzfläche liegende Dotierstoffatome auszuschließen, wird beim HEMT eine undotierte $Ga_xAl_{1-x}As$-Abstandsschicht eingefügt (Abb. 7.4/6a). Im zweidimensionalen Elektronengas reduzieren sich so die Streuprozesse auf die thermisch bedingten Gitterstreuungen. Demzufolge wird mit abnehmender Temperatur des HEMTs i. allg. eine deutliche Verbesserung der Schaltungseigenschaften beobachtet [183, 184].

Anders als beim MESFET, bei dem durch die Gatespannung die Weite der Raumladungszone und über diese die Kanaldicke gesteuert wird, beeinflußt die Gatespannung beim HEMT die Lage des Fermi-Niveaus in Relation zum Minimum des Potentialtopfes. Durch die Gatespannung wird so die Anzahl der Leitungselektronen im zweidimensionalen Elektronengas gesteuert. Bei hinreichend negativer Gatespannung z. B. liegt das Fermi-Niveau unterhalb des Minimums des Potentialtopfes. Der Kanal ist gesperrt, da dann im Potentialtopf keine freien Elektronen mehr vorhanden sind.

In ähnlicher Weise wie bei den anderen FET-Typen wächst I_D beim normal betriebenen HEMT mit U_{DS}, weil die Driftgeschwindigkeit der Leitungselektronen mit U_{DS} zunimmt. Ebenso erreichen die Ladungsträger bei einem gewissen Spannungswert $U_{DS} = U_{D\,sat}$ die Driftsättigungsgeschwindigkeit an der Drainseite des Kanals, so daß I_D mit U_{DS} nicht weiter anwachsen kann.

Trotz der unterschiedlichen Bauelementestrukturen erfolgt der Ladungsträgertransport im Kanal bei allen FETs nach den gleichen Prinzipien. Daher sind die Ausgangskennlinienformen aller FETs ähnlich.

Zusätzlich zu den in Abb. 7.4/1 beschriebenen n-Kanal-Transistoren gibt es die entsprechenden p-Kanal-Typen sowie selbstleitende MOS-Transistoren. Die Schaltsymbole, Übertragungs- und Ausgangskennlinien dieser FETs sind in Abb. 7.4/5 dargestellt. Die Kennlinien der FETs lassen sich näherungsweise durch die folgenden Gleichungen [119, 120] beschreiben:

Im Ohmschen Bereich besteht für kleine Spannungen $U_{DS} \ll U_{D\,sat} = U_{GS} - U_T$ annähernd ein linearer Zusammenhang zwischen I_D und U_{DS}:

$$I_D \approx -2I_{DSS}\left(1 - \frac{U_{GS}}{U_T}\right)\frac{U_{DS}}{U_T}. \qquad (7.4/1a)$$

Dabei bedeutet I_{DSS} den Kurzschlußstrom bei $U_{GS} = 0$ für selbstleitende FETs bzw, bei $U_{GS} = 2U_T$ für selbstsperrende FETs. Der sogenannte Einschaltwiderstand R_{on} ergibt sich aus Gl. (7.4/1a) zu:

$$R_{on} = \left.\frac{\Delta U_{DS}}{\Delta I_D}\right|_{U_{GS}=\text{const}} = \frac{U_T^2}{|2I_{DSS}(U_T - U_{GS})|}\,.$$

R_{on} läßt sich über U_{GS} mit sehr geringem Leistungsbedarf in weiten Grenzen ändern, so daß FETs u. a. als steuerbare Widerstände und Schalter Anwendung finden können. Im Übergangsbereich $U_{DS} \lessapprox U_{D\,sat} = U_{GS} - U_T$ gilt näherungsweise

$$I_D = I_{DSS}\left[-2\left(1 - \frac{U_{GS}}{U_T}\right)\frac{U_{DS}}{U_T} - \left(\frac{U_{DS}}{U_T}\right)^2\right]. \tag{7.4/1b}$$

Im Sättigungsbereich $U_{DS} \gtreqless U_{D\,sat} = U_{GS} - U_T$ ist I_D unabhängig von U_{DS}: Es gilt näherungsweise

$$I_D = I_{DSS}\left(1 - \frac{U_{GS}}{U_T}\right)^2. \tag{7.4/1c}$$

In der Sättigung betriebene FETs lassen sich u. a. als Konstantstromquellen einsetzen.

In obige Gleichungen sind U_{GS}, U_T, U_{DS} und I_{DSS} jeweils mit den richtigen Vorzeichen einzusetzen (s. Abb. 7.4/5).

Abweichend von Gl. (7.4/1c) wird in Wirklichkeit der Drainstrom bei $U_{GS} = U_T$ zwar klein, aber nicht null. Deswegen ist es z. B. üblich, die Schwellen- bzw. Abschnürspannung als den Wert von U_{GS} zu definieren, bei dem sich ein vorgegebener kleiner Drainstrom im μA-Bereich einstellt. Ebenfalls gebräuchlich ist es, $\sqrt{I_D}$ als Funktion von U_{GS} aufzuzeichnen und die dabei entstehende Gerade auf den Strom $I_D = 0$ zu extrapolieren.

Abweichend von Gl. (7.4/1c) besitzen FETs endliche Ausgangswiderstände, so daß die Ausgangskennlinien in Wirklichkeit eine endliche Neigung haben. I_D hängt daher auch im Sättigungsbereich etwas von U_{DS} ab. Mit wachsendem I_D nimmt die Neigung der Ausgangskennlinien schwach zu.

7.4.1.3 Temperaturverhalten. Abbildung 7.4/7 zeigt die Übertragungskennlinie eines Si-JFET bei verschiedenen Temperaturen. Bei großen Drainströmen nimmt I_D mit wachsender Temperatur ab, bei kleinen Drainströmen dagegen zu. Dazwischen gibt es

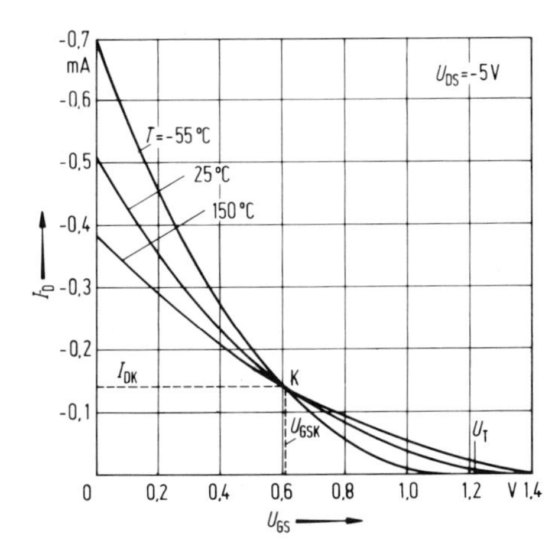

Abb. 7.4/7. Übertragungskennlinien eines selbstleitenden p-Kanal Si-JFET bei verschiedenen Temperaturen

einen Arbeitspunkt K, in dem I_D temperaturunabhängig ist. Die Gate-Source-Spannung U_{GSK} und der Drainstrom I_{DK} betragen dort etwa [97],

$$|U_{GSK}| \approx |U_T| - 0{,}63\ \mathrm{V}$$

$$|I_{DK}| \approx |I_{DSS}| \left(\frac{0{,}63}{U_T/V}\right)^2 = 0{,}4 \frac{|I_{DSS}|}{(U_T/V)^2}\,. \tag{7.4/2}$$

I_{DK} ist meistens sehr klein, so daß FETs in diesem Arbeitspunkt eine geringe Steilheit besitzen. Um höhere Verstärkungen zu erzielen, werden FETs bei der Mehrzahl der Verstärkeranwendungen bei Drainströmen oberhalb von I_{DK} betrieben. Dort liegt ein negativer Temperaturkoeffizient des Drainstromes vor, so daß FETs – im Gegensatz zu bipolaren Transistoren — bei den üblichen Anwendungen thermisch stabil sind. Die Abnahme von I_D mit der Temperatur führt nämlich zu einer Verringerung der Verlustleistung.

Die Gatesperrströme von FETs sind zwar stark temperaturabhängig, aber i. allg. so gering, daß sie bei Hochfrequenzanwendungen nicht berücksichtigt zu werden brauchen.

7.4.1.4 Aussteuerbereich. Beim Einsatz von FETs dürfen bestimmte Grenzwerte nicht überschritten werden, weil der FET sonst zerstört werden könnte. In Datenblättern sind üblicherweise die Grenzwerte des Drainstromes $I_{D\,max}$, der Gate-Source-Spannung $U_{GS\,max}$, der Gate-Drain-Spannung $U_{GD\,max}$ und der Verlustleistung P_{max} angegeben. P_{max} hängt von der zulässigen Kanaltemperatur T_K (Si: $\approx 150\,°\mathrm{C}$, GaAs: $\approx 300\,°\mathrm{C}$), der Umgebungstemperatur T_U und dem Wärmewiderstand R_{th} zwischen Kanal und Umgebung wie folgt ab:

$$P_{max} = U_{DS} \cdot I_D = \frac{T_K - T_U}{R_{th}}\,. \tag{7.4/3}$$

Im normalen FET-Betrieb liegt die größte Sperrspannung an der Gate-Drain-Strecke an. Bei der Schaltungsdimensionierung ist u. a. darauf zu achten, daß auch bei maximaler Aussteuerung die folgende Grenzbedingung eingehalten wird:

$$|U_{GD\,max}| < |U_{GS} + u_{GS}| + |U_{DS} + u_{DS}|\,. \tag{7.4/4}$$

Abbildung 7.4/8 beschreibt den bei Verstärkeranwendungen interessierenden linearen Aussteuerbereich von FETs. Dieser wird durch die Grenzwerte $I_{D\,max}$, $U_{DS\,max}$ und P_{max} eingeschränkt. Darüber hinaus sind Arbeitspunkt, Lastkennlinie und Aussteuerung so festzulegen, daß $|U_{DS} + u_{DS}| > |U_{D\,sat}|$ und $|I_D + i_d| > 0$ mit Sicherheitsabstand eingehalten werden, weil sonst starke Verzerrungen auftreten.

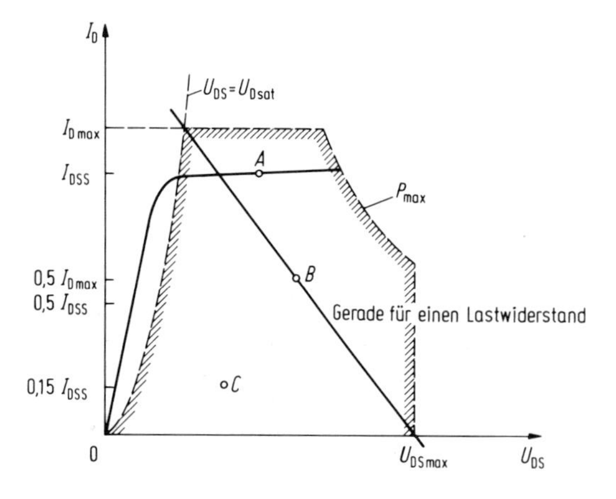

Abb. 7.4/8. Linearer Aussteuerbereich von FETs. Typische Werte von $I_{DSS}/U_{DS\,max}$ sind für Si-Kleinsignal-FETs 1 bis 50 mA/20 bis 50 V (GaAs 50 mA/10 V) und für Si-Leistungs-FETs 0,5 bis 5 A/30 bis 100 V (GaAs 0,5 bis 5 A/20 V)

Je nach Anwendung ist der Arbeitspunkt unterschiedlich einzustellen. Der Arbeitspunkt A liefert hohe Verstärkung. Die zulässige Aussteuerung ist jedoch gering. Der Arbeitspunkt B erlaubt dagegen wesentlich größere Aussteuerungen und dementsprechend hohe Ausgangsleistungen. Die Verstärkung ist allerdings niedriger als im Arbeitspunkt A. Die Verzerrungen sind gering. Si-FETs weisen im Arbeitspunkt A, GaAs-MESFETs dagegen im Arbeitspunkt C minimales Rauschen auf (Abschn. 7.4.2). Bei HEMTs liegt der Arbeitspunkt für minimales Rauschen zwischen den Arbeitspunkten B und C.

7.4.2. Kleinsignal-FET

7.4.2.1 Arbeitspunkteinstellung. Bei der Herstellung von FETs treten Exemplarstreuungen auf. In Abb. 7.4/9d ist ein Beispiel für den Streubereich der Übertragungskennlinien wiedergegeben. Bei der Realisierung von Schaltungen ist es wünschenswert, die Ruhewerte von I_D und U_{DS} möglichst unabhängig von Exemplarstreuungen, Alterung und Temperaturschwankungen festzulegen.

Abbildung 7.4/9 zeigt am Beispiel eines n-Kanal-Sperrschicht-FET drei gebräuchliche Schaltungen zur Arbeitspunkteinstellung. Die drei Schaltungen eignen sich allgemein für n- und p-Kanal-Verarmungstypen. Für p-Kanal-Transistoren ist lediglich die Polarität der Spannungen zu vertauschen. Die Dimensionierung der Versorgungsnetzwerke ist einfach, da i. allg. der Gatestrom gegenüber den anderen Netzwerkströmen vernachlässigt werden kann.

Die Schaltung nach Abb. 7.4/9a benötigt zwei Spannungsquellen unterschiedlicher Polarität. Der Arbeitspunkt A in Abb. 7.4/9d ergibt sich aus dem Schnittpunkt der Widerstandsgeraden a mit der Übertragungskennlinie. Infolge der Exemplarstreuungen kann I_D um einen relativ großen Betrag ΔI_{Da} schwanken. Diese Art der Arbeitspunkteinstellung hat jedoch bei Höchstfrequenzanwendungen den Vorteil,

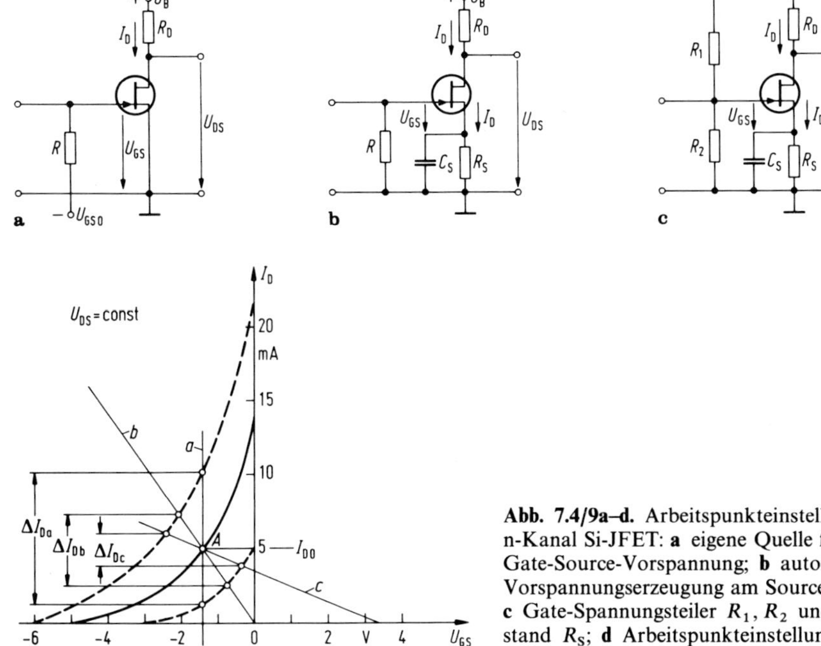

Abb. 7.4/9a–d. Arbeitspunkteinstellung für einen n-Kanal Si-JFET: **a** eigene Quelle für die negative Gate-Source-Vorspannung; **b** automatische Gate-Vorspannungserzeugung am Sourcewiderstand R_S; **c** Gate-Spannungsteiler R_1, R_2 und Sourcewiderstand R_S; **d** Arbeitspunkteinstellung im Übertragungskennlinienfeld

daß die Source sehr induktivitätsarm mit der Masse verbunden werden kann (Entwurfsbeispiel in Abschn. 9.1). Die Schaltung nach Abb. 7.4/9b kommt mit nur einer Spannungsquelle aus. Die Gate-Source-Vorspannung wird hier automatisch durch den Spannungsabfall an R_S erzeugt:

$$U_{GS} = -I_D R_S . \tag{7.4/5}$$

Damit die Wechselstromverstärkung nicht durch Gegenkopplung verringert wird, ist R_S durch die Kapazität C_s wechselstrommäßig überbrückt. Die von den Exemplarstreuungen herrührende maximale Schwankung ΔI_{Db} ist wesentlich kleiner als ΔI_{Da} und nimmt mit wachsendem R_S ab. Dadurch wird jedoch I_D zwangsläufig kleiner. Im Gegensatz dazu liegt diese Abhängigkeit zwischen I_D, ΔI_D und R_s bei der Schaltung nach Abb. 7.4/9c nicht vor. Über den Spannungsteiler aus R_1 und R_2 liegt eine positive Spannung am Gate an, so daß für U_{GS} gilt:

$$U_{GS} = \frac{R_2}{R_1 + R_2} U_B - I_D R_S . \tag{7.4/6}$$

Die Schaltung nach Abb. 7.4/9c eignet sich im Gegensatz zu den beiden anderen Schaltungen auch für Anreicherungstypen.

Die Dimensionierung der Stromversorgungsnetzwerke erfolgt unter Verwendung von Gl. (7.4/5) bzw. Gl. (7.4/6) und der Kennliniengleichung (7.4/1c).

7.4.2.2 Kleinsignalersatzschaltung. Abbildung 7.4/10 zeigt ein Kleinsignalersatzschaltbild für FETs in Sourceschaltung, das für Frequenzen bis etwa $f_T/3 \approx S/20C_{GS}$ (Abschn. 7.4.2.4) verwendet werden kann. Das Ersatzschaltbild ergibt sich aus dem physikalischen Aufbau des FET. Die Eingangskapazität wird hier durch die sogenannte Kanalkapazität gebildet. Diese setzt sich zusammen aus der Kapazität des Gate gegenüber Source (C_{GS}) und Drain (C_{GD}). Die Rückwirkung vom Ausgang auf den Eingang rührt von C_{GD} her.

Der Verstärkungsmechanismus wird durch die spannungsgesteuerte Stromquelle mit der Steilheit S beschrieben. Aus Gl. (7.4/1c) ergibt sich

$$S = \left.\frac{\partial I_D}{\partial U_{GS}}\right|_{U_{DS}=\text{const}} = \frac{2I_{DSS}}{U_T}\left(\frac{U_{GS}}{U_T} - 1\right) = \frac{2}{|U_T|}\sqrt{I_{DSS} \cdot I_D} . \tag{7.4/7}$$

S steigt mit der Wurzel aus I_D. Bei FETs vom Verarmungstyp beträgt die maximale Steilheit

$$S_{max} = \frac{2}{|U_T|} I_{DSS} . \tag{7.4/8}$$

Das nichtideale Verhalten der Stromquelle, das die endliche Neigung der Ausgangskennlinien zur Folge hat, wird durch r_{DS} berücksichtigt. C_{DS} beschreibt die Streukapazität zwischen Drain und Source.

In Tab. 7.4/2 sind typische Werte für die Ersatzschaltbildelemente eines n-Kanal-Si-JFET (2N 4416) für HF-Anwendungen aufgeführt. Die angegebenen Werte sind auch für HF-MOSFETs – C_{GD} ausgenommen – typisch. C_{GD} läßt sich bei MOSFETs durch unsymmetrische Gateanordnung auf etwa 0,1 pF verringern.

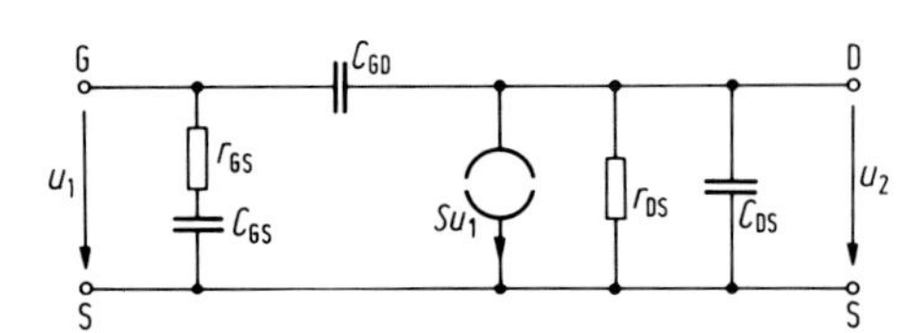

Abb. 7.4/10. Vereinfachte Kleinsignalersatzschaltung für einen FET in Sourceschaltung

Tabelle 7.4/2. Typische Werte für die Ersatzschaltbildelemente eines n-Kanal Si-JFET für HF-Anwendungen (2N 4416; $I_D = 15$ mA, $U_{DS} = 15$ V) (Abb. 7.4/10)

$C_{GS} = 3{,}2$ pF	$C_{GD} = 0{,}8$ pF	$C_{DS} = 1{,}2$ pF
$S = 7{,}5$ mS	$r_{DS} = 20$ KΩ	$r_{GS} = 20$ Ω

Bei Frequenzen oberhalb von etwa $f_T/3$ müssen weitere Ersatzschaltbildelemente vorgesehen werden. Abbildung 7.4/11a zeigt in einer räumlichen Darstellung für einen GaAs-MESFET, wo die Ersatzschaltbildelemente lokalisiert sind. Zusätzlich zu den Elementen in Abb. 7.4/10 sind die parasitären Zuleitungswiderstände R_S, R_G und R_D zwischen den Kontakten und dem inneren Transistor (gestrichelter Bereich unter dem Gate) vorhanden. Darüber hinaus berücksichtigt r_{GS} die durch den zu C_{GS} gehörigen Bahnwiderstand verursachten Verluste. Nur die Teilspannung u, die infolge der Eingangsspannung u_1 an C_{GS} abfällt, ist bei der Stromquelle als Steuergröße wirksam. Abbildung 7.4/11b zeigt das Ersastzschaltbild in der üblichen schaltungstechnischen Darstellung. Für einen GaAs-MESFET-Chip mit 1 μm Gatelänge sind typische Elementewerte (CFY 10, Siemens AG; [98]) in Tab. 7.4/3 angegeben. Bei vergleichbarer Stromaufnahme sind die Kapazitäten im Vergleich zu Si-FETs um ca. eine Zehnerpotenz geringer. Die Steilheit S ist um ca. einen Faktor 4 größer, der Ausgangswiderstand r_{DS} jedoch erheblich geringer. Tabelle 7.4/4 zeigt die entsprechenden Elementewerte für einen 0,4-μm-HEMT (CFY 65, Siemens AG). Bei gleicher Stromaufnahme ist die Steilheit um den Faktor 1,5 größer, die Kapazitäten gleichzeitig jedoch um denselben Faktor geringer als beim 1-μm-GaAs-MESFET. Die parasitären Bahnwiderstände sind beim HEMT ebenfalls erheblich geringer.

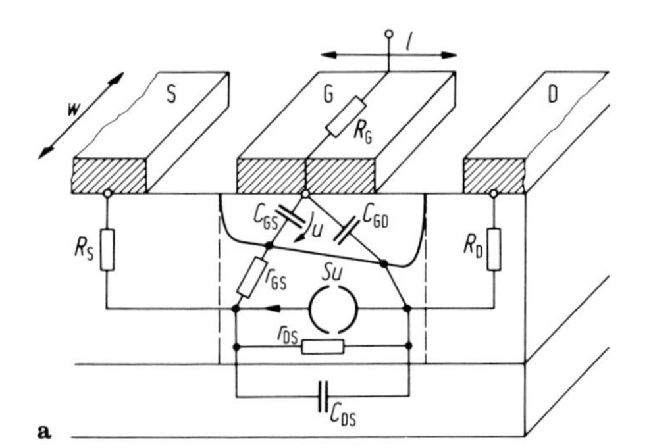

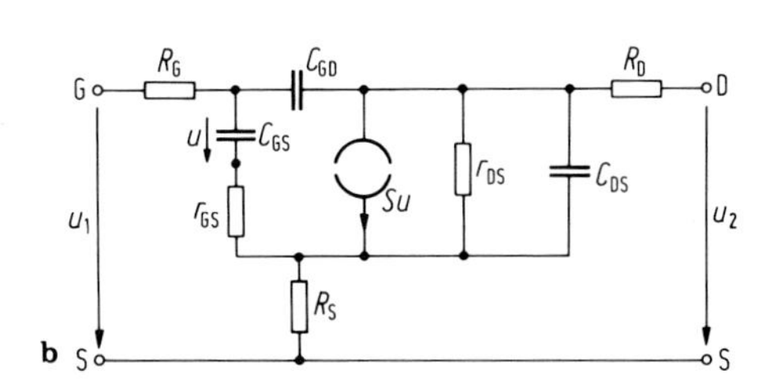

Abb.7.4/11a u. b. Vollständiges Kleinsignalersatzschaltbild für einen FET: **a** räumliche Darstellung eines MESFET mit Ersatzschaltbildelementen; **b** Ersatzschaltbild für Sourceschaltung

Tabelle 7.4/3. Typische Werte für die Ersatzschaltbildelemente eines GaAs-MESFET (CFY 10, Siemens AG, [98]; $I_D = 10$ mA, $U_{DS} = 4$ V)

$C_{GS} = 0{,}45$ pF	$C_{GD} = 0{,}03$ pF	$C_{DS} = 0{,}12$ pF
$S = S_0\, e^{j\omega\tau_0}$	$S_0 = 38$ mS	$\tau_0 = 5$ ps
	$R_G = R_S = R_D = r_{GS} = 4{,}5\,\Omega$	$r_{DS} = 750\,\Omega$

Tabelle 7.4/4. Typische Werte für die Ersatzschaltbildelemente eines $Ga_xAl_{1-x}As$/GaAs-HEMT (CFY 65, Siemens AG; $I_D = 10$ mA, $U_{DS} = 2$ V)

$C_{GS} = 0{,}29$ pF	$C_{GD} = 0{,}025$ pF	$C_{DS} = 0{,}06$ pF
$S = S_0\, e^{j\omega\tau_0}$	$S_0 = 59$ mS	$\tau_0 = 1{,}9$ ps
	$R_G \approx R_S \approx R_D \approx r_{GS} \approx 1{,}7\,\Omega$	$r_{DS} = 300\,\Omega$

Zur Beschreibung der Eigenschaften von Chips in Schaltungen muß die Abb. 7.4/11b durch Bonddrahtinduktivitäten an den Transistoranschlüssen ergänzt werden (typisch ist $L_G \approx L_D \approx 0{,}3$ nH, $L_S \approx 0{,}05$ nH). Das Höchstfrequenzersatzschaltbild des im Gehäuse eingebauten FET ist durch die vorhandenen weiteren Induktivitäten und Kapazitäten recht kompliziert [99].

7.4.2.3 Grundschaltungen. Wie beim bipolaren Transistor sind auch beim FET drei Grundschaltungen möglich. Nach der Elektrode, die dem Ein- und Ausgang der Schaltung angehört, unterscheidet man Source-, Gate- und Drainschaltung. Die Sourceschaltung entspricht beim Bipolartransistor der Emitterschaltung, die Gateschaltung der Basisschaltung und die Drainschaltung der Kollektorschaltung. Für die Grundschaltungen werden im folgenden jeweils Näherungen für die Y-Parameter sowie für die Betriebswerte der Spannungsverstärkung $V_u = u_2/u_1$, der Stromverstärkung $V_i = i_2/i_1$, des Eingangsleitwertes $Y_1 = i_1/u_1$ und des Ausgangsleitwertes $Y_2 = i_2/u_2$ angegeben. Dabei wird jeweils $\omega C_{GS} r_{GS} \ll 1$, $C_{GS} \gg C_{GD}$, $C_{GS} \gg C_{DS}$ und $S \gg g_{DS}$ angenommen. Die Niederfrequenzwerte der Schaltungsgrößen V_u, V_i, Y_1 und Y_2 werden mit dem Index NF bezeichnet.

Von den drei Grundschaltungen wird die Sourceschaltung am häufigsten verwendet, weil sie die größte Leistungsverstärkung aufweist.

Sourceschaltung

Abbildung 7.4/12 zeigt das vereinfachte Kleinsignalersatzschaltbild für die Sourceschaltung mit Steuergenerator und Lastwiderstand $(1/Y_L)$. Die $\boldsymbol{Y}$-Matrix, V_u, V_i, Y_1 und Y_2 sind näherungsweise gegeben durch:

$$[\boldsymbol{Y}] = \begin{bmatrix} y_{11} & y_{12} \\ y_{21} & y_{22} \end{bmatrix} \approx \begin{bmatrix} \omega^2 C_{GS}^2 r_{GS} + j\omega C_{GS} & -j\omega C_{GD} \\ S & g_{DS} + j\omega(C_{DS} + C_{DG}) \end{bmatrix} \qquad (7.4/9)$$

$$V_u \approx -\frac{S}{g_{DS} + j\omega(C_{DS} + C_{DG}) + Y_L}; \qquad V_{uNF} \approx -\frac{S}{g_{DS} + G_L} \qquad (7.4/10)$$

$$V_i \approx \frac{S}{j\omega[C_{GS} + C_{GD}(1 - V_u)]}; \quad V_{iNF} \gg 1 \qquad (7.4/11)$$

$$Y_1 \approx \omega^2 C_{GS}^2 r_{GS} + j\omega[C_{GS} + C_{GD}(1 - V_u)]; \qquad Y_{1NF} \approx 0 \qquad (7.4/12)$$

$$Y_2 \approx g_{DS} + j\omega(C_{DS} + C_{GD}) + \frac{j\omega C_{GD} S}{j\omega C_{GS} + Y_L}; \qquad Y_{2NF} \approx g_{DS} \qquad (7.4/13)$$

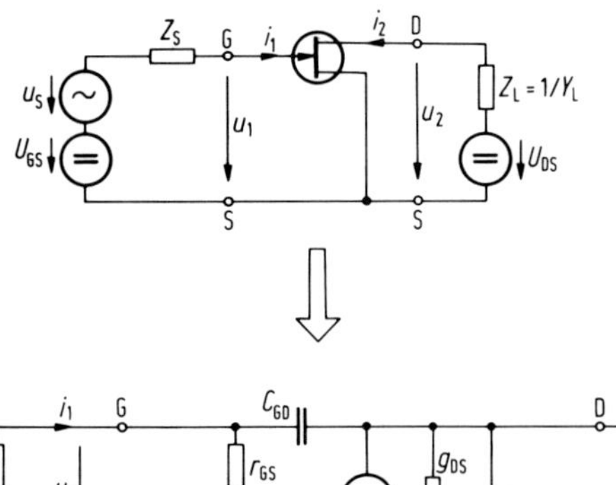

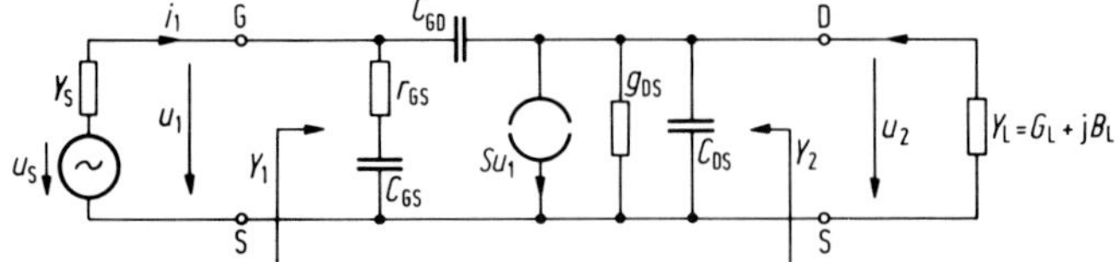

Abb. 7.4/12. Ersatzschaltbild zur Beschreibung des Betriebsverhaltens eines FET in Sourceschaltung

Die Sourceschaltung besitzt eine große Spannungsverstärkung ($10 \lesssim |V_u| \lesssim 30$). Das Minuszeichen in Gl. (7.4/10) besagt, daß bei niedrigen Frequenzen zwischen Eingangs- und Ausgangsspannung eine Phasendrehung von 180° besteht. Die hohe Stromverstärkung V_i fällt proportional zu $1/f$. Der Eingangswiderstand $1/Y_1$ ist kapazitiv und hochohmig.

Wie bei bipolaren Transistoren tritt auch beim FET der Miller-Effekt auf: Die Rückwirkungskapazität C_{GD} erscheint am Eingang um den Faktor $(1 - V_u)$ vergrößert ($V_u < 0$), siehe Gl. (7.4/12). Der Ausgangswiderstand $1/Y_2$ besitzt mittlere Werte ($\approx r_{DS}$ parallel $j/\omega C_{DS}$).

Gateschaltung

In Abb. 7.4/13 ist das Ersatzschaltbild der Gateschaltung dargestellt. Die $\boldsymbol{Y}$-Matrix, V_u, V_i, Y_1 und Y_2 betragen näherungsweise

$$\boldsymbol{Y} \approx \begin{bmatrix} S + j\omega C_{GS} & -(g_{DS} + j\omega C_{DS}) \\ -S - j\omega C_{GS} & g_{DS} + j\omega(C_{DS} + C_{GD}) \end{bmatrix}; \qquad (7.4/14)$$

$$V_u \approx \frac{S + j\omega C_{GS}}{g_{DS} + j\omega(C_{DS} + C_{GD}) + Y_L}; \qquad V_{uNF} \approx \frac{S}{g_{DS} + G_L}; \qquad (7.4/15)$$

$$V_i \approx 1 \quad \text{für } |\omega C_{GS} Z_L| \ll 1; \qquad V_{iNF} \approx 1; \qquad (7.4/16)$$

$$Y_1 \approx S + g_{DS}(1 - V_u) + j\omega[C_{GS} + C_{DS}(1 - V_u)];$$

$$Y_{1NF} \approx S + g_{DS}(1 - V_u); \qquad (7.4/17)$$

$$Y_2 \approx g_{DS} + j\omega(C_{DS} + C_{GD}) + \frac{j\omega C_{GD} S}{j\omega C_{GS} + Y_s}; \qquad Y_{2NF} \approx g_{DS}. \qquad (7.4/18)$$

Die Gateschaltung weist eine hohe Spannungsverstärkung ($10 \lesssim V_u \lesssim 30$) auf, die ungefähr die der Sourceschaltung entspricht. Die Eingangs- und Ausgangsspannungen sind im Gegensatz zur Sourceschaltung bei niedrigen Frequenzen in Phase ($V_{uNF} > 0$).

Die Stromverstärkung ist $|V_i| < 1$. Der sehr niedrige Eingangswiderstand $1/Y_1$ ist von der Größenordnung $1/S$. Der Ausgangswiderstand $1/Y_2$ besitzt dagegen mittlere Werte ($\approx r_{DS}$ parallel $j/\omega C_{DS}$) und entspricht ungefähr dem Ausgangswiderstand der Sourceschaltung. Die Gateschaltung läßt sich folglich als Impedanzwandler einsetzen.

Da das Gate auf Masse liegt, ist eine gute Entkopplung zwischen Eingangs- und Ausgangskreis vorhanden. Wegen der geringen Rückwirkung ist i. allg. keine Neutralisation erforderlich, und die Gateschaltung weist demenstsprechend gute HF-Eigenschaften auf.

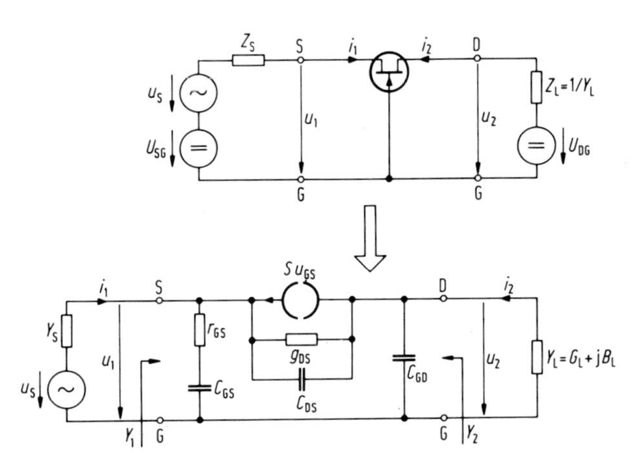

Abb. 7.4/13. Ersatzschaltbild zur Beschreibung des Betriebsverhaltens eines FET in Gateschaltung

Drainschaltung

Abbildung 7.4/14 zeigt das Ersatzschaltbild der Drainschaltung. Die $\boldsymbol{Y}$-Matrix, V_u, V_i, Y_1 und Y_2 ergeben sich näherungsweise zu

$$\boldsymbol{Y} \approx \begin{bmatrix} \omega^2 C_{GS}^2 r_{GS} + j\omega C_{GS} & -j\omega C_{GS} \\ -(S + j\omega C_{GS}) & S + j\omega C_{GS} \end{bmatrix}; \tag{7.4/19}$$

$$V_u \approx \frac{S + j\omega C_{GS}}{S + j\omega C_{GS} + Y_L}; \quad |V_u| \lesssim 1; \qquad V_{uNF} \approx \frac{S}{S + G_L}; \tag{7.4/20}$$

$$V_i \approx \frac{S + j\omega C_{GS}}{j\omega C_{GS}} \quad \text{für} \quad \begin{matrix} |\omega C_{GS} Z_L| \ll 1 \\ |Z_L g_{DS}| \ll 1; \end{matrix} \qquad V_{iNF} \gg 1; \tag{7.4/21}$$

$$Y_1 \approx \omega^2 C_{GS}^2 r_{GS} + j\omega C_{GD}: \qquad Y_{1NF} \approx 0; \tag{7.4/22}$$

$$Y_2 \approx g_{DS} + (S + j\omega C_{GS})\left[1 - \frac{j\omega C_{GS}}{j\omega C_{GS} + Y_S}\right]; \qquad Y_{2NF} \approx S \ldots g_{DS}. \tag{7.4/23}$$

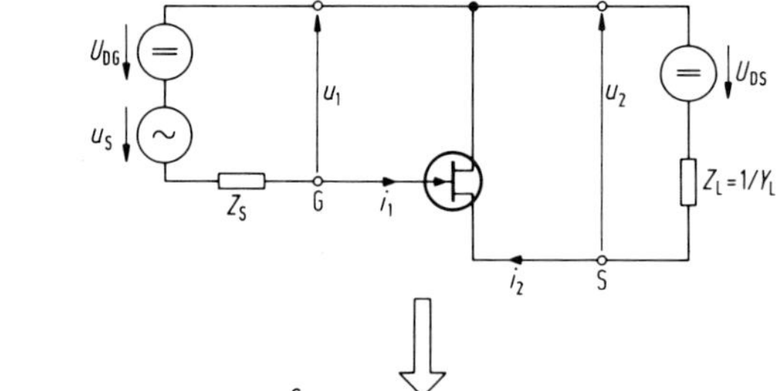

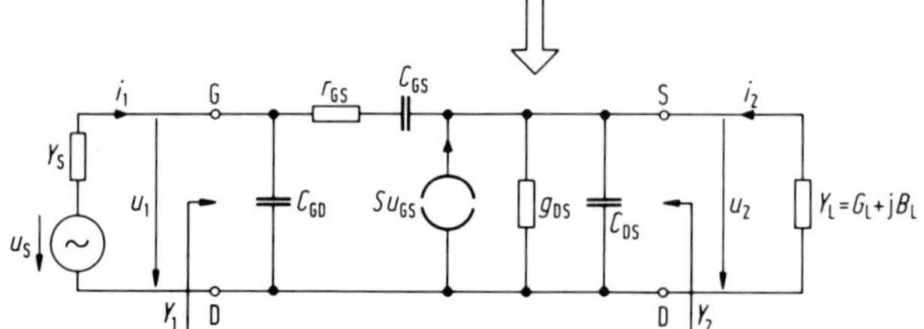

Abb. 7.4/14. Ersatzschaltbild zur Berschreibung des Betriebsverhaltens eines FET in Drainschaltung

Die Drainschaltung besitzt eine Spannungsverstärkung $|V_u| \lesssim 1$. Eingangs- und Ausgangsspannung sind bei niedrigen Frequenzen gleichphasig ($V_{uNF} > 0$). Die Stromverstärkung V_1 ist hoch und fällt proportional zu $1/f$. Der (kapazitive) Eingangswiderstand $1/Y_1$ ist sehr groß und für den häufig vorliegenden Grenzfall $|V_u| \approx 1$ von der Größenordnung $-j/\omega C_{GD}$. Die Drainschaltung besitzt also eine sehr geringe Eingangskapazität. Der Ausgangswiderstand $1/Y_2$ ist ähnlich niederohmig wie der Eingangswiderstand der Gateschaltung und liegt je nach Quellenwiderstand im Bereich von etwa $1/S$ bis $1/g_{DS}$. Die Drainschaltung wird hauptsächlich als Impedanzwandler eingesetzt.

7.4.2.4 Grenzfrequenz, Stabilität und Gewinn. Die Grenzfrequenz von Halbleiterbauelementen wird durch Laufzeiteffekte und RC-Zeitkonstanten bestimmt. Aufgrund der kurzen Laufzeit τ_0 der Ladungsträger unter dem Gate kann beim FET bis zu sehr hohen Frequenzen $f \lesssim f_s = 1/2\pi\tau_0$ mit dem NF-Wert S_0 der Steilheit gerechnet werden. Für S gilt:

$$S = S_0 e^{-j\omega\tau_0} \approx \frac{S_0}{1 + j\omega\tau_0} \tag{7.4/24}$$

Die Grenzfrequenz f_s, bei der die Steilheit auf $S_0/\sqrt{2}$ abgesunken ist, beträgt

$$f_s = \frac{1}{2\pi\tau_0}. \tag{7.4/25}$$

Bei der Grenzfrequenz f_T ist definitionsgemäß die Stromverstärkung auf 1 abgefallen. f_T ergibt sich zu

$$f_T = \frac{S_0}{2\pi C_{GS}} . \tag{7.4/26}$$

Bei der Grenzfrequenz f_{max} hat die Leistungsverstärkung den Wert 1. f_{max} berechnet sich zu [100]

$$f_{max} \approx \frac{1}{4\pi\sqrt{R_S C_{GD} \tau_0 + \frac{C_{GD}}{S_0} R_G C_{GS} + \left(\frac{C_{GS}}{S_0}\right)^2 \frac{R_G + R_S + r_{GS}}{r_{DS}}}} . \tag{7.4/27}$$

Die Grenzfrequenzen können durch Verkleinerung der Gatelänge sowie der parasitären Kapazitäten und Widerstände erhöht werden.

Im folgenden werden für den FET Näherungen [100] für das Stabilitätsverhalten und den Gewinn (Definition siehe Abschn. 9.1) angegeben. Dabei wird jeweils $f < 1/2\pi\tau_0$, $R_G + R_S + R_D \ll r_{DS}$, $C_{GD} \ll C_{GS}$ und $S_0 R_S \ll 1$ vorausgesetzt (Abb. 7.4/11).

Der Stabilitätsfaktor k wächst proportional zur Frequenz f:

$$k(f) \approx \frac{f}{f_k} . \tag{7.4/28}$$

Der FET ist für Frequenzen $f > f_k$ wegen $k > 1$ absolut stabil.

$$f_k \approx \frac{1}{2\pi\left[C_{GS}(2R_G + R_S) + \tau_0 + \frac{C_{GD}}{S_0} + \frac{C_{GS}^2}{S_0 C_{GD}} \frac{(R_G + R_S + r_{GS})}{r_{DS}}\right]} \tag{7.4/29}$$

Der maximale stabile Gewinn MSG ergibt sich zu

$$\mathrm{MSG}(f) = \frac{S}{2\pi f C_{GD}} . \tag{7.4/30}$$

MSG fällt mit der Frequenz mit 3 dB/Oktave. Der maximal verfügbare Gewinn MAG läßt sich aus den Gln. (7.4/9), (9.1/95) und (7.4/28) berechnen zu

$$\mathrm{MAG}(f) \approx \frac{S}{2\pi f C_{GD}}\left[\frac{f}{f_k} - \sqrt{\left(\frac{f}{f_k}\right)^2 - 1}\right] . \tag{7.4/31}$$

Der unilaterale Gewinn U beträgt:

$$U(f) \approx \left(\frac{f_{max}}{f}\right)^2 , \tag{7.4/32}$$

U fällt mit 6 dB/Oktave.

Beispiel:
Mit den Werten für die Ersatzschaltbildelemente aus Tab. 7.4/3 erhält man für den GaAs-MESFET mit 1 μm Gatelänge:

$$f_s = 31{,}8\ \mathrm{GHz}, \quad f_T = 13{,}4\ \mathrm{GHz}, \quad f_{max} \approx 36{,}3\ \mathrm{GHz}, \quad f_k \approx 10{,}6\ \mathrm{GHz} ,$$

$$k \approx \frac{f/\mathrm{GHz}}{10{,}6}, \quad \mathrm{MSG} \approx \frac{202}{f/\mathrm{GHz}}, \quad U \approx \left(\frac{36{,}3}{f/\mathrm{GHz}}\right)^2 .$$

Der Vergleich mit der exakten Rechnung (Abb. 9.1/49 und Abb. 9.1/52) ergibt gute Übereinstimmung.

7.4.2.5 Dual-Gate-FET. Ein Dual-Gate-FET (DG-FET oder Tetrode) [34, 101] besitzt zwei getrennt herausgeführte Gates zwischen Source und Drain. Das Gebiet zwischen den beiden Gates kann als Drain eines ersten FET und gleichzeitig als Source für einen dazu in Serie geschalteten zweiten FET aufgefaßt werden. Aus dieser Vorstellung ergibt sich die in Abb. 7.4/15b gezeigte Kaskodeschaltung von zwei FET (Serienschaltung von Source- und Gateschaltung) als Schaltungsäquivalent für den DG-FET.

Sind die Kennlinieneigenschaften der beiden FETs bekannt, so kann man daraus die Gleichstromeigenschaften des DG-FET berechnen [102, 103]. Dabei wird davon Gebrauch gemacht, daß die Drainspannung U_{DS} des DG-FET der Summe der Drainspannungen der beiden FETs entspricht und diese vom selben Drainstrom durchflossen werden. Der Drainstrom hängt außer von U_{DS} von den Spannungen U_{GS1} und U_{GS2} an den beiden Gates ab.

Die Y-Parameter des DG-FET ergeben sich aus dem vereinfachten Ersatzschaltbild in Abb. 7.4/15c näherungsweise zu

$$y_{11} \approx \omega^2 C_{GS}^2 r_{GS} + j\omega\left[C_{GS} + \frac{SC_{GD}}{S + j\omega C_{GD}}\right]; \qquad y_{11NF} \approx j\omega C_{GS}; \tag{7.4/33}$$

$$y_{12} \approx -j\omega C_{GD}\frac{g_{DS}}{S + j\omega C_{GS}}; \qquad y_{12NF} \approx -j\omega C_{GD}\frac{g_{DS}}{S}; \tag{7.4/34}$$

$$y_{21} \approx \frac{S^2}{S + j\omega C_{GS}}; \qquad Y_{21NF} \approx S; \tag{7.4/35}$$

$$y_{22} \approx \frac{g_{DS}^2 + j\omega[C_{GD}S + C_{GS}g_{DS}]}{S + j\omega C_{GS}}; \qquad y_{22NF} \approx \frac{g_{DS}^2}{S}. \tag{7.4/36}$$

Dabei ist vereinfachend angenommen, daß die Werte der Ersatzschaltbildelemente von FET 1 und FET 2 übereinstimmen und daß gilt: $C_{GD} \ll C_{GS}$, $g_{DS} \ll S$, $\omega C_{DS} \ll g_{DS}$.

Einige wesentliche Vorteile von DG-FETs gegenüber Single-Gate-FETs lassen sich am einfachsten aus den NF-Näherungen erkennen. Der Miller-Effekt ist vernachlässigbar, weil der erste FET den niedrigen Eingangswiderstand der folgenden Gatestufe als Lastwiderstand besitzt. Die Spannungsverstärkung des ersten FET ist folglich niedrig, so daß die Eingangskapazität durch C_{GS} gegeben ist. Weiterhin sind sowohl die Rückwirkung als auch der Ausgangsleitwert um den Faktor g_{DS}/S gegenüber Single-Gate-FETs verringert. Deswegen sind mit DG-FETs höhere Gewinne

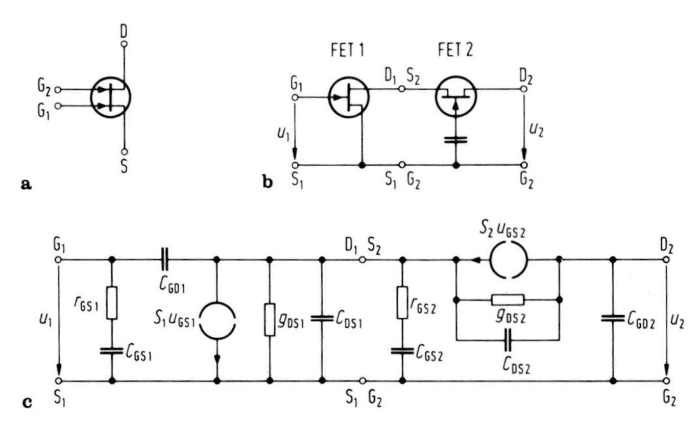

Abb. 7.4/15. a Schaltsymbol für einen Dual-Gate-FET; **b** Kaskodeschaltung für Dual-Gate-FET; **c** vereinfachte Kleinsignalersatzschaltung der Kaskodeschaltung b

erreichbar als mit Single-Gate-FETs. Die Rausch- und Großsignaleigenschaften von DG-FETs sind ebenfalls gut, so daß für diese vielfältige Einsatzmöglichkeiten [101] vorhanden sind, z. B. als regelbarer Verstärker, Mischer mit Konversionsgewinn, Phasenschieber oder schneller Analogschalter.

7.4.2.6 Rauschen von FETs. Abbildung 7.4/16 zeigt ein Rauschersatzschaltbild für einen FET [96, 104, 105], dem das Kleinsignalersatzschaltbild von Abb. 7.4/11b zugrunde gelegt ist. Zusätzlich zu den Rauschquellen des inneren Transistors (i_g, i_d) sind thermische Rauschquellen (e_g, e_s, e_d) aufgrund der parasitären Widerstände (R_G, R_S, R_D) vorhanden. i_g beschreibt das vom Kanal über die Kanalkapazität ($C_{GS} + C_{GD}$) in das Gate induzierte Rauschen und i_d das Kanalrauschen. Beim Kanal handelt es sich um einen stromdurchflossenen Widerstand, so daß thermisches Rauschen, Diffusionsrauschen und Generations-Rekombinations-Rauschen auftritt [104]. Die Rauschquellen i_g und i_d sind aufgrund der gemeinsamen Ursache korreliert mit dem Korrelationskoeffizienten ϱ_{gd}. Die Rauschbeiträge von r_{GS} und g_{DS} sind in i_g bzw. i_d enthalten [105].

Für die Berechnung der Rauschzahl (Abschn. 8.2) ist u.a. die Kenntnis von $\overline{i_g^2}$, $\overline{i_d^2}$ und ϱ_{gd} erforderlich.

Die folgenden Rauschbetrachtungen gelten jeweils für „mittlere“ Frequenzen, die oberhalb der Grenzfrequenz für das $1/f$-Rauschen (Si-JFET: $f \gtrsim 1$ kHz, Si-MOS-FET: $f \gtrsim 1$ MHz, GaAs-MESFET und HEMT: $f \gtrsim 30$ MHz) und unterhalb der Grenzfrequenz f_T des Transistors liegen. Die äquivalenten Rauschleitwerte g_g und g_d ergeben sich zu [105]

$$g_g = \frac{\omega^2 (C_{GS} + C_{GD})^2}{S} \cdot R, \tag{7.4/37}$$

$$g_d = S \cdot P. \tag{7.4/38}$$

Für Si-FETs sind die Faktoren R und P nur schwach arbeitspunktabhängig und betragen $R \approx 0{,}3$ bzw. $P \approx 0{,}67$. Der Korrelationskoeffizient ist $\varrho_{gd} \approx \mathrm{j}\,0{,}4$ [104]. Der bei Sperrschicht-FETs zusätzlich vorhandene Schrotrauschbeitrag $2eI_G\Delta f$ der Gate-Kanal-Diode zu $\overline{i_g^2}$ (Abb. 7.4/16) kann häufig bereits im kHz-Bereich gegenüber dem von g_g herrührenden Beitrag vernachlässigt werden.

Mit dem vereinfachten Ersatzschaltbild nach Abb. 7.4/17 erhält man für Si-FETs bereits eine brauchbare Näherung für das Rauschverhalten. Der Einfluß der

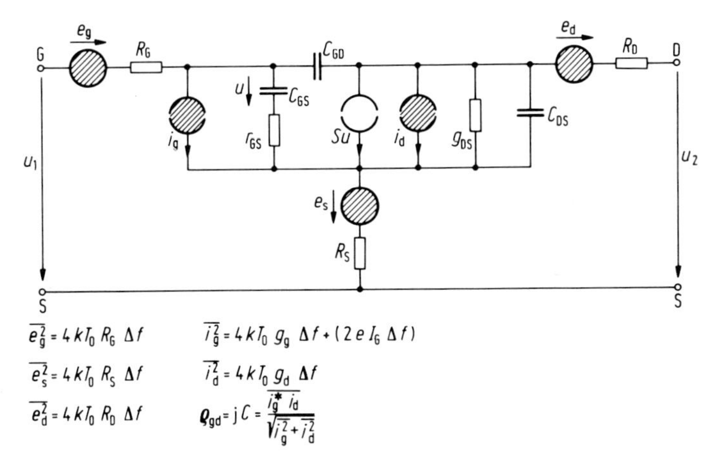

Abb. 7.4/16. Rauschersatzschaltbild für einen FET

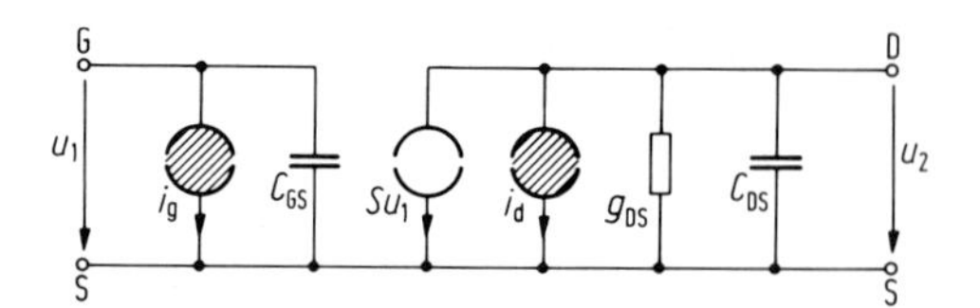

Abb. 7.4/17. Vereinfachtes Rauschersatzschaltbild für einen Si-FET

parasitären Widerstände, der Rückwirkung und der Korrelation (wegen $|\varrho_{gd}|^2 \approx 0{,}16 \ll 1$) ist vernachlässigt. Für die Berechnung der Rauschzahl F aus Gl. (8.2/8) ist es erforderlich, i_d – entsprechend Abb. 8.2/3c – an den Eingang eines rauschfreien Vierpols zu transformieren. Die Kenngrößen des so entstandenen vorgeschalteten Vierpols ergeben sich zu

$$u_r = -\frac{i_d}{y_{21}} = -\frac{i_d}{S}, \tag{7.4/39}$$

$$i_r = i_g - \frac{y_{11}}{y_{21}} i_d = i_g - \frac{j\omega C_{GS}}{S} i_d = i_g + j\omega C_{GS} u_r. \tag{7.4/40}$$

Nach Gl. (8.2/1) läßt sich i_r durch einen unkorrelierten Anteil i_{ru} und einen vollkorrelierten Anteil i_{rk} bzw, durch einen Korrelationsleitwert Y_k beschreiben:

$$i_r = i_{ru} + i_{rk} = i_{ru} + Y_k u_r. \tag{7.4/41}$$

Der Vergleich der Gln. (7.4/40) und (7.4/41) liefert

$$i_{ru} = i_g, \qquad u_r = -\frac{i_d}{S}, \qquad Y_k = j\omega C_{GS}. \tag{7.4/42}$$

Den für Gl. (8.2/8) benötigten äquivalenten Rauschleitwert $G_{äq}$ und den äquivalenten Rauschwiderstand $R_{äq}$ erhält man aus

$$\overline{i_{ru}^2} = 4kTG_{äq}\Delta f = \overline{i_g^2} = 4kTg_g\Delta f$$

zu

$$G_{äq} = g_g = 0{,}3\frac{\omega^2 C_{GS}^2}{S} \tag{7.4/43}$$

und aus

$$\overline{u_r^2} = 4kTR_{äq}\Delta f = \frac{\overline{i_d^2}}{S^2} = 4kT\frac{g_d}{S^2}\Delta f$$

zu

$$R_{äq} = \frac{g_d}{S^2} = \frac{0{,}67}{S}. \tag{7.4/44}$$

Einsetzen in Gl. (8.2/8) ergibt für die Rauschzahl

$$F = 1 + \frac{0{,}3\dfrac{\omega^2 C_{GS}^2}{S} + \dfrac{0{,}67}{S}[G_s^2 + (B_s + \omega C_{GS})^2]}{G_s}. \tag{7.4/45}$$

Die Rauschzahl wird minimal für Rauschanpassung. Diese erfordert nach Gl. (8.2/10) eine Quelle mit dem Leitwert $Y_{sopt} = G_{sopt} + jB_{sopt}$ entsprechend

$$G_{sopt} = 0{,}67\omega C_{GS}, \qquad B_{sopt} = -\omega C_{GS}. \tag{7.4/46a}$$

Für die minimale Rauschzahl $F_{\min}$ erhält man mit Gl. (8.2/8a)

$$F_{\min} = 1 + 0{,}89 \frac{\omega C_{GS}}{S} = 1 + 0{,}89 \frac{f}{f_T} \,. \qquad (7.4/46b)$$

Verglichen mit bipolaren Transistoren sind bei FETs die für Rauschanpassung erforderlichen Generatorwiderstände hochohmiger. $F_{\min}$ steigt proportional zu f an, bei bipolaren Transistoren dagegen proportional zu f^2 [104]. Für $f \ll f_T$ tendiert $F_{\min}$ gegen den Idealwert 0 dB.

Beispiel:
Für einen Si-n-Kanal-JFET (Daten entsprechend Tab. 7.4/2) ist in Abb. 7.4/18a die mit Gl. (7.4/45) berechnete Rauschzahl als Funktion des reell angenommenen Generatorwiderstands R_S für verschiedene Frequenzen dargestellt. Abbildung 7.4/18b zeigt den berechneten Frequenzgang der für Rauschanpassung benötigten Generatorimpedanz $Z_{sopt} = R_{sopt} + jX_{sopt}$ (Gl. 7.4/46a) und Abb. 7.4/18c den berechneten Frequenzgang von $F_{\min}$ (Gl. 7.4/46b).

Im Gegensatz zu Si-FETs sind die Faktoren R und P (Gln. (7.4/37) und (7.4/38)) und ϱ_{gd} bei GaAs-MESFETs und HEMTs stark arbeitspunktabhängig. Insbesondere kann $\varrho_{gd} \approx \mathrm{j}\,0{,}9$ werden, was eine der Ursachen für das gute HF-Rauschverhalten dieser FETs ist. Im Unterschied zum Si-FET müssen beim GaAs-MESFET und beim HEMT das Rauschen heißer Elektronen zusätzlich zum thermischen Rauschen berücksichtigt werden. Der Rauschbeitrag der parasitären Widerstände ist nicht vernachlässigbar. Die Rauschtheorie [105] ist entsprechend kompliziert, so daß für Abschätzungen von empirischen Näherungen und für die Schaltungspraxis von den gemessenen Rauschdaten ausgegangen wird.

Bei den von Fukui gefundenen empirischen Näherungen [106] wird von folgender Darstellung der Rauschzahl [107] ausgegangen:

$$F = F_{\min} + \frac{R_n}{R_s}\left[\frac{(R_s - R_{sopt})^2 + (X_s - X_{sopt})^2}{R_{sopt}^2 + X_{sopt}^2}\right]. \qquad (7.4/47a)$$

$Z_s = R_s + jX_s$ ist der Generatorwiderstand, $Z_{sopt} = R_{sopt} + jX_{sopt}$ der für Rauschanpassung benötigte Generatorwiderstand und R_n der äquivalente Rauschwiderstand. (R_n ist von $R_{äq}$ verschieden [107]). Für die in dieser Gl. enthaltenen Rauschparameter wurden die folgenden Näherungen für GaAs-MESFET und HEMT experimentell

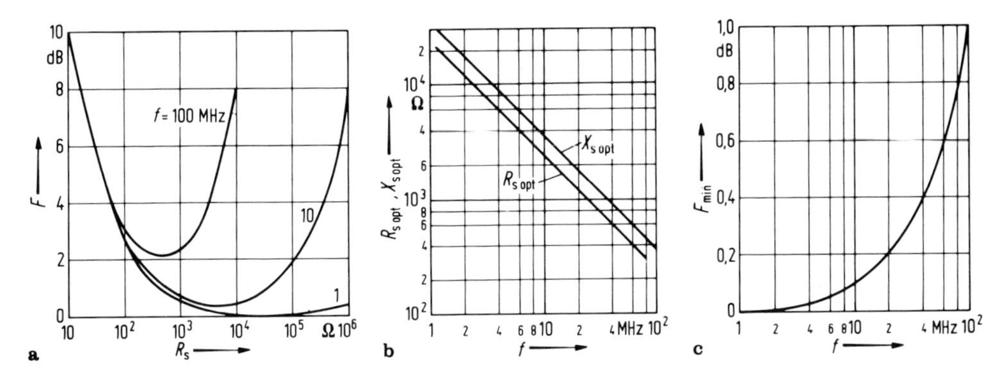

Abb. 7.4/18a–c. Berechnete Rauscheigenschaften eines Si-n-Kanal-JFET (2N4416; $S = 7{,}5$ mS, $C_{GS} = 3{,}2$ pF): **a** Rauschzahl F als Funktion des Generatorwiderstandes R_s ($X_s = 0$); **b** Frequenzabhängigkeit der für Rauschanpassung benötigten Generatorimpedanz $Z_{sopt} = R_{sopt} + jX_{sopt}$; **c** Frequenzgang der minimalen Rauschzahl $F_{\min}$

gefunden:

$$F_{\min} \approx 1 + 2\pi k_f f C_{GS} \sqrt{\frac{R_G + R_S}{S}} \tag{7.4/47b}$$

$$R_n \approx \frac{k_2}{S^2} \tag{7.4/47c}$$

$$R_{sopt} \approx k_3 \left[\frac{1}{0{,}004S} + R_G + R_S \right] \tag{7.4/47d}$$

$$X_{sopt} \approx \frac{k_4}{f C_{GS}} \,. \tag{7.4/47e}$$

Die Widerstände sind in Ω, die Steilheit S ist in S, C_{GS} in pF und f in GHz einzusetzen. Die Parameter k_f, k_2, k_3 und k_4 sind technologieabhängige Größen. Für eine niedrige Rauschzahl F_{min} sind kleine parasitäre Widerstände und ein möglichst großes Verhältnis S/C_{GS}, d. h. eine hohe Grenzfrequenz f_T (Gl. (7.4/26)) erforderlich.

Der HEMT erreicht höhere Grenzfrequenzen und kleinere parasitäre Widerstände als der GaAs-MESFET, so daß damit sein niedrigeres Rauschen verständlich wird. Hinzu kommt, daß k_f für den MESFET $\approx 2{,}8$, für den HEMT jedoch nur $\approx 1{,}6$ beträgt [187]. Wegen der vergleichsweise höheren Steilheit S des HEMT ist der äquivalente Rauschwiderstand R_n (Gl. (7.4/47c)) kleiner als beim MESFET, so daß die Rauschzahl des HEMT wegen Gl. (7.4/47a) weniger stark von der Quellenimpedanz Z_{sopt} abhängt als die des GaAs-MESFET.

Beim Entwurf von rauscharmen Verstärkern mit GaAs-MESFETs geht man jedoch meistens direkt von den experimentell bestimmten Rauschkenngrößen F_{min}, $r_{äq}$ und r_{sopt} des zu verwendenden Transistors aus. Diese Rauschkenngrößen hängen mit F folgendermaßen zusammen [108]

$$F(r_s) = F_{\min} + 4 r_{äq} \frac{|r_S - r_{sopt}|^2}{(1 - |r_s|^2)\,|1 + r_{sopt}|^2} \,. \tag{7.4/48}$$

$r_{äq} = R_{aq}/Z_L$ ist der auf den Wellenwiderstand Z_L (meist 50 Ω) normierte äquivalente Rauschwiderstand und $r_{sopt} = (Z_{sopt} - Z_L)/(Z_{sopt} + Z_L)$ der für Rauschanpassung erforderliche Quellenreflexionsfaktor (Abschn. 2.1.6). Die Ortskurven konstanter Rauschzahl F_i sind Kreise im Smith-Diagramm mit dem Mittelpunkt M_i und dem Radius R_i.

$$M_i = \frac{r_{sopt}}{1 + N_i}$$

$$R_i = \frac{1}{1 + N_i} \sqrt{N_i^2 + N_i(1 - |r_{sopt}|)^2}$$

mit

$$N_i = \frac{F_i - F_{\min}}{4 r_{äq}} |1 + r_{sopt}|^2 \,. \tag{7.4/49}$$

Beispiel:
Für einen GaAs-MESFET mit 1 μm Gatelänge (CFY 10 im Gehäuse; Siemens AG) [109] sind in Abb. 7.4/19a Kreise konstanten Rauschens und konstanter Verstärkung (Abschn. 9.1) für $f = 6$ GHz im Smith-Diagramm wiedergegeben ($F_{min} = 1{,}6$ dB $= 1{,}45$, $r_{äq} = 0{,}0337$, $r_{sopt} = -0{,}24 + j\,0{,}33$). Man erkennt, daß die Quellenimpedanzen, die für maximale Verstärkung (G_{max}) bzw. minimales Rauschen (F_{min}) erforderlich sind, sehr verschieden sind. Bei Rauschanpassung verringert sich hier die

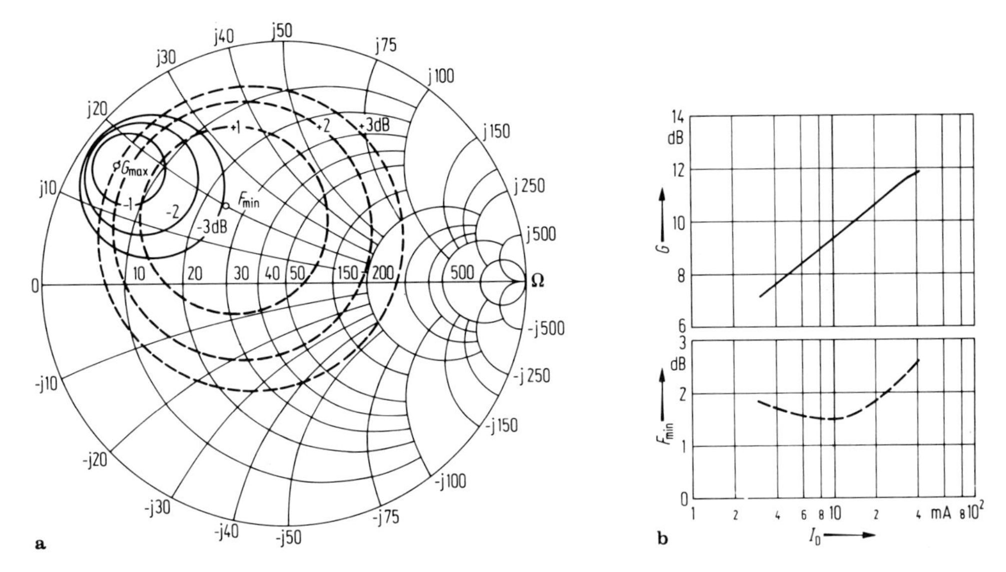

Abb. 7.4/19a u. b. Rauschverhalten eines GaAs-MESFET mit 1 µm Gatelänge bei 6 GHz (CFY 10, Siemens AG; $U_{DS} = 4$ V [109]: **a** Kreise konstanter Rauschzahl und konstanter Verstärkung ($I_D = 15$ mA) im Smith-Diagramm für die Quellenimpedanz; **b** Zusammenhang zwischen Rauschzahl F_{min}, zugehöriger Verstärkung G und Drainstrom I_D

Verstärkung um ca. 3 dB gegenüber G_{max}, und umgekehrt erhöht sich bei Anpassung auf maximale Verstärkung die Rauschzahl um ca. 3 dB gegenüber F_{min}.

Diese anschauliche Darstellung im Smith-Diagramm erleichtert es dem Anwender, eine geeignete Quellenimpedanz Z_s zu finden, die den beim Entwurf von Mikrowellenverstärkern vorliegenden Anforderungen genügt (Abschn. 9.1.10.4 und 9.1.10.6). Das Anpassungsnetzwerk am Eingang ist so zu dimensionieren, daß der FET die gewünschte Quellenimpedanz Z_s sieht (d. h., Z_L ist nach Z_S zu transformieren). Das Anpassungsnetzwerk am Ausgang dagegen kann, ohne die Rauschzahl zu beeinflussen, z. B. für $VSWR_{out} = 0$ ausgelegt werden.

Abbildung 7.4/19b zeigt am Beispiel des CFY 10, daß bei GaAs-MESFET die Rauschzahl F_{min} und die zugehörige Verstärkung G_{ass} stark vom Drainstrom I_D abhängen. Das Rauschminimum tritt in der Regel bei $I_D \approx 0{,}15 I_{DSS}$ auf, wenn gleichzeitig am Eingang Rauschanpassung eingestellt wird. Dies ist bei der Festlegung des Arbeitspunktes von GaAs-MESFETs, die im Rauschminimum betrieben werden sollen, zu berücksichtigen. Dementsprechend werden in Datenblättern für GaAs-MESFETs die S-Parameter üblicherweise für drei Arbeitspunkte angegeben, nämlich für das Rauschminimum ($\approx 0{,}15 I_{DSS}$), für optimale Linearität ($\approx 0{,}5 I_{DSS}$) und für maximale Verstärkung (I_{DSS}).

7.4.2.7 Entwicklungsstand von Kleinsignal-FETs. Abbildung 7.4/20 gibt einen Überblick über die mit Transistoren bis 1990 in Abhängigkeit von der Frequenz erreichten minimalen Rauschzahlen F_{min} und zugehörigen Verstärkungen G_{ass} /96, 188/. Abbildung 7.4/20 zeigt die Daten von Silizium-Bipolartransistoren, GaAs-MESFETs mit Gatelängen von 1, 0,5 und 0,25 µm sowie von GaAlAs/GaAs- und AlInAs/GaInAs/InP-HEMT. Die Daten der Si-Bipolartransistoren und der GaAs-MESFETs mit 1 und 0,5 µm Gatelänge werden heute in der Produktion erreicht, die übrigen Daten sind Laborbestwerte. Aus den Kurven für die GaAs-MESFETs geht der Vorteil, den die Verringerung der Gatelänge in bezug auf die HF-Eigenschaften bringt, deutlich hervor. Die besten GaAs-MESFETs besitzen bei 50 GHz eine

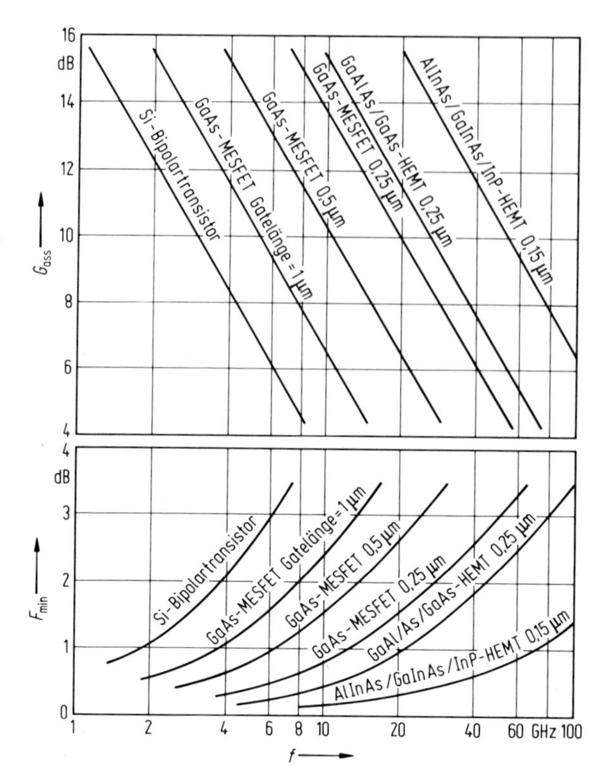

Abb. 7.4/20. Minimale Rauschzahl F_{min} und zugehörige Verstärkung G_{ass} als Funktion der Frequenz f für GaAs-MESFET, HEMT und Si-Bipolartransistoren (Stand 1990)

Rauschzahl von 3 dB. Für die besten Si-Bipolartransistoren dagegen ist die Rauschzahl bereits oberhalb von 6 GHz größer als 3 dB. Noch deutlich besseres Rauschverhalten zeigen die besten HEMT, mit denen eine Rauschzahl von 1,5 dB bei 100 GHz möglich ist [188].

7.4.3 Leistungs-FETs

7.4.3.1 Kenngrößen. Die Ausgangsleistung P_2 von HF-Leistungs-FETs ist häufig nicht thermisch begrenzt, sondern durch den maximalen Kanalstrom $I_{D\,max}$ und die Durchbruchspannung $U_{DS\,max}$. Für diesen Fall kann $P_{2\,max}$ aus dem Ausgangskennlinienfeld abgeschätzt werden. Sowohl der Spannungs- als auch der Stromhub werden maximal, wenn die Lastwiderstandsgerade B in Abb. 7.4/8 durch die Punkte ($U_{DS\,max}$, 0) und ($U_{D\,sat}$, $I_{D\,max}$) gelegt wird. Für einen Arbeitspunkt bei $(U_{DS\,max} + U_{D\,sat})/2$ und $I_{D\,max}/2$ gilt bei voller Aussteuerung

$$P_{2\,max} = \tfrac{1}{8} I_{D\,max}(U_{DS\,max} - U_{D\,sat})\,. \tag{7.4/50}$$

$I_{D\,max}$ und damit $P_{2\,max}$ wächst proportional zur Gateweite w (Abb. 7.4/11a) des FET. Der Weite eines Einzelgates sind aufgrund des mit w wachsenden Gatewiderstandes R_G Grenzen gesetzt [101, 110]. Deswegen werden bei HF-Leistungs-FETs viele kurze Gates parallelgeschaltet. Die dafür verwendeten FET-Strukturen müssen geringe parasitäre Effekte aufweisen und gleichzeitig eine Chipmontage mit niedrigem thermischem Widerstand erlauben [101, 110, 111]. Die Gesamtweite w darf jedoch auch nicht zu groß werden, weil sonst die Eingangsimpedanz des FET so klein wird, daß eine verlustarme Eingangsanpassung nicht mehr möglich ist.

Eine weitere Kenngröße von Leistungs-FETs ist der Wirkungsgrad η, der als Verhältnis von gewonnener HF-Leistung zur zugeführten DC-Leistung definiert ist.

$$\eta = \frac{4(P_2 - P_1)}{(U_{\mathrm{DS\,max}} + U_{\mathrm{D\,sat}})I_{\mathrm{D\,max}}} = \frac{4P_2(1 - 1/G)}{(U_{\mathrm{DS\,max}} + U_{\mathrm{D\,sat}})I_{\mathrm{D\,max}}} . \tag{7.4/51}$$

Beispiel:
Für einen GaAs-MESFET für $f < 10$ GHz sind $I_{\mathrm{D\,max}}/w = 0{,}3$ A/mm, $U_{\mathrm{DS\,max}} = 20$ V, $U_{\mathrm{D\,sat}} = 2$ V und $G = 6$ dB typisch. Damit erhält man für die maximale Ausgangsleitung pro mm Gateweite $P_{2\,\mathrm{max}}/w = 0{,}7$ W/mm und für den Wirkungsgrad $\eta = 32\%$.

7.4.3.2 Kleinsignal- und Großsignal-Ersatzschaltung. Das Kleinsignalersatzschaltbild von Leistungs-FETs entspricht im allgemeinen dem bereits im Zusammenhang mit Kleinsignal-FETs behandeltem Ersatzschaltbild von Abb. 7.4/11b. Die Kenntnis dieses physikalischen Ersatzschaltbildes zusätzlich zu den S-Parametern ergibt erhöhte Flexibilität beim Schaltungsentwurf. Das FET-Verhalten kann damit z. B. auch für Frequenzbereiche abgeschätzt werden, für die keine S-Parameter vorliegen. Weiterhin wird der meist von Hand erfolgende erste Entwurf der Anpassungsnetzwerke erheblich erleichtert (Abschn. 9.2.3.3). Bei der Bestimmung der S-Parameter von FETs sehr großer Gateweite ist die Verwendung des Ersatzschaltbildes ebenfalls sehr wertvoll, weil aus den genauer und einfacher meßbaren Eigenschaften eines sonst äquivalenten FET kleinerer Gateweite durch Skalierung auf die Eigenschaften des FET mit großer Gateweite geschlossen werden kann.

In Tab. 7.4/5 sind typische, auf 1 mm Gateweite normierte Werte für HF-Leistungs-FETs mit 1 µm Gatelänge angegeben, und zwar für Si-D-MOSFET (D = Double diffused) [112] und GaAs-MESFET (abgeschätzt aus [113]). Die Tabellenwerte zeigen deutlich die Vorteile, die GaAs-Leistungs-FETs bezüglich Steilheit S_0, Laufzeit τ_0 und der parasitären Widerstände aufweisen. Das Ersatzschaltbild von Si-V-MOSFETs (V = Vertical Gate) ist wegen zusätzlicher parasitärer Effekte etwas komplizierter als Abb. 7.4/11b [114].

Beim Aufbau von HF-Leistungs-FETs muß wegen der niedrigen Impedanzen u. a. darauf geachtet werden, daß die als Gegenkopplung wirkende Sourceinduktivität L_S, die nicht automatisch mit w skaliert wird, gering gehalten wird. L_S liegt für GaAs-Leistungs-FETs im Bereich 10 bis 50 pH.

Beim Entwurf von HF-Leistungsverstärkern (Abschn. 9.2.3.5) muß zusätzlich zu den Kleinsignaleigenschaften berücksichtigt werden, daß die Werte der Ersatzschaltbildelemente in Abb. 7.4/11b bei großen Amplituden aussteuerungsabhängig werden. Es gibt für Leistungs-FETs zahlreiche Ansätze für Großsignalmodelle [99, 101, 115,

Tabelle 7.4/5. Typische auf 1 mm Gateweite normierte Werte für die Ersatzschaltbildelemente von HF-Leistungs-FETs mit 1 µm Gatelänge (Si-D-MOSFET [112], GaAs-MESFET [113])

	Si-D-MOSFET	GaAs-MESFET
C_{GS} in pF/mm	1,2	0,8
C_{GD} in pF/mm	0,02	0,06
C_{DS} in pF/mm	0,32	0,15
S_0 in mS/mm	16	75
τ_0 in ps	100	5
r_{DS} in Ω mm	375	180
r_{GS} in Ω mm	100	3,9
R_G in Ω mm		3,9
R_S in Ω mm		2,6
R_D in Ω mm		4,2

194]. Jedoch ist keines der Modelle gleichzeitig hinreichend einfach und ausreichend genau, um allgemein einsetzbar zu sein. Ein Grund für diese Schwierigkeiten ist, daß bei FETs häufig keiner der nichtlinearen Effekte dominiert. In diesem Fall müssen C_{GS}, C_{GD}, S und r_{DS} mit Nichtlinearitäten höherer Ordnung in die Analyse einbezogen werden. Nur so kann z. B. das komplizierte, in Abb. 7.4/21 für einen GaAs-MESFET gezeigte Intermodulationsverhalten erklärt werden [116]. Im Gegensatz z. B. zu bipolaren Transistoren nimmt der Intermodulationsabstand IM nur für große IM proportional zu $1/P_1^2$ ab.

7.4.3.3. Entwicklungsstand von Leistungs-FETs. Abbildung 7.4/22 zeigt für HF-Leistungs-FETs die im A-Betrieb bei CW erreichte Ausgangsleistung P_2 in Abhängigkeit von der Frequenz (Stand 1990). Mit Si-FETs sind Leistungen von 300 W bei 100 MHz und 20 W bei 1 GHz möglich [189]. Mit GaAs-MESFETs sind Leistungen von über 30 W bei 2 GHz, 12 W bei 15 GHz und 2 W bei 30 GHz erzielt worden [190–192]. Der HEMT ist dem GaAs-MESFET in bezug auf Ausgangsleistung erst bei Frequenzen oberhalb von 60 GHz überlegen [191, 192], wo der MESFET wegen seiner niedrigen Verstärkung nicht mehr gut eingesetzt werden kann. Vor kurzem noch wurde der HEMT wegen seiner für Leistungsanwendungen relativ niedrigen maximalen Ströme und Durchbruchspannungen als wenig geeignet betrachtet. Inzwischen sind mit neuartigen Schichtstrukturen erhebliche Fortschritte erzielt worden, so daß in naher Zukunft 100 mW bei 100 GHz erreichbar sein sollten [192]. Der Anwendungsbereich von Leistungs-HEMTs wird voraussichtlich aber auch künftig auf Frequenzen oberhalb von ca. 40 GHz beschränkt bleiben. Zum Vergleich ist die mit Si-Bipolartransistoren erreichte Ausgangsleistung gezeigt: 600 W bei 100 MHz, 60 W bei 1 GHz und 4 W bei 4 GHz [193]. Bei hohen Frequenzen nimmt die Leistung der Transistoren jeweils proportional zu etwa $1/f^2$ ab. Mit Ausnahme der HEMT-Daten werden die gezeigten Werte heute in der Produktion erzielt. Gegenüber den Bipolartransistoren besitzen die Leistungs-FETs höhere Eingangsimpedanzen, so daß die Eingangsanpassung — insbesondere für Breitband-Leistungverstärker — mit FETs einfacher realisiert werden kann. Vorteilhaft bei FETs ist auch, daß der Drainstrom

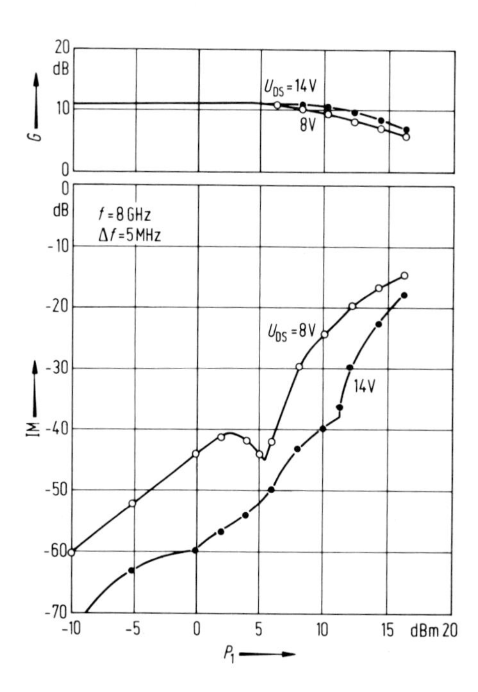

Abb. 7.4/21. Intermodulationsabstand IM und Verstärkung G als Funktion der Eingangsleistung P_1 für einen GaAs-MESFET [116]

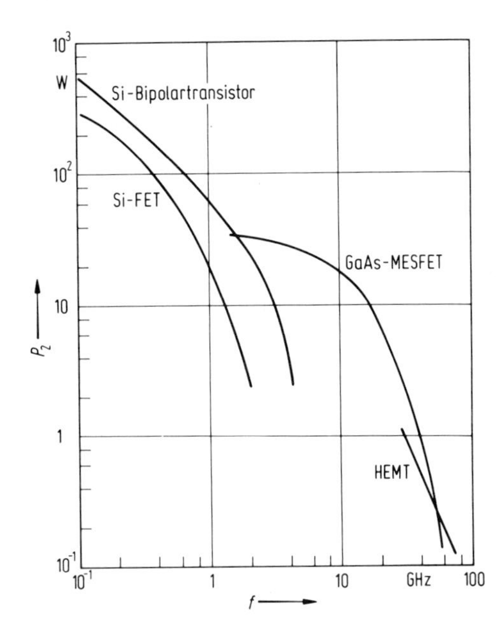

Abb. 7.4/22. Maximale Ausgangsleistung P_2 im CW-Betrieb für Si-FETs, Si-Bipolartransistoren, GaAs-MESFETs und HEMTs als Funktion der Frequenz (Stand 1990)

mit wachsender Temperatur kleiner wird, während der Kollektorstrom von Bipolartransistoren mit der Temperatur wächst [79]. Dies kann bei Bipolartransistoren zur thermischen Selbstzerstörung führen [189], wenn dagegen keine speziellen Schaltungsmaßnahmen ergriffen werden. Aufgrund der guten Linearitätseigenschaften und der erreichbaren hohen Ausgangsleistung eignen sich FETs gut für verzerrungsarme HF-Endverstärker im A-Betrieb (Abschn. 9.2.3). Andererseits können mit Bipolartransistoren im C-Betrieb etwa um den Faktor 3 und im Pulsbetrieb bei 10% Tastverhältnis etwa um den Faktor 30 höhere Ausgangsleistungen als im A-Betrieb bei CW erzielt werden [118]. Bei FETs dagegen ist die so erreichbare Leistungssteigerung gering [101, 110, S. 509], weil bei FETs die Ausgangsleistung i. allg. nicht thermisch begrenzt ist (Abschn. 7.4.3.1).

7.5 Elektronen im Vakuum

Nach der Verlegung der ersten Seekabel (seit 1850) und dem Aufbau der über 10000 km langen indo-europäischen Telegraphenlinie von London über Warschau–Odessa–Tiflis–Teheran nach Kalkutta durch die Brüder Siemens (1868–1870) konnte man über weite Strecken der Erde telegraphieren, weil sich mit der Relaistechnik der Einfluß von Leitungs- und Kabeldämpfung überwinden ließ.

Die Telephonie nahm ihren ersten Aufschwung seit 1880 (Elektromagnetisches Telefon von A.G. Bell 1876, Kohlegrieß-Mikrophon von D.E. Hughes 1878), blieb aber auf kurze Strecken beschränkt, weil ein „Telephonrelais" als Verstärker der Sprachschwingungen fehlte. Daran konnte auch die Entdämpfung der Leitungen durch Pupin-Spulen[1] (1902) mit der Erhöhung der Reichweite auf einige 100 km nichts Grundsätzliches ändern.

[1] Michael Idvorsky Pupin, 1858 in Jugoslawien geboren, lehrte 1889 bis 1929 Elektrophysik an der Columbia-Universität in New York.

Thomas Alva Edison hatte schon 1884 gefunden, daß in einer Glühlampe von dem Glühfaden nach einer im Glaskolben eingeschmolzenen Metallplatte Strom fließt, wenn die zwischengeschaltete Batterie die Platte positiv gegen den Glühfaden lädt, während beim Umpolen der Batterie der Stromfluß aufhört. Damit war im Prinzip die erste Diode geschaffen, wenn auch die Bedeutung dieser Erfindung erst von J.A. Fleming (1904) erkannt wurde.

Erst 1906 gelang es dem Amerikaner Lee de Forest und unabhängig davon dem Österreicher Robert von Lieben, eine Verstärkerröhre mit elektrischer Steuerung der Elektronen zu entwerfen (Triode). Vorausgegangen war 1901 die Deutung des Edison-Effekts durch Richardson und 1903 die Entdeckung der Oxidkathode mit starker Elektronenemission durch A. Wehnelt.

1915 schuf W. Schottky die Tetrode. Die Einführung des Bremsgitters durch G. Jobst führte 1926 zur Pentode.

Bei der lebhaften Entwicklung der Halbleiterelemente liegt die Hauptbedeutung der Röhren, abgesehen von der Nachbestückung vorhandener Geräte, auf 3 Gebieten:

1. Trioden und Tetroden für hohe Leistungen (>1 kW) speziell in höheren Frequenzbereichen (besonders für Industrieelektronik und Sendertechnik); Dioden für hohe Spannungen ($\gg 1$ kV).
2. Verstärker- und Senderöhren für cm- und mm-Wellen (Wanderfeldröhren mit Leistungen >10 W bis zu einigen kW, Klystrons, Magnetrons, Carcinotrons, Gyrotrons), siehe Abb. 7/1.
3. Elektronenstrahl-Wandler-Röhren als Oszillographenröhren, Bildaufnahme- und Bild-Wiedergaberöhren der Fernsehtechnik und Röntgentechnik.

Spezielle Angaben über Verstärker- und Oszillator-Elemente für Mikrowellen bringen die Kap. 9 und 10.

7.5.1 Begriffe der Vakuumtechnik

7.5.1.1 Mittlere freie Weglänge von Elektronen im Vakuum. In den Elektronenröhren sollen nur Elektronen an dem elektrischen Strom beteiligt sein. Man muß daher die Wahrscheinlichkeit des Zusammenstoßes von Elektronen mit Gasmolekülen durch Evakuieren stark herabsetzen. Das Vakuum in der Röhre muß so hoch sein, daß im Mittel den Elektronen ein freier Weg λ_{E1} zur Verfügung steht, der groß ist gegen die Elektrodenabstände bzw. die Kolbenabmessungen der Röhre.

Bei normalem Atmosphärendruck von ca. 1000 hPa und einer Temperatur von 273 K (0 °C) ist die mittlere freie Weglänge λ_{EL} aber sehr klein, nämlich $\approx 5 \cdot 10^{-5}$ cm. Da

$$\lambda_{EL} = \frac{5{,}32 \cdot 10^{-2}}{p/\text{hPa}} \text{cm}$$

ist, muß man auf mindestens 10^{-3} hPa evakuieren, um ein Hochvakuum mit $\lambda_{EL} \approx 50$ cm zu erreichen (1 Millibar = 1 mbar = 1 hPa = 1 Hektopascal).

Positive Ionen, welche durch Einstrahlung aus neutralen Gasmolekülen entstehen können, fliegen im elektrischen Feld positiver Elektroden zur Kathodenoberfläche, die dadurch geschädigt wird.

Außerdem können durch Anlagerung von Elektronen an neutrale Atome oder Moleküle elektronegativer Elemente (z. B. Sauerstoff) auch negative Ionen entstehen, die zur Anode wandern. Sie stören besonders in Bildröhren, weil die Ionen wegen ihrer verhältnismäßig hohen Masse und der damit verbundenen geringen Fluggeschwindigkeit bei der allgemeinen üblich magnetischen Ablenkung nur wenig ausgelenkt werden und beim Aufprall auf die Mitte des Bildschirms eine Zerstörung der Schicht (Ionenfleck) hervorrufen. Man muß daher Ionenfallen vorsehen.

7.5.1.2 Vakuumpumpen und Getter. In Mikrowellenröhren mit sehr langen Laufwegen sowie Senderöhren mit hohen Betriebsspannungen benötigt man ein Ultrahochvakuum von 10^{-8} bis 10^{-9} hPa (mbar).

Dies wird erreicht durch Anschluß der Röhre an die Kombination einer Vorvakuumpumpe (z. B. Drehkolbenpumpe oder Vielzellenpumpe oder Rootspumpe) mit einer Hochvakuumpumpe (z. B. Turbomolekularpumpe) [66, S. 378ff.].

Um nach dem Pump- und Ausheizprozeß unter Betriebsbedingungen oder während längerer Lagerzeit Restgase zu binden, wendet man die Technik des Getterns an (get = festhalten). Inaktive Gase wie Edelgase und Methan werden allerdings nur geringfügig gebunden. Getter binden aber chemisch aktive Gase sehr gut. Man unterscheidet

1. Nicht verdampfende Getter. Es eignen sich die Metalle Zirkon, Tantal, Titan, Wolfram, Thorium, Molybdän und Niob als Elektroden oder Elektrodenbeschichtung in Pulverform, besonders in Senderöhren, bei denen die Elektroden höhere Temperatur annehmen, ferner Zirkon-Aluminium-Legierungen auf Trägerblechen.
2. Verdampfungsgetter, für die sich vorwiegend Barium, aber auch Aluminium, Titan, Magnesium oder Thorium eignen. Sie werden durch Stromwärme oder induktiv bis zur Verdampfung erhitzt. Der „Getterspiegel" schlägt sich auf einem Teil der Innenwand des Vakuumgefäßes nieder.
3. Kombinationsgetter. Die Getterwirkung eines Bariumfilms (nach. 2.) wird durch die große Pump-Fähigkeit (auch für H_2) einer nicht verdampfenden Al-Zr-Legierung unterstützt [56] und z. B. bei der Evakuierung von Bildröhren verwendet.

7.5.2 Bewegung von Elektronen in elektrischen Feldern

Elektronen in Hochvakuumröhren vermögen nahezu trägheitslos den Feldkräften durch elektrische oder magnetische Felder zu folgen. Ihre Bewegung wird bestimmt durch das Verhältnis ihrer Ladung $q = -e = -1{,}6 \cdot 10^{-19}$ As zu ihrer Ruhemasse $m_0 = 9{,}1 \cdot 10^{-28}$ g $= 9{,}1 \cdot 10^{-35}$ Ws^3/cm^2. Damit ist also $e/m_0 = 1{,}76 \cdot 10^{15}$ (cm/s)^2/V. Allgemein gilt für die auf das Elektron ausgeübte Kraft

$$\boldsymbol{F} = -e(\boldsymbol{E} + \boldsymbol{v} \times \boldsymbol{B}). \qquad (7.5/1)$$

Hierbei sind $\boldsymbol{E}$ die elektrische Feldstärke, $\boldsymbol{B}$ die magnetische Flußdichte und $\boldsymbol{v}$ die Geschwindigkeit des Elektrons.

7.5.2.1 Bewegung senkrecht zu den Potentialflächen. Es soll angenommen werden, daß Elektronen mit der Anfangsgeschwindigkeit v_0 die Kathode verlassen oder ein Netz durchfliegen, dessen Potential φ_0 sei (Abb. 7.5/1). Senkrecht zur Netz- bzw. Kathodenfläche wirke ein elektrisches Feld E, dessen Feldlinien sich zu einer zweiten Elektrode mit dem Potential φ spannen. Bei fehlendem Magnetfeld wirkt dann auf das Elektron die Kraft $\boldsymbol{F} = q\boldsymbol{E}$ und beschleunigt bzw. verzögert das Elektron je nach

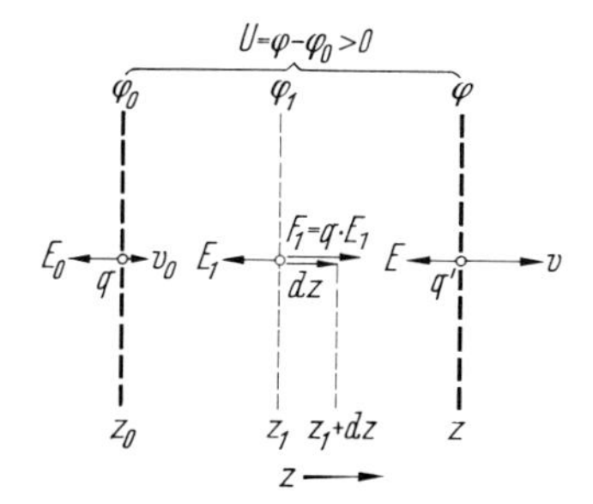

Abb. 7.5/1. Bewegung eines Elektrons senkrecht zu den Potentialflächen eines elektrischen Feldes

Feldrichtung. Die Arbeit W, die beim Flug den Elektronen zugeführt wird, ist entsprechend Abb. 7.5/1.

$$W = \int_{z_0}^{z} F_z \, \mathrm{d}z = -e \int_{z_0}^{z} E_z \, \mathrm{d}z = e \int_{\varphi_0}^{\varphi} \mathrm{d}\varphi = e(\varphi - \varphi_0) = eU \,. \tag{7.5/2}$$

Andererseits ist die Kraft gleich der zeitlichen Impulsänderung $\mathrm{d}(mv)/\mathrm{d}t$. Solange die Masse m des Elektrons praktisch mit seiner Ruhemasse m_0 übereinstimmt, ist $\mathrm{d}(mv)/dt \approx m_0 \, \mathrm{d}v/\mathrm{d}t$, und die Arbeit

$$W \approx \int_{z_0}^{z} m_0 \frac{\mathrm{d}v}{\mathrm{d}t} \mathrm{d}z = m_0 \int_{v_0}^{v} v \, \mathrm{d}v = \frac{m_0}{2}(v^2 - v_0^2) \,. \tag{7.5/3}$$

Damit wird

$$\frac{m_0}{2}(v^2 - v_0^2) \approx e(\varphi - \varphi_0) = eU \,. \tag{7.5/4}$$

Die Zunahme der kinetischen Energie von $m_0 v_0^2/2$ auf $m_0 v^2/2$ entspricht der Arbeit des elektrischen Feldes bzw. der durchlaufenden Spannung. Es ist bequem und üblich, den Energiezuwachs in der elektrischen Einheit Elektronenvolt (eV) zu messen ($1 \text{ eV} = 1{,}6 \cdot 10^{-19} \text{ AsV} = 1{,}6 \cdot 10^{-19} \text{ Ws}$).

Ist die Geschwindigkeit $v_0 = 0$ oder $v_0 < v/10$, so folgt

$$\frac{m_0}{2} v^2 \approx eU \qquad \text{oder} \qquad v \approx \sqrt{\frac{2e}{m_0} U} \,. \tag{7.5/5}$$

Mit $e/m_0 = 1{,}76 \cdot 10^{15} \, (\text{cm/s})^2/\text{V}$ erhält man die zugeschnittene Größengleichung

$$v \approx 593 \, \frac{\text{km}}{\text{s}} \sqrt{\frac{U}{\text{V}}} \qquad \text{für } U \leq 10\,000 \text{ V} \,. \tag{7.5/6}$$

Gleichung (7.5/6) ist aber nur für Spannungen bis etwa 10 kV brauchbar, weil bei höheren Spannungen die Masse nach der relativistischen Korrektur von Lorentz [9] nicht mehr mit der Ruhemasse m_0 übereinstimmt, sondern mit v/c entsprechend

$$m = \frac{m_0}{\sqrt{1 - \left(\frac{v}{c}\right)^2}} \qquad (c \text{ Lichtgeschwindigkeit}) \tag{7.5/7}$$

zunimmt. Die Arbeit muß also exakt aus der Impulsänderung berechnet werden. Mit der Beziehung $mv = c\sqrt{m^2 - m_0^2} = cy$ bzw. $m^2 = y^2 + m_0^2$ [aus Gl. (7.5/7)] erhält man für die Arbeit mit $\mathrm{d}W = \mathrm{d}z \; \mathrm{d}(mv)/\mathrm{d}t$ den Ausdruck

$$\begin{aligned} W &= \int_0^{mv} v \, \mathrm{d}(mv) = \int_0^{mv} \frac{mv}{m} \mathrm{d}(mv) = c^2 \int_0^{y} \frac{y}{\sqrt{y^2 + m_0^2}} \mathrm{d}y \\ &= c^2 \left| \sqrt{y^2 + m_0^2} \right|_0^y = c^2(m - m_0) \,. \end{aligned} \tag{7.5/8}$$

Somit ist mit

$$(m - m_0)c^2 = eU \qquad \text{bzw.} \qquad \frac{m}{m_0} = 1 + \frac{eU}{m_0 c^2} \tag{7.5/9}$$

die exakte Gleichung anstelle von Gl. (7.5/6), aus der man v mit Gl. (7.5/7) ermitteln kann:

für Elektronen und Ionen $\qquad$ für Elektronen

$$v = \sqrt{\frac{2e}{m_0}U}\,\frac{\sqrt{1+\dfrac{e}{2m_0c^2}U}}{1+\dfrac{e}{m_0c^2}U} = 593\,\frac{\text{km}}{\text{s}}\sqrt{\frac{U}{\text{V}}}\,\frac{\sqrt{1+0{,}98\cdot 10^{-6}\dfrac{U}{\text{V}}}}{1+1{,}96\cdot 10^{-6}\dfrac{U}{\text{V}}}\,. \qquad (7.5/10)$$

Den Fehler von Gl. (7.5/6) kann man also aus Gl. (7.5/10) für beliebige Spannungen U ermitteln. Bei $U = 10\,\text{kV}$ ist v nach Gl. (7.5/6) um etwa 1,5% zu groß bestimmt. Da auch bei Senderöhren die Betriebsspannungen selten 10 kV übersteigen, kommt man gewöhnlich mit der einfachen Formel (7.5/6) aus.

Bei den Teilchenbeschleunigern erreicht die Endgeschwindigkeit v nahezu die Lichtgeschwindigkeit c, so daß Gl. (7.5/7) und (7.5/10) zu beachten sind. Werden Ionen beschleunigt, ist für m_0 deren Ruhemasse einzusetzen und Gl. (7.5/10) entsprechend zu beachten.

7.5.2.2 Trägheit und Laufzeit der Elektronen. Es soll ermittelt werden, welche Zeit τ die Elektronen zum Durchlaufen der Strecke $a = z - z_0$ zwischen beiden Potentialebenen benötigen, wenn die Anfangsgeschwindigkeit $v_0 = 0$ ist (Abb. 7.5/1) und $m = m_0$ bleibt. Unter der Annahme eines homogenen Feldes E_z ist die Beschleunigung $b_z = eE_z/m_0$ örtlich konstant. Damit wird der Gesamtweg

$$a = b_z\frac{\tau^2}{2} = \frac{eE_z}{m_0}\frac{\tau^2}{2} = \frac{eU}{2m_0}\frac{\tau^2}{a}$$

und die Laufzeit mit Gl. (7.5/5)

$$\tau = a\sqrt{\frac{2m_0}{eU}} = \frac{2a}{\sqrt{\dfrac{2e}{m_0}U}} = \frac{2a}{v_{\text{End}}}\,. \qquad (7.5/11)$$

Für die Laufzeit ergibt sich also der gleiche Wert, wenn die Strecke a mit der mittleren Geschwindigkeit $v_{\text{End}}/2$ durchlaufen wird. Für Zahlenrechnungen eignet sich besser die zugeschnittene Größengleichung

$$\tau = 3{,}37\cdot 10^{-9}\,\text{s}\,\frac{a/\text{mm}}{\sqrt{\dfrac{U}{\text{V}}}}\,. \qquad (7.5/12)$$

Man erkennt, daß bei $a = 1\,\text{mm}$ und $U = 10\,\text{V}$ die Laufzeit $\tau \approx 10^{-9}\,\text{s} = 1\,\text{ns}$ (Nanosekunde) ausmacht. Sie erscheint als so kurz, daß man häufig die Elektronen als praktisch trägheitslos bezeichnet. Dies ist richtig für langsame Änderungen der Steuerspannung im Tonfrequenzgebiet und sogar bei Lang-, Mittel- und Kurzwellen. Erst bei den Dezimeterwellen (z. B. Frequenzen des Fernsehbandes IV) macht sich die Laufzeit der Elektronen bemerkbar. Bei Frequenzen oberhalb 300 MHz ($\lambda \leq 1\,\text{m}$) müssen Laufzeiteffekte bei der Konstruktion entweder besonders klein gehalten werden (extrem kleine Gitterabstände bei Scheibenröhren) (s. 7.10.2) oder für die Funktion ausgenützt werden (Laufzeitröhren) (s. 7.10.3).

7.5.3 Bewegung von Elektronen in magnetischen Feldern

Die Kraftwirkung von Magnetfeldern auf Elektronen findet ihre technische Anwendung, abgesehen von den elektrischen Maschinen, den Meßgeräten, Hubmagneten,

Schaltschützen, Relais und den elektroakustischen Wandlern, in Teilchenbeschleunigern, wie Zyklotrons und Betatrons, in den Magnetrons der Höchstfrequenztechnik, in den Ablenkspulen der Fernsehbildröhren, vor allem aber in den unzähligen Fokussierungsspulen für langgestreckte Elektronenströmungen, wie z. B. bei Wanderfeldröhren, Klystrons und Carcinotrons sowie in den magnetischen Linsen der Elektronenmikroskopie.

7.5.3.1 Ablenkung von Elektronen im Magnetfeld. Das Kraftgesetz der Energietechnik sagt aus, daß ein vom Strom $\boldsymbol{I}$ durchflossenes Leiterstück l im Magnetfeld mit der magnetischen Flußdichte $\boldsymbol{B}$ die Kraft $\boldsymbol{F}$ erfährt, wobei $\boldsymbol{F} = \boldsymbol{I} \cdot l \times \boldsymbol{B}$ ist. Abb. 7.5/2b zeigt die Richtungen von Strom, Induktion und Kraft. Diesem Bild entsprechen für einen Elektronenstrom mit der Geschwindigkeit $\boldsymbol{v}$ die in Abb. 7.5/3 gezeigten Richtungspfeile. Die Größe der Kraft ist hier mit $q = -e$ nach der allgemeinen Kraftgleichung (7.5/1) für verschwindendes E

$$\boldsymbol{F} = -e \cdot \boldsymbol{v} \times \boldsymbol{B} = e \cdot \boldsymbol{B} \times \boldsymbol{v} . \tag{7.5/13}$$

An die Stelle von $\boldsymbol{I} \cdot l$ tritt also $-e \cdot \boldsymbol{v}$. Da die ablenkende Kraft nach Gl. (7.5/13) immer senkrecht zur Geschwindigkeit $\boldsymbol{v}$ gerichtet ist, kann das magnetische Feld $\boldsymbol{B}$ immer nur die Richtung der Elektronen ändern, also die Bahn krümmen, ohne die kinetische Energie der Elektronen zu ändern.

Ein Elektron mit der konstanten Geschwindigkeit $\boldsymbol{v}$ senkrecht zu $\boldsymbol{B}$ vollführt eine Kreisbewegung, bei der die Zentripetalkraft evB mit der Zentrifugalkraft mv^2/r im Gleichgewicht ist. Damit wird der Bahnradius

$$r = \frac{mv}{eB} . \tag{7.5/14}$$

Bei $v = 5930$ km/s (für $U = 100$ V) und einer Flußdichte[1] von $10^{-2}\,\mathrm{T} = 10^{-6}\,\mathrm{Vs/cm^2}$

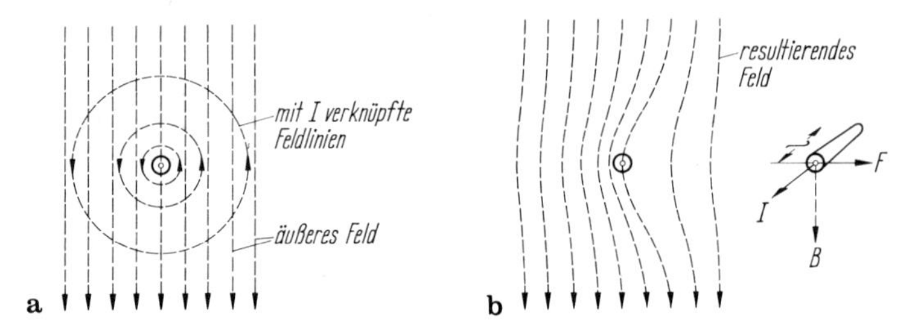

Abb. 7.5/2a u. b. Kraftwirkung auf einen stromdurchflossenen Leiter im Magnetfeld: **a** Teilfeld; **b** resultierendes Magnetfeld

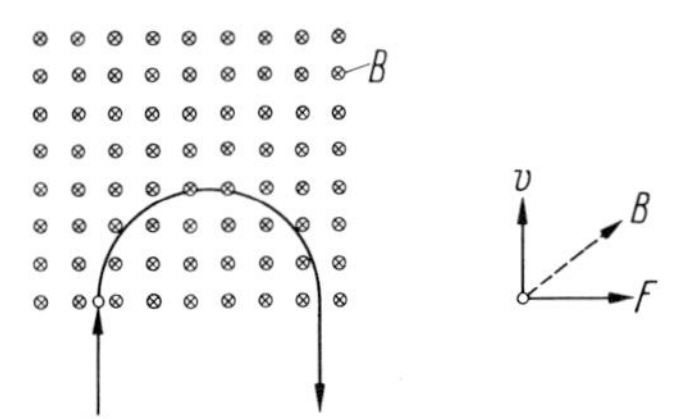

Abb. 7.5/3. Bewegung eines Elektrons im Magnetfeld, senkrecht zu $\boldsymbol{B}$

[1] Einheiten für die magnetische Flußdichte:

$1\,\mathrm{T} = 1\,\mathrm{Wb/m^2} = 1\,\mathrm{Vs/m^2} = 10^4\,\mathrm{G}$

T = Tesla, Wb = Weber, G = Gauß. Die Einheit Gauß ist nach dem Gesetz über Einheiten und Meßwesen vom 2. 7. 1969 vom 5. 7. 1970 an nicht mehr zugelassen.

ist der Krümmungsradius $r = 0{,}337$ cm. Die Dauer t_u eines vollen Umlaufs des Elektrons ist mit Gl. (7.5/14)

$$t_u = \frac{2\pi r}{v} = 2\pi \frac{m}{eB} = \frac{m_0}{e} \frac{2\pi}{\sqrt{1-\left(\frac{v}{c}\right)^2}} \frac{1}{B} \tag{7.5/15}$$

unabhängig vom Radius r. Wenn v kleiner bleibt als etwa 1/10 der Lichtgeschwindigkeit c, stimmt m mit der Ruhemasse m_0 praktisch überein, so daß dann Gl. (7.5/15) als zugeschnittene Größengleichung die einfache Form

$$t_u = \frac{357 \cdot 10^{-13}\,\mathrm{s}}{B/\mathrm{T}} \tag{7.5/16}$$

erhält. Die Konstanz der Umlaufdauer (unabhängig von Radius und Geschwindigkeit) wurde von E.O. Lawrence 1932 bei der Konstruktion des ersten Zyklotrons verwertet.

7.5.3.2 Bündelung von Elektronenstrahlen durch ein axial gerichtetes Magnetfeld. Lange Elektronenstrahlen hoher Stromdichte haben die Tendenz zu divergieren. In Abb. 7.5/4 ist die Geschwindigkeit $\boldsymbol{v}$ der Elektronen in die Komponente $\boldsymbol{v}_z$ in Achsrichtung und die unerwünschte Komponente $\boldsymbol{v}_\varrho$ (vergrößert dargestellt) aufgespalten und ein Magnetfeld $\boldsymbol{B}_z$ in Achsrichtung überlagert. Nach dem Grundgesetz (7.5/13) ergibt $\boldsymbol{v}_z$ mit $\boldsymbol{B}_z$ keine Kraftwirkung, während die aus $\boldsymbol{B}_z$ und $\boldsymbol{v}_\varrho$ herrührende Kraft $\boldsymbol{F}$ die Elektronen auf eine Schraubenlinie vom Durchmesser $2r$ zwingt. Ein Divergieren der Elektronen auf Grund der Geschwindigkeitskomponente $\boldsymbol{v}_\varrho$ wird damit verhindert. Wäre $\boldsymbol{v}_z = 0$, würden die Elektronen Kreisbahnen nach Gl. (7.5/14) mit dem Radius $r = mv_\varrho/eB_z$ durchlaufen. Die Überlagerung von $\boldsymbol{v}_z$ führt zu den Spiralen in Abb. 7.5/4. Nach der Umlaufzeit t_u, die gemäß Gl. (7.5/16) nur von $\boldsymbol{B}_z$ abhängt, hat ein Elektron den Weg $z = v_z t_u$ zurückgelegt. Wenn alle Elektronen mit verschiedenen Querkomponenten $\boldsymbol{v}_\varrho$ die gleiche Längskomponente v_z besitzen, nehmen sie alle im zu $z = v_z t_u$ gehörenden Querschnitt die gleiche Lage wie bei $z = 0$ ein. Es wird der Querschnitt bei $z = 0$ in den Querschnitt bei $z = v_z t_u$ abgebildet.

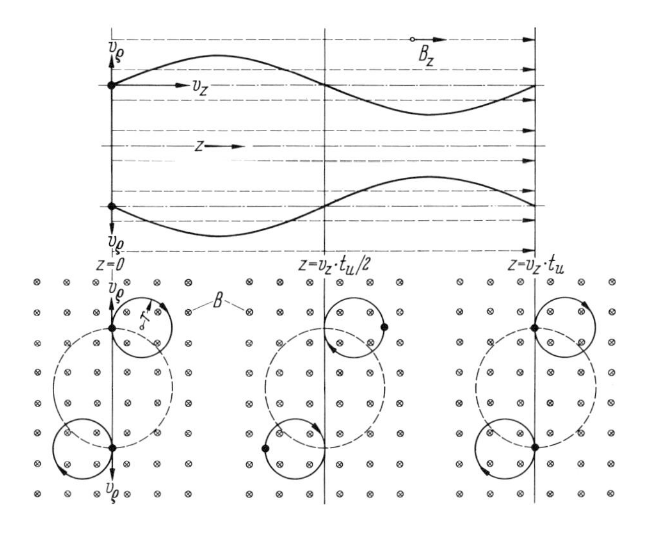

Abb. 7.5/4. Bewegung von Elektronen im axial gerichteten Magnetfeld

H. Busch[1] hat schon 1926 gezeigt, daß rotations-symmetrische Magnetfelder als magnetische Linsen wirken [10]. Zur magnetischen Fokussierung eignen sich sowohl die Felder langgestreckter Zylinderspulen, Felder von Helmholtz-Spulen wie auch die Felder der kurzen Spulen. Von besonderer technischer Bedeutung sind durch Dauermagnete erzeugte Felder, deren Richtung in kurzen aufeinanderfolgenden Abschnitten umgekehrt verläuft (Wechselfeld-Fokussierung) [11].

7.5.4 Elektronenemission aus Glühkathoden. Sättigungsstromgesetz

Man kann folgende Emissionsarten unterscheiden:

1. Thermische Emission durch Heizung der Kathode in Elektronenröhren und gasgefüllten Thyratrons,
2. Emission durch einfallendes Licht bei Photokathoden in Photozellen und Bildwandlerröhren,
3. Emission von Sekundärelektronen durch einfallende Primärelektronen oder -ionen in den Sekundärelektronenvervielfachern, in Tetroden als Störeffekt,
4. Feldemission durch besonders hohe Feldstärken an sehr dünnen Fäden bzw. Spitzen ($\approx 10^7$ V/cm), z. B. im Feldelektronenmikroskop nach Erwin W. Müller (1937) [12]. Feldemission an scharfen Ecken oder Kanten innerhalb von Vakuumröhren ist unerwünscht.

Durch die Heizung wird den freien Elektronen an der heißen Kathodenoberfläche eine höhere kinetische Energie verliehen, so daß ein gewisser Anteil der Elektronen die Anziehungskraft des Molekülverbandes überwinden und die Oberfläche verlassen kann. Die Arbeit, die das Elektron leisten muß, um die Anziehungskraft zu überwinden, heißt Austrittsarbeit. Diese wird als Produkt von Ladung e und Austrittspotential φ_0 meist nur durch φ_0 gekennzeichnet, dessen Wert vom Werkstoff und der Beschaffenheit der Kathodenoberfläche abhängt ($\varphi_0 = 1{,}0$ bis 6 V).[2] Es können nur diejenigen Elektronen, deren kinetische Energie $mv_0^2/2$ die Größe $e\varphi_0$ erreicht oder übersteigt, ins Vakuum austreten.

Eine Aussage über die mittlere kinetische Energie, welche die Elektronen haben, die mit der Geschwindigkeit $v_m = \sqrt{\bar{v}^2}$ fliegen, vermittelt die kinetische Gastheorie durch die Verknüpfung mit der absoluten Temperatur T der Elektrodenoberfläche:

$$\frac{m}{2} v_m^2 = \frac{3}{2} kT \tag{7.5/17}$$

wobei $k = 1{,}38 \cdot 10^{-23}$ Ws/K die Boltzmann-Konstante ist. Nach der Definitionsbeziehung für u_T

$$kT = eu_T \tag{7.5/18}$$

kann man damit die mittlere Elektronenenergie durch die „Temperaturspannung“ u_T kennzeichnen. Aus Gl. (7.5/18) folgt

$$\frac{u_T}{V} = 8{,}6 \cdot 10^{-5} \frac{T}{K} = \frac{1}{11\,600} \frac{T}{K}. \tag{7.5/19}$$

Die Temperaturspannung von 26 mV bei ungeheizter Elektrode hat auch Bedeutung für die Berechnung der Temperaturempfindlichkeit von Halbleiterdioden und

---

[1] Hans Busch war von 1930 bis 1952 Ordinarius an der TH Darmstadt. Über Elektronenröhren las Busch noch bis 1957.

[2] Die aus einem Mindestabstand von 10^{-6} mm berechnete „Bildkraft“ liefert zu φ_0 nur einen Beitrag $\frac{e}{16\pi\varepsilon_0\delta} \approx \frac{1}{3}$ V und ist daher im Verhältnis zu den Oberflächenkräften uninteressant.

Transistoren. Die MK-Kathode (Metall-Kapillar-Kathode) ist eine Vorratskathode wie die L-Kathode (nach Lemmens) mit langer Lebensdauer, die Sättigungsstromdichten von $\sim 5\ \text{A/cm}^2$ ermöglicht.

Experimentell zeigte sich, daß φ_0 außer vom Kathodenmaterial noch von der Temperatur T abhängt. Ferner wird φ_0 durch hohe Feldstärke an der Kathodenoberfläche verringert (Abschn. 7.5.7). Hohe Emissionsstromdichte kühlt die Kathodenoberfläche meßbar.

Eine Kathode mit der Oberfläche A von der Temperatur T kann nun einen maximalen Strom i_s liefern, der durch das „Sättigungsstromgesetz" von Richardson mit

$$i_s = C^* \frac{A}{\text{cm}^2} \left(\frac{T}{\text{K}}\right)^2 e^{-\frac{b}{T}} \tag{7.5/20}$$

bestimmt ist.[1] Die Mengenkonstante C^* hat für die reinen Metalle (z. B. Mo, Pt, Ta, W und massives Thorium) den Wert 60 A, bei einem Thoriumfilm auf Wolfram den Wert 3 A, bei einem Bariumfilm auf Bariumoxid etwa 0,3 A.

Damit erreicht die Stromdichte i_s/A bei Sättigung nur den Wert von $\approx 100\ \text{mA/cm}^2$ bei Wolfram, während Oxidkathoden $3\ \text{A/cm}^2$ (nur bei Impulsbetrieb zulässig) ergeben. Mit Rücksicht auf die Lebensdauer dürfen auch Oxidkathoden nur mit einer Betriebsstromdichte von etwa $200\ \text{mA/cm}^2$ im Dauerbetrieb arbeiten.

7.5.5 Emission von Sekundärelektronen

Wenn Elektronen oder Ionen auf eine Metall- oder Halbleiterelektrode auftreffen, so lösen sie bei genügender Energie Sekundärelektronen aus, selbst wenn sich dabei die Oberfläche nicht nennenswert erwärmt, thermische Emission also ausscheidet. Bemerkenswert ist, daß bei genügender Geschwindigkeit ein Primärelektron mehrere Sekundärelektronen auslösen kann. Diese Tatsache steht nicht im Widerspruch zum Energieprinzip, da die Sekundärelektronen relativ viel langsamer sind. Die Sekundäremission beginnt beim Aufprall von Primärelektronen, die eine kinetische Energie von etwa 10 eV besitzen. In Abb. 7.5/5 ist die Ausbeute (Sekundärelektronenstrom i_{sek}, bezogen auf den Primärstrom i_{pr}) abhängig von u_{pr} aufgetragen.

Bei Sekundärelektronenvervielfachern (z. B. „Photomultiplier") legt man Wert auf hohe Ausbeute (oberste Kurve für eine einatomige Cäsiumschicht auf einem Cäsiumoxid-Silberträger). Saubere Metalloberflächen haben Werte um 1 (Kurve für Kupfer oder Nickel). Kohlenstoff bzw. Ruß auf Nickel zeigen die geringste Ausbeute. Geringe Sekundäremission ist für Tetroden wichtig (s. Kap. 7.8).

---

[1] Anstelle von T^2 hat Richardson zunächst den Faktor $\sqrt{T}$ eingeführt. Den geringen Einfluß des Exponenten erkennt man in der Schreibweise $i_s = C^* \frac{A}{\text{cm}^2}\left(\frac{T}{\text{K}}\right)^n e^{-\frac{b}{T}}$ durch Logarithmieren und Differenzieren:

$$\mathrm{d} \ln i_s = \mathrm{d} \ln \left(\frac{T}{\text{K}}\right)^n + \mathrm{d}\left(-\frac{b}{T}\right) \quad \text{oder} \quad \frac{\mathrm{d}i_s}{i_s} = \frac{\mathrm{d}T}{T}\left(n + \frac{b}{T}\right) \tag{7.5/20a}$$

Da b/T zwischen 10 und 22 liegt, macht praktisch die Änderung von $n = 1/2$ auf $n = 2$ nicht viel aus. Nach Gl. (7.5/20a) verursacht eine Änderung $\mathrm{d}T = 1\%$ von T eine relative Änderung des Sättigungsstroms i_s von 12 bis 24% je nach Größe von b/T (s. Tab. 7.5/1).

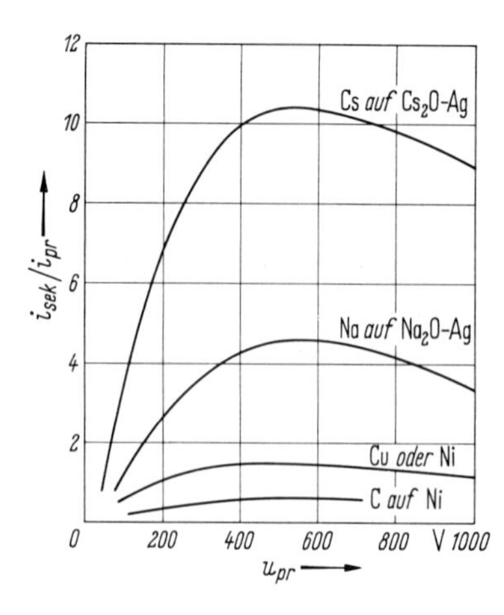

Abb. 7.5/5. Sekundärelektronen-Ausbeute als Funktion der Primärspannung nach [1]

7.5.6 Emission durch hohe Feldstärke an der Oberfläche (Feldemission)

Die Austrittsarbeit bei Elektroden läßt sich auch dadurch überwinden, daß an deren Oberfläche Feldstärken von 10^7 V/cm erzeugt werden. Wenn man dafür sorgt, daß der Spannungsabfall auf sehr kleinem Wege erfolgt, kann man mit Spannungen von einigen kV oder weniger auskommen. Beispiele für geeignete Formen sind Kanten dünner Bänder (einige μm stark) oder Spitzen mit einem Krümmungsradius von 0,001 mm. Im Mittelpunkt des Feldelektronenmikroskops nach Erwin W. Müller [12] ist z. B. eine solche dünne Wolframspitze angebracht. Nach der Beziehung zwischen Feldstärke E, Spannung U und Krümmungsradius r im kugelsymmetrischen Feld erreicht dann $E \approx U/r = 10^4$ kV/cm die verlangte Größenordnung. Derartig hohe Feldstärken treten sogar bei noch kleineren Spannungen an den Sperrschichten von Halbleiterdioden und Transistoren auf, weil die Dicke der Sperrschicht nur Bruchteile von 1 μm ausmacht. Diese Feldemission führt dann zum raschen Ansteigen des Sperrstroms bei Überschreiten der Zener-Spannung.

Schottky gab an, daß die Energie zur Überwindung der Anziehungskräfte durch eine an der emittierenden Oberfläche herrschende Feldstärke E auf den Wert

$$W'_0 = W_0 - 6{,}05 \cdot 10^{-23}\,\mathrm{Ws}\sqrt{\frac{E}{\mathrm{V/cm}}} \quad \text{bzw.} \quad \varphi_0 \text{ auf den Wert}$$

$$\varphi'_0 = \varphi_0 - 3{,}78 \cdot 10^{-4}\,\mathrm{V}\sqrt{\frac{E}{\mathrm{V/cm}}}$$

gesenkt wird. Damit wird die Größenordnung der für die Feldemission notwendigen Feldstärke von 10^7 bis 10^8 V/cm erklärt.

7.6 Hochvakuumdioden

7.6.1 Aufbau von Kathoden und Anoden

Aus Abb. 7.6/1 erkennt man, daß innerhalb der zylindrischen Anode die Kathode angeordnet ist: Bei den Röhren soll die Kathode möglichst wenig Heizleistung verbrauchen, die Anode viel Wärmeleistung abgeben können. Man unterscheidet direkt geheizte und indirekt geheizte Kathoden.

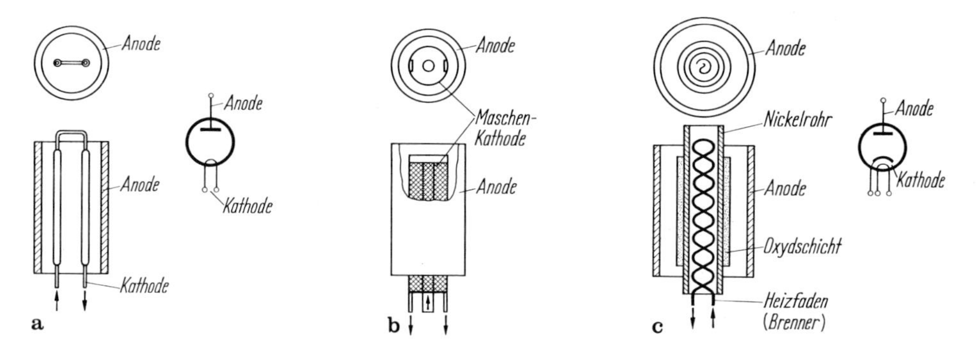

Abb. 7.6/1a–c. Hochvakuumdiode mit: **a** direkt geheizter Kathode; **b** direkt geheizter Maschenkathode; **c** indirekt geheizter Kathode

7.6.1.1 Kathoden mit direkter Heizung. Abbildung 7.6/1a zeigt den prinzipiellen Aufbau eines Diodensystems und das Schaltungssymbol. Auf dem bifilar geführten Heizfaden sitzt Barium-Strontium-Oxid als emittierende Schicht. Durch den Spannungsabfall im Heizfaden haben die verschiedenen Punkte der Schicht auch Potentialunterschiede gegen die Anode. Abbildung 7.6/1b zeigt eine bei größeren Senderöhren verwendete Maschenkathode aus thorierten Wolframdrähten mit koaxialer Stromzuführung, die sich bei geringem Außenmagnetfeld durch gute thermische Stabilität auszeichnet [13]. Der Vorteil der direkt geheizten gegenüber der indirekt geheizten Kathode liegt neben der schnelleren Bertriebsbereitschaft nach dem Einschalten vor allem im wesentlich geringeren Verbrauch an Heizleistung. Als „Ergiebigkeit“ führt man das Verhältnis von Betriebsanodenstrom zu Heizleistung ein. Sie beträgt bei direkt geheizten Röhren 50 bis 100 mA/W, bei indirekt geheizten nur 1/10 davon, also 5 bis 10 mA je W Heizleistung.

Der entscheidende Nachteil der direkt geheizten Röhren besteht in der galvanischen Verkopplung von Heiz- und Anodenstromkreis.

7.6.1.2 Kathoden mit indirekter Heizung. Abbildung 7.6/1c zeigt den üblichen Aufbau der Kathoden von Empfängerröhren für Wechselstrom- oder Allstromnetzbetrieb. Die Oxidschicht sitzt auf einem Nickelröhrchen völlig isoliert von dem mit Al_2O_3 bedeckten Heizfaden. Statt der in Abb. 7.6/1c gezeichneten Wendel (mit geringem äußerem Magnetfeld) ist bei geringerer Heizleistung auch ein isolierter bifilarer Heizdraht eingezogen. Da die Oxidschicht nicht vom Heizstrom durchflossen ist, heißt diese indirekt geheizte Kathode auch „Äquipotentialkathode“. Sie hat thermische Trägheit, folgt also schnellen Spannungsschwankungen nicht, braucht aber nach dem Einschalten des Heizers etwa 30 bis 60 s bis zur vollen Emission. Die Heizleistung hat die Größenordnung von 1 bis 2 W (für Endröhren 10 W).

In Langlebensdauer- und Höchstfrequenz-Röhren findet man Vorrats- oder Metallkapillar-Kathoden (MK- bzw. L-Kathoden). Bei diesen befindet sich die Oxidschicht (s. Abb. 7.6/1c) im Innern einer porösen Wolframabdeckung, an deren Oberfläche Barium-Strontium-Atome nachdiffundieren können.

7.6.1.3 Anoden. Anoden von Röhren müssen die kinetische Energie $mv^2/2 = eu_a$ der Ladungsträger als Wärme abführen. Tabelle 7.6/1 gibt die Bauart der Anoden und die spezifische Belastbarkeit ihrer Oberfläche bei verschiedenen Kühlungsarten an.

Tabelle 7.6/1. Kühlung der Anode von Röhren mit Verlustleistungen P_a bis 500 kW

Kühlungsart	Strahlung	Druckluft	Wasser-oder Ölkühlung	Siedekühlung
Anodenart	Graphit oder Molybdän. Drehanode bei Röntgenröhren	Außenanode aus Cu mit Kühlrippen	Außenanode aus Cu, von Kühlflüssigkeit umströmt	Außenanode aus Cu. Wasser von nahezu 100 °C wird verdampft
maximale spezifische Belastung W/cm²	10	50	100	500

7.6.2 Stromspannungskennlinien von Dioden

Hochvakuumdioden werden in vielen Gleichrichterschaltungen eingesetzt. Röhrendioden sind heute in Niederspannungsschaltungen oft durch Selengleichrichter oder bei besonderen Abforderungen (hohe Sperrspannung) durch Silizium-Flächengleichrichter ersetzt. Insbesondere bei hohen Spannungen und kleinen Strömen bleiben jedoch Hochvakuumdioden wirtschaftlicher.

Die Stromspannungscharakteristik der Dioden (Abb. 7.6/2) bildet auch die Grundlage der Kennlinien von Trioden, Der in Gl. (7.5/20) angegebene Emissionsstrom von Glühkathoden ist der Maximalwert des Stromes, den man nur bei genügend hoher Spannung zwischen Anoden und Kathode beobachtet. Dieser Sättigungsbereich des Kathodenstroms mit seiner starken Temperaturabhängigkeit wird technisch nur selten verwendet und darf bei Oxidkathoden nur kurzzeitig während einer Impulsspitze erreicht werden. Bei kleineren Spannungen unterhalb der „Sättigungsspannung" ist der Strom kleiner und durch eine Raumladung in der Nähe der Kathode begrenzt. In diesem Raumladungsgebiet wird der Strom wesentlich durch die Spannung zwischen Anode und Kathode bestimmt und nur noch geringfügig durch die Temperatur der Kathode beeinflußt (s. Abb. 7.6/2). Im technisch allein wichtigen Raumladungsgebiet steigt der Strom unterhalb von u_s stärker als proportional u_a und folgt dem Gesetz

$$i_a = K u_a^{3/2} .$$

7.6.2.1 Das Raumladungsgesetz. Haben Kathode und Anode die Oberfläche A, so ist der Strom i_a

$$i_a = \frac{4}{9} \varepsilon_0 \sqrt{\frac{2e}{m_0}} \frac{A}{a^2} u_a^{3/2} \tag{7.6/1}$$

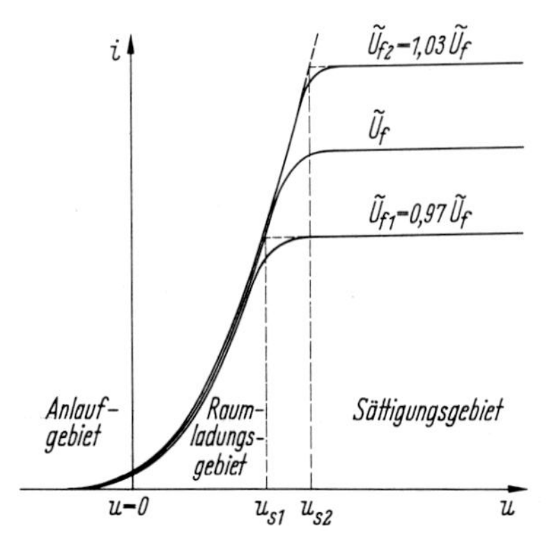

Abb. 7.6/2. Die 3 Arbeitsgebiete der Hochvakuumdiode

und in zugeschnittener Form:

$$\frac{i_a}{\text{mA}} = 2{,}33 \cdot 10^{-3} \frac{\text{A}}{a^2} \left(\frac{u_a}{\text{V}} \right)^{3/2} . \tag{7.6/2}$$

Dieses Raumladungsgesetz, wonach der raumladungsbegrenzte Strom i_a mit $u_a^{3/2}$ ansteigt, wurde von Child [14] für positive Ladungen, von Langmuir [15] für Elektronen und unabhängig davon von Schottky [16] abgeleitet.

Langmuir hat gezeigt, daß bei beliebiger Geometrie des Elektrodensystems das $u_a^{3/2}$-Gesetz gültig bleibt, also auch bei zylindrischer Anordnung der Elektroden.

Bei zylindrischen Systemen (Länge l, Anodenradius r_a) gilt

$$i_a = \frac{4}{9} \varepsilon_0 \sqrt{\frac{2e}{m_0}} \frac{2\pi r_a l}{r_a^2} u_a^{3/2} \tag{7.6/1a}$$

ähnlich Gl. (7.6/1) bzw.

$$\frac{i}{\text{mA}} = 1{,}47 \cdot 10^{-2} \frac{l}{r_a} \left(\frac{u_a}{\text{V}} \right)^{3/2} . \tag{7.6/2a}$$

7.6.2.2 Hochvakuumdiode im Sperrbereich (Röhre als Gleichstromerzeuger). Die Hochvakuumdiode hat gegenüber den Halbleiterdioden den Vorteil, daß der Sperrstrom schon bei -2 V Spannung vernachlässigbar klein wird ($< 1/100\,\mu$A) und daß die Spannungen, bei Röhren, deren Anode nicht in Heizernähe aus dem Glaskolben herausgeführt ist, z. B. in Fernsehempfängern, 15 kV und bei Röntgenanlagen oder Hochspannungsgleichrichtern bis 150 kV betragen. Der Sperrstrom einer gut evakuierten Diode kehrt bei negativer Anodenspannung seine Richtung, im Gegensatz zu den Halbleitern, nicht um. Es verbleibt ein Elektronenstrom, der gegen die negative Anode anläuft. Da er seine Energie der Kathodentemperatur verdankt, gehorcht er ähnlichen Gesetzen wie der Sättigungsstrom:

$$i = i_0 e^{\frac{u}{u_T}} \quad \text{für } u < 0 . \tag{7.6/3}$$

Hierbei ist u_T die mit Gl. (7.5/18) eingeführte Temperaturspannung und i_0 der Anlaufstrom, der bei $u = 0$, also spannungsloser Röhre, fließen würde, wenn hier das Anlaufstromgesetz noch Gültigkeit hätte. Seine Größe hängt vom Kontaktpotential $E_K = \varphi_{0A} - \varphi_{0k}$ und dem Sättigungsstrom i_s sowie der Temperaturspannung $u_T = kT/e$ ab

$$i_0 = i_s e^{-\frac{E_K}{u_T}} . \tag{7.6/4}$$

Setzt man i_0 nach Gl. (7.6/4) unter Berücksichtigung von Gl. (7.5/20) in Gl. (7.6/3) ein, so ergibt sich die interessante Tatsache, daß der Anlaufstrom nicht vom Austrittspotential φ_{0k} der Kathode, sondern vom Austrittspotential der Anode φ_{0A} abhängt. Im übrigen ist i_0, ebenso wie der Sättigungsstrom i_s, sehr stark mit der Temperatur der Kathode veränderlich.

Im Anlaufstromgebiet wirkt die Diode als thermoelektrischer Wandler, der thermische Energie in Gleichstromenergie umwandelt.

7.7 Hochvakuumtrioden

7.7.1 Rückführung auf die Ersatzdiode

Man kann die Kennlinien der Diode verwenden, um das Verhalten von Trioden mit gleicher Kathode und einem Gitter im gleichen Abstand der Diodenanode daraus abzuleiten. Abbildung 7.7/1a zeigt einen schematischen Ausschnitt aus einer zylindrischen Triode, deren Gitter als Drahtwendel ausgebildet ist, Abb. 7.7/1b die Skizze von Feldlinien bei schwach positivem Gitter und höherer positiver Anodenspannung.

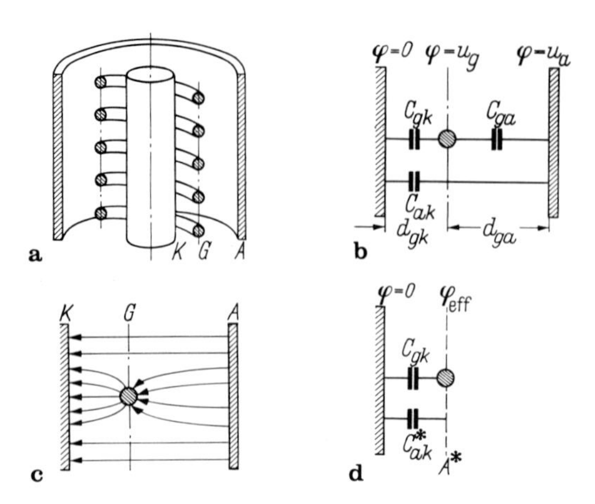

Abb. 7.7/1a–d. Ersatz der Triode durch eine Diode: **a** schematischer Aufbau einer Triode; **b** Feldlinienverlauf ohne Raumladung; **c** Ersatzbild der Triode mit Teilkapazitäten; **d** äquivalente Ersatzdiode

Die Ladung Q_k auf der Kathode ist (ohne Rücksicht auf Raumladung bzw. bei Überschreiten der Sättigungsspannung) nach Abb. 7.7/1b und c entsprechend den Kapazitätsgleichungen von Maxwell

$$Q_k = -C_{gk}u_g - C_{ak}u_a. \tag{7.7/1}$$

Dabei ist C_{gk} die Teilkapazität zwischen Gitter und Kathode, C_{ak} die kleinere Teilkapazität zwischen Anode und Kathode. Schreibt man Gl. (7.7/1) in der Form

$$Q_k = -C_{gk}\left(u_g + \frac{C_{ak}}{C_{gk}}u_a\right) = -C_{gk}(u_g + Du_a) = -C_{gk}u_{st} \tag{7.7/2}$$

so kann man $u_g + Du_a = u_{st}$ als „Steuerspannung" bezeichnen, welche im Kathodengitterraum die gleiche Wirkung hat wie u_g und u_a zusammen. Dabei ist $D = C_{ak}/C_{gk}$ (in der Größenordnung zwischen 1% und 20%) der „Durchgriff", welcher angibt, um wieviel schwächer die Anodenspannung im Verhältnis zur Gitterspannung sich an der Aussteuerung beteiligt.[1] Wir wollen nun die Steuerspannung u_{st} in Beziehung bringen zum Potential φ_{eff}, das man den Gitterdrähten und einem (elektronendurchlässigen) Maschennetz zwischen diesen geben müßte, um die gleiche Ladung Q_k und damit das gleiche Feld in Kathodennähe zu erreichen. Entsprechend Abb. 7.7/1d ist mit $C = C_{gk} + C_{ak}^*$

$$Q_k = -C\varphi_{eff} = -(C_{gk} + C_{ak}^*)\,\varphi_{eff}. \tag{7.7/3}$$

In Gl. 7.7/3 können wir die Größe von C_{ak}^* im Verhältnis zu C_{ak} abschätzen: C_{ak}^* ist als Kapazität des Maschennetzes gegen die Kathode auf jeden Fall größer als C_{ak}. Angenähert wird nach Abb. 7.7/1c und d gelten

$$C_{ak}^* \approx C_{ak}\frac{d_{gk} + d_{ga}}{d_{gk}} = C_{ak}\left(1 + \frac{d_{ga}}{d_{gk}}\right). \tag{7.7/4}$$

Damit gewinnt man die Beziehung zwischen dem Äquivalentpotential φ_{eff}, der die Triode ersetzenden Diode und der Steuerspannung u_{st} der Triode: Aus Gl. (7.7/2) und (7.7/3) folgt

$$\varphi_{eff} = u_{st}\frac{C_{gk}}{C} \approx u_{st}\frac{C_{gk}}{C_{gk} + C_{ak}\left(1 + \dfrac{d_{ga}}{d_{gk}}\right)}$$

---

[1] Im englischen Schrifttum ist anstelle des Durchgriffs D der Kehrwert $\mu = 1/D$ üblich. Der „Durchgriff" wurde von Barkhausen vor 1920 eingeführt.

oder

$$\varphi_{\text{eff}} = \frac{u_{\text{st}}}{1 + \dfrac{C_{\text{ak}}}{C_{\text{gk}}} + \dfrac{C_{\text{ak}}}{C_{\text{gk}} \cdot d_{\text{gk}}/d_{\text{ga}}}} = \frac{u_{\text{st}}}{1 + D + D_{\text{k}}} . \tag{7.7/5}$$

Hierin ist D_k als „Kathodendurchgriff" C_{ak}/C_{ga} mit $C_{ga} \approx C_{gk} \dfrac{d_{gk}}{d_{ga}}$ eingeführt.[1] Das für den Kathodengitterraum maßgebende Äquivalentpotential φ_{eff} stimmt weder mit u_g noch mit u_{st} überein, sondern stellt sich zwischen u_g und u_{st} ein.

Man kann dieses Ergebnis auf das Raumladungsgebiet anwenden und erhält für den gesteuerten Kathodenstrom i_k der Triode die Gleichung

$$\frac{i_{\text{k}}}{\text{mA}} = K \left(\frac{\varphi_{\text{eff}}}{\text{V}} \right)^{3/2} = \frac{K}{(1 + D + D_{\text{k}})^{3/2}} \left(\frac{u_{\text{g}} + D u_{\text{a}}}{\text{V}} \right)^{3/2} = K^* \left(\frac{u_{\text{g}} + D u_{\text{a}}}{\text{V}} \right)^{3/2} . \tag{7.7/6}$$

K^* ist etwas kleiner als die Raumladungskonstante K in Abschn. 7.5.2. Die „Perveanz" K^* hat die Größenordnung $2 \cdot 10^{-3}\, A_g/a^2$, worin A_g die Gittervollfläche und a den Abstand Gitter – Kathode bedeutet.

7.7.2 Kennlinienfelder der Triode

In Abb. 7.7/2a ist der Kathodenstrom i_k abhängig von der Steuerspannung u_{st} für $K^* = 1$ dargestellt. Eine Steuerspannung von 1 V führt gerade zu einem Strom von 1 mA, 4 V ergeben 8 mA usw. Man benutzt aber diese eine Kennlinie selten, sondern zieht es vor, die Wirkung der Gitterspannung u_g und der Anodenspannung u_a getrennt übersehen zu können. Man kann aus Abb. 7.7/2a ableiten:

1. den Strom abhängig von u_g mit verschiedenen festen Werten von u_a als Parameter (Abb. 7.7/2b) (Steuerkennlinienfeld),
2. den Strom abhängig von u_a mit verschiedenen Festwerten von u_g als Parameter (Abb. 7.7/2c) (Ausgangskennlinienfeld),
3. die Gitterspannung u_g abhängig von u_a bei Festwerten des Stromes i_k (Konstantstrom-Diagramm).

Besonders wichtig sind die Kennlinienfelder nach 1. und 2. Das 3. Diagramm hat sich besonders bei Sendetrioden eingebürgert.

7.7.2.1 Das i_a, u_g-Kennlinienfeld. In Abb. 7.7/2b ist ein Durchgriff $D = 5\%$ angenommen. Dann wirkt eine Anodenspannung u_a von 100 V entsprechend $Du_a = 0{,}05.\ 100$ V nur mit 5 V additiv zur Gitterspannung u_g. Bei $u_g = 0$ V ist dann $u_{st} = 5$ V und der Strom in Abb. 7.7/2b wie in Abb. 7.7/2a 11,2 mA. Bei $u_g = -4$ V bleibt eine Steuerspannung von + 1 V übrig. Der Strom ist also bei $u_g = -4$ V und $u_a = +100$ V jetzt 1 mA. Bei $u_g = -5$ V wird der Einfluß der Anodenspannung kompensiert, so daß der Strom gerade verschwindet. Die Kennlinie hat bei $u_g = -Du_a$ ihren Knick und erhebt sich dort von der Nullinie. Dies gilt für alle Parameterwerte von u_a. Ersichtlich wird also die Kennlinie der Abb. 7.7/2a proportional dem Durchgriff mit wachsender Anodenspannung in Abb. 7.7/2b nach links verschoben in den Bereich negativer Gitterspannungen. Die gegenseitige Verschiebung bei zwei verschiedenen Anodenspannungen entspricht z. B.

$$Du_{a3} - Du_{a2} = D(u_{a3} - u_{a2}) = D\,\Delta u_a ,$$

[1] Das Kapazitätsverhältnis $\dfrac{C_{gk}}{C} = \dfrac{1}{1 + D + D_k}$ wird auch als „Steuerschärfe" σ bezeichnet.

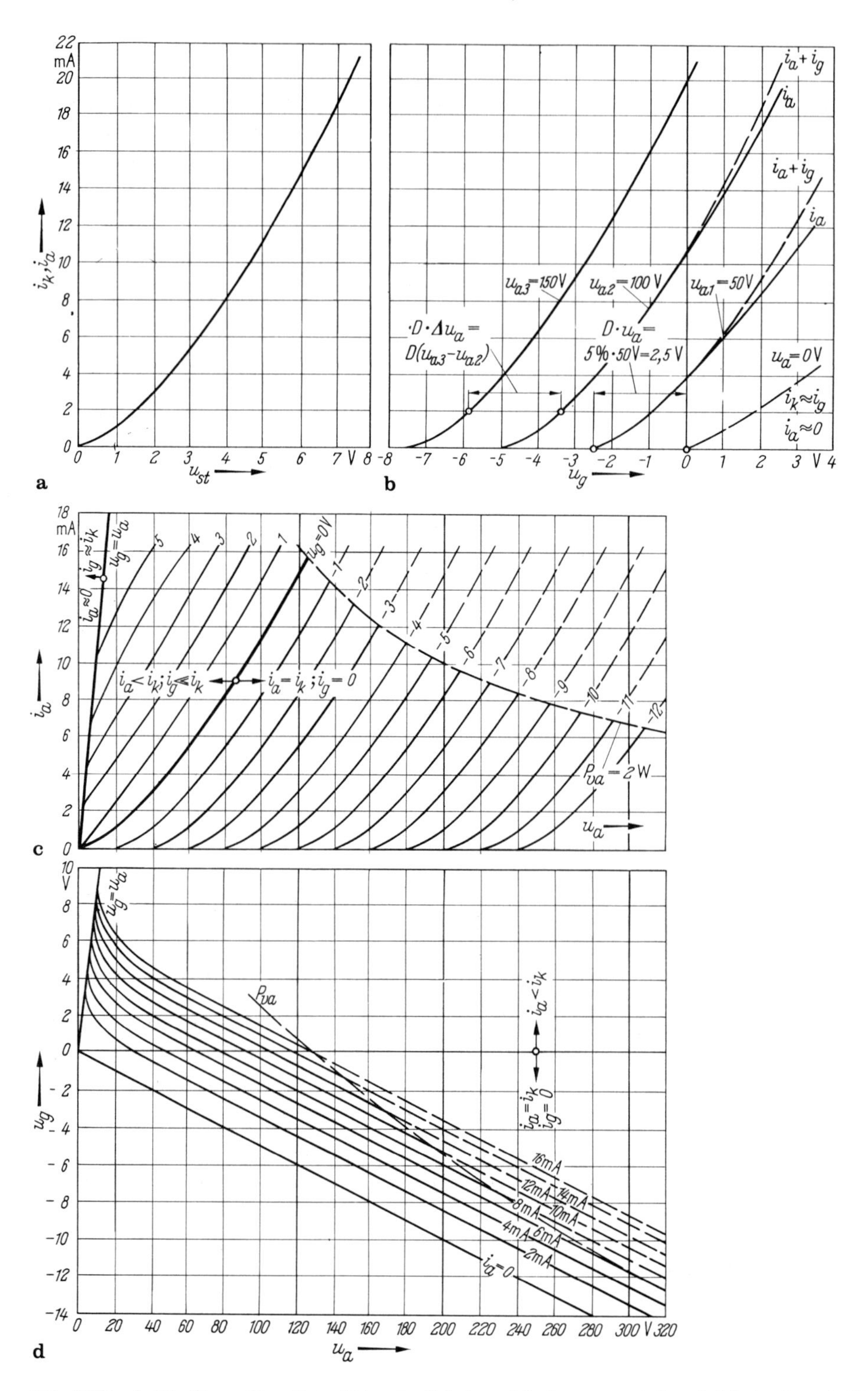

Abb. 7.7/2a–d. Die Steuer-Kennlinienfelder der Triode: **a** $i_k(u_{st})$; $u_{st} = u_g + Du_a$; **b** $i_a(u_g)$ mit u_a als Parameter; **c** Ausgangs-Kennlinienfeld der Triode, $i_a(u_a)$ mit u_g als Parameter; **d** Konstantstrom-Diagramm der Triode, $u_g(u_a)$ mit i_a als Parameter

was bei $i_a = 2$ mA in Abb. 7.7/2b erkennbar ist. Da $\Delta u_a = 50$ V und $D = 5\%$ beträgt, hat diese Verschiebespannung Δu_g den Wert von 2,5 V. Bei praktisch aufgenommenen Kennlinien ist D nicht ganz unabhängig von der Lage des Bereiches im Kennlinienfeld. Die Größe von D folgt dann aus der Verschiebespannung Δu_g im Verhältnis zu der entgegengesetzten Änderung Δu_a der Anodenspannung bei festgehaltenem Strom. Man gewinnt damit eine praktisch wichtigere Definition des Durchgriffs

$$D = -\left(\frac{\Delta u_g}{\Delta u_a}\right)_{i_a = \text{const}} = -\left.\frac{\partial u_g}{\partial u_a}\right|_{i_a = \text{const}}, \tag{7.7/7}$$

die unabhängig ist von der ersten Einführung durch die Kapazitäten C_{ak} und C_{gk}. Praktisch wesentlich ist die Verschiebung der Kennlinien in den Bereich negativer Gitterspannungen, weil das negative Gitter keine Elektronen aufnehmen kann (und der Einfluß der Ionen in gut evakuierten Röhren vernachlässigbar ist). Daher stimmt für $u_g \leq 0$ V der Kathodenstrom i_k mit dem Anodenstrom i_a überein. Bei negativen Gitterspannungen kann man also den Anodenstrom durch Ändern von u_g leistungslos steuern. Bei Empfängern und Verstärkern ist es daher üblich, dem Gitter eine negative Vorspannung zu geben und die Signalspannung in ihrer Amplitude auf die Höhe der Vorspannung zu beschränken.

Bei Leistungsverstärkern (z. B. Senderendstufen) steuert man oft in das Gebiet $u_g > 0$ V, da hierbei der Wirkungsgrad steigt. Bemerkenswert ist die Aufspaltung des Kathodenstroms

$$i_k = i_a + i_g \tag{7.7/8}$$

in den Anodenstrom i_a und den Gitterstrom i_g bei positivem u_g. Bleibt die Anodenspannung $u_a > u_g$, so geht der größte Teil des Kathodenstroms durch das Gitter hindurch zur Anode. i_a ist in Abb. 7.7/2b nur wenig kleiner als i_k. Dagegen ist bei $u_a = 0$ V der Anodenstrom $i_a \approx 0$, und die Elektronen des Kathodenstroms landen nach mehrfachen Pendelungen um das positive Gitter herum schließlich doch auf dem Gitter. Dabei ist die Raumladung stark erhöht, und die Kennlinie des Stromes liegt flacher als die Steuerkennlinie (nicht parallel verschoben).

Aus dem Kennlinienfeld für $i_a = f(u_g)$ können noch 2 Röhrenkenngrößen ermittelt werden, die allerdings von der Lage im Kennlinienfeld (vom „Arbeitspunkt") viel stärker abhängen als der Durchgriff. Ein Maß für die Stromänderung Δi_a bei einer Gitterspannungsänderung Δu_g bei konstanter Anodenspannung u_a ist die Steilheit der Kennlinie

$$S = \left(\frac{\Delta i_a}{\Delta u_g}\right)_{u_a = \text{const}} = \frac{\partial i_a}{\partial u_g}. \tag{7.7/9}$$

Bei großem Anodenstrom i_a ist S offensichtlich viel höher als bei kleinen Strömen, wobei S am unteren Knick nach 0 tendiert. Man kann diese Abhängigkeit aus dem Raumladegesetz ermitteln: Für

$$\frac{i_a}{\text{mA}} = K^* \left(\frac{u_g + Du_a}{\text{V}}\right)^{3/2} \tag{7.7/10}$$

folgt

$$S = \frac{\partial i_a}{\partial u_g} = \frac{3}{2} K^* \frac{\text{mA}}{\text{V}} \left(\frac{\mathbf{u}_g + Du_a}{\text{V}}\right)^{1/2}. \tag{7.7/11}$$

Die Steilheit steigt also mit der Wurzel aus der Steuerspannung. Ersetzt man diese durch den Strom i_a, so ergibt sich

$$S = \frac{3}{2}\frac{K^*}{K^{*1/3}}\frac{\text{mA}}{\text{V}}\left(\frac{i_a}{\text{mA}}\right)^{1/3} = \frac{3}{2}K^{*2/3}\left(\frac{i_a}{\text{mA}}\right)^{1/3}\frac{\text{mA}}{\text{V}}. \tag{7.7/12}$$

Die Steilheit wächst, wenn das Raumladegesetz gilt, mit der 3. Wurzel aus dem Strom ändert sich also relativ zum Durchgriff sehr stark mit dem Arbeitspunkt im Kennlinienfeld. Es soll noch eine dritte, wichtige Röhrenkenngröße, nämlich der innere Widerstand R_i (für Änderungen von Strom und Spannung an der Anode), berechnet werden. Definiert ist R_i als das Verhältnis von Anodenspannungs- zu Stromänderung bei konstanter Gitterspannung, also

$$\underline{\frac{1}{R_i} = \left(\frac{\Delta i_a}{\Delta u_a}\right)_{u_g = \text{const}} = \frac{\partial i_a}{\partial u_a}}. \tag{7.7/13}$$

Aus Gl. (7.7/6) erhält man danach bei Annahme eines von u_a unabhängigen Durchgriffs

$$\frac{1}{R_i} = \frac{3}{2}K^*\frac{\text{mA}}{\text{V}}\left(\frac{u_g + Du_a}{\text{V}}\right)^{1/2} D = SD. \tag{7.7/14}$$

Die Beziehung $R_i SD = 1$, die aus Gl. (7.7/14) folgt und als Barkhausen-Röhrenformel bekannt ist, gibt an, daß die 3 Röhrenkennwerte S, D und R_i fest miteinander verknüpft sind. Die Ableitung zeigt, daß diese Werte nur für einen gewählten Arbeitspunkt gelten und bei anderer Wahl des Ruhestroms Steilheit und Innenwiderstand sich verändern. R_i kann man aus dem Kennlinienfeld Abb. 7.7/2b entnehmen, wenn man durch den gewählten Arbeitspunkt eine Senkrechte zeichnet. Δu_a aus den 2 Parametern der benachbarten Kennlinien entnimmt und zu der Anodenstromdifferenz ins Verhältnis setzt.

7.7.2.2 Das i_a, u_a-Kennlinienfeld. Im Anodenkreis der Röhre fließt der Anodenstrom i_a über den Arbeitswiderstand R_a und erzeugt den Spannungsfall, der z. B. zur Aussteuerung einer weiteren Verstärkerstufe zur Verfügung steht. Daher besteht zwischen der Anodenspannung u_a und der Speisegleichspannung noch ein Zusammenhang über den Spannungsabfall durch i_a am Arbeitswiderstand, der in diesem Kennlinienfeld unmittelbar durch Einzeichnen einer Arbeitskennlinie dargestellt werden kann. Das i_a, u_a-Kennlinienfeld (Abb. 7.7/2c) ist daher für den Ausgangskreis wichtiger als das i_{a,u_g}-Feld.

Die einzelnen Kennlinien für negative Gitterspannungen entstehen aus der Steuerlinie $i_k = f(u_{st})$ durch Parallelverschiebung. In Abb. 7.7/2a gehört z. B. zu einem Strom von 4 mA eine Steuerspannung von $+2{,}5$ V. Bei $u_g = -10$ V ist also ein Du_a von $+12{,}5$ V notwendig. Für $D = 5\%$ ist die Anodenspannung das Zwanzigfache, also 250 V bei $i_a = 4$ mA. Die Kennlinie für $u_g = -10$ V beginnt mit $i_a = 0$ bei $u_{st} = 0$, also bei $u_a = 200$ V, weil $Du_a = -10$ V ist und damit $u_g + Du_a$ verschwindet. Die anderen Kennlinien bei festem, negativem u_g sind horizontal entsprechend verschoben. Bei $\Delta u_g = +1$ V ist die Verschiebung Δu_a bei konstantem Strom gleich $-\Delta u_g/D = -20\,\Delta u_g = -20$ V. Um diesen Betrag sind die Linien konstanter Gitterspannung bei negativem u_g in horizontaler Richtung verschoben. Die Parallelverschiebung um jeweils 20 V findet ihre Grenze in der Nähe von $u_g = 0$ V, weil hier der Gitterstrom einsetzt. Während also bei negativem u_g die Ströme i_k und i_a identisch sind, teilt sich für die Linien $u_g = +1, +2, +3$ V usw. der Kathodenstrom i_k so auf, daß ein relativ kleiner Teil von i_k zum Gitter fließt und der Rest als Anodenstrom i_a zur Verfügung steht. Die i_a-Werte für positives u_g sind Abb. 7.7/2b entnommen. Dieses Gebiet findet eine Grenze für $u_g = u_a$. Wird $u_a < u_g$, so wechselt der Kathodenstrom zum Gitter über, so daß i_g nahezu i_k erreicht und $i_a \approx 0$ wird. Daher starten alle

i_a-Linien für positives u_g an dieser Grenzlinie, die durch $u_g = u_a$ definiert ist. Sie folgt der Gleichung

$$\frac{i_{kgr}}{mA} \approx K^* \left(\frac{u_a + Du_a}{V} \right)^{3/2} = K^*(1 + D)^{3/2} \left(\frac{u_a}{V} \right)^{3/2} \tag{7.7/15}$$

und steigt damit sehr steil an.

Zu beachten ist, daß man das Kennlinienfeld bei höheren Anodenspannungen u_a nicht zu beliebig hohen Strömen i_a aussteuern darf, weil sich dann die Anode unzulässig erwärmt. Die kinetische Energie der auf die Anode aufprallenden Elektronen wird im wesentlichen in Wärme umgesetzt. (Der Energieanteil, der für die Erzeugung von Sekundärelektronen bzw. Röntgenstrahlen verbraucht wird, ist gegenüber der entwickelten Wärmeenergie vernachlässigbar klein.) Für jeden Röhrentyp gibt es eine zulässige Anodenverlustleistung $P_{va} = \int_0^T u_a i_a \, dt/T$, die nicht ohne Gefahr der Überhitzung überschritten werden darf. In Abb. 7.7/2c ist $P_{va} = 2$ W als Beispiel gewählt. Bei $\tilde{U}_a = 200$ V darf der Strom damit nur 10 mA maximal erreichen. Die Grenzhyperbel $i_a = P_{va}/u_a$ begrenzt die Wahl des Arbeitspunktes nach oben. Bei höheren Anodenspannungen liegt noch eine weitere Grenze für u_a – bedingt durch den geringen Abstand der Sockelanschlüsse – in der Durchschlagsspannung von 400 bis 500 V. Den genauen Wert geben die Datenblätter der Röhrenhersteller für jeden Röhrentyp an.

7.7.2.3 Das u_g, u_a-Kennlinienfeld (i_a = const). Denkt man sich im i_a, u_a-Kennlinienfeld horizontale Geraden bei $i_a = 0$ und anderen i_a-Werten gezogen (z. B. für $i_a = 2$ mA, 4 mA usw. bis 14 mA) und trägt für jeden Strom zusammengehörige Werte von u_g und u_a in rechtwinkligen Koordinaten auf, so entstehen die u_g, u_a-Kennlinien bei konstantem Strom (Abb. 7.7/2d). Im Bereich $u_g < 0$, wo $i_a = i_k$ ist, ergeben sich gerade Linien, deren Neigung gegen die Horizontale dem Durchgriff entspricht. Der senkrechte Abstand der Linien wird bei größeren Strömen wegen der wachsenden Steilheit geringer ($S = \Delta i_a / \Delta u_g$; Δi_a ist konstant).

Bei positivem u_g fließt Gitterstrom. Daher biegen jetzt die Linien konstanten Anodenstroms nach oben ab, während die Linien konstanten Kathodenstroms als Verlängerung der Geraden für den Bereich $u_g < 0$ nach links oben zu zeichnen wären.

Die Grenzlinie $u_g = u_a$ bei positiver Gitterspannung ist hier besonders einfach, eine Gerade durch den Nullpunkt. Die Grenzhyperbel für $P_{va} = 2$ W in Abb. 7.7/2c erscheint in Abb. 7.7/2d als gestrecktere Grenzlinie.

7.7.3 Aufteilung des Kathodenstroms bei positivem Gitter und positiver Anode

Ist außer der Anode auch das Gitter positiv gegen die Kathode, so fließt ein Teil des Kathodenstroms zum Gitter. Sind u_g und u_a höher als +15 V, so werden Sekundärelektronen aus beiden Elektroden ausgelöst, die z. T. zur anderen Elektrode fliegen. Die Stromverteilung im Fall von Sekundärelektronen wird bei der Tetrode betrachtet. Für den bei Trioden häufigeren Fall geringer Spannungswerte (< 20 V) haben Sekundärelektronen noch keinen merkbaren Einfluß auf die Verteilung des Kathodenstroms auf Steuergitter und Anode. Es gilt dann bei einer positiven Gitterspannung, die kleiner als die Anodenspannung bleibt, näherungsweise die von Tank [19] aufgestellte Stromverteilungsformel

$$\frac{i_g}{i_a} = C_T \sqrt{\frac{u_g}{u_a}} \quad \text{bei} \quad u_a > u_g > 0 \tag{7.7/16}$$

$$C_T = 0{,}1 \ldots 0{,}8 .$$

Erniedrigt man bei konstanter positiver Gitterspannung die positive Anodenspannung, so steigt im Gebiet $u_a \approx 0{,}2u_g$ der Gitterstrom steil an, während der Anodenstrom klein wird; es tritt Stromübernahme des Steuergitters ein. Für das Gebiet relativ zu u_g kleiner Anodenspannungen gilt näherungsweise eine von Below [20] angegebene Formel

$$\frac{i_a}{i_k} = C_B \sqrt{\frac{u_a}{u_g}} \quad \text{bei} \quad 0{,}2u_g > u_a > 0\,. \tag{7.7/17}$$

7.7.4 Verstärkung und Arbeitskennlinien im i_a, u_a-Kennlinienfeld

In Abb. 7.7/3 ist das Kennlinienfeld von Abb. 7.7/2c nochmals wiedergegeben, ferner als Arbeitswiderstand R_a der Triodenstufe ein ohmscher Widerstand angenommen, dessen Größe wahlweise 10 kΩ, 20 kΩ oder 100 kΩ betragen möge. Die Anodenspannung u_a (Spannung zwischen Anode und Kathode) ist dann nicht mehr so hoch wie die Betriebsgleichspannung U_B (im Beispiel + 200 V), sondern um den Spannungsabfall $i_a R_a$ am Arbeitswiderstand R_a kleiner

$$u_a = U_B - i_a R_a\,. \tag{7.7/18}$$

Dieser Zusammenhang zwischen i_a und u_a wird durch die von $U_B = 200$ V aus nach links oben steigenden Geraden wiedergegeben. Bei $R_a = 10$ kΩ würde ein Strom von 2 mA zu einem Spannungsabfall von 20 V führen, so daß die Anodenspannung 180 V beträgt, bei einem Widerstand von 100 kΩ der gleiche Strom zu einem Spannungsabfall von 200 V und einer Anodenspannung 0 V. Dementsprechend sind die Arbeitsgeraden eingezeichnet. Welcher Strom wirklich fließt, ist erst durch die Wahl der Gitterspannung U_{g0} bestimmt, die offenbar größer als − 10 V sein muß, Wählen wir U_{g0} zu − 5 V, so fließt bei $R_a = 10$ kΩ ein Anodenstrom von etwa 4,6 mA, bei $R_a = 20$ kΩ ist $I_{a0} \approx 3$ mA und bei 100 kΩ etwa 0,9 mA.

Aus den Arbeitsgeraden kann man ablesen, daß eine Änderung der Gitterspannung von − 5 V auf − 6 V, also um 1 V, die Anodenspannung um etwa $\Delta u_a = 10$ V bei $R_a = 10$ kΩ, jedoch um ≈ 13 V bei 20 kΩ und um ≈ 18 V bei $R_a = 100$ kΩ steigen läßt. Das Verhältnis Δu_a zu Δu_g bezeichnen wir als Spannungsübertragungsfaktor

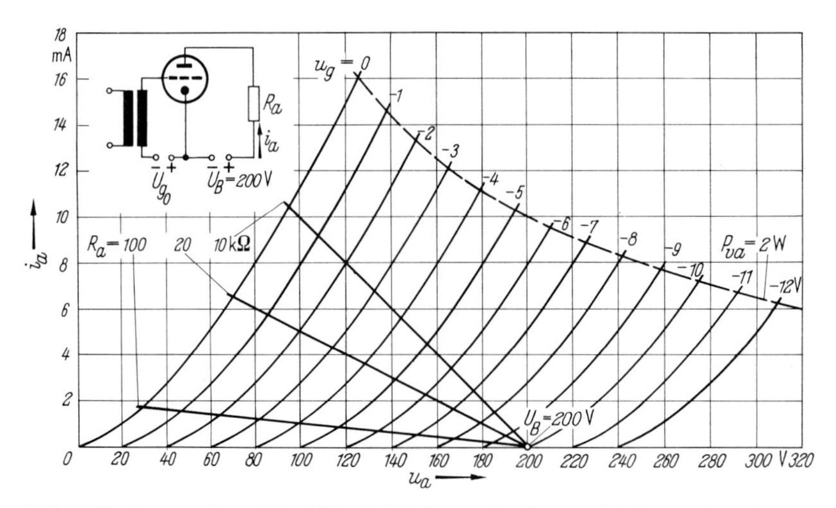

Abb. 7.7/3. Ausgangskennlinienfeld mit Arbeitsgeraden für verschiedene Außenwiderstände

A_u bzw. Verstärkung und erhalten hier für

$R_a =$ 10 kΩ 20 kΩ 100 kΩ

$A_u = -10$ -13 -18

Offensichtlich ist es günstig, den großen Arbeitswiderstand $R_a = 100\,\text{k}\Omega$ in diesem Beispiel zu wählen, um eine hohe Verstärkung zu erhalten. Eine weitere Erhöhung von R_a über 200 kΩ würde die Arbeitskennlinie zwar noch mehr der Horizontalen nähern, aber kaum mehr die Verstärkung nennenswert erhöhen. In der Tat beträgt der Grenzwert des Spannungsübertragungsfaktors, die *Leerlaufverstärkung*, hier bei einem Durchgriff von 5% gerade $-1/D = -20$.

Das negative Vorzeichen der Verstärkung bedeutet, daß eine positive Gitterspannung die Anodenspannung sinken läßt.

Die Arbeitsgeraden werden für komplexe Außenwiderstände $R_a e^{j\varphi}$ zu Arbeitsellipsen, die bei induktiver Komponente $(0 < \varphi < \pi/2)$ im Uhrzeigersinn, bei kapazitiver Komponente im Gegenuhrzeigersinn durchlaufen werden.

7.7.5 Leitwertgleichungen und Hochfrequenz-Leitwertparameter in Kathodengrundschaltung

Faßt man den Strom i_a, der von u_{st} bzw. $u_g + Du_a$ ausgesteuert wird, als Größe auf, die von zwei unabhängigen Veränderlichen u_g und u_a bestimmt wird, so kann man allgemein schreiben

$$i_a = f(u_g, u_a).$$

In der Nähe des durch U_{g0} und U_{a0} festgelegten Arbeitspunktes ist dann die Stromänderung $\mathrm{d}i_a$ eindeutig durch die Änderung der Gitterspannung $\mathrm{d}u_g$ und die Änderung der Anodenspannung $\mathrm{d}u_a$ sowie die Kennlinienform festgelegt, wenn man nach Taylor entwickelt:

$$\mathrm{d}i_a = \frac{\partial i_a}{\partial u_g}\mathrm{d}u_g + \frac{\partial i_a}{\partial u_a}\mathrm{d}u_a + \frac{1}{2}\frac{\partial^2 i_a}{\partial u_a^2}\mathrm{d}u_g^2 + \frac{1}{2}\frac{\partial^2 \mathbf{i}_a}{\partial u_a^2}\mathrm{d}u_a^2 + \frac{\partial^2 i_a}{\partial u_a \partial u_g}\mathrm{d}u_a\mathrm{d}u_g + \ldots \tag{7.7/19}$$

Bei $\mathrm{d}u_g < 1$ V und $\mathrm{d}u_a < 10$ V gilt

$$\mathrm{d}i_a \approx \frac{\partial i_a}{\partial u_g}\mathrm{d}u_g + \frac{\partial i_a}{\partial u_a}\mathrm{d}u_a. \tag{7.7/20}$$

Nun war nach Gl. (7.7/9) $\frac{\partial i_a}{\partial u_g} = S$ und $\frac{\partial i_a}{\partial u_a} = \frac{1}{R_i}$, so daß man die einfache lineare Gleichung für $\mathrm{d}i_a$ erhält:

$$\underline{\mathrm{d}i_a = S\,\mathrm{d}u_g + \frac{\mathrm{d}u_a}{R_i}}. \tag{7.7/21}$$

Wir wollen diese wichtige Beziehung zweifach verwenden:
1. zur Ableitung der linearen Steuergleichung,
2. zur Ableitung von zwei wichtigen Ersatzbildern für die Röhre als Verstärkerstufe und zur Berechnung der Verstärkung.

Zu 1. Ersetzt man in der allgemeinen Gl. (7.7/21) $1/R_i$ durch SD, so folgt:

$$\underline{\mathrm{d}i_a = S(\mathrm{d}u_g + D\,\mathrm{d}u_a)}. \tag{7.7/22}$$

Anstelle der Zusammenhangs zwischen i_a und der Steuerspannung $u_{st} = u_g + Du_a$ in Form des $u_{st}^{3/2}$-Gesetzes erhält man mit Gl. (7.7/22) *eine lineare Steuergleichung* für nicht zu große Änderungen von Strom und Spannungen, die für viele Anwendungen bequemer ist.

Zu 2. Aus Gl. (7.7/21) folgt nach Multiplikation mit R_i

$$\mathrm{d}i_a R_i = SR_i \mathrm{d}u_g + \mathrm{d}u_a$$

oder

$$\frac{\mathrm{d}u_g}{D} = di_a R_i - \mathrm{d}u_a. \tag{7.7/23}$$

Gleichung (7.7/23) wird durch das Ersatzschaltbild Abb. 7.7/4a dargestellt. Die Spannungsquelle nach Abb. 7.7/4a mit ihrem Innenwiderstand R_i entspricht im übrigen genau der „Ersatzspannungsquelle", durch die man ein beliebiges, lineares Netz nach dem Satz von Helmholtz (1853)[1] ersetzen kann.

Dieser Schaltung ist gleichwertig eine zweite. Man gewinnt sie unmittelbar aus Gl. (7.7/21), die als Stromgleichung einer Stromverzweigung entspricht.[2]

S du_g ist in Abb. 7.7/4b der von der Gitterspannungsänderung du_g gesteuerte „Kurzschlußstrom" S du_g, der sich nach der Gl. (7.7/21)

$$S\,\mathrm{d}u_g = \mathrm{d}i_a + \frac{(-\mathrm{d}u_a)}{R_i} \tag{7.7/24}$$

in den äußeren Strom di_a und den inneren Querstrom $-\mathrm{d}u_a/R_i$ aufteilt. Mit d$i_a = -\mathrm{d}u_a/R_a$ folgt aus Gl. (7.7/24) die Verstärkung

$$v = \frac{\mathrm{d}u_a}{\mathrm{d}u_g} = -\frac{S}{\dfrac{1}{R_a} + \dfrac{1}{R_i}} = -S\frac{R_a \cdot R_i}{R_a + R_i} \tag{7.7/25}$$

und

$$v_{\max} \equiv v_{R_a \gg R_i} = -SR_i = -\frac{1}{D}.$$

Die lineare Gleichung für di_a in Abhängigkeit von du_g und du_a nach Gl. (7.7/22)

$$\mathrm{d}i_a = S\,\mathrm{d}u_g + SD\,\mathrm{d}u_a$$

bildet einen Teil der für Röhren in Kathodengrundschaltung gültigen Gleichungen in Leitwertform, die in Kap. 9 mit ihren Umrechnungen in z-, h-, a- und p-Parameter

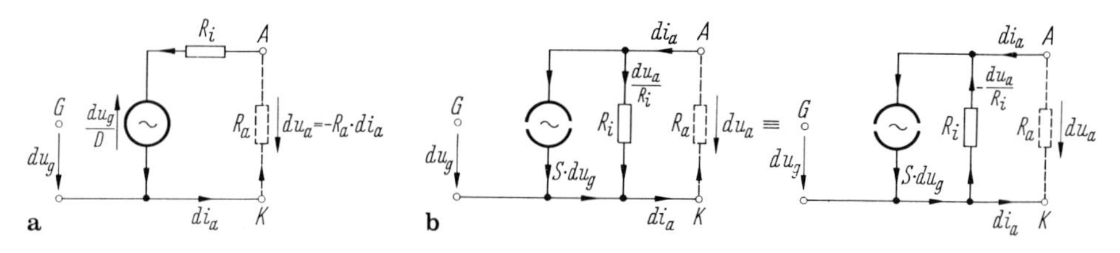

Abb. 7.7/4a u. b. Röhren-Ersatzbilder für Kleinsignal-Betrieb in Kathoden-Grundschaltung: **a** Ersatzbild mit Leerlaufspannungsquelle; **b** Ersatzbild mit Kurzschlußeinströmung

[1] Dieser Satz heißt in anderen Ländern Theorem von Thévenin.

[2] Die Kurzschlußstrom-Ersatzschaltung wurde 1926 von H.F. Mayer angegeben [21].

behandelt sind. Die Gleichungen in Leitwertform lauten entsprechend Gl. (9.1/2)

$$\begin{aligned} I_1 &= y_{11} U_1 + y_{12} U_2 \\ I_2 &= y_{21} U_1 + y_{22} U_2 \end{aligned} \quad \text{bzw. in Matrizenform} \quad \begin{bmatrix} I_1 \\ I_2 \end{bmatrix} = \begin{bmatrix} y_{11} & y_{12} \\ y_{21} & y_{22} \end{bmatrix} \begin{bmatrix} U_1 \\ U_2 \end{bmatrix}.$$

Dabei gelten für die Kathodengrundschaltung der Röhrenverstärker folgende Identitäten:

$$\begin{aligned} I_1 &\equiv \mathrm{d}i_g, \qquad U_1 \equiv \mathrm{d}u_g \equiv \mathrm{d}u_{gk} \\ I_2 &\equiv \mathrm{d}i_a, \qquad U_2 \equiv \mathrm{d}u_a \equiv \mathrm{d}u_{ak}\,. \end{aligned}$$

Bei der Aufstellung der Leitwertgleichungen müssen für hohe Frequenzen außer S und D noch die passiven Leitwerte der Gitter-Anoden-Kapazität C_{ga}, der Gitter-Kathoden-Kapazität C_{gk} und der Anoden-Kathoden-Kapazität C_{ak} berücksichtigt werden. Damit ergeben sich die Parameter in Leitwertform

$$y_{11} = \frac{1}{R_g} + \frac{1}{R_E} + \mathrm{j}\omega(C_{gk} + C_{ga}) \qquad y_{12} = -\mathrm{j}\omega C_{ga}$$

$$y_{21} = S - \mathrm{j}\omega C_{ga} \qquad y_{22} = SD + \mathrm{j}\omega(C_{ak} + C_{ga}).$$

Mit $S = \Delta i_a / \Delta u_g$ gelten diese Gleichungen auch für Großsignalbetrieb.

In y_{11} bedeutet $1/R_g$ den Leitwert des zwischen Gitter und Kathode eingeschalteten Widerstandes R_g und $1/R_E$ den elektronischen Leitwert, der mit dem Quadrat der Frequenz f steigt, wobei man

$$1/R_E \approx \frac{(f/\mathrm{MHz})^2}{20\ \mathrm{M\Omega}}$$

setzen kann (Abschn. 7.10.1). Die Induktivitäten der Gitter- und Kathodenzuleitungen ergeben einen zusätzlichen Eingangsleitwert, der ebenfalls mit dem Quadrat der Frequenz f zunimmt [58, S. 229–331].

Die Blindleitwerte der Röhrenkapazitäten wachsen nur proportional f. Aber eine Kapazität von 1 pF bedeutet bei der Frequenz von 1 MHz einen Blindleitwert $\omega C = 2\pi \cdot 10^{-6}$ S (Blindwiderstand bei 1 MHz $\approx$ 160 kΩ, bei 1 GHz nur $\approx$ 160 Ω). Die kapazitive Kopplung zwischen Anoden- und Gitterkreis durch C_{ga} ist also für $f >$ 1 MHz bei Trioden beachtlich, da C_{ga} bei diesen die Größenordnung von einigen pF hat. Im Gegensatz zu den Trioden haben Tetroden (Abschn. 7.8) wegen der Abschirmung des Steuergitters durch das Schirmgitter C_{ga}-Werte $< 0{,}1$ pF und Pentoden nur C_{ga}-Werte $< 0{,}01$ pF (Abschn. 7.9). Tetroden arbeiten als Hochleistungsröhren mit Leistungen zwischen 1 kW und 100 kW noch bei Frequenzen oberhalb 300 MHz (Abb. 7/1).

7.8 Hochvakuumtetroden

In Abschn. 7.7.5 wurde gezeigt, daß die höchste Verstärkung einer Triodenstufe mit $\mu = 1/D$ begrenzt ist. Demnach sollte man versuchen, durch engmaschige Gitter den Durchgriff möglichst noch kleiner als 1% zu wählen. Der Durchgriff hat aber noch eine zweite Funktion, nämlich bei nicht zu hohen Anodenspannungen u_a in der Größe von 100 V, die i_a, u_g-Kennlinie in den Bereich negativer Gitterspannung zu verschieben, um wenigstens bei allen Vorstufen leistungslos steuern zu können. Für $D = 1\%$ und $u_a = 100$ V wäre die Verschiebespannung $-Du_a = -1$ V, bei der die Kennlinie sich von der Achse erhebt (s. Abb. 7.7/2b). Bei -1 V beginnt aber schon Gitterstrom

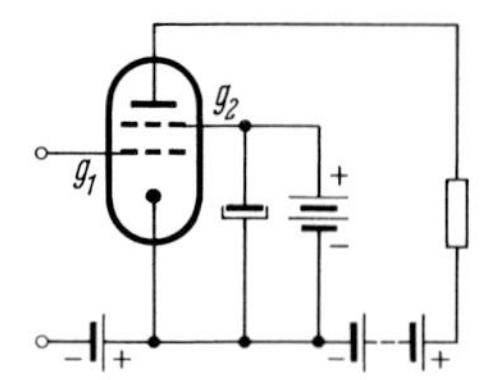

Abb. 7.8/1. Prinzipschaltung von Tetroden

nach dem Anlaufstromgesetz [Gl. (7.6/4)] zu fließen. Diese Verschiebespannung ist also zu klein, weshalb D meist $> 2\%$ ist und bei Röhren, die mit einigen Volt Wechselspannung am Gitter betrieben werden, noch größer gewählt werden muß. Diese für den Durchgriff gegensätzlichen Forderungen führen zu einer Röhrenkonstruktion, die zwischen Steuergitter und Anode ein weiteres positives Gitter, das Schirmgitter, besitzt, das die Verschiebung der i_a, u_g-Kennlinie in den Bereich negativer Steuerspannung übernimmt, aber auf festem Potential gehalten wird und den größten Teil des Kathodenstroms ungehindert zur Anode fließen läßt. Die Schaltung der von Schottky 1915 angegebenen Tetrode zeigt Abb. 7.8/1 [179].

Über die Eingangsschaltungen zur Erzeugung einer negativen Vorspannung gelten die gleichen Richtlinien wie bei der Triode. Das Schirmgitter bekommt eine positive Gleichspannung der Größenordnung 100 bis 200 V und ist durch einen genügend großen Kondensator so zur Kathode überbrückt, daß die Änderungen des Schirmgitterstroms das Schirmgitterpotential gegen die Kathode nicht verschieben. Der Schirmgittergleich- und -wechselstrom wird dadurch klein gehalten, daß die Schirmgitterwendel gleiche Steigung wie die Steuergitterwendel erhält und in ihrem „Schatten" angeordnet wird, so daß nur eine relativ kleine Zahl von Elektronen, die das Steuergitter durchfliegen, zum Schirmgitter gelangt.

Mit der Einfügung des Schirmgitters erreicht man einen wesentlich geringeren Durchgriff von der Anode zum Kathodengitterraum und gleichzeitig eine Abschirmung des Gitters von der Anode, so daß Gitterkreis und Anodenkreis nicht mehr über einen C_{ga}-Wert von einigen pF, sondern über ein $C_{ga} < 0{,}1$ pF (bei Pentoden $C_{ga} < 0{,}01$ pF) gekoppelt sind. Neben der erstgenannten Betrachtung über den Durchgriff bei Trioden war es besonders die Forderung besserer Entkopplung zwischen Anoden- und Gitterkreis (z. B. um Selbsterregung durch Rückkopplung über C_{ga} zu vermeiden), die zur Tetrode und Pentode führte. Der *Kathoden*strom wird bei diesen Röhrentypen praktisch nur von u_{g1} und u_{g2} bestimmt.

7.8.1 Kennlinien von Tetroden

Im i_a, u_g-Kennlinienfeld der Tetroden ist zu beachten, daß die Anodenspannung wegen ihres geringen Durchgriffs praktisch wenig Einfluß hat, aber an die Stelle der Anodenspannung als Parameter jetzt die positive Schirmgitterspannung tritt. Voraussetzung dabei ist allerdings, daß die Anodenspannung höher ist als die größte Schirmgitterspannung. Viel besseren Aufschluß gestattet das i_a, u_a- und i_{g2}, u_a-Diagramm. Die Verteilung des Kathodenstroms auf Anodenstrom i_a und Schirmgitterstrom i_{g2} erfolgt im Prinzip nach den gleichen Grundsätzen wie bei der Triode mit positivem Gitter. Doch muß man beachten, daß bei der Triode u_a meist viel größer bleibt als $+u_g$. Sekundärelektronen, die aus der Anode herausgelöst werden, kehren dann meist zur positiveren Anode zurück und ändern nicht viel an der Verteilung und den Kennlinien der Triode. Bei Tetroden mit Schirmgitterspannungen über 100 V ist im Bereich der Anodenspannung zwischen etwa 20 V und 100 V zu erwarten, daß die aus der Anode ausgelösten Sekundärelektronen zum Schirmgitter fliegen und den Schirmgitterstrom erheblich vergrößern, während sie gleichzeitig dem Anodenstrom verlorengehen. In Abb. 7.8/2 ist der Verlauf des Anodenstroms bei negativer Gitterspannung und bei fester Schirmgitterspannung gezeigt.

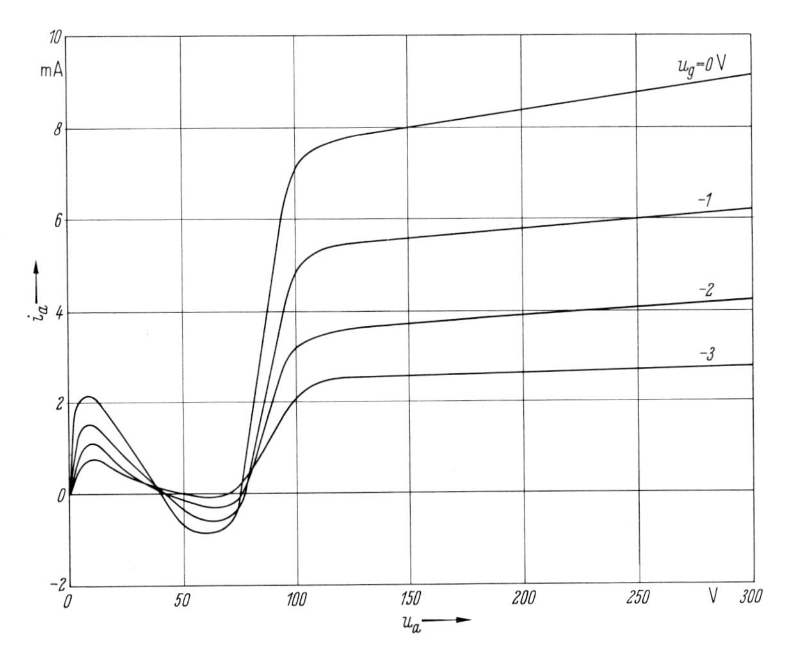

Abb. 7.8/2. Kennlinien einer Tetrode mit Sekundärelektronen; Schirmgitterspannung $U_{g2} \approx 100$ V

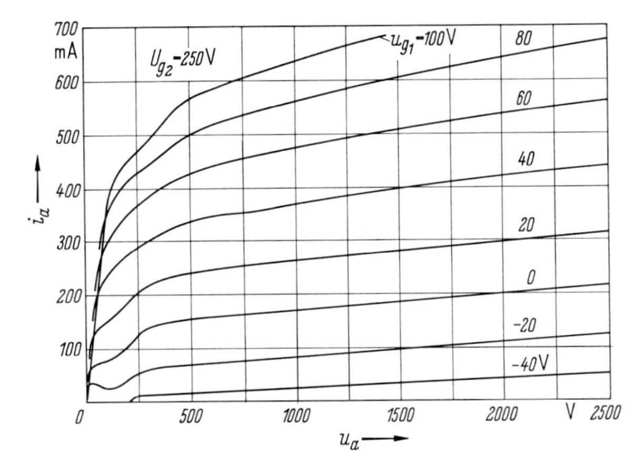

Abb. 7.8/3. Kennlinien einer „Strahl-Tetrode" mit Unterdrückung der Sekundärelektronen

Auffällig ist die starke Absenkung des Anodenstroms unterhalb 70 V (fallende Kennlinien!). Damit man die Tetroden bis zu kleinen Anodenspannungen aussteuern kann, muß man also die Übernahme der Sekundärelektronen durch das Schirmgitter verhindern.[1] Dazu gibt es 2 Wege:

1. Ausbildung einer Raumladungswolke mit einem Potentialminimum zwischen Schirmgitter und Anode bei den „Strahltetroden" (beam power-tetrode), so daß die Sekundärelektronen wieder zur Anode zurückgetrieben werden (Kennlinien siehe Abb. 7.8/3).
2. Aufbau einer Pentode durch Einfügen eines Bremsgitters mit Kathodenpotential zwischen Schirmgitter und Anode.

[1] Nur beim Dynatron wird gelegentlich der Bereich der fallenden Kennlinie zur Schwingungserzeugung benutzt.

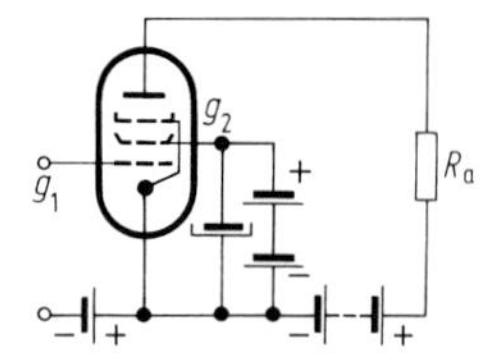

Abb. 7.9/1. Prinzipschaltung der Pentode

7.9 Hochvakuumpentoden

Das Bremsgitter wurde 1926 von G. Jobst[1] eingeführt. Es ist oft in der Röhre mit der Kathodenschicht verbunden (s. Abb. 7.9/1). Bei tiefen Frequenzen ist ihr Hauptvorteil die größere Verstärkung im Verhältnis zur Triode, bei hohen Frequenzen vor allem die äußerst kleine, durch die doppelte Abschirmung von Brems- und Schirmgitter verringerte Kapazität zwischen Eingangskreis und Ausgangskreis. Ausführlichere Darstellungen findet man in der Spezialliteratur und z. B. im 2. Band der 3. Auflage dieses Lehrbuchs.

7.10 Übersicht über Hochvakuumröhren für Mikrowellenverstärker

7.10.1 Trioden und Tetroden bei hohen Frequenzen (bis $\approx$ 2000 MHz)

Die Röhrenersatzbilder nach Abb. 7.7/4 sind durch die inneren Kapazitäten C_{ga}, C_{gk} und C_{ak} zwischen den Elektroden zu ergänzen. Benachbarte Elektroden, wie z. B. C_{gk} und C_{ga} bei Trioden, haben Kapazitäten von einigen pF. Bei Tetroden kann C_{ag} wegen des Schirmgitters $< 0{,}1$ pF gehalten werden. Damit ist die kapazitive Kopplung zwischen Eingangs- und Ausgangskreis in der Kathoden-Grundschaltung bei Tetroden wesentlich kleiner. Trotzdem müssen Eingang und Ausgang von Verstärkern im Kurzwellenbereich durch Neutralisationsschaltungen (Abschn. 9.1.3) entkoppelt werden, um Selbsterregung zu vermeiden.

Bei den Frequenzen der UKW-Technik (30 bis 300 MHz) und besonders den Frequenzen der Fernsehbänder IV/V (470 bis 790 MHz) machen sich bereits die durch die Elektronenmasse m bedingten Laufzeiten τ im Gitter- und Anodenraum störend bemerkbar, weil die Laufwinkel $\Theta = \omega\tau = 2\pi\tau/T$ nicht $\ll 1$ bleiben und der Anodenwechselstrom hinter der aussteuernden Wechselspannung verzögert und mit kleinerer Amplitude fließt. Damit wird

a) die Steilheit komplex und qualitativ durch

$$\underline{S} = S(\cos\Theta - \mathrm{j}\sin\Theta) \quad \text{bis} \quad \Theta < 2$$

darstellbar. Der für Verstärkung und Leistungsabgabe maßgebende Realteil der Steilheit sinkt also mit $S\cos\Theta$ ab.

[1] Das Bremsgitter wurde unabhängig davon im Dezember 1926 von B.D.H. Tellegen vorgeschlagen.

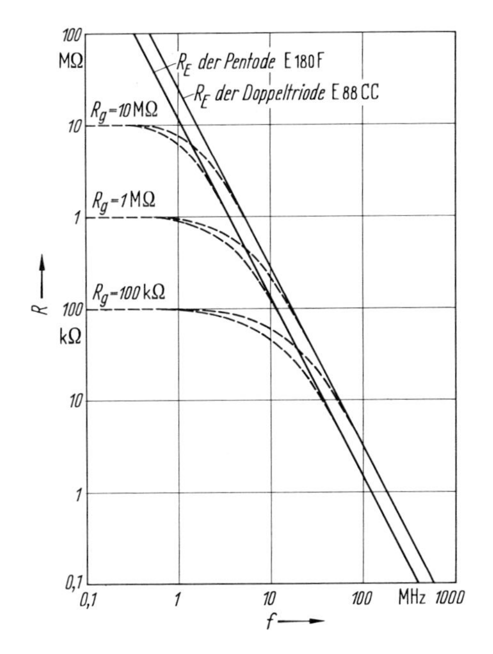

Abb. 7.10/1. Eingangswiderstand zweier Röhren in Kathodengrundschaltung

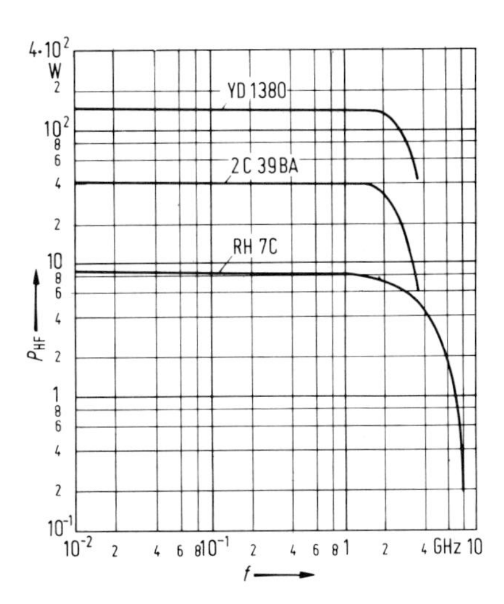

Abb. 7.10/2. Abgegebene HF-Leistung als Funktion der Frequenz für verschiedene Scheibentrioden

b) im Eingang ein elektronischer Wirkleitwert auftreten, der proportional $S\omega^2$ und damit $\sim f^2$ steigt. Abbildung 7.10/1 zeigt, wie umgekehrt der Eingangswiderstand in der Kathodengrundschaltung oberhalb 10 MHz mit $1/f^2$ abfällt. Er beträgt bei 100 MHz nur 2 bis 3 kΩ. Ein äußerer Gitterwiderstand R_g zwischen Gitter und Kathode erhöht den gesamten Eingangswert.

c) der Einfluß der nichtlinearen Verzerrungen durch Laufzeiteffekte verstärkt.

Schließlich ist der Einfluß von Zuleitungsinduktivitäten in Kathoden-, Gitter- und Anodenzuführungen einerseits durch Resonanzeffekte zusammen mit den inneren Kapazitäten, andererseits durch die mit wachsender Frequenz wachsende Kopplung der Eingangs- und Ausgangskreis gemeinsamen Induktivität bei Dezimeter- und Zentimeterwellen besonders merklich. Abbildung 7.10/2 zeigt den Leistungsabfall einiger Scheibenröhren bei Frequenzen oberhalb 1 GHz im Vergleich.

7.10.2 Scheiben-Trioden für Mikrowellen ($f \approx$ 500 bis 5000 MHz)

Bei diesen (Abb. 7.10/3) sind die Laufzeiten τ um ein bis zwei Zehnerpotenzen geringer durch extrem kleine Gitter-Kathodenabstände (15 bis 20 μm), die durch Spanngitter oder Kreuzgitter realisierbar wurden, ohne zum Gitter-Kathoden-Kurzschluß zu führen. Ferner sind die Elektroden durch großflächige scheiben- oder zylinderförmige Bleche angeschlossen. Diese können damit induktivitätsarm in konzentrische Rohre oder Hohlraumresonatoren als Schwingungskreise eingebaut werden. Es ist besonders die in der Mariner-Sonde beim Marsanflug verwendete Triode RH 7-C bekannt geworden.

Alle diese Trioden werden in der bei größeren Laufwinkeln vorteilhafteren Gittergrundschaltung betrieben.

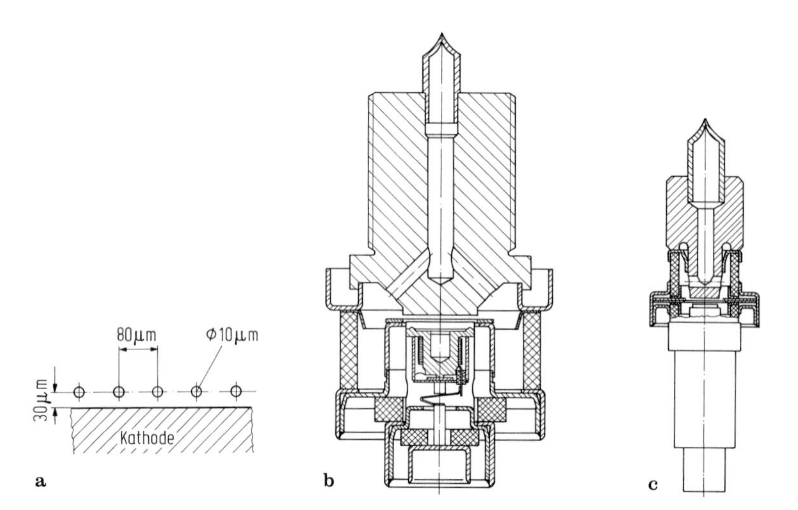

Abb. 7.10/3a–c. Aufbau von Mikrowellentrioden: **a** Gitterabmessungen einer Scheibenröhre (anderer Maßstab als bei b); **b** Längsschnitt der Scheibenröhre YD 1380; **c** Längsschnitt durch die Scheibentriode RH 7C

7.10.3 Wanderfeldröhren und Klystrons als Endverstärker bei Mikrowellen

Im Gegensatz zu den unter Abschn. 7.10.1 genannten gittergesteuerten Röhren nutzen die „Lauffeldröhren" die Laufzeit bewußt zu einer Wechselwirkung zwischen dem Elektronenstrahl und der in Strahlrichtung wirkenden Feldkomponente einer verzögerten elektromagnetischen Welle. Elektronenstrahlen, die eine Lochanode mit etwa 1 kV Anodenspannung durchlaufen haben, besitzen nach Gl. (7.5/5) eine mittlere Geschwindigkeit von nahezu 20000 km/s. Demnach muß die elektromagnetische Welle auf ungefähr 1/15 der Lichtgeschwindigkeit verzögert werden, um den gleichförmigen Elektronenstrahl zunächst in seiner Geschwindigkeit zu modulieren und dann nach Durchlaufen einer die Selbsterregung verhindernden Dämpfungsstrecke Energie aus den Elektronenpaketen des modulierten Strahls zu entnehmen. Dazu muß der Strahl etwas schneller als die Welle laufen.[1] Abb. 7.10/4 zeigt Elemente einer Wanderfeldröhre im Gigahertz-Bereich für etwa 20 W Ausgangsleistung mit einer Wendel als Verzögerungsleitung, wobei Hohlleiter zur Ein- und Auskopplung dienen. Da das Prinzip der Verstärkung in der Wanderfeldröhre primär frequenzunabhängig ist, kann man mit koaxialer Ein- und Auskopplung eine Oktave (z. B. von 8 bis 16 GHz) überstreichen. Wanderfeldröhren werden auch als Endverstärker mit mehreren kW HF-Leistung gebaut und z. B. in Bodenstationen für Satellitenverbindungen eingesetzt. Man unterscheidet O-Typ-Wanderfeldröhren ohne Gleichfelder quer zum Elektronenstrahl und M-Typ-Wanderfeldröhren mit elektrischem und magnetischem Gleichfeld quer zur Elektronenströmung.

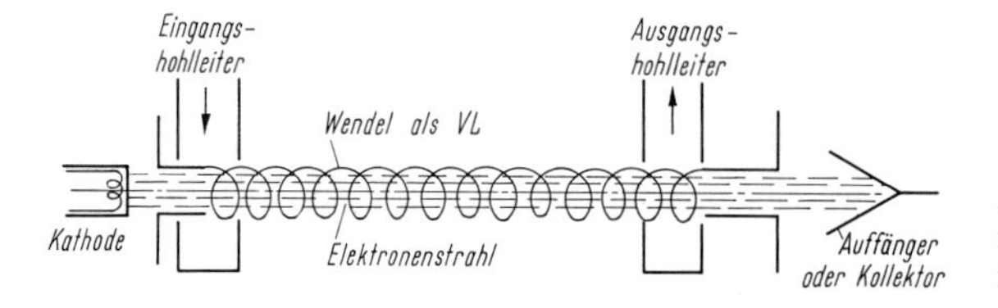

Abb. 7.10/4. Prinzip einer Wanderfeldröhre mit einer Wendel als Verzögerungsleitung

[1] Bei den Linearbeschleunigern der Kernphysik wird ebenfalls die Wechselwirkung zwischen Strahl und Welle benutzt. Hier läuft aber die Welle um einige Prozent schneller als der Strahl.

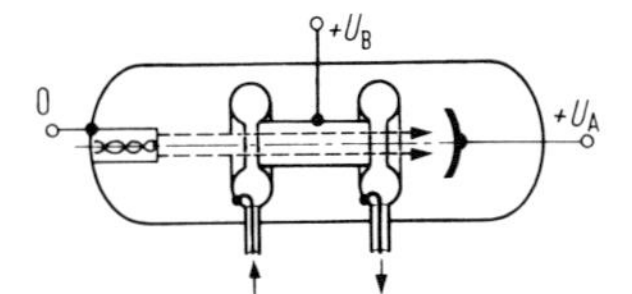

Abb. 7.10.5. Prinzip eines Zweikammer-Klystrons als Verstärker für Endleistungen von einigen kW

Eine relativ robuste Bauart von Schmalband-Mikrowellenverstärkern für hohe Leistungen > 10 kW sind die aus n Hohlraumresonatoren und $n - 1$ Laufräumen ($n = 2$ bis 4) sowie einem leistungsstarken Elektronenstrahlsystem, einem fokussierenden magnetischen Gleichfeld und einem Kollektor aufgebauten Klystrons. In der Systematik der Laufzeitröhren gehören diese Verstärkerklystrons zu den Mehrkreis-Triftröhren. Als Triftröhren bezeichnet man Laufzeitröhren, deren Verstärkermechanismus auf der Umwandlung einer Geschwindigkeitsmodulation in eine Strommodulation beruht, ohne daß in einem Laufraum elektrische Hochfrequenzfelder beteiligt sind (feldfreier Laufraum) (s. Abb. 7/1 und Abb. 7.10/5). Näheres über ein Zweikreisklystron s. Abschn. 9.2.5. Sonderformen sind das Vervielfacherklystron und das etwas breitbanderige Wanderfeldklystron, bei dem die feldfreien Laufräume durch Verzögerungsstrecken ersetzt sind [23, 24].

Die Typenbezeichnung für Höchstfrequenzröhren besteht aus zwei Buchstaben und einer vierstelligen Zahl.

Der erste Buchstabe ist Y.

Der zweite Buchstabe kennzeichnet die Konstruktion:

D Triode, H Wanderfeldröhre, K Klystron, J Magnetron

Die Zahl ist eine laufende Kennzeichnung; Prototypen haben als letzte Ziffer eine Null, während Weiterentwicklungen durch die Ziffern 1 bis 9 gekennzeichnet werden.

7.11 Übersicht über Hochvakuum-Photozellen, Röntgenröhren und Bildröhren

Ultrarot- und Röntgentechnik verwenden Hochvakuumröhren zur Wandlung von Licht, langwelliger oder kurzwelliger Strahlung in Elektronenströme (Grundlagen s. Abschn. 7.5.5) oder umgekehrt.

1. Abbildung 7.5/6a zeigt den prinzipiellen Aufbau von Photozelle mit Photokathode, Abb. 7.11/1a die Betriebsschaltung eines die Sekundäremission an 3 Netzanoden ausnutzenden Photovervielfachers (engl. Multiplier), Abb. 7.11/1b einen Vervielfacher mit 7 Prallanoden (Dynoden) mit Verstärkungsfaktoren $\approx 10^6$ z. B. zur Verstärkung von schwachen Lichtblitzen für Szintillationszähler der Kernphysik.

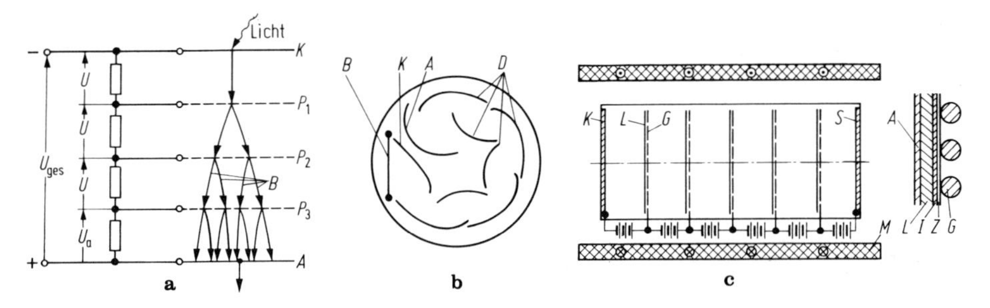

Abb. 7.11/1a–c. Photovervielfacherröhren: **a** Prinzip einer Vervielfacherröhre ($U_{ges} \approx 1$ bis 2 kV); **b** runde Bauart mit Reflexionsblechen (Pralldynoden D) ohne Elektrodenanschlüsse; **c** Vervielfacher für Bildwandler mit Photokathode K, Transmissionsdynoden und Leuchtschirm S. Z Zaponlackschicht (verdampft beim Ausheizen), M Fokussierungsspule für axiales Magnetfeld, L KCl-Schichten, G Kupferdrahtgitter

Einen Vervielfacher für Fernsehaufnahmekameras zeigt Abb. 7.11/1c mit 5 parallelen Transmissionsdynoden aus einem Kupferdrahtnetz G mit einer SiO-Schicht I (≈ 10 nm), einer die Sekundärelektronen emittierenden KCl-Schicht L (≈ 40 nm) und einer sehr dünnen, die auffallenden Elektronen streuenden Au-Schicht A (≈ 2 nm).

Die Typenbezeichnung für Photozellen besteht aus 2 Buchstaben und einer Zahlengruppe. Der erste Buchstabe kennzeichnet die Farbempfindlichkeit der Kathode: C rot und infrarot, A blau.

Der zweite Buchstabe gibt an, ob es sich um eine gasgefüllte (G) oder um eine Hochvakuum-Zelle (V) handelt.

Photovervielfacher haben die Bezeichnung XP, der eine Zahlengruppe folgt. Die Zahlengruppe stellt eine laufende Kennzeichnung dar.

2. Den umgekehrten Vorgang der Erzeugung von Strahlung durch einen Elektronenstrom zeigt am Beispiel der Röntgenröhren Abb. 7.11/2a und b. Die Röntgenstrahlung besteht aus der für das Anodenmaterial (W, Ta, Mo) *charakteristischen* Strahlung (einzelne Spitzen hoher Intensität mit Wellenlängen $\lambda \approx 0{,}65$ µm und 0,8 µm bei Molybdän) und der breitbandigen *Bremsstrahlung*, die eine kurzwellige Grenze bei $\lambda_{\text{min}} = c/f_{\text{max}}$ entsprechend der Energiebilanz $hf_{\text{max}} = eU_{\text{a}}$ besitzt. Daraus folgt die zu Gl. (7.5/25) analoge Beziehung

$$\lambda_{\text{min}} = \frac{1{,}24\ \mu\text{m}}{U_{\text{a}}/\text{V}}\,.$$

Bei einer Anodenspannung $U_{\text{a}} = 35$ kV wird $\lambda_{\text{min}} = 0{,}035$ nm. Der Wirkungsgrad bei der Umwandlung beträgt nur 1%. So müssen 99% der Leistung $I_{\text{a}}U_{\text{a}}$ als Wärme von der Anode durch Strahlung (Umlaufanode) oder bei fester Anode durch Umlaufkühlung oder Siedekühlung abgeführt werden.

3. Mit Elektronenstrahlen arbeiten 4 Gruppen von Bildröhren, die in Abb. 7.11/3 dargestellt sind:

a) *Bildwandler.* Infrarote oder ultraviolette Strahlen lösen aus einer Photokathode Elektronen, die ohne oder mit Elektronenlinse auf einem Leuchtschirm optische Bilder ergeben (Bild-Bild-Wandlung). Röntgenbildverstärker gestatten, die für die Diagnostik erforderliche Bestrahlungsdosis wesentlich herabzusetzen.

b) *Bildaufnahmeröhren* in der Fernsehtechnik setzen Lichtbilder oder Szenenbilder in schnelle zeitliche Folgen elektrischer Ausgangssignale um (Bild-Signal-Wandlung). Superorthikon, Superikonoskop und Vidikon sind die Haupttypen der Bildaufnahmeröhren. Die Isogonröhre (verwendet gestreute anstelle der reflektierten Elektronen) ist eine Verbesserung des (Superorthikons mit größerem Signal/Rausch-Verhältnis.

Die SEC-Röhre ist eine Superorthikonröhre mit verbessertem Target (zuerst Al_2O_3–Al–KCl-Target, jetzt Si-Target mit Mosaik von p-n-Übergängen).

Vidikon-Röhren verwerten den *inneren* Photoeffekt und sind trotz einfacheren Aufbaus empfindlicher als das Superikonoskop, besitzen aber photoelektrische

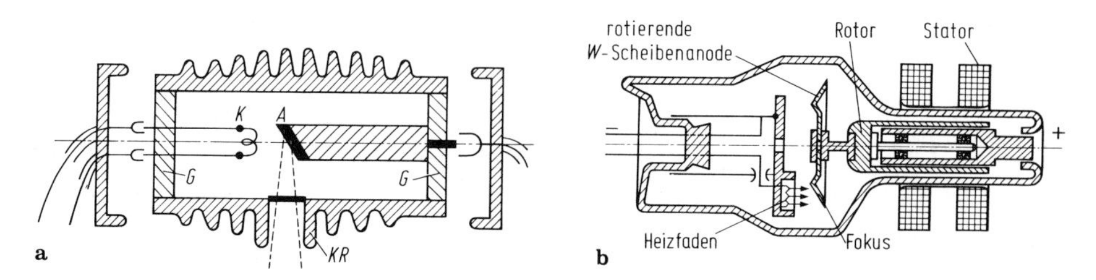

Abb. 7.11/2a u. b. Röntgenröhren: **a** Kleinröhre, G Glasscheiben, KR Kühlrippen; **b** Drehanoden-Röhre

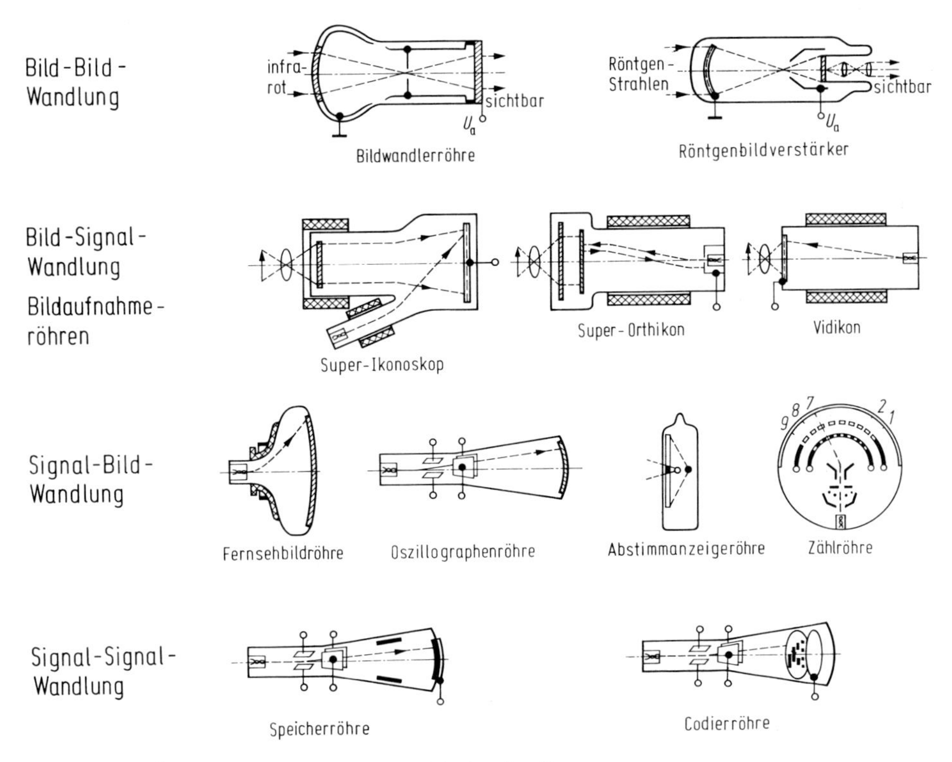

Abb. 7.11/3. Übersicht über Elektronenstrahl-Wandlerröhren

Trägheit („Nachzieh"-Effekt bei schnell bewegtem Bild). Diese ist vermindert beim „Plumbikon" mit p- und n-leitenden PbO-Schichten und beim „Si-Vidikon" mit p- und n-leitenden Si-Mikroübergängen.

c) *Bildwiedergaberöhren* wandeln Signalströme in sichtbare Bilder, Lichtpunkte oder Lichtbänder um (Signal-Bild-Wandlung). Fernsehbildröhren für Schwarz-Weiß- bzw. Farb-Bilder haben zur Erhöhung der Bildhelligkeit hohe Beschleunigungsspannungen bis 25 kV. Der Elektronenstrahl wird durch Ablenkspulen außerhalb des Röhrenkolbens mit Ablenkwinkeln von maximal $\pm 70°$ *magnetisch* abgelenkt, so daß die Röhren eine geringe Bautiefe zum Einbau in die Geräte erhalten.

   Im Gegensatz dazu werden Elektronenstrahlen in Oszillographenröhren durch 2 gekreuzte Ablenkplattenpaare mit elektrischen Feldern um Winkel von maximal $\pm 20°$ abgelenkt.

   Abstimmanzeigeröhren für Scharfabstimmung von Empfängern auf den gewünschten Kanal und Zählröhren für dekadische Zähler (mit Zählfrequenzen bis etwa 1 MHz) gehören zur gleichen Gruppe.

d) *Signalspeicherröhren* können Signale z. B. Binärziffern der Datenverarbeitungstechnik speichern („Schreib" vorgang) und beim „Lesen" in gleicher Form (als Speicherröhren) oder in veränderter Form (als Codierröhren) wieder abliefern (Signal-Signal-Wandlung).

   Die genannten Röhren benötigen Hochvakuum mit Drücken von 10^{-6} bis 10^{-7} hPa besonders bei langen Laufwegen und hohen Spannungen, da positive Ionen die Kathoden zerstören würden.

Die Typenbezeichnung für Bild- und Oszillographenröhren besteht aus einem Buchstaben, zwei Zahlen und weiteren Buchstaben.
Der erste Buchstabe kennzeichnet die Art der Röhre:
A Fernsehbildröhre, D Oszillographenröhre, L Bildspeicherröhre.
Die Zahl vor dem Strich gibt die Schirmdiagonale in cm an.
Die Zahl nach dem Strich ist eine Produktionszahl.
Der letzte Buchstabe kennzeichnet den Leuchtschirm:
W weiß (Fernseh-Bildröhren), X Dreifarbenschirm für Farbfernsehen.

7.12 Analoge Hochfrequenz-ICs (Integrated Circuits)

7.12.1 Einleitung

Integrierte analoge Mikrowellenschaltungen (MICs = *m*icrowave *i*ntegrated *c*ircuits) haben in den letzten Jahren in der Höchstfrequenztechnik zunehmend an Bedeutung gewonnen, da sie bezüglich der Gesichtspunkte Größe, Gewicht, Technologie, Zuverlässigkeit und Wirtschaftlichkeit bei der Serienproduktion auf Streifenleitungen erhebliche Vorteile gegenüber konventionellen Schaltungen in Koaxial-oder Hohlleitertechnik aufweisen.

Zunächst begann die Realisierung von Hybridschaltungen, bei denen auf Isolationsträgern passive Schaltungen verschiedenster Art mit Dünn- oder Dickschichttechnik hergestellt wurden und danach aktive Elemente wie Transistoren oder zusätzliche Schaltelemente wie Kondensatoren eingesetzt wurden. Ein weiterer Schritt in Richtung Miniaturisierung sowie Reduktion des Schaltungs-, Montage- und Abstimmaufwandes ist die monolithische Ausführung von Mikrowellenschaltungen (MMICs = *m*onolithic *m*icrowave *i*ntegrated *c*ircuits). Dabei hat die Entwicklung des Halbleiters GaAs und seine materialbedingte Integrationsfreundlichkeit die zentrale Rolle gespielt. Die geringen Verluste des sogenannten semi-isolierenden GaAs zusammen mit den ausgezeichneten Mikrowelleneigenschaften und der Vielseitigkeit der MESFETs erlauben MMICs mit allen notwendigen passiven und aktiven Elementen auf einem Chip. Die geringe Wechselwirkung integrierter Bauelemente auf GaAs haben Frequenzgrenze und Breitbandigkeit angehoben. Dazu kommt, daß die Chiptechnologie bedeutende Fortschritte gemacht hat; es wird inzwischen für die Mikrowellenschaltungen eine Planartechnologie mit der Ionenimplantation als Dotiermethode und Mikron- und Submikronstrukturen auf 2″-Scheiben verwendet.

Analoge Hochfrequenz-ICs von großer praktischer Bedeutung sind Verstärker, Mischer und Oszillatoren sowie komplexere Empfänger aus diesen Komponenten. Sie werden ausführlich in den Anwendungskapiteln behandelt. Ebenso sei auf die detaillierte Darstellung der Schaltungsentwurfstechnik von Kleinsignal- und Leistungsverstärkern im Kap. 9 hingewiesen. Hier sollen deshalb nur einige generelle Gesichtspunkte des Schaltungsentwurfs vermittelt werden, die Vorgehensweise der rechnergesteuerten Schaltungsentwicklung (CAD = *c*omputer *a*ided *d*esign) aufgezeigt und die Technologie integrierter Mikrowellenschaltungen dargestellt werden. Basis des Schaltungsentwurfs sind exakte Beschreibungen aller aktiven und passiven Bauelemente für den vorgesehenen Frequenzbereich. Dazu war es notwendig, in Ergänzung der Ersatzschaltbild- bzw. S-Parameter-Darstellung der aktiven Elemente dies auch für die passiven Elemente vorzunehmen.

Während die Entwicklung von MICs vorwiegend in den USA begann, wo für Satelliten- und Militärprojekte ein großer Bedarf an leichten, kleinen und zuverlässigen Mikrowellenschaltungen besteht, wurden mit dem eingeleiteten Einsatz solcher Schaltungen in den Bereich der Telekommunikation, Konsumelektronik und

Sensorik auch in Japan und Europa beträchtliche Anstrengungen unternommen. So wurde der erste monolithische GaAs-Mikrowellenschaltkreis, ein *X*-Band-Verstärker von der Fa. Plessey, im Jahre 1976 veröffentlicht [124], Siemens stellte 1981 das erste Breitband-MMIC für den Frequenzbereich 40 MHz bis ca. 2,5 GHz her [125, 126], und das Philips Forschungsinstitut LEP berichtete bereits 1980 über monolithische Empfängerschaltungen von Satellitensignalen bei 12 GHz [127].

7.12.2 Schaltungsentwurf

Die hier betrachteten integrierten Hochfrequenzschaltungen (Verstärker, Oszillatoren, Mischer) bestehen im Kern aus dem HF-Transistor (bei Mischern auch aus HF-Dioden) und dem Anpaß- oder Transformationsnetzwerk zur Quelle, zum Verbraucher und ggf. zwischen den Stufen. Die Aufgabe des Schaltungsentwicklers besteht nun darin, Anpaßnetzwerke zu finden, die ein Optimum in den folgenden Kenndaten liefern: Rauschen, Verstärkung (Gewinn), Leistung, Linearität, Bandbreite und Verstärkungsgang. Gemeinsam ist allen Schaltungen die Forderung nach ausreichender Stabilität und nach bestimmten Anpaßverhältnissen am Eingang und Ausgang. Vorverstärker und Mischer werden gewöhnlich für einen Arbeitspunkt ausgelegt, der minimales Rauschen (Rauschanpassung) oder maximale Verstärkung (Verstärkungsoptimierung) ermöglicht. Bei Oszillatoren steht neben der verfügbaren Ausgangsleistung die Frequenzstabilität im Vordergrund, während bei Breitbandverstärkern immer ein Kompromiß zwischen zulässigen Stehwellenverhältnissen an den Abschlüssen und den übrigen Kenndaten zu suchen ist. Lassen sich die Kenndaten über einfache Schaltungen mit verlustlosen Π-, T- und L-Netzwerken nicht erfüllen, so können komplexere Filterstrukturen aus Reaktanzelementen oder Wirkwiderständen, beispielsweise zur Gegenkopplung, herangezogen werden. Diese Notwendigkeit besteht häufig bei Mischern und Breitbandverstärkern.

Die Dimensionierung von Anpaßschaltungen im Kleinsignalbetrieb erfolgt entweder auf der Basis von Streuparametern (*S*-Parametern) der Transistoren und passiven Elemente oder über Ersatzschaltbildbeschreibungen und Netzwerkanalyse. Oszillator- und Mischerschaltungen beinhalten nichtlineares Verhalten. Die Streuparameter hängen dann nicht nur wie im Kleinsignalbetrieb von Frequenz und Arbeitspunkt ab, sondern zusätzlich auch von der Signalamplitude und den Abschlußwiderständen. In der Praxis wird lediglich die Änderung der *S*-Parameter über der Eingangsleistung berücksichtigt, was in den meisten Fällen aufgrund der relativ kleinen Aussteuerung eine gute Näherung ist. Die Vorgehensweise bei Oszillatoren und Mischern wird im einzelnen in den Abschn. 10.4.10 und 11.8 erläutert.

Die allgemeinste Darstellung eines FET-Verstärkers mit verlustbehafteten Netzwerken und komplexen Abschlüssen zeigt Abb. 7.12/1; Transistor und Netzwerke

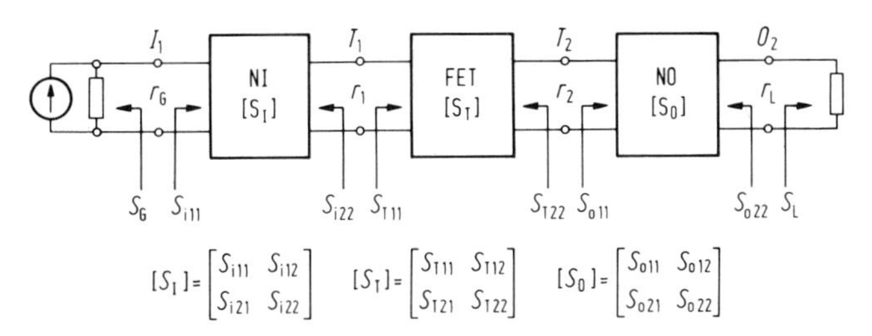

Abb. 7.12/1. MESFET-Verstärker mit verlustbehaftetem Netzwerk und komplexen Abschlüssen NI = Anpaßnetzwerk am Eingang; NO = Anpaßnetzwerk am Ausgang

werden jeweils durch eine S-Parameter-Matrix beschrieben (Abschn. 7.3.9.3 und Band I, Abschn. 4.11). Es gilt für den Übertragungsgewinn (transducer gain) G_T [128]:

$$G_T = \frac{(1-|r_G|^2)}{(1-|S_{i11}|^2)} \cdot \frac{|S_{i21}|^2}{(1-|S_{i22}|^2)} \cdot \frac{(1-|r_1|^2)}{(1-|S_{T11}|^2)} \cdot |S_{T21}|^2 \times \frac{(1-|r_2|^2)}{(1-|S_{T22}|^2)} \cdot \frac{|S_{O21}|^2}{(1-|S_{O11}|^2)} \cdot \frac{(1-|r_L|^2)}{(1-|S_{O22}|^2)} . \quad (7.12/1)$$

Dabei stellen r_G, r_1, r_2, r_L komplexe normalisierte Reflexionsfaktoren dar, die an den Toren I_1, T_1, T_2 und O_2 (Abb. 7.12/1) gemessen werden. Das heißt,

$$r_g = \frac{Z_G - Z_0}{Z_G + Z_0}, \quad r_1 = \frac{Z_1 - Z_0}{Z_1 + Z_0}, \quad r_2 = \frac{Z_2 - Z_0}{Z_2 + Z_0}, \quad r_L = \frac{Z_L - Z_0}{Z_L + Z_0}$$

sind auf einen Impedanzwert Z_0, häufig 50 Ω, normiert. Daraus lassen sich nun verschiedene Spezialfälle von praktischer Bedeutung ableiten: So gilt bei idealer Quell- und Lastanpassung, verlustlosen Anpassungsnetzwerken und rückwirkungsfreiem Betrieb die folgende Formel für den unilateralen Übertragungsgewinn G_{TU} [128]

$$G_{TU} = \frac{(1-|r_1|^2)}{(1-|S_{T11}|^2)} \cdot |S_{T21}|^2 \cdot \frac{(1-|r_2|^2)}{(1-|S_{T22}|^2)} . \quad (7.12/2)$$

Schließlich gilt bei konjugiert komplexer Anpassung von Transistor und Netzwerk der folgende Ausdruck für den maximalen unilateralen Gewinn $G_{TU,\,max}$, der nur noch von den Vierpolparametern des Transistors abhängt:

$$G_{TU,\,max} = \frac{1}{(1-|S_{T11}|^2)} \cdot |S_{T21}|^2 \cdot \frac{1}{(1-|S_{T22}|^2)} . \quad (7.12/3)$$

Die häufig zum Schaltungsentwurf verwendeten Ausdrücke der unilateralen Übertragungseigenschaften sind leicht experimentell nachvollziehbar, da sie von einer Entkopplung von Eingang und Ausgang des Verstärkers ausgehen und die Verluste des Anpassungsnetzwerkes im Anschluß durch eine Toleranzanalyse bei unterschiedlichen Gütefaktoren prüfen.

Für die Rauschzahl F des FET-Verstärkers wie in Abschn. 7.4.2.6 eingeführt, gilt [156] (s. auch Kap. 8):

$$F = F_{min} + 4r_n \cdot \frac{|r_g - r_{1TO}|^2}{|1 + r_{1TO}|^2 \cdot (1 - |r_g|^2)} . \quad (7.12/4)$$

Hier bedeutet F_{min} die minimale Rauschzahl des FET, $r_n = R_N/Z_0$ den normalisierten Rauschwiderstand des FET und r_{1TO} den optimalen Quellenreflexionsfaktor des FET. Das Eingangsanpassungsnetzwerk muß also den Generatorreflexionsfaktor r_G verlustarm in den Reflexionsfaktor $r_1 = r_{1TO}$ transformieren. Die genannten Größen hängen im allgemeinen von internen Rauschquellen ab und können nur unter Einschränkungen über S-Parameter gelöst werden [157]. Die praktische Handhabung der Formeln für Verstärkung und Rauschzahl einschließlich der Bestimmung von r_n wird beim Entwurf rauscharmer Verstärker (Abschn. 9.1.12) vermittelt.

Die Gesamtrauschzahl F_N einer Schaltung mit mehreren MESFETs berechnet sich wie folgt:

$$F_N = F_1 + (F_2 - 1)/G_1 + (F_3 - 1)/G_1 \cdot G_2 + \cdots \quad (7.12/5)$$

F_1, F_2, F_3 sind die Rauschzahlen und G_1, G_2 der Gewinn der Stufen 1, 2, 3. Es wird deutlich, daß bei gleichwertigen Bauelementen die Gesamtrauschzahl wesentlich von der ersten Stufe bestimmt wird.

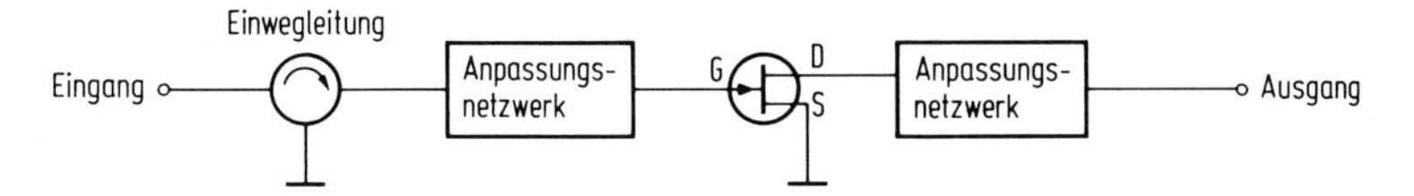

Abb. 7.12/2. Integrierter Verstärker mit Einwegleitung

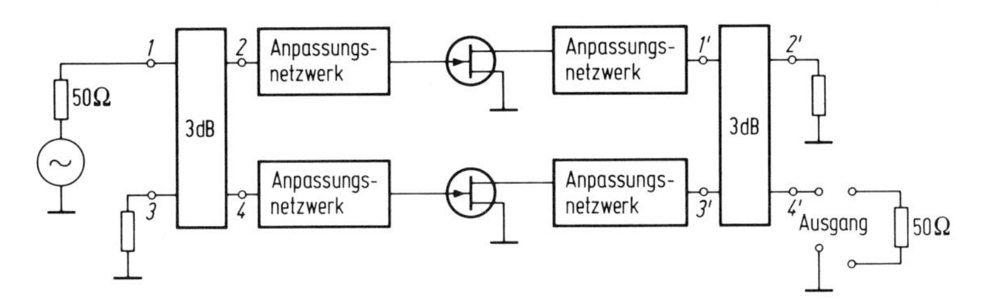

Abb. 7.12/3. Integrierter Verstärker in Gegentaktschaltung mit 3-dB-Kopplern

Schwierigkeiten bereiten Verstärker, die gleichzeitig ein geringes Rauschen und niedriges Stehwellenverhältnis (VSWR < 2) verlangen. Hier können nur Eintaktverstärker mit Einwegleitungen (Abb. 7.12/2) bzw. Gegentaktschaltungen mit 3-dB-Kopplern (Abb. 7.12/3) Abhilfe schaffen. Die Wirkungsweise der Gegentaktschaltung [129] kann so erklärt werden, daß die infolge Fehlanpassung am Eingang und Ausgang reflektierten Energieanteile in den Abschlußwiderstand am Tor 3 bzw. 2′ fließen; Eingang und Ausgang der Schaltung sind im Idealfall reflexionsfrei abgeschlossen. In der Praxis hängen Anpassungsgrad und Bandbreite wesentlich von der Transitfrequenz und Symmetrie der verwendeten Transistoren sowie der Qualität der Richtkoppler ab. Wichtig ist, daß neben der guten Anpassung auch die Gesamtrauschzahl des Gegentaktverstärkers dieselbe ist wie beim Eintaktverstärker zuzüglich eines (geringen) Rauschbeitrags des Eingangskopplers.

7.12.3 Passive Bauelemente und Netzwerke

7.12.3.1 Leitungselemente (Distributive Elemente). Je nach Anwendungszweck werden in der Mikrowellentechnik unterschiedliche Übertragungsleitungen verwendet: Koplanarleitungen, Schlitzleitungen, symmetrische und unsymmetrische Streifenleiter u. a. Mit Ausnahme von Schaltungskonzepten, die hochohmige Leitungen bei hohen Frequenzen benötigen ($Z_L > 100\,\Omega$, $f > 10$ GHz) werden die unsymmetrischen Streifenleitungen (Microstrips) als Leitungselemente von integrierten Mikrowellenschaltungen wegen ihrer einfachen Struktur am häufigsten verwendet.

Die zur Berechnung von distributiven Schaltungen benötigten Übertragungseigenschaften der Mikrostreifenleiter wurden zum Teil bereits in Band 1, Abschn. 4.7 bis 4.10 abgeleitet. Für den exakten Entwurf monolithischer Schaltungen eignen sich die Näherungsformeln von Hammerstad [130], Schneider et al. [131] und Getsinger [132] bei der Berechnung des Wellenwiderstandes Z_L, der effektiven Permittivität ε_{eff}, der Dispersion, der Leitungsverlustdämpfung α_c und der dielektrischen Verlustdämpfung α_d am besten.

Die wichtigsten Substrate, die in der Praxis integrierter Mikrowellenschaltungen verwendet werden, sind zusammen mit den relevanten Materialkenndaten in Tab. 7.12/1 aufgeführt. Die Anforderungen an das Substratmaterial lauten: Hohe Permittivität ε_r im Hinblick auf kleine Abmessungen sowie geringe elektrische Leitfähigkeit, dielektrische Verluste und geringe Frequenzabhängigkeit. Am gebräuchlichsten für

Tabelle 7.12/1. Eigenschaften von MIC-Substraten. Permittivitätszahl ε_r, Verlustfaktor tan δ, Wärmeleitfähigkeit λ, spezifischer Widerstand ϱ, (s.i. semi-isolierend)

Material	ε_r	$\tan\delta$ 10^{-4}	λ W/K·m	ϱ Ωcm
Keramik 99,5%-Al_2O_3	6,8 ... 7,6	3	37	10^{11} ... 10^{14}
Ferrit	12 ... 16	10	25	
Saphir	9,4 ... 11,5	1	38	$>10^{14}$
s. i. GaAs	12,95	6	46	10^7 ... 10^9

hybride Schaltungen sind Aluminiumoxidsubstrate, die im Frequenzbereich 1 bis 15 GHz sehr häufig als Plättchen mit der Normdicke 0,635 mm (25 mil) zum Einsatz gelangen. Als Substratmaterial für monolithische Schaltungen gewinnt das semiisolierende GaAs zunehmend an Bedeutung. Bezüglich ihrer Übertragungseigenschaften sind beide Substrate sehr ähnlich. Der Wellenwiderstand einer Mikrostreifenleitung hängt in erster Näherung nur vom w/h-Verhältnis und der Permittivität des Substratmaterials ab. Während mit Aluminiumoxid-Substraten über eine Änderung des w/h-Verhältnisses zwischen 0,1 und 10 die Einstellung eines Leitungswellenwiderstandes Z_L von 10 bis 110 Ω sinnvoll ist, ist es aufgrund der topologischen Gegebenheiten – Substratdicke 100 bis 150 µm, Leiterbahnbreite 5 bis 100 µm – für das GaAs vom Platzbedarf her nur ratsam, Wellenwiderstände zwischen etwa 45 Ω und 100 Ω sowie maximale Längen zwischen $\lambda/10$ und $\lambda/4$ zu realisieren. Die effektive Permittivität ε_{eff} des Trägermaterials hängt oberhalb ca. 3 GHz nicht nur von dem w/h-Verhältnis des Streifenleiters ab, sondern auch in geringem Maße von der Frequenz. Dieser als Dispersion bekannte Effekt ist eine Folge der Streufelder der Übertragungswelle, die mit anderen Worten bei hohen Frequenzen keinen echten TEM-Charakter mehr aufweist. Die Substrateigenschaften von s. i. GaAs und Al_2O_3 wurden im Frequenzverlauf bis über 36 GHz gemessen [136, 137], Abb. 7.12/4. Die Dispersion für beide Substrate ($w/h \approx 1{,}0$, $Z_L = 50\,\Omega$) lag typisch bei 6%, die Leitungsverluste betrugen

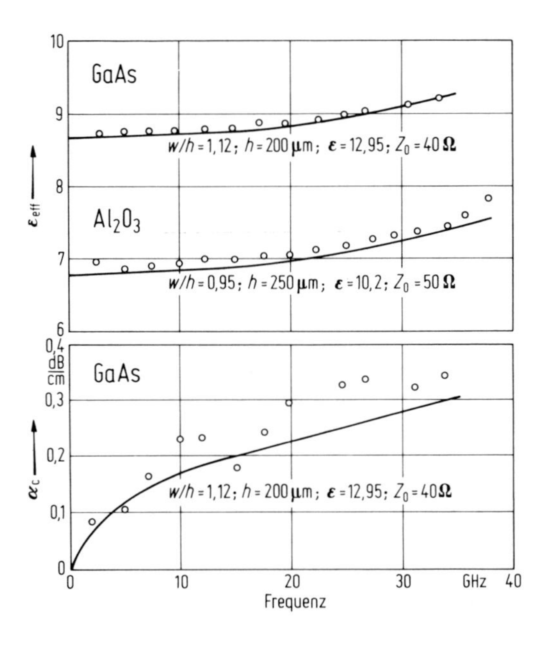

Abb. 7.12/4. Verlustdämpfung α_c und effektive Permittivitätszahl ε_{eff} von Mikrostreifenleitern über der Frequenz f. Messung o und Theorie – [136, 137]

auf GaAs ca. 0,15 dB/cm bei 10 GHz bzw. ca. 0,3 dB/cm bei 30 GHz. Die Verluste steigen annähernd mit der Wurzel der Frequenz, wobei der Anteil der dielektrischen Verluste weniger als 10% beträgt. Damit kann beispielsweise bei 10 GHz eine Güte von ca. 65 berechnet werden, sofern die Gold-Metallschicht der Leiterbahn etwa 2 μm beträgt.

Die meisten in den Mikrowellen-ICs verwendeten passiven Bauelemente können mit Hilfe der Streifenleitertechnik sehr einfach realisiert werden. Die Gestaltung von Blindwiderständen mit leerlaufenden und kurzgeschlossenen Stichleitungen zeigt Abb. 7.12/5. Je nach Länge der Leitungen können parallelgeschaltete Kapazitäten, Induktivitäten oder Resonanzkreise erzeugt werden. Eine ausführliche Darstellung enthält Abschn. 4.14 in Band 1.

7.12.3.2 Konzentrierte Elemente. Konzentrierte Reaktanzelemente, deren Größe kleiner als 1/10 Wellenlänge sein sollte, können in Form von planaren Spulen, als gerade Leitungsstücke, Kreisbögen und Spiralen sowie Interdigital- und Dünnschicht- (MIM-) Kondensatoren in die Schaltungen einbezogen werden. Zum Schaltungsentwurf werden vollständige Ersatzschaltbilder mit allen Parasitärelementen, wie in Abb. 7.12/6 dargestellt, benötigt. Die exakte Ableitung der Ersatzschaltbildelemente erfolgt entweder durch S-Parameter-Messung mit dem Netzwerkanalysator

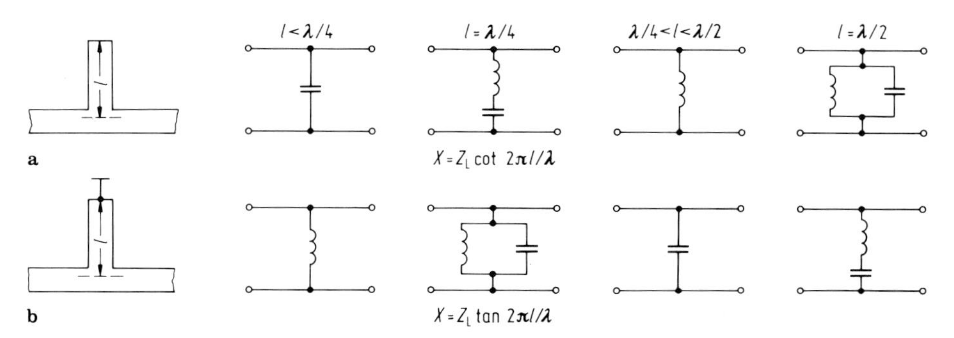

Abb. 7.12/5. Mikrostreifenleiter und ihre Ersatzschaltungen; leerlaufende und kurzgeschlossene Stichleitungen [134]

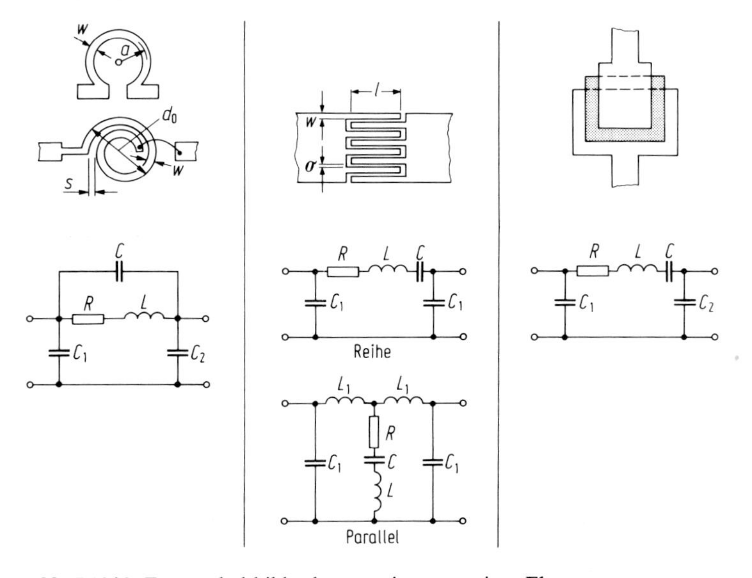

Abb. 7.12/6. Ersatzschaltbilder konzentrierter passiver Elemente

über einen größeren Frequenzbereich oder aus der Resonanzverschiebung lose gekoppelter Leitungsresonatoren nach Einbringen der Maßobjekte [138]. Die letztgenannte Methode ist insbesondere für sehr kleine passive Elemente ($L < 3$ nH, $C < 3$ pF) vorzuziehen, da die Messungen mit einem Frequenzzähler sehr genau durchgeführt werden können und die Separation von Längs- und Querelementen erlauben, je nachdem, ob ungeradzahlige oder geradzahlige Resonanzen ausgewertet werden [139].

Für erste Abschätzungen der Werte von Kondensatoren bzw. Spulen und deren Güte können bei Kenntnis von Geometrie- und Materialfaktoren die klassischen Näherungsformeln für zweidimensionale Strukturen der Tab. 7.12/2 herangezogen werden [140–142]. Während Kreisbogenspulen, MIM-Kondensatoren und Interdigitalkondensatoren bis mindestens 12 GHz in erster Näherung als konzentriert betrachtet werden können, zeigen Spiralspulen bereits ab ca. 6 GHz distributiven Charakter. Hier wirken sich insbesondere Streukapazitäten zwischen den Windungen und zur Substratrückseite aus. In dem genannten eingeschränkten Frequenzbereich weisen die Näherungsformeln eine Genauigkeit von 10 bis 15% auf, wenn einige notwendige Entwurfsregeln eingehalten werden. Diese betreffen den Innendurchmesser der Spulen zur Gewährleistung eines ungestörten Feldverlaufs, Spurbreite und Spurabstand bzw. Fingerbreite und Fingerabstand bei den Interdigitalkondensatoren, zur Begrenzung der Bahnwiderstände und parasitären Kopplungseffekte, und schließlich die Leiterbahndicke, die im Hinblick auf den Skineffekt im X-Band etwa 2 μm betragen muß.

Tabelle 7.12/2. Näherungsformeln für passive konzentrierte Bauelemente

Induktivitäten	$\frac{L}{\text{nH}} = \frac{0{,}04\left(\frac{a}{\text{mm}}\right)^2 \cdot n^2}{8\frac{a}{\text{mm}} + 11\frac{b}{\text{mm}}}$	mit $a = (d_a + d_i)/4$ $b = (d_a - d_i)/2$
	$Q_0 = \frac{Q_L Q_D}{Q_L + Q_D}$	mit $Q_L = \frac{\omega L}{R_{MS}}$
MIM-Kapazität	$\frac{C}{\text{pF}} = 8{,}8 \cdot 10^{-3}\left(\varepsilon_r \frac{A/\text{mm}^2}{h/\text{mm}}\right)$	mit A Fläche h Diel.-Höhe
	$Q_0 = \frac{Q_L Q_D}{Q_C + Q_D}$	mit $Q_C = \frac{1}{\omega C R_{MS}}$
Interdigital-Kapazität	$\frac{C}{\text{pF}} = C_n \cdot (N-1) \cdot \frac{l}{\text{mm}}$ $C_n = \varepsilon_0(1+\varepsilon_r) \cdot \frac{K(k)}{K'(k')}$ K und K' sind elliptische Integrale $k = \tan^2 \frac{a \cdot \pi}{4b}$, $k' = \sqrt{1-k^2}$	mit N = Fingeranzahl l = Fingerlänge w = Fingerbreite s = Fingerabstand $a = w/2$ $b = (w + s/2)$
	$Q_0 = \frac{Q_C Q_D}{Q_C + Q_D}$	mit $Q_C = \frac{1}{\omega C R_{MS}}$

Für den Entwurf von toleranzempfindlichen Filtern und Netzwerken wurde in [139, 143] eine Berechnung der frequenzabhängigen Leiterverluste zur genaueren Gütebestimmung verwendet sowie eine analytisch exakte Bestimmung der Induktivität des geraden Leiters und des Kreisbogens aus dem Induktivitätsintegral. Ferner wurde eine Rechnersimulation von Interdigitalkondensatoren mit Hilfe der Leitungstheorie herangezogen [144, 145] und ihre Ausweitung auf verlustbehaftete Strukturen [146] vorgenommen. Damit lassen sich größere Strukturen mit einer Genauigkeit von 5% und sehr kleine Elemente ($L \approx 0{,}1$ nH und $C \approx 0{,}1$ pF) noch mit einer Genauigkeit von ca. 10% simulieren.

In Hybridtechnik werden MIM-Kondensatoren bis ca. 50 pF, Interdigitalkondensatoren bis ca. 5 pF, Kreisbogeninduktivitäten bis ca. 10 nH und Spiralinduktivitäten bis ca. 50 nH als konzentrierte Elemente realisiert. Im Vergleich dazu enthält die Tab. 7.12/3 eine Zusammenstellung monolithisch integrierbarer Elemente auf GaAs. Diese sollten zunächst vom Platzbedarf her und damit im Wertebereich beschränkt werden. Die infolge Leiterbahn- und Koppelverlusten auftretenden Güten < 100 reichen bei der aufgezeigten Beschränkung des Frequenzbereichs für Netzwerke und Filter in den meisten Fällen aus. Als ein Beispiel zur Verdeutlichung der Geometrieverhältnisse sei eine Spiralspule mit $3\frac{1}{2}$ Windungen beschrieben. Die diskrete Ausführung mit einem Innendurchmesser d_0 von 2 mm sowie Spurbreite w und Spurabstand s von 100 μm erbrachte eine Induktivität von 18,7 nH und eine Güte von 91 bei 4 GHz [147]. Die für minimalen Platzbedarf entworfene Spule auf GaAs ($d_0 = 115$ μm, $w = 10$ μm, $s = 15$ μm) zeigte eine Induktivität von 2,7 nH und eine Güte von 24 bei 4 GHz [139].

Diese Ausführungen verdeutlichen, daß die Verwendung von konzentrierten an Stelle von Leitungselementen ein wichtiger Gesichtspunkt im Hinblick auf die Verkleinerung der Chipfläche und damit insbesondere der monolithischen Integration ist. So ist beispielsweise die Flächenreduktion im *L*- und *S*-Band etwa 10.

7.12.3.3 Anpassungsnetzwerke, Filter und Koppler. Die wichtigsten Anwendungsfälle betreffen Netzwerke zur Widerstandsanpassung, Wellenwiderstandstransformation, Filterschaltungen und Leitungskoppler. Sehr häufig werden L-, T- oder π-Glieder als einfache, weitgehend verlustlose Reaktanzelemente eingesetzt, z. B. zur Widerstandsanpassung eines reellen an einen komplexen Widerstand. Dagegen werden zur komplexen Wellenwiderstandstransformation zusätzlich noch reelle Widerstände ins Netzwerk einbezogen. Die Netzwerke können sowohl mit konzentrierten Elementen als auch mit Streifenleitern realisiert werden; zur breitbandigen Anpassung sind die im Abschn. 9.2.3.3.2 beschriebenen $\lambda/4$-Leitungen gut geeignet.

Netzwerke mit Filtercharakter in Streifenleiterausführung werden sehr anschaulich von Jansen beschrieben [134] und sind in Abb. 7.12/7 zusammengefaßt. Darüber hinaus wurden auch mit konzentrierten Elementen erfolgreich Filter bis ins *X*-Band mit Bandpaß- und Tiefpaßcharakter hybrid auf Al_2O_3-Substrat [144] und Saphir

Tabelle 7.12/3. Monolithisch integrierbare konzentrierte passive Elemente auf s. i. GaAs

Element	Realisierte Werte	Frequenz GHz	Fläche μm²	Einsatz	Güte f_{max}
Spiral-Induktivität	$L < 5$ nH	<2	400 × 400	ZF-Filter	30
Kreisbogen-Induktivität	$L < 0{,}6$ nH	<12	300 × 300	Anpassungsnetzwerk	60
Interdigital-Kapazitäten	$C = (0{,}05 \ldots 0{,}3)$ pF	<12	200 × 200	Anpassungsnetzwerk	100
MIM-Kapazitäten	$C = (0{,}5 \ldots 20)$ pF	<12	250 × 250	Anpassungsnetzwerk DC-Block-C	100

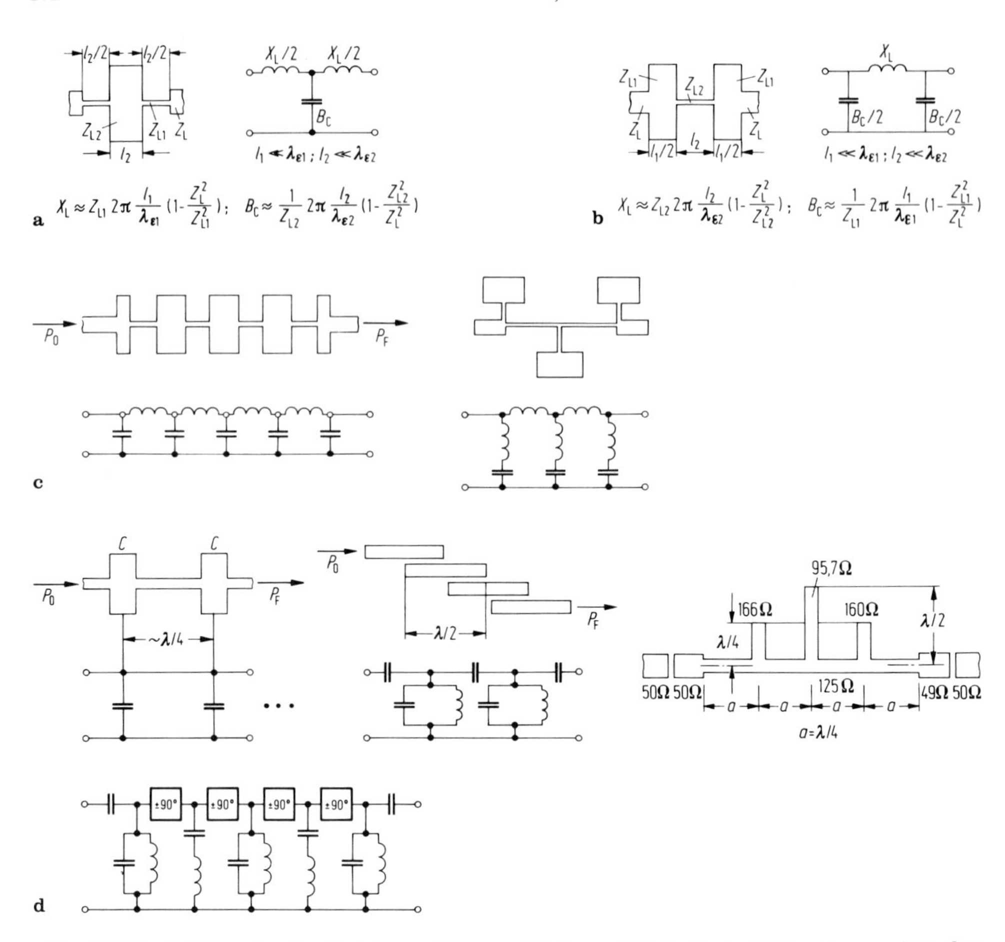

Abb. 7.12/7a–d. Filter in Streifenleiterausführung [134]: **a** T-Tiefpaß; **b** Π-Tiepaß; **c** mehrstufige Tiefpässe; **d** Bandpässe

[148] sowie monolithisch auf s. i. GaAs hergestellt [139, 146, 149]. Diese Filter zeigen eine mit Streifenleitertypen vergleichbare Charakteristik, wenn die Güte der bezüglich der Verluste dominierenden Spulen ausreicht. Hier spielt neben technologischen und Auslegungsfaktoren insbesondere das Transformationsverhältnis Quelle zur Last eine wesentliche Rolle; bei monolithischen Filtern sollte es kleiner als 3:1 sein. Die Filterverluste betragen unter diesen Voraussetzungen 1 bis 2 dB, die Sperrdämpfung ist größer als 25 dB. Wichtig ist wiederum, daß Filter aus konzentrierten Elementen monolithisch auf einer Fläche unter 1 mm^2 realisierbar sind, d. h. um den Faktor 10 kleiner als äquivalente distributive Filter. Als Beispiel zeigt Abb. 7.12/8 ein Tschebyschew-Filter 5. Grades aus konzentrierten Elementen auf GaAs und die zugehörige Filtercharakteristik [149].

Technisch bedeutend sind weiterhin 3-dB-Koppler (Hybride), deren generelle Funktion, Teilung und Kombination von HF-Signalen, hier zur Verbesserung des Stehwellenverhältnisses am Eingang von Verstärkern und Mischern ausgenutzt wird. Die am Eingangstor eingespeiste Signalleistung wird gleichmäßig auf die Ausgänge verteilt, d. h., der Koppelfaktor beträgt $k = 1/\sqrt{2}$ und die Mittenfrequenz-Koppeldämpfung $\alpha_k = 3$ dB. Die Eingangsleistung kann nun gleichphasig, wie beim Wilkinson-Koppler [150] (Abschn. 4.12.2) oder mit einer Phasendifferenz von 90°, wie

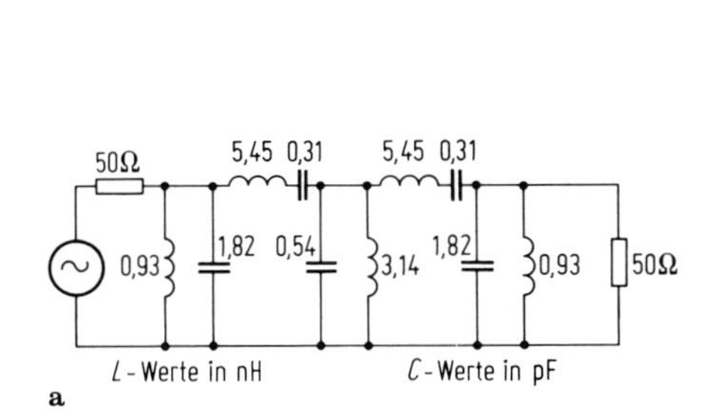

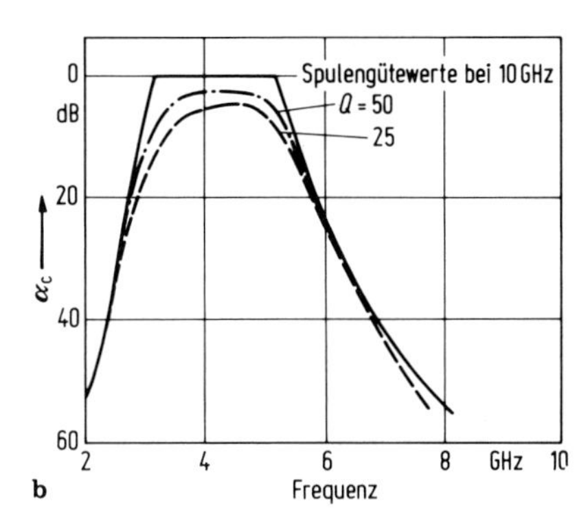

Abb. 7.12/8a u. b. Tschebyschew-Filter 5. Grades aus konzentrierten Elementen auf GaAs und die zugehörige Filtercharakteristik [149]

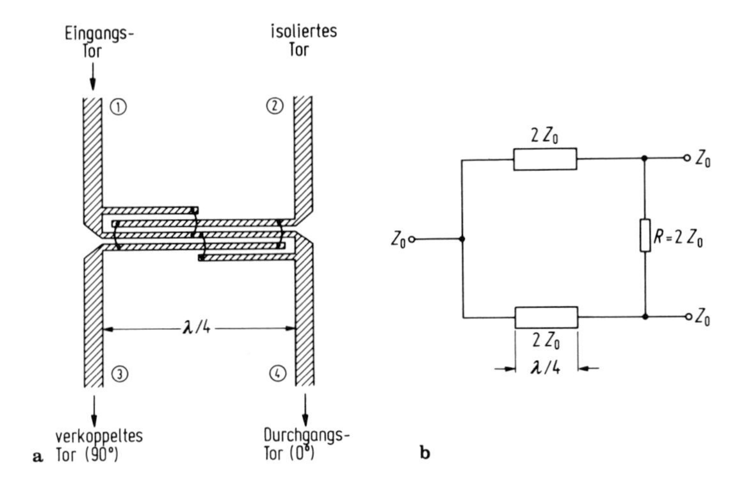

Abb. 7.12/9. a Lange-Koppler und **b** Wilkinson-Koppler in Streifenleiter-Ausführung

beim häufig verwendeten Lange-Koppler [151] (Abschn. 4.13.3.2), auf die Ausgänge transferiert werden. Beide Koppler können am besten mit $\lambda/4$-Mikrostreifenleitern realisiert werden (Abb. 7.12/9), wobei beim Lange-Koppler der Koppelmechanismus über interdigitale Leitungen, von denen je zwei nicht benachbarte an den Enden parallelgeschaltet sind, erfolgt. Diese zwei Kopplertypen lassen sich auch monolithisch auf s. i. GaAs integrieren [152]. Die erzielten Verlustdämpfungen betrugen für den Wilkinson-Koppler (Mittenfrequenz $f_M = 11{,}5$ GHz), 0,25 dB und für den Lange-Koppler ($f_M = 12$ GHz) 0,75 dB. Der Flächenbedarf ist allerdings mit über 6 mm^2 für einen monolithischen Chip recht groß, zudem reichen Isolation und Bandbreite nicht in allen Fällen.

7.12.4 Rechnergestützte Schaltungsentwicklung (CAD = Computer Aided Design)

Die rechnergestützte Schaltungsentwicklung ist für MICs notwendig, da kaum Abgleichmöglichkeiten bestehen. Für den Entwurf von monolithischen Schaltungen ist sie sogar unerläßlich, da jede Schaltungsänderung einen Neubeginn einschließlich

Neuentwurf der Fotolithographiemasken erfordert. Ziel des CAD ist es also, durch Speicherung genauer Parameter der Bauelemente sowie Netzwerkanalyse, Netzwerksynthese und Optimierungsverfahren, ein exaktes Layout vorzunehmen, so daß bereits die erste Ausführung der Schaltungen die Solleigenschaften erfüllt. Mikrowellen-Softwarepakete existieren als hauseigene Programme, sind aber auch kommerziell erwerblich. An Hand des am häufigsten eingesetzten Programms „SUPER COMPACT"[1] soll die Funktionsweise und Leistungsfähigkeit beschrieben werden; die verschiedenen Programmblöcke enthält Abb. 7.12/10. Die wesentlichen Faktoren zum Entwurf von integrierten Schaltungen können wie folgt zusammengefaßt werden:

1. Die *Schaltungsanalyse* umfaßt 1-, 2-, 3- und 4-Tor-Beschreibungen aktiver und passiver Schaltungen über Admittanz-, Impedanz- oder Streuparameter. Sie enthält eine Reihe wichtiger Entwurfsroutinen über Smith-Diagramm-Darstellungen Frequenzabhängigkeit, Kreise konstanter Verstärkung oder konstanten Rauschens, Stabilitätskreise). Darüber hinaus besteht die Möglichkeit von Toleranzanalysen, z. B. der Fertigungsstreuungen, über das Monte-Carlo-Verfahren.
2. Das *Optimierungsprogramm* beinhaltet Grenzwert- und Gradientenmethoden.
3. Das *Syntheseverfahren* enthält Anpassungsnetzwerke aus konzentrierten und Streifenleiterelementen, verschiedene Filtertypen und Lange-Koppler.
4. Es existieren ein *Layoutprogramm* für Mikrostreifenleiter sowie extensive graphische *Ergebnisdarstellungen.*

Es ist allerdings notwendig, auf die derzeitigen Grenzen solcher Programme hinzuweisen. So ist nach wie vor eine Beschreibung der aktiven Bauelemente, und bei höheren Frequenzen der passiven konzentrierten Elemente, entsprechend den individuellen technologischen Verfahren und Entwurfskriterien vorzunehmen. Ferner existieren noch keine Programme, die das Rauschverhalten und Großsignalverhalten umfassend und ausreichend beinhalten. Darüber hinaus fehlt in vielen Fällen die für Mikrowellenbauelemente wichtigste Schnittstellenbeschreibung (Übergänge vom Chip zum Gehäuse und zur Meßfassung).

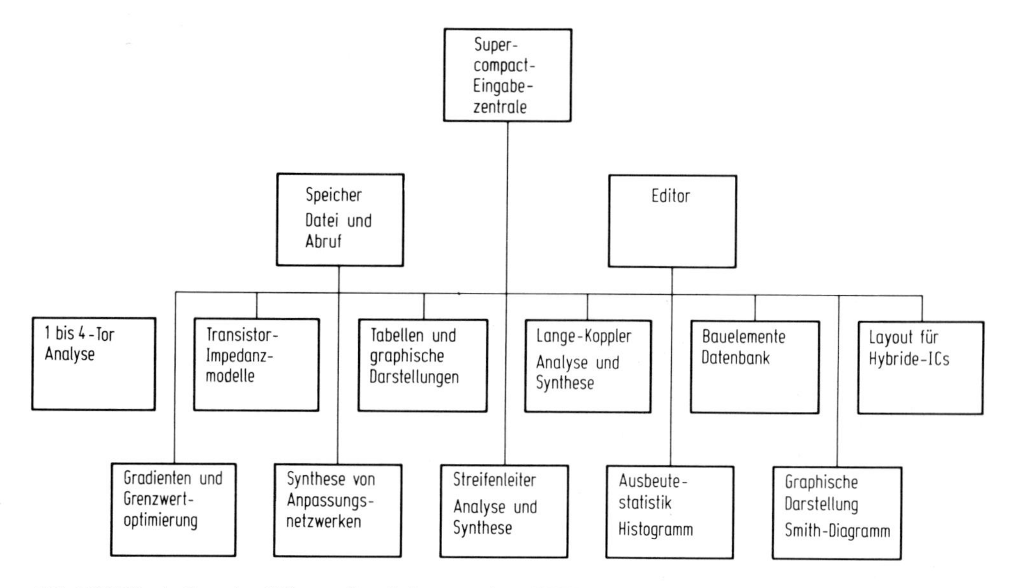

Abb. 7.12/10. Aufbau des Mikrowellen-Softwarepakets SUPER COMPACT

[1] Markenbezeichnung der Fa. COMSAT General Integrated Systems, USA.

7.12.5 Technologie der Schaltungen

7.12.5.1 Hybridschaltungen. Die beiden wichtigen technologischen Verfahren zur Herstellung integrierter Mikrowellenschaltungen auf Keramik- bzw. Ferritsubstraten sind die Dickschicht- und die Dünnschichttechnik. Erstere, in den meisten Fällen als Siebdrucktechnik mit Dicken von ca. 25 μm realisiert, stellt ein für gröbere Strukturen kostengünstiges Verfahren dar. Größere Bedeutung hat inzwischen die Dünnfilm-Hybridtechnik gewonnen, der Prozeßablauf wird in Abb. 7.12/11 beschrieben. Die Substratbeschichtung erfolgt durch Aufdampf-bzw. Aufstäubtechnik (Sputtern) von geeigneten Metallen mit einer Dicke unterhalb 1 μm, die dann anschließend galvanisch auf 5 bis 10 μm verstärkt werden, um die Leiterverluste bei hohen Frequenzen zu reduzieren. Die Strukturierung der Leiterbahnen und Widerstände erfolgt durch einen Fotolithografieprozeß und anschließendes Ätzen. Danach werden die Halbleiterbauelemente sowie Kondensatoren durch Weichlöten, Kleben, Legieren u. ä. Verfahren in die fertigen Schaltungen eingesetzt. Wichtig ist, daß in gewissen Grenzen ein Systemabgleich durch Kürzung der Widerstände und Leitungen möglich ist. Eine umfangreiche und anschauliche Darstellung der Verfahren findet man bei Hoffmann [133].

7.12.5.2 Monolithische Schaltungen auf GaAs. Für analoge Schaltungen auf semiisolierendem GaAs hat sich inzwischen eine weitgehend einheitliche Technologie durchgesetzt [125, 153, 154], die als Planartechnik bezeichnet wird. Ein typischer Technologieablauf, Abb. 7.12/12, kann wie folgt beschrieben werden [126]:

Die Substrate werden nach der Czochralski-Methode [40] gezogen und erhalten durch Chromzugabe eine sehr geringe Leitfähigkeit mit einem Schichtwiderstand von 10^7 bis 10^9 Ωcm. Die genormten 2″ großen Scheiben werden zum Prozeßbeginn mit einer 50 nm starken (gesputterten) Siliziumnitridschicht versehen, welche die Oberfläche im Fertigungsablauf schützen soll. Die beiden selektiven Implantationen zur Herstellung der Leitschichten erfolgen durch das Nitrid hindurch mit ausreichend dickem Fotolack als Implantationsmaske; als Dotierelement wird meistens Silizium verwendet. So entstehen zum einen im Bereich der Kontakte und Zuleitungen der MESFETs niedrige Schichtwiderstände, während der Kanal bei einer mittleren

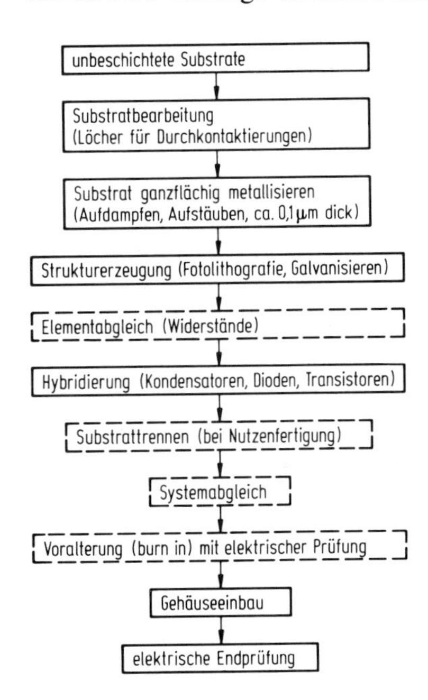

Abb. 7.12/11. Prozeßablauf für integrierte Mikrowellenschaltungen in Dünnfilm-Hybridtechnik [133]

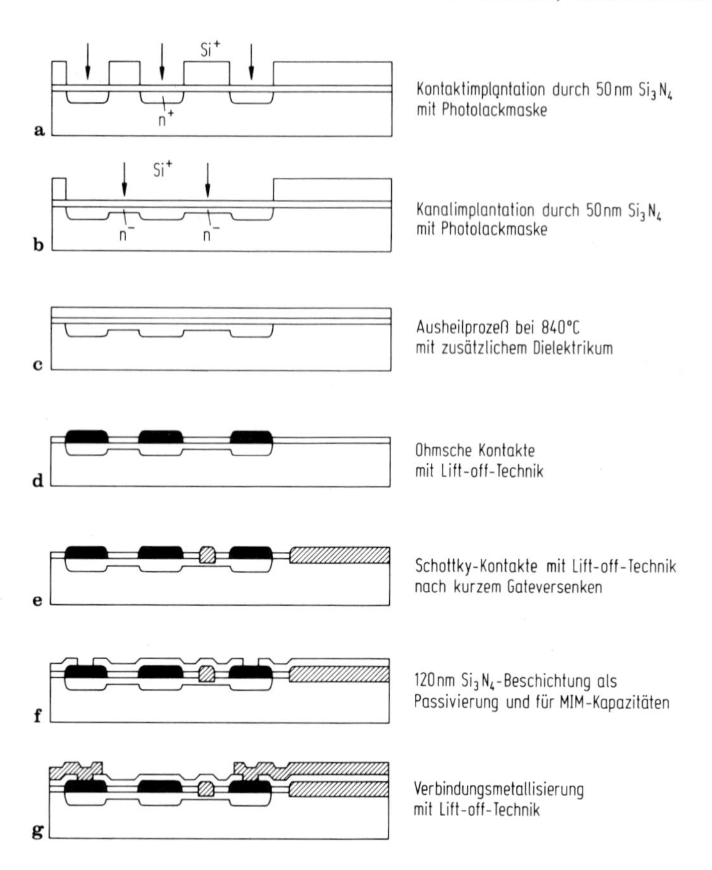

Abb. 7.12/12. Planartechnologie mit lokaler Implantation für monolithisch integrierte GaAs-Mikrowellenschaltungen [125]

Ladungsträgerkonzentration ($N = 1 \cdot 10^{17}$ cm^{-3}) eine relativ hohe Beweglichkeit aufweist ($\mu = 4000$ cm^2/Vs). In jedem Fall wird nach der Implantation eine thermische Restaurierung geschädigter Kristallbereiche sowie elektrische Aktivierung der implantierten Atome notwendig. Der nächste Schritt besteht in der metallischen Strukturierung der Schaltungselemente, wobei nacheinander ohmsche und sperrende (Schottky-) Kontakte durch ganzflächiges Metallaufdampfen und lokales Abheben realisiert werden können (Lift-off-Technik). In beiden Fällen muß der Kontakt zur GaAs-Oberfläche durch Öffnen von Fenstern in die Nitridschicht zuerst geschaffen werden; die Definition der Kontaktbereiche übernimmt in jedem Fall wiederum eine Fotolackmaske. Die weitgehende Verwendung von Trockenätztechniken zum Öffnen von Passivierungsfenstern in Verbindung mit Metallsystemen auf Goldbasis und diffusionshemmender Metallzwischenschicht – GeAuCrAu für den ohmschen Kontakt sowie TiPtAu für den Schottkykontakt – sind eine notwendige Voraussetzung für eine IC-Technik hoher Zuverlässigkeit. Die Weiterentwicklung dieser MMIC-Technologie umfaßt im Hinblick auf eine Erhöhung der oberen Grenzfrequenz eine Reihe von Prozessen. Die wichtigsten sind Submikronabbildungsmethoden für das Steuergate der Feldeffekttransistoren durch neue Lithographieverfahren mit tiefem UV-Licht, Elektronenstrahl oder Röntgenstrahl. Darüber hinaus werden zunehmend die bei GaAs-Leistungstransistoren entwickelten Prozesse wie galvanische Leiterbahnverstärkungen, verlustarme Verbindungen durch Goldbrücken [155] bzw. Substratlöcher (Viaholes) eingeführt [139].

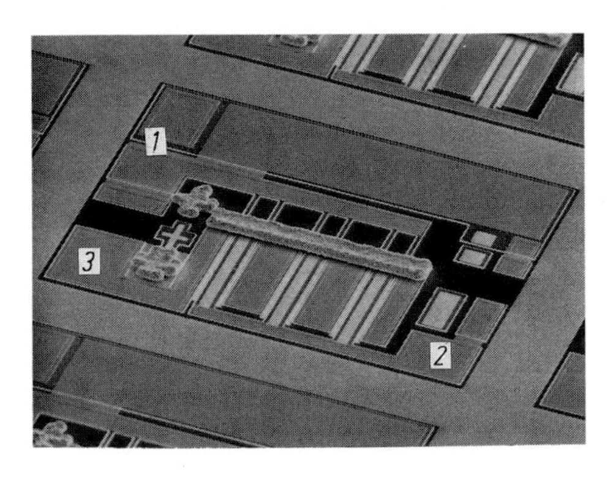

Abb. 7.12/13. Systemaufnahme des GaAs-Breitbandverstärkers CGY 40 (Siemens AG): *1* Eingang (Gate), *2* positive Versorgungsspannung (Drain), *3* Masse (Source)

In Abb. 7.12/13 ist exemplarisch ein einstufiger Breitbandverstärker (Abschn. 9.1.5) als Chipaufnahme dargestellt. Das Kernstück bildet ein aus Anpassungsgründen relativ großer MESFET (Gateweite 6×150 µm), der als Verbindung der Sourceanschlüsse untereinander eine Luftbrücke über Gate und Drain aufweist. Ferner ist der im Rückkopplungszweig zwischen Drain und Gate angeschlosssene MIM-Kondensator und der vergrabene (implantierte) Ohmsche Widerstand erkennbar.

7.13 Digitale Hochfrequenz-ICs (Integrated Circuits)

7.13.1 Einleitung

Diese Einführung in das Gebiet der digitalen Hochfrequenz-ICs mit dem Schwerpunkt GaAs-Bauelemente gibt nach der Vorstellung der Grundfunktionen und Schaltungstechniken einige Beispiele der digitalen Elektronik mit Gbit/s-Übertragungsraten bzw. Schaltzeiten im Nanosekundenbereich. Es werden die Schlüsselschaltungen jener Anwendungen vorgestellt, die die Wachstumsgebiete Kommunikations- und Nachrichtentechnik sowie Großrechner bedienen. Es sind dies Flipflops, arithmetische Grundschaltungen und Speicher.

Allerdings können in diesem Rahmen Speicher- und Microcomputerbausteine, die in Zukunft etwa 70% des Mikroelektronikmarktes für integrierte Schaltungen einnehmen und etwa bei Speichern in NMOS- oder CMOS-Technologie mit Kapazitäten von 1 Mbit einen extrem hohen Grad an Integration darstellen, nur kurz in den Grundzügen behandelt werden. Ziel der Arbeit ist die Vermittlung von Grundschaltungen, hier notwendigerweise monolithisch integriert, sowie ein Vergleich ihrer Leistungsfähigkeit.

7.13.2 Grundlagen des Schaltungsentwurfs

Kenndaten und Gütekriterien

Die Anforderungen an eine Technologie digitaler ICs mit sehr hoher Geschwindigkeit und hohem Integrationsgrad lauten [158]:

- hohe Dichte der benötigten Bauelemente,
- niedrige Verlustleistung P_D,
- geringe Laufzeit τ_d,
- sehr niedrige dynamische Schaltenergie $P_D \tau_d$,
- sehr hohe Prozeßausbeute.

Tabelle 7.13/1. Maximal zulässige Schaltenergie $P_D \cdot \tau_d$ eines Gatters in pJ für verschiedene Taktfrequenzen f_c bei unterschiedlicher Zahl N der Gatter/Chip (Integrationsgrad)

Integrationsgrad	N Gatter/Chip	Taktfrequenzen f_c					
		0,1 MHz	1 MHz	10 MHz	100 MHz	1 GHz	10 GHz
ULSI	10^5	10^2	10	1	10^{-1}	10^{-2}	10^{-3}
VLSI	10^4	10^3	10^2	10	1	10^{-1}	10^{-2}
LSI	10^3	10^4	10^3	10^2	10	1	10^{-1}
MSI	10^2	10^5	10^4	10^3	10^2	10	1
SSI	10	10^6	10^5	10^4	10^3	10^2	10
Einzel-Element	1	10^7	10^6	10^5	10^4	10^3	10^2

ULSI = *u*ltra *l*arge *s*cale *i*ntegration;
VLSI = *v*ery *l*arge *s*cale *i*ntegration;
LSI = *l*arge *s*cale *i*ntegration;
MSI = *m*edium *s*cale *i*ntegration;
SSI = *s*mall *s*cale *i*ntegration

Die dynamische Schaltenergie ist dabei die minimale Energie, die ein Bauelement verbraucht, um einen Schaltvorgang zu vollziehen. Unter der Annahme zweier Schaltvorgänge pro Bauelement kann dann die Verlustleistung P eines Chips mit N aktiven Bauelementen und einer mittleren Taktfrequenz f_c wie folgt berechnet werden [158]:

$$P = 2Nf_c(P_D\tau_d)\,. \qquad (7.13/1)$$

Werden 2 Watt Verlustleistung pro Chip zugelassen (praktischer Grenzwert für GaAs), so verdeutlicht die Tab. 7.13/1 beispielsweise, daß bei einer Taktfrequenz von 1 GHz und der Komplexität $N = 1000$ Schaltelemente pro Chip eine dynamische Schaltenergie von 1 pJ pro Bauelement verbraucht wird. Führt man die dynamische Schaltenergie auf elementare Bauelementeeigenschaften zurück, dann gilt für Schaltungen auf der Basis von Feldeffekttransistoren [158, 159]:

$$P_D\tau_d = \frac{32}{27}\frac{C_L^2}{K^2 \cdot \tau_d^2} = \frac{2}{3} \cdot C_L \cdot V_M^2 \qquad (7.13/2)$$

mit

$$K = \frac{\varepsilon \cdot \mu \cdot w}{2a \cdot L_g} \qquad (7.13/3)$$

w = Gateweite, L_g = Gatelänge, a = Kanaltiefe

$$\tau_d = \frac{2N \cdot C_{gs}}{g_m} \qquad (7.13/4)$$

C_{gs} = Gate-Source-Kapazität, g_m = Steilheit des MESFET.

Damit wird deutlich, daß vom Schaltungsentwurf her die dynamische Schaltenergie durch den logischen Pegel V_M der High-/Low-Zustände bestimmt ist sowie von der Lastkapazität C_L. Daneben liegt aber, wie Gl. (7.13/3) und (7.13/4) zeigen, die Möglichkeit für Verbesserungen in der Miniaturisierung bis hin zu Submikrondimensionen, in der Materialauswahl (GaAs oder Heterohalbleiter an Stelle von Si) und in der Optimierung der Fabrikationstechnologie, wie z. B. der Dotierprofile.

7.13.3 Schaltungen für logische Grundfunktionen

Logische Verknüpfungsschaltungen lassen sich bekanntlich mit Hilfe der Grundfunktionen von Konjunktion (Und), Disjunktion (Oder) sowie Negation (Nicht) darstellen, Schaltsymbole und schaltalgebraische Darstellung enthält Abb. 7.13/1. Nimmt man nun noch die sehr häufig benötigten sogenannten erweiterten Grundfunktionen, das sind Kombinationen aus Konjunktion und Negation (NAND) bzw. Disjunktion und Negation (NOR) hinzu, so liegt das Fundament digitaler Schaltungen vor.

Für die Realisierung der einzelnen Grundfunktionen gibt es eine Reihe von Schaltungstechniken, die sich hinsichtlich Leistungsaufnahme, Gatterlaufzeit, Betriebsspannung, Ausgangsbelastbarkeit, Integrationsgrad und Technologie unterscheiden. Im folgenden werden jene Schaltungen vorgestellt, die sich für schnelle Logik eignen.

7.13.3.1 Dioden-Transistor-Logik (DTL). Bei der Dioden-Transistor-Logik (Abb. 7.13/2) erfolgt die Verknüpfung über die Dioden (D_1, D_2), während der Transistor T_1 das Signal invertiert. Der Transistor sperrt, sobald ein Eingangspotential den Wert 1,2 V, in diesem Beispiel der NAND-Schaltung, unterschreitet.

7.13.3.2 Transistor-Transistor-Logik (TTL). Die TTL-Schaltung (Abb. 7.13/3) unterscheidet sich von der DTL-Schaltung zunächst dadurch, daß die logische Verknüpfung über einen Transistor mit mehreren Emittern erfolgt und die Funktion der Potentialverschiebedioden in der DTL hier von der Kollektordiode des Transistors T_1 und der Emitterdiode von T_2 übernommen wird. Liegt einer der Eingänge von T_1 auf einem Potential $< 0{,}6$ V, so wird aufgrund des fehlenden Basisstromes T_2 gesperrt, folglich auch T_3, während der Emitterfolger T_4 leitet und am Ausgang ein

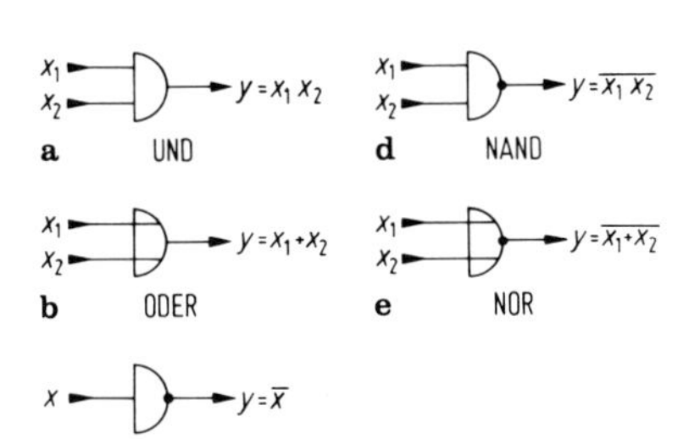

Abb. 7.13/1. Logische Grundfunktionen: **a** UND-Schaltung; **b** ODER-Schaltung; **c** NICHT-Schaltung; **d** NAND-Schaltung; **e** NOR-Schaltung

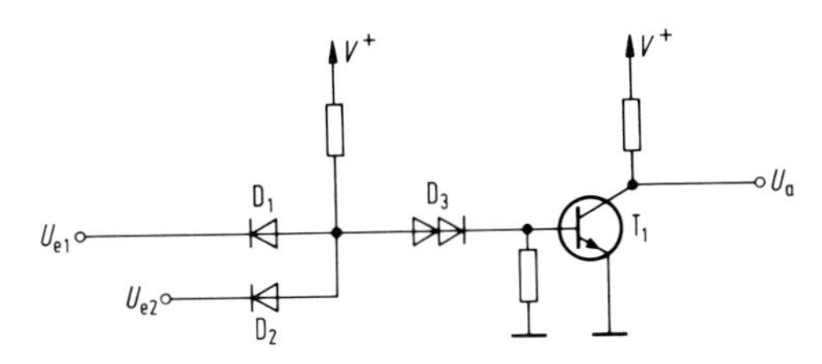

Abb. 7.13/2. Si-Bipolar-Logik, DTL-NAND-Gatter

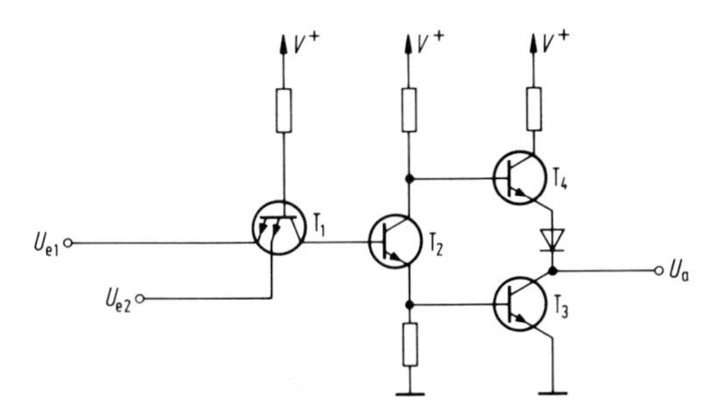

Abb. 7.13/3. Si-Bipolar-Logik, TTL-NAND-Gatter

positives Signal entsteht. Im anderen Fall, alle Eingänge weisen ein positives Potential > 0,6 V auf, sind die Transistoren T_2 und T_3 leitend, und der Ausgang liegt auf etwa 0 V.

7.13.3.3 Emittergekoppelte Logik (ECL). Bei den bisher behandelten Logikschaltungen arbeiten die Transistoren im Sättigungsbetrieb, was beim Abschalten eine Verzögerung durch Speicherzeiten zur Folge hat. Sollen die Schaltzeiten weiter verkürzt werden, muß man zu Schaltungen übergehen, bei denen die Arbeitspunkte im aktiven Bereich bleiben. Die Wirkungsweise der ECL-Schaltung soll an Abb. 7.13/4 erläutert werden. Die logische Verknüpfung erfolgt auch hier durch parallelgeschaltete Transistoren (T_1, T_2, T_3). Sie bilden mit einem weiteren Transistor T_4 eine Differenzstufe mit dem gemeinsamen Emitterwiderstand R_E. Ferner muß die Basis des Transistors T_4 über einen Spannungsteiler auf ein definiertes Potential gelegt werden (hier −1,2 V). Zur Entkopplung enthält der Schaltkreis außerdem noch die beiden Emitterfolger T_5 und T_6 als Endstufen. Die Wirkungsweise der Schaltung kann unter der Annahme eines Spannungsabfalls an der Basis-Emitter-Diode von 0,8 V kurz wie folgt erklärt werden: Liegt an einem der Eingänge ein Potential von − 0,8 V, leitet der entsprechende Eingangstransistor, das Ausgangssignal $U_{a1} = -1{,}6$ V wird an Transistor T_5 abgenommen. Im anderen Fall $U_{e1} = -1{,}6$ V leitet Transistor T_4, und das Ausgangssignal $U_{a2} = -1{,}6$ V wird am Emitterfolger T_6 abgenommen.

7.13.3.4 Integrierte Injektionslogik (I^2L). Die I^2L-Schaltung, Grundbaustein Abb. 7.13/5, beruht auf einem anderen Prinzip als die bisher beschriebenen Schaltungen. An Stelle umschaltbarer Transistorwiderstände wird der injizierte Strom einer Stromquelle umgeschaltet. Die Schaltung gleicht dem DTL-Gatter, wobei der Basisstrom hier über einen als Konstantstromquelle arbeitenden pnp-Transistor T_1 eingespeist wird. Die Funktion ist bekannt: Wenn einer der Eingänge einen Low-Pegel (ungefähr 0 V) aufweist, fließt der Injektorstrom, und T_2 ist gesperrt. Im anderen Fall, High-Pegel am Eingang, fließt der Injektorstrom in die Basis von T_2, wodurch der Transistor leitend wird, am Ausgang ist ein Low-Pegel zu verzeichnen.

7.13.3.5 NMOS-Logik. Für den Aufbau der Schaltungen werden meist selbstsperrende MOSFETs in n-Kanal-Technik verwendet. Dies hat den Vorteil, daß zum Sperren

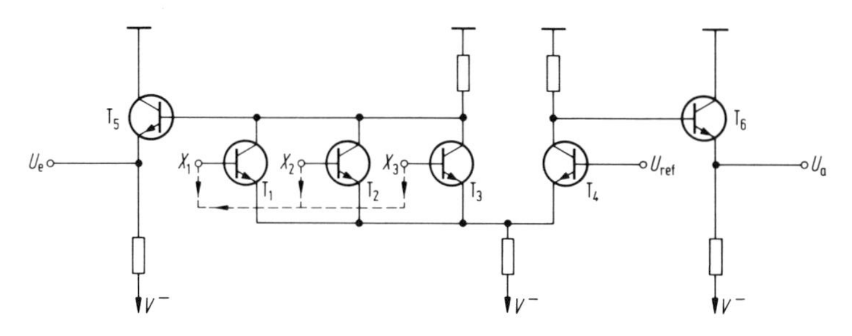

Abb. 7.13/4. Si-Bipolar-Logik, ECL-ODER-Gatter

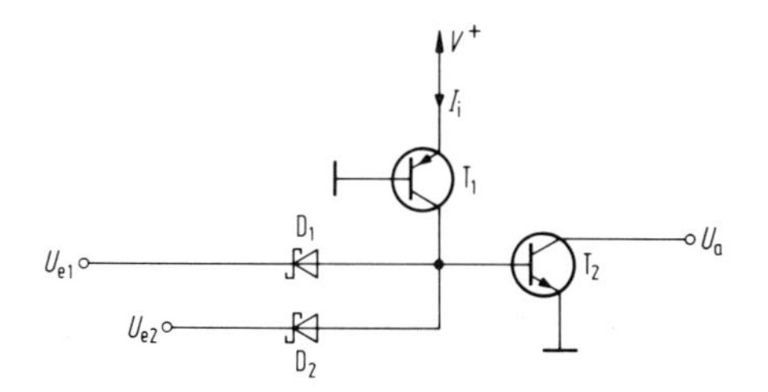

Abb. 7.13/5. Si-Bipolar-Logik, I^2L-NAND-Gatter

der FETs keine negativen Gate-Vorspannungen benötigt werden. Aus Platzgründen wird in dem NMOS-NOR-Gatter der Abb. 7.13/6 ein weiterer Transistor als Last an Stelle eines Ohmschen Widerstandes eingesetzt. Dieser Transistor T_3 ist selbstleitend mit kurzgeschlossenem Gate-Source, damit die Schaltung nur eine Versorgungsspannung benötigt.

7.13.3.6 Komplementäre MOS-Logik (CMOSL). Eine wesentliche Verbesserung der Schaltungseigenschaften erreicht man, wenn der Transistor T_3 in Abb. 7.13/6 komplementär zu T_1 und T_2 aufgebaut ist, d. h. durch einen p-Kanal-MOSFET ersetzt wird (Abb. 7.13/7). Damit werden beide Zustände der Ausgangsspannung (Hoch, Tief) weitgehend stromlos erzeugt (Abb. 7.13/8), was wiederum gleichbedeutend mit einem sehr niedrigen Leistungsverbrauch ist. Die Schaltung weist einen nahezu idealen Hoch-Tief-Hub auf, d. h., es wird einerseits nahezu die volle Betriebsspannung am Ausgang wirksam, zum anderen sind zur Umschaltung relativ kleine Eingangsspannungen erforderlich. In der Praxis wird ein geringer Strom durch die Umladevorgänge der parasitären Kapazitäten fließen. Die logischen Pegel hängen von der gewählten Betriebsspannung ab; die Umschaltschwelle liegt aus Symmetriegründen bei der halben Betriebsspannung.

7.13.3.7 FET-Logik mit Pufferschaltung (BFL = Buffered FET Logic). In Abb. 7.13/9 ist eine BFL-Schaltung als kombiniertes NAND-/NOR-Gatter mit vier gleichwertigen Eingängen dargestellt. Die logische Verknüpfung erfolgt durch MESFETs, die

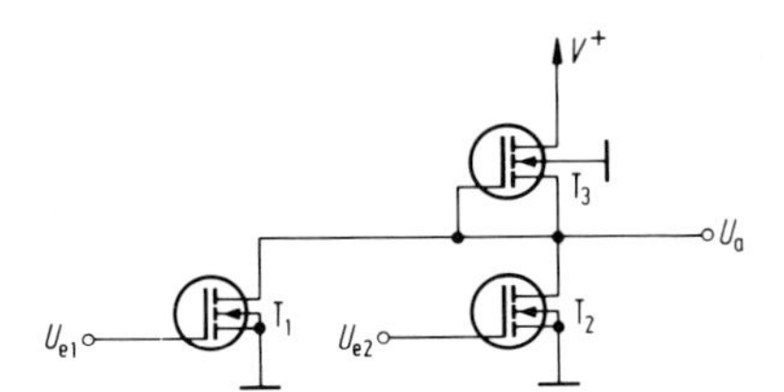

Abb. 7.13/6. Si-MOS-Logik, NMOS-NOR-Gatter

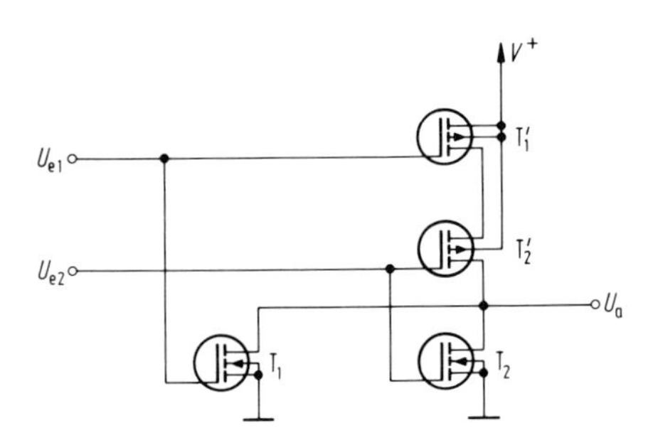

Abb. 7.13/7. Si-MOS-Logik, CMOS-NOR-Gatter

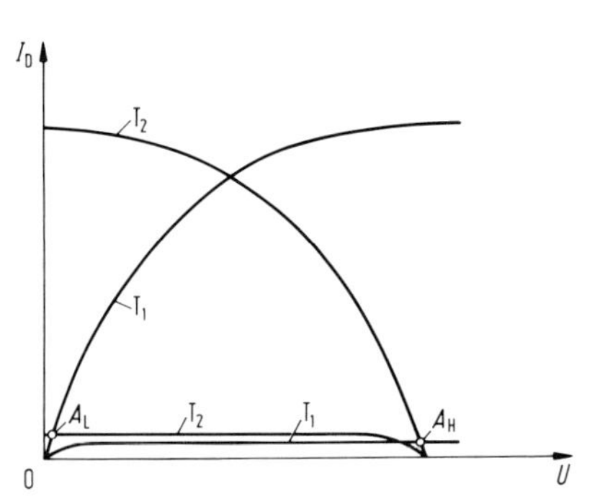

Abb. 7.13/8. Si-MOS-Logik, mit Arbeitspunkten im Ausgangskennlinienfeld

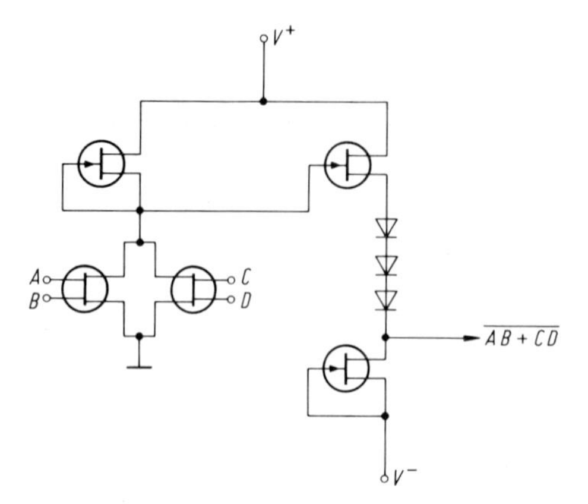

Abb. 7.13/9. GaAs-Logik, BFL-NAND/NOR-Gatter

Kompatibilität der Eingangs- und Ausgangspegel wird durch eine Pufferschaltung, bestehend aus einem Sourcefolger, einer Konstantstromquelle und Pegelschieberdioden, erreicht. Es werden selbstleitende MESFETs verwendet, was zwei Versorgungsspannungen erfordert.

7.13.3.8 Schottkydioden-FET-Logik (SDFL). Das NAND-/NOR-Gatter der Abb. 7.13/10 ist als SDFL-Schaltung realisiert, verwendet also Dioden zur logischen Verknüpfung. Ansonsten ist es ähnlich wie die BFL-Schaltung aufgebaut mit selbstleitenden FETs, einer zusätzlichen Pegelschieberdiode und dem Inverter am Ausgang.

7.13.3.9 Direkt gekoppelte FET-Logik (DCFL). Bei Verwendung von selbstsperrenden FETs für die logischen Verknüpfungen kann die schaltungsmäßig sehr einfache, direkt gekoppelte FET-Logik, Abb. 7.13/11, zum Einsatz kommen. Diese Schaltung sollte vorzugsweise mit einer aktiven (selbstleitenden) FET-Last konzipiert sein und benötigt darüber hinaus keine Pegelschieber und nur eine Versorgungsspannung.

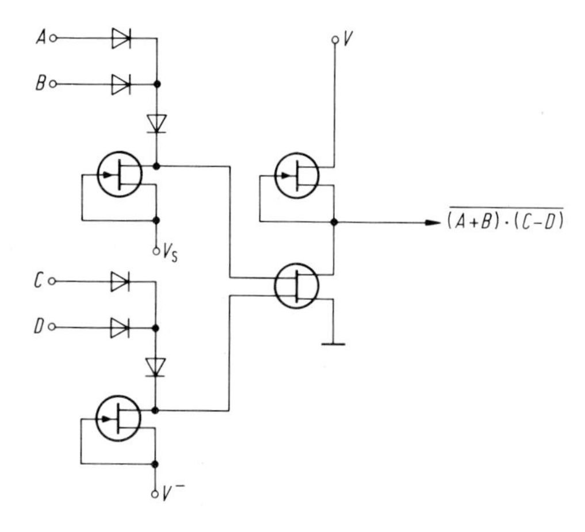

Abb. 7.13/10. GaAs-Logik, SDFL-NAND/NOR-Gatter

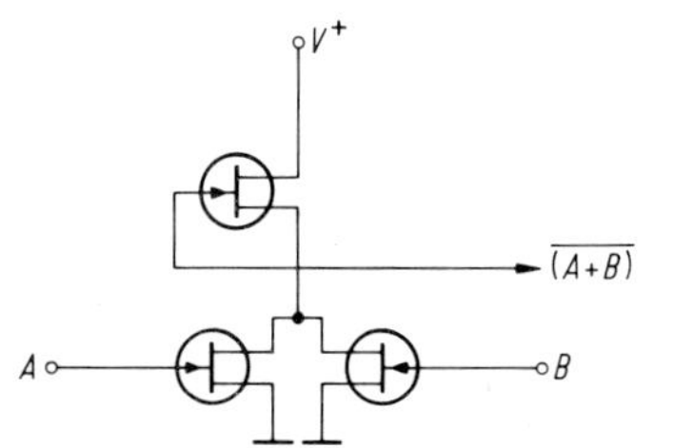

Abb. 7.13/11. GaAs-Logik, DCFL-NOR-Gatter

7.13.4 Vergleich der Logikschaltungen

In der Tab. 7.13/2 sind die wichtigsten Kenndaten der beschriebenen Logikschaltungen mit typischen Werten und einigen Bestwerten zusammengefaßt. Dabei resultieren die Spitzenergebnisse in der Regel aus Testschaltungen mit Ringoszillatoren als logischem Inverter, was vorteilhaft ist, da die Ringoszillatoren gleichzeitig als Signalquelle dienen bzw. die Last eine ideale Stromquelle ohne Kapazität darstellt. Damit läßt sich die Verzögerungszeit nach Gl. (7.13/1) mit Kenntnis der Oszillatorfrequenz $f = 1/(2N_{\tau_d})$ leicht bestimmen. Der Nachteil ist allerdings, daß infolge nicht spezifizierter Lasteffekte, Signalniveaus, Toleranzen und Störabstände die Ergebnisse nicht einfach auf komplexere Schaltungen übertragen werden können. Denn es leuchtet ein, daß die Gatterlaufzeiten durch Vergrößerung der Ströme in einer Schaltung bzw. Verkleinerung des Spannungshubs, was gleichbedeutend mit einer schnelleren Umladung der Kapazitäten ist, reduziert werden können.

Unter den Si-Logikschaltungen ist die bipolare ECL der schnellste Baustein. Ein weiterer Vorteil ist, daß sie mit einer Betriebsspannung auskommt, sowie infolge gleicher Potentiale am Eingang und Ausgang direkte Kopplung mehrerer Stufen gewährleistet. Aufgrund der geringen logischen Schwelle von 0,4 bis 0,8 V, Abb. 7.13/12, haben die ECL-Schaltungen trotz relativ hoher Versorgungsspannung und zusätzlichen Leistungsverbrauchs durch den Emitterfolger verhältnismäßig niedrige Leistungs-Laufzeit-Produkte. Kommerziell erhältlich sind Schaltungen, z. B. Gate Arrays, mit Laufzeiten von 300 bis 400 ps und einigen mW/Gatter an Verlustleistung. Bestwerte sind Verzögerungszeiten von 96 ps bei einem $P_D \cdot \tau_d$-Produkt von 96 fJ (0,096 pJ) [160] (1 fJ = 1 Femtojoule).

Weitgehend veraltet ist die DTL-Technik. Ihr Hauptnachteil liegt im hohen Ausgangswiderstand bei gesperrtem Transistor, wodurch die Schaltgeschwindigkeit niedrig wird.

Etwas günstiger ist das TTL-Gatter infolge der verbesserten Ausgangsschaltung mit Emitterfolger, da der Ausgang in beiden Betriebszuständen niederohmig ist und die TTL-Schaltung bei kapazitiver Belastung im Vergleich zur DTL-Schaltung wesentlich geringere Schaltzeiten aufweist.

Tabelle 7.13/2. Vergleich der Silizium- und Galliumarsenid-Logikfamilien

Schaltung		U_B V	P_D/Gatter mW	τ_d ps	$P_D \cdot \tau_d$ pJ	Technologie	Quelle
DTL	Si–Bip	+5	9	$25 \cdot 10^3$	225	Standard	
TTL	Si–Bip	+5	10	$10 \cdot 10^3$	100	Standard	
ECL	Si–Bip	−5,2	5 ... 25	300 ... 2000	1,5 ... 50	Standard	
ECL	Si–Bip	−5,2	1	96	0,096	Submikron	160
I^2L	Si–Bip	+1	10^{-3} bis 10^{-1}	$10^4 ... 10^5$	0,1 ... 1	Standard	
NMOS-	Si–MOS	+12; ±5	0,5 ... 5	$10^3 ... 10^4$	5	Standard	
NMOS	Si–MOS	keine Angabe	1,4	28	0,040	Submikron	163
CMOS	Si–MOS	+5 ... +15	0,05 bis 0,1	$10^3 ... 10^4$	0,1 ... 0,5	Standard	
BFL	GaAs–FET	−1,5 ... −4 +2,5 ... +4	5 ··· 50	100	0,5 ... 5	Standard	
BFL	GaAs–FET	+4; −4	41	34	1,4	Submikron	164
BFL	GaAs–FET	+2,5; −1,5	1,5	108	0,17	Submikron	165
SDFL	GaAs–D/FET	+2,5; −1,5	0,2 ... 1	100 ... 150	0,03 ... 0,1	Standard	
SDFL	GaAs–FET	+2.5; −1,5	0,17	156	0,027	Standard	158
DCFL	GaAs–FET	+1,5	0,05 ... 0,1	100 ... 200	0,01	Standard	
DCFL	GaAs–FET	+0,6	0,052	78	0,004	Submikron	164, 166

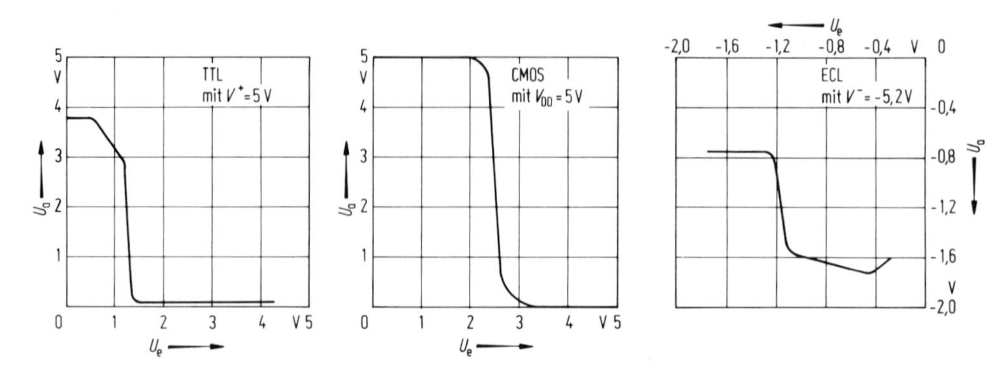

Abb. 7.13/12. Vergleich der Übertragungskennlinien von TTL, CMOSL und ECL

Der besondere Vorteil der I²L-Schaltung [161, 162] besteht in dem platzsparenden Layout, da bis auf den invers betriebenen Transistor nur ein zusätzlicher Injektor benötigt wird, d. h., es wird nur der Platz eines einfachen Multiemittertransistors besetzt (Abb. 7.13/13). Zudem ist der Leistungsverbrauch gering, da die Schaltung bereits ab einer Betriebsspannung von ca. 0,85 V arbeitet. Ein weiterer Vorteil der I²L-Schaltkreise besteht darin, daß sich durch Verändern des Injektorstroms die Schaltzeit und die Leistungsaufnahme über mehrere Zehnerpotenzen steuern lassen. Beides legt den Einsatz in hochintegrierte Schaltungen nahe, von Nachteil ist allerdings die vergleichsweise hohe Schaltzeit infolge der Umladungszeit im parasitären Injektionsgebiet.

Si-MOSFET-Logikschaltungen sind aufgrund des geringen Leistungsverbrauchs, der einfachen Struktur, der prinzipiell einfachen Technologie, der Möglichkeit der direkten Kopplung und in Summe hohen Ausbeute sehr geeignet für hochintegrierte (LSI- und VLSI-) Schaltkreise. Besonders die CMOS-Schaltkreise, mit ihren sehr geringen $P_D \cdot \tau_d$-Produkten (Leistung wird nur beim Schalten verbraucht), haben große Bedeutung erlangt. Der wesentliche Nachteil der MOS-Schaltungen liegt darin, daß sie vergleichsweise langsam sind (s. Tab. 7.13/2). Kommerzielle NMOS-/CMOS-Schaltkreise haben typische Laufzeiten > 5 ns, wenn auch im Labor 200 bis 300 ps bei weniger als 1 mW/Gatter Verlustleistung erzielt werden. Aber auch hier werden mit zunehmender Miniaturisierung weitere Verbesserungen möglich, so wurden bereits Schaltzeiten von 28 ps und $P_D \cdot \tau_d$-Produkte von 40 fJ mit Submikron-NMOSFET-Ringoszillatoren erreicht [163].

Der Vorteil der GaAs-FET-Logik im Vergleich zu Si-Schaltungen ist das Resultat der höheren maximalen Driftgeschwindigkeit und geringen Substratkapazität und wirkt sich zum einen in einer um den Faktor 3 verbesserten Geschwindigkeit aus. Infolge der höheren Beweglichkeit kann der GaAs-FET zudem bei niedrigen Versorgungsspannungen arbeiten, so daß insgesamt auch das $P_D \cdot \tau_d$-Produkt verkleinert werden kann.

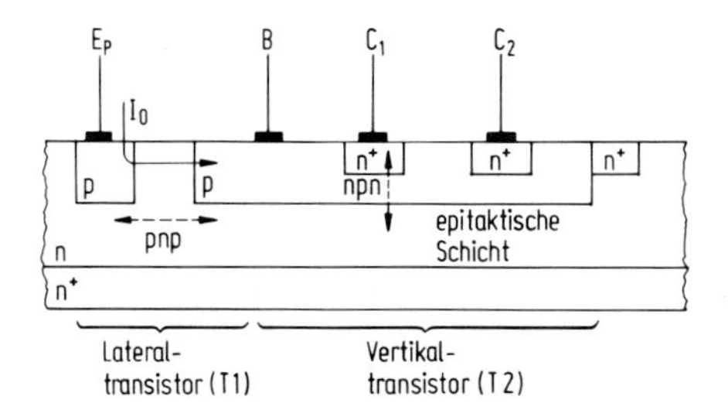

Abb. 7.13/13. Querschnitt durch den I²L-Inverterschaltkreis

Die BFL-Gatter gelten bei kleiner Ausgangsauffächerung als die schnellsten Schaltkreise ($\tau_d \leq 100$ ps), jedoch mit hohem Leistungsverbrauch (typisch 5 bis 10 mW/Gate) und geringem Integrationsgrad. Als Bestwerte wurden mit Submikron-FETs Schaltzeiten von 34 ps [164] bzw. 108 ps mit nur 170 fJ für das $P_D \cdot \tau_d$-Produkt [165] erzielt.

Nur etwa 1/5 der Leistung verbrauchen die SDFL-Gatter, sind aber auch ungefähr um den Faktor 2 langsamer als die BFL. Von der Verlustleistung und dem Platzbedarf her ermöglichen sie den LSI-Integrations-Grad mit ca. 1000 Gattern. Erreicht wurden $P_D \cdot \tau_d$-Produkte von nur 27 fJ bei Schaltzeiten von 156 ps [159] (s. Tab. 7.13/2).

Die DCFL-Gatter mit FETs vom Anreicherungstyp haben aufgrund der relativ kleinen logischen Pegel von ca. 0,6 V den niedrigsten Leistungsverbrauch (50 bis 100 μW/Gatter) mit ebenfalls um den Faktor 2 höheren Schaltzeiten im Vergleich zur BFL. Die Schaltungen, mit Blick auf VLSI-Anwendungen konzipiert, zeigen die niedrigsten $P_D \cdot \tau_d$-Produkte bis hinunter zu 4 fJ [164, 166]. Die Begrenzung im Integrationsgrad liegt derzeit weniger in der Verlustleistung als in der technologischen Kontrolle und Reproduzierbarkeit der selbstsperrenden FETs.

Eine Abschätzung von Solomon [167] verdeutlicht die Möglichkeiten der in naher Zukunft zur Verfügung stehenden Submikron-Technik für digitale ICs: Mit 0,25-μm-Bipolartransistoren werden etwa gleiche Schaltzeiten wie mit 0,1-μm-Si-MOSFETs prognostiziert ($\tau_d \approx 6$ ps), die Logik mit 0,1-μm-GaAs-FETs ist etwa dreifach schneller (τ_d ca. 2 ps).

7.13.5 Anwendungsbeispiele

7.13.5.1 Frequenzteiler, Flipflops. Die maximale Frequenz von Flipflop-Schaltkreisen in der Arbeitsweise als binärer Frequenzteiler ist eine Güteziffer, die häufig zur Abschätzung der maximalen Taktfrequenz (nach Gl. (7.13/1)) von komplexeren digitalen Systemen mit SSI- bzw. MSI-Charakter herangezogen wird. Damit ist eine realistischere Untersuchung als mit Ringoszillatoren gewährleistet, da eine Reihe von Sekundäreffekten Berücksichtigung finden. Abbildung 7.13/14 zeigt das Schaltbild eines Frequenzteilers, der durch Rückkopplung aus einem Master-Slave-Flip-flop entstanden ist und durch den Takt C komplementär verriegelt werden kann. Der Frequenzteiler gibt nach N eintreffenden Eingangsimpulsen einen Ausgangsimpuls ab und kehrt anschließend in seine Ausgangslage zurück. Am Ausgang erscheint eine, vom Typ des Teilers abhängige, gegenüber der Eingangsfrequenz untersetzte Ausgangsfrequenz. Das wesentliche Kennzeichen der hier benötigten Master-Slave-Flipflops, auch Zählflipflops oder Flipflop mit Zwischenspeicher genannt, ist, daß sie aus zwei Grundflipflops bestehen und daß die zweite Stufe (Slave) mit dem komplementären Taktimpuls angesteuert wird. Flipflops sind darüber hinaus neben den Gattern die wichtigsten Grundbausteine digitaler Schaltungen und finden nicht nur in

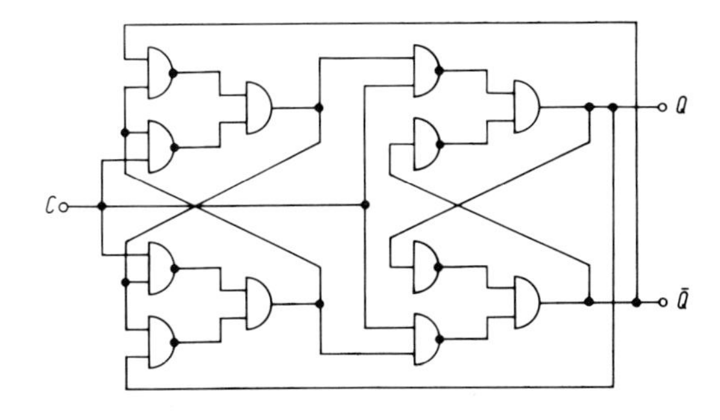

Abb. 7.13/14. Durch Rückkopplung aus einem Master-Slave-Flipflop entstandener Frequenzteiler

Frequenzteilern Anwendung, sondern auch in Speichern, Zählern und Schieberegistern. Die vielfach benutzte Eigenschaft ist, daß sie ein Bit beliebig lange speichern können und daß der Speicherinhalt ständig als Ausgangspegel zur Verfügung steht.

Die bisher höchsten Taktfrequenzen, die mit Frequenzteilern auf der Basis von 0,5-µm-GaAs-MESFETs erreicht wurden, lagen bei 5,77 GHz [168]. Ähnlich hohe Taktfrequenzen wurden aber auch mit Submikron-Si-Bipolartransistoren erreicht [169].

7.13.5.2 Kombinatorische Logik, Arithmetische Grundschaltungen. Die wichtigsten arithmetischen Operationen (Addition, Subtraktion, Multiplikation, Division) lassen sich auf Grundschaltungen vom MSI- bzw. LSI-Grad zurückführen, die auf dem Addierer beruhen. Hier unterscheidet man im dualen Zahlensystem zwischen einem Halb- und einem Volladdierer (Abb. 7.13/15a und b), je nachdem, ob zwei einstellige oder zwei mehrstellige Zahlen zu addieren sind. Charakteristisch ist, daß der Addierer zwei Ausgänge besitzen muß, einen Summenausgang S und einen Übertragsausgang C, um die Operation $1 + 1$ zu ermöglichen. Bei der Addition einer mehrstelligen Zahl kommt zusätzlich als Eingang noch der Übertrag von der vorangegangenen Stelle hinzu.

Die Multiplikation oder Division läßt sich auf eine mehrfache Addition bzw. Subtraktion zurückführen, es wird zusätzlich nur ein Schieberegister benötigt. Abbildung 7.13/16 zeigt als Beispiel einen Multiplizierer für zwei 4-Bit-Zahlen [170]. Der Multiplikand X wird parallel an den vier Additionseingängen b_0 bis b_3 der steuerbaren Addierer angeschlossen, während der Multiplikator Y Bit für Bit am Steuereingang m liegt. Über die Zusatzeingänge K_0 bis K_3 kann man noch eine 4-Bit-Zahl K addieren. Die Operation $P = X \cdot Y + K$ kann an dem eingetragenen Beispiel nachvollzogen werden.

Große Bedeutung hat ferner eine Kombinationsschaltung unter der Bezeichnung Arithmetik-Logik-Einheit (ALU = Arithmetic Logic Unit) erlangt, die u. a. als Grundbaustein von Mikroprozessoren verschiedene arithmetische und logische Operationen mit zwei digitalen Eingangsworten ausführt. Die Wirkungsweise kann an

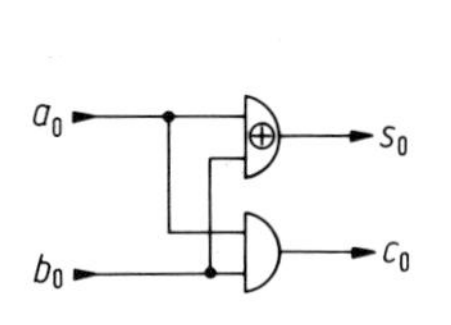

a_0	b_0	s_0	c_0
0	0	0	0
0	1	1	0
1	0	1	0
1	1	0	1

a

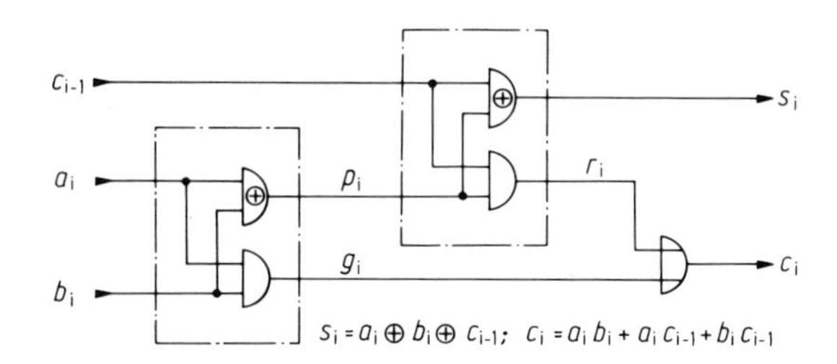

Eingang			Intern			Ausgang	
a_i	b_i	c_{i-1}	p_i	g_i	r_i	s_i	c_i
0	0	0	0	0	0	0	0
0	1	0	1	0	0	1	0
1	0	0	1	0	0	1	0
1	1	0	0	1	0	0	1
0	0	1	0	0	0	1	0
0	1	1	1	0	1	0	1
1	0	1	1	0	1	0	1
1	1	1	0	1	0	1	1

b

Abb. 7.13/15. Schaltung und Wahrheitstafel eines **a** Halbaddierers und **b** eines Volladdierers [170]

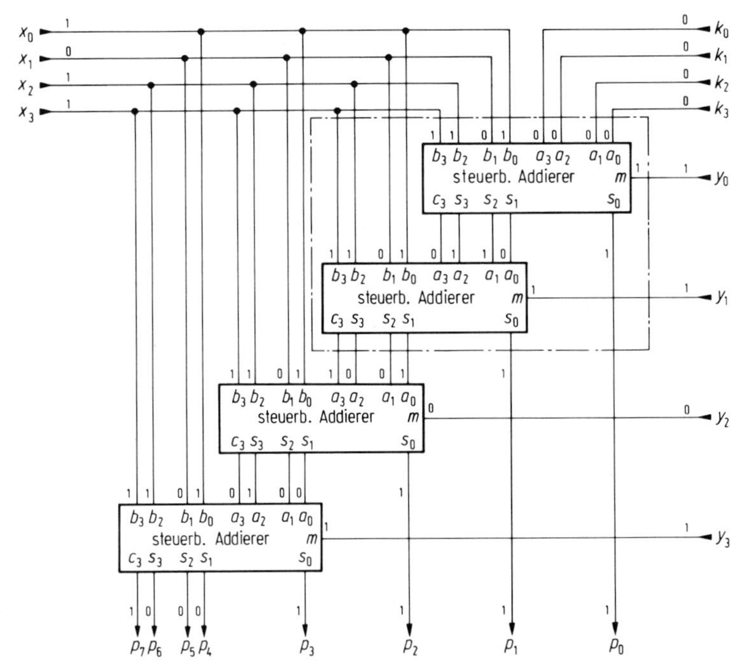

Abb. 7.13/16. Multiplizierer aus zwei 4-Bit-Zahlen. Eingetragen ist das Beispiel $13 \cdot 11 = 143$ [170]

dem Logikdiagramm und der Funktionstabelle der Abb. 7.13/17 untersucht werden [171].

Der GaAs-Baustein mit dem bisher höchsten Integrationsgrad ist ein 8×8-Bit-Multiplizierer auf der Basis von Voll- und Halbaddierer mit NOR-Gattern und Inverter in SDFL und insgesamt 1008 Gattern [172]. Mit einer Multiplizierzeit von 5,3 ns und Gesamtverlustleistung von 2,2 Watt ist er ca. zehnfach schneller als die besten Si-Schaltungen bei vergleichbarer Verlustleistung. Als weiteres Beispiel sehr schneller GaAs-Logik sei ein 4-Bit-ALU mit 99 Gattern und 2 ns Prozeßdauer aufgeführt [173].

7.13.5.3 Speicher mit direktem Zugriff (RAM). Speicher gehören zu den wichtigsten Bausteinen digitaler Systeme und finden unter anderem als Programm- und Datenspeicher in Rechnern und Kommunikationssystemen vielfältig Anwendung. Im folgenden wollen wir uns auf die Klasse der RAMs (*r*andom *a*ccess *m*emories), d. h. Speicher mit direktem Zugriff zu jedem Speicherplatz, beschränken. Da bei diesen Matrixspeichern die Information beliebig oft eingeschrieben und ausgelesen werden kann, nennt man die RAMs auch Schreib-Lese-Speicher im Gegensatz zu den „Nur-Lese-Speichern" ROMs (*r*ead *o*nly *m*emories), die auch als Festwertspeicher bezeichnet werden. Ferner unterscheidet man zwischen statischen Speichern, die auf der Basis einer größeren Anzahl von Flipflops mit zugehöriger Ansteuerung arbeiten, und den dynamischen Speichern, die Kondensatoren als Zellen verwenden.

In Abb. 7.13/18 ist ein RAM mit 16 bit Speicherkapazität abgebildet [170]. Zunächst wird ein Zeilen- und Spaltendecodierer. benötigt, der bitadressiert einen Speicherplatz aufruft. Die Lese-/Schreibsteuerleitung (WE = *w*rite *e*nable) kann die beiden Zustände annehmen und bewirkt am Dateneingang bzw. Datenausgang die Möglichkeit zur Abgabe bzw. Annahme der Information. Zudem wird der Speicherchip durch die Chipauswahlleitung (CS = *c*hip *s*elect) aktiviert.

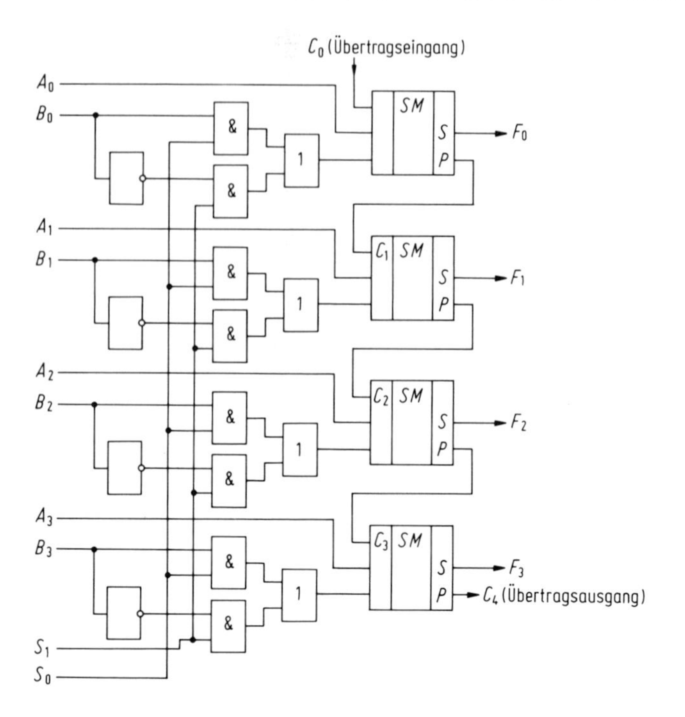

Funktionsauswahl S_1	S_0	C_0	Y	Ausgang	Funktion
0	0	0	0	$F = A$	A transferieren
0	0	1	0	$F = A+1$	A inkrementieren
0	1	0	B	$F = A+B$	B zu A addieren
0	1	1	B	$F = A+B+1$	B zu $A+1$ addieren
1	0	0	$\overline{B}$	$F = A+\overline{B}$	Einerkomplement von B zu A addieren
1	0	1	$\overline{B}$	$F = A+\overline{B}+1$	Zweierkomplement von B zu A addieren
1	1	0	alles Einsen	$F = A-1$	A dekrementieren
1	1	1	alles Einsen	$F = A$	A transferieren

Abb. 7.13/17. Logikdiagramm und Funktionstabelle einer ALU in vereinfachter Ausführung (ALU = arithmetic logic unit) [171]

Der Nachweis extrem schneller statischer GaAs-RAMs wurde durch die Realisierung von 1-kbit-RAMs mit Zugriffzeiten von 1 bis 6 ns und Verlustleistungen von ca. 500 mW erbracht [174–177]. Zum Vergleich zeigen 1-kbit-RAMs auf Si mit ECL Zugriffszeiten zwischen 30 und 100 ns bei etwa gleicher Verlustleistung, während die langsameren CMOS-RAMs ($\tau \geq 100$ ns) sehr viel günstiger im Leistungsverbrauch sind ($P_D \leq 10$ mW).

7.13.6 Technologie der Schaltungen

Der folgende kurze Einblick in die Technologie der digitalen Schaltungen beschränkt sich auf das neue Gebiet der GaAs-Bauelemente, wobei es insbesondere zu den Si-MOS-Schaltungen zahlreiche Parallelen gibt. Wichtig ist, daß für die Logikschaltungen mit in der Regel höherem Integrationsgrad nur die monolithische Realisierung mit besonders hohen Anforderungen an die Gleichmäßigkeit der Bauelemente in Frage kommt. Von daher ist die am häufigsten eingesetzte Technologie für Schaltungen auf der Basis von BFL und SDFL die in Abschn. 7.3.1.3 und 7.3.1.5 beschriebene

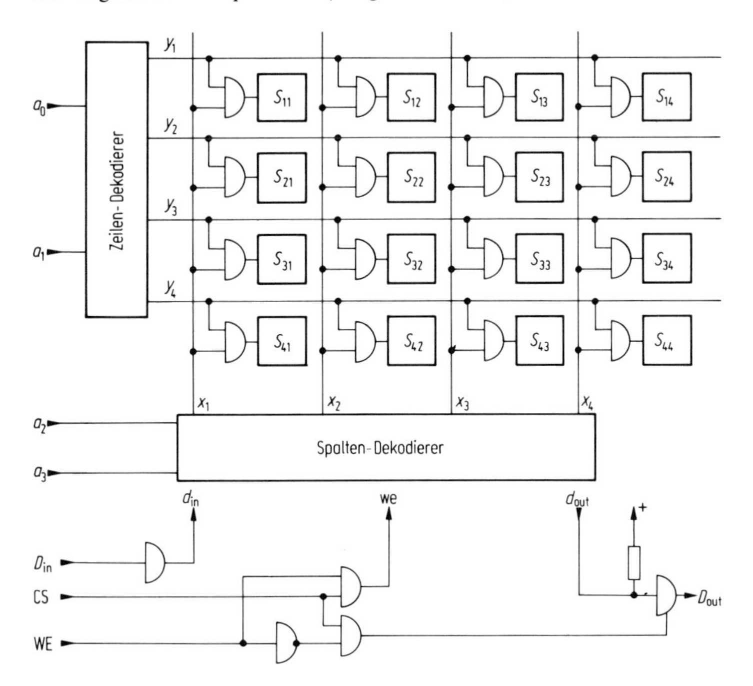

Abb. 7.13/18. Innerer Aufbau eines RAMs mit 16 bit Speicherkapazität [170]

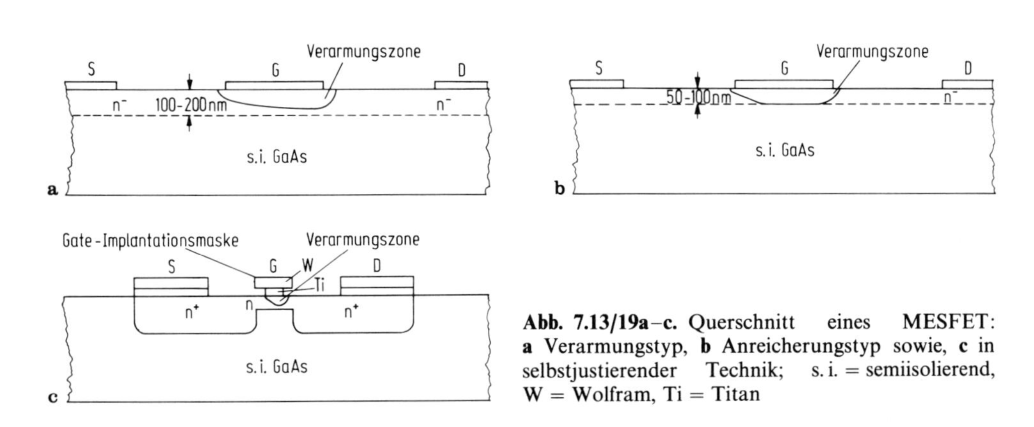

Abb. 7.13/19a–c. Querschnitt eines MESFET: **a** Verarmungstyp, **b** Anreicherungstyp sowie, **c** in selbstjustierender Technik; s.i. = semiisolierend, W = Wolfram, Ti = Titan

Planartechnologie mit der lokalen Ionenimplantation als Dotiermethode. Das Grundelement dieser Schaltungen ist der in Abb. 7.13/19a im Querschnitt dargestellte MESFET vom Verarmungstyp mit einer Kanaldicke von 1000 bis 2000 Å (100–200 nm) und einer Gatelänge von 1 μm.

Für VLSI-Anwendungen werden dagegen die DCFL-Gatter (Abschn. 7.13.3.9) auf der Grundlage von MESFETs vom Anreicherungstyp dominieren. Das Querschnittsbild der Abb. 7.13/19b verdeutlicht, daß hier besonders dünne Leitschichten (500 bis 1000 Å bzw. 50–100 nm) in Bereich des FET-Kanals benötigt werden, damit die Raumladungszone des Schottky-Kontakts mit einer Barrierenspannung von ca. 0,7 V den Kanal im Aus-Zustand abschnürt.

Eine wichtige, für digitale GaAs ICs spezifische Technologie ist der selbstjustierende Gateprozeß [178], der für den FET in Abb. 7.13/19c vollzogen wurde. Hier wird nach der Kanalimplantation ein hochtemperaturstabiles Ti/W-Gate aufgebracht, das als Maske bei der anschließenden n^+-Implantation dient. Der Vorteil liegt in den reduzierten Bahnwiderständen und damit höheren Steilheiten der Bauelemente infolge der sehr nah an das Gate herangeführten n^+-Zone. Das hier gewählte Schottky-Metall für den Schottky-Kontakt muß allerdings dem notwendigen Ausheilprozeß nach der Ionenimplantation bei Temperaturen oberhalb 800 °C widerstehen. Darüber hinaus liegt bei den schnellen digitalen ICs der Schwerpunkt der technologischen Aufgaben in der weiteren Miniaturisierung in Richtung Submikron-Bauelemente, d. h. Verringerung der Gatedimension in Elektronendriftrichtung auf < 1 µm.

7.14 Literatur

1. Dosse, J., Mierdel, G.: Der elektrische Strom im Hochvakuum und in Gasen. Leipzig: Hirzel 1943, S. 58–60.
2. Küpfmüller, K.: Einführung in die theoretische Elektrotechnik. 10. Aufl. Berlin, Heidelberg, New York: Springer 1973, S. 204–207.
3. Granowski, W.L.: Der elektrische Strom im Gas, Bd. I. Berlin: Akademie-Verlag 1955, S. 365–376.
4. Gänger, B.: Der elektrische Durchschlag von Gasen. Berlin, Göttingen, Heidelberg: Springer 1953, S. 106–138.
5. Hütte, Math. Formeln und Tafeln, Hrsg. Szabo, I. 116.
6. Schneider, W., Weinzierl, F.: Der Nuvistor, eine Elektronenröhre neuer Technik. Elektronik 10 (1961) 321–324.
7. Mönch, G.C.: Hochvakuumtechnik. Berlin: Verlag Technik 1961, S. 446–466.
8. Littmann, M.: Getterstoffe und ihre Anwendung in der Hochvakuumtechnik. Leipzig: C.F. Winter 1938.
9. Sommerfeld, A.: Vorlesungen über theoretische Physik, I. Band. 4. Aufl. Leipzig: Akademische Verlagsgesellschaft 1954.
10. Busch, H.: Über die Wirkungsweise der Konzentrierungsspule bei der Braunschen Röhre. Arch. f. Elektrotechn. 18 (1927) 583–594.
11. Eichin, W.u.a.: Die Siemens-Wanderfeldröhre RW 6 im J-Band. NTF 22 (1961) 105–108.
12. Müller, E.W.: Elektronenmikroskopische Betrachtungen von Feldkathoden. Z. Phys. 106 (1937) 541–550. — Weitere Beobachtungen mit dem Feldelektronenmikroskop. Z. Phys. 108 (1938) 668–680.
13. Müller, W.: Die Siemens-UKW- und Fernsehsenderöhren. NTZ 5 (1952) 528–533.
14. Child, C.D.: Discharge from hot CaO. Phys. Rev. 32 (1911) 492–511.
15. Langmuir, I.: The effect of space charge and residual gases on thermionic currents in high vacuum. Phys. Rev. 2 (1913) 450–486.
16. Schottky, W.: Die Wirkung der Raumladung auf Thermionenströme im hohen Vakuum. Phys. Z. 15 (1914) 526–528.
17. Hermann, G., Wagner, S.: Die Oxydkathode, Teil I. Leipzig: Barth 1943, S. 18.
18. Rothe, H., Kleen, W.: Hochvakuum-Elektronenröhren, I. Band. Frankfurt/Main: Akad. Verlagsges. 1955.
19. Tank, F.: Kenntnis der Vorgänge in der Elektronenröhre, Jahrb. drahtl. Telegr. 20 (1922) 82.
20. Below, F.: Zur Theorie der Raumladegitterröhre. Z. Fernmeldetechn. 9 (1928) 113, 136.
21. Mayer, H.F.: Über das Ersatzschema der Verstärkerröhre. TFT 15 (1926) 335–337.
22. Gehrthsen, C., Kneser, H.O.: Physik, 10. Aufl. Berlin, Heidelberg, New York: Springer 1969.
23. Shevchik, V.N.: Fundamentals of microwave electronics. Oxford, London, New York, Paris: Pergamon 1963, S. 139–140, 154–155.
24. Sims, G.D., Stephenson, I.M.: Microwave tubes and semiconductor devices. London, Glasgow: Blackie and Son 1963, S. 89.
25. Spenke, E.: Elektronische Halbleiter. Berlin, Göttingen, Heidelberg: Springer 1955.
26. Müller, R.: Grundlagen der Halbleiterelektronik. Berlin, Heidelberg, New York: Springer 1971, S. 61.
27. Guggenbühl, W., Strutt, M.J.O., Wunderlin, W.: Halbleiterbauelemente, I. Bd. Basel, Stuttgart: Birkhäuser 1962, S. 77.
28. Rusche, G., Wagner, K., Weitzsch, F.: Flächentransistoren. Berlin, Göttingen, Heidelberg: Springer 1961.

29. Zener, C.: A theory of the electrical breakdown of solid dielektries. Proc. Roy. Soc. London A 145 (1934) 523–529.
30. Spenke, E.: Leistungsgleichrichter auf Halbleiterbasis. ETZ A 79 (1958) 867–875.
31. Heime, K.: Schottky-Dioden. Fernmeldeingenieur 24 (1970) Heft 7.
32. Schottky, W.: Vereinfachte und erweiterte Theorie der Randschichtgleichrichter. Z. Physik 118 (1942) 539–592.
33. Bethe, H.A.: MIT Radiation Lab. Report 43/12, 1942.
34. Unger, H.G., Harth, W.: Hochfrequenz-Halbleiterelektronik. Stuttgart: Hirzel 1972.
35. Siemens: Katalog „Fühlerelemente — Bausteine der Elektronik" (BO/1007).
36. Adler, R.B. u.a.: Introduction to semiconductor physics. New York, London, Sidney: Wiley 1964.
37. Bardeen, J., Brattain, W.H.: The transistor, a semiconductor triode. Phys. Rev. 74 (1948) 230–231.
38. Shockley, W.: The theory of pn-junctions in semiconductors and pn-junction transistors. Bell Syst. Techn. J. 28 (1949) 435–489.
39. Seiler, K.: Physik und Technik der Halbleiter. Stuttgart: Wiss. Verlagsges. 1964.
40. Czochralski, J.: Ein neues Verfahren zur Messung der Kristallisationsgeschwindigkeit der Metalle. Z. phys. Chemie 92 (1917) 219–221.
41. Paul, R.: Transistoren. Braunschweig: Vieweg 1965.
42. Birett, K.: Die Technologie der Herstellung von Halbleiterbauelementen. Siemens Firmenschrift Nr. 2-6300-286, S. 6.
43. Ebers, I.J., Moll, J.L.: Large-signal behaviour of junction transistors. Proc. IRE 42 (1954) 1761–1772.
44. Early, J.M.: Effects of space-charge layer widening in junction transistors. Proc. IRE 40 (1952) 1401–1406.
45. Rusche, G., Wagner, K., Weitzsch, F.: Flächentransistoren. Berlin. Göttingen, Heidelberg: Springer 1961; S. 57–59.
46. Giacoletto, L.J.: Study of p-n-p alloy junction transistor from DC through medium frequencies. RCA Rev. 15 (1954) 506–562.
47. Shockley, W.: A unipolar field-effect transistor. Proc. IRE 40 (1952) 1365–1376.
48. Sevin, L.J.: Field-effect transistors. New York: McGraw-Hill 1965, S. 21.
49. Crawford, R.H.: MOSFET in circuit design. New York: McGraw-Hill 1967.
50. Todd, C.D.: Junction field-effect transistors. New York: Wiley 1968.
51. Sanquini, R.L.: MOS-Feldeffekt-Transistoren. Applikationsberichte über RCA-Transistoren. Neye-Enatechnik, 1971, ST-3703, S. 440.
52. Botos, B.: Low frequency applications of field-effect transistors. AN-511 Application Note, Motorola Semiconductor Products.
53. Günzel, G.: Einführung in die MOS-Technik. Applikationsbericht B 2/V.7.26/1171, AEG-Telefunken, S. 8.
54. Pohl, R.W.: Elektrizitätslehre. 15. Aufl. Berlin, Göttingen, Heidelberg: Springer 1955, S. 291.
55. Kessler, A.: Hilfsblätter zur Vorlesung Röhren und Halbleiter II, T.H. Darmstadt 1973, S. 40–43.
56. Katz, H.: Technologische Grundprozesse der Vakuumelektronik. Berlin: Springer 1974.
57. Beneking, H.: Feldeffekttransistoren (Halbleiter-Elektronik, 7). Berlin: Springer 1973.
58. Leighton, W.H., Chaffin, R.J., Webb, J.G.: RF Amplifier design with large-signal S-parameters. IEEE Trans. MTT-21 (1973) 809–814.
59. Mazumder, S.R., van der Puije, P.D.: "Two-signal" method of measuring large-signal S-parameters of transistors. IEEE Trans. MTT-26 (1978) 417–419.
60. Allison, R.: Silicon bipolar microwave power transistors. IEEE Trans. MTT-27 (1979) 415–422.
61. Hartnagel, H.: Semiconductor plasma instabilities. London: Heinemann Educational Books 1969.
62. Paul, R.: Halbleiterphysik. Heidelberg: Hüthig 1975.
63. Sze, S.M.: Physics of semiconductor devices. 2nd edn. New York: Wiley 1982.
64. Espinosa, R.: Tubes still vital to microwave systems. Microwave Systems News 13 (1983), No. 12.
65. Hieslmair, H., De Santis, Ch., Wilson, N.J.: State of the art of solid-state and tube transmitters. Microwave J., Special Rep. Oct. 1983.
66. Eichmeier, J.: Moderne Vakuumelektronik. Berlin: Springer 1981.
67. Blakemore, J.S.: Semiconducting and other major properties of gallium arsenide. J. Appl. Phys. 53 (1982) 123–181.
68. Schiff, L.I.: Quantum Mechanics. 2nd. edn. New York: McGraw-Hill 1955.
69. Ruge, I.: Halbleitertechnologie. (Halbleiter-Elektronik, 4). Berlin: Springer 1975.
70. Winstel, G., Weyrich, C.: Optoelektronik I. (Halbleiter-Elektronik, 10). Berlin: Springer 1981.
71. Schlachetski, A.: Halbleiterbauelemente der Hochfrequenztechnik. Stuttgart: Teubner 1984.
72. Gummel, H.K., Poon, H.C.: An integral charge controle modul of bipolar transistors. Bell Syst. Tech. J. 49 (1970) 827.
73. Klein, W.: Grundlagen der Theorie elektrischer Schaltungen. Berlin: Akademie-Verlag 1961, S. 80–98.
74. Michel, H.-J.: Zweitor-Analyse mit Leistungswellen. Stuttgart: Teubner 1981.
75. Valvo: Transistoren und Moduln für HF-Anwendungen. Datenbuch 1984 S. 250.
76. Shockley, W.: Electrons and holes in semiconductors. Princeton: D. van Nostrand 1950.
77. Spenke, E.: Elektronische Halbleiter. Berlin: Springer 2. Aufl. 1965.

78. Spenke, E.: P-N-Übergänge. Berlin: Springer 1979.
79. Müller, R.: Bauelemente der Halbleiterelektronik. Berlin: Springer 1973.
80. Müller, R.: Grundlagen der Halbleiterelektronik. Berlin: Springer 1971.
81. Kesel, G., Hammerschmitt, J., Lange, E.: Signalverarbeitende Dioden. Berlin: Springer 1982.
82. Torrey, H.C., Whitmer, C.A.: Crystal rectifiers. Boston Tech. Pub. 1964.
83. Harth, W.M., Claassen, M.: Aktive Mikrowellendioden. Berlin: Springer 1981.
84. Burger, R.M., Donovan, R.P.: Fundamentals of silicon integrated device technology. Englewood Cliffs, N.J.: Prentice Hall 1967.
85. Madelung, O.: Grundlagen der Halbleiterphysik. Berlin: Springer 1970.
86. Gerthsen, C., Kneser, H.O., Vogel, H.: Physik. Berlin: Springer 1974.
87. Shockley, W., Read, W.T.: Statistics of the recombinations of holes and electrons. Phys. Rev. 87 (1952) 835–842.
88. Buxbaum, Ch.: LM-Katode. NTG Fachbericht 85 (1983) S. 223–227.
89. Hübner, E.: Katoden hoher Stromdichte. NTG-Fachbericht 71 (1980) S. 68–75.
90. Hübner, E.: Katoden hoher Strombelastung. NTG-Fachberichte 85 (1983) S. 243–249.
91. Lotthamer, R.: Katoden vergrößerter Stromdichte und langer Lebensdauer. NTG-Fachberichte 71 (1980) S. 77–81.
92. Kornfeld, G., Lotthamer, R.: Neuere Untersuchungen an Mischmetall-Vorratskatoden. NTG-Fachberichte 85 (1983) S. 238–242.
93. Gärtner, G.: Untersuchungen der thermischen Emission von thorierten, karburierten Wolframdrähten unter hohen Belastungen. NTG-Fachberichte 85 (1983) S. 228–232.
94. Hasker, J.: Calculation of diode-characteristics and proposed characterization of cathode emission capability. NTG-Fachberichte 85 (1983) S. 250–254.
95. Texas Instruments (Hrsg.): Das FET-Kochbuch, Freising: Texas Instruments Deutschland 1977.
96. Kellner, W., Kniepkamp, H.: GaAs-Feldeffekttransistoren. 2. Aufl. Berlin: Springer 1985.
97. Tholl, H.: Bauelemente der Halbleiterelektronik. Teil 2. Feldeffekt-Transistoren, Thyristoren und Optoelektronik. Stuttgart: Teubner 1978.
98. Pettenpaul, E., Langer, E., Huber, J., Mampe, H., Zimmermann, W.: Integrierte Mikrowellen-Receiver-Komponenten in GaAs-Technologie. BMFT-Forschungsvorhaben NT 2624, 1984.
99. Soares, R., Graffeuil, J., Obrégon, J.: Applications of GaAs-MESFETs. Dedham: Artech House 1983.
100. Jahncke, J.: Höchstfrequenzeigenschaften eines GaAs-MESFETs in Streifenleitungstechnik. NTZ 26 (1973) 193–199.
101. Pengelly, R.S.: Microwave field-effect transistors: Theory, design and applications. Chichester: Research Studies Press 1982.
102. Furutsuka, T., Ogawa, M., Kawamura, N.: GaAs dual-gate MESFETs. IEEE Trans. 25 (1978) 580–586.
103. Tsironis, C., Meierer, R.: DC characteristics aid dual-gate FET analysis. Microwaves 20 (1981) 71–73.
104. Müller, R.: Rauschen. Berlin: Springer 1979.
105. Pucel, R.A., Haus, H.A., Statz, H.: Signal and noise properties of gallium arsenide field-effect transistors. In: Advances in electronics and electron physics. Vol. 38 (Ed.: Marton, L.). New York: Academic Press 1975, pp. 195–265.
106. Fukui, H.: Design of microwave GaAs-MESFET's for broad-band low-noise amplifiers, IEEE. Trans. MTT-27 (1979) 643–650.
107. Rothe, H., Dahlke, W.: Theory of noisy fourpoles. Proc. IRE, 44 (1956) 811–818.
108. Hewlett Packard: S-parameter design. Application Note 154, 1972.
109. Siemens Datenbuch: Microwave semiconductors. Bereich Bauelemente, München. 1983.
110. Di Lorenzo, J.V., Khandelwal, D.D.: GaAs FET principles and technology. Dedham: Artech House 1982.
111. Salama, C.A., Oakes, J.G.: Nonplanar power field-effect transistors. IEEE Trans. ED-25 (1978) 1222–1228.
112. Fong, E., Pitzer, D.C., Zeman, R.J.: Power D-MOS for high-frequency and switching applications. IEEE Trans. ED-27 (1980) 322–330.
113. Fukuta, M., Suyama, K., Suzuki, H., Isikawa, H.: GaAs microwave power FET. IEEE Trans. ED-23 (1976) 388–394.
114. Siliconix Datenbuch: VMOS power FETs design catalogue. August 1980, Santa Clara, Cal.
115. Gad, H.: Feldeffektelektronik. Stuttgart: Teubner 1976.
116. Higgins, J.A., Kuvås, R.L.: Analysis and improvement of intermodulation distortion in GaAs power FET's. IEEE Trans. MTT-28 (1980) 9–17.
117. Heyhall, R.: Power MOSFETs handle bipolar amp applications. Microwaves & RF 22 (1983) 128–131.
118. Snapp, C.P.: Silicon bipolar transistors and integrated circuits continue to grow. Microwave Systems News 13 (1983) 32–41.
119. Crawford, R.H.: MOSFET in circuit design. New York: McGraw-Hill 1967.
120. Todd, C.D.: Junction field-effect transistors. New York: Wiley 1968.

121. Liechti, C.A.: Microwave field-effect transistors. IEEE Trans. MTT-24 (1976) 279–300.
122. Wolf, P.: Microwave properties of Schottky-barrier field-effect transistors. IBM J. Res. Dev. 14 (1970) 125–141.
123. Allison, R.: Silicon bipolar microwave power transistors. IEEE Trans. MTT-27 (1979) 415–422.
124. Pengelly, R.S., Turner, J.A.: Monolithic broadband GaAs FET amplifiers. Electron. Lett. 12 (1976) 251–252.
125. Pettenpaul, E., Archer. J., Weidlich, H., Petz, F., Huber, J.: Monolithische GaAs-Mikrowellenschaltkreise für Breitbandanwendungen. Siemens Forsch. Entwicklungsber. 10 (1981) 280–288.
126. Archer, J.A., Weidlich, H.P., Pettenpaul, E., Petz, F.A., Huber, J.: A GaAs monolithic low-noise broadband amplifier. IEEE Trans. SC-16 (1981) 648–652.
127. Dessert, P., Harrop, P.: 12 GHz FET front-end for direct satellite T.V. reception. 4th. Europ. Conf. on Electronics, Stuttgart, March (1980), p. 273–275.
128. Wu, Y., Carlin, H.J.: The design of low-noise broad-band microwave FET amplifiers. IEEE MTT-S Conf. Digest (1983) p. 459–461.
129. Engelbrecht, R.S., Kurokawa, K.: A wide-band low noise L-band balanced transistor amplifier. Proc. IEEE (1964) 237–247.
130. Hammerstad, E.O.: Equations for microstrip circuit design. European Microwave Conf. Proc. (1975) p. 268–272.
131. Schneider, M.V., Glance, B., Bodtmann, W.F.: Microwave and millimeter wave hybrid integrated circuits for radio systems. Bell Syst. Tech. J. 48 (1969) 1703–1726.
132. Getsinger, W.J.: Microstrip dispersion model. IEEE Trans. MTT-21 (1973) 34–39.
133. Hoffmann, R.: Integrierte Mikrowellenschaltungen. Berlin: Springer 1983.
134. Janssen, W.: Hohlleiter und Streifenleiter. Heidelberg: Hüthig 1977.
135. Tserng, H.Q., Sokolov, V.: Monolithic microwave GaAs power FET amplifier. Microwave J. März (1981) 53–60.
136. Chu, A., Courtney, W.E., Sudbury, R.W.: A 31-GHz monolithic GaAs mixer/preamplifier circuit for receiver applications. IEEE Trans. ED-28 (1981) 149–154.
137. Chen, D.R., Decker, D.R.: MMIC's – the next generation of microwave components. Microwave J. Mai (1980) 67–78.
138. De Brecht, R.E.: Impedance measurements of microwave lumped elements from 1 to 12 GHz. IEEE Trans. MTT-20 (1972) 41–48.
139. Pettenpaul, E. et al.: Integrierte Mikrowellen-Receiver-Komponenten in GaAs-Technologie. BMFT-FB T 85–159 (1985).
140. Terman, F.E.: Radio engineer's handbook. New York: McGraw-Hill 1943, p. 51.
141. Caulton, M., Knight, S.P., Daly, D.A.: Hybrid integrated lumped-element microwave amplifiers. IEEE Trans ED-15 (1968) 459–466.
142. Joshi, J.S., Cockrill, J.R., Turner, J.A.: Monolithic microwave GaAs FET oscillators. IEEE Trans. ED-28 (1981) 158–162.
143. Wolff, I.: Rechnersimulation passiver Bauelemente. Aachen: Wolff 1983.
144. Alley, G.D.: Interdigital capacitors and their application to lumped-element microwave integrated circuit. IEEE Trans. MTT-18 (1970) 1028–1033.
145. Hobdell, J.L.: Optimization of interdigital capacitors. IEEE Trans. MTT-27 (1979) 788–791.
146. Esfandiari, R., Maki, D.W., Siracusa, M.: Design of interdigitated capacitors and their application to GaAs monolithic filters. IEEE Trans. MTT-31 (1983) 57–64.
147. Pengelly, R.S., Rickard, D.C.: Design, measurement and application of lumped elements up to J-band. Digest Techn. Papers 7th European Microwave Conf., Kopenhagen (1977), p. 460–464.
148. Caulton, M., Hershenov, B., Knight, S.P., De Brecht, R.E.: Status of lumped elements in microwave integrated circuits. IEEE Trans. MTT-19 (1971) 588–599.
149. Pengelly, R.S.: Hybrid vs. monolithic microwave circuits – a matter of cost. Microwaves Syst. News, Jan. (1983) p. 77.
150. Wilkinson, E.J.: An N-way hybrid power divider. IRE Trans. MTT-8 (1960) 116–118.
151. Lange, J.: Interdigitated stripline quadrature hybrid. IEEE Trans. MTT-17 (1969) 1150–1151.
152. Waterman, R.C., Fabian, W., Pucel, R.A., Tajima, Y., Vorhaus, J.L.: GaAs monolithic Lange and Wilkinson couplers. IEEE Trans. ED-28 (1981) 212–216.
153. Eden, R.C., Welch, B.M., Zucca, R.: Planar GaAs IC technology: applications for digital LSI. IEEE Trans. SC-13 (1978) 419–426.
154. Welch, B.M.: Advances in GaAs LSI/VLSI processing technology. Solid State Technol. 2 (1980) 95–101.
155. Pettenpaul, E., Langer, E., Huber, J., Mampe, H., Zimmermann, W.: Discrete GaAs microwave devices for satellite TC converter front ends. Siemens Forsch.- Entwicklungsber. 13 (1984) 163–170.
156. Strid, E.: Noise measurements for low-noise GaAs FET amplifiers. Microwave Syst. News, Nov. (1981) p. 62–70.
157. IRE standards on methods of measuring noise in linear twoports. Proc. IEEE 48 (1960) 60–68.

158. Eden, R.C., Welch, B.M., Zucca, R., Long, S.I.: The prospects for ultra-high speed VLSI GaAs digital logic. IEEE Trans. SC-14 (1979) 221–239.
159. Pengelly, R.: Microwave field-effect transistors – theory, design and applications. Research Studies Press (1983) p. 368–370.
160. Snapp, C.P.: Advanced silicon bipolar technology yields usuable monolithic microwave and high speed digital IC's. Microwave J., Aug. (1983) 93–103.
161. Berger, H.H., Wiedmann, S.K.: Merged-transistor logic – a low-cost bipolar logic concept. IEEE Trans. SC-7 (1972) 340–346.
162. Tand, D., Ning, T., Wiedmann, S., Isaac, R., Feth, G., Yu, H.: Sub-nanosecond selfaligned I^2L/MTL circuits. Washington: IEDM Tech. Dig. 1979, p. 201–204.
163. Smith, G.E.: Fine line MOS technology for high speed integrated circuits. IEEE Trans. ED-39 (1983) 1564.
164. Greiling, P.T., Lundgren, R.E., Krumm, C.F., Lohr, R.F.: Why design logic with GaAs and how? Microwave Syst. News, Jan. (1980) 48–60.
165. Ngu, Pam, Gloanec, T.M., Nuzillat, G.: High-density submicron gate GaAs MESFET technology. Proc. 7th European Specialist Workshop on Active Microwave Semiconductor Devices, Patras, Greece (1981) p. 11.
166. Soares, R., Graffeuil, J., Obregon, J.: Applications of GaAs MESFET's. Dedham: Artech House 1983, p. 350.
167. Solomon, P.M.: A comparison of semiconductor devices for high-speed logic. Proc. IEEE 70 (1982) 489–509.
168. Greiling, P.T., Lee, R.E., Beaubien, R.S., Bryan, R.P., Waldner, M.: Submicrometer GaAs digital IC's. Digest GaAs IC Symp., Phoenix: Oct. 1983.
169. Sakai et al.: Gigabit logic bipolar technology: Advanced super self-aligned process technology. Electron. Lett. 19 (1983) 283–284.
170. Tietze, U., Schenk, Ch.: Halbleiter-Schaltungstechnik. Berlin: Springer-Verlag 1978, S. 486. (8. Aufl. 1986).
171. Seifart, M.: Digitale Schaltungen und Schaltkreise. Heidelberg: Hüthig 1982, S. 260.
172. Lee, F.S., Shen, E., Kaelin, G.R., Walsh, B.M., Eden, R.C., Long, S.I.: High speed LSI GaAs integrated circuits. Dig. 2nd GaAs IC Symp., Las Vegas: Nov. (1980).
173. Nogami, M., Hirachi, Y., Ohta, K.: Present state of microwave GaAs devices. Microelectron. J. 13 (1982) 29–43.
174. Ino, M., Hirayama, K., Ohwada, K., Kummada, K.: GaAs 1 kB static RAM with E/D MESFET DCFL. Dig. GaAs IC Symp., New Orleans: 1982.
175. Yokoyama, N., Ohnishi, T., Onodera, H., Shinaki, T., Shibatomi, A., Ishikawa, H.: A GaAs 1 K static RAM using Tungsten silicide gate self-aligned technology. IEEE Trans. SC-18 (1983) 520–524.
176. Asai, K., Kurumada, K., Hirayama, M., Ohmori, M.: GaAs 1 kbit static RAM with self-aligned FET technology. IEEE Trans. SC-19 (1984) 260–262.
177. Soares, R., Graffeuil, J., Obregon, J.: Applications of GaAs MESFET's. Dedham: Artech House 1983, p. 391–406.
178. Yokoyama, N., Mimuro, T., Fukuta, M., Ishikawa, H.: A self-aligned source/drain planar device for ultrahigh-speed GaAs MESFET VLSI's. ISSC Dig. Tech. Papers (1981) p. 218–219.
179. Schottky, W.: Über Schirmgitterröhren. Arch. Elektrotech. 8 (1919) 1–31, 299–328.
180. Harth, W., Claassen, M., Freyer, J.: Si- and GaAs-Impatt-diodes for millimeter waves. Berlin: Springer, 1985.
181. Butterweck, H.J.: Die Ersatzwellenquelle. AEÜ 14 (1960) 367–372.
182. Karp, A.: Millimeter-wave valves. Fortschritte der Hochfrequenztechnik. Bd. V (1960) 73–128 (herausgegeben von Strutt, Vilbig, Rühmann).
183. Dingle, R. (ed.): Applications of multiquantum wells, selective doping, and superlattices. Semiconductors and semimetals, Vol. 24. San Diego: Academic Press 1987.
184. Ali, F., Bahl, I., Gupta, A. (eds): Microwave and millimeter-wave heterostructure transistors and their applications. Norwood: Artech House 1989.
185. Swanson, A.W.: Millimeter-wave transistors: The pseudomorphic HEMT. Microwaves & RF 25 (1987) 139–150.
186. Gupta, A.K., Higgins, J.A., Lee, C.-P.: High electron mobility transistors for millimeter wave and high speed digital IC applications. Characterisation of very high speed semiconductor devices and integrated circuits. SPIE 795 (1987) 68–90.
187. Delagebeaudeuf, D., et al.: A new relationship between the Fukui coefficient and optimal current value for low-noise operation of field-effect transistors. IEEE Electr. Dev. Let. EDL-6 (1985) 444–445.
188. Duh, K.H., et al.: W-band InGaAs HEMT low-noise amplifiers. 1990 IEEE MTT-S Digest, 595–598.
189. Brown, J.: Rf devices gain higher power levels. Microwaves & RF 2 (1987) 148–153.
190. Khandavalli, C., Basset, J.-R.: 16 and 32 W linear power GaAs Fets challenge silicon bipolar transistors in L-band. Microwave J. 32 (1989) 189–194.
191. Shih, Y.C., Kuno, H.J.: Solid-state sources from 1 to 100 GHz. Microwave J., Supplement to the Sept. 1989 issue, state of the art reference (1989) 145–161.

192. Smith, P.M., Chao, P.C., Ballingal, J.M., Swanson, A.W.: Microwave and mm-wave power amplification using pseudomorphic HEMTs. Microwave J. 33 (1990) 71–86.
193. Dye, N.E., Schnell, D.: Rf power transistors catapult into high-power systems. Microwaves & RF 2 (1987) 344–351.
194. Trew, R.J.: MESFET models for microwave computer-aided design. Microwave J. 33 (1990) 115–130.
195. Krömer, H.: Theory of a wide-gap emitter for transistors. Proc. IRE, Bd 45 Nr. 11, S. 1535–1537, Nov. 1957.
196. Chen, Y.K., Nottenburg, R.N., Panish, M.B., Hamm, R.A., Humphrey, D.: Subpicosecond InP/InGaAs heterojunction bipolar transistors, IEEE El. Dev. L. Bd. EDL-10, S. 267–269, 1989.
197. Chen, Y.K., Nottenburg, R.N., Panish, M.B., Hamm, R.A., Humphrey, D.: Microwave noise performance of InP/InGaAs heterostructure bipolar transistors. IEEE El. Dev. L. Bd. EDL-10, S. 470–472, 1989.
198. Higgins, J.A.: Heterojunction bipolar transistors for high-efficiency power amplifiers. Techn. Dig. GaAs IC Symp., S. 33–35, 1988.
199. Pucel, R.A., Haus, H.A., Statz, H.: Signal and noise properties of Gallium Arsenide microwave field-effect transistors. Advances in Electronics and Electron Physics, Vol. 38, New York: Academic Press 1975, p. 195–265.

8. Störungen und Rauschen

Das allgemeine Problem der elektrischen Nachrichten-Übertragungstechnik besteht darin, Information mit Hilfe elektrischer Signale zuverlässig und mit einer bestimmten Güte zu übertragen. Ein elektrisches Übertragungssystem kann entsprechend Abb. 8.1a in die drei Untersysteme Sender, Übertragungsstrecke (Kabel, Troposphäre, Ionosphäre oder freier Raum) und Empfänger unterteilt werden. Die Zuverlässigkeit eines Übertragungssystems wird im wesentlichen von der Gerätetechnik bestimmt und z. B. durch die Ausfallwahrscheinlichkeit beschrieben. Auf Störungen, die durch den vollständigen Ausfall eines Übertragungssystems oder Teile desselben hervorgerufen werden, soll hier nicht weiter eingegangen werden.

Klassen von Störungen
In einem funktionsfähigen Übertragungssystem wird die Güte einer Nachrichtenübertragung von den Störungen beeinflußt, die entweder von außen in das Übertragungssystem eindringen oder in ihm selber entstehen. Man unterscheidet demnach zwischen äußeren und inneren Störungen und klassifiziert sie nach [1] in: 1. Sinusstörungen, 2. kontinuierlich periodische Störungen, 3. pulsartige Störungen, 4. Impulsstörungen, 5. statistische Störungen und 6. nachrichtenhaltige Störungen (s. Abb. 8.1b).

Störungen der Klasse 1 und 2 können z. B. durch fremde Sender, Beeinflussung durch Starkstromleitungen, Netzzuführungen (Brumm) und Störstrahlung von Empfängern hervorgerufen werden. Intermodulations- und Klirrprodukte, die als Kombinationsschwingungen an Nichtlinearitäten entstehen, sind hier einzuordnen (s. Kap. 11 und Kap. 12). Die ebenfalls periodischen pulsartigen Störungen der Klasse 3 können ihre Ursache in Schaltpulsen oder den Zündungen in Verbrennungskraftmaschinen haben. Allen bisher genannten Störungsursachen ist gemeinsam, daß sie ihre Quellen in Maschinen, Geräten und Anlagen haben, die von Menschen gebaut werden. (In der angloamerikanischen Literatur als „man-made noise" bezeichnet.) Durch geeignete Frequenzwahl, Filter und Abschirmungen lassen sich die Auswirkungen von man-made noise auf ein Übertragungssystem weitgehend unterdrücken.

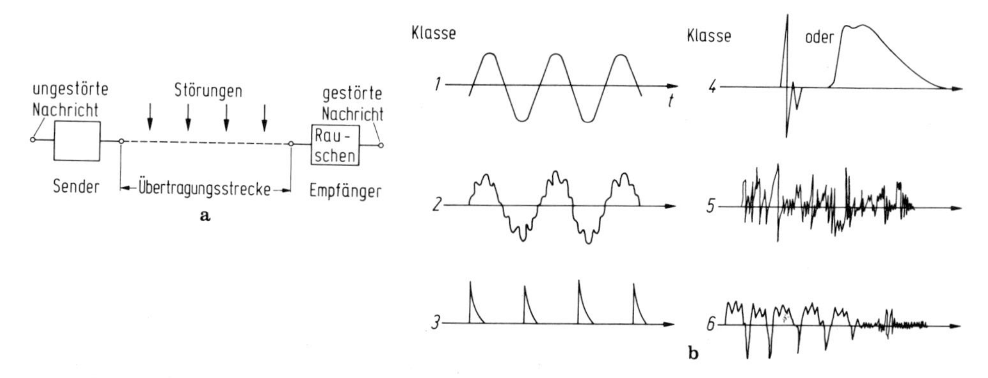

Abb. 8.1. a Die drei Untersysteme eines Übertragungssystems; **b** Klassifizierung der Störungen *1* bis *3* periodische Strörungen; *4* bis *6* nichtperiodische Stro

In diesem Zusammenhang wird auf die VDE-Bestimmungen 0870 bis 0879 und auf [2] verwiesen, wo man Angaben über die zulässigen Funkstörungen von Geräten und Anlagen, die Messung von Funkstörungen und Angaben über Funkentstörmittel findet. Ursachen für die impulsartigen Störungen der Klasse 4 findet man in Funkentladungen oder elektrischen Vorgängen in der Atmosphäre. Sie sind meist von kurzer Dauer, haben im Gegensatz zu den bisher genannten Störungen aber ein kontinuierliches Frequenzspektrum. Die nachrichtenhaltigen Störungen der Klasse 6 sind dadurch gekennzeichnet, daß sie durch Zeitfunktionen beschrieben werden, die selbst eine Nachricht darstellen. Man bezeichnet sie auch als verständliches Nebensprechen, wie es z. B. zwischen verschiedenen Fernsprechleitungen auftreten kann.

Nächst der Klasse 6 sind bedeutungsvolle Störungen in der Klasse 5 der statistischen Störungen zusammengefaßt. (In der angloamerikanischen Literatur als random-noise (Zufallsrauschen) bezeichnet.) Wir werden sie kurz als Rauschen bezeichnen. Diesen Störungen ist gemeinsam, daß einerseits keine Zeitfunktionen existieren, mit deren Hilfe sie vorausberechnet werden könnten, daß sie aber andererseits bestimmten statistischen Gesetzen gehorchen. Statistische Störungen sind das Ergebnis von sehr vielen, im einzelnen nicht mehr verfolgbaren Einzelvorgängen. Bei Kenntnis der statistischen Gesetzmäßigkeiten lassen sich jedoch Aussagen über ihren durchschnittlichen Ablauf gewinnen. Die Bezeichnung Rauschen rührt dabei von den akustischen Äußerungen statistischer Störungen her, wie sie am Ausgang eines Tonempfängers hörbar sind. Auf dem Schirm eines Bildempfängers wird Rauschen als „Gries“ oder „Schnee“ sichtbar. Im Bereich der Nachrichtentechnik zählen die ungeordneten Bewegungen von elementaren Ladungsträgern zu den wichtigsten Rauschursachen in Widerständen, Halbleitern und Röhren. Wir werden den Begriff des Rauschens weiter fassen und auch noch solche Prozesse hinzuzählen, deren statistischer Charakter nicht feststeht, oder deren statistische Gesetzmäßigkeiten nicht genau bekannt sind. Ein Beispiel dafür ist das sogenannte extraterrestrische Rauschen (s. Abschn. 8.3).

Störabstand (Geräusch- oder Rauschabstand)

Den Sender eines Übertragungssystems verläßt eine Nachricht oder ein Signal praktisch störungsfrei. Bezeichnet man mit P die Signalleistung und mit N die Störleistung (bzw. Geräusch- oder Rauschleistung), so nennt man das Verhältnis P/N das Signal-Störverhältnis (Signal-Geräusch- oder Signal-Rauschleistungsverhältnis) oder kurz den Störabstand (Geräusch- oder Rauschabstand). Am Senderausgang liegt mit $(P/N)_S \gg 1$ ein sehr großer Störabstand vor. Auf dem Übertragungsweg wird das Signal gedämpft und von Störungen überlagert. Für den Empfängereingang gilt daher immer $(P/N)_{Ee} < (P/N)_S$. Da eine Verstärkung für Signal und Störung gleichermaßen wirksam ist und ein Verstärker selbst noch Störungen hinzufügt, gilt für die Störabstände am Eingang und Ausgang eines analogen Verstärkers $(P/N)_{Va} < (P/N)_{Ve}$. Daraus darf aber nicht der Schluß gezogen werden, daß der Störabstand $(P/N)_{Ea}$ am Ausgang eines Empfängers immer kleiner als der Störabstand $(P/N)_{Ee}$ an seinem Eingang sein muß. Bei bestimmten Arten der Modulation und Demodulation (Frequenzmodulation mit großem Modulationsindex; Pulscode-Modulation, s. Kap. 12) kann auch $(P/N)_{Ea} > (P/N)_{Ee}$ gelten.

Der Störabstand am Ausgang eines Empfängers kann als Gütekriterium eines Übertragungssystems aufgefaßt werden. In ihm kommt die Bedeutung von Störungen in der Nachrichtentechnik zum Ausdruck. Bei vorgegebener Güte und Sendeleistung eines Übertragungssystems bestimmen die Störungen beispielsweise seine Reichweite. Die erforderlichen Reichweiten zählen nicht mehr nach einigen hundert oder tausend Kilometern. Für eine Nachrichtenverbindung über geostationäre Nachrichtensatelliten ist das System für eine Reichweite von mindestens 80 000 km auszulegen. Für Raumsonden können Reichweiten von $\approx 10^8$ Kilometern erforderlich sein. Um die

Reichweite oder Güte eines Ubertragungssystems zu erhöhen, kann die Sendeleistung erhöht werden, wenn dem nicht (z. B. bei Höchstfrequenzen) aus technologischen oder wirtschaftlichen Gründen eine obere Grenze gesetzt ist. Gleiche Wirkung wie eine Steigerung der Sendeleistung hat eine entsprechende Verminderung der Störleistung. Wenn auch insbesondere das Rauschen, als Folge elementarer Naturgesetze, nie ganz vermieden werden kann, so läßt es sich doch durch Wahl des Modulationsverfahrens sowie geeigneter Bauelemente und Schaltungen in einem Empfänger verringern.

Minimale Störabstände und Bewertungskurven

Wie schon erwähnt, kann man die Güte eines Übertragungssystems nach dem Störabstand am Empfängerausgang beurteilen. Allgemeingültige Angaben über seinen zulässigen Minimalwert können allerdings nicht gemacht werden, da dieser Grenzwert einerseits von der Art der zu übertragenden Nachricht, andererseits von den Ansprüchen des Nachrichtenverbrauchers abhängt. Aufgrund von Messungen mit vielen Testpersonen ist jedoch die Angabe der Wahrnehmbarkeitsgrenze einer Störung möglich. Sie liegt z. B. für ein Schwarz-Weiß-Fernsehbild bei einem Störabstand von 54 dB. Nach einer Einteilung der deutschen Bundespost und der ARD[1] wird dann ein Fernsehbild bei einem Störabstand von 48 bis 52 dB als sehr gut, bei einem Störabstand von 44 bis 48 dB als gut und bei einem Störabstand von 40 bis 44 dB als noch brauchbar bezeichnet. Wegen des subjektiven Empfindlichkeitsganges von Ohr und Auge und wegen des Frequenzganges der Wiedergabegeräte werden bei Telephonie-, Klang- und Fernsehübertragungssystemen Geräusche mit gleicher Geräuschleistung je nach der Lage ihres Frequenzspektrums verschieden stark empfunden. Bei einer Geräuschmessung wird daher ein gleichmäßiges Geräusch, dessen Spektrum in einem weiten Bereich frequenzunabhängig ist, mittels eines sogenannten Geräuschbewertungsfilters frequenzmäßig bewertet. So ermittelte Störabstände werden als bewertet bezeichnet. Geräuschbewertungskurven für das Fernsprechen (Psophometerkurve), den Tonrundfunk und das Schwarz-Weiß-Fernsehen sind entsprechend den CCITT-Empfehlungen in Abb. 8.2 dargestellt. Bei psophometrischer Bewertung wird z. B. die Rauschleistung in einem Sprachfrequenzband von 3,1 kHz um 2,5 dB kleiner gemessen als ohne Bewertung. Man drückt diesen Sachverhalt durch das Bewertungsmaß von $-2{,}5$ dB aus. Für Tonrundfunk ergibt sich bei einer Bandbreite von 10 kHz ein Bewertungsmaß von $+6$ dB, bei Schwarz-Weiß-Fernsehen ist mit einem Bewertungsmaß von $-8{,}5$ dB (Bandbreite 5 MHz) zu rechnen.

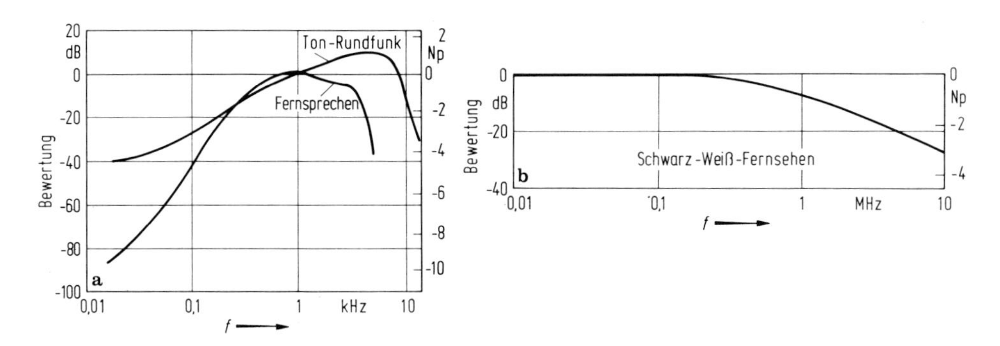

Abb 8.2a u. b. Geräuschbewertungskurven: **a** Fernsprechen und Tonrundfunk; **b** Schwarz-Weiß-Fernsehen. Nach CCITT Empfehlung P 53 A u. B. I. 61

[1] ARD = *A*rbeitsgemeinschaft der öffentlich-rechtlichen *R*undfunkanstalten der Bundesrepublik *D*eutschland.

Störfestigkeit
Es hat sich in neuerer Zeit besonders für codierte Signale als zweckmäßig erwiesen, neben dem Störabstand als weiteres Gütemerkmal die Störfestigkeit eines Übertragungssystems einzuführen [3]. Man versteht unter der Störfestigkeit die Fähigkeit eines Übertragungssystems, den schädlichen Einflüssen von Störungen zu widerstehen. Die Störfestigkeit wird auf der Basis des Übereinstimmungsgrades zwischen gesendetem und empfangenem Signal definiert und durch die Wahrscheinlichkeit beschrieben, daß Fehler im Empfangssignal unter einer vorgegebenen Schranke bleiben. Mit zunehmendem Störabstand nimmt auch die Störfestigkeit zu. Beide Gütekriterien sind zunächst als Eigenschaften eines ganzen Übertragungssystems zu verstehen. Da es aber den Rahmen dieses Buches übersteigen würde, Störungen unter diesem Gesichtspunkt zu behandeln, werden wir uns auf die Besprechung der wichtigsten Rauschquellen und deren Einfluß auf einzelne Glieder eines Systems beschränken.

8.1 Rauschquellen

Die wichtigsten Ursachen für innere Rauschquellen sind das Schrotrauschen (engl. shot-noise), das thermische Rauschen (auch Nyquist- oder Johnson-Rauschen genannt) und das Funkelrauschen (engl. flicker-noise). Daneben beobachtet man bei Halbleitern das Generations- und Rekombinationsrauschen und bei höchstfrequenten Anwendungen von Elektronenröhren das Influenzrauschen. Gleichermaßen für Elektronenröhren und Halbleiter ist das Stromverteilungsrauschen von Bedeutung, für Lichtempfänger, Maser und Laser das Quantenrauschen. Das Kontakt- und Isolationsrauschen spielt neben den bisher genannten Rauschursachen im allgemeinen eine nur untergeordnete Rolle, da es sich durch geeignete Konstruktionen auf ein unbedeutendes Maß reduzieren läßt.

Rauschen ist ein Zufallsprozeß, der durch zufällige Abweichungen (Fluktuationen) physikalischer Größen von ihren Mittelwerten hervorgerufen wird. Es existiert deshalb keine Zeitfunktion, mit der ein Rauschvorgang determiniert beschrieben werden könnte. Regellose Vorgänge, die von der Zeit abhängen, werden auch *stochastische* Prozesse genannt, die mangels einer deterministischen Zeitfunktion mit statistischen Begriffen beschrieben werden. Bevor wir die Eigenschaften bestimmter Rauschquellen behandeln, sollen daher die wichtigsten statistischen Begriffe erläutert werden (ausführliche Darstellungen s. [4, 5]).

8.1.1 Grundbegriffe der Statistik

Wir betrachten entsprechend Abb. 8.1/1a ein Ensemble von makroskopisch gleichartigen Rauschquellen und registrieren die von ihnen hervorgerufenen Zufallsprozesse $\xi(t)$. Die Zufallsfunktion $\xi(t)$ kann eine Spannung oder ein Strom sein. Um trotz des regellosen Charakters der einzelnen Registrierkurven letztere einem Ordnungsprinzip zu unterwerfen, greifen wir einen bestimmten Zeitpunkt $t = t_1$ heraus und zählen ab, bei wievielen der n Vorgänge $\xi(t_1)$ unterhalb einer vorgegebenen Schranke x liegt. Den so ermittelten und auf die Anzahl n der Ensemblemitglieder bezogenen Zahlenwert nennt man die relative Häufigkeit (engl. relative frequency) $h(\xi(t_1) \leqq x)$ des „Ereignisses" $\xi(t_1) \leq x$. Je häufiger ein Ereignis ist, um so wahrscheinlicher ist es. Nach von Mises [6] ist die „Wahrscheinlichkeitsverteilungsfunktion"

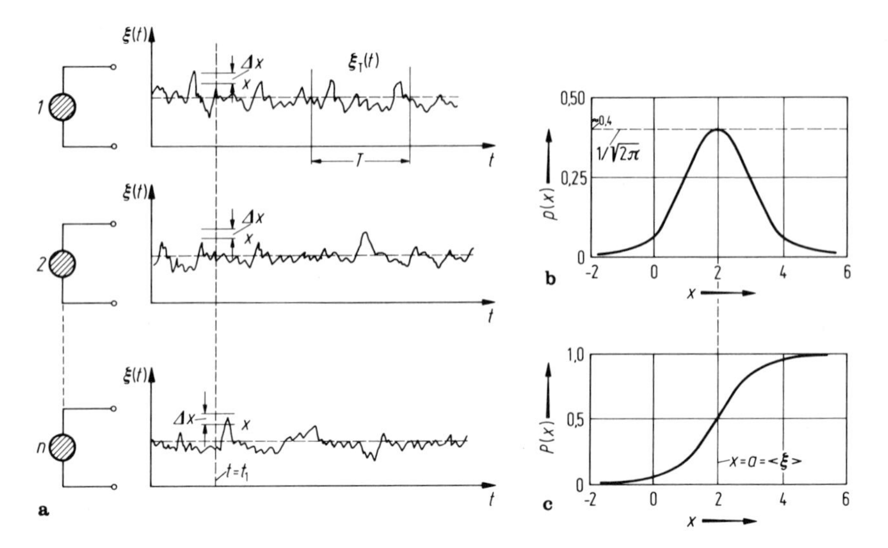

Abb 8.1/1. **a** Ensemble von n-Rauschquellen und Registrierkurven; **b** Gaußsche Verteilungsdichte $p(x)$ für $\sigma = 1$, abhängig von der Schrankenhöhe x; **c** zugehörige Verteilungsfunktion $P(x)$. Die Kurven sind symmetrisch zum gewählten Scharmittel $\langle \xi \rangle = a = 2$

$P(x, t_1) = P(\xi(t_1) \leq x)$ für $\xi(t_1) \leq x$ als relative Häufigkeit $h(\xi(t_1) \leq x)$ in der Grenze $n \to \infty$ definiert

$$P(x, t_1) = \lim_{n \to \infty} h(\xi(t_1) \leq x). \tag{8.1/1}$$

Naturgemäß ist $P(x, t_1)$ eine mit x monoton anwachsende Funktion. Die Wahrscheinlichkeitsverteilungsfunktion wird kurz Verteilungsfunktion genannt und hat die Eigenschaften $P(-\infty) = 0$, $P(+\infty) = 1$, $0 \leq P(x, t_1) \leq 1$. Wir betrachten nunmehr zwei Schranken x_1 und x_2 mit $x_2 > x_1$. Dann gilt:

$$P(x_2, t_1) = P(x_1, t_1) + P(x_1 \leq \xi(t_1) \leq x_2) \tag{8.1/2}$$

bzw.

$$P(x_1 \leq \xi(t_1) \leq x_2) = P(x_2, t_1) - P(x_1, t_1), \tag{8.1/2a}$$

womit die Wahrscheinlichkeit dafür definiert ist, daß $\xi(t_1)$ im Intervall zwischen x_2 und x_1 angetroffen wird. Für kontinuierliche Zufallsfunktionen ist demnach die Wahrscheinlichkeit, genau einen bestimmten Wert $x = x_2 \to x_1$ anzutreffen, gleich Null.

$$P(\xi(t_1) = x) = 0.$$

Nach Gl. (8.1/2a) kann $P(x_1 \leq \xi(t_1) \leq x_2)$ als bestimmtes Integral über eine Gewichtsfunktion $p(x, t_1)$ dargestellt werden.

$$P(x_1 \leq \xi(t_1) \leq x_2) = \int_{x_1}^{x_2} p(x, t_1)\, \mathrm{d}x. \tag{8.1/3}$$

Die Gewichtsfunktion ordnet jedem Wert x einen Zahlenwert zu, der Aufschluß darüber gibt, wie dicht (häufig) dieser x-Wert belegt ist. $p(x, t_1)$ wird deshalb als Verteilungsdichtefunktion oder kurz Verteilungsdichte bezeichnet. Wird $x_2 = x_1 + \Delta x$ gewählt, und ist Δx ausreichend klein, so gilt:

$$P(x \leq \xi(t_1) \leq x + \Delta x) \approx p(x, t_1)\Delta x.$$

Die Verteilungsdichte kann daher durch den folgenden Grenzübergang definiert werden:

$$p(x, t_1) = \lim_{\Delta x \to 0} \frac{P(x \leq \xi(t_1) \leq x + \Delta x)}{\Delta x}$$
$$= \lim_{\Delta x \to 0} \frac{P(x + \Delta x, t_1) - P(x, t_1)}{\Delta x} = \frac{\mathrm{d}P(x, t_1)}{\mathrm{d}x} . \qquad (8.1/4)$$

Mit Hilfe der Verteilungsdichte p können als weitere statistische Kenngrößen eines stochastischen Prozesses Mittelwerte berechnet werden. In Analogie zur Berechnungsvorschrift für mechanische Momente werden diese Mittelwerte oft auch als Momente bezeichnet. Die Mittelungen werden zu einem festen Zeitpunkt t_1 über die Schar der Ensemblemitglieder durchgeführt. Zur Unterscheidung von zeitlichen Mittelwerten werden Scharmittel durch $\langle \xi(t_1) \rangle$ gekennzeichnet. Sind die Scharmittel eines stochastischen Prozesses unabhängig von t_1, so wird dieser als stationär bezeichnet. Wir befassen uns im folgenden nur noch mit stationären Prozessen und verzichten deshalb auf eine Hervorhebung von t_1. Unter den stationären Prozessen gibt es die ergodischen, bei denen Scharmittelwerte und Zeitmittelwerte der Ensemblemitglieder übereinstimmen. Zu den wichtigsten Mittelwerten zählen der lineare Mittelwert, der quadratische Mittelwert und die sogenannteVarianz (zweites Zentralmoment). Für einen ergodischen Prozeß gilt:

$$\langle \xi \rangle = \int_{-\infty}^{+\infty} x p(x) \,\mathrm{d}x = \lim_{T \to \infty} \frac{1}{T} \int_{-T/2}^{+T/2} \xi(t) \,\mathrm{d}t = \bar{\xi} \qquad (8.1/5)$$

$$\langle \xi^2 \rangle = \int_{-\infty}^{+\infty} x^2 p(x) \,\mathrm{d}x = \lim_{T \to \infty} \frac{1}{T} \int_{-T/2}^{+T/2} \xi^2(t) \,\mathrm{d}t = \overline{\xi^2} \qquad (8.1/6)$$

$$\operatorname{var} \xi = \langle \xi^2 \rangle - \langle \xi \rangle^2 = \overline{\xi^2} - \bar{\xi}^2 . \qquad (8.1/7)$$

Die Quadratwurzel aus der Varianz wird Streuung oder Standardabweichung σ genannt.

$$\sigma = \sqrt{\operatorname{var} \xi} = \sqrt{\langle \xi^2 \rangle - \langle \xi \rangle^2} . \qquad (8.1/8)$$

Um die Bedeutung der einzelnen Mittelwerte eines ergodischen Prozesses in der Elektrotechnik zu verdeutlichen, identifizieren wir $\xi(t)$ z. B. mit einem Rauschstrom $i_\mathrm{n}(t)$, der durch einen Widerstand von 1 Ω fließen möge. Bedeuten $P_=$, $P_\sim$ und P_g die in dem Widerstand umgesetzte Gleichleistung, Wechselleistung und Gesamtleistung, so gilt:

$$\langle i_\mathrm{n} \rangle^2 = \bar{i}_\mathrm{n}^2 = P_= / \Omega \qquad (8.1/9)$$

$$\langle i_\mathrm{n}^2 \rangle = \overline{i_\mathrm{n}^2} = P_\mathrm{g} / \Omega \qquad (8.1/10)$$

$$\operatorname{var} i_\mathrm{n} \equiv \overline{i_\mathrm{n}^2} - \bar{i}_\mathrm{n}^2 = P_\sim / \Omega . \qquad (8.1/11)$$

Eine praktisch häufig auftretende Verteilungsdichte wird durch eine Gaußsche Glockenfunktion beschrieben.

$$p(x) = \frac{1}{\sigma \sqrt{2\pi}} \mathrm{e}^{-\frac{(x - \langle \xi \rangle)^2}{2\sigma^2}} . \qquad (8.1/12)$$

Für $\sigma = 1$ (d. h. $\sqrt{\operatorname{var}\xi} = 1$) ist die Gaußsche Verteilungsdichte $p(x)$ in Abb. 8.1/1b dargestellt, die zugehörige Verteilungsfunktion $P(x)$ zeigt Abb. 8.1/1c. Die Gauß-Verteilung wird immer dann angetroffen, wenn der beobachtete Prozeß von sehr vielen, statistisch voneinander unabhängigen Einzelergebnissen hervorgerufen wird. Diese Aussage ist Gegenstand des zentralen Grenzwertsatzes [19].

Korrelationskoeffizienten, Kreuzkorrelationsfunktion, Autokorrelationsfunktion
Wir betrachten numehr zwei stochastische Prozesse $\xi_1(t)$ und $\xi_2(t)$ mit den linearen Mittelwerten $\bar{\xi}_1$ und $\bar{\xi}_2$ sowie den Streuungen σ_1 und σ_2 und bilden den Mittelwert des Summenquadrats der Wechselanteile.

$$\overline{\{(\xi_1(t) - \bar{\xi}_1) + (\xi_2(t) - \bar{\xi}_2)\}^2} = \overline{(\xi_1(t) - \bar{\xi}_1)^2} + \overline{(\xi_2(t) - \bar{\xi}_2)^2}$$

$$+ 2\overline{(\xi_1(t) - \bar{\xi}_2)(\xi_2(t) - \bar{\xi}_2)} = \overline{(\xi_1(t) - \bar{\xi}_1)^2} + \overline{(\xi_2(t) - \bar{\xi}_2)^2} + 2\varrho_{12}\sigma_1\sigma_2.$$

In der vorstehenden Gleichung haben wir mit

$$\varrho_{12} = \frac{\overline{(\xi_1(t) - \bar{\xi}_1)(\xi_2(t) - \bar{\xi}_2)}}{\sigma_1\sigma_2} = \frac{\overline{\xi_1(t)\xi_2(t)} - \bar{\xi}_1\bar{\xi}_2}{\sigma_1\sigma_2} \tag{8.1/13}$$

den Korrelationskoeffizienten zwischen $\xi_1(t)$ und $\xi_2(t)$ eingeführt. Der Korrelationskoeffizient gibt Aufschluß über die statistische Verwandtschaft von $\xi_1(t)$ mit $\xi_2(t)$, und es gilt $-1 \leq \varrho_{12} \leq 1$. Ist $\varrho_{12} \leq 0$, so sind beide Vorgänge unkorreliert. In diesem Fall setzt sich die resultierende Leistung als Summe der Einzelleistungen zusammen.

Ähnlich wie der Korrelationskoeffizient Auskunft über die statistische Verwandtschaft zweier Prozesse gibt, so geben die Korrelationsfunktionen (Kurzbezeichnung KF) Auskunft über Beziehungen verschiedener Abschnitte von Funktionen. Es sei die Aufgabe gestellt, eine Funktion $\xi_1(t)$ mit einer Funktion $\xi_2(t)$ zu vergleichen und festzustellen, welchen Grad an Gemeinsamkeit die beiden Funktionen aufweisen. Dazu setzen wir für ein Zeitintervall T an $\xi_1(t) \approx r_{12}\xi_2(t)$ und definieren eine Fehlerfunktion $\xi_\varepsilon(t) = \xi_1(t) - r_{12}\xi_2(t)$. Für den mittleren quadratischen Fehler ε gilt dann:

$$\varepsilon = \frac{1}{T}\int_{-T/2}^{+T/2} \xi_\varepsilon^2(t)\,\mathrm{d}t = \frac{1}{T}\left\{\int_{-T/2}^{+T/2} \xi_1^2(t)\,\mathrm{d}t - 2r_{12}\int_{-T/2}^{+T/2} \xi_1(t)\xi_2(t)\,\mathrm{d}t\right.$$

$$\left. + r_{12}^2\int_{-T/2}^{+T/2} \xi_2^2(t)\,\mathrm{d}t\right\}.$$

Die in diesem Sinne beste Annäherung von $\xi_1(t)$ durch $\xi_2(t)$ wird erhalten, wenn r_{12} so gewählt wird, daß $\mathrm{d}\varepsilon/\mathrm{d}r_{12} = 0$ gilt. Ist man an der Verwandtschaft von $\xi_1(t)$ mit $\xi_2(t)$ über den ganzen Definitionsbereich der beiden Funktionen interessiert, so ist ε für den Grenzfall $T \to \infty$ zu ermitteln, und man findet aus $\mathrm{d}\varepsilon/\mathrm{d}r_{12} = 0$

$$r_{12} = \frac{\lim\limits_{T\to\infty} \dfrac{1}{T}\displaystyle\int_{-T/2}^{+T/2} \xi_1(t)\,\xi_2(t)\,\mathrm{d}t}{\lim\limits_{T\to\infty} \dfrac{1}{T}\displaystyle\int_{-T/2}^{+T/2} \xi_2^2(t)\,\mathrm{d}t}\,. \tag{8.1/14}$$

Der Koeffizient r_{12} wird Regressionskoeffizient genannt. Der Nennerausdruck von Gl. (8.1/14) ist als Normierungsfaktor zu betrachten. Aufschluß über die Verwandtschaft zwischen $\xi_1(t)$ und $\xi_2(t)$ gibt also nur der Zählerausdruck. Wir wollen prüfen, ob diese Rechenvorschrift bereits ausreichend allgemein ist und betrachten dazu eine Schaltung nach Abb. 8.1/2. Dort wird eine verlustlose Leitung, die mit einem verschiebbaren Kurzschluß abgeschlossen ist, von einem Generator mit der Frequenz $f = 1/T$ gespeist. Über einen Richtkoppler werden die beiden Schwingungen $u_p(t)$ und $u_r(t)$ ausgekoppelt, welche den Schwingungen der hinlaufenden und der reflektierten Leitungswelle an der Stelle z proportional sind. Da beide Schwingungen aus der gleichen Quelle stammen, müssen sie auf das engste verwandt sein. $u_p(t)$ und $u_r(t)$ werden einem Meßgerät zugeführt, das den Zählerausdruck von Gl. (8.1/14) ermittelt. Wegen der Periodizität der Schwingungen genügt dabei eine Integration über die Periodendauer T. Das Meßergebnis hängt nun offensichtlich von der Laufzeit τ ab, welche die Leitungswelle für den Weg von der Auskoppelstelle zum Kurzschluß und wieder zurück benötigt. Diese Laufzeit bewirkt eine Phasenverschiebung zwischen $u_p(t)$ und $u_r(t)$, die z. B. $\pi/2$ betragen kann. Die Anzeige des Meßgerätes ist dann gleich Null, also wird keine Verwandtschaft angezeigt, was unserer a-priori-Kenntnis widerspricht. Von diesem unbefriedigenden Sachverhalt können wir uns befreien, indem wir die Messung als Funktion von τ, und das heißt hier, als Funktion der Stellung des Kurzschlusses ausführen. Ebensogut können wir die Zeitverschiebung aber auch dem Meßgerät selbst übertragen. Als *Kreuzkorrelationsfunktion* (*Kurzbezeichnung KKF*) wird daher für den allgemeinen Fall eingeführt

$$R_{12}(\tau) = \lim_{T\to\infty} \frac{1}{T} \int_{-T/2}^{+T/2} \xi_1(t)\xi_2(t-\tau)\,\mathrm{d}t = \overline{\xi_1(t)\xi_2(t-\tau)}\,. \tag{8.1/15}$$

Autokorrelationsfunktion (*Kurzbezeichnung AKF*)

In Gl. (8.1/15) können wir $\xi_2(t) = \xi_1(t)$ setzen und vergleichen dann $\xi_1(t)$ abschnittsweise mit sich selbst. Auf diese Weise erhalten wir Auskunft über innere Beziehungen der Funktion $\xi_1(t)$, welche durch die Autokorrelationsfunktion (Kurzbezeichnung AKF) beschrieben werden.

$$R_{11}(\tau) = \lim_{T\to\infty} \frac{1}{T} \int_{-T/2}^{+T/2} \xi_1(t)\xi_1(t-\tau)\,\mathrm{d}t = \overline{\xi_1(t)\xi_1(t-\tau)}. \tag{8.1/16}$$

Diese Gleichung kann auch mit Hilfe der Verbundwahrscheinlichkeit [4] hergeleitet werden. Im folgenden werden einige Eigenschaften der AKF angegeben. Die AKF ereicht für $\tau = 0$ immer ihren Maximalwert, der gleich dem quadratischen Mittelwert ist.

$$R_{11}(0) = \overline{\xi_1^2(t)}.$$

Für eine periodische Funktion ist die AKF selbst auch periodisch, für eine reine Zufallsfunktion nimmt die AKF mit zunehmendem τ von ihrem Maximalwert aus

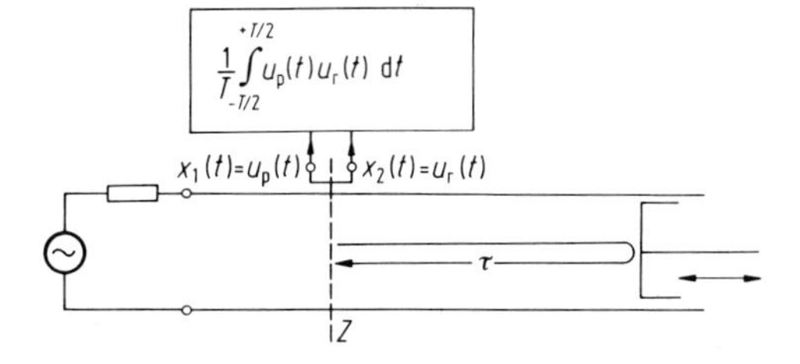

Abb. 8.1/2. Anordnung zur Korrelationsmessung an zwei Schwingungen

monoton ab. Die AKF ist eine in τ gerade Funktion, denn es gilt:

$$R_{11}(\tau) = \overline{\xi_1(t)\xi_1(t-\tau)} = \overline{\xi_1(t+\tau)\xi_1(t)} = R_{11}(-\tau).$$

Für $\tau \to \pm\infty$ strebt die AKF eines stochastischen Prozesses nach dem Quadrat des linearen Mittelwertes.

Fourier-Transformation, Parsevalsches Theorem
Wir haben einen stationären, ergodischen Prozeß bisher durch Kennwerte im Zeitbereich, wie Zeitmittelwerte und die AKF beschrieben. Wenn wir dieser Beschreibung Kennwerte im Frequenzbereich zuordnen wollen, so muß zunächst festgestellt werden, daß für den Prozeß selbst keine Zeitfunktion angegeben werden kann. Die einzige Zeitfunktion, die vorliegt, ist die AKF. Der AKF können durch eine Fourier-Transformation (Kurzbezeichnung FT) Kennwerte im Frequenzbereich zugeordnet werden. Man beachte jedoch, daß die AKF nicht eine Funktion der realen Zeit t, sondern des Zeitverschiebeparameters τ ist und daß Gl. (8.1/16) nicht etwa nach $\xi_1(t)$ aufgelöst werden kann, weil durch den Vorgang der Mittelwertbildung die Phaseninformation verlorengeht. Die Fourier-Transformation einer Zeitfunktion $f(t)$ mit dem Frequenzspektrum $F(\omega)$ schreiben wir in der Form:

$$f(t) = \frac{1}{2\pi}\int_{-\infty}^{+\infty} F(\omega)\mathrm{e}^{\mathrm{j}\omega t}\,\mathrm{d}\omega \leftrightarrow F(\omega) = \int_{-\infty}^{+\infty} f(t)\mathrm{e}^{-\mathrm{j}\omega t}\,\mathrm{d}t\,.$$

Für eine reelle Zeitfunktion gilt dabei $F(-\omega) = F^*(\omega)$. Die FT der AKF eines Zufallsprozesses ergibt sein Leistungsdichtespektrum.

$$S_{11}(\omega) = \mathrm{FT}\{R_{11}(\tau)\} = \int_{-\infty}^{+\infty} R_{11}(\tau)\mathrm{e}^{-\mathrm{j}\omega\tau}\,\mathrm{d}\tau\,.$$

Unter gewissen Voraussetzung kann $S_{11}(\omega)$ auch durch FT der Zeitfunktion $\xi_1(t)$ gewonnen werden. Es gilt

$$\begin{aligned}\lim_{T\to\infty}\frac{1}{T}F_{1T}(\omega)F^*_{1T}(\omega) &= \lim_{T\to\infty}\frac{1}{T}E\left\{\int_{-T/2}^{+T/2}\xi_1(t)\mathrm{e}^{-\mathrm{j}\omega t}\,\mathrm{d}t\int_{-T/2}^{+T/2}\xi_1(t')\mathrm{e}^{\mathrm{j}\omega t'}\,\mathrm{d}t'\right\}\\ &= \lim_{T\to\infty}\frac{1}{T}\iint_{-T/2}^{+T/2}E\{\xi_1(t)\xi_1(t')\}\mathrm{e}^{\mathrm{j}\omega(t'-t)}\,\mathrm{d}t\,\mathrm{d}t'\\ &= \lim_{T\to\infty}\int_{-T}^{+T}\left(1-\frac{|\tau|}{T}\right)R_{11}(\tau)\mathrm{e}^{-\mathrm{j}\omega\tau}\,\mathrm{d}\tau\,. \qquad (8.1/17)\end{aligned}$$

Im Gl. (8.1/17) bedeutet $F_{1T}(\omega)$ die FT des zeitgefensterten Signals $\xi_1(t)$, E den Erwartungswert, und offensichtlich ist sie unter der Voraussetzung

$$\lim_{T\to\infty}\int_{-T}^{T}\frac{|\tau|}{T}R_{11}(\tau)\mathrm{e}^{-\mathrm{j}\omega\tau}\,\mathrm{d}\tau = 0$$

mit dem Leistungsdichtespektrum identisch [24].

Wir bilden nun den quadratischen Mittelwert von $\xi_1(t)$, den wir bereits als die zu $\xi_1(t)$ zugehörige Leistung pro Einheit des Widerstandes gedeutet haben.

$$P = \lim_{T\to\infty} \frac{1}{T} \int_{-T/2}^{+T/2} \xi_1^2(t)\,dt = \int_{-\infty}^{+\infty} \lim_{T\to\infty} \frac{1}{T} \xi_{1T}^2(t)\,dt$$

$$= \frac{1}{2\pi} \int_{t=-\infty}^{t=+\infty} \left\{ \lim_{T\to\infty} \frac{1}{T} \xi_{1T}(t) \int_{\omega=-\infty}^{\omega=+\infty} F_{1T}(\omega)\, e^{j\omega t}\, d\omega \right\} dt$$

$$= \frac{1}{2\pi} \int_{\omega t=-\infty}^{\omega=+\infty} \left\{ \lim_{T\to\infty} \frac{1}{T} F_{1T}(\omega) \int_{t=-\infty}^{t=+\infty} \xi_{1T}(t)\, e^{j\omega t}\, dt \right\} d\omega$$

$$P = \int_{t=-\infty}^{t=+\infty} \lim_{T\to\infty} \frac{1}{T} \xi_{1T}^2(t)\,dt = \frac{1}{2\pi} \int_{\omega=-\infty}^{\omega=+\infty} \lim_{T\to\infty} \frac{1}{T} F_{1T}(\omega) F_{1T}(-\omega)\,d\omega$$

$$= \frac{1}{2\pi} \int_{\omega=-\infty}^{\omega=+\infty} \lim_{T\to\infty} \frac{1}{T} |F_{1T}(\omega)|^2\,d\omega\,. \tag{8.1/18}$$

Gl. (8.1/18) wird Parsevalsches Theorem genannt. Es besagt, daß die Leistung P ebenso gut über das Spektrum wie über die Zeitfunktion berechnet werden kann. Als Abkürzung wird eingeführt

$$W_{11}(\omega) = \lim_{T\to\infty} \frac{1}{T} |F_{1T}(\omega)|^2 \tag{8.1/19}$$

und das Parsevalsche Theorem in der Form geschrieben

$$P = \frac{1}{2\pi} \int_{\omega=-\infty}^{\infty=+\infty} W_{11}(\omega)\,d\omega = \int_{f=-\infty}^{f=+\infty} W_{11}(\omega)\,df\,.$$

$W_{11}(\omega)$ wird als spektrale Leistungsdichte mit der Einheit W/Hz bezeichnet. $W_{11}(\omega)$ ist eine in $\omega = 2\pi f$ gerade Funktion. Zur Berechnung von P kann man sich daher auf positive Frequenzen beschränken und schreiben:

$$P = 2\frac{1}{2\pi} \int_0^\infty W_{11}(\omega)\,d\omega = \frac{1}{2\pi} \int_0^\infty S_{11}(\omega)\,d\omega = \int_0^\infty S_{11}(\omega)\,df. \tag{8.1/20}$$

Mit $S_{11}(\omega) = 2W_{11}(\omega)$ ist die sogenannte einseitige spektrale Leistungsdichte eingeführt. Vergleicht man Gl. (8.1/19) mit Gl. (8.1/17), so erkennt man, daß die Fourier-Transformierte der AKF $R_{11}(\tau)$ gleich der spektralen Leistungsdichte $W_{11}(\omega)$ ist.

$$\frac{1}{2} S_{11}(\omega) \equiv W_{11}(\omega) = \int_{-\infty}^{+\infty} R_{11}(\tau) e^{-j\omega\tau}\,d\tau\,. \tag{8.1/21}$$

Die Aussage von Gl. (8.1/21) wird als das Wiener-Khintchine-Theorem bezeichnet.

Zur Beschreibung der Eigenschaften einer Rauschquelle ist in der Elektrotechnik insbesondere die spektrale Leistungsdichte geeignet. Wie die Herleitung zeigt, kann sie aus den statistischen Eigenschaften eines Rauschvorganges ermittelt werden. Zur meßtechnischen Interpretation von $S_{11}(\omega)$ stellen wir uns nach Abb. 8.1/3 einen Empfänger mit dem Übertragungsfaktor $H(\omega)$ vor. Sind $x_{\mathrm{eT}}(t)$ und $x_{\mathrm{aT}}(t)$ Ausschnitte der Eingangs- und Ausgangsfunktion mit den spektralen Leistungsdichten

$$S_{11}(\omega) \equiv S_{\mathrm{e}}(\omega) = \frac{\overline{dx_{\mathrm{e}}^2(t)}}{\mathrm{d}f} \quad \text{und} \quad S_{\mathrm{a}}(\omega) = \frac{\overline{\mathrm{d}x_{\mathrm{a}}^2(t)}}{\mathrm{d}f},$$

so gilt nach Gl. (8.1/19) und der Beziehung $\lim\limits_{T\to\infty} F_{\mathrm{aT}}(\omega) = H(\omega) \lim\limits_{T\to\infty} F_{\mathrm{eT}}(\omega)$ dann für die spektrale Leistungsdichte $S_{\mathrm{a}}(\omega)$ am Ausgang des Empfängers:

$$\frac{1}{2} S_{\mathrm{a}}(\omega) = \lim_{T\to\infty} \frac{1}{T} |F_{\mathrm{aT}}(\omega)|^2 = |H(\omega)|^2 \lim_{T\to\infty} \frac{1}{T} |F_{\mathrm{eT}}(\omega)|^2$$

$$S_{\mathrm{a}}(\omega) = |H(\omega)|^2 S_{11}(\omega). \tag{8.1/22}$$

Der Empfänger sei ein Filter der Bandbreite $\Delta\omega/2\pi$ mit einem Leistungsübertragungsfaktor $|H(\omega)|^2 = 1$. Ist $\Delta\omega = 2\pi\Delta f$ hinreichend klein, so gilt für die vom Empfänger angezeigte Leistung ΔP

$$\Delta P = S_{11}(\omega_0)\Delta f.$$

Also ist

$$S_{11}(\omega_0) = \lim_{\Delta f\to 0} \frac{\Delta P}{\Delta f}.$$

Durch Verschiebung der Mittenfrequenz ω_0 des Filters kann so die spektrale Leistungsdichte gemessen werden. Ist $S_{11}(\omega) = \mathrm{const}$, also unabhängig von der Frequenz, so spricht man von *weißem Rauschen*. Rauschen kann immer nur in einem begrenzten Frequenzintervall weiß sein, weil sonst bei der Integration von $S_{11}(\omega)$ über f von 0 bis ∞ die Leistung P unendlich würde. Weißes Rauschen darf auch nicht mit gaußverteiltem Rauschen verwechselt werden. Rauschen kann gaußverteilt, braucht aber dann nicht auch weiß zu sein.

Zum Abschluß dieses Abschnitts wollen wir noch die sogenannte äquivalente Rauschbandbreite $\Delta\omega_{\mathrm{N}}$ eines Filters für weißes Rauschen einführen. Vom meßtechnischen Standpunkt aus ist es nämlich unbefriedigend, daß für den Leistungsübertragungsfaktor $|H(\omega)|^2 = 1$ angenommen wurde, weil eine solche Kurve in der Praxis nicht vorliegt. Der reale Verlauf von $|H(\omega)|^2$ entspreche Abb. 8.1/4a. Der betrachtete Rauschvorgang sei in der Umgebung von ω_0 mit der spektralen Rauschleistungsdichte $S_{11}(\omega_0)$ weiß. Dann gilt: $P = \frac{1}{2\pi} \int_0^\infty S_{\mathrm{a}}(\omega)\,\mathrm{d}\omega$ und mit Gl. (8.1/22)

$$P = \frac{1}{2\pi} \int_0^\infty S_{11}(\omega)|H(\omega)|^2\,\mathrm{d}\omega \approx \frac{S_{11}(\omega_0)}{2\pi} \int_0^\infty |H(\omega)|^2\,\mathrm{d}\omega. \tag{8.1/22a}$$

Zur äquivalenten Rauschbandbreite gelangen wir, wenn wir die reale Kurve in eine

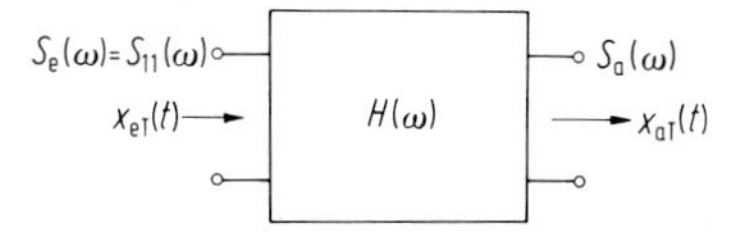

Abb. 8.1/3. Empfänger mit Übertragungsfaktor $H(\omega)$

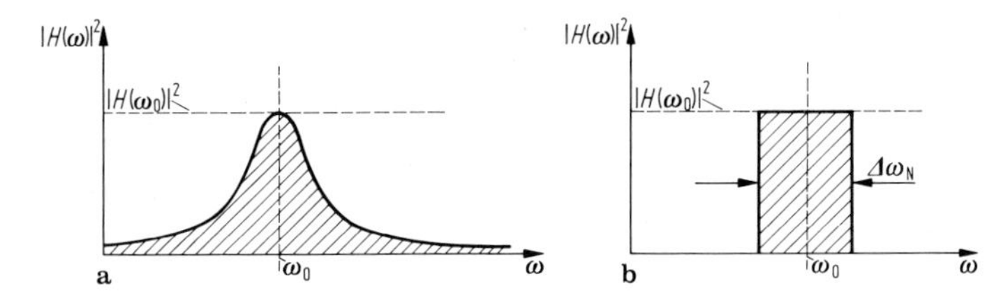

Abb. 8.1/4a. u. b. Zur Definition der äquivalenten Rauschbandbreite $\Delta\omega_N/2\pi$: **a** reales Filter; **b** äquivalentes Rechteckfilter. Die Flächen unter beiden Filterkurven müssen gleich sein

flächengleiche Rechteckkurve, symmetrisch zu ω_0 und von gleicher Höhe $|H(\omega_0)|^2$ verwandeln (Abb. 8.1/4b). Für $\Delta\omega_N$ muß dann gelten:

$$\Delta\omega_N = \frac{1}{|H(\omega_0)|^2} \int_0^\infty |H(\omega)|^2 \, d\omega . \tag{8.1/23}$$

Die Rauschbandbreite kann sich erheblich von der sonst üblichen 3-dB-Signalbandbreite unterscheiden und wird oft größer sein als diese Signalbandbreite.

8.1.2 Schrotrauschen

Schrotrauschen wird gleichermaßen bei Elektronenröhren und Halbleiterbauelementen angetroffen. Bei Elektronenröhren hat es seine Ursache in der zufälligen Emission der pro Zeiteinheit die Kathode verlassenden Ladungsträger. In Halbleitern ist dafür die regellose Ladungsbewegung durch eine Potentialschwelle verantwortlich. In beiden Fällen ist Anlaß für das Schrotrauschen der nicht kontinuierliche Charakter des Elektrizitätstransports, welcher von diskreten, in ihrer Ladung gequantelten Ladungsträgern besorgt wird. Schrotrauschen wurde bereits 1918 von Schottky [7] aufgrund theoretischer Überlegungen vorausgesagt.

8.1.2.1 Schrotrauschen in Vakuumdioden. Zum Verständnis des Schrotrauschens betrachten wir die in Abb. 8.1/5 dargestellte ebene Zwei-Elektrodenstrecke (Diode) bestehend aus Anode A und Kathode K im gegenseitigen Abstand d. Liegt an der Elektrodenstrecke die Gleichspannung U_0, so beobachten wir mit dem eingeschalteten Strommesser, dem wir eine bestimmte Trägheit zuordnen (Integration), einen Gleichstrom I_0. Mit abnehmender Trägheit des Strommessers beginnt sein Zeiger immer deutlicher, regellos um den Mittelwert I_0 herum zu schwanken. Experimentell beobachten wir also einen Strom $i(t)$, bestehend aus I_0 und einem Rauschstrom $i_n(t)$, für den keine Zeitfunktion angegeben werden kann.

$$i(t) = I_0 + i_n(t) .$$

Um diesen experimentellen Befund auch theoretisch erfassen zu können, untersuchen wir zunächst den Influenzstrom $i_e(t)$, welcher in der äußeren Beschaltung der Diodenstrecke durch die Bewegung eines einzelnen Elektrons hervorgerufen wird. Die

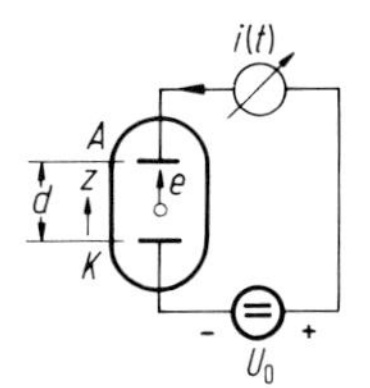

Abb. 8.1/5. Ebene Zwei-Elektrodenstrecke einer Vakuumdiode

Bewegungsgleichung Kraft = Masse × Beschleunigung lautet für ein Elektron mit der Elementarladung $e = +1{,}6 \cdot 10^{-19}$ As und der Ruhemasse $m_0 = 9{,}1 \cdot 10^{-28}$ g $e/m_0 = 1{,}76 \cdot 10^8$ As/g $= 1{,}76 \cdot 10^{15}$ (cm/s)^2/V) bei konstanter Feldstärke U_0/d

$$\ddot{z} = \frac{e}{m_0}\frac{U_0}{d}\,. \tag{8.1/24}$$

Unter der Annahme, daß die Austrittsgeschwindigkeit des Elektrons zur Startzeit $t = t_0$ gleich Null sei, bilden wir die beiden ersten Integrale von Gl. (8.1/24a).

$$\dot{z} = \frac{e}{m_0}\frac{U_0}{d}(t - t_0) \tag{8.1/24}$$

$$z = \frac{1}{2}\frac{e}{m_0}\frac{U_0}{d}(t - t_0)^2. \tag{8.1/24b}$$

Gleichung (8.1/24a) gibt Aufschluß darüber, welche Geschwindigkeit das Elektron zur Zeit t erreicht hat. Bis zu dieser Zeit hat das Elektron die kinetische Energie $m_0 v^2(t)/2$ aufgenommen, die aus der Spannungsquelle stammen muß. Die zeitliche Änderung der kinetischen Energie muß gleich sein der von der Spannungsquelle gelieferten Leistung $U_0 i_e(t)$.

$$U_0 i_e(t) = \frac{e^2}{m_0}\left(\frac{U_0}{d}\right)^2 (t - t_0)$$

$$i_e(t) = \frac{e^2}{m_0}\frac{U_0}{d^2}(t - t_0)\,.$$

Mit Hilfe von Gl. (8.1/24b) können wir für $z = d$ die Laufzeit $\tau = (t - t_0)_{z=d}$ berechnen, die das Elektron für die Strecke K – A benötigt:

$$d = \frac{1}{2}\frac{e}{m_0}\frac{U_0}{d}\tau^2, \qquad \text{also} \qquad \tau = d\sqrt{\frac{2m_0}{eU_0}}$$

und entsprechend Gl. (7.3/12)

$$\tau = 3{,}37 \cdot 10^{-9}\,\text{s}\,\frac{d}{\text{mm}}\frac{1}{\sqrt{U_0/V}}\,.$$

Mit Hilfe der Laufzeit können wir die Gleichung für den Influenzstrom des Einzelelektrons auch schreiben:

$$i_e(t) = \frac{2e}{\tau^2}(t - t_0) \quad \text{für } (t_0 \le t \le t_0 + \tau) \tag{8.1/25}$$

$$i_e(t) = 0 \quad \text{für } t < t_0 \text{ und } t > t_0 + \tau\,.$$

Der zeitliche Verlauf des Influenzstroms eines Einzelelektrons ist in Abb. 8.1/6a dargestellt. Der Influenzstrom $i(t)$ entsteht durch Superposition einer großen Anzahl von gleichen Dreieckstromimpulsen, die von den einzelnen, zu verschiedenen Zeiten gestarteten Elektronen hervorgerufen werden (Ab. 8.1/6b).

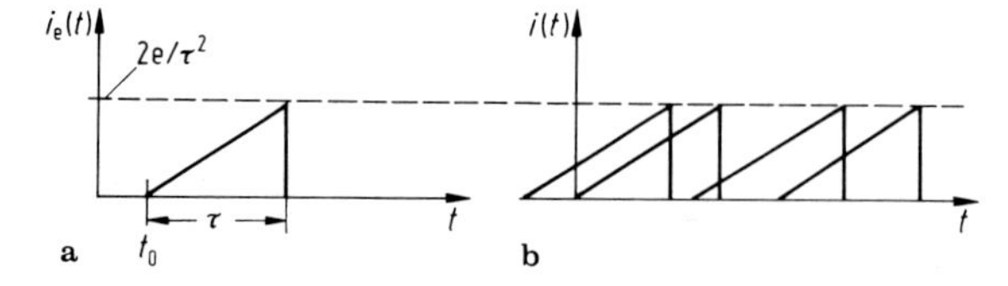

Abb. 8.1/6. a Zeitfunktion des Influenzstroms $i_e(t)$ eines einzelnen Elektrons; **b** Superposition von $i_e(t)$ zum Gesamtstrom $i(t)$

Wir wollen nun annehmen, daß wir es mit einer Sättigungsdiode zu tun haben, d. h., der Strom I_0 wird nur durch die Kathodentemperatur begrenzt, und alle emittierten Elektronen erreichen die Anode. In diesem Fall kann die Raumladung vernachlässigt werden. Bedeutet $\nu(t)$ die pro Zeiteinheit emittierte Anzahl von Ladungsträgern, so ist $\bar{\nu}$ der zeitliche Mittelwert davon, und wir können für den Gleichstrom I_0 sofort schreiben:

$$I_0 = e\bar{\nu}. \tag{8.1/26}$$

Den Kathodenemissionsstrom können wir uns entsprechend Abb. 8.1/7 durch eine Folge von Dirac-Stromimpulsen mit zufällig verteilten Startzeiten t_{0k} beschrieben denken. Für eine solche Impulsfolge findet man die AKF [9]:

$$R_{11}(\tau) = (\bar{\nu}e)^2 + \bar{\nu}e^2\delta(\tau),$$

wobei $\delta(\tau)$ eine Dirac-Funktion[1] bedeutet. Die zugehörige spektrale Leistungsdichte findet man nach Gl. (8.1/21) als FT der AKF.

$$S_{11}(\omega) = 2\bar{\nu}e^2 + 2\pi(\bar{\nu}e)^2\delta(\omega).$$

Den Anodenstrom, dessen Rauscheigenschaften uns interessieren, betrachten wir allgemein als Antwortfunktion eines linearen Übertragungssystems, das im Zeitbereich durch die Impulsantwort $h(t)$ beschrieben wird (Abb. 8.1/7). Nach Gl. (8.1/22) finden wir jetzt die gesuchte spektrale Leistungsdichte $S_{22}(\omega)$ des Anodenstroms nach der Vorschrift

$$S_{22}(\omega) = S_{11}(\omega)|H(\omega)|^2 = 2\bar{\nu}e^2|H(\omega)|^2 + 2\pi(\bar{\nu}e)^2|H(\omega)|^2\delta(\omega).$$

Dabei ist $H(\omega)$ die FT von $h(t)$. Im vorliegenden Fall einer Sättigungsdiode wird entsprechend Gl. (8.1/25) für $t_0 = 0$ die Impulsantwort durch die Funktion $h(t) = 2t/\tau^2$ für $(0 \leq t \leq \tau)$ beschrieben, also finden wir:

$$H(\omega) = \int_0^\tau h(t)\mathrm{e}^{-\mathrm{j}\omega t}\,\mathrm{d}t = -\frac{2}{(\omega\tau)^2}(1 - (1 + \mathrm{j}\omega\tau)\mathrm{e}^{-\mathrm{j}\omega\tau}).$$

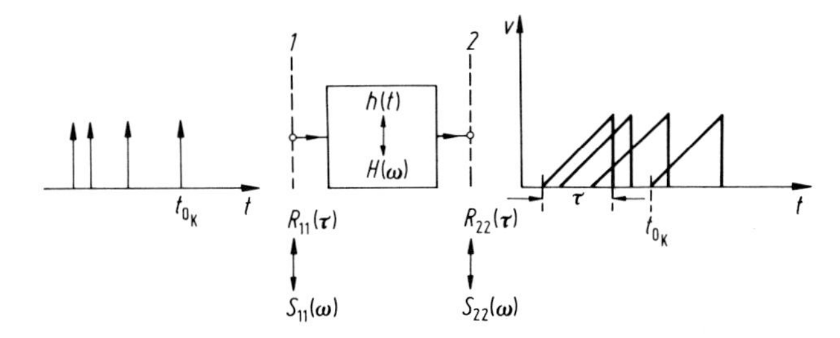

Abb 8.1/7. Dirac-Impulse der Kathodenemission und Dreiecksimpulse des Anodenstroms einer ebenen Sättigungsdiode. Beide sind über ein lineares Übertragungssystem mit der Impulsantwort $h(t)$ verknüpft. Die Fläche unter einem Dirac- oder Dreiecksimpuls ist gleich e, wenn statt der Geschwindigkeit v der Strom i aufgetragen wird

[1] In Abb. 8.1/7 links sind 4 Dirac-Impulse zu verschiedenen Zeiten t_{0k} angedeutet. Die Höhe der im Grenzfall nur bei einem diskreten Abszissenwert x existierenden Dirac-Funktion $\delta(x)$ ist durch ihre Fläche $\int_{-\infty}^{+\infty}\delta(x)\,\mathrm{d}x = 1$ definiert. Daraus folgt, daß $\delta(\tau)$ die Einheit s^{-1}, aber $\delta(\omega)$ die Einheit s besitzt.

Mit $H(0) = 1$ und $|H(\omega)|^2 = \frac{4}{(\omega\tau)^4}\{(\omega\tau)^2 + 2(1 - \cos\omega\tau - \omega\tau\sin\omega\tau)\}$ gilt somit:

$$S_{22}(\omega) = 2\bar{v}e^2\frac{4}{(\omega\tau)^4}\{(\omega\tau)^2 + 2(1 - \cos\omega\tau - \omega\tau\sin\omega\tau)\} + 2\pi(\bar{v}e)^2\delta(\omega)\,.$$

In dieser Gleichung beschreibt der erste Summand die spektrale Dichte des fluktuierenden Anteils im Anodenstrom, der zweite Summand die Dichte des Mittelwertes. Im folgenden interessieren wir uns nur noch für den fluktuierenden Anteil und führen mit $\omega\tau = \alpha$ den Laufwinkel α ein. Zur Unterscheidung kennzeichnen wir die spektrale Leistungsdichte des Kurzschlußrauschstroms durch den Index i und schreiben daher:

$$S_\mathrm{i}(\omega) = 2\bar{v}\frac{4e^2}{\alpha^4}\{\alpha^2 + 2(1 - \cos\alpha - \alpha\sin\alpha)\}$$

oder mit Gl. (8.1/26)

$$S_\mathrm{i}(\omega) = 2I_0 e\frac{4}{\alpha^4}\{\alpha^2 + 2(1 - \cos\alpha - \alpha\sin\alpha)\} \tag{8.1/27}$$

$$\frac{S_\mathrm{i}(\omega)}{2I_0 e} = \frac{4}{\alpha^2}\left\{1 + \left(\frac{\sin\frac{\alpha}{2}}{\frac{\alpha}{2}}\right)^2\left(1 - \alpha\cot\frac{\alpha}{2}\right)\right\}.$$

In Abb. 8.1/8a ist $S_\mathrm{i}(\omega)/2I_0 e$ für eine ebene Sättigungsdiode als Funktion von $\alpha = \omega\tau$ dargestellt. Für $\alpha \to 0$ entwickeln wir $\cos\alpha$ und $\sin\alpha$ und gewinnen die Schottky-Beziehung

$$S_\mathrm{i}(\omega)_{\alpha\to 0} = 2I_0 e\,. \tag{8.1/28}$$

Praktisch kann mit diesem weißen Rauschspektrum bis etwa $\alpha = 0{,}5$ gerechnet werden. Mit einer Laufzeit von $\tau \approx 10^{-10}$ s gilt Gl. (8.1/28) ausreichend genau bis zu einer Frequenz von $f \approx 800$ MHz. Bei Gültigkeit von Gl. (8.1/28) spricht man auch von „vollem" Schrotrauschen.

Bei der Herleitung des Schrotrauschens einer Sättigungsdiode war ein homogenes elektrisches Feld, eine verschwindende Austrittsgeschwindigkeit der Elektronen und die statistische Unabhängigkeit der Elektronenemission vorausgesetzt. Die erste Voraussetzung ist meist aus konstruktiven, die zweite immer aus physikalischen Gründen nicht erfüllt. Die dritte Voraussetzung ist für eine Sättigungsdiode erfüllt. Elektroden-

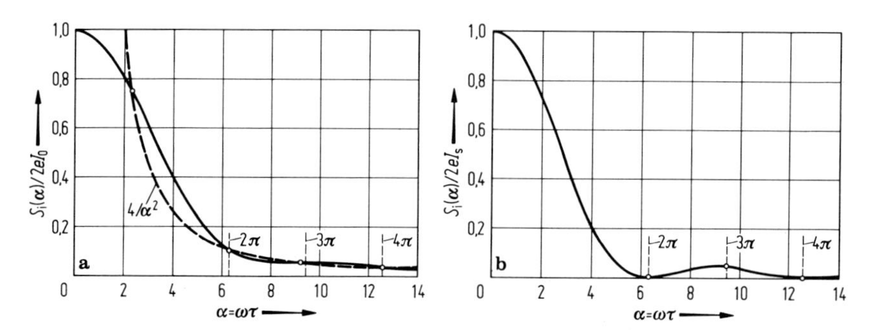

Abb. 8.1/8a u. b. Spektrale Leistungsdichte des Kurzschlußrauschstroms von Dioden, abhängig vom Laufwinkel α: **a** einer ebenen Sättigungsdiode; **b** einer in Sperrichtung gepolten Halbleiterdiode

form und Austrittsgeschwindigkeit beeinflussen die Impulsform von $i_e(t)$ und spielen so lange keine wesentliche Rolle, als Laufzeiteffekte zu vernachlässigen sind.

Für eine Diode im Anlaufstromgebiet, d. h. für $U_0 < 0$, erreichen nur jene Elektronen die Anode, deren kinetische Energie größer als eU_0 ist. Hier ist es die endliche Austrittsgeschwindigkeit (Maxwell-Verteilung), die einen Strom hervorruft. Ist U_0 so klein, daß vor der Kathode kein Potentialminimum mehr auftritt, und beschränken wir uns auf den Frequenzbereich vernachlässigbarer Laufzeit, so gilt für $S_i(\omega)$ einer Anlaufdiode Gl. (8.1/28) unverändert. Für den Gleichstrom I_0 einer Anlaufdiode gilt mit der Boltzmann-Konstanten $k = 1{,}38 \cdot 10^{-23}$ Ws/K, der Kathodentemperatur T_K und dem Sättigungsstrom I_S

$$I_0 = I_s e^{\frac{eU_0}{kT_K}} \quad \text{für } U_0 < 0 .$$

Für den Kleinsignal-Wechselstromleitwert $G_0 = dI_0/dU_0$ der Anlaufdiode folgt daraus $G_0 = eI_0/(kT_K)$. Mit Hilfe dieser Beziehung können wir I_0 in Gl. (8.1/28) eliminieren und finden:

$$S_i(\omega)_{\alpha \to 0} = 2kT_K G_0 . \tag{8.1/29}$$

Auf diese Beziehung werden wir bei der Besprechung des thermischen Widerstandsrauschens noch zurückkommen.

8.1.2.2 Schrotrauschen in Halbleiterdioden. Die Gleichstromkennlinie einer pn-Flächendiode wird unter der Voraussetzung, daß hohe Durchlaßströme und hohe Sperrspannungen im Durchbruchgebiet ausgeschlossen bleiben, nach Abschn. 7.2.1.3 durch die Gleichung beschrieben:

$$I_0 = I_s\left(e^{\frac{eU_0}{kT}} - 1\right). \tag{7.2/13a}$$

Hier bedeutet I_s den Sperrsättigungsstrom. Bei einer in Sperrichtung gepolten Diode diffundieren praktisch alle Minoritätsträger in die Raumladungszone und werden dort durch die elektrische Feldstärke sehr schnell auf ihre Sättigungsgeschwindigkeit beschleunigt. Mit dieser konstanten Geschwindigkeit durchwandern die Ladungsträger die Raumladungszone in der Laufzeit τ. Die Verhältnisse liegen ähnlich wie bei der Sättigungsdiode. Der Unterschied besteht darin, daß wegen der konstanten Trägergeschwindigkeit für den Influenzstrom des einzelnen Trägers nicht mit einer Dreiecks-, sondern mit einer Torfunktion der Dauer τ zu rechnen ist. Wenn man auf die Abb. 8.1/7 zurückgreift, so entspricht jetzt der Impulsantwort $h(t)$ eben diese Torfunktion. Für die Leistungsdichte $S_i(\omega)$ einer in Sperrichtung gepolten Halbleiterdiode findet man daher:

$$S_i(\omega) = 2eI_s \left(\frac{\sin\frac{\alpha}{2}}{\frac{\alpha}{2}}\right)^2 \quad \text{für } U_0 < 0 \tag{8.1/30}$$

mit $\alpha = \omega\tau$. Gl. (8.1/30) ist zum Vergleich in Abb. 8.1/8b dargestellt. Praktisch kann bis zu einer Frequenz von $f = 1/10\tau$ mit einem weißen Spektrum gerechnet werden.

Für eine in Durchlaßrichtung gepolte Diode muß zwischen den beiden Strömen $I_1 = -I_s$ und $I_2 = I_s \exp(eU_0/kT)$ unterschieden werden. Während sich diese beiden Ströme als Mittelwerte schwächend zum Mittelwert I_0 zusammensetzen, addieren sich ihre Rauschanteile, da sie miteinander nicht korreliert sind [$\varrho_{12} = 0$, Gl.

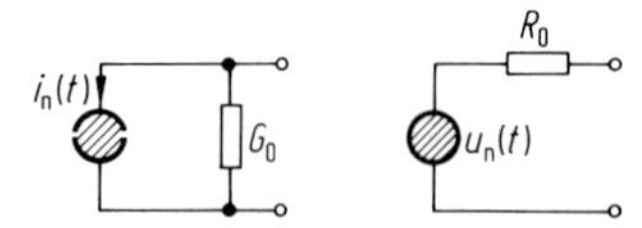

Abb. 8.1/9. Rauschersatzschaltbilder einer Halbleiterdiode, Schrotrauschen, G_0 bzw. R_0 nichtrauschend

(8.1/13)]. Für Frequenzen, für die Laufzeiteffekte noch keine Rolle spielen, gilt daher

$$S_i(\omega)_{\alpha\to 0} = 2eI_s + 2eI_s e^{\frac{eU_0}{kT}} = 2e(I_0 + 2I_s)\,. \tag{8.1/31a}$$

Mit Hilfe der Gl. (7.13/9a) und des Kleinsignalleitwertes

$$G_0 = \frac{dI_0}{dU_0} = \frac{e}{kT}(I_0 + I_s)$$

können wir dafür auch schreiben:

$$S_i(\omega)_{\alpha\to 0} = 2kTG_0 \frac{I_0 + 2I_s}{I_0 + I_s}\,. \tag{8.1/31b}$$

Bei in Sperrichtung gepolter Diode folgt mit $I_0 = -I_s$ aus Gl. (8.1/34a) wieder Gl. (8.1/30) in der Grenze $\alpha \to 0$, und bei Polung in Durchlaßrichtung folgt mit $I_0 \gg I_s$ wie in Gl. (8.1/29):

$$S_i(\omega)_{\alpha\to 0} = 2eI_0 = 2kTG_0 \quad \text{für } U_0 > 0\,. \tag{8.1/31c}$$

Liegt an der Diode keine Vorspannung, befindet sie sich also im thermischen Gleichgewicht, so sind die beiden Ströme I_1 und I_2 einander entgegengesetzt gleich und haben sich im Mittel auf. Aus Gl. (8.1/31a) folgt dann mit $I_0 = 0$

$$S_i(\omega)_{\alpha\to 0} = 4eI_s \tag{8.1/32a}$$

oder wenn wir I_s durch den Kleinsignalleitwert G_0 ausdrücken

$$S_i(\omega)_{\alpha\to 0} = 4kTG_0 \quad \text{für } U_0 = 0\,. \tag{8.1/32b}$$

Vergleicht man Gl. (8.1/32a) mit Gl. (8.1/28), so unterscheidet sich (abgesehen von der unterschiedlichen Größenordnung von Sperrsättigungsstrom der Halbleiterdiode und Sättigungsstrom der Röhrendiode) die spektrale Leistungsdichte der ersten gerade um den Faktor 2 von der zweiten. Dieser bemerkenswerte Sachverhalt findet eine sehr einfache physikalische Erklärung. Während bei der Röhrendiode die Ladungen ausschließlich durch Elektronen von der Kathode zur Anode transportiert werden, haben wir es bei einer Halbleiterdiode mit zwei Strömen zu tun, die als Elektronen- *und* Löcherstrom fließen. Für $U_0 = 0$ sind beide Ströme dem Betrag nach gleich, sie sind unkorreliert und gleich verteilt, tragen also beide gleichviel zum resultierenden $S_i(\omega)$ bei.

Für Frequenzen $f < 1/10\tau$ sind in Abb. 8.1/9 die Rauschersatzschaltbilder für das Schrotrauschen einer Halbleiterdiode bei $U_0 \geq 0$ dargestellt. Für die spektralen Leistungsdichten von $i_n(t)$ bzw. $u_n(t)$ sind die Werte des jeweiligen Betriebszustandes einzusetzen. Das Rauschen bei höheren Frequenzen wird wesentlich durch die Wechselwirkung zwischen Ladungsträgern und Kristallaufbau mit bestimmt. Es kann im Prinzip durch ein Zusatzrauschen berücksichtigt werden, das durch einen zusätzlichen Leitwert $G(\omega)$ hervorgerufen wird [10]. Dieser Leitwert rauscht thermisch.

8.1.3 Thermisches Rauschen

Das thermische Rauschen hat seine Ursache in der regellosen Wärmebewegung von freien Elektronen in einem leitenden Medium wie z. B. in einem Widerstand. Eine

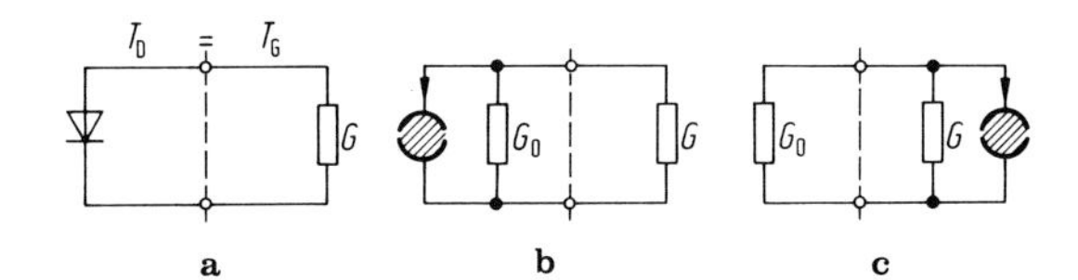

Abb. 8.1/10. a Zusammenschaltung von Halbleiterdiode und Leitwert G im thermischen Gleichgewicht; **b** Ersatzschaltung zur Berechnung von P_G; **c** Ersatzschaltung zur Berechnung von P_D

Halbleiterdiode ohne Vorspannung werde entsprechend Abb. 8.1/10a mit einem Leitwert G zusammengeschaltet. Beide Elemente befinden sich auf derselben Temperatur $T_D = T_G = T$ im thermischen Gleichgewicht. Wir ersetzen die Diode durch ihr Rauschersatzschaltbild, Abb. 8.1/10b, und berechnen die Leistung, die im Leitwert G umgesetzt wird. Nach Gl. (8.1/20) und (8.1/32b) finden wir für ein Frequenzintervall Δf als Effektivwert des Kurzschlußrauschstroms der Halbleiterdiode:

$$\sqrt{\overline{i_{nD}^2}(t)} = \sqrt{4kTG_0\Delta f}$$

und berechnen somit für die im Leitwert G umgesetzte Leistung

$$P_G = \frac{G}{(G + G_0)^2} 4kTG_0\Delta f .$$

Durch diese Leistung müßte sich der Leitwert G erwärmen, die Diode entsprechend abkühlen. Da dies wegen des zweiten Hauptsatzes der Thermodynamik nicht möglich ist, heißt das, daß der Leitwert G ebensoviel Leistung an die Diode liefern muß. Wir ersetzen daher den rauschenden Leitwert G durch einen nicht rauschenden plus eine Rauscheinströmung (Abb. 8.1/10c) und berechnen mit dem noch unbekannten Effektivwert $\sqrt{\overline{i_{nG}^2}(t)}$ die der Diode zugeführte Leistung P_D.

$$P_D = \frac{G_0}{(G + G_0)^2} \overline{i_{nG}^2(t)} .$$

Aus der Bedingung $P_G = P_D$ folgt

$$\sqrt{\overline{i_{nG}^2}(t)} = \sqrt{4kTG\Delta f}$$

und damit für die spektrale Leistungsdichte eines thermisch rauschenden Leitwerts G:

$$\underline{S_i(\omega) = 4kTG \quad \text{bzw.} \quad S_u(\omega) = 4kTR .} \qquad (8.1/33)$$

Die Rauschersatzschaltbilder der Halbleiterdiode nach Abb. 8.1/9 sind nach den vorstehenden Ausführungen auch für einen Leitwert bzw. Widerstand gültig. Es ist lediglich G_0 bzw. R_0 durch nicht rauschendes G bzw. R zu ersetzen. Gl. (8.1/33) ist ein fundamentales Ergebnis, das für alle verlustbehafteten Systeme im thermischen Gleichgewicht gilt. Grundsätzliche thermodynamische Überlegungen [11] zeigen, daß für die exakte Leistungsdichte gilt:

$$S_i(\omega) = 4kTG \frac{hf}{kT\left(e^{\frac{hf}{kT}} - 1\right)} .$$

Mit der Planck-Konstanten $h = 6{,}62 \cdot 10^{-34}$ Ws^2 wird bei den in der Nachrichtentechnik gebräuchlichen Frequenzen und Temperaturen $hf/kT \ll 1$. Noch bei $hf/kT = 0{,}1$ bleibt der Fehler von Gl. (8.1/33) unter 6%. Bei $T = 290$ K ergibt sich eine obere Frequenzgrenze für Gl. (8.1/33) von $f = 600$ GHz. Dies bedeutet keine praktische Einschränkung, zumal sich in einem so großen Frequenzbereich kein frequenzunabhängiger Leitwert bzw. Widerstand realisieren läßt. Für praktische Belange kann man also davon ausgehen, daß thermisches Rauschen weiß ist.

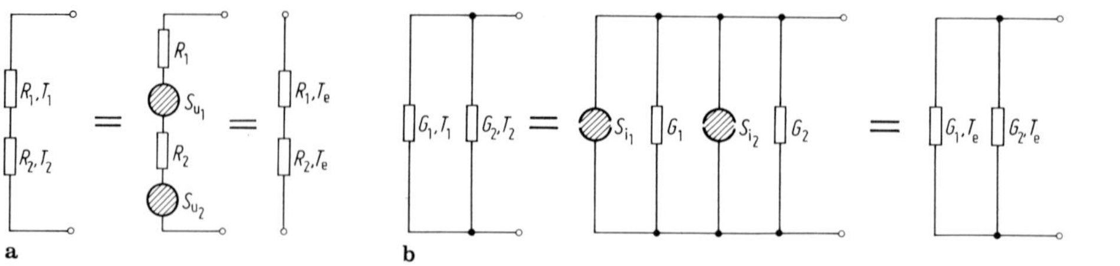

Abb. 8.1/11a u. b. Rauschende Widerstände mit den Temperaturen T_1 und T_2: **a** Serien-; **b** Parallelschaltung

8.1.3.1 Rauschen der Serien- oder Parallelschaltung von Widerständen auf verschiedenen Temperaturen. Das Wesentliche wird dabei bereits bei zwei Widerständen deutlich. Die Widerstände R_1 und R_2 befinden sich auf den Temperaturen T_1 und T_2 (s. Abb. 8.1/11a). Da das Rauschen beider Widerstände unkorreliert ist, addieren sich ihre Leistungsspektren und somit gilt:

$$S_u(\omega) = S_{u1}(\omega) + S_{u2}(\omega) = 4k(T_1 R_1 + T_2 R_2)$$
$$= 4k \frac{T_1 R_1 + T_2 R_2}{R_1 + R_2}(R_1 + R_2) = 4kT_e(R_1 + R_2)\,. \tag{8.1/34}$$

Danach kann das Rauschen einer Serienschaltung aufgefaßt werden als das Rauschen des Gesamtwiderstandes $R = R_1 + R_2$, der sich auf der effektiven Temperatur T_e befindet.

$$T_e = \frac{R_1}{R_1 + R_2} T_1 + \frac{R_2}{R_1 + R_2} T_2\,. \tag{8.1/35}$$

Entsprechend findet man für die Parallelschaltung nach Abb. 8.1/11b

$$S_i(\omega) = 4kT_e(G_1 + G_2)$$

$$T_e = \frac{G_1}{G_1 + G_2} T_1 + \frac{G_2}{G_1 + G_2} T_2\,. \tag{8.1/36}$$

8.1.3.2 Rauschen eines Widerstandes mit Eigeninduktivität und Eigenkapazität. Nach der Schaltung (Abb. 8.1/12a) und der Ersatzschaltung (Abb. 8.1/12b) ist das weiße Rauschen von R an den Klemmen durch ein LC-Glied gefiltert. Nach Gl. (8.1/22) gilt die Beziehung $S_{ua}(\omega) = |H(\omega)|^2\, S_{ue}(\omega)$. Es ist der Spannungs-Übertragungsfaktor

$$H(\omega) = \frac{1}{1 - \left(\frac{\omega}{\omega_0}\right)^2 + j\omega CR} \qquad |H(\omega)|^2 = \frac{1}{\left(1 - \left(\frac{\omega}{\omega_0}\right)^2\right)^2 + (\omega CR)^2} \qquad \omega_0 = \frac{1}{\sqrt{LC}}$$

und somit gilt für die gesuchte spektrale Leistungsdichte $S_{ua}(\omega)$:

$$S_{ua}(\omega) = 4kT \frac{R}{(\omega CR)^2 + \left(1 - \left(\frac{\omega}{\omega_0}\right)^2\right)^2}\,. \tag{8.1/37}$$

Die Schaltung nach Abb. 8.1/12 kann auch als Parallelschwingkreis mit verlustbehafteter Induktivität aufgefaßt werden. In diesem Falle ist es möglich, mit $Q = \omega_0 L/R$ die Güte des Kreises bei seiner

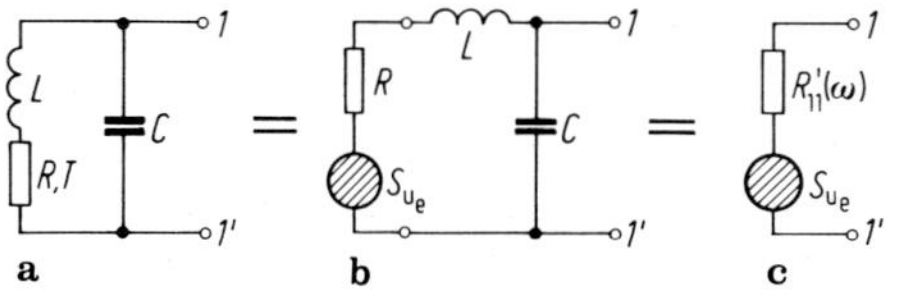

Abb. 8.1/12. a Widerstand mit Eigeninduktivität und Eigenkapazität; **b** Ersatzschaltung; **c** Ersatzschaltung mit frequenzabhängigem ohmschem Widerstand $R'_{11}(\omega)$

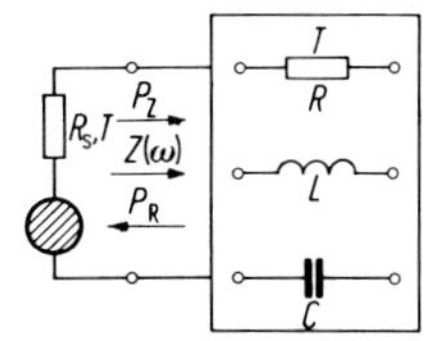

Abb. 8.1/13. Leistungsaustausch zwischen Widerstand R_s und passivem, linearem Zweipol mit der Eingangsimpedanz $Z(\omega)$

Resonanzfrequenz einzuführen. Gl. (8.1/37) lautet dann:

$$S_{ua}(\omega) = 4kT \frac{R}{(\omega CR)^2 \left[1 + Q^2 \left(\frac{\omega}{\omega_0} - \frac{\omega_0}{\omega}\right)^2\right]} .$$

Wir berechnen jetzt die Impedanz $Z(\omega)$ zwischen den Klemmen 11′ der Schaltung nach Abb. 8.1/12 und bilden davon den Realteil $\operatorname{Re} Z(\omega) = R_{11'}(\omega)$.

$$Z(\omega) = \frac{R + j\omega L}{1 - \left(\frac{\omega}{\omega_0}\right)^2 + j\omega CR} \qquad R_{11'}(\omega) = \frac{R}{(\omega CR)^2 + \left(1 - \left(\frac{\omega}{\omega_0}\right)^2\right)^2} .$$

Ein Vergleich mit Gl. (8.1/37) zeigt nun, daß auch geschrieben werden kann:

$$S_{ua}(\omega) = 4kT \operatorname{Re} Z(\omega) = 4kTR_{11'}(\omega) . \tag{8.1/38}$$

Dieses Ergebnis gilt ganz allgemein für eine beliebige passive und lineare R,L,C-Schaltung, die sich auf der Temperatur T im thermischen Gleichgewicht befindet. Es wird verallgemeinertes Nyquist-Theorem genannt. Zum Beweis geht man wie schon bei der Herleitung von Gl. (8.1/33) vor und betrachtet dazu die Schaltung nach Abb. 8.1/13. Wegen des Temperaturgleichgewichts darf zwischen R_s und $Z(\omega)$ kein Leistungstransport auftreten, d. h. die der RLC-Schaltung zugeführte Leistung P_Z muß der Leistung P_R gleich sein, die dem Widerstand R_s zugeführt wird. Für die beiden Leistungen folgt für ein Frequenzintervall Δf und mit der noch unbekannten spektralen Leistungsdichte $S_{uZ}(\omega)$ der RLC-Schaltung:

$$P_Z = 4kTR_s \Delta f \frac{\operatorname{Re} Z(\omega)}{|R_s + Z(\omega)|^2} \qquad P_R = S_{uZ}(\omega) \Delta f \frac{R_s}{|R_s + Z(\omega)|^2}$$

und aus der Gleichsetzung beider Leistungen

$$S_{uZ}(\omega) = 4kT \operatorname{Re} Z(\omega) .$$

8.1.4 Weitere Rauschquellen

8.1.4.1 1/f-Rauschen. Mißt man an Röhrendioden oder an Halbleiterdioden oder an belasteten Kohleschichtwiderständen die spektrale Rauschleistungsdichte, so werden Werte beobachtet, die insbesondere für Frequenzen unterhalb von 100 kHz (gelegentlich unter einigen MHz) weit über jenen liegen können, die auf Grund des Schroteffektes und des thermischen Rauschens vorhergesagt werden. Im Frequenzbereich, in dem diese Rauscherhöhung beobachtet wird, kann die Frequenzabhängigkeit der spektralen Rauschleistungsdichte oft näherungsweise mit einem 1/f-Gesetz beschrieben werden. Bei Elektronenröhren wurde das 1/f-Rauschen bereits im Jahre 1925 von Johnson entdeckt [12]. Aus dieser Zeit stammt auch die Bezeichnung *Funkelrauschen* (engl. flicker-noise). Das 1/f-Rauschen hat bei Elektronenröhren seine Ursache in lokal begrenzten stofflichen Veränderungen der Kathode, wie z. B. die vorübergehende Existenz von Störstellen (Fremdatomen) in der Kathodenoberflächenschicht. Dadurch schwankt in wechselnden Bezirken der Kathodenoberfläche die Austrittsarbeit und damit die Kathodenemission zeitlich. Mit einem Mikroskop kann dieser Effekt des Emissionswechsels als Funkeln beobachtet werden. Reine Metallkathoden zeigen praktisch kein 1/f-Rauschen. Im einzelnen sind die Vorgänge, die zum 1/f-Rauschen führen, bis heute noch nicht befriedigend geklärt. Bei Halbleitern ist die

Frage, ob es sich hierbei um einen Oberflächen- oder einen Volumeneffekt handelt, noch offen. Wir beschreiben die Leistungsdichte des $1/f$-Rauschens durch den Ansatz

$$S(\omega) = cI_0^\beta \frac{1}{f^\gamma} . \tag{8.1/39}$$

Dabei gilt $0 \leq \beta \leq 2$, $\gamma \approx 1$. Die Größe c ist von der Temperatur und der technologischen Preparation des Bauelements abhängig. Eine Serie von Bauelementen zeigt oft starke Exemplarstreuung des $1/f$-Rauschens. Da c und β bisher nicht genau vorherbestimmbar sind, ist man auf Messungen am fertigen Bauelement angewiesen. Durch Messung der Frequenzabhängigkeit kann die Eckfrequenz angegeben werden, bei der sich das nach tiefen Frequenzen ansteigende $1/f$-Rauschen aus dem weißen Spektrum von Schrot- und thermischem Rauschen abhebt. Nach Beneking [13] liegt diese Eckfrequenz bei Elektronenröhren im Bereich von 1 bis 10 kHz, bei Bipolartransistoren im Bereich von 100 Hz bis 1 kHz (s. Abb. 8.4/3a) und bei Feldeffekttransistoren, je nach Ausführung im Bereich von 100 Hz bis 10 MHz.

8.1.4.2 Generations- und Rekombinationsrauschen (G-R-Rauschen). Eng verwandt mit dem Schrotrauschen ist das bei Halbleitern beobachtete Generations- und Rekombinationsrauschen. Während jedoch beim Schroteffekt die Lebensdauer eines Ladungsträgers größer als die Zeit vorausgesetzt wird, welche er zum Durchdriften einer Probe benötigt, ist beim G-R-Rauschen die mittlere Lebensdauer τ_0 eines Ladungsträgers kleiner als die Driftzeit. Der Strombeitrag eines Ladungsträgers durch seine Driftbewegung beginnt demnach bei seiner Generation und endet bereits bei seiner Rekombination. Hätten alle Ladungsträger die gleiche Lebensdauer τ_0, so würde die spektrale Dichte des R-G-Rauschens durch eine Gleichung entsprechend Gl. (8.1/30) zu beschreiben sein. In Wahrheit zeigt die Trägerlebensdauer jedoch eine Streuung. Unter der Annahme, daß die Lebensdauer eines Ladungsträgers im Leitungsband einer Exponentialverteilung gehorcht, berechnen Bittel und Storm [14] für die spektrale Dichte des G-R-Rauschens:

$$S(\omega) = \frac{I_0^2}{V\bar{n}} \frac{4\tau_0}{1 + (\omega\tau_0)^2} . \tag{8.1/40}$$

In Gl. (8.1/40) bedeuten V das Probenvolumen und $\bar{n}$ die mittlere freie Trägerdichte.

8.1.4.3 Influenzrauschen. Für Mehrelektrodenelemente wie z. B. für eine Triode wurde bereits 1928 von Ballantine [15] eine weitere Rauschquelle angegeben. Dieses Rauschen wird als Influenzrauschen bezeichnet. Es hat seine Ursache in der sich zeitlich ändernden Ladungsinfluenz, wie sie am Steuergitter durch Ladungsbewegungen im Kathoden-Anodenraum hervorgerufen wird. Als Folge der Ladungsinfluenz fließt auch dann ein Wechselstrom zum Steuergitter, wenn keine Ladungsträger auf ihm landen. Zur Verdeutlichung ist in Abb. 8.1/14a zunächst die Zeitfunktion der Geschwindigkeit v eines Elektrons beim Durchlaufen der Kathoden-Anoden-Strecke einer Triode dargestellt. Vereinfachend ist dabei der Raumladungseinfluß vernachlässigt. Nach Abb. 8.1/14b betrachten wir jetzt ein Elektron, das zum Zeitpunkt maximaler Gitterspannung an der Kathode startet. Der Gitterinfluenzstrom des bewegten Elektrons wird dann nach Gl. (8.1/25) berechnet.

Es ist zu beachten, daß beim Durchtritt des Elektrons durch die Gitterebene eine Umkehr der Stromrichtung erfolgt und wegen der höheren Beschleunigung im Gitter-Anoden-Raum der Betrag des Stromanstiegs größer ist als für den Kathoden-Gitter-Raum. Denkt man sich den Stromimpuls nach Abb. 8.1/14b periodisch wiederholt, so kann eine Fourier-Analyse vorgenommen werden. Die Grundschwingung i_{e1} der Stromimpulse ist ebenfalls in Abb. 8.1/14b dargestellt. Wegen der unregelmäßigen Kathodenemission enthält der Gitterinfluenzstrom einen Rauschanteil. Da jedem

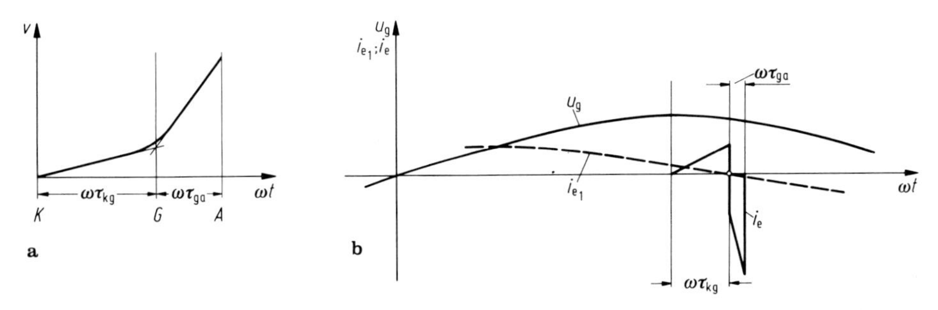

Abb. 8.1/14. **a** Geschwindigkeit eines Ladungsträgers in einer Triode, Raumladung vernachlässigt; **b** Influenzstrom i_e eines Einzelelektrons, i_{e_1} Grundschwingung

Gitterstromimpuls ein Anodenstromimpuls entspricht, sind Influenzrauschen und Schrotrauschen miteinander korreliert. Je nach der Eingangsbeschaltung der Röhre kann es daher durch den auf der Ausgangsseite eingeprägten Strom Su_g zu einer Verstärkung oder Schwächung des Schrotrauschens kommen [14]. Nach der Theorie steigt das Influenzrauschen zunächst proportional ω^2 an (Laufzeiteffekt). Es erreicht für $\omega(\tau_{kg} + \tau_{ga}) = \alpha_{kg} + \alpha_{ga} \approx 1$ Werte von der Größenordnung des Schrotrauschens. Näheres findet man in [16].

8.1.4.4 Stromverteilungsrauschen. Werden Mehrelektrodenelemente betrachtet, bei welchen sich der gesamte an der Kathode emittierte Strom auf mehrere, auf positivem Potential befindliche Elektroden aufteilen kann (Tetrode, usw.), so wird ein stärkeres Rauschen als bei einer Triode beobachtet. Die Ursache für dieses erhöhte Rauschen ist die statistisch schwankende Stromverteilung auf die einzelnen positiven Elektroden. Man bezeichnet diesen Rauscheffekt daher als Stromverteilungsrauschen. In [14] wird als typisch ein Faktor von 1,8 angegeben, um den eine Pentode stärker rauscht als eine Triode.

8.2 Das Rauschen in der Schaltung [22]

In diesem Abschnitt soll auf die Auswirkungen der in 8.1 beschriebenen Rauschquellen in einer Schaltungsanordnung eingegangen werden, wobei die Frage im Vordergrund steht, wie sich ein am Eingang eines Vierpols angebotenes Signal-Geräusch-Verhältnis am Ausgang des Vierpols verändert.

8.2.1 Der rauschende, lineare Vierpol

Entsprechend Abb. 8.2/1 betrachten wir einen Vierpol, der neben verlustlosen Reaktanzen noch Widerstände, Halbleiterbauelemente und Elektronenröhren enthalten kann. Der Vierpol sei beispielsweise durch seine Leitwertmatrix $\boldsymbol{Y}$ beschrieben. Werden die Eingangs- und Ausgangsklemmen des Vierpols kurzgeschlossen, und wäre er selbst rauschfrei, so würde mit $U_1 = U_2 = 0$ auch $I_1 = I_2 = 0$ folgen. Wegen der praktisch immer vorhandenen inneren Rauschquellen werden jedoch Rauschströme fließen. Wir ersetzen daher den realen rauschenden Vierpol nach Abb. 8.2/1a durch einen nicht rauschenden nach Abb. 8.2/1b und berücksichtigen seine Rauschquellen durch eingangs- und ausgangsseitige Rauscheinströmungen I_{r1} und I_{r2}. Die Rauscheinströmungen werden dabei durch die komplexen Amplituden I_{r1} und

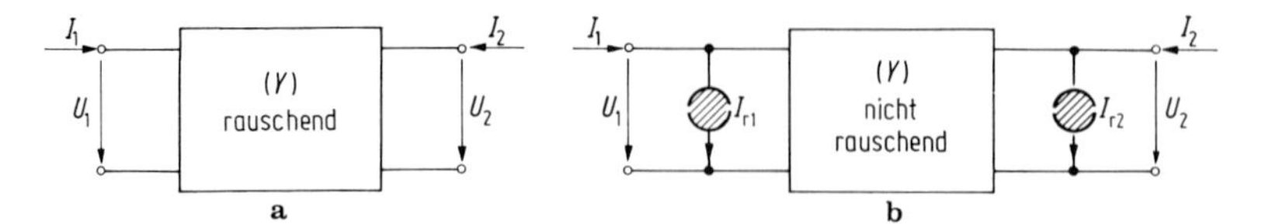

Abb. 8.2/1. **a** Rauschender Vierpol mit Leitwertmatrix (*Y*); **b** Ersatz der inneren Rauschquellen durch die beiden Rauscheinstromungen I_{r1} und I_{r2}

I_{r2} beschrieben, wie sie sich aus den zugehörigen Leistungsspektren berechnen lassen (s. Abschn. 8.1.2). Für diese komplexen Amplituden gelten die Rechenregeln der komplexen Rechnung.

Die in Abb. 8.2/1b gezeigte Ersatzdarstellung eines rauschenden Vierpols ist nicht die einzig mögliche. Häufig ist es z. B. zweckmäßiger, die inneren Rauschquellen des Vierpols vollständig auf seinen Eingang zu beziehen (s. Abb. 8.2/2, wo die inneren Rauschquellen durch einen vorgeschalteten Rauschvierpol berücksichtigt sind). Für die Ersatzdarstellung nach Abb. 8.2/1b gilt

$$I_1 = Y_{11}U_1 + Y_{12}U_2 + I_{r1}$$

$$I_2 = Y_{21}U_1 + Y_{22}U_2 + I_{r2}$$

oder $\qquad \Delta Y = \det(Y)$

$$U_1 = -\frac{Y_{22}}{Y_{21}}U_2 + \frac{1}{Y_{21}}I_2 - \frac{1}{Y_{21}}I_{r2}\,.$$

$$I_1 = \frac{\Delta Y}{Y_{21}}U_2 + \frac{Y_{11}}{Y_{21}}I_2 + I_{r1} - \frac{Y_{11}}{Y_{21}}I_{r2}\,.$$

Sind daher die Leitwertmatrix sowie I_{r1} und I_{r2} eines Vierpols bekannt, so können damit auch U_r und I_r des vorgeschalteten Rauschvierpols nach Abb. 8.2/2 berechnet werden. Es folgt:

$$U_r = -\frac{1}{Y_{21}}I_{r2} \qquad I_r = I_{r1} - \frac{Y_{11}}{Y_{21}}I_{r2}\,.$$

Auf diese Weise lassen sich auch noch weitere Ersatzdarstellungen berechnen. Im allgemeinen haben die Ersatzquellen mit I_{r1}, I_{r2} oder U_r, I_r die gleichen inneren Rauschquellen. Zwischen den Ersatzquellen ist deshalb mit einer Korrelation zu rechnen. Dann läßt sich I_r aufteilen in einen mit U_r vollkorrelierten Anteil I_{rk} und einen unkorrelierten Anteil I_{ru}. Den Zusammenhang zwischen I_{rk} und U_r kann man durch einen Proportionalitätsfaktor mit der Dimension eines Leitwerts beschreiben, der Korrelationsleitwert Y_k genannt wird. Es gelten somit die folgenden Gleichungen:

$$I_r = I_{rk} + I_{ru} \qquad I_{rk} = Y_k U_r = I_{rk_+} + I_{rk_-}$$

$$I_r U_r^* = I_{rk} U_r^* + I_{ru} U_r^* = Y_k |U_r|^2\,. \tag{8.2/1}$$

Mit Hilfe der Gl. (8.2/1) ist es möglich, für den Rauschvierpol zwischen den Klemmenpaaren 1 und 1′ der Abb. 8.2/2 die drei in Abb. 8.2/3a–c gezeigten äquivalenten

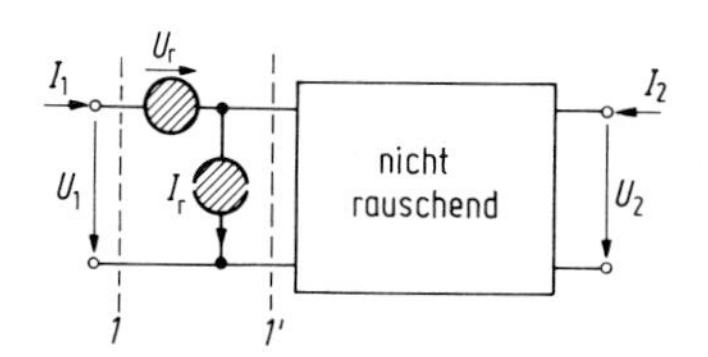

Abb. 8.2/2. Ersatz eines rauschenden Vierpols durch einen nicht rauschenden mit vorgeschaltetem Rauschvierpol, *1,1′* Trennlinien für den Rauschvierpol

Abb. 8.2/3a–c. Äquivalente Darstellungen eines Rauschvierpols: **a** mit korrelierten Quellen; **b** Aufteilung in voll korrelierte und unkorrelierte Rauscheinströmung; **c** unkorrelierte Rauschquellen mit Korrelationsleitwerten. Die Korrelationsleitwerte befinden sich auf der Temperatur $T = 0$. Über $+ Y_k$ fließt I_{rk+}, über $- Y_k$ der Rauschstromanteil I_{rk} in gleicher Richtung wie I_{rk} in Abb. 8.2/3b

Darstellungen anzugeben. In der Darstellung nach Abb. 8.2/3c beachte man, daß die eingetragenen Korrelationsleitwerte keinen Rauschbeitrag liefern dürfen. Ihnen ist daher die Temperatur $T = 0$ zuzuschreiben. Für den Signalfluß ist die Kombination der Ersatz-Leitwerte Y_k und $-Y_k$ unwirksam. Wir fassen zusammen: Für einen realen Vierpol ist es formal immer möglich, seine Rauschquellen zu extrahieren und durch einen vorgeschalteten Rauschvierpol zu berücksichtigen. Zur vollständigen Beschreibung der Eigenschaften des Rauschvierpols mit 2 korrelierten Rauschquellen ist die Kenntnis von 4 Rauschkenngrößen erforderlich. In Abb. 8.2/3c sind dies die komplexen Amplituden U_r und I_{ru} sowie Real- und Imaginärteil G_k und jB_k des Korrelationsleitwertes Y_k.

Statt U_r und I_{ru} wird häufig auch der sogenannte äquivalente Rauschwiderstand $R_{äq}$ und der äquivalente Rauschleitwert $G_{äq}$ angegeben. Darunter versteht man einen Widerstand und Leitwert auf Umgebungstemperatur T_0 und von solcher Größe, daß sich aus dem zugehörigen Rauschleistungsspektrum U_r und I_{ru} berechnen. In [13] wird gezeigt, daß sich die angegebenen Rauschkenngrößen leicht experimentell ermitteln lassen. Die Rauschanpassung ist in Abschn. 7.4.2.6 behandelt.

8.2.2 Leistungsgewinn, Rauschfaktor und Rauschzahl von Vierpolen

Für den Anwender einer Schaltung ist es wichtig zu wissen, wie sich durch Zwischenschaltung eines rauschenden Vierpols das Signal-Geräusch-Verhältnis verändert. Experimentell wird immer festgestellt, daß $(P/N)_a$ am Vierpolausgang kleiner ist als $(P/N)_e$ am Vierpoleingang. Dieser Befund ist verständlich, wenn man bedenkt, daß Eingangssignal und Eingangsrauschen vom Vierpol zwar gleich behandelt werden, der Vierpol selbst aber durch seine Rauschquellen weitere Rauschbeiträge hinzufügt. Insbesondere für Eingangsstufen sind deshalb oft nur rauscharme Verstärker brauchbar. Wir betrachten einen beschalteten Vierpol nach Abb. 8.2/4. Am Eingang wird ihm die Signalleistung P_1 und die Rauschleistung N_1 zugeführt. N_1 rührt dabei von der Signalquelle, dem Übertragungsweg und der Antenne her. Am Vierpolausgang werden dem Verbraucher die Leistungen P_2 und N_2 zugeführt. P_2 läßt sich über den Leistungsgewinn G des Vierpols berechnen, N_2 enthält den Anteil GN_1 und einen

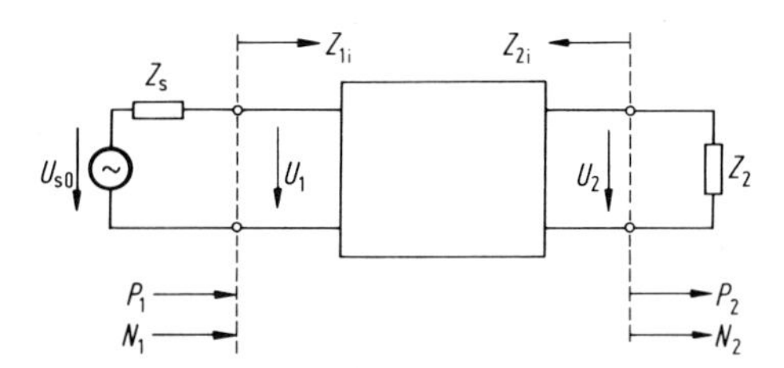

Abb. 8.2/4. Beschaltung eines Vierpols mit Signalquelle und Last. P_1, N_1 am Eingang zugeführte, P_2, N_2 der Last zugeführte Signal- und Rauschleistung. Z_{1i}, Z_{2i} eingangs- und ausgangsseitige Innenimpedanzen

zusätzlichen Anteil N_z, der ausschließlich von den Rauschquellen des Vierpols herrührt. Für die Signalleistung P_1 berechnen wir entsprechend der Schaltung in Abb. 8.2/4

$$P_1 = \frac{1}{2} \frac{R_{1i}}{|Z_s + Z_{1i}|^2} |U_{s0}|^2.$$

Die Leistung P_1 ist dabei kleiner oder höchstens gleich der verfügbaren Leistung P_{1v} der Signalquelle.

$$P_{1v} = (P_1)_{Z_s = Z_{11}^*} = \frac{1}{2} \frac{1}{4R_s} |U_{s0}|^2.$$

Das Rauschen der Signalquelle können wir uns durch das thermische Rauschen von R_s auf einer Ersatztemperatur T_s hervorgerufen denken. Für ein schmales Frequenzintervall, in dem die Impedanzen Z_s und Z_{1i} als frequenzunabhängig angenommen werden können, gilt dann:

$$N_1 = 4kTR_s \Delta f \frac{R_{1i}}{|Z_s + Z_{1i}|^2}$$

und für die verfügbare Rauschleistung folgt:

$$N_{1v} = (N_1)_{Z_s = Z_{11}^*} = kT\Delta f.$$

Am Ausgang des Vierpols können wir neben P_2 und N_2 ebenfalls noch die entsprechenden verfügbaren Leistungen P_{2v} und N_{2v} einführen. Sie ergeben sich aus P_2 und N_2, wenn ausgangsseitig die Bedingung $Z_{2i} = Z_2^*$ erfüllt ist. Mit Hilfe der eingeführten Leistungen lassen sich insgesamt vier Leistungsgewinne definieren. Dies sind

1. der Leistungsübertragungsfaktor, der gelegentlich auch als tatsächlicher Leistungsgewinn bezeichnet wird,

$$G = \frac{P_2}{P_1}$$

2. der bezogene Leistungsgewinn G_T

$$G_T = \frac{P_2}{P_{1v}},$$

der angibt, wie sich P_2 von jener Leistung P_{1v} unterscheidet, die im Verbraucher bei direkter Anschaltung an die Signalquelle und Leistungsanpassung umgesetzt würde,

3. der verfügbare Leistungsgewinn G_A

$$G_A = \frac{P_{2v}}{P_{1v}}$$

als Verhältnis der verfügbaren Leistungen, und

4. der maximal verfügbare Leistungsgewinn $G_{A\max}$

$$G_{A\max} = (G_A)_{Z_s = Z_{11}^*; Z_{21}^* = Z_2}.$$

Wir sind nunmehr in der Lage, den sogenannten spektralen Rauschfaktor F auf verschiedene, aber äquivalente Weisen zu definieren und werden damit allen sonst in der Literatur gegebenen Definitionen gerecht. Wir gehen zunächst vom Leistungsgewinn G aus, berechnen N_2

$$N_2 = GN_1 + N_z.$$

Wir setzen multiplikativ $N_2 = FGN_1$ und beziehen N_2 auf die Rauschleistung am

Vierpolausgang, wenn dieser nicht rauschen würde. Als Ergebnis für den spektralen Rauschfaktor F erhalten wir

$$F = \frac{N_2}{GN_1} = 1 + \frac{N_z}{GN_1} = 1 + F_z \,. \tag{8.2/2}$$

In Gl. (8.2/2) haben wir mit $F_z = N_z/GN_1$ den sogenannten Zusatzrauschfaktor eingeführt. Ein Vierpol mit $F = 1$ bzw. $F_z = 0$ rauscht nicht. Er ist um so rauschärmer, je näher F an den Wert 1 bzw. F_z an den Wert 0 herankommt.

Man beachte, daß nach der Herleitung der spektrale Rauschfaktor eines gegebenen Vierpols eine Funktion von ω ist, $F = F(\omega)$. Wenn man anstelle von N_2, N_1 und N_z die Rauschleistung pro Bandbreite (Δf), also die spektralen Rauschleistungsdichten einsetzt, so findet man

$$F(\omega) = \frac{S_2(\omega)}{G(\omega)\,S_1(\omega)} = \frac{G(\omega)\,S_1(\omega) + S_z(\omega)}{G(\omega)\,S_1(\omega)} = 1 + \frac{S_z(\omega)}{G(\omega)\,S_1(\omega)} \,. \tag{8.2/3}$$

Für Breitbandvierpole ist es oft zweckmäßig, neben dem spektralen Rauschfaktor den mittleren oder integralen Rauschfaktor $\bar{F}$ anzugeben. Dazu werden die totalen Rauschleistungen am Vierpolausgang ins Verhältnis gesetzt. Mit Hilfe von Gl. (8.2/3) finden wir

$$\bar{F} = \frac{\int\limits_0^\infty S_2(\omega)\,\mathrm{d}\omega}{\int\limits_0^\infty G(\omega)\,S_1(\omega)\,\mathrm{d}\omega} = \frac{\int\limits_0^\infty G(\omega)\,S_1(\omega)\,F(\omega)\,\mathrm{d}\omega}{\int\limits_0^\infty G(\omega)\,S_1(\omega)\,\mathrm{d}\omega} \,. \tag{8.2/4}$$

Wenn man in Gl. (8.2/2) den Leistungsgewinn G durch P_2/P_1 ausdrückt, so findet man mit

$$F = \frac{N_2/P_2}{N_1/P_1} = \frac{P_1/N_1}{P_2/N_2} \tag{8.2/5}$$

eine weitere Darstellung für F. Hier wird F durch das Verhältnis der Signal-Geräusch-Verhältnisse an Ein- und Ausgang des Vierpols angegeben. Anhand der Beziehungen $P_1/P_{1v} = N_1/N_{1v}$, $P_2/P_{2v} = N_2/N_{2v}$ sowie den Definitionen für den bezogenen und den verfügbaren Leistungsgewinn ergeben sich noch die beiden folgenden Formeln für F:

$$F = \frac{P_1/N_1}{P_2/N_2} = \frac{P_{1v}/N_{1v}}{P_2/N_2} = \frac{N_2}{G_T N_{1v}} \tag{8.2/6}$$

$$F = \frac{P_1/N_1}{P_2/N_2} = \frac{P_{1v}/N_{1v}}{P_{2v}/N_{2v}} = \frac{N_{2v}}{G_A N_{1v}} \,. \tag{8.2/7}$$

Da sich die ausgangsseitige Beschaltung eines Vierpols auf Signal- und Rauschleistung gleichermaßen auswirkt, geht Z_2 nicht in den Rauschfaktor ein.

Sind für einen Vierpol seine Rauschkennwerte nach Abschn. 8.2.1 bekannt, so läßt sich sein Rauschfaktor berechnen. Dazu betrachten wir den beschalteten Vierpol nach Abb. 8.2/5, in welcher der Rauschanteil der Signalquelle durch die Einströmung I_{rs} berücksichtigt wird. Schließen wir den Rauschvierpol am Klemmenpaar 11′ kurz, so fließt neben den Rauschströmen I_{rs} und I_r infolge von U_r noch ein weiterer Rauschstrom $I_{Ur} = Y_s U_r$. Diese 3 Rauschströme ergeben den gesamten Rauschstrom $I_{r\,ges}$

$$I_{r\,ges} = I_{rs} + I_r + Y_s U_r \,.$$

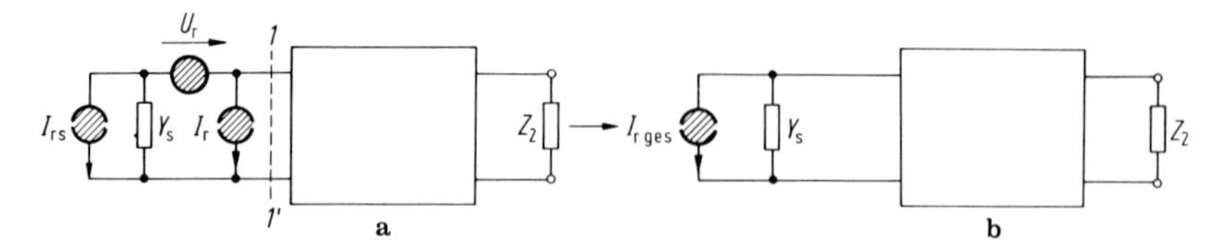

Abb. 8.2/5a u. b. Rauschersatzdarstellung eines beschalteten Vierpols

Da in der Darstellung nach Abb. 8.2/5 der Vierpol selbst nicht mehr rauscht, können wir den Rauschfaktor des realen Vierpols allein durch die Eigenschaften des Rauschvierpols berechnen. Wir brauchen dazu lediglich $|I_{r\,ges}|^2$ (Vierpol rauscht) ins Verhältnis zu $|I_{rs}|^2$ (Vierpol rauscht nicht) zu setzen. Unter Beachtung von Gl. (8.2/1) findet man

$$F = \frac{|I_{rs}|^2 + |I_{ru}|^2 + |U_r|^2 |Y_s + Y_k|^2}{|I_{rs}|^2}.$$

Nimmt man die einzelnen Rauschbeiträge thermisch erzeugt an, so erhält man $|I_{rs}|^2 = 4kTG_s\Delta f$, $|I_{ru}|^2 = 4kTG_{äq}\Delta f$ und $|U_r|^2 = 4kTR_{äq}\Delta f$

$$F = 1 + \frac{G_{äq} + R_{äq}|Y_s + Y_k|^2}{G_s}. \tag{8.2/8}$$

Dabei ist $Y_s = G_s + jB_s$ und $Y_k = G_k + jB_k$.

Durch die Gl. (8.2/8) bekommt man wichtige Hinweise darauf, wie für einen gegebenen Vierpol der Rauschfaktor durch die Beschaltung beeinflußt wird. Bei gegebenem Realteil G_s des Signalinnenleitwertes Y_s kann F durch die Imaginärteilbedingung $B_s = -B_k$ zu einem Minimum gemacht werden. Man bezeichnet diesen Betriebsfall als Rauschabstimmung. Kann auch noch über G_s verfügt werden (z. B. durch Transformation), so erzielt man ein absolutes Minimum von F für die sogenannte Rauschanpassung. Die hierfür erforderliche Bedingung $dF/dG_s = 0$ ergibt mit Gl. (8.2/8)

$$2R_{äq}(G_s + G_k)G_s = G_{äq} + R_{äq}(G_s + G_k)^2. \tag{8.2/9}$$

Der Wert $G_s = G_{s\,opt}$, der Gl. (8.2/9) erfüllt, ist

$$G_{s\,opt} = \sqrt{\frac{G_{äq}}{R_{äq}} + G_k^2}. \tag{8.2/10}$$

Für einen gegebenen Vierpol folgt aus Gl. (8.2/8) bis (8.2/10) der absolut minimale Rauschfaktor F_{min}:

$$F_{min} = 1 + 2R_{äq}\left(\sqrt{\frac{G_{äq}}{R_{äq}} + G_k^2} + G_k\right). \tag{8.2/8a}$$

Der Rauschfaktor wird oft im logarithmischen Maß angegeben und aus Gründen, die später deutlich werden, Rauschzahl genannt. So gilt z. B. für die Definition nach Gl. (8.2/5)

$$\text{Rauschzahl} = 10\lg F = 10\lg\frac{P_1/N_1}{P_2/N_2}\,\text{dB}. \tag{8.2/5a}$$

Anwendungsbeispiele der Rauschanpassung bei einem Si n-Kanal FET und einem GaAs-MESFET findet man im Abschn. 7.4.2.6 (Abb. 7.4/17 bis 7.4/19).

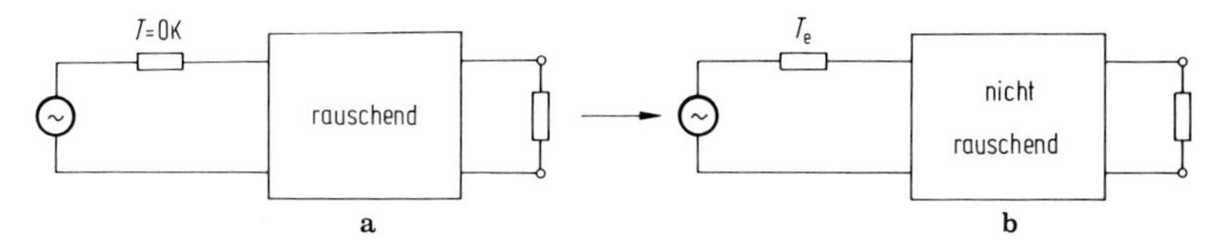

Abb. 8.2/6. **a** Rauschender Vierpol, Eingangsbeschaltung auf Temperatur $T = 0$ K; **b** nicht rauschender Vierpol, Eingangsbeschaltung auf Temperatur T_e. Im Fall des rauschenden Generators ist $T \neq 0$, und bei **b** ist T_e durch $T_s + T_e$ zu ersetzen

8.2.3 Die Rauschtemperatur von Vierpolen

Zur Charakterisierung der Rauscheigenschaften eines Vierpols wird häufig neben dem Rauschfaktor die sogenannte effektive Rauschtemperatur T_e angegeben. Sie ist definiert als die Temperatur, auf der sich die Eingangsbeschaltung des als rauschfrei idealisierten Vierpols befinden muß, damit an seinem Ausgang die gleiche Rauschleistung wie bei rauschfreier Beschaltung zur Verfügung steht (Abb. 8.2/6). Die effektive Rauschtemperatur ist als eine Rechengröße aufzufassen, die im allgemeinen nicht mit der Umgebungstemperatur T_0 identisch ist. Es besteht jedoch ein Zusammenhang zwischen T_e und F. Für den rauschenden Vierpol mit einer Eingangsbeschaltung auf der Temperatur $T = 0$ K ist $N_{2v} = N_{zv}$, wenn N_{zv}, die am Vierpolausgang verfügbare Rauschleistung der inneren Vierpolrauschquellen bedeutet. Aus Gl. (8.2/2) folgt dabei

$$N_{zv} = (F - 1)G_A N_{1v} = (F - 1)G_A kT\Delta f.$$

Die gleiche Rauschleistung soll auch verfügbar sein, wenn der Vierpol als nicht rauschend angenommen wird, aber die Beschaltung mit der Temperatur T_e rauscht. Für die entsprechende Rauschleistung gilt zunächst

$$(N_{2v})_{T_e} = G_A kT_e\Delta f.$$

Aus der Gleichsetzung von N_{ev} mit $(N_{2v})_{T_e}$ folgt der gesuchte Zusammenhang zwischen F und T_e.

$$T_e = (F - 1)T = F_z T\,. \qquad (8.2/11)$$

In Gl. (8.2/11) bedeutet T die Bezugstemperatur, für die meist 290 K eingesetzt wird.

8.2.4 Kettenschaltung rauschender Vierpole

Ein Nachrichtenübertragungssystem läßt sich immer durch eine Zusammenschaltung einzelner Baugruppen darstellen. Die einzelnen Baugruppen können als Vierpole aufgefaßt werden; von jedem der Vierpole sei der Leistungsgewinn und der Rauschfaktor bekannt. Es interessiert dann der resultierende Rauschfaktor F_{ges} des Systems. Mit die wichtigste Art der Zusammenschaltung ist die Kettenschaltung. Treten bei einzelnen Teilvierpolen andere Zusammenschaltungen wie z. B. eine Parallel-Parallel-Schaltung auf, so läßt sich dafür immer ein äquivalenter Ersatzvierpol angeben, der mit den restlichen wieder in Kette geschaltet wird. – Die Rechenvorschrift zur Ermittlung von F_{ges} wird bereits bei der Kettenschaltung von nur zwei Vierpolen a und b deutlich. Wir betrachten deshalb nach Abb. 8.2/7 zwei Vierpole, von denen F_a, G_{Aa} und F_b, G_{Ab} bekannt seien. Wie in 8.2.2 betont wurde, ist der Rauschfaktor eines Vierpols eine Funktion des Realteils der Innenimpedanz seiner eigangsseitigen Beschaltung. F_a muß also für $R_s = \mathrm{Re}\,Z_s$ und F_b für $R_{ai} = \mathrm{Re}\,Z_{ai}$ bekannt sein. Bei Nichtbeachtung dieser Voraussetzung, wenn etwa F_b aus einer Messung mit anderem Innenwiderstand als dem bei der Zusammenschaltung wirksamen erhalten würde, wird F_{ges} falsch ermittelt.

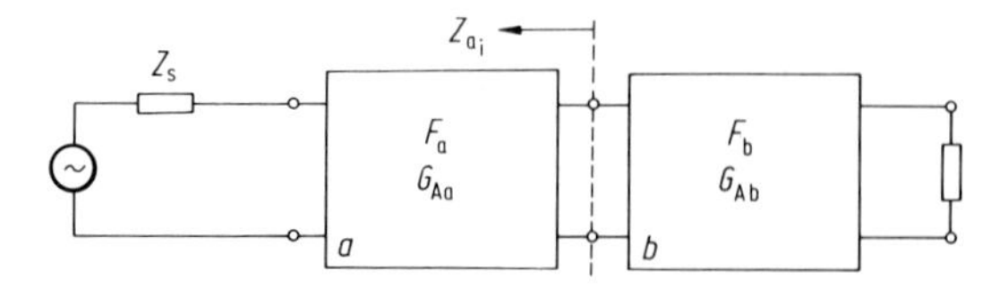

Abb. 8.2/7. Kettenschaltung von zwei Vierpolen **a** und **b** mit den Kennwerten F_a, G_{Aa} und F_b, G_{Ab}; Z_{ai} ausgangsseitige Innenimpedanz des eingangsbeschalteten Vierpols a; F_b und G_{Ab} gelten für Z_a

Nach dieser wichtigen Vorbemerkung wollen wir jetzt die Gleichung für F_{ges} herleiten. Dazu gehen wir von der Definitionsgleichung (8.2/7) aus und erhalten für den Rauschfaktor des Systems

$$F_{ges} = F_{ab} = \frac{N_{2v}}{G_{Aab} N_{1v}} = \frac{N_{2v}}{G_{Aa} G_{Ab} N_{1v}} . \tag{8.2/12}$$

Da die Rauschbeiträge der einzelnen Schaltungsstufen in Abb. 8.2/7 (Signalquelle, Vierpol *a* und Vierpol *b*) unkorreliert sind, lassen sie sich additiv zu N_{2v} zusammensetzen. Wir setzen zwei Teilbeiträge N_{va} und N_{vb} an und schreiben:

$$N_{2v} = N_{va} + N_{vb} . \tag{8.2/13}$$

In N_{va} sollen Rauschanteil der Signalquelle und Zusatzrauschen des Vierpols *a* zusammengefaßt sein. Mit Gl. (8.2/2) gilt somit:

$$\begin{aligned} N_{va} &= (N_{1v} G_{Aa} + N_{vza}) G_{Ab} = (N_{1v} G_{Aa} + (F_a - 1) G_{Aa} N_{1v}) G_{Ab} \\ &= F_a N_{1v} G_{Aa} G_{Ab} . \end{aligned} \tag{8.2/14}$$

Der Anteil N_{vb} beschreibt jetzt nur noch das Zusatzrauschen von Vierpol *b*, $N_{vb} = N_{vzb}$. Nach Gl. (8.2/2) gilt dafür analog zum Vierpol *a* die Beziehung

$$N_{vb} = (F_b - 1) N_{1v} G_{Ab} . \tag{8.2/15}$$

Setzen wir N_{va} und N_{vb} in die Gleichung für $F_{ges} = F_{ab}$ ein, so ergibt sich:

$$F_{ab} = \frac{F_a N_{1v} G_{Aa} G_{Ab} + (F_b - 1) N_{1v} G_{Ab}}{G_{Aa} G_{Ab} N_{1v}} = F_a + \frac{F_b - 1}{G_{Aa}} . \tag{8.2/16}$$

Bei dieser Herleitung ist vorausgesetzt, daß die Rauschzahlen aller Teilvierpole auf die gleiche Referenztemperatur T bezogen sind.

Gl. (8.2/16) läßt sich ohne Schwierigkeiten auf allgemein v Vierpole erweitern und lautet dann

$$F_{ges} = F_1 + \frac{F_2 - 1}{G_{A_1}} + \cdots + \frac{F_v - 1}{G_{A_1} G_{A_2} \cdots G_{A_{v-1}}} . \tag{8.2/17}$$

Mit Hilfe von Gl. (8.2/11) können wir die entsprechende effektive Rauschtemperatur $T_{e,ges}$ des Systems angeben. Dazu ziehen wir auf beiden Seiten von Gl. (8.2/17) die Zahl 1 ab und multiplizieren mit T.

$$T_{e,ges} = T_{e_1} + \frac{T_{e2}}{G_{A_1}} + \cdots + \frac{T_{e_v}}{G_{A_1} G_{A_2} \cdots G_{A_{v-1}}} \tag{8.2/18}$$

und unter der Voraussetzung daß sich F_a und F_b bei der Vertauschung nicht ändern.

8.2.5 Das Rauschmaß und seine Bedeutung in Kettenschaltungen

In vielen praktischen Fällen hat man die Wahl, in welcher Reihenfolge Teilvierpole zu einem System zusammengeschaltet werden. Im Hinblick auf einen möglichst kleinen Gesamtrauschfaktor ist diese Wahlmöglichkeit jedoch eingeschränkt. Wir wollen wieder nur zwei Vierpole in Betracht ziehen. Da im allgemeinen $F_{ab} \neq F_{ba}$ ist, wird ein

Entscheidungskriterium für den günstigeren Fall gesucht. Als solches haben Haus und Adler [17] das sog. Rauschmaß M (engl. noise-measure) eingeführt. (Zur Unterscheidung von M und dem Rauschfaktor in dB haben wir letzteren in 8.2.2 Rauschzahl genannt.) Wir wollen annehmen, daß die Ungleichung $F_{ab} < F_{ba}$ erfüllt sei, d. h., die Kombination nach Abb. 8.2/7 rauschmäßig günstiger sei als die vertauschte. Dann gilt nach Gl. (8.2/16)

$$F_a + \frac{F_b - 1}{G_{Aa}} < F_b + \frac{F_a - 1}{G_{Ab}} .$$

Diese Ungleichung verknüpft auf beiden Seiten Kenngrößen beider Vierpole. Sie ist also noch nicht als Entscheidungskriterium brauchbar. Nach Multiplikation mit $G_{Aa}G_{Ab}$ und Subtraktion dieses Produkts auf beiden Seiten erhält man

$$\frac{F_a - 1}{1 - \dfrac{1}{G_{Aa}}} < \frac{F_b - 1}{1 - \dfrac{1}{G_{Ab}}} \quad \text{Voraussetzung} \quad G_{Aa}, G_{Ab} \neq 1 .$$

Mit den Rauschmaßen

$$M_a = \frac{F_a - 1}{1 - \dfrac{1}{G_{Aa}}} \quad \text{und} \quad M_b = \frac{F_b - 1}{1 - \dfrac{1}{G_{Ab}}} \tag{8.2/19}$$

muß also zur Erfüllung unserer Bedingung $F_{ab} < F_{ba}$ die Ungleichung $M_a < M_b$ gelten. Der zunächst naheliegende Schluß, für die rauschmäßig günstigere Kombination den Vierpol mit dem kleinsten Rauschfaktor als ersten zu wählen, trifft nicht immer zu, weil in die Berechnung von F_{ges} nicht nur die F_n, sondern auch die G_{An} eingehen. In einem System zum Empfang sehr schwacher Signale ist also der Verstärker mit dem kleinsten *Rauschmaß* als erster zu wählen. Diese Bedingung wird erst für $G_{An} \geq 100$ mit der oben genannten Wahl des Verstärkers mit kleinstem *Rauschfaktor* nahezu identisch.

8.3 Die Antennenrauschtemperatur

Beim Betrieb eines Empfängers mit einer Antenne in einem Funksystem wird bereits an den unbeschalteten Klemmen der Antenne eine Rauschspannung beobachtet. Wenn wir die Antenne als verlustlos voraussetzen und von künstlichen Störquellen absehen, so kann dieses Rauschen nur noch von der Strahlung herrühren, welche die Umgebung der Antenne zustrahlt. Zu diesen Strahlungsquellen zählen die Erde, die Erdatmosphäre, Sonne und Milchstraße sowie weitere kosmische Radioquellen. Wir nehmen die Antennenumgebung als schwarzen Körper an (Körper mit idealer Absorption elektromagnetischer Strahlung). Die Strahlung eines schwarzen Körpers, der sich auf der Temperatur T_H befindet, wird durch das Planksche Strahlungsgesetz beschrieben.

$$H = \frac{2hf^3}{c^2} \frac{1}{e^{\frac{hf}{kT_H}} - 1} . \tag{8.3/1}$$

In Gl. (8.3/1) bedeuten h das Plancksche Wirkungsquantum und c die Vakuumlichtgeschwindigkeit. H selbst wird als spektrale Strahlungshelligkeit bezeichnet.

Für den gesamten Radiofrequenzbereich und für $T_H > 1$ K kann Gl. (8.3/1) wegen $hf \ll kT_H$ durch die Rayleigh-Jeanssche Näherung dargestellt werden.

$$H \approx \frac{2kT_H}{\lambda^2}. \tag{8.3/2}$$

Die Strahlung eines schwarzen Körpers ist unpolarisiert und von statistischer Natur. In unserem Anwendungsfall haben wir es mit einem inhomogen temperierten schwarzen Körper zu tun. Wenn wir uns nach Abb. 8.3/1a die Antenne im Inneren des schwarzen Körpers angeordnet denken, bedeutet dies, daß T_H eine Funktion von ϑ und φ ist. Entsprechend Abb. 8.3/1b sei an der Oberfläche des schwarzen Körpers ein Flächenelement betrachtet, dessen Projektion auf eine Fläche senkrecht zur r-Richtung mit $\mathrm{d}A_H$ bezeichnet sei. Von diesem Flächenelement wird pro Bandbreiteneinheit die Leistung $H\,dA_H$ isotrop emittiert. Im Abstand r ergibt sich somit eine spektrale Rauschleistungsdichte pro Flächeneinheit von:

$$\mathrm{d}S_A = H\frac{\mathrm{d}A_H}{4\pi r^2} = H\,\mathrm{d}\Omega_H. \tag{8.3/3}$$

Mit $\mathrm{d}A_H/4\pi r^2 = \mathrm{d}\Omega_H$ ist in Gl. (8.3/3) das Raumwinkelelement $\mathrm{d}\Omega_H$ eingeführt. Das ist jener räumliche Winkel, unter dem das senkrecht orientierte Flächenelement $\mathrm{d}A_H$ vom Beobachtungsort aus zu sehen ist. Die Antenne im Ursprung des Koordinatensystems in Abb. 8.3/1a werde angepaßt betrieben, d. h. $Z = Z_A^*$, wenn Z_A die Impedanz im Antennenspeisepunkt bedeutet. Im Verbraucher wird dann für das Frequenzintervall Δf und dem aus der Richtung ϑ, φ zugestrahlten Beitrag der Wärmestrahlung die verfügbare Leistung $\mathrm{d}N_v$ absorbiert.

$$\mathrm{d}N_v = \frac{1}{2}A_w(\vartheta,\varphi)\,\mathrm{d}S_A(\vartheta,\varphi)\,\Delta f = \frac{1}{\lambda^2}kT_H(\vartheta,\varphi)\,A_w(\vartheta,\varphi)\,\Delta f\,\mathrm{d}\Omega_H. \tag{8.3/4}$$

In Gl. (8.3/4) bedeutet $A_w(\vartheta,\varphi)$ die Wirkfläche der Antenne in ϑ, φ-Richtung. Der Faktor 1/2 rührt daher, daß Gl. (8.3/2) für die Gesamtstrahlung in allen Polarisationsrichtungen gilt, die Antenne aber nur eine Vorzugspolarisation verarbeitet (Kopolarisationsanteil). Um die gesamte Rauschleistung N_v zu ermitteln, ist Gl. (8.3/4) über die gesamte Antennenumgebung zu integrieren.

$$N_v = k\Delta f\left\{\frac{1}{\lambda^2}\oint_{4\pi} A_w(\vartheta,\varphi)\,T_H(\vartheta,\varphi)\,\mathrm{d}\Omega_H\right\}. \tag{8.3/5}$$

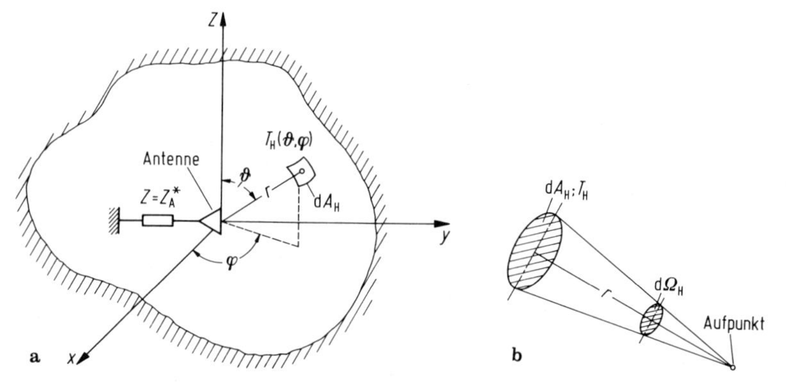

Abb. 8.3/1. **a** Antenne im Inneren eines schwarzen Körpers. T_H ist eine Funktion von ϑ, φ; Z_A ist die Antennenimpedanz im Speisepunkt; **b** Flächenelement $\mathrm{d}A_H$ und Raumwinkelelement $\mathrm{d}\Omega_H$

Indem wir für $N_v = kT_A \Delta f$ setzen, finden wir für die gesuchte Antennenrauschtemperatur T_A

$$T_A = \frac{1}{\lambda^2} \oint_{4\pi} A_w(\vartheta, \varphi) T_H(\vartheta, \varphi) \, d\Omega_H . \tag{8.3/6}$$

Über die Beziehung $A_w(\vartheta, \varphi) = (\lambda^2/4\pi) G(\vartheta, \varphi)$ kann für Gl. (8.3/6) auch geschrieben werden

$$T_A = \frac{1}{4\pi} \oint_{4\pi} G(\vartheta, \varphi) T_H(\vartheta, \varphi) \, d\Omega_H . \tag{8.3/7}$$

Die Antennenrauschtemperatur ist somit als der mit der Antennenwirkfläche oder dem Antennengewinn gewichtete Mittelwert der Rauschtemperatur der Antennenumgebung aufzufassen. Sie hängt naturgemäß von der Orientierung der Antenne im Raum ab.

Wir betrachten zwei Sonderfälle. Im ersten Fall sei eine stetige, sich nur schwach mit ϑ, φ ändernde Verteilung von T_H und eine Antenne mit sehr hohem Gewinn in Hauptstrahlrichtung angenommen. Bei Ausrichtung der Antenne in Richtung ϑ_0, φ_0, bezogen auf ein raumfestes Koordinatensystem nach Abb. 8.3/1a, wird die Antennenrauschtemperatur $T_A(\vartheta_0, \varphi_0)$ gemessen. Dann ist

$$T_A(\vartheta_0, \varphi_0) = \frac{1}{4\pi} \oint_{4\pi} G(\vartheta, \varphi) T_H(\vartheta, \varphi) \, d\Omega_H \tag{8.3/6}$$

$$= \frac{1}{4\pi} T_H(\vartheta_0 \varphi_0) \underbrace{\oint_{4\pi} G(\vartheta, \varphi) d\Omega_H}_{4\pi} = T_H(\vartheta_0, \varphi_0) . \tag{8.3/8}$$

Auf diese Weise kann die richtungsabhängige Hintergrundstrahlung der Antennenumgebung gemessen werden. In Abb. 8.3/2b und c sind die kosmische und die atmosphärische Rauschtemperatur T_H als Funktion der Frequenz dargestellt.

Für den zweiten Sonderfall nehmen wir eine praktisch diskrete Rauschquelle der Temperatur T_H in einem engen Raumwinkelbereich Ω_H an. Die sonstige Hintergrundstrahlung sei zu vernachlässigen. Der äquivalente Raumwinkel $\Omega_A = 4\pi/G$ der Antenne sei größer als Ω_H. Bei Ausrichtung der Antenne auf die Rauschquelle gilt dann entsprechend Gl. (8.3/8).

$$T_A = T_H \frac{\Omega_H}{\Omega_A} \tag{8.3/9}$$

Sind Ω_H der Quelle und Ω_H der Antenne bekannt und wird T_A gemessen, so läßt sich T_H nach Gl. (8.3/9) berechnen. Ein praktisches Beispiel für eine diskrete, kosmische Rauschquelle ist die Sonne, bei der für Ω_H ca. $6{,}5 \cdot 10^{-5}$ sr (Steradiant) anzusetzen sind. Die Frequenzabhängigkeit der Sonnenrauschtemperatur ist in Abb. 8.3/2a für ruhige und gestörte Sonne dargestellt. Die Antennenrauschtemperatur spielt bei der Dimensionierung einer Funkstrecke nur dann eine wesentliche Rolle, wenn sie von gleicher Größenordnung wie die effektive Rauschtemperatur des Empfängers ist oder diese übersteigt. In Abb. 8.3/2d sind deshalb einige repräsentative Werte von T_e bzw. $\bar{F}$ für verschiedene Empfängereingangsschaltungen angegeben. Bei bekanntem T_A kann andererseits entschieden werden, ob sich der Einsatz eines bestimmten rauscharmen Verstärkers auch lohnt.

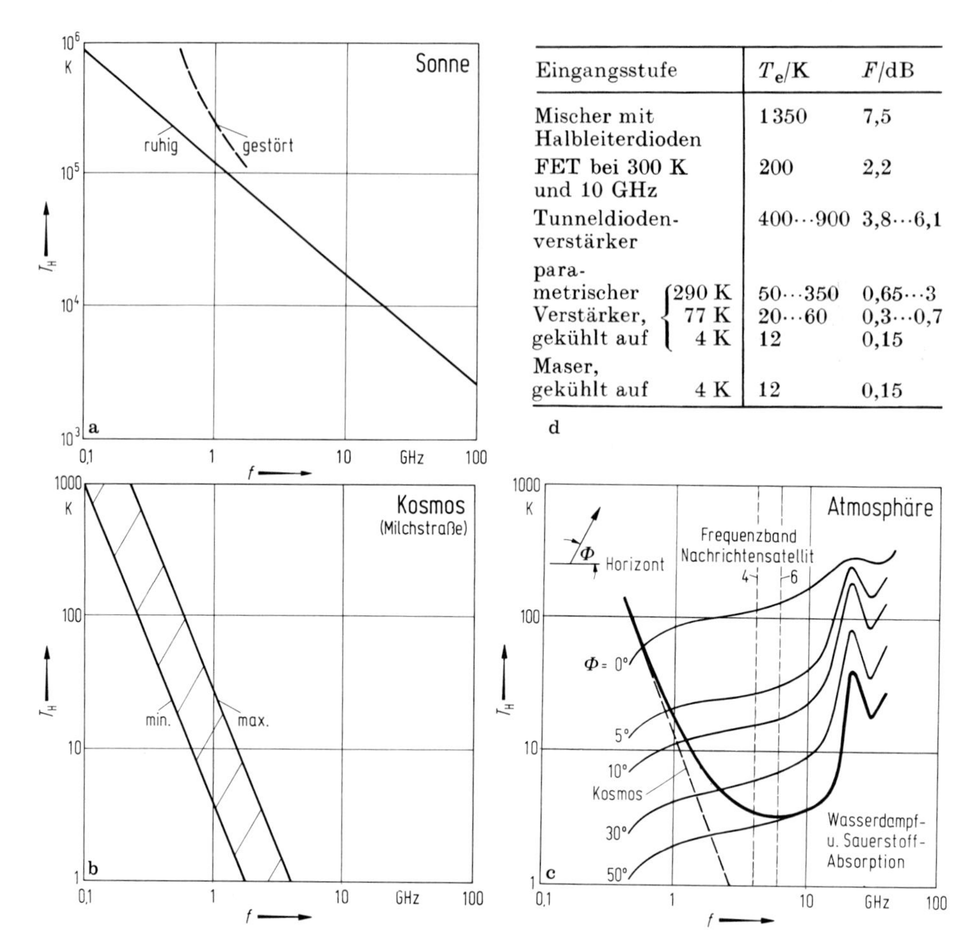

Eingangsstufe		T_e/K	F/dB
Mischer mit Halbleiterdioden		1350	7,5
FET bei 300 K und 10 GHz		200	2,2
Tunneldioden-verstärker		400···900	3,8···6,1
para-metrischer Verstärker, gekühlt auf	290 K	50···350	0,65···3
	77 K	20···60	0,3···0,7
	4 K	12	0,15
Maser, gekühlt auf	4 K	12	0,15

Abb. 8.3/2a–d. Rauschtemperaturen: **a** Sonnenrauschen; **b** kosmisches Hintergrundrauschen; **c** atmosphärisches Rauschen; die stark ausgezogene Kurve gilt für die Summe aus thermischem und atmosphärischem Rauschen bei $\Phi = 50°$; **d** Rauschtemperaturen und Rauschzahlen von Empfängereingangsschaltungen

8.4 Beispiele

8.4.1 Rauschen einer bipolaren Transistorstufe und eines GaAs-MESFET [23]

Zur Berechnung des Rauschfaktors einer Transistorstufe benutzen wir nach einem Vorschlag von van der Ziel [18] ein Rauschersatzschaltbild nach Abb. 8.4/1. Dabei beschreibt I_{rE} das Schrotrauschen der Emitterdiode nach Gl. (8.1/34c), I_v das Stromverteilungsrauschen entsprechend der Verteilung von I_E auf die Basis- und Kollektorelektrode und U_{rB} das thermische Rauschen des Basiswiderstandes. Nicht berücksichtigt ist das $1/f$-Rauschen. Für die spektralen Leistungsdichten der einzelnen unkorrelierten Rauschquellen gilt:

$$S_{rE}(\omega) = 2eI_E; \qquad S_{rB}(\omega) = 4kTr_B; \qquad S_{rv}(\omega) = 2e\alpha_0 I_E(1-\alpha_0)\frac{1+(f/f_\alpha\sqrt{1-\alpha_0})^2}{1+(f/f_\alpha)^2},$$

wobei f_α die α-Grenzfrequenz des Transistors bedeutet. Wird der Transistor entsprechend Abb. 8.4/1 beschaltet, so kann sein Rauschfaktor in Basisschaltung berechnet werden. Nach den bereits bei der

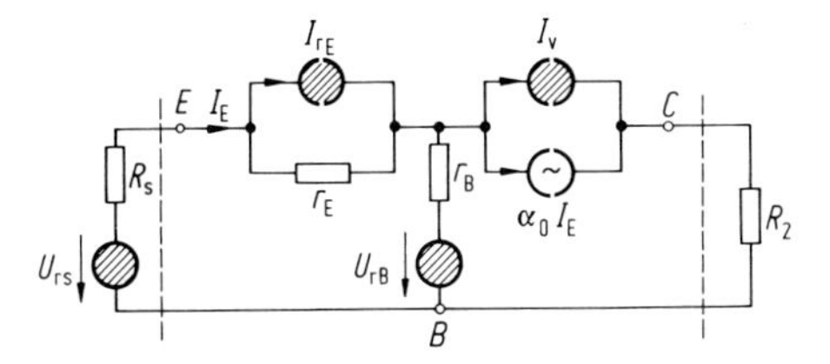

Abb. 8.4/1. Transistor-Rauschersatzschaltbild nach van der Ziel

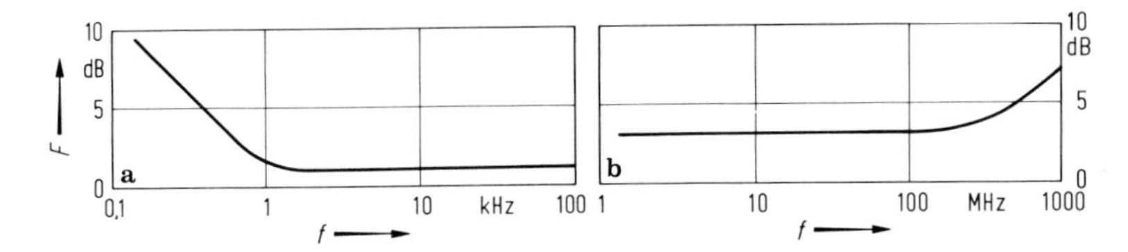

Abb. 8.4/2a u. b. Rauschzahl F als Funktion der Frequenz f, **a** für den NF-Transistor BC 309; $-U_{CE} = 5$ V; $-I_C = 0{,}2$ mA; $R_S = 2$ kΩ; **b** für den HF-Transistor AF 239; $-U_{CB} = 10$ V; $-I_C = 2$ mA; $R_S = 60\ \Omega$

Tabelle 8.4/1. Rauschzahl von Verstärkern mit Si-Bipolartransistoren (F_{Bip}) und mit GaAs-MESFETs (F_{MESFET})

f/GHz	2	4	6	10	20	40
F_{Bip}/dB	1,2	2,2	3	–	–	–
F_{MESFET}/dB	0,2	0,3	0,5	0,8	1,6	2,6

Triodenschaltung dargestellten Regeln folgt:

$$F = 1 + \frac{r_B}{R_S} + \frac{eI_E}{2kTR_S} r_E^2 + \frac{eI_E}{2kTR_S} \frac{1-\alpha_0}{\alpha_0} (r_B + r_E + R_S)^2 \frac{1 + (f/f_\alpha \sqrt{1-\alpha_0})^2}{1 + (f/f_\alpha)^2} . \tag{8.4/1}$$

Die gemessene Frequenzabhängigkeit des Rauschfaktors des NF-Transistors BC 309 ist in Abb. 8.4/2a dargestellt, die des HF-Transistors AF 239 in Abb. 8.4/2b.

Das Rauschverhalten von FET-Verstärkern ist in Abschn. 7.4.2.6 behandelt. Die Tab. 8.4/1 zeigt für 1990 den Entwicklungsstand der Rauschzahl von Verstärkern mit bipolaren Transistoren und mit GaAs-MESFETs in Abhängigkeit von der Frequenz. Man erkennt, daß im GHz-Bereich mit GaAs-MESFETs sehr viel rauschärmere Verstärker realisiert werden können als mit Si-Bipolartransistoren. Wegen der überlegenen Rauscheigenschaften der Transistoren und des vergleichsweise geringen schaltungstechnischen Aufwandes ist die Verwendung von Röhrentrioden in rauscharmen Vorstufen heute technisch überholt. Ein Rauschersatzschaltbild für einen FET zeigt Abb. 7.4/16

8.4.2 Dimensionierung einer Funkstrecke mit Rücksicht auf den Störabstand

Als weiteres Beispiel sei die Dimensionierung einer Funkstrecke nach der Fränzschen Formel behandelt. Nach dieser Formel gilt

$$P_E = P_S G_S G_E \left(\frac{\lambda}{4\pi L}\right)^2 , \tag{8.4/2}$$

wobei P_E bzw. P_S die Empfangs- bzw. Sendeleistung, G_S und G_E die Gewinne der Antennen, λ die Betriebswellenlänge und L die Entfernung zwischen Sender und Empfänger bedeuten. Mit der Antennenrauschtemperatur T_A und der effektiven Empfänger-Rauschtemperatur T_e bilden wir die Systemrauschtemperatur $T_S = T_A + T_e$. Am Empfängereingang ist dann eine Rauschleistung $N = kT_S \Delta f$ verfügbar. Wir erweitern Gl. (8.4/5) mit N und schreiben sie in der Form:

$$P_S = kT_S\Delta f \cdot \frac{P_E}{N} \frac{1}{G_S G_E}\left(\frac{4\pi L}{\lambda}\right)^2. \tag{8.4/3}$$

Sind beispielsweise außer P_S alle weiteren Systemparameter bekannt und wird ein bestimmter Störabstand P_E/N gewünscht, so kann die erforderliche Sendeleistung P_S nach Gl. (8.4/3) berechnet werden. Praktisch wird noch ein Zuschlag berücksichtigt, um eine Reserve für die atmosphärische Dämpfung und die Regendämpfung zu haben.

8.4.3 Systemrauschtemperatur bei Berücksichtigung einer verlustbehafteten Leitung zwischen Antenne und Empfänger

In Abschn. 8.4.2 wurde die Systemrauschtemperatur durch einfache Addition der Antennenrauschtemperatur T_A und der effektiven Rauschtemperatur des Empfängers T_e ermittelt. Dies setzt voraus, daß der Empfänger unmittelbar an die Antenne angeschlossen wird. Nunmehr betrachten wir ein Empfangssystem nach Abb. 8.4/3, bestehend aus einer Antenne mit der Antennenrauschtemperatur T_A, einer Leitung der Länge l mit der Temperatur T und einem Empfänger mit der effektiven Rauschtemperatur T_{e2}.

Für die Leistungsübertragung fassen wir die Verbindungsleitung als Dämpfungsglied auf und berechnen zunächst dessen effektive Rauschtemperatur T_{e1}. Entsprechend Gl. (8.2/11) gilt $T_{e1} = (F_1 - 1)T$. Den Rauschfaktor F_1 des Dämpfungsgliedes bestimmen wir mit Hilfe von Gl. (8.2/4) zu

$$F_1 = \frac{N_{2v}}{G_A N_{1v}} = \frac{kT\Delta f}{G_A kT\Delta f} = \frac{1}{G_A} = D. \tag{8.4/4}$$

In Gl. (8.4/4) ist $D = 1/G_A$ der Dämpfungsfaktor des Dämpfungsgliedes und damit

$$T_{e1} = (D-1)T. \tag{8.4/5}$$

Durch Anwendung von Gl. (8.2/18) kann nunmehr die resultierende Rauschtemperatur $T_{e\,ges}$ des Systems Leitung plus Empfänger berechnet werden:

$$T_{e\,ges} = (D-1)T + DT_{e2}\,. \tag{8.4/6}$$

Nach Addition von T_A erhalten wir die Systemrauschtemperatur T_{S1} nach Abb. 8.4/4:

$$T_{S1} = T_A + (D-1)T + DT_{e2}\,. \tag{8.4/7}$$

Neben der auf die Antennenklemmen bezogenen Systemrauschtemperatur T_{S1} ist es üblich, auch die Systemrauschtemperatur T_{S2} anzugeben, die entsprechend Abb. 8.4/3 auf die Empfängerklemmen bezogen wird. Wir erhalten T_{S2}, aus $T_{S2} = T_{S1}/D$ zu $T_{S2} = T_{e2} + (T_A + (D-1) \times T)/D$.

Zahlenbeispiel: Leitung der Länge $l = 10$ m; $\alpha = 0{,}05$ dB/m; $\alpha l = 0{,}5$ dB $= 0{,}0575$ Np; Dämpfungsfaktor $D = e^{2\alpha l} = e^{0.115} = 1.12$; $T = 290$ K

Satelliten-Bodenstation mit (gekühl. parametr. Verstärker) und	$T_{e2} = 45$ K $T_A = 55$ K	*Richtfunk-Station* mit (Mischer, Halbleiterdioden) und	$T_{e2} = 1300$ K $T_A = 200$ K
Antenne direkt am Empfänger:	$T_S = 100$ K		$T_S = 1500$ K

Zwischen Antenne und Empfänger Verbindungsleitung mit $D = 1{,}12$ und $T = 290$ K

$T_{S1}/\text{K} = 55 + 0{,}12 \cdot 290 + 1.12 \cdot 45$; $T_{S1} = 140$ K	$T_{S1}/\text{K} = 200 + 0{,}12 \cdot 290 + 1{,}12 \cdot 1300$; $T_{S1} = 1691$ K

Für gleichen Störabstand wie bei direkter Anschaltung notwendige Erhöhung der Sendeleistung

um den Faktor $T_{S1}/T_S = 140/100 = \underline{1{,}4}$	um den Faktor $T_{S1}/T_S = 1691/1500 = \underline{1{,}127}$

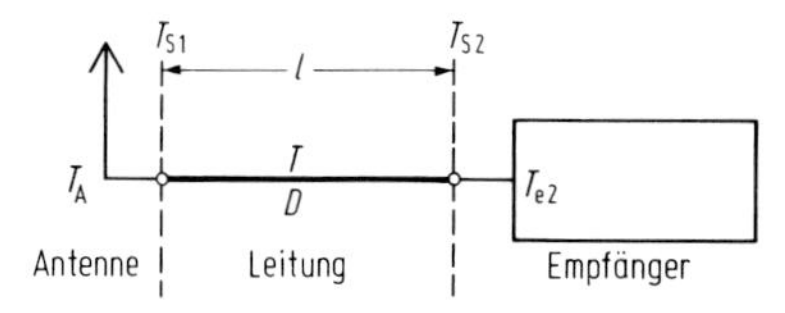

Abb. 8.4/3. Blockschaltbild eines Empfangssystems. Die Verbindungsleitung zwischen Antenne und Empfänger hat den Dämpfungsfaktor D

8.5 Literatur

1. Küpfmüller, K.: Die Systemtheorie der elektrischen Nachrichtenübertragung. 3. Aufl. Stuttgart: Hirzel 1968, S. 314–317.
2. Hütte IVB, Fernmeldetechnik. Berlin, München: Ernst und Sohn 1962, S. 1444–1475.
3. Charkewitsch, A.A: Signale und Störungen. München, Wien: Oldenbourg 1968.
4. Schlitt, H.: Systemtheorie für regellose Vorgänge. Berlin, Göttingen, Heidelberg: Springer 1960.
5. Davenport, W.B., Root, W.L.: An introduction to the theory of random signals and noise. New York: McGraw-Hill 1958.
6. von Mises, R.: Wahrscheinlichkeit, Statistik und Wahrheit. Wien: Springer 1936.
7. Schottky, W.: Über spontane Stromschwankungen in verschiedenen Elektrizitätsleitern. Ann. Phys. 57 (1918) 541–567.
8. Schottky, W.: Die Raumladungsschwächung des Schroteffektes. Wiss. Veröff. Siemens 16 (1937) 1–18.
9. Papoulis, A.: Probability, random variables and stochastic processes. New York: McGraw-Hill 1965.
10. Ziel, A. van der: Fluctuation phenomena in semiconductors. London: Butterworth 1959.
11. Ziel, A. van der: Thermal noise at high frequencies. Journal of Applied Physics 21 (1950) 399–401.
12. Johnson, I.B.: The Schottky effect in low-frequency circuits. Phys. Rev. 26 (1925) 71–85.
13. Beneking, H.: Praxis des elektronischen Rauschens. Mannheim: Bibliogr. Inst. 1971.
14. Bittel, H., Storm, L.: Rauschen. Berlin, Heidelberg, New York: Springer 1971.
15. Ballantine, S.: Shot effect in high frequency circuits. J. Franklin Inst. 206 (1928) 159–167.
16. Kosmahl, H.: Induziertes Gitterrauschen. NTF 2 (1955) 60–71.
17. Haus, H.A., Adler, R.B.: Circuit theory of noisy networks. New York: Wiley 1959.
18. Ziel, A. van der: Noise in solid-state devices and lasers. Proc. IEEE 58 (1970) 1178–1206.
19. Waerden, B.L. van der: Mathematische Statistik. Berlin, Heidelberg, New York: Springer 1971.
20. Müller, R.: Rauschen. Bd. 15 der Reihe Halbleiter-Elektronik. Berlin: Springer 1979.
21. Fukui, H.: Design of microwave GaAs-MESFETs for broadband low-noise amplifiers. IEEE. Trans. MTT-27 (1974) 643–650.
22. Rothe, H., Dahlke, W.: Theory of noisy fourpoles. Proc. of the IRE, Vol. 44, p. 811–818, June 1956.
23. Pucel, R.A., Haus, H.A., Statz, H.: Signal and noise properties of Gallium Arsenide microwave field-effect transistors. In: Advances in Electronics and Electron Physics, Vol. 38, New York: Academic Press, 1975, p. 195–265.
24. Jenkins, G.M., Watts, D.G.: Spectral analysis and its applications. San Francisco: Holden-Day 1968.

9. Verstärker

Verstärker sind aktive Zwei- oder Mehrtore, die mit Hilfe äußerer Energiequellen eine Verstärkung von Eingangssignalen vornehmen. Elektronische Verstärker werden in Kleinsignalverstärker (Gleichstromverstärker, Niederfrequenzverstärker geringer Leistung, Breitbandverstärker, Schmalband-Hochfrequenzverstärker) sowie Großsignalverstärker (Niederfrequenzverstärker hoher Leistung, Sendeverstärker) eingeteilt.

Wichtige Eigenschaften von Verstärkern sind Eingangs- und Ausgangspegel (Sättigungspegel), Eingangs- und Ausgangsimpedanz und die Übertragungsfaktoren als Funktion der Frequenz. Beim Entwurf von Verstärkern kommt es ferner auf Störabstand und Verzerrungen, Wirkungsgrad und Gleichleistungsverbrauch, Stabilität gegen Temperaturschwankungen, gegen Alterung von Bauelementen und gegen Änderung der Abschlußimpedanz an.

Angaben über Signalflußdiagramme findet man im Abschn. 9.1.10.2, über verschiedene Gewinndefinitionen in Abschn. 9.1.10.3 und über Stabilität in den Abschn. 9.1.9 und 9.1.10.5.

9.1 Kleinsignalverstärker

Bei dieser Art von Verstärkern sind die Spannungs- und Stromamplituden der zu verarbeitenden Signalgrößen klein gegen die Werte des Arbeitspunktes. Der Verstärker kann als linear aufgefaßt werden, seine Eigenschaften lassen sich in Ersatzschaltbildern mit konstanten Elementen nachbilden.

Die Zweitorgleichungen können in verschiedenen Formen geschrieben werden. Die z-Parameter haben die Dimension eines Widerstandes, die y-Parameter die Dimension eines Leitwertes

$$\begin{aligned} U_1 &= z_{11} I_1 + z_{12} I_2 \\ U_2 &= z_{21} I_1 + z_{22} I_2 \end{aligned} \tag{9.1/1}$$

$$\begin{aligned} I_1 &= y_{11} U_1 + y_{12} U_2 \\ I_2 &= y_{21} U_1 + y_{22} U_2, \end{aligned} \tag{9.1/2}$$

während die h- und p-Parameter uneinheitliche Dimensionen besitzen

$$\begin{aligned} U_1 &= h_{11} I_1 + h_{12} U_2 \\ I_2 &= h_{21} I_1 + h_{22} U_2 \end{aligned} \tag{9.1/3}$$

$$\begin{aligned} I_1 &= p_{11} U_1 + p_{12} I_2 \\ U_2 &= p_{21} U_1 + p_{22} I_2. \end{aligned} \tag{9.1/4}$$

Deutet man die Gleichungen als Knoten- bzw. Maschengleichungen, so erhält man die vier in Abb. 9.1/1a bis d dargestellten Zweitorersatzbilder aus passiven Elementen und gesteuerten Quellen.

Es ist jederzeit möglich, Parameter einer Darstellung in Parameter einer anderen Darstellung umzurechnen [1]. In Tab. 9.1/1 sind die Beziehungen zur Berechnung aller übrigen Parameter aus den y- und h-Parametern zusammengestellt.

In Tab. 9.1/1 sind auch die Kettenparameter a berücksichtigt, welche die Eingangsgrößen U_1, I_1 als Funktion der Ausgangsgrößen U_2, I_2 wiedergeben.

$$U_1 = a_{11}U_2 + a_{12}I_2$$

$$I_1 = a_{21}U_2 + a_{22}I_2 .$$

Dabei ist der Zählpfeil für I_2 umgekehrt gerichtet (Kettenpfeil) wie in Abb. 9.1/1, in welcher „symmetrische“ Pfeile verwendet sind.

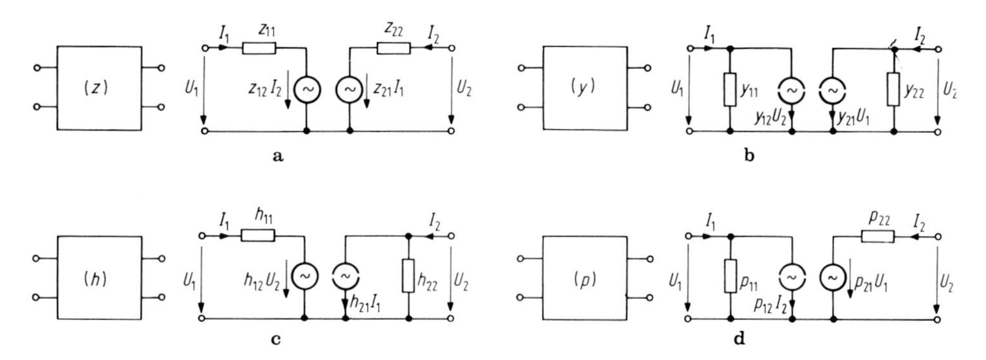

Abb. 9.1/1a–d. Kleinsignalersatzbilder aktiver Zweitore mit Darstellungen für verschiedene Parameter: **a** z-Parameter; **b** y-Parameter; **c** h-Parameter; **d** p-Parameter

Tabelle 9.1/1. Umrechnung der Zweitorparameter

Gegebene Parameter	Gesuchte Parameter (Δ ist die Determinante, z. B. $\Delta y = y_{11}y_{22} - y_{12}y_{21}$)			
y	$z_{11} = \frac{y_{22}}{\Delta y}$	$z_{12} = -\frac{y_{12}}{\Delta y}$	$p_{11} = \frac{\Delta y}{y_{22}}$	$p_{12} = \frac{y_{12}}{y_{22}}$
	$z_{21} = -\frac{y_{21}}{\Delta y}$	$z_{22} = \frac{y_{11}}{\Delta y}$	$p_{21} = -\frac{y_{21}}{y_{22}}$	$p_{22} = \frac{1}{y_{22}}$
	$h_{11} = \frac{1}{y_{11}}$	$h_{12} = -\frac{y_{12}}{y_{11}}$	$a_{11} = -\frac{y_{22}}{y_{21}}$	$a_{12} = -\frac{1}{y_{21}}$
	$h_{21} = \frac{y_{21}}{y_{11}}$	$h_{22} = \frac{\Delta y}{y_{11}}$	$a_{21} = -\frac{\Delta y}{y_{21}}$	$a_{22} = -\frac{y_{11}}{y_{21}}$
h	$p_{11} = \frac{h_{22}}{\Delta h}$	$p_{12} = -\frac{h_{12}}{\Delta h}$	$z_{11} = \frac{\Delta h}{h_{22}}$	$z_{12} = \frac{h_{12}}{h_{22}}$
	$p_{21} = -\frac{h_{21}}{\Delta h}$	$p_{22} = \frac{h_{11}}{\Delta h}$	$z_{21} = -\frac{h_{21}}{h_{22}}$	$z_{22} = \frac{1}{h_{22}}$
	$y_{11} = \frac{1}{h_{11}}$	$y_{12} = -\frac{h_{12}}{h_{11}}$	$a_{11} = -\frac{\Delta h}{h_{21}}$	$a_{12} = -\frac{h_{11}}{h_{21}}$
	$y_{21} = \frac{h_{21}}{h_{11}}$	$y_{22} = \frac{\Delta h}{h_{11}}$	$a_{21} = -\frac{h_{22}}{h_{21}}$	$a_{22} = -\frac{1}{h_{21}}$

Läßt man einige Näherungen zu, gelingt es in vielen Fällen, Ersatzbilder von Verstärkern idealisiert darzustellen. In Abb. 9.1/2 ist der ideale Übertragungsimpedanzverstärker, in Abb. 9.1/3 der ideale Übertragungsleitwertverstärker gezeigt. $y_T = y_{21}$ entspricht der Steilheit S bei Röhren und Transistoren (bei letzteren in der amerikanischen Literatur zuweilen auch mit g_m bezeichnet). Der Stromübertragungsfaktor $A_i = K_i = h_{21}$ des idealen Stromverstärkers (Abb. 9.1/4) entspricht der Größe α bzw. β bei Transistoren. Der ideale Spannungsverstärker (Abb. 9.1/5) mit unendlich hohem Eingangswiderstand, verschwindendem Serienausgangswiderstand und einem reellen Spannungsübertragungsfaktor $A_u = K_u = p_{21}$ (bei Röhren ist $K_u = \mu$) besitzt eine unendlich große Leistungsverstärkung, da er keine Eingangsleistung benötigt.

Eine bessere Annäherung an die praktischen Verstärker erreicht man, indem man in Abb. 9.1/1 nur die der Rückwirkung vom Ausgang auf den Eingang entsprechenden gesteuerten Quellen auf der Eingangsseite wegläßt. Aus den vier idealen Verstärkerersatzbildern werden dann die Schaltbilder der Abb. 9.1/6a und b. In vielen praktischen Fällen ist die Vernachlässigung der Rückwirkung durchaus zulässig.

Der Transistor in Emittergrundschaltung wird besonders einfach durch Abb. 9.1/6b dargestellt (vergleiche Abb. 7.3/28). Darin ist $h_{11E} = r_{BE}$, $h_{21E} = \beta$ und $h_{22E} = 1/r_{CE}$. Für die Röhre in Kathodengrundschaltung ist mit $p_{21K} = \mu$ und $p_{22K} = R_i$ die Darstellung in Abb. 9.1/6a gebräuchlich. Die y-Werte für höhere Frequenzen findet man in Abschn. 7.7.5.

Die verschiedenen Grundschaltungen der Verstärkerelemente sind im nächsten Abschnitt verglichen.

Für die Umrechnung zwischen Zweitorparametern und Streuparametern siehe Tab. 9.1/2.

$$(z) = \begin{pmatrix} 0 & 0 \\ z_T & 0 \end{pmatrix}$$

Abb. 9.1/2. Idealer Übertragungsimpedanzverstärker

$$(y) = \begin{pmatrix} 0 & 0 \\ y_T & 0 \end{pmatrix}$$

Abb. 9.1/3. Idealer Übertragungsleitwertverstärker

$$(h) = \begin{pmatrix} 0 & 0 \\ K_i & 0 \end{pmatrix}$$

Abb. 9.1/4. Idealer Stromverstärker

$$(p) = \begin{pmatrix} 0 & 0 \\ K_u & 0 \end{pmatrix}$$

Abb. 9.1/5. Idealer Spannungsverstärker

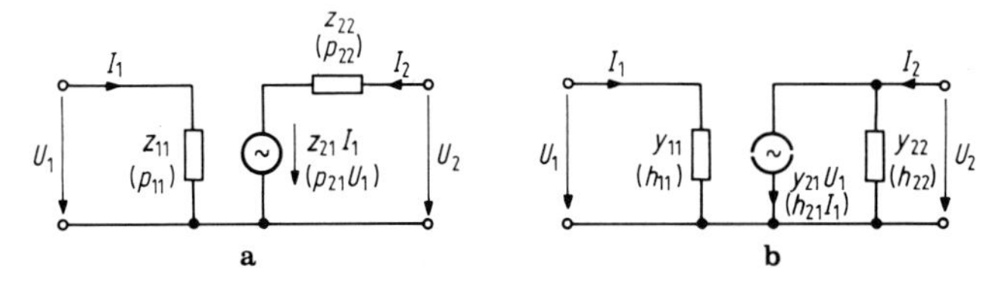

Abb. 9.1/6a u. b. Kleinsignalersatzbilder von Verstärkern unter Vernachlässigung der Rückwirkung vom Ausgang auf den Eingang

Tabelle 9.1/2. Umrechnung zwischen Streuparametern (S) und Zweitorparametern (y, z, h, p)

	$(S) \to (y), (z), (h), (p)$		$(y), (z), (h), (p) \to (S)$	
(y)	$y_{11} = \frac{1 + S_{22} - S_{11} - \Delta_S}{1 + S_{22} + S_{11} + \Delta_S}$	$y_{12} = \frac{-2S_{12}}{1 + S_{22} + S_{11} + \Delta_S}$	$S_{11} = \frac{y_{22} + 1 - (\Delta_y + y_{11})}{y_{22} + 1 + \Delta_y + y_{11}}$	$S_{12} = \frac{-2y_{12}}{y_{22} + 1 + \Delta_y + y_{11}}$
	$y_{21} = \frac{-2S_{21}}{1 + S_{22} + S_{11} + \Delta_S}$	$y_{22} = \frac{1 - S_{22} + S_{11} - \Delta_S}{1 + S_{22} + S_{11} + \Delta_S}$	$S_{21} = \frac{-2y_{21}}{y_{22} + 1 + \Delta_y + y_{11}}$	$S_{22} = \frac{y_{11} + 1 - (\Delta_y + y_{22})}{y_{22} + 1 + \Delta_y + y_{11}}$
(z)	$z_{11} = \frac{1 - S_{22} + S_{11} - \Delta_S}{1 - S_{22} - S_{11} + \Delta_S}$	$z_{12} = \frac{2S_{12}}{1 - S_{22} - S_{11} + \Delta_S}$	$S_{11} = \frac{\Delta_z + z_{11} - (z_{22} + 1)}{\Delta_z + z_{11} + z_{22} + 1}$	$S_{12} = \frac{2z_{12}}{\Delta_z + z_{11} + z_{22} + 1}$
	$z_{21} = \frac{2S_{21}}{1 - S_{22} - S_{11} + \Delta_S}$	$z_{22} = \frac{1 + S_{22} - S_{11} - \Delta_S}{1 - S_{22} - S_{11} + \Delta_S}$	$S_{21} = \frac{2z_{21}}{\Delta_z + z_{11} + z_{22} + 1}$	$S_{22} = \frac{\Delta_z + z_{22} - (z_{11} + 1)}{\Delta_z + z_{11} + z_{22} + 1}$
(h)	$h_{11} = \frac{\Delta_S + S_{11} + S_{22} + 1}{-\Delta_S - S_{11} + S_{22} + 1}$	$h_{12} = \frac{2S_{12}}{-\Delta_S - S_{11} + S_{22} + 1}$	$S_{11} = \frac{h_{11} + \Delta_h - 1 - h_{22}}{h_{11} + \Delta_h + 1 + h_{22}}$	$S_{12} = \frac{2h_{12}}{h_{11} + \Delta_h + 1 + h_{22}}$
	$h_{21} = \frac{-2S_{21}}{-\Delta_S - S_{11} + S_{22} + 1}$	$h_{22} = \frac{\Delta_S - S_{11} - S_{22} + 1}{-\Delta_S - S_{11} + S_{22} + 1}$	$S_{21} = \frac{-2h_{21}}{h_{11} + \Delta_h + 1 + h_{22}}$	$S_{22} = \frac{h_{11} - \Delta_h + 1 - h_{22}}{h_{11} + \Delta_h + 1 + h_{22}}$
(p)	$p_{11} = \frac{\Delta_S - S_{11} - S_{22} + 1}{-\Delta_S + S_{11} - S_{22} + 1}$	$p_{12} = \frac{-2S_{12}}{-\Delta_S + S_{11} - S_{22} + 1}$	$S_{11} = \frac{p_{22} + 1 - \Delta_p - p_{11}}{p_{22} + 1 + \Delta_p + p_{11}}$	$S_{12} = \frac{-2p_{12}}{p_{22} + 1 + \Delta_p + p_{11}}$
	$p_{21} = \frac{2S_{21}}{-\Delta_S + S_{11} - S_{22} + 1}$	$p_{22} = \frac{\Delta_S + S_{11} + S_{22} + 1}{-\Delta_S + S_{11} - S_{22} + 1}$	$S_{21} = \frac{2p_{21}}{p_{22} + 1 + \Delta_p + p_{11}}$	$S_{22} = \frac{p_{22} - 1 + \Delta_p - p_{11}}{p_{22} + 1 + \Delta_p + p_{11}}$

9.1.1 Grundschaltungen

Transistor und Röhre sind Verstärkerelemente mit drei Elektroden. Verwendet man ein solches Element als Zweitor, muß eine Elektrode für Eingang und Ausgang gemeinsam sein. Die Eigenschaften des Zweitors hängen dann davon ab, welche der drei Elektroden dem Eingangs- und Ausgangstor angehört.

Die Transistor-Grundschaltungen sind in 7.3.6.2 und 7.4.2.3 dargestellt. Die Basisschaltung des Transistors und die Gittergrundschaltung der Röhre haben einen niedrigen Eingangswiderstand, einen großen Spannungsübertragungsfaktor, aber einen Stromübertragungsfaktor kleiner als eins. Die Emitterschaltung des Transistors und die Kathodengrundschaltung der Röhre besitzen große Übertragungsfaktoren für Strom und Spannung. Die Kollektorschaltung des Transistors und die Anodengrundschaltung der Röhre verbinden einen Spannungsübertragungsfaktor, der kleiner als eins ist, mit großer Eingangs- und kleiner Ausgangsimpedanz (Impedanzwandler). Dies gilt analog für Gate-, Source- und Drain-Schaltung bei FETs.

Abbildung 9.1/7 zeigt ein Dreielektrodenelement in Dreitorschaltung (mit symmetrischen Zählpfeilen). Es kann ein Gleichungssystem z. B. in Leitwertform (y-Parameter) aufgestellt werden

$$\begin{aligned} I_1 &= y_{11} U_1 + y_{12} U_2 + y_{13} U_3 \\ I_2 &= y_{21} U_1 + y_{22} U_2 + y_{23} U_3 \\ I_3 &= y_{31} U_1 + y_{32} U_2 + y_{33} U_3 . \end{aligned}$$

Die Summe der Leitwerte jeder Spalte muß Null sein, wie aus der Knotengleichung $I_1 + I_2 + I_3 = 0$ folgt. Damit erhält man

$$\begin{aligned} y_{11} + y_{21} + y_{31} &= 0 \\ y_{12} + y_{22} + y_{32} &= 0 \\ y_{13} + y_{23} + y_{33} &= 0 . \end{aligned} \qquad (9.1/5)$$

Da für $U_1 = U_2 = U_3$ die Spannungen zwischen den Klemmen 12, 23 und 31 verschwinden, sind die Ströme einzeln Null. Daher müssen auch die Zeilensummen der Leitwerte verschwinden

$$\begin{aligned} y_{11} + y_{12} + y_{13} &= 0 \\ y_{21} + y_{22} + y_{23} &= 0 \\ y_{31} + y_{32} + y_{33} &= 0 . \end{aligned} \qquad (9.1/6)$$

Von den sechs Gleichungen sind fünf linear voneinander unabhängig. Daher ist es möglich, alle neun Leitwertparameter zu berechnen, wenn vier Leitwertparameter gegeben sind.

Ist z. B. die Leitwertmatrix eines Transistors in Emitterschaltung bekannt (1 = Basis, 2 = Kollektor)

$$\boldsymbol{y}_\mathrm{E} = \begin{bmatrix} y_{11\mathrm{E}} & y_{12\mathrm{E}} \\ y_{21\mathrm{E}} & y_{22\mathrm{E}} \end{bmatrix} , \qquad (9.1/7)$$

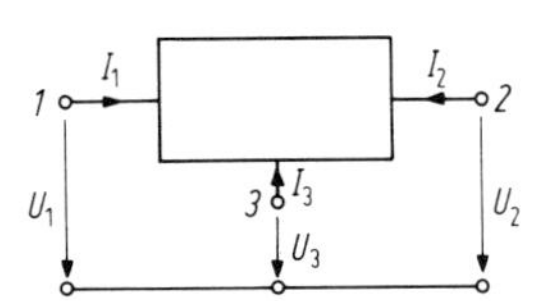

Abb. 9.1/7. Allgemeines Dreitor mit Zählpfeilen für Strom und Spannung

so läßt sich daraus durch „Rändern" die Leitwertmatrix des Dreitors bestimmen

$$y = \begin{bmatrix} y_{11E} & y_{12E} & -(y_{11E} + y_{12E}) \\ y_{21E} & y_{22E} & -(y_{21E} + y_{22E}) \\ -(y_{11E} + y_{21E}) & -(y_{12E} + y_{22E}) & y_{11E} + y_{12E} + y_{21E} + y_{22E} \end{bmatrix}.$$

Die Leitwertmatrix der Basisschaltung erhält man durch Streichen der 1. Zeile und 1. Spalte ($U_1 = 0, I_1 = 0$) und Vertauschen von Zeilen und Spalten (1 = Emitter, 2 = Kollektor)

$$y_B = \begin{bmatrix} y_{11E} + y_{12E} + y_{21E} + y_{22E} & -(y_{21E} + y_{22E}) \\ -(y_{21E} + y_{22E}) & y_{22E} \end{bmatrix} \tag{9.1/8}$$

und die Matrix der Kollektorschaltung durch Streichen der 2. Zeile und 2. Spalte ($U_2 = 0$, $I_2 = 0$, 1 = Basis, 2 = Emitter)

$$y_C = \begin{bmatrix} y_{11E} & -(y_{11E} + y_{12E}) \\ -(y_{11E}) + y_{21E}) & y_{11E} + y_{12E} + y_{21E} + y_{22E} \end{bmatrix}. \tag{9.1/9}$$

Mit Hilfe der Tab. 9.1/1 erhält man daraus entsprechende Beziehungen für die h-Parameter.

Sind die h-Parameter in Emitterschaltung gegeben

$$(h_E) = \begin{bmatrix} h_{11E} & h_{12E} \\ h_{21E} & h_{22E} \end{bmatrix}, \tag{9.1/10}$$

so können daraus die h-Parameter in Basisschaltung

$$(h_B) = \frac{1}{1 - h_{12E} + h_{21E} + \Delta h_E} \begin{bmatrix} h_{11E} & \Delta h_E - h_{12E} \\ -(\Delta h_E + h_{21E}) & h_{22E} \end{bmatrix}$$

$$\approx \frac{1}{h_{21E}} \begin{bmatrix} h_{11E} & \Delta h_E \\ -h_{21E} & h_{22E} \end{bmatrix} \tag{9.1/11}$$

bzw. in Kollektorschaltung

$$(h_C) = \begin{bmatrix} h_{11E} & 1 - h_{12E} \\ -(1 + h_{21E}) & h_{22E} \end{bmatrix} \approx \begin{bmatrix} h_{11E} & 1 \\ -h_{21E} & h_{22E} \end{bmatrix} \tag{9.1/12}$$

berechnet werden. Darin hat $\Delta h_E = h_{11E} h_{22E} - h_{12E} h_{21E}$ die Größenordnung 1, h_{12E} etwa 10^{-3} und h_{21E} etwa 500 [s. Tab. 9.1/3, in der y- und h-Parameter eines

Tabelle 9.1/3. Werte der y- und h-Parameter des Silizium-npn-Transistors BC 108 C bei niedrigen Frequenzen für die drei Grundschaltungen

	Emitter-schaltung	Basis-schaltung	Kollektor-schaltung
y_{11}	100 μS	50 mS	100 μS
y_{12}	−30 *nS*	−65 μS	−100 μS
y_{21}	50 mS	−50 mS	−50 mS
y_{22}	65 μS	65 μS	50 mS
h_{11}	10 kΩ	20 Ω	10 kΩ
h_{12}	$3 \cdot 10^{-4}$	$1{,}3 \cdot 10^{-3}$	1
h_{21}	500	−0,998	−500
h_{22}	80 μS	0,16 μS	80 μS

Silizium-npn-Transistors (BC 108 C) im Kleinsignalbetrieb bei $U_{CE} = 5$ V, $I_C = 2$ mA und $f = 1$ kHz in den drei Grundschaltungen angegeben sind].

In der amerikanischen Literatur ist häufig eine andere Indizierung der Parameter üblich. So wird z. B. der Kurzschluß-Eingangswiderstand (small-signal input resistance, short circuit) h_{11} mit h_i, die Leerlauf-Spannungsrückwirkung (small-signal reverse voltage transfer ratio, open circuit) h_{12} mit h_r, die dynamische Kurzschlußstromverstärkung (small-signal forward-current transfer ratio, short circuit) h_{21} mit h_f und der Leerlauf-Ausgangsleitwert (small-signal output-impedance, open circuit) h_{22} mit h_0 bezeichnet. Entsprechend werden auch die übrigen Parameter mit i (input), r (reverse), f (forward) und o (output) indiziert.

9.1.2 Gegenkopplung

Führt man eine Ausgangsgröße eines aktiven Zweitors (z. B. Verstärker) auf seinen Eingang zurück, erhält man eine Rückkopplung.

Bei einem aktiven elektrischen Zweitor können eine oder beide Eingangsgrößen (Eingangsspannung, Eingangsstrom) durch eine oder beide Ausgangsgrößen (Ausgangsspannung, Ausgangsstrom) verändert werden.

Beschränkt man sich auf den Fall, daß nur jeweils eine Eingangsgröße durch eine Ausgangsgröße beeinflußt wird, ergeben sich entsprechend den vier Kombinationsmöglichkeiten die vier in Abb. 9.1/8 dargestellten Gegenkopplungsarten.

Ein Zweitor kann durch verschiedene Formen von Zweitorgleichungen beschrieben werden (s. Abschn. 9.1), die Eingangs- und Ausgangsgrößen miteinander verbinden. Für die vier Kopplungsschaltungen läßt sich die Form der Zweitorgleichungen jeweils so wählen, daß die Gleichungen des resultierenden Zweitors aus der Addition der Zweitorgleichungen von aktivem Zweitor und Rückkopplungszweitor entstehen (s. Abb. 9.1/8a bis d).

Die rückgekoppelte Schaltung kann als Regelkreis entsprechend Abb. 9.1/9 dargestellt werden. Sind $H(p) = X_a(p)/X_w(p)$ und $G(p) = X_r(p)/X_a(p)$ mit $p = \sigma + j\omega$ die Übertragungsfaktoren der beiden Zweitore, so erhält man als Übertragungsfaktor der

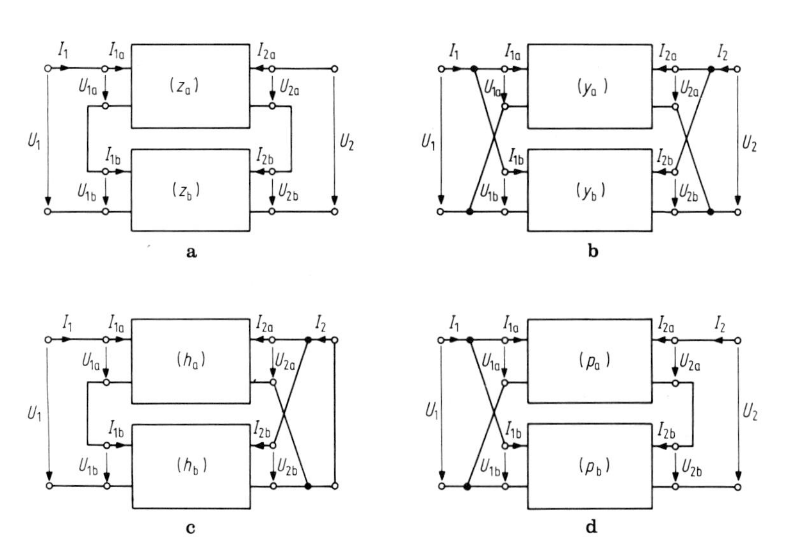

Abb. 9.1/8a–d. Die vier Gegenkopplungsarten: **a** Serien-Strom-Gegenkopplung; **b** Parallel-Spannungs-Gegenkopplung; **c** Serien-Spannungs-Gegenkopplung; **d** Parallel-Strom-Gegenkopplung

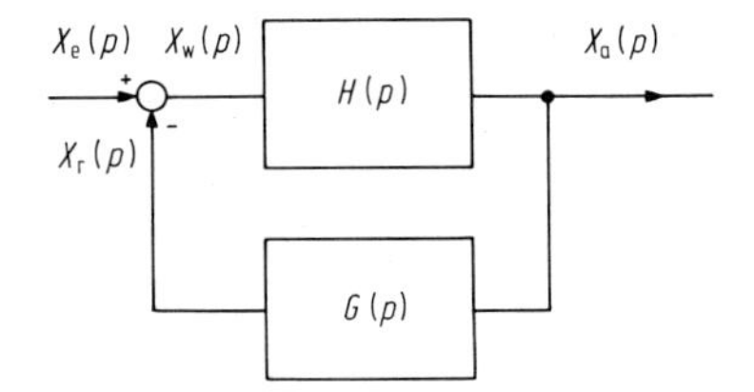

Abb. 9.1/9. Regelkreis mit Rückführung

Gesamtschaltung

$$F(p) = \frac{X_a(p)}{X_e(p)} = \frac{H(p)}{1 + G(p)H(p)} . \tag{9.1/13}$$

Für reelle, frequenzunabhängige Übertragungsfaktoren $H(p) = A_0$ und $G(p) = K$ ergibt sich

$$A_k = \frac{A_0}{1 + KA_0} . \tag{9.1/14}$$

Gegenkopplung liegt dann vor, wenn $|1 + KA_0| > 1$ ist. Entsprechend ist Mitkopplung durch die Bedingung $|1 + KA_0| < 1$ gekennzeichnet.

Gegenkopplung wird für folgende Zwecke benutzt:

a) Anpassung von Verstärkern an besondere Anforderungen.
b) Stabilisierung von Verstärkerkenngrößen gegen Alterung und Schwankungen der Temperatur und der Betriebsspannungen.
c) Verändern der nichtlinearen Eigenschaften von Verstärkern, vor allem Verringern von nichtlinearen Verzerrungen.
d) Verändern der Frequenzabhängigkeit von Übertragungsfaktoren, z. B. Vergrößern der Bandbreite oder Korrektur des Frequenzganges durch frequenzabhängige Gegenkopplung.

So ergibt sich z. B. als Beziehung zwischen den relativen Änderungen der Übertragungsfaktoren

$$\frac{\Delta A_k}{A_k} = \frac{1}{1 + KA_0} \frac{\Delta A_0}{A_0} . \tag{9.1/15}$$

Entsprechend gilt für die Klirrfaktoren näherungsweise der Zusammenhang

$$k \approx \frac{1}{1 + KA_0} k_0 . \tag{9.1/16}$$

Zur Untersuchung der Stabilität rückgekoppelter Netzwerke müssen aus den Polen und Nullstellen der Übertragungsfaktoren $H(p)$ und $G(p)$ die Pole von $F(p)$, d. h. die Nullstellen der charakteristischen Gleichung

$$1 + H(p)G(p) = 0$$

bestimmt werden. Es gibt verschiedene Verfahren zur Stabilitätsberechnung, z. B. nach Hurwitz, Cremer-Leonhard, Nyquist, oder das Wurzelortsverfahren, die in der Literatur [2–4] ausführlich beschrieben sind.

9.1.3 Neutralisation

Die innere (meist kapazitive) Rückwirkung (entsprechend y_{12} der Leitwertmatrix) eines Verstärkervierpols kann zur Instabilität führen. Diesen Effekt kann man verhindern, indem man der unerwünschten Rückkopplung durch Neutralisation entgegenwirkt.

9.1.3.1 Neutralisation von Transistorverstärkern. Schmalbandige Kleinsignaltransistorverstärker kann man bis in den Kurzwellenbereich ($\sim$30 MHz) neutralisieren [5]. Eine oft verwendete Schaltung zeigt Abb. 9.1/10. Über die Kapazität C_N wird der Basis ein Strom zugeführt, der im Betrag so groß ist wie der Strom durch C_{cb}, in der Phase aber um 180° verschoben ist. Das gleiche Ergebnis erzielt man, wenn man die interne Kollektor-Basis-Kapazität durch eine parallelgeschaltete Induktivität auf die Betriebsfrequenz abstimmt.

Bei breitbandigen Transistor-Kleinsignalverstärkern umgeht man oft aufwendige Neutralisationsmaßnahmen, indem man eine größere Anzahl von Transistorstufen mit niedrigerer Verstärkung in Kauf nimmt; bei Transistor-Leistungsverstärkern ist eine exakte Neutralisation wegen der aussteuerungsabhängigen Rückwirkungskapazität nicht möglich.

9.1.3.2 Neutralisation von Röhrenverstärkern. Die in Röhrenschaltungen vorhandene Rückwirkung wird in erster Linie von der Gitter-Anoden-Kapazität verursacht. Diese Kapazität wird in Tetroden und Pentoden durch die abschirmende Wirkung der zusätzlichen Gitter auf Werte $<0{,}01$ pF vermindert. Daher ist Neutralisation nur bei Trioden erforderlich.

Das Hauptanwendungsgebiet der Neutralisation liegt bei den mit Trioden bestückten Senderstufen. Hier ist sie besonders bei sehr hohen Frequenzen (Ultrakurz-

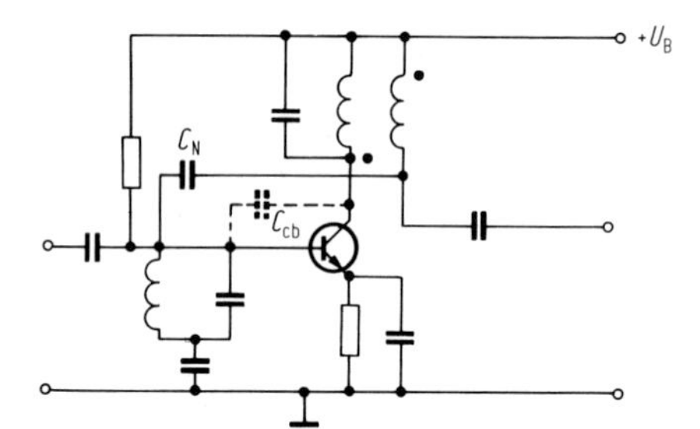

Abb. 9.1/10. Schmalbandige Transistorverstärkerstufe mit dem Neutralisationskondensator C_N

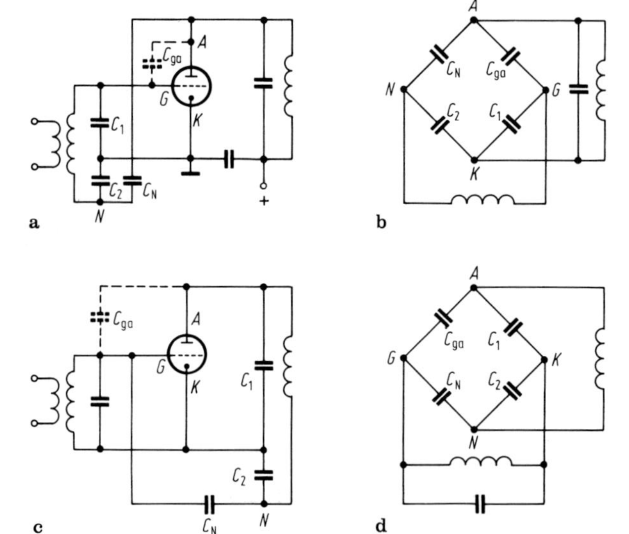

Abb. 9.1/11a–d. Neutralisation bei Triodenendstufen: **a** Gitterneutralisation; **b** Ersatzschaltbild von a; **c** Anodenneutralisation; **d** Ersatzschaltbild von c

wellentechnik) und Senderendstufen notwendig. Solche Endverstärker arbeiten immer selektiv, so daß sie relativ einfach neutralisiert werden können. Hierzu verwendet man z. B. die zu Abb. 9.1/10 analoge Röhrenschaltung. Für Mittel- oder Kurzwellen sind Neutralisationsschaltungen möglich, die als kapazitive Brückenschaltungen in einem größeren Frequenzbereich abgeglichen sind.

Bekannt sind Gitter- und Anodenneutralisation. Die Bezeichnung gibt an, von welcher Elektrode die Kompensationsspannung abgenommen wird [6]. Diese Spannung wird der zu neutralisierenden Elektrode über den Neutralisierungskondensator C_N zugeführt. Abb. 9.1/11 zeigt zwei Beispiele jeweils für Gitter- und Anodenneutralisation mit den zugehörigen Ersatzschaltungen. Bei Verwendung der Gittergrundschaltung ist die rückwirkende Kapazität die Anoden-Kathoden-Kapazität C_{ak}, die um ein bis zwei Größenordnungen kleiner bleibt als die bei der Kathodengrundschaltung wirksame Kapazität C_{ga}. Deshalb wird bei hohen Frequenzen (UKW) fast ausschließlich die Gittergrundschaltung verwendet.

9.1.4 Gleichstromverstärker und Operationsverstärker

Gleichstromverstärker dienen zur Verstärkung von Gleichstromsignalen oder Wechselstromsignalen mit Frequenzen von wenigen Hz. Daher sind die einzelnen Stufen stets direkt gekoppelt. Dies führt dazu, daß Änderungen der Bauteile durch Alterung und Temperatureinflüsse die Signalspannung verfälschen. Da die Temperaturdrift am Eingang einstufiger Transistorverstärker etwa 2 bis 3 mV/°C beträgt (s. Abschn. 7.3.7), eignen sie sich nicht zur Verstärkung sehr kleiner Gleichspannungen. Daher verwendet man Differenzverstärker, die die Differenz zweier Eingangsspannungen verstärken. In diesem Fall wirkt sich nur die Differenz der Driftspannungen beider Eingangstransistoren auf den Ausgang aus. Gute Symmetrie hinsichtlich der Transistorparameter und gute thermische Kopplung erreicht man durch Verwendung von „Transistor-Arrays" mit zwei auf dem gleichen Kristall integrierten Transistoren.

Die Grundschaltung des Differenzverstärkers mit npn-Transistoren zeigt Abb. 9.1/12. Mit Abb. 7.3/28 erhält man das zugehörige Kleinsignalersatzbild (Abb. 9.1/13). Zur Berechnung des Spannungsübertragungsfaktors der Differenzeingangsspannung wird ein Eingang an Masse gelegt. Man erhält dann mit den Näherungen $\beta r_{CE} \gg r_{BE}$,

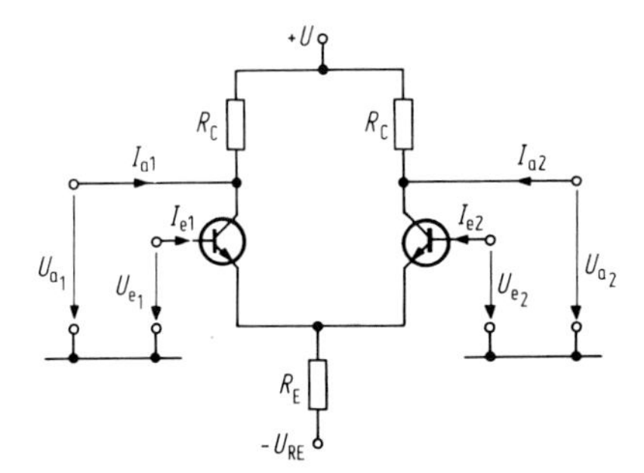

Abb. 9.1/12. Grundschaltung des Differenzverstärkers

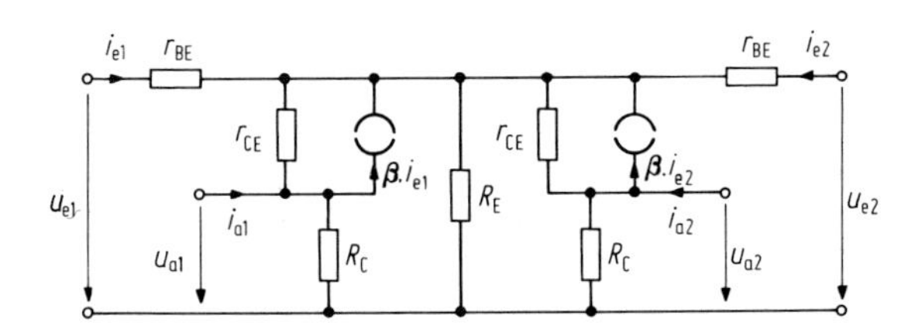

Abb. 9.1/13. Kleinsignalersatzbild des Differenzverstärkers

$\beta r_{CE} \gg R_C$ und $\beta R_E \gg r_{BE}$ den Spannungsübertragungsfaktor u_{a_2}/u_{e_1}

$$A_u = \left.\frac{u_{a2}}{u_{e1}}\right|_{u_{e_2}=0} = \frac{1}{2}\frac{\beta}{r_{BE}}\frac{r_{CE}R_C}{r_{CE}+R_C}\frac{1+\dfrac{r_{CE}+R_C}{\beta r_{CE}}}{1+\dfrac{r_{CE}+R_C}{r_{BE}+\beta r_{CE}}\left(1+\dfrac{1}{2}\dfrac{r_{BE}}{R_E}\right)}$$

$$\approx \frac{1}{2}\frac{\beta}{r_{BE}}\frac{r_{CE}R_C}{r_{CE}+R_C} \approx -\left.\frac{u_{a1}}{u_{e1}}\right|_{u_{e_2}=0}.$$

In vielen Fällen besteht auch die zweite Verstärkerstufe aus einem Differenzverstärker, so daß die Ausgangsspannungen zwischen den Kollektoren der ersten Stufe abgegriffen werden können. Dann ergibt sich

$$A_u = \left.\frac{u_a}{u_{e1}}\right|_{u_{e_2}=0} = -\left.\frac{u_a}{u_{e2}}\right|_{u_{e_1}=0} = \frac{\beta}{r_{BE}}\frac{r_{CE}R_C}{r_{CE}+R_C}. \quad (9.1/17a)$$

Dies ist der Spannungsübertragungsfaktor für Gegentaktbetrieb. Der Spannungsübertragungsfaktor für Gleichtaktbetrieb errechnet sich, wenn an beide Eingänge die gleiche Spannung $u_{e_1} = u_{e_2} = u_e$ gelegt wird, mit $\beta r_{CE} \gg R_E$ zu

$$A_{uG1} = \frac{u_{a1}}{u_e} = \frac{u_{a2}}{u_e} = -\frac{1}{2}\frac{\dfrac{R_C}{R_E}\left(1-\dfrac{2R_E}{\beta r_{CE}}\right)}{1+\dfrac{r_{BE}}{\beta r_{CE}}+\dfrac{r_{CE}+R_C}{\beta r_{CE}}\left(1+\dfrac{1}{2}\dfrac{r_{BE}}{R_E}\right)} \approx -\frac{1}{2}\frac{R_C}{R_E}. \quad (9.1/17b)$$

Entsprechend folgen der Differenzeingangswiderstand

$$r_{eD} = \left.\frac{u_{e1}}{i_{e1}}\right|_{u_{e_2}=0} = \left.\frac{u_{e2}}{i_{e2}}\right|_{u_{e_1}=0} = 2r_{BE}\frac{1+\dfrac{r_{BE}}{\beta r_{CE}}+\dfrac{r_{CE}+R_C}{\beta r_{CE}}\left(1+\dfrac{1}{2}\dfrac{r_{BE}}{R_E}\right)}{1+\dfrac{r_{BE}}{\beta r_{CE}}2+\dfrac{r_{CE}+R_C}{\beta r_{CE}}\left(1+\dfrac{r_{BE}}{R_E}\right)} \approx 2r_{BE}$$

und der Ausgangswiderstand

$$r_a = \frac{u_{a1}}{i_{a_1}} = \frac{u_{a2}}{i_{a_2}} = \frac{r_{CE}R_C}{r_{CE}+R_C}\left(1+\frac{\dfrac{1}{2}\dfrac{R_C}{r_{CE}}}{1+\dfrac{r_{CE}+R_C}{r_{BE}+\beta r_{CE}}\left(1+\dfrac{1}{2}\dfrac{r_{BE}}{R_E}\right)}\right) \approx \frac{r_{CE}R_C}{r_{CE}+R_C}.$$

Das Gleichtaktunterdrückungsverhältnis (CMRR = Common Mode Rejection Ratio) ist definiert als

$$G = \frac{A_u}{A_{uGl}} \approx -\frac{\beta R_E}{r_{BE}}\frac{r_{CE}}{r_{CE}+R_C}.$$

Setzt man $r_{BE} = B_F U_T/I_C$ [s. Gl. (7.3/38)] und $R_E \approx U_{RE}/2I_C$, so erhält man mit $B_F/\beta \approx 1$ und $r_{CE} \gg R_C$

$$G = \frac{A_u}{A_{uGl}} \approx \frac{\beta U_{RE}}{2B_F U_T} \approx -\frac{U_{RE}}{2U_T}. \quad (9.1/18)$$

Man erkennt, daß sich G durch Erhöhen der negativen Spannung an R_E und von R_E bei konstantem Kollektorstrom I_C vergrößern läßt. Eine noch bessere Wirkung erzielt man, indem man R_E durch einen Transistor ersetzt (Abb. 9.1/14). R_E wird dadurch auf den Wert des Kollektor-Emitter-Widerstandes einer Basisschaltung

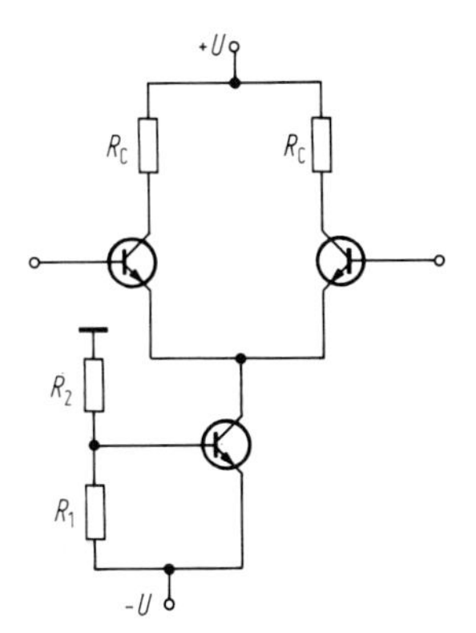

Abb. 9.1/14. Differenzverstärker mit verbesserter Gleichtaktunterdrückung

vergrößert. Die Gleichtaktunterdrückung wird dann im wesentlichen nur noch durch Unsymmetrien der beiden Transistoren und der Schaltelemente bestimmt.

Wegen der beschriebenen Eigenschaften wird der Differenzverstärker als Eingangsstufe von Operationsverstärkern eingesetzt. Operationsverstärker unterscheiden sich von normalen Verstärkern dadurch, daß ihre wesentlichen Eigenschaften nicht vom inneren Aufbau (er wird als ideal angenommen) bestimmt, sondern durch die äußere Beschaltung festgelegt werden.

Das Schaltsymbol des Operationsverstärkers zeigt Abb. 9.1/15. Er vestärkt die Differenz $U_D = U_+ - U_-$ der beiden Eingangsspannungen mit positivem Spannungsübertragungsfaktor $A_{u0} = U_a/U_D$.

Beim idealen Operationsverstärker wird $A_{u0} = \infty$ angenommen, so daß für endliche Ausgangsspannungen U_D zu Null wird. Nimmt man ferner $I_+ = I_- = 0$ an, sind auch die Eingangswiderstände für Gleichtakt- und Differenzbetrieb unendlich groß. Mit diesen idealen Annahmen läßt sich die Wirkungsweise von beschalteten Operationsverstärkern leicht verstehen. Man kann sie in zwei Grundschaltungen betreiben.

Die Schaltung des Umkehrverstärkers zeigt Abb. 9.1/16. Für $U_D = 0$ erhält man aus der Strombilanz am invertierenden Eingang

$$\frac{U_1}{Z_1} = -\frac{U_2}{Z_2}$$

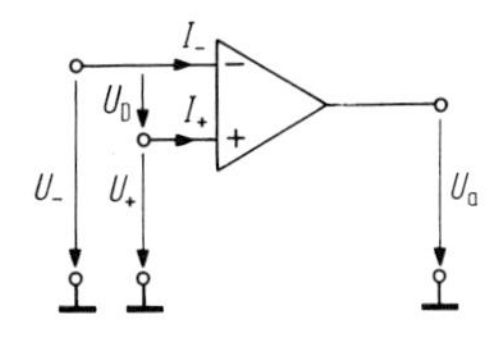

Abb. 9.1/15. Schaltsymbol des Operationsverstärkers

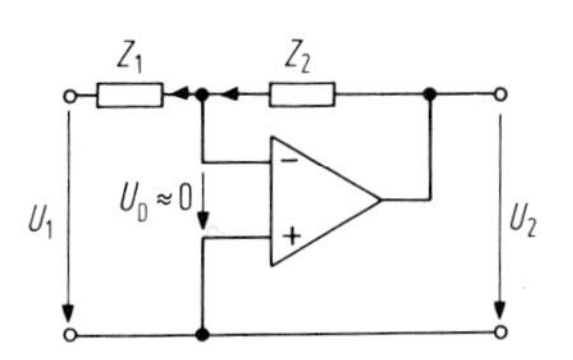

Abb. 9.1/16. Schaltung des Umkehrverstärkers

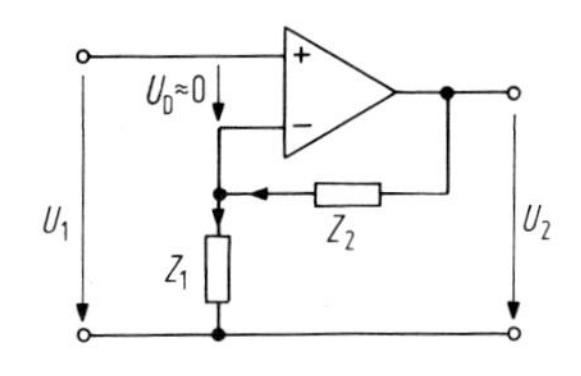

Abb. 9.1/17. Schaltung des Elektrometerverstärkers

und damit den Spannungsübertragungsfaktor

$$A_u = \frac{U_2}{U_1} = -\frac{Z_2}{Z_1} . \tag{9.1/19}$$

Entsprechend ergibt sich aus der Strombilanz am nichtinvertierenden Eingang des Elektrometerverstärkers (Abb. 9.1/17)

$$\frac{U_1}{Z_1} = \frac{U_2 - U_1}{Z_2}$$

und damit als Spannungsübertragungsfaktor

$$A_u = \frac{U_2}{U_1} = 1 + \frac{Z_2}{Z_1} . \tag{9.1/20}$$

Während beim Umkehrverstärker die Eingangsimpedanz durch die äußere Beschaltung bestimmt wird, ist sie beim Elektrometerverstärker theoretisch unendlich groß.

Für die meisten Anwendungsfälle ist die Annahme idealer Eigenschaften ausreichend. Handelsübliche integrierte Operationsverstärker kommen diesen Eigenschaften sehr nahe. Typische Werte sind:

Differenzeingangswiderstand $r_{eD} = 100\ k\Omega$

Gleichtakteingangswiderstand $r_{eG1} = \dfrac{U_{e1}}{I_+ + I_-} \approx 10\ M\Omega \approx 100 r_{eD}$

Ausgangswiderstand für konstante Eingangsspannungen $r_a \approx 500\ \Omega$.

Die Grenzfrequenz des Spannungsübertragungsfaktors wird meist durch die äußere Beschaltung festgelegt. Es gilt

$$A_u = \frac{A_{u0}}{1 + jf/f_g}$$

mit $f_g \approx 100$ Hz. Da A_u von 100 Hz ab um 20 dB/Dekade fällt, ergibt sich für $A_{u0} \approx 10^5$ als Transitfrequenz (s. Abschn. 7.3.8.4) $f_T \approx 10$ MHz.

Die temperaturbedingte Drift der Differenzeingangsspannung liegt in der Größenordnung von einigen Mikrovolt je Kelvin.

Noch bessere Drifteigenschaften mit Werten von weniger als 100 nV/K erreicht man mit Zerhackerverstärkern (Chopperverstärkern). Die Eingangsgleichspannung wird mit einem Schalter in eine periodische Rechteckspannung verwandelt, verstärkt und am Ausgang phasenrichtig gleichgerichtet. Als Zerhacker verwendet man im allgemeinen Feldeffekttransistoren.

9.1.5 RC-gekoppelte Verstärker

Bei Wechselspannungsverstärkern trennt man gewöhnlich den Gleichstrompfad vom Wechselstrompfad mit Hilfe von Koppelnetzwerken. Im Fall der RC-gekoppelten Verstärker bestehen diese aus Widerständen und Koppelkondensatoren. Dabei wird in den meisten Fällen die Kathodengrundschaltung bzw. die Emitterschaltung verwendet. Einen typischen zweistufigen Verstärker zeigt Abb. 9.1/18. Um die Gleichspannungsdrift klein zu halten, sind die beiden Transistoren über R_{E1} bzw. R_{E2} gleichspannungsmäßig gegengekoppelt. Für Wechselspannungen dagegen wird der volle Spannungsübertragungsfaktor wirksam, wenn C_{E1} bzw. C_{E2} so groß gewählt werden, daß ihre Impedanzen bei der Betriebsfrequenz als Kurzschlüsse betrachtet werden

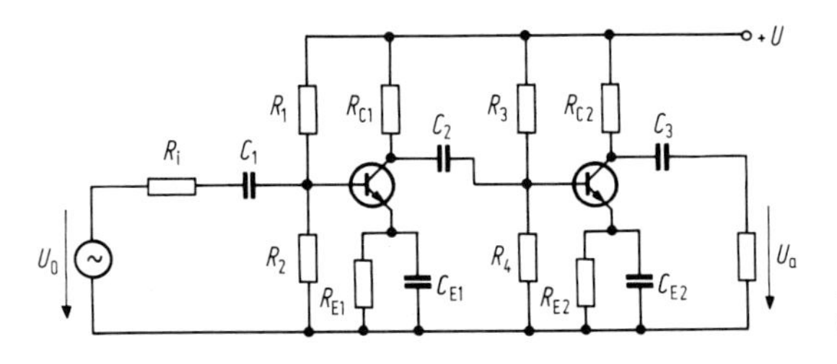

Abb. 9.1/18. Zweistufiger RC-Verstärker mit Gleichspannungs-Gegenkopplung

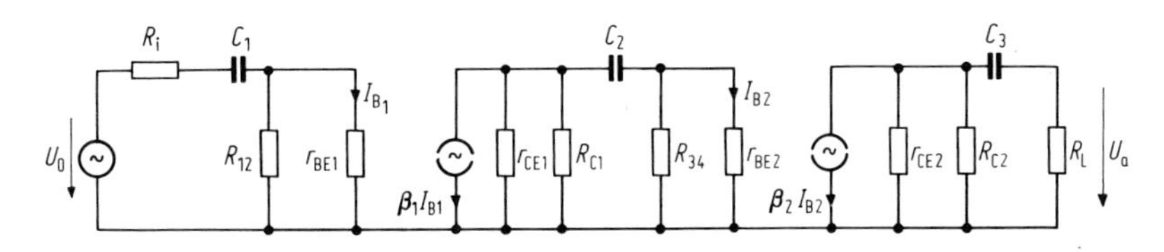

Abb. 9.1/19. Kleinsignalersatzbild des RC-Verstärkers für niedrige Frequenzen

können. Die in Abb. 9.1/18 gezeigte Schaltung bietet neben dem Vorteil der Driftentkopplung die Möglichkeit, den Arbeitspunkt jeder Verstärkerstufe getrennt optimal hinsichtlich Rauschen, Eingangswiderstand, Ausgangswiderstand und Übertragungsfaktor einzustellen.

Abbildung 9.1/19 zeigt das Kleinsignalersatzbild für niedrige Frequenzen. Die Übertragungsfaktoren werden mit $R_{12} = R_1 R_2/(R_1 + R_2)$ und $R_{34} = R_3 R_4/R_3 + R_4$

$$A_y = \frac{I_{B1}}{U_0} = \frac{1}{1 + \frac{r_{BE1}}{R_{12}}} \frac{j\omega C_1}{1 + j\omega C_1 \left(R_i + \frac{R_{12} r_{BE1}}{R_{12} + r_{BE1}} \right)} \tag{9.1/21}$$

$$A_i = \frac{I_{B2}}{I_{B1}} \approx -\frac{\beta_1 R_{C1}}{1 + \frac{r_{BE2}}{R_{34}}} \frac{j\omega C_2}{1 + j\omega C_2 \left(R_{C1} + \frac{R_{34} r_{BE2}}{R_{34} + r_{BE2}} \right)}$$

$$A_z = \frac{U_a}{I_{B2}} \approx -\beta_2 R_L R_{C_2} \frac{j\omega C_3}{1 + j\omega C_3 (R_{C2} + R_L)} \quad \text{mit } r_{CE} \gg R_C \,.$$

Damit können die unteren Eckfrequenzen

$$\omega_1 = \frac{1}{C_1 \left(R_i + \frac{R_{12} r_{BE1}}{R_{12} + r_{BE1}} \right)}, \quad \omega_2 = \frac{1}{C_2 \left(R_{C1} + \frac{R_{34} r_{BE2}}{R_{34} + r_{BE2}} \right)}, \quad \omega_3 = \frac{1}{C_3 (R_{C2} + R_L)}$$

abgelesen werden, deren höchste die untere Grenzfrequenz der Gesamtschaltung bestimmt.

Zur Berechnung der oberen Grenzfrequenz kann das Ersatzbild nach Giacoletto (Abb. 7.3/40) verwendet werden. Bei Schaltungen mit modernen HF-Transistoren kann der Einfluß von Schaltkapazitäten gegenüber den Transistorkapazitäten nicht vernachlässigt werden. Faßt man beide Einflüsse zusammen, so erhält man ein vereinfachtes Hochfrequenzersatzbild entsprechend Abb. 9.1/20. In R_a ist die Parallelschaltung der Teilerwiderstände R_1, R_2 und des Basis-Emitter-Widerstandes r_{BE1} zusammengefaßt, in R_b entsprechend die Parallelschaltung von R_{34} und r_{BE2}.

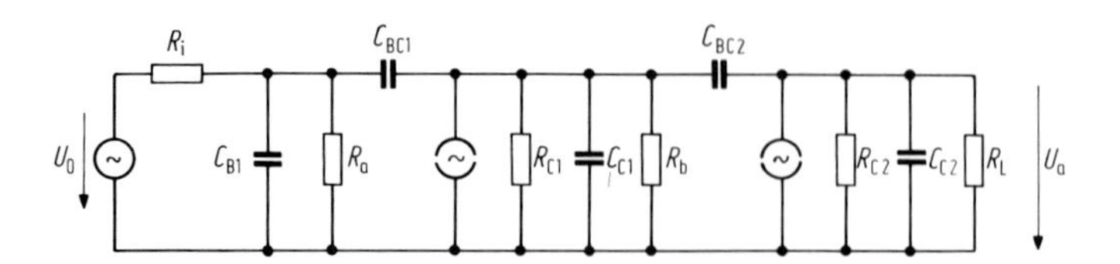

Abb. 9.1/20. Kleinsignalersatzbild des RC-Verstärkers für hohe Frequenzen

9.1.6 Übertragergekoppelte Verstärker

Mit der Übertragerkopplung von Verstärkerstufen ist eine breitbandige Impedanztransformation bei gleichzeitiger Trennung von Gleichspannungen möglich. Nachteilig sind Kosten, Gewicht und Volumen des Übertragers. Die obere Frequenzgrenze hat wegen der unvermeidlichen Wicklungskapazitäten und Streuinduktivitäten die Größenordnung 100 kHz.

In Abb. 9.1/21 ist das elektrische Ersatzschaltbild eines Transformators mit den Wicklungswiderständen R_{1w} und R_{2w} angegeben. Unter der Voraussetzung, daß $R_h \gg \omega L_h$ (kleine Eisenverluste) und $L_h \gg L_{\sigma 1}$, $L_{\sigma 2}$ (kleine Streuung) ist, kann das Ersatzschaltbild vereinfacht werden (Abb. 9.1/22). Hierin bedeutet $R = R_{1w} + R_{2w} + R_{2w}/\ddot{u}^2$ und $L_\sigma = L_{\sigma 1} + L_{\sigma 2}/\ddot{u}^2$.

Der beschaltete Ubertrager wird am Eingang mit dem Innenwiderstand R_{i1} der Vorstufe und am Ausgang mit der Abschulßimpedanz Z_2 belastet (Abb. 9.1/23), welche auf die Primärseite umgerechnet werden kann ($Z_2' = Z_2/\ddot{u}^2$). Hierbei ist $1/Z_2 = 1/R_2 + j\omega C_2$ in den Wirkleitwert $1/R_2$ und den Blindleitwert ωC_2 aufgegliedert. (C_2 umfaßt die Eingangskapazität der folgenden Stufe sowie die Wicklungskapazität, $1/R_2$ den Wirkleitwert der folgenden Stufe.)

a) Übertragung mittlerer Frequenzen

Hier kann man das Ersatzbild (Abb. 9.1/23) noch weiter zur Schaltung in Abb. 9.1/24 vereinfachen, da bei sinnvoller Dimensionierung gilt:

$$\omega L_h \gg R_{i1} \parallel R_2/\ddot{u}^2; \qquad R_{i1} \parallel R_2/\ddot{u}^2 \gg R, \omega L_\sigma; \qquad \omega C_2 \ddot{u}^2 \ll \ddot{u}^2/R_2 .$$

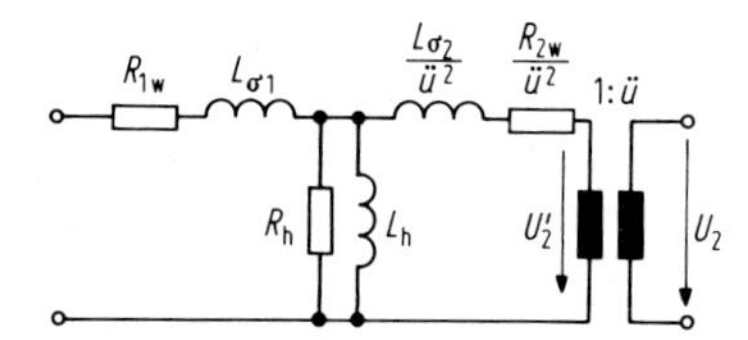

Abb. 9.1/21. Ersatzschaltbild des technischen Übertragers unter Verwendung eines idealen Übertragers mit $N_1 : N_2 = U_2' : U_2 = 1 : \ddot{u}$

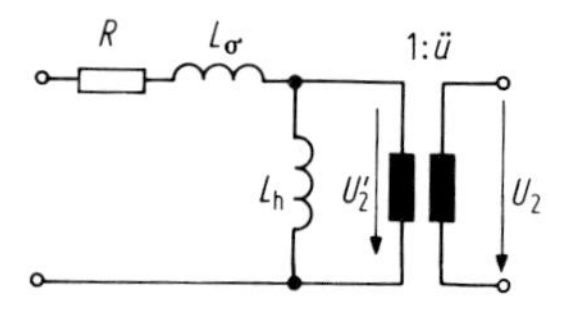

Abb. 9.1/22. Vereinfachtes Ersatzschaltbild des technischen Übertragers

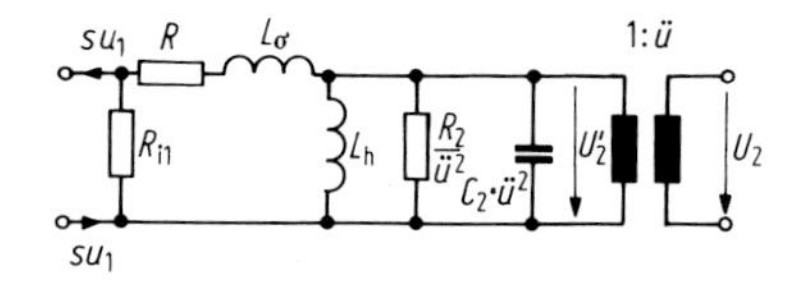

Abb. 9.1/23. Ersatzschaltbild des beidseitig belasteten Übertragers

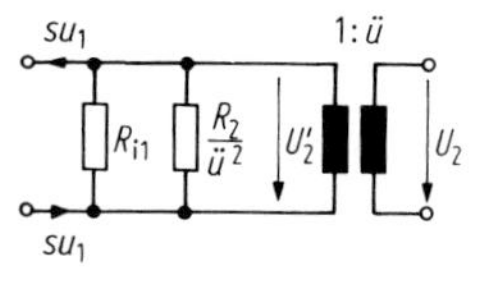

Abb. 9.1/24. Ersatzschaltbild des Übertragers für den mittleren Frequenzbereich

Aus Abb. 9.1/24 folgt dann ein Spannungs-Übertragungsfaktor

$$A'_{\mathrm{Bm}} = U'_2/U_1 = -SR_{i1}R_2/(\ddot{u}^2R_{i1} + R_2)\,. \tag{9.1/22}$$

In manchen Fällen, wie z. B. bei Belastung des Transformatorausgangs mit Feldeffekttransistoren vereinfacht sich diese Gleichung wegen des dann hohen Eingangswiderstandes R_2 noch zu:

$$A'_{\mathrm{Bm}} = U'_2/U_1 \approx -SR_{i1}\,. \tag{9.1/23}$$

b) Übertragung hoher Frequenzen

Bei hohen Frequenzen machen sich die Einflüsse der Übertragerstreuinduktivität L_σ und der Eingangskapazität $C_2\ddot{u}^2$ von der zweiten Stufe bemerkbar. In Abb. 9.1/25 ist das zugehörige Ersatzschaltbild gezeigt.

Der Spannungsübertragungsfaktor ergibt sich daraus zu:

$$A'_{\mathrm{B}} = \frac{U'_2}{U_1} = \frac{-SR_{i1}}{1 + R_{i1}\ddot{u}^2/R_2 - \omega^2L_\sigma C_2\ddot{u}^2 + \mathrm{j}\omega C_2R_{i1}\ddot{u}^2 + \mathrm{j}\omega L_\sigma\ddot{u}^2/R_2}\,. \tag{9.1/22a}$$

Mit A'_{Bm} nach Gl. 9.1/22 wird

$$\frac{A'_{\mathrm{B}}}{A'_{\mathrm{Bm}}} = \left|\frac{A'_{\mathrm{B}}}{A'_{\mathrm{Bm}}}\right| \mathrm{e}^{j\varphi}$$

$$= \frac{(1 + R_{i1}\ddot{u}^2/R_2)\,\mathrm{e}^{j\varphi}}{\sqrt{(1 + R_{i1}\ddot{u}^2/R_2)^2 + \omega^2(L_\sigma^2\ddot{u}^4/R_2^2 - 2L_\sigma C_2\ddot{u}^2 + C_2^2\ddot{u}^4R_{i1}^2) + \omega^4L_\sigma^2C_2^2\ddot{u}^4}}\,. \tag{9.1/22b}$$

Aus Abb. 9.1/25 ist ersichtlich, daß L_σ und $C_2\ddot{u}^2$ einen Serienresonanzkreis bilden, der von R_{i1} und $R_2/\ddot{u}^2$ bedämpft wird. Man erhält, je nach Bedämpfung des Kreises durch die Wirkwiderstände, eine Resonanzüberhöhung des Spannungsübertragungsfaktors, die zur Erhöhung der oberen Grenzfrequenz des Verstärkers dienen kann (s. Abb. 9.1/26). Ohne L_σ wäre die obere Grenzfrequenz

$$f_0 = \frac{R_{i1} + R_2/\ddot{u}^2}{2\pi C_2R_{i1}R_2}$$

gemäß Gl. (9.1/22a). Gleichsetzen von Realteil und Imaginärteil des Nenners ergibt diese 3-dB-Grenzfrequenz.

Ohne den Einfluß von L_σ würde nach Kurve 1 für $f > f_0$ der Abfall $\sim 1/\omega$ verlaufen, d. h. 20 dB/Frequenzdekade ($\hat{=}$ 6 dB/Oktave) betragen. Weil L_σ stets vorhanden ist, nehmen die Kurven 2 bis 4 in Abb. 9.1/26 entsprechend Gl. (9.1/22b) $\sim 1/\omega^2$ um 40 dB/Frequenzdekade ab. Bei geringer Streuung (Kurve 2) fällt A'_B stetig langsam ab. Dabei nimmt der Phasenwinkel φ relativ langsam zu. Durch Vergrößern von L_σ kann man die 3-dB-Grenzfrequenz etwas zu höheren Frequenzen verlegen (Kurve 3).

Für $R'_2 \equiv R_2/\ddot{u}^2 > R_{i1}$ erreicht man eine Resonanzüberhöhung

$$\frac{A'_{\mathrm{B}}}{A'_{\mathrm{Bm\,max}}} = \frac{\sqrt{R_{i1}\ddot{u}^2/R_2} + \sqrt{R_2/\ddot{u}^2R_{i1}}}{2} \quad \text{bei der Kreisfrequenz } \omega_{\mathrm{r}} = \frac{\sqrt{1 - R_{i1}\ddot{u}^2/R_2}}{\sqrt{L_\sigma C_2\ddot{u}^2}}\,.$$

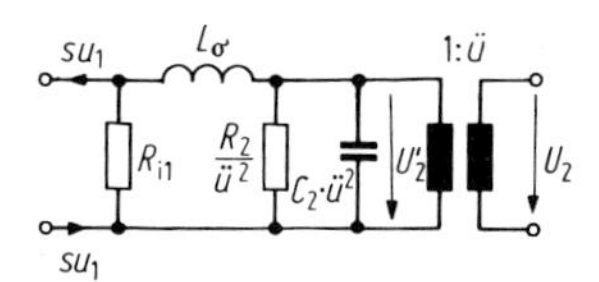

Abb. 9.1/25. Ersatzschaltbild des Übertragers für hohe Frequenzen

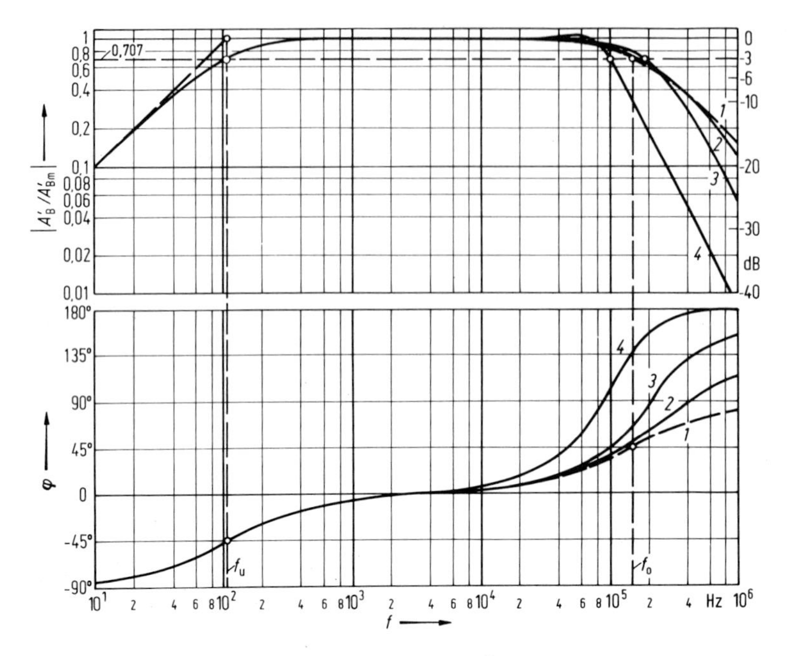

Abb. 9.1/26. Spannungsübertragungsfaktor eines Übertragers zwischen 10 Hz und 1 MHz; oben Betrag; unten Phase; $L_H = 1$ H; $\ddot{u}^2 C_2 = 1{,}6$ nF; $R_{i1} = 1$ kΩ; $R'_2 = R_2/\ddot{u}^2 = 2$ kΩ; *1* $L_\sigma = 0$; *2* $L_\sigma = 0{,}1$ mH; *3* $L_\sigma = 0{,}45$ mH; *4* $L_\sigma = 3{,}2$ mH

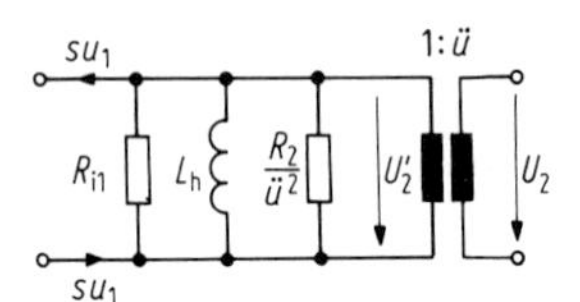

Abb. 9.1/27. Ersatzschaltbild des Übertragers für tiefe Frequenzen

Damit ist eine Erniedrigung der 3-dB-Grenzfrequenz verbunden (Kurve 4 in Abb. 9.1/26a).

Für Impulstransformatoren ist die Kurve 1 mit ihrem relativ geringen Phasenanstieg anzustreben, so daß bei diesen L_σ so klein wie möglich zu halten ist.

c) Übertragung tiefer Frequenzen

Für das Verhalten bei tiefen Frequenzen ist vor allem der Nebenschluß durch die Hauptinduktivität L_h des Transformators maßgebend. Das für tiefe Frequenzen gültige Ersatzbild ist in Abb. 9.1/27 dargestellt.

Der Spannungsübertragungsfaktor wird:

$$A'_B = U'_2/U_1 = -SR_p \Big/ \left(1 + \frac{R_p}{j\omega L_h}\right) \quad \text{mit} \quad R_p = R_{i1}R_2/(\ddot{u}^2 R_{i1} + R_2)\,. \quad (9.1/23)$$

Die untere 3-dB-Grenzfrequenz in Abb. 9.1/26 ergibt sich aus der Gleichheit von Real- und Imaginärteil im Nenner von A'_B zu $f_u = R_p/(2\pi L_h)$. Mit $R_{i1} = 1$ kΩ und $R'_2 \equiv R_2/\ddot{u}^2 = 2$ kΩ ist $R_p = 2/3$ kΩ. Für $L_h = 1$ H folgt dann $f_u = 106$ Hz. Hier ist $\varphi = -45°$.

9.1.7 Selektive Verstärker

Wenn man Signale mit sehr schmalem Spektrum oder gar nur eine einzige Frequenz zu verstärken hat, zieht man den breitbandigen Verstärkern selektive Verstärker geringer Bandbreite vor. Man erhält damit einen besseren Rauschabstand und unterdrückt vor allem Störsignale, die außerhalb des zu übertragenden Frequenzbandes liegen.

9.1.7.1 Einkreisverstärker. Der Spannungsübertragungsfaktor A_B eines Einkreisverstärkers nach Abb. 9.1/28a läßt sich aus seinem in Abb. 9.1/28b dargestellten Ersatzbild berechnen. Unter der Annahme rückwirkungsfreier Transistoren ($C_{cb} \to 0$) erhält man den Spannungsübertragungsfaktor

$$A_B = \frac{U_2}{U_1} = -SZ_p = -S\frac{1}{Y_p}. \tag{9.1/24}$$

Dabei ist

$$Y_p = \frac{1}{R'_p} + \frac{1}{R_i} + \frac{1}{R_e} + \frac{1}{R_1} + \frac{1}{R_2} + j\omega(C' + C_a + C_s + C_e) + \frac{1}{j\omega L}$$

$$= G_p + j\omega C + \frac{1}{j\omega L}.$$

Dem Resonanzwiderstand R'_p des Schwingkreises liegen also der Innenwiderstand R_i des ersten sowie der Eingangswiderstand des zweiten Transistors einschließlich dessen Basisspannungsteilerwiderständen parallel. Sie bedämpfen den Kreis zusätzlich. Die wirksame Schwingkreiskapazität C setzt sich aus der Kapazität C' des Schwingkreiskondensators, der Schaltkapazität C_s, der Ausgangskapazität C_a der ersten Verstärkerstufe und der Eingangskapazität C_e der nachfolgenden Stufe zusammen.

Nach Gl. (1.2/21) ist

$$\frac{Y_p}{G_p} = Y_p R_p = 1 + jV,$$

so daß man Gl. (9.1/24) in der Form

$$A_B = -\frac{SR_p}{1 + jV} = -\frac{A_{Bm}}{1 + jV} \tag{9.1/25}$$

schreiben kann. Hierbei gilt dieselbe Normierung wie in Abschn. 1.2.2.1. Dabei ist

$$V = Qv = \omega_r C R_p \left(\frac{\omega}{\omega_r} - \frac{\omega_r}{\omega}\right) = \frac{R_p}{\omega_r L}\left(\frac{\omega}{\omega_r} - \frac{\omega_r}{\omega}\right).$$

Mit dieser Normierung genügen die beiden Größen A_{Bm} und V zur Beschreibung der Verstärkereigenschaften anstelle der 5 Größen S, R_p, L, C und f.

Stellt man den auf A_{Bm} normierten Spannungsübertragungsfaktor $A_B = |A_B|\, e^{j\varphi}$ in der Gaußschen Ebene dar, so erhält man einen Kreis (s. Abb. 9.1/29). Je mehr V von Null abweicht, um so kleiner wird der Betrag von A_B und um so mehr weicht dessen

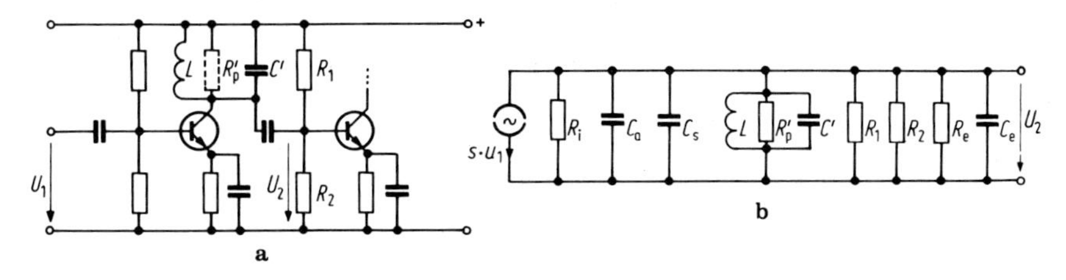

Abb. 9.1/28a u. b. Einkreisverstärker: **a** Schaltbild mit Ankopplung an die nächste Stufe; **b** Ersatzschaltbild

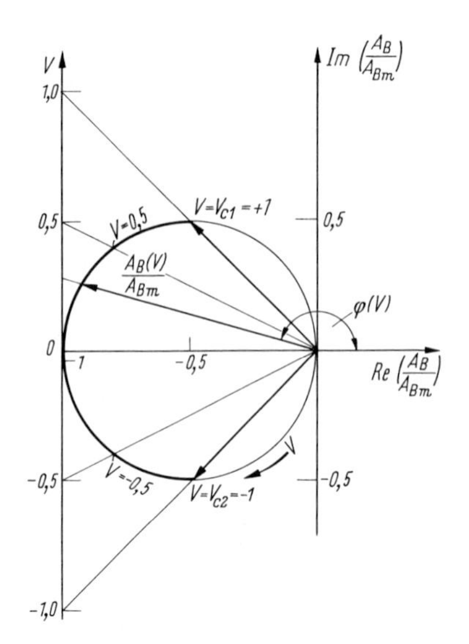

Abb. 9.1/29. Ortskurve des normierten Spannungsübertragungsfaktors A_B/A_{Bm} beim Einkreisverstärker

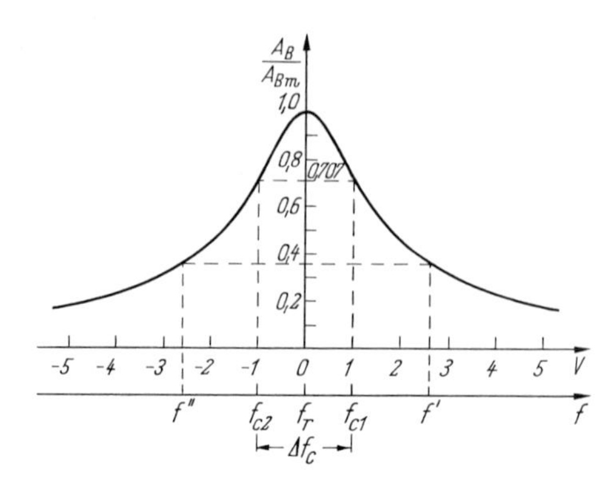

Abb. 9.1/30. Betrag des normierten Spannungsübertragungsfaktors in Abhängigkeit von der Frequenz bzw. der normierten Verstimmung V

Phase φ von π ab. Aus Gl. (9.1/25) erhält man

$$|A_B| = \frac{A_{Bm}}{\sqrt{1+V^2}} \tag{9.1/26}$$

und

$$\varphi = \pi - \arctan V. \tag{9.1/27}$$

Die Bandbreite des Verstärkers wird durch die Frequenzen f_{c1} und f_{c2} festgelegt, bei denen $A_B = A_{Bm}/\sqrt{2}$ ist (3-dB-Abfall). Dies ist der Fall für $V = V_{c1} = 1$ und $V = V_{c2} = -1$. Beim Einkreisverstärker weicht an den so definierten Grenzfrequenzen die Phase von A_B um $-45°$ bzw. $+45°$ von $180°$ ab. (Bei mehrkreisigen Verstärkern trifft dies nicht mehr zu!) Die graphische Darstellung der Funktion $|A_B/A_{Bm}| = 1/\sqrt{1+V^2}$ ergibt die in Abb. 9.1/30 gezeigte Kurve. Mit den beiden Grenzfrequenzen f_{c1} und f_{c2} (Abb. 9.1/30) und in Anlehnung an Kapitel 1 definieren wir die Güte

$$Q = f_r/\Delta f_c = f_r/(f_{c1} - f_{c2}). \tag{9.1/28}$$

Für das Produkt Bandbreite Δf_e. Maximalverstärkung A_{Bm} erhält man daraus mit $A_{Bm} = SR_p$ und $Q = \omega_r CR_p$ die fundamentale Beziehung

$$\underline{\Delta f_c A_{Bm} = \frac{f_r}{Q} A_{Bm} = \frac{f_r SR_p}{2\pi f_r CR_p} = \frac{S}{2\pi C}} \tag{9.1/29}$$

unabhängig vom Widerstand R_p!

Wenn man also z. B. bei vorgegebener Bandbreite eine möglichst große Verstärkung A_{Bm} erzielen will, so muß man einen Transistor mit großer Steilheit S wählen und die effektive Schwingkreiskapazität C möglichst klein halten. Läßt man den Schwingkreiskondensator weg ($C' = 0$), so setzt sich C nur noch aus der Schaltkapazität C_s, der Ausgangskapazität C_a des Transistors und der Eingangskapazität

C_e der nachfolgenden Stufe zusammen. Man erhält damit für C günstigstenfalls den Wert $C_{min} = C_a + C_e + C_s$. Da C_{min} jedoch nicht genügend konstant ist (neuer Abgleich nach Arbeitspunktveränderung und Transistorwechsel nötig), muß man zwischen großer Verstärkung und Konstanz der Resonanzfrequenz einen Kompromiß schließen.

9.1.7.2 Mehrstufiger Selektivverstärker. Da die wirksame Güte eines Schwingkreises nicht auf beliebig hohe Werte gebracht werden kann, genügt im allgemeinen die Selektion eines einzigen Kreises nicht den gestellten Anforderungen. In der Praxis besteht daher ein Selektivverstärker aus mehreren der in Abb. 9.1/28 gezeigten Stufen, von denen jede als Außenwiderstand einen auf die gleiche Frequenz f_r abgestimmten Schwingkreis hat. Der Gesamtübertragungsfaktor A_B ist dann

$$A_B = \frac{-A_{Bm1}}{1 + jQ_1 v} \frac{-A_{Bm2}}{1 + jQ_2 v} \frac{-A_{Bm3}}{1 + jQ_3 v} \cdots \frac{-A_{Bmn}}{1 + jQ_n v}. \tag{9.1/30}$$

Verwendet man Stufen mit gleicher Maximalverstärkung A_{BSt} und gleicher Schwingkreisgüte Q, so erhält man bei n Stufen den komplexen Gesamtübertragungsfaktor

$$A_B = (-1)^n \frac{A_{BSt}^n}{(1 + jV)^n}. \tag{9.1/31}$$

Der Betrag davon ist

$$|A_B| = \frac{A_{BSt}^n}{(1 + V^2)^{n/2}} = \frac{A_{Bm}}{(1 + V^2)^{n/2}}. \tag{9.1/32}$$

Die Maximalverstärkung beträgt also $A_{Bm} = A_{BSt}^n$.

Definiert man wieder die Bandbreite durch die Grenzfrequenzen f_{c1} und f_{c2}, bei denen $A_B = \frac{1}{\sqrt{2}} A_{BSt}^n = \frac{1}{\sqrt{2}} A_{Bm}$ beträgt (3-dB-Abfall), so gilt an den Bandgrenzen

$$2 = (1 + V_c^2)^n$$

oder

$$V_{c1,2} = \pm \sqrt{\sqrt[n]{2} - 1}. \tag{9.1/33}$$

Analog Gl. (9.1/28) ist dann

$$\Delta f_c = \frac{f_r}{Q} \sqrt{\sqrt[n]{2} - 1} \approx \frac{0,87 f_r}{Q\sqrt{n}}. \tag{9.1/34}$$

Die Bandbreite Δf_c ist also um so kleiner, je höher die Güte Q und die Stufenzahl n sind.

Abbildung 9.1/31 zeigt den maximalen Spannungsübertragungsfaktor $A_{Bm} = A_{BSt}^n$ und die Bandbreite Δf_c in Abhängigkeit von n für den behandelten Fall der konstanten, von n unabhängigen Stufenverstärkung A_{BSt}.

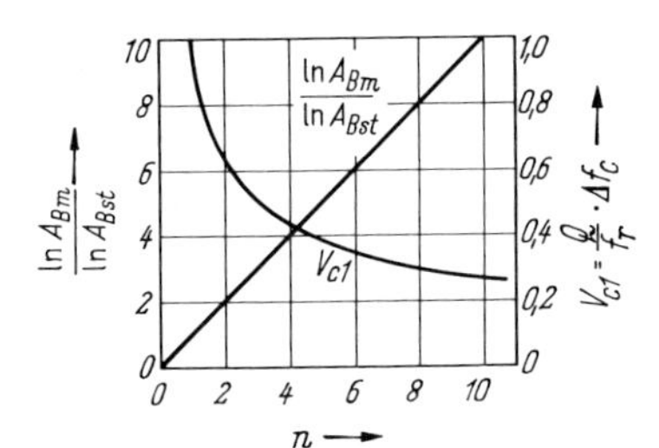

Abb. 9.1/31. Maximalverstärkung und Bandbreite in Abhängigkeit von der Stufenzahl

9.1.7.3 Verstärker mit verschieden abgestimmten Kreisen (Verstimmungsfilterverstärker). Die im vorigen Abschnitt behandelten selektiven Verstärker haben für viele Zwecke eine zu ungünstige Durchlaßkurve. Meist möchte man ein Frequenzband im Bereich zwischen f_{c1} und f_{c2} möglichst gleichmäßig übertragen, alle anderen Frequenzen aber möglichst stark dämpfen. Mit verschieden abgestimmten Kreisen kann man diesem Ziel näherkommen als mit Kreisen, die auf dieselbe Frequenz abgestimmt sind. Wir wählen als einfachstes Beispiel hierzu zunächst einen zweistufigen Verstärker, bei dem die Arbeitswiderstände zwei auf verschiedene Frequenzen abgestimmte Schwingkreise sind.

In Abb. 9.1/32 ist ein zweistufiger Verstärker mit verschieden abgestimmten Kreisen dargestellt. Die Resonanzfrequenzen der einzelnen Kreise seien f_{r1} und f_{r2}, die jeweils entsprechenden Güten Q_1 und Q_2. Für einen einstufigen selektiven Verstärker gilt mit den Bezeichnungen aus 9.1.7.1:

$$A_B = -\frac{A_{Bm}}{1 + jV} \tag{9.1/35}$$

Für die Schaltung in Abb. 9.1/32 gilt analog:

$$A_B = \frac{U_3}{U_1} = A_{B1} A_{B2} = +\frac{A_{Bm1} A_{Bm2}}{(1 + jV_1)(1 + jV_2)} = +\frac{A_{Bm1} A_{Bm2}}{N} \tag{9.1/36}$$

Bei der Diskussion der Frequenzabhängigkeit von A_B genügt es, nur den Nenner zu betrachten, da A_{Bm1} und A_{Bm2} Konstanten sind. Vorher wollen wir aber die Nennerfunktion N in eine etwas andere Form bringen. Durch Einführung der Abkürzungen

$$v = \frac{\omega}{\omega_m} - \frac{\omega_m}{\omega} = \frac{f}{f_m} - \frac{f_m}{f} \quad \text{mit} \quad f_m = \sqrt{f_{r1} f_{r2}}; \quad v_r = \frac{f_{r1} - f_{r2}}{f_m};$$

$$Q = \frac{Q_1 + Q_2}{2}$$

$V = Qv$ (normierte Verstimmung)

$V_r = Qv_r$ (normierte Verstimmung der beiden Kreise, durch Q, f_{r1} und f_{r2} festgelegt. Sie bestimmt die Form der Übertragungskurve) $f_{r1} - f_{r2} = \Delta f_r > 0$

und mit Benutzung der Näherungen

$$\left(\frac{f_m - f_{r1}}{f_m}\right)^2 \ll 1; \quad \left(\frac{f_{r2} - f_m}{f_m}\right)^2 \ll 1; \quad \left(\frac{f - f_m}{f_m}\right)^2 \ll 1; \quad \left(\frac{Q_1 - Q_2}{2Q}\right)^2 \ll 1$$

kann man schreiben:

$$N = (1 + jV_1)(1 + jV_2) \approx (1 + jV)^2 + V_r^2 + jU \tag{9.1/37}$$

$U = \dfrac{f_{r2} - f_{r1}}{f_m}(Q_1 - Q_2)$ ist der „Unsymmetrieterm“, der möglichst verschwinden soll.

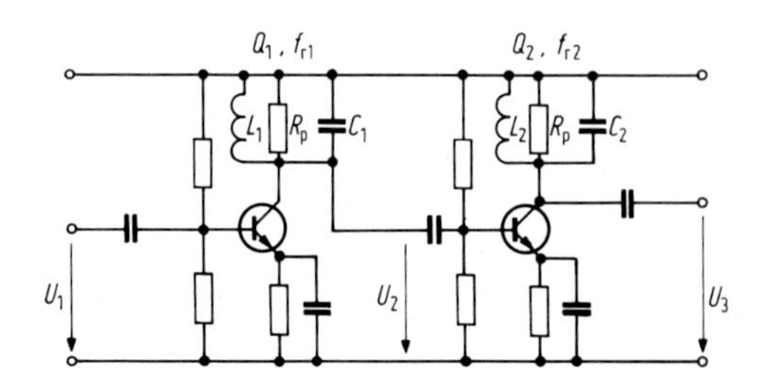

Abb. 9.1/32. Zweistufiger Verstärker mit verschieden abgestimmten Kreisen ($f_{r1} \neq f_{r2}$)

Wir wollen nun zunächst das Ergebnis diskutieren für den Fall $Q_1 = Q_2 = Q$. Hier interessieren nur Fälle mit $f_{r1} \neq f_{r2}$, bei denen die Kreise also gegeneinander verstimmt sind. Nur für $Q_1 = Q_2 = Q$ wird dann $U = 0$ und Gl. (9.1/37) lautet:

$$N = (1 + \mathrm{j}V)^2 + V_r^2 \tag{9.1/38}$$

Vergleichen wir diese Gleichung für die Nennerfunktion mit Gl. (1.3/8) im Abschnitt über zweikreisige Kopplungsbandfilter, so sehen wir, daß die beiden Gleichungen übereinstimmen, wenn man in Gl. (9.1/38) V_r durch K ersetzt. Wir haben also durch das Verstimmen der beiden Kreise das gleiche Übertragungsverhalten erzielt, wie wenn wir zur Selektion ein zweikreisiges Koppelfilter verwendet hätten. Wir können daher die Analogie benutzen und ohne weitere Rechnung die Ergebnisse für die Höckerfrequenz, die mathematische und praktische Grenzfrequenz und die Bandbreite angeben (s. auch Abb. 1.3/3a).

$$V_h = \pm\sqrt{V_r^2 - 1} \tag{9.1/39}$$

$$V_g = \pm\sqrt{2}\,V_h \tag{9.1/40}$$

$$V_c = \pm\sqrt{2}\,V_r \tag{9.1/41}$$

$$\Delta f_h = \frac{f_m}{Q}\sqrt{V_r^2 - 1} = \frac{f_m}{Q}V_h \tag{9.1/42}$$

$$\Delta f_g = \sqrt{2}\Delta f_h \tag{9.1/43}$$

$$\Delta f_c = \frac{f_m}{Q}\sqrt{2}\,V_r = \sqrt{2}\Delta f_r \tag{9.1/44}$$

Durch die Verwendung von mehr als 2 Verstärkerstufen mit verschieden abgestimmten Kreisen kann man die Selektionseigenschaften noch verbessern. Da aber schon beim zweistufigen Verstärker der rechnerische Aufwand nicht unerheblich ist, um zu den Endformeln zu gelangen, verwendet man besser ein anderes Berechnungsverfahren.

Allgemein gibt es mehrere Möglichkeiten, eine Kurve $f(x)$ in einem vorgegebenen Bereich durch eine 2. Kurve anzunähern. Man kann z. B. fordern, daß die Funktionswerte und die Tangenten der beiden Kurven in einem Punkt übereinstimmen sollen (Annäherung durch eine Taylor-Reihe), oder man verlangt, daß der mittlere quadratische Fehler ein Minimum wird (Gaußsche Annäherung, die auf die Fourier-Reihen führt). Eine dritte Möglichkeit, die hier benutzt werden soll, ist die Approximation nach Tschebyscheff, die schon im Abschn. 1.3.3.1 behandelt wurde.

Wir fordern, daß im Durchlaßbereich die Abweichungen von N^2 von dem Mittelwert N_M^2 dem Betrage nach gleich groß sind, wobei N_M^2 folgendermaßen definiert ist:

$$N_M^2 = (N_m^2 + N_h^2)/2\,.$$

Dabei bedeutet N_m die Nennerfunktion bei den Minima (Täler der Durchlaßkurve), N_h die Nennerfunktion bei den Maxima (Höcker der Durchlaßkurve). Es gilt dann

$$N^2 = N_M^2 + C_n T_n\left(\frac{V}{V_g}\right) \quad n = 2, 4, 6, \ldots \tag{9.1/45}$$

Dabei bedeutet T_n die Tschebyscheff-Funktion 1. Art der Ordnung n (s. Abschn. 1.3.3.1). Die Ordnungszahl n in Gl. (9.1/45) ist gleich der doppelten Zahl der Verstärkerstufen bzw. der Höcker in der Durchlaßkurve.

Zum Beispiel machen wir für einen zweikreisigen Verstimmungsfilterverstärker den Ansatz:

$$N^2 = N_{\mathrm{M}}^2 + C_4 T_4\left(\frac{V}{V_{\mathrm{g}}}\right) = N_{\mathrm{M}}^2 + C_4\left(1 - 8\left(\frac{V}{V_{\mathrm{g}}}\right)^2 + 8\left(\frac{V}{V_{\mathrm{g}}}\right)^4\right)$$

wobei allgemein gilt:

$$C_{\mathrm{n}} = \frac{V_g^n}{2^{n-1}} \,.$$

Die Höcker und Täler der Filterkurve erhält man, indem man mit Hilfe der Differentialrechnung die Extremwerte von N bestimmt. Die Zahl der Täler ist $n/2 - 1$, während die Zahl der Höcker gleich $n/2$, also gleich der Zahl der verstimmten Kreise ist. Die Rechnung zeigt, daß die Extremwerte sehr leicht graphisch bestimmt werden können, wenn man den Umfang eines Halbkreises in $2n$ gleiche Teile teilt (Abb. 9.1/33). Die Abszissen der Teilungspunkte sind dann die normierten Verstimmungen, die zu den Höcker- und Talfrequenzen gehören und – der Beweis kann hier nicht geführt werden – die reziproken Ordinaten ein Maß für die Güte der einzelnen Kreise. Für $n > 4$ kann man eine symmetrische Durchlaßkurve nur dann erzielen, wenn die Kreise verschieden stark gedämpft werden. Mit Hilfe der angegebenen Konstruktion kann man sich auch leicht den Verlauf der Tschebyscheff-Funktion selbst im Durchlaßbereich verschaffen (Abb. 9.1/33).

Am Beispiel des zweistufigen Verstärkers mit verstimmten Einzelkreisen wollen wir zum Schluß dieses Abschnittes noch zeigen, daß die Durchlaßkurven auch mit Hilfe der Pole und Nullstellen berechnet werden können. Im Sinne der Netzwerktheorie ist A_{B} ein Übertragungsfaktor, der allgemein immer als Quotient eines Zähler- und eines Nennerpolynoms für $p = \mathrm{j}\omega$ dargestellt werden kann, wobei der Grad m des Zählerpolynoms immer kleiner oder höchstens gleich dem Grad n des Nennerpolynoms ist. Durch die Lage der Pole und Nullstellen in der komplexen Ebene ist A_{B} bis auf einen konstanten Faktor vollständig bestimmt.

$$A_{\mathrm{B}} = \frac{a_{\mathrm{m}} p^m + a_{\mathrm{m}-1} p^{m-1} + \cdots}{b_{\mathrm{n}} p^n + b_{n-1} p^{\mathrm{n}-1} + \cdots} = \frac{Z(p)}{N(p)} \quad m \leq n \,. \tag{9.1/46}$$

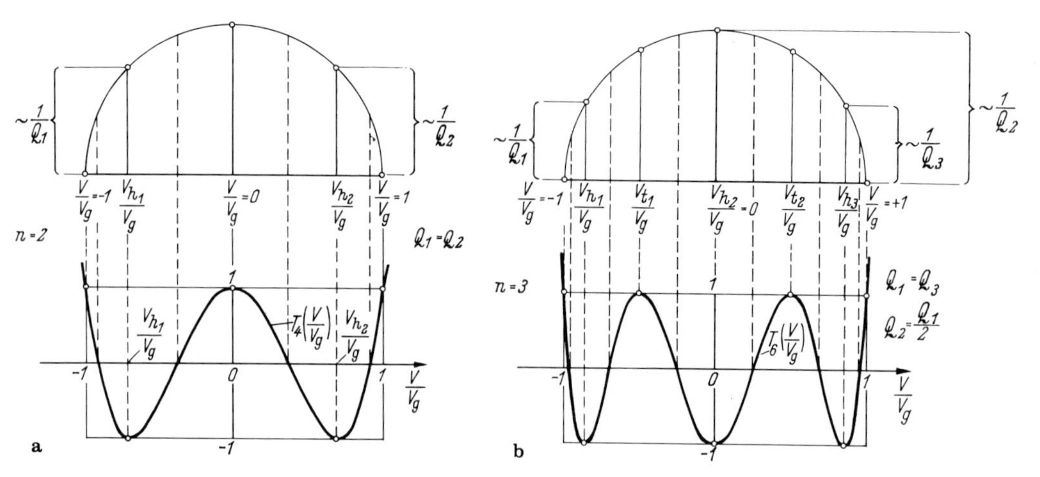

Abb. 9.1/33. Graphische Ermittlung der Extremwerte der Nennerfunktion und Konstruktion der Kurve $T_{2n} = f(V/V_g)$ im Bereich $-1 \leq V/V_g \leq +1$: **a** für $n = 2$; **b** für $n = 3$

Die Pole und Nullstellen von A_B erhält man aus den Bedingungen $N(p) = 0$ und $Z(p) = 0$. Sie setzen sich aus einem Real- und einem Imaginärteil zusammen und treten immer konjugiert komplex auf, wobei der Realteil der Pole nur negativ sein kann, wenn der Verstärker stabil sein soll. Man kann daher p allgemein als eine komplexe Größe auffassen

$$p = \sigma + \mathrm{j}\omega \,. \tag{9.1/47}$$

Gl. (9.1/46) kann in eine andere Form gebracht werden:

$$A_B = A_{B0} \frac{(p - p'_1)(p - p'_2)\ldots}{(p - p_1)(p - p_2)\ldots} \,.$$

Bei n Einzelstufen gilt für den Spannungsübertragungsfaktor A_{Bn}:

$$A_{Bn} = \frac{(-1)^n A_{Bm1} A_{Bm2} \ldots A_{Bmn}}{(1 + \mathrm{j}V_1)(1 + \mathrm{j}V_2)\ldots(1 + \mathrm{j}V_n)} \,. \tag{9.1/48}$$

Für $(1 + \mathrm{j}V_n)$ kann man schreiben:

$$1 + \mathrm{j}V_n = 1 + \mathrm{j}Q_n\left(\frac{\omega}{\omega_{rn}} - \frac{\omega_{rn}}{\omega}\right) = 1 + Q_n \frac{p}{\omega_{rn}} + Q_n \frac{\omega_{rn}}{p}$$

$$= 1 + \mathrm{j}V_n = \frac{Q_n}{\omega_{rn} p}\left(p^2 + \frac{\omega_{rn}}{Q_n} p + \omega_{rn}^2\right) . \tag{9.1/49}$$

Die Nullstellen des Nenners (= Pole von A_{Bn}) erhält man, wenn die Klammer von (9.1/49) gleich Null setzt, also

$$p^2 + \frac{\omega_{rn}}{Q_n} p + \omega_{rn}^2 = 0 \tag{9.1/50}$$

$$p_{n,-n} = -\frac{\omega_{rn}}{2Q_n} \pm \mathrm{j}\omega_{rn}\sqrt{1 - \frac{1}{4Q_n^2}} \approx -\frac{\omega_{rn}}{2Q_n} \pm \mathrm{j}\omega_{rn} \quad \text{mit } 4Q_n^2 \gg 1 \,. \tag{9.1/51}$$

Aus (9.1/49) folgt mit (9.1/51):

$$1 + \mathrm{j}V_n = \frac{Q_n}{\omega_{rn} p}\left(p + \frac{\omega_{rn}}{2Q_n} - \mathrm{j}\omega_{rn}\right)\left(p + \frac{\omega_{rn}}{2Q_n} + \mathrm{j}\omega_{rn}\right) . \tag{9.1/52}$$

Speziell für einen zweistufigen Verstärker folgt damit:

$$A_{B2} = \frac{A_{Bm1} A_{Bm2} p^2 \frac{\omega_{r1}}{Q_1} \frac{\omega_{r2}}{Q_2}}{\left(p + \frac{\omega_{r1}}{2Q_1} - \mathrm{j}\omega_{r1}\right)\left(p + \frac{\omega_{r1}}{2Q_1} + \mathrm{j}\omega_{r1}\right)\left(p + \frac{\omega_{r2}}{2Q_2} - \mathrm{j}\omega_{r2}\right)\left(p + \frac{\omega_{r2}}{2Q_2} + \mathrm{j}\omega_{r2}\right)}$$

$$= \text{const} \frac{Z(p)}{N(p)} \,. \tag{9.1/53}$$

Dieses Ergebnis entspricht Gl. (1.3/14), und man erhält Übertragungsverläufe, wie sie in Abb. 1.3/3a gezeigt sind.

9.1.8 Reflexionsverstärker

Neben aktiven Drei- bzw. Vierpolen finden aktive Zweipole Anwendung in Mikrowellenverstärkern. Aktive Zweipole weisen unter bestimmten Betriebsbedingungen einen negativen Realteil in ihrer Klemmenimpedanz auf. Zu diesen Elementen gehören die Tunneldiode (s. Abschn. 7.2.4.1), die Lawinenlaufzeitdiode (s. Abschn. 7.2.4.2), das Gunn-Element (s. Abschn. 7.2.4.4) und die gepumpte Varaktordiode (Parametrischer Verstärker, s. Abschn. 11.5.7).

Das vereinfachte Prinzipschaltbild eines Zweipol- (Eintor-) Verstärkers zeigt Abb. 9.1/34. Der aktive Zweipol wird hierin durch den negativen Widerstand $-R_n$ ($R_n > 0$) und durch eine äquivalente Leerlauf-Rauschspannungsquelle beschrieben.

Die Betriebsleistungsverstärkung ist definiert als das Verhältnis der an den Lastwiderstand R_L abgegebenen Wirkleistung $P_L = |I_s|^2 R_L/2$ zur verfügbaren Wirkleistung der Signalquelle $P_{sv} = |U_{s0}|^2/(8R_{si})$.

Für die Ersatzschaltung nach Abb. 9.1/34 ergibt sich:

$$G_B = 4R_{si}R_L \left|\frac{I_s}{U_{s0}}\right|^2 = \frac{4R_{si}R_L}{(R_{si} + R_L - R_n)^2}\,. \tag{9.1/54}$$

Es muß aus Stabilitätsgründen $R_n < R_{si} + R_L$ bleiben. Praktisch ist meist $R_n \leq 0{,}9\,(R_{si} + R_L)$ und $G_B \leq 100$. Dieser Verstärker kann als übertragungssymmetrischer Eintorverstärker entweder am Eingang ($R_{si} \approx R_L - R_n$) oder am Ausgang ($R_L \approx R_{si} - R_n$) angepaßt betrieben werden.

Vorzugsweise werden Verstärker mit aktiven Zweipolen jedoch als Reflexionsverstärker aufgebaut, bei denen Generator, Lastwiderstand und der negative Widerstand durch ein nichtübertragungssymmetrisches Element in Form eines Zirkulators voneinander getrennt und damit der aktive Zweipol zum Verstärkervierpol erweitert wird.

In Abb. 9.1/35 ist die Schaltung eines Reflexionsverstärkers mit Zirkulator dargestellt. Der negative Widerstand $-R_n$ bewirkt am Tor 2 des Zirkulators einen Reflexionsfaktor mit dem Betrag $|r_2| > 1$. Die vom Signalgenerator am Tor 1 gelieferte Leistung wird hierdurch verstärkt dem Lastwiderstand R_L am Tor 3 zugeführt. Am Tor 4 ist der Zirkulator mit dem Widerstand Z_0 reflexionsfrei abgeschlossen, um eine Rückwirkung vom Tor 3 zum Tor 1 auszuschließen.

Die maximal verfügbare Betriebsleistungsverstärkung des Reflexionsverstärkers, d. h. bei Anpassung am Eingang und Ausgang, ist bei verlustfreiem Zirkulator gleich dem Quadrat des Betrages des Reflexionsfaktors am Tor 2:

$$G_{max} = |r_2|^2 = \left|\frac{Z_0 + R_n}{Z_0 - R_n}\right|^2. \tag{9.1/55}$$

Es lassen sich nicht beliebig hohe Werte der Betriebsleistungsverstärkung G_B erreichen. Aus Stabilitätsgründen wird für eine Verstärkerstufe $G_{max} \approx 30$ bis 100 (entsprechend 15 bis 20 dB) gewählt [18]. Die Stabilitätsgrenze wird bei $Z_0 = R_n$ erreicht.

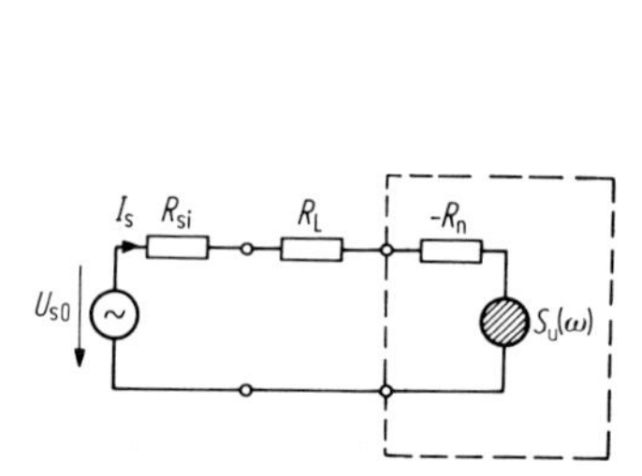

Abb. 9.1/34. Prinzipschaltbild eines Zweipol-Verstärkers

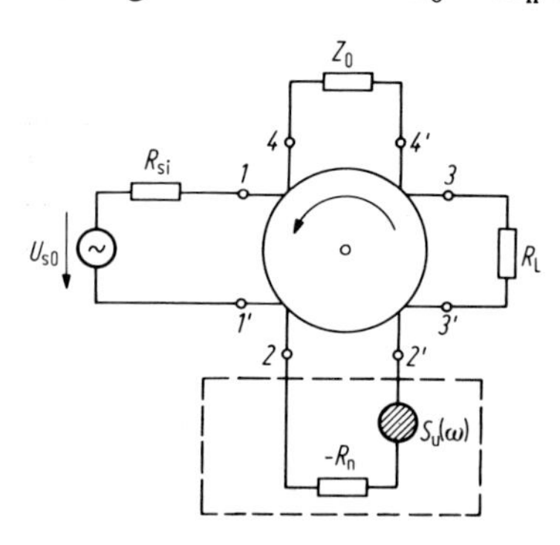

Abb. 9.1/35. Prinzipschaltbild eines Reflexionsverstärkers

Das Rauschmaß M nach Gl. (8.2/19) bestimmt sich für den Reflexionsverstärker zu

$$M = \frac{S_u(\omega)}{4kT_0R_n} \,. \tag{9.1/56}$$

Die effektive Rauschtemperatur am Eingang des Verstärkers errechnet sich bei Anpassung mit G_{max} nach Gl. (9.1/55) und M nach Gl. (9.1/56) zu

$$T = MT_0(1 - 1/G_{max}) \,. \tag{9.1/57}$$

In Gl. (9.1/56) und Gl. (9.1/57) bedeutet T_0 die Bezugstemperatur, für die meist 290 K eingesetzt wird.

9.1.8.1 Reflexionsverstärker mit Tunneldiode. Das Kleinsignalersatzschaltbild für eine Tunneldiode, deren Arbeitspunkt A in den fallenden Teil der Kennlinie (Abb. 9.1/36) gelegt wird, zeigt Abb. 9.1/37. Der dynamische negative Widerstand ($R_n > 0$) ist bis weit in den Mikrowellenbereich hinein unabhängig von der Frequenz. Das Betriebsverhalten wird nach höheren Frequenzen hin durch die Sperrschichtkapazität C_j und durch den Bahnwiderstand R_B begrenzt. L_s stellt die innere Zuleitungsinduktivität dar.

Nach Abb. 9.1/37 erhält man bei der Kreisfrequenz ω die Kleinsignalimpedanz der Tunneldiode nach Umrechnung in die Seriengrößen R_{ns} und C_s

$$Z(\omega) = R_B - R_{ns} + j\omega L_s + \frac{1}{j\omega C_s}$$

$$Z(\omega) = R_B - \frac{R_n}{1 + (\omega\tau)^2} + j\left(\omega L_s - \frac{\omega\tau R_n}{1 + (\omega\tau)^2}\right) \tag{9.1/58}$$

mit $\tau = R_n C_j$. Wegen $R_B \ll R_n$ ist bei tiefen Frequenzen $\mathrm{Re}(Z) < 0$. Damit der Realteil von $Z(\omega)$ negativ bleibt, muß die Frequenz kleiner sein als die Grenzfrequenz f_c, bei der $\mathrm{Re}(Z) = 0$ wird:

$$f_c = \frac{1}{2\pi R_n C_j}\sqrt{\frac{R_n - R_B}{R_B}} \tag{9.1/59}$$

Bei Mikrowellen-Tunneldioden lassen sich Grenzfrequenzen bis zu 100 GHz

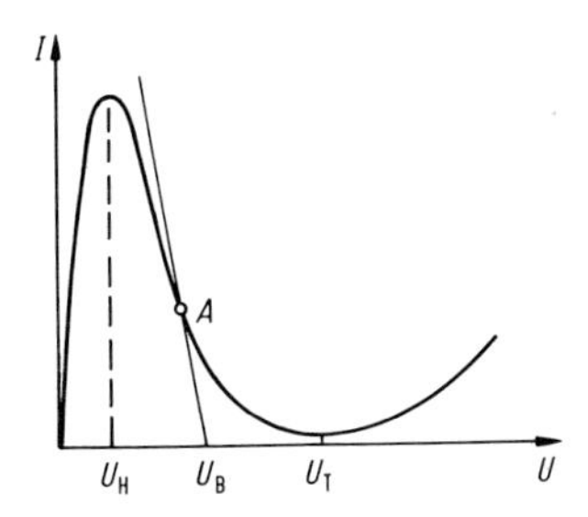

Abb. 9.1/36. Kennlinie einer Tunneldiode. U_H: Höckerspannung (ca. 60 mV für Ge und 100 mV für GaAs), U_T; Talspannung (ca. 250 bis 450 mV für Ge und 450 bis 650 mV für GaAs)

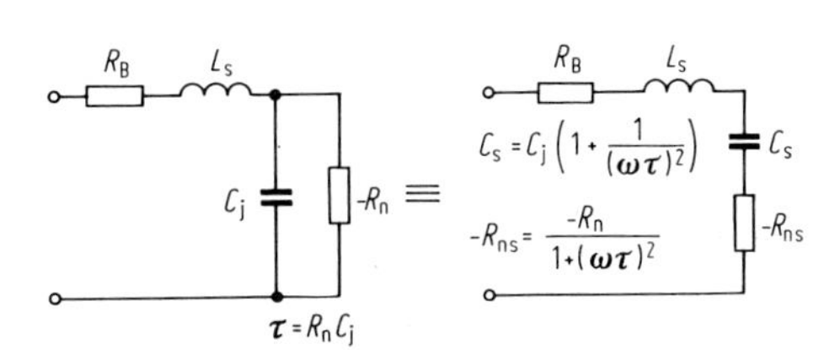

Abb. 9.1/37. Kleinsignalersatzschaltbild einer Tunneldiode; rechts Serienersatzschaltung

erreichen [8, 9]. Der Imaginärteil der Impedanz $Z(\omega)$ wird zu Null bei der Eigenresonanzfrequenz f_r der Diode:

$$f_r = \frac{1}{2\pi\sqrt{L_s C_j}} \sqrt{1 - \frac{L_s}{C_j R_n^2}} . \tag{9.1/60}$$

Wenn $L_s/C_j R_B < R_n$ ist, bleibt $f_r > f_c$.

Unterhalb ihrer Grenzfrequenz lassen sich mit Tunneldioden einfache Verstärker aufbauen [10 bis 13]. Hierin liegt der Hauptanwendungsbereich von Tunneldioden in der Mikrowellentechnik. Das Prinzipschaltbild eines Tunneldiodenverstärkers ist in Abb. 9.1/38 dargestellt. Die Tunneldiode TD ist in Serie zum Signalgenerator mit der Leerlaufspannung U_{s0} und dem Innenwiderstand R_s und zum Lastwiderstand R_L geschaltet. Der Arbeitspunkt der Tunneldiode wird mit der Vorspannung U_B eingestellt. Der Kondensator C_k soll bei den Betriebsfrequenzen einen Kurzschluß darstellen, an ihm liegt eine reine Gleichspannung. Mit Abb. 9.1/37 erhalten wir das in Abb. 9.1/39 dargestellte Kleinsignalersatzschaltbild des Tunneldiodenverstärkers. Die Erweiterung zum Reflexionsverstärker zeigt Abb. 9.1/40.

Die Betriebs-Leistungsverstärkung ist definiert aus der an den Lastwiderstand R_L abgegebenen Leistung $P_2 = |U_2|^2/(2R_L)$, bezogen auf die verfügbare Leistung der Signalquelle $P_{sv} = |U_{s0}|^2/(8R_s)$:

$$G_B = \frac{P_2}{P_{sv}} = \frac{4R_s}{R_L}\left|\frac{U_2}{U_{s0}}\right|^2 .$$

Nach Abb. 9.1/39 erhalten wir mit Gl. (9.1/58)

$$G_B = \frac{4R_S R_L}{\left(R_S + R_L + R_B - \frac{R_n}{1+(\omega\tau)^2}\right)^2 + \left(\omega(L_Z + L_S) - \frac{\omega\tau R_n}{1+(\omega\tau)^2}\right)^2} . \tag{9.1/61}$$

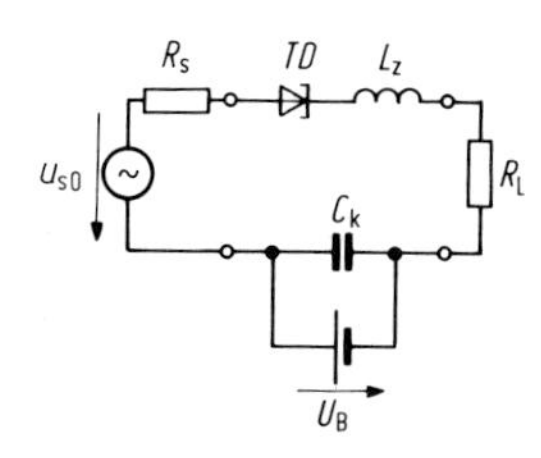

Abb. 9.1/38. Prinzipschaltbild eines Tunneldiodenverstärkers in Serienschaltung

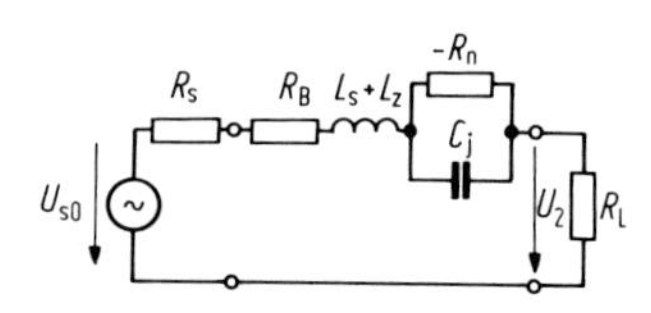

Abb. 9.1/39. Kleinsignalersatzschaltbild des Tunneldiodenverstärkers

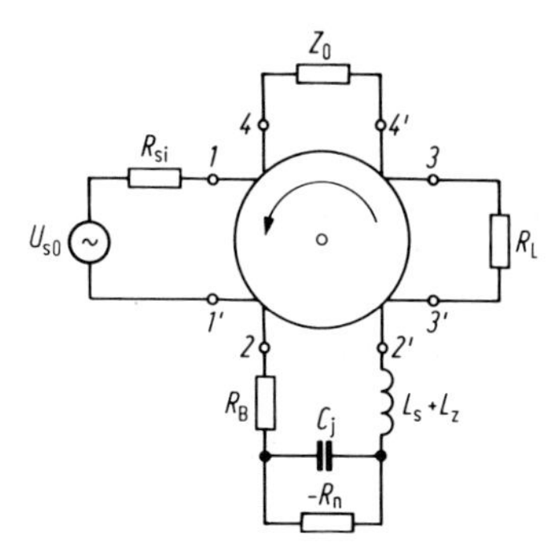

Abb. 9.1/40. Kleinsignalersatzschaltbild des Tunneldiodenverstärkers mit Zirkulator

Man erkennt, daß für $f < f_r$ der Imaginärteil der Diodenimpedanz durch L_z z. B. für die Bandmitte des Verstärkers kompensiert werden kann. Um eine hohe Leistungsverstärkung zu erzielen, muß auch der Realteil der Impedanz im Nenner kompensiert werden. Die Abgleichbedingung für die Summe aus Bahn-, Last- und Generatorinnenwiderstand lautet:

$$R_S + R_L + R_B \approx \frac{R_n}{1 + (\omega_m \tau)^2}\,. \tag{9.1/62}$$

Die Bandbreite des Verstärkers wird nach Gl. (9.1/61) und (9.1/62) im wesentlichen durch die Größe der Zeitkonstanten $\tau = R_n C_j$ bestimmt. Neben den Erfordernissen für Verstärkung und Bandbreite sind Stabilitätsbedingungen zu beachten. Sie lauten für einen Verstärker nach Abb. 9.1/38 (s. Abschn. 10.2.1):

$$R_S + R_L + R_B < R_n \qquad \text{und} \qquad L_S + L_Z < C_j R_n (R_S + R_L + R_B)\,.$$

Für den Verstärker nach Abb. 9.1/40 erhalten wir entsprechend Gl. (9.1/55):

$$G_{max} = \frac{\left(Z_0 - R_B + \dfrac{R_n}{1 + (\omega\tau)^2}\right)^2 + \left(\omega(L_Z + L_S) - \dfrac{\omega\tau R_n}{1 + (\omega\tau)^2}\right)^2}{\left(Z_0 + R_B + \dfrac{R_n}{1 + (\omega\tau)^2}\right)^2 + \left(\omega(L_Z + L_S) - \dfrac{\omega\tau R_n}{1 + (\omega\tau)^2}\right)^2}\,. \tag{9.1/63}$$

Die Stabilitätsbedingungen lauten hierfür:

$$Z_0 + R_B < R_n \qquad \text{und} \qquad L_S + L_Z < C_j R_n (Z_0 + R_B)\,. \tag{9.1/64}$$

Als interne Rauschquellen sind bei der Tunneldiode das Schrotrauschen des Diodengleichstroms I_0 im Arbeitspunkt und das thermische Rauschen des Bahnwiderstandes R_B bei der Diodentemperatur T_D zu berücksichtigen. Für einen Verstärker nach Abb. 9.1/40 ergibt sich als minimale effektive Rauschtemperatur bei hoher Verstärkung [14]

$$T_{min} \approx T_D \frac{R_B}{R_{ns} - R_B} + \frac{eI_0 R_n}{2k} \frac{R_{ns}}{R_{ns} - R_B} \tag{9.1/65}$$

mit R_n und R_{ns} nach Gl. (9.1/58). Der minimale Wert des Produktes $I_0 R_n$, auch Rauschkonstante der Tunneldiode genannt, beträgt je nach Halbleitermaterial $I_0 R_n \approx 45$ bis 75 mV [11]. Für die effektive Rauschtemperatur des Widerstandes R_n bzw. R_{ns} erhalten wir damit $eI_0 R_n / 2k \approx 250$ K bis 450 K. Bei Mikrowellen-Tunneldioden ist $R_n \approx (5$ bis $25)\ R_B$, so daß die Rauschtemperatur des Verstärkers nach Gl. (9.1/65) hauptsächlich durch das Schrotrauschen der Tunneldiode bestimmt wird. Bei Frequenzen um 1 GHz erhält man eine Rauschtemperatur von 300 K, bei 18 GHz etwa 1000 K [15].

Die Bandbreite eines Tunneldioden-Zirkulatorverstärkers wird im wesentlichen durch die Bandbreite der Stabilisierungs- und Entkopplungsnetzwerke bestimmt. Bei Frequenzen von einigen GHz wird eine Bandbreite von 1 GHz bei einer Verstärkung von 10 dB erreicht [16].

9.1.8.2 Reflexionsverstärker mit Gunn-Elementen und Lawinenlaufzeitdioden. Die bei Tunneldiodenverstärkern erzielbare Ausgangsleistung ist relativ gering (<1 bis 10 mW, s. Abschn. 10.2.1). Höhere Ausgangsleistungen lassen sich mit Gunn-Elementen oder Lawinenlaufzeitdioden als aktiven Zweipolen erreichen. Gunn-Elemente weisen bei unterkritischer Dotierung ($N_D w < 10^{12}\,\text{cm}^{-2}$ bei GaAs; N_D: Donatorendichte, w: Länge der aktiven Zone) im Bereich negativer Beweglichkeit bei bestimmten Frequenzen einen negativ differentiellen Leitwert auf, ohne daß es zur Domänenbildung kommt. Dies kann zur Signalverstärkung genutzt werden [147,

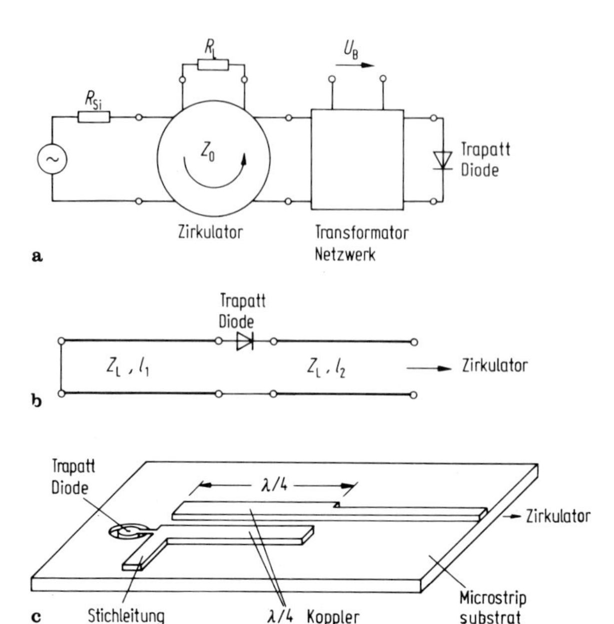

Abb. 9.1/41. **a** Reflexionsverstärker mit TRAPATT-Diode; **b** Realisierung des Transformator-Netzwerkes mit Serienleitungen; **c** Realisierung des Transformator-Netzwerkes mit $\lambda/4$-Koppler in Microstrip-Technik

148]. Die niedrigste Frequenz, bei der dies geschieht, entspricht etwa dem Kehrwert der Domänenlaufzeit τ. Bei überkritischer Dotierung tritt dieser negative differentielle Leitwert nur bei bestimmten Bereichen der Betriebsspannung am Gunn-Element auf [148]. Über Lawinenlaufzeitdioden als IMPATT-Dioden siehe Abschn. 7.2.4.2. Hohe Ausgangsleistungen bei Pulsbetrieb, wie dies z. B. für Radaranwendungen erforderlich ist, lassen sich mit Lawinenlaufzeitdioden im TRAPATT-Mode (*tra*pped *p*lasma *a*valanche *t*riggered *t*ransit) erreichen [149]; die Leistungen entsprechen etwa den im Oszillatorbetrieb erreichbaren Werten (s. Abschn. 10.2.3). Das Prinzipschaltbild eines derartigen Verstärkers zeigt Abb. 9.1/41a. (Zum TRAPATT-Mode s. auch Abschn. 7.2.4.2 und 10.2.3.)

Das gegenüber Abb. 9.1/40 zusätzlich vorhandene Transformatornetzwerk sorgt nicht nur bei der Signalfrequenz für eine Anpassung der Diode an die Innenimpedanz Z_0, sondern auch bei Oberschwingungen der Signalfrequenz, um einen stabilen Oszillatorbetrieb zu ermöglichen [150]. Die Betriebsspannung U_B wird entsprechend dem gewünschten Tastverhältnis des Ausgangssignals gepulst.

Abbildung 9.1/41b und c zeigt zwei mögliche Ausführungen des Transformatornetzwerkes (ohne Gleichspannungszuführung). In Abb. 9.1/41b wird der gewünschte Impedanzverlauf über die beiden in Reihe zur Diode geschalteten Leitungen erzielt [151], in Abb. 9.1/41c wird die Diode über einen $\lambda/4$-Koppler an den Zirkulator angeschlossen [152]. Die erreichbare Verstärkung derartiger Verstärker liegt bei ca. 5 bis 10 dB, es werden Bandbreiten bis zu 10 bis 20% erzielt.

Auf die prinzipielle Wirkungsweise von parametrischen Verstärkern wird in Abschn. 11.5.7 eingegangen. Parametrische Verstärker werden jedoch von anderen Verstärkern in den Hintergrund gedrängt.

9.1.9 Leistungsanpassung und Stabilität

Ein Zweitor sei gemäß Abb. 9.1/42 mit komplexen Widerständen Z_S und Z_L beschaltet.

Nach [80, S. 35] ist b_G die Leistungswelle, die von der Signalquelle an einen komplexen Widerstand Z abgegeben wird. Man kann sich nun vorstellen, daß sich

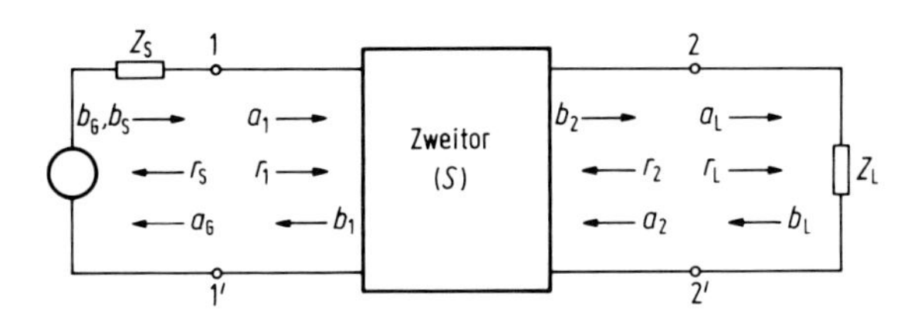

Abb. 9.1/42. Mit komplexen Widerständen Z_S und Z_L beschaltetes Zweitor

b_G aus einem Anteil b_S zusammensetzt, den die Signalquelle an Z_0 abgeben kann und aus einem Anteil $r_S a_G$, der von einem beliebigen Lastwiderstand $Z \neq Z_0$ stammt.

Dann können folgende Beziehungen aus Abb. 9.1/42 abgelesen werden

$$\begin{aligned} b_G &= b_S + r_S a_G & a_L &= b_2 \\ a_1 &= b_G & a_2 &= b_L \\ a_G &= b_1 & b_L &= r_L a_L \\ b_1 &= r_1 a_1 & b_2 &= r_2 a_2 \,. \end{aligned} \tag{9.1/66}$$

Gleichung (7.3/48) läßt sich mit Hilfe der Beziehungen aus Gl. (9.1/66) nach r_1 bzw. r_2 auflösen:

$$r_1 = S_{11} + S_{12} S_{21} r_L/(1 - S_{22} r_L) \tag{9.1/67}$$

$$r_2 = S_{22} + S_{12} S_{21} r_S/(1 - S_{11} r_S) \tag{9.1/68}$$

Die Übertragungsleistungsverstärkung oder der Übertragungsgewinn G_T ist definiert als das Verhältnis aus der am Tor 2 an die Last abgegebenen Wirkleistung P_2 und der am Tor 1 verfügbaren Signalquellenleistung P_V.

Dabei ist mit Gl. (7.3/47) und Gl. (9.1/66)

$$P_2 = \tfrac{1}{2}\,|u_L i_L^*| = \tfrac{1}{2}\,|a_L|^2 - \tfrac{1}{2}\,|b_L|^2 = \tfrac{1}{2}\,(1 - |r_L|^2)\,|a_L|^2$$

$$P_V = \tfrac{1}{2}\,|b_s|^2/(1 - |r_S|^2)$$

und damit

$$G_T = (1 - |r_S|^2)\left|\frac{a_L}{b_S}\right|^2 (1 - |r_L|^2)$$

a_L und b_S lassen sich mit Gl. (7.3/48) und Gl. (9.1/66) durch Streuparameter ersetzen.

Dann erhält man

$$G_T = \frac{1 - |r_S|^2}{|1 - r_S S_{11}|^2}\,|S_{21}|^2\,\frac{1 - |r_L|^2}{|1 - r_L \cdot r_2^2|}\,. \tag{9.1/69}$$

Die Übertragungsleistungsverstärkung ist also nur von den Streuparametern und den Reflexionsfaktoren r_S der Signalquelle und r_L der Last abhängig.

Die Übertragungsleistungsverstärkung wird maximal, d. h. $G_T = G_{max}$, wenn gleichzeitig am Tor 1 und Tor 2 Leistungsanpassung eingestellt wird:

$$r_S = r_1^* \qquad r_L = r_2^* \tag{9.1/70}$$

Gl. (9.1/70) läßt sich in Gl. (9.1/67) und Gl. (9.1/68) einsetzen

$$r_1^* = S_{11}^* + S_{12}^* S_{21}^* r_2/(1 - S_{22}^* r_2) \tag{9.1/71}$$

$$r_2 = (S_{11}^* - r_1^*)/(\Delta^* - r_1^* S_{22}^*) \tag{9.1/72}$$

mit $\Delta = S_{11} S_{22} - S_{12} S_{21}$.

Durch Einsetzen von Gl. (9.1/72) in Gl. (9.1/71) erhält man eine quadratische Gleichung für r_1^*, deren Lösung mit Gl. (9.1/70) die maximale Leistungsverstärkung ergibt:

$$G_{max} = |S_{21}/S_{12}|(K \overset{(+)}{-} \sqrt{K^2 - 1}) \tag{9.1/73}$$

mit $K = (1 + |\Delta|^2 - |S_{11}|^2 - |S_{22}|^2)/2|S_{12}||S_{21}|$.

G_{max} hängt damit nur von den Streuparametern und nicht von der äußeren Beschaltung ab.

Die Rollett Konstante K muß größer 1 sein, damit G_{max} reell wird. Nur wenn $K \geq 1$ gilt, verhält sich das Zweitor bedingungslos stabil [98]. Dann ist eine Anpassung am Eingang möglich.

Gleichung 9.1/69 läßt sich in einen Anteil G_L zerlegen, der nur von den Streuparametern und dem Lastreflexionsfaktor r_L abhängig ist

$$G_L = \frac{1 - |r_L|^2}{|1 - r_L S_{22}|^2(1 - |r_1|^2)} \tag{9.1/74}$$

und einen Anteil G_S, der nur von den Streuparametern und dem Signalquellenreflexionsfaktor r_S abhängig ist

$$G_S = \frac{(1 - |r_S|^2)(1 - |r_1|^2)}{|1 - r_S r_1|^2} . \tag{9.1/75}$$

Mit Gl. (9.1/69) gilt dann

$$G_T = |S_{21}|^2 G_S G_L .$$

Zur Erreichung einer maximalen Übertragungsleistungsverstärkung muß ein Hochfrequenztransistor am Eingang und am Ausgang mit Anpaßnetzwerken beschaltet werden, um die Bedingungen der Gl. (9.1/70) zu erfüllen.

Die Anpaßnetzwerke bestehen aus möglichst verlustarmen konzentrierten Elementen oder verlustlosen Leitungen.

Wegen der Frequenzabhängigkeit der Streuparameter ist eine Leistungsanpassung mit einfachen Anpaßnetzwerken, z. B. aus einem L und einem C, nur in einem kleinen Frequenzbereich möglich.

Stabilitätsuntersuchungen und Bestimmung der Elemente der Anpaßnetzwerke können graphisch in der komplexen Reflexionsfaktorebene (Smith-Diagramm) durchgeführt werden.

Aus den für einen Transistor gegebenen Streuparametern lassen sich G_L nach Gl. (9.1/74) und G_S nach Gl. (9.1/75) berechnen.

Die Ortskurven $G_L = \text{const}$ und $G_S = \text{const}$ ergeben Kreise in der komplexen Reflexionsfaktorebene. Für Leistungsanpassung gemäß Gl. (9.1/70) können r_L und r_S ermittelt werden.

Es läßt sich zeigen, daß ein Zweitor nicht bedingungslos stabil ist, wenn $|r_L| \leq 1$ und $|r_S| \leq 1$ ist. Mit. Gl. (9.1/67) und Gl. (9.1/68) ergeben sich für $|r_L| = 1$ und $|r_S| = 1$ Stabilitätskreise, die ebenfalls in der komplexen Reflexionsfaktorebene eingezeichnet werden können.

Für kompliziertere Anpaßnetzwerke werden die Berechnungen in der Regel auf einer Rechenanlage durchgeführt.

9.1.10 Kleinsignalverstärker mit Feldeffekttransistoren

Die Grundlagen von Feldeffekttransistoren (Si-JFET, Si-MOSFET, GaAs-MESFET und Hetero-FET) sind in Abschn. 7.4 behandelt. Si-JFETs werden im Frequenzbereich bis zu einigen hundert MHz und Si-MOSFETs bis zu etwa 1 GHz in

Kleinsignalverstärkern eingesetzt. Der Einsatzbereich bipolarer Transistoren (Abschn. 7.3) reicht heute bis etwa 6 GHz. GaAs-MESFETs dominieren in Kleinsignalverstärkern für Frequenzen oberhalb von 1 GHz. Sie können bis etwa 60 GHz verwendet werden. Für Anwendungen, bei denen es auf besonders niedriges Rauschen ankommt, sowie für mm-Wellen-Anwendungen lassen sich Hetero-FETs für Frequenzen bis zu etwa 100 GHz mit Vorteil einsetzen (Stand 1990).

Bei Frequenzen oberhalb von etwa 1 GHz erfolgt der Verstärkerentwurf vorteilhafterweise mit Streuparametern (Abschn. 4.11 und 7.3.9.3). Einige der dazu benötigten Begriffe und Hilfsmittel werden im folgenden besprochen.

Die Vorgehensweise beim Entwurf von Hochfrequenzverstärkern wird beschrieben. In den Beispielen wird der GaAs-MESFET benutzt.

9.1.10.1 Streuparameter eines GaAs-MESFET. Zur Definition der Y- und Z-Parameter werden Klemmenspannungen und Klemmenströme verwendet. Diese lassen sich meßtechnisch einfach bestimmen, solange sich Strom und Spannung auf den Zuleitungen zum Vierpol örtlich nur wenig ändern. Dies ist für Frequenzen unterhalb von ca. 1 GHz erfüllt, so daß dort z. B. Y-Parameter mit Vorteil zur Beschreibung der Kleinsignaleigenschaften von Vierpolen herangezogen werden können. Bei höheren Frequenzen sind die Welleneigenschaften von Strom und Spannung merklich, so daß es dort vorteilhafter ist, Streuparameter zu verwenden. Die Kleinsignaleigenschaften von GaAs-MESFET werden daher üblicherweise durch Streuparameter beschrieben.

Beispiel:
In Abb. 9.1/43 ist der Verlauf der Ortskurven der Streuparameter für einen GaAs-MESFET-Chip in Sourceschaltung (CFY 10, Siemens AG; $U_{DS} = 4$ V, $I_D = 10$ mA; berechnet aus dem Ersatzschaltbild Abb. 7.4/11b und den Elementewerten von Tab. 7.4/3) angegeben. Zusätzlich sind in Tab. 9.1/4 die numerischen Werte der Streuparameter in Polarkoordinaten aufgeführt.

Entsprechend der im wesentlichen kapazitiven Eingangs- und Ausgangsimpedanz des GaAs-MESFET weist der Reflexionsfaktor S_{11} bis 13 GHz und S_{22} im gesamten Bereich negative Phase auf. Der Betrag von S_{11} nimmt von 0,99 bei 1 GHz (Breitbandanpassung sehr schwierig) auf 0,65 bei 15 GHz ab. Der Betrag von S_{22} verringert sich ebenfalls mit wachsender Frequenz, und zwar von 0,9 bei 1 GHz auf 0,6 bei 15 GHz.

Tabelle 9.1/4. Streuparameter für einen GaAs-MESFET-Chip, abhängig von der Frequenz (CFY 10, Siemens AG)

Frequenz in GHz	S_{11}		S_{12}		S_{21}		S_{22}	
	Betrag	Phase	Betrag	Phase	Betrag	Phase	Betrag	Phase
1,0	0,990	−16,7	0.019	78,9	3,023	165,0	0,887	−7,2
2,0	0,962	−33,2	0,036	68,1	2,942	150,2	0,870	−14,2
3,0	0,921	−49,2	0,052	57,8	2,820	136,0	0,846	−20,9
4,0	0,873	−64,7	0,064	48,4	2,671	122,5	0,816	−27,1
5,0	0,823	−79,7	0,073	39,7	2,512	109,8	0.785	−33.0
6,0	0,776	−94,2	0,078	31,9	2,350	97,6	0,755	−38,7
7,0	0,734	−108.1	0,082	25,0	2,194	86,2	0,727	−44,2
8,0	0,700	−121,4	0,083	19,0	2,047	75,3	0,701	−49,8
9,0	0,675	−134,2	0,082	13,9	1,910	65,0	0,678	−55,4
10,0	0,657	−146,4	0,079	9,7	1,783	55,0	0,657	−61,4
11,0	0,646	−158,0	0,075	6,7	1,667	45,4	0,639	−67,8
12,0	0,643	−168,8	0,071	5,0	1,558	36,1	0,623	−74,6
13,0	0,645	−178,8	0,066	4,8	1,457	27,1	0,609	−82,0
14,0	0,651	171,8	0,062	6,5	1,362	18,2	0,597	−90,1
15,0	0,662	163,2	0,058	10,3	1,271	9,4	0,589	−98,8

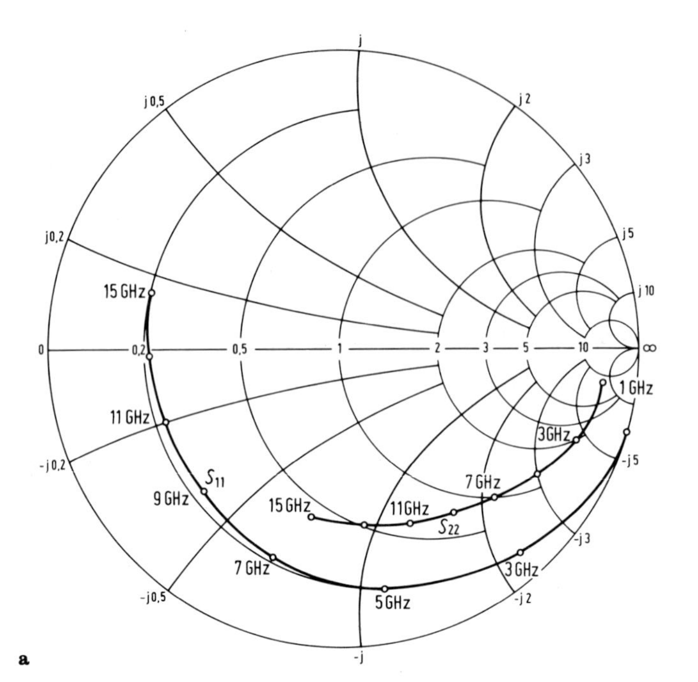

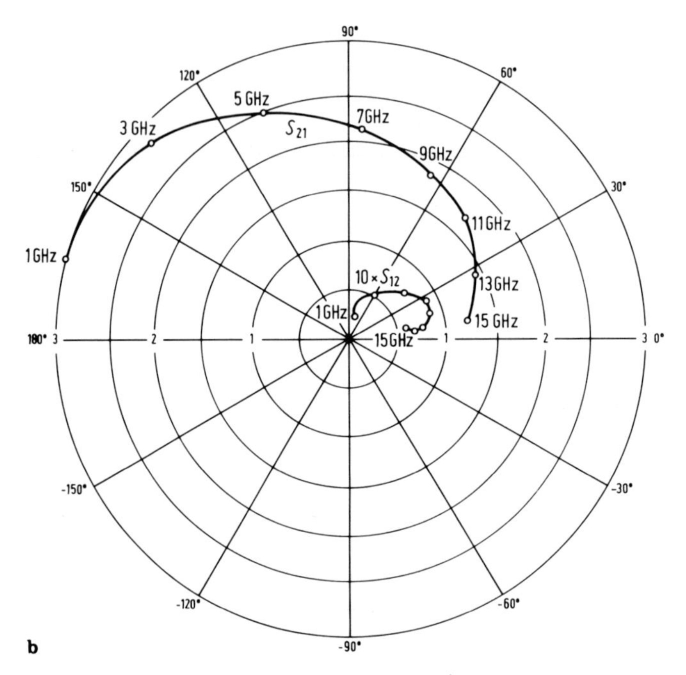

Abb. 9.1/43a u. b. Streuparameter eines GaAs-MESFET-Chips (CFY 10, Siemens AG) für den Frequenzbereich 1 bis 15 GHz. Wellenwiderstand $Z_0 = 50\,\Omega$. Bezugsebenen; Kontaktierstellen der Bonddrähte auf den 50-Ω-Anschlußleitungen: **a** Eingangsreflexion S_{11} mit normiertem Eingangswiderstand Z_1 und Ausgangsreflexion S_{22} mit normiertem Ausgangswiderstand Z_2; **b** Vorwärtstransmission S_{21} und Rückwärtstransmission $S_{12} \times 10$

Die Vorwärtstransmission S_{21} fällt dem Betrage nach stetig mit der Frequenz von 3 bei 1 GHz auf 1, 2 bei 15 GHz, während die Rückwärtstransmission von 0, 02 bei 1 GHz auf maximal ca. 0,08 ansteigt. Daraus ergibt sich ein Verstärkungsabfall mit wachsender Frequenz. Bei niedrigen Frequenzen hat S_{21} eine Phase von etwa 180° und S_{12} eine Phase von ca. 90°. Die Phasen nehmen mit wachsender Frequenz stetig ab auf jeweils ca. 10° bei 15 GHz.

Die Streuparameter können mit den in Tab. 9.1/2 aufgeführten Gleichungen in die bei niedrigen Frequenzen üblichen Z-, Y-, H- und P-Parameter umgerechnet werden.

9.1.10.2 Signalflußdiagramme. Die Eigenschaften eines Kleinsignalverstärkers oder allgemeiner eines linearen Netzwerkes lassen sich durch ein lineares Gleichungssystem beschreiben. Im Fall eines Mikrowellennetzwerkes werden oft Streuparameter zur Verknüpfung der Variablen verwendet.

$$b_{\mathrm{k}} = \sum_{j=1}^{n} S_{\mathrm{kj}} a_{\mathrm{j}} \quad \text{mit } k = 1, 2, \ldots, n \,. \tag{9.1/76}$$

Die rücklaufenden Wellengrößen b_{j} haben als Ursache die zulaufenden Wellengrößen a_{k}. Es sind die a_{j} daher unabhängige und die b_{k} abhängige Variablen. Die Streuparameter S_{kj} sind die Koeffizienten des Gleichungssystems.

Zur Analyse des Netzwerkes muß das Gleichungssystem nach den interessierenden Größen aufgelöst werden. Dies kann z. B. durch Anwendung der Matrizenrechnung geschehen. Anstelle der algebraischen Ermittlung der Netzwerkeigenschaften ist auch eine graphische Lösung mittels Signalflußdiagrammen [80–82] möglich, wobei die Ursache-Wirkung-Beziehung berücksichtigt wird. Die graphische Lösung ist physikalisch anschaulich und erfordert oft weniger Zeitaufwand als die algebraische Lösung.

Der Zusammenhang zwischen dem Gleichungssystem und dem Signalflußdiagramm wird durch die in Abb. 9.1/44 beschriebenen Definitionen hergestellt:

1. Die Wellengrößen a_{j} und b_{k} (Variablen) werden im Signalflußdiagramm durch Knoten beschrieben. a_{j} und b_{k} werden auch als Knotensignale bezeichnet.
2. Die S-Parameter werden durch gerichtete Zweige dargestellt.
3. Diese gerichteten Zweige verbinden die Knoten und beschreiben so den Signalfluß. Dieser erfolgt vom unabhängigen Knoten a_{j} (Quelle) zum abhängigen Knoten b_{k} (Senke).
4. Das Knotensignal b_{k} einer Senke ergibt sich aus der Summe aller ankommenden Knotensignale $S_{\mathrm{kj}} a_{\mathrm{j}}$.

Abbildung 9.1/45 zeigt Signalflußdiagramme für Grundschaltungen, aus denen komplexere Schaltungen aufgebaut werden können. Abbildung 9.1/45a beschreibt ein Zweitor (vgl. Gl. (7.3/48)), Abb. 9.1/45b einen Lastwiderstand ($b_{\mathrm{L}} = r_{\mathrm{L}} a_{\mathrm{L}}$) und Abb. 9.1/45c einen Generator ($b_{\mathrm{G}} = b_{\mathrm{S}} + r_{\mathrm{S}} a_{\mathrm{G}}$). r_{L} ist der Reflexionsfaktor der Last, r_{S} der der ausgeschalteten Quelle ($b_{\mathrm{S}} = 0$). b_{S} ist die Leistungswelle, die vom Generator an einen angepaßten Verbraucher ($a_{\mathrm{G}} = 0$) abgegeben werden kann.

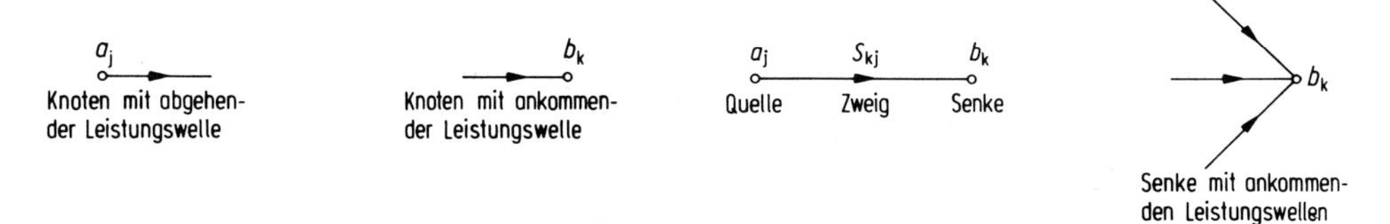

Abb. 9.1/44. Zur Definition von Signalflußdiagrammen

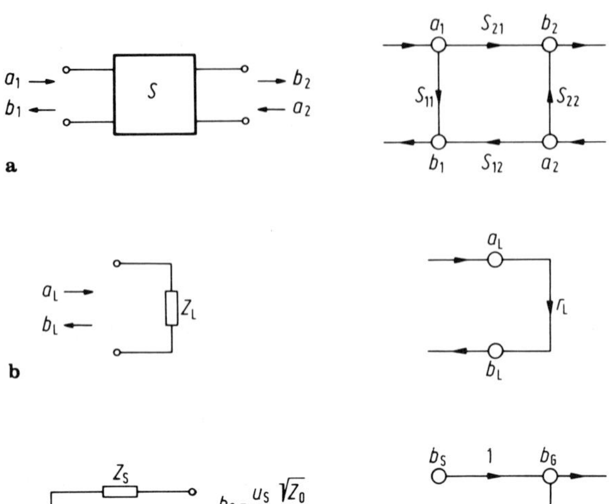

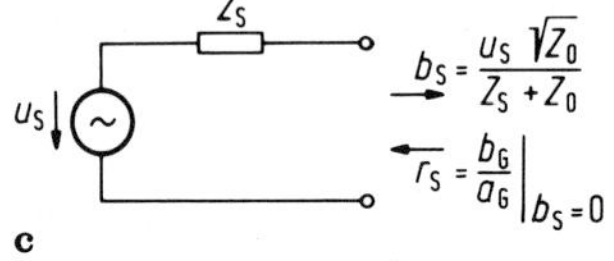

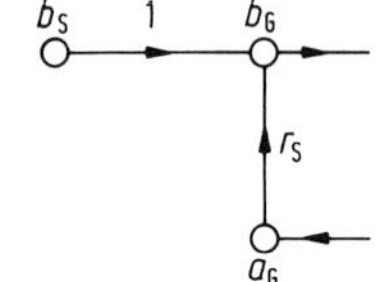

Abb. 9.1/45. Signalflußdiagramme für: **a** Zweitor; **b** Lastwiderstand; **c** Generator

Für ein beliebiges Signalflußdiagramm kann ein Übertragungsfaktor $\ddot{U}_{kj}$ zwischen zwei Knoten a_j und b_k definiert werden zu

$$\ddot{U}_{kj} = \frac{b_k}{a_j}. \tag{9.1/77}$$

$\ddot{U}_{kj}$ kann aus der Struktur des Signalflußdiagramms ermittelt werden. Dabei sind die folgenden Regeln zu beachten:

1. Ein Pfad ist eine kontinuierliche Folge gleichorientierter Zweige, die den Knoten a_j (Quelle) mit dem Knoten b_k (Senke) verbinden. Dabei darf kein Knoten mehr als einmal berührt werden. Der Pfadübertragungsfaktor P ergibt sich aus dem Produkt der Zweigübertragungsfaktoren entlang des Pfades.
2. Eine Schleife ist ein in sich geschlossener Pfad. Dabei darf kein Knoten mehr als einmal berührt werden. Der Schleifenübertragungsfaktor L ergibt sich aus dem Produkt der Zweigübertragungsfaktoren entlang der Schleife.
3. Es gilt

$$\ddot{U}_{kj} = \frac{\sum_{\nu=1}^{n} P_\nu \Delta_\nu}{\Delta} \tag{9.1/78}$$

mit

$$\Delta = 1 - \sum L(1) + \sum L(2) - \sum L(3) + \cdots$$
$$\Delta_\nu = 1 - \sum^{(\nu)} L(1) + \sum^{(\nu)} L(2) - \sum^{(\nu)} L(3) + \cdots$$

Im Nenner bedeutet:

$\sum L(1)$: Summe aller im Signalflußdiagramm vorkommenden Schleifenübertragungsfaktoren (Schleifen 1. Ordnung).

$\sum L(2)$: Summe aller möglichen Produkte der Schleifenübertragungsfaktoren von je zwei sich nicht berührenden Schleifen (Schleifen 2. Ordnung).

$\sum L(3)$: Summe aller möglichen Produkte der Schleifenübertragungsfaktoren von je drei sich nicht berührenden Schleifen (Schleifen 3. Ordnung).

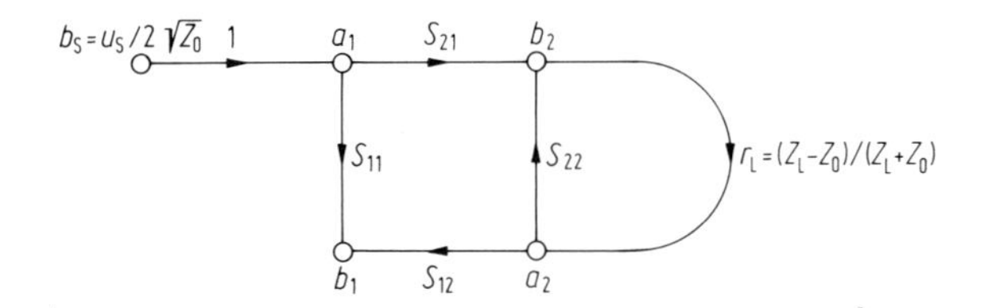

Abb. 9.1/46. Signalflußdiagramm für ein mit Quelle ($Z_S = Z_0$) und Last beschaltetes Zweitor

Im Zähler bedeutet:

$P_1, P_2, \ldots$ die Pfadübertragungsfaktoren der n möglichen Pfade zwischen a_j und b_k.
$\sum^{(1)} L(1)$: Summe der Schleifenübertragungsfaktoren aller im Signalflußdiagramm vorkommenden Schleifen 1. Ordnung, die den Pfad P_1 nicht berühren.
$\sum^{(1)} L(2)$: Summe der Schleifenübertragungsfaktoren aller Schleifen 2. Ordnung, die den Pfad P_1 nicht berühren.
$\sum^{(2)} L(1)$: Summe der Schleifenübertragungsfaktoren aller Schleifen 1. Ordnung, die den Pfad P_2 nicht berühren.

Beispiel:
Abbildung 9.1/46 zeigt das Signalflußdiagramm für ein Zweitor, das mit einer Quelle mit dem Innenwiderstand $Z_S = Z_0$ und einer beliebigen Last Z_L beschaltet ist. Gesucht ist der Übertragungsfaktor $\ddot{U}_{11} = b_1/a_1$. Dieser entspricht dem Eingangsreflexionsfaktor r_1 bei beliebigem Lastreflexionsfaktor r_L.

Aus Gl. (9.1/78) folgt

$$P_1 = S_{11} \qquad P_2 = S_{21} r_L S_{12}$$

$$\Delta = 1 - S_{22} r_L$$

$$\Delta_1 = 1 - S_{22} r_L \qquad \Delta_2 = 1.$$

Daraus folgt:

$$\ddot{U}_{11} = r_1 = \frac{P_1 \Delta_1 + p_2 \Delta_2}{\Delta} = S_{11} + \frac{S_{12} S_{21} r_L}{1 - S_{22} r_L} \tag{9.1/79}$$

Den Ausgangsreflexionsfaktor r_2 bei beliebigem Quellenreflexionsfaktor r_S erhält man wegen der Schaltungssymmetrie aus Gl. (9.1/79), indem man die Eingangsgrößen durch die entsprechenden Ausgangsgrößen ersetzt.

$$r_2 = S_{22} + \frac{S_{12} S_{21} r_S}{1 - S_{11} r_S} \tag{9.1/80}$$

9.1.10.3 Leistungsgewinndefinitionen. Beim Entwurf von Verstärkern interessiert das Leistungsübertragungsverhalten. Es gibt mehrere Leistungsgewinndefinitionen [80, 83–86], die nachfolgend erläutert werden. Die Beschreibung erfolgt mit S- und Y-Parametern. Dabei werden folgende Abkürzungen verwendet:

$$\Delta_S = S_{11} S_{22} - S_{12} S_{21}$$

$$\Delta_Y = Y_{11} Y_{22} - Y_{12} Y_{21}$$

$$r_S = \frac{Y_0 - Y_S}{Y_0 + Y_S} = \text{Reflexionsfaktor der Quelle}$$

$$r_L = \frac{Y_0 - Y_L}{Y_0 + Y_L} = \text{Reflexionsfaktor der Last} \tag{9.1/81}$$

S_{ij} bzw. Y_{ij} sind die S- bzw. Y-Parameter des Verstärkerzweitores.

9.1.10.3.1 Klemmenleistungsgewinn (power gain) G

$$G = \frac{P_2}{P_1} = \frac{\text{Vom Zweitor an den Verbraucher abgegebene Leistung}}{\text{von der Quelle an das Netzwerk abgegebene Leistung}}$$

$$= \frac{|S_{21}|^2(1-|r_L|^2)}{(1-|S_{11}|^2)+|r_L|^2(|S_{22}|^2-|\Delta_S|^2)-2\,\mathrm{Re}[r_L(S_{22}-\Delta_S S_{11}^*)]}$$

$$= \frac{|Y_{21}|^2\,\mathrm{Re}(Y_L)}{\mathrm{Re}\left(Y_{11}-\frac{Y_{12}Y_{21}}{Y_{22}Y_L}\right)\cdot|Y_{22}+Y_L|^2} = f(Y_L)\,. \qquad (9.1/82)$$

G hängt von den Vierpolparametern und Y_L ab, nicht jedoch von Y_S. Über die Ausnützung der von der Quelle verfügbaren Signalleistung durch das Zweitor und die Last sagt der Klemmenleistungsgewinn nichts aus.

9.1.10.3.2 Übertragungsgewinn (transducer power gain) G_T

$$G_T = \frac{P_2}{P_{1V}} = \frac{\text{vom Zweitor an den Verbraucher abgegebene Leistung}}{\text{von der Quelle verfügbare Leistung}}$$

$$= \frac{|S_{21}|^2(1-|r_S|^2)(1-|r_L|^2)}{|(1-S_{11}r_S)(1-S_{22}r_L)-S_{12}S_{21}r_L r_S|^2}$$

$$= \frac{4|Y_{21}|^2\,\mathrm{Re}(Y_S)\,\mathrm{Re}(Y_L)}{|(Y_{11}+Y_S)(Y_{22}+Y_L)-Y_{12}Y_{21}|^2} = f(Y_S, Y_L)\,. \qquad (9.1/83)$$

G_T hängt von den Vierpolparametern, von Y_S und von Y_L ab. Im allgemeinen ist $G_T < G$. Nur für den Spezialfall, daß Quelle und Vierpoleingang angepaßt sind, gilt $G_T = G$.

G_T beschreibt, welchen Vorteil ein aktiver Vierpol bezüglich der Leistungsübertragung bringt, im Vergleich zu einem angenommenen passiven Netzwerk, das Quelle und Verabraucher verlustlos anpaßt.

Spezialfall: Unilateraler Übertragungsgewinn (unilateral transducer power gain) G_{Tu}

Falls die Rückwirkung klein ist, kann sie in erster Näherung vernachlässigt werden ($S_{12} = 0$ bzw. $Y_{12} = 0$), wodurch der Rechenaufwand für den Schaltungsentwurf erheblich geringer wird [80, 86].

$$G_{Tu} = \frac{\begin{array}{c}\text{vom Zweitor bei Vernachlässigung der Rückwirkung}\\ \text{an den Verbraucher abgegebene Leistung}\end{array}}{\text{von der Quelle verfügbare Leistung}}$$

$$= \frac{|S_{21}|^2(1-|r_S|^2)(1-|r_L|^2)}{|1-S_{11}r_S|^2|1-S_{22}r_L|^2}$$

$$= \frac{4|Y_{21}|^2\,\mathrm{Re}(Y_S)\,\mathrm{Re}(Y_L)}{|Y_{11}+Y_S|^2|Y_{22}+Y_S|^2} = f(Y_S, Y_L)\,. \qquad (9.1/84)$$

Der maximale Fehler, der durch die Annahme der Rückwirkungsfreiheit gemacht wird, läßt sich durch folgende Ungleichung abschätzen, wobei G_T der wahre Übertragungsgewinn ist.

$$\frac{1}{(1+u)^2} < \frac{G_T}{G_{Tu}} < \frac{1}{(1-u)^2}$$

mit

$$u = \frac{|S_{11}S_{12}S_{21}S_{22}|}{(1-|S_{11}|^2)(1-|S_{22}|^2)}\,. \tag{9.1/85}$$

Der Fehler wird um so kleiner, je kleiner u ist.

9.1.10.3.3 Verfügbarer Leistungsgewinn (available power gain) G_A

$$\begin{aligned} G_A &= \frac{P_{2V}}{P_{1V}} = \frac{\text{vom Zweitor verfügbare Leistung}}{\text{von der Quelle verfügbare Leistung}} \\ &= \frac{|S_{21}|^2(1-|r_S|^2)}{(1-|S_{22}|^2)+|r_S|^2(|S_{11}|^2-|\Delta_S|^2)-2\,\mathrm{Re}[r_S(S_{11}-\Delta_S S_{22}^*)]} \\ &= \frac{|Y_{21}|^2\,\mathrm{Re}(Y_S)}{\mathrm{Re}[(\Delta_Y+Y_{22}Y_S)(Y_{11}+Y_S)^*]} = f(Y_S)\,. \end{aligned} \tag{9.1/86}$$

G_A hängt von den Vierpolparametern und Y_S ab, nicht jedoch von Y_L. Falls der Spezialfall vorliegt, daß der Vierpolausgang und die Verbraucherimpendanz angepaßt sind, gilt $G_A = G_T$. Bei Fehlanpassung ist $G_A > G_T$.

9.1.10.3.4 Einfügungsgewinn (insertion gain) G_I

$$\begin{aligned} G_I &= \frac{P_2}{P_S} = \frac{\text{vom Zweitor an den Verbraucher abgegebene Leistung}}{\text{von der Quelle an den Verbraucher abgegebene Leistung}} \\ &= \frac{|S_{21}|^2\,|1-r_L r_S|^2}{|(1-S_{11}r_S)(1-S_{22}r_L)-S_{12}S_{21}r_S r_L|^2} \\ &= \frac{|Y_{21}|^2\,\mathrm{Re}(Y_S)\,\mathrm{Re}(Y_L)}{|(Y_{11}+Y_S)(Y_{22}+Y_L)-Y_{12}Y_{21}|^2}\,\frac{|Y_L+Y_S|^2}{|Y_L|\,|Y_S|} \\ &= f(Y_L, Y_S)\,. \end{aligned} \tag{9.1/87}$$

G_I hängt von den Vierpolparametern, von Y_S und von Y_L ab. G_I entspricht dem Gewinn, der gemessen wird, wenn ein Zweitor zwischen Quelle und Verbraucher eingefügt wird. Für den Spezialfall, daß Quelle und Verbraucher angepaßt sind, gilt $G_I = G_T$.

9.1.10.3.5 Maximaler Leistungsgewinn. Der maximale Leistungsgewinn hängt außer vom Grad der Anpassung (Y_S, Y_L) auch von den Stabilitätseigenschaften des Zweitors ab. Die entsprechenden Gewinndefinitionen (MAG, MSG, U) werden daher in Verbindung mit der Stabilität (Abschn. 9.1.10.5) behandelt. Zur Verwendung der verschiedenen Gewinndefinitionen ist festzustellen: G_T wird üblicherweise von Schaltungsentwicklern zur Beschreibung der Wirksamkeit einer Verstärkerschaltung bei den jeweils vorliegenden Betriebsbedingungen benutzt, G_I entspricht dem gemessenen Gewinn, wenn ein Zweitor zwischen Quelle und Verbraucher eingefügt wird. G_A wird für Rauschberechnungen benötigt. MAG bzw. MSG und U werden dagegen von Bauelementeherstellern zur Beschreibung des mit einem aktiven Element bei Berücksichtigung von Stabilitätsanforderungen erzielbaren maximalen Gewinns herangezogen.

9.1.10.4 Kreise konstanter Verstärkung. Durch die Vernachlässigung der Rückwirkung ($S_{12} = 0$) wird der Eingangsreflexionsfaktor r_1 eines Zweitors unabhängig vom Lastreflektionsfaktor r_L [Gl. (9.1/79)] und der Ausgangsreflexionsfaktor r_2 unabhängig vom Quellenreflexionsfaktor r_S [Gl. (9.1/80)]. Weil so Eingang und Ausgang entkoppelt sind, wird ein vereinfachtes und anschauliches Vorgehen beim Schaltungsentwurf möglich.

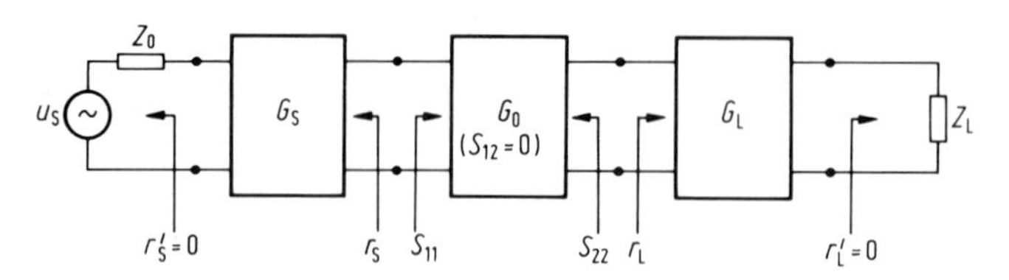

Abb. 9.1/47. Unilateraler Übertragungsgewinn G_{Tu} eines mit Anpassungsnetzwerken beschalteten Zweitors.

In Abb. 9.1/47 ist gezeigt, wie Gl. (9.1/88) einem Netzwerk zugeordnet werden kann. G_{Tu} wird als das Produkt von drei Verstärkungsbeiträgen aufgefaßt, die in eindeutiger Weise den Transformationsnetzwerken und dem Zweitor zugeordnet werden können.

$$G_{Tu} = \frac{1-|r_S|^2}{|1-S_{11}r_S|^2} \times |S_{21}|^2 \times \frac{1-|r_L|^2}{|1-S_{22}r_L|^2}$$
$$= G_S \times G_0 \times G_L$$
$$G_{TudB} = G_{SdB} + G_{0dB} + G_{LdB}\,. \tag{9.1/88}$$

Je nachdem, ob die Transformationsnetzwerke die Anpassung gegenüber dem Fall $r_S = r_L = 0$ verbessern oder verschlechtern, erhält man einen Anpassungsgewinn oder einen Anpassungsverlust. Der Verstärkungsbeitrag G_S beispielsweise hängt bei gegebenem S_{11} (Zweitoreigenschaft) nur vom Reflexionsfaktor r_S der Quelle ab, der beim Schaltungsentwurf durch eine geeignete Anpassungsschaltung optimiert werden kann. Für $r_S = 1$ wird $G_S = 0$, für $r_S = 0$ wird $G_S = 1$ [(Gl. (9.1/88)]. Den maximalen unilateralen Übertragungsgewinn $G_{Tu\,max}$ erhält man, wenn das Zweitor beidseitig angepaßt wird ($r_S = S_{11}^*$, $r_L = S_{22}^*$). Einsetzen in Gl. (9.1/88) ergibt

$$G_{Tu\,max} = \frac{1}{1-|S_{11}|^2} \times |S_{21}|^2 \times \frac{1}{1-|S_{22}|^2}$$
$$= G_{S\,max} \times G_0 \times G_{L\,max}\,. \tag{9.1/89}$$

Das eingangs erwähnte Verfahren beruht nun darauf, daß alle r_S-Werte, die ein konstantes G_S ($0 < G_S < G_{S\,max}$) bewirken können, im Smith-Diagramm auf einem Kreis liegen.

Der Ausdruck für G_S ist formal gleich dem von G_L, wobei nur r_S durch r_L und S_{11} durch S_{22} zu ersetzen sind. Für G_L gilt daher Analoges wie für G_S. Der Einfluß der Eingangs- ($i = 1$) und Ausgangsanpassung ($i = 2$) auf den Gewinn G_{Tu} kann folglich jeweils durch eine Schar von Kreisen konstanter Verstärkung beschrieben werden [80, 83, 86], deren Lage im Smith-Diagramm gegeben ist durch

$$d_i = \frac{g_i|S_{ii}|}{1-|S_{ii}|^2(1-g_i)}$$
$$R_i = \frac{\sqrt{1-g_i}(1-|S_{ii}|^2)}{1-|S_{ii}|^2(1-g_i)} \tag{9.1/90}$$
$$g_i = G_j(1-|S_{ii}|^2| = \frac{G_j}{G_{j\,max}} \quad i=1, j=S, \quad \text{bzw.} \quad i=2, j=L\,.$$

Der Mittelpunkt des Kreises konstanter Verstärkung G_i liegt auf dem Vektor S_{ii}^* im Abstand d_i vom Mittelpunkt des Smith-Diagrammes. R_i ist der Kreisradius, g_i die zugehörige normierte Verstärkung.

Beispiel:
In Abb. 9.1/48 sind Kreise konstanter Verstärkung (G-Kreise) für einen GaAs-MESFET-Chip (CFY 10, Siemens AG; S-Parameter s. Tab. 9.1/4) für 12 GHz in der Eingangs- und Ausgangsimpedanzebene gezeigt. Mit Gl. (9.1/85) kann der maximale Fehler für G_{Tu} abgeschätzt werden. Die Mittelpunkte der G-Kreise liegen jeweils auf der Verbindungsgeraden zwischen dem Mittelpunkt des Smith-Diagramms und S_{11}^* bzw. S_{22}^*. Bei S_{11}^* bzw. S_{22}^* werden die Verstärkungsbeiträge maximal; die Kreise entarten jeweils zu einem Punkt. Die G-Kreise, die sich innerhalb des 0-dB-Kreises befinden, bringen eine Verbesserung gegenüber dem Fall der Beschaltung mit Z_0, jene außerhalb davon eine Verschlechterung. Dort, wo die G-Kreise dicht benachbart sind, ändert sich G_{Tu} stark mit r_s bzw. r_L.

Mit den S-Parametern des GaAs-MESFET bei $f = 12$ GHz aus Tab. 9.1/4 erhält man bei Vernachlässigung der Rückwirkung mit Gl. (9.1/89) den folgenden Näherungswert für die maximal erzielbare Verstärkung:

$$G_{Tu\,max} = 2{,}3\ \text{dB} + 3{,}9\ \text{dB} + 2{,}1\ \text{dB} = 8{,}3\ \text{dB}\,.$$

Der hierfür erforderliche Quellen- und Lastreflexionsfaktor betragen näherungsweise:

$$r_{Sm} = S_{11}^* = 0{,}643/168{,}8^\circ \qquad \text{und} \qquad r_{Lm} = S_{22}^* = 0{,}623/74{,}6^\circ\,.$$

Zum Vergleich sind im folgenden Werte für den maximalen Gewinn $G_{T\,max}$ und die erforderliche Anpassung bei exaktem Vorgehen [Gl. (9.1/93) und (9.1/95)], also bei Berücksichtigung der Rückwirkung, angegeben:

$$G_{T\,max} = G_{A\,max} = MAG = 8{,}9\ \text{dB}$$

für $r_{Sm} = 0{,}73/178^\circ$ und $r_{Lm} = 0{,}71/85^\circ$.

Das hier beschriebene einfache Verfahren liefert nicht immer eine brauchbare Genauigkeit [80, 87]. Daher empfiehlt es sich, grundsätzlich mit Gl. (9.1/85) vorab den maximalen Fehler abzuschätzen. Ist dieser für die geplante Anwendung unzulässig groß, dann darf nicht rückwirkungsfrei gerechnet werden, so daß der Gewinn-entweder über die allgemeinen Formeln Gl. (9.1/83) bis (9.1/87) ermittelt oder das in [80, 88] angegebene kompliziertere graphische Verfahren verwendet werden muß.

9.1.10.5 Stabilität. Um Verstärkerschaltungen entwerfen zu können, muß man die Bedingungen kennen, bei denen unerwünschte Schwingungen vermieden werden können, d. h. die Schaltung stabil arbeitet. Bezüglich des Stabilitätsverhaltens eines aktiven Zweitors bei einer gegebenen Frequenz unterscheidet man zwei Fälle, nämlich absolute und bedingte Stabilität [80, 83, 84].

Absolute Stabilität ist gegeben, wenn das Zweitor mit beliebigen passiven Abschlüssen an Eingang und Ausgang beschaltet werden kann und dabei stets stabil bleibt. Absolute Stabilität erfordert einen Stabilitätsfaktor $k > 1$,

$$k = \frac{1 + |\Delta_S|^2 - |S_{11}|^2 - |S_{22}|^2}{2|S_{12}S_{21}|} > 1 \tag{9.1/91}$$

sowie

$$|S_{12}S_{21}| < 1 - |S_{11}|^2 \qquad \text{und} \qquad |S_{12}S_{21}| < 1 - |S_{22}|^2$$

mit

$$\Delta_S = S_{22}S_{11} - S_{12}S_{21}\,.$$

In Y-Parameterschreibweise muß gelten

$$k = \frac{2\,\text{Re}(Y_{11})\,\text{Re}(Y_{22}) - \text{Re}(Y_{12}Y_{21})}{|Y_{12}Y_{21}|} > 1 \tag{9.1/92}$$

sowie $\text{Re}(Y_{11}) \geq 0$ und $\text{Re}\,(Y_{22}) \geq 0$.

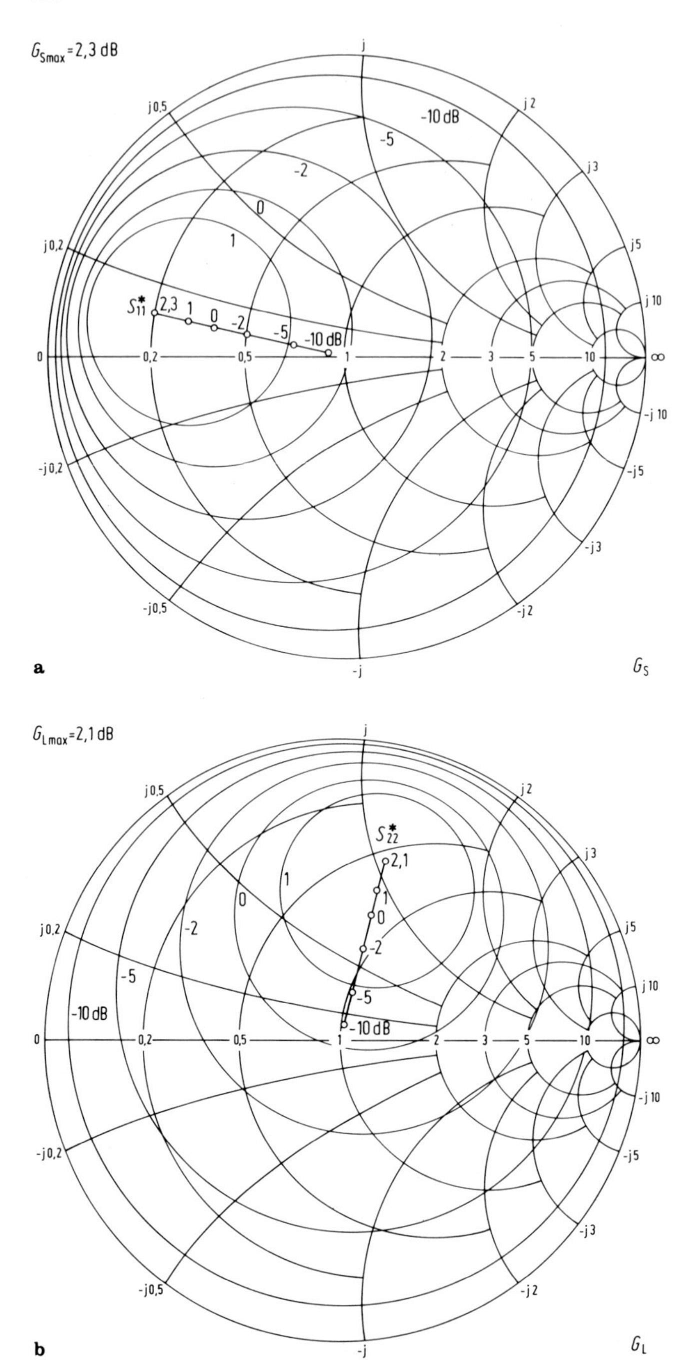

Abb. 9.1/48. Kreise konstanter Verstärkung G_S in der Eingangsimpedanzebene bzw. G_L in der Ausgangsimpedanzebene für einen GaAs-MESFET-Chip (CFY 10, Siemens AG) bei 12 GHz (Annahme: $S_{12} = 0$)

k hängt nur von Vierpoleigenschaften, aber nicht von Quellen- und Verbrauchereigenschaften ab.

Liegt absolute Stabiltät vor, dann ist gleichzeitige Anpassung am Eingang ($r_{\mathrm{Sm}} = r_1^*$ bzw. $Y_{\mathrm{Sm}} = Y_1^*$) und Ausgang ($r_{\mathrm{Lm}} = r_2^*$ bzw. $Y_{\mathrm{Lm}} = Y_2^*$) möglich, ohne das Selbsterregung des Zweitors auftritt. Der hierfür benötigte Quellenreflexionsfaktor r_{Sm} und der Lastreflexionsfaktor r_{Lm} betragen [86]

$$r_{\mathrm{Sm}} = \frac{B_1 \pm \sqrt{B_1^2 - 4|C_1|^2}}{2C_2}$$

$$r_{\mathrm{Lm}} = \frac{B_2 \pm \sqrt{B_2^2 - 4|C_2|^2}}{2C_2}, \tag{9.1/93}$$

wobei gilt:

$$B_1 = 1 + |S_{11}|^2 - |S_{22}|^2 - |\Delta_{\mathrm{S}}|^2$$

$$B_2 = 1 + |S_{22}|^2 - |S_{11}|^2 - |\Delta_{\mathrm{S}}|^2$$

$$C_1 = S_{11} - \Delta_{\mathrm{S}} \cdot S_{22}^*$$

$$C_2 = S_{22} - \Delta_{\mathrm{S}} \cdot S_{11}^*$$

$$\Delta_{\mathrm{S}} = S_{11}S_{22} - S_{12}S_{21}.$$

Für $B_1 > 0$ ist das Minuszeichen in den Gleichungen für r_{Sm} und r_{Lm} zu verwenden, für $B_1 < 0$ das Pluszeichen.

In Y-Parameterschreibweise ergibt sich für die Quellenadmittanz Y_{Sm} und die Lastadmittanz Y_{Lm}, die für beidseitige Anpassung des Zweitors erforderlich sind

$$Y_{\mathrm{Sm}} = \frac{|Y_{12}Y_{21}|\sqrt{k^2 - 1}}{2\,\mathrm{Re}(Y_{22})} + \mathrm{j}\left[\frac{\mathrm{Im}(Y_{12}Y_{21})}{2\,\mathrm{Re}(Y_{22})} - \mathrm{Im}\,(Y_{11})\right]$$

$$Y_{\mathrm{Lm}} = \frac{|Y_{12}Y_{21}|\sqrt{k^2 - 1}}{2\,\mathrm{Re}(Y_{11})} + \mathrm{j}\left[\frac{\mathrm{Im}(Y_{12}Y_{21})}{2\,\mathrm{Re}(Y_{11})} - \mathrm{Im}\,(Y_{22})\right]. \tag{9.1//94}$$

Den Gewinn bei beidseitiger Anpassung nennt man den maximal verfügbaren Leistungsgewinn (maximum available power gain) MAG. Für diesen gilt [89]:

$$\mathrm{MAG} = \left|\frac{S_{21}}{S_{12}}(k - \sqrt{k^2 - 1})\right| = \left|\frac{Y_{21}}{Y_{12}}\right|(k - \sqrt{k^2 - 1}). \tag{9.1/95}$$

MAG hängt nur von den Vierpolparametern ab (s. Gl. (9.1/91)). Für den Spezialfall der beidseitigen Anpassung des Zweitors gilt (s. Gln. (9.1/82) bis (9.1/87)):

$$\mathrm{MAG} = G(r_{\mathrm{Lm}}) = G_{\mathrm{T}}(r_{\mathrm{Sm}}, r_{\mathrm{Lm}}) = G_{\mathrm{A}}(r_{\mathrm{Sm}}) = G_{\mathrm{I}}(r_{\mathrm{Sm}}, r_{\mathrm{Lm}}). \tag{9.1/96}$$

Bedingte Stabilität liegt vor, wenn es für das Zweitor sowohl passive Abschlußwiderstände gibt, bei denen die Schaltung stabil ist, als auch solche, bei denen sie schwingt, d. h. instabil ist. Die Instabilität eines Zweitors wird durch die innere – bei Transistoren z. B. kapazitive – Rückwirkung verursacht. Bei bedingter Stabilität ist der Stabilitätsfaktor $k < 1$. Aus Gl. (9.1/91) und (9.1/92) folgt, daß die Gefahr für Instabilität mit dem Betrag des Produktes aus Rückwirkung und Verstärkung ($|S_{12}S_{21}|$) bzw. $|Y_{12}Y_{21}|$ wächst.

Beispiel:
In Abb. 9.1/49 ist der Stabilitätsfaktor k für einen GaAs-MESFET-Chip (CFY 10, Siemens AG; S-Parameter Tab. 9.1/4) in Abhängigkeit von der Frequenz gezeigt. k ist unterhalb von 9 GHz kleiner als 1, so daß der Chip in diesem Frequenzbereich

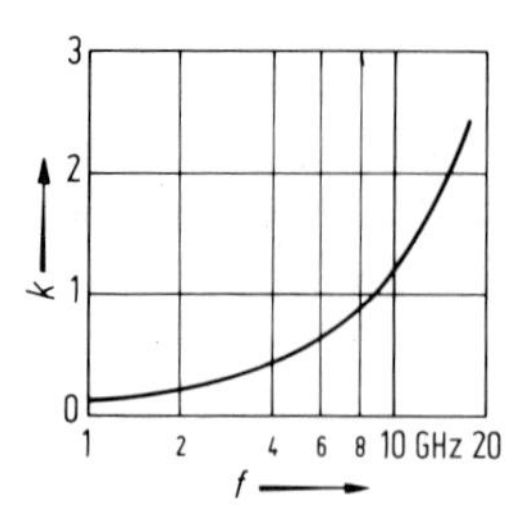

Abb. 9.1/49. Stabilitätsfaktor k für einen GaAs-MESFET-Chip (CFY 10, Siemens AG) als Funktion der Frequenz

bedingt stabil ist. Oberhalb von 9 GHz ist $k > 1$ und der Chip dementsprechend absolut stabil.

Bei bedingter Stabilität ist die Grenze zwischen stabilem und instabilem Bereich dadurch gegeben, daß einer oder beide der Reflexionsfaktoren r_1 bzw. r_2 des beschalteten Zweitors den Betrag 1 besitzen. Für $|r_1| > 1$ bzw. $|r_2| > 1$ wird der Eingangs- bzw. Ausgangswiderstand des Zweitors negativ, d. h., die Schaltung schwingt. Die Selbsterregung läßt sich vermeiden, indem die Verbraucherreflexion r_L (Gl. (9.1/79)) und die Quellenreflexion r_S (Gl. (9.1/80)) so gewählt werden, daß $|r_1| < 1$ und $|r_2| < 1$ gilt. Diese beiden Bedingungen für r_L bzw. r_S lassen sich im Smith-Diagramm durch Kreisflächen in der Ausgangs- bzw. Eingangsimpedanzebene darstellen. Die Mittelpunkte M_i und die Radien R_i der sogenannten Stabilitätskreise ergeben sich zu

$$M_i = \frac{(S_{ii} - \Delta_S \cdot S_{jj}^*)^*}{|S_{ii}|^2 - |\Delta_S|^2}$$

$$R_i = \left|\frac{S_{12}S_{21}}{|S_{ii}|^2 - |\Delta_S|^2}\right| \tag{9.1/97}$$

mit $i = 1$, $j = 2$ in der Eingangsimpedanzebene und $i = 2$, $j = 1$ in der Ausgangsimpedanzebene [80, 83].

Es ist zu prüfen, ob der jeweilige Stabilitätsbereich durch die Fläche innerhalb oder außerhalb dieser Kreise gegeben ist. Man wählt dazu zweckmäßigerweise jeweils den Mittelpunkt des Smith-Diagrammes. Mit $r_S = 0$ ergibt Gl. (9.1/80) $r_2 = S_{22}$. Ist das betreffende $|S_{ii}| < 1$ $(i = 1, 2)$, so ist auch $|r_i| < 1$, und der Mittelpunkt der Eingangs- bzw. Ausgangsimpedanzebene liegt im stabilen Bereich. Diese Verhältnisse sind in Abb. 9.1/50 schematisch für typische Fälle dargestellt. Der bei passiven Abschlüssen ($|r| \leq 1$) vorhandene instabile Bereich ist schraffiert gezeichnet. Bei $|S_{ii}| > 1$ dagegen gehört der Mittelpunkt der betreffenden Impedanzebene zum instabilen Bereich. In diesem Fall wäre folglich in Abb. 9.1/50 der instabile Bereich durch den nicht schraffierten Teil im Inneren des Einheitskreises gegeben.

Die beiden Stabilitätskreise geben jeweils nur Aufschluß über das Stabilitätsverhalten bei einer Frequenz. Will man Stabilität für alle Frequenzen sicherstellen, so muß man folglich die Stabilitätskreise für mehrere Frequenzen aus dem möglicherweise weiten Frequenzbereich konstruieren, in dem für das Zweitor $k < 1$ gilt.

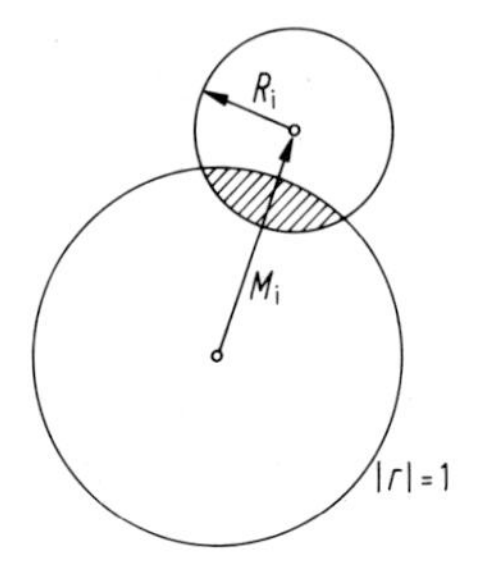

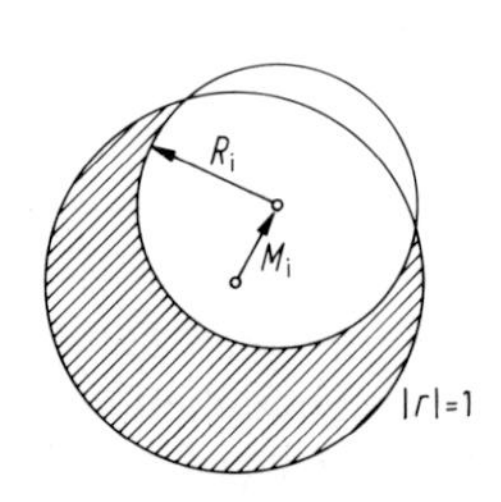

Abb. 9.1/50. Stabilitätskreise eines aktiven Vierpols in der Eingangs bzw. Ausgangsimpedanzebene. Für S_{11} bzw. $S_{22} < 1$ ist der schraffierte Bereich instabil

Beispiel:
In Abb. 9.1/51 sind die Stabilitätskreise in der Eingangs- und Ausgangsimpedanzebene für einen GaAs-MESFET-Chip (CFY 10, Siemens AG; S-Parameter s. Tab. 9.1/4) dargestellt. Der instabile Bereich liegt hier jeweils innerhalb der Stabilitätskreise. Entsprechend dem mit der Frequenz wachsenden Stabilitätsfaktor (Abb. 9.1/49) wird der instabile Bereich in den Impedanzebenen mit wachsender Frequenz kleiner. Unterhalb von 9 GHz ist der Chip bedingt stabil ($k < 1$), so daß je nach Reflexionsfaktor der Beschaltung Stabilität oder Instabilität vorliegen kann. S_{11}^* und S_{22}^*, die zum Vergleich eingezeichnet sind, verlaufen z. B. überwiegend im instabilen Bereich. (Es sei hier daran erinnert, daß die Reflexionsfaktoren r_1^* und r_2^* bei beliebiger Beschaltung ($\neq Z_0$, Gl. (9.1/79) und (9.1/80)) wegen der Rückwirkung nicht genau mit S_{11}^* und S_{22}^* übereinstimmen.)

Oberhalb von 9 GHz ($k > 1$) liegen die Stabilitätskreise außerhalb der Impedanzebenen, so daß bei passiven Abschlüssen keine Selbsterregung möglich ist.

Aus Abb. 9.1/51 erkennt man auch, daß die Mittelpunkte der Stabilitätskreise meistens ungefähr auf der Verlängerung des Vektors liegen, der den Mittelpunkt des Smith-Diagramms mit S_{ii}^* ($i = 1, 2$) verbindet.

Bei bedingter Stabilität ($k < 1$) gibt es drei Möglichkeiten, Selbsterregung zu vermeiden:

1. Fehlanpassung von Zweitor und Quelle bzw. Verbraucher.
2. Beschaltung des Zweitors mit verlustbehafteten Widerständen am Eingang und/oder Ausgang, so daß für das auf diese Weise neu entstandene Zweitor $k > 1$ gilt.
3. Neutralisation der internen Rückwirkung des Zweitors durch ein externes Rückkopplungsnetzwerk, so daß für das auf diese Weise neu entstandene Zweitor $k > 1$ gilt.

Bei der ersten Alternative nimmt man zur Sicherung der Stabilität ein nicht optimales VSWR in Kauf. Im Gegensatz zu den beiden anderen Möglichkeiten können jedoch die übrigen Eigenschaften wie z. B. Gewinn, Bandbreite, Rauschzahl oder Ausgangsleistung unabhängig von der Stabilität optimiert werden. Deswegen ist diese Vorgehensweise zu empfehlen. Mit den Stabilitätskreisen kann man geeignete Reflexionsfaktoren für die Beschaltung auswählen. Dabei wird man einen gewissen Abstand von den instabilen Bereichen einhalten, damit Instabilität nicht durch Bauelementetoleranzen, Temperaturänderung oder Alterung bewirkt werden kann. Die zweite Alternative führt zwar zu einem absolut stabilen Zweitor, schränkt jedoch – wie bereits erwähnt – die Optimierungsmöglichkeiten ein.

Der mit der ersten und zweiten Möglichkeit höchstens erreichbare Gewinn, der sogenannte maximale stabile Gewinn (maximum stable gain) MSG [80, 84] ergibt sich zu

$$\mathrm{MSG} = \left|\frac{S_{21}}{S_{12}}\right| = \left|\frac{Y_{21}}{Y_{12}}\right| . \tag{9.1/98}$$

MSG hängt nur vom Betrag des Quotienten der ursprünglichen Vorwärts- und Rückwärtsparameter ab.

Aus Gl. (9.1/98) und Gl. (9.1/95) ergibt sich für $k = 1$

$$\mathrm{MSG} = \mathrm{MAG} \quad (k = 1) . \tag{9.1/99}$$

MAG ist im Gegensatz zu MSG für $k < 1$ nicht definiert, weil der Gewinn bei Selbsterregung maximal und unendlich wird.

Die dritte Alternative führt ebenfalls zu einem absolut stabilen Zweitor. Allerdings ist Neutralisation meistens nur für schmale Frequenzbereiche möglich. Bei exakter Neutralisation wird das zusammengesetzte Zweitor rückwirkungsfrei ($|S_{12\,\mathrm{neu}}| = 0$

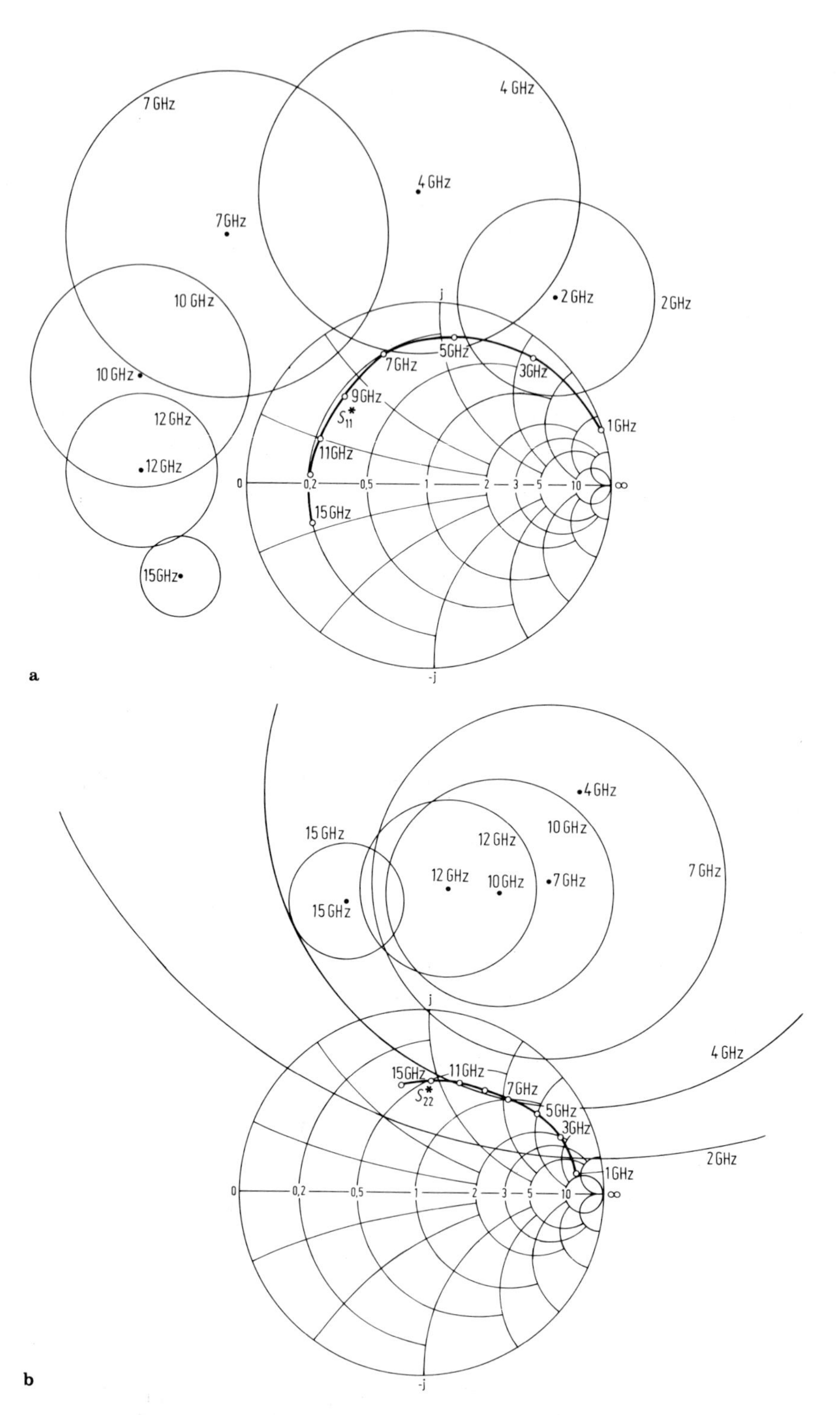

Abb. 9.1/51. Stabilitätskreise in der: **a** Eingangs- und **b** Ausgangsimpedanzebene für einen GaAs-MES-FET-Chip (CFY 10, Siemens AG). Zum Vergleich sind für diesen Chip S_{11}^* und S_{22}^* angegeben. Der instabile Bereich liegt jeweils innerhalb der Stabilitätskreise

bzw. $|Y_{12\,\mathrm{neu}}| = 0$) und $k = \infty$ (Gl. (9.1/91) und (9.1/92)). Liegt zusätzlich Anpassung an Eingang und Ausgang vor, dann erhält man den unilateralen Leistungsgewinn (unilateral power gain) U [84, 89]. Dieser ergibt sich mit den ursprünglichen Vierpolparametern zu

$$U = \frac{\frac{1}{2}\left|\frac{S_{21}}{S_{12}} - 1\right|^2}{k\left|\frac{S_{21}}{S_{12}}\right| - \mathrm{Re}\left(\frac{S_{21}}{S_{12}}\right)} = \frac{|Y_{21} - Y_{12}|^2}{4[\mathrm{Re}(Y_{11})\,\mathrm{Re}(Y_{22}) - \mathrm{Re}(Y_{12}\,Y_{21})]} . \qquad (9.1/100)$$

U ist der höchste, mit einem aktiven Zweitor überhaupt erzielbare Gewinn, wenn absolute Stabilität der Schaltung gefordert ist. Der Wert von U stimmt mit MAG überein, wenn man in Gl. (9.1/95) die Parameter des zusammengesetzten Vierpols verwendet.

Beispiel:
Abbildung 9.1/52 zeigt die Leistungsgewinne für einen GaAs-MESFET-Chip (CFY 10, Siemens AG; S-Parameter s. Tab. 9.1/4) in Sourceschaltung. Der Übertragungsgewinn $|S_{21}|^2$ im 50-Ω-System ist niedrig wegen der dabei vorliegenden starken Fehlanpassung. MSG ist nur für $k \lessapprox 1$, MAG dagegen nur für $k \gtrapprox 1$ angebbar (vgl. Abb. 9.1/49). U beschreibt den höchsten erzielbaren Gewinn, der hier beispielsweise bei 10 GHz 13,5 dB beträgt. U, $G_{\mathrm{Tu\,max}}$ und MAG nehmen mit wachsender Frequenz mit 6 dB/Oktave ab. Bei der Frequenz $f_{\max} = 50$ GHz wird $U = 0$ dB. $f_{\max}$ heißt die maximale Schwingfrequenz. Bei $f < f_{\max}$ ist das Zweitor aktiv (Gewinn > 1), bei $f > f_{\max}$ (Gewinn < 1) passiv, so daß $f_{\max}$ eine obere Grenze für den Einsatzbereich eines Transistors darstellt.

9.1.10.6 Entwurf von Mikrowellenverstärkern mit GaAs-MESFETs. Beim Entwurf von Verstärkern sind im allgemeinen die folgenden Eigenschaften zu berücksichtigen:
- Betriebsspannung und Stromaufnahme,
- Bandbreite und Mittenfrequenz,
- Verstärkung und Verstärkungsgang,
- Stabilität (Abschn. 9.1.10.5)
- Eingangs- und Ausgangsreflexion,
- Rauschzahl (Abschn. 7.4.2.6),
- Ausgangsleistung (Abschn. 9.2.3),
- Intermodulation (Abschn. 9.2.3).

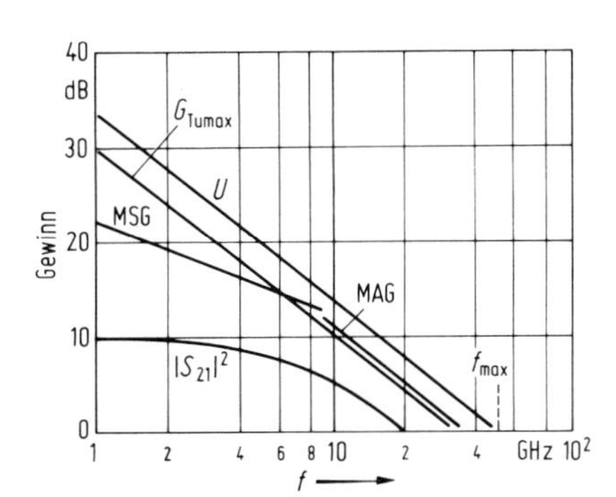

Abb. 9.1/52. Gewinn für einen GaAs-MESFET-Chip (CFY 10, Siemens AG) als Funktion der Frequenz. (Unilateraler Leistungsgewinn U, maximaler unilateraler Übertragungsgewinn G_{Tumax}, maximaler verfügbarer Leistungsgewinn MAG, maximaler stabiler Leistungsgewinn MSG, maximale Schwingfrequenz $f_{\max}$)

Die Stromversorgung des Transistors sollte auf möglichst einfache Weise erfolgen können. Dieses sollte bei der Festlegung des Layouts berücksichtigt werden. Günstig ist es z. B., wechselstrommäßig kurzgeschlossene Stichleitungen (Stubs) in der Nähe des Transistors anzuordnen. Falls dieses nicht möglich ist, benötigt man ein hochohmiges Stromversorgungsnetzwerk, das die Verstärkereigenschaften nicht beeinträchtigen sollte.

Die geforderte Verstärkung bestimmt die Anzahl der benötigten Verstärkerstufen. Mit einstufigen Verstärkern erreicht man typisch 8 bis 15 dB Verstärkung. Für höhere Verstärkungen muß man entweder mehrere einstufige Verstärker kaskadieren oder einen mehrstufigen Verstärker [84] entwerfen.

Beim Entwurf von Kleinsignalverstärkern für Mikrowellenfrequenzen werden üblicherweise S-Parameter verwendet. Nachfolgend ist das diesbezügliche Vorgehen für einen einstufigen selektiven Kleinsignalverstärker skizziert:

1. Auswahl eines Transistors, basierend auf S-Parametern.
2. Berechnung von k (Gl. (9.1/91)), MAG (Gln. (9.1/95) und (9.1/96)) bzw. MSG (Gl. 9.1/98) bei der Mittenfrequenz.
3. Ist $k > 1$, dann entwirft man die Anpassungsnetzwerke für den Eingang und Ausgang so, daß eine möglichst verlustlose Anpassung von Quelle bzw. Verbraucher erreicht wird (Abschn. 9.2.3.3). Ist $k < 1$, dann konstruiert man die Stabilitätskreise (Gl. (9.1/97)). Die Anpassungsnetzwerke werden so dimensioniert, daß die Reflexionsfaktoren r_S und r_L außerhalb der instabilen Bereiche verlaufen, was eine gewisse Fehlanpassung bedingt.
4. Entwurf von Stromversorgungsnetzwerken [84, 90] und Überprüfung des Layouts auf Realisierbarkeit.
5. Überprüfung der Gesamtschaltung hinsichtlich der Stabilität bei allen Frequenzen und der Einhaltung aller geforderter Spezifikationen. Eventuell sind die Entwurfswerte nochmals zu variieren.

Es empfiehlt sich – insbesondere bei Breitbandverstärkern – in den unterschiedlichen Entwicklungsstadien unterschiedliche Hilfsmittel einzusetzen. Den ersten Entwurf nimmt man am besten von Hand vor, wobei man sich mit den behandelten graphischen Verfahren einen Überblick im Smith-Diagramm verschaffen kann. Die komplexen Rechnungen lassen sich auf programmierbaren Taschenrechnern oder kleinen Tischrechnern mit vertretbarem Aufwand ausführen [91]. Für die Optimierung benötigt man jedoch im allgemeinen aufwendigere CAD-Unterstützung (CAD = *c*omputer *a*ided *d*esign) [92].

Bei Breitbandverstärkern wird der Entwurf [84, 90] u. a. erschwert durch den mit der Frequenz abnehmenden Gewinn des aktiven Elements (meist -6 dB/Oktave). Der maximale breitbandig erzielbare Gewinn ist folglich durch MAG bzw. MSG an der oberen Bandgrenze festgelegt. Die Gewinnabnahme muß innerhalb des Bandes kompensiert werden. Dies kann z. B. durch verlustlose Anpassungsnetzwerke geschehen, die so ausgelegt sind, daß die von ihnen verursachten Anpassungsverluste mit der Frequenz abnehmen (z. B. mit $+6$ dB/Oktave) [93]. Dies führt an der unteren Bandgrenze zwangsläufig zu hohem VSWR. In Abb. 9.1/53 sind zwei gebräuchliche Konzepte angegeben, mit denen trotzdem nach außen hin niedriges VSWR realisiert werden kann. Beim Eintaktverstärker erreicht man dies durch Einwegleitungen (Isolatoren), beim Gegentaktverstärker durch vergleichsweise breitbandigere 3-dB-Hybride [90]. Zusätzlich erreicht man so, daß die Verstärkerstufen problemlos kaskadiert werden können und die Stabilität bei beliebiger externer Beschaltung gewährleistet ist.

Für die Realisierung von extrem breitbandigen Verstäkern (mit z. Z. bis zu $7\frac{1}{2}$ Oktaven [94]) sind drei Konzepte bekannt:

1. Verstärker mit verlustbehafteten Anpassungsnetzwerken [95],

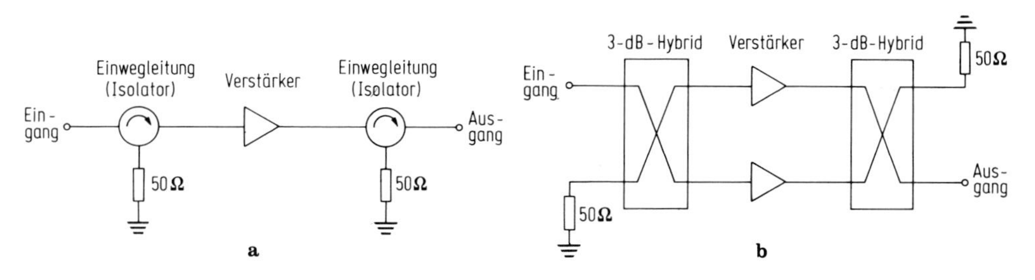

Abb. 9.1/53a u. b. Verstärker mit niedrigem VSWR: **a** Eintaktverstärker mit Einwegleitungen (Isolatoren); **b** Gegentaktverstärker mit 3-dB-Hybriden

2. Verstärker mit Gegenkopplung [96],
3. Verstärker mit Wanderfeldwellen [97].

Diese Konzepte lassen sich mit Vorteil monolithisch mit GaAs (Abschn. 7.12.5.2) realisieren, weil dabei die parasitären Effekte minimiert werden können.

Beispiel:
Es soll ein Kleinsignalverstärker für den Frequenzbereich 9,6 bis 10,4 GHz entworfen werden. Die Verstärkung soll 10 dB, das VSWR < 2 betragen. Als aktives Element wird ein GaAs-MESFET-Chip vom Typ CFY 10 (Siemens AG; *S*-Parameter Tab. 9.1/4) gewählt. Im Betriebsfrequenzbereich ist der GaAs-FET absolut stabil ($k > 1$; Abb. 9.1/49). Für maximale Verstärkung muß folglich der Quellen- bzw. Lastreflexionsfaktor den Wert r_{Sm} bzw. r_{Lm} besitzen (Gl. (9.1/93)). In Abb. 9.1/54 ist die Dimensionierung der Verstärkerschaltung angegeben. Die Dimensionierung der Anpassungsnetzwerke wurde entsprechend den in Abschn. 9.2.3.3 aufgestellten Regeln für die hier vorliegende Mittenfrequenz $f_0 = 10$ GHz vorgenommen.

Der kapazitive Eingangsreflexionsfaktor r_1 des GaAs-FETs wird durch die Serieninduktivität von 0,14 nH in den reellen Reflexionsfaktor $r_2 = 0{,}78$ ($Z_2 = 6{,}5\,\Omega$) transformiert. Auf den Zweck der sich nach links anschließenden Parallelverzweigung wird noch eingegangen. Bei f_0 stellt sie wegen der kapazitiv kurzgeschlossenen $\lambda/4$-Leitung einen Leerlauf dar, so daß $r_3(f_0) = r_2(f_0)$ gilt. Z_2 wird schließlich durch das L-Glied (Abb. 9.2/15) nach 50 Ω transformiert. Der Ausgangsreflexionsfaktor r_5 des GaAs-FET ist ebenfalls kapazitiv. Mit einer Serieninduktivität von 1 nH wird er in das reelle $r_6 = 0{,}53$ ($Z_6 = 15{,}5\,\Omega$) transformiert. Die Parallelverzweigung entspricht wiederum einen Leerlauf bei f_0, so daß $r_6(f_0) = r_7(f_0)$ gilt. Z_6 wird mit einer $\lambda/4$-Transformation (Gl. (9.2/9)) an 50 Ω angepaßt.

Die beiden Parallelverzweigungen sind zwar bei f_0 unwirksam, sorgen jedoch im bedingt stabilen Bereich des GaAs-FETs (für $f < 9$ GHz gilt $k < 1$ nach Abb. 9.1/49)

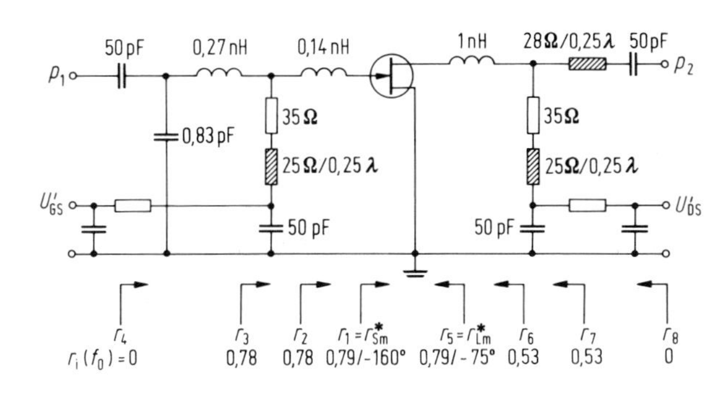

Abb. 9.1/54. Kleinsignalverstärker mit einem GaAs-MESFET-Chip (CFY 10, Siemens AG) für 9,6 bis 10,4 GHz mit 10 dB Verstärkung ($Z_0 = 50\,\Omega$, $f_0 = 10$ GHz, U'_{GS} = Versorgungsspannung für die Gatespannung U_{GS}, U'_{DS} = Versorgungsspannung für die Drainspannung U_{DS})

für Quellen- und Lastreflexionsfaktoren, die außerhalb der instabilen Bereiche verlaufen (vgl. Abb. 9.1/51). Bei $f < f_0$ bedämpfen nämlich die Parallelverzweigungen den Eingangs- und Ausgangskreis des FETs, weil sie dort in etwa Parallelwiderständen von 35 Ω entsprechen.

Die Stromversorgung kann hier auf einfache Weise über die kapazitiv kurzgeschlossenen $\lambda/4$-Leitungen erfolgen. Die 50-pF-Kondensatoren dienen jeweils zur Gleichstromentkopplung.

Im Frequenzbereich 9,6 bis 10,4 GHz liegt die Verstärkung bei verlustlos angenommenen Anpassungsnetzwerken bei (10,4 ± 0,6) dB, das VSWR bleibt – wie gefordert – kleiner als 2.

9.1.11 Maser und Laser

Beim Molekularverstärker oder Maser[1] (*M*icrowave *a*mplification by *s*timulated *e*mission of *r*adiation) beruht die Verstärkung der elektromagnetischen Leistung auf der Ausnutzung von Absorptions- und Emissionsvorgängen in der Materie. Dieses Verstärkerprinzip ist vom Mikrowellenbereich bis in den sichtbaren Spektralbereich anwendbar. Da die Verstärkung durch Emissionsvorgänge in der Materie hervorgerufen wird, ist eine genaue Darstellung nur quantentheoretisch möglich [26]. Die innere Energie von Materie (der Atome und Moleküle) ist nur in bestimmten Energieniveaus vorhanden. Die Aufnahme oder Abgabe der inneren Energie erfolgt in diskreten Energiebeträgen. Der Abstand dieser Energieniveaus ist

$$E_m - E_n = hf_{mn}\,, \tag{9.1/101}$$

wo h die Plancksche Konstante ($h = 6{,}625 \cdot 10^{-34}\,\mathrm{Ws^2}$) und f_{mn} die durch die 2 Energieniveaus E_m, E_n bestimmte Frequenz ist. Nach Gl. (9.1/101) wird bei Absorption dem Teilchen (z. B. Atom) im Zustand E_n die Energie hf_{mn} zugeführt, und es geht in den energetisch höheren Zustand E_m über. Bei Emission sendet das Teilchen, das sich im Zustand E_m befindet, die Strahlungsenergie hf_{mn} aus und kehrt in den energetisch niederen Zustand E_m zurück. Befinden sich mehrere Teilchen im angeregten Zustand E_m, so geschieht der Übergang nach E_n nicht gleichzeitig, sondern unregelmäßig. Die Phasen und Richtungen der ausgesandten Strahlungsenergien sind nicht gleich. Die Emission ist inkohärent und nicht für eine Verstärkung geeignet. Sie ist eine Ursache des Rauschens. Der Verstärkungsmechanismus beruht auf der sog. induzierten Emission: Trifft ein Strahlungsquant hf_{mn} auf ein angeregtes Teilchen im Zustand E_m, so kann dieses unter Aussendung des Strahlungsquantes hf_{mn} in den Zustand E_n zurückkehren, wobei jetzt aber im Gegensatz zur spontanen Emissioin die beiden Quanten gleiche Richtung und Phase haben. Die elektromagnetische Strahlung ist kohärent und wegen der Quantenverdopplung verstärkt. Im thermodynamischen Gleichgewicht ist die Anzahl der Teilchen $N_1, N_2, N_3, \ldots$ pro Volumen im Energiezustand $E_1, E_2, E_3, \ldots$ bestimmt nach einer Boltzmann-Verteilung:

$$N_1 : N_2 : N_3 : \ldots = \exp\left(-\frac{E_1}{kT}\right) : \exp\left(-\frac{E_2}{kT}\right) : \exp\left(-\frac{E_3}{kT}\right) \ldots \tag{9.1/102}$$

wo k die Boltzmann-Konstante ($k = 1{,}38 \cdot 10^{-23}\,\mathrm{Ws\,K^{-1}}$) und T die absolute Temperatur ist. Für die Verstärkung muß das Verhältnis der Teilzahlen so geändert werden, daß sich mehr Teilchen im angeregten Zustand als im Grundzustand befinden. Das Verhältnis muß umgekehrt (invertiert) werden. Es wird unter den verschiedenen Molekularverstärkern [27] (Molekularstrahlmaser, Negativtemperaturmaser, Lichtquantenmaser, Kristallmaser) der Dreiniveaukristallmaser in der Nachrichten-

[1] Das Wort Maser stammt von Townes [25].

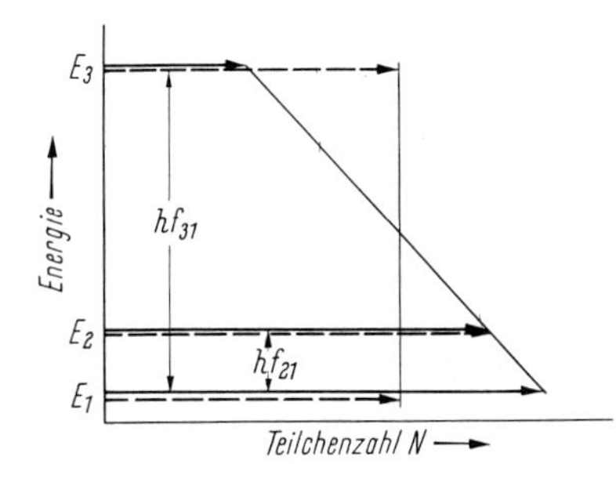

Abb. 9.1/55. Niveauschema eines Dreiniveau-Kristall-Masers mit den Besetzungszahlen N

technik besonders für mm-Wellen-Verstärkung eingesetzt. Abbildung 9.1/55 zeigt das Niveauschema eines solchen Masers. Die 3 Energieniveaus haben verschiedene Abstände, und es seien alle Übergänge erlaubt. Da $hf_{mn} \ll kT$ ist, ändern sich nach Gl. (9.1/102) die Besetzungszahlen im Mikrowellenbereich auch bei der Temperatur des flüssigen Heliums (4,2 K) angenähert linear (ausgezogene Pfeile). Wird nun der Kristall in ein Wechselfeld der „Pumpfrequenz" f_{31} gebracht, das eine so große Leistung besitzt, daß der Grenzzustand $N_1 = N_3$ erreicht wird (gestrichelte Pfeile in Abb. 9.1/55), so ist E_2 gegenüber E_1 überbesetzt. Einfallende Quanten der Energie hf_{21} können die induzierte Emission und damit die Verstärkung auslösen. f_{21} nennt man die Signalfrequenz. Dieser invertierte Zustand ist aber thermisch nicht im Gleichgewicht. Gitterschwingungen und Stöße setzen die Lebensdauer der angeregten Teilchen herab. Der angeregte Zustand besitzt auf Grund dieser Erscheinungen nur eine mittlere Lebensdauer τ (Relaxationszeit). Die Relaxationszeiten sind temperaturabhängig. Bis auf eine Ausnahme muß zur Erreichung einer hohen Inversion und großer Relaxationszeiten der Maser bei der Temperatur des flüssigen Heliums betrieben werden. Als aktive Telichen werden paramagnetische Ionen (z. B. dreifach positive Chromionen) benutzt, die in großer Verdünnung in einem dielektrischen Wirtkristall (z. B. Aluminiumoxid, Kaliumkobaltzyanid, Titandioxid) eingebaut sind und deren magnetische Momente mit den hochfrequenten magnetischen Wechselfeldern in Energieaustausch treten. Soll eine Hochfrequenzleistung verstärkt werden, so muß der Energieniveauabstand die durch die Frequenz bestimmte Größe haben. Man erreicht das dadurch, daß die Elektronenspins (das sind die Drehimpulse der Elektronen) der paramagnetischen Ionen mit einem magnetischen Gleichfeld in Wechselwirkung gebracht werden. Auch hier gilt wieder, daß das Ion nur diskrete Energieniveaus einnehmen kann. Die Spins können nämlich nicht beliebig zum magnetischen Gleichfeld orientiert werden. Da auf jeden Elektronenspin zusätzlich noch die Magnetfelder der übrigen Elektronen des Ions wirken, sind die Abstände der Niveaus, die außerdem von der Orientierung des magnetischen Gleichfeldes zur kristallographischen Achse abhängen, nicht gleich.

Die Bedeutung des Masers als Verstärker liegt in seiner geringen Rauschtemperatur. Als Rauschursachen kommen die oben geschilderten spontanen Emissionen bei endlicher Temperatur und die Wärmestrahlung der Kreiselelemente, durch die unregelmäßige Emission induziert wird, in Frage. Diese Beiträge sind vernachlässigbar gegenüber dem Rauschen der Kreiselemente. Man erzielt Rauschtemperaturen von 4 K [30], wobei die eigentliche Rauschtemperatur des Masers ≈ 1 K ist. Zur Berechnung des Rauschens muß auf die Literatur verwiesen werden [31, 32]. Der Minimalwert des Maserrauschens ergibt sich aus

$$T_{\min} = \frac{hf_s}{k \ln 2} \,.$$

Für $f_s = 6$ GHz ist $T_{\min} = 0{,}41$ K. Die Rauschverminderung ist daher eine Frage der

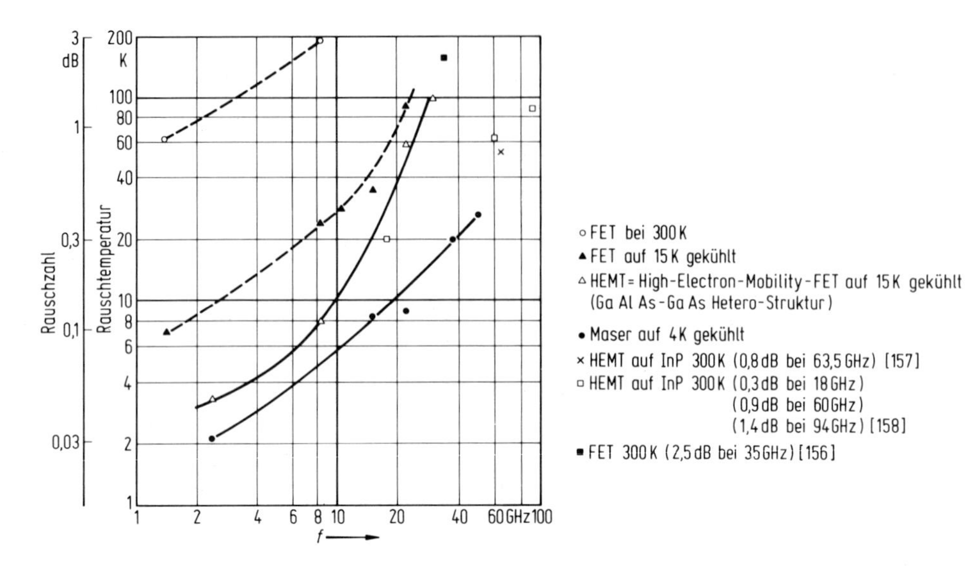

Abb. 9.1/56. Rauschzahl und Rauschtemperatur verschiedener Eingangs-Verstärker

Konstruktion (Kürze der Zuleitungen, s. 8.4/3). Man setzt deswegen den Maser möglichst nahe an oder in den Brennpunkt der Empfangsantenne. Abbildung 9.1/56 vergleicht den Maser mit anderen rauscharmen Verstärkern [77].

Die Wirkungsweise des optischen Molekularverstärkers oder Laser (*l*ight *a*mplification by *s*timulated *e*mission of *r*adiation) unterscheidet sich prinzipiell nicht von der des Masers [33, 34, 35]. Einige Besonderheiten ergeben sich allerdings aus den hohen Frequenzen. Der Abstand zum überbesetzten Energiezustand ist jetzt größer, daher erhöht sich auch die spontane Emission, die mit dem Bandabstand zunimmt, aus dem überbesetzten Zustand. Man erreicht aber große Relaxationszeiten und eine geringe spontane Emission, wenn metastabile Energiezustände benutzt werden. Das sind angeregte Zustände der Teilchen, die nicht direkt durch Lichtabsorption erreicht werden können. Ihre Relaxationszeiten können sehr groß sein. Die induzierte Emission ist bei Atomen, Molekülen oder Ionen in Festkörpern, wie z. B. Halbleitern, Gasen und Flüssigkeiten möglich.

1964 erhielten Townes, Basov und Prokhorov den Nobelpreis für das 1958 unabhängig voneinander gefundene Laser-Prinzip der kohärenten optischen Strahlung durch Zusammenwirken der invertierten Energieniveau-Verteilung mit einem optischen Resonator. Man kann außer den Flüssigkeits-Farbstofflasern (kontinuierlich abstimmbar zwischen $\lambda = 0{,}32$ und $1{,}8\ \mu m$) mit ihrer relativ kleinen Ausgangsleistung folgende häufig angewendete Laserarten unterscheiden:

1. Festkörperlaser, z. B. Rubin-Laser nach Maiman (1960) mit einer Lichtwellenlänge $\lambda \approx 0{,}7\ \mu m$ oder Neodym-Laser mit $\lambda \approx 1\ \mu m$ (Neodym ist ein Metall aus der Gruppe der Lanthanide) zur Materialbearbeitung und für medizinische Zwecke. In *Y*ttrium-*A*luminium-*G*ranat (YAG-Laser) ist das Y^{3+}-Ion teilweise durch das Nd^{3+}-Ion ersetzt.
2. Gaslaser, z. B. Helium-Neon-Laser nach Javan, Bennet, Herriott (1961) ($\lambda \approx 0{,}6 \ldots 0{,}7\ \mu m$, $1{,}1 \ldots 1{,}5\ \mu m$, $2{,}8 \ldots 4\ \mu m$), Ausgangsleistung bis 50 mW, oder Kohlendioxid-Laser nach Patel (1963) ($\lambda \approx 10{,}6\ \mu m$) mit hoher Ausgangleistung (kW) oder die gepulsten Hochdruck-Excimer-Laser nach Searles und Hart (1975) [78] (Excimer = excited dimer, hier Edelgas-Halogen-Laser z. B. ArF, $\lambda = 0{,}193\ \mu m$; KrF, $\lambda = 0{,}248\ \mu m$; XeCl, $\lambda = 0{,}308\ \mu m$; XeF, $\lambda = 0{,}351\ \mu m$) zur

Ausheilung von Kristallfehlern, zur Materialbearbeitung, zur Herstellung von Vinylchlorid (VC), für medizinische Anwendungen, zur Informationsaufzeichnung (Laserdrucker).

3. Halbleiterlaser, z. B. GaAs-p-n-Dioden-Laser nach Hall (1962) ($\lambda = 0{,}84\,\mu m$) oder neuere Heterostruktur-Laser mit III-V- oder II-VI-Verbindungen ($\lambda = 0{,}3$ bis $50\,\mu m$).

9.1.11.1 Festkörperlaser. Untersucht wurde zuerst der Rubinlaser (Al_2O_3 mit 0,05% dreiwertigen Chromionen). Er besteht aus einem Rubinstab von z. B. $l = 5$ cm Länge und 5 mm Durchmesser, dessen Endflächen Silberschichten besitzen, deren Reflexionswerte zwischen 30% und 98% liegen. Ist die Stablänge ein Vielfaches der emittierten Wellenlänge, so können sich die Schwingungen selbst erregen, und es wird eine kohärente Strahlung ausgesandt. Nach einem einmaligen Durchlauf durch den Kristall wird die Welle um den Betrag $\exp(-\alpha l)$ verstärkt, wo α die optische Absorptionskonstante ist.

$$\alpha = \frac{\lambda^2}{8\pi^2} \frac{N_1 - N_2}{\Delta f \tau V} . \qquad (9.1/103)$$

Δf ist die Bandbreite der spontanen Emission. N_1 und N_2 sind die Besetzungszahlen im unteren und oberen Energiezustand, τ ist die Relaxationszeit, V das Volumen. $N_2 > N_1$ ist also auch hier notwendig zur Verstärkung. Nach Abb. 9.1/57 wird mit der Pumpenergie hf_{13} der Übergang in die grüne Absorptionsbande vollzogen, von der ein strahlungsloser Übergang vorwiegend in den metastabilen Zustand E_2 erfolgt. Durch ein Signal der Wellenlänge $\lambda_s = 694{,}3$ nm erfolgt die induzierte Emission in den Grundzustand. Bei geeigneter Länge des an den Endflächen versilberten Rubinstabes tritt Selbsterregung für diese Wellenlänge ein. Man erhält einen Strahlöffnungswinkel von 1/20°, Linienbreiten $\Delta f \approx 10^8$ Hz und eine Strahlleistung von einigen 100 Watt im Impulsbetrieb. Zwar kann beim Rubinlaser Strahlung schon bei Zimmertemperatur beobachtet werden, er hat aber den Nachteil, daß der Endzustand des Strahlungsvorganges gleichzeitig der Grundzustand des Chromions ist. Nach Gl. (9.1/103) wird $N_2 > N_1$ verlangt. Bei einer Chromkonzentration von 0,05% beträgt die Besetzungsdichte im Grundzustand $5 \cdot 10^{18}\,cm^{-3}$. Um die Inversion zu erhalten, muß der Grundzustand E_0 um über 50% geleert werden. Bei einer Pumpwellenlänge von $\lambda_p = 550$ nm und einer Relaxationszeit $\tau = 2 \cdot 10^{-3}$ s ergibt sich unter Berücksichtigung des Volumens eine Einstrahlleistung von etwa 500 Watt. Nur Xenon-Blitzlichtlampen erreichen z. Z. diesen Wert. Man ist deswegen vom Dreiniveausystem abgekommen und hat Vierniveausysteme untersucht (Abb. 9.1/58). Dabei wird das Endniveau E_1 durch Abkühlung ausgefroren. Der Übergang von E_2 nach E_1 entspricht dann der Ausstrahlung. So kann z. B. mit zweiwertigem Dysprosium in Calciumfluorid die hohe Einstrahlleistung herabgesetzt werden, weil nicht mehr der

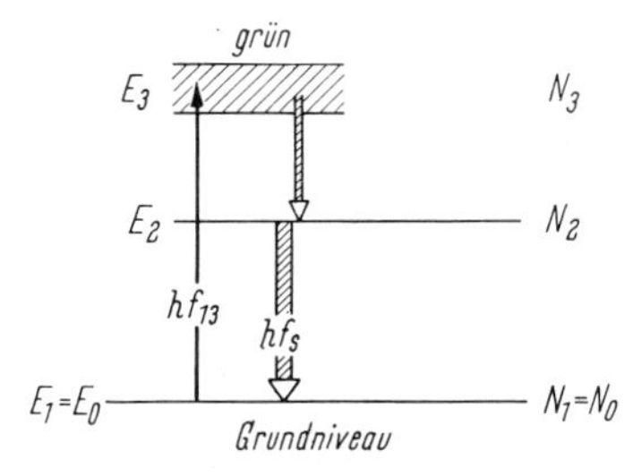

Abb. 9.1/57. Niveauschema des Rubin-Lasers (Teilauschnitt aus dem Niveauschema)

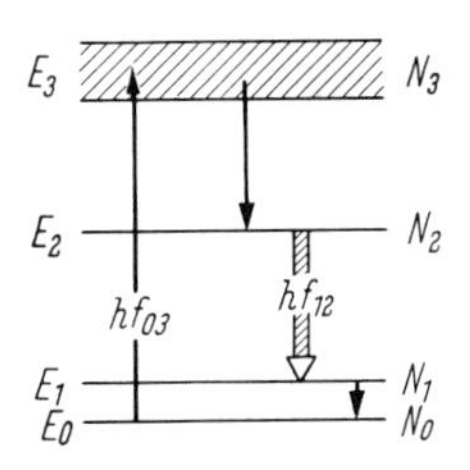

Abb. 9.1/58. Vierniveausystem eines Festkörperlasers, E_1 wird ausgefroren, E_2 ist ein metastabiler Energiezustand

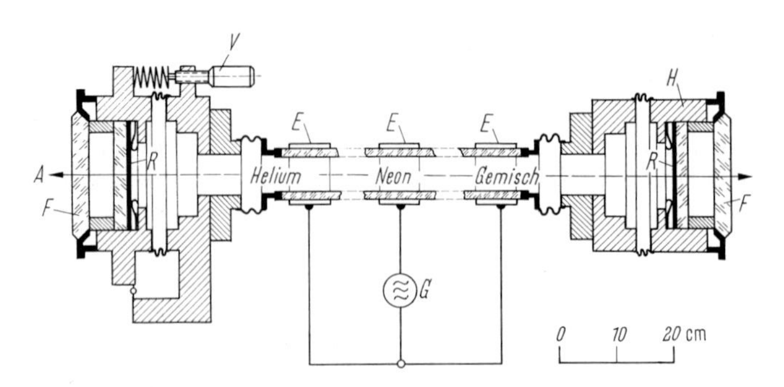

Abb. 9.1/59. Schematische Zeichnung des Gaslasers von Javan, Bennet und Herriott *A* Strahlungsaustritt, *E* Elektroden, *F* Fenster, *G* Hochfrequenzgenerator, *R* End-Reflexionsplatten, *H* Horizontaleinstellung *V* Vertikaleinstellung

Grundzustand E_0 geleert wird. Man muß dann den Laser auf 77 K abkühlen, um E_1 auszufrieren, d. h. zu leeren. Dieser Laser kann kontinuierlich betrieben werden [36].

9.1.11.2 Gaslaser. Sie haben sich als Atomlaser (He-Ne-Laser), Molekülaser (CO_2-Laser) oder Ionenlaser (Argon-Laser) durchgesetzt. Der in Abb. 9.1/59 [34] gezeigte Laser besteht aus einem Quarzrohr von 2 cm Durchmesser, das mit einem Gasgemisch von 1 Torr Helium und 1/10 Torr Neon gefüllt ist. Durch von außen angelegte Elektroden wird mit einem Hochfrequenzgenerator von 28 MHz die Gasentladung betrieben. Die Pump-Eingangsleistung ist 50 Watt. Die reflektierenden Endplatten können mit Mikrometerschrauben eingestellt werden. Das Prinzip der induzierten Emission unterscheidet sich nicht vom obigen. Es werden metastabile Zustände der Heliumatome ausgenutzt, die ihre Energie durch strahlungslosen Stoß auf die Neonatome übertragen. Deren Niveaus sind dann die Ausgangszustände der Laserlinien. Der Öffnungswinkel des 1 cm breiten Strahles betrug 31 Bogensekunden.

9.1.11.3 Halbleiterlaser. Der Vorschlag, Halbleiter als Lasermaterial zu benutzen, geht auf verschiedene Autoren zurück [70–73]. 1962 wurde dann gezeigt, daß Laserbetrieb in Halbleitern mit direktem Bandübergang (Abschn. 7.1.7) möglich ist. Im gleichen Jahr erzielte man gepulsten Betrieb bei einer Wellenlänge von 0,84 μm mit in Vorwärtsrichtung vorgespannten GaAs-p-n-Dioden, die mit flüssigem Stickstoff gekühlt wurden. Später erreichte man Laser-Emissionen auch mit anderen Mischhalbleitern, wie GaAsP. 1970 wurde zum erstenmal Dauerbetrieb bei Raumtemperatur erreicht, indem man die wohl unabhängig und gleichzeitig in USA und UdSSR vorgeschlagene Doppel-Heterostruktur benutzte [74, 75].

Abbildung 9.1/60 zeigt die grundsätzliche Struktur eines p-n-Verbindungsschicht-Lasers. Für solch eine Homostruktur aus GaAs erhöht sich die Schwellwertstrom-

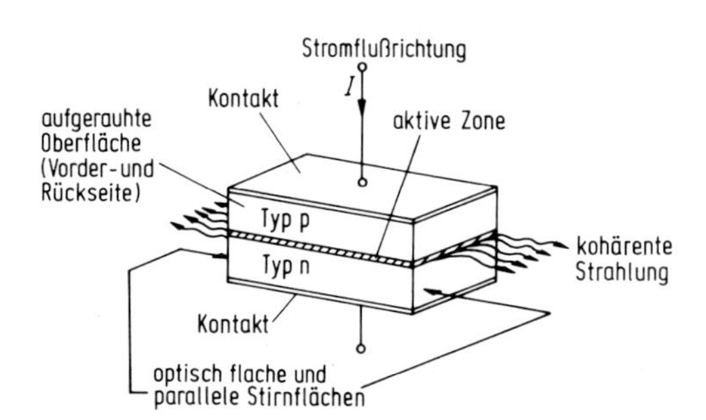

Abb. 9.1/60. Grundstruktur eines Verbindungsschichtlasers

dichte J_{th} sehr schnell mit der Temperatur, so daß bei Raumtemperatur ein zu hoher Wert von $J_{th} \approx 5 \cdot 10^4$ A/cm^2 entsteht. Daher können solche Strukturen nicht kontinuierlich bei 300 K betrieben werden. Daher wurden Heterostrukturlaser entwickelt, bei denen in der Nähe der Sperrschicht ein einkristalliner Übergang bei gleichbleibender Gitterkonstante zum Halbleiter GaAlAs mit erhöhter Bandlücke und vermindertem Brechungsindex eingerichtet wird. Hierdurch können einerseits die beweglichen Ladungsträger auf einen engeren Bereich um die Verbindungsschicht konzentriert werden; andererseits werden die Lichtstrahlen gebündelt. Durch Einsatz eines Heterostrukturüberganges auf beiden Seiten der Verbindungsschicht, bei der sogenannten Doppel-Heterostruktur, kann somit der Laser-Schwellwert der Stromdichte genügend reduziert werden, etwa auf 10^3 A/cm^2 bei 300 K, so daß bei geeigneter Wärmesenke Dauerbetrieb bei Raumtemperatur möglich wird. Beispiele solcher Strukturen bringt Abb. 9.1/61, bei der E_G die Bandlücke, $\bar{n}$ der Brechungsindex und L die emittierte Lichtemission ist.

Zahlreiche weitere Halbleitermaterialien wurden für den Laserbetrieb benutzt, so daß Strahlungen vom nah-ultravioletten über den sichtbaren zum tief-infraroten Bereich (Wellenlängen von 0,3 bis 30 µm) erreicht wurden. Das wichtigste Anwendungsgebiet dieser Laser ist die optische Nachrichtentechnik. Es gibt jedoch zahlreiche weitere Bereiche, wie die routinemäßigen Messungen der Luftverschmutzung.

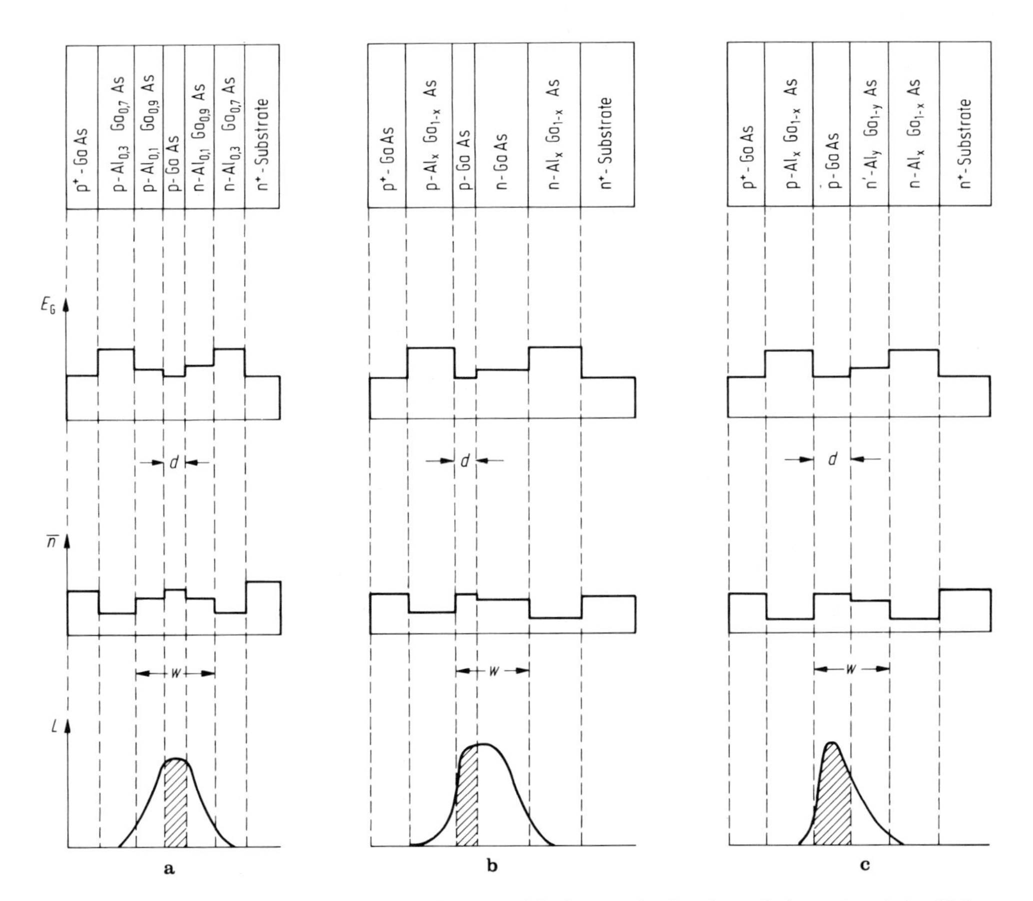

Abb. 9.1/61a–c. Schematische Darstellung der Energielücke E_G, des Brechungsindexes $\bar{n}$ und der Lichtemissionsdichte L für drei Heterostrukturlaser. Die Schraffur gibt den Bereich des Laserbetriebs, die Hüllkurve den Bereich der Lichtemission an

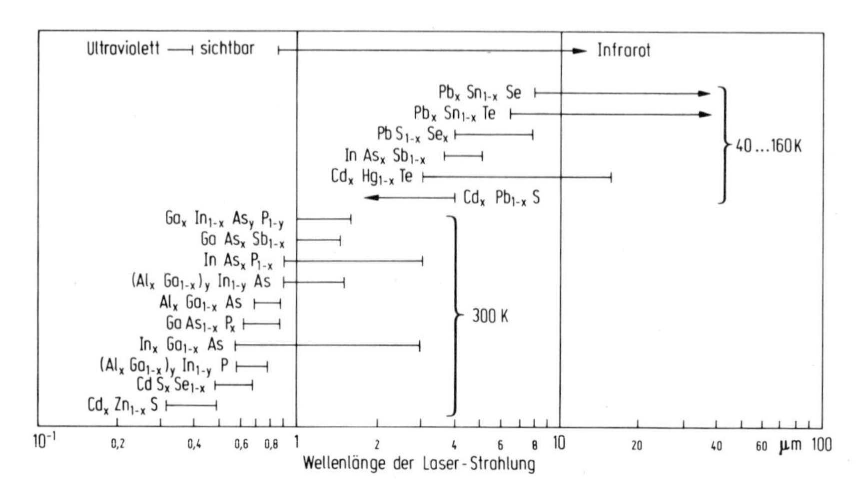

Abb. 9.1/62. Wellenlängen verschiedener III-V- und IV-VI-Heterostrukturlaser mit der Breite der möglichen Änderung der Wellenlänge und Angabe der Betriebstemperaturen [76]

An dieser Stelle sei vermerkt, daß die Emission von nichtkohärenten Strahlungen aus pn-Übergängen ohne Resonanzstrecke, die bei den sogenannten LED (*L*icht-*E*missioins-*D*ioden) auftreten, für die optische Signalübertragung bei relativ kurzen Strecken verwendet wird. Aufgrund der fehlenden Kohärenz kann die Strahlung nicht so gut gebündelt werden, so daß höhere Verluste bei der Signalübertragung auftreten.

Die Signale werden üblicherweise mit Glasfasern übertragen die eine extrem geringe Dämpfung aufweisen (s. Band I, Abschn. 5.4.3). Die Nachrichtenübertragung geschieht normalerweise mit Puls-Code-Modulation (PCM) durch Amplitudentastung der Laseremission (Abschn. 12.4.1). Hierbei wurde gefunden, daß die Modulationsfrequenz in den GHz-Bereich hineingehen kann, und zwar steigt die Grenzfrequenz der Modulation mit dem Verhältnis Stromstärke I zu Schwellwertstromstärke I_S. Zum Beispiel wird für einen Doppelheterostrukturlaser mit GaInAsP-InP die Grenzfrequenz von 1 GHz auf 2,5 GHz erhöht, wenn I/I_S von 1,02 auf 1,3 vergrößert wird [76].

Geringfügig kann auch die Emissionsfrequenz geändert werden, indem entweder der Strom oder die Betriebstemperatur verändert wird oder indem ein externes magnetisches Feld oder ein mechanischer Druck angewandt wird. Eine Zusammenstellung der verschiedenen Heterostrukturlaser ist in Abb. 9.1/62 gezeigt [76].

9.1.12 Optoelektronische Repeater

In allen Industrieländern wird durch die Einführung einer optischen Nachrichtentechnik das öffentliche Nachrichtennetz derzeitig wesentlich ergänzt. Es ist daher wichtig, die Baugruppen eines solchen optischen Systems vorzustellen. Die Modulation der Basissignale auf geeignete Träger geschieht wie bisher üblich bei der Nachrichtentechnik. Schließlich wird jedoch das sich daraus ergebende Signal auf einen optischen Träger mittels amplitudengetasteter PCM gebracht, indem normalerweise die Stromstärke durch die Laser- oder Leuchtemissionsdiode gepulst wird. Die Übertragung findet über Glasfasern statt, deren Dämpfung extrem kleine Werte erreicht hat. Am Ende einer Glasfaserstrecke wird durch eine geeignete Empfangsdiode das optische Pulssignal in elektrische Signale umgewandelt, indem durch Elektron-Loch-paar-Erzeugung die Stromstärke bei entsprechender Vorspannung erhöht wird.

Größere Strecken benötigen optoelektronische Repeater, da die optischen Signale verstärkt und deren Pulsfunktion regeneriert werden müssen. Ein solcher Repeater besteht aus einer Empfangsdiode, deren elektrisches Ausgangssignal verstärkt und pulsregeneriert wird, bevor es wieder auf eine Laser- oder Lichtemissionsdiode gegeben wird. Das optische Signal wird daher über den Umweg einer elektrischen Verstärkung und Pulsregeneration auf den ursprünglichen Wert zurückgebracht. Eine direkte optische Regeneration ist heute noch nicht realisierbar.

In der Bundesrepublik Deutschland wird im Rahmen des BIGFON-Projektes (*B*reitbandiges *I*ntegriertes *G*lasfaser-*F*ernmelde-*O*rts-*N*etz) ein System von Breitbandinseln mit vielen Teilnehmern entstehen. Die Teilnehmer einer Insel werden eventuell schmalbandig miteinander verbunden. Die breitbandigen Verbindungen zwischen den Inseln (die auch Fernsehprogramme mit ihrer großen Bandbreite übertragen sollen) werden eventuell sogar 2-Gbit/s-PCM-Systeme sein, bei denen die Schaltgeschwindigkeit von Heterostrukturlasern und Empfangsdioden maximal ausgenutzt werden. Die elektronische Regeneration wäre zum Teil mit GaAs-IC-Schaltkreisen zu bewerkstelligen.

Bezüglich der Betriebseigenschaften der wesentlichen Bauteile eines optoelektronischen Repeaters sollen zuerst die Empfangsdioden besprochen werden (s. Tab. 9.1/5). Für eine optoelektrische Umwandlung stehen im Wellenbereich um 850 nm PIN-Dioden und Lawinen-Photodioden zur Verfügung. Die Quantumwirkungsgrade η geben die Anzahl der erzeugten Elektronen-Loch-Paare pro Photonenzahl an, die Empfindlichkeit S gibt die erzeugte Stromstärke pro Lichtleistung. Die Diodenkapazität C stellt eine wesentliche Begrenzung der Bandbreite dar und sollte durch monolithische Lösungen so klein wie möglich gehalten werden. Im Wellenlängenbereich von 1200 nm bis 1600 nm sind noch Verbesserungen zu erwarten.

Die Ausgangssignale der Dioden werden auf rauscharme Vorverstärker gegeben und deren Ausgang auf signalregenerierende Stufen (Filter, Basisliniengenerator, Signalregenerator) und die Taktrückgewinnungsstufen. Schließlich wird das gepulste Signal wieder auf eine Laserdiode gegeben. Um einen stabilen Betrieb bei einem vorgegebenen Lasermode der Photonenschwingung zu erreichen, muß eine gute Temperaturkonstanz gewährleistet werden. Gleichzeitig muß der Laserdiodenstrom auf einen genügend hohen Wert gebracht werden, um im Frequenzbereich einen eindeutigen Emissionsmode zu erhalten. Dies kann bei GaAlAs-Dioden eine Stromstärke sein, die etwa 15% über dem Schwellwert für Laserbetrieb liegt.

Mit den erreichbaren Dämpfungskonstanten der Glasfasern und den derzeitigen optoelektronischen Repeatern ist es heute möglich, 1-Gbit/s-Signale über Entfernungen zwischen Repeatern von 21 km bzw. 2 Gbit/s über 5,5 km bei Multimodefasern zu

Tabelle 9.1/5. Daten von Photodioden. η Quantum-Wirkungsgrad; S Empfangsempfindlichkeit, gegeben durch erzeugte Stromstärke in A pro Lichtleistung in Watt; C Diodenkapazität; LPD Lawinenphotodioden; PIN = PIN-Dioden

Wellenlängenbereich	Dioden-Typ	Halbleiter	η	S	C	Bandbreite	Dunkelstrom	Bemerkung
800 nm bis 900 nm	LPD	Si	90%	75 A/W	< 2pF	~ 1 GHz	20 pA	
	PIN	Si	75%	0,5 A/W	< 3 pF	> 500 MHz	< 2 nA	
1200 nm bis 1600 nm	LPD	Ge	80%		5 pF	> 1 GHz	2 μA	Kühlung 20°C
	PIN	InGaAs	35%	0,35 A/W	< 5 pF	> 600 MHz	< 100 nA	
Prognose			60%	0,6 A/W	< 3 pF	> 1 GHz	< 10 nA	
	PIN FET-Komb.	InGaAs GaAs		0,5 A/W	< 1 pF	~ 1 GHz	50 nA	FET 15 mS

übertragen, während diese Entfernungen sich bei Monomodefasern noch erhöhen. Eine entsprechende Signalübertragung mit breitbandigen Koaxialkabel würde Repeaterabstände von weniger als 2 km erfordern [79, 153].

9.1.13 Integrierte Breitbandverstärker

Im folgenden werden Breitbandverstärker, konzipiert mit Silizium-Bipolartransistoren und GaAs-MESFETs betrachtet, die eine Bandbreite bis zu einigen Oktaven und Frequenzen bis 15 GHz aufweisen. Diese Verstärker finden Anwendungen im Bereich der Konsumelektronik als Mehrbereichsantennenverstärker, in Kurzwellen-Rundfunkempfängern und TV-Tunern sowie in Empfängerschaltungen für das Kabel- und Satellitenfernsehen. Darüber hinaus werden sie vermehrt in verschiedenen Kommunikationssystemen eingesetzt, in der optischen Nachrichtentechnik mit hohen Übertragungsraten und schließlich in Meßverstärkern.

Ziel der Bemühungen in den letzten 10 Jahren war die Einführung der monolithischen Integration zur Reduktion des Schaltungs-, Montage- und Abstimmaufwandes, wobei insbesondere die Ablösung aufwendiger Gegentaktschaltungen mit Kopplern betrieben wurde. Die Kombination der Rückkopplungs-Schaltungstechnik mit großen technologischen Fortschritten in der Chiptechnologie erlauben inzwischen die Fertigung von kompakten, ökonomischen Verstärkern mit Anpassungsnetzwerk, integrierten Lasten und Koppelkondensatoren auf einem Substrat.

Schaltungskonzepte

Die Hochfrequenz-Verstärkergüte sowohl von bipolaren Si-Transistoren als auch von GaAs-MESFETs im Hinblick auf analoge Breitbandanwendungen kann am anschaulichsten mit dem Verstärkungs-Bandbreite-Produkt $V \cdot B$, auch Transitfrequenz f_T oder Bandgüte genannt, beschrieben werden:

$$V \cdot B \approx \frac{1}{2\pi} \cdot \frac{g_m}{C_{gs}} \qquad (9.1/104)$$

g_m = Steilheit, C_{gs} = Kapazität

Wichtig ist in jedem Fall die Herstellung von Transistoren mit Mikron- und Submikrondimensionen für die Steuerzonen und geringen parasitären Elementen. Eine Abschätzung über die Ersatzschaltbildelemente führt auf eine Transitfrequenz $f_T \approx 15$ GHz (25 GHz) für den GaAs-MESFET mit 1 µm (0,5 µm) Gatelänge, während Si-HF-Transistoren üblicherweise ein f_T von ca. 6 GHz aufweisen und neuerdings Bestwerte von 10 GHz bekannt wurden [99].

Einstufige Breitbandverstärker bzw. die Eingangsstufen mehrstufiger Breitbandverstärker haben neben genügend großer Bandgüte in den meisten Fällen zusätzlich niedriges Rauschen und breitbandige Anpassung mit einem Stehwellenverhältnis $\leq 2:1$ an ein übliches System mit 50 Ω oder 75 Ω Wellenwiderstand zu liefern. Die letztgenannte Forderung ist bei Feldeffekttransistoren aufgrund hoher Eingangs- und Ausgangsimpedanzen bei niedrigen Frequenzen (< 1 GHz) und starker Frequenzabhängigkeit besonders schwierig. Im folgenden soll nun die Wirkungsweise einiger häufig verwendeter integrierter Schaltungen erläutert werden.

9.1.13.1 Gegengekoppelte Verstärker. Als einfache, aber sehr wirksame Methode der breitbandigen Übertragung gelten Gegenkopplungsschaltungen. Die schematische Darstellung der Abb. 9.1/63 enthält alle wichtigen Gegenkopplungselemente sowie Block- und Ableitkondensatoren, die nicht immer zusammen eingesetzt werden. Beschränken wir uns zunächst auf eine Schaltung mit rein ohmscher Gegenkopplung, und betrachten wir den häufig auftretenden Fall einer Kombination von Serien- und Parallelgegenkopplung an Hand eines Si-Bipolartransistors in Emitterschaltung. Für

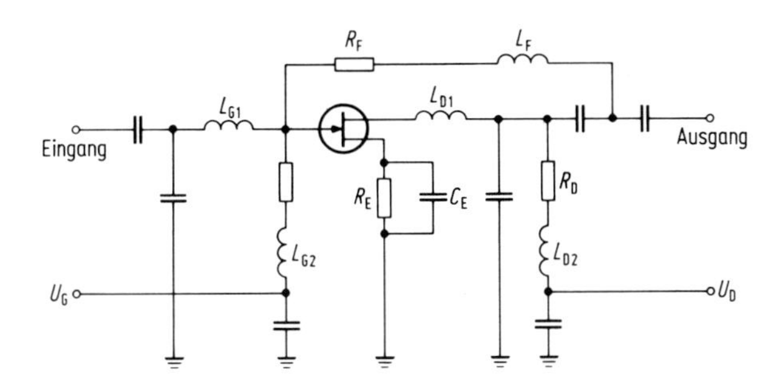

Abb. 9.1/63. Prinzipschaltung eines Breitbandverstärkers mit möglichen Gegenkopplungselementen, Block- und Ableitkondensatoren

niedrige Frequenzen bis ca. 400 MHz lassen sich dann bei genügend großer Verstärkung die Kenndaten der Schaltung ohne spezielle Kenntnisse über den Transistor abschätzen [100]:

$$V = -\frac{R_L}{R_E} \cdot \frac{R_F - R_E}{R_F + R_L} \quad \text{Verstärkung} \tag{9.1/105}$$

$$Z_E = R_E \cdot \frac{R_F + R_L}{R_E + R_L} \quad \text{Eingangsimpedanz} \tag{9.1/106}$$

$$Z_A = R_E \cdot \frac{R_F + R_G}{R_E + R_G} \quad \text{Ausgangsimpedanz} \tag{9.1/107}$$

Mit Hilfe von ohmschen Rückkopplungswiderständen wird also die Niederfrequenzverstärkung und die Eingangs- und Ausgangsimpedanz herabgesetzt. Es läßt sich die Bandbreite auf Kosten der Verstärkung erhöhen, wobei die Bandgüte annähernd konstant bleibt. Daraus ergibt sich im 50-Ω-System mit $R_E = 10\,\Omega$ im optimalen Anpassungsfall ($R_F = 250\,\Omega$) eine Verstärkung von 12 dB und eine 3-dB-Grenzfrequenz von 500 MHz bis 1 GHz. Eine Erhöhung der Verstärkung bei etwa gleicher Bandgüte kann erreicht werden, wenn man zwei npn-Transistoren als integrierte Darlington-Verstärker, d. h. mit gemeinsamem Kollektor, in die Gegenkopplungsschaltung aufnimmt, Abb. 9.1/64 [99, 101]. Dies bewirkt natürlich auch einen höheren Rauschfaktor als bei einem einzelnen Transistor infolge der internen Fehlanpassung.

Für GaAs-MESFETs läßt sich ein Niederfrequenzmodell mit einem Gültigkeitsbereich bis ca. 1,5 GHz mit Hilfe von S-Parametern ableiten [102–105].Hier ist im Hinblick auf eine geringe Rauschzahl die Beschränkung auf die Parallelgegenkopplung ratsam; R_s ist damit der parasitäre Sourcewiderstand des Transistors.

$$S_{11}, S_{22} = \frac{1}{\Delta}\left(1 - \frac{g_m Z_0^2}{R_F(1 + g_m R_s)}\right) \quad \text{Reflexionsfaktoren} \tag{9.1/108}$$

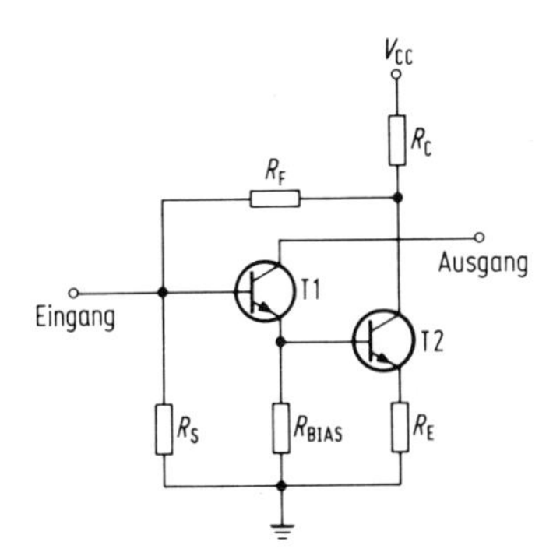

Abb. 9.1/64. Monolithischer Si-IC in Darlingtonschaltung sowie ohmscher Rückkopplung. Bandbreite 0,1 bis 2,0 GHz [99, 101]

$$S_{12} = \frac{1}{\Delta}\left(\frac{2Z_0}{R_F}\right) \quad \text{Rückwärtsübertragung} \tag{9.1/109}$$

$$S_{21} = \frac{1}{\Delta}\left(\frac{-2g_m \cdot Z_0}{1 + g_m R_s} + \frac{2Z_0}{R_F}\right) \quad \text{Vorwärtsübertragung} \tag{9.1/110}$$

mit

$$\Delta = 1 + \frac{2Z_0}{R_F} + \frac{g_m Z_0^2}{R_F(1 + g_m R_s)} \tag{9.1/111}$$

Des weiteren gilt für die Rauschzahl, die Bedingung der Eingangsanpassung und die Bandbreite der folgende Zusammenhang [104] ($g_F = 1/R_F$, $g_{ds} = 1/r_{ds}$):

$$F = 1 + \frac{g_F(1 + g_m Z_0)^2 + g_m(1 + g_F Z_0)^2 \cdot P}{(g_F - g_m)^2 \cdot Z_0} \tag{9.1/112}$$

$$R_F = (g_m + g_{ds}) \cdot Z_0^2/(1 + g_{ds} \cdot Z_0) \tag{9.1/113}$$

$$\mathrm{BW} = \frac{1 + (2g_F + g_{ds})Z_0 + (g_m + g_{ds}) \cdot g_F Z_0^2}{2C_{gs} Z_0[1 + (g_F + g_{ds})Z_0]} \tag{9.1/114}$$

Unter den Bedingungen einer idealen Anpassung ($S_{11} = S_{22} = 0$) sowie eines Transistorausgangswiderstandes $r_{ds} = 0$ lassen sich für den Übertragungsgewinn und den Rückkopplungswiderstand Näherungen aufstellen, die den Zusammenhang zwischen Schaltungsentwurf und Kenndaten überschaubar machen:

$$R_F = g_m Z_0^2 \tag{9.1/115}$$

$$\frac{G}{\mathrm{dB}} = 20 \lg (g_m Z_0 - 1) \tag{9.1/116}$$

Daraus folgt, daß ein Verstärker mit $G = 10$ dB zwischen 50-Ω-Abschlüssen eine Mindeststeilheit von 83 mS benötigt und daß der Rückkopplungswiderstand 208 Ω betragen muß. Es läßt sich auf diese Weise ein Stehwellenverhältnis von $\leq 2{:}1$ breitbandig ohne wesentliche Degradation der Rauschzahl bei Verwendung genügend großer Transistoren (Gateweite ca. 1 mm) erreichen. Daraus läßt sich ferner ableiten, daß GaAs-MESFETs mit ausschließlich Ohmscher Parallelgegenkopplung im Idealfall ohne Anpassungsnetzwerk eine 3-dB-Bandbreite von 6 GHz aufweisen, in der Praxis liegt sie zwischen 3 und 4,5 GHz.

Zur weiteren Erhöhung der Bandbreite fügt man Reaktanzelemente in die Schaltung ein, die primär den Gegenkopplungsfaktor am oberen Bandende reduzieren. Dies kann durch eine kapazitive Überbrückung des Sourcewiderstandes mit C_s erreicht werden, durch induktive Parallelkompensation am Eingang und Ausgang über L_{G2} bzw. L_{D1}, induktive Serienkompensation am Eingang über L_{g1} sowie eine Induktionsspule L_F im Rückkopplungszweig. In mehrstufigen Anordnungen wird aus Stabilitätsgründen auf eine über mehrere Stufen wirkende Rückkopplung verzichtet, besonders wenn das zu überbrückende Frequenzband breit ist und statt dessen die Kaskadierung einstufiger, gegengekoppelter Verstärker bevorzugt.

9.1.13.2 Verstärker mit Anpassungsnetzwerk. Am häufigsten werden hier Eingangs- und Ausgangsnetzwerke mit Streifenleitern konzipiert, insbesondere oberhalb ca. 6 GHz, da die Breitbandigkeit wesentlich von der Güte der Leitungstransformatoren mitbestimmt wird. Die am Eingang benutzten Anpaßglieder weichen etwas von den am Ausgang benutzten ab, und zwar hauptsächlich wegen des unterschiedlichen Charakters der anzupassenden Impedanz. Während nämlich die Ausgangsimpedanz des Transistors kapazitiven Charakter hat und durch eine Serienstreifenleitung kom-

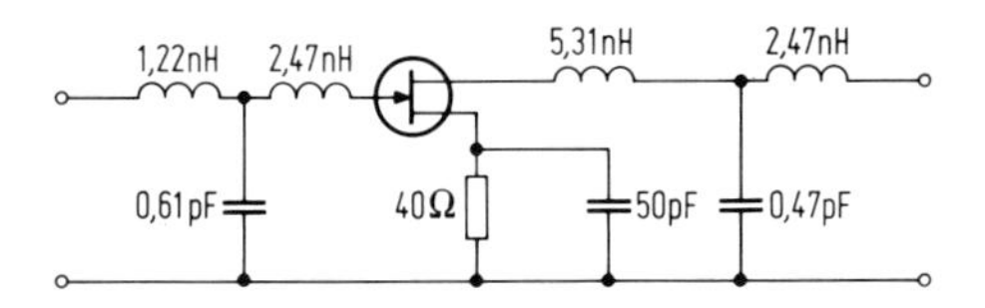

Abb. 9.1/65. Hybrider GaAs-Breitbandverstärker mit Anpassungsnetzwerk aus konzentrierten Elementen. Bandbreite 1,75 bis 6,0 GHz [106]

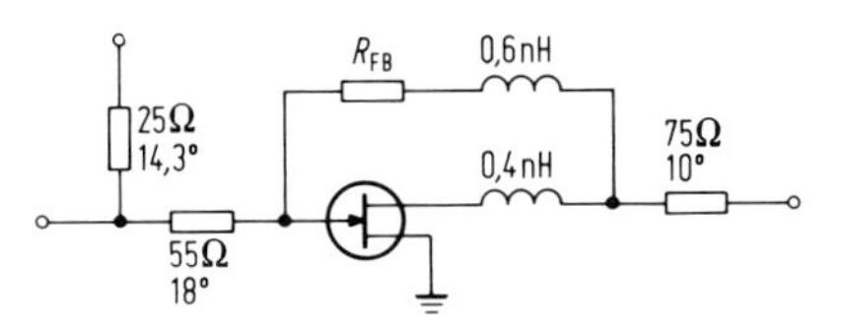

Abb. 9.1/66. Hybrider ultrabreitbandiger GaAs-Verstärker mit frequenzabhängiger Rückkopplung und einfacher Streifenleiteranpassung. Bandbreite 0,35 bis 14 GHz [103]

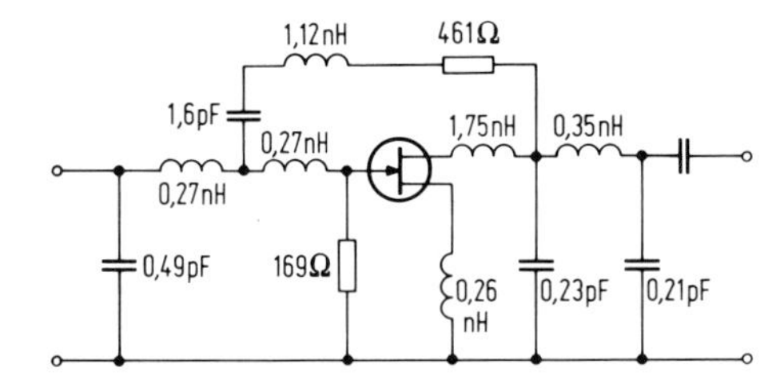

Abb. 9.1/67. Hybrider GaAs-Breitbandverstärker mit Rückkopplungs- und Anpassungsnetzwerk aus konzentrierten Elementen. Bandbreite 0,1 bis 6,0 GHz [107]

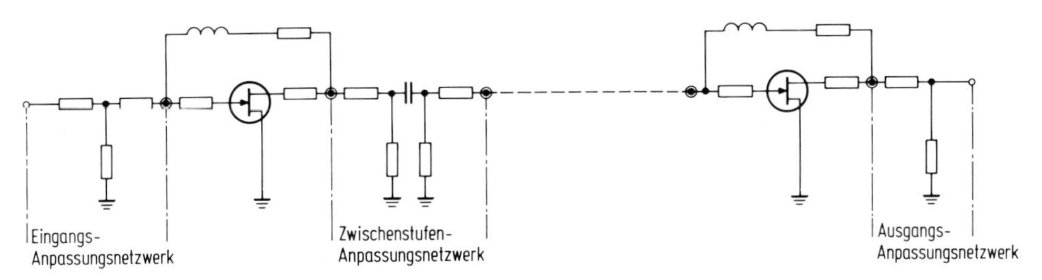

Abb. 9.1/68. Hybrider mehrstufiger GaAs-Breitbandverstärker mit Rückkopplungs-Anpassungsnetzwerk aus Streifenleitern. Bandbreite 2 bis 8 GHz [108]

pensiert werden kann, nimmt die Eingangsimpedanz von einer bestimmten Frequenz an induktiven Charakter an und wird in der Regel durch eine Kombination von Serien- und Parallelstreifenleiter kompensiert. Aber auch reaktive Anpaßglieder aus konzentrierten Elementen mit LC-Charakter werden herangezogen; der Verstärker der Abb. 9.1/65 wurde beispielsweise für den Frequenzbereich 1,75 bis 6 GHz konzipiert [106]. Sehr breitbandige Verstärkermodule über mehrere Oktaven können in der Kombination Rückkopplungs-/Anpassungsnetzwerk realisiert werden. Die Abb. 9.1/66 und 9.1/67 zeigen hybride Verstärker auf der Basis eines 900-µm-MESFETs in der Konzeption mit Streifenleitern (BW 350 MHz bis 14 GHz) bzw. konzentrierten Elementen (100 MHz bis 6 GHz), die das vorher Gesagte bestätigen [103, 107]. Die Abb. 9.1/68 schließlich soll an einem mehrstufigen Verstärker für das Frequenzband 2 bis 8 GHz verdeutlichen, daß eine Zwischenstufen-Induktivität bzw. ein Netzwerk aus Streifenleitern die Anpassung bei hohen Frequenzen nochmals verbessert [108]. Auf die auch hier üblichen Entwurfsmethoden mit Hilfe der *S*-Parameter des verwendeten Transistors soll mit Hinweis auf vorangegangene Abschnitte verzichtet werden.

9.1.13.3 Verstärker mit Gleichstrom-(DC-) Kopplung. Die Verwendung von MESFETs in der Gateschaltung an Stelle der Sourceschaltung in der Eingangsstufe mehrstufiger Verstärker ist u. U. interessant, da mit relativ kleinen Transistoren

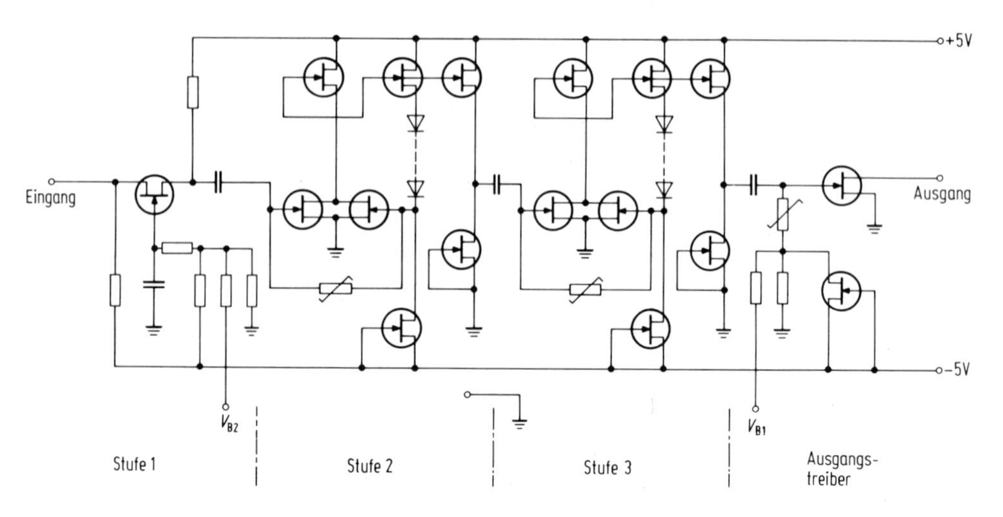

Abb. 9.1/69. Monolithischer GaAs-IC mit DC-Kopplung, Bandbreite 5 bis 3300 MHz [109]

(Gateweite ca. 250 μm) eine Anpassung an $Z_{\mathrm{ein}} = 50\,\Omega$ breitbandig über die Beziehung $Z_{\mathrm{ein}} \approx 1/g_{\mathrm{m}}$ erreicht werden kann. Dies geht nach dem vorher Gesagten allerdings nur auf Kosten der Rauschzahl ($F > 8$ dB), da die Gateweite und damit Steilheit der MESFETs ($g_{\mathrm{m}} = 20$ mS) klein gewählt werden muß. Setzt man ferner in den mittleren Stufen Sourceschaltungen mit aktiver Last und aktiver Rückkopplung, Schottkydioden in Serie mit Konstantstromquellen zur Pegelverschiebung und Sourcefolger zur Vermeidung von Gleichstrombelastungen des Verstärkerteils ein, so kann auf relativ kleiner Fläche ein Breitbandverstärker ohne Anpassungsnetzwerk mit Gleichstromkopplung realisiert werden, Abb. 9.1/69 [109].

9.1.13.4 Gegentaktverstärker mit 3-dB-Richtkopplern. Der erhöhte Aufwand eines zusätzlichen Richtkopplers und zweier Transistoren pro Stufe hat nach wie vor dort seine Berechtigung, wo sehr scharfe Forderungen an die Kenndaten gestellt werden. Das ist beispielsweise der Fall, wenn breitbandig ein Stehwellenverhältnis $\leq 1{,}3{:}1$ bei niedrigem Rauschen gefordert ist oder eine hohe Gesamtverstärkung, die nur über eine Vielzahl von Stufen erreicht werden kann. Ferner bietet die Schaltung ein verbessertes Intermodulationsverhalten, insbesondere werden die Verzerrungen zweiter Ordnung reduziert. Allerdings hängen Anpassungsgrad und Bandbreite wesentlich von der Qualität der Richtkoppler ab. Die gegenwärtige Kopplertechnik begrenzt die Bandbreite auf ca. 2 Okaven [102].

9.1.13.5 Kenndaten und Ausblick. Die Zusammenfassung der Kenndaten verschiedener Si- und GaAs-Breitbandverstärker in Tab. 9.1/6 enthält mit zwei Ausnahmen nur solche Bauelemente, die ein Stehwellenverhältnis (VSWR) $\leq 2{,}0$ aufweisen und kaskadierbar sind. Die Zahlenwerte zeigen, daß die Source-(Emitter-) Schaltung mit Rückkopplungsnetzwerk, und bei sehr großer Bandbreite zusätzlichem Anpassungsnetzwerk, die besten Ergebnisse liefert mit Rauschzahlen, die nur ca. 2 dB über denen schmalbandiger Verstärker liegen.

Silizium-Breitbandverstärker fanden zunächst als hybride Module in Dünnschicht-technik breite Anwendung als Mehrbereichsantennenverstärker für das VHF- und UHF-Band. Ihr Vorteil liegt darin, daß sie in mehrstufiger Ausführung gleichzeitig eine hohe Verstärkung und hohe lineare Ausgangsspannung liefern. Neuere Entwicklungen betrafen ein- und zweistufige monolithische ICs, die die Bandbreite durch Verwendung von Bipolartransistoren höherer Grenzfrequenz bis ca. 2 GHz erweiterten und die Stufenverstärkung durch Einsatz von Darlington-Schaltungen

Tabelle 9.1/6 Kenndaten integrierter Silizium-oder Galliumarsenid-Breitbandverstärker

Bandbreite GHz	F dB	V dB	VSWR	Schaltungskonfiguration	Schaltungstechnik, Technologie	Quelle
0,04 ··· 0,86	5 ··· 6 6 ··· 8	15 ··· 18 22 ··· 28	2,0	Serien- und Parallel-Rückkopplung, einfache Streifenleiteranpassung, 2 und 3 Stufen	hybrides Si-IC auf Al_2O_3 in Dünnschichttechnik	110
0 ··· 1,0	7,5	12	2,0	Serien- und Parallel-Rückkopplung, Gegentaktschaltung	monolithisches Si-IC, Transistoren mit $f_T = 6$ GHz	100
0,1 ··· 2,0	6,0	12	2,0	Darlingtonschaltung, Serien- und Parallel-Rückkopplung	monolithisches Si-IC, Transistoren mit $f_T = 10$ GHz	101
0 ··· 0,7	4,4	18	2,0	Serien- und Parallel-Rückkopplung	monolithisches Si-IC	111
0 ··· 1,4	5,0	17	2,0	Darlington-Tr. für 2. Stufe		112
0,1 ··· 1,8	2,3 2,7 3,5	10 22 28	2,0 2,0 2,0	Parallel-Rückkopplung ohne Anpassungsnetzwerk, 1 bis 3 Stufen, unipolarer Betrieb	monolithisches GaAs-IC	113, 114
0,005 ··· 3,3	10	26	2,0	4 Stufen, Gateschaltung am Eingang, DC-Kopplung ohne Anpassung	monolithisches GaAs-IC	109
0,1 ··· 6,0	4,5	8,0	2,0	Rückkopplungsnetzwerk und Anpassung mit konzentrierten Elementen	hybrides GaAs-IC auf Al_2O_3	107
0,1 ··· 6,0	3,5	16	2,0	Anpassung mit konzentrierten Elementen, Gegentakt schaltung, 2 Stufen	hybrides GaAs-IC auf Al_2O_3	106
2,4 ··· 8,0	4,0	41,5	2	Parallel-Rückkopplung, Streifenleiteranpassung, 5 Stufen	hybrides GaAs-IC auf Al_2O_3	115
2 ··· 12	5,0	10	2,5	Parallel-Rückkopplung, Streifenleiteranpassung, 2 Stufen	monolithisches GaAs-IC mit 0,5-μm-FETs	116
0,35 ··· 14	?	4,0	2,5	Resistive/Reaktive Rückkopplung Streifenleiteranpassung	hybrides GaAs-IC auf Al_2O_3	103

erhöhten. Inzwischen existieren monolithische GaAs-Breitbandverstärker, die auf einem ähnlichen Rückkopplungsprinzip beruhen und bei etwas kleinerer Stufenverstärkung für den genannten Frequenzbereich etwa 3 dB niedrigeres Rauschen aufweisen. Da sie nur einen sperrenden Übergang enthalten, wurden nochmals Verbesserungen in der Linearität möglich. Es wird etwa eine lineare Ausgangsspannung von 350 mV zwischen 50 Ω nach der 2-Sender-Methode bei 60 dB Intermodulationsabstand gemessen.

Die Ergebnisse verdeutlichen ferner, daß mit frequenzabhängiger Rückkopplung bzw. mit Anpaßelementen aus konzentrierten Elementen auf kleiner Chipfläche ein Verstärker bis 6 GHz realisierbar ist. Aufwendigere Streifenleiteranpassung in Kombination mit einem effektiven resistiven/reaktiven Rückkopplungsnetzwerk eröffnet Anwendungen bis zu 14 GHz über $5\frac{1}{3}$ Oktaven bzw. stabile rauscharme mehrstufige Breitbandverstärker mit Verstärkungen über 40 dB. Mit der Verwendung von Submikron-MESFETs und monolithischen Verbindungstechniken mit geringen Parasitäreffekten sind weitere Verbesserungen in Sicht [116]. Monolithische Verstärker mit Gleichstromkopplung erlauben zwar eine weitere Reduzierung der Chipfläche, werden aber nur dort zum Einsatz kommen, wo das Rauschen eine sekundäre Rolle spielt.

9.1.14 Integrierte Schaltungen rauscharmer GaAs-FET-Verstärker

Mit der technologischen Realisierung von GaAs-Feldeffekttransistoren, die eine Gatelänge im Submikron -Bereich aufweisen, ist es möglich geworden, rauscharme Verstärker bis ca. 40 GHz zu entwickeln [117, 118]. Diese Verstärker zeigen oberhalb 2 GHz ein bedeutend besseres Rauschverhalten als Wanderfeldröhren, Tunneldioden-Verstärker und Verstärker mit bipolaren Silizium-Transistoren. Im Vergleich zu den noch rauschärmeren parametrischen Verstärkern bieten sie Vorteile in bezug auf die Einfachheit der Schaltungen und die Zuverlässigkeit.

Da für die meisten Radar-, Satellitenempfänger u. ä. eine Bandbreite von nur etwa 10% erforderlich ist, wird in zunehmendem Maße die monolithische Integrationstechnik eingeführt, d. h., die gesamte NF- und HF-Beschaltung befindet sich zusammen mit dem MESFET auf dem GaAs-Substrat. Damit werden der externe Schaltungs- und Abstimmaufwand wesentlich reduziert und mit zunehmender Frequenz immer kleinere Abmessungen der Verstärker erreicht.

9.1.14.1 Schaltungsentwurf und Kenndaten. Die schematische Darstellung eines einstufigen Verstärkers mit dem MESFET als aktivem Element sowie Transformationsnetzwerken am Eingang und Ausgang zeigt Abb. 9.1/70. Ziel des Schaltungsentwurfs ist es, ein möglichst verlustloses Reaktanznetzwerk aus verteilten oder konzentrierten Elementen zu finden, das zum einen dem MESFET die Quellimpedanz für minimales Rauschen anbietet, zum anderen am Ausgang eine Anpassung mit einem Stehwellenverhältnis ≤ 2 ermöglicht. In den meisten Fällen ist dabei eine Transformation der komplexen Impedanzen des Transistors auf reelle Quell- und Lastwiderstände (meist 50 Ω) gewünscht. Ferner werden in der Praxis mehrstufige rauscharme Verstärker häufig so konzipiert, daß die erste Stufe auf minimales Rauschen und die folgenden Stufen auf maximale Verstärkung ausgelegt sind.

Voraussetzung für den Verstärkerentwurf ist ein vollständiges Ersatzschaltbild des MESFET im Arbeitspunkt für minimales Rauschen sowie ein Ersatzschaltbild der benötigten passiven konzentrierten Elemente bzw. Kenntnis über die Transmissionseigenschaften von Mikrostreifenleitern auf GaAs. Die Aufgabe besteht im einzelnen darin, zunächst den Blindanteil der Eingangsreaktanz ($C_{in} = 0{,}3$ bis $0{,}5$ pF) durch eine geeignete Serieninduktivität zu kompensieren und dann den Eingangswiderstand ($R_i + R_g + R_s = 5$ bis $10\ \Omega$) auf $50\ \Omega$ zu transformieren. Mit Kenntnis des optimalen komplexen Reflexionsfaktors r_{opt} läßt sich dann der Ausgangsreflexionsfaktor r_{aus} berechnen, der nur bei unilateralem Betrieb ($S_{12} = 0$) gleich dem S_{22} ist:

$$r_{aus} = S_{22} + \frac{S_{21}S_{12}r_G}{1 - S_{11}r_G} \qquad (9.1/117)$$

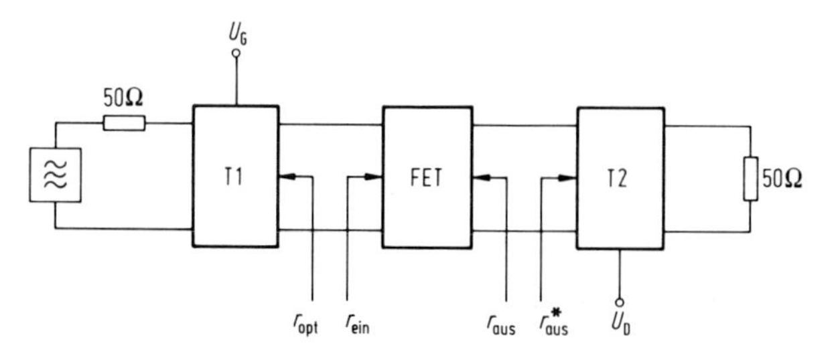

Abb. 9.1/70. Schematische Darstellung des Vorverstärker-IC aus MESFET und Transformationsnetzwerk

Das Ausgangsnetzwerk wird dann komplex konjugiert auf r_{aus} angepaßt, d. h., es wird wiederum mit einem induktiven Element kompensiert. In analoger Weise läßt sich dann der Eingangsreflexionsfaktor berechnen:

$$r_{ein} = S_{11} + \frac{S_{21}S_{12}r_L}{1 - S_{11}r_L} \tag{9.1/118}$$

Es wird deutlich, daß Ausgangs- und Eingangsanpassung über die Rückwirkung voneinander abhängen, die wiederum möglichst klein sein sollte. Der Reflexionsfaktor r_{ein} ist in diesem Fall nicht gleich dem r_{opt}, was gleichbedeutend mit der Aussage ist, daß der Verstärker immer eine gewisse Fehlanpassung aufweist. Es müssen u. U. weitere Optimierungen im Hinblick auf die Verbesserung des Stehwellenverhältnisses oder des Verstärkungsgangs über das Band auf Kosten der Rauschanpassung vorgenommen werden bzw. Zirkulatoren oder Gegentaktschaltungen verwendet werden.

Mit Kenntnis der S-Parameter und Reflexionsfaktoren kann die minimale Rauschzahl und zugehörige Verstärkung wie folgt berechnet werden:

$$F = F_{min} + 4r_n \frac{|r_G - r_{opt}|^2}{(1 - |r_G|^2)\,|1 + r_{opt}|^2} \tag{9.1/119}$$

$$G = \frac{|S_{21}|^2\,(1 - |r_G|^2)\,(1 - |r_L|^2)}{|(1 - S_{11}r_G)\,(1 - S_{22}r_L) - S_{12}S_{21}r_G r_L|^2} \tag{9.1/120}$$

Der dimensionslose Rauschkoeffizient r_n wird durch Messung der Rauschzahl für die Quellimpedanz 50 Ω bestimmt, d. h. $r_G = 0$:

$$r_n = (F_{(r_G = 0)} - F_{min}) \frac{|1 + r_{opt}|^2}{4|r_{opt}|^2} \tag{9.1/121}$$

Die Realisierung der Verstärker erfolgt überwiegend mit Transistoren in Sourceschaltung aufgrund der geringeren Rückwirkung und Rauschzahl. Auf der anderen Seite bietet die Gateschaltung eine sehr gute Eingangsanpassung an 50-Ω-Quellen, da $Z_G \approx 1/g_m$ und eine Steilheit $g_m = 20$ mS ein typischer Wert für Kleinsignalverstärker ist. Für das eigentliche Transformationsnetzwerk werden Streifenleiter wegen ihrer geringen Verluste und Dispersion bevorzugt, wobei im einfachsten Fall eine $\lambda/4$-Leitung ausreicht. Die Abb. 9.1/71 und 9.1/72 zeigen exemplarisch mehrstufig Verstärker mit einer Beschaltung aus Streifenleiterelementen bzw. konzentrierten Elementen. Die Streifenleiter werden in der Schaltung Abb. 9.1/71 nicht nur zur Anpassung herangezogen, sondern sie dienen auch zur Gleichspannungszuführung,

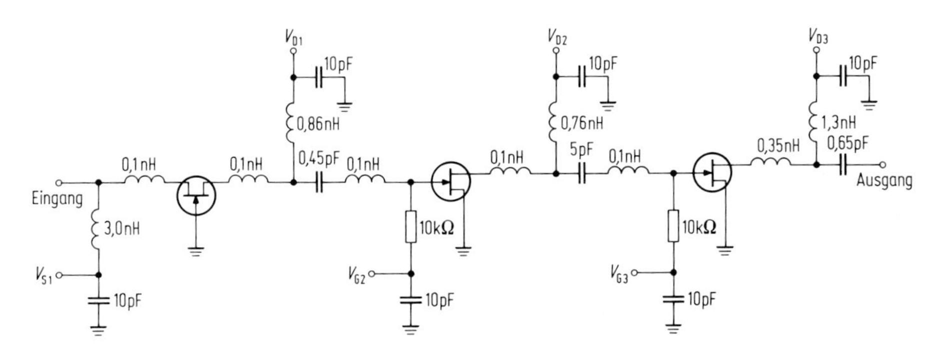

Abb. 9.1/71. Mehrstufiger monolithischer GaAs-Vorverstärker mit Gate-Eingangsschaltung und Streifenleiteranpassung, $f = 10$ GHz [124]

die im anderen Fall (Abb. 9.1/72) über integrierte Spulen erfolgt. Integrierte Ableitkondensatoren dienen zur HF-Erdung der Spannungszuführungselemente. Während die Schaltung der Abb. 9.1/71 eine zusätzliche negative Gatespannung anbietet, ist dies bei der Schaltung in Abb. 9.1/72 nicht vorgesehen, sie arbeitet unipolar. Der Arbeitspunkt wird hier durch den Sourcewiderstand festgelegt, der einen Überbrückungskondensator benötigt, um die Rauschzahl nicht wesentlich zu beeinträchtigen. Mit integrierten Koppelkondensatoren am Eingang und Ausgang ist dieser Verstärker ohne externen Aufwand funktionsfähig.

Abbildung 9.1/73 schließlich zeigt eine aufwendige Gegentaktschaltung, die gleichzeitig eine ausgezeichnete Rauschzahl und gute Anpassung liefert, allerdings nicht vollständig integrierbar ist. Die Zusammenfassung der Kenndaten integrierter GaAs-FET-Verstärker in Tab. 9.1/7 verdeutlicht, daß insbesondere monolithische Schaltungen für das X- und K-Band mit einer Bandbreite von ca. 10% im Blickpunkt stehen. Die Rauschzahlen einstufiger Verstärker zwischen 2,5 und 3 dB bei 12 GHz können nur mit 0,5-µm-Transistoren erreicht werden, die ohne Netzwerk ein minimales Rauschen von höchstens 2 dB aufweisen. Die Ergebnisse zeigen allerdings auch, daß eine für viele Anwendungsfälle unakzeptable Eingangsfehlanpassung (VSWR ≈ 3:1)

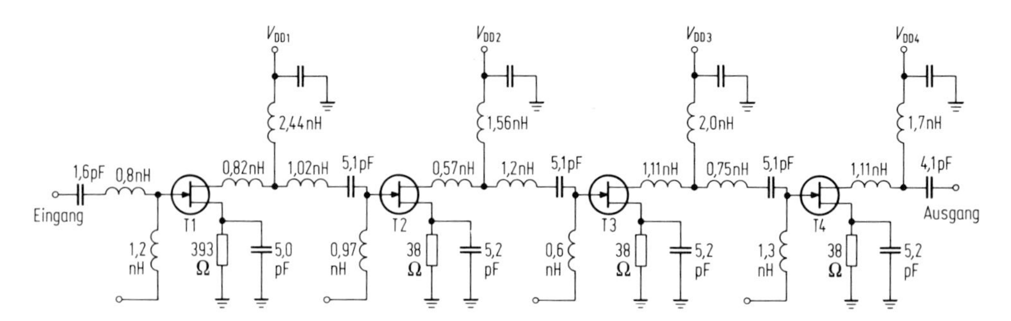

Abb. 9.1/72. Mehrstufiger monolithischer GaAs-Vorverstärker mit Anpassungsnetzwerk aus konzentrierten Elementen, $f = 7$ GHz [125]

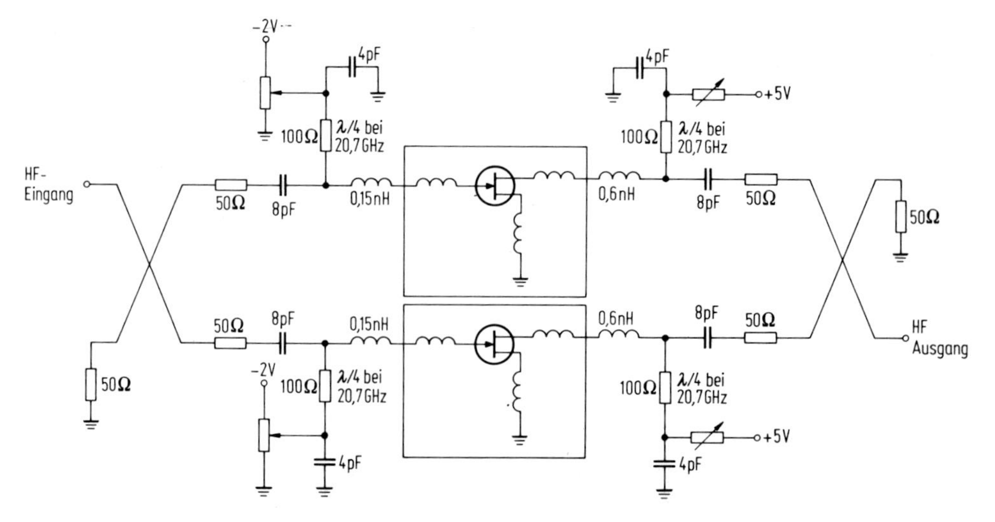

Abb. 9.1/73. Hybrider 20-GHz-GaAs-Vorverstärker mit Streifenleiteranpassung und Gegentaktschaltung [127]

Tabelle 9.1/7. Kenndaten von integrierten Schaltungen rauscharmer GaAs-FET-Verstärker

Bandbreite GHz	F dB	Verstärkung dB	VSWR[1]	Gatelänge μm	Schaltungskonfiguration	Schaltungstechnik	Quelle
11,7 ··· 12,2	2,5 ··· 2,9	7,6 ··· 10,8	≤ 3:1	0,4:0,6	Sourceschaltung: 1 Stufe	Monolithisches IC mit Streifenleiteranpassung	119 bis 122
11,7 ··· 12,7	2,8	16	2,5:1	0,5	2 Stufen		121
11,5 ··· 12,5	3,6	7,3	< 1,9:1	0,7	Sourceschaltung: 1 Stufe	monolithisches IC mit Anpassung aus konzentrierten Elementen	123
9,0 ··· 10,5	3,8	16	1,8:1	0,5	Gateschaltung am Eingang, 3 Stufen	monolithisches IC mit Streifenleiteranpassung	124
6 ··· 8	6,0	20	?	1,0	Sourceschaltung: 4 Stufen, unipolare U_B	monolithisches IC mit Anpassung aus konzentrierten Elementen	125
20,5 ··· 22,2	6,2	7,5	?	0·,5	Sourceschaltung: 1 Stufe	monolithisches IC mit Streifenleiteranpassung	126
19,7 ··· 21,7	2,7	~ 10	1,5:1	0,25	Sourceschaltung: 1 Stufe	hybrides IC mit Streifenleiteranpassung auf Al_2O_3	127
	3,2	19,8			2 Stufen Gegentaktbetrieb		

[1]Voltage Standing Wave Ratio.

zu verzeichnen ist, wenn das Netzwerk auf minimales Rauschen ausgelegt wird. Mehrstufige Verstärker mit einem Transistor in Gateschaltung am Eingang bzw. mit Netzwerken aus konzentrierten Elementen zeigen vergleichsweise schlechtere Rauschzahlen als solche in Sourceschaltung mit Streifenleiteranpassung. Bemerkenswert sind die Resultate der 20-GHz-Verstärker. Die Möglichkeiten, die eine weitere Miniaturisierung der MESFETs eröffnen, verdeutlichen die Ergebnisse eines hybriden ICs im Gegentaktbetrieb. Es sind mit zweistufigen Verstärkern Rauschzahlen von 3 dB im K-Band möglich, sofern Transistoren mit 0,25 μm Gatelänge und besonders parasitäreffektarmer Verbindungstechnik zum Einsatz kommen.

9.2 Großsignalverstärker

Bei den Großsignalverstärkern (End- und Sendeverstärkern) lassen sich die Kennwerte nicht mehr aus den differentiellen Steigungen der Kennlinien im Arbeitspunkt angeben, da die Kennlinien innerhalb der zulässigen Grenzen ganz durchlaufen werden, um möglichst große Leistungen zu erhalten. Dabei dürfen die Gleichstrom- und Gleichspannungsgrenzwerte nicht überschritten werden. Bei der Röhre sind dies: maximale Anodenverlustleistung, maximaler Anodenspitzenstrom und maximale

Anodengleichspannung. Beim Transistor sind sie gegeben durch die maximale Kollektorverlustleistung, den maximalen Kollektorstrom, die Durchbruchspannung, die Restspannung und den Reststrom.

Breitband-Endverstärker werden nicht nur als elektroakustische Verstärker, sondern auch im Frequenzbereich bis zu einigen 100 kHz eingesetzt. Beim Endverstärker liegen zusätzliche Beschränkungen vor, da es hier auf höchste verzerrungsfreie Ausgangsleistung ankommt, wobei der Verstärkungsgrad und der Wirkungsgrad weniger wichtig sind. Im anschließenden Frequenzbereich ($f > 100$ kHz) sind schmalbandige Sendeverstärker üblich, die außer dem Träger das Modulationsband übertragen müssen. Bei diesen ist höchstmögliche Ausgangsleistung bei größtem Wirkungsgrad anzustreben, wobei der Verstärkungsgrad und die Verzerrungsfreiheit weniger wichtig sind.

9.2.1 Verzerrungsarme Endverstärker mit Transistoren

Das Hauptanwendungsgebiet dieser Verstärker liegt bei Audioverstärkern mit Endleistungen bis zu 100 W. In diesem Bereich haben die transistorisierten Verstärker die röhrenbestückten verdrängt. Man unterscheidet die verschiedenen Verstärkertypen je nach der Wahl des Arbeitspunktes (s. Abb. 9.2/1a), als A-Verstärker, Gegentakt-A- und Gegentakt-B-Verstärker. C. Betrieb ist nur bei Sendeverstärkern möglich.

9.2.1.1 Eintakt-A-Verstärker. Beim Eintakt-A-Verstärker legt man den Arbeitspunkt in die Mitte des aussteuerbaren Bereichs, weil damit eine symmetrische Aussteuerung bis an die Aussteuergrenzen möglich ist (Abb. 9.2/1b).

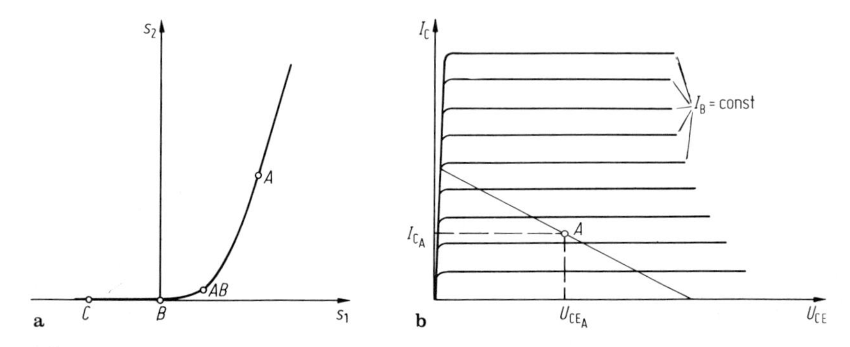

Abb. 9.2/1a u. b. Arbeitspunkte bei Verstärkern: **a** Steuer-Kennlinie, s_1 steuernde Größe, z. B. i_B, s_2 gesteuerte Größe, z. B. *ic*; **b** Ausgangskennlinienfeld eines Transistors mit Arbeitspunkt *A* und Arbeitsgröße im A-.Betrieb

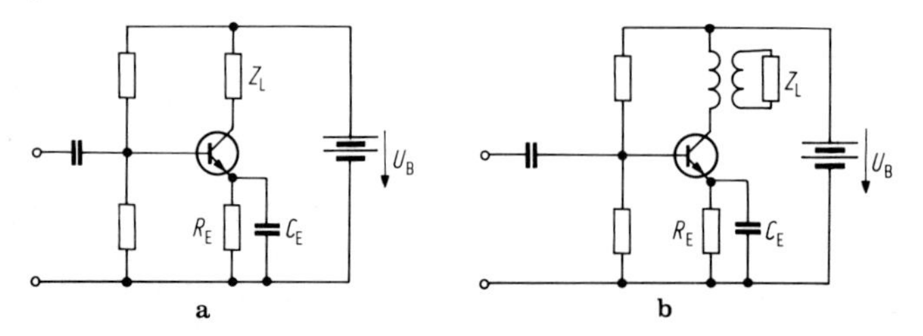

Abb. 9.2/2a u. b. Schaltungen von A-Verstärkern: **a** galvanische; **b** transformatorische Ankopplung des Lastwiderstandes Z_L

In Abb. 9.2/2 sind jeweils ein Schaltbeispiel für galvanische und transformatorische Ankopplung des Lastwiderstandes Z_L gezeigt. Sie unterscheiden sich praktisch nicht von den bei Kleinsignalverstärkern üblichen Schaltungen. Zur Stabilisierung des Arbeitspunktes (thermische Stabilität) wurde eine Gleichstromgegenkopplung durch einen Widerstand R_E in der Emitterzuleitung vorgesehen. Zur Vermeidung einer Wechselstromgegenkopplung ist dieser Widerstand durch einen Kondensator überbrückt.

Der wesentliche Unterschied beider Schaltungen besteht in den erreichbaren Wirkungsgraden. Während der Wirkungsgrad der transformatorgekoppelten Schaltung bei maximal möglicher Aussteuerung 50% beträgt, erreicht die gleichstromgekoppelte nur $\eta = 25\%$.

Wegen der nichtlinearen Transistorkennlinien treten, sofern nicht stark gegengekoppelt wird, hohe, für Audioverstärker nicht zulässige, Klirrfaktoren auf (wobei der Hauptanteil von der 2. Harmonischen geliefert wird). Gegentaktverstärker lassen bessere Wirkungsgrade bei geringerer Verzerrung und größerer Aussteuerung erreichen.

9.2.1.2 Gegentakt-A-Verstärker. Schaltet man zwei Eintakt-A-Verstärker nach Abb. 9.2/3 zu einer Gegentakt-A-Verstärkerschaltung zusammen, so beträgt der Wirkungsgrad maximal 50%, wobei sich die Ausgangsleistung gegenüber der Eintakt-A-Schaltung verdoppelt hat. Bei gleichen Kennlinien der Transistoren verschwinden alle geradzahligen Harmonischen im Ausgangssignal. Zusätzlich hat dies den Vorteil, daß die Gleichstromvormagnetisierung des Ausgangsübertragers wegfällt, da sich die beiden Gleichstromdurchflutungen aufheben. Der gemeinsame Emitterwiderstand R_E dient wieder zur Gleichstromstabilisierung. Ein Überbrückungskondensator ist jetzt nicht mehr erforderlich, da R_E nicht vom Wechselstrom durchflossen wird. Der Eingangstransformator kann durch einen Transistor als Phasenumkehrstufe ersetzt werden.

9.2.1.3 Gegentakt-B-Verstärker. Der häufiger angewandte Gegentakt-B-Verstärker vereinigt hohen Wirkungsgrad mit hoher Ausgangsleistung und geringen Verzerrungen (s. Abb. 9.2/4). Schaltungen für Gegentakt-B-Betrieb unterscheiden sich von den entsprechenden Schaltungen für A-Betrieb durch den Wegfall der Widerstände für die Vorspannungserzeugung. Vielmehr wird hier dafür gesorgt, daß die Transistoren im Ruhezustand gesperrt sind. Jeweils eine Halbwelle des Eingangssignals steuert einen der Transistoren aus, während der andere gesperrt bleibt. An den Klemmen des Ausgangsübertragers erhält man wieder den vollständigen Zeitverlauf des Eingangssignals.

Der maximale Wirkungsgrad hat unter Vernachlässigung der Restspannung und des Reststroms den Wert $\eta_{max} = \pi/4 = 78{,}5\%$.

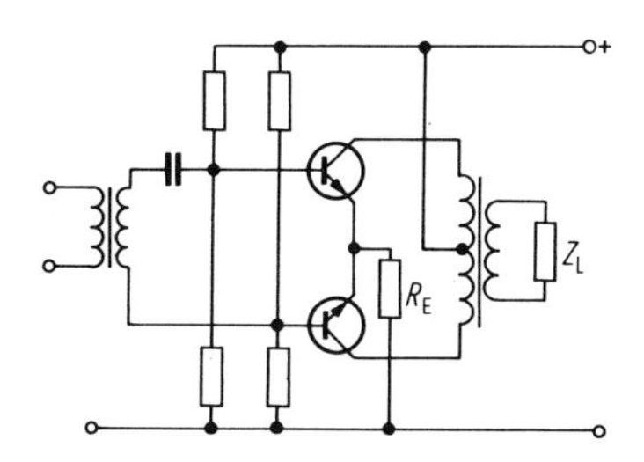

Abb. 9.2/3. Gegentakt-A-Verstärker mit Übertragern

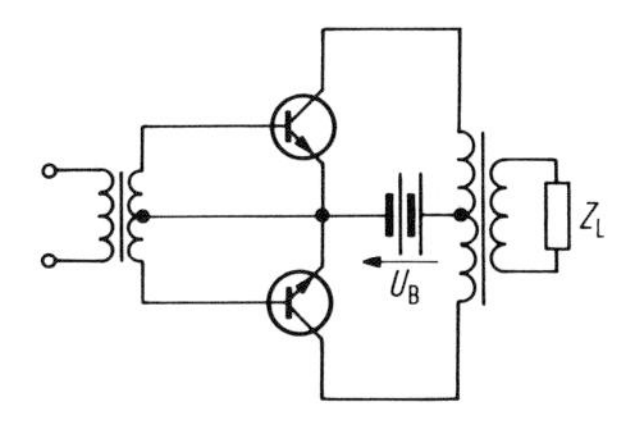

Abb. 9.2/4. Prinzip des Gegentakt-B-Verstärkers

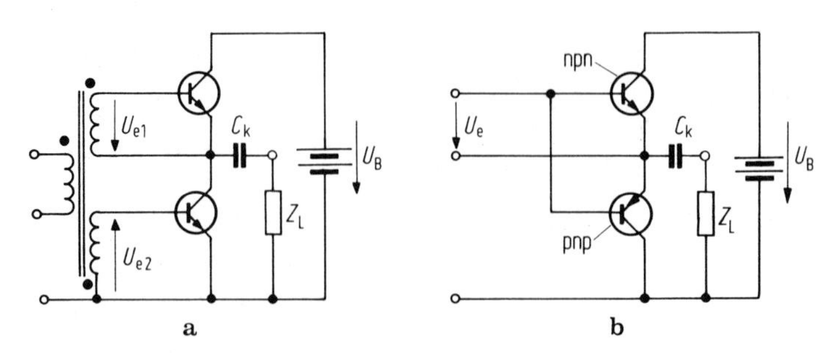

Abb. 9.2/5a u. b. „Eisenlose" Gegentakt-B-Verstärker: **a** mit gleichen Transistoren (der Eingangsübertrager kann durch eine transistorisierte Phasenumkehrstufe ersetzt werden); **b** mit Komplementärtransistoren

Die in Abb. 9.2/4 gezeigte Prinzipschaltung enthält einen schweren und teueren Ausgangsübertrager, der bei großer Aussteuerung zusätzliche nichtlineare Verzerrungen verursacht. Abhilfe bieten die „eisenlosen Endstufen", die sich insbesondere bei höheren Leistungen durchgesetzt haben. Den Eingangstransformator kann man leicht durch eine Transistorumkehrstufe ersetzen. In Abb. 9.2/5a ist das Prinzipschaltbild einer eisenlosen Endstufe mit gleichen Transistortypen gezeigt. Da die beiden Stufen gegensinnig angesteuert werden müssen, benötigt man entweder noch einen Eingangstransformator oder eine transistorisierte Phasenumkehrstufe.

In Abb. 9.2/5b ist das Prinzip einer eisenlosen Endstufe mit Komplementärtransistoren gezeigt (Transistoren vom pnp- und npn-Typ mit möglichst entsprechenden Daten). Vorteilhaft ist, daß beide Transistoren mit gleicher Phase angesteuert werden. Der bei diesen Schaltungen der Betriebsspannungsquelle entnommene Strom ist gleich dem Ausgangsstrom. Bei genügend großem Ausgangskoppelkondensator kann man den Ausgang bei jeder Belastung bis zur vollen Betriebsspannung aussteuern, da die Transistoren den Ausgangsstrom nicht begrenzen. Die Ausgangsleistung ist umgekehrt proportional zu Z_L und besitzt keinen Extremwert. Somit gibt es hier auch keine Leistungsanpassung. Die maximale Ausgangsleistung wird vielmehr durch die zulässigen Spitzenströme und die maximalen Verlustleistungen der Transistoren bestimmt [42]. Diese Schaltungen sind nicht kurzschlußfest (im Gegensatz zu Röhrenendstärkern, die oft nicht „leerlauffest" sind) und müssen durch entsprechende Hilfsschaltungen betriebssicher gemacht werden (Strombegrenzungswiderstände, elektronische Sicherungen, thermische Sicherungsschaltungen).

9.2.2 Sendeverstärker mit Transistoren

Transistorisierte Sendeverstärker haben mit der Entwicklung von leistungsfähigen Hochfrequenztransistoren immer mehr an Bedeutung gewonnen. Abb. 7/1 zeigt ungefähr den Leistungs-Frequenzbereich, der von Transistoren beherrscht wird. Wie man sieht, muß man Röhren nur noch dann einsetzen, wenn entweder hohe Ausgangsleistungen >1 kW (z. B. in Fernsehsendern) oder besonders hohe Frequenzen (z. B. in Radargeräten) verarbeitet werden müssen. Für tragbare oder mobile Sendeanlagen mit Leistungen bis etwa 100 W, bei denen es auf Kleinheit, geringes Gewicht und guten Wirkungsgrad ankommt, war die Einführung der Transistoren in Steuer-, Treiber- und Endstufen, auch wegen des Wegfalls von Heizbatterien, ein großer Fortschritt. Transistorisierte Sendeverstärker sind, ähnlich wie die entsprechenden Röhrenausführungen, fast immer schmalbandig ausgeführt. Dies wird durch Verwendung zumindest eines Selektionselementes (Ausgangsschwingkreis, selektive Anpaßschaltung) erreicht.

9.2.2.1 Der Entwurf von transistorisierten Sendeverstärkern. Röhren und Transistoren besitzen stark unterschiedliche Klemmenimpedanzen. Da außerdem Hochfrequenz-Leistungstransistoren in ihren Daten erheblich ungenauer als Röhren spezifizierbar sind, werden für Transistorverstärker besondere Entwurfstechniken angewendet.

Hierzu gehört die passende Auswahl eines Transistors hinsichtlich der vom Hersteller angegebenen Verstärkung, Transitfrequenz und maximal zulässigen Ströme Spannungen und Verlustleistungen. (Die Transitfrequenz ist meist um ein mehrfaches größer als die projektierte Arbeitsfrequenz zu wählen, als Minimum wird der Faktor 5 angenommen, anzustreben ist $f_T = 10f$.) Die maximal zu verarbeitenden Spannungen müssen berücksichtigt werden, weil in vielen Fällen (z. B. den mobilen Anlagen) die Versorgungsspannung nicht mehr frei gewählt werden kann, sondern durch das Bordnetz vorgegeben ist. Die Hersteller bieten dementsprechend 12-V-, 24-V- und 28-V-Typen an.

Bei transistorisierten Sendeverstärkern unterscheidet man ebenso wie bei den Linearverstärkern hauptsächlich A-, B- und C-Verstärker. Die Wahl des Arbeitspunktes ist vor allem von Anwendungszweck, gewünschtem Wirkungsgrad, Linearität usw. abhängig. Der Arbeitspunkt wird in bekannter Weise durch Vorspannung der Basis-Emitter-Strecke eingestellt. Hierzu werden bei A-Verstärkern oft weitere aktive Elemente verwendet, die sich im Falle einer Überlastung leicht als Schutzschaltung verwenden lassen. Oft unterscheidet man nicht mehr zwischen B- und C-Verstärkern, da sich der letztere bei genügend großer Aussteuerung automatisch aus dem B-Verstärker ergibt (durch einen Spannungsabfall über Basisbahnwiderstand des Transistors). Abbildung 9.2/6 zeigt einige Beispiele für die Vorspannungserzeugung von BC-Verstärkern. In der Praxis wird überwiegend die Emittergrundschaltung eingesetzt, da nur sie die benötigten Leistungsverstärkungen zu erbringen vermag. Zudem ist dies oft schon aus geometrischen Gründen vorteilhaft, weil alle lieferbaren Transistoren Vielfachemitterstruktur besitzen (Overlay-Transistoren), bei denen eine interne, stabilisierende Gegenkopplung eingebaut und der Emitteranschluß bereits mit dem Gehäuse verbunden ist.

A-Verstärker. A-Verstärker werden hauptsächlich dann eingesetzt, wenn es auf hohe Linearität z. B. bei Einseitenbandsendern oder allgemein bei amplitudenmodulierten Sendern ankommt. Nachteilig ist der schlechte Wirkungsgrad und die daraus resultierende hohe Verlustleistung des Transistors. Oft werden deshalb thermische Überwachungsschaltungen eingesetzt, die eine Zerstörung des Transistors bei kurzzeitigen Überlastungen verhindern sollen.

BC-Verstärker. Besser hinsichtlich Wirkungsgrad und thermischer Belastung sind B- bzw. C-Verstärker, wobei die Grenze zwischen beiden fließend ist. Die für den C-Betrieb notwendige negative Vorspannung wird praktisch nicht von einer externen

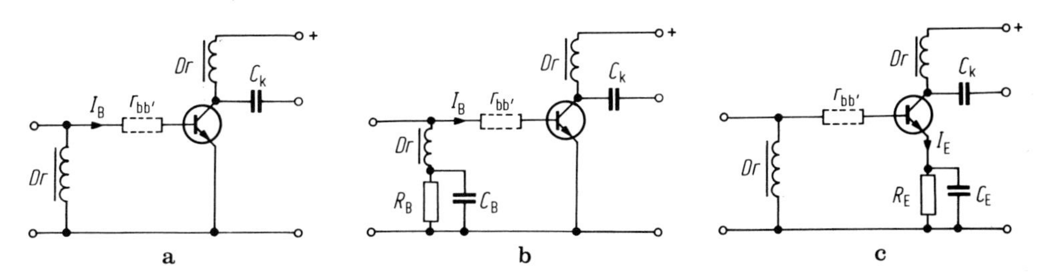

Abb.9.2/6a–c. Automatische Basisvorspannungserzeugung bei BC-Verstärkern: **a** Ausnutzung des Spannungsabfalls am Basisbahnwiderstand $r_{bb'}$; **b** Erhöhung der Wirkung von a durch zusätzlichen Basiswiderstand R_B; **c** Ausnutzung des Spannungsabfalls an einem externen Emitterwiderstand R_E

Spannungsquelle, sondern, wie in Abb. 9.2/6 gezeigt, automatisch erzeugt. Da BC-Verstärker hinsichtlich der Linearität schlechter als A-Verstärker sind, werden diese Sender meist frequenzmoduliert betrieben. Ein Vorteil dieser Verstärker ist, daß die Ruheverluste bei fehlender Aussteuerung minimal sind, was bei mobilen Sendern, insbesondere bei tragbaren Geräten, von Bedeutung ist.

9.2.2.2 Die Dimensionierung von transistorisierten Sendeverstärkern. Es bereitet in der Regel große Schwierigkeiten, eine Verstärkerschaltung so zu entwerfen, daß der Aufbau die geforderten Daten anfangs auch nur näherungsweise erfüllt. Die Schwierigkeit rührt daher, daß die Transistorgroßsignalparameter meist unbekannt sind und die entsprechenden Kleinsignalparameter nicht verwendet werden können, da sich beide sehr wesentlich unterscheiden. In Tab. 9.2/1 sind Kleinsignal- und Großsignalparameter eines Typs gegenübergestellt, woraus die große Diskrepanz ersichtlich ist.

Man sieht, daß sich beispielsweise die Eingangswiderstände nach Betrag und Phase erheblich unterscheiden. Man war deshalb lange Zeit gezwungen, nach der „trial-and-error"-Methode zu entwickeln, d. h., man dimensioniert einen Verstärker zunächst mit Hilfe der Kleinsignalparameter und nähert sich dann der endgültigen Schaltung durch systematische Variation der Bauelemente. Dieses Verfahren ist umständlich und kostspielig. Es führt wegen der anfänglichen Fehlbeschaltung zu großem Transistorverbrauch, was bei den Preisen der Hochfrequenzleistungstransistoren ins Gewicht fällt.

Deshalb gehen immer mehr Hersteller dazu über, die in eigenen Labors entwickelten Schaltungen mitzuliefern, wobei die Anleitungen oft die Bauelementeanordnung vorschreiben. Außerdem werden Großsignalparameter angegeben, so daß der Anwender von einem Großteil der Entwicklungsarbeit entbunden ist, für eigene Wege aber immer noch genügend Entscheidungsmöglichkeiten besitzt. Diese Parameter können nicht in ein Transistorersatzschaltbild umgerechnet werden (wie beim Giacoletto-Ersatzschaltbild), da sie nur für den gewählten Betriebspunkt gelten. Vielmehr wird versucht, gewisse Anpaßbedingungen für den Transistor einzuhalten. Hierbei bleibt immer zu bedenken, daß die angegebenen Großsignalparameter aussteuerungsabhängig sind und genau spezifizierte Randbedingungen hinsichtlich Betriebsspannung, Ausgangsleistung, Frequenz u. a. m. gültig sind.

9.2.2.2.1 Impedanzanpassung. Gewöhnlich werden Leistungsverstärkerstufen im A-Betrieb an Eingang und Ausgang leistungsangepaßt betrieben. Dadurch erhält man maximale Leistungsverstärkung. Im Gegensatz hierzu werden BC-Verstärker ausgangsseitig meist fehlangepaßt betrieben. Hier wird dann der Lastwiderstand R_L, der an den Transistor angeschlossen wird, nicht gleich dem transistorseitigen Ausgangswiderstand gemacht – was meist zur sofortigen Zerstörung des Transistors wegen Überlastung führen würde. Man bestimmt R_L aus der gewünschten Leistung und der maximalen Kollektorspannung zu $R_L = U^2/(2P)$. Dieser ist dann mit Hilfe eines Transformationsgliedes auf den Verbraucherwiderstand zu transformieren. Es gibt bei

Tabelle 9.2/1. Gegenüberstellung der Klein- und Großsignalparameter eines Transistors nach [63]

Transistor 2 N 3948	Kleinsignal A-Verstärker $U_{CE} = 15$ V, $I_{C,A} = 80$ mA $f = 300$ MHz	Leistungs-C-Verstärker $U_{CE} = 13{,}6$ V, $P = 1$ W $f = 300$ MHz
Eingangswiderstand	9 Ω	38 Ω
Eingangsreaktanz	0,012 μH	21 pF
Ausgangswiderstand	199 Ω	92 Ω
Ausgangskapazität	4,6 pF	5,0 pF
Verstärkung	12,4 dB	8,2 dB

dieser Art der Dimensionierung kein Leistungsmaximum. Die Grenze ist dort zu finden, wo der Transistor wegen der Verluste thermisch ausgelastet ist.

Die niedrigen Arbeitsspannungen bei hoher Leistung verursachen, daß die Impedanzen einer Schaltung sehr klein werden. So wird z. B. der Kollektorarbeitswiderstand bei einer Leistung von 60 W und einer Betriebsspannung von 12 V etwa 1 Ω. Unter diesen Bedingungen kann der Spitzenstrom bis zu 20 A betragen. Daher werden die erprobten Techniken der Röhrenschaltungen wertlos, insbesondere weil parasitäre Reaktanzen in die Größenordnung der Arbeitsreaktanzen kommen können (schon ein Stück Zuleitungsdraht von 1 cm Länge hat bei 30 MHz eine Reaktanz von ca. 1 Ω!). Der Anpassungsforderung für Eingang und Ausgang wird meist mit schmalbandigen Anpassungsnetzwerken entsprochen. Diese Netzwerke erfüllen zwei wichtige Forderungen. Erstens transformieren sie Impedanzen, zweitens wirken sie als Bandfilter, die nur die gewünschten Frequenzen übertragen und höhere Harmonische, die vor allem bei B- und C-Betrieb auftreten, unterdrücken.

Die Eingangs- und Ausgangsimpedanzen von Leistungstransistoren liegen zwischen 1 Ω und 10 Ω mit einem meist kapazitiven Anteil. Diese Werte müssen in der Regel auf 50 Ω oder 60 Ω transformiert werden.

9.2.2.2.2 Anpaßschaltungen. Um die Anpaßbedingung mit einer selektiven Anpaßschaltung erfüllen zu können, würden zwei Bauelemente (*LC*-Schwingkreis) genügen [43]. Da Spulen umständlich und nur wenig variiert werden können, baut man Transformationsschaltungen praktisch immer aus 3 Elementen auf. Sie bestehen dann aus einer Spule und zwei variablen Kondensatoren, so daß ein Abgleich leicht möglich ist (s. auch Kap. 3 in Band I). Wegen des zusätzlichen Bauelementes hat man einen Freiheitsgrad gewonnen. Man kann damit z. B. die Betriebsgüte der Anpaßschaltung, die meist zwischen 5 und 20 gewählt wird, festlegen. Aus allen möglichen Schaltungen werden in der Praxis hauptsächlich das „Π-Filter" und die „T-Schaltung" verwendet [64] (s. a. Abschn. 3.1.2). Da es bei mobilen und transportablen Sendern (Handfunkgeräte, Autotelefon) durch äußere Umstände immer leicht vorkommen kann, daß sich der Strahlungswiderstand der Antenne und damit der Lastwiderstand extrem ändert, müssen gegen die Auswirkungen oft zusätzliche Schutzschaltungen vorgegeben werden. Größere Fehlanpassungen äußern sich in erster Linie in einem größeren Welligkeitsfaktor U_{max}/U_{min} auf der zur Antenne führenden Leitung. Dieser kann durch Einfügen eines Richtkopplers zur Ansteuerung einer Schutzschaltung verwendet werden. Damit wird dann die Anlage entweder ganz ausgeschaltet oder die Leistung vermindert.

Bei einer anderen Schutzschaltung wird ausgenutzt, daß der Transistor bei Fehlanpassung thermisch höher belastet wird. Die Temperaturerhöhung des Transistors wird gemessen und bei Überschreitung einer Grenze die Schutzschaltung angesteuert. Nachteilig hierbei ist, daß dieses Verfahren träger arbeitet und kurzzeitigen, aber zerstörenden Belastungsänderungen nicht begegnen kann. Vorteilhaft ist hingegen, daß eine erhöhte Umgebungstemperatur automatisch mit berücksichtigt wird, so daß der thermischen Stabilität der Schaltung weniger Aufmerksamkeit geschenkt werden muß.

9.2.2.2.3 Stabilität. Oft schwingen Verstärker unterhalb der Arbeitsfrequenz, weil die Verstärkung der Transistoren mit abnehmender Frequenz zunimmt. Dieser Anstieg von 6 dB pro Oktave führt mit parasitären Resonanzanordnungen oft zu Schwingungen, was meist die Zerstörung des Transistors zur Folge hat. Die im folgenden beschriebenen Maßnahmen genügen im allgemeinen, um die Stabilität der Verstärkerstufe aufrechtzuerhalten. Die Stromzuführungsverblockung wird möglichst zwei- oder dreifach durchgeführt, einmal für die Arbeitsfrequenz, des weiteren aber für die tieferen Frequenzen. Verblockungsdrosseln (z. B. Basisvorspannung) sollen niedrige Güten (<5) besitzen, um große Resonanzüberhöhungen zu vermeiden. Sie sollen außerdem in der Wicklungslänge merklich kürzer als 1/4 der Betriebswellenlänge sein, um die Verstärkung nach niedrigen Frequenzen hin mit Sicherheit abzusenken. Oft können hierzu Ferritdrosseln oder Bauelemente der Störschutztechnik erfolgreich verwendet werden. Die Stabilität des Verstärkers ist unter Variation aller Umgebungsbedingungen (Batteriespannung, Temperatur, Aussteuerung, Fehlanpassung) zu kontrollieren, da sich die Schwingneigung des Verstärkers wegen der nichtlinearen Transistoreigenschaften, z. B. aussteuerungsabhängig, ändern kann.

9.2.3 Verzerrungsarme Endverstärker mit Feldeffekttransistoren (GaAs FET Power Amplifiers)

9.2.3.1 Streuparameter. Die Streuparameter oder kurz S-Parameter (Abschn. 7.3.9.3) sind Kleinsignalparameter und beschreiben folglich die FET-Eigenschaften nur bei hinreichend kleinen Aussteuerungen. Die S-Parameter sind üblicherweise in Datenblättern angegeben. Damit können der erreichbare Kleinsignalgewinn (Abschn. 9.1.10.3) und die Stabilitätseigenschaften (Abschn. 9.1.10.5) ermittelt werden, jedoch nicht die Großsignaleigenschaften.

Beispiel:
Abbildung 9.2/7 zeigt die S-Parameter für einen 1-W-GaAs-Leistungs-FET (MSC 88004; $w = 2{,}4$ mm; $U_{\mathrm{DS}} = 9$ V, $I_{\mathrm{D}} = 500$ mA) für den Frequenzbereich von 2 bis 10 GHz. Die Beträge der Reflexionsfaktoren S_{11} und S_{22} sind in diesem Frequenzbereich annähernd konstant und besitzen Werte von ca. 0,85 bzw. 0,5. Die Phasen von S_{11} und S_{22} wechseln bei 5 bzw. 7 GHz das Vorzeichen. Im Frequenzbereich von 2 bis 10 GHz fällt $|S_{21}|$ von 2,8 auf 0,8 ab, während $|S_{12}|$ von 0,08 auf 0.05 abfällt.

Bezüglich der S-Parameter von MESFET höherer Ausgangsnennleistung – also großer Gateweite w – läßt sich sagen: die Beträge von S_{11}, S_{22} und S_{12} sowie die Phasen von S_{11} und S_{22} wachsen i. allg. mit zunehmender Ausgangsnennleistung. Aus diesem Grund ist die Anpassung (insbesondere die Breitbandanpassung) um so schwieriger, je höher die Ausgangsnennleistung des Transistors ist. Hinzu kommt, daß die S-Parameterbeschreibung mit wachsender Aussteuerung ungenauer wird. Deutlich nichtlineares Verhalten ist bei einem GaAs-FET bereits bei Ausgangsleistungen

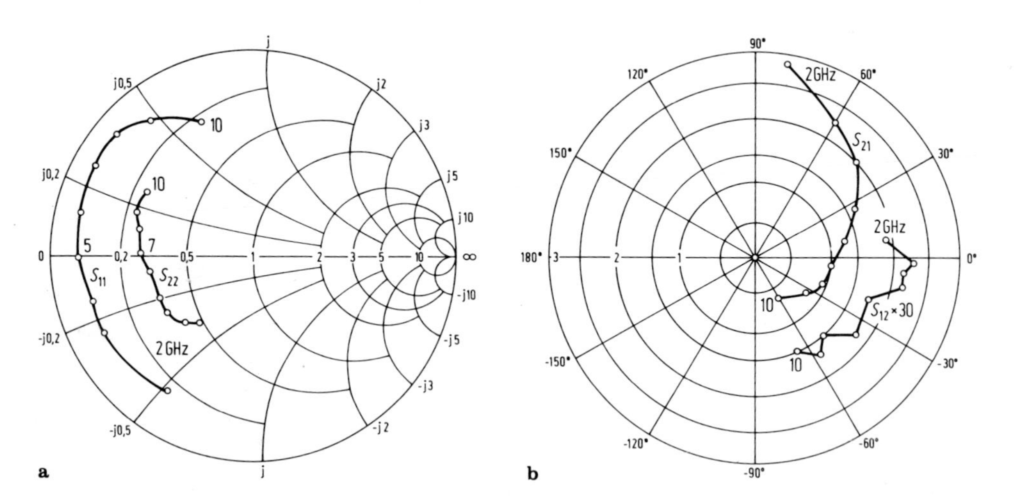

Abb. 9.2/7a u. b. Streuparameter eines 1-W-GaAs-Leistungs-FET (MSC 88004; $U_{\mathrm{DS}} = 9$ V, $I_{\mathrm{D}} = 500$ mA) für den Frequenzbereich 2 bis 10 GHz. Wellenwiderstand $Z_{\mathrm{L}} = 50\,\Omega$: **a** Eingangsreflexion S_{11} und Ausgangsreflexion S_{22}; **b** Vorwärtstransmission S_{21} und Rückwärtstransmission $S_{12} \times 30$

vorhanden, die noch ca. 10 dB unter der Sättigungsleistung liegen. Folglich tritt beim Betrieb von Leistungsverstärkern zwangsläufig – je nach augenblicklicher Signalamplitude – sowohl Kleinsignal- als auch Großsignalaussteuerung auf.

Es gibt noch keine allgemeine und geschlossene Methode zur Beschreibung der Großsignaleigenschaften von GaAs-FET. Die Großsignaleigenschaften müssen daher i. allg. experimentell bei den jeweils vorliegenden Betriebsbedingungen ermittelt werden. Im folgenden werden die Großsignaleigenschaften und die nichtlinearen Verzerrungen beschrieben, die bei Leistungsverstärkern zu berücksichtigen sind, sowie Methoden zu deren Optimierung angegeben.

9.2.3.2 Großsignaleigenschaften und nichtlineare Verzerrungen

9.2.3.2.1 Aussteuerungsabhängigkeit des Gewinns. Abbildung 9.2/8 zeigt schematisch, daß die Ausgangsleistung P_2 mit wachsender Eingangsleistung P_1 einem Sättigungswert P_{sat} zustrebt. Wegen der im Ausgangskennlinienfeld des Transistors vorhandenen Begrenzungen (Abschn. 7.4.3) nimmt der Gewinn mit wachsender Aussteuerung ab.

Abbildung 9.2/8 unterscheidet die drei Bereiche linearer Verstärkung, Verstärkungskompression und gesättigter Ausgangsleistung:

1. Der Bereich linearer Verstärkung ist nach unten hin durch das Verstärkerrauschen begrenzt. Die sogenannte kleinste empfangbare Signalleistung (minimum detectable signal) MDS_1 ist definitionsgemäß doppelt so groß wie das auf den Eingang bezogene Verstärkerrauschen in der Empfangsbandbreite B.

$$\mathrm{MDS}_1 = 2kT_0BF = -111\ \mathrm{dB} + 10 \cdot \lg B/\mathrm{MHz} + \mathrm{NF/dB}\ [\mathrm{dBm}]\,. \tag{9.2/1}$$

Die von MDS_1 hervorgerufene Ausgangsleistung beträgt

$$\mathrm{MDS}_2 = 2kT_0BFG_0 = -111\ \mathrm{dB} + 10 \cdot \lg B/\mathrm{MHz} + \mathrm{NF/dB} + 10 \cdot \lg G_0\ [\mathrm{dBm}]\,. \tag{9.2/2}$$

Als obere Grenze des linearen Verstärkungsbereichs wird allgemein die Stelle angesehen, bei der eine Verstärkungsabnahme (Verstärkungskompression) von 1 dB gegenüber dem Kleinsignalgewinn G_0 erfolgt. Die an dieser Stelle vorliegende Ausgangsleistung $P_{-1\mathrm{dB}}$ wird üblicherweise in Datenblättern zur Beschreibung der vom Transistor abgebbaren maximalen Leistung verwendet.

Durch die Größe des Bereichs linearer Verstärkung wird der Dynamikbereich D des Transistors festgelegt.

$$D/\mathrm{dB} = P_{-1\mathrm{dB}}/\mathrm{dBm} - \mathrm{MDS}_1/\mathrm{dBm} - G_0/\mathrm{dB} \tag{9.2/3}$$

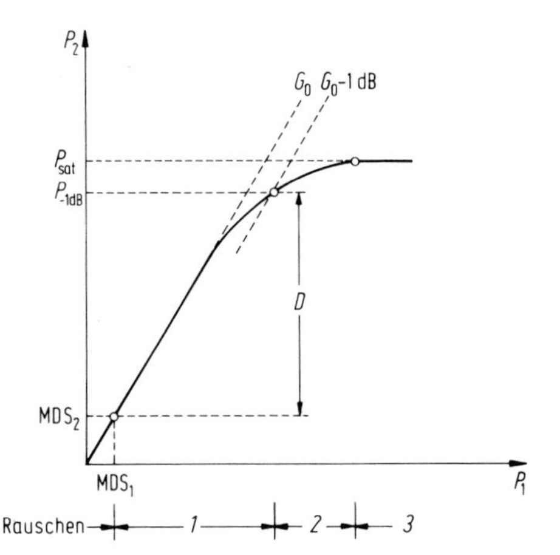

Abb. 9.2/8. Zusammenhang zwischen Eingangsleistung P_1 und Ausgangsleistung P_2 eines Verstärkers: *1* Bereich linearer Verstärkung, *2* Bereich der Verstärkungskompression, *3* Sättigungsbereich; *D* Dynamikbereich, MDS minimum detectable signal

2. Im Bereich der Verstärkungskompression treten bei der Nachrichtenübertragung störende nichtlineare Verzerrungen auf, wie z. B. harmonische Oberwellen, Intermodulation, AM-AM- und AM-PM-Kompression [129, 130].
3. Im Sättigungsbereich ist die Ausgangsleistung P_{sat} unabhängig von der Eingangsleistung. In diesem Aussteuerungsbereich arbeiten z.B. Begrenzerverstärker [131].

9.2.3.2.2 Aussteuerungsabhängigkeit der Intermodulation. Bei mehrfrequenten Eingangssignalen entstehen durch das nichtlineare Verstärkerverhalten zusätzliche Mischprodukte am Verstärkerausgang. Das diesbezügliche nichtlineare Verhalten wird im Frequenzbereich durch aussteuerungsabhängige Intermodulationsabstände beschrieben.

Zu deren Messung werden – wie in Abb. 9.2/9 gezeigt – zwei frequenzmäßig benachbarte ($f_1 \approx f_2, |f_2 - f_1| \ll f_1$), unmodulierte Signale gleicher Amplitude ($P_1(f_1) = P_1(f_2)$) verwendet. Durch die Nichtlinearitäten dritter Ordnung des Verstärkers entstehen am Ausgang zusätzlich zu $P_2(f_1)$ und $P_2(f_2)$ Mischprodukte bei den Frequenzen $2f_1 - f_2$ und $2f_2 - f_1$, die in der Nähe der Signalfrequenzen f_1 und f_2 liegen und deshalb besonders stören. Der Intermodulationsabstand IM [132] hängt ab von der gesamten Eingangsleistung $P_1 = P_1(f_1) + P_1(f_2)$ der beiden Träger und ist durch das Verhältnis der Leistungen von Träger und Mischprodukt am Ausgang gegeben (Abb. 9.2/9) zu

$$\mathrm{IM/dB} = P_2(f_2)/\mathrm{dBm} - P_2(2f_2 - f_1)/\mathrm{dBm}\,. \tag{9.2/4}$$

In Abb. 9.2/10 ist angenommen, daß Nichtlinearitäten höherer als dritter Ordnung vernachlässigt werden können. Im Bereich linearer Verstärkung wächst die Ausgangsleistung $P_2(f_1)$ proportional zur Eingangsleistung P_1, die Leistung des Mischpro-

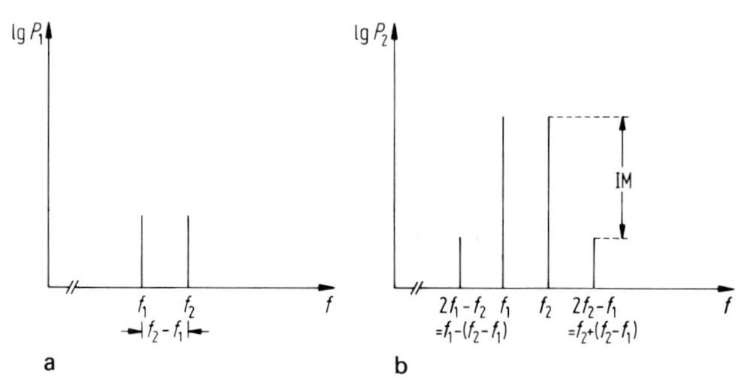

Abb. 9.2/9a u. b. Bestimmung des Intermodulationsabstandes IM eines Verstärkers: **a** Frequenzspektrum am Verstärkereingang; **b** Frequenzspektrum am Verstärkerausgang aufgrund nichtlinearer Verzerrungen

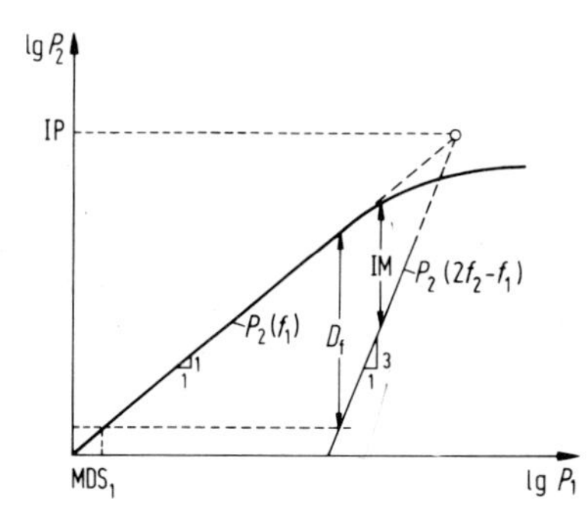

Abb. 9.2/10. Zusammenhang zwischen Intermodulationsabstand IM und Eingangspegel P_1; IP Interceptpunkt

dukts $P_2(2f_2 - f_1)$ jedoch proportional zu P_1^3, so daß der Intermodulationsabstand IM umgekehrt proportional zu P_1^2 abnimmt [129].

Bei hohen Pegelwerten ergibt sich eine fiktive Ausgangsleistung, bei welcher Träger und Mischprodukt gleich groß sind. Diesen Schnittpunkt bezeichnet man als Interceptpunkt IP. Falls Nichtlinearitäten höherer als dritter Ordnung vernachlässigt werden können, ist der Interceptpunkt unabhängig von der Aussteuerung und charakterisiert somit das Intermodulationsverhalten des Verstärkers durch eine einzige Zahl. Diese Voraussetzung wird z. B. von bipolaren Transistoren und Wanderfeldröhren erfüllt, nicht jedoch von Feldeffekttransistoren (vgl. Abb. 7.4/21). Deren Intermodulationsverhalten wird durch den Interceptpunkt nur für Intermodulationsabstände größer etwa 30 dB gut beschrieben [133]. Sind diese jedoch geringer als etwa 20 dB, dann nimmt der Intermodulationsabstand i. allg. stärker als mit $1/P_1^2$ ab. Deshalb kann man bei FETs, die nahe der Ausgangsnennleistung betrieben werden, durch eine kleine Verringerung der Ausgangsleistung in der Regel eine erhebliche Verbesserung des Intermodulationsabstandes erzielen.

In Abb. 9.2/10 ist mit D_f der von Intermodulationsstörungen freie Dynamikbereich (spurious free dynamic range) des Verstärkers bezeichnet. Dieser ergibt sich zu

$$D_f/\text{dB} = \tfrac{2}{3}\,(\text{IP/dBm} - G_0/\text{dB} - \text{MDS}_1/\text{dBm})\,. \tag{9.2/5}$$

Beispiel:
Für einen 1-W-GaAs-Leistungs-MESFET (MSC 88004) weisen die obengenannten Eigenschaften bei 6 GHz typisch folgende Werte auf ($B = 1$ MHz):

$P_{-1\,\text{dB}} = 30$ dBm, $\quad G_0 = 8$ dB, $\quad \text{IP} = 39$ dBm, $\quad \text{NF} = 5{,}3$ dB

$\text{MDS}_1 = -95{,}7$ dBm, $\quad D = 117{,}6$ dB, $\quad D_f = 84{,}5$ dB

9.2.3.2.3 Lastabhängigkeit der Ausgangsleistung. Die mit einem vorgegebenen Feldeffekttransistor in einem bestimmten Gleichstromarbeitspunkt erreichbaren Großsignaleigenschaften hängen vor allem von der gewählten Lastimpedanz ab, denn für die Optimierung der Ausgangsleistung, des Gewinns, des Wirkungsgrades und des Intermodulationsverhaltens sind jeweils unterschiedliche Lastimpedanzen erforderlich.

In Abb. 9.2/11 sind z. B. für einen 0,5-W-GaAs-Leistungs-FET (MSC 88002, $f = 6$ GHz) die Ausgangsleistung P_2 und der Wirkungsgrad η als Funktion der Eingangsleistung P_1 für zwei verschiedene Lastimpedanzen dargestellt. Im Fall der

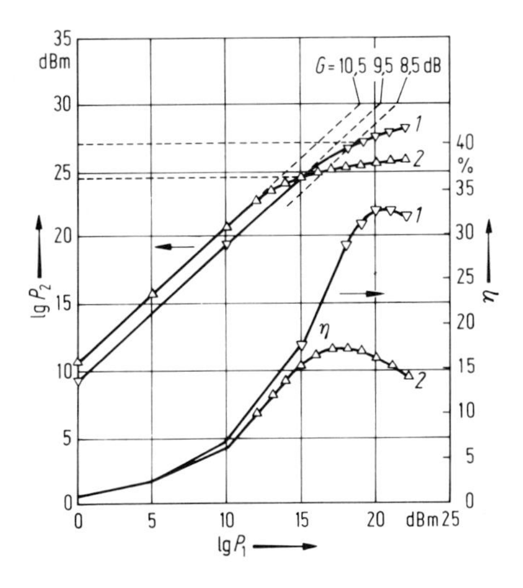

Abb. 9.2/11. Ausgangsleistung P_2, Leistungsgewinn G und Wirkungsgrad η als Funktion der Eingangsleistung P_1 für zwei verschiedene Lastimpedanzen. Die Kurven wurden an einem 0,5-W-GaAs-Leistungs-FET (MSC 88002, $f = 6$ GHz) gemessen: *1* Lastimpedanz für maximale Ausgangsleistung, *2* Lastimpedanz für maximale Verstärkung

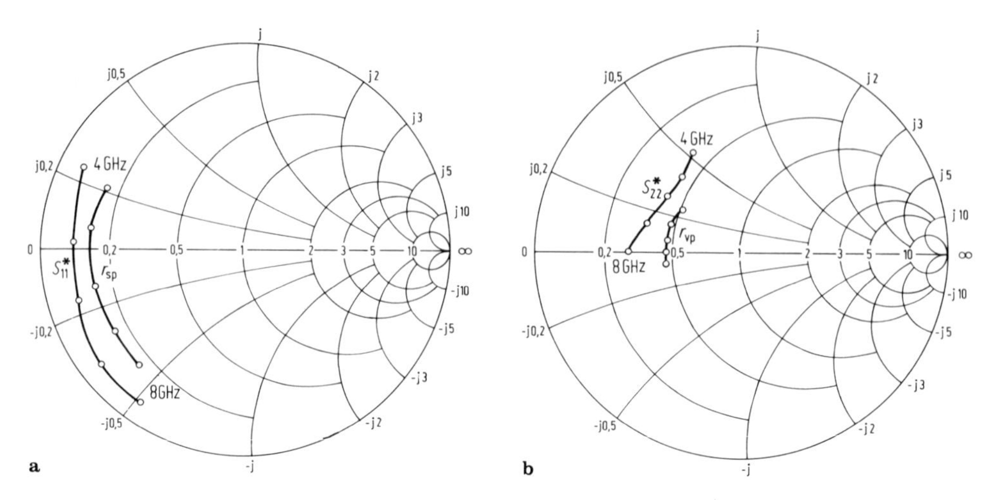

Abb. 9.2/12 a u. b. Für maximale Ausgangsleistung erforderliche Quellenreflexion r_{sp}: **a** bzw. Lastreflexion r_{vp}; **b** für einen 0,5-W-GaAs-Leistungs-FET (MSC 88002; $U_{DS} = 8$ V, $I_{DS} = 200$ mA). Zum Vergleich sind die Kleinsignal-Streuparameter S_{11}^* und S_{22}^* angegeben. Wellenwiderstand $Z_L = 50\,\Omega$

mit *2* markierten Kurven ist die Lastimpedanz im Hinblick auf maximale Verstärkung gewählt, im anderen Fall (Kurven *1*) im Hinblick auf maximale Ausgangsleistung. Die zu den beiden Lastimpedanzen gehörenden Verstärkungen unterscheiden sich um ca. 1 dB, die Ausgangsleistungen jedoch fast um 3 dB.

Die hier für maximale Ausgangsleistung erforderlichen Quellen- bzw. Lastreflexionsfaktoren r_{sp} bzw. r_{vp} sind in Abb. 9.2/12 als Funktion der Frequenz gezeigt. Zum Vergleich sind die Kleinsignal-*S*-Parameter ebenfalls eingetragen. Man sieht, daß r_{sp} von S_{11}^*, vor allem aber r_{vp} von S_{22}^* deutlich verschieden sind. Je nachdem, ob Kleinsignal- bzw. Großsignalaussteuerung vorliegt, resultieren daraus bei gegebenem r_s und r_v unterschiedliche Anpassungsverluste. Durch Abb. 9.2/13 wird dieser Sachverhalt für einen GaAs-Leistungs-MESFET mit 0,1 W Ausgangsnennleistung [134] näher erläutert. Am FET-Eingang ist Großsignalanpassung vorgenommen. Aus den *S*-Parametern wurden die Kreise für konstanten Kleinsignalgewinn G_{TU} der Ausgangsimpedanzebene berechnet (Abschn. 9.1/10). Die Konturen konstanten Großsignalgewinns (Load-Pull-Konturen), d. h. konstanter Ausgangsleistung bei vorgegebener hoher Eingangsleistung wurden dagegen experimentell bestimmt [129, 135]. Bei den Konturen konstanten Großsignalgewinns handelt es sich im allgemeinen nicht um Kreise. Diese Konturen können auch näherungsweise mit einer in [146] behandelten Methode aus dem Ausgangskennlinienfeld und dem Ausgangsersatzschaltbild des FET berechnet werden.

Für einen linearen Verstärker muß nun die Lastimpedanz des FET so gewählt werden, daß der Gewinn möglichst wenig von der Eingangsleistung abhängt. Wählt man beispielsweise die Lastreflexion r_v entsprechend Punkt *A*, so beträgt der Kleinsignalgewinn 9,3 dB, der Großsignalgewinn 6,5 dB und die Verstärkungskompression folglich 2,8 dB. Günstiger in dieser Hinsicht ist eine Wahl von r_v entsprechend Punkt *B*. Der Kleinsignalgewinn und der Großsignalgewinn betragen dort jeweils etwa 6,5 dB, so daß dort keine nennenswerte Verstärkungskompression vorhanden ist.

9.2.3.2.4 Lastabhängigkeit der Intermodulation. Die Lastimpedanz hat auch großen Einfluß auf den Intermodulationsabstand, der mit einem Feldeffekttransistor bei vorgegebener Ausgangsleistung erzielt werden kann. In Abb. 9.2/14 ist dies für einen 1W-GaAs-Leistungs-FET (MSC 88004) [136] gezeigt. Durch Veränderung des Lastwiderstands kann hier der Intermodulationsabstand IM um z. B. 10 dB verbessert

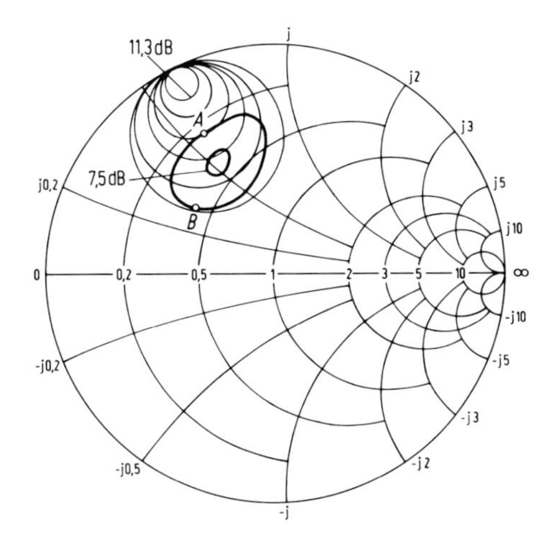

Abb. 9.2/13. Konturen konstanten Großsignalgewinns und Kreise konstanten Kleinsignalgewinns für einen 0,1-W-GaAs-Leistungs-FET(P_1 = 12 dBm, f = 9 GHz) in der Ausgangsimpedanzebene (Schrittweite 1 dB) [134]. Wellenwiderstand Z_L = 50 Ω

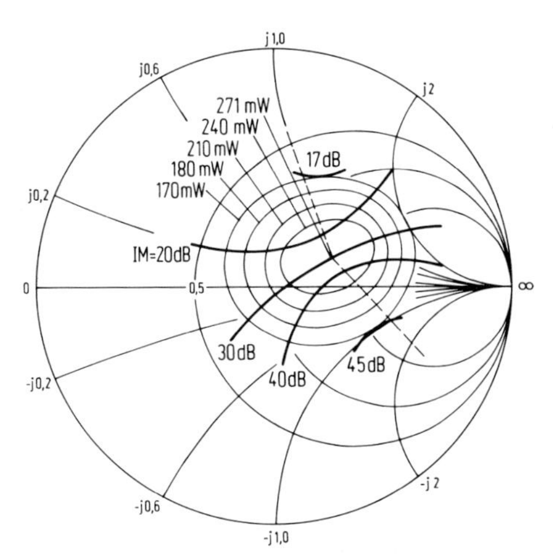

Abb. 9.2/14. Konturen konstanter Ausgangsleistung und konstanten Intermodulationsabstandes IM in der Lastimpedanzebene für einen 1-W-GaAs-Leistungs-FET. (MSC 88004; f = 3,96 GHz, P_{in} = 16 mW) [136] Wellenwiderstand Z_L = 10 Ω

werden, wenn eine Verringerung der Ausgangsleistung um nur 0,3 dB gegenüber dem optimalen Wert in Kauf genommen wird.

Sind für einen Leistungs-FET die in den Abb. 9.2/13 und 9.2/14 dargestellten Zusammenhänge bekannt, dann kann damit ein den jeweils vorliegenden Anforderungen entsprechender optimaler Kompromiß bezüglich Ausgangsleistung, Intermodulationsabstand und Gewinn gefunden werden.

9.2.3.3 Anpassungsnetzwerke. Die Ausgangsleistung von GaAs-MESFETs kann durch Vergrößerung der Gateweite erhöht werden. Dabei verringern sich die Eingangs- und Ausgangsimpedanzen umgekehrt proportional zur Gateweite (Abschn. 7.4.3.1), so daß eine verlustarme Anpassung an z. B. 50 Ω mit wachsender Gateweite immer schwieriger wird.

Für die Dimensionierung der Eingangs- und Ausgangsanpassungsnetzwerke ist die Kenntnis der für optimalen Großsignalbetrieb benötigten Quellen- und Lastimpedanzen im Betriebsfrequenzbereich erforderlich. Üblicherweise gehen die Entwurfsmethoden für Anpassungsnetzwerke von einem rückwirkungsfrei angenommenen Ersatzschaltbild für den FET aus. Die Ersatzschaltbildelemente des Eingangs- bzw. Ausgangskreises des FET sind so zu wählen, daß sie den konjugiert komplexen Verlauf der benötigten Quellen- und Lastimpedanz nachbilden. Beim Entwurf von Breitband-Leistungsverstärkern muß zusätzlich der mit der Frequenz abnehmende Gewinn des aktiven Elements kompensiert werden. Da die erreichbaren Großsignaleigenschaften im wesentlichen von der Ausgangsanpassung abhängen, muß die Frequenzgangkompensation (Abschn. 9.1.10.6) im Netzwerk für die Eingangsanpassung erfolgen.

Mit verlustlosen Netzwerken lassen sich jedoch nicht gleichzeitig Anpassung am Eingang und Ausgang sowie konstante Verstärkung realisieren. Der breitbandig mit verlustlosen Anpassungsschaltungen bestenfalls erreichbare Reflexionsfaktor r läßt sich mit einer von Fano erstmals angegebenen Beziehung abschätzen zu [138]

$$|r| \geq \mathrm{e}^{-\pi Q_\mathrm{K}/Q_\mathrm{F}} \qquad (9.2/6)$$

mit $Q_\mathrm{K} = \dfrac{\omega}{\omega_2 - \omega_1}$ und $Q_\mathrm{F} = \dfrac{1}{\omega RC}$.

ω_2 ist die obere, ω_1 die untere Bandgrenze des Übertragungsbereichs. Die Güte Q_K ist um so kleiner, je größer die gewünschte Bandbreite ist. Q_F dagegen beschreibt die Güte der anzupassenden Last, die hier durch die Eingangs- bzw. Ausgangsimpedanz des FET gegeben ist.

Nach Gl. (9.2/6) wird der Reflexionsfaktor groß bei kleinen Quotienten Q_K/Q_F, also bei großer Bandbreite und hoher Güte der Last. Die Verbindungsleitung zwischen Anpassungsnetzwerk und Last vergrößert die Güte der Last und ist folglich so kurz wie möglich zu halten, oder besser zusammen mit den parasitären Elementen der Last in das Anpassungsnetzwerk mit einzubeziehen. Dementsprechend hängt die mit einer konkreten Anpassungsschaltung erreichbare Bandbreite u. a. ab vom zulässigen VSWR, vom erforderlichen Transformationsverhältnis und von der Anzahl der verwendeten Blindelemente.

Anpassungsschaltungen können grundsätzlich mit konzentrierten und/oder verteilten Elementen realisiert werden. In diskreter Form lassen sich minimale Induktivitäten $L_{min} \approx 0{,}2$ nH sowie minimale Kapazitäten $C_{min} \approx 0{,}1$ pF herstellen. Die mit Streifenleitungen realisierbaren Wellenwiderstände liegen etwa zwischen 20 Ω und 150 Ω. Mit konzentrierten Elementen kann man im allgemeinen größere Transformationsverhältnisse realisieren als mit verteilten Elementen. Letztere lassen sich genauer herstellen.

Die üblichen Entwurfsmethoden [139] für Anpassungsschaltungen gehen von konzentrierten Elementen aus. Diese lassen sich mit den nachfolgenden Beziehungen in die entsprechenden verteilten Elementen umrechnen (Abschn. 2.3 and 4.3).

$$\left.\begin{aligned} L &= \frac{Z_0}{2\pi f}\tan\left(\frac{2\pi l}{\lambda}\right) \\ C &= \frac{1}{2\pi f Z_0}\tan\left(\frac{2\pi l}{\lambda}\right) \end{aligned}\right\} \text{für } l < \frac{\lambda}{4} \tag{9.2/7a}$$

$$\left.\begin{aligned} L &= \frac{\sqrt{\varepsilon_r}\, l Z_0}{c} \\ C &= \frac{\sqrt{\varepsilon_r}\, l}{c Z_0} \end{aligned}\right\} \text{für } l \lesssim \frac{\lambda}{10} \tag{9.2/7b}$$

Induktivitäten lassen sich durch kurzgeschlossene Leitungen mit großem Induktivitätsbelag und kleinem Kapazitätsbelag, also durch Leitungen mit hohem Wellenwiderstand (z. B. 120 Ω) realisieren. Die Kapazitäten dagegen kann man durch leerlaufende Leitungen mit niedrigem Wellenwiderstand (z. B. 25 Ω) nachbilden. l ist die Länge der benötigten Leitungsstücke.

Nachstehend wird die Dimensionierung von zwei gebräuchlichen Anpassungsschaltungen angegeben. Darauf werden die Verluste in Anpassungsschaltungen behandelt.

9.2.3.3.1 L-Transformation. Abbildung 9.2/15 beschreibt die Dimensionierung der sogenannten L-Transformation, bei der zwei Blindelemente verwendet werden. Diese Schaltung transformiert bei einer Frequenz f_0 den reellen Widerstand R nach Z_0. Der Blindwiderstand X_P liegt dabei parallel zum größeren der Widerstände Z_0 in Abb. 9.2/15a bzw. R in Abb. 9.2/15b. Bei z. B. einem Transformationsverhältnis von $n = R/Z_0 = 8$ und einem VSWR von 1,5 erreicht man damit eine Bandbreite von ca. 17%.

$$Z_0 > R \quad X_s = \pm\sqrt{R(Z_0 - R)} \qquad X_p = -\frac{R Z_0}{X_s} \tag{9.2/8a}$$

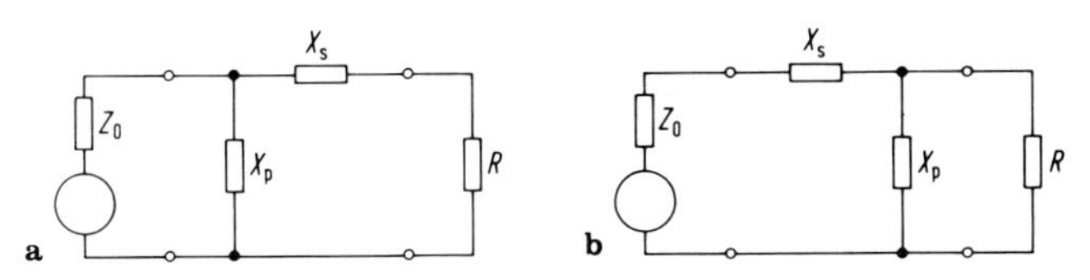

Abb. 9.2/15a u. b. L-Glied zur Transformation eines reellen Widerstandes R nach Z_0: **a** $Z_0 > R$; **b** $Z_0 < R$

$$Z_0 < R \quad X_p = \pm R\sqrt{\frac{R}{Z_0 - R}} \qquad X_s = -\frac{RZ_0}{X_p} \tag{9.2/8b}$$

Die Eingangs- bzw. Ausgangsimpedanz eines FET ist i. allg. jedoch nicht reell, sondern komplex. Daher muß vor Anwendung der L-Transformation der Blindanteil kompensiert werden. Die Eingangsimpedanz des FET kann z. B. häufig näherungsweise durch eine Serienschaltung von R und C beschrieben werden. In diesem Fall kann bei f_0 der kapazitive Blindanteil durch eine geeignete Serieninduktivität kompensiert werden (Anwendungsbeispiel s. Abschn. 9.2.3.5).

9.2.3.3.2 $\lambda/4$-Transformation. Eine $\lambda/4$-Leitung mit dem Wellenwiderstand Z_L vermag den reellen Widerstand R in den reellen Widerstand Z_0 zu transformieren (Abschn. 3.1.3).

$$Z_L = \sqrt{RZ_0} \tag{9.2/9}$$

Mit einer solchen $\lambda/4$-Transformation erzielt man bei einem Transformationsverhältnis von beispielsweise $n = 8$ und einem VSWR von 1,5 eine Bandbreite von ca. 20%.

In Abb. 9.2/16 sind einstufige kompensierte $\lambda/4$-Transformatoren (Abschn. 3.1.3.3) zusammen mit den Entwurfsgleichungen gezeigt [129] (Anwendungsbeispiel s. Abschn. 9.2.3.5). Bei einem Transformationsverhältnis von z. B. $n = 8$ und einem VSWR von 1,5 erreicht man damit eine Bandbreite von ca. 24%.

Mit mehrstufigen L- oder $\lambda/4$-Transformatoren lassen sich größere Bandbreiten und/oder höhere Transformationsverhältnisse erzielen. Für große Bandbreiten werden häufig auch Tschebyschew-Transformatoren gewählt, welche auch an den Bandgrenzen eine gute Anpassung aufweisen (Abschn. 1.3.3. und 3.1.3.2 sowie [139, 140]).

9.2.3.3.3 Verluste in Transformationsschaltungen. Leistungs-FETs besitzen niedrige Impedanzen. Daher fließen in den Anpassungsschaltungen hohe Ströme, so daß deren Verluste vor der Schaltungsrealisierung überprüft werden müssen. Eine Abschätzung der Verluste ist mit dem Prinzip der konstanten Wirkleistung möglich. Dieses Prinzip beruht darauf, daß in (idealen) Blindwiderständen keine Wirkleistung verbraucht wird.

Die Ströme und Spannungen in der als verlustlos angenommenen Transformationsschaltung aus Abb. 9.2/17a ergeben sich folglich zu:

$$P = |I_1|^2 R_1 = |I_2|^2 R_2 = |I_3|^2 R_3 = |U_1|^2 G_1 = |U_2|^2 G_2 = |U_3|^2 G_3 \tag{9.2/11}$$

Reale Blindwiderstände besitzen jedoch Verluste, die – wie in Abb. 9.2/17b gezeigt – durch Einführung zusätzlicher Wirkwiderstände berücksichtigt werden können. Sind die Verluste in den Bauelementen klein ($Q \gtrsim 10$) gegenüber der übertragenen Leistung, dann können die Ströme und Spannungen in guter Näherung mit Gl. (9.2/11) berechnet werden. Der Gesamtverlust P_V der Transformationsschaltung ergibt sich aus der Summe der Verluste in den realen Blindwiderständen zu

$$P_V = P_{VL2} + P_{VC2} + P_{VL3} = |I_1|^2 R_{L2} + |U_2|^2 G_{C2} + |I_3|^2 R_{L3}\,. \tag{9.2/12a}$$

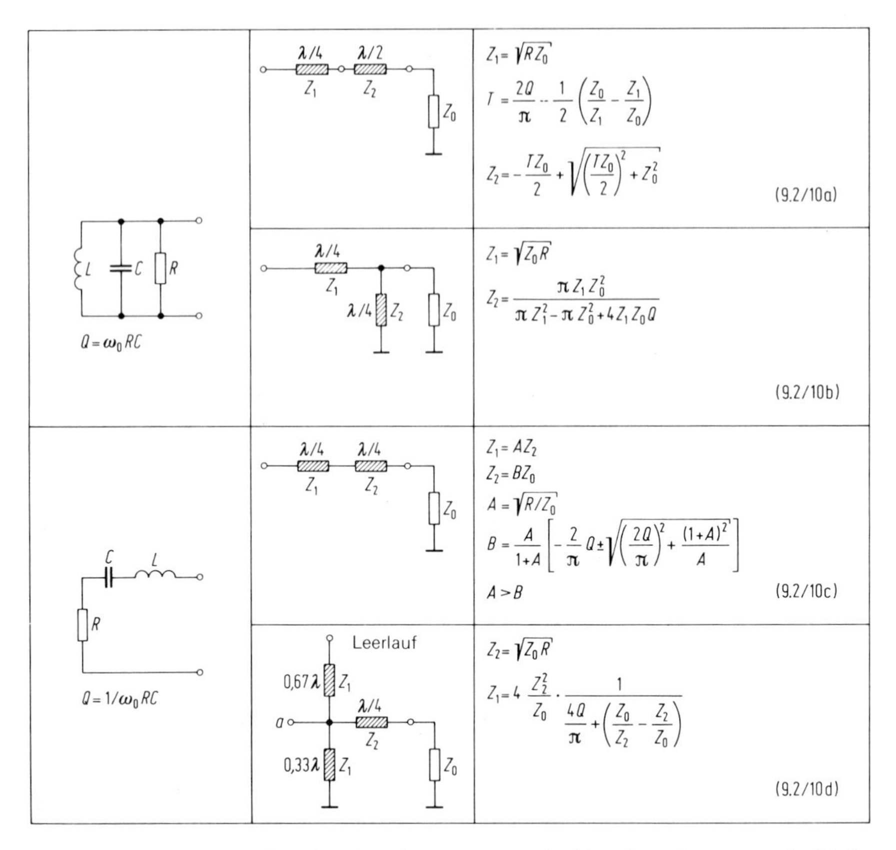

Abb. 9.2/16a–d. Kompensierte $\lambda/4$-Transformatoren zur breitbandigen Anpassung des Verlustwiderstandes R eines Parallel- bzw. Serienresonanzkreises an Z_0 [129]

Die Güte der Induktivitäten bzw. der Kapazität ist gegeben durch:

$$Q_{\mathrm{L}2} = \frac{\omega L_2}{R_{\mathrm{L}2}} \qquad Q_{\mathrm{C}2} = \frac{\omega C_2}{G_{\mathrm{C}2}} \qquad Q_{\mathrm{L}3} = \frac{\omega L_3}{R_{\mathrm{L}3}} \,.$$

Damit berechnen sich die Verluste gemäß

$$P_{\mathrm{V}} = |I_1|^2 \frac{\omega L_2}{Q_{\mathrm{L}2}} + |U_2|^2 \frac{\omega C_2}{Q_{\mathrm{C}2}} + |I_3|^2 \frac{\omega L_3}{Q_{\mathrm{L}3}} \,. \tag{9.2/12b}$$

Diese Gleichung zeigt, daß große Serienblindwiderstände und große Parallelblindleitwerte in Transformationsschaltungen zu vermeiden sind. Dieser Forderung entsprechen kurze Wege im Smith-Diagramm, wozu auch eine Voranpassung der FET-Chips im Gehäuse [137] beitragen kann.

Bei 6 GHz beträgt die Güte Q_{L} von Bonddraht-Induktivitäten typisch 50 bis 80 und die Güte Q_{C} von Chip-Kondensatoren typisch 30 bis 60. In beiden Fällen wird die Güte durch Skineffekt-Verluste begrenzt [137], so daß gilt:

$$Q_{\mathrm{L}} = \frac{\omega L}{R_{\mathrm{L}}} \sim \sqrt{\omega} \qquad Q_{\mathrm{C}} = \frac{l}{\omega C R_{\mathrm{C}}} \sim \frac{1}{\omega^{3/2}} \,. \tag{9.2/13}$$

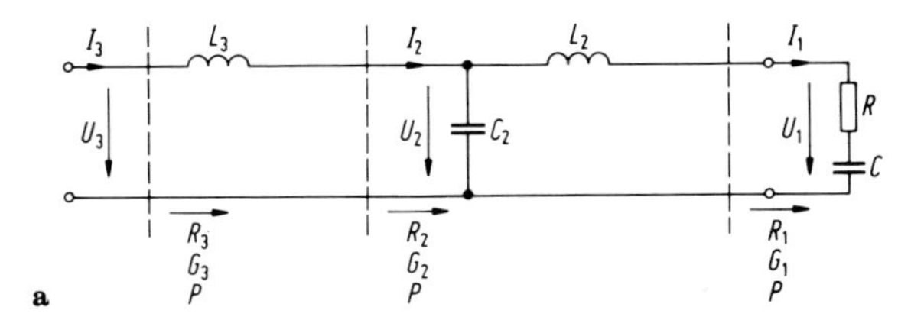

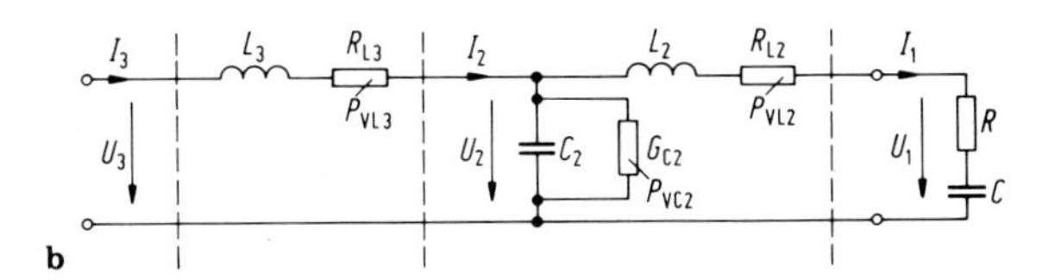

Abb. 9.2/17a u. b. Berechnung der Verluste in einer Transformationsschaltung: **a** verlustlose; **b** verlustbehaftete Transformationsschaltung

Q_L wächst proportional zur Wurzel aus der Frequenz, während Q_C umgekehrt proportional zu $\omega^{3/2}$ abnimmt. Daher liefern Kondensatoren bei hohen Frequenzen einen wesentlichen Beitrag zu den Gesamtverlusten.

In [137] werden die Verluste für eine Transformationsschaltung mit 2, 4 und 6 Blindelementen, aber jeweils gleichem Transformationsverhältnis ($n = 50$) bei 6 GHz miteinander verglichen. Es wird gezeigt, daß die Verluste (ca. 1 dB) praktisch nicht von der Anzahl der Blindelemente abhängen. Mit deren Zahl wächst jedoch die Bandbreite von 20% auf 60%. Wegen der Toleranzen der Blindelemente bringen in der Praxis mehr als etwa 6 Elemente jedoch keine weitere Verbesserung bezüglich der Bandbreite.

Bei 6 GHz ist eine verlustarme Anpassung von GaAs-Leistungs-FETs mit Eingangswiderständen bis hinab zu etwa 1 Ω möglich. Dies entspricht Transistoren mit etwa 7,5 mm Gateweite und 2,5 W Ausgangsleistung. Bei noch niedrigeren Eingangswiderständen wachsen die Anpassungsverluste stark an und begrenzen die so erreichbare Ausgangsleistung. Höhere Ausgangsleistungen können durch das im folgenden behandelte Power Combining erzielt werden.

9.2.3.4 Leistungssummation (Power Combining). Die Ausgangsleistung von GaAs-MESFETs kann durch Vergrößerung der Gateweite nicht beliebig erhöht werden, weil die Eingangsimpedanz der Transistoren schließlich so niedrig wird, daß eine verlustarme Anpassung an z. B. 50 Ω nicht mehr möglich ist. Es gibt jedoch zwei weitere Möglichkeiten zur Erhöhung der Ausgangsleistung, bei denen diese Schwierigkeit vermieden wird:

1. Die Leistungen mehrerer vorangepaßter GaAs-MESFET-Chips können zu einer entsprechend höheren Gesamtleistung zusammengefaßt werden (Power Combining). Die Voranpassung wird unmittelbar am Chip mit konzentrierten Netzwerken vorgenommen. Auf diese Weise können die niedrigen Chipimpedanzen auf höhere Werte transformiert werden und dann die vorangepaßten Chips (meist 2 bis 4 Chips) parallelgeschaltet werden.

   Bei diesem Vorgehen sind die Schaltungsabmessungen sehr viel kleiner als eine Wellenlänge; die Chips sind jedoch voneinander nicht entkoppelt.

   Ein Beispiel hierzu zeigt Abb. 9.2/18. Dabei sind die beiden GaAs-MESFET-Chips mit 5,6 mm Gateweite zusammen mit dem abgebildeten Netzwerk in einem Gehäuse untergebracht [137]. Ohne weitere externe Anpassung liefert dieses Gebilde im 50-Ω-System eine Ausgangsleistung von 2,5 W im Frequenzbereich von 4,2 bis 7,2 GHz. Die Verstärkung beträgt (5,5 ± 1,5) dB, der Wirkungsgrad ca. 20%.

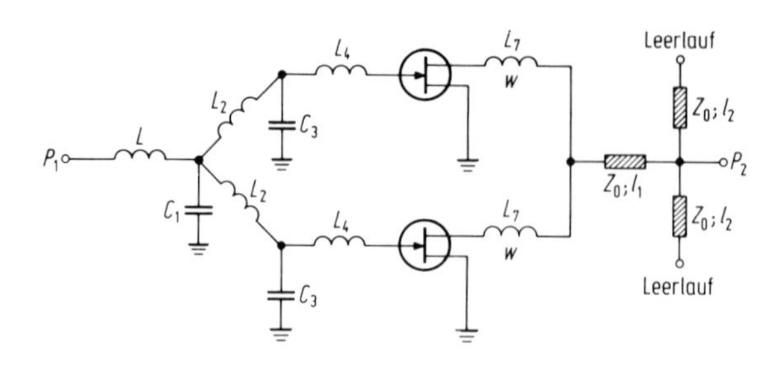

Abb. 9.2/18. Durch Power Combining von vorangepaßten GaAs-MESFET-Chips werden 2,5 W im Frequenzbereich 4,2 bis 7,2 GHz erreicht (G = 5,5 ± 1,5 dB; w = 5,6 mm; L = 0,1 nH; C_1 = 1,49 pF; L_2 = 0,96 nH; C_3 = 4,3 pF; L_4 = 0,15 nH; L_7 = 0,19 nH; Z_0 = 50 Ω; l_1 = 1,15 mm; l_2 = 2,5 mm; ε_r = 9,8) [137]

In [141] wird über das Zusammenfassen der Leistungen von 4 GaAs-MESFET-Chips mit je 15 mm Gateweite berichtet. Bei 6 GHz wird so schmalbandig eine Ausgangsleistung von 23 W bei 4 dB Verstärkung und 23% Wirkungsgrad erzielt.

2. Die zweite Möglichkeit zur Leistungserhöhung beruht auf dem Zusammenfassen der Leistungen von n Verstärkereinheiten mittels Kopplern [129, 142]. Drei gebräuchliche Koppler-Strukturen sind in Abb. 9.2/19 wiedergegeben. Die Struktur a besitzt zwangsläufig eine binäre Zahl von Eingängen ($n = 2^x$) und ist aus $n - 1$ 3-dB-Kopplern (z. B. Wilkinson- oder Lange-Kopplern, Abschn. 4.12.2 und 4.13.2) aufgebaut. Für die Strukturen b und c muß n keine Binärzahl sein. Der serielle Combiner, Abb. 9.2/19b, besteht ebenfalls aus $n - 1$ kaskadierten Kopplern, von denen jeder den Beitrag $1/n$ zur Gesamtleistung beisteuert. Die Koppelfaktoren müssen dazu der Abbildung entsprechend gewählt werden. Bei der Struktur in Abb. 9.2/19c handelt es sich um einen Wilkinsonschen n-Weg-Combiner. Damit können mit einem Koppler die Leistungen von n Verstärkereinheiten addiert werden.

An Combiner-Strukturen sind die folgenden Anforderungen zu stellen: Verluste und VSWR müssen gering sein; die Entkopplung der Tore sowie die Amplituden-und Phasensymmetrie müssen dagegen möglichst hoch sein. Die Combiner-Funktion wird jeweils am Ausgang der betreffenden Verstärkerstufe gebraucht. Am Eingang wird der „Combiner" dagegen in Rückwärtsrichtung als Teiler betrieben.

Ein Beispiel für diese Möglichkeit der Leistungserhöhung ist in Abb. 9.2/20 wiedergegeben [143]. Es handelt sich dabei um einen GaAs-FET-Verstärker für den Frequenzbereich 9 bis 10 GHz mit 5 W Ausgangsleistung, 41 dB Verstärkung und 8,3% Wirkungsgrad. Der Verstärker ist aus 8 balancierten Stufen aufgebaut, in denen die Leistung jeweils durch 3-dB-Koppler geteilt bzw. addiert wird. Die Weite und damit die Ausgangsleistung der in den Stufen eingesetzten Transistoren nimmt in Richtung auf den Ausgang zu. In der letzten Stufe arbeiten vier Transistoren parallel.

Zwei weitere Beispiele für Power Combining bei GaAs-FET-Leistungsverstärkern: in [144] wird ein 80-W-Verstärker für 5,9 bis 6,4 GHz mit 18,9% Wirkungsgrad, in [145] ein 8,2-W-Verstärker für 17,7 bis 19.1 GHz behandelt.

9.2.3.5 Verstärkerentwurf. Beim Entwurf verzerrungsarmer Leistungsverstärker sind i. allg. die folgenden Eigenschaften zu berücksichtigen:

- Betriebsspannung und Stromaufnahme,
- Wärmeableitung,
- Bandbreite und Mittenfrequenz,
- Verstärkung und Verstärkungsgang in Abhängigkeit von Frequenz und Aussteuerung,
- Stabilität,
- Eingangs- und Ausgangsreflexion,
- Wirkungsgrad,

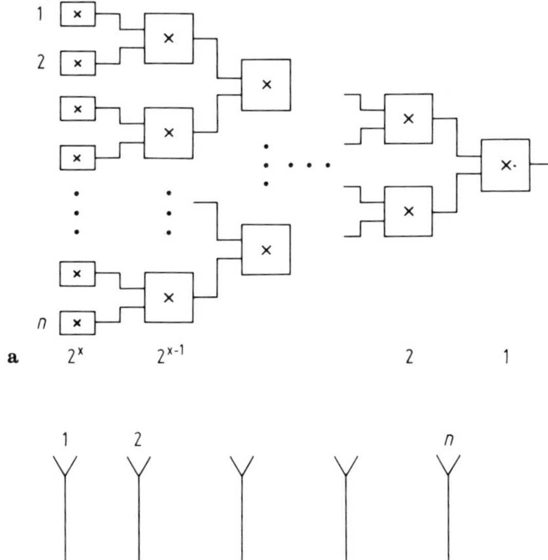

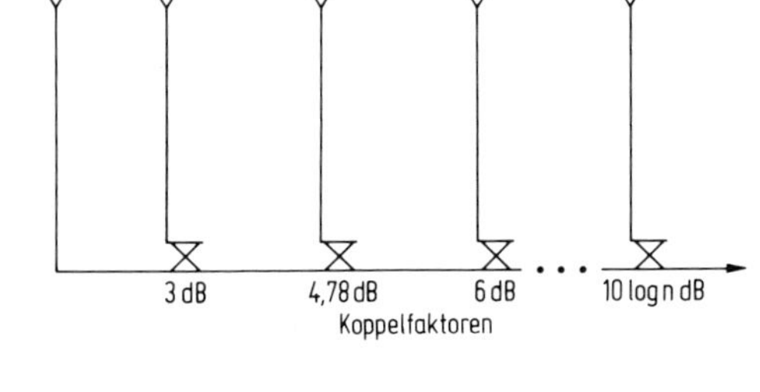

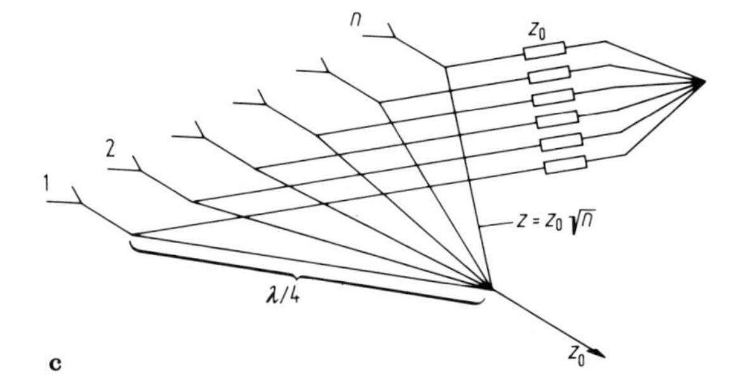

Abb. 9.2/19a–c. Combiner-Strukturen: **a** Baum aus 3-dB-Kopplern; **b** serieller Combiner aus kaskadierten Kopplern; **c** Wilkinsonscher n-Weg-Combiner

– Intermodulation, AM-AM- und AM-PM-Kompression,
– Ausgangsleistung.

Die meisten dieser Eigenschaften hängen nichtlinear von der Aussteuerung sowie von der Quellen- und Lastimpedanz ab. Daher ist i. allg. der Entwurf von Leistungsverstärkern komplexer als der von Kleinsignalverstärkern (Abschn. 9.1.10), weil hier das Kleinsignal- und das Großsignalverhalten der Transistoren berücksichtigt werden muß.

Die von einem Verstärker aufgenommene Gleichstromleistung hängt von dessen Ausgangsleistung und Wirkungsgrad ab. Mit B-Verstärkern können theoretisch Wirkungsgrade bis 78,5% im Vergleich zu maximal 50% bei A-Verstärkern erzielt werden. Dennoch werden Verstärker mit Feldeffekttransistoren i. allg. als A-Verstärker ausgelegt. Der Grund ist die niedrige Leistungsverstärkung von Leistungs-FETs (typisch 6 dB), die im B-Betrieb noch um bis zu 6 dB niedriger ist als im A-Betrieb [138]. Dem A-Betrieb entsprechend wird der Gleichstromarbeitspunkt der Leistungs-FETs in die Mitte des Ausgangskennlinienfeldes gelegt ($I_D \approx 0{,}5 I_{DSS}$, U_{DS} typisch 9 V; vgl. Abschn. 7.4.3).

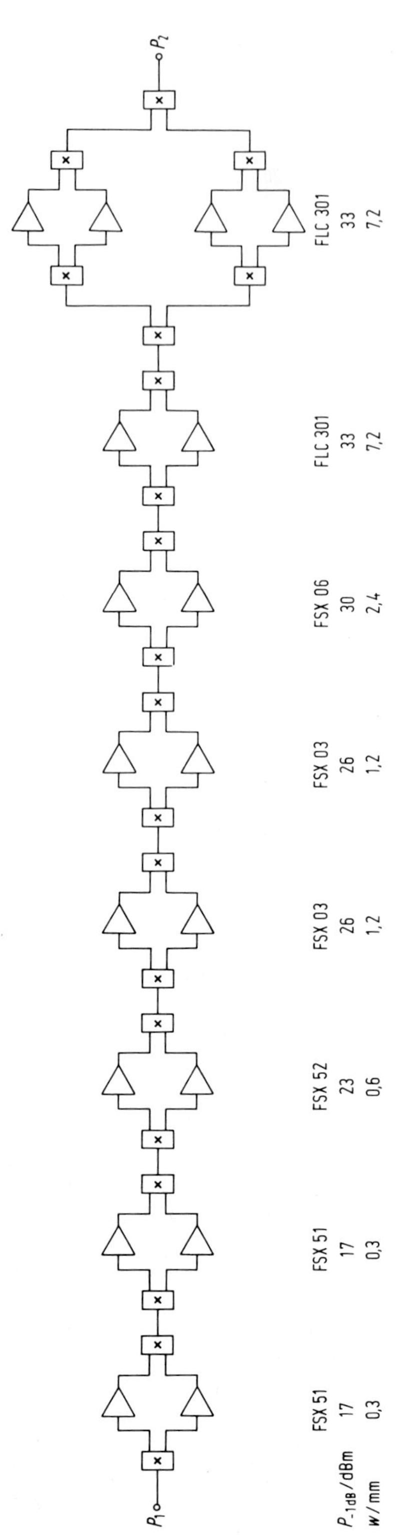

Abb. 9.2/20. Blockdiagramm eines 5-W-GaAs-FET-Verstärkers für 9 bis 10 GHz [143]

Grundsätzlich ist ein hoher Wirkungsgrad anzustreben, um die abzuführende Verlustleistung und die Kanaltemperaturen der Transistoren so niedrig wie möglich zu halten. Niedrige Kanaltemperaturen wirken sich vor allem günstig auf die Bauelementelebensdauer aus [138].

Die für einen Leistungsverstärker zu wählende Lastimpedanz hängt davon ab, ob man maximale Ausgangsleistung, optimales Intermodulationsverhalten oder maximalen Wirkungsgrad erzielen möchte. Zwichen diesen sich gegenseitig beeinflussenden Großsignaleigenschaften ist i. allg. ein Kompromiß zu finden. Dies wird erleichtert durch die Festlegung von Prioritäten bei den Spezifikationen.

Im folgenden ist das Vorgehen für den Entwurf eines einstufigen FET-Leistungsverstärkers skizziert.

1. Auswahl eines Feldeffekttransistors aufgrund der Ausgangsleistung bei der Betriebsfrequenz.
2. Bestimmung des Einflusses der Lastimpedanz auf die wesentlichen Großsignaleigenschaften aus dem Datenblatt bzw. durch Messung (Abschn. 9.2.3.2; z. B. Konturen konstanter Ausgangsleistung und konstanten Intermodulationsabstandes in der Ausgangsimpedanzebene).
3. Aufsuchen eines Kompromisses bezüglich der realisierbaren Großsignaleigenschaften durch einen geeignet gewählten Frequenzgang der Lastimpedanz. Dazu ist es hilfreich, in die Ausgangsimpedanzebene für verschiedene Betriebsfrequenzen Kreise konstanter Kleinsignalverstärkung sowie Konturen konstanter Großsignalverstärkung (oder konstanter Ausgangsleistung) und Konturen konstanten Intermodulationsabstandes einzutragen.
4. Festlegung des Frequenzgangs der Quellenimpedanz. Da die Quellenimpedanz wenig Einfluß auf die Großsignaleigenschaften hat, kann sie z. B. so gewählt werden, daß sie die Gewinnabnahme des aktiven Elements innerhalb des Betriebsfrequenzbereichs ausgleicht (Abschn. 9.1).
5. Nachbildung der konjugiert komplexen Quellen- und Lastimpedanz durch eine einfache RLC-Serien- bzw. Parallelschaltung. Diese Ersatzschaltungen beschreiben die Eingangs- bzw. Ausgangsimpedanz des Feldeffekttransistors und werden für die Synthese der Eingangs- und Ausgangsnetzwerke gebraucht.
6. Entwurf der Eingangs- und Ausgangsanpassungsnetzwerke (Abschn. 9.2.3.3 und 9.1.10). Überprüfung der Realisierbarkeit und der Verluste dieser Netzwerke. Überprüfung der Stabilität des Verstärkers mittels der S-Parameter (Abschn. 9.1.10.5).
7. Entwurf der Stromversorgungsnetzwerke.
8. Schaltungsoptimierung mittels CAD (Computer Aided Design).
9. Überprüfung der Gesamtschaltung auf Einhaltung der Spezifikationen.

Reicht die so mit einem einstufigen Verstärker erreichbare Ausgangsleistung nicht aus, dann kann diese durch Leistungssummation (Power-Combining s. Abschn. 9.2.3.4) erhöht werden. Durch Kaskadierung einstufiger Verstärker – z. B. entsprechend Abb. 9.2/20 – läßt sich dagegen der Leistungsgewinn vergrößern.

Beispiel:
Es soll ein 0,6-W-Verstärker für den Frequenzbereich 10,4 bis 11,6 GHz entworfen werden. Diese Anforderungen können mit einer balancierten Verstärkerstufe, in der zwei 0,5-W-GaAs-FETs vom Typ MSC 88102 verwendet werden, gut eingehalten werden [129].

Die in den Abb. 9.2/21 und 9.2/23 gezeigten Ersatzschaltungen beschreiben näherungsweise die Eingangs- bzw. Ausgangsimpedanz des GaAs-FETs, die bei Großsignalaussteuerung vorhanden ist. Um den Eingangswiderstand von 6 Ω mit ausreichender Bandbreite an 50 Ω anpassen zu können, wird das in Abb. 9.2/21 dargestellte zweistufige Anpassungsnetzwerk gewählt. Der FET-Eingang bildet bei der Mittenfrequenz $f_0 = 11$ GHz einen Serienresonanzkreis ($Z_1(f_0) = 6\ \Omega$, $Q = 1{,}72$), so daß das Resonanzelement X_{r1} hier nicht gebraucht wird. Die L-Transformation wird so ausgelegt, daß $Z_3(f_0) = 22\ \Omega$ wird, was einem Transformationsverhältnis von $n = 22/6 = 3{,}67$ entspricht. Gleichung (9.2/8a) ergibt für $X_s = 9{,}9\ \Omega$, für $X_P = -13{,}5\ \Omega$, was bei f_0 einer Induktivität L_s von 0,14 nH und einer Kapazität C_P von 1,05 pF entspricht. In der Umgebung der Resonanzfrequenz f_0 läßt sich $Z_3(f)$ näherungsweise durch die Ersatzschaltung in Abb. 9.2/22a beschreiben. Diese kann in den äquivalenten, in Abb. 9.2/22b gezeigten, Parallelresonanzkreis umgeformt werden. Mit den Ersatzschaltbildwerten dieses Parallelresonanzkreises können über Gl. (9.2/10b) die Wellenwiderstände $Z_A = 34\ \Omega$ und $Z_B = 42\ \Omega$ der kompensierten $\lambda/4$-Transformation berechnet werden. Durch diese $\lambda/4$-Transformation wird $Z_3(f_0) = 22\ \Omega$ nach $50\ \Omega$ transformiert ($n = 2{,}27$; Abb. 9.2/21).

Für die Ausgangsanpassung (Abb. 9.2/23) wird nur ein Transformationsverhältnis $n = 50/35 = 1{,}43$ gebraucht, so daß die geforderte Bandbreite mit einer einzigen kompensierten $\lambda/4$-Transformation gut realisiert werden kann. Das Resonanzelement X_{r2} wird so gewählt, daß zusammen mit dem FET-Ausgang ein Parallelresonanzkreis mit der Resonanzfrequenz f_0 gebildet wird. X_{r2} entspricht daher einer Induktivität von 0,4 nH. Gleichung (9.2/10b) ergibt für $Z_C = 42\ \Omega$ und für $Z_D = 43\ \Omega$.

Abbildung 9.2/24 zeigt die resultierende Leistungsverstärkerstufe, in der anstelle der diskreten Elemente Leitungsstücke (Dimensionierung s. Gl. (9.2/7)) verwendet sind. Die Stromversorgung kann hier auf einfache Weise über die nur wechselstrommäßig (kapazitiv) kurzgeschlossenen Stichleitungen erfolgen. Auf diese Weise lassen sich hochohmige Stromversorgungsnetzwerke vermeiden, die häufig eine nur geringe Bandbreite aufweisen. Ein VSWR $< 1{,}5$ wird am Eingang für 10,4 bis 12,2 GHz, am Ausgang für 9,2 bis 13 GHz eingehalten. Zwei dieser Verstärkereinheiten können

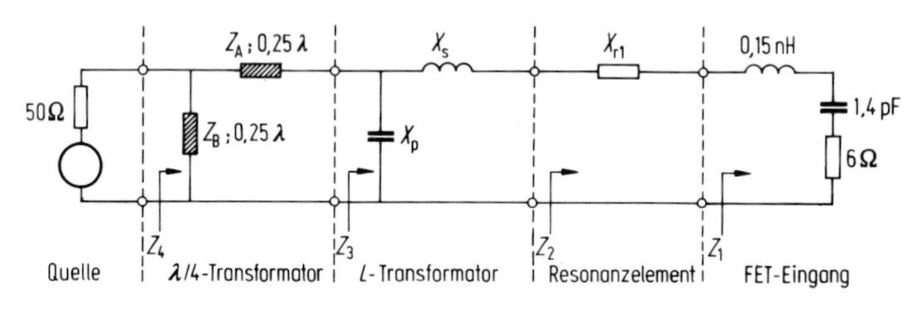

Abb. 9.2/21. Anpassungsschaltung für den Eingangskreis eines 0,5-W-GaAs-Leistungs-FETs (MSC 88 102; $f \approx 11$ GHz) [129]

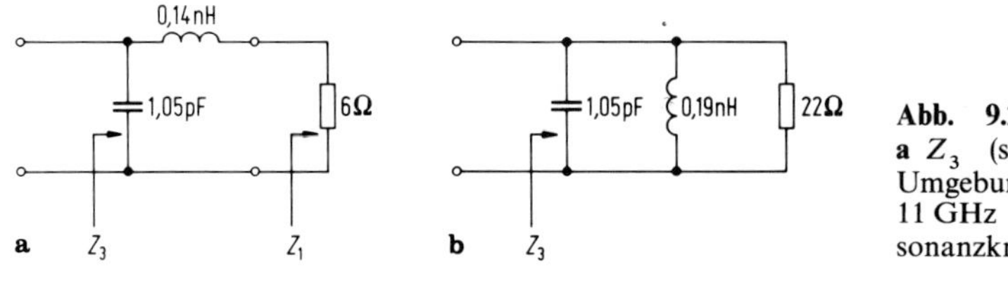

Abb. 9.2/22. Umwandlung von: **a** Z_3 (s. Abb. 9.2/21) in der Umgebung der Resonanzstelle $f_0 = 11$ GHz in einen **b** Parallelresonanzkreis

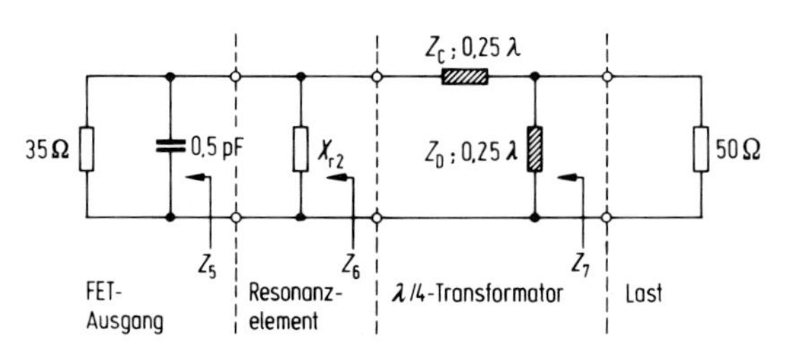

Abb. 9.2/23. Anpassungsschaltung für den Ausgangskreis eines 0,5-W-GaAs-Leistungs-FETs (MSC 88 102; $f \approx 11$ GHz) [129]

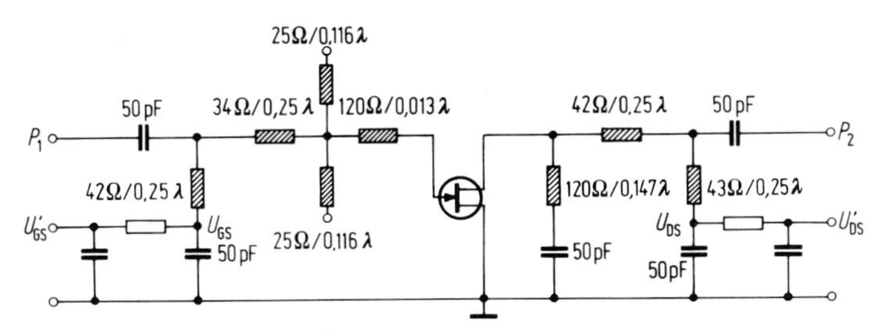

Abb. 9.2/24. Leistungsverstärkerstufe mit einem 0,5-W-GaAs-MESFET (MSC 88102) für 10,4 bis 11,6 GHz. Für die Anpassung an 50 Ω werden Leitungstransformatoren verwendet, die gleichzeitig einen Teil des Stromversorgungsnetwerkes bilden U'_{GS} Versorgungsspannung für die Gatespannung U_{GS}, U'_{DS} Versorgungsspannung für die Drainspannung U_{DS}

entsprechend Abb. (9.1/53) mit 3-dB-Hybriden zu einem balancierten 0,6-W-GaAs-FET-Verstärker für 10,4 bis 11,6 GHz kombiniert werden.

9.2.4 Übersteuerte Leistungsverstärker (Sendeverstärker mit Röhren)

Während beim Niederfrequenzendverstärker bei gegebener Gitterwechselspannung am Außenwiderstand größtmögliche Nutzleistung gefordert wird, wozu die Anpassung $R_a = R_i$ Bedingung war, und es auf den Wirkungsgrad nicht so sehr ankam, hat der Senderendverstärker die Aufgabe, die der Anodenseite zugeführte Gleichstromleistung $U_B I_{a=}$ mit möglichst gutem Wirkungsgrad in Wechselstromleistung zu verwandeln und damit die für die Röhre begrenzte Anodenverlustleistung klein zu halten. Die hierzu erforderliche Wechselspannung am Steuergitter der Endstufe und damit die Spannungsverstärkung sind dabei von untergeordneter Bedeutung. Im Gegensatz zum Niederfrequenzendverstärker arbeitet der Sendeverstärker auf einen Resonanzkreis, der für Oberwellen einen sehr niedrigen Widerstand darstellt, so daß auch bei stark verzerrtem Anodenstrom die Anodenwechselspannung stets praktisch sinusförmig verläuft.

Die Anodenwechselspannung u_a ist, wie in Abschn. 7.7.5 für die Kathodengrundschaltung auseinandergesetzt, zur Gitterwechselspannung u_g gegenphasig. Sie ist der Gleichspannung U_B überlagert. Die Spannung u_a darf jetzt nicht so groß werden, daß die Anodenspannung kleiner wird als die Gitterspannung. In Abb. 9.2/25 ist für eine Triode im idealisierten Kennlinienfeld eine unter dem Winkel β ansteigende, durch den Nullpunkt gehende Gerade gezeichnet. Sie stellt die Grenze der Stromübernahme dar. Links davon geht der Kathodenstrom auf das Gitter, rechts auf die Anode. Diese Gerade heißt nach Urtel Gerade des Leistungsinnenwiderstandes oder R_{iL}-Gerade.

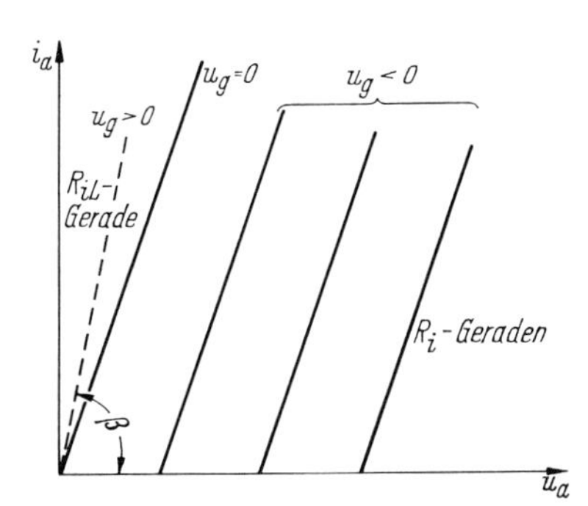

Abb. 9.2/25. Idealisiertes i_a-u_a-Kennlinienfeld einer Triode

Sie vermittelt den wichtigen Zusammenhang zwischen der Restspannung $U_r = U_B - U_a$ und dem maximal zulässigen Spitzenstrom $I_{a\,max}$:

$$U_r = R_{iL} I_{a\,max} \,. \tag{9.2/14}$$

In grober Näherung folgt aus

$$i_a \approx S_m(u_g + Du_a) \quad \text{für } u_g = u_a \qquad i_a \approx S_m(1 + D)\, u_a \tag{9.2/15}$$

und

$$R_{iL} = \frac{1}{S_m(1 + D)} \,. \tag{9.2/16}$$

Der Spitzenstrom $I_{a\,max}$ ist für jeden Röhrentyp entsprechend der zulässigen Kathodenbelastung bekannt. Sobald also R_{iL} und $I_{a\,max}$ sowie die Betriebsspannung U_B gegeben sind, folgt mit Gl. (9.2/14) die Wechselspannungsamplitude

$$U_a = U_B - U_r \,. \tag{9.2/17}$$

Je nachdem, ob Gitterstrom zugelassen werden soll oder nicht, kann das Kennlinienfeld der Abb. 9.2/25 bis zu der R_{iL}-Geraden oder nur bis zu der Geraden für $U_g = 0$ ausgesteuert werden.

9.2.4.1 A-Verstärker. Beim A-Verstärker liegt der Arbeitspunkt in der Mitte der Arbeitskennlinie. Der Anodengleichstrom ist gleich dem Anodenruhestrom I_{a0} und bei voller Aussteuerung gleich dem maximalen Anodenwechselstrom I_a. Ist der Außenwiderstand R_a ein abgestimmter Schwingkreis mit dem Gleichstromwiderstand Null, wird

$$U_{a0} = U_B, \qquad I_a = I_{a0}, \qquad R_{iL} = \frac{U_{a0} - U_a}{2I_{a0}} \,. \tag{9.2/18}$$

Aus $U_a = I_a R_a = I_{a0} R_a$ ergibt sich für den Maximalwert des Wechselstroms

$$I_a = I_{a0} = \frac{U_{a0}}{R_a + 2R_{iL}} \,. \tag{9.2/19}$$

Der Maximalwert der Wechselspannung ist

$$U_a = U_{a0} \frac{R_a}{R_a + 2R_{iL}} \,. \tag{9.2/20}$$

Die aufgenommene Gleichstromleistung ist

$$P_= = U_{a0} I_{a0} = \frac{U_{a0}^2}{R_a + 2R_{iL}} \,. \tag{9.2/21}$$

$P_=$ entspricht der Fläche des schraffiert umrandeten Rechtecks in Abb. 9.2/26. Die abgegebene Wechselstromleistung ergibt sich wegen des hier rein sinusförmigen Verlaufs von Strom und Spannung zu

$$\begin{aligned} P_{Nutz} &= \frac{I_a U_a}{2} = \frac{1}{2} I_{a0}^2 R_a \\ &= \frac{1}{2} I_{a0}(U_{a0} - 2I_{a0} R_{iL}) = \frac{1}{2} I_{a0}(U_{a0} - U_r) \\ &= \frac{U_{a0}^2}{2} \frac{R_a}{(R_a + 2R_{iL})^2} \,. \end{aligned} \tag{9.2/22}$$

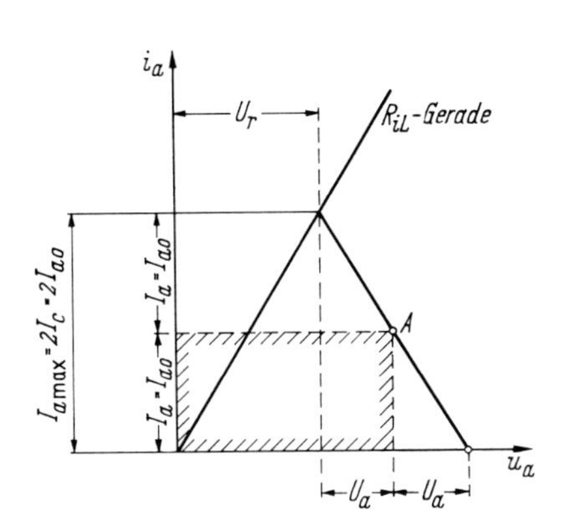

Abb. 9.2/26. Aussteuerung des A-Verstärkers bis zur R_{iL}-Geraden

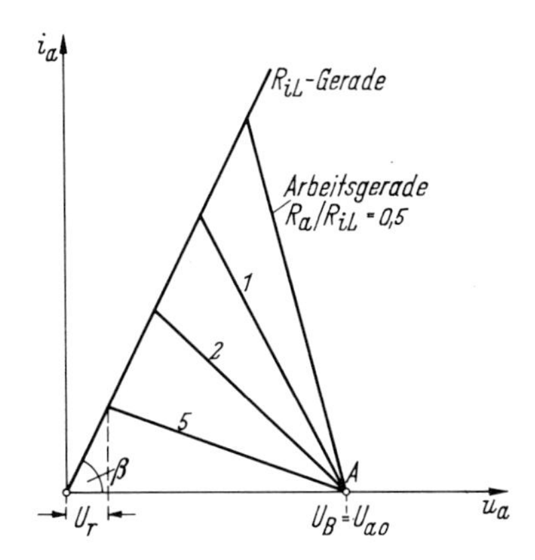

Abb. 9.2/27. Arbeitsgeraden des B-Verstärkers

Damit ist der Wirkungsgrad

$$\eta = \frac{P_{\mathrm{Nutz}}}{P_=} = \frac{1}{2} \frac{R_a}{R_a + 2R_{iL}} \,. \tag{9.2/23}$$

Für den nicht erreichbaren Fall $R_{iL} = 0$ ist der theoretisch größtmögliche Wirkungsgrad nur 50%, im Anpassungsfalle $R_a = 2R_{iL}$ sogar nur 25%. Die dabei abgegebene Leistung ist

$$P_{\mathrm{Nutz\,(Anpassung)}} = \frac{U_{a0}^2}{16R_{iL}} \tag{9.2/24}$$

und die Anodenwechselspannung $U_{a(\mathrm{Anpassung})} = U_{a0}/2$.

9.2.4.2 B- und AB-Verstärker. Beim B-Verstärker liegt der Arbeitspunkt etwa bei der Gittersperrspannung der i_a, u_g-Kennlinie an der Stelle $I_a = 0$. Bei kleiner Gitterwechselspannung ist die aufgenommene Gittergleichstromleistung gering. Da die negative Halbwelle völlig unterdrückt wird, ist der Eintakt-B-Verstärker als Niederfrequenzverstärker unbrauchbar. Beim Sendeverstärker hingegen arbeitet die Röhre auf einen auf die Grundfrequenz der verzerrten Anodenstromkurve abgestimmten Schwingkreis, so daß die Anodenwechselspannung nahezu unabhängig von der Form der Anodenstromkurve sinusförmig verläuft.

In einer Gegentakt-B-Schaltung mit Trioden sei N_1 die gesamte Windungszahl auf der Primärseite des Ausgangstransformators, N_2 die auf der Sekundärseite und R der sekundär liegende Lastwiderstand. Der zwischen beiden Anoden liegende Widerstand ist

$$R_a = \frac{1}{4}\left(\frac{N_1}{N_2}\right)^2 R \,. \tag{9.2/25}$$

Die Durchflutung des Transformators ist dabei

$$\frac{N_1}{2} i_{a_1} - \frac{N_1}{2} i_{a_2} = \frac{N_1}{2}(i_{a1} - i_{a2}) \tag{9.2/26}$$

d. h. gegeben durch die Differenz der beiden Ströme. Der Arbeitspunkt in Abb. 9.2/27 liege bei $I_a = 0$; es ist also $U_{a0} = U_B$. Die Restspannung ist

$$U_r = U_{a0} - U_{a\max} = R_{iL} I_a \,. \tag{9.2/27}$$

Mit $U_{a\,max} = I_a\, R_a$ ist also

$$I_a = \frac{U_{a0}}{R_a + R_{iL}} \tag{9.2/28}$$

und

$$U_a = U_{a0} \frac{R_a}{R_a + R_{aiL}}\,. \tag{9.2/29}$$

Da in jeder Röhre nur während einer Halbperiode Strom fließt, ist

$$I_{a=} = \frac{1}{T} \int_0^{T/2} I_a \sin \omega t\, dt = \frac{1}{\pi} I_a \tag{9.2/30}$$

$$P_= = U_{a0} I_{a=} = \frac{1}{\pi} \frac{U_{a0}^2}{R_a + R_{iL}} \tag{9.2/31}$$

$$P_{Nutz} = \frac{I_a U_a}{4} = \frac{1}{4} U_{a0}^2 \frac{R_a}{(R_a + R_{iL})^2} \tag{9.2/32}$$

$$\eta = \frac{P_{Nutz}}{P_=} = \frac{\pi}{4} \frac{R_a}{R_a + R_{iL}} \tag{9.2/33}$$

im Anpassungsfalle $R_a = R_{iL}$ ist

$$P_{Nutz\,(Anpassung)} = \frac{U_{a0}^2}{16 R_{iL}}$$

genau so groß wie beim A-Verstärker. Der Wirkungsgrad im Anpassungsfalle beträgt

$$\eta_{(Anpassung)} = \frac{\pi}{8}$$

d. h. rund 40%. Für den Wirkungsgrad ergeben sich günstigere Werte, wenn man nicht auf die Anpassungsbedingung hin dimensioniert (η_{max} fast 80%), Abb. 9.2/28. Auch das Verhältnis der Nutzleistung zur Anodenverlustleistung P_v ist beim B-Verstärker wesentlich günstiger als beim A-Verstärker. Bei voller Aussteuerung ist

$$\frac{P_{Nutz}}{P_v} = \frac{P_{Nutz}}{P_= - P_{Nutz}} = \frac{\eta}{1 - \eta}\,. \tag{9.2/34}$$

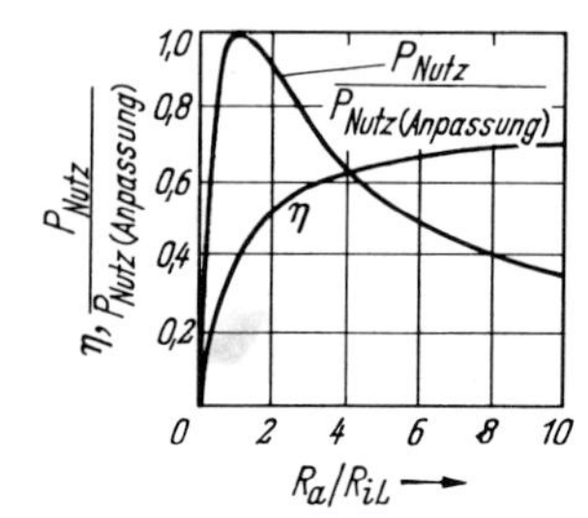

Abb. 9.2/28. Abhängigkeit der Nutzleistung und des Wirkungsgrades vom Verhältnis R_a/R_{iL} beim B-Verstärker

9.2.4.3 C-Verstärker. Den höchsten Wirkungsgrad hat der C-Verstärker.
Die Anodenverlustleistung, d. h. die an der Anode entwickelte Wärme, ist gegeben durch

$$P_v = \frac{1}{T} \int_0^T u_a i_a \, dt . \tag{9.2/35}$$

Um P_v klein zu halten, muß zu den Zeiten, in denen $u_a = U_B$ oder größer ist, der Strom i_a zu Null gemacht werden, d. h. der Anodenstromflußwinkel Θ_a in Abb. 9.2/29, der beim A-Verstärker $= \pi$, beim B-Verstärker $\Theta_a = \pi/2$ beträgt, durch Verlegen des Arbeitspunktes in das Gebiet jenseits der Gittersperrspannung $< \pi/2$ gemacht werden („C-Betrieb"). Die Wechselspannungsamplitude $U_a = U_B - U_r$ bleibt nur um den kleinen Betrag der Restspannung U_r kleiner als U_B.

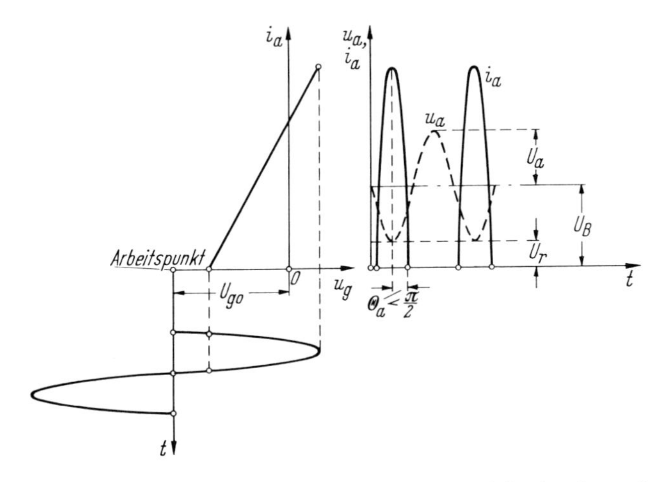

Abb. 9.2/29. Verlauf des Anodenwechselstroms und der Anodenwechselspannung bem C-Verstärker

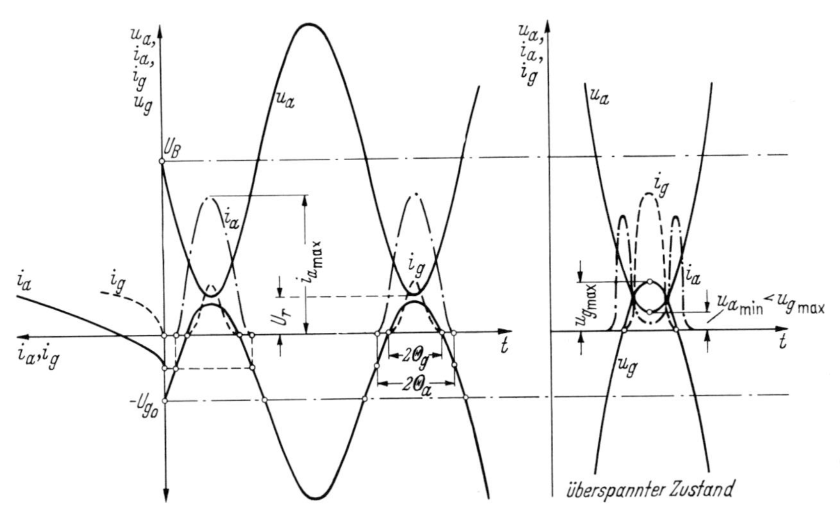

Abb. 9.2/30. Zeitlicher Verlauf der Spannungen und Ströme auf der Gitter- und Anodenseite beim C-Verstärker

Für den C-Betrieb einer Triode ist in der linken Hälfte der Abb. 9.2/30 die dynamische i_a, u_g- sowie i_g, u_g-Kennlinie aufgetragen. Der mittlere Teil des Bildes zeigt den zeitlichen Verlauf von u_g, u_a, i_a und i_g für den Fall, daß die Restspannung U_r von u_a nicht unterschritten wird, der rechte Teil des Bildes den überspannten Zustand ($U_B - U_a < U_r$).

Die Leistungsbilanz auf der Anodenseite ergibt

$$U_B I_{a_=} = \frac{U_a I_a}{2} + \frac{1}{T}\int_0^T u_a i_a \, dt. \tag{9.2/36}$$

Die linke Seite der Gleichung entspricht der zugeführten Gleichstromleistung. Der erste Ausdruck der rechten Seite ist die HF-Leistung der Grundwelle, da wegen des Schwingkreises, der auf die Grundwelle abgestimmt ist, keine nennenswerte Oberwellenleistung vorhanden ist. Der zweite Ausdruck rechts stellt die Wärmeleistung[1] an der Anode dar; will man sie klein halten, muß möglichst $U_a = U_B$ und $I_a = 2I_{a_=}$ gemacht werden. Am Schwingkreis entsteht trotz der Anodenstromimpulse eine sinusförmige Anodenwechselspannung

$$u_a = U_B - U_a \sin \omega t. \tag{9.2/37}$$

Für $\omega t = \pi/2$ ergibt sich damit die Grenzbedingung:

$$u_{a\,min} = U_B - U_a \geq U_r \tag{9.2/38}$$

soll die Restspannung U_r nicht unterschreiten. Die maximale Spannung

$$u_{a\,max} = U_B + U_a \tag{9.2/39}$$

darf noch nicht zum Überschlag führen. Auf der Gitterseite ist

$$u_g = -U_{g0} + U_g \sin \omega t \tag{9.2/40}$$

$$u_{g\,max} = -U_{g0} + U_g \leq U_r > 0 \tag{9.2/41}$$

zu wählen, wenn einmal der überspannte Zustand vermieden, andererseits aber durch Aussteuern bis in den positiven Gitterspannungsbereich hinein ein guter Wirkungsgrad erzielt werden soll. Der überspannte Zustand, den die rechte Seite des Bildes 9.2/30 veranschaulicht, führt zur Ausbildung eines hohen Gitterstroms, wodurch das Gitter überlastet werden kann und dann auch die Gefahr einer thermischen Gitteremission besteht.

Wie eingangs erwähnt, ist für die abgegebene Leistung die Amplitude der Grundwelle von Strom und Spannung maßgebend. Für den nicht sinusförmigen Anodenstrom muß daher seine Grundwelle in bekannter Weise mit Hilfe der Fourier-Analyse ermittelt werden. Um die Verhältnisse leicht überblicken zu können, führen wir wieder den *Stromflußwinkel* Θ_a ein, der angibt, daß von $\omega t = -\Theta_a$ bis $\omega t = +\Theta_a$ Anodenstrom fließt.

---

[1] Bei kleineren Leistungen wird diese Anodenverlustleistung ausschließlich durch Strahlung, bei größeren durch Druckluft oder Wasser abgeführt. Bei der alten Art der Wasserkühlung, bei der die Wassertemperatur unter 100 °C blieb, rechnete man für die erforderliche Kühlwassermenge etwa 1 bis 1,5 Liter pro Minute und kW Verlustleistung. Das erforderte z. B. bei den alten Röhren mit etwa 350 kW Nutzleistung und normalem Wirkungsgrad einen Kühlwasserstrom von etwa 150 Liter pro Minute. Die mit der modernen Verdampfungskühlung (Siedekühlung) arbeitenden Röhren dagegen brauchen zur Abführung der gleichen Wärmemenge vergleichsweise nur 3,2 Liter durchlaufenden Wassers pro Minute.

Tabelle 9.2/2. Stromflußwinkelfunktionen

	C-Verstärker			*B*-Verstärker	*A*-Verstärker
Θ_a	$<30°$	30°	60°	90°	180°
$f_1(\Theta_a)$	$\frac{4}{3\pi}\Theta_a$	0,22	0,385	0,5	0,5
$f_0(\Theta_a)$	$\frac{2}{3\pi}\Theta_a$	0,12	0,22	0,318	0,5
$\frac{I_a}{I_{a=}}=\frac{f_1(\Theta_a)}{f_0(\Theta_a)}$	2	1,83	1,75	1,57	1,0

Unter der Annahme einer linearen Kennlinie ergibt sich dann für die Anodenstromaussteuerung

$$\frac{I_a}{i_{a\,max}}=\frac{1}{\pi}\int_{-\Theta_a}^{+\Theta_a}\frac{\cos\omega t-\cos\Theta_a}{1-\cos\Theta_a}\cos\omega t\,d\omega t=\frac{1}{\pi}\frac{\Theta_a-\frac{1}{2}\sin 2\Theta_a}{1-\cos\Theta_a}=f_1(\Theta_a) \quad (9.2/42)$$

und

$$\frac{I_{a=}}{i_{a\,max}}=\frac{1}{2\pi}\int_{-\Theta_a}^{+\Theta_a}\frac{\cos\omega t-\cos\Theta_a}{1-\cos\Theta_a}\,d\omega t=\frac{1}{\pi}\frac{\sin\Theta_a-\Theta_a\cos\Theta_a}{1-\cos\Theta_a}=f_0(\Theta_a)\,. \quad (9.2/43)$$

Darin bedeuten

I_a Wechselstromamplitude der Grundwelle,

$I_{a=}=1/T\int_0^T i_a\,dt$ Strommittelwert (Gleichstrom),

I_a und $I_{a=}$ hängen also beide vom Stromflußwinkel Θ_a ab. Es ist

$$\frac{I_a}{I_{a=}}=\frac{f_1(\Theta_a)}{f_0(\Theta_a)}\,. \quad (9.2/44)$$

Der Wirkungsgrad ergibt sich damit zu

$$\eta=\frac{1}{2}\frac{U_a I_a}{U_B I_{a=}}=\frac{U_B-U_r}{U_B}\frac{1}{2}\frac{I_a}{I_{a=}}=\frac{U_B-U_r}{U_B}\frac{1}{2}\frac{f_1(\Theta_a)}{f_0(\Theta_a)}\,. \quad (9.2/45)$$

Für den C-Verstärker wäre also bei einem mittleren Wert von $I_a/I_{a=}=1{,}75$:

$$\eta=0{,}9\cdot\frac{1{,}75}{2}=0{,}79$$

ein Wirkungsgrad von 79% erreichbar.

In der folgenden Tabelle sind für einige Werte von Θ_a als Ergebnis der Fourier-Analyse des Anodenstroms die Zahlenwerte für die Stromflußwinkelfunktionen der Grundwelle $f_1(\Theta_a)$ und des Gleichstroms $f_0(\Theta_a)$ angegeben (Tab. 9.2/2).

9.2.5 Verstärkerklystron

Bei Trioden wird die von der Kathode zur Anode übergehende Elektronenströmung durch eine Intensitätssteuerung mittels eines Steuergitters in ihrer Dichte moduliert.

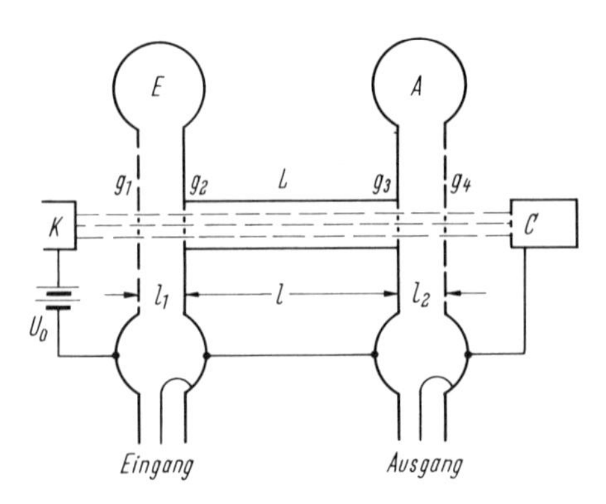

Abb. 9.2/31. Schematische Darstellung eines Zweikammerklystronverstärkers

Beim Klystron dagegen erfolgt die Umwandlung in einen dichtemodulierten Strahl erst nach einer Geschwindigkeitssteuerung in einem elektrischen Längsfeld durch Phasenfokussierung in einem anschließenden feldfreien Laufraum. Dieser, schon beim Heilschen Generator [46] angedeutete Grundgedanke ist in dem von den Brüdern Varian [47] entwickelten Zweikreis-Klystron verwirklicht. Klystrons, wie auch die Wanderfeldröhren, sind im Gegensatz zu gittergesteuerten Röhren „Elektronenstrahlröhren", bei denen der Elektronenstrahl nur nahe an den Hochfrequenzelektroden vorbeigeführt wird, ohne auf sie aufzutreffen. Strahlerzeugungssystem und Kollektor sind keine hochfrequenzführenden Elektroden. Sie können daher weitgehend ohne eine durch die hohe Frequenz gegebene Beschränkung ihrer Abmessungen dimensioniert werden. Dadurch sind derartige Röhren, speziell das moderne Verstärkerklystron, zur Erzeugung hoher Ausgangsleistungen besonders geeignet.

Abbildung 9.2/31 zeigt den schematischen Aufbau eines Zweikreis-Klystrons, der einfachsten Bauform eines Verstärkerklystrons, bei dem die Resonatoren, der Laufraum und der Kollektor auf gleichem Potential gegenüber der Kathode liegen. Die von dem Strahlerzeugungssystem ausgehenden Elektronen treten mit der durch die Beschleunigungsspannung U_0 gegebenen konstanten Geschwindigkeit v_0 in das hochfrequente Längsfeld des Eingangs-Steuerresonators E zwischen den meist als Lochblenden ausgebildeten Elektroden g_1 und g_2. In diesem wird ihre Geschwindigkeit moduliert, so daß sich in dem anschließenden feldfreien Laufraum L die Elektronen ein- und überholen. Dadurch kommt eine Dichtemodulation des Elektronenstrahls zustande, und es treten angenähert Ladungspakete periodisch durch die Strecke zwischen den Elektroden g_3 und g_4 (bunching). Sie regen den dort angeschlossenen Auskoppelresonator A infolge Influenzwirkung zu Schwingungen an. Über eine Koppelschleife kann dem Resonator Hochfrequenzleistung entnommen werden. Die „abgearbeiteten" Elektronen treffen dann auf den hochfrequenzmäßig uninteressanten Kollektor C auf. Ein statisches magnetisches Längsfeld bewirkt, daß der Elektronenstrahl wegen der in ihm wirksamen Raumladungs-Abstoßungskräfte nicht aufspreizt, sondern nahe an den Hochfrequenzelektroden vorbeigeführt wird.

Den Umwandlungsvorgang im Laufraum zeigt das Weg-Zeit-Diagramm, Abb. 9.2/32 (ein Elektronenfahrplan mit den einzelnen Elektronenbahnen als gerade Linien verschiedener Steigung). Es ist bei Vernachlässigung der Raumladung für den Fall kurzer Feldlänge zwischen g_1 und g_2 gezeichnet. Das ebenfalls kurze Auskoppelfeld zwischen g_3 und g_4 ist nicht an der Stelle der stärksten Elektronenbahnüberschneidung, sondern dahinter angebracht, da hier die Grundwellenamplitude der dichtemodulierten Elektronenströmung größer ist. Mit obigen Annahmen führt eine ballistische Theorie zum Konvektionsstrom im Laufraum [67].

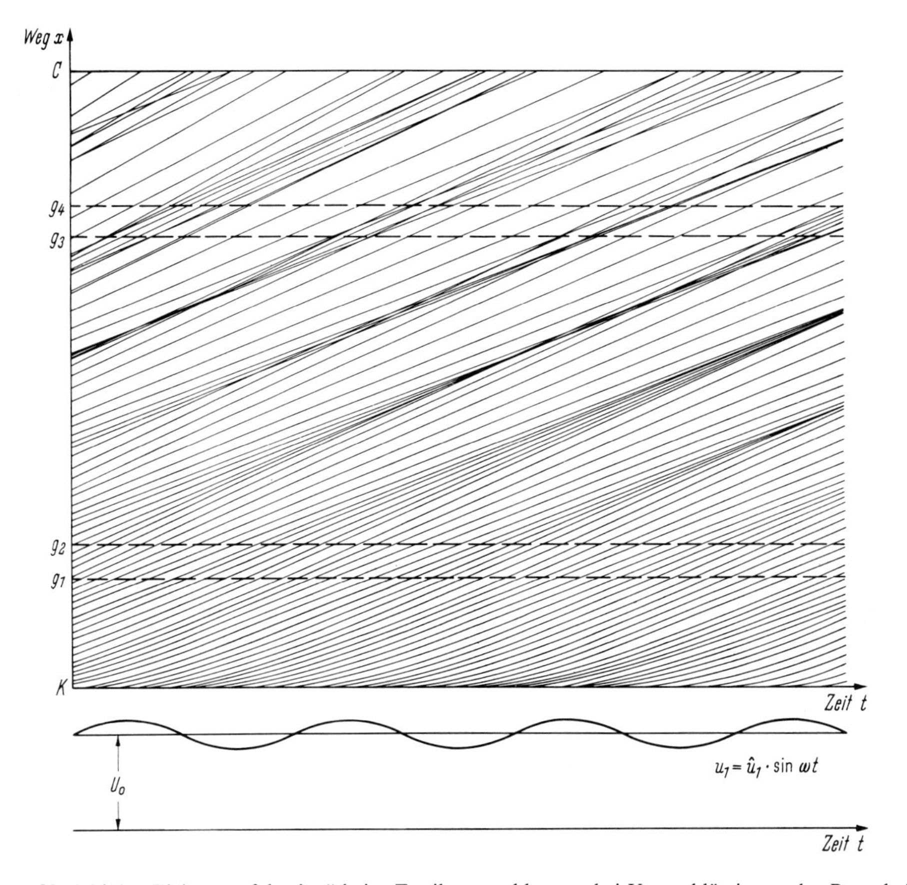

Abb. 9.2/32. „Elektronenfahrplan“ beim Zweikammerklystron bei Vernachlässigung der Raumladung

Mit den Abkürzungen

Elektronengeschwindigkeit beim Eintritt $v_0 = \sqrt{\frac{2e}{m}} U_0$, (9.2/46)

statischer Laufzeitwinkel im Laufraum $\Theta = \frac{\omega l}{v_0}$, (9.2/47)

Spannungsaussteuerung $M_1 = \frac{\hat{u}_1}{U_0}$ (9.2/48)

und der Steuerspannung $u_1 = \hat{u}_1 \sin \omega t$ nimmt ein zur Zeit t_0 durch das sehr kurze Steuerfeld tretendes Elektron die folgende Geschwindigkeit an:

$$v_1 = \sqrt{\frac{2e}{m}} \sqrt{U_0 + \hat{u}_1 \sin \omega t_0} = v_0 \sqrt{1 + M_1 \sin \omega t_0}\,. \tag{9.2/49}$$

Es erreicht nach der Laufzeit $\tau(t_0)$ das im Abstand l hinter dem Steuerfeld liegende Auskoppelfeld zur Zeit t_2:

$$t_2 = t_0 + \tau(t_0) = t_0 + \frac{1}{v_1} = t_0 + \frac{1}{v_0 \sqrt{1 + M_1 \sin \omega t_0}}\,. \tag{9.2/50}$$

Für $M_1 \ll 1$ erhält man die Näherung:

$$t_2 \approx t_0 + \frac{1}{v_0}\left(1 - \frac{M_1}{2}\sin\omega t_0\right).$$

Der Konvektionsstrom i_k an der Stelle des Auskoppelfeldes folgt mit Gl. (9.2/50) aus der Beziehung für den Erhalt der Ladung

$$i_k\,dt_2 = I_0\,dt_0 \tag{9.2/51}$$

$$i_k = I_0\frac{dt_0}{dt_2} = \frac{I_0}{\dfrac{dt_2}{dt_0}} = \frac{I_0}{1 - \dfrac{\omega l}{v_0}\dfrac{M_1}{2}\dfrac{\cos\omega t_0}{(1 + M_1\sin\omega t_0)^{3/2}}}. \tag{9.2/52}$$

Durch Fourier-Zerlegung erhält man daraus die Komponenten des Konvektionsstroms:

$$i_k = I_0\left[1 + 2\sum_{n=1}^{\infty} J_n\left(\frac{nM_1\Theta}{2}\right)\cos n(\omega t - \Theta)\right]. \tag{9.2/53}$$

Der durch die Steuerfrequenz ω dichtemodulierte Strom enthält außer der Grundwelle kräftige Stromoberwellen der Frequenz $n\omega$. Abb. 9.2/33 zeigt den Verlauf der Besselfunktionen $J_n(x)$ der Ordnung $n = 0, 1, 2$ in Abhängigkeit vom Argument $x = \frac{1}{2}nM_1\Theta$.

Im Verstärkerbetrieb ist der Auskoppelresonator auf ω abgestimmt, und es wird die Konvektionsstrom-Grundwelle wirksam. Zum Oszillator wird dieser Verstärker durch Einführen einer Rückkopplung zwischen den beiden Resonatoren. Ist der Auskoppelresonator auf eine Harmonische von ω abgestimmt, wirkt die Anordnung als Frequenzvervielfacher.

Unter der Annahme eines unendlich kurzen Auskoppelfeldes ($l_2 = 0$) ist die Grundwelle des Konvektionsstroms

$$i_1 = 2I_0 J_1\left(\frac{M_1\Theta}{2}\right)\cos(\omega t - \Theta) \tag{9.2/54}$$

gleich dem influenzierten Strom. Der Maximalwert seiner Amplitude ist $\hat{\imath}_i = 2I_0\,0{,}582$. (Erstes Maximum der Besselfunktion $J_1(x) = 0{,}582$ bei dem Argument $x = M_1\Theta/2 = 1{,}84$). Damit die Elektronen im Auskoppelfeld nicht umkehren, muß die dort hervorgerufene Spannung $\hat{u}_2 \leq U_0$ bleiben. Damit wird die erzeugte Hoch-

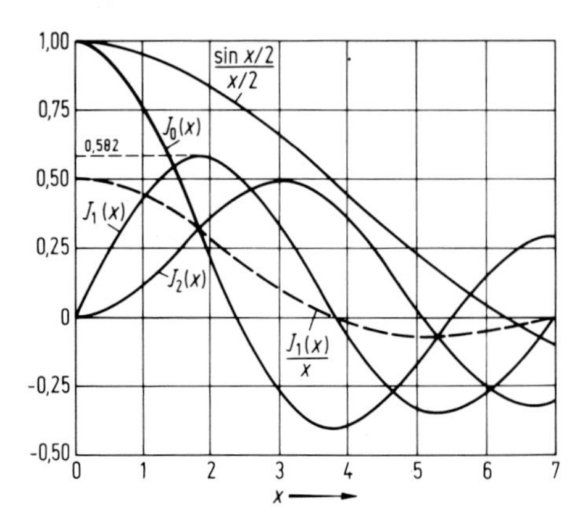

Abb. 9.2/33. Abhängigkeit der Besselfunktionen $I_n(x)$ der Ordnung $n \doteq 0, 1, 2$, des Schrumpfungsfaktors $\frac{(J_1 x)}{x}$ sowie des Strahlkopplungsfaktors $\beta = \frac{\sin x/2}{x/2}$ von Argument x

frequenzleistung

$$P_2 = \frac{\hat{u}_2 \hat{\imath}_i}{2} = \hat{u}_2 I_0 J_1(M_1 \Theta/2) . \tag{9.2/55}$$

Der Quotient aus erzeugter Hochfrequenzleistung P_2 zu Strahlleistung P_0 ist der elektronische Wirkungsgrad:

$$\eta_{el} = \frac{P_2}{P_0} = \frac{\hat{u}_2}{U_0} J_1(M_1 \Theta/2) = M_2 J_1(M_1 \Theta/2) . \tag{9.2/56}$$

Mit $\hat{u}_2 / U_0 = M_2 = 1$ ist sein theoretischer Maximalwert 0,582.

Endliche Längen l_1, l_2 des Steuer- bzw. Auskoppelfeldes schwächen deren Wirkung. Sie werden näherungsweise durch einen multiplikativen „Strahlkopplungsfaktor" bei den Aussteuerungen M berücksichtigt (Abb. 9.2/33).

$$\beta_1 = \frac{\sin \frac{\Theta_1}{2}}{\frac{\Theta_1}{2}} \quad \text{mit} \quad \Theta_1 = \frac{\omega l_1}{v_0}; \qquad \beta_2 = \frac{\sin \frac{\Theta_2}{2}}{\frac{\Theta_2}{2}} \quad \text{mit} \quad \Theta_2 = \frac{\omega l_2}{v_0} . \tag{9.2/57}$$

Damit erhält man für die Amplitude der Grundwelle $\hat{\imath}_i$ des Influenzstromes am Auskoppelresonator

$$\hat{\imath}_i = \beta_2 \hat{\imath}_1 = 2\beta_2 I_0 J_1 \left(\frac{\beta_1 M_1 \Theta}{2} \right) . \tag{9.2/58}$$

Das Argument der Besselfunktion $x = \beta_1 M_1 \Theta / 2$ heißt „Bunching-Parameter" nach [49] (bunch = bündeln; bunching = Phasenfokussierung).

Der oben angegebene Maximalwert für den elektronischen Wirkungsgrad setzt voraus, daß die Summe aus Resonatorverlust- und Lastleitwert so eingestellt wird, daß der Influenzstrom an ihr eine Spannung $\hat{u}_2 \sim U_0$ hervorruft. Andernfalls kann man die Ausgangsleistung anhand des in der Nähe der Resonanzfrequenz gültigen Ersatzschaltbildes, Abb. 9.2/34, berechnen. Dieses enthält neben den Schwingkreiselementen L, C, G_{P_2} und Lastleitwert G_L einen zusätzlichen Wirkleitwert G_{St_2} (gestrichelt). Die Berechnung dieses durch den Elektronenstrahl hervorgerufenen Leitwertes entzieht sich weitgehend einer theoretischen Bestimmung. Er kann erfahrungsgemäß durch

$$G_{St_2} \approx \frac{1}{2} \frac{I_0}{U_0} \tag{9.2/59}$$

angenähert werden. Damit wird die Ausgangsspannung:

$$\hat{u}_2 = \frac{\hat{\imath}_i}{G_{P_2} + G_{St_2} + G_L}$$

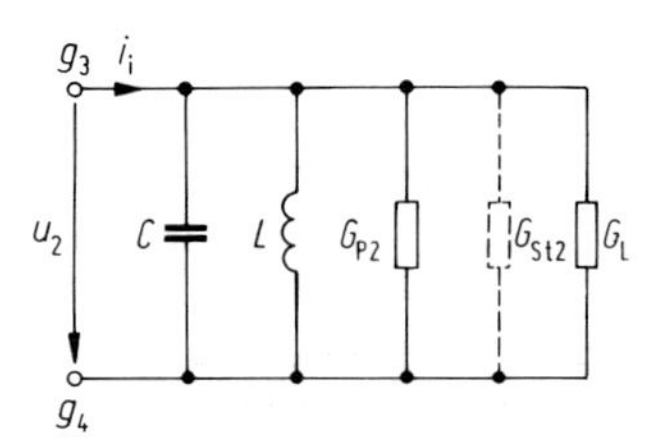

Abb. 9.2/34. Ersatzschaltbild des belasteten Auskoppelresonators

und die gesamte erzeugte Hochfrequenzleistung

$$P_2 = \frac{1}{2} \frac{\hat{i}_i^2}{G_{P_2} + G_{St_2} + G_L} \tag{9.2/60}$$

bzw. die in G_L verbrauchte Nutzleistung

$$P_{2N} = \frac{1}{2} \frac{\hat{i}_i^2 G_L}{(G_{P_2} + G_{St_2} + G_L)^2} . \tag{9.2/61}$$

Eine hochfrequente Steuerleistung P_1 wäre bei $l_1 = 0$ nur zur Deckung der Resonatorverluste nötig. Bei dem in der Praxis vorliegenden Fall:

$$\Theta_1 = \frac{\omega l_1}{v_0} < 2\pi$$

wird auch zur Geschwindigkeitssteuerung Hochfrequenzleistung benötigt. Die Steuerleistung beträgt dann

$$P_1 = \tfrac{1}{2} \hat{u}_1^2 (G_{P_1} + G_{St_1}) , \tag{9.2/62}$$

G_{P_1} Resonanzleitwert des Steuerresonators am Spalt,
G_{St_1} von Θ_1 abhängiger, durch die Wechselwirkung mit dem Elektronenstrahl hervorgerufener Leitwert.

Diese eingangs für den Fall verschwindender Raumladung und $M_1 \ll 1$ angegebenen Beziehungen gelten auch für große Spannungsamplituden am Auskoppelfeld und ermöglichen eine Wirkungsgradberechnung. Auf die bei starker Raumladung notwendige Modifizierung, die eine nur bei kleinen Amplituden geltende Raumladungswellentheorie benutzt [49, 50, 66], kann hier nicht näher eingegangen werden. Es sei nur hervorgehoben, daß die Werte für Verstärkung und Wirkungsgrad beim realen Klystronverstärker wesentlich niedriger liegen als bei Vernachlässigung der Raumladungstheorie. Klystronverstärker werden daher mit mehr als 2 Resonatoren gebaut.

Allgemein kann man sagen, daß die erzeugte Hochfrequenzleistung gleich der Differenz zwischen den Strahlleistungen beim Eintritt in das Steuerfeld und beim Austritt aus dem Auskoppelfeld ist. Da die Leistungen proportional v^2 sind und voraussetzungsgemäß alle Elektronen die Wechselwirkungsräume passieren sollen, kann man ansetzen:

$$\eta_{el} = \frac{P_{HF}}{P_0} = \frac{v_0^2 - v_M^2}{v_0^2} = 1 - \left(\frac{v_M}{v_0}\right)^2 . \tag{9.2/63}$$

v_M ist dabei die mittlere Austrittsgeschwindigkeit aus dem Auskoppelfeld aller zu verschiedenen Zeiten t_0 während einer Periode bei g_1 eingetretenen Elektronen

$$v_M^2 = \frac{1}{2\pi} \int_0^{2\pi} [v_a(t_0)]^2 \, d\omega t_0 . \tag{9.2/64}$$

In der Praxis werden hierfür Computerprogramme benützt. Sie ermöglichen nach Integration der transzendenten Bewegungsgleichungen der Elektronen auch unter Berücksichtigung der Raumladung eine genaue Berechnung des Großsignalwirkungsgrades.

Mehrkammerklystrons mit üblicherweise 3 bis 6 Resonatoren sind nicht nur hinsichtlich des Wirkungsgrades von Vorteil. Sie bieten auch die Möglichkeit höherer Verstärkung bzw. größerer Bandbreite, z. B. dadurch, daß die zwischen dem ersten und letzten Resonator liegenden Resonatoren gegenüber der Mittenfrequenz etwas verstimmt und häufig bedämpft werden (stagger tuning = gestaffelte Abstimmung, wie auch bei Verstärkern für niedrige Frequenzen). Dadurch können abhängig von Anzahl, Verstimmung und Bedämpfung der Resonatoren Bandbreiten von 2 bis 10% erzielt werden, bei typischen Werten für die Leistungsverstärkung zwischen 35 und 50 dB [154].

Dem ersten Resonator des Mehrkammerklystrons wird die zu verstärkende HF-Leistung zugeführt, so daß in ihm eine erste Geschwindigkeitssteuerung erfolgt. Im zweiten, unbelasteten Resonator influenziert der schwach dichtemodulierte Strahl eine größere Wechselspannung, die weiter geschwindigkeitssteuernd wirkt usw. Bei dem in Abb. 9.2/35 schematisch gezeigten Hochleistungsverstärker, ähnlich dem Valvo-Klystron YK 1301, tritt der Elektronenstrahl durch fünf Resonatoren, von denen jedoch der dritte, unmittelbar hinter dem zweiten liegende Resonator auf die doppelte Bandmittenfrequenz abgestimmt ist (second harmonic bunching). Durch diese zusätzliche Beeinflussung der Geschwindigkeitssteuerung erzielt man am Auskoppelresonator eine größere Grundwellen-Amplitude des Konvektionsstroms und daher einen höheren Wirkungsgrad. Das ist vor allem für Höchstleistungsröhren, die im Dauerbetrieb arbeiten, wesentlich.

Eine weitere Erhöhung des Wirkungsgrades erzielt man, wenn der ein- oder mehrstufige Kollektor auf gegenüber der Beschleunigungsspannung U_0 reduzierte Spannungen gelegt wird. Das ist zulässig, solange die dadurch hervorgerufene Abbremsung der Elektronen diese nicht zur Umkehr in die Resonatoren zwingt. Auch eine Dimensionierung der Röhre für niedrige Strahlperveanz $p = I_0/U_0^{3/2}$, d. h. bei geringerer Raumladung, wirkt sich günstig auf den Wirkungsgrad aus [68, 69].

Trotz der abschwächenden Wirkung von Strahlkopplungsfaktoren und eines nicht zu vernachlässigenden Einflusses der Raumladung, die der gewünschten Phasenfokussierung der Elektronen entgegenwirkt, erreicht man heute mit Mehrkammerklystrons Wirkungsgrade bis zu 70%. Verursacht wird diese Verbesserung dadurch, daß die mehrfache Geschwindigkeitssteuerung zu einer Erhöhung der Amplitude des Influenzstroms führt. Bei praktisch ausgeführten Dauerstrich-Mehrkammerklystrons steigt der erzielbare Wirkungsgrad mit der Leistung (z. B. bei 500 MHz: Es ist $\eta = 50\%$ bei 60 kW und über 60% bei 800 kW). Er fällt mit wachsender Betriebsfrequenz (z. B. bei 12 GHz: $\eta = 25\%$ bei 2 kW).

Je nach dem Anwendungszweck, der Frequenz und der Leistung werden Mehrkreis-Klystrons in zwei Ausführungen gebaut:

1. Die einzelnen Resonatoren sind Bestandteile der Röhre und sind daher evakuiert (bei sehr hohen Leistungen und hohen Frequenzen, sogenannte Internal-cavity-Klystrons). Als Beispiele seien genannt: Valvo-Klystron YK 1301 für 800 kW Dauerleistung bei 500 MHz bzw. YK 1320 für 3,5 MW bei 224 MHz in Langpulsbetrieb bis zu 1 ms sowie in Kurzpulsbetrieb (µs) bei 3 GHz Pulsleistungen von 35, 100 und 150 MW. Bei diesen, nur geringe Verstimmöglichkeiten bietenden Röhren muß die erzeugte Hochfrequenzleistung durch ein vakuumdichtes Keramikfenster meist über eine Koaxialleitung in den äußeren Hohlleiter herausgeführt werden, ein technologisch schwieriges Problem. Diese Röhren werden z. B. als Hochfrequenzgeneratoren in Teilchenbeschleunigern bzw. in der Radartechnik eingesetzt.
2. Sollen größere Frequenzbereiche verstärkt werden (z. B. 470 bis 860 MHz in Fernsehsendern) werden die Resonatoren außerhalb der Vakuumhülle an die

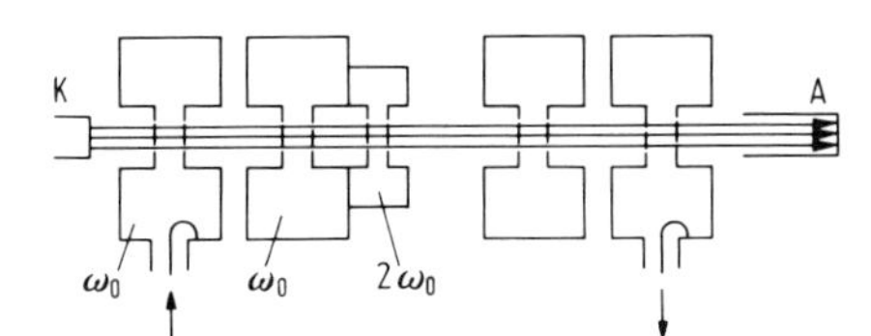

Abb. 9.2/35. Schematischer Längsschnitt des Verstärker-Klystrons YK 1301: *K* Kathode, *A* Auffänger

herausgeführten scheiben- oder zylinderförmigen Hochfrequenzelektroden angesetzt. Letztere sind auf vakuumdichte, die Röhrenhülle bildende Keramikringe aufgelötet (External-cavity-Klystron). Die Resonatoren selbst werden durch verschiebbare Kolben auf die gewünschten Frequenzen abgestimmt. Derartige Röhren werden für Dauerleistungen bis zu 60 kW gebaut.

9.2.6 Verstärker mit Wanderfeldröhren

Unter dem Begriff Wanderfeld- oder Lauffeldröhren [53 bis 56] faßt man eine Reihe von Mikrowellenröhren zusammen, bei denen ein Elektronenstrahl in Wechselwirkung mit einem hochfrequenten, fortschreitenden elektromagnetischen Feld tritt.

Die erste Veröffentlichung über Wanderfeldröhren (WFR) wurde 1946 von Kompfner gemacht [57], der 1943 schon WFR baute.

In der darauffolgenden Zeit wurde die Wanderfeldröhre zu einem vielseitig eingesetzten, breitbandigen Mikrowellen-Sendeverstärker mit langer Lebensdauer, hoher Zuverlässigkeit und gutem Wirkungsgrad entwickelt. Wegen der hervorragenden Eigenschaften setzt man sie heute vorwiegend als Sende-Endverstärker an Bord von Nachrichtensatelliten (s. Tab. 9.2/3), Satellitenfunk-Bodenstationen (als Hochleistungsröhre, s. Tab. 9.2/4), im terrestrischen Richtfunk und in Radar-Systemen (als Impuls-Hochleistungsröhre) ein.

Eine zeitgemäße Wanderfeldröhre muß für den Anwender in einfacher Weise in sein Nachrichten-System einzufügen und zu bedienen sein. Das erreicht man durch ein Röhrenkonzept, dem eine vollständig integrierte Bauweise zugrunde liegt (Abb. 9.2/36). Dies bedeutet eine vom Hersteller komplett elektronenoptisch justierte Röhre, bei der das magnetische Strahlfokussiersystem ein integraler Bestandteil ist. Auf diese Weise erhält man eine zuverlässig arbeitende Wanderfeldröhre mit entsprechend kleinen Abmessungen und geringem Gewicht.

Tabelle 9.2/3. Daten einiger AEG-Wanderfeldröhren mittlerer Leistung für Verstärker in Satellitenbordstationen im Frequenzbereich von 3,7 bis 61 GHz ($\lambda \approx$ (0,5 bis 8) cm)

Typ	Frequenz bereich GHz	Ausgangs-leistung W	Wirkungs-grad %	Verstär-kung dB	Rausch-zahl dB	Kollek-torzahl	AM/PM Umwandlung °/dB	Masse kg
TL 4012	3,7 ... 4,2	12	44	55	26	3	4	0,64
TL 12035	11,7 ... 12,8	35	45	55	33	3	4	0,84
TL 30010	29 ... 31	10	30	45	–	3	5	1,0
TL 60010	59 ... 61	15	15	30	–	2	5	1,8

Tabelle 9.2/4. Daten einiger Siemens-Hochleistungs-Wanderfeldröhren für Satelliten-Bodenstationen im Frequenzbereich von 6 bis 30 GHz (λ = (1 bis 5) cm)

Typ	Frequenz-bereich GHz	Ausgangs-leistung W	Ver-stärkung dB	AM/PM Umwandlung °/dB	Kühlung	Masse kg
YH 1047-A2	5,9 ... 6,4	700	46	2	forcierte Luft	7,3
YH 1420	14 ... 14,5	2300	45	3	forcierte	15
					Luft/Wasser	12
YH 3020	28,7 ... 30 A	1300	45	5	forcierte	10
					Luft/Wasser	6.5
YH 1422	14 ... 14,5	300	50	3	forcierte Luft	

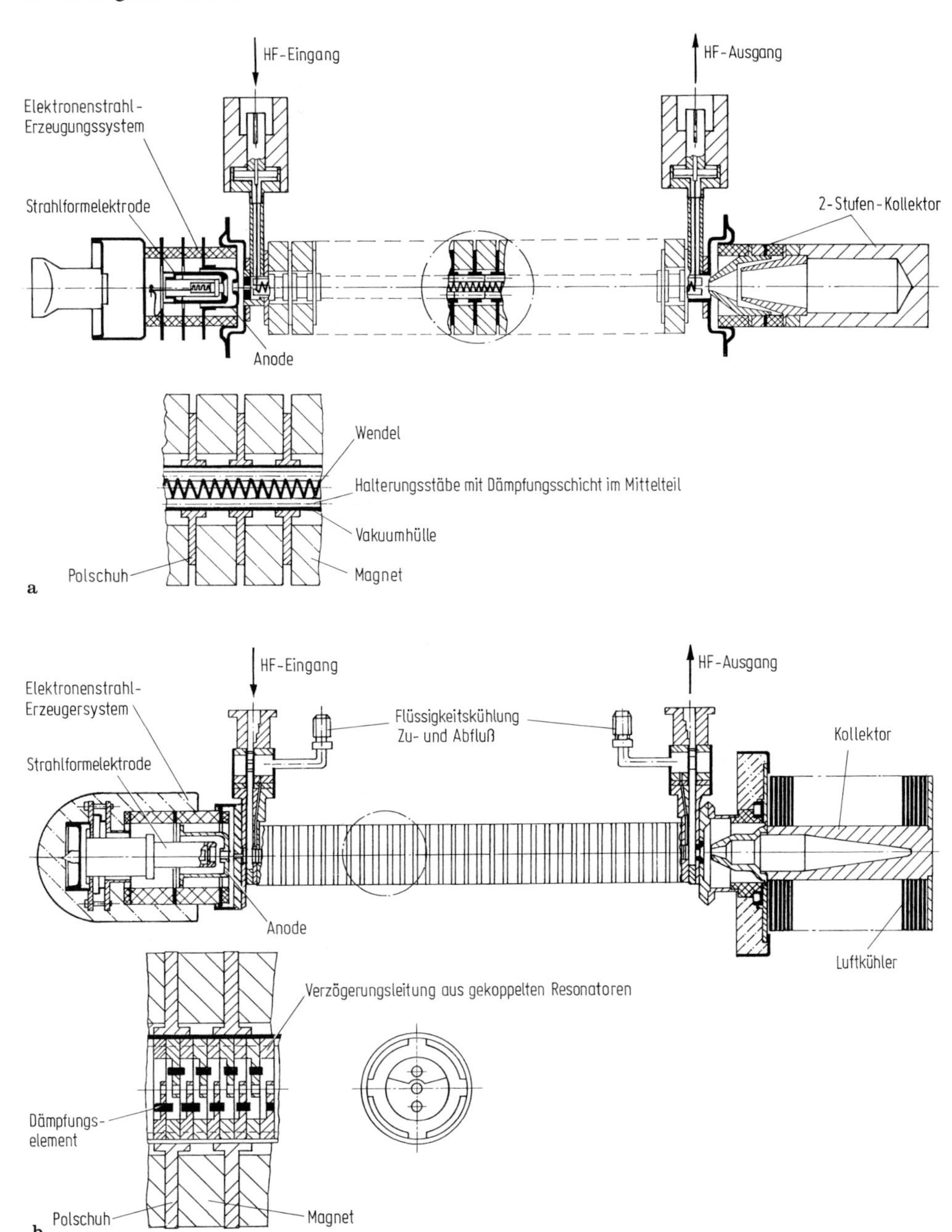

Abb. 9.2/36. a Schnitt durch die Richtfunk-Wanderfeldröhre RW 89; **b** Schnitt durch die Hochleistungs-Wanderfeldröhre YH 1420

Abbildung 9.2/36a zeigt das System einer Richtfunk-Wanderfeldröhre (RW 89; Ausgangsleistung 15 W, Verstärkung 40 dB) mit Wendel-Verzögerungsleitung und zweistufigem Abbremskollektor, Abb. 9.2/36b eine Hochleistungs-Wanderfeldröhre (YH 1420) mit einer Verzögerungsleitung aus gekoppelten Resonatoren, die thermisch besonders robust ist (Ausgangsleistung 2300 W, Verstärkung 45 dB).

Die wesentlichen Bestandteile einer Wanderfeldröhre sind:

Die Kathode zur Erzeugung der Strahlelektronen ist heute überwiegend eine Vorrats-Metall-Kathode, die den Betrieb mit hoher Stromdichte (einige A/cm^2) bei langer Lebensdauer erlaubt.

Das Strahlerzeugungssystem zur Fokussierung des Elektronenstrahls auf seinen optimalen Durchmesser für den Wechselwirkungsraum innerhalb der Verzögerungsleitung.

Das alternierende Permanentmagnetfeld (außerhalb des Vakuumraumes) zur stabilen Führung des Elektronenstrahls durch die Verzögerungsleitung.

Die Verzögerungsleitung (VL) zur Führung der elektromagnetischen Welle mit einer der Elektronengeschwindigkeit angepaßten Fortpflanzungs-Geschwindigkeit. Sie muß eine möglichst intensive Wechselwirkung zwischen Welle und Strahl bewirken.

Der Abbremskollektor zum Auffangen des Elektronenstrahls, anschließend an den Wechselwirkungsraum. Er wird oft zweistufig oder dreistufig ausgebildet, um die restliche, in Wärme umgesetzte Strahlenergie durch entsprechende Abbremsung möglichst weit zu erniedrigen.

Die Ein- und Auskoppelleitungen für die hochfrequente Welle, die möglichst reflexionsarm ausgebildet sind.

Das Vakuumgefäß in Metall-Keramik-Technologie. Diese ist vakuumtechnisch sehr zuverlässig und thermisch sehr robust. In Verbindung mit einer entsprechenden Gettertechnik (s. Abschn. 7.5.1.2) erreicht man damit das für eine Laufzeitröhre erforderliche Ultrahochvakuum.

Der Verstärkungsvorgang in einer Wanderfeldröhre beruht auf der Wechselwirkung von schnell bewegten Elektronen in Form eines zylindrischen Strahls mit der elektrischen Längsfeldkomponente einer verzögerten elektromagnetischen Welle.

Die Elektronen geben dabei einen Teil ihrer kinetischen Energie an das Wellenfeld ab. Nach Abb. 9.2/37 breite sich auf einer beliebigen VL eine elektromagnetische Welle in der $+z$-Richtung aus. Gezeigt sind elektrische Kraftlinien in einem Zeitaugenblick. Dabei ist VL die Bezeichnung für einen Wellenleiter, der eine Welle mit einer Phasengeschwindigkeit v_{ph} in z-Richtung führt, die kleiner als die Lichtgeschwindigkeit c im Vakuum ist. In $+z$-Richtung bewegt sich der Elektronenstrahl. Ist die Elektronengeschwindigkeit v_e gleich der Phasengeschwindigkeit v_{ph} der Welle, so wird unter der vereinfachenden Annahme, daß bei Eintritt in die VL alle Elektronen die gleiche Geschwindigkeit v_e besitzen, die eine Hälfte der Elektronen beschleunigt, die andere verzögert. Die Elektronengeschwindigkeit wird durch die z-Komponente des elektrischen Vektors geändert. Die Geschwindigkeitsmodulation führt zu einer Dichtemodulation der Elektronen. Bei *1* und *3* bilden sich Elektronenpakete. Der Elektronenstrahl und die elektromagnetische Welle erfahren in diesem Fall keine Energieänderung. Besitzen hingegen die Elektronen die Geschwindigkeit $v_e + \Delta v$ ($\Delta v > 0$; $\Delta v \ll v_e$) und sei die Phasengeschwindigkeit der Welle $v_{ph} = v_e$, so werden die Pakete zwischen *1* bis *2* und *3* bis *4* gegen die Welle anlaufen. Sie werden abgebremst und geben den entsprechenden Energiebetrag an die Welle ab. Ist die Geschwindigkeitsabnahme der Elektronenpakete durch die Bremsung kleiner als Δv, so gelangen sie in den Bereich *2* bis *3* und *4* bis *5*. Hier werden sie zwar beschleunigt, d. h., es wird

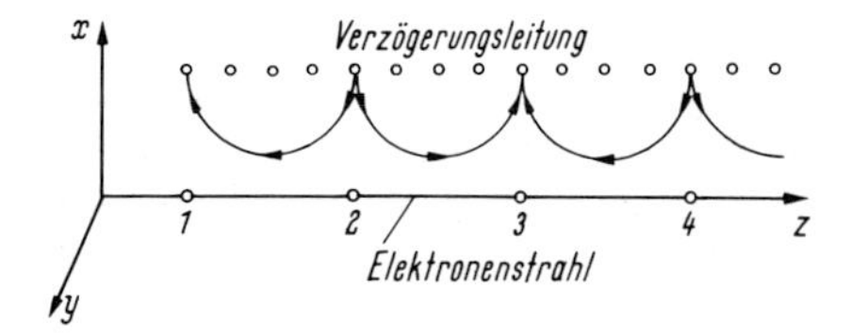

Abb. 9.2/37. Wechselwirkung zwischen elektromagnetischer Welle auf der Verzögerungsleitung und dem Elektronenstrahl. Die Pfeile geben die Kraftrichtung an

Energie aus der Welle aufgenommen, aber die Verweilzeit der Pakete in der Beschleunigungsphase ist geringer als im Bremsbereich. Im Mittel ist der Weg der Zeit proportional. Die Energieänderung ist also im Bremsbereich größer.[1]

Pierce [53] hat als erster die Wechselwirkung zwischen der Welle auf der VL und dem Elektronenstrahl quantitativ dargestellt. Jede Störung, sei es das Rauschen oder ein HF-Signal, breitet sich im Strahl in Form einer langsamen und einer schnellen Raumladungswelle aus. Die Wechselwirkung zwischen der Welle auf der VL und den Raumladungswellen verursacht 4 Koppelwellen [59]. Ist die Phasenkonstante der Leitungswelle $\beta_L = \omega/v_{ph}$, wo v_{ph} die Phasengeschwindigkeit der Welle ist, von der des Elektronenstrahls $\beta_e = \omega/v_e$ stark verschieden, so sind die 4 Koppelwellen annähernd gleich der schnellen und langsamen Raumladungswelle und einer in $+z$-Richtung und einer in $-z$-Richtung laufenden Leitungswelle. Nähern sich die beiden Phasenkonstanten, so fallen die Phasenkonstanten zweier Koppelwellen, die durch die Wechselwirkung der langsamen Raumladungswelle mit der in $+z$-Richtung laufenden Leitungswelle entstehen, zusammen. Die Amplitude der einen nimmt längs des Strahles zu, die der anderen ab. Die dritte Koppelwelle, deren Dämpfung Null ist, entsteht durch Wechselwirkung zwischen schneller Raumladungswelle und der in $+z$-Richtung laufenden Leitungswelle. Die vierte Koppelwelle entspricht der Leitungswelle in $-z$-Richtung. Näheres [66, S. 263–273].

Die entdämpfte Koppelwelle E_1 wächst längs der VL exponentiell an. Am Leitungsende $z = L$ ist [54]

$$E_{1a} = \frac{E}{3} e^{\frac{1}{2}\sqrt{3}\beta_e CL} . \tag{9.2/65}$$

E ist die Feldstärke des Eingangssignals, die gleich der Summe der Feldstärken der drei in $+z$-Richtung laufenden Koppelwellen am Eingang ist:

$$E = E_{1e} + E_{2e} + E_{3e}$$

Der Gewinn in dB ist dann [60, 61]:

$$G = 20 \lg \left(\frac{E_{1a}}{E} \right) = A + BCN , \tag{9.2/66}$$

wobei

$$A = 20 \lg \tfrac{1}{3} = -9{,}54 \text{ dB}$$

$$B = 20 \frac{\sqrt{3}}{2} 2\pi \lg e = 47{,}3 \text{ dB}$$

$$2\pi N = \beta_e L = 2\pi L/\lambda_e$$

also $N = L/\lambda_e$ ist. C ist der dimensionslose Gewinnparameter, der die Wechselwirkung zwischen Strahl und Welle beschreibt:

$$C = \sqrt[3]{\frac{I_0}{4U_0} R_k} \tag{9.2/67}$$

[1] Interessant ist auch der Fall, wenn die mittlere Elektronengeschwindigkeit gleich oder kleiner als die Phasengeschwindigkeit der Welle ist. Dann werden die Elektronen zwischen *2* und *3* beschleunigt und bei *3* bildet sich ein Elektronenpaket. Steigt nun die Phasengeschwindigkeit der Welle auf der VL allmählich so an, daß die Elektronenpakete in der Beschleunigungsphase bleiben, so wächst die Energie der Elektronen auf Kosten der Energie der elektromagnetischen Welle. Das ist das Prinzip eines Linearbeschleunigers.

Er ist neben dem Einfluß der Eigenraumladung des Elektronenstrahls eine wesentliche Funktionsgröße, denn auch der Wirkungsgrad einer Wanderfeldröhre ist proportional C. R_k ist der Kopplungswiderstand der VL, I_0 der Strahlgleichstrom, U_0 die VL-Spannung. Definiert ist R_k nach [56] durch $R_k = \hat{E}_z \hat{E}_z^* / (2\beta_L^2 P)$ mit E_z = Amplitude des elektrischen Feldes am Ort z des Elektronenstrahls, P = Wirkleistung in z-Richtung, $\beta_L = \omega / v_{ph}$ = Phasenkonstante der VL ohne Elektronenstrahl.

Der Kopplungswiderstand ist der Berechnung schwer zugänglich. Man gewinnt ihn deshalb – in Abhängigkeit von der Frequenz – am besten durch eine Messung [65] an einem originalgetreuen VL-Modell. Für sehr kurze Wellen kann man aufgrund der Ähnlichkeitsgesetze für elektromagnetische Wellen auf Leitungen mit einem vergrößerten Modell bei entsprechend größeren Meßwellenlängen arbeiten).

$\beta_L a$ (a ist der Wendelradius) ist ein Wendelparameter. Für

$$\beta_L a = \frac{2\pi a}{\lambda_0} \frac{c}{v_{ph}} \approx 1{,}5 \tag{9.2/68}$$

c = Lichtgeschwindigkeit

erreicht man die höchste Verstärkung in Bandmitte. In Gl. (9.2/68) ist $\lambda_L \frac{v_{ph}}{c} = \lambda_0$ die Betriebswellenlänge [56, S. 82].

Der Gewinn gemäß Gl. (9.2/66) gilt nur für kleine Aussteuerungen, für die eine WFR näherungsweise als lineares Bauelement betrachtet werden kann. Mit wachsender Eingangsleistung vermindert sich die Verstärkung, so daß ein maximaler Wert der Ausgangsleistung, die Sättigungsleistung, nicht zu überschreiten ist. Die Sättigungserscheinung erklärt sich dadurch, daß bei hohen Leistungen die Elektronenpakete die größtmögliche Packungsdichte erreicht haben und schon vor dem Ausgang der VL vollständig auf die Phasengeschwindigkeit der Welle abgebremst werden ($\Delta v = 0$). Auf ihrem weiteren Weg können sie dann keine Energie mehr an das Feld liefern. Die Wechselwirkungsstrecke ist kürzer geworden, weshalb die Verstärkung abfällt. Die Phase des Ausgangssignals ist ebenfalls aussteuerungsabhängig, weil die Laufzeit der Welle auf der VL von der Strahlgeschwindigkeit beeinflußt wird und die mittlere Strahlgeschwindigkeit sich mit wachsender HF-Leistung vermindert.

Die nichtlinearen Phasenverzerrungen werden durch den AM-PM-Umwandlungsfaktor k_p beschrieben (AM Amplitudenmodulation, PM Phasenmodulation). Dieser Faktor gibt die Phasenänderung des Ausgangssignals, gemessen in Grad und bezogen auf eine Erhöhung der Ausgangsleistung um 1 dB an. Die AM-PM-Umwandlung führt beim Betrieb mit mehreren frequenzmodulierten Trägern zur Geräuschvermehrung und zum Übersprechen, da die Phase der Ausgangssignale der einzelnen Kanäle von der momentanen Gesamtleistung beeinflußt wird, die wegen der Überlagerung der einzelnen Träger nicht konstant ist.

Die sogenannten M-Typ-Wanderfeldröhren, bei denen im Gegensatz zu den beschriebenen O-Typ-WFR nicht kinetische, sondern potentielle Energie des Elektronenstrahls in Mikrowellenenergie umgewandelt wird, weisen gegenüber den O-Typ-WFR geringere nichtlineare Phasenverzerrungen auf. Ihr Leistungsgewinn ist allerdings ebenfalls kleiner [62].

Die Bezeichnung O-Typ WFR kommt von „tube à ondes progressives". M-Typ-WFR, in der sich die Elektronen senkrecht zu gekreuzten elektrischen und magnetischen Feldern bewegen, von „tube à propagation d'ondes à champs électriques et magnétiques croisés".

Die Entwicklung einer Wanderfeldröhre wird durch auf der Basis der theoretischen Grundlagen und der technischen Erfahrungen ausgearbeitete und erprobte Rechenprogramme erleichtert.

Ein besonders wichtiges Bauteil ist die VL, die den Wechselwirkungsraum enthält, in dem der Elektronenstrahl von den Wellenfeldern durchdrungen wird. Hier laufen beide mit annähernd gleicher Geschwindigkeit und können sich deshalb während relativ langer Zeit gegenseitig beeinflussen. Verzögern kann man elektromagnetische Wellen, indem man eine homogene Leitung (Drahtleitung) auf Umwegen führt (z. B. wendelförmig), so daß sich die axiale Komponente der Welle entsprechend langsamer fortpflanzt. Dies ist der Wendeltyp einer VL. Die Draht- oder Bandwendel wird meist von drei Isolierstäben gehalten und in einem Halterungsrohr als Außenmantel und gleichzeitig Vakuumhülle montiert. Die Wendel hat sehr gute Breitbandeigenschaften, ist aber thermisch nicht beliebig hoch belastbar. Jede VL muß aber auch Verlustwärme nach außen ableiten können. Diese entsteht durch gestreute Elektronen (sie treffen auf die VL mit ihrer vollen kinetischen Energie auf) bzw. durch Hochfrequenzverluste, besonders am Ende der VL, wo die HF-Leistung am größten ist.

Erheblich günstiger sind die thermischen Eigenschaften bei einer VL, die aus gekoppelten Resonatoren aufgebaut ist. Sie besteht aus kompaktem Kupfer und kann deshalb Verlustwärme wesentlich besser nach außen ableiten (Abb. 9.2/36b).

Die hochfrequente Welle muß der VL am Eingang zugeführt und am Ausgang wieder herausgeführt werden, wobei die Übergänge möglichst reflexionsarm ausgebildet sein müssen. Dies geschieht meist über verlustarme Hohlleiter, die mit isolierenden und vakuumdichten, reflexionsarmen Keramikfenstern versehen sind.

Die Länge des Wechselwirkungsraumes ist proportional der gewählten Verstärkung. Man kann deshalb mit einer langen VL hohe Verstärkungswerte erreichen. Dabei tritt allerdings das Problem der reflexionsfreien HF-Entkopplung von Eingang und Ausgang auf, damit auf keinen Fall eine selbsterregte Schwingung, wie sie durch geringe innere Reflexionen z. B. am Ausgangsfenster möglich wäre, entsteht. Die Entkopplung erreicht man mit Hilfe einer internen Dämpfungsstrecke etwa in der Mitte der VL. Sie muß selbst breitbandig und praktisch reflexionsfrei sein.

9.3 Literatur

1. Klein, W.: Grundlagen der Theorie elektrischer Schaltungen. Berlin: Akademie-Verlag 1961, Anhang 3, S. 225–226.
2. Oppelt, W.: Kleines Handbuch technischer Regelvorgänge. 4. Aufl. Weinheim: Verlag Chemie 1964.
3. Pestel, E., Kollmann, E.: Grundlagen der Regelungstechnik. Braunschweig: Vieweg 1961.
4. Pressler, G.: Regelungstechnik. Mannheim: Bibliogr. Institut 1965.
5. Filipkowski, A.: Transistorverstärker für hohe Frequenzen. Berlin: VEB Verlag Technik 1966, S. 78–80.
6. Buchbeck, W.: Grundlagen der Neutralisation. Hochfrequenztechn. und Elektroakustik 63 (1944) 2–12.
7. Esaki, L.: New phenomenon in narrow Germanium p-n junction. Phys. Rev. 109 (1958) 603–604.
8. Endresen, K. u. a.: Low noise electronics. Oxford, London, New York, Paris: Pergamon 1962, S. 259.
9. Young, D.T., Burrus, C.A., Shaw, R.S.: High efficiency millimeter-wave tunneldiode oscillators. Proc. IEEE 52 (1260–1261.
10. Chow, W.F.: Principles of tunnel-diode circuits. New York, London, Sydney: Wiley 1964, S. 1–125.
11. Sterzer, F.: Tunnel Diode Devices. In: Advances in Microwaves. Vol. 2. New York, London: Academic Press 1967, S. 1–41.
12. Pfeiffer, H.: Elektronisches Rauschen, Teil 2, Spezielle rauscharme Verstärker. Leipzig: Teubner 1968, S. 184–197.
13. Sylvester, P.G.: Basic theory and application of tunnel diodes. New York, Toronto, London: McGraw Hill 1962, S. 1–153.
14. Yoriv, A., Cook, J.S.: A noise investigation of tunnel-diode microwave amplifiers, Proc. IRE 49 (1961) 739–743.
15. Nergaard, L.S.: Amplification: Modern trends, techniques, and problems, II. RCA Review 32 (1971) 519–566.
16. Lepoff, J.H., Wheeler, G.J.: Octave bandwith tunneldiode amplifier. Proc. IRE 49 (1961) 1075.
17. Blackwell, L.A., Kotzebue, K.L.: Semiconductor-diode parametric amplifiers. Englewood Cliffs: Prentice-Hall 1961.

18. Uenohara, M.: Cooled varactor parametric amplifiers. In: Advances in Microwaves, Vol. 2. New York: Academic Press 1967, S. 89–164.
19. De Jager, J.T.: Maximum bandwidth of nondegenerate parametric amplifier. IEEE Trans. MTT-12 (1964) 459–469.
20. Haus, H.A., Adler, R.B.: Circuit theory of linear noisy networks. London, New York: Technology Press and Wiley 1959, S. 68–71.
21. Blankenburg, K.H.: Reaktanzverstärker mit hoher Verstärkungskonstanz. Frequenz 17 (1963) 328–338, 378–385.
22. Baldwin, L.D.: Nonreciprocal amplifier circuits. Proc. IRE 49 (1961) 1075.
23. Maurer, R., Löcherer, K.H.: Nichtreziproke Reaktanz- und Tunneldiodenschaltungen. AEÜ 17 (1963) 29–34.
24. Penfield, P. Jr., Rafuse, R.P.: Varactor applications. Cambridge, Mass.: M.I.T. Press 1962.
25. Gordon, J.P., Zeiger, H.J., Townes, C.H.: Molecular-microwave oscillator and new hyperfine structure in the microwave oscillator spectrum of NH_3. Phys. Rev. 95 (1954) 282–284.
26. Troup, G.: Masers. London, New York: Wiley 1959.
27. Klinger, H.H.: Molekulare Mikrowellenverstärker (Maser). Elektr. Rdsch. 12 (1958) 237–239.
28. Rothe, H.: Stand und neuere Entwicklung der Maserforschung. In: Physikertagung Wien. Hrsg.: E. Brüche, Mosbach/Baden 1962, 68–81.
29. De Grasse, R.W., Śchulz-Du Bois, E.O., Scovil, H.E.D.: The three-level solid state traveling-wave maser. Bell. Syst. Techn. J. 38 (1959) 305–334.
30. Philipp, D., Röss, D.: Ein Rubin-Molekularverstärker für 4170 MHz. Frequenz 16 (1962) 414–421.
31. Strandberg, M.W.P.: Inherent noise of quantum-mechanical amplifiers. Phys. Rev. 106 (1957) 617.
32. Van Der Ziel, A.: The system noise temperature of quantum amplifiers. Proc. IEE 51 (1963) 952.
33. Yariv, A., Gordon, J.P.: The laser. Proc. IEE 51 (1963) 4–29.
34. Kaiser, W.: Der optische Maser. Phys. Bl. 17 (1961) 256–261.
35. Kaiser, W.: Der optische Maser. In: Physikertagung Stuttgart. Hrsg.: E. Brüche, Mosbach/Baden 1963, 36–37.
36. Johnson, L.F.: Continuous operation of the CaF_2: D^{2+} optical maser. Proc. IRE 50 (1962) 1692.
37. Schröter, F.: Fragen der Anwendbarkeit des Lasers für Navigationszwecke. Elektron. Rdsch. 17 (1963) 242–247.
38. Sims, G.D., Stephenson, I.M.: Microwave tubes and semiconductor devices. Glasgow: Blackie and Son 1963.
39. Pfeiffer, H.: Elektronisches Rauschen, Teil 2: Spezielle rauscharme Verstärker. Leipzig: Teubner 1968, S. 73–118.
40. Adler, R., Hrbek, G., Wade, G.: The quadrupole amplifier, a low noise parametric device. Proc. IRE 47 (1959) 1713–1723.
41. Ashkin, A.A.: A low-noise microwave quadrupole amplifier. Proc. IRE 49 (1962) 1016–1020.
42. Tietze, U., Schenk, Ch.: Halbleiterschaltungstechnik. Berlin, Heidelberg, New York: Springer 1969, S. 228–250.
43. Küpfemüller, K.: Einführung in die theoretische Elektrotechnik. 9. Aufl. Berlin, Heidelberg, New York: Springer 1968, S. 405.
44. Barkhausen, H.: Lehrbuch der Elektronenröhren. 2. Bd. 7. Aufl. Leipzig: Hirzel 1959, S. 175–180.
45. Bartels, H.: Grundlagen der Verstärkertechnik. Leipzig: Hirzel 1942.
46. Heil, O., Arsenjewa-Heil, A.: Eine neue Methode zur Erzeugung kurzer, ungedämpfter elektromagnetischer Wellen großer Intensität. Z. Phys. 95 (1935) 752–762.
47. Varian, R.H., Varian, S.F.: A high frequency oscillator and amplifier. J. appl. Phys. 10 (1939) 321–327.
48. Hamilton, D.R., Knipp, J.K., Kuper, H.J.B.: Klystrons and microwave Triodes. New York, Toronto, London: McGraw Hill 1948, S. 248–284.
49. Hahn, W.C.: Small signal theory of velocity-modulated electron beams. Gen. El. Rev. 42 (1939) 258–270.
50. Ramo, S.: The electronic wave theory of velocity modulation tubes. Proc. IRE 27 (1939) 757–763.
51. Pöschl, K.: Mathematische Methoden in der Hochfrequenztechnik. Berlin, Göttingen, Heidelberg: Springer 1956, S. 300–303.
52. Bretting, J.: Elektronenröhren. In: Taschenbuch der Hochfrequenztechnik (Hrsg.: F.W. Gundlach, H. Meinke) 4. Aufl. Berlin: Springer 1986.
53. Pierce, J.R.: Traveling-wave tubes. New York: van Nostrand 1950.
54. Hutter, R.: Beam and wave electronics in microwave tubes. New York: van Nostrand 1960.
55. Kowalenko, W.F.: Mikrowellenröhren. München: Porta Verlag 1957.
56. Kleen, W., Pöschl, K.: Mikrowellenelektronik, Teil II: Lauffeldröhren. Stuttgart: Hirzel 1958.
57. Kompfner, R.: The traveling wave valve. Wireless World 52 (1946) 369–372.
58. Hechtel, R., Niclas, K.B.: Ein rauscharmer Wanderfeld-Röhrenverstärker für das 4000-MHz-Gebiet. Telefunkenröhre 36 (1959) 75–98.
59. Gundlach, F.W.: Laufzeitröhren. In: Taschenbuch der Hochfrequenztechnik (Hrsg.: F.W. Gundlach, H. Meinke). 3. Aufl. Berlin, Göttingen, Heidelberg: Springer 1968, S. 868.

60. Beck, A.H.W.: Space charge waves. London: Pergamon Press 1958, S. 221-226.
61. Sims, G.D., Stephenson, I.M.: Microwave tubes and semiconductor devices. Glasgow: Blackie and Son. 1963, S. 123–128.
62. Müller, A.: Messungen an einer M-Typ-Rückwärtswellenverstärkerröhre mit zwei Verzögerungsleitungen. AEÜ 26 (1972) 449–451.
63. Hejhall, R.: Systemising RF-power amplifier design, Application Note 282, Motorola Semiconductor Products Inc., Phoenix, Arizona.
64. Krautkrämer, W., Richtscheid, A.: Resonanztransformatoren mit drei Reaktanzen als transformierende Filter. Bull. SEV 64 (1973) 1500–1509.
65. Müller, R.: Messung von Koppelwiderständen an Verzögerungsleitungen, AEÜ 10 (1956) S. 424–428.
66. Eichmeier, J.: Moderne Vakuumelektronik. Berlin: Springer 1981.
67. Webster, D.L.: Cathode-ray bunching. J. Appl. Phys. 10 (1939) 501–508; 864–872.
68. Bohlen, J., Döring, H.: Klystrontechnik. In: Handbuch der Vakuumtechnik (Hrsg.: J. Eichmeier, H. Heynisch) München: Oldenbourg 1987.
69. Demmel, E.: UHF-Hochleistungsklystrons für Teilchenbeschleuniger und Plasmaheizung. NTG Fachberichte Bd. 71 (1980) 18–22; sowie: Hochleistungsklystrons für den Sub-UHF-Bereich. NTG Fachberichte Bd. 85 (1983) 98–101.
70. Aigrain, P.: Bericht in Proc. Conf. Quantum Electron., Paris, 1963, p. 1762.
71. Basov, N.G., Vul, B.M., Popov, Y.M.: Quantum-mechanical semiconductor generators and amplifiers of electromagnetic oscillators. Sov. Phys. JEPT 10 (1960) 416.
72. Nishizawa, J.I., Watanabe, Y.: Japan Pat. (1957).
73. Boyle, W.S., Thomas, D.G.: US Pat. 3,059,117 (1962, angem. Jan. 1960).
74. Kroemer, H.: A proposed class of heterojunction injection lasers. Proc. IEEE, 51 (1963) 1782.
75. Casey, H.C., Jr., Panish, M.B.: Heterostructure lasers. New York: Academic 1978.
76. Akiba, S., Sakai, K., Yamamoto, T.: Direct modulation of InGaAsP/InP double heterostructure lasers. Electron. Lett. 14 (1978) 197.
77. Keen, N.: Private Mitteilung. Max-Planck-Institut für Radioastronomie, Bonn.
78. Pummer, H.: Der Excimerlaser – ein nützliches Werkzeug? Phys. Bl. 41 (1985) 199–203.
79. Baack, C.: Optische Breitbandkommunikation mit digitalen und analogen Strukturen. (Hrsg.: W. Gallenkamp). Tagungsband der Professorenkonferenz Darmstadt 1981 im FTZ der Deutschen Bundespost, S. 193–215.
80. Michel, H.-J.: Zweitor-Analyse mit Leistungswellen. Stuttgart: Teubner 1981.
81. Kuhn, N.: Simplified signal flow graph analysis. Microwave J. 6 (1963) 59–66.
82. Adam, S.F.: Microwave theory and applications. Englewood Cliffs: Prentice Hall 1969.
83. Bodway, G.E.: Two port power flow analysis using generalized scattering parameters. Microwave J. 10 (1967).
84. Vendelin, G.D.: Design of amplifiers and oscillators by the s-parameter method. New York: John Wiley 1982.
85. Shea, R.F.: Amplifier handbook. New York: McGraw-Hill 1966.
86. Hewlett Packard: *S*-Parameter techniques for faster and more accurate network design. Application Note 95-1 (1968).
87. Scanlan, S.O., Young, G.P.: Error considerations in the design of microwave transistor amplifiers. IEEE Trans. MTT-28 (1980) 1163–1169.
88. Gledhill, C.S., Abulela, M.F.: Scattering parameter approach to the design of narrowband amplifiers employing conditionally stable active elements. IEEE Trans. MTT-22 (1974) 43–47.
89. Mason, S.J.: Power-gain in feedback amplifiers. IRE Trans. CT-1 (1954) 20–25.
90. Soares, R., Graffeuil, J., Obregon, J.: Applications of GaAs-MESFETs. Dedham: Artech House 1983.
91. Allen, J.L., Medley, M.W. Jr.: Microwave circuit design using programmable calculators. Dedham: Artech House 1980.
92. Gupta, K.C., Garg, R., Chada, R.: Computer-aided design of microwave circuits. Dedham: Artech House 1981.
93. Mellor, D.J., Linvill, J.G.: Synthesis of interstage networks of prescribed gain versus frequency slopes. IEEE Trans. MTT-23 (1975) 1013–1020.
94. Obregon, J., Funck, R., Barret, S.: A 150 MHz–16 GHz FET amplifier. Int. Solid State Circuits Conf. Dig. Tech. Papers. 1981.
95. Niclas, K.B.: On design and performance of lossy match Ga-As MESFET amplifiers. IEEE Trans. MTT-30 (1982) 1900–1907.
96. Niclas, K.B.: The matched feedback amplifier: ultrawideband microwave amplification with GaAs MESFETs. IEEE Trans. MTT-28 (1980) 285–294.
97. Niclas, K.B., Wilser, W.T., Kritzer, T.R., Pereira, R.R.: On theory and performance of solid-state microwave distributed amplifiers. IEEE Trans. MTT-31 (1983) 447–456.
98. Rollett, J.M.: Stability and power-gain invariants of linear twoports.IRE Trans. CT-9 (1962) 29–32.
99. Snapp, C.P.: Advanced silicon bipolar technology yields usable monolithic microwave and high speed digital ICs. Microwave J. August (1983) 93–103.

100. Coughlin, J.B., Gelsing, R.J.H., Jochems, P.J.W., Van der Laak, H.J.M.: A monolithic silicon wideband amplifier from DC to 1 GHz. IEEE Trans. SC-8 (1973) 414–418.
101. Kukielka, J., Snapp, C.: Wideband monolithic cascadable feedback amplifiers using silicon bipolar technology. IEEE Microwave Millimeter-Wave Monolithic Circuits Symp. (1982).
102. Ulrich, E.: Use negative feedback to slash wideband VSWR. Microwaves, Oct. (1978) 66–70.
103. Niclas, K.B., Wilser, W.T., Gold, R.B., Hitchens, W.R.: The matched feedback amplifier. IEEE Trans. MTT-28 (1980) 285–294.
104. Archer, J.A., Weidlich, H.P., Pettenpaul, E., Petz, F.A., Huber, J.: A GaAs monolithic low-noise broadband amplifier. IEEE Trans. SC-16 (1981) 648–652.
105. Pettenpaul, E., Archer, J.A., Weidlich, H.P., Petz, F.A., Huber, J.: Monolithische GaAs-Mikrowellenschaltkreise für Breitbandanwendungen. Siemens Forsch. Entwicklungsber. 10 (1981) 280–288.
106. Moghe, S.B., Gray, R.E., Tsai, W.C.: A 1.75–6 GHz miniaturized GaAs FET amplifier using quasilumped element impedance matching networks. IEEE Microwave and Millimeter-Wave Monolithic Circuits Symp. (1981).
107. Pengelly, R.S.: Application of feedback techniques to the realization of hybrid and monolithic broadband and low-noise and power GaAs FET amplifiers. Electron. Lett. 17 (1981) 798–799.
108. Niclas, K.B.: Compact multi-stage single-ended amplifiers for S-C band operation. IEEE MTT-S Microwave Symp. (1981).
109. Estreich, D.B.: A monolithic wideband GaAs IC amplifier. IEEE Trans. SC-17 (1982) 1166–1173.
110. Antennenverstärkermoduln in Dünnschichttechnik. Valvo Brief 23. Januar (1979), S. 1–7.
111. Meyer, R.G., Blauschild, R.A.: A 4-terminal wideband monolithic amplifier. IEEE Trans. SC-16 (1981) 634–638.
112. Nakata, T., Miyazaki, S., Kushiyama, H., Ishida, K.: Si-monolithic microwave wideband amplifier. Trans. IECE Japan 66 (1983) 502–503.
113. Pettenpaul, E., Langer, E., Huber, J., Mampe, H., Zimmermann, W.: Discrete GaAs microwave devices for satellite TV front ends. Siemens Forsch. Entwicklungsber. 13 (1984) 163–170.
114. Pettenpaul, E., et al.: Integrierte Mikrowellen-Receiver-Komponenten in GaAs-Technologie. BMFT-FB T85–159 (1985).
115. Niclas, K.B.: Noise in broadband GaAs MESFET amplifiers with parallel feedback. IEEE Trans. MTT-30 (1982) 63–70.
116. Moghe, S., Osbrink, N.K.: General-purpose 2- to 12-GHz amplifier nears production. MSN March (1984) 129–144.
117. Watkins, E., Schellenberg, J.M., Yamasaki, H.: A 30 GHz FET receiver. IEEE MTT-S Int. Microwave Symp. Digest (1982) p. 16–18.
118. Rosenberg, J., Chye, P., Huang, C., Policky, G.: A 26.5–40 GHz GaAs FET amplifier. IEEE MTT-S Int. Microwave Symp. Digest (1982) p. 166–168.
119. Maki, D.W., Esfandiari, R., Siracusa, M.: Monolithic low noise amplifiers. Microwave J. Oct. (1981) 103–106.
120. Liu, L.C., Maki, D.W., Feng, M., Siracusa, M.: Single and dual stage monolithic low noise amplifiers. IEEE GaAs IC Symp. (1982) p. 94–97.
121. Itah, H., Sugiura, T., Tsuji, T., Honjo, K., Takayama, Y.: 12 GHz-band low-noise GaAs monolithic amplifiers. IEEE MTT-S Digest (1983) p. 54–57.
122. Hori, S., Kamei, K. Shibata, K.l, Tatematsu, M., Mishima, K., Okano, S.: GaAs monolithic MIC's for direct broadcast satellite receivers. IEEE Trans. MTT-31 (1983) 1089–1095.
123. Kermarrec, C., Harop, P., Tsironis, C., Faguet, J.: Monolithic circuits for 12 GHz direct broadcasting satellite reception. IEEE Microwave and Millimeterwave Monolithic Circuits Symp. (1982) p. 5–10.
124. Lehmann, R.E., Brehm, G.E., Seymour, D.J., Westphal, G.H.: 10 GHz monolithic GaAs low noise amplifier with common-gate input. IEEE GaAs IC Symp. (1982) p. 71–74.
125. Weller, K.P., Robinson, G.D., Benavides, A., Fairman, R.D.: GaAs monolithic lumped element multistage microwave amplifier. IEEE MTT-S Int. Microwave Symp. Digest (1983) p. 69–73.
126. Higashisaka, A., Mizuta, T.: 20-GHz band monolithic GaAs FET low-noise amplifier. IEEE Trans. MTT-29 (1981) 1–6.
127. Kennan, W., Chye, P., Huang, C., Pardo, M.: A 19,7–21,7 GHz amplifier. IEEE Solid-State Circuits Conf. Digest (1983) p. 196–197.
128. Fukui, H.: Optimal noise figure of microwave GaAs-MESFET's. IEEE Trans. Electron Devices 26 (1979).
129. Soares, R., Graffeuil, J., Obrégon, J.: Applications of GaAs MESFETs. Dedham: Artech House 1983.
130. Thaler, H.J.: Lineare Mikrowellen-Leistungsverstärker für Digital-Richtfunksysteme mit 16 QAM. Telcom Report 6, 5 (1983) 277–283.
131. Emery, F.E., de Leon, J.C.: Microwave System News 9 (1979) 67.
132. White, P.M.: Improved IMD measurements for GaAs power FETs. Microwaves 22 (1983) 80–82.
133. Hsieh, C.: GaAs FET IMD demands better standard. Microwaves 21 (1982) 93–94.
134. Monroe, J.W., de Koning, J.G., Kelly, W.M., Tokuda, H.: Spot Compression points with equal-gain circles. Microwaves 16 (1977) 60–64, 77.

135. Zemack, D.: A new load pull measurement technique eases GaAs characterization. Microwave J. 23 (1980) 63–67.
136. Sechi, F.N.: Design procedure for high-efficiency linear microwave power amplifiers. IEEE Trans. MTT-28 (1980) 1157–1163.
137. Honjo, K., Takayama, Y., Higashisaka, A.: Broad-band internal matching of microwave power GaAs MESFETs. IEEE Trans. MTT-27 (1979) 3–8.
138. DiLorenzo, J.V., Khandelwal, D.D.: GaAs FET principles and technology. Dedham: Artech House 1982.
139. Matthaei, G.L., Young, L., Jones, E.M.T.: Microwave filters, impedance-matching networks, and coupling structures. Dedham: Artech House 1980.
140. Liechti, C.A., Tillman, R.L.: Design and performance of microwave amplifiers with GaAs Schottky-gate field-effect transistors. IEEE Trans. MTT-22 (1974) 510–517.
141. Higashisaka, A., Takayama, Y., Hasegawa, F.: A high power GaAs-MESFET with an experimentally optimized pattern. IEEE Trans. ED-27 (1980) 1025–1034.
142. Russel, K.J.: Microwave power combining techniques. IEEE Trans. MTT-27 (1979) 472–478.
143. Fukuden, N., Ishiyama, N., Arai, Y.: A 9–10 GHz, 5 W-GaAs-FET amplifier. Conf. Proc. 11th European Microwave Conf., Amsterdam 1981, pp. 765–769.
144. Tokomitsu, Y., Saito, T., Okubo, N., Kaneko, Y.: A 6-GHz 80 W-GaAs FET amplifier with a TM-Mode cavity power combiner. IEEE Trans. MTT-32 (1984) 301–308.
145. Goel, J.: A K-band GaAs-FET amplifier with 8,2-W output power. IEEE Trans. MTT-32 (1984) 317–323.
146. Cripps, S.C.: A theory for the prediction of GaAs FET load-pull power contours. IEEE MTT-S Int. Microwave Symp. Dig. 1983 p. 221–223.
147. Unger, H.G., Harth, W.: Hochfrequenz-Halbleiterelektronik. Stuttgart: Hirzel 1972.
148. McCumber, D.B., Chenoweth, A.G.: Theory of negative-conductance amplification and of Gunn-instabilities in "two-valley" semiconductors. IEEE Trans. Electron Devices 13 (1966) 4–21.
149. Prager, H.J., Chang, K.K.N., Weisbrod, S.: High-power high-efficiency silicon avalanche diodes at ultra-high frequencies. Proc. IEEE 55 (1967) 586–587.
150. Evans, W.J.: Circuits for high-efficiency avalanche-diode oscillators. IEEE Trans. MTT-17 (1969) 1060–1067.
151. Levine, P., Liu, S.G.: Tunable L-band high-power avalanche-diode oscillator circuits. IEEE J. Solid-State Circuits. SC-4 (1969).
152. Quine, J.P.: Circuit behaviour and impedance characteristics of broad-band TRAPATT-Mode amplifiers. IEEE Trans. MTT-27 (1979) 23–31.
153. Miller, S.E., Chynoweth: Optical fibre communications. New York: Academic Press 1979. Beitrag von Burrows, C.A. et al.: Optical sources.
154. Döning, H.: Rückschau auf 50 Jahre Klystronenentwicklung. Heinrich-Hertz-Symp. Karlsruhe, 1988, S. 85–98.
155. Hirschfield J.L., Wachtel, J.M.: Electron cyclotron maser. Phys. Rev. Let. 12 (1964) 533–536
156. Wang, K.-G., Wang, S.G.: State-of-the-art ion-implanted low-noise GaAs MESFETs and high-performance monolithic amplifiers. IEEE Trans. Electron Devices, Vol. ED-34, 2610–2615, 1987.
157. Mishra, U.K., Brown, A.S., Delaney, M.J., Greiling, P.T., Krumm, C.F.: The AlInAs-GaInAs HEMT for microwave and mm-wave applications. IEEE Microwave Theory Tech., Vol. MTT-37, 1279–1285, 1989.
158. Duh, K.H.G., Chao, P.C., Ho, P., Tessmer, A., Liv, S.M.J., Kao, M.Y., Smith, P.M., Balliugal, J.M.: W-band InGaAs HEMT low noise amplifiers. 1990 Int. Microw. Symposium Digest, Vol. I, S. 595–598.

10. Oszillatoren (Schwingungserzeugung)

Kapitel 10 befaßt sich mit Verfahren zur Erzeugung von ungedämpften, annähernd sinusförmigen Schwingungen [1, 2]. Zunächst werden die Voraussetzungen der Entstehung ungedämpfter Schwingungen erarbeitet. Es folgt die Beschreibung der in der Hochfrequenztechnik verwendeten Oszillatoren, die man in Zweipol- und Vierpoloszillatoren (Verstärkeroszillatoren) einteilen kann.

Beiden ist gemeinsam, daß die Verluste eines resonanzfähigen Gebildes, etwa eines Schwingkreises oder eines Hohlraumes, durch einen negativen Widerstand ausgeglichen werden.

Die Realisierung eines solchen negativen Widerstandes ist die Grundaufgabe der Oszillatortechnik.

Bei der Konstruktion von Oszillatoren strebt man an, daß die erzeugten Schwingungen möglichst sinusförmig, Amplitude und Frequenz also konstant sind. Das einseitige Spektrum einer solchen Schwingung besteht aus einer einzigen Linie.

Die Erzeugung von Leistung steht bei Oszillatoren dagegen nicht im Vordergrund. Vielmehr ist man bestrebt, Schwingungs- und Leistungserzeugung zu trennen, damit Schwankungen der Eigenschaften des angeschlossenen Verbrauchers nicht die Konstanz der erzeugten Schwingung beeinträchtigen.

Im Bereich der Höchstfrequenztechnik und der Industriegeneratoren ist eine solche Trennung allerdings nicht immer möglich oder erforderlich, so daß man dort auch Leistungsoszillatoren vorfindet.

Auf die Optimierung einer Schaltung hinsichtlich ihrer Frequenzstabilität wird in Abschn. 10.4.3 eingegangen, dort werden auch die Qualitätsbegriffe „Kurzzeitstabilität“ und „Langzeitstabilität“ erläutert.

10.1 Charakterisierung von selbsterregten Oszillatoren. Stabilitätskriterien

Im ersten Teil dieses Kapitels wollen wir untersuchen, welche Bedingungen erfüllt sein müssen, damit eine Schaltung schwingungsfähig ist und an welchen Kriterien man dies erkennen kann.

Zu diesem Zweck betrachten wir ein einfaches schwingungsfähiges Gebilde, nämlich einen Serienschwingkreis (Abb. 10.1/1), bestehend aus den 3 Elementen R, L und C, und untersuchen, wie sich der Kreis verhält, wenn er zur Zeit $t = 0$ einmal angestoßen wird und sich dann selbst überlassen bleibt. Der Maschenumlauf liefert

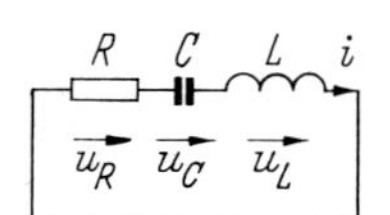

Abb. 10.1/1. Serienschwingkreis

uns die Differentialgleichung für den Strom i:

$$L\frac{d^2 i}{dt^2} + R\frac{di}{dt} + \frac{1}{C}i = 0. \tag{10.1/1}$$

Mit Hilfe des Ansatzes $i = I\,e^{pt}$ erhalten wir aus Gl. (10.1/1) $I\,e^{pt}F(p) = 0$ und mit $I \neq 0$ und $e^{pt} \neq 0$ die charakteristische oder Stammgleichung des Reihenschwingkreises

$$F(p) = p^2 L + pR + 1/C = 0. \tag{10.1/2}$$

Sie hat die Lösungen

$$p_{1,2} = -\frac{R}{2L} \pm j\frac{1}{\sqrt{LC}}\sqrt{1 - \frac{R^2 C}{4L}} = \sigma_s \pm j\omega_s. \tag{10.1/3}$$

Daraus folgt für den Strom im Schwingkreis:

$$i = (I_1\,e^{j\omega_s t} + I_2\,e^{-j\omega_s t})\,e^{\sigma_s t}.$$

1. Für $\sigma_s > 0$ wächst die Amplitude der Schwingungen exponentiell mit zunehmender Zeit.
2. Für $\sigma_s < 0$ erhält man gedämpfte Schwingungen; der Ruhezustand wird wieder erreicht.
3. Für $\sigma_s = 0$ erhält man ungedämpfte Schwingungen konstanter Amplitude und der Frequenz ω_s.

Wir nennen eine Schaltung stabil, wenn bei aufgezwungenen Störungen $\sigma_s < 0$, d. h., wenn Punkt 2. erfüllt ist, und wir nennen eine Schaltung instabil, wenn $\sigma_s > 0$, d. h., wenn Punkt 1. erfüllt ist.

Wir sehen also, daß man mit einfachen Schwingkreisen, die durch lineare, homogene Differentialgleichungen beschrieben werden, wegen der unvermeidlichen Verluste ($R > 0$) nur gedämpfte Schwingungen erzeugen kann, wenn nach einem einmaligen Anstoß keine Energiezufuhr mehr von außen erfolgt. Wird der Verlustwiderstand R so groß, daß $R^2C/(4L) > 1$ ist, entstehen überhaupt keine Schwingungen.

Gleichung (10.1/3) besagt, daß wir nur ungedämpfte Schwingungen konstanter Amplitude erhalten können, wenn $R = 0$ ist, was gleichbedeutend ist mit der Forderung $\sigma_s = 0$. Die Schaltung muß daher so geändert werden, daß die Wirkung von R kompensiert wird, d. h., wir brauchen zusätzlich eine Energiequelle, die den Schwingkreis entdämpft. Beim Serienschwingkreis kann man dies erreichen, indem man in Reihe zu L, R und C ein Bauelement schaltet, das eine bestimmte Spannungsstromcharakteristik $u(i)$ besitzt, die im folgenden bestimmt werden soll.

Gl. (10.1/1) ändert sich dann folgendermaßen:

$$L\frac{d^2 i}{dt^2} + \frac{1}{C}i + R\frac{di}{dt} + \frac{d}{dt}[u(i)] = 0. \tag{10.1/4}$$

$u(i)$ sei in einem bestimmten Arbeitspunkt durch eine Taylor-Reihe entwickelbar

$$u(i) = c_0 + c_1 i + c_2 i^2 + c_3 i^3 + \cdots c_n i^n. \tag{10.1/5}$$

Gleichung (10.1/5) in Gl. (10.1/4) eingesetzt, ergibt

$$L\frac{d^2 i}{dt^2} + \frac{1}{C}i + \frac{di}{dt}(R + c_1 + 2c_2 i + 3c_3 i^2 + \cdots nc_n i^{n-1}) = 0. \tag{10.1/6}$$

Nähere Einzelheiten darüber, wie man die Entdämpfung realisieren kann, werden in den nachfolgenden Abschnitten gebracht.

Man erkennt, daß die Differentialgleichung, die vorher linear war, dadurch nichtlinear geworden ist, daß der Kennlinienverlauf des entdämpfenden Bauelements in die Gleichung eingeht. Bei der Diskussion der Gl. (10.1/6) wollen wir uns zunächst auf den Fall beschränken, daß die Kennlinie eine Gerade ist bzw. nur schwach ausgesteuert wird, im Arbeitspunkt also durch ihre Tangente ersetzt werden kann. Dann sind alle c_n mit Ausnahme von c_1 gleich Null und aus Gl. (10.1/6) wird:

$$L\frac{\mathrm{d}^2 i}{\mathrm{d}t^2} + \frac{1}{C}i + (R + c_1)\frac{\mathrm{d}i}{\mathrm{d}t} = 0\,. \tag{10.1/7}$$

Als Bedingung dafür, daß sich ungedämpfte Schwingungen einstellen, ist nun zu fordern, daß der Koeffizient von $\mathrm{d}i/\mathrm{d}t$ Null wird, also

$$R + c_1 = 0 \rightarrow c_1 = -R\,, \tag{10.1/8}$$

d. h., die Steigung der Kennlinie muß im Arbeitspunkt negativ sein, damit eine Entdämpfung stattfinden kann. Den Koeffizienten c_1 kann man als einen negativ differentiellen Widerstand auffassen, der durch die Gleichung definiert ist

$$R_\sim = c_1 = \frac{\mathrm{d}u}{\mathrm{d}i}\,. \tag{10.1/9}$$

Der Quotient u/i bleibt selbstverständlich immer positiv.

In Abb. 10.1/2 ist das Wechselstromersatzbild des Oszillators, das zu Gl. (10.1/7) gehört, zu sehen.

Als *Anfachungsbedingung* für Schwingungen ist zu fordern:

$$R + R_\sim = R + c_1 < 0 \rightarrow c_1 < -R, \quad |c_1| > R$$

d. h., σ_s, der Realteil der komplexen Frequenz, wird dann positiv, so daß kleine Störungen mit der Zeit sich vergrößern und Schwingungen endlicher Amplitude entstehen können. Würde nun $\sigma_s > 0$ immer gelten, so würde die Amplitude exponentiell mit zunehmender Zeit unendlich groß werden. Praktisch ist immer eine Begrenzung vorhanden, z. B. dadurch, daß die Energiequelle nur eine endliche Leistung liefert. In unseren Gleichungen macht sich die Begrenzung dadurch bemerkbar, daß der Betrag des negativen Widerstanes $\mathrm{d}u/\mathrm{d}i$ nicht konstant ist, sondern mit größer werdender Schwingamplitude kleiner wird und schließlich auch Null werden kann, σ_s wird also aussteuerungsabhängig. Das bedeutet aber, daß wir keine Differentialgleichung mit konstanten Koeffizienten mehr haben. Zur Amplitudenbegrenzung sind Nichtlinearitäten, also gekrümmte Kennlinien, unbedingt erforderlich, die Differentialgleichung wird nichtlinear [Gl. (10.1/6)].

Zusammenfassend kann man sagen, daß Systeme, die durch homogene, lineare Differentialgleichungen beschrieben werden, nur gedämpfte oder exponentiell anwachsende Schwingungen liefern können, und daß selbsterregte Oszillatoren, die

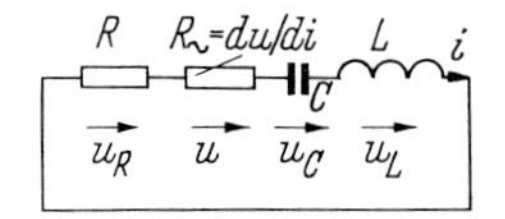

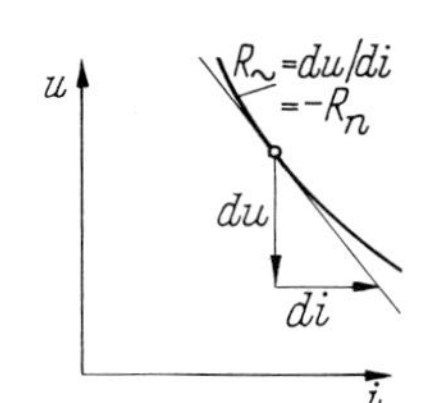

Abb. 10.1/2. Entdämpfter Serienschwingkreis

Schwingungen konstanter Amplitude liefern können, durch homogene, nichtlineare Differentialgleichungen charakterisiert sind [1]. Eine Klassifikation von Schwingungen und eine Übersicht über parametererregte, erzwungene Schwingungen sowie Koppelschwingungen in Systemen mit mehreren Freiheitsgraden findet man in [2].

10.2 Zweipoloszillatoren vom S- und N-Typ

Frühzeitig wurde erkannt, daß Zweipoloszillatoren vom S-Typ nur einen Serienkreis entdämpfen können und Zweipole vom N-Typ nur mit einem Parallelkreis stabil arbeiten können („Rukopsches Problem“ [3, 4]). Schwingungserzeuger vom S-Typ sind (außer dem Lichtbogen) die Doppelbasisdiode und die Vierschichtdiode.

Zum N-Typ gehören außer dem Dynatron (Triode mit positiver Gitterspannung $>$ Anodenspannung) noch die Tunneldiode. Durch geeignete Schaltungen lassen sich mit Röhren [6, 7] und Transistoren [8] negativ differentielle Widerstände erzeugen.

Bei allen diesen Elementen wird die Frequenz der erzeugten Schwingung durch die äußere Beschaltung im Zusammenhang mit vorhandenen parasitären Reaktanzen und andere Effekte bestimmt. Dem stehen Elemente gegenüber, bei denen die Frequenz der erzeugten Schwingung im wesentlichen durch den Bewegungsablauf der Ladungsträger im Halbleitermaterial bestimmt wird. Es sind dies das Elektronen-Transfer-Element und die Lawinenlaufzeitdiode. Auch mit Raumladungsdioden lassen sich Schwingungen anregen [9, 10].

10.2.1 Tunneldioden-Oszillatoren

Mit der von Esaki im Jahre 1958 [11] bei der Untersuchung hochdotierter pn-Schichten entdeckten Tunneldiode (s. Abschn. 7.1.6 und 9.1.8) lassen sich Oszillatorschaltungen bei Frequenzen bis über 100 GHz hinaus realisieren [12, 13]. Im Vergleich zu Röhren und Transistoren ist die Tunneldiode ein wesentlich niederohmigeres Element. Gegenüber anderen Halbleiteroszillatoren (Gunn-Element (Abschn. 10.2.2) bzw. Impatt-Diode (Abschn. 10.2.3)) erreicht die Tunneldiode auf Grund des bei vergleichsweise geringen Spannungen in der Kennlinie auftretenden negativ differentiellen Widerstandes nur sehr geringe Ausgangsleistungen. Die Strom-Spannungs-Kennlinie nach Abb. 10.2/3 ist vom N-Typ. Das Kleinsignalersatzschaltbild (Abb. 10.2/5) für einen Arbeitspunkt im fallenden Teil der Kennlinie besteht aus

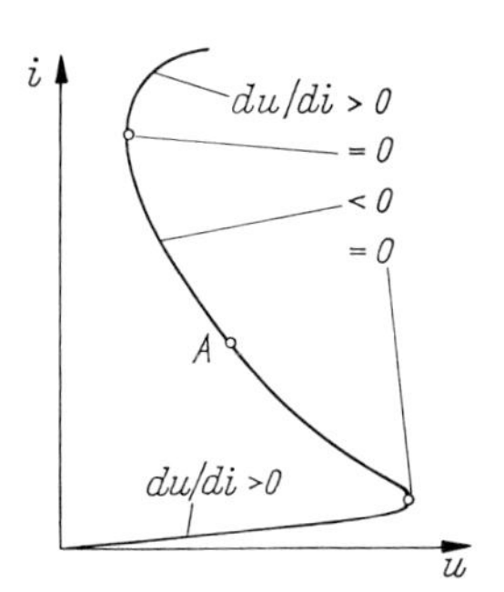

Abb. 10.2/1. Schwingungserzeugung mittels Lichtbogen. Statische Lichtbogenkennlinie: „S-Kennlinie“

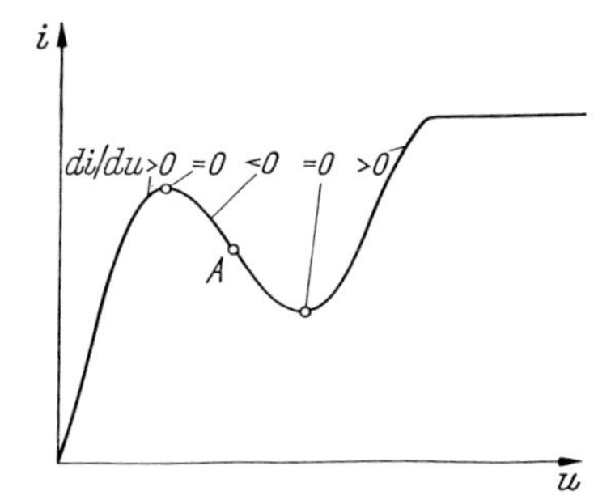

Abb. 10.2/2. Schwingungserzeugung mittels Dynatron. Statische Dynatronkennlinie: „N-Kennlinie“

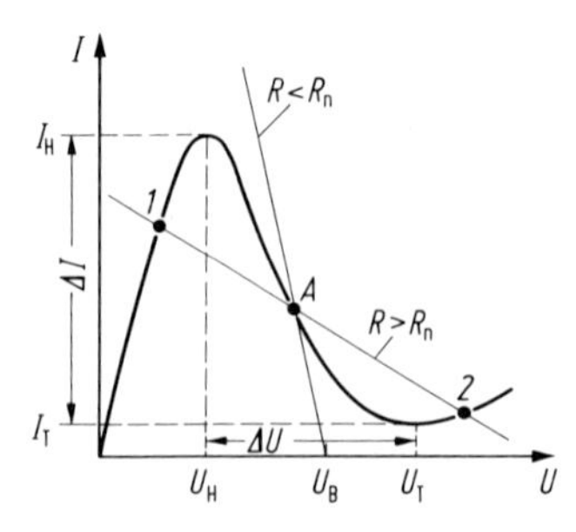

Abb. 10.2/3. Verschiedene Arbeitsgeraden in der statischen Kennlinie der Tunneldiode

dem negativen Widerstand $-R_n$ ($R_n > 0$) und der durch die Kapazität des pn-Übergangs gebildeten Parallelkapazität C_j. Der Bahnwiderstand wird mit R_B, die Zuleitungsinduktivität mit L_s berücksichtigt. Eine einfache Oszillatorschaltung erhalten wir, wenn wir die Tunneldiode nach Abb. 10.2/4 mit einer Spannungsquelle U_B, einer Induktivität L_Z und einem Lastwiderstand R_L beschalten [14]. Das Kleinsignalersatzschaltbild hierzu zeigt Abb. 10.2/5.

Aus der Knotengleichung $i_n + i_c + i_L = 0$ folgt die Differentialgleichung dieser Anordnung mit $L = L_s + L_Z$, $R = R_B + R_L$ und $u = Ri_L + L\,\mathrm{d}i_L/\mathrm{d}t$ sowie

$$i_L = u/R_n - C_j\,\mathrm{d}u/\mathrm{d}t$$

$$LC_j\mathrm{d}^2u/\mathrm{d}t^2 + (RC_j - L/R_n)\,\mathrm{d}u/\mathrm{d}t + (1 - R/R_n)u = 0$$

und mit $u = U_0\mathrm{e}^{pt}$ die Stammgleichung

$$F(p) = p^2LC_j + p(RC_j - L/R_n) + 1 - R/R_n = 0\,. \tag{10.2/1}$$

Wir erhalten als Lösungen für p

$$p_{1,2} = \sigma_0 \pm \mathrm{j}\omega_0 = \frac{1}{2}\left(\frac{1}{C_jR_n} - \frac{R}{L}\right) \pm \mathrm{j}\sqrt{\frac{1 - R/R_n}{LC_j} - \frac{1}{4}\left(\frac{1}{C_jR_n} - \frac{R}{L}\right)^2}\,. \tag{10.2/2}$$

Periodische Schwingungen sind nur möglich, wenn der Radikand in Gl. (10.2/2) positiv, d. h.

$$R = R_B + R_L < R_n \tag{10.2/3}$$

ist. Diese Gleichung wollen wir als *Gleichstrom-Stabilitätsbedingungen* bezeichnen. Für $R > R_n$ ist der Arbeitspunkt A in Abb. 10.2/3 instabil; die beiden Schnittpunkte 1 und 2 der Arbeitsgeraden mit der Kennlinie sind stabil. Die Diode kann hierbei als Schalter arbeiten. Sollen sich Schwingungen der Frequenz ω_0 aus dem Rauschen heraus selbst erregen, so muß σ_0 nach Gl. (10.2/2) positiv sein, also

$$R = R_B + R_L < (L_S + L_Z)/R_nC_j\,. \tag{10.2/4}$$

Dies bezeichnen wir als *Wechselstrom-Stabilitätsbedingung*. Wird $(L_S + L_Z) < R_n^2C_j$

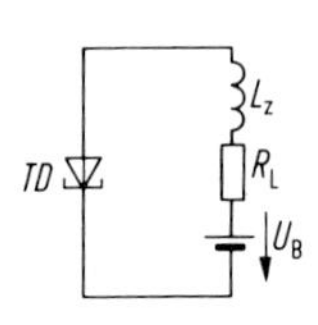

Abb. 10.2/4. Tunneldiode mit Beschaltung

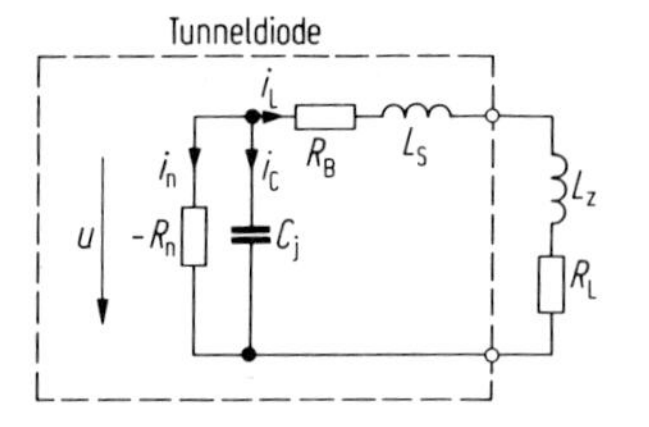

Abb. 10.2/5. Tunneldioden-Ersatzschaltbild mit Außenkreis

und liegt R zwischen den beiden durch Gl. (10.2/3) und Gl. (10.2/4) gegebenen Werten, so ist die Schaltung stabil und kann zur Verstärkung benutzt werden (s. Kap. 9).

Die maximale Schwingfrequenz eines Tunneldiodenoszillators ist durch die Grenzfrequenz der Diode gegeben. Sie ist definiert als die Frequenz, bei der der Realteil der Kleinsignaleingangsimpedanz der Diode zu Null wird. Wir erhalten sie aus Gl. (10.2/2) für $L_Z = 0$ und $R_L = 0$:

$$f_{0\,\max} = f_c = \frac{1}{2\pi R_n C_j} \sqrt{\frac{R_n - R_B}{R_B}} \,. \tag{10.2/5}$$

Die maximale Schwingfrequenz der Schaltung nach Abb. 10.2/5 wird mit $L_Z = 0$ bei der Eigenresonanzfrequenz der Diode erreicht:

$$f_r = \frac{1}{2\pi\sqrt{L_s C_j}} \sqrt{1 - \frac{L_s}{C_j R_n^2}} \,. \tag{10.2/6}$$

Da nach Gl. (10.2/4) für $R_L = 0$ und $L_Z = 0$ der Wert $L_s > C_j R_n R_B$ bleibt, findet man aus Gl. (10.2/6) $f_r < f_c = f_{0\,\max}$. Schwingungen oberhalb der Eigenresonanzfrequenz f_r, aber stets unterhalb der Grenzfrequenz f_c, sind bei geeigneter Beschaltung der Diode mit einer Zusatzkapazität möglich [14].

Für die bisherige Rechnung wurde die Diodenkennlinie im Arbeitspunkt A durch ihre Tangente angenähert. Die Amplitude der Schwingungen würde dann nach Gl. (10.2/4) exponentiell ansteigen. Tatsächlich stellt sich jedoch ein stationärer Endwert ein, weil infolge der Krümmung der Kennlinie die wirksame Entdämpfung abnimmt. Die Abweichung der Schwingungsform von der Sinusform nimmt dabei mit steigenden Werten des Verhältnisses $L/RR_n C_j$ zu. Dabei ist die Stromkurve durch die 3. Harmonische wesentlich stärker als die Spannungskurve verzerrt [20]. Der resultierende Verlauf des Schwingungsvorganges wird der Kennlinie gemäß durch eine nichtlineare Differentialgleichung beschrieben. Er wurde früher nur mit graphischen oder numerischen Methoden ermittelt [15–17, 23]. Analytische Lösungen findet man in [20–22].

Wird die Kennlinie der Tunneldiode durch eine kubische Parabel angenähert, so ist die maximal abgebbare Leistung bei Aussteuerung um den Arbeitspunkt A [18] mit den Amplituden ΔU und ΔI nach Abb. 10.2/3:

$$P_{\max} \approx \frac{3}{16} \Delta U \, \Delta I \left(1 - \left(\frac{f}{f_c}\right)^2\right) \quad \text{für } f \leq f_c \,. \tag{10.2/7}$$

Nach höheren Frequenzen hin nimmt die abgebbare Leistung infolge des Bahnwiderstandes R_B und der Sperrschichtkapazität C_j ab und wird bei der Grenzfrequenz der Diode zu Null. Der Spannungs-Aussteuerbereich ist jeweils für ein Halbleitermaterial nahezu konstant. Es ist z. B. für Germanium $\Delta U \approx 250$ mV und für Galliumarsenid $\Delta U \approx 350$ mV. Der Strom-Aussteuerbereich $\Delta I \approx I_H$ ist bei Mikrowellendioden $\Delta I \approx 1$ bis 20 mA. Es werden z. B. bei 5 GHz eine Leistung $P = 10$ mW und bei 10 GHz eine Leistung $P = 2$ mW bei einem Wirkungsgrad von 2% erreicht [19]. Durch den Parallelbetrieb mehrerer Tunneldioden läßt sich die Ausgangsleistung erhöhen [13].

Für den Betrieb als Oszillator ist die Tunneldiode in einem Resonator eingebaut. Bei dem koaxialen Resonator nach Abb. 10.2/6 wird über die Auskoppelschleife die Oszillatorleistung dem externen Lastwiderstand (R_L in Abb. 10.2/5) zugeführt, der Kurzschlußschieber dient zur Einstellung der für den Schwingbetrieb notwendigen Abschlußreaktanz der Diode, die im Ersatzschaltbild 10.2/5 als Induktivität L_Z dargestellt ist. Über ein Tiefpaßnetzwerk wird die für die Einstellung des Gleichstromarbeitspunktes notwendige Gleichspannung zugeführt.

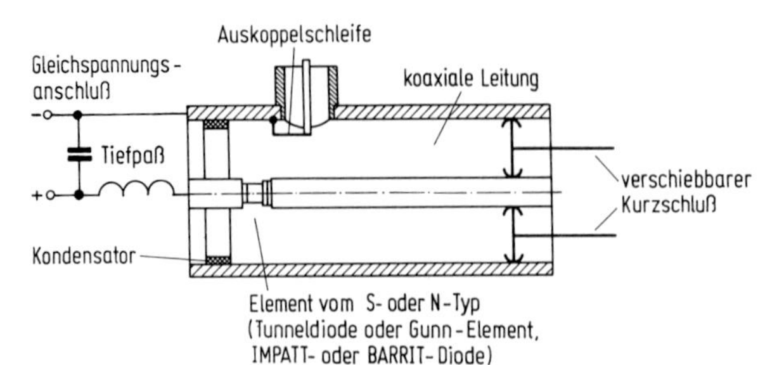

Abb. 10.2/6. Koaxialer Resonator mit Tunneldiode

10.2.2 Elektronen-Transfer-Elemente (Gunn-Elemente) als Oszillatoren

Im Jahre 1963 entdeckte Gunn [24], daß in n-dotierten GaAs-Proben bei Überschreiten einer bestimmten elektrischen Feldstärke Stromschwingungen auftreten. Die Ursache hierfür liegt in der besonderen Bandstruktur des GaAs, das im Leitungsband neben dem Hauptminimum ein Nebenminimum mit niedrigerer Elektronenbeweglichkeit besitzt, wenn man die Elektronenenergie als Funktion der Wellenzahl k in der Kristallrichtung [100] aufträgt [29, S. 328]. Mit zunehmender elektrischer Feldstärke treten oberhalb eines kritischen Wertes E_K die Elektronen vom Haupt- zum Nebenminimum über (Elektronentransfer s. Abschn. 7.1.7). Die Existenz des Gunn-Effekts war schon von Ridley, Watkins [25] und Hilsum [26] vorhergesagt worden. Daß der Elektronen-Transfer-Mechanismus die physikalische Ursache hierfür ist, wurde von Kroemer gezeigt [27].

Gunn-Elemente (s. Abschn. 7.2.4.4) finden als Mikrowellenoszillatoren kleiner Leistung (< 1 Watt) oder als Verstärker Anwendung bei Frequenzen von etwa 1 bis 100 GHz [28]. Als Halbleitermaterial wird bevorzugt GaAs oder InP benutzt. Den prinzipiellen Aufbau eines Gunn-Elementes zeigt Abb. 10.2/7a. Eine epitaktisch auf das hochdotierte n^+-Substrat aufgebrachte Schicht n-dotierten Materials bildet die aktive Zone. Hier erzeugte Verlustwärme wird durch das auf eine gut wärmeleitende Fassung montierte Substrat abgeleitet (Abb. 10.2/7b).

Liegt an dem Gunn-Element eine Gleichspannung, verhält es sich für $E < E_K$ näherungsweise wie ein ohmscher Widerstand (Kurvenzweig a in Abb. 10.2/8). Wird $E > E_K$, bleibt das elektrische Feld nicht homogen, es bilden sich vielmehr Raumladungspakete, sog. Domänen, die durch das Element vom negativen zum positiven Anschluß mit der mittleren Driftgeschwindigkeit der Elektronen wandern [29, 30]. Die Domänenbildung wird am negativen Kontakt in einem kleinen Bereich geringerer Dotierung der sonst gleichmäßig dotierten n-Schicht angeregt. Die hier erhöhte Feldstärke nimmt auf Grund der negativen Beweglichkeit und der damit negativen dielektrischen Relaxationszeit weiter zu, bis sich durch Sättigung eine stabile Feldverteilung einstellt. Im übrigen Element sinkt die Feldstärke wegen der konstanten Klemmenspannung auf Werte $E < E_K$ ab (s. Abb. 7.2/39b).

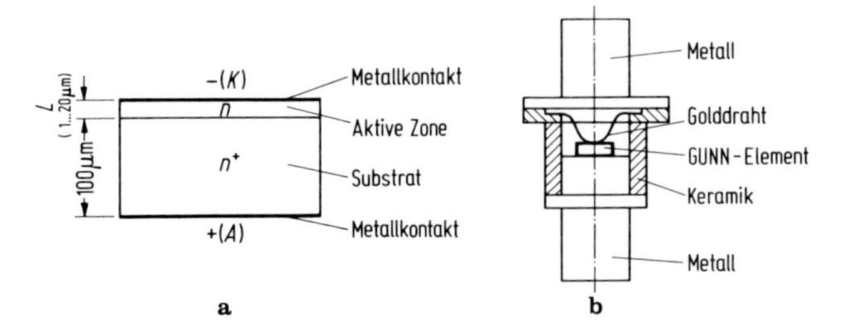

Abb. 10.2/7a u. b. Gunn-Element: **a** prinzipieller Aufbau; **b** im Gehäuse montiert

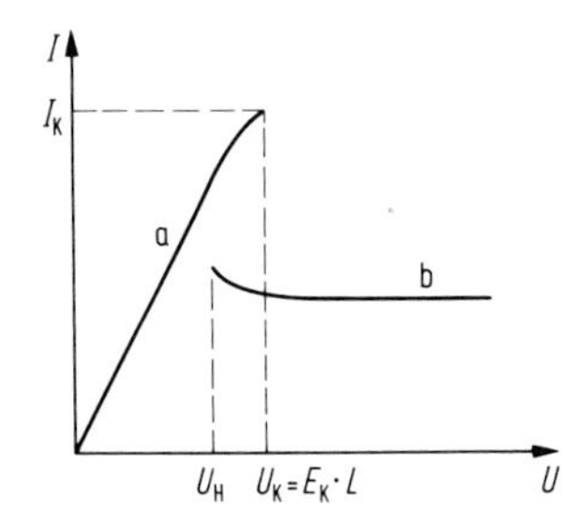

Abb. 10.2/8. Strom-Spannungscharakteristik eines Gunn-Elements mit $n_0 L > 10^{12}\,\mathrm{cm}^{-2}$: *a* statische Kennlinie ohne Domäne; *b* dynamische Kennlinie beim Wandern einer Domäne

Eine Erhöhung der Klemmenspannung erhöht in der Domäne die Feldstärke, läßt sie jedoch außerhalb absinken und verringert damit den Strom. Die Kennlinie hierfür zeigt der Kurvenzweig *b* in Abb. 10.2/8 [31]. Für Spannungen unterhalb der Haltespannung U_H wird die Domäne aufgelöst. Gelangt die Domäne an den positiven Kontakt, verschwindet sie und löst in der Beschaltung durch den Übergang von der dynamischen auf die statische Kennlinie in Abb. 10.2/8 einen Stromimpuls aus. Eine neue Domäne kann entstehen, sobald die Feldstärke den Wert E_K überschritten hat. Die Laufzeit τ der Domäne beträgt bei einer Driftgeschwindigkeit $v_s \approx 10^7$ cm/s und einer Länge $L = 10\,\mu\mathrm{m}$ $\tau = 10^{-10}$ s. Wesentlich für das Entstehen einer Domäne ist, daß der während der Relaxationszeit von den Elektronen zurückgelegte Weg kleiner ist als die Länge L der aktiven Zone. Dies führt zu der Bedingung, daß das Produkt $n_0 L > 10^{12}\,\mathrm{cm}^{-2}$ wird (n_0 Donatorendichte). Für Werte $n_0 L < 10^{12}\,\mathrm{cm}^{-2}$ tritt in GaAs der Gunn-Effekt nicht auf. Das Element zeigt jedoch im Bereich negativer Beweglichkeit bei bestimmten Frequenzen einen negativ differentiellen Leitwert, der zur Kleinsignalverstärkung ausgenutzt werden kann [29, 32]. Die niedrigste Frequenz, bei der dies geschieht, entspricht etwa dem Kehrwert der Laufzeit τ. Unterhalb dieser Frequenz ist das Element stabil.

Wird das Gunn-Element zum Betrieb als Mikrowellengenerator in einen Resonator eingebaut (Abb. 10.2/9), läßt sich durch die der Gleichspannung überlagerte Resonatorspannung der Zeitpunkt des Auslösens von Domänen und damit die Betriebsfrequenz beeinflussen. Beim *Laufzeitbetrieb* ist die Periodendauer T der Wechselspannung am Element gleich der Laufzeit τ. Bei $\tau = 10^{-10}$ s wird $f_\tau = 10$ GHz. Durch das verzögerte Auslösen der Domänen lassensich Frequenzen $f < f_\tau$, bei frühzeitigem Auslöschen der Domänen durch Unterschreiten der Haltespannung U_H Frequenzen $f > f_\tau$ erreichen.

In Abb. 10.2/9 ist das Gunn-Element in einen Hohlraum-Resonator eingebaut. Dessen Abstimmung erfolgt über den im Resonator eingebrachten Abstimmvaraktor. Bei $f_r \approx 10$ GHz lassen sich hierdurch Abstimmbereiche bis zu etwa 1% erreichen; die Abstimmung kann auch mechanisch durch kapazitiv wirkende Abstimmschrauben erfolgen. Die Oszillatorleistung wird durch eine am Resonatorende angeordnete Lochblende ausgekoppelt.

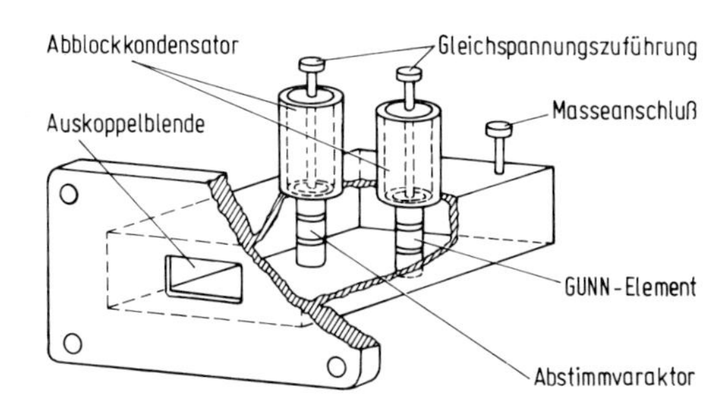

Abb. 10.2/9. Hohlleiter-Oszillator mit Gunn-Element und Abstimmvaraktor

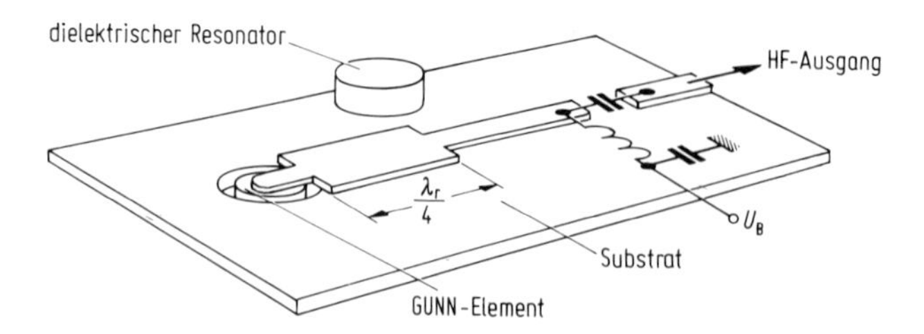

Abb. 10.2/10. Integrierter Mikrowellenoszillator mit Gunn-Element und dielektrischem Resonator, der mit dem Mittelteil der Streifenleitung magnetisch gekoppelt ist (im $TE_{01}\delta$-Mode betrieben)

Neben Koaxial-, Hohlraum- und Leitungsresonatoren finden bei Frequenzen unter ca. 20 GHz auch dielektrische Resonatorscheiben in integrierten Mikrowellenoszillatoren Verwendung, die aus einem Material mit einer relativ hohen Permittivität (z. B. $\varepsilon_r \approx 40$ bei Bariumtitanat) bestehen (Abb. 10.2/10 [113]). Der dielektrische Resonator ist in einem Abstand $\approx \lambda_r/4$ vom Gunn-Element angekoppelt. Bei $f_r \approx 10$ GHz beträgt der Durchmesser des Resonators etwa 5,6 mm, seine Dicke etwa 2,3 mm.

Die Umwandlung von Gleich- in Wechselenergie geschieht beim Domänenbetrieb durch das Bilden von Raumladungspaketen. Wegen der endlichen Größe und Geschwindigkeit der Domänen ist der Wirkungsgrad begrenzt; er beträgt nur wenige Prozent. Bessere Werte ($\approx$ 15 bis 30%) erreicht man beim LSA-Betrieb (*l*imited *s*pace-charge *a*ccumulation), bei dem bei einer gegenüber f_τ höheren Betriebsfrequenz durch geeignete Aussteuerung die Bildung von Domänen weitgehend unterdrückt wird [33]. Damit steht zur Entdämpfung direkt der negativ differentielle Widerstand des Elements zur Verfügung.

Die maximal abgebbare Wechselleistung des Gunn-Elements bei Domänenbetrieb nimmt wegen des Laufzeiteffekts bei steigenden Frequenzen mit $1/f^2$ ab. Bei LSA-Betrieb gilt diese Laufzeitbedingung nicht, hier begrenzen parasitäre Effekte (z. B. Skineffekt) die abgebbare Leistung. Zu niedrigeren Frequenzen hin ($f \lesssim 10$ GHz) wird sie im wesentlichen durch die zulässige Verlustleistung des Elements bestimmt. Die Leistung von Gunn-Elementen zwischen 20 und 120 GHz ist in Abb. 10.2/14 angegeben.

10.2.3 Lawinenlaufzeit-Oszillatoren (Read- und IMPATT-Dioden)

Die Erzeugung von Hochfrequenzschwingungen mit einer bis zum Avalanche-Durchbruch vorgespannten pn-Sperrschichtdiode wurde von Read [34] im Jahre 1958 vorgeschlagen. Hierbei influenzieren am pn-Übergang durch Stoßionisation erzeugte Ladungsträger im Außenkreis einen Strom geeigneter Phasenlage, der eine Impedanz mit negativem Realteil bewirkt. Erste praktische Realisierungen dieses Lawinenlaufzeit-Oszillators erfolgten 1965 [35, 36].

Heutige Lawinenlaufzeit-Dioden, sie werden auch IMPATT-Dioden (*imp*act ionization and *a*valanche *t*ransit *t*ime) genannt, werden oft nicht in der von Read behandelten n^+pip-Struktur ($^+$ bedeutet sehr stark dotiert), sondern als p^+nn^+-Dioden hergestellt. Aber auch geeignete pn-Dioden oder PIN-Dioden können zur Schwingungserregung benutzt werden [29, S. 296]. Als Halbleitermaterial wird außer Si oder GaAs auch InP benutzt. Den prinzipiellen Aufbau einer Lawinenlaufzeitdiode (Impattdiode, s. Abschn. 7.2.4.2) zeigt Abb. 10.2/11a für abrupten pn-Übergang, Abb. 10.2/11c für das Profil nach Read. Bei geeigneter Dotierung, der Länge w und der anliegenden Sperrspannung U_{sp}($\approx$ 20 bis 200 V) entsteht ein Verlauf des elektrischen Feldes in der Diode nach Abb. 10.2/11b [39]. An der Sperrschicht erreicht die

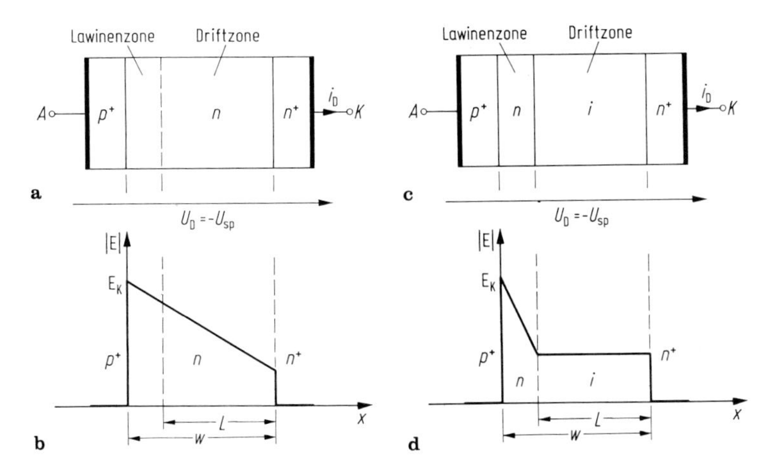

Abb. 10.2/11a–d. Lawinenlaufzeit-Diode: **a** prinzipieller Aufbau; **b** Feldverteilung bei angelegter Sperrspannung U_{sp} für abrupten pn-Übergang; **c** Aufbau der Read-Diode (i = intrinsic, eigenleitend); **d** Feldverteilung in der Read-Diode

Feldstärke den für das Einsetzen des Avalanche-Effekts notwendigen Wert E_K (360 kV/cm bei Si). Wird nun dem Gleichfeld ein Wechselfeld überlagert (Abb. 10.2/12a), setzt für $E > E_K$ die Paarbildung von Ladungsträgern durch Stoßionisation ein. Da hierbei die Generationsrate sehr stark mit der Feldstärke ansteigt, bleibt eine Ionisation auf die Gebiete höchster Feldstärke in der Nähe der Sperrschicht begrenzt. Es ist dies die in Abb. 10.2/11a gezeigte Lawinenzone. Es wird an der Sperrschicht ein Elektronenstrom nach Abb. 10.2/12b injiziert, dessen Maximum kurz vor dem Absinken der Feldstärke unter den Wert E_K erreicht wird. Diodenspannung und injizierter Strom sind damit um etwa 90° in der Phase verschoben [34]. Die entstehenden Löcher fließen zur p^+-Zone und tragen nicht zur HF-Erzeugung bei. Wegen der hohen Feldstärke im Laufraum driften die Elektronen mit der Sättigungsgeschwindigkeit v_s ($v_s \approx 10^7$ cm/s in Si) auf die n^+-Zone zu. Hierdurch wird in der äußeren Beschaltung ein rechteckförmiger Strom mit der Zeitdauer $\tau = L/v_s$ influenziert (Abb. 10.2/12c). Wird $\tau = T/2$, ist die Grundschwingung des Stromes bei der Kreisfrequenz

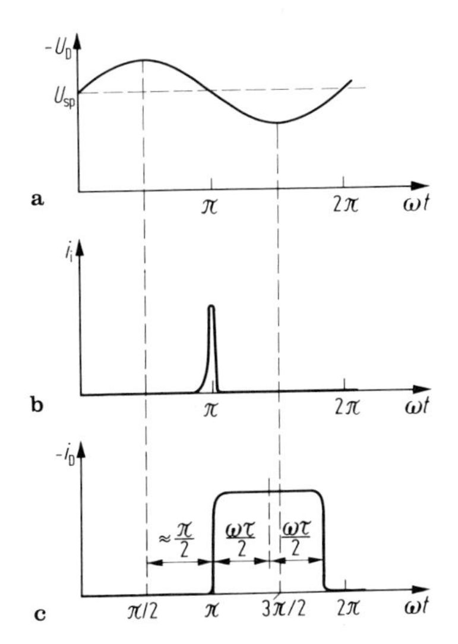

Abb. 10.2/12a–c. Betrieb einer Lawinenlaufzeit-Diode: **a** Klemmenspannung der Diode; **b** in der Sperrschicht injizierter Elektronenstrom; **c** Klemmenstrom der Diode (Influenzstrom)

ω gegenüber der Diodenwechselspannung um 180° in der Phase verschoben. Für $L = 10$ µm ist dies bei $f = 1/T = 5$ GHz der Fall. Die Diode zeigt bei dieser Frequenz einen negativen Widerstand, der zur Verstärkung oder Schwingungserzeugung ausgenutzt werden kann. Man erkennt, daß auch für $\omega\tau \neq \pi$ bzw. $T \neq 2\tau$ eine Entdämpfung möglich ist. Die kleinste Frequenz, bei der dies geschieht, wird als Lawinenfrequenz f_a bezeichnet.

Zum Betrieb als Mikrowellengenerator [39] wird die IMPATT-Diode in einen Resonator (s. z. B. Abb. 10.2/6) eingebaut, der so abgestimmt wird, daß er bei der Betriebsfrequenz die kapazitive Reaktanz der Diode kompensiert. Der Arbeitspunkt wird mit Hilfe einer Gleichstromquelle (mit hohem Innenwiderstand) eingestellt. Die Größe des eingeprägten Gleichstromes I_0 ($I_0 \approx 20$ bis 200 mA) bestimmt zusammen mit der Sperrspannung U_{sp} die maximal abgebbare Mikrowellenleistung. Zur weiteren Erhöhung der Mikrowellenleistung können mehrere Dioden (ca. 2 bis 10 Dioden) in einem gemeinsamen Resonator angeordnet werden [114].

Als Resonatoren finden Koaxialresonatoren (Abb. 10.2/6), Hohlraumresonatoren (Abb. 10.2/9) oder Leitungsresonatoren (Abb. 10.2/13) Verwendung.

In Abb. 10.2/13 wird die IMPATT-Diode mit einem ca. $\lambda_r/4$-langen Mikrostripresonator betrieben. Die Auskopplung der Mikrowellenleistung erfolgt über einen mit dem Leitungsresonator kombinierten Leitungskoppler. Über einen zweiten Koppler wird die Reaktanz des $\lambda_r/4$-Resonators und damit die Betriebsfrequenz des Oszillators verändert.

Gegenüber Gunn-Oszillatoren ist die Ausgangsleistung von IMPATT-Oszillatoren höher. Es werden einige Watt bis zu $f \approx 50$ GHz bei Dauerstrichbetrieb erreicht. Diese Leistung ist wegen der hohen Energiedichte im Halbleiterelement ($\approx 10^7$ Watt/cm^3) durch die zulässige Verlustleistung der Diode begrenzt. Zu höheren Frequenzen hin nehmen die abgebbaren Leistungen mit der für Laufzeitelemente typischen $1/f^2$-Charakteristik ab. Abbildung 10.2/14 zeigt die Dauerstrich-Oszillatorleistung von IMPATT-Dioden im Vergleich zu Gunn-Elementen [114, 115].

Bei gepulstem Betrieb können mit IMPATT-Dioden Spitzenleistungen erreicht werden, die um den Faktor 10 bis 20 höher sind als die genannten Werte bei Dauerstrichbetrieb.

Der theoretisch maximal erreichbare Wirkungsgrad beträgt für Si-Dioden 15%, für GaAs-Dioden 23%. Weitaus höhere Wirkungsgrade und Ausgangsleistungen lassen sich im sog. TRAPATT-Betrieb (*tra*pped *p*lasma *a*valanche *t*riggered *t*ransit) erreichen [37, 38]. Hierbei wird während der Stromflußphase das gesamte n-Gebiet ionisiert. Dies läßt die Diodenspannung auf kleinere Werte absinken und vermindert damit die Diodenverluste. An Fragen der Zuverlässigkeit und Reproduzierbarkeit wird noch gearbeitet.

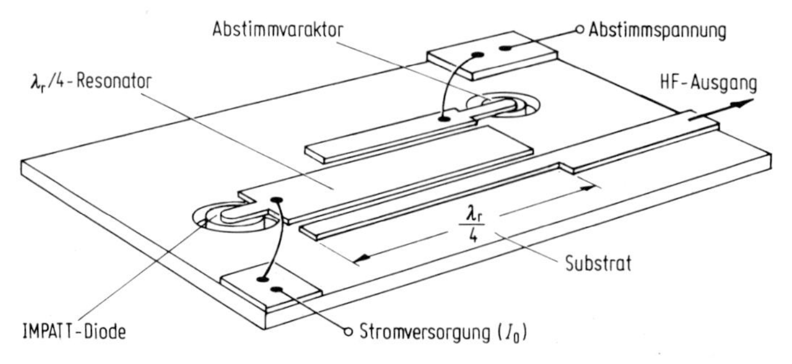

Abb. 10.2/13. Mikrowellenoszillator mit IMPATT-Diode und $\lambda_r/4$-Resonator als Streifenleiter

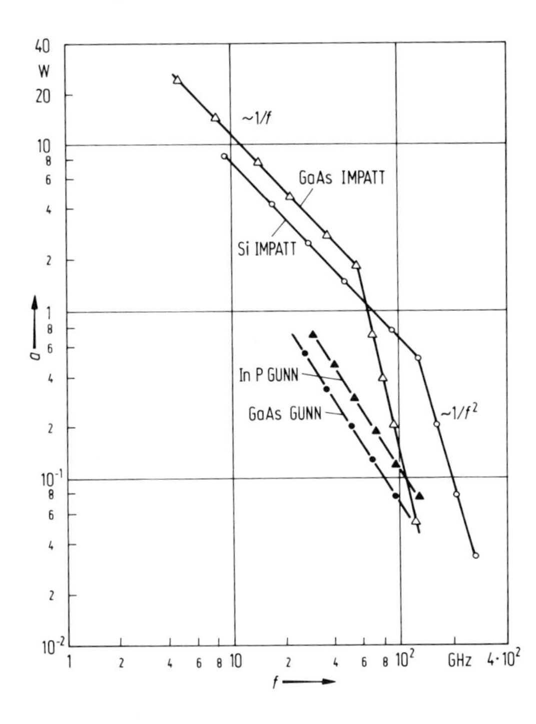

Abb. 10.2/14. Dauerstrichleistung von Halbleiter-Oszillatoren mit IMPATT-Dioden und Gunn-Elementen bei Frequenzen zwischen 5 und 200 GHz nach [114, 115]

Infolge der Erzeugung der injizierten Ladungsträger durch Stoßionisation rauschen IMPATT-Dioden [40] stärker als Gunn-Elemente. Das Rauschverhalten läßt sich verbessern, wenn statt durch Ionisation die Elektronen durch Minoritätsträger-Injektion an der pn-Sperrschicht [41] oder an einer Schottky-Barriere [42] erzeugt werden.

10.3 Zweipoloszillatoren mit Laufzeitröhren

Laufzeitröhren sind Elektronenröhren für das Höchstfrequenzgebiet ($f \geq 1000$ MHz = 1 GHz; $\lambda \leq 30$ cm), bei denen die Laufzeit der Elektronen zwischen den Hochfrequenzelektroden nicht mehr vernachlässigbar klein gegenüber der Periodendauer der zu verstärkenden oder zu erzeugenden Schwingung ist. Im Gegensatz zu dichtegesteuerten Röhren wird bei ihnen die endliche Laufzeit nutzbar für den Mechanismus gemacht.

Die Elektronen treten während ihres Weges zwischen Strahlerzeugungssystem und Auffänger oder in einem Teil dieses Weges in energetische Wechselwirkung mit stehenden oder fortschreitenden Hochfrequenzfeldern. Dabei werden die Elektronen in ihrer Geschwindigkeit gesteuert und es wandelt sich der in seiner Dichte ursprünglich homogene Strahl in einen dichtemodulierten Strahl um, so daß sich Ladungspakete bilden. Tritt ein solches Ladungspaket durch ein die Elektronen bremsendes Hochfrequenzfeld, so gibt es Energie an dieses ab. Diese Steuer-, Umwandlungs- und Auskoppelvorgänge spielen sich in longitudinalen elektrischen Feldern in Strahlrichtung ab (z. B. im Klystron) oder bei Verwendung wendelförmiger Elektronenbahnen in transversalen elektrischen Feldern quer zur Strahlachse (Gyrotron).

Die wichtigsten Laufzeitröhren-Oszillatoren sind heute das Carzinotron, das Magnetron, das Vielschlitz-Klystron sowie das Gyrotron (Gyromonotron mit anderen sich noch in der Entwicklung befindlichen Gyrotron-Bauarten). Das in den 50er und 60er Jahren hauptsächlich als Überlagerungs-Oszillator verwendete Reflexklystron ist für Frequenzen < 3 GHz durch bequemer handzuhabende Halbleiteroszillatoren ersetzt, wird aber bei mm-Wellen als leicht durchstimmbarer und modulierbarer Oszillator verwendet.

10.3.1 Reflexklystron

Das Reflexklystron ist ein spezielles Oszillatorklystron mit nur einem Resonator. Bei ihm erfolgt die Umwandlung des ursprünglich homogenen Elektronenstrahls in einen dichtemodulierten Strahl nicht in einem feldfreien Laufraum, sondern in einem elektrischen Bremsfeld vor einer auf U_R negativ vorgespannten Elektrode, dem Reflektor. Dieser Röhrentyp kann als Doppelgitter-Bremsfeldröhre bezeichnet werden, ähnlich der Bremsfeldröhre mit nur einem Gitter nach H. Barkhausen, der ersten Laufzeitröhre (1920).

Den Aufbau der Röhre zeigt schematisch Abb. 10.3/1. Die Berechnung erfolgt ähnlich und unter denselben Annahmen, wie beim Verstärkerklystron (s. 9.2.5). Die aus der Kathode K emittierten Elektronen werden auf die Geschwindigkeit v_0 (Gl. 9.2/46) beschleunigt und im hochfrequenten Wechselfeld eines Resonators zwischen den Elektroden g_1 und g_2 geschwindigkeitsmoduliert. Dann treten sie mit der Geschwindigkeit v_1 (Gl. 9.2/49) in den Raum vor dem Reflektor Rf ein. Unter der Annahme eines ebenen Gleichfeldes im Bremsraum, Abb. 10.3/2, kehren sie vor dem Reflektor um und treten mit der Geschwindigkeit v_1 nochmals, jedoch in entgegengesetzter Richtung in das Wechselfeld. Dabei entdämpft der so entstandene dichtemodulierte Strahl den Resonator bis zur Selbsterregung. Die Elektronen scheiden dann für die Wechselwirkung aus und treffen auf die Elektrode g_1. Wegen deren ungenügender Wärmeabfuhr bleibt das Reflexklystron auf kleine Leistungen beschränkt [47, 49, 116].

Die Laufzeit für Hin- und Rücklauf der Elektronen im Bremsraum bei verschwindender Steuerspannung ($v_1 = v_0$) kann der Abb. 10.3/2 entnommen werden:

$$\tau = 2\tau' = 2\frac{d'}{v_0/2} = \frac{4d}{v_0}\frac{U_0}{U_0 + |U_R|}\,. \tag{10.3/1}$$

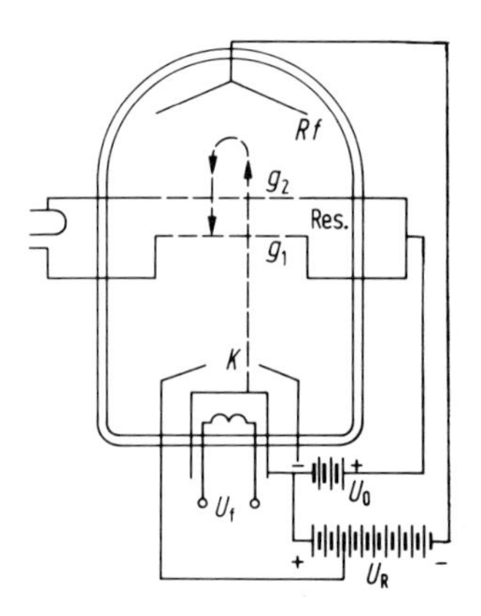

Abb. 10.3./1. Schematische Darstellung eines Reflexklystrons

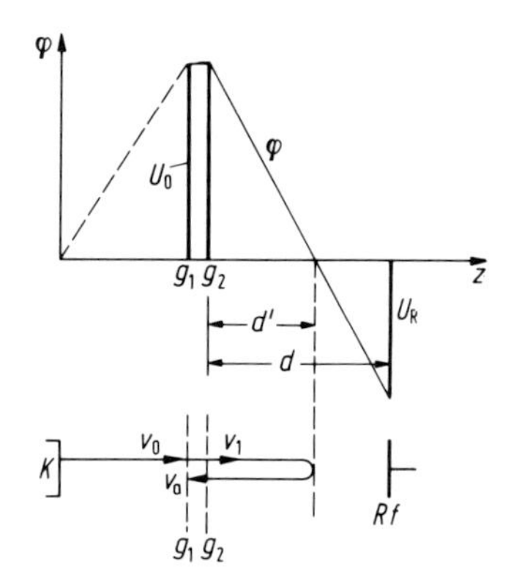

Abb. 10.3/2. Potentialverlauf und Elektronenbahn (zur Bestimmung des statischen Laufwinkels Θ_R im Bremsraum des Reflexklystrons)

Mit ω multipliziert ergibt sich der für den Betriebszustand der Röhre charakteristische statische Laufwinkel

$$\Theta_R = \omega\tau = \frac{4\omega d}{v_0}\frac{U_0}{U_0 + |U_R|}. \tag{10.3/2}$$

Den Umwandlungsvorgang zeigt das für fünf während einer Periode das Wechselfeld durchsetzende Elektronen gezeichnete Weg-Zeit-Diagramm im Bremsraum (Elektronenfahrplan, Abb. 10.3/3). Elektronen, die das Wechselfeld bei abnehmender Feldstärke erstmalig durchsetzen, werden auf ihrem Rückweg fokussiert. Sie treten dann in einer Bremsphase durch das Wechselfeld, im gezeichneten Fall nach einer Laufzeit von $1\frac{3}{4}$ Periodendauern, entsprechend einem Laufwinkel $\Theta_R = 3{,}5\pi$. Wie alle Einkreisklystrons mit „fester" Rückkopplung besitzt das Reflexklystron diskrete Schwingbereiche, charakterisiert durch $n = 0, 1, 2, 3, \ldots$ (in diesem Fall ist $n = 1$).

Bei der Berechnung, ähnlich wie beim Verstärkerklystron und unter denselben Annahmen, ist zu berücksichtigen, daß die Steuerspannung $u_1 = \hat{u}_1 \sin \omega t$ jetzt gleich der Auskoppelspannung ist, d. h. $M_1 = M_2 = \hat{u}_1/U_0$ sowie $\beta_1 = \beta_2 = \beta = \dfrac{\sin \Theta_R/2}{(\Theta_R/2)}$. Damit alle Elektronen auch auf dem Rückweg das Wechselfeld passieren können, ist $\beta M \leq 0{,}5$.

Mit der Grundwelle des Influenzstromes

$$I_1 = 2\beta I_0 J_1(x) \mathrm{e}^{-\mathrm{j}\Theta_R} \quad \text{bei} \quad x = \frac{\beta M \Theta_R}{2} \tag{10.3/3}$$

und der Steuerspannung $U_1 = -\mathrm{j}MU_0$ in komplexer Schreibweise, erhalten wir den elektronischen Leitwert am Spalt:

$$Y_{el} = \frac{I_1}{U_1} = \frac{I_0}{U_0}\beta^2 \Theta_R \frac{J_1(x)}{x} \mathrm{e}^{\mathrm{j}\left(\frac{\pi}{2} - \Theta_R\right)}. \tag{10.3/4}$$

Dieser wirkt auf den belasteten Resonator wie ein an g_1 und g_2 der Ersatzschaltung, Abb. 10.3/4, parallelgeschalteter, komplexer Leitwert. Der Resonator kann in der Nähe einer Resonanzfrequenz durch eine aus den konzentrierten Elementen L, C und G_p bestehenden Schaltung ersetzt werden. Die Belastung ist durch den auf die Klemmen g_1, g_2 transformierten Parallelleitwert G_L gegeben.

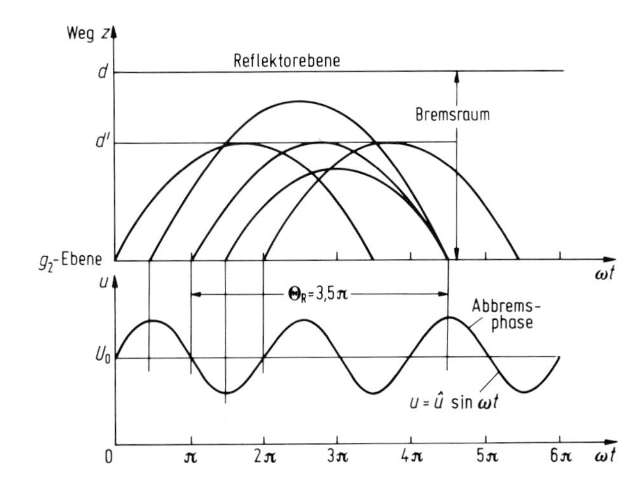

Abb. 10.3/3. Zeit-Weg-Diagramm der Elektronen im Bremsraum des Reflexklystrons für $\Theta_R = 3{,}5\pi$ (Elektronenfahrplan)

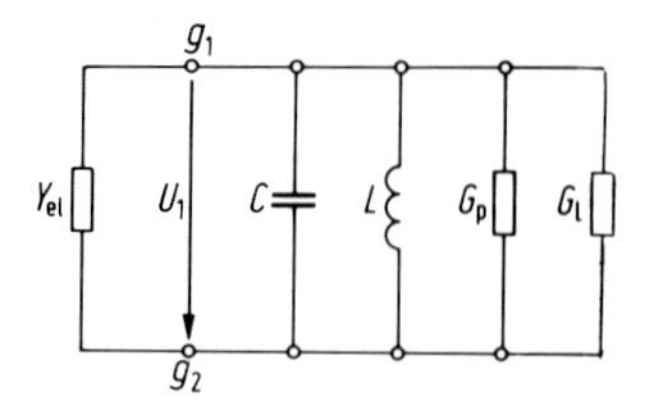

Abb. 10.3/4. Ersatzschaltung an den Klemmen g_1 und g_2 in der Nähe der Resonanzfrequenz

Für kleine Amplituden (bei $M \to 0$ wird $J_1(x)$ durch $x/2$ ersetzt) folgt aus Gl. (10.3/4)

$$Y_{el_0} = \frac{1}{2} \frac{I_0}{U_0} \beta^2 \Theta_R \, e^{j\left(\frac{\pi}{2} - \Theta_R\right)} . \tag{10.3/5}$$

Diese Gleichung beschreibt die in Abb. 10.3/5 dargestellte archimedische Spirale, die mit wachsendem Parameter Θ im Uhrzeigersinn durchlaufen wird [116]. Außerdem ist die Ortskurve des Leitwertes des belasteten Resonators

$$Y_{res} = G + j\left(\omega C - \frac{1}{\omega L}\right) \approx G + j\,2C(\omega - \omega_0) \tag{10.3/6}$$

bezogen auf den Strahlleitwert $G_0 = I_0/U_0$ eingetragen. Darin ist G die Summe aller Wirkleitwerte. Ein Anschwingen des Oszillators ist nur möglich, wenn der Realteil von Y_{el} negativ ist und sein Betrag $|Y_{el}| > G$. Daher ist in der Abbildung auch der negative Leitwert von Y_{res} eingetragen. Beim Anschwingen, z. B. durch Erhöhen des Strahlstromes I_0 bei konstantem U_0 und U_R geht der elektronische Leitwert von Gl. (10.3/5) auf (10.3/4) über, d. h., die Spirale schrumpft gemäß $J_1(x)/x$ (s. Abb. 9.2/33) bis auf der negativen reellen Achse $G = \mathrm{Re}\{Y_{el}\}$ wird, (Punkt 1 → 2), oder allgemein, bis die Bedingung

$$Y_{el} + Y_{res} = 0 \tag{10.3/7}$$

an den Klemmen g_1, g_2 erfüllt ist. Bei Ändern der Reflektorspannung bzw. des Laufwinkels Θ_R von dem auf der reellen Achse liegenden Wert aus, (Punkt 1 → 3),

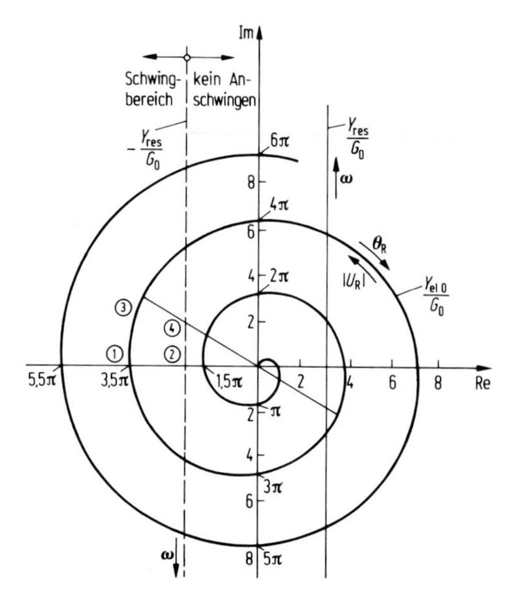

Abb. 10.3/5. Auf den Strahlleitwert $G_0 = I_0/U_0$ bezogener elektronischer Kleinsignal-Leitwert Y_{el_0} des Reflexklystrons und des Lastleitwertes Y_{res} an den Klemmen g_1 und g_2

bewirkt die auftretende Blindkomponente von Y_{el} eine Änderung der Oszillatorfrequenz (Punkt 4). Da der Reflektor negativ vorgespannt ist, fließt kein Strom zu ihm, eine Reflektorspannungsänderung erfolgt leistungslos, so daß man nicht nur über die Reflektorspannung verstimmen, sondern auch frequenzmodulieren kann (mit Sinus-, Rechteck- oder Sägezahnmodulation). Daneben läßt sich das Reflexklystron mechanisch verstimmen, z. B. durch Eindrücken einer elastischen Resonatorwand oder bei einer Außenkreisröhre durch einen Verstimmkolben im Koaxialresonator.

Zur Berechnung des elektronischen Wirkungsgrades stellen wir den Zusammenhang mit dem elektronischen Leitwert her:

$$\eta_{el} = \frac{P_{HF}}{P_0} = \frac{\frac{1}{2}\hat{u}_1 \hat{\imath}_1}{U_0 I_0} = \frac{M^2}{2} \frac{\hat{u}_1}{\frac{\hat{\imath}_1}{\frac{I_0}{U_0}}} = \frac{M^2}{2} \mathrm{Re}\left\{\frac{-Y_{el}}{G_0}\right\} = -\beta M \sin \Theta_R J_1\left(\frac{\beta M \Theta_R}{2}\right). \tag{10.3/8}$$

Aus dieser Gleichung erkennt man, daß die Schwingbereiche zwischen $\Theta_R = \pi$ und 2π; 3π und 4π usw. liegen. Der maximale Wirkungsgrad beträgt 25% bei $\beta M = 0{,}5$ im ersten Schwingbereich ($n = 0$). Eine Näherung für $n \geq 2$ liefert

$$\eta_{MAX} = \frac{3{,}98}{n + \frac{3}{4}} \quad \text{im } n\text{-ten Schwingbereich} \tag{10.3/9}$$

dabei ist $\beta M = \dfrac{0{,}765}{n + 3/4}$ und $\Theta_R = 2\pi(n + \frac{3}{4})$ mit $n = 0, 1, 2, 3$. Aus Gl. (10.3/8) folgt der Wirkungsgrad beim Anschwingen ($M \to 0$ und $\sin \Theta_R = -1$)

$$\eta_A = \lim_{M \to 0} \eta_{el} = \beta^2 M^2 \frac{\Theta_R}{4} \equiv \frac{\frac{\hat{u}_1^2}{2} G}{U_0 I_0} \tag{10.3/10}$$

und daraus der zum Anschwingen bei $n \geq 2$ erforderliche Strom:

$$I_A = \frac{2}{\beta^2 \Theta} U_0 G = \frac{0{,}318}{\beta^2 (n + \frac{3}{4})} U_0 G. \tag{10.3/11}$$

Darin ist G die Summe aus dem am Spalt wirksamen Resonatorverlust- und dem Lastleitwert. Die Gleichungen lassen erkennen, daß in Schwingbereichen mit wachsender Ordnungszahl n bei gleicher Strahlleistung die Wirkungsgrade und die Ausgangsleistungen, aber auch die Anschwingströme abnehmen [117].

Reflexklystrons werden im cm- und mm-Wellengebiet als Oszillatoren in Meßsendern und in Überlagerungsempfängern verwendet. Ihre Frequenz kann bei unveränderter Resonatoreinstellung in kleinen Grenzen leistungslos über die Reflektorspannung eingestellt werden; daher eignen sie sich zur automatischen Frequenzstabilisierung bzw. zur Modulation. Sie werden für Dauerleistungen von etwa 1 W bei 3 GHz bis zu einigen mW bei 300 GHz gebaut. Dabei liegen die Wirkungsgrade in der Größenordnung von wenigen Prozenten [118].

10.3.2 Vielschlitzklystron (Extended Interaction Klystron oder EIO = *E*xtended *I*nteraction *O*scillator)

Im Verstärkerklystron und auch im Reflexklystron erfolgt die Umwandlung von Gleichstromenergie in Hochfrequenzenergie in einem einzigen Auskoppelfeld während einer im Vergleich zur Periodendauer der Schwingung i. allg. nur kurzen

Zeit. Um die energetische Wechselwirkung über einen größeren Zeitraum auszudehnen und dadurch zu einer geringeren Leistungsdichte im Resonator, zu einem höheren elektronischen Leitwert, zu größerer Bandbreite und auch zu einem höheren Wirkungsgrad zu kommen, kann man die Auskopplung auch in mehreren, hintereinandergeschalteten Feldern vornehmen. Diese können sich in mehreren, untereinander gekoppelten Hohlraumresonatoren ausbilden, es kann aber auch eine Anordnung mit nur einem Resonator, z. B. nach Abb. 10.3/6 benützt werden, indem Schlitze in metallischen Hohlzylindern zur periodischen Kopplung des Elektronenstrahls mit dem Hochfrequenzfeld dienen [120]. Die mechanische Halterung dieser Zylinder ist in der Abbildung nicht gezeigt. Bei dieser Anordnung erfolgt die Geschwindigkeitssteuerung und die Energieauskopplung in fünf hintereinander liegenden Feldern gleicher Amplitude und Länge. Die durchtretenden Strahlelektronen wirken auf die einzelnen Spalte wie elektronische Leitwerte (Quotient aus Influenzstrom zu Spaltwechselspannung). Besitzt der elektronische Leitwert der Gesamtschaltung einen negativen Realteil, so ist eine Schwingungsanregung möglich.

Für kleine Wechselspannungsamplituden $\hat{u}/U_0 = M \ll 1$ und bei Vernachlässigung der Raumladungskräfte können die Leitwerte berechnet werden. Abbildung 10.3/7 zeigt die Anordnung der Hochfrequenzelektroden bei einer Fünfschlitzröhre. Der links mit der Geschwindigkeit

$$v_0 = \sqrt{\frac{2e}{m}}\sqrt{U_0}$$

eintretende Elektronenstrahl durchläuft nacheinander fünf gleichphasige Felder der Länge d, die im mittleren Abstand D entsprechend einem statischen Laufwinkel $\Theta = \omega D/v_0$ voneinander angeordnet sind. Unter der Annahme des eingeschwungenen Zustandes liegen an den einzelnen Spalten die gleichen Spannungen $u = \hat{u} \sin \omega t$ bzw. in komplexer Schreibweise $U = -\mathrm{j}MU_0$. Dadurch wird der Elektronenstrahl im ersten Feld in seiner Geschwindigkeit moduliert, es entsteht im 1. Laufraum ein Konvektionsstrom, dessen Grundwelle am 2. Spalt wie in Gl. (9.2/54), jedoch für $M \ll 1$

$$I_{\mathrm{k}_2} = \tfrac{1}{2}\beta I_0 M\Theta\, \mathrm{e}^{-\mathrm{j}\Theta} \tag{10.3/12}$$

beträgt. Die in dieser Gleichung verwendeten Größen I_0, β, Θ sind in Abschn. 9.2.5 definiert. Der in Spalt 2 influenzierte Strom I_i ist gegenüber dem Konvektionsstrom

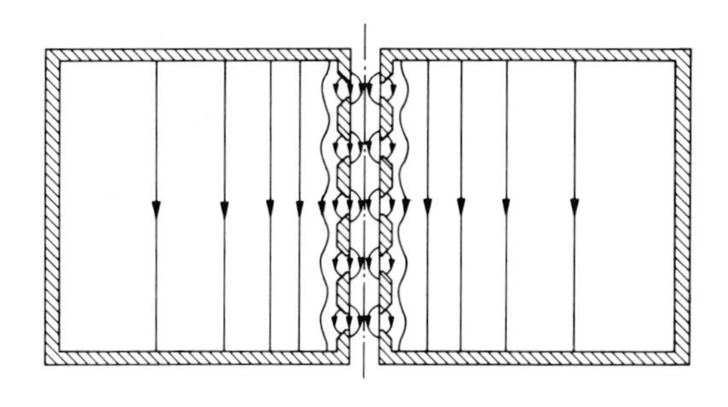

Abb. 10.3/6. Resonator für ein Vielschlitzklystron ($n = 5$) [120]

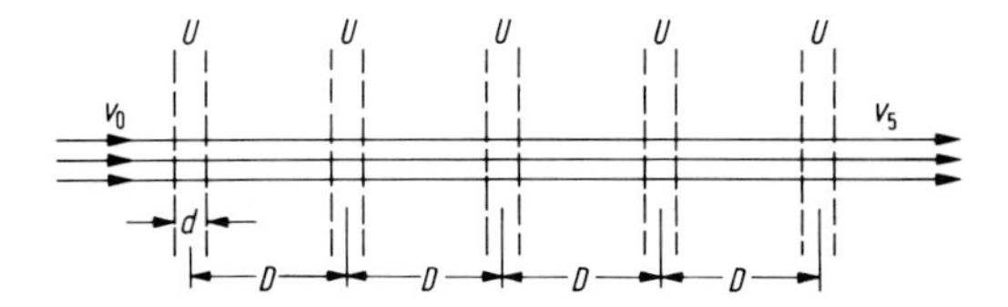

Abb. 10.3/7. Schema der Spalte des Fünfschlitzklystrons

an dieser Stelle um den Strahlkopplungsfaktor β geschwächt, so daß man für diesen Influenzstrom

$$I_{i_2} = \tfrac{1}{2} I_0 \beta^2 M \Theta \, e^{-j\Theta} \tag{10.3/13}$$

erhält. Dividiert durch die Spannung am Spalt erhält man den elektronischen Leitwert an Spalt 2:

$$Y_2 = \frac{I_{i_2}}{U} = \frac{1}{2} \frac{I_0}{U_0} \beta^2 \Theta j \, e^{-j\Theta} \tag{10.3/14}$$

Der elektronische Leitwert an Spalt 3 setzt sich aus zwei Komponenten zusammen, die von der Geschwindigkeitsmodulation an den Spalten 1 und 2 abhängen. Für den von Spalt 1 herrührenden Anteil ergibt sich analog wie oben [120]

$$Y_{31} = \frac{1}{2} \frac{I_0}{U_0} \beta^2 \, 2\Theta j \, e^{-j2\Theta}$$

Der von Spalt 2 herrührende Anteil beträgt

$$Y_{32} = \frac{1}{2} \frac{I_0}{U_0} \beta^2 \Theta j \, e^{-j\Theta}$$

so daß der gesamte elektronische Leitwert an Spalt 3 gegeben ist durch:

$$Y_3 = Y_{31} + Y_{32} = \frac{1}{2} \frac{I_0}{U_0} \beta^2 \Theta j (e^{-j\Theta} + 2e^{-j2\Theta}) \tag{10.3/15}$$

Auf diese Weise erhalten wir, wie in [120] gezeigt, den elektronischen Leitwert des gesamten Systems:

$$Y_{\text{ges}} = \frac{1}{50} \frac{I_0}{U_0} \beta^2 \Theta j [4e^{-j\Theta} + 6e^{-j2\Theta} + 6e^{-j3\Theta} + 4e^{-j4\Theta}] \tag{10.3/16}$$

Die Auswertung dieser Gleichung liefert ähnliche Spiraldiagramme wie beim Reflexklystron. Für den hier behandelten Fall eines Fünfschlitzklystrons sie nur der Realteil des normierten elektronischen Leitwertes bei kleinen Spannungsaussteuerungen in Abb. 10.3/8 gezeigt.

Man erkennt zwischen $\Theta = 0$ und 288° sieben kleinere, praktisch bedeutungslose Dämpfungs- und Entdämpfungsbereiche. Der erste praktisch brauchbare Schwingbereich liegt zwischen 288° und 360° mit einem Maximum des negativen Realteils bei 330°. Derartige Schwingbereiche wiederholen sich mit einer Periode von 2π. Dabei liegen die optimalen Werte von Θ jeweils knapp unter $2k\pi$ ($k = 1, 2, 3, \ldots$).

Ähnlich wie bei einer Wanderfeldröhre mit gekoppelten Resonatoren als Verzögerungsleitung kann man die in der Röhrenachse auftretende Verteilung des elektrischen Feldes als Überlagerung einer hin- und rücklaufenden Welle beschreiben. Da

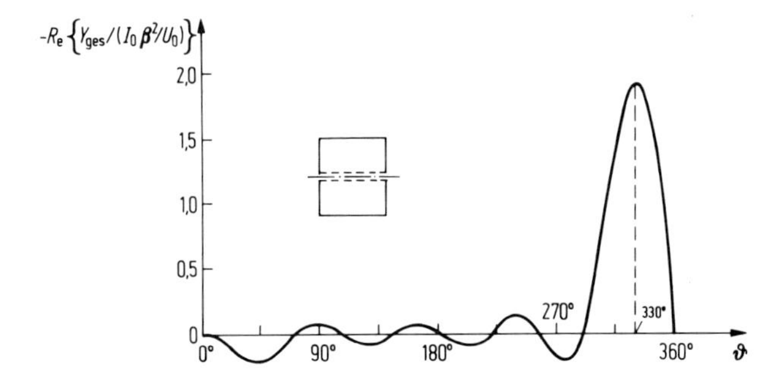

Abb. 10.3/8. Realteil des normierten elektronischen Gesamtleitwertes der Fünfschlitzklystrons für $\dfrac{\hat{u}}{U_0} \to 0$

diese Wellen während der Dauer einer Periode jeweils eine Laufraumlänge D durchlaufen (gleichphasiger Betrieb), ist die zugehörige Phasengeschwindigkeit durch

$$v_{\mathrm{P_p}} = \pm \frac{\omega}{2\pi} D$$

gegeben. Andererseits erhält man für die mittlere Elektronengeschwindigkeit aus der Definition des statischen Laufwinkels

$$v_0 = \frac{D}{\tau} = \frac{\omega D}{\Theta_{\mathrm{opt}}} .$$

Bildet man das Verhältnis

$$\frac{v_0}{v_\mathrm{p}} = \frac{2\pi}{\Theta_{\mathrm{opt}}}$$

so sieht man, daß v_0 etwas größer ist als v_p, da der Laufwinkel π_{opt} für alle n stets knapp unter 2π liegt.

Ein Beispiel für eine praktisch ausgeführte Röhre zeigt Abb. 10.3/9 [121]. Der von der Kathode ausgehende Elektronenstrahl durchsetzt nach Vorbeschleunigung durch eine Hilfsanode unter dem Einfluß eines fokussierenden Magnetfeldes den Resonator. Dieser besitzt fünf Spalte für die Wechselwirkung. Durch einen über einen Federbalg in das Vakuum eintauchenden metallischen Bolzen kann der Resonator bis zu 4% verstimmt werden. Die Auskopplung erfolgt über einen durch ein vakuumdichtes Fenster abgeschlossenen Hohlleiter. Da die zur Strahlfokussierung nötigen Polschuhe des äußeren Magneten mit der Röhrenhülle kombiniert sind, ergibt sich ein sehr kompakter Aufbau und eine Gewichtsersparnis. Verändern der Beschleunigungsspannung bewirkt eine Frequenzänderung in der Größenordnung von 0,1%. Derartige Röhren werden derzeit für Frequenzen von 15 bis über 300 GHz gebaut. Ihre Dauerleistungen liegen in diesem Frequenzbereich zwischen 1 kW und 1 W, im Impulsbetrieb zwischen 2 kW und 10 W. Durch Verwendung einer Gittersteuerung vor der Kathode wird im Impulsbetrieb der Aufwand des Modulators reduziert. Auch werden neuerdings solche Röhren als Verstärker angeboten (extended interaction oscillator bzw. amplifier).

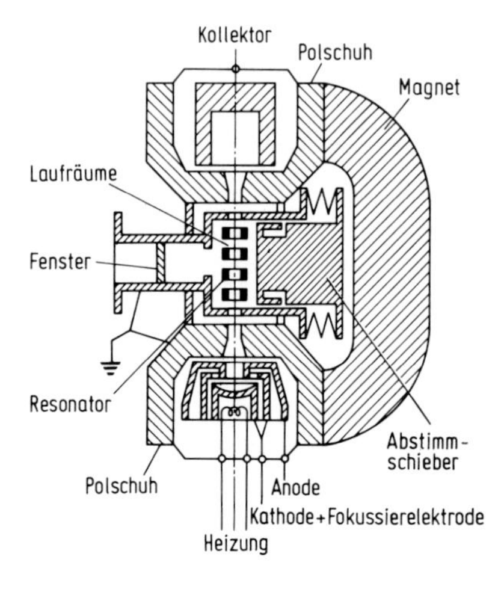

Abb. 10.3/9. Schematischer Schnitt eines abstimmbaren Fünfschlitzklystrons (Extended Interaction Oscillator [121])

10.3.3 Carcinotron (Rückwärtswellen-Oszillator)

Das Carcinotron [53] (BWO = *b*ackward-*w*ave *o*scillator) gehört zu den Lauffeldröhren. Aufgrund einer inneren Rückkopplung wirkt es als Zweipoloszillator.

Gemeinsames Kennzeichen aller Lauffeldröhren ist die Wechselwirkung zwischen einer fortschreitenden hochfrequenten Welle und einer mit der Welle fließenden Elektronenströmung. Damit eine Wechselwirkung eintreten kann, müssen Elektronengeschwindigkeit und Phasengeschwindigkeit der Welle etwa gleich sein, so daß eine Verringerung der Ausbreitungsgeschwindigkeit des elektromagnetischen Feldes erreicht werden muß. Dies geschieht mit Hilfe einer Verzögerungsleitung [54].

Die Forderung, daß die Phasengeschwindigkeit der elektromagnetischen Welle $v_p < c$ ist (c Vakuumlichtgeschwindigkeit), erreicht man durch eine periodische Verzögerungsleitung z. B. nach Abb. 10.3/10 (Interdigitalleitung), deren Periodenlänge L ist. Die Feldvektoren $\boldsymbol{E}$ am Ort z und am homologen Ort $z + L$ unterscheiden sich nur in ihrer Phase (die Dämpfung sei vernachlässigbar), so daß gilt:

$$\boldsymbol{E}(x, y, z + L) = \boldsymbol{E}(x, y, z)\mathrm{e}^{-\mathrm{j}b(n)}$$

Die frequenzabhängige Phase $b_{(n)}$ ist dabei nur bis auf ganzzahlige Vielfache von 2π bestimmt. Wir wollen die Grundphase $b_{(0)}$ durch die Forderung $-\pi \le b_{(0)} \le \pi$ festlegen. Es gilt dann

$$b_{(n)} = b_{(0)} + 2\pi n, \qquad n = 0, \pm 1, \pm 2, \ldots$$

Daraus folgt für den Phasenbelag

$$\beta_{(n)} = \frac{b_{(n)}}{L} = \frac{b_{(0)} + 2\pi n}{L} \tag{10.3/17}$$

und für die Phasengeschwindigkeit

$$v_{p(n)} = \frac{\omega}{\beta_{(n)}} = \frac{L\omega}{b_{(n)} + 2\pi n}\,. \tag{10.3/18}$$

Für jedes n ergibt sich eine entsprechende Phasengeschwindigkeit $v_{p(n)}$. Für eine gegebene Frequenz existieren also auf der Verzögerungsleitung Wellen verschiedener Phasengeschwindigkeit, sog. Teilwellen oder „Hartree-Harmonische". Ihre Amplituden bestimmen sich aus der Geometrie der Leitung. Nach Gl. (10.3/18) besitzt die Teilwelle für $n = 0$ die größte Phasengeschwindigkeit. Die Fourier-Entwicklung liefert für die komplexe Amplitude $\boldsymbol{E}_{(n)}(x, y)$ der Teilwelle mit der Phasengeschwindigkeit $v_{p(n)}$

$$\boldsymbol{E}_{(n)}(x, y) = \frac{1}{L}\int_{z_0}^{z_0+L} \boldsymbol{E}(x, y, z)\mathrm{e}^{\mathrm{j}\beta_{(n)}z}\,\mathrm{d}z\,. \tag{10.3/19}$$

Daraus folgt, daß die schnellste Teilwelle im allgemeinen die größte Amplitude besitzt. Denn es gilt z. B. in Abb. 10.3/10 für die transversalen Schlitze in der Nähe von $y = 0$,

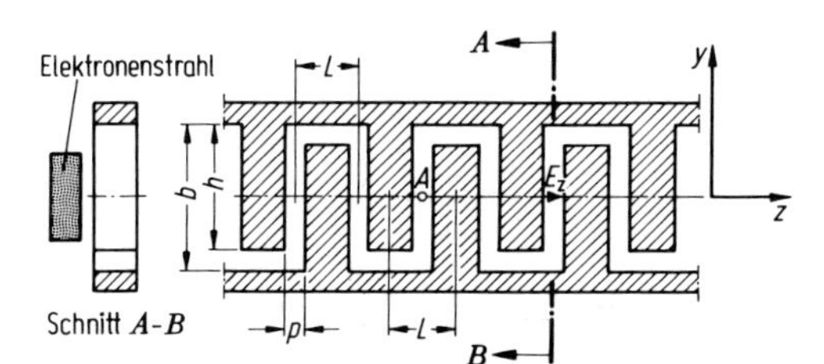

Abb. 10.3/10. Interdigitalleitung als Beispiel für eine periodische Verzögerungsleitung (lies $2L$ statt L)

wo sich der Elektronenstrahl befindet, $|\boldsymbol{E}| = E_z = \text{const}$. Legt man den Koordinatenanfangspunkt in A, so gilt für den Bereich $-L/2 < z < L/2$

$$E_z = \begin{cases} E_0 & \text{für } |z| < \dfrac{p}{2} \\[2ex] 0 & \text{für } \dfrac{p}{2} < |z| < \dfrac{L}{2} \,. \end{cases}$$

Damit folgt aus Gl. (10.3/19)

$$E_{z(n)} = \frac{1}{L} \int\limits_{-p/2}^{+p/2} E_z e^{j\beta_{(n)} z} \, dz$$

$$E_{z(n)} = E_0 \frac{\sin\left(\beta_{(n)} \dfrac{p}{2}\right)}{\beta_{(n)} \dfrac{L}{2}} \,.$$

Da nach Gl. (10.3/17) $\beta_{(n)}$ für $n = 0$ den kleinsten Wert besitzt, ist die Amplitude $E_{z(0)}$ für die schnellste Teilwelle am größten. Sie wird deshalb in der Regel für die Verstärkung benutzt.

Für die Gruppengeschwindigkeit v_g gilt allgemein $v_g = d\omega/d\beta$. Aus Gl. (10.3/17) folgt $d\omega/d\beta_{(n)} = L\, d\omega/db_{(0)} = d\omega/d\beta_{(0)}$.

Das bedeutet, daß alle Teilwellen die gleiche Gruppengeschwindigkeit haben:

$$\frac{d\omega}{d\beta_{(n)}} = v_g = \frac{d\omega}{d\beta_{(0)}} = L \frac{d\omega}{db_{(0)}} \,. \tag{10.3/20}$$

Wenn sich das elektromagnetische Feld auf der Verzögerungsleitung in $+z$-Richtung fortpflanzt, gilt $0 \leq v_g \leq c$. Die Phasengeschwindigkeiten $v_{p(n)}$ von Teilwellen können nach Gl. (10.3/18) auch negativ sein. Man spricht dann von Rückwärtswellen.

Eine von Döhler, Guenard und Warnecke vorgeschlagene Darstellung der Abhängigkeit der Phasengeschwindigkeiten von der Frequenz (Dispersionskurven) für periodische Verzögerungsleitungen hat sich besonders bewährt [55]. Aufgetragen wird danach c/v_p über λ/L, wobei λ die Vakuumwellenlänge ist. Nach Gl. (10.3/18) gilt

$$\frac{c}{v_{p(n)}} = \left(\frac{b_{(0)}}{2\pi} + n\right)\frac{\lambda}{L} = \frac{c}{v_{p(0)}} + n\frac{\lambda}{L} \,. \tag{10.3/21}$$

Gemäß dieser Gleichung können leicht die Verzögerungsfaktoren $c/v_{p(n)}$ der verschiedenen Teilwellen als Funktion von λ/L konstruiert werden, wenn die Verzögerung $c/v_{p(0)}$ der Grundwelle als Funktion von λ/L bekannt ist. $c/v_{p(0)}$ ergibt sich mit Hilfe der Gl. (10.3/18), nachdem der Grundphasenwinkel $b_{(0)}(\omega)$ ermittelt ist.

Periodische Leitungen haben Eigenschaften von Filterketten [45, S. 243]. Die Grenzfrequenzen ω_0 und ω_π des Durchlaßbereiches sind durch die Bedingungen $b_{(0)}(\omega_0) = 0$ und $|b_{(0)}(\omega_\pi)| = \pi$ bestimmt. Falls $\omega_0 > \omega_\pi$ ist, ist die Grundwelle eine Rückwärtswelle.

Wir bestimmen nun für die als Beispiel betrachtete Interdigitalleitung nach Abb. 10.3/10 die Grundphase $b_{(0)}$ aus der Geometrie der Leitung. Dabei nehmen wir an, daß sich die elektromagnetische Welle entlang der Schlitze mit Lichtgeschwindigkeit ausbreite, und berücksichtigen außerdem den Phasensprung von π, der durch die Reflexion beim Übergang vom einen in den nächsten Querschlitz auftritt. Es gilt dann für zwei benachbarte Schlitze bei $y = 0$

$$b_{(0)} = \frac{\omega}{c}(h + L) - \pi \,. \tag{10.3/22}$$

Durch Einsetzen von Gl. (10.3/22) in Gl. (10.3/21) folgt:

$$\frac{c}{v_{\mathrm{p(n)}}} = 1 + \frac{h}{L} + \left(n - \frac{1}{2}\right)\frac{\lambda}{L} \tag{10.3/23}$$

und speziell

$$\frac{c}{v_{\mathrm{p(0)}}} = 1 + \frac{h}{L} - \frac{\lambda}{2L}\,.$$

Für die Grenzwellenlänge des Durchlaßbereiches erhält man mit Gl. (10.3/22)

$$-\pi = \frac{2\pi}{\lambda_\pi}(h + L) - \pi \qquad \text{und} \qquad 0 = \frac{2\pi}{\lambda_0}(h + L) - \pi\,.$$

Daraus folgt für das Durchlaßband:

$$\infty = \lambda_\pi > \lambda > \lambda_0 = 2(h + L)\,.$$

Also ist $\omega_0 > \omega_\pi$, und die Grundwelle der Interdigitalleitung ist demnach eine Rückwärtswelle.

In Abb. 10.3/11 sind die sich nach Gl. (13.3/23) ergebenden Dispersionskurven der Interdigitalleitung aufgetragen. Die Abweichung von dem nach der einfachen Theorie geraden Dispersionsverlauf wird durch den endlichen Abstand des Trägers der Interdigitalleitung hervorgerufen. Aus dem gleichen Grunde ist auch der Durchlaßbereich schmaler als oben angegeben.

Für den Verzögerungsfaktor der Gruppengeschwindigkeit erhält man mit Gl. (10.3/20) und den Beziehungen $\mathrm{d}f/f = -\,\mathrm{d}\lambda/\lambda$ und $c = f\lambda$

$$\frac{c}{v_{\mathrm{g}}} = c\,\frac{\mathrm{d}\beta_{(\mathrm{n})}}{\mathrm{d}\omega} = c\,\frac{\mathrm{d}\dfrac{\omega}{v_{\mathrm{p(n)}}}}{\mathrm{d}\omega} = c\,\frac{\mathrm{d}\dfrac{c}{v_{\mathrm{p(n)}}\lambda}}{\mathrm{d}f} = -\,\frac{c\lambda}{f}\,\frac{\mathrm{d}\dfrac{c}{v_{\mathrm{p(n)}}\lambda}}{\mathrm{d}\lambda}$$

$$\frac{c}{v_{\mathrm{g}}} = \frac{c}{v_{\mathrm{p(n)}}} - \frac{\lambda}{L}\,\frac{\mathrm{d}\left(\dfrac{c}{v_{\mathrm{p(n)}}}\right)}{\mathrm{d}\left(\dfrac{\lambda}{L}\right)}\,. \tag{10.3/24}$$

Die Größe c/v_{g} läßt sich grafisch im Dispersionsdiagramm bestimmen. Dazu legen wir an irgendeine Dispersionskurve mit dem Index n die Tangente durch den Punkt A_{n}, der zu einem vorgegebenen Wert $\lambda/L = \lambda_{\mathrm{A}}/L$ (Punkte A_{-1}, A_0, A_1, A_2 in Abb. 10.3/11) innerhalb des Durchlaßbereiches gehört. Die Gleichung dieser Tangente lautet, wenn die Ordinate mit y und die Abszisse mit x bezeichnet wird:

$$y - \left.\frac{c}{v_{\mathrm{p(n)}}}\right|_{\frac{\lambda_{\mathrm{A}}}{L}} = \left.\frac{\mathrm{d}\dfrac{c}{v_{\mathrm{p(n)}}}}{\mathrm{d}\dfrac{\lambda}{L}}\right|_{\frac{\lambda_{\mathrm{A}}}{L}} \left(x - \frac{\lambda_{\mathrm{A}}}{L}\right).$$

Diese Tangente schneidet die Ordinate im Punkt $(0, y_0)$, für den gilt:

$$y_0 = \left.\frac{c}{v_{\mathrm{p(n)}}}\right|_{\frac{\lambda_{\mathrm{A}}}{L}} - \frac{\lambda_{\mathrm{A}}}{L}\left.\frac{\mathrm{d}\dfrac{c}{v_{\mathrm{p(n)}}}}{\mathrm{d}\dfrac{\lambda}{L}}\right|_{\frac{\lambda_{\mathrm{A}}}{L}}.$$

Der Vergleich dieser Beziehung mit Gl. (10.3/24) zeigt, daß c/v_{g} für λ_{A}/L auf der

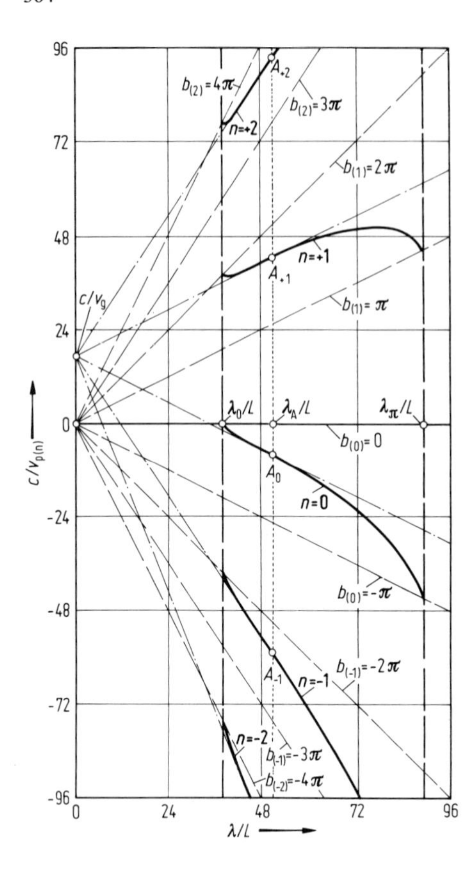

Abb. 10.3/11. Dispersionskurven der Teilwellen der periodischen Verzögerungsleitung nach Abb. 10.3/10. Gerechnet mit $h/L = 16{,}3$

(c/v_p)-Achse dort abgelesen werden kann, wo die Tangente an die Dispersionskurve die Ordinate schneidet. Da die Gruppengeschwindigkeit für alle Teilwellen gleich ist [Gl. (10.3/20)], schneiden sich alle Tangenten an die verschiedenen Dispersionskurven im gleichen Punkt auf der (c/v_p)-Achse.

Das Prinzip des Carcinotrons besteht nun darin, daß eine Teilwelle benutzt wird, deren Phasengeschwindigkeit ein entgegengesetztes Vorzeichen wie die Gruppengeschwindigkeit hat. Stimmt also die Phasengeschwindigkeit in der Richtung mit der Elektronengeschwindigkeit überein, so läuft die durch das Zusammenwirken von Elektronenstrahl und HF-Feld erzeugte Energie dem Strahl entgegen (Abb. 10.3/12). (Hieraus erklärt sich die französische Bezeichnung Carcinotron, die dem griechischen Wort für Krebs entlehnt ist.) Die Auskopplung der Leitungsenergie geschieht also an der Kathodenseite der Röhre. Das Prinzip des Carcinotrons benötigt demach keine äußere Rückführung zur Schwingungserzeugung [56 bis 60].

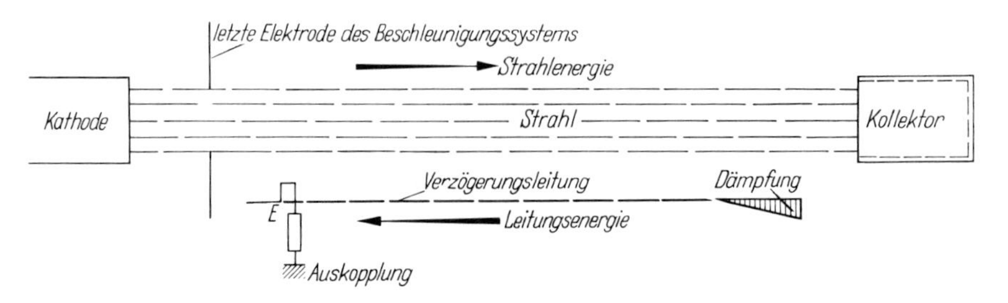

Abb. 10.3/12. Schematische Darstellung eines Carcinotrons

Wirkungsgrad und Anschwingstrom sind wesentliche Größen für den Entwurf von Carcinotron-Röhren. Wegen der Komplexität der Zusammenhänge sei hier jedoch auf die Literatur verwiesen [61, 62, 122 bis 130].

Das Verhältnis Phasengeschwindigkeit zu Elektronengeschwindigkeit ist bei den beiden nun zu besprechenden Carcinotrontypen verschieden.

Das Carcinotron ohne magnetisches Querfeld (0-Typ-Carcinotron) [61] ähnelt der normalen Wanderfeldröhre: Die Elektronen werden bis zum Eintritt in die Verzögerungsleitung von einem Gleichfeld so beschleunigt, daß ihre Geschwindigkeit etwas größer ist als die der Welle in z-Richtung. Im gleichspannungsfreien Laufraum tritt dann bei der Wechselwirkung mit der Leitung eine Umwandlung von kinetischer in elektromagnetische Energie auf. Die Energiewanderung zurück zum Eingang entspricht dem Vorgang einer Rückkopplung, da der Elektronenstrahl durch das am Eingang vorhandene Wechselfeld moduliert wird. Das 0-Typ-Carcinotron erreicht Wirkungsgrade von $<10\%$. Die Dauerleistung beträgt mW bis einige W, der Frequenzbereich reicht von 300 MHz bis zu einigen 100 GHz.

Beim Carcinotron mit magnetisch-statischem Querfeld (M-Typ-Carcinotron) [62] befindet sich abweichend vom 0-Typ-Carcinotron im Laufraum senkrecht zur Strahlrichtung ein gekreuztes elektrisches und magnetisches Gleichfeld, welches den Strahl führt. Die mittlere Elektronengeschwindigkeit ist gleich der Geschwindigkeit der Welle in z-Richtung. Elektronen, die Energie abgeben, werden zur Anode des elektrischen Feldes in ein Gebiet höheren Potentials gezogen, so daß sie nicht, wie beim 0-Typ, abgebremst werden, sondern ihre Geschwindigkeit annähernd beibehalten. Demnach erfolgt beim M-Typ eine Umwandlung der potentiellen Energie der Elektronen in HF-Energie. Es werden beim M-Typ-Carcinotron maximale Wirkungsgrade von 40% erreicht. Nach [52] beträgt die Dauerleistung bis 1 kW, die Pulsleistung bis 150 kW. Der Frequenzbereich reicht von 300 MHz bis 15 GHz.

Die Dispersionskurven (Abb. 10.3/11) zeigen für Rückwärtswellen die starke Abhängigkeit der Phasengeschwindigkeit von der Wellenlänge und damit von der Frequenz. Wegen des Synchronismus zwischen Elektronen- und Phasengeschwindigkeit kann daher durch die angelegte Beschleunigungsspannung die Frequenz in weiten Grenzen variiert werden. Hierin liegt im Gegensatz zum Reflexklystron und zum Magnetron, wo diskrete Schwingungsbereiche vorliegen, die eigentliche Bedeutung des Carcinotrons, da es über etwa eine Oktave kontinuierlich durchgestimmt werden kann, z. B. von 110 bis 170 GHz.

Das geschieht rein elektronisch durch Änderung der Beschleunigungsspannung zwischen VL und Kathode, z. B. zwischen 500 und 2500 V.

Heute werden bei sehr hohen Frequenzen (mm-Wellen und Sub-mm-Wellen) bis zu einigen 100 GHz Carcinotrons in der Mikrowellen-Meßtechnik eingesetzt (Plasmaphysik, Nachrichtentechnik, Wellenausbreitung, Radartechnik, Biologische Technik, physikalische und chemische Forschung).

Abbildung 10.3/13 zeigt das Schnittbild (schematisch) des inneren Systems eines Rückwärtswellen-Oszillators für den Submillimeterwellen-Bereich.

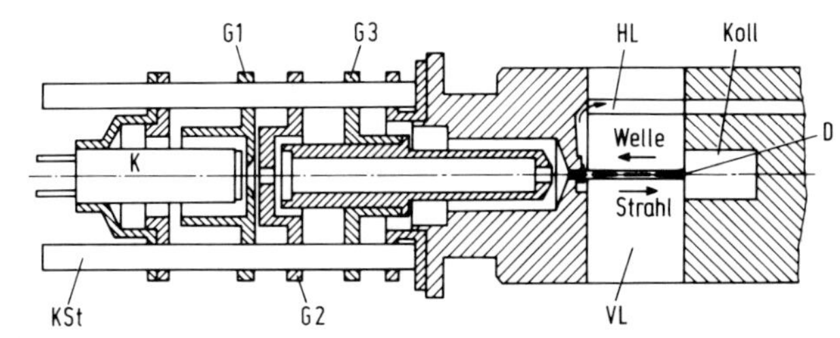

Abb. 10.3/13. Schnittzeichnung der Elektronenkanone und der HF-Baugruppen eines Rückwärtswellenoszillators: K Kathode, G 1, G 2, G3 Gitter, KSt Keramikstäbe, VL Verzögerungsleitung, D Dämpfungskeil, HL Hohlleiter, Koll Elektronenstrahlkollektor, typischer Aufbau der Familie RWO 35 bis 170

10.3.4 Magnetron

Die ursprüngliche Bauform eines Magnetrons besteht aus einer Hohlzylinder-Anode A, in deren Achse ein Kathodendraht K angebracht ist (Abb. 10.3/14). Dieser Entladungsraum befindet sich in einem homogenen Magnetfeld der Induktion $\boldsymbol{B}$, das parallel zur Achse von Kathode und Anode sowie senkrecht zu dem in der Röhre vorhandenen elektrischen Feld $\boldsymbol{E}$ verläuft. Hull [63] hat zuerst die Bewegung der Elektronen in dieser Anordnung mit gekreuzten elektrischen und magnetischen Feldern untersucht. Er hat auch eine Methode zur Wechselspannungserzeugung durch Steuerung des Anodenstroms mittels des Magnetfeldes beschrieben (s. a. [64]). Bei Vernachlässigung der Raumladung werden auf ein Elektron der Ladung $-e$ und Geschwindigkeit $\boldsymbol{v}$ im Raum zwischen Kathode und Anode 2 Kräfte ausgeübt.

$$\boldsymbol{F}_{\text{magn}} = -e \cdot \boldsymbol{v} \times \boldsymbol{B}$$

$$\boldsymbol{F}_{\text{el}} = -e\boldsymbol{E}.$$

Die magnetische Kraft F_{magn} steht senkrecht zur Bewegungsrichtung des Elektrons und verändert daher nicht den Betrag der Geschwindigkeit. Die elektrische Kraft F_{el} wirkt in Richtung zur Anode.

F_{magn} kann bei einem bestimmten Wert von B so groß werden, daß das Elektron die Anode nicht mehr erreicht, sondern zwischen Kathode und Anode umgekehrt (Abb. 10.3/14). Streift das Elektron gerade die Anode, so ist $B = B_c$ (B_c kritische Induktion). Voraussetzung ist, daß $U_a = \text{const}$. Für $B > B_c$ ist es möglich, daß das zurückfliegende Elektron die Kathode nicht erreicht und eine „Rollkreisbahn" beschreibt. Die mittlere Elektronenbahn, auf der eine Rollkreisbahn abrollt, wird als „Leitkreis" bezeichnet. Sinngemäß nennt man die Anodenspannung $U_a = U_c$ kritische Spannung, wenn bei $B = \text{const}$ das Elektron die Anode streift.

Der Verlauf von i_a als Funktion von B mit U_a als Parameter ist für ein Beispiel in Abb. 10.3/15 gegeben. Bei $B > B_c$ und $U_a < U_c$ wird i_a sehr klein, da die Mehrzahl der Elektronen die Anode nicht mehr erreicht. Der Abfall von i_a erfolgt wegen der Geschwindigkeitsverteilung der Elektronen und anderer Effekte allmählich. Die Bewegungsgleichungen der Elektronen folgen aus dem ebenen Ersatzbild der Abb. 10.3/16 (r_a bzw. r_k Radius der Anode bzw. Kathode). Sind v_x und v_y die

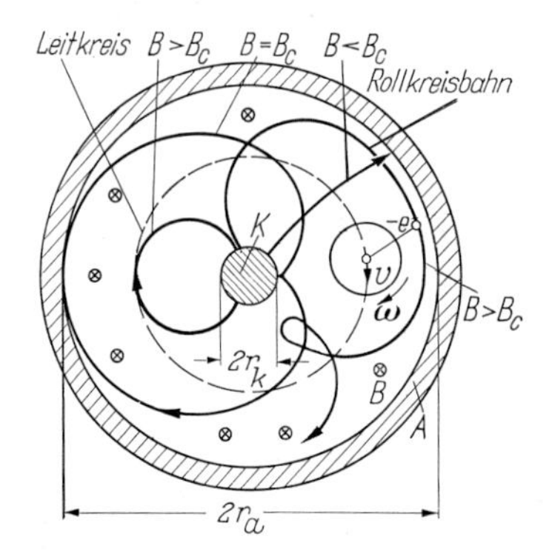

Abb. 10.3/14. Elektrodenanordnung bei Vollanoden-(Nullschlitz-) Magnetrons, Elektronenbahnen bei verschiedenen Induktionen (Anodenspannung konstant)

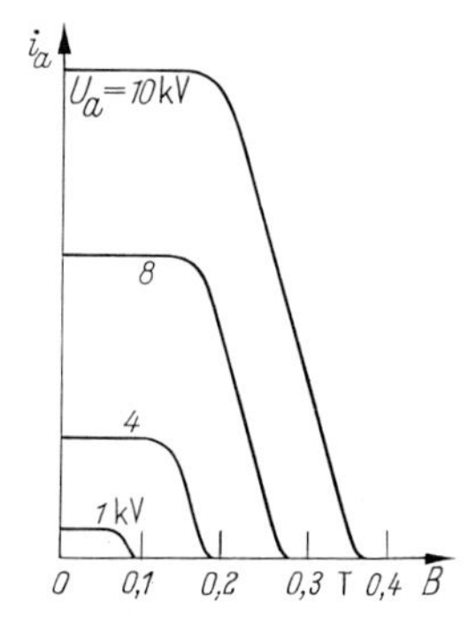

Abb. 10.3/15. Abhängigkeit des Anodenstromes beim Vollanodenmagnetron von der magnetischen Induktion B

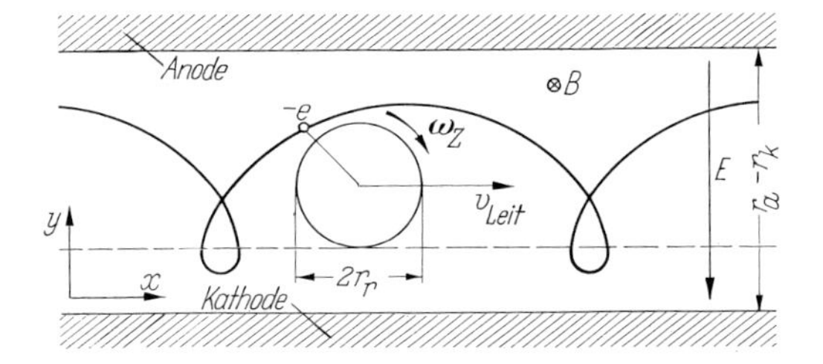

Abb. 10.3/16. Ebene Abwicklung der Abb. 10.3/14 Bahnkurve eines Elektrons (Hypozykloide) resultierend aus Leitbahnbewegung (v_{Leit}) und Rollkreisbewegung (ω_z)

Geschwindigkeitskomponenten, so folgt aus dem Ansatz für die Kräfte [65]

$$v_y = \frac{E}{B} \sin \frac{e}{m_0} Bt$$

$$v_x = \frac{E}{B}\left(1 - \cos \frac{e}{m_0} Bt\right).$$

Der konstante Anteil von v_x

$$v_{\mathrm{Leit}} = \frac{E}{B} \quad \text{„Leitbahngeschwindigkeit"} \tag{10.3/25}$$

bedeutet eine Translationsbewegung in x-Richtung. Dieser ist, ausgedrückt durch die zeitabhängigen Glieder von v_x and v_y, eine Pendelbewegung in vertikaler und um 90° phasenverschoben in horizontaler Richtung überlagert. Die aus den zeitabhängigen Gliedern gebildete Kreisbahn (Rollkreis) hat einen Radius von

$$r_r = \frac{m_0 E}{eB^2} \tag{10.3/26}$$

und eine Winkelgeschwindigkeit von

$$\omega_z = \frac{e}{m_0} B. \tag{10.3/27}$$

Man nennt die Frequenz ω_z Zyklotronkreisfrequenz, sie spielt eine Rolle bei allen Teilchenbeschleunigern, bei dem im folgenden Kapitel behandelten Gyrotron und bei der Ausbreitung von Korpuskeln in der Ionosphäre. Die Umlaufzeit ergibt sich zu

$$\tau = \frac{2\pi}{\omega_z} = \frac{2\pi m_0}{e} \frac{1}{B}.$$

Sie hängt nicht vom Radius des Rollkreises ab.

Das Hullsche Magnetron kann Schwingungen aufgrund der Rollkreisbewegung erzeugen, wenn B etwas größer als die kritische Induktion ist. Das sich dem statischen E-Feld überlagernde Wechselfeld zwischen Anode und Kathode wird dadurch angeregt, daß Elektronen, die vom HF-Feld zusätzlich beschleunigt werden und somit dem HF-Feld Energie entziehen, auf der Anode landen und daher dem Wechselwirkungsraum verlorengehen, während die sog. richtigphasigen Elektronen, das sind Elektronen, die in einem Zeitraum emittiert werden, in dem das HF-Feld bremsend wirkt, über mehrere Perioden im Wechselwirkungsraum pendeln und dabei durch die Abbremsung Energie an das HF-Feld liefern, und zwar mehr, als von den „falschphasigen" Elektronen verbraucht wird [65].

Wir untersuchen jetzt den Zusammenhang zwischen den kritischen Größen U_c und B_c. Nach dem Drehimpulssatz ist die zeitliche Änderung des Drehimpulses

$\boldsymbol{G}$ gleich dem Drehmoment $\boldsymbol{M}$

$$\frac{\mathrm{d}\boldsymbol{G}}{\mathrm{d}t} = \boldsymbol{M}\,.$$

Ausgedrückt in Zylinderkoordinaten (Einheitsvektoren $\boldsymbol{e}_\mathrm{r}$, $\boldsymbol{e}_\varphi$, $\boldsymbol{e}_\mathrm{z}$) ist nach Abb. 10.3/17

magnetische Induktion	$\boldsymbol{B} = -e_\mathrm{z} B_\mathrm{z}$
elektrische Feldstärke	$\boldsymbol{E} = -e_\mathrm{r} E_\mathrm{r}$
Geschwindigkeit des Elektrons	$\boldsymbol{v} = \boldsymbol{e}_\mathrm{r} v_\mathrm{r} + \boldsymbol{e}_\varphi v_\varphi$
Abstand von Zentrum	$\boldsymbol{r} = \boldsymbol{e}_\mathrm{r} r\,.$

Also

$$\boldsymbol{M} = \boldsymbol{r} \times \boldsymbol{F} = \boldsymbol{r} \times (-e)(\boldsymbol{E} + \boldsymbol{v} \times \boldsymbol{B}) = \boldsymbol{e}_\mathrm{z}(-e) B_\mathrm{z} v_\mathrm{r} r$$

$$= \frac{\mathrm{d}\boldsymbol{G}}{\mathrm{d}t} = \boldsymbol{e}_\mathrm{z} \frac{\mathrm{d}}{\mathrm{d}t}(m_0 r^2 \omega) \qquad (10.3/28)$$

mit der Winkelgeschwindigkeit ω des Elektrons.

Aus Gl. (10.3/28)

$$\frac{\mathrm{d}}{\mathrm{d}t}(r^2\omega) + \frac{eB_\mathrm{z}}{2m_0}\frac{\mathrm{d}(r^2)}{\mathrm{d}t} = \frac{\mathrm{d}}{\mathrm{d}t}(r^2\omega + r^2\omega_\mathrm{L}) = 0$$

mit der Abkürzung

$$\omega_\mathrm{L} = \frac{eB_\mathrm{z}}{2m_0} = \frac{\omega_\mathrm{z}}{2} \quad \text{„Larmor-Frequenz"} \qquad (10.3/29)$$

erhalten wir als Lösung

$$r^2(\omega + \omega_\mathrm{L}) = K$$

und für die Konstante K aus der Startbedingung $\omega = 0$ an der Kathode $r = r_\mathrm{k}$

$$K = \omega_\mathrm{L} r_\mathrm{k}^2\,.$$

Als Winkelgeschwindigkeit des Elektrons ergibt sich somit

$$\omega = -\omega_\mathrm{L}\left[1 - \left(\frac{r_\mathrm{k}}{r}\right)^2\right]. \qquad (10.3/30)$$

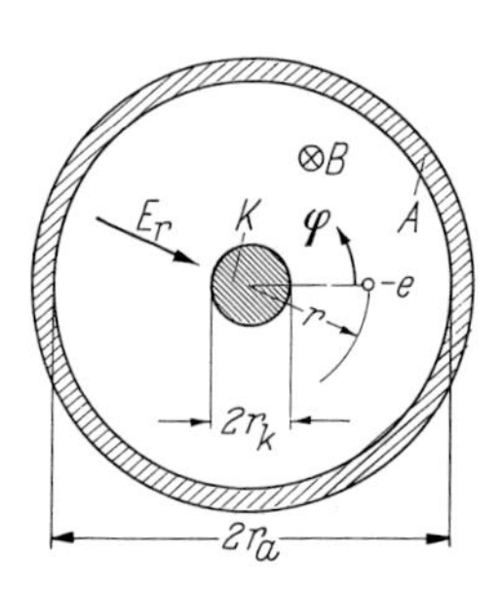

Abb. 10.3/17. Feldrichtungen und Koordinaten beim Vollanodenmagnetron

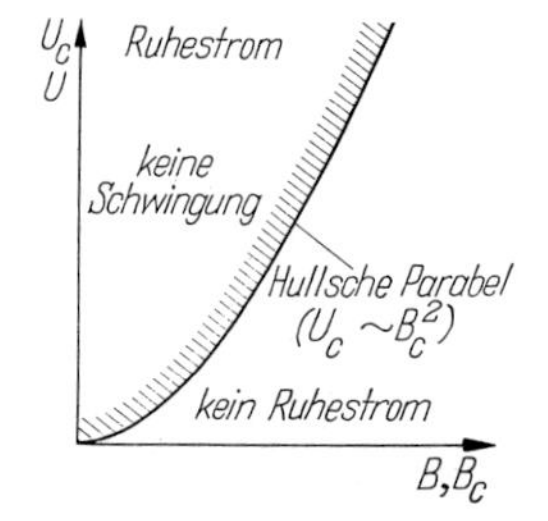

Abb. 10.3/18. Abhängigkeit der kritischen Spannung U_0 von der kritischen Induktion B_c

Bei $U_a = U_c$ und $B = B_c$ tangiert das Elektron die Anode, also für $r = r_a$ ist $\boldsymbol{v} = \boldsymbol{e}_\varphi v_\varphi$ und $v_r = 0$. Aus dem Energiesatz folgt damit

$$\frac{m_0}{2} v_\varphi^2 = \frac{m_0}{2} r_a^2 \omega^2 = e U_c$$

und für die kritischen Größen mit Gl. (10.3/29) und (10.3/30)

$$U_c = \frac{e}{m_0} \frac{r_a^2}{8} \left[1 - \left(\frac{r_k}{r_a}\right)^2\right]^2 B_c^2 . \qquad (10.3/31)$$

Dieser parabolische Zusammenhang von U_c mit B_c ergibt die „Hullsche Parabel" oder „cut-off-Parabel" (Abb. 10.3/18). Die Parabel trennt also den Bereich, in dem keine Schwingungen auftreten können, vom Schwingbereich.

Der Wirkungsgrad dieses „Nullschlitz-Magnetrons" beträgt nur wenige Prozent. Wesentlich bessere Wirkungsgrade von 30 bis 40% weisen die Schlitzanodenmagnetrons auf. Die älteste Form ist der Habann-Generator, ein Zweischlitzmagnetron [66, 131] (Abb. 10.3/19a).

Beim Betrieb dieses Generators ist die magnetische Induktion wesentlich größer als der kritische Wert. Die Elektronen durchlaufen mehrere Spiralen und treffen auf das Anodensegment mit dem niedrigeren HF-Potential. Dadurch erscheint nach außen zwischen beiden Anoden ein negativer Widerstand, der angekoppelte frequenzbestimmende Schwingkreis wird entdämpft [65].

Abbildung 10.3/19b zeigt ein Vierschlitzmagnetron, bei dem je zwei gegenüberliegende Anoden verbunden sind, sie besitzen dann gleiches HF-Potential. Der Schwingkreis wird hier durch die Kapazität der Nachbarsegmente und die angeschlossene Induktivität in Form einer abstimmbaren Doppelleitung gebildet. Diese Anordnung ermöglicht zwar eine leichte Abstimmung von außen her, bringt aber auch Instabilitäten der Eigenfrequenz mit sich. Außerdem sind die erzielbaren Hochfrequenzleistungen im cm-Wellenbereich nur gering [64, 65, 132].

Bei dem heute verwendeten Magnetron, dem sog. Mehrkammer- oder Wanderfeldmagnetron, ist der geschlitzte Anodenzylinder mit den Resonatoren, wie Abb. 10.3/22a zeigt, kombiniert. Der massive Anodenkörper enthält neben der zentralen Bohrung für die Kathode z. B. sechs Schlitze mit Bohrungen am Ende. Jeder von ihnen wirkt als Resonator, wobei näherungsweise der Schlitzbereich die Kapazität und die Bohrung die Induktivität bilden. Der Anodenkörper liegt auf Erdpotential und kann gut gekühlt werden. Daher liefert diese Röhre, die ja keine Elektronenstrahlröhre ist, dank ihres guten Wirkungsgrades hohe Hochfrequenzdauer- und vor allem Impulsleistungen. Die Wirkungsweise dieses Magnetrons beruht auf der Wechselwirkung zwischen Elektronen und einem mitlaufenden Hochfrequenzfeld, wenn die Leitbahngeschwindigkeit v_{Leit} der Elektronen und die Phasengeschwindigkeit des

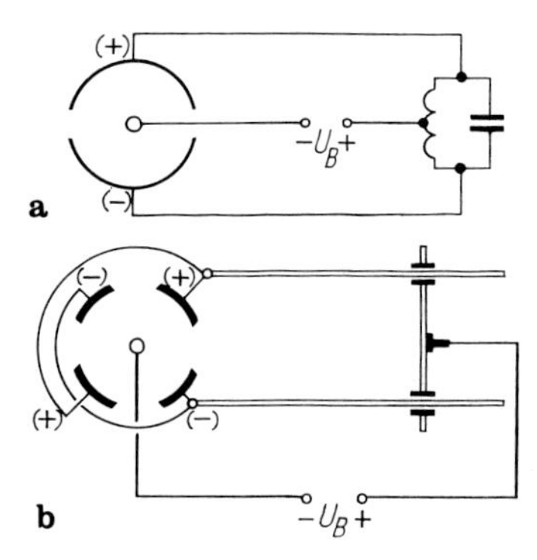

Abb. 10.3/19a u b. Schlitzanodenmagnetron mit Außenkreis (Habann-Röhre): **a** Zweischlitz-Magnetron; **b** Vierschlitz-Magnetron

umlaufenden tangentialen elektrischen Feldes übereinstimmen (Synchronismus). Unter Mitwirkung des magnetischen Gleichfeldes werden die Elektronen durch die Transversalkomponente des hochfrequenten elektrischen Feldes an den Orten zusammengedrängt, an denen die Longitudinalkomponente des HF-Feldes abbremsend auf die Elektronen wirkt. Dadurch nähern sich die Elektronen etwas mehr der Anode, wobei sie aus dem elektrischen Gleichfeld soviel Energie gewinnen, wie sie beim Bremsvorgang an das HF-Feld abgegeben haben [133, 134].

Beträgt die Anodenspannung $U = U_{\mathrm{syn}}$ im Synchronismus, so wird nach Gl. (10.3/25)

$$U_{\mathrm{syn}} = E(r_{\mathrm{a}} - r_{\mathrm{k}}) = Bv_{\mathrm{Leit}}(r_{\mathrm{a}} - r_{\mathrm{k}})\,. \tag{10.3/32}$$

Ist der Abstand zwischen 2 Anodensegmenten gleichen Potentials gleich a, so muß das Elektron den Weg $a/2$ zurückgelegt haben, wenn die Phase des HF-Feldes um 180° gedreht hat, also

$$v_{\mathrm{Leit}} = \frac{\frac{a}{2}}{\frac{T_{\mathrm{n}}}{2}} = \frac{a}{T_{\mathrm{n}}} = af_{\mathrm{n}} \tag{10.3/33}$$

mit der Periodendauer T_{n} und der Frequenz f_{n} des HF-Feldes. Daraus folgt

$$U_{\mathrm{syn}} = (r_{\mathrm{a}} - r_{\mathrm{k}})af_{\mathrm{n}}B\,. \tag{10.3/34}$$

Dieser lineare Zusammenhang zwischen B und U („Hartree-Geraden“) ist in Abb. 10.3/20 dargestellt. (Der Parameter n deutet, wie unten ausgeführt wird, auf verschiedene Schwingungsfeldformen hin.) Aus dem Abstand der Geraden von der Hullschen Parabel läßt sich in folgender Weise der Wirkungsgrad des Magnetrons bestimmen: Die vom Elektron beim Durchlaufen der Kathoden-Anoden-Strecke aufgenommene Energie ist eU_{syn}; hiervon wird nur ein Teil an das HF-Feld abgegeben, die Restenergie wird beim Auftreffen auf eine Anode in Wärme umgesetzt. Die kinetische Energie unmittelbar vor dem Auftreffen beträgt

$$\frac{m_0}{2}v^2 = \frac{m_0}{2}(2v_{\mathrm{Leit}})^2\,,$$

da nach Abb. 10.3/21 die Umfangsgeschwindigkeit des Rollkreises den doppelten Wert der Leitbahngeschwindigkeit besitzt. Die an das HF-Feld abgegebene Energie

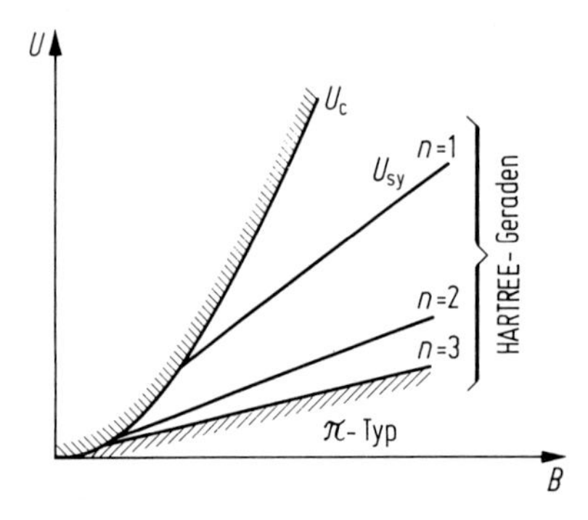

Abb. 10.3/20. Das Schwingungsgebiet des Schlitzanoden-Magnetrons, begrenzt durch Hullsche Parabel ($U_{\mathrm{c}} = f(B_{\mathrm{c}})$) und Hartree-Geraden ($U_{\mathrm{syn}} = f(B)$)

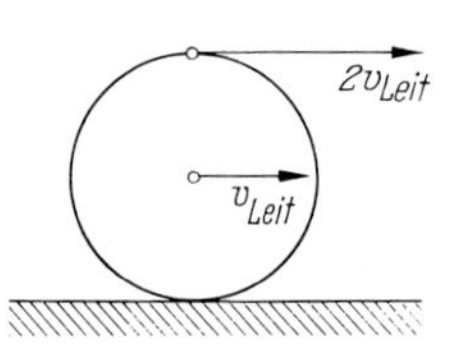

Abb. 10.3/21. Beziehung zwischen Umfangsgeschwindigkeit und Leitbahngeschwindigkeit beim Rollkreis

ergibt sich als Differenz von aufgenommener zu verbleibender, und für den Wirkungsgrad folgt

$$\eta = \frac{eU_{\text{syn}} - 2m_0 v_{\text{Leit}}^2}{eU_{\text{syn}}}$$

und mit Gl. (10.3/32)

$$\eta = 1 - \frac{2m_0}{e} \frac{U_{\text{syn}}}{(r_a - r_k)^2 B^2} . \tag{10.3/35}$$

Mit der Näherung bei dicker Kathode $r_k \to r_a$ folgt aus Gl. (10.3/31)

$$U_c = \frac{e}{m_0} \frac{r_a^2}{8} B_c^2 \left(1 - \frac{r_k}{r_a}\right)^2 \left(1 + \frac{r_k}{r_a}\right)^2 \approx \frac{e}{2m_0} (r_a - r_k)^2 B_c^2 .$$

Damit wird

$$\eta = 1 - \frac{U_{\text{syn}} \left(\frac{B_c}{B}\right)^2}{U_c} = \frac{U_c - U_{\text{syn}} \left(\frac{B_c}{B}\right)^2}{U_c} . \tag{10.3/36}$$

Der Wirkungsgrad ist also proportional der Differenz $U_c - U_{\text{syn}}(B_c/B)^2$. Für $B = B_c$ und $U_c = U_{\text{syn}}$ ist er Null, steigt dann mit zunehmendem B rasch an (bis 80%).

Ein Ersatzbild für die in sich geschlossene resonanzfähige Verzögerungsleitung (Abb. 10.3/22b) läßt sich durch Einzeichnen der Kapazitäten zwischen Anode und Kathode, der inneren Schlitzkapazitäten und der inneren Induktivitäten aufstellen. Schneiden wir das gefundene Ersatzsystem bei s auf, so erhalten wir in der Abwicklung die Anordnung einer Laufzeitkette (Verzögerungsleitung), deren Ausgang an den Eingang rückgeführt ist (Abb. 10.3/22c). Die Laufzeitkette bewirkt die notwendige Verzögerung der Wellenausbreitungsgeschwindigkeit, so daß Synchronismus mit der Elektronenleitbahnbewegung eintreten kann.

Die Phasenbeziehungen der in Abb. 10.3/22c eingezeichneten Spannungen zeigt Abb. 10.3/23. Die gesamte Phasendrehung zwischen Ein- und Ausgang beträgt bei N Resonanzsystemen bzw. Schlitzen Vielfache von 2π

$$\varphi_{\text{ges}} = N_{\varphi} = n\, 2\pi .$$

Die Phasendifferenz zwischen benachbarten Schlitzen beträgt damit

$$\varphi = \frac{2\pi}{N} n \tag{10.3/37}$$

mit $n = 1, 2, \ldots, N/2$ ($N/2$ = Anzahl der Polpaare). Der Schwingungszustand, in dem benachbarte Schlitze in Gegenphase schwingen, d. h. für den $n = N/2$ ist, wird

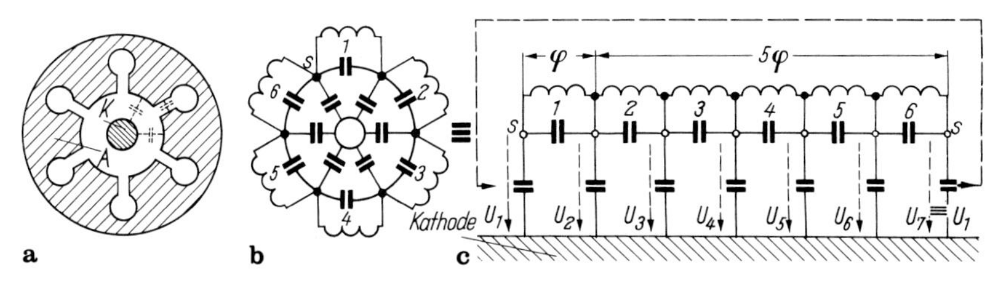

Abb. 10.3/22a–c. Mehrkreis Magnetron, Bohrungstyp: **a** Bohrungstyp mit $N = 6$. Die für einen Resonanzkreis maßgeblichen Kapazitäten sind eingezeichnet; **b** vollständiges Ersatzbild; **c** Abwicklung des Ersatzbildes zu einer rückgekoppelten Laufzeitkette

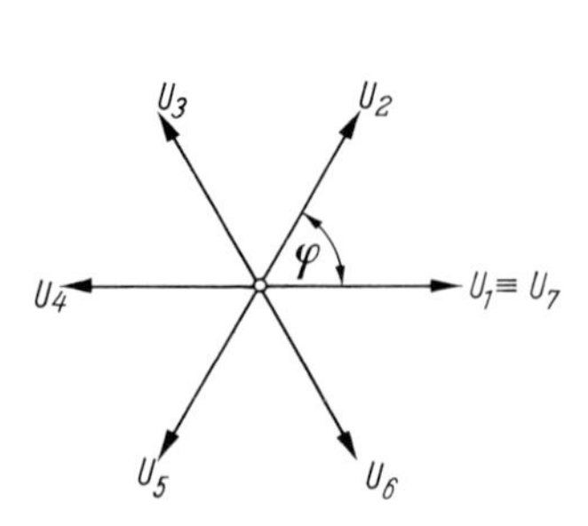

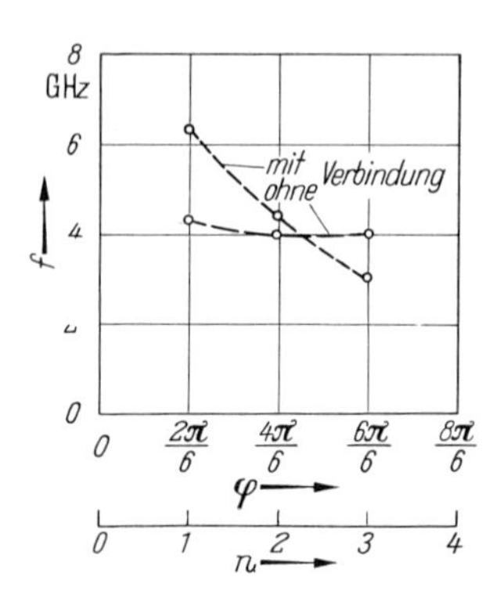

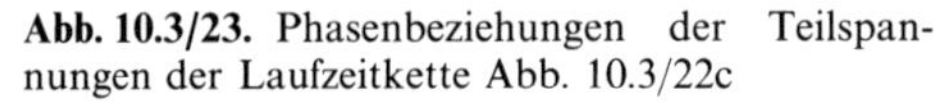

Abb. 10.3/23. Phasenbeziehungen der Teilspannungen der Laufzeitkette Abb. 10.3/22c

Abb. 10.3/24. Beeinflussung der Schwingfrequenzen durch Verbindungsringe („strapping")

π-Typ genannt, da dann $\varphi = \pi$. Der π-Typ wird im praktischen Betrieb des Magnetrons angestrebt, da man dann mit der geringsten Anodenspannung den besten Wirkungsgrad erzielt. Die Zahl n wird allgemein zur Kennzeichnung der Schwingungstypen verwendet (Abb. 10.3/20).

Um ein Umspringen aus dem π-Typ in benachbarte Typen zu verhindern, bringt man über den Anodensegmenten Ringe an, die Anodensegmente gleicher Phase, also 1, 3, 5 bzw. 2, 4, 6 analog der Abb. 10.3/19b verbinden (engl. strapping) [68]. Wie Abb. 10.3/24 zeigt, werden die Schwingfrequenzen der Schwingungstypen durch die Verbindungen auseinandergezogen und die Gefahr des Umspringens vermindert.

Diese Strapping-Anordnung kann sowohl bei dem Bohrungstyp der Abb. 10.3/25a als auch bei anderen Anodenformen, wie sie in Abb. 10.3/25b und c gezeigt sind, angebracht werden. Sie bringt eine Verbesserung bis zu Frequenzen von etwa 10 GHz, darüber ist es günstiger, den im Bild d gezeigten „rising-sun"-Aufbau zu wählen.

In Abb. 10.3/26 sind einige Elektronenbahnen angedeutet. Auf Grund der beschriebenen Wirkungsweise entsteht ein „Raumladungsrotor", dessen „Speichen" von den Elektronen gebildet werden, die Energie an das HF-Feld abgeben und sich dabei zur Anode bewegen. „Falschphasige" Elektronen, also solche, die vom HF-Feld Energie aufnehmen, werden zur Kathode zurückgelenkt und somit dem Wechselwirkungsraum entzogen. Der Raumladungsrotor rotiert mit der Drehzahl

$$n_{\mathrm{T}} = f/p$$

wobei f die Schwingfrequenz und p die Speichenzahl ist. Beim π-Typ gilt $p = \mathrm{N}/2$.

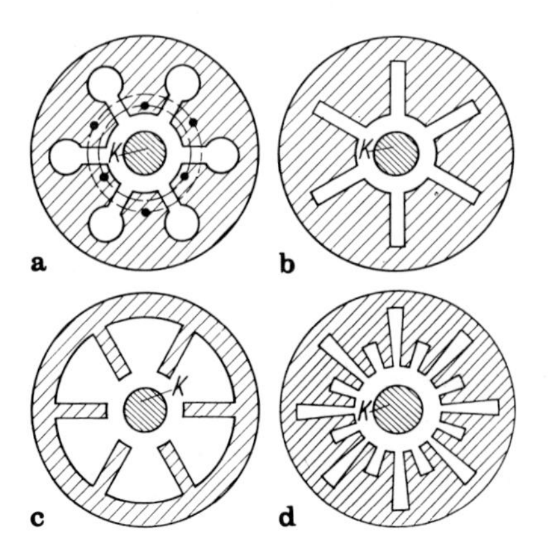

Abb. 10.3/25a–d. Verschiedene Anodenformen beim Mehrkreis-Magnetron: **a** Bohrungs- (Loch-) Typ mit Verbindungsringen; **b** Schlitz-Typ; **c** Barren-Typ; **d** rising-sun-Typ

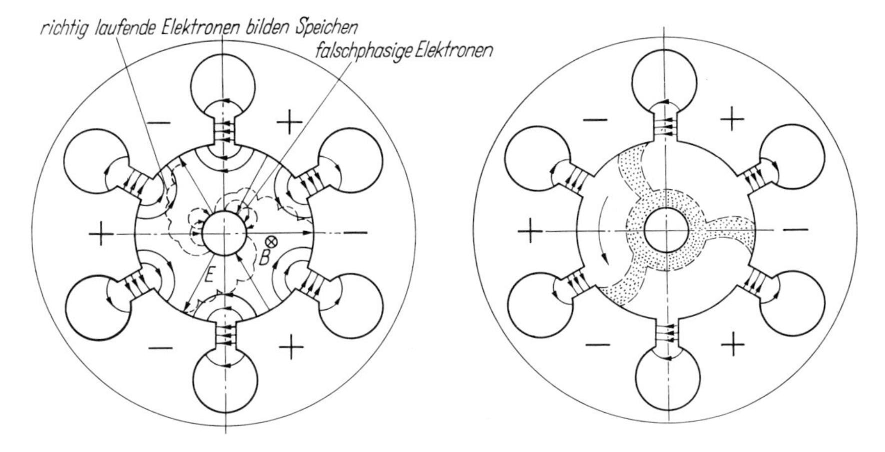

Abb. 10.3/26. Elektronenbahnen und Raumladungsrotor beim Bohrungs-Typ-Magnetron

Da nicht alle emittierten Elektronen die Anode erreichen, sondern zur Kathode zurückkehren, wird der Kathode zusätzlich Wärmeleistung zugeführt, sie wird aufgeheizt. Im Betrieb kann man daher die Heizleistung reduzieren bzw. ganz zu Null machen.

Den prinzipiellen Aufbau eines 8-Kammer-Magnetrons ähnlich Abb. 10.3/26 zeigt Abb. 10.3/27 (aufgeschnitten). Die Auskopplung der erzeugten Hochfrequenzleistung erfolgt üblicherweise durch eine Koppelschleife in einer der Resonanzkammern, an die eine koaxiale Auskopplungsleitung angeschlossen ist.

Eine neuere Ausführung des Magnetrons, das sogenannte Koaxialmagnetron, zeigt Abb. 10.3/28 (mit einem Koppelloch am Koaxialresonator). In diesem ist jede zweite Resonatorkammer über achsparallele Schlitze im Anodenzylinder, der gleichzeitig Innenleiter eines äußeren Koaxialresonators ist, mit der dort herrschenden

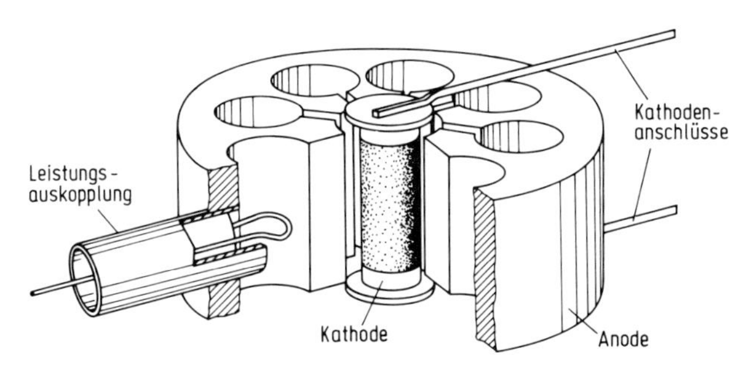

Abb. 10.3/27. Aufbau eines Mehrkammermagnetrons (mit 8 Resonanzkammern)

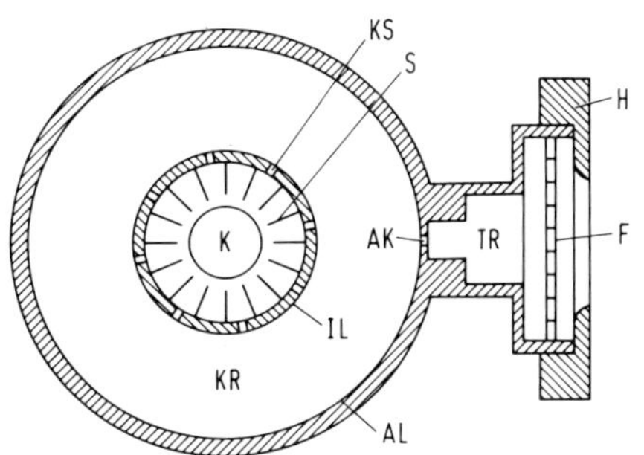

Abb. 10.3/28. Aufbau eines Koaxialmagnetrons K Kathode, AL Außenleiter, S Resonatorsteg, TR Transformator, KS Koppelschlitz, F Keramikfenster, KR Koaxialresonator, H Hohlleiterflansch, IL Innenleiter (Anode), AK Auskoppel-Loch

H_{011}-Schwingung verkoppelt. Wegen der großen Abmessungen des äußeren Resonators (hohe Leerlaufgüte) und wegen der festen Kopplung mit dem Wechselwirkungsraum ist der größte Teil der Schwingenergie im äußeren Resonator gespeichert. Dieser bestimmt daher die Schwingfrequenz. Durch axiales Verschieben eines kontaktlosen Abstimmringes im Koaxialresonator kann die Eigenfrequenz der H_{011}-Schwingung

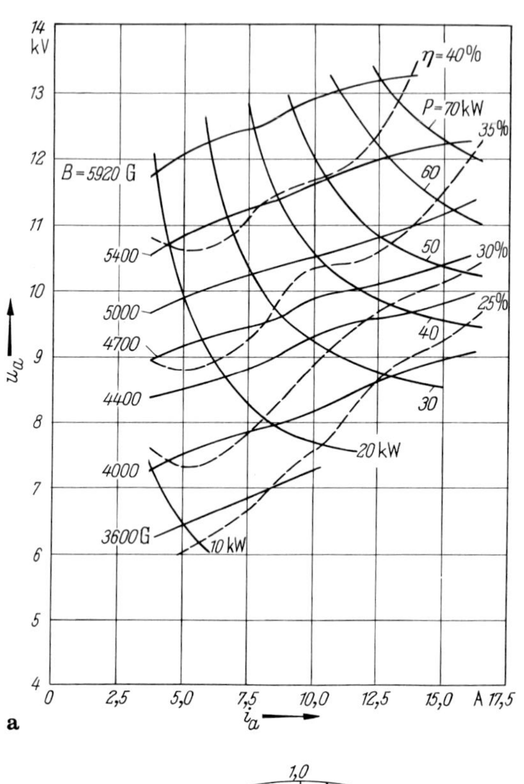

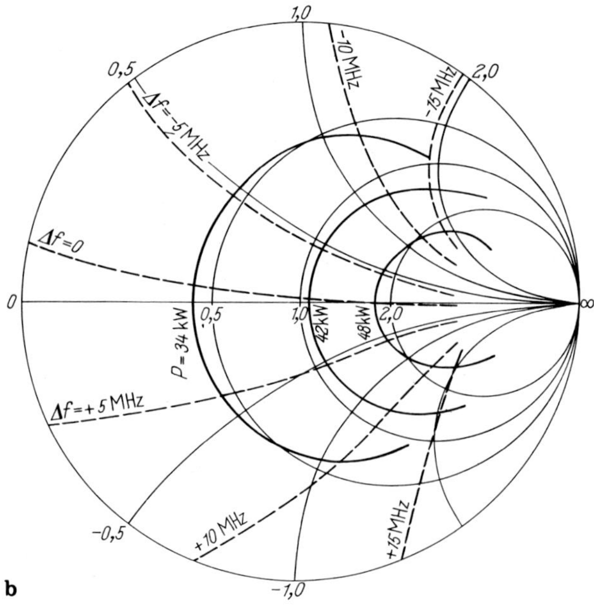

Abb. 10.3/29. **a** Strom-Spannungs-Diagramm: Zusammenhang zwischen Anodenspannung u_a, Anodenstrom i_a, Induktion β und Ausgangsleistung P (Impulsbetrieb) 10000 G = 1 T; **b** Rieke-Diagramm: Abhängigkeit der Ausgangsleistung P und der Frequenzänderung Δf vom komplexen Belastungswiderstand bei einer Induktion von $B = 0{,}55$ T und einem Gleichstrom $i_a = 10$ A (impulsbetrieb)

variiert werden (veränderte wirksame Länge des Resonators). Das Koaxialmagnetron hat vor allem bei Frequenzen oberhalb von 10 GHz Bedeutung [136].

Zur Festlegung des Arbeitspunktes eines Magnetrons benützt man ein Strom Spannungs-Diagramm, in dem die Linien konstanter Ausgangsleistung P, konstanten Wirkungsgrades η, konstanter Induktion B eingetragen sind. Man entnimmt Abb. 10.3/29a einen verhältnismäßig großen Arbeitsbereich. Diese Diagramme sind aufgenommen bei angepaßtem Verbraucher.

Allen Mikrowellengeneratoren ist gemeinsam, daß die von ihnen erzeugte Frequenz abhängig von der Belastung ist. Und zwar wird der Lastwiderstand über die Auskoppelleitung an den Ort des Spaltes als i. allg. komplexer Widerstand transformiert, der verstimmend wirkt. Um diesen Einfluß überschauen zu können, benützt man das von Rieke angegebene Diagramm, Abb. 10.3/29b, ein Leitungsdiagramm 2. Art. Dieses zeigt für jeden durch Betrag und Winkel gegebenen Lastreflexionsfaktor in der Flanschebene der gewählten Röhre die zugehörige Leistung und Frequenzabweichung [135].

Technisch unterscheidet man zwischen Dauerstrichmagnetrons mit Hochfrequenzleistungen bis zu mehreren kW und Impuls- (Radar-) Magnetrons. Bei beiden Formen reichen die Betriebsfrequenzen bis zu mehreren 100 GHz. Die maximalen Impulsleistungen liegen über 10 MW, jedoch nicht im mm-Wellenbereich. Typische Werte sind hier z. B. 10 kW bei 70 GHz und 1 kW bei 140 GHz mit Wirkungsgraden in der Größenordnung von 10%.

Neben dem Mehrkammermagnetron gibt es weitere Bauformen von „Kreuzfeldröhren", von denen nur der lineare sowie der zirkulare Kreuzfeldverstärker (Amplitron) genannt seien. Sie besitzen zwar nur Leistungsverstärkungen von 10 bis 15 dB, liefern aber bei hohem Wirkungsgrad Ausgangsleistungen bis zu einigen MW.

10.3.5 Gyrotron

Gyrotrons sind Laufzeitröhren mit einem neuartigen Wechselwirkungsmechanismus, geeignet zur Erzeugung und Verstärkung höchster Leistungen bei Frequenzen im Bereich um 100 GHz. Ihre Betriebsfrequenz ist gleich einer Elektronen-Zyklotronfrequenz oder einer ihrer Harmonischen, hervorgerufen durch ein zur Elektronenstrahlachse paralleles statisches Magnetfeld. Die nötigen Resonatoren oder Wellenleiter können daher überdimensioniert werden, so daß für den durchtretenden Elektronenstrahl wesentlich größere Querschnittsflächen zur Verfügung stehen als z. B. im Klystron. Dadurch kann man auch mit wesentlich größeren Strahlleistungen arbeiten, und man erhält höhere Nutzleistungen [137, 138, 192].

Abbildung 10.3/30 zeigt schematisch einen Längsschnitt sowie einen Querschnitt durch ein sogenanntes Gyromonotron, die derzeit am weitesten entwickelte Bauform als Oszillator. Der Mantel M einer kegelstumpfförmigen Kathode K emittiert Elektronen unter dem Einfluß eines umfangssymmetrischen elektrischen und eines longitudinalen magnetischen Feldes, so daß sich ein Elektronenhohlstrahl bildet (Magnetron-Injection-Gunn). Das elektrische Feld bildet sich zwischen der Kathode und einer schwach positiven zylindrischen Anode A bzw. dem auf der vollen Elektronenbeschleunigungsspannung U_0 liegenden Eingang des Wechselwirkungsraumes W aus. Das magnetische Längsfeld entsteht in einer über die Röhre geschobenen Spule. In dem Hohlstrahl bewegen sich die einzelnen Elektronen auf wendelförmigen Bahnen und nehmen die für die energetische Wechselwirkung mit einem zirkularen elektrischen Feld im Resonator nötigen Geschwindigkeitskomponenten quer zur Strahlachse an. Im Gegensatz zum Klystron erfolgt die Wechselwirkung zwischen Feld und Elektronen beim Gyrotron quer zur Achse des Hohlstrahls. Derzeit wird mit in der Sättigung arbeitenden Strahlerzeugungssystemen gearbeitet, deren Hohlstrahl den Resonator an Orten starker zirkularer elektrischer Feldstärke durchsetzt.

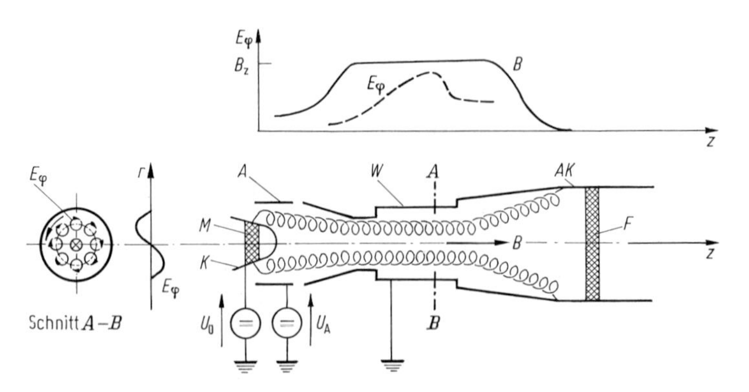

Abb. 10.3/30. Quer- und Längsschnitt durch ein Gyromonotron (schematisch). $E_\varphi(z)$ azimutale elektrische Feldverteilung (H_{011}-Schwingung), $B(z)$ statisches Magnetfeld

Unter dem Einfluß des elektrischen Feldes und der in z-Richtung ansteigenden magnetischen Induktion B erfährt der Strahl eine Kompression, wobei die Quergeschwindigkeit der Elektronen erhöht wird. Er durchläuft dann den Resonator. Die magnetische Induktion B_z wird so eingestelt, daß die Zyklotronfrequenz $f_Z = \omega_Z/2\pi$ etwa der Betriebsfrequenz entspricht, und zwar unter Berücksichtigung der relativistischen Massenänderung des Elektrons. Mit dem relativistischen Faktor:

$$\gamma_0 = \left[1 - \left(\frac{v_0}{c_0}\right)^2\right]^{-1/2} = 1 + \frac{U_0/\text{kV}}{511} \tag{10.3/38}$$

ergibt sich für die Zyklotronfrequenz

$$\omega_Z = \frac{\omega_{Z0}}{\gamma_0} = \frac{eB_Z}{\gamma_0 m_0} \quad \text{bzw.} \quad \frac{f_Z}{\text{GHz}} = \frac{28}{\gamma_0}\frac{B_Z}{\text{T}}. \tag{10.3/39}$$

Darin bedeuten: v_0 die durch die Spannung U_0 hervorgerufene Elektronengeschwindigkeit, c_0 die Lichtgeschwindigkeit im freien Raum, e Elektronenladung, m_0 Elektronenruhemasse, B_Z achsiale magnetische Induktion im Wechselwirkungsbereich. Beispielsweise benötigt ein 140-GHz-Gyrotron im Wechselwirkungsbereich eine magnetische Induktion von 6T. Derartige Magnetfelder können nur in supraleitenden Magneten erzeugt werden.

Für den Radius der Wendelbahnen ergibt sich:

$$r = \frac{v_\perp}{\omega_Z} \quad \text{bzw.} \quad \frac{r}{\text{mm}} = 1{,}71\frac{v_\perp/c}{B_Z/T}\left(1 + \frac{\text{U}_0/\text{KV}}{511}\right). \tag{10.3/40}$$

Darin bedeutet $v_\perp$ die Quergeschwindigkeitskomponente der Elektronen.

Im weiteren Verlauf des Strahls in der Röhre hinter dem Resonator wird das Magnetfeld wieder abgesenkt, der Strahl spreizt auf und trifft auf die von außen gut zu kühlende Auskoppelleitung AK auf. Diese wirkt auch als Kollektor und ist durch ein vakuumdichtes, für hohe Frequenzen verlustarmes Fenster F abgeschlossen.

Die Funktion der Röhre kann man sich folgendermaßen vorstellen: Unter der vorläufigen Annahme, daß in dem beiderseits offenen Resonator eine der H_{011}-Schwingung eines geschlossenen Hohlraumresonators ähnliche Schwingungsform angeregt ist, werden die Elektronen während ihres Laufs durch den Resonator mit dem zirkularen elektrischen Feld $\boldsymbol{E}_\varphi$ in Wechselwirkung treten. Sie erfahren beim Eintritt eine Geschwindigkeitssteuerung, jedoch nicht in Längsrichtung des Strahls wie beim Klystron, sondern quer dazu, also am Umfang ihrer wendelförmigen Bahnen. Unter Berücksichtigung der relativistischen Massenänderung (die Röhren werden heute mit Beschleunigungsspannungen zwischen 10 und 100 kV betrieben) bilden sich im weiteren Bahnverlauf, wie Abb. 10.3/31 zeigt, Elektronenpakete, Zusammenballungen von Ladungen am Wendelumfang aus. Der so dichtemodulierte Strahl kann durch Influenz auf den Resonator entdämpfend wirken. Dabei werden die Elektronenpakete abgebremst und geben Energie ab (ähnlich wie beim Verstärkerklystron der in Längsrichtung dichtemodulierte Strahl den Auskoppelresonator zu Schwingungen anregt). Eine in der ebenfalls überdimensionierten Auskoppelleitung angeregte H_{0n}-Welle führt die erzeugte Hochfrequenzleistung dem Verbraucher zu. Die Leitung und der nicht gezeigte Lastwiderstand belasten den Resonator, die resultierende Güte wird daher auf einen Wert von einigen Hundert reduziert. Im übrigen kann man sich das Anschwingen des Oszillators im Dauerbetrieb wie bei jedem Röhrenoszillator aus dem Rauschen vorstellen [139].

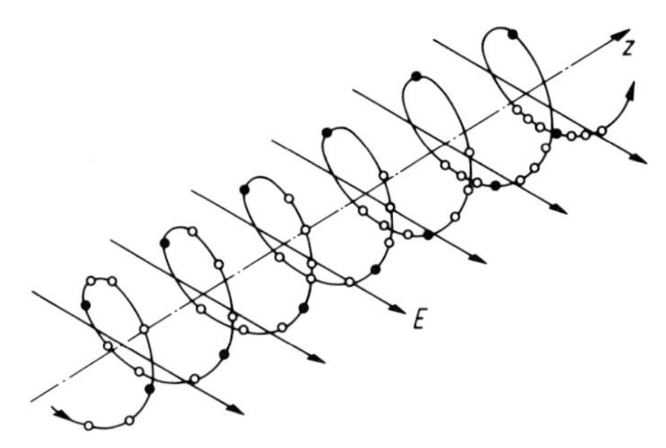

Abb. 10.3/31. Zustandekommen der Phasenfokussierung (bunching) am Wendelumfang für $\omega > \omega_z$

Da die Zyklotronfrequenz oder eine ihrer Harmonischen für die Betriebsfrequenz maßgebend ist, kann der Resonator überdimensioniert werden; dabei muß ein Schwingungstyp gewählt werden, der an der Stelle des Strahldurchtritts kräftige azimutale elektrische Feldkomponenten besitzt, z. B. eine H_{041}-Schwingung. Der Hohlstrahl kann dann bei einem weiter außen liegenden Spannungsmaximum durch den Resonator geführt werden, wo er eine größere kreisringförmige Querschnittsfläche besitzen kann als weiter innen. Eine Verbesserung der Wirkungsweise erreicht man dadurch, daß man den Resonator nicht rein zylindrisch, sondern zum Teil konisch ausbildet. Auch kann man zur Wirkungsgradverbesserung das für die Elektronenbewegung im Wechselwirkungsraum verantwortliche statische Magnetfeld nicht über die ganze Resonatorlänge konstant lassen, sondern ihm eine nur wenige Prozent betragende z-Abhängigkeit geben [140].

Abbildung 10.3/32 zeigt die Längsschnitte von idealisierten kreiszylindrischen Hohlraumresonatoren, die für vier H_{mn1}-Schwingungen gleicher Frequenz dimensioniert sind im Vergleich zu einem E_{010}-Resonator bzw. einem Klystronresonator.

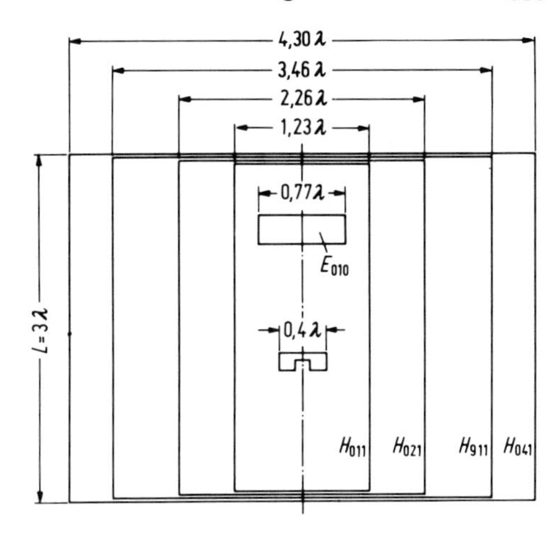

Abb. 10.3/32. Längsschnitte durch vier in Gyrotrons verwendete idealisierte Resonatoren im Vergleich zu einem E_{010}-Resonator und einem Klystronresonator bei gleicher Resonanzfrequenz

Auch nichtradialsymmetrische Schwingungstypen werden verwendet, z. B. eine H_{911}-Schwingung, deren kräftige azimutale elektrische Feldkomponenten in der Nähe der Resonatorwand für eine Wechselwirkung mit dem Elektronenstrahl ausgenützt werden (sogenannte whispering gallery modes = Flüster-Galerie-Moden). Ein Durchmesservergleich läßt erkennen, daß z. B. im H_{041}-Resonator eine ringförmige Querschnittsfläche für den durchtretenden Elektronenstrahl zur Verfügung steht, die um Größenordnungen größer ist als die beim Klystronresonator. Komplexe Resonatoren, z. B. bestehend aus der Hintereinanderschaltung eines H_{011}-und eines H_{041}-Resonators, sind in Erprobung [141], ebenso auch Ausführungen mit quasioptischen Resonatoren mit dem Ziel, zu höheren Frequenzen vorzustoßen [142].

In Abb. 10.3/33 sind schematisch vier in Entwicklung befindliche Bauformen dargestellt. Ein Gyroklystronverstärker (Abb. 10.3/33b) besteht aus zwei kurzen Gyrotronresonatoren unter Zwischenschaltung eines Laufraumes. In dem ersten Resonator erfolgt dann im wesentlichen die Geschwindigkeitssteuerung, wieder in Umfangsrichtung, im Laufraum die Umwandlung in einen dichtemodulierten Strahl und in dem rechts gezeichneten Resonator die Energieauskopplung. Man erwartet von dieser Ausführung einen schmalbandigen Verstärker hoher Leistung.

Bei dem Gyrowanderfeldverstärker, Abb. 10.3/33c, spielt sich die energetische Wechselwirkung nicht in stehenden Feldern, sondern wie bei der Wanderfeldröhre in fortschreitenden Feldern ab. Man erwartet davon eine Verstärkung in einem größeren Frequenzbereich. In Abb. 10.3/33d ist der Gyrorückwärtswellenoszillator dargestellt, bei dem die erzeugte Hochfrequenzleistung am kathodenseitigen Ende des Wellenleiters ausgekoppelt wird.

Während diese schmal- bzw. breitbandigen Verstärker sich noch in voller Entwicklung befinden, wurden Gyromonotrons im letzten Jahrzehnt in den USA und in der UdSSR zu hoher Reife entwickelt. Beispielsweise erreicht man mit im Handel erhältlichen Gyromonotrons bei 28, 35, 53, 60, 70, 106 GHz Dauerleistungen von 200 kW und mehr. Eine Röhre für 8 GHz liefert 1 MW und eine 140-GHz-Röhre 400 kW Dauerleistung. In Kurzpulsbetrieb wurden z. B. 1,2 MW bei 148 GHz und 120 kW bei 375 GHz ($\lambda = 0{,}8$ mm) erzielt [143]. Man hofft, mit Gyrotrons Dauer- und Langpulsleistungen in der Größenordnung von 1 MW bei 140 GHz erzeugen zu können. Gyrotrons werden vor allem zur Aufheizung von Plasmen im Zusammenhang mit der Kernfusion verwendet; dies ist auch ein Grund für deren seit Jahren forcierte Entwicklung [144].

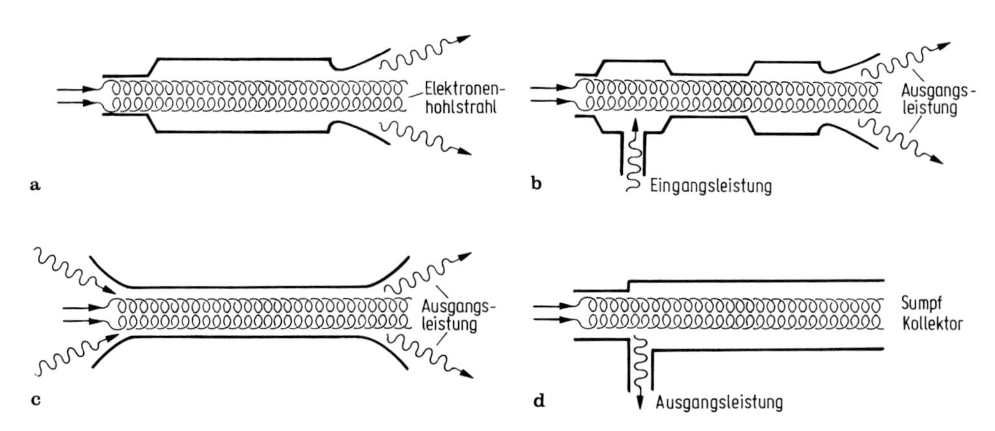

Abb. 10.3/33a–d. Bauformen von Gyrotrons: **a** Gyromonotron (Oszillator); **b** Gyroklystron-Verstärker; **c** Gyrowanderfeld-Verstärker; **d** Gyrorückwärtswellen-Oszillator

10.4 Vierpoloszillatoren

10.4.1 Allgemeines

Einen Vierpoloszillator kann man sich aus der Zusammenschaltung eines aktiven und eines passiven Vierpols entstanden denken (Abb. 10.4/1). Den aktiven Vierpol (Transistor oder Röhre) kann man allgemein durch eine Π- oder T-Schaltung, die noch gesteuerte Strom- oder Spannungsquellen enthält, darstellen (s. Kap. 9). Der passive Vierpol kann ebenfalls im allgemeinen Fall durch eine äquivalente Π- oder T-Schaltung beschrieben werden.

Im folgenden wollen wir uns auf die Behandlung der Π-Schaltung beschränken. Zweckmäßigerweise nimmt man an, daß es sich bei der Zusammenschaltung der beiden Vierpole um eine Parallel-Parallel-Schaltung handelt und stellt die Beziehungen zwischen den Eingangs- und Ausgangsgrößen durch die Vierpolgleichungen in der Leitwertform dar (Y-Matrix). Bei Verwendung des T-Ersatzbildes würde man analog eine Serien-Serien-Schaltung beider Vierpole anwenden und mit der Widerstandsmatrix rechnen.

Bei Parallelschaltung der Vierpole an Ein- und Ausgang (Parallel-Spannungsrückkopplung) erhält man die Matrix des Gesamtvierpols aus der Summe der Leitwertmatrizen (Y-Matrizen). Die Leitwertmatrix ist für die Π-Schaltung besonders geeignet. Bei der Serienschaltung beider Vierpole an Ein- und Ausgang (Serien-Stromrückkopplung) erhält man die Matrix des Gesamtvierpols aus der Summe der Widerstandsmatrizen (Z-Matrizen). Hierfür eignet sich besonders die T-Schaltung. Bei Serienschaltung am Eingang und Parallelschaltung am Ausgang (Serien-Spannungsrückkopplung) ergibt sich die Matrix des Gesamtvierpols aus der Summe der Reihen-Parallel-Matrizen (H-Matrizen), und bei Parallelschaltung am Eingang und Serienschaltung am Ausgang (Parallel-Stromrückkopplung) erhält man die Matrix des Gesamtvierpols aus der Summe der Parallel-Reihen-Matrizen (P-Matrizen). Im folgenden beschränken wir uns auf die Behandlung der Π-Schaltungen und arbeiten mit Leitwertmatrizen.

Für den resultierenden Vierpol, der aus der Zusammenfassung der beiden Vierpole entsteht, gilt (Abb. 10.4/1) mit

$$[Y] = [Y'] + [Y''] \qquad (10.4/1)$$

$[Y]$ Leitwertmatrix des resultierenden Vierpols
$[Y']$ Leitwertmartix des aktiven Vierpols
$[Y'']$ Leitwertmatrix des passiven Vierpols

das Gleichungssystem:

$$\left.\begin{aligned} I_1 &= y_{11} U_1 + y_{12} U_2 \\ I_2 &= y_{21} U_1 + y_{22} U_2 \end{aligned}\right\} \quad \text{abgekürzt } [I] = [Y][U]$$

$$y_{11} = y'_{11} + y''_{11} \quad \text{usw.}$$

Die Schwingbedingung erhält man aus der Forderung, daß ohne äußere Ströme ($I_1 = I_2 = 0$) die Spannungen U_1 und U_2 ungleich Null sind.

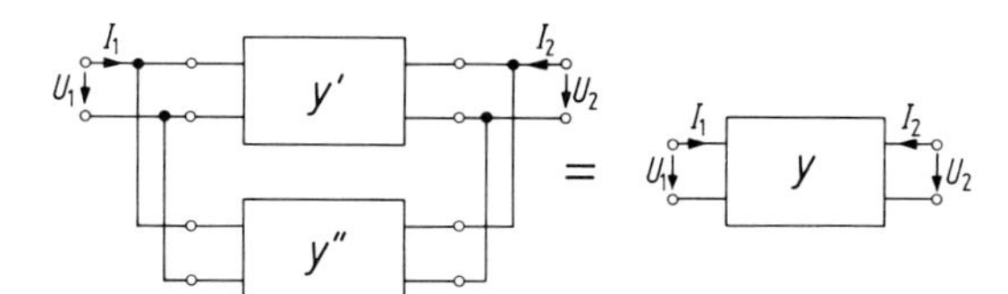

Abb. 10.4/1. Blockschaltbild eines Vierpoloszillators mit Leitwert-Matrix

Mit $I_1 = 0$ und $I_2 = 0$ erhält man aus der ersten bzw. zweiten Leitwertgleichung $U_2/U_1 = -y_{11}/y_{12}$ bzw. $U_2/U_1 = -y_{21}/y_{22}$ und nach Elimination der Spannungen die Schwingbedingung

$$y_{11}y_{22} - y_{12}y_{21} = \det y = 0. \tag{10.4/2}$$

Die Rechnung nach Gl. (10.4/2) ist wenig anschaulich und oft umständlicher als die Rechnung nach der „Einströmungsbedingung", die anhand von Abb. 10.4/2 und 10.4/3 formuliert werden kann. Abbildung 10.4/2 zeigt das Ersatzbild eines Transistoroszillators. Man erkennt, daß jeweils 2 Leitwerte parallel liegen, die zu einem resultierenden Leitwert zusammengefaßt werden können. Man erhält dann das Ersatzbild in Abb. 10.4/3. Anschaulich bedeutet die Einströmungsbedingung, daß die Einströmung $g_m U_1$ sich so in der Schaltung verteilen muß, daß am Leitwert $y_1 = y_1' + y_1''$ gerade wieder die Spannung U_1 erzeugt wird. Eine auf dieser Bedingung beruhende Rechnung findet man in Abschn. 10.4.2 (LC-Oszillatoren).

Schreibt man in Gl. (10.4/2) die Matrixkoeffizienten als rationale Funktionen der komplexen Frequenz $p = \sigma + j\omega$, so erhält man ein Polynom in p mit reellen Koeffizienten a_i

$$F(p) = a_n p^n + a_{n-1} p^{n-1} + \cdots + a_2 p^2 + a_1 p + a_0 = 0. \tag{10.4/2a}$$

Diese Gleichung entspricht der *charakteristischen* oder *Stammgleichung* (10.1/2) bei Zweipoloszillatoren. Die Koeffizienten a_i sind ihrerseits rationale Funktionen der Schaltelemente (z. B. L, C, R, g_m) des Oszillators, und der Grad n ist gleich der Anzahl seiner voneinander unabhängigen Induktivitäten und Kapazitäten.

Die Lösungen (Nullstellen) der Stammgleichung haben die Form $p_s = \sigma_s + j\omega_s$, wobei Dämpfungskonstante σ_s und Kreisfrequenz ω_s wieder Funktionen der Schaltelemente des Oszillators sind.

In Abschn. 10.1 wurde gezeigt, daß ein Oszillator für $\sigma_s < 0$ abklingende, für $\sigma_s > 0$ aufklingende Schwingungen ausführt und für $\sigma_s = 0$ ungedämpfte Dauerschwingungen mit der Kreisfrequenz ω_s. Dieser letzte Fall mit $p = j\omega$ ist für die Nachrichtentechnik von besonderem Interesse. Aus der Bedingung, daß Realteil und Imaginärteil der Stammfunktion $F(p)$ gleichzeitig Null sein müssen, erhält man zwei Gleichungen zur Bestimmung zweier Größen des Oszillators, z. B. der Anschwingsteilheit g_m und der Schwingfrequenz ω_s, wenn die restlichen Größen der Stammgleichung gegeben sind.

Eine andere Betrachtungsweise führt den Vierpoloszillator auf einen rückgekoppelten Verstärker zurück (Abb. 10.4/4). v_0 und k seien die komplexen Übertragungsfaktoren von Verstärker und Rückkoppelvierpol:

$$v_0 = \frac{U_2}{U_1}; \qquad k = \frac{U_2'}{U_2}.$$

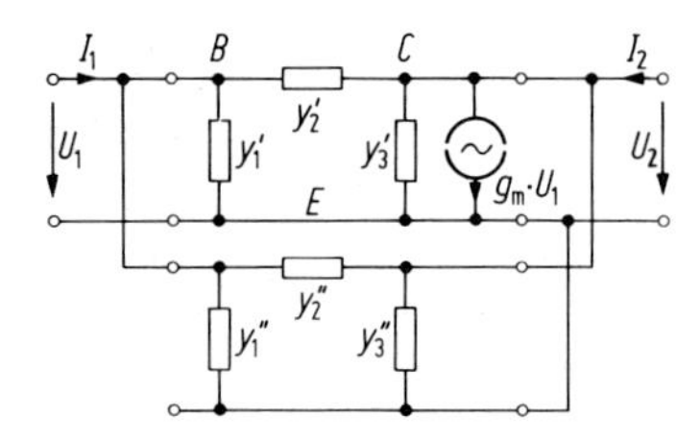

Abb. 10.4/2. Ersatzschaltbild eines Transistor- oder Röhrenoszillators

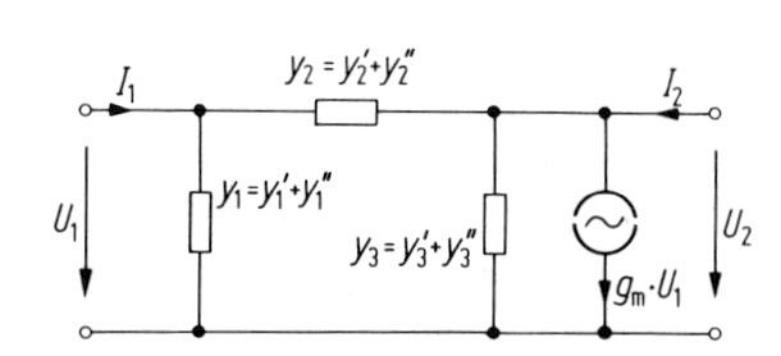

Abb. 10.4/3. Vereinfachtes Oszillator-Ersatzschaltbild

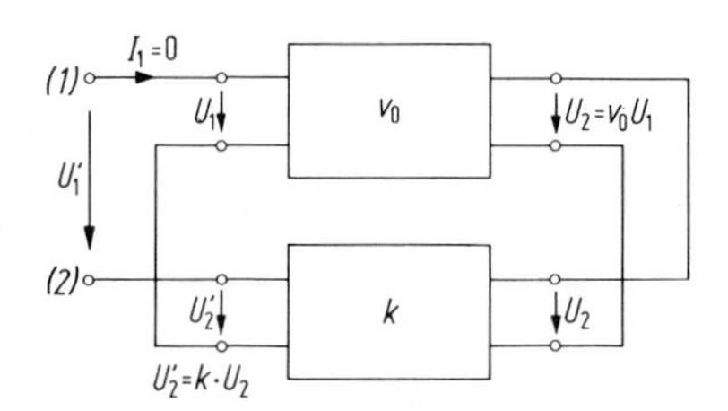

Abb. 10.4/4. Rückgekoppelter Verstärker

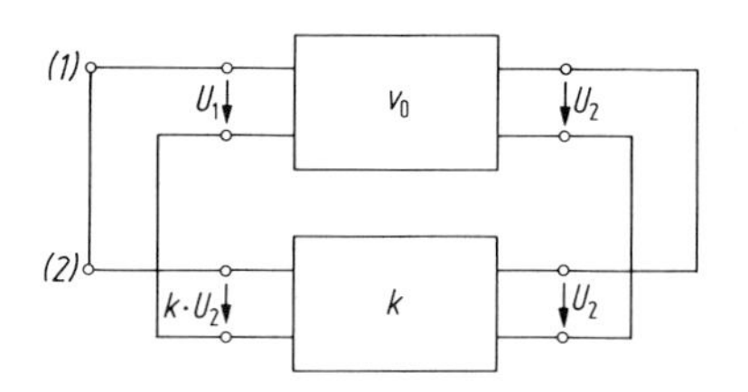

Abb. 10.4/5. Vierpoloszillator, der aus Abb. 10.4/4 durch Kurzschluß des Eingangsklemmenpaares (*1*) (*2*) entsteht

Der Abb. 10.4/4 ist zu entnehmen:

$$U_1' = U_1 - kU_2. \tag{10.4/3}$$

Wenn $U_1 = kU_2$ ist, wird $U_1' = 0$, d. h., unter dieser Bedingung kann die äußere Spannungsquelle abgetrennt und können die Klemmen (1) und (2) miteinander verbunden werden (Abb. 10.4/5), der rückgekoppelte Verstärker wird zum Oszillator. Die Schwingungsbedingungen lauten also:

$$U_1 = kU_2 \qquad \text{oder} \qquad kv_0 = 1. \tag{10.4/4}$$

Wenn man umgekehrt eine gegebene Oszillatorschaltung berechnen soll, so kann man an irgendeiner Stelle den geschlossenen Rückkopplungskreis auftrennen und als Schwingungsbedingung die Schnittspannungen gleichsetzen. Beim Aufschneiden muß man die Belastungsverhältnisse nachbilden. Zweckmäßigerweise legt man daher den Schnitt an eine Stelle, wo kein Strom fließt, z. B. in die Gitterzuleitung einer Röhre oder in die Leitung *B–C* in Abb. 10.4/2, falls y_2' sehr viel kleiner ist als y_2''.

Berechnet man k und v_0 als Funktionen, z. B. der y-Parameter von Oszillator und Rückkopplungsvierpol, so findet man, daß die Schwingbedingung (10.4/4), geschrieben in der Form $1 - kv_0 = 0$, identisch ist mit der Gleichung $\det y = 0$ Gl. (10.4/2).

Die Berechnung einer Oszillatorschaltung kann also grundsätzlich sowohl anhand der Stammgleichung als auch anhand der Übertragungsfaktoren k und v_0 erfolgen. Dabei bestimmt die Schaltung des Oszillators, welcher Weg zweckmäßiger ist. In den Abschn. 10.4.2 und 10.4.4 wird jede der beiden Methoden einzeln beschrieben.

In der Praxis unterscheidet man LC- und RC-Oszillatoren, je nachdem, ob das passive Netzwerk neben Kondensatoren noch Spulen oder ohmsche Widerstände enthält. LR-Oszillatoren werden selten gebaut, da Spulen im Vergleich zu Kondensatoren groß, schwer, teuer und nicht integrierbar sind.

Die Symbole LC und RC kennzeichnen nur die dominierenden Schaltelemente des betreffenden Oszillatortyps, das jeweils dritte Schaltelement ist zumindest parasitär auch vorhanden, so z. B. Verlustwiderstände bei LC-Oszillatoren.

Bei RC-Oszillatoren ist es üblich, den ausgangsseitigen Innenwiderstand des Verstärkers reell und so klein zu machen, daß der angeschlossene RC-Rückkopplungsvierpol keine merkbare Belastung darstellt und v_0 unabhängig von den elektrischen Eigenschaften des Rückkopplungsvierpols ist. Da zudem meist eine stromlose „Schnittstelle“ am Eingang des Verstärkers existiert, erfolgt die Analyse von RC-Oszillatoren zweckmäßigerweise anhand von k und v_0.

Bei den in der Praxis vorkommenden LC-Oszillatoren stellt dagegen der Eingangswiderstand des Rückkopplungsvierpols einen Teil des Arbeitswiderstandes des Verstärkers dar, so daß v_0 abhängig ist von dem verwendeten Rückkopplungsvierpol. Da weiterhin alle drei Transistorgrundschaltungen gleichermaßen verwendet werden und v_0 für diese drei Fälle verschieden ist, analysiert man LC-Oszillatoren meist anhand der Stammgleichung, die von der Grundschaltung unabhängig ist und nur durch das Produkt kv_0 bestimmt ist.

Beide Methoden setzen gleichermaßen voraus, daß gekrümmte Kennlinien nur in einem kleinen Bereich ausgesteuert werden und somit die Kleinsignaltheorie anwendbar ist.

Es sei hier besonders erwähnt, daß für Zwei- und Vierpoloszillatoren der gleiche Typ von Differentialgleichung gilt. Wir wollen nun zeigen, daß man auf Grund eines einfachen Ersatzbildes die Vierpoloszillatoren auf Zweipoloszillatoren zurückführen kann. In Abb. 10.4/6 ist als Beispiel ein Feldeffekttransistor-Oszillator dargestellt, bei dem die Rückkopplung über einen Spannungsteiler, der aus den komplexen Widerständen Z_1 und Z_2 besteht, erfolgt. Die Bauelemente zur Gleichstromversorgung sind nicht mit eingezeichnet. Der Gatestrom sei Null, und die Transistor- und Schaltkapazitäten seien in Z_1, Z_2 und Z_a enthalten. Für kleine Aussteuerungen kann man die Schaltung durch den Vierpol in Abb. 10.4/7 ersetzen, für den bei verschwindendem Eingangsstrom I_1 gilt:

$$v = \frac{U_2}{U_1} = \frac{Z_1 + Z_2}{Z_1} = -\frac{g_m + \dfrac{1}{Z_1}}{\dfrac{1}{R_i} + \dfrac{1}{Z_a}} = \mathrm{Re}(v) + \mathrm{j}\,\mathrm{Im}(v) \tag{10.4/5}$$

$$Y_1 = \frac{I_1}{U_1} = \frac{1}{Z_1} + \frac{1}{Z_2}(1 - v) = \frac{1}{Z_1} + \frac{1 - \mathrm{Re}(v)}{Z_2} - \mathrm{j}\frac{1}{Z_2}\mathrm{Im}(v)\,. \tag{10.4/6}$$

Gleichung (10.4/6) kann man sich aus der Schaltung in Abb. 10.4/8 entstanden denken. Durch geeignete Wahl von Z_1, Z_2 und Z_a kann man erreichen, daß diese Schaltung ein schwingungsfähiges System wird. Wählt man z. B.

$$Z_1 = R_1 + \mathrm{j}\omega L_1, \qquad Z_2 = 1/\mathrm{j}\omega C, \qquad Z_a = R_a + \mathrm{j}\omega L_a$$

so wird Im $(v) = \dfrac{-R_1}{\omega C(R_1^2 + \omega^2 L_1^2)} < 0$, und man erhält Abb. 10.4/9.

$R_1 + \mathrm{j}\omega L_1$ und $C(1 - \mathrm{Re}(v))$ bilden einen gedämpften Parallelschwingkreis. $1/\omega C \cdot \mathrm{Im}\,(v)$ ist der zur Erzeugung ungedämpfter Schwingungen benötigte negative Widerstand, so daß bei geeigneter Größe Selbsterregung eintreten kann.

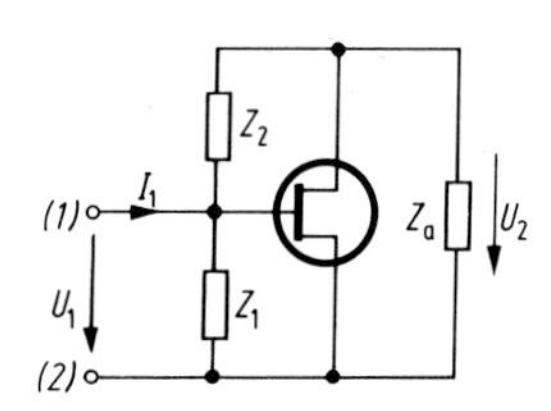

Abb. 10.4/6. Zur Rückführung eines Vierpoloszillators auf einen Zweipoloszillator

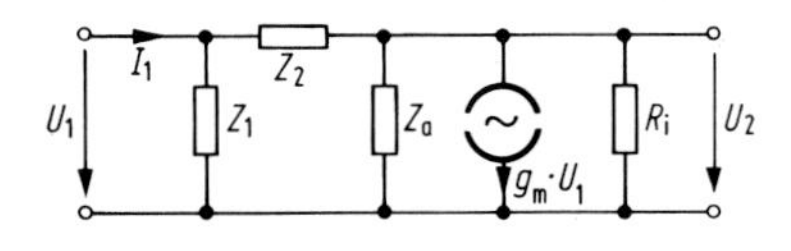

Abb. 10.4/7. Ersatzschaltbild eines rückgekoppelten Verstärkers nach Abb. 10.4/6

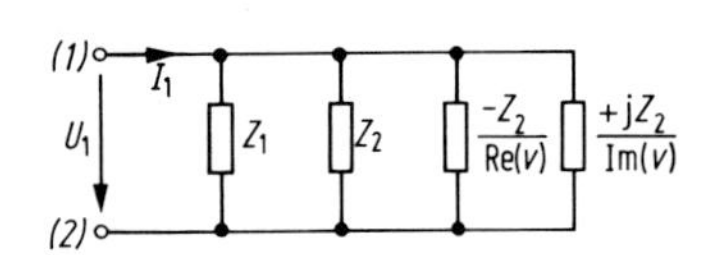

Abb. 10.4/8. Schaltung zu Gl. (10.4/6)

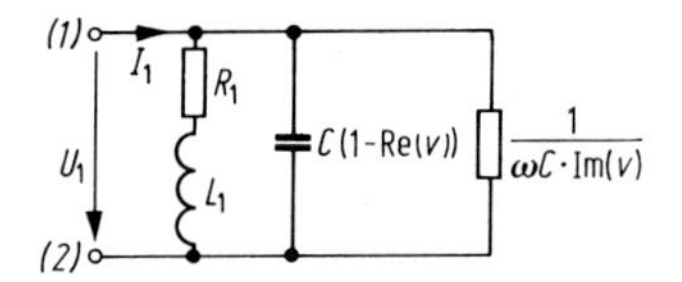

Abb. 10.4/9. Schaltung zu Gl. (10.4/6) für den Fall $Z_1 = R_1 + \mathrm{j}\omega L_1$, $Z_2 = 1/\mathrm{j}\omega C$, $Z_a = R_a + \mathrm{j}\omega L_a$

10.4.2 LC-Oszillatoren

Für das Oszillator-Ersatzschaltbild (Abb. 10.4/3) errechnet man über die Leitwertmatrix nach Gl. (10.4/2) det $y = 0$ zu

$$(Y_1 + Y_2)(Y_2 + Y_3) + Y_2(g_m - Y_2) = Y_1(Y_2 + Y_3) + Y_2(g_m + Y_3) = 0. \quad (10.4/7)$$

Stellt man die komplexen Leitwerte Y_1, Y_2 und Y_3 in der Form $Y = G + jB$ dar, so erhält man für Real- und Imaginärteil der Gl. (10.4/7):

$$G_1 G_2 + G_2 G_3 + G_3 G_1 - B_1 B_2 - B_2 B_3 - B_3 B_1 + G_2 g_m = 0 \quad (10.4/7a)$$

bzw.

$$B_1 G_2 + B_2 G_3 + B_3 G_1 + G_1 B_2 + G_2 B_3 + G_3 B_1 + B_2 g_m = 0. \quad (10.4/7b)$$

Betrachtet man die Leitwerte $Y(\omega)$ als gegeben, so besitzt man damit zwei Gleichungen zur Berechnung der Unbekannten f_0 (Anschwingfrequenz) und g_m (Anschwingsteilheit).

Zunächst soll eine Systematik der Schaltungen von LC-Oszillatoren erstellt werden. Zu diesem Zweck genügt es, die von Verlusten herrührenden Wirkleitwerte G_1 und G_2, die im Vergleich zu B_1 und B_2 meist klein sind, gleich Null zu setzen, und $G_3 = G$ als Summe von Innenleitwert und Lastleitwert zu berücksichtigen. Dann lauten

Gl. (10.4/7a) $\quad B_1 B_2 + B_2 B_3 + B_3 B_1 = 0$

Gl. (10.4/7b) $\quad G(B_1 + B_2) + g_m B_2 = 0.$

Die beiden Gleichungen sind leichter auszuwerten, wenn man die Blindleitwerte durch die Blindwiderstände $X = -1/B$ ersetzt, denn man erhält

$$X_1 + X_2 + X_3 = 0 \quad (10.4/8a)$$

$$(G + g_m)X_1 + GX_2 = 0. \quad (10.4/8b)$$

Die Gl. (10.4/8) lassen sich auf anschauliche Weise auch aus der „Einströmungsbedingung" (Abschn. 10.4.1) herleiten. Es gilt mit Gl. (10.4/5) und Abb. 10.4/10

$$\frac{U_2}{U_1} = \frac{Z_1 + Z_2}{Z_1} = \frac{X_1 + X_2}{X_1} = 1 + \frac{X_2}{X_1}, \quad (10.4/9)$$

daß zwischen U_1 und U_2 nur die Phasenverschiebung 0 oder π bestehen kann.

Die Knotengleichung am Ausgang besagt, daß die Einströmung $g_m U_1$ zusammen mit I den Strom I_3 in der Reaktanz X_3 und den Strom I_g im Wirkleitwert G liefert:

$$g_m U_1 + I = I_g + I_3$$

bzw.

$$g_m U_1 + \frac{U_1}{jX_1} = -GU_2 - \frac{U_2}{jX_3}.$$

Da Real- und Imaginärteil für sich gleich groß sein müssen, folgt:

$$I = \frac{U_1}{jX_1} = -\frac{U_2}{jX_3} = I_3 \quad (10.4/10a)$$

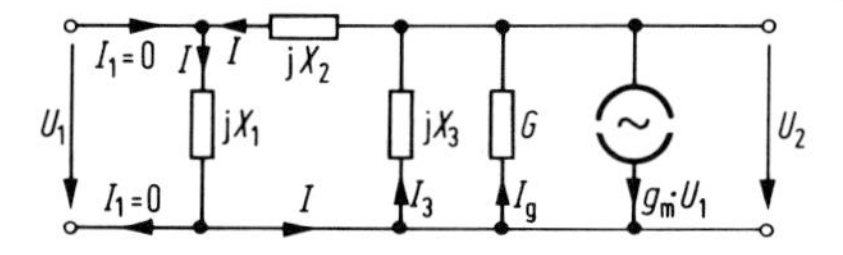

Abb. 10.4/10. Zur Herleitung der Gl. (10.4/8) aus der „Einströmungsbedingung"

Der Schwingstrom $I = I_3$ fließt durch X_1, X_2 und X_3 und ist um $\pi/2$ gegen U_1 in der Phase verschoben.

Die Einströmung $g_m U_1$ liefert den Wirkstrom $I_g = - G U_2$

$$g_m U_1 = - G U_2 \,. \tag{10.4/10b}$$

Aus Gl. (10.4/10a) folgt $X_1 U_2/U_1 = - X_3$ und mit Gl. (10.4/9)

$$X_1 + X_2 + X_3 = 0 \quad \text{wie in Gl. (10.4/8a)}$$

und aus Gl. (10.4/10b)

$$(g_m + G) X_1 + G X_2 = 0 \quad \text{wie in Gl. (10.4/8b)}\,.$$

Da G und g_m positiv und reell sind, folgt aus Gl. (10.4/8b), daß X_1 und X_2 vom entgegengesetzten Reaktanztyp sein müssen, d. h. ist X_1 induktiv, so muß X_2 kapazitiv sein und umgekehrt. Dabei ist vorausgesetzt, daß nur positive Induktivitäten und Kapazitäten zugelassen sind.

Weiterhin folgt aus Gl. (10.4/8b), daß dem Betrag nach X_2 größer sein muß als X_1: $|X_2| > |X_1|$, d. h., daß der Reaktanztyp von X_2 gleich dem Reaktanztyp der Serienschaltung von X_1 und X_2 ist.

Damit aber gleichzeitig Gl. (10.4/8a) erfüllt ist, muß X_3 vom entgegengesetzten Reaktanztyp wie die Serienschaltung von X_1 und X_2 sein und ist damit vom gleichen Typ wie X_1.

In Abb. 10.4/11 sind vier in der Praxis übliche Kombinationen von X_1, X_2, X_3 zusammengestellt. Da durch die Gl. (10.4/8a, b) nur der Typ der Reaktanzen festliegt, existieren weitere Schaltungen. So tritt z. B. Selbsterregung nach „Huth-Kühn“ (Abb. 10.4/11, 3. Spalte) auch bei Verstärkern auf, bei denen anstelle von L_1 und L_3 Parallelschwingkreise vorhanden sind. Da X_1 und X_3 induktiv sein müssen, liegt die Schwingfrequenz dann unterhalb der Resonanzfrequenz dieser Schwingkreise. Für die Kapazität C_2 ist oft die Kollektor-Basis-Kapazität des Transistors bzw. die Gitter-Anoden-Kapazität der Röhre ausreichend.

In Abb. 10.4/12 sind die aus Abb. 10.4/11 bekannten Oszillatortypen für die drei Grundschaltungen zusammengestellt.

Die älteste Schaltung ist die Transformator-Rückkopplungsschaltung (Abb. 10.4/12a) nach Meissner. Sie läßt sich in das Schema Abb. 10.4/11 einordnen, indem man die beiden gekoppelten Spulen durch das Kopplungsersatzschaltbild des Transformators ersetzt und anschließend eine Stern-Dreieck-Transformation durchführt. Auf diese Weise erhält man für alle drei Grundschaltungen des Meissner-Oszillators eine induktive Dreipunktschaltung, bei der X_1 nach Abb. 10.4/11 durch eine Induktivität dargestellt wird. Die Realisierung von X_2 und X_3 ist je nach Grundschaltung verschieden.

Bei der Basis- und der Kollektorgrundschaltung nach Abb. 10.4/12 wird X_3 ebenso wie X_1 durch eine Induktivität dargestellt und X_2 durch einen Parallelschwingkreis, dessen Resonanzfrequenz unterhalb der Schwingfrequenz des Oszillators liegt und dessen Widerstand bei der Schwingfrequenz daher kapazitiv ist.

Im Fall der Emittergrundschaltung des Meissner-Oszillators wird die Reaktanz X_2 durch eine negative Induktivität hergestellt ($X_2 = \omega L_2$), die im Ersatzschaltbild des Transformators dadurch entsteht, daß die beiden Wicklungen „wirksam hintereinander“ geschaltet sind [71]. Da bei der Diskussion von Gl. (10.4/8a, b) nur positive Schaltelemente zugelassen waren, enthalten die Schwingkreise in Abb. 10.4/11 stets Induktivitäten und Kapazitäten gleichzeitig. Läßt man jedoch auch negative Schaltelemente zu, so kann Gl. (10.4/8a, b) durch Blindwiderstände nur einer Art erfüllt werden. Die induktive Reaktanz X_3 wird durch einen Parallelschwingkreis dargestellt, dessen Resonanzfrequenz oberhalb der Schwingfrequenz des Oszillators liegt.

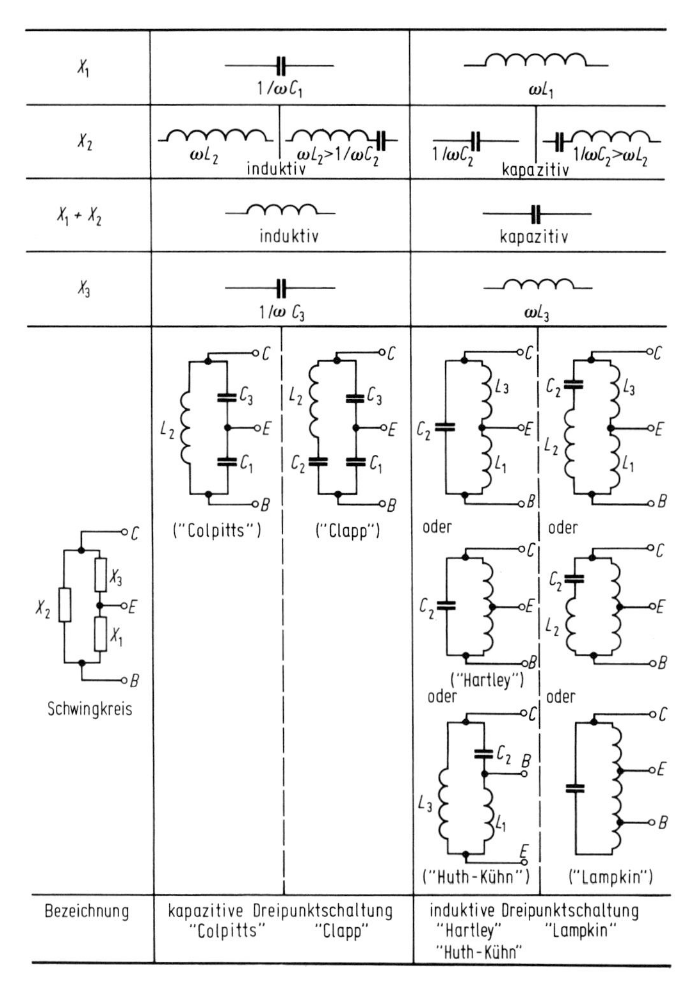

Abb. 10.4/11. Für LC-Oszillatoren übliche Kombinationen der Blindwiderstände X_1, X_2 und X_3

Eine induktive Dreipunktschaltung kann im Prinzip nach Abb. 10.4/11 durch zwei getrennte, d. h. vollständig entkoppelte Spulen gebildet werden. Meistens nimmt man jedoch eine Spule mit Anzapfung, einen Spartransformator, und erhält die sog. Hartley-Schaltung. Bei der Berechnung ist zu beachten, daß sich bei einem Spartransformator, also magnetisch gekoppelten Spulen, die Teilspannungen annähernd verhalten wie die entsprechenden Windungszahlen, bei zwei entkoppelten Spulen hingegen wie die Quadrate der Windungszahlen. In Abb. 10.4/12b ist die Schaltung von Hartley-Oszillatoren angegeben. Ersetzt man den Spartransformator durch zwei gekoppelte Spulen, so erhält man (gegebenenfalls nach Transformation von C_2) wieder die Meissner-Schaltung nach Abb. 10.4/12a. Prinzipielle Unterschiede bestehen also nicht zwischen einer Meissner-, einer Hartley- und einer induktiven Spannungsteiler-Rückkopplungsschaltung.

Wird die Teilerschaltung X_1, X_3 nicht induktiv, sondern kapazitiv ausgeführt, so ergibt sich die sog. Colpitts-Schaltung nach Abb. 10.4/12c. Der Rückkopplungsgrad kann durch C_r eingestellt werden. Dadurch wird es möglich, C_1 und C_3 gleich groß zu wählen und einen Doppeldrehkondensator für sie zu verwenden. (Bei der Eco-Schaltung kann der Oszillatorkreis auch in der Colpitts-Schaltung ausgeführt werden, siehe die 2. Auflage, S. 234).

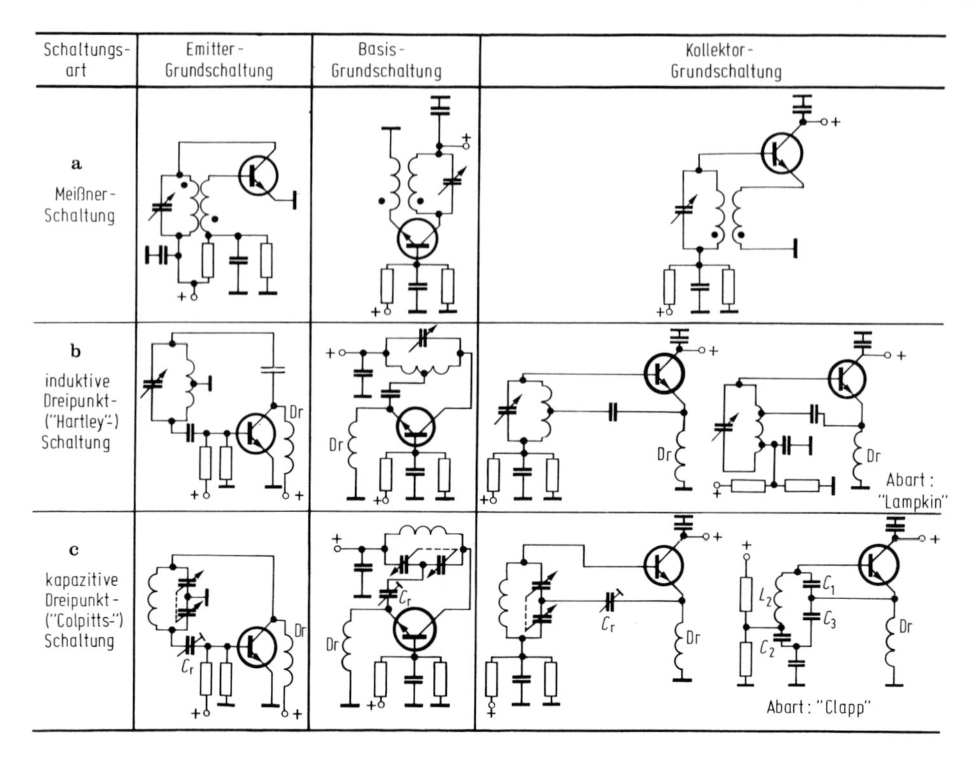

Abb. 10.4/12. LC-Oszillatoren nach Abb. 10.4/11 in den drei Grundschaltungen

Eine Variante des Colpitts-Oszillators in Kollektorgrundschaltung ist der Clapp-Oszillator (Abb. 10.4/12c). Wählt man C_1 und C_3 sehr viel größer als die parallel liegenden arbeitspunktabhängigen Transistorkapazitäten C_{BE} und C_{EC}, so bleiben deren Schwankungen nahezu ohne Einfluß auf die Schwingfrequenz.

Da jedoch $X_2 = -(X_1 + X_3)$ dann eine sehr kleine Induktivität verlangt, die u. U. schwer zu realisieren ist, schaltet man eine Kapazität C_2 in Serie, so daß $\omega L_2 > 1/\omega C_2$ erfüllt ist. Auf diese Weise kann man L_2 ausreichend groß wählen, da die wirksame Induktivität L_{eff} nach der Gleichung $L_{\mathrm{eff}} = L_2(1 - (1/\omega_r^2 L_2 C_2))$ kleiner ist als L_2.

Dem Vorteil der hohen Frequenzkonstanz des Clapp-Oszillators steht der Nachteil gegenüber, daß bei Frequenzvariation mittels C_2 die Schwingamplitude stark frequenzabhängig ist.

Bei gegebenen Reaktanzen X_1, X_2 und X_3 ist die Schwingfrequenz eines Oszillators durch $X_1 + X_2 + X_3 = 0$ (Gl. (10.4/8a)) bestimmt, die daher auch als „Frequenzbedingung“ bezeichnet werden kann.

Die „Lastbedingung“ Gl. (10.4/8b) bestimmt den zum Anschwingen maximal zulässigen Lastleitwert G. Durch Einsetzen von Gl. (10.4/8a) in (10.4/8b) errechnet man ihn zu $G = g_m X_1/X_3$. Für den Colpitts-Oszillator wird $G = g_m C_3/C_1$. In der Praxis ist der Lastleitwert G nicht leicht zu ermitteln, da er sich aus den Leitwerten desVerbrauchers und den Verlusten der Oszillatorschaltung zusammensetzt. Man muß daher durch Verändern der Steilheit g_m oder des Kapazitätsverhältnisses C_3/C_1 erreichen, daß der Oszillator gerade sicher anschwingt, aber die abgegebene Spannung noch nicht zu stark begrenzt wird. Im Zustand der Begrenzung sind die Schwingbedingungen Gl. (10.4/8) nicht mehr gültig, da der Kleinsignalbetrieb verlassen wird.

Bei den bisher besprochenen Oszillatorschaltungen wurde die zwischen den Kollektor- und Basisklemmen C bzw. B (Abb. 10.4/11) erforderliche Phasendrehung von

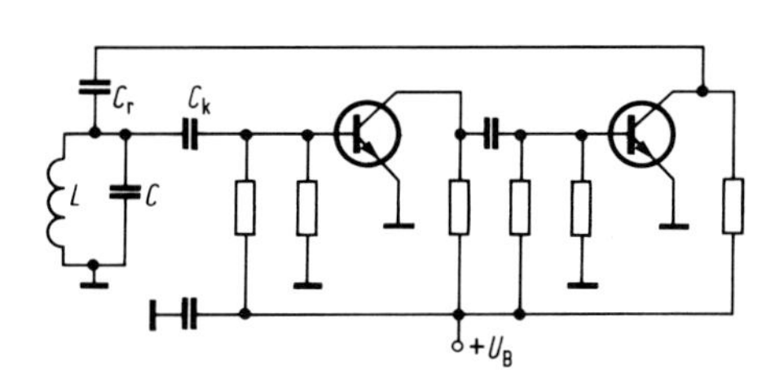

Abb. 10.4/13. Franklin-Oszillator mit npn-Transistoren

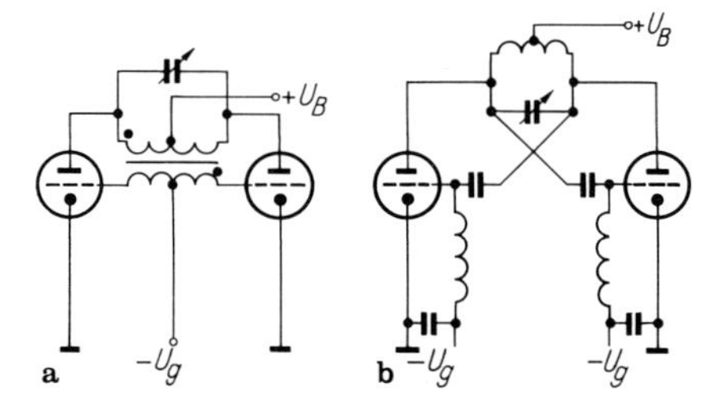

Abb. 10.4/14. Gegentakt-Oszillatoren mit Trioden für industrielle und medizinische Anwendungen

180° durch das Netzwerk X_1, X_2 vorgenommen. Verwendet man zur Phasendrehung einen zweiten Transistor in Emittergrundschaltung, so erhält man den Franklin-Oszillator (Abb. 10.4/13).

Mit ihm läßt sich eine hohe Frequenzkonstanz erreichen, da man wegen der hohen Verstärkung des zweistufigen Verstärkers die Kapazitäten C_k und C_r sehr klein bemessen kann. Dadurch nehmen die arbeitspunktabhängigen Transistorleitwerte und -kapazitäten nur geringen Einfluß auf die Resonanzfrequenz des Schwingkreises L, C.

Für Leistungsoszillatoren bevorzugt man Gegentaktschaltungen nach Abb. 10.4/14, bei denen ebenfalls die erforderliche Phasendrehung durch die zweite Röhre erfolgt. Solche Generatoren werden weniger für nachrichtentechnische Zwecke, sondern vor allem für medizinische und industrielle Anwendungen mit Leistungen im Kilowatt-Bereich gebaut.

Bei Oszillatoren für Frequenzen über 1 GHz bereitet die Realisierung der benötigten Bauelemente (L und C) in konzentrierter Form Schwierigkeiten, da die Zuleitungsinduktivitäten zu den Anschlüssen des aktiven Elementes und seine Induktivitäten und Kapazitäten eine entsheidende Rollc spiclen. Man verwendet daher koaxiale Leitungskreise oder Streifenleitungen als Leitungsresonatoren. Als aktive Elemente nimmt man Transistoren in Koaxial- oder Strip-line-Gehäusen oder bei höherer Leistung Scheibentrioden und betreibt sie in Basis- bzw. Gittergrundschaltung.

10.4.3 Frequenzstabilität

Die Ausgangsspannung eines *idealen* Oszillators sei gegeben durch

$$u(t) = U_0 \times \cos \omega_0 t\,.$$

Amplitude U_0 und Kreisfrequenz ω_0 sind konstant.

Ein *realer* Oszillator erzeugt dagegen streng genommen keine harmonische Schwingung. Sein Ausgangssignal werde durch die Funktion

$$u(t) = U(t) \cos \varphi(t) = U(t) \cos(\omega_0 t + \Phi(t)) \qquad (10.4/11)$$

beschrieben. Die zeitabhängige Größe $U(t)$ kann man im erweiterten Sinn auch hier als „Amplitude“ bezeichnen, da bei einem guten Oszillator die Abweichungen von einer reinen Cosinusschwingung gering sind.

Der zeitproportionalen Phase $\omega_0 t$ ist eine „Störphase“ $\Phi(t)$ überlagert, und die Momentan- oder Augenblickskreisfrequenz $\omega(t)$ errechnet man aus Gl. (10.4/11) zu

$$\omega(t) = \omega_0 + \dot{\Phi}(t) = \omega_0 + \mathrm{d}\Phi(t)/\mathrm{d}t\,,$$

sie kann als eine Überlagerung der konstanten Kreisfrequenz ω_0 mit einer „Störfrequenz" $\dot{\Phi}(t)$ gedeutet werden.

Das Spektrum einer nach Gl. (10.4/11) gestörten Schwingung zeigt neben der Linie bei ω_0 weitere Anteile in Abhängigkeit von den Störungen, die auf den Oszillator einwirken.

Da solche unerwünschten Spektralanteile die Funktion nachrichtentechnischer Geräte beeinflussen können, sind ihre rechnerische Behandlung und Maßnahmen zu ihrer Verminderung Grundaufgaben der Geräteentwicklung.

10.4.3.1 Ursachen von Frequenzschwankungen. Die Ursachen von Frequenzschwankungen sind einmal die in Kap. 8 genannten eigentlichen Störungen, zum andern physikalische und chemische Veränderungen in den Materialien der Oszillatorschaltung, die man auch als Alterung bezeichnet [145].

Die in Kap. 8 genannten Störungen der Klassen 1 bis 3 („man-made noise") lassen sich durch hinreichende Filterung und Abschirmung von einer Oszillatorschaltung insoweit fernhalten, daß sie keinen wesentlichen Einfluß mehr auf die Frequenzstabilität haben.

Bei einer Oszillatorschaltung gilt gleiches auch für die atmosphärischen Störungen (Klasse 4) und für das verständliche Nebensprechen (Klasse 6).

Die unter Klasse 5 aufgeführten Störungen durch Zufallsrauschen sind dagegen prinzipiell in keiner Oszillatorschaltung vermeidbar, obwohl sie sich durch geeignete Auswahl der Bauelemente und Materialien beeinflussen lassen. Sie sind die primäre Ursache für die kurzzeitigen Schwankungen der Oszillatorfrequenz, sofern die obengenannten Filter- und Abschirmmaßnahmen hinreichend sorgfältig durchgeführt sind.

Die rechnerische Erfassung solcher Rauschstörungen verlangt statistische Verfahren, auf die im nächsten Abschnitt eingegangen wird.

Von den zufälligen und ungerichteten Rauschstörungen zu unterscheiden sind die durch Alterungserscheinungen hervorgerufenen langanhaltenden und gerichteten Änderungen der Oszillatorfrequenz, die dadurch gekennzeichnet sind, daß die Frequenz während großer Zeitabschnitte monoton steigt oder sinkt.

10.4.3.2 Kurz- und Langzeitstabilität. Als Maß für die Frequenzstabilität eines Oszillators verwendet man vor allem den in Kap. 8 definierten Begriff der „Standardabweichung" oder „Streuung" oder ihr Quadrat, die „Varianz".

Alle Verfahren zur Frequenzmessung im *Zeitbereich* beruhen grundsätzlich auf einem Abzählen von Perioden während einer Zeiteinheit („Torzeit") oder von Zeiteinheiten während einer oder mehrerer Perioden [146, 147].

Die Varianz wird aus einer Zahl N von Meßwerten ermittelt, die in einem konstanten zeitlichen Abstand T („Totzeit") voneinander gewonnen werden. Sie ist daher grundsätzlich eine Funktion der Torzeit τ, der Totzeit T und der Zahl N der Meßwerte.

Bezeichnet man die Meßwerte für die Momentanfrequenz mit f_k und den aus N Messungen gewonnenen arithmetischen Mittelwert mit f_M, so errechnet man daraus in Analogie zu Gl. (8.1/7) nach [148] die Varianz zu

$$\operatorname{var}(N, T, \tau) = \frac{1}{N-1} \sum_{k=1}^{N} (f_k - f_M)^2 \qquad (10.4/12)$$

mit

$$f_M = \frac{1}{N} \sum_{k=1}^{N} f_k \, .$$

Die so errechnete Varianz erfaßt sowohl die statistischen Schwankungen der Momentanfrequenz als auch die alterungsbedingte Frequenzdrift. Die Zeit, die erforderlich ist, um eine genügend große Anzahl N von Meßwerten zu ermitteln, kann nämlich so groß werden, daß die alterungsbedingte Drift der Momentanfrequenz merklichen Einfluß auf die Meßwerte f_k nimmt. Einen solchen Einfluß erkennt man daran, daß mit wachsendem N die Varianz nur langsam oder überhaupt nicht konvergiert.

Möchte man ausschließlich die durch Rauschen verursachten kurzzeitigen Frequenzschwankungen erfassen, so ist ein anderes Auswerteverfahren erforderlich, das in [149] angegeben worden ist.

Dazu bildet man aus zwei zeitlich unmittelbar aufeinanderfolgenden Meßwerten f_1 und f_2 nach Gl. (10.4/12) für $N = 2$ eine spezielle Varianz var_2 zu

$$\mathrm{var}(2, T, \tau) = \sum_{k=1}^{2} \left(f_k - \frac{1}{2} \sum_{k=1}^{2} f_k \right)^2 = \frac{1}{2}(f_1 - f_2)^2 , \tag{10.4/13}$$

deren Wert nahezu unabhängig ist von einer Langzeitdrift.

Bezieht man den arithmetischen Mittelwert von K solcher Varianzen auf die Mittenfrequenz f_M, so erhält man die „Allan-Varianz" zu

$$\sigma_2^2 = \frac{1}{f_M} \cdot \frac{1}{2K} \sum_{k=1}^{K} (f_{2k} - f_{2k-1})^2 \tag{10.4/14}$$

als ein Maß für die Kurzzeitstabilität eines Oszillators. Häufig wird auch die Wurzel aus diesem Ausdruck als „Allan-Varianz" bezeichnet. Die Anzahl der erforderlichen Meßwerte ist von der Natur des Rauschens abhängig und kann aus [149] entnommen werden.

Für sehr lange Torzeiten τ mitteln sich die Kurzzeitschwankungen immer mehr aus und die Varianz nach Gl. (10.4/12) wird im wesentlichen durch die Langzeitdrift bestimmt. Sie wird für Hochfrequenzoszillatoren bei Torzeiten von etwa einer Sekunde ab meßbar. Zur Angabe der Langzeitstabilität schreibt man die Augenblicksfrequenz in der Form einer abgebrochenen Taylorreihe

$$f(t) = f_0(1 + \alpha t) \tag{10.4/15}$$

und nennt α die Alterungsrate. Sie wird bei Präzisionsoszillatoren durch wiederholte Messungen der Mittenfrequenz über längere Zeiträume weg bestimmt und für verschiedene Zeitintervalle angegeben.

Die Alterungsrate ist nach der ersten Inbetriebnahme eines Oszillators am größten und erreicht nach längerer Betriebszeit einen nahezu konstanten Endwert.

Auch im *Frequenzbereich* ist eine Messung der Frequenzstabilität möglich. Dazu mißt man die spektrale Leistungsdichte des Oszillatorsignals und berechnet daraus die Autokorrelationsfunktion, mit deren Kenntnis sich die Varianz bestimmen läßt [146, 150].

Der folgende Abschnitt behandelt den Zusammenhang zwischen der Schaltungstechnik von Oszillatoren und ihrer Frequenzstabilität.

10.4.3.3 Phasensteilheit. Unterteilt man die Oszillatorschaltung in einen breitbandigen aktiven und einen frequenzbestimmenden passiven Teil, so ist ein Maß für die Frequenzstabilität die „Phasensteilheit" des passiven Schaltungsteils, die man definieren kann als $S = |\mathrm{d}\varphi_k/\mathrm{d}\omega|_{\omega=\omega_r}$.[1] Dabei ist ω_r die Kreisfrequenz der erzeugten Schwingung und φ_k der Phasenwinkel zwischen Eingangs- und Ausgangsgröße des passiven frequenzbestimmenden Schaltungsteils.

Wenn im aktiven Teil durch irgendeine Störung eine kleine Änderung $\Delta\varphi_v$ der Phase φ_v zwischen Ein- und Ausgangsgröße hervorgerufen wird, so muß der passive Teil diese Phasenänderung dadurch kompensieren, daß seine Phase φ_k sich um

[1] In [72] wird die Phasensteilheit als $S^* = |\mathrm{d}\varphi_k/\mathrm{d}f|_{f=f_r}$ definiert. Es gilt $S^* = 2\pi S$.

$\Delta\varphi_k = -\Delta\varphi_v$ ändert, da $kv_0 = 1$ [Gl. (10.4/4)] immer erfüllt sein muß. Das ist aber nur durch eine Frequenzänderung $\Delta\omega = -\Delta\varphi_v/S$ möglich.

Im Hinblick auf hohe Frequenzstabilität sollen also die Phasenänderungen $\Delta\varphi_v$ klein und die Phasensteilheit S groß sein.

Sieht man zusätzlich eine Gegenkopplung vor, wie es bei RC-Oszillatoren üblich ist, so ist die Phasensteilheit nicht mehr unbedingt ein Maß für die Frequenzstabilität. Auf die Problematik wird in Abschn. 10.4.6 eingegangen.

$\Delta\varphi_v$, d. h. eine Phasenänderung im aktiven Teil des Oszillators, kann gering gehalten werden durch die Verwendung von stabilisierten Netzgeräten, die ungewollte Spannungsschwankungen an den Elektroden verhindern, durch besondere Schaltungsmaßnahmen, z. B. Gegenkopplung, und durch die Verwendung von besonderen Röhren und Transistoren.

Alle Überlegungen setzten voraus, daß im frequenzbestimmenden passiven Teil keine Phasenänderungen auftreten. Sie können z. B. dadurch entstehen, daß sich die elektrischen Eigenschaften der einzelnen Bauteile ändern. Um dies zu verhindern, muß man Temperaturschwankungen vermeiden oder kompensieren, indem man Thermostate verwendet bzw. Bauelemente mit geringen Temperaturkoeffizienten, die dazu noch aufeinander abgestimmt werden.

Durch die gleichzeitige Anwendung von Keramikkondensatoren mit positivem und negativem Temperaturkoeffizienten kann die Resonanzfrequenz des Schwingkreises weitgehend temperaturunabhängig gemacht werden. Der Einfluß einer Änderung der Röhren- oder Transistorkapazitäten kann ausgeschaltet werden durch die Verwendung großer, zu den Röhren- oder Transistorkapazitäten parallel liegender Schwingkreiskapazitäten (s. Clapp-Oszillator). Eine wesentliche Ursache von Frequenzänderungen ist die Abhängigkeit der Frequenz von der Belastung, wie sie aus Gl. (10.4/8b) deutlich wird. Sie kann nur unter Verzicht auf guten Wirkungsgrad durch sehr lose Ankopplung ausgeschaltet werden.

Zur Betrachtung der Phasensteilheit berücksichtigt man die Phasenänderungen $\Delta\varphi_v$ dadurch, daß man im Ersatzschaltbild (Abb. 10.4/3) die Eingangsspannung des aktiven Vierpols und die den Stromgenerator steuernde Spannung nach Abb. 10.4/15 als voneinander verschieden annimmt. Den Übertragungsfaktor $k_p = U_2'/U_1$ des passiven Teils der Oszillatorschaltung erhält man aus Abb. 10.4/15 zu

$$k_p = -g_m \Big/ \left(y_1 + y_3 + \frac{y_1 y_3}{y_2}\right) = x + jy \tag{10.4/16}$$

und seine Phase zu

$$\varphi_k = \arctan \frac{\mathrm{Im}(k_p)}{\mathrm{Re}(k_p)} = \arctan \frac{y}{x}. \tag{10.4/17}$$

Vernachlässigt man die Transistorleitwerte y_1', y_2' und y_3' (Abb. 10.4/2) gegenüber den Leitwerten y_1'', y_2'' und y_3'' respektive, was durch lose Ankopplung des Transistors an den Schwingungskreis immer erreicht werden kann, und vernachlässigt man die Verlustfaktoren der Kondensatoren gegenüber denen der Spulen, so hat man für das Beispiel des Colpitts-Oszillators in Gl. (10.4/16) einzusetzen:

$$y_1 = j\omega C_1, \qquad y_2 = 1/(R_2 + j\omega L_2) \qquad \text{und} \qquad y_3 = j\omega C_3$$

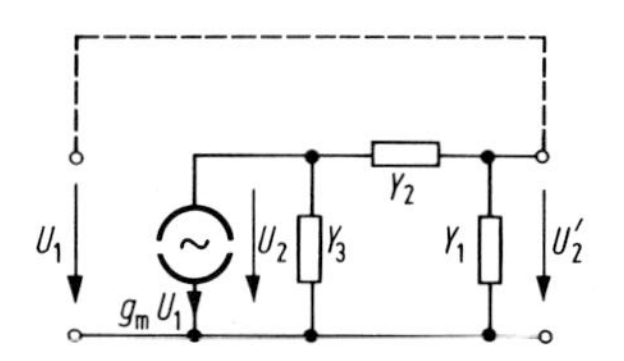

Abb. 10.4/15. Verallgemeinertes Oszillator-Ersatzschaltbild zur Berechnung der Phasensteilheit des passiven Schaltungsteils

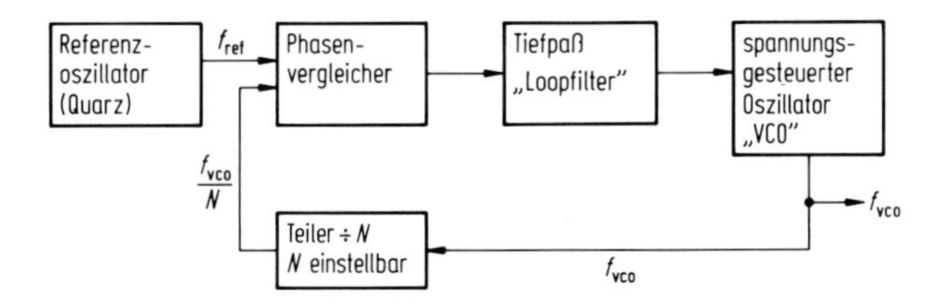

Abb. 10.4/16. Blockschaltbild eines einfachen PLL-Oszillators

wobei R_2 der Serienverlustwiderstand der Spule ist. Damit erhält man den Übertragungsfaktor

$$k_p = x + jy = g_m \frac{\omega^2 C_1 C_3 R_2 + j\omega(C_1 + C_3 - \omega^2 L_2 C_1 C_3)}{(\omega^2 C_1 C_3 R_2)^2 + \omega^2(C_1 + C_3 - \omega^2 L_2 C_1 C_3)^2}\,. \tag{10.4/18}$$

Die Schwing-Kreisfrequenz ω_r erhält man aus der Bedingung

$$y(\omega_r) = 0 \qquad \text{zu} \qquad \omega_r^2 = (C_1 + C_3)/L_2 C_1 C_3 \tag{10.4/19}$$

und berechnet mit Hilfe der Gl. (10.4/17 bis 19) die Phasensteilheit bei der Schwingfrequenz zu

$$S(\omega_r) = |\mathrm{d}\varphi_k/\mathrm{d}\omega|_{\omega=\omega_r} = 2L_2/R_2 = 2Q_L/\omega_r\,.$$

Unter den eingangs aufgezählten Voraussetzungen steigt also die Phasensteilheit des Colpitts-Oszillators proportional mit der Spulengüte.

Da die Güte einer Spule bei Annäherung an die Eigenresonanz fällt und ungeschirmte Spulen mit wachsender Frequenz steigende Strahlungsverluste haben, geht man bei Frequenzen über 100 MHz zu geschirmten Leitungsresonatoren und bei Frequenzen über 1 GHz zu Hohlraumresonatoren über, die Gütewerte bis zu 10^5 erreichen.

Bei Frequenzen bis etwa maximal 250 MHz erreicht man hohe Phasensteilheiten und Frequenzkonstanz vorzugsweise durch den Einsatz von Schwingquarzen, die in der Umgebung ihrer Serienresonanzfrequenz ebenfalls Gütewerte von etwa 10^5 besitzen.

Im Abschn. 10.4.4 werden einige Schaltungen für Quarzoszillatoren beschrieben.

Sie gewinnen zunehmende Bedeutung durch die Anwendung von Phasenregelkreisen („phase-locked loops" = PLL) zur Frequenzsynthese, zur Modulation und Demodulation.

Bei dieser Technik wird ein spannungsgesteuerter Oszillator (VCO = *v*oltage *c*ontrolled *o*scillator) auf seine Sollfrequenz gezogen. Die dazu erforderliche Steuerspannung liefert ein Phasenvergleicher, der die VCO-Frequenz mit einer Referenzfrequenz vergleicht. Diese Referenzfrequenz erzeugt man in der Regel mit einem Quarzoszillator. Abbildung 10.4/16 zeigt das Blockschaltbild eines PLL-Oszillators.

Legt man das VCO-Signal nicht unmittelbar, sondern über einen einstellbaren Frequenzteiler an den Phasenvergleicher, kann man eine hohe, in Schritten einstellbare Frequenz mit der Langzeitstabilität eines Quarzoszillators erzeugen.

Nachteil aller PLL-Oszillatoren ist die „Rauschglocke" ihres Spektrums, die durch den Regelvorgang entsteht.

Eine systematische Darstellung der PLL-Typen und ihrer Anwendungen ist in [151] nachzulesen. Dort sind auch weiterführende Literaturstellen angegeben.

10.4.4 Quarzoszillatoren

10.4.4.1 Der Quarz als Resonator. Achsen und Schnitte. Die Wirkungsweise des Quarzes als elektromechanischer Wandler und Resonator beruht auf dem piezoelektrischen Effekt. Wird auf eine in geeigneter Weise aus einem Quarzkristall herausgeschnittene Platte ein mechanischer Druck oder Zug ausgeübt, so entstehen elektrische Ladungen („direkter piezoelektrischer Effekt"). Umgekehrt verursachen Ladungen, die auf die Platte aufgebracht werden, ein mechanisches Ausdehnen oder Zusammenziehen („reziproker piezoelektrischer Effekt") [152, 153].

Abbildung 10.4/17 zeigt einen Quarzkristall mit den 3 Achsen, der *X*-Achse[1] („elektrische Achse"), der *Y*-Achse („mechanische Achse") und der *Z*-Achse („optische Achse"). Aus einem derartigen Kristall werden Plättchen in Form von quadratischen oder runden Scheiben, Linsen bzw. Stäben oder Ringen herausgeschnitten. Dabei werden, um besondere Temperatureigenschaften und Schwingungsformen zu erreichen, bestimmte Orientierungen zu den Kristallachsen und bestimmte Abmessungen eingehalten.

Für die gebräuchlichen Schnitte sind Bezeichnungen nach Abb. 10.4/18 üblich (AT-Schnitt, CT-Schnitt, $X_{+5°}$-Schnitt usw.). Die hohe Genauigkeit, mit der z. T. Schnitte ausgeführt werden müssen, wird am Beispiel der Abb. 10.4/19 deutlich. Dort ist für den AT-Schnitt die Abhängigkeit der relativen Frequenzänderung $\Delta f/f$ von der Temperatur für verschiedene Schnittwinkel (Rotationswinkel um die *X*-Achse) gegeben.

10.4.4.2 Schwingungsformen von Schwingquarzen. Die in der Sender- und Empfängertechnik als Steuer- und Filterquarze verwendeten Quarze lassen sich ihrer Schwingungsform nach einteilen in

1. Biegeschwinger ($X_{+5°}$-Schnitt, NT-Schnitt [zusätzlich um die *Y*-Achse gedreht]),
2. Längsschwinger ($X_{+5°}$-Schnitt; $X_{-18,5°}$-Schnitt; GT-Schnitt [zusätzlich um 45° um die *Y*-Achse gedreht]),
3. Flächenscherschwinger (CT-, DT-Schnitt), Breitenscherschwinger (CT-Schnitt),
4. Dickenscherschwinger (AT-, BT- und SC-Schnitt).

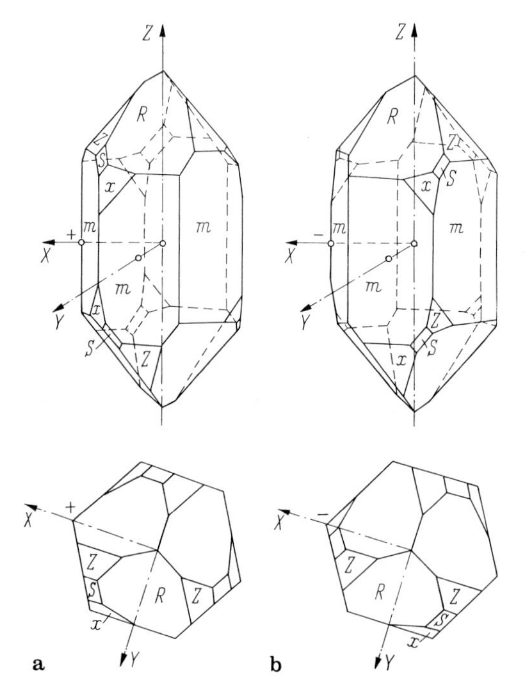

Abb. 10.4/17a u. b. Quarzkristall mit seinen Achsen: **a** Linksquarz. Flächen *RXSZ* bilden eine Linksschraube um die *Y*-Achse; **b** Rechtsquarz. Flächen *RXSZ* bilden eine Rechtsschraube um die *Y*-Achse

[1] Alle folgenden Betrachtungen gelten für den Rechtsquarz (Abb. 10.4/17b). Sie gelten auch für Linksquarze, wenn man im Gegensatz zu Abb. 10.4/17a ein Linkssystem für die Achsen einführt, d. h. die Achsrichtung *X* umkehrt.

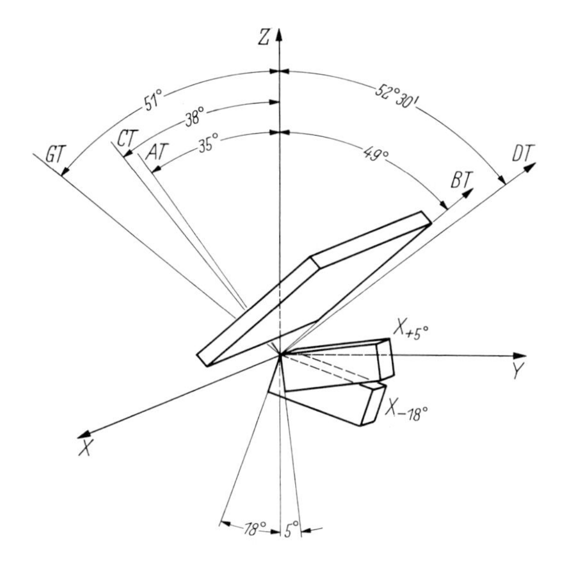

Abb. 10.4/18. Typische Quarzschnitte für Scheiben und Stäbe; Schnittwinkel Θ = Rotationswinkel um die X-Achse

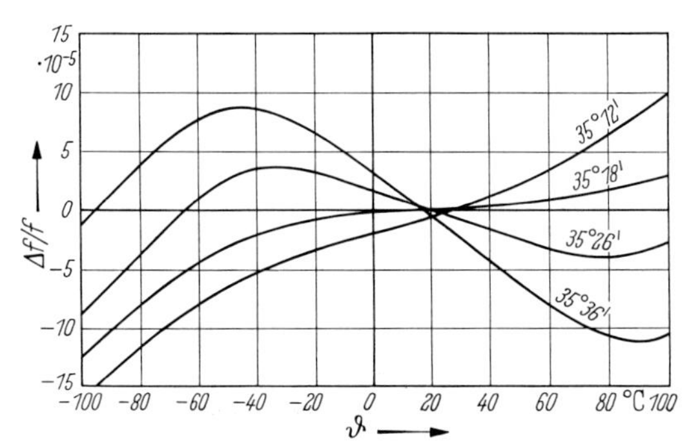

Abb. 10.4/19. Frequenz-Temperatur-Beziehungen einiger AT-Schnitte nach [154]

Die bei den einzelnen Schwingern ausgenutzten Frequenzbereiche sind in Abb. 10.4/20 angegeben.

Abbildung 10.4/21 zeigt Bewegungsform und Elektrodenanordnung eines Dickenscherschwingers. Zur Erzeugung von Frequenzen über etwa 25 MHz betreibt man die Dickenscherschwinger „im Oberton", d. h., man sorgt durch eine geeignete Oszillatorschaltung dafür, daß der Quarz in einer mechanischen Oberschwingung angeregt wird. Hierbei können sich jedoch nur die ungeradzahligen Oberschwingungen anregen (Abb. 10.4/22), da bei den geradzahligen Oberschwingungen (Bild b) die Elektroden die gleiche Polarität besitzen würden. Die sich ausbildenden Oberschwingungen

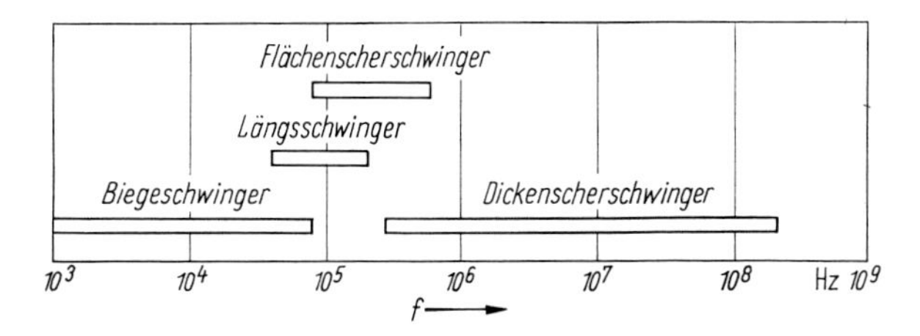

Abb. 10.4/20. Zuordnung der Schwingungsformen der Quarze zu einzelnen Frequenzbereichen: Dickenscherschwinger in der Grundschwingung bis ≈25 MHz, in 3. Oberschwingung bis ≈60 MHz, in 5. Oberschwingung bis ≈100 MHz, in 7. Oberschwingung bis ≈150 MHz, in 9. Oberschwingung bis ≈200 MHz

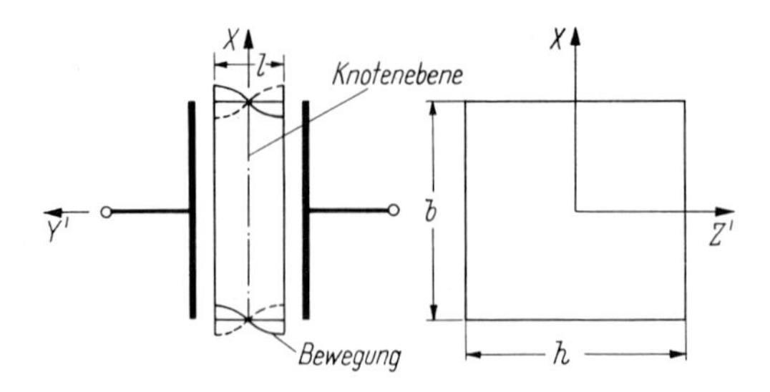

Abb. 10.4/21. Dickenscherschwinger. Bewegungsform und Elektrodenanordnung

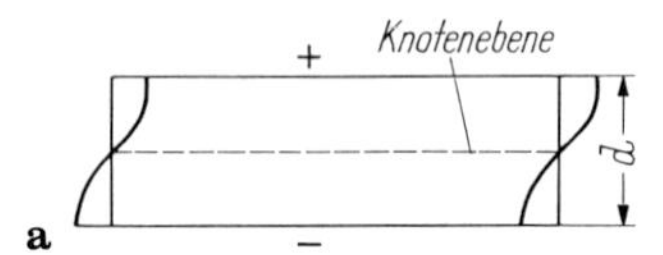

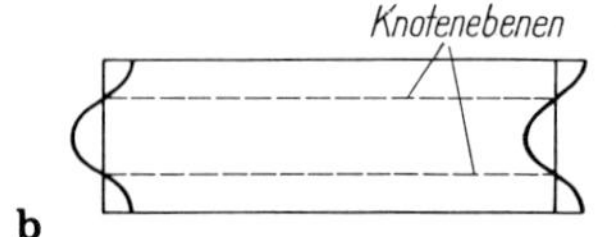

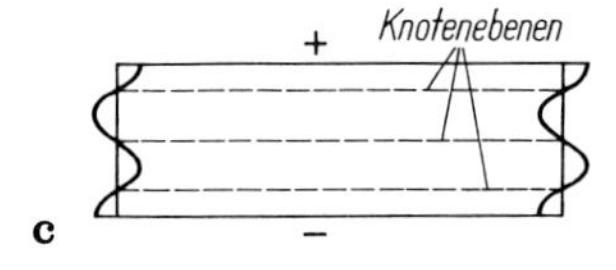

Abb. 10.4/22a–c. AT-Oberschwingungsquarz: **a** Grundschwingung f_r (anregbar); **b** Schwingung $2f_r$ (nicht anregbar); **c** Schwingung $3f_r$ (anregbar)

sind „anharmonisch", d. h. nicht genau ein ganzzahliges Vielfaches der Grundschwingung. Verglichen mit einem Grundtonquarz gleicher Frequenz haben Obertonquarze im n-ten Oberton den Vorteil einer etwa n-mal größeren Dicke des Plättchens und damit besserer mechanischer Stabilität. Die Dicke nimmt nämlich reziprok zur Frequenz ab und beträgt bei einem AT-Grundtonquarz um 30 MHz nur noch ca. 55 µm. Auch lassen sich höhere Gütefaktoren als im Grundton erreichen, wenn man das Verhältnis Durchmesser zu Dicke optimal wählt.

Auf das Problem der Koppelschwingungen, die durch die verschiedenen Bewegungsformen bei nur einer Anregung bei jedem Quarzschwinger auftreten, wird in Abschn. 10.4.4.9 für das Beispiel der SC-Quarze eingegangen. Es wird grundlegend u. a. in den Arbeiten [155–157] behandelt.

10.4.4.3 Temperaturgang der Frequenz von Quarzen. Der Vorteil des Quarzes als frequenzbestimmendes Element liegt darin, daß er neben einer hohen Güte (Q = 10 000 bis 500 000) über einen großen Frequenzbereich nur einen sehr kleinen Temperaturkoeffizienten der Frequenz besitzt. Hier verhalten sich die einzelnen Schnitte sehr unterschiedlich, wie Abb. 10.4/19 und Abb. 10.4/23 als Beispiel für einige

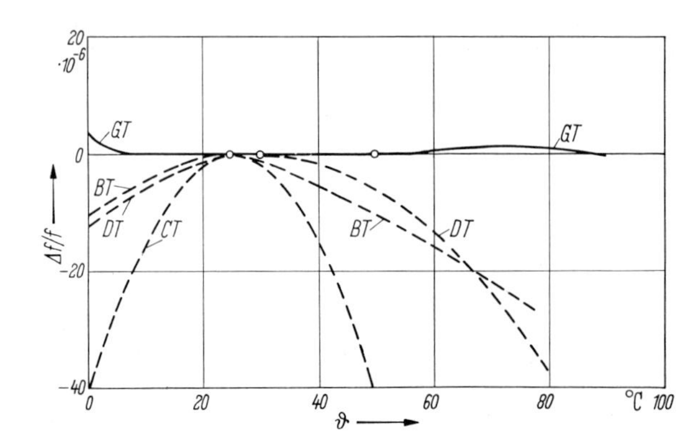

Abb. 10.4/23. Frequenzänderung abhängig von der Temperatur für einige Schnitte

Schnitte zeigen. Bei den Biege-, Längs- und Flächenscherschwingern, häufig als „NF-Quarze“ bezeichnet, ist die relative Frequenzabweichung von der Frequenz des Umkehrpunktes (Abb. 10.4/23)

$$\Delta f/f = -K'(\vartheta - \vartheta_0)^2. \qquad (10.4/20)$$

Hierin ist ϑ die Arbeitstemperatur, ϑ_0 die von Schnittwinkel und mechanischen Dimensionen abhängige Temperatur am Umkehrpunkt und K' ein Faktor der Einheit K^{-2}. Für rechteckige Stäbe und Platten ist beim

BT-Schnitt: $K' = 4 \cdot 10^{-8}\,K^{-2}$, für $\Theta = -49°\,15'$,
CT-Schnitt: $K' = 5 \cdot 10^{-8}\,K^{-2}$, für $\Theta = +38°$,
DT-Schnitt: $K' = 2 \cdot 10^{-8}\,K^{-2}$, für $\Theta = -52°\,30'$.

Θ ist der in Abb. 10.4/18 definierte Schnittwinkel.

Als „Temperaturkoeffizient der Frequenz TK_f“ wird die relative Frequenzänderung $\Delta f/f$ pro Temperaturänderung bezeichnet. Für die Temperatur ϑ ergibt sich der Temperaturkoeffizient TK_f aus Gl. (10.4/20) durch Differenzieren nach ϑ:

$$TK_f = \frac{d}{d\vartheta}\left(\frac{\Delta f}{f}\right) = -2K'(\vartheta - \vartheta_0) \qquad (10.4/21)$$

Angaben über den Temperaturkoeffizienten der $X_{+5°}$ – Schwinger werden in [154] gebracht. Ebenso sind dort die Abhängigkeiten der zum Umkehrpunkt gehörenden Temperatur vom Schnittwinkel dargestellt.

Der GT-Schnitt (Abb. 10.4/23) ist weitgehend temperaturunabhängig, wegen seiner schlechten Langzeitkonstanz eignet er sich jedoch nicht für Normalfrequenz-Oszillatoren.

Für den AT-Schnitt ist die Abhängigkeit der relativen Frequenzänderung von der Temperatur in guter Näherung eine kubische Parabel (Abb. 10.4/19), die durch die Funktion

$$\Delta f/f = -K_1'(\vartheta - \vartheta_{INV}) + K_3'(\vartheta - \vartheta_{INV})^3 \qquad (10.4/22)$$

ausreichend genau beschrieben wird. Die Temperatur ϑ_{INV} am Wendepunkt, die sogenannte Inversionstemperatur, liegt bei AT-Quarzen je nach Frequenz und Schliff im Bereich von $25\,°C < \vartheta < 36\,°C$. (Die Inversionstemperatur und die zugehörige Frequenz dienen vereinfachend gleichzeitig als Bezugsgrößen.)

Für die Koeffizienten der Gl. (10.4/22) gilt nach [158]

$$K_1' \approx 84 \cdot 10^{-9} \frac{\Delta\Theta}{\text{Winkelminuten}} K^{-1} \quad \text{und} \quad K_3' \approx 10^{-10} \cdot K^{-3}.$$

$\Delta\Theta$ ist die Abweichung vom sogenannten Nullwinkel, das ist derjenige Schnittwinkel Θ, für den die Wendetangente waagerecht verläuft. Durch Wahl von $\Delta\Theta$ kann man (Abb. 10.4/24) die Steigung der kubischen Parabel in Wendepunkt und damit die Umkehrpunkte „einstellen“.

Als Temperaturkoeffizient von AT-Quarzen errechnet man aus Gl. (10.4/22)

$$TK_f = \frac{d}{d\vartheta}\left(\frac{\Delta f}{f}\right) = -K_1' + 3K_3'(\vartheta - \vartheta_{INV})^2, \qquad (10.4/23)$$

der an den Umkehrpunkten ϑ_1 der kubischen Parabel (Abb. 10.4/24) den Wert Null annimmt.

Bei hohen Ansprüchen an die Frequenzkonstanz verwendet man AT-Obertonquarze und baut sie in Öfen ein, deren Betriebstemperatur bei der Temperatur ϑ_1 des oberen Umkehrpunktes liegt ($TK_f = 0$) und die durch Thermostaten auf einige Tausendstel Grad gehalten wird. Hiermit sind Normalfrequenzen mit Instabilitäten

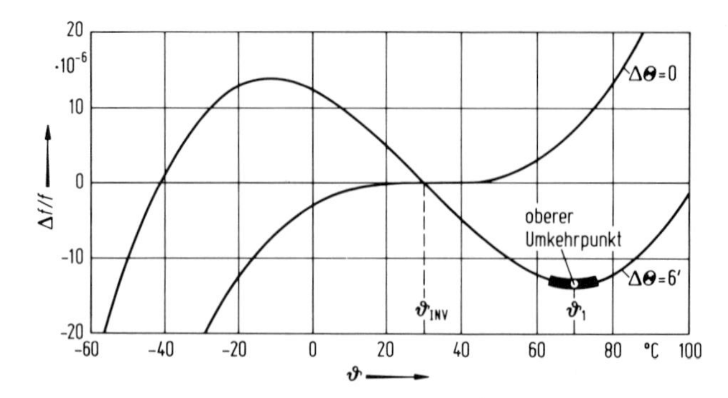

Abb. 10.4/24. Relative Frequenzabweichung von AT-Quarzen, berechnet nach Gl. (10.4/24) mit $\vartheta_{INV} = 30\,°C$ für den Nullwinkel ($\Delta\Theta = 0$) und für $\Delta\Theta = 6'$. Thermostatbetrieb üblich im dick hervorgehobenen Kurvenstück um den oberen Umkehrpunkt bei der Temperatur ϑ_1

von weniger als $\Delta f/f = 5 \cdot 10^{-11}$ innerhalb eines Tages erzielt worden (die Ungenauigkeit der Erdrotation beträgt etwa $5 \cdot 10^{-8}$ innerhalb eines Tages). Zusammenfassend zeigt Abb. 10.4/25 die Abhängigkeit des Temperaturkoeffizienten vom Schnittwinkel für dünne Flächen- und Dickenscherschwinger.

Weitere Fragen sind in der Literatur [159, 160] behandelt.

Bei allen bisher besprochenen Quarzschnitten gelten die angegebenen Zusammenhänge zwischen Resonanzfrequenz und Umgebungstemperatur nur für den statischen Fall, bei dem also nach einer Änderung der Umgebungstemperatur der gesamte Quarz vollständig die neue Temperatur angenommen hat.

Dieser statische Fall liegt in der Praxis nur dann vor, wenn der Quarzoszillator ständig in Betrieb ist, die elektrische Belastung des Quarzes sich nicht ändert und Änderungen der Umgebungstemperatur durch einen Thermostaten vom Quarz ferngehalten werden.

In allen übrigen Fällen können schnelle Temperaturänderungen, z. B. durch Einschalten des Oszillators, dazu führen, daß innerhalb des Quarzkristalls ein Temperaturgefälle auftritt. In einem solchen Fall reagieren die bisher genannten Quarzschnitte mit erheblich größeren Frequenzänderungen, als sie die statischen Frequenzgänge angeben [161].

Ähnlich reagieren Quarze bei mechanischen Stoßbeanspruchungen, die über die Halterung einwirken können. Quarzschnitte, deren Resonanzfrequenz nicht nur im statischen Fall, sondern auch bei den genannten thermischen und mechanischen Stoßbeanspruchungen stabil bleiben, wurden in [162, 163] vorhergesagt, siehe auch [164, 165].

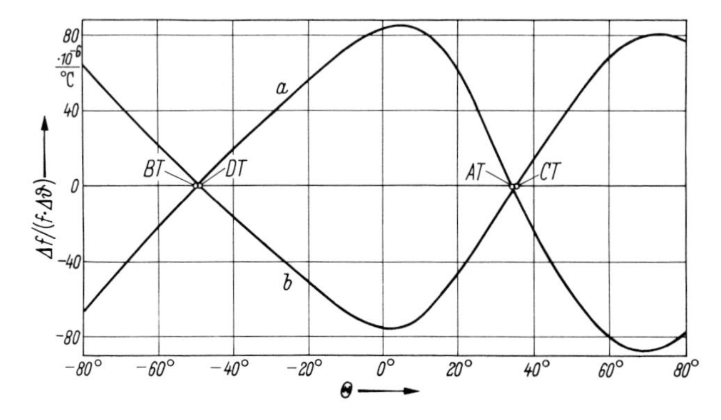

Abb. 10.4/25a u. b. Temperaturkoeffizient dünner Scheiben als Funktion des Schnittwinkels nach [154]: **a** Dickenscherschwinger; **b** Flächenscherschwinger (Der linke Schnittpunkt der Kurven *a* und *b* liegt *unter* der Achse, der Schnittpunkt *BT* von *a* mit der Achse also rechts von *DT*)

Dreht man die Schnittebene eines AT-Quarzes ($\Theta \approx 35°$) nach Abb. 10.4/26 zusätzlich um die neue Achse Z', so nimmt mit wachsenden Winkel φ die Frequenzstabilität gegenüber thermischen und mechanischen Stoßbelastungen zu, bis die Frequenzänderungen ein Minimum erreichen. Durch systematisches Verändern von Θ und φ wurde ein optimaler Schnitt ermittelt [161], der nach [163] „SC"-Schnitt (SC = stress compensated) genannt wird.

Er hat auch im statischen Fall einen kleineren Temperaturgang als der AT-Schnitt, weshalb ihm trotz seines hohen Preises bei transportablen Präzisionsoszillatoren der Vorzug gegeben wird. (Gegenüber dem AT-Schnitt müssen zwei Winkel sehr genau eingehalten werden.)

Abbildung 10.4/27 zeigt nach [166] den Temperaturgang zweier SC-Schnitte im Vergleich mit dem von drei AT-Schnitten. Wegen der hohen Inversionstemperatur des SC-Schnittes (ca. 100 °C) wählt man zum Thermostatbetrieb, anders als beim AT-Schnitt, den unteren Umkehrpunkt (ca. 70 °C).

In Abb. 10.4/28 sind, bezogen auf gleiche Umkehrtemperatur, AT-, BT- und SC-Schnitt verglichen [167]. Bei gleicher Frequenzabweichung ist die zulässige Temperaturschwankung um den Umkehrpunkt etwa um den Faktor 10 größer als beim AT-Schnitt.

Der SC-Schnitt hat andererseits den Nachteil, daß sehr leicht unerwünschte Dickenscherschwingungen in OZ'-Richtung (Abb. 10.4/26) angeregt werden, deren Unterdrückung zusätzliche Reaktanzen in der Oszillatorschaltung erfordert.

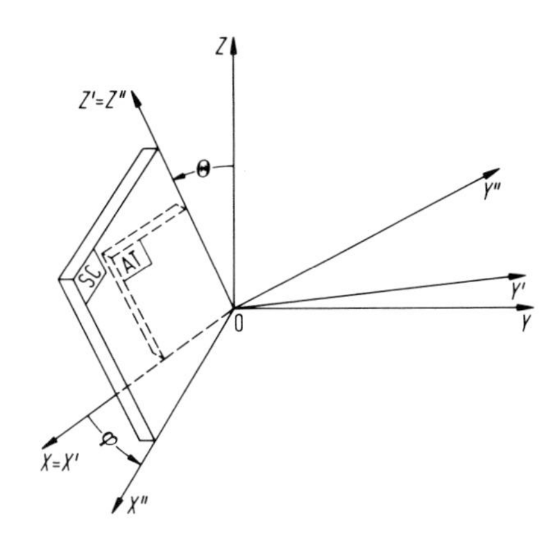

Abb. 10.4/26. Entstehung eines SC-Schnittes durch doppelte Drehung im Koordinatensystem $OXYZ$ des Quarzkristalls: AT-Schnitt ($\Theta \approx 35°$, $\varphi = 0$), Achsen X, Y', Z' und SC-Schnitt ($\Theta \approx 35°$, $\varphi = 22{,}5°$), Achsen X'', Y'', Z'

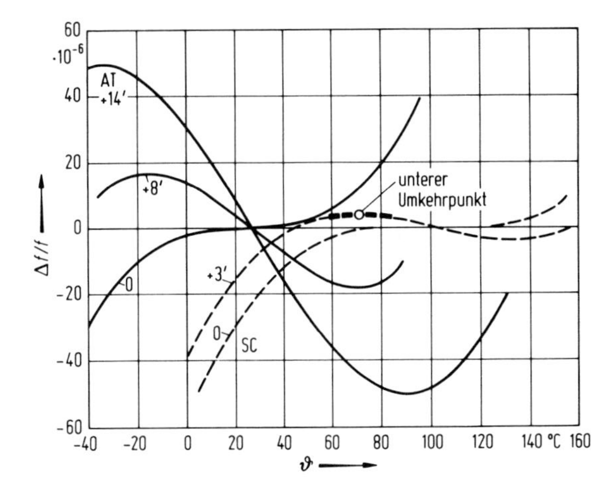

Abb. 10.4/27. Frequenzgang dreier AT- und zweier SC-Quarze (- - -) nach [166] mit $\Delta\Theta$ als Parameter

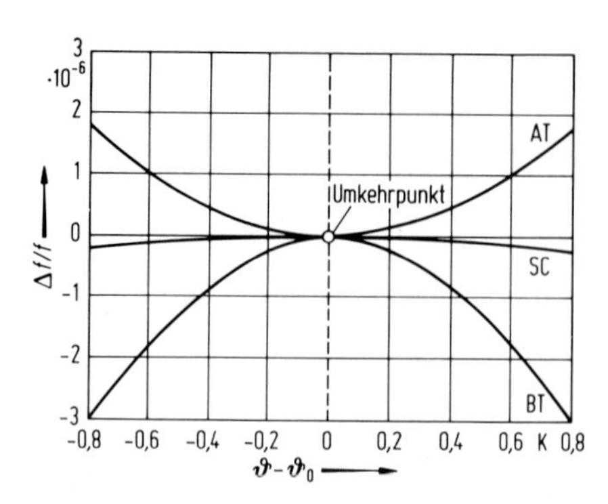

Abb. 10.4/28. Relative Frequenzabweichung von AT-, BT- und SC-Quarzen in Abhängigkeit von der Temperaturdifferenz ($\vartheta - \vartheta_0$). nach [167]

Für eine umfassende und aktuelle Darstellung der Eigenschaften von Quarzkristallen für Resonator-Anwendungen siehe [168].

10.4.4.4 Quarzersatzbild, Serien- und Parallelresonanz. Um von der elektrischen Arbeitsweise des Quarzes ein Bild zu gewinnen, können wir ihn für die Umgebung einer Resonanzstelle näherungsweise durch das in Abb. 10.4/29 gegebene Ersatzschaltbild darstellen. R_1, L_1 und C_1 sind die elektrischen Ersatzgrößen des Schwingquarzes, C_0 die durch die Anregungselektroden und die Halterungsteile gebildet statische Kapazität. Die dynamischen Ersatzgrößen lassen sich aus den mechanischen, geometrischen und piezoelektrischen Größen des jeweiligen Quarzresonators berechnen [154, 168]. Dabei ergeben sich Ersatzinduktivitäten von 100 μH bis 1000 H und Kapazitätsverhältnisse von C_0/C_1 in der Größenordnung 100 bis 1000. Es treten wegen des sehr kleinen Dämpfungswiderstandes Güten von 10^4 bis 10^6 auf. In der Praxis bestimmt man die Größen des Ersatzschaltbildes mit einer nach [170] oder DIN 45105 genormten Meßmethode. Man beachte auch die IEC-Veröffentlichungen [37–39].

Zur Berechnung der Resonanzfrequenzen betrachten wir den Leitwert zwischen den Klemmen 1 und 2:

$$Y_{12} = \mathrm{j}\omega C_0 + \frac{1}{R_1 + \mathrm{j}(\omega L_1 - 1/\omega C_1)} = G + \mathrm{j}B$$

$$= \frac{R_1}{R_1^2 + (\omega L_1 - 1/\omega C_1)^2} + \mathrm{j}\left(\omega C_0 - \frac{\omega L_1 - 1/\omega C_1}{R_1^2 + (\omega L_1 - 1/\omega C_1)^2}\right). \quad (10.4/24)$$

Die Resonanzbedingung ist durch das Verschwinden des Imaginärteils gegeben:

$$\omega_r C_0 - \frac{\omega_r L_1 - 1/\omega_r C_1}{R_1^2 + (\omega_r L_1 - 1/\omega_r C_1)^2} = 0. \quad (10.4/25)$$

Daraus errechnen sich die Resonanz-Kreisfrequenzen zu

$$\omega_r^2 = \frac{1}{L_1 C_1} + \frac{1}{2L_1 C_0} - \frac{R_1^2}{2L_1^2} \pm \frac{1}{2L_1 C_0}\sqrt{1 + \frac{R_1^4 C_0^2}{L_1^2} - \frac{4R_1^2 C_0^2}{L_1 C_1} - \frac{2R_1^2 C_0}{L_1}}. \quad (10.4/26)$$

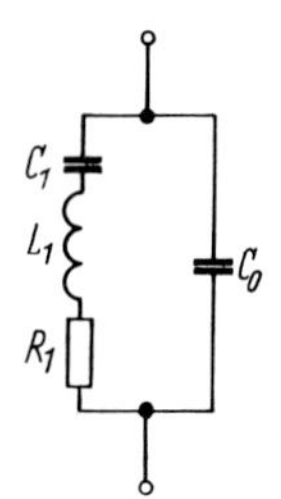

Abb. 10.4/29. Elektrisches Ersatzbild des Quarzes mit den Klemmen 1 und 2. Nach DIN 45100 und DIN 45102 werden folgende Beziehungen empfohlen: Dynamische Induktivität L_1, Dynamische Kapazität C_1, Dynamischer Verlustwiderstand R_1, Statische Parallelkapazität C_0

Für kleines R_1 und C_0 und großes L_1 führen wir die Näherungen ein:

$$\frac{2R_1^2 C_0}{L_1} < 1 \qquad \text{und} \qquad \frac{4R_1^2 C_0^2}{L_1 C_1} < 1 . \tag{10.4/27}$$

Wir entwickeln die Wurzel in eine Reihe und vernachlässigen den Term mit R_1^4:

$$\omega_r^2 \approx \frac{1}{L_1 C_1} + \frac{1}{2L_1 C_0} - \frac{R_1^2}{2L_1^2} \pm \frac{1}{2L_1 C_0}\left(1 - \frac{2R_1^2 C_0^2}{L_1 C_1} - \frac{R_1^2 C_0}{L_1}\right). \tag{10.4/28}$$

Die Parallelresonanz ergibt sich zu

$$\omega_p^2 \approx \frac{1}{L_1 C_1} + \frac{1}{L_1 C_0} - \frac{R_1^2}{L_1^2} - \frac{R_1^2 C_0}{C_1 L_1^2} \approx \frac{C_1 + C_0}{L_1 C_1 C_0}\left(1 - \frac{R_1^2 C_0}{L_1}\right). \tag{10.4/29}$$

Für den Sonderfall $R_1 = 0$ verschwinden sämtliche vernachlässigten Terme, und es wird

$$\omega_p^2 = \omega_{p0}^2 = \frac{C_1 + C_0}{L_1 C_1 C_0} . \tag{10.4/30}$$

Wir können Gl. (10.4/29) also auch schreiben

$$\omega_p^2 \approx \omega_{p0}^2 \left(1 - \frac{R_1^2 C_0}{L_1}\right) \tag{10.4/31}$$

$$\omega_p \approx \omega_{p0} \left(1 - \frac{R_1^2 C_0}{2L_1}\right) \tag{10.4/32}$$

mit

$$\omega_{p0} = \sqrt{\frac{C_1 + C_0}{L_1 C_1 C_0}} = \frac{1}{\sqrt{L_1 C_1}} \sqrt{1 + \frac{C_1}{C_0}} . \tag{10.4/33}$$

Für die Serienresonanz wird

$$\omega_s^2 \approx \frac{1}{L_1 C_1} + \frac{R_1^2 C_0}{L_1^2 C_1} = \frac{1}{L_1 C_1}\left(1 + \frac{R_1^2 C_0}{L_1}\right) = \omega_{s0}^2 \left(1 + \frac{R_1^2 C_0}{L_1}\right), \tag{10.4/34}$$

wobei ω_{s0} die Resonanz-Kreisfrequenz für den Sonderfall $R_1 = 0$ darstellt. Somit wird

$$\omega_s \approx \omega_{s0} \left(1 + \frac{R_1^2 C_0}{2L_1}\right) \tag{10.4/35}$$

mit

$$\omega_{s0} = \frac{1}{\sqrt{L_1 C_1}} , \tag{10.4/36}$$

da für den Sonderfall $R_1 = 0$ wieder sämtliche Vernachlässigungen verschwinden. Den relativen Frequenzabstand zwischen ω_p und ω_s erhalten wir mit den Vernachlässigungen

$$\frac{R_1^2 C_0}{2L_1} \ll 1 \qquad \text{und} \qquad \frac{C_1}{C_0} \ll 1$$

zu

$$\frac{\omega_p - \omega_s}{\omega_s} \approx \frac{\sqrt{1 + \frac{C_1}{C_0}} - 1}{1} \approx \frac{1}{2}\frac{C_1}{C_0} . \tag{10.4/37}$$

Abbildung 10.4/30 zeigt für ein Beispiel den Verlauf des Blind- und Wirkleitwertes der Quarzersatzschaltung.

Für das Verständnis der Wirkungsweise vieler Oszillatorschaltungen ist wesentlich, daß der Blindleitwert des Quarzes zwischen Serien- und Parallelresonanz negativ ist; die Quarzimpedanz hat also in diesem Frequenzbereich induktiven Charakter.

Den Scheinwiderstand bei Parallelresonanz errechnet man durch Einsetzen von Gl. (10.4/31) in Gl. (10.4/24) näherungsweise zu

$$Z_{12\mathrm{p}} = \frac{1}{\mathrm{j}\omega_{\mathrm{p}0} C_0 R_1} \frac{1}{\omega_{\mathrm{p}0} C_0} (\omega_{\mathrm{p}0} C_0 R_1 + \mathrm{j}); \quad \omega_{\mathrm{p}0} C_0 R_1 \ll 1$$

$$|Z_{12\mathrm{p}}| = R_\mathrm{p} \approx \frac{1}{R_1 (\omega_{\mathrm{p}0} C_0)^2} = \frac{C_1 L_1}{R_1 C_0 (C_1 + C_0)}. \tag{10.4/38}$$

Eine Näherung für den Scheinleitwert bei Serienresonanz erhält man durch Einsetzen von Gl. (10.4/36) in Gl. (10.4/24) zu

$$Y_{12\mathrm{s}} \approx \frac{1}{R_1} + \mathrm{j}\omega_{\mathrm{s}0} C_0 = \frac{1}{R_1}(1 + \mathrm{j}\omega_{\mathrm{s}0} C_0 R_1) \approx \frac{1}{R_1}; \quad \omega_{\mathrm{s}0} C_0 R_1 \ll 1 \tag{10.4/39}$$

$$\frac{1}{|Y_{12\mathrm{s}}|} = R_\mathrm{s} \approx R_1\,. \tag{10.4/40}$$

Die Verlustfaktoren des Quarzes ergeben sich entsprechend der Beziehung

$$\tan\delta = \frac{\text{Wirkleistung}}{\text{Blindleistung}} = 1/Q$$

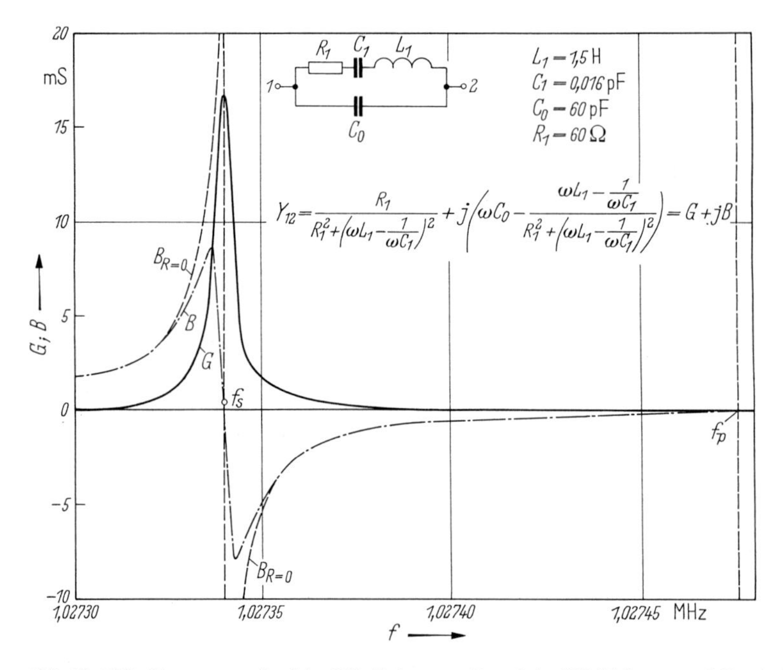

Abb. 10.4/30. Frequenzverlauf des Blindleitwertes B und des Wirkleitwertes G für ein Beispiel der Quarzersatzschaltung: $L_1 = 1{,}5$ H; $R_1 = 60\,\Omega$; $C_1 = 0{,}016$ pF; $C_0 = 60$ pF. f_s wird oft Resonanzfrequenz, f_p Antiresonanzfrequenz genannt

für die Parallelresonanz nach Gl. (10.4/32) für $\frac{R_1^2 C_0}{2L_1} \ll 1$ zu

$$\tan\delta_p = 1/Q_p = \frac{I^2 R_1}{I^2 \omega_p L_1} = \frac{R_1}{\omega_p L_1} \approx \frac{R_1}{\omega_p L_1} \approx R_1 \sqrt{\frac{C_1}{L_1(1 + C_1/C_0)}}$$

und für die Serienresonanz nach Gl. (10.4/35) für $\frac{R_1^2 C_0}{2L_1} \ll 1$ zu

$$\tan\delta_s = 1/Q_s = \frac{I^2 R_1}{I^2 \omega_s L_1} = \frac{R_1}{\omega_s L_1} \approx \frac{R_1}{\omega_{s0} L_1} = R_1 \sqrt{\frac{C_1}{L_1}}\,.$$

Im Obertonbetrieb ist die dynamische Kapazität C_1 sehr viel kleiner als im Grundton. Die folgende Tabelle nennt Richtwerte für das Kapazitätsverhältnis $r = C_0/C_1$ für Obertonquarze im p-ten Oberton:

p	3	5	7	9
r	2500	10000	20000	35000

Trotz höheren Verlustwiderstandes sind daher die Gütewerte Q von im Oberton betriebenen Quarzen häufig höher als im Grundton. Normalfrequenzquarze werden in der Regel im dritten Oberton betrieben.

10.4.4.5 Frequenzbereich und Schwingertyp. Die Elemente im Ersatzschaltbild der Biege-, Längs- und Flächenscherschwinger („NF-Quarze") unterscheiden sich um eine bis zu mehreren Zehnerpotenzen von denen der Dickenscherschwinger. Tabelle 10.4/1 nennt Richtwerte für die Elemente R_1 und C_1.

Daher haben sich für die verschiedenen Quarztypen unterschiedliche Schaltungen bewährt. Wegen ihrer dominierenden Bedeutung sei zunächst auf Schaltungen für AT-Quarze eingegangen.

10.4.4.6 Oszillatoren mit AT-Grundton-Quarzen. Ersetzt man die Spule des Colpitts-Oszillators durch einen Quarz, so erhält man den Pierce-Oszillator, Abb. 10.4/31. Da Gl. (10.4/8a) an dieser Stelle einen induktiven Widerstand erfordert, liegt die Schwingfrequenz f_r des Oszillators oberhalb der Serienresonanzfrequenz f_s, da im Frequenzbereich $f_s < f_r < f_p$ der Quarz einen induktiven Blindwiderstand hat. Gleiches gilt für die beiden (nicht abgebildeten) Schaltungen, die man erhält, wenn man beim Colpitts-Oszillator Abb. 10.4/12 nicht von der Emitter-, sondern von der Basis- oder Kollektorschaltung ausgeht.

Es soll jetzt die Frage nach der genauen Schwingfrequenz des Pierce-Oszillators beantwortet werden.

Table 10.4/1. Richtwerte für die Elemente R_1 und C_1 des Ersatzschaltbildes Abb. 10.4/29 [158]

Frequenzbereich in kHz	Schwingertyp	R_1 kΩ	C_1 fF
0,8 ... 4	Duplexbiegeschwinger	750 ... 250	250 ... 50
4 ... 15	X-Y-Biegeschwinger	200 ... 80	50 ... 15
15 ... 50	H-Biegeschwinger	20 ... 8	35 ... 20
50 ... 200	X-Längsscherschwinger	4	60 ... 30
200 ... 800	Flächenscherschwinger	1 ... 5	30 ... 7
800 ... 30000	AT-Dickenscherschwinger (Grundton)	0,1 ... 0,5	8 ... 20

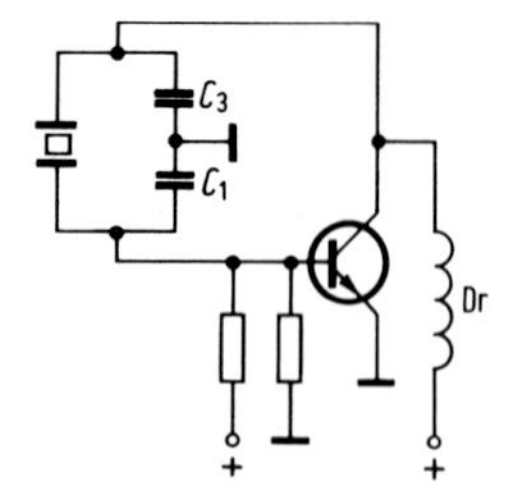

Abb. 10.4/31. Pierce-Schaltung

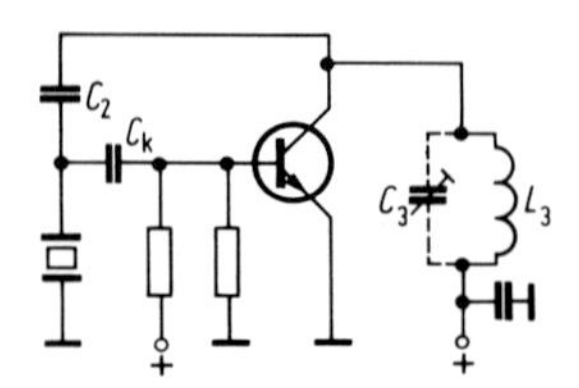

Abb. 10.4/32. Pierce-Miller-Schaltung

Vernachlässigt man die Transistor- und Schaltkapazitäten, so bestimmen die in der Dreipunktschaltung vorhandenen Kapazitäten und Induktivitäten (C_1, C_3 in Abb. 10.4/31) über die Schwingbedingung Gl. (10.4/8a) die induktive Reaktanz X_2, die der Quarz beim Schwingbetrieb annehmen muß. Kennt man den Frequenzverlauf des Blindleitwertes $B(\omega)$ des Quarzes (Abb. 10.4/30), so erhält man die Oszillatorfrequenz am Schnittpunkt $B(\omega) = -1/X_2$. Betrachtet man den Quarz näherungsweise als verlustfrei, so berechnet man seinen Blindleitwert $B(\omega)$ aus Gl. (10.4/24) mit $R_1 = 0$ näherungsweise zu

$$B(\omega) = \omega C_0 - \frac{1}{\omega L_{1Q} - 1/\omega C_{1Q}}.$$

Mit $\Omega = \omega/\omega_{s0}$, $\omega_{s0} = 1/\sqrt{L_{1Q} \cdot C_{1Q}}$ erhält man daraus

$$B(\omega) = \omega \frac{C_0(\Omega^2 - 1) - C_{1Q}}{\Omega^2 - 1}. \qquad (10.4/41)$$

Die dynamischen Ersatzgrößen des Quarz-Ersatzschaltbildes haben hier den zusätzlichen Index Q erhalten, um eine Verwechslung mit Elementen der Dreipunkt-Reaktanz X_1 zu vermeiden.

Die zum Schwingen erforderliche Reaktanz X_2 errechnet man aus Gl. (10.4/8a) zu

$$X_2 = -(X_1 + X_3) = \frac{1}{\omega C_1} + \frac{1}{\omega C_3} = \frac{1}{\omega} \frac{C_1 + C_3}{C_1 C_3} = \frac{1}{\omega C_L}.$$

Die Kapazität $C_L = \dfrac{C_1 C_3}{C_1 + C_3}$ nennt man „Last-" oder „Bürdekapazität".

Setzt man $B(\omega) = -1/X_2 = -\omega C_L$, so erhält man die Schwingkreisfrequenz des Pierce-Oszillators durch Auflösen nach ω näherungsweise zu

$$\omega_r = \omega_{s0} \sqrt{1 + \frac{C_{1Q}}{C_0 + C_L}} \approx \omega_{s0} \left(1 + \frac{1}{2} \frac{C_{1Q}}{C_0 + C_L} \right). \qquad (10.4/42)$$

Die Schwingfrequenz ist also auch von der Lastkapazität abhängig. Für den Grenzfall $C_L \Rightarrow 0$ schwänge der Oszillator mit der Parallelresonanzfrequenz ω_{p0} des verlustlosen Quarzes (s. Gl. (10.4/33)), für den Grenzfall $C_L \Rightarrow \infty$ mit seiner Serienresonanzfrequenz ω_{s0}. In beiden Grenzfällen ist allerdings kein Schwingbetrieb möglich, da die Dreipunktschaltung entartet. Zur Pierce-Schaltung s. a. [79, 80].

Die Abhängigkeit der Schwingfrequenz von der Lastkapazität C_L nach Gl. (10.4/42) verlangt andererseits bereits beim Schleifen eines Quarzes die Angabe der Lastkapazität, will man ihn nicht durch Verändern von C_1, C_3 oder zusätzlichen Reaktanzen „ziehen". Auf das „Ziehen" des Quarzes wird in Abschn. 10.4.4.8 eingegangen.

Gleichung (104/42) für die Schwingkreisfrequenz gilt über den Pierce-Oszillator hinaus für alle Quarzoszillatoren, bei denen der Quarz eine der drei Reaktanzen der Dreipunktschaltung darstellt.

Da man in Gl. (10.4/42) die Lastkapazität C_L formal mit der Halterungskapazität C_0 zu einer resultierenden Parallelkapazität zusammenziehen kann und die Oszillatoren auf der damit gebildeten „gezogenen" Parallelresonanz schwingen, nennt man sie auch „Parallelresonanz-Oszillatoren".

Bei allen drei vom Colpitts-Oszillator abgeleiteten Schaltungen kann es vorkommen, daß der Quarz anstatt in seinem Grundton auf einem Oberton anschwingt, da dessen Güte häufig größer ist als die des Grundtons. Um unerwünschten Obertonschwingungen vorzubeugen, verwendet man die Pierce-Miller-Schaltung (Abb. 10.4/32), die man erhält, wenn man die Induktivität L_1 der induktiven Dreipunktschaltung Abb. 10.4/11 durch einen Quarz ersetzt. Die kleine Koppelkapazität C_k verringert die Dämpfung des Quarzes durch die Basiswiderstände. Die induktive Reaktanz X_3, die die Schwingbedingung erfordert, kann auch durch einen Parallelschwingkreis dargestellt werden, dessen Resonanzkreisfrequenz $\omega_3 = 1/\sqrt{L_3 C_3}$ oberhalb der gewünschten Schwingfrequenz liegt.

Seine effektive Induktivität hat den Wert

$$L_{eff} = L_3/(1 - \omega_r^2 L_3 C_3)$$

und ist größer als L_3. Die Anregung von Obertönen vermeidet man dadurch, daß man ω_3 zwar höher als die Schwingkreisfrequenz im Grundton ω_r, aber kleiner als die des dritten Obertons wählt. Dann ist nämlich beim dritten Oberton der Blindleitwert des Kreises $L_3 C_3$ kapazitiv, so daß kein Anschwingen möglich ist. Maßnahmen gegen das Anschwingen unerwünschter Nebenresonanzen werden bei den Schaltungen für SC-Quarze besprochen.

10.4.4.7 Schaltungen für AT-Oberton-Quarze. Man erhält einen Oberton-Oszillator, wenn man in Abb. 10.4/31 die Kapazität C_3 durch einen Schwingkreis ersetzt, dessen Resonanzfrequenz tiefer liegt als die gewünschte Obertonfrequenz.

In diesem Fall ist beim gewünschten Oberton die Impedanz des Kreises kapazitiv, wie es die Schwingbedingung erfordert. Damit aber nicht ein unerwünschter Oberton der nächstniedrigeren Ordnungszahl angefacht wird, muß die Resonanzfrequenz darüber liegen. Soll beispielsweise der fünfte Oberton angeregt werden, so muß die Resonanzfrequenz des Kreises zwischen dem dritten und dem fünften Oberton liegen.

Eine Schaltung, die für Obertonbetrieb besonders geeignet ist, zeigt Abb. 10.4/33. Im Gegensatz zu den bisherigen Schaltungen liegt der Quarz nicht in der Dreipunktschaltung selbst, sondern in ihrer Emitterzuleitung. Bei der Ableitung der Schwingbedingung in Abschn. 10.4.2 wurden alle außerhalb des Dreipunkts liegenden Schaltelemente als Wirkwiderstände angesetzt. Daher schwingt der Quarz bei der durch Gl. (10.4/35) angegebenen Serienresonanzfrequenz, bei der sein Widerstand reell und näherungsweise minimal ist. Diese Betriebsart hat den Vorteil, daß der Quarz bei der Herstellung sehr genau auf die geplante Oszillatorfrequenz geschliffen werden kann und die Angabe einer Lastkapazität nicht (immer) erforderlich ist. In der Praxis werden Obertonquarze stets durch ihre Serienresonanzfrequenz spezifiziert, wobei implizit eine Schaltung nach Abb. 10.4/33 vorausgesetzt wird. Schaltungen nach Abb. 10.4/33 nennt man „Serienresonanz-Oszillatoren".

Die gestrichelte Induktivität L_p soll den unerwünschten Nebenschluß über die statische Kapazität C_0 vermindern. Für den Wert

$$L_p = 1/\omega_s^2 \cdot C_0$$

bildet sie mit der statischen Kapazität C_0 einen Parallelschwingkreis auf der Schwingkreisfrequenz ω_s, so daß C_0 „kompensiert" ist. Daher wird auch $\omega_s = \omega_{s0}$ unabhängig von C_0. In der Praxis ist L_p bei allen Frequenzen von etwa 70 MHz an erforderlich [158]. Eine systematische Untersuchung von Oszillatorschaltungen mit Obertonquarzen findet man in [75], praktisch erprobte Schaltungen in [73, 76]. Ein Konstruktionsbeispiel für einen Normalfrequenzoszillator ist in [84] beschrieben.

10.4.4.8 Frequenzänderungen durch Ziehen der Quarzfrequenz. Die Abhängigkeit der Schwingkreisfrequenz ω_r eines Quarzoszillators von der Lastkapazität C_L nach Gl. (10.4/42) bietet die Möglichkeit, die Oszillatorfrequenz durch Verändern wenigstens eines Blindwiderstandes auf eine Sollfrequenz einzustellen. Zu einem solchen „Ziehen" des Quarzes verwendet man allerdings nur selten die Blindwiderstände der Dreipunktschaltung; vielmehr sieht man dazu zusätzliche Reaktanzen in Serie oder parallel zum Quarz vor.

Eine Parallelkapazität zum Quarz kann C_0 zugeschlagen werden und erniedrigt nach Gl. (10.4/42) die Parallelresonanzfrequenz der Gesamtschaltung. Da die Serienresonanzfrequenz unverändert bleibt, kann man die Schwingfrequenz auf diese Weise nur bei Parallelresonanz-Oszillatoren beeinflussen.

Eine Kapazität in Serie zum Quarz hingegen erhöht die Serienresonanzfrequenz der Gesamtschaltung und kann daher zur Einstellung der Schwingfrequenz eines Serienresonanz-Oszillators (Abb. 10.4/33) dienen.

Die Impedanz einer Serienschaltung aus verlustlos angenommenen Quarz ($R_1 = 0$) und einer Serienkapazität C_s berechnet man aus Gl. (10.4/24) zu

$$Z_{12}^* = \frac{\Omega^2 - 1}{j\omega C_0(\Omega^2 - 1) - j\omega C_{1Q}} + \frac{1}{j\omega C_s},$$

sie wird Null für die „gezogene Serienresonanzkreisfrequenz"

$$\omega_s^* = \omega_{s0}\sqrt{1 + \frac{C_{1Q}}{C_0 + C_s}} \approx \omega_{s0}\left(1 + \frac{1}{2}\frac{C_{1Q}}{C_0 + C_s}\right) > \omega_{s0},$$

also formal der gleiche Zusammenhang wie bei der „gezogenen Parallelresonanz", wenn man C_s durch C_L ersetzt.

Für $C_s \Rightarrow \infty$ schwingt der Quarz auf seiner eigenen Serienresonanzfrequenz, für den Grenzfall $C_s = 0$ auf seiner Parallelresonanz. In der Praxis sollte C_s allerdings einen Grenzwert nicht unterschreiten, da sonst die untere Grenze der Quarzbelastung (s. Abschn. 10.4.4.11) unterschritten wird.

Eine Ziehinduktivität erhöht den Grad der Funktion des Zweipols und erzeugt eine zusätzliche Serien- oder Parallelresonanzfrequenz. Daher muß bei induktiv gezogenen Quarzen durch eine zweckmäßige Bemessung der Schaltung verhindert werden, daß der Oszillator zu einer solchen zusätzlichen Resonanzfrequenz umspringt. Das gilt insbesondere bei höhergradigen Ziehschaltungen.

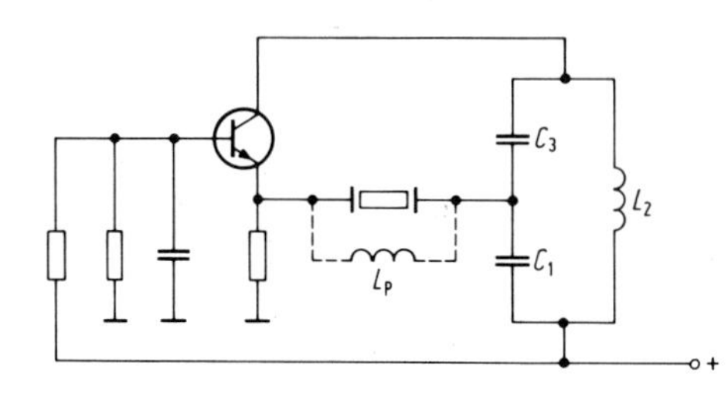

Abb. 10.4/33. Oszillatorschaltung für AT-Obertonquarze. Der Quarz schwingt auf seiner Serienresonanzfrequenz. Die gestrichelte Induktivität L_p kompensiert die statische Quarzkapazität C_0

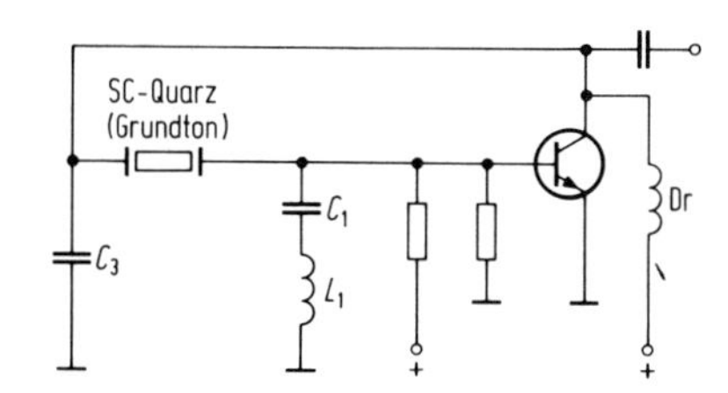

Abb. 10.4/34. Oszillatorschaltung für SC-Grundtonquarze. Die Resonanzfrequenz des Schwingkreises L_1, C_1 muß zwischen f_b und f_c liegen, damit der unerwünschte B-Schwingungstyp nicht angeregt wird (s. Abb. 10.4/36)

Ziehschaltungen vermindern die Phasenteilheit eines Quarzoszillators grundsätzlich, und zwar um so mehr, je weiter ein Quarz von seinen Eigenresonanzen weggezogen wird. Grund ist der im Vergleich zum Quarz hohe Verlustfaktor der Ziehelemente, der die Güte des beschalteten Quarzes vermindert. Daher berücksichtigt man bereits bei der Herstellung des Quarzes die elektrischen Eigenschaften der Oszillatorschaltung durch Angabe der „Lastkapazität", um den Ziehbereich klein halten zu können. Eine systematische Zusammenstellung praktisch verwendeter Ziehschaltungen und ihrer Eigenschaften findet man in [158]. Dort wird auch auf das Ziehen von Obertonquarzen eingegangen.

10.4.4.9 Schaltungen für Oszillatoren mit SC-Quarzen. SC-Quarze neigen dazu, in einer anharmonischen Nebenresonanz anzuschwingen. Insbesondere können Dickenscherschwingungen in der Z'-Achse (Abb. 10.4/26) angeregt werden, der sogenannte „B"-Schwingungstyp, dessen Frequenz nur etwa 10% oberhalb des gewünschten „C"-Schwingungstyps liegt [166, 173] und für frequenzstabilen Ozillatorbetrieb nicht geeignet ist. Da beide Schwingungstypen von etwa gleicher Güte sind, kann in einer breitbandigen Verstärkerschaltung nicht eindeutig nur der gewünschte Schwingungstyp angeregt werden. Vielmehr muß im Oszillator durch eine Reaktanzschaltung dafür gesorgt werden, daß in der Umgebung der gewünschten Frequenz f_c die Schwingbedingung erfüllt ist, bei der höheren unerwünschten Frequenz f_b dagegen nicht.

Abbildung 10.4/34 zeigt eine für SC-Grundton-Quarze geeignete Schaltung. Die Kapazität C_1 der Pierce-Schaltung Abb. 10.4/31 ist durch einen Serienresonanzkreis L_1, C_1 ersetzt worden. Liegt seine Resonanzfrequenz oberhalb von f_c, aber unterhalb von f_b, so ist sein Blindwiderstand für f_c kapazitiv und für f_b induktiv. Die nach der Schwingbedingung notwendige Reaktanz ist also nur für f_c erfüllt.

In Präzisionsoszillatoren betreibt man wegen der höheren Güte die SC-Quarze im dritten Oberton. Bei der Dimensionierung einer Schaltung für SC-Oberton-Quarze kommt somit die Aufgabe hinzu, eine Anregung des Grundtones zu verhindern.

Abbildung 10.4/35 zeigt die Schaltung für einen SC-Oberton-Oszillator. Die Kapazität C_1 der Pierce-Schaltung Abb. 10.4/31 ist durch einen Reaktanzzweipol dritten Grades vom LL-Typ ersetzt worden [174]. Die Bemessung dieses Zweipols muß so erfolgen, daß sein Blindwiderstand für den Grundton und den B-Schwingungstyp induktiv ist (Schwingbedingung nicht erfüllt), für den erwünschten C-Schwingungstyp dagegen kapazitiv ist (Schwingbedingung erfüllt). Die Serienresonanz von Z_1 muß also unterhalb von f_c, jedoch über der Grundtonfrequenz liegen, und die Parallelresonanz oberhalb von f_c, aber noch unterhalb von f_b.

Abbildung 10.4/36 zeigt den prinzipiellen Verlauf des Blindleitwertes eines SC-Quarzes in der Umgebung der genannten Dickenscherschwingungstypen B and C und den Blindleitwert eines geeigneten Reaktanz-Zweipols vom LL3-Typ. In der Umgebung des gewünschten Schwingungstyps „C" ist seine Reaktanz kapazitiv und damit eine notwendige Bedingung für den Oszillatorbetrieb erfüllt. Hinreichende Bedingungen für eine Dimensionierung des Zweipols Z_1 erhält man aus den Gleichungen (10.4/8a und b), indem man den gemessenen Verlauf des Quarzblindleitwerts

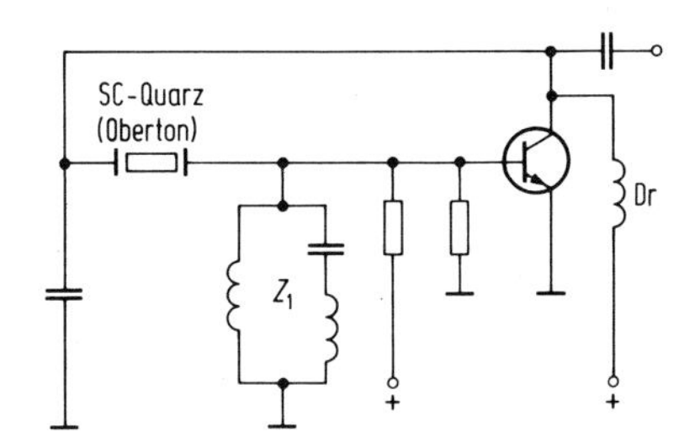

Abb. 10.4/35. Oszillatorschaltung für SC-Obertonquarze; der Grundton und der unerwünschte B-Schwingungstyp werden nicht angeregt, wenn Z_1 nach Abb. 10.4/36 bemessen wird

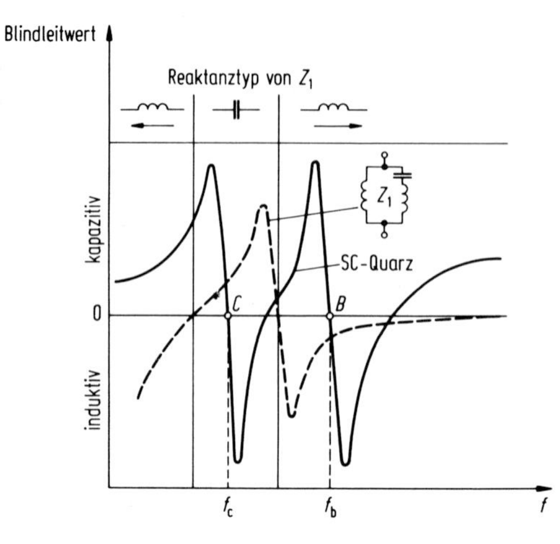

Abb. 10.4/36. Zur Bemessung einer Dreipunkt-Oszillator-Schaltung für Obertonquarze mit Nebenresonanzen. Prinzipieller Verlauf des Blindleitwerts eines SC-Quarzes in der Umgebung seiner beiden Dickenscherschwingungs-Resonanzen B und C im dritten Oberton. Blindleitwert Y_1 des Reaktanzzweipols Z_1. In der Umgebung der anzuregenden Resonanz C ist Y_1 kapazitiv, in den beiden angrenzenden Bereichen induktiv, so daß Grundtöne und die unerwünschte Resonanz B nicht angeregt werden

einsetzt und geeignete Werte für Z_3 und g vorgibt. Diese Gedankengänge gelten auch für AT-Oberton-Quarze mit Nebenresonanzen. Weitere Einzelheiten zur Dimensionierung hochwertiger SC-Oszillatoren sind [173] zu entnehmen.

10.4.4.10 Schaltungen für Oszillatoren mit Biege-, Längs- und Flächenscherschwingern. Bei der Bemessung von Oszillatorschaltungen für die sogenannten NF-Quarze von 800 Hz bis 800 kHz muß man insbesondere den jeweiligen Wert des dynamischen Verlustwiderstandes R_1 beachten. Er ändert nach Tab. 10.4/1 seinen Wert im genannten Frequenzbereich um nahezu drei Zehnerpotenzen, so daß bestimmte Grundschaltungen nur für Teilbereiche optimal sein können. Da die Werte für R_1 zudem über den Werten für den dynamischen Eingangswiderstand bipolarer Transistoren liegen, muß eine Bedämpfung des Quarzes durch den Transistor durch besondere Maßnahmen vermieden werden. Eine Maßnahme kann ausgehend von Abb. 10.4/12 darin bestehen, die Dreipunktschaltung C_3, L_2 und C_1 so zu bemessen, daß sie zwischen zwei Klemmen einen im Vergleich zu R_1 hohen Eingangswiderstand besitzt. Den Quarz legt man in eine dieser Zuleitungen, er schwingt in der Umgebung seiner Serienresonanz. Zum leichteren Verständnis ist in Abb. 10.4/37 die Dreipunktschaltung als Π-Reaktanzvierpol eingezeichnet; die Bemessung dieses „Collins-Filters“ wird in Band 1 im Kapitel „Hochfrequenztransformatoren“ behandelt. (Die Dreipunktschaltung kann auch für alle anderen Oszillatoren als Reaktanzvierpol interpretiert werden; bei Schaltungen für hochfrequente Quarze steht allerdings die Widerstandstransformation nicht im Vordergrund.)

Das Widerstandsübersetzungsverhältnis des Collins-Filters berechnet sich zu

$$t = R_a/R_e = (C_3/C_1)^2 = (U_a/U_e)^2 .$$

Durch Wahl des Kapazitätsverhältnisses kann $t < 1$ so eingestellt werden, daß einerseits R_e genügend groß wird im Vergleich zum ausgangsseitigen Innenwiderstand und andererseits R_a genügend klein ist im Vergleich zum Eingangswiderstand des Transistors.

Richtwerte für einen Biegeschwinger um 20 kHz sind [158] $C_1 = 10C_3 = 47$ nF; die Induktivität L_2 berechnet man aus Gl. (10.4/8a).

Für sehr hohe Werte des Quarz-Verlustwiderstandes R_1 und damit für sehr kleine Werte von t reicht die Verstärkung eines Transistors häufig nicht aus.

Als Alternative kann man einen zweistufigen Verstärker vorsehen, und man erhält damit die Hegener-Schaltung Abb. 10.4/38 mit ihren Varianten [77]. Die Verstärkung dieser zweistufigen Anordnung reicht bei geeigneter Bemessung aus, auch sehr hoch-

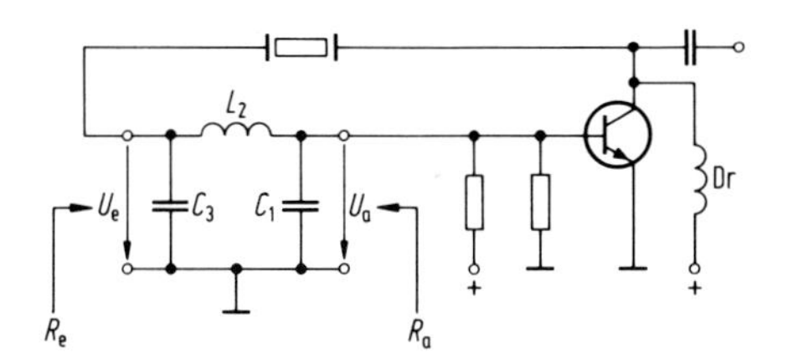

Abb. 10.4/37. Oszillatorschaltung mit Π-Filter zur Widerstandstransformation für niederfrequente Quarze mit hohem Verlustwiderstand

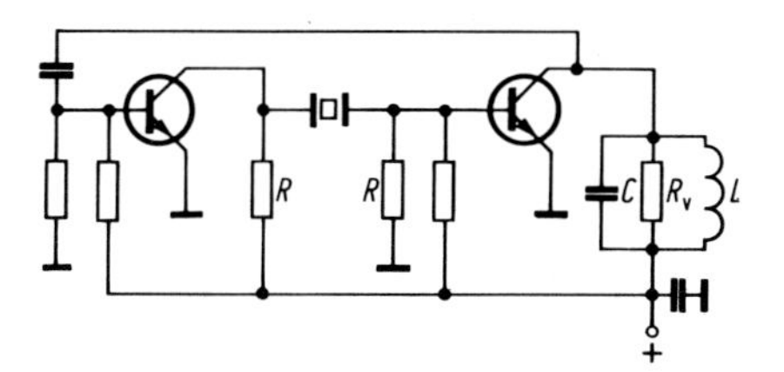

Abb. 10.4/38. Heegner-Schaltung

ohmige Quarze anzuregen. Da die Übertragungsphase näherungsweise den Wert $\varphi_{v0} \approx 2\pi$ hat, ist eine Dreipunktschaltung zur Phasendrehung nicht erforderlich.

Damit die erforderliche Verstärkung erreicht wird, muß der Ausgangskreis auf f_s abgestimmt und sein Kennwiderstand $X_k = \sqrt{L/C}$ groß sein. Die Güte $Q = R_v/X_k$ dagegen muß bei f_s klein sein, damit sein Phasengang in der Umgebung von f_s gegenüber dem des Quarzes vernachlässigbar ist und Änderungen von L und C keinen Einfluß auf die Schwingfrequenz nehmen.

Die Anregung parasitärer Nebenresonanzen und Oberschwingungen verhindert man durch RC-Tiefpässe. Hinweise zur Bemessung findet man in [158]. Eine Einbeziehung des Quarzes in die Dreipunktschaltung selbst (wie des AT-Quarzes bei der Pierce-Schaltung Abb. 10.4/31) scheidet dagegen bei NF-Quarzen aus, da die Kapazitäten C_1 und C_3 unrealisierbar kleine Werte annehmen.

Zur Schwingungserzeugung verlieren die Biege-, Längs- und Flächenscherschwinger an Bedeutung, da sie groß, teuer und mechanisch empfindlich sind. An ihrer Stelle verwendet man daher in zunehmendem Maß AT-Quarze, deren höhere Frequenz man mit TTL- oder MOS-Schaltkreisen herunterteilt.

10.4.4.11 Einfluß der Quarzbelastung. Kurz- und Langzeitstabilität von Quarz-Oszillatorschaltungen hängen entscheidend von der richtigen Quarzbelastung ab, d. h. von der im Verlustwiderstand R_1 verbrauchten Leistung $P = I_1^2 \cdot R_1$, die man aus der über dem Quarz gemessenen Spannung U bestimmt zu

$$P = I_1^2 \cdot R_1 = U^2/R_1 \left(1 + \frac{1}{R_1^2}\left(\omega L_1 - \frac{1}{\omega C_1}\right)^2\right),$$

wobei für ω die Schwingfrequenz einzusetzen ist.

Der Quarzstrom I_1 sollte so groß sein, daß der Quarz sicher anschwingt und die Kurzzeitstabilität nicht durch Rauschen beeinträchtigt wird. Ein Richtwert für die untere Grenze der Quarzbelastung ist $P_{\min} = 1$ µW.

Mit steigender Leistung erwärmt sich das Quarzplättchen zunehmend, und die elastischen Eigenschaften des Materials ändern sich. Aus diesem Grund ist zum Feinabgleich engtolerierter Quarze die Angabe einer Nennbelastung erforderlich. Übliche Werte für die Nennbelastung liegen im Bereich 10 µW $\leq P_{\mathrm{Nenn}} \leq$ 1 mW.

Da mit steigender Belastung auch die Alterrungsrate α Gl. (10.4/15) zunimmt, werden die Quarze langzeitstabiler Oszillatoren bei etwa 10 µW betrieben. Angaben über Alterungsraten von AT- und SC-Quarzen in Abhängigkeit von der Belastung findet man in [166]. Eine zu hohe Quarzbelastung führt zu bleibenden Änderungen der Resonanzfrequenz und im Extremfall zur Zerstörung des Quarzes infolge zu hoher Zugspannungen.

Für weitere, auch historische Literatur s. [78, 81–83, 85].

10.4.5 RC-Oszillatoren (Schwingbedingung)

Der frequenzbestimmende Teil eines Oszillators muß nicht unbedingt aus zwei verschiedenen Energiespeichern, wie Spulen und Kondensatoren, bestehen. Spulen sind bei niederen Frequenzen im Vergleich zu den übrigen Bauteilen groß und schwer.

Mit Netzwerken aus Widerständen und Kondensatoren lassen sich kleine, leichte und integrierbare Oszillatoren aufbauen. Verwendet man als Widerstände steuerbare Bahnwiderstände von Transistoren bzw. als Kondensatoren Kapazitätsdioden, so läßt sich durch eine Hilfsspannung die Frequenz des Oszillators verändern (VCO = *v*oltage *c*ontrolled *o*scillator).

In der Praxis verwendet man vor allem vier Typen von frequenzbestimmenden Rückkopplungsnetzwerken: die RC-Abzweigschaltung, den Wien-Spannungsteiler, die überbrückte T-Schaltung und die Doppel-T-Schaltung.

RC-Oszillatoren mit diesen Netzwerken besitzen eine Reihe von gemeinsamen Eigenschaften, die am Beispiel des Wien-Robinson-Oszillators diskutiert werden, bevor auf die Schaltungstechnik der restlichen Oszillatoren eingegangen wird.

Abbildung 10.4/39a zeigt im Blockschaltbild einen Oszillator, der in Ergänzung des Oszillators (Abb. 10.4/5) außer dem „Mitkopplungsvierpol" mit dem Übertragungsfaktor $k_m = U_2'/U_2$ einen „Gegenkopplungsvierpol" mit dem Übertragungsfaktor $k_g = U_2''/U_2$ enthält.

Der Übertragungsfaktor des. Verstärkers $v = U_2/U_1$ sei in der Umgebung der Schwingfrequenz frequenzunabhängig $v = v_0$, und seine Phase betrage $\varphi_{v0} = \operatorname{arc} v_0 = \nu\pi$ mit $\nu = 0, 2, \ldots$

Bei allen folgenden Beispielen sei wie in Abb. 10.4/39b als Verstärker ein Operationsverstärker gewählt, der so beschaltet sein soll, daß seine obere Grenzfrequenz weit oberhalb der Schwingfrequenz des Oszillators liegt. Bei den in der Praxis verwendeten Oszillatorschaltungen ist immer einer der Übertragungsfaktoren frequenzunabhängig und reell, er wird in diesem Fall mit k_{m0} bzw. k_{g0} bezeichnet. Der andere Rückkopplungsvierpol bestimmt die Schwingfrequenz, sein Übertragungsfaktor wird in der Form $k_g = x_g + jy_g$ bzw. $k_m = x_m + jy_m$ dargestellt.

Die Schwingbedingung der Oszillatorschaltung (Abb. 10.4/39a) gewinnt man durch einen Spannungsumlauf am Eingang zu $U_1 = U_2' - U_2''$. Mit $k_m = U_2'/U_2$, $k_g = U_2''/U_2$ und $v = U_2/U_1$ erhält man sie in der Form

$$(k_m - k_g)v = 1 \tag{10.4/43}$$

und kann sie aufspalten in eine Betragsbedingung

$$|k_m - k_g||v| = 1 \tag{10.4/43a}$$

und eine Phasenbedingung

$$\varphi_k + \varphi_{v0} = 2m\pi, \quad m = 1, 2, 3, \ldots \tag{10.4/43b}$$

wobei φ_k die Phase der Differenz $(k_m - k_g)$ bezeichnet.

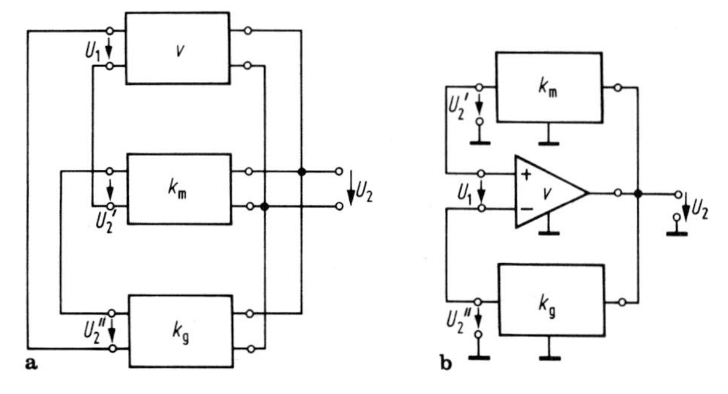

Abb. 10.4/39a u. b. Oszillator mit getrennten Mit- und Gegenkopplungsnetzwerken: **a** Verstärker mit einem Eingang; **b** Operationsverstärker

10.4.6 RC-Oszillatoren mit frequenzabhängiger Mitkopplung

RC-Oszillatoren mit frequenzabhängiger Mitkopplung sind der Wien-Robinson-Oszillator und alle Oszillatoren mit RC-Abzweigschaltungen. Bei ihnen ist $k_m = x_m + jy_m$ und $k_g = k_{g0}$, und für φ_k erhält man

$$\varphi_k = \arctan\frac{\mathrm{Im}(k_m - k_g)}{\mathrm{Re}(k_m - k_g)} = \arctan\frac{y_m}{x_m - k_{g0}} \,. \tag{10.4/44}$$

10.4.6.1 Phasensteilheit und Stabilitätsfaktor. Die Bemessung der Mit- und Gegenkopplungsvierpole wird in der Praxis meist durch v_0 bestimmt.

Aus Gl. (10.4/44) errechnet man die Phasensteilheit der gesamten Rückkopplungsschaltung zu

$$S(\omega) = \frac{d\varphi_k}{d\omega} = \frac{(x_m - k_{g0})\dfrac{dy_m}{d\omega} - y_m\dfrac{dx_m}{d\omega}}{(x_m - k_{g0})^2 + y_m^2}$$

Wegen $y_m(\omega_0) = 0$ und mit $x_m(\omega_0) = x_{m0}$ erhält man daraus für die Phasensteilheit bei der Schwingfrequenz

$$S(\omega)\,|_{\omega_0} = \left.\frac{dy_k}{d\omega}\right|_{\omega_0} = \frac{1}{x_{m0} - k_{g0}}\left.\frac{dy_m}{d\omega}\right|_{\omega_0} = S(\omega_0)\,.$$

Normiert man ω auf ω_0, so kann man Oszillatoren verschiedener Schwingfrequenz hinsichtlich ihrer Phasensteilheit bequem vergleichen:

$$S\left(\frac{\omega}{\omega_0}\right)\bigg|_{\omega_0} = \frac{1}{k_{m0} - x_{g0}}\left.\frac{dy_m}{d(\omega/\omega_0)}\right|_{\omega_0} = \frac{1}{x_{m0} - k_{g0}}\,\omega_0\left.\frac{dy_m}{d\omega}\right|_{\omega_0}.$$

Durch eine Normierung von ω und ω_0 auf $1/RC$ wird diese Gleichung nicht verändert. Dabei ist $\Omega = \omega RC$ und $\Omega = \omega_0 RC$. Diese Normierung wird sich auch bei den folgenden Beispielen als zweckmäßig erweisen. Es wird:

$$S\left(\frac{\Omega}{\Omega_0}\right)\bigg|_{\Omega_0} = \frac{1}{x_{m0} - k_{g0}}\,\Omega_0\left.\frac{dy_m}{d\Omega}\right|_{\Omega_0} = \frac{1}{x_{m0} - k_{g0}}\,s = v_0 \cdot s = S_0\,. \tag{10.4/45}$$

Die Phasensteilheit, die bei der Schwingfrequenz möglichst groß sein soll, ist also durch das Produkt aus Verstärkung v_0 und dem Faktor s bestimmt. Der Faktor

$$s = \omega_0\left.\frac{dy_m}{d\omega}\right|_{\omega_0} = \Omega_0\left.\frac{dy_m}{d\Omega}\right|_{\Omega_0} \tag{10.4/46}$$

ist allein durch den frequenzbestimmenden Mitkopplungsvierpol gegeben und kann nach [86] als der „Stabilitätsfaktor“ bezeichnet werden. Durch geeignete Bemessung der Schaltelemente eines Netzwerkes kann man erreichen, daß sein Stabilitätsfaktor maximal wird.

10.4.6.2 Wien-Robinson-Oszillator. Abbildung 10.4/40 zeigt als Beispiel die Schaltung des *Wien-Robinson-Oszillators*, bei dem das Mitkopplungsnetzwerk R_1, C_1, R_2, C_2 die Schwingfrequenz bestimmt, während das Gegenkopplungsnetzwerk durch den ohmschen Spannungsteiler R_3, R_4 gebildet wird. Die Berechnung der Übertragungsfaktoren k_m bzw. k_{g0} wird einfach, wenn die Eingangswiderstände des Operationsverstärkers (gemessen zwischen den Klemmen (+) oder (−) einerseits und dem Masseanschluß andererseits) sehr groß gegenüber den ausgangsseitigen Innenwiderständen beider Rückkopplungsnetzwerke sind. Dann kann man die Rückkopplungsnetzwerke als ausgangsseitig leerlaufend betrachten. Dies soll auch für alle folgenden

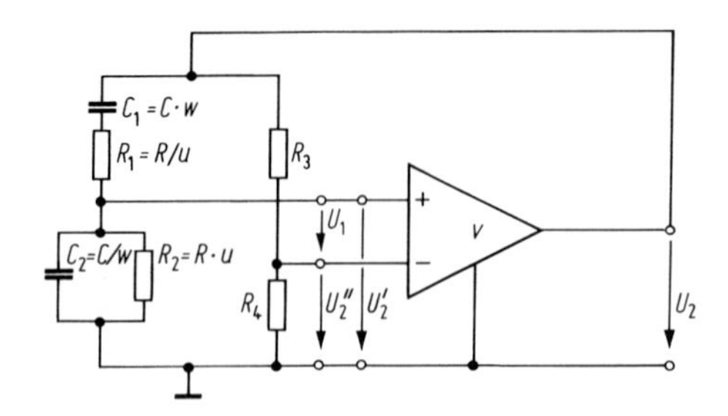

Abb. 10.4/40. Wien-Robinson-Oszillator. Das Mitkopplungsnetzwerk C_1R_1, C_2R_2 (Wien-Spannungsteiler) bestimmt die Schwingfrequenz, die Widerstände R_3 und R_4 bilden das Gegenkopplungsnetzwerk

Beispiele gelten. Die Einflüsse endlicher Eingangswiderstände des Verstärkers auf die Eigenschaften des Oszillators werden in [87] diskutiert.

Weiterhin sei angenommen, daß der ausgangsseitige Innenwiderstand des Operationsverstärkers klein gegenüber dem Eingangswiderstand der Rückkopplungsnetzwerke sei, so daß v davon unabhängig ist.

Für den Wien-Robinson-Oszillator (Abb. 10.4/40) errechnet man den Übertragungsfaktor des Gegenkopplungsvierpols (unbelasteter ohmscher Spannungsteiler) zu $k_{g0} = R_4/(R_3 + R_4)$ und den des Mitkopplungsvierpols („Wien-Spannungsteiler") zu

$$k_m = 1\bigg/\left(1 + \frac{R_1}{R_2} + \frac{C_2}{C_1} + j\left(\omega C_2 R_1 - \frac{1}{\omega C_1 R_2}\right)\right). \qquad (10.4/47)$$

Die Schwingkreisfrequenz ω_0 erhält man aus der Bedingung, daß nach Gl. (10.4/43) der Imaginärteil von k_m verschwinden muß, da ja $v = v_0$ und $k_g = k_{g0}$ reell sind:

$$\omega_0^2 = 1/(R_1 C_1 R_2 C_2) \qquad (10.4/48)$$

Bezieht man R_1, R_2 und C_1, C_2 mit Hilfe zweier Parameter u und w auf je eine Bezugsgröße R bzw, C in der Form

$$R_1 = R/u, \qquad R_2 = Ru \qquad \text{mit} \qquad R = \sqrt{R_1 R_2}$$

und (10.4/49)

$$C_1 = Cw, \qquad C_2 = C/w \qquad \text{mit} \qquad C = \sqrt{C_1 C_2}\,,$$

so erhält man nach Einsetzen in Gl. (10.4/47) und Umformung mit

$$\frac{1}{k_{m0}} = 1 + \frac{R_1}{R_2} + \frac{C_2}{C_1} = 1 + \frac{1}{u^2} + \frac{1}{w^2}$$

den Übertragungsfaktor k_m zu

$$k_m = \frac{\dfrac{1}{k_{m0}} - \dfrac{j}{uw}\left(\Omega - \dfrac{1}{\Omega}\right)}{\dfrac{1}{k_{m0}^2} + \dfrac{1}{u^2 w^2}\left(\Omega - \dfrac{1}{\Omega}\right)^2}. \qquad (10.4/50)$$

Die Normierung von ω auf $1/RC$ wird sich auch bei allen folgenden Beispielen als zweckmäßig erweisen. Nach Einsetzen in Gl. (10.4/48) erhält man für die Schwingfrequenz

$$\Omega_0 = \omega_0 RC = 1\,. \qquad (10.4/51)$$

Zwischen k_{m0} und $k_{g0} = 1/(1 + R_3/R_4)$ besteht nach Gl. (10.4/43) a der Zusammenhang $k_{m0} - k_{g0} = 1/v_0$. Je höher die Verstärkung v_0, um so mehr ist k_{g0} dem Wert

k_{m0} anzunähern. Also ist für $v_0 \gg 1$

$$\frac{R_3}{R_4} \approx \frac{R_1}{R_2} + \frac{C_2}{C_1}.$$

Variiert man die Schwingfrequenz mit Hilfe eines Doppeldrehkondensators, so läßt sich bei einer Kapazitätsvariation von 10 wegen $\omega_0 \sim 1/C$ eine gleichgroße Frequenzvariation erreichen, während beim LC-Oszillator nur eine Frequenzvariation von $\sqrt{10}$ möglich ist.

Für den Drehkondensator wählt man zweckmäßigerweise eine Ausführung mit zwei gleichen Plattenpaketen ($w = 1$), da sich so ein guter „Gleichlauf" ergibt. Entsprechend wählt man $u = 1$, wenn man die Frequenz mit einem Doppelpotentiometer variiert.

Abbildung 10.4/41 zeigt Ortskurven von k_m für drei verschiedene Parameterwerte $u = w = 1$, $\sqrt{2}$ und 2. Die Phase $\varphi_k(\omega_0)$ bestimmt die Phase φ_{v0}. Beim Wien-Robinson-Oszillator ist $\varphi_k(\omega_0) = 0$, daher muß nach Gl. (10.4/43b) die Phase φ_{v0} ein ganzzahliges Vielfaches von 2π sein: $\varphi_{v0} = 2m\pi$, $m = 1, 2, 3, \ldots$

Aus diesem Grund liegt der Ausgang des Wien-Spannungsteilers am Plus-Eingang des Operationsverstärkers.

Für den Wien-Spannungsteiler liefert Gl. (10.4/50) mit Gl. (10.4/46) den Stabilitätsfaktor

$$s = \Omega_0 \left.\frac{\mathrm{d}y}{\mathrm{d}\Omega}\right|_{\Omega_0} = \frac{-2}{uw\left(1 + \frac{1}{u^2} + \frac{1}{w^2}\right)^2}.$$

Die Optimierung ergibt $u_{opt} = w_{opt} = \sqrt{2}$ und damit einen Stabilitätsfaktor $s_{max} = -1/4$ [85 bis 87].

Für die oben erwähnte Bemessung ($R_1 = R_2$, $C_1 = C_2$) ist $u = w = 1$. Der Stabilitätsfaktor ist $-2/9$ und damit nur unwesentlich von $s_{max} = -1/4$ verschieden.

Der Betrag von s ist bei konstanter Schwingfrequenz Ω_0 proportional dem Abstand der Frequenzmarken auf der Ortskurve von k_m in der Umgebung der Schwingfrequenz. So haben auf den drei Ortskurven (Abb. 10.4/41) die Frequenzmarken $\Omega = 0{,}8$ und $\Omega = 1{,}25$ für $u_{opt} = w_{opt} = \sqrt{2}$ [Kurve (*2*)] entsprechend $s = -1/4$ größeren Abstand von der reellen Achse als für $u = w = 1$ und $u = w = 2$ entsprechend $s = -2/9$ [Kurven (*1*) and (*3*)].

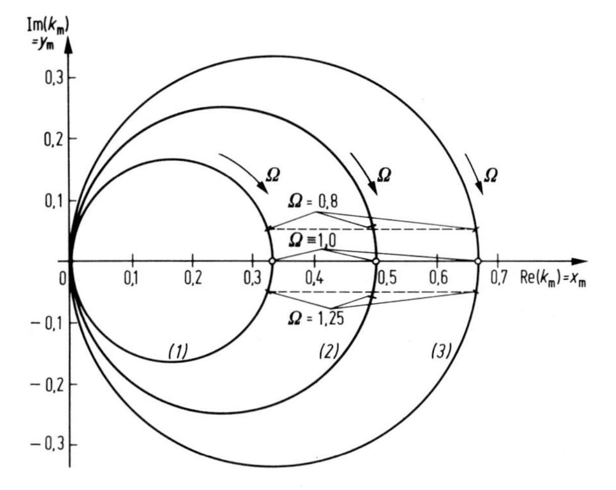

Abb. 10.4/41. Ortskurven des Leerlaufübertragungsfaktors k_m des Wien-Spannungsteilers aus Abb. 10.4/40. Es gelten für: Kurve (*1*) $u = w = 1$, $x_{m0} = 1/3$, $s = -2/9$; (*2*) $u_{opt} = w_{opt} = \sqrt{2}$, $x_{m0} = 1/2$, $s_{max} = -1/4$; (*3*) $u = w = 2$, $x_{m0} = 2/3$, $s = -2/9$

Im ersten Faktor $1/(x_{m0} - k_{g0})$ der Gl. (10.4/45) ist x_{m0} durch die Bemessung des frequenzbestimmenden Mitkopplungsvierpols festgelegt.

Bei gegebenem Verstärker liegt v_0 ebenfalls fest, und der Übertragungsfaktor des Gegenkopplungszweigs $k_{g0} = R4/(R3 + R4)$ ist auf $k_{g0} = 1/v_0 - x_{m0}$ einzustellen. Mit üblichen Operationsverstärkern erreicht man bei $f_0 = 100$ kHz eine Verstärkung von $v_0 = 10^3 \triangleq 60$ dB. Mit $x_{m0} = 1/3$ bestimmt man $k_{g0} = (1/3) - 10^{-3} \approx 1/3$ und mit $s = -2/9$ eine Phasensteilheit von $S_0 = sv_0 = 10^3(-2/9) \approx -222$.

Mit wachsender Leerlaufverstärkung v_0 steigt die Phasensteilheit nach Gl. (10.4/45) an. Daraus darf aber nicht geschlossen werden, daß auch die Frequenzstabilität (in gleichem Maße) zunimmt. Stehen nämlich mehrere Verstärker mit unterschiedlichen Werten für v_0 zur Auswahl, so ist eine Aussage über die Frequenzstabilität erst dann möglich, wenn sie versuchsweise durch eine frequenzunabhängige Gegenkopplung auf gleiche Verstärkung v_1 (z. B. $v_1 = 1/x_{m0}$) gebracht und unter diesen Versuchsbedingungen die Phasenstörungen ihres Übertragungsfaktors mit den Methoden der Statistik (s. Abschn. 10.4.3.2) erfaßt und verglichen werden.

Mit anderen Worten: Ein zweiter Verstärker mit einer um den Faktor k höheren Leerlaufverstärkung würde nur dann einen stabileren Oszillator ergeben, wenn seine Phasenstörungen $\Delta\varphi_v$ um weniger als k größer wären.

Zum Einfluß der Gegenkopplung zeigt Abb. 10.4/42 als Kurve (1) nochmals die Ortskurve von k_m nach Gl. (10.4/50). Die Wahl von $u = w = 1$ bestimmt die Lage der Frequenzmarken (z. B. Ω_1, Ω_2) und damit $s = -2/9$ und $x_{m0} = 1/3$.

Kurve (*2*) gehört zum Übertragungsfaktor $(k_m - k_{g0})$ für $k_{g0} = 1/5$ und ist daher gegenüber Kurve (*1*) um die Strecke k_{g0} zum Koordinatenursprung hin verschoben. Der Stabilitätsfaktor ist für beide Kurven gleich, da die Lage der Frequenzmarken auf der Ortskurve unverändert ist, nicht dagegen die Phasensteilheit. Nach Abb. 10.4/42 ist nämlich zwar $\Delta\varphi_1 = \Delta\varphi_2 = \Delta\varphi$, aber

$$\Delta\Omega_1 = |\Omega_0 - \Omega_1| > \Delta\Omega_2 = |\Omega_0 - \Omega_2|$$

und daher

$$|S_1| = \Delta\varphi/\Delta\Omega_1 < \Delta\varphi/\Delta\Omega_2 = |S_2|.$$

Ebenfalls für $u = w = 1$ zeigt Abb. 10.4/43 den Verlauf $\varphi_k(\Omega)$. Für $k_{g0} = 0$ beträgt die Phasensteilheit $S_{01} = s/x_{m0} = (-2/9) \cdot 3 = -2/3$; für $k_{g0} = 1/5$ erhält man $S_{02} = -5/3$, so daß $|S_{02}| > |S_{01}|$ ist.

Beim Übergang von $\Omega = \Omega_0 = 1$ auf $\Omega = 2$ oder $\Omega = 1/2$ beträgt bei $k_{g0} = 0$ die Phasenänderung $\Delta\varphi_1 = 26{,}6°$, für $k_{g0} = 1/5$ dagegen $\Delta\varphi_2 = 63{,}4°$, wie Gl. (10.4/44) bestätigt.

Erhöht man k_{g0} auf den Wert $k_{g0} = x_{m0}$, so nimmt die Phasensteilheit nach Gl. (10.4/45) den Grenzwert Unendlich an. Die Ortskurve von $(k_m - k_g)$ läuft durch den

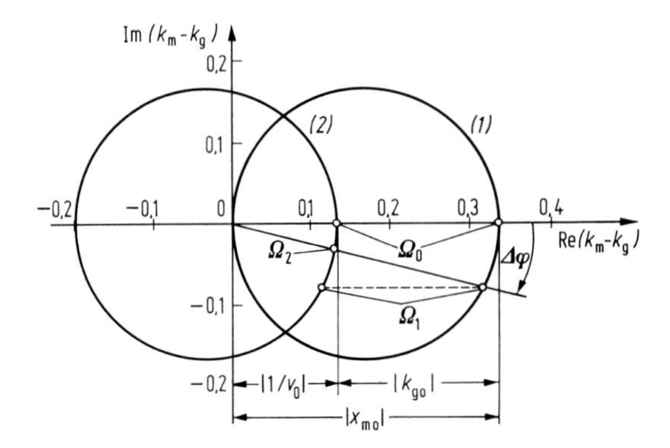

Abb. 10.4/42. Einfluß der Gegenkopplung auf die Phasensteilheit. Ortskurve (*1*) ist aus Abb. 10.4/41 übernommen, Ortskurve (*2*) gehört zum Übertragungsfaktor $(k_m - k_g)$ und ist gegenüber (*1*) um k_{g0} zum Ursprung hin verschoben

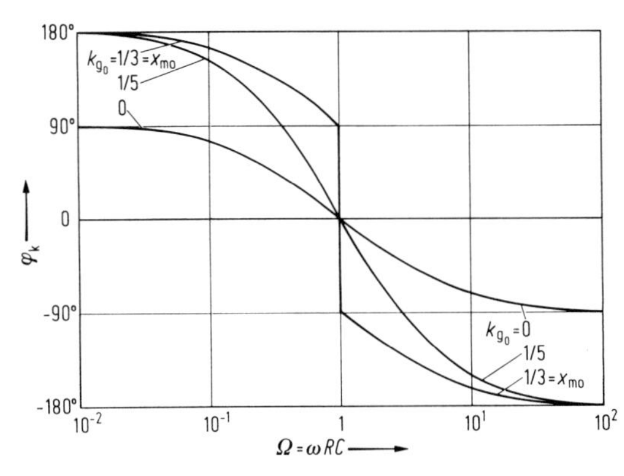

Abb. 10.4/43. Phasenwinkel φ_k des Übertragungsfaktors $(k_m - k_{g0})$ beim Wien-Robinson-Oszillator über Ω mit k_{g0} als Parameter. Für $x_{m0} = k_{g0}$ tritt ein Phasensprung auf, da die Ortskurve von $(k_m - k_g)$ durch den Ursprung läuft

Koordinatenursprung, und im Verlauf von $\varphi_k(\Omega)$ tritt ein Phasensprung von 180° auf (Abb. 10.4/43).

Die erfoderliche Leerlaufverstärkung

$$v_0 = \frac{1}{x_{m0} - k_{g0}} \tag{10.4/52}$$

müßte für $k_{g0} = x_{m0}$ unendlich werden, so daß der Fall unendlich hoher Phasensteilheit nicht realisierbar ist.

Legt man Wert auf geringen Klirrfaktor der Ausgangsspannung, so muß man U'_2 auskoppeln und nicht U_2 (Abb. 10.4/40), da infolge des Bandpaß-Charakters des Wien-Spannungsteilers Oberschwingungen abgeschwächt werden. Für die dreifache Schwingfrequenz ($\Omega = 3$) errechnet man aus Gl. (10.4/50) mit $u = w = 1$ einen Übertragungsfaktor $k_{m3} = k_m$ ($\Omega = 3$) zu $k_{m3} = 0{,}19 - \mathrm{j}\,0{,}17$ und $|k_{m3}| \approx 1/4 < k_{m0} = 1/3$.

Die Probleme der Amplitudenstabilisierung werden in Abschn. 10.4.8 behandelt. Für in der Praxis verwendete Schaltungen sei auf [88–90] verwiesen.

10.4.6.3 Oszillatoren mit RC-Abzweigschaltungen. Abbildung 10.4/44a zeigt einen Oszillator, bei dem der Mitkopplungsvierpol aus einer Abzweigschaltung mit $n = 3$ gleichen RC-Gliedern besteht.

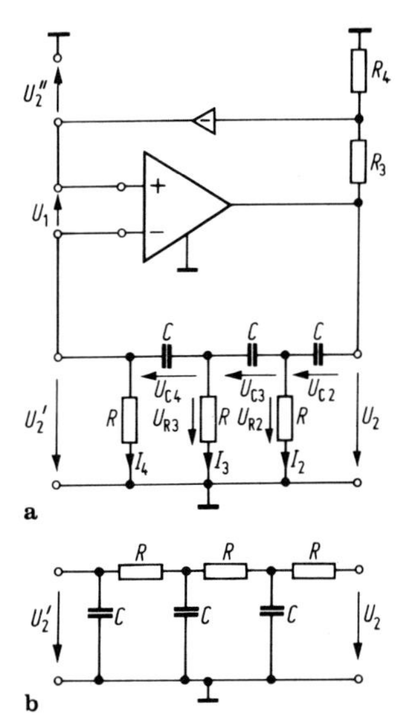

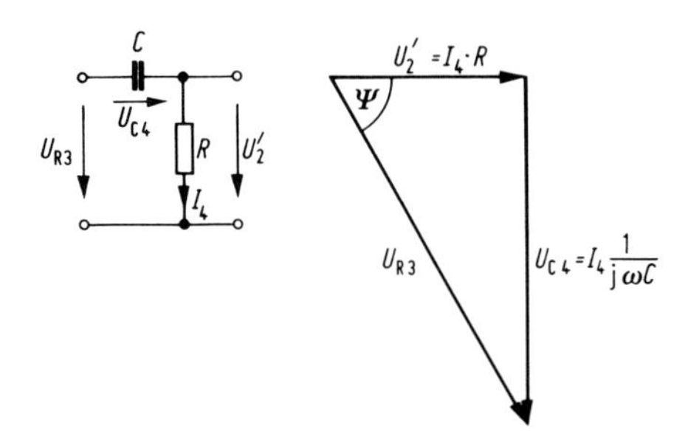

Abb. 10.4/45. Schaltung und Zeigerdiagramm für das dritte, am Ausgang näherungsweise leerlaufende RC-Glied des Mitkopplungsvierpols aus Abb. 10.4/44a

Abb. 10.4/44a u. b. Oszillator mit RC-Abzweigschaltung: **a** Mitkopplungsvierpol mit Hochpaß-; **b** mit Tiefpaßcharakter

Nach Abb. 10.4/45 gilt für das dritte RC-Glied bei ausgangsseitigem Leerlauf:

$$\tan\psi = \frac{U_{c4}}{U'_2} = \frac{1}{\omega CR} = \frac{1}{\Omega}\,. \tag{10.4/53}$$

Mit Hilfe der Knoten- und Maschengleichungen erhält man den Zusammenhang zwischen U_2 und U'_2 zu

$$U_2 = U'_2\left\{1 - \frac{5}{\Omega^2} - \mathrm{j}\frac{1}{\Omega}\left(6 - \frac{1}{\Omega^2}\right)\right\} = U'_2/k_\mathrm{m}\,. \tag{10.4/54}$$

Der Imaginärteil von k_m verschwindet für $\Omega^2 = 1/6$. Für diesen Wert liefert Gl. (10.4/53) die Schwingfrequenz zu

$$\Omega_0 = \omega_0 RC = 1/\sqrt{6}$$

und Gl. (10.4/54) den Übertragungsfaktor zu $x_{\mathrm{m}0} = -1/29$, so daß nach Gl. (10.4/52) für $k_{\mathrm{g}0} = 0$ eine Verstärkung von $1/x_{\mathrm{m}0} = -29$ erforderlich ist.

Abbildung 10.4/46 zeigt den prinzipiellen Verlauf der Ortskurve von k_m für 3 bis 6 RC-Glieder.

Da die Phase von $k_\mathrm{m}(\Omega_0)$ den Wert $\varphi_\mathrm{k}(\Omega_0) = \pi$ hat, muß nach Gl. (10.4/43 b) die Phase von v_0 den Wert $\varphi_{\mathrm{v}0} = (2m+1)\pi$, $m = 1, 2, 3, \ldots$, annehmen. Aus diesem Grund wird anstelle des Operationsverstärkers oft ein einstufiger Verstärker in Emittergrundschaltung verwendet und zudem auf eine Gegenkopplung verzichtet, da die Übertragungsfaktoren einstufiger Breitbandverstärker in der gleichen Größenordnung liegen wie $1/x_{\mathrm{m}0}$.

Anstelle des in Abb. 10.4/44a gezeigten Rückkoppelvierpols mit Hochpaßcharakter läßt sich auch der unter b gezeigte „frequenzreziproke“ Vierpol mit Tiefpaßcharakter einsetzen. Man erhält seinen Übertragungsfaktor, indem man in Gl. (10.4/54) $\mathrm{j}\Omega$ durch $1/\mathrm{j}\Omega$ ersetzt, und die zugehörige Ortskurve durch Spiegelung der Kurve (Abb. 10.4/46a) an der reellen Achse. Die erforderliche Verstärkung beträgt ebenfalls $1/x_{\mathrm{m}0} = -29$, aber die Schwingfrequenz $\Omega_0 = \sqrt{6}$.

Will man die Frequenz durch Variation der drei Kapazitäten verändern (Dreifach-Drehkondensator), so bevorzugt man den Vierpol (Abb. 10.4/44b), bei Variation der drei Widerstände (Dreifach-Potentiometer) den Vierpol (Abb. 10.4/44a), weil so in beiden Fällen die variablen Elemente einseitig an Masse liegen. Bei Verzicht auf die Proportionalität von ω_0 und $1/RC$ läßt sich ω_0 auch durch Variation nur eines oder zweier Schaltelemente verändern [91, 92]. Die Zahl von 3 gleichen RC-Gliedern in Abb. 10.4/44 ist zugleich die minimal mögliche Anzahl, um bei endlichem U'_2 eine Phasendrehung $\varphi_\mathrm{k} = 180°$ zu erreichen. Dies folgt mit Gl. (10.4/53) aus der Tatsache, daß bei endlichen Werten für ω, C und R immer $\varphi < 90°$ ist.

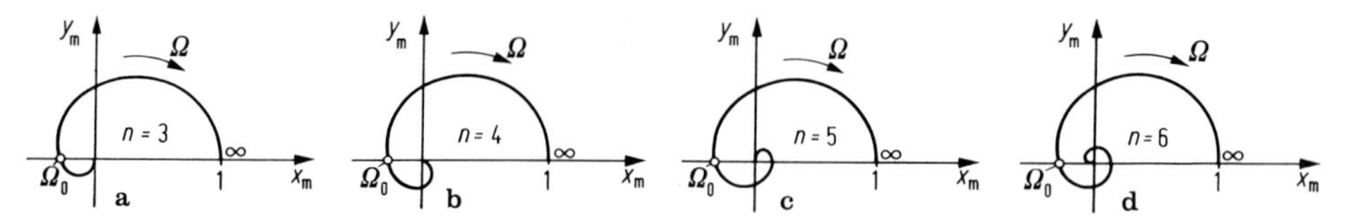

Abb. 10.4/46. Prinzipieller Verlauf der Ortskurven von k_m der Abzweigungschaltungen mit Hochpaßcharakter für die Gliederzahlen $n = 3$ bis $n = 6$. Die Ortskurven für die Abzweigschaltungen mit Tiefpaßcharakter erhält man durch Spiegelung an der reellen Achse

Oszillatoren mit den beiden Abzweigschaltungen unterscheiden sich auch hinsichtlich ihres Klirrfaktors.

Der Übertragungsfaktor des Hochpasses steigt mit der Ordnungszahl der Oberschwingungen, so daß an seinem Ausgang ein höherer Klirrfaktor zu messen sein wird als am Eingang. Man wird daher die (höhere) Spannung U_2 auskoppeln und nicht U'_2.

Beim Tiefpaß wird man umgekehrt die (um v_0 kleinere) Spannung U'_2 auskoppeln.

Mit wachsender Gliederzahl n sinkt die erforderliche Verstärkung $1/x_{m0}$ und wächst der Stabilitätsfaktor s.

In Tab. 10.4/2 sind von $n = 3$ bis $n = 6$ die Werte für Ω_0, $1/x_{m0}$ und s zusammengestellt. Für $n \geq 5$ schneidet die Ortskurve von k_m die reelle Achse mehrfach, wie die Abb. 10.4/46c und d zeigen. Die Angaben der Tab. 10.4/2 betreffen sämtlich den Schnittpunkt mit dem größten Wert von x_{m0}, da Schwingungen mit Frequenzen, die zu anderen Schnittpunkten gehören, wegen der höheren Dämpfung in Verbindung mit einem Breitbandverstärker nicht angeregt werden können.

Für den Grenzfall $n \to \infty$ geht die Tiefpaß-Abzweigschaltung (Abb. 10.4/44b) in eine homogene RC-Leitung über. Mit Hilfe der Leitungsgleichung $U_1 = U_2 \cosh \gamma l + I_2 Z_0 \sinh \gamma l$ errechnet man bei ausgangsseitigem Leerlauf ($I_2 = 0$) die erforderliche Verstärkung zu $1/x_{m0} = -\cosh \pi = -11{,}57$, den Stabilitätsfaktor zu $s = 0{,}1350$ und die Schwingfrequenz zu $\Omega_0 = \omega_0 RC = 2\pi^2$, wenn $R = R'l$ und $C = C'l$ den gesamten Längswiderstand bzw. die gesamte Querkapazität der Leitung bezeichnen. Für Einzelheiten sei auf [94] verwiesen.

Die Spannungsübertragungsfaktoren von Abzweigschaltungen, deren Stabilitätsfaktor maximal ist, wurden in [95] berechnet und lauten für den Fall des Tief- bzw. Hochpasses:

$$k_m^T = \left(\frac{1}{pRC + 1}\right)^n \tag{10.4/55a}$$

bzw.

$$k_m^H = \left(\frac{pRC}{pRC + 1}\right)^n . \tag{10.4/55b}$$

Da sie einen n-fachen Pol ($p_0 = \sigma_0 = -1/RC$) besitzen, widersprechen sie den Realisierbarkeitsbedingungen für Übertragungsfaktoren passiver RC-Vierpole, die nur einfache Pole zulassen [96].

Man kann sie jedoch dadurch realisieren, daß man die einzelnen RC-Glieder der Abzweigschaltung durch Trennverstärker entkoppelt [97], da man so alle Einzelpole voneinander unabhängig auf die Stelle σ_0 legen kann. Eine praktische Schaltung findet man in [98].

Tabelle 10.4/2. Zahlenwerte für die erforderliche Verstärkung $1/x_{m0}$, den Stabilitätsfaktor s und die Schwingfrequenz Ω_0 von Abzweigschaltungen mit n gleichen Widerständen und Kondensatoren

	$n = 3$	$n = 4$	$n = 5$	$n = 6$
Ω_0 Hochpaß	0,408 25	0,836 66	1,352 9	1,965 8
Ω_0 Tiefpaß	2,449 48	1,195 23	0,739 17	0,508 69
$1/x_{m0}$	−29,0	−18,387 6	−15,436 4	−14,083 2
s	0,034 95	0,070 70	0,091 21	0,103 43

Die Realisierung der optimalen Übertragungsfaktoren [Gl. (10.4/55)] mit einer passiven Abzweigschaltung gelingt näherungsweise, wenn man unterschiedliche Widerstände und Kapazitäten zuläßt. Dann läßt sich die Entkopplung zweier aufeinanderfolgender RC-Glieder dadurch annähern, daß man den Widerstand des zweiten Gliedes um einen Faktor K größer wählt ($K > 1$) als den des ersten. Damit aber das zweite RC-Glied näherungsweise den gleichen Pol $\sigma_0 = -1/RC$ erzeugt wie das erste, muß die zweite Kapazität um den Faktor K kleiner sein als die erste.

In [97] wird gezeigt, daß der Stabilitätsfaktor einer „gestuften" Abzweigschaltung bei gegebenem K maximal wird, wenn die Widerstände und Kapazitäten einer geometrischen Progression nach Abb. 10.4/47a unterliegen. Für Gliederzahlen $n = 3$ und $n = 4$ sind in Tab. 10.4/3 die Größen Ω_0, x_{m0} und s als Funktionen von K angegeben. Für $K = 1$ erhält man die Zahlen der Tab. 10.4/2.

Abbildung 10.4/47b zeigt den Verlauf von x_{m0} und s über K. Die Grenzwerte für $K \to \infty$ sind durch gestrichelte Asymptoten dargestellt und identisch mit denen, die nach [97] aus den Gl. (10.4/55) folgen.

Für $n = 4$ und $K > 3$ liefert die Abzweigschaltung einen höheren Stabilitätsfaktor als der „optimale" Wien-Spannungsteiler ($|s| = 1/4$ bei $u = w = \sqrt{2}$). Weitere Angaben über die gestufte Abzweigschaltung findet man in [93, 94, 99], in [87] werden

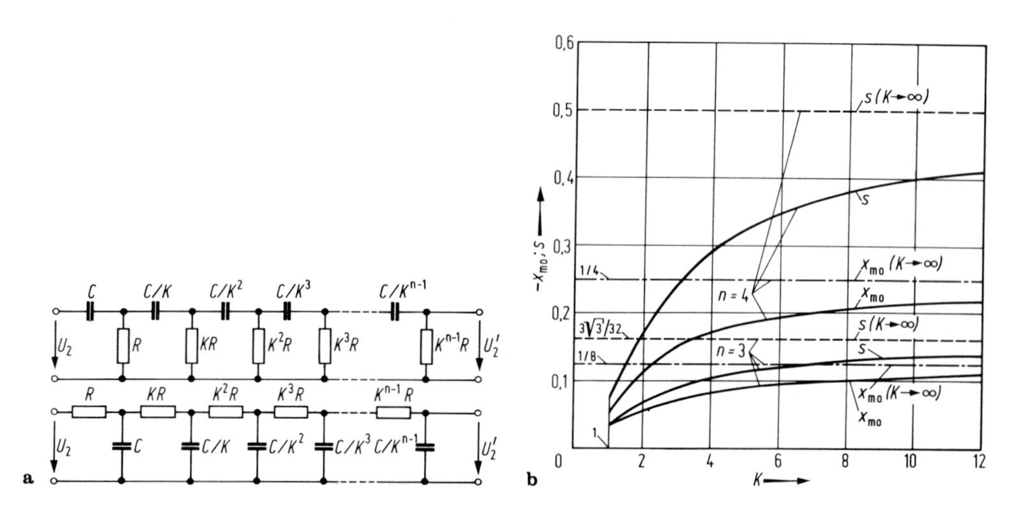

Abb. 10.4/47a u. b. Gestufte Abzweigschaltungen: **a** geometrische Progression der Bauelemente bei Hoch- und Tiefpaß; **b** Stabilitätsfaktor s_{max} und Übertragungsfaktor x_{m_0} für $n = 3$ und $n = 4$ in Abhängigkeit vom Progressionsparameter K

Tabelle 10.4/3. Funktionen Ω_0^T (Tiefpaß), Ω_0^H (Hochpaß), x_{m0} und s der gestuften Abzweigschaltungen mit $n = 3$ und $n = 4$ RC-Gliedern

	$n = 3$	$n = 4$
$\Omega_0^T = (\Omega_0^H)^{-1}$	$\sqrt{3K^2 + 2K + 1}/K$	$\sqrt{4K^3 + 3K^2 + 2K + 1}/(K\sqrt{4K + 3})$
$\dfrac{1}{x_{m0}}$	$-\dfrac{(8K^3 + 12K^2 + 7K + 2)}{K^3}$	$-\dfrac{(64K^6 + 192K^5 + 260K^4 + 214K^3 + 119K^2 + 44K + 8)}{K^4(4K + 3)^2}$
s	$\dfrac{2}{K^2} x_{m0}^2 \Omega_0 (3K^2 + 2K + 1)$	$\dfrac{2}{K^3} x_{m0}^2 \Omega_0 (4K^3 + 3K^2 + 2K + 1)$

Kondensatorverluste und endliche Abschlußwiderstände berücksichtigt. Im Grenzfall $n \to \infty$ geht die gestufte Abzweigschaltung in eine inhomogene RC-Leitung über, deren Anwendung für Oszillatoren in [100] und [101] beschreiben ist.

10.4.7 RC-Oszillatoren mit frequenzabhängiger Gegenkopplung

Während bei den bisher betrachteten Schaltungen der Mitkopplungsvierpol frequenzbestimmend war, sollen jetzt Oszillatoren untersucht werden, bei denen der Übertragungsfaktor des Mitkopplungsvierpols frequenzunabhängig $k_m = k_{m0}$ ist, und der Gegenkopplungsvierpol mit dem Übertragungsfaktor $k_g = x_g + jy_g$ die Frequenz bestimmt.

Für die normierte Phasensteilheit eines Oszillators errechnet man wie in Abschn. 10.4.6.1 die Beziehung

$$S\left(\frac{\Omega}{\Omega_0}\right)\Bigg|_{\Omega_0} = \frac{1}{x_{g0} - \mathrm{k}_{m0}}\,\Omega_0 \frac{\mathrm{d}y_g}{\mathrm{d}\Omega}\Bigg|_{\Omega_0} = \frac{1}{x_{g0} - k_{m0}}\,s = -v_0 \cdot s = S_0 \qquad (10.4/56)$$

mit $x_{g0} = x_g(\Omega_0)$, die Gl. (10.4/45) entspricht.

Häufig verwendete Gegenkopplungsnetzwerke sind die überbrückte T-Schaltung und (bei bestimmter Dimensionierung) die Doppel-T-Schaltung, die Abb. 10.4/48 in einer Oszillatorschaltung zeigt.

10.4.7.1 RC-Oszillatoren mit überbrückten T-Schaltungen. Den Leerlauf-Spannungsübertragungsfaktor der beiden überbrückten T-Schaltungen[1] in Abb. 10.4/48 errechnet man mit $\Omega = \omega RC$ beim Vierpol a zu

$$k_g^{(a)} = \frac{U_2''}{U_2} = \frac{1 - K\Omega^2 + \mathrm{j}\Omega(1+K)/a}{1 - K\Omega^2 + \mathrm{j}\Omega(1+K+a^2)/a} \qquad (10.4/57\mathrm{a})$$

bzw. beim Vierpol b zu

$$k_g^{(b)} = \frac{U_2''}{U_2} = \frac{K - \Omega^2 + \mathrm{j}\Omega(1+K)/a}{K - \Omega^2 + \mathrm{j}\Omega(1+K+a^2)/a}\,. \qquad (10.4/57\mathrm{b})$$

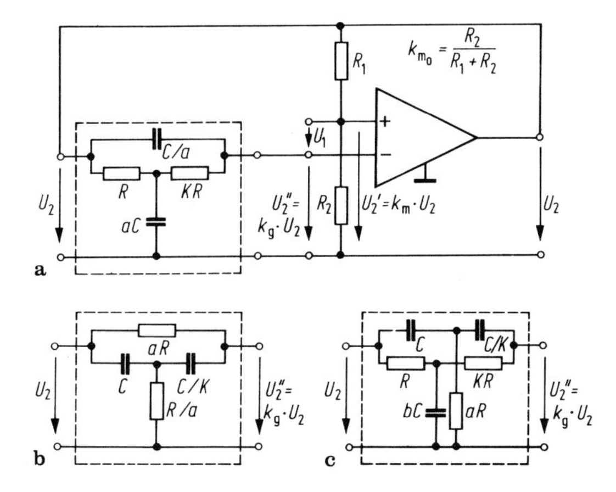

Abb. 10.4/48a–c. RC-Oszillatoren mit frequenzabhängiger Gegenkopplung. Gegenkopplungsvierpole sind in **a** und **b** überbrückte T-Schaltungen und in **c** die Doppel-T-Schaltung

[1] Beide Vierpole sind für $K = 1$ und $a = 2$ äquivalent, d. h., die entsprechenden Vierpolmatrizen beider Vierpole sind gleich.

Für $K = 1$ wird $k_g^{(b)} = k_g^{(a)} = k_g$. Abbildung 10.4/49a zeigt die Ortskurve von k_g, wobei $a = 1$ gesetzt wurde.

Die Schwingfrequenz Ω_0 folgt aus der Bedingung $y_g(\Omega_0) = 0$ für den Viepol a und b zu

$$\Omega_0^{(a)} = \omega_0^{(a)} RC = \sqrt{1/K} \qquad \text{bzw.} \qquad \Omega_0^{(b)} = \omega_0^{(b)} RC = \sqrt{K} \tag{10.4/58}$$

und bestimmt damit den Übertragungsfaktor x_{g0} aus den Gl. (10.4/57a, b) für beide Vierpole zu

$$x_{g0} = x_{g0}^{(a)} = x_{g0}^{(b)} = (1 + K)/(1 + K + a^2) \tag{10.4/59}$$

und den Stabilitätsfaktor $s = \Omega_0 (\mathrm{d}y_g/\mathrm{d}\Omega)|_{\Omega_0}$ zu

$$s = s^{(a)} = s^{(b)} = 2a^3 \sqrt{K}/(1 + K + a^2)^2 . \tag{10.4/60}$$

Der grundsätzliche Unterschied von Abb. 10.4/49a zur Ortskurve des Wien-Spannungsteilers (Abb. 10.4/41) besteht in der Lage von Ω_0. Während beim Wien-Spannungsteiler der Realteil des Übertragungsfaktors für Ω_0 maximal ist, ist er bei den überbrückten T-Schaltungen minimal. Diese Eigenschaft verlangt, daß man die beiden überbrückten T-Schaltungen in den Gegenkopplungszweig legt. Dadurch wird die Ortskurve (Abb. 10.4/49a) durch Spiegelung am Koordinatenursprung in die $(-k_g)$-Ebene (Abb. 10.4/49b) transformiert.

Die Einführung einer frequenzunabhängigen Mitkopplung bewirkt eine Verschiebung der Ortskurve um die Strecke k_{m0} nach rechts und man erhält mit Abb. 10.4/49c die Ortskurve von $(k_m - k_g)$, deren Realteil wie beim Wien-Spannungsteiler für Ω_0 maximal wird.

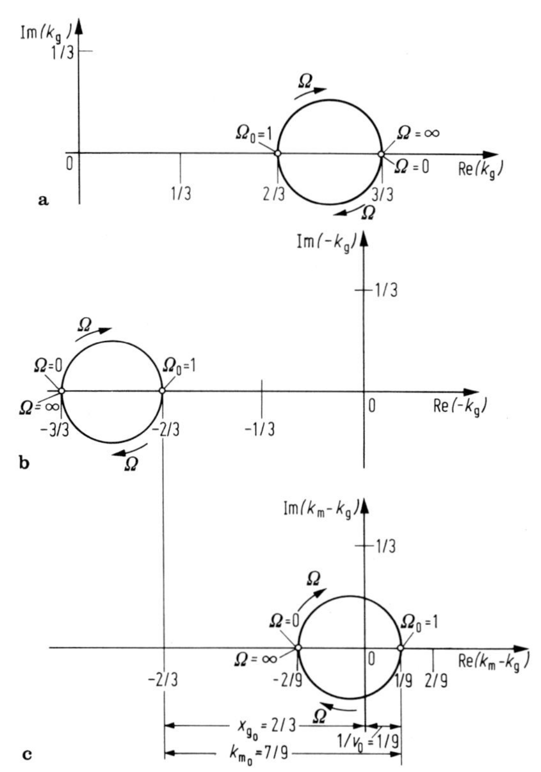

Abb. 10.4/49a–c. Zum Oszillator mit frequenzabhängiger Gegenkopplung: **a** Ortskurve von, $k_g = U_2''/U_2$ der beiden überbrückten T-Schaltungen aus Abb. 10.4/48a und b; **b** Transformation der Kurve aus a in die $(-k_g)$-Ebene durch Spiegelung am Koordinaten-Ursprung; **c** Verschiebung der Kurve aus b um die Strecke k_{m0}. Vgl. mit Kurve (*2*) aus Abb. 10.4/42

Die zum Schwingbetrieb erforderliche Verstärkung erhält man aus Gl. (10.4/56) zu $v_0 = 1/(k_{m0} - x_{g0})$. Sie ist minimal für $k_{m0} = 1$, weil dann die gesamte Ausgangsspannung des Verstärkers auf den Eingang mitgekoppelt wird. Durch die Wahl von k_{m0} in den Grenzen $1 > k_{m0} > x_{g0}$ kann man nach Gl. (10.4/56) die Phasensteilheit im Bereich $s/(x_{g0} - 1) < S_0 < \infty$ verändern. In Abb. 10.4/49 ist $k_{m0} = 7/9$, $x_{g0} = 6/9$, $v_0 = 9$, $s = 2/9$ und $S_0 = -9(2/9) = -2$.

Die Beziehung zwischen a und K für maximalen Stabilitätsfaktor erhält man aus der Bedingung $\mathrm{d}s/\mathrm{d}a = 0$ zu $a^2 = 3(1 + K)$ und nach Einsetzen dieser Beziehung in Gl. (10.4/60) den maximalen Stabilitätsfaktor

$$s_{max} = (3\sqrt{3}/8)\sqrt{K/(1 + K)} \approx 0{,}65\sqrt{K/(1 + K)} \tag{10.4/61}$$

bei einem Übertragungsfaktor $x_{g0} = 1/4$ [Gl. (10.4/59)].

Abbildung 10.4/50 zeigt nach [87] $s_{max}(K)$ mit der Asymptote $s_{max}(\infty) = 3\sqrt{3}/8 \approx 0{,}65$. Ein Vergleich mit den Abzweigschaltungen anhand von Abb. 10.4/47b zeigt, daß die überbrückten T-Schaltungen bei geringerer Zahl von Schaltelementen einen höheren Stabilitätsfaktor liefern. Im Vergleich zum Wien-Spannungsteiler (gleiche Zahl von 4 Schaltelementen) ist ihr Stabilitätsfaktor für $K \geq 3$ mehr als doppelt so groß.

Die Einflüsse endlicher Abschlußwiderstände und von Kondensatorverlusten auf Ω_0, x_{g0} und s werden bei [87] untersucht.

10.4.7.2 RC-Oszillatoren mit Doppel-T-Schaltung. Den Übertragungsfaktor der Doppel-T-Schaltung (Abb. 10.4/48c) berechnet man bei ausgangsseitigem Leerlauf mit $\Omega = \omega RC$ zu

$$k = x + \mathrm{j}y$$
$$= \frac{K - \Omega^2 a(K + 1) + \mathrm{j}\Omega a((K + 1) - bK\Omega^2)}{K - \Omega^2(a(K + 1)(b + 1) + bK) + \mathrm{j}\Omega((K + 1)(a + 1) + bK(1 - a\Omega^2))}. \tag{10.4/62}$$

Im Gegensatz zu den bisher betrachteten Netzwerken kann der Übertragungsfaktor der Doppel-T-Schaltung bei einer endlichen Frequenz Ω_1 Null werden, da für $K = a(K + 1)\Omega_1^2$ und $K + 1 = bK\Omega_1^2$ Realteil bzw. Imaginärteil des Zählers gleichzeitig verschwinden können. Durch Elimination von Ω_1 aus beiden Gleichungen erhält man die „Abgleichbedingung"

$$a/b = q = K^2/(K + 1)^2. \tag{10.4/63}$$

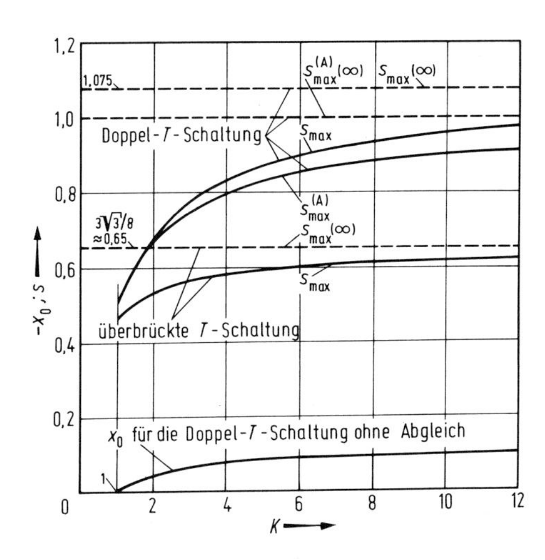

Abb. 10.4/50. Stabilitätsfaktor s_{max} der Doppel-T-Schaltung mit und ohne Abgleich und der überbrückten T-Schaltungen. Gestrichelt sind die Asymptoten für $K \to \infty$. Der Ordinatenmaßstab ist gegenüber Abb. 10.4/47b halbiert. Unten x_0 der Doppel-T-Schaltung ohne Abgleich mit maximalem Stabilitätsfaktor

Abbildung 10.4/51 zeigt für die Fälle $a/b < q = q$ und $>q$ die Ortskurve des Übertragungsfaktors Gl. (10.4/62). Aus der Lage von Ω_0 folgt, daß die Doppel-T-Schaltung für $a/b \geq q$ wie eine überbrückte T-Schaltung im Gegenkopplungszweig anzuordnen ist ($k = k_g$, $\varphi_{v0} = 2m\pi$, Abb. 10.4/48c), die Mitkopplung wird dann frequenzunabhängig $k_m = k_{m0}$. Für $a/b < q$ entsteht in Abb. 10.4/48 über die Doppel-T-Schaltung eine Mitkopplung, so daß der Spannungsteiler R_1, R_2 in Abb. 10.4/48a entfällt.

Für die Schwingfrequenz Ω_0 errechnet man aus der Bedingung $y(\Omega_0) = 0$ folgende Bestimmungsgleichung

$$\Omega_0^4 ab^2 K(a(K+1) + K) - \Omega_0^2 a(K+1)^2(ab-1) - K(bK + K + 1) = 0\,. \qquad (10.4/64)$$

Löst man nach Ω_0^2 auf und setzt in den Realteil von Gl. (10.4/62) ein, so erhält man den Übertragungsfaktor bei der Schwingfrequenz $x(\Omega_0) = x_0$.

Für den Abgleichfall Gl. (10.4/63) erhält man $x_0 = 0$ und Gl. (10.4/64) vereinfacht sich zu

$$\Omega_0 = \sqrt{K}/\sqrt{a(K+1)} = \sqrt{K+1}/\sqrt{bK}\,. \qquad (10.4/65)$$

Den Stabilitätsfaktor berechnet man für den Abgleichfall zu

$$s = \frac{2\sqrt{a}K}{a(K+1)+K}\sqrt{\frac{K}{K+1}} = \frac{2\sqrt{b}K}{K(b+1)+1}\sqrt{\frac{K}{K+1}} \qquad (10.4/66)$$

und erhält aus Gl. (10.4/56) die Phasensteilheit $S_0 = -s/k_{m0}$. Die Phasensteilheit bleibt auch im Abgleichfall endlich, da ein Mitkopplungszweig immer vorhanden sein muß ($k_{m0} \neq 0$) und daher die Ortskurve ($k_m - k_g$) nicht durch den Nullpunkt geht.[1]

Wie man aus den Bedingungen $\mathrm{d}s/\mathrm{d}a = 0$ und $\mathrm{d}s/\mathrm{d}b = 0$ errechnet, durchläuft der Stabilitätsfaktor bei gegebenem K ein Maximum für $a = K(K+1)$ bzw. für $b = (K+1)/K$ oder $ab = 1$.

Mit Hilfe dieser Beziehungen erhält man für maximalen Stabilitätsfaktor im Abgleichfall (A) aus Gl. (10.4/66) bzw. Gl. (10.4/65)

$$s_{\max}^{(A)} = K/(K+1) \qquad (10.4/67)$$

und

$$\Omega_0 = 1\,. \qquad (10.4/68)$$

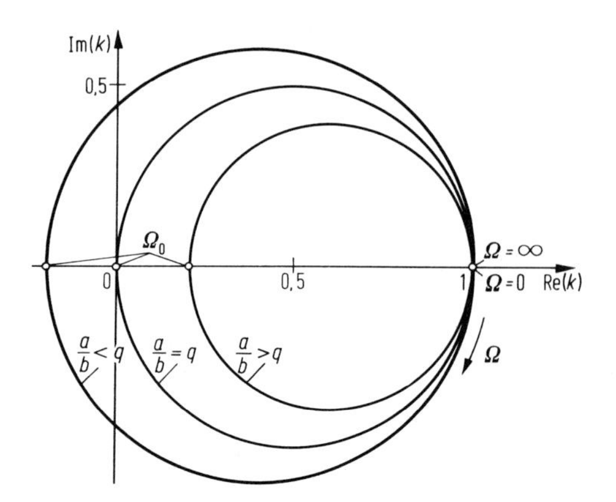

Abb. 10.4/51. Ortskurven des Leerlauf-Spannungsübertragungsfaktors der Doppel-T-Schaltung für die drei Fälle $a, b \gtreqless q$

[1] Der Abgleichfall wird in der Praxis wegen der einfacheren Berechnung von Ω_0 und s bevorzugt.

Für den häufig verwendeten symmetrischen Vierpol ($K = 1$) wird $a = 1/2$, $b = 2$ und $s_{max}^{(A)} = 1/2$.

Will man die Doppel-T-Schaltung nicht im Abgleich betreiben, so erhält man maximalen Stabilitätsfaktor für $a/b < q$ und muß sie analog zu Abb. 10.4/44 im Mitkopplungszweig anordnen. Wie beim Abgleich muß $ab = 1$ erfüllt sein [87], wobei a und b Funktionen von K sind. Für die Schwingfrequenz gilt weiterhin Gl. (10.4/68), während sich für x_0 und s_{max} komplizierte Formeln ergeben, die bei [87] für $1 \leq K \leq 1000$ numerisch ausgewertet sind.

Abbildung 10.4/49 zeigt s_{max} und $s_{max}^{(A)}$ nach Gl. (10.4/67) über K. Gestrichelt sind die Asymptoten für $K \to \infty$ von $s_{max}(\infty) = 1{,}075$ und $s_{max}^{(A)}(\infty) = 1$.

Untersuchungen der Doppel-T-Schaltung findet man auch in [103 und 105].

Weitere Netzwerke für RC-Oszillatoren siehe [175].

Dort wird auch ein umfassendes Qualitätskriterium für Vierpoloszillatoren hergeleitet. Es ist die „vollrelative Empfindlichkeit" der Kreisübertragungsfunktion bezüglich p bei $p = j\omega_0$ und erfaßt als komplexe Größe $|S| = \sqrt{S_B^2 + S_w^2}$ sowohl die Betragsempfindlichkeit S_B als auch die Phasenempfindlichkeit S_w.

Für den Sonderfall $S_B = 0$, d. h. die Ortskurve des Übertragungsfaktors k_m des frequenzbestimmenden Rückkopplungsnetzwerkes schneidet die reelle Achse senkrecht, geht das Qualitätskriterium in das Produkt $s \cdot 1/x_{m0}$ über.

Eine Kurzfassung über diese Systematik findet man in [176].

10.4.8 Stabilisierung der Schwingamplitude

In den Abschn. 10.4.1 bis 10.4.7 war vorausgesetzt, daß die Oszillatoren eine sinusförmige Dauerschwingung liefern: $p_s = j\omega_s$, $\sigma_s = 0$. In der Praxis legt man eine Oszillatorschaltung so aus, daß die Wurzeln der Stammgleichung einen kleinen positiven Realteil besitzen ($\sigma_s > 0$), etwa dadurch, daß man den Übertragungsfaktor des Mitkopplungsvierpols bei der Schwingfrequenz dem Betrag nach größer wählt, als die komplexe Rechnung ($\sigma_s = 0$) ergibt.

Die Oszillatorschwingung erregt sich dann von selbst auf Grund „kleiner Störungen" (z. B. Rauschen, Einschaltstromstöße), würde aber andererseits unbeschränkt wachsen. Daher muß jeder Oszillator mindestens ein nichtlineares Bauelement besitzen, mit dessen Kennlinie die Amplitude auf den gewünschten Wert begrenzt wird. Das nichtlineare Element kann der aktive Teil der Oszillatorschaltung selbst sein (Tunneldiode, Transistor, Röhre) oder eine zusätzliche Schaltung außerhalb des eigentlichen Oszillators. Beide Verfahren zur Amplitudenbegrenzung werden im folgenden beschrieben.

10.4.8.1 Begrenzung der Amplitude durch ein aktives Element der Oszillatorschaltung. Abbildung 10.4/52 zeigt eine Arbeitsgerade im Ausgangskennlinienfeld eines Transistors. Im Schwingbetrieb überlagert sich der Gleichspannung $U_{CE,A}$ die Wechselspannung $u_{CE\sim}$. Die Schwingung schaukelt sich so lange auf, bis die Summenspannung $u_{CE}(t) = U_{CE,A} + u_{CE\sim}$ den schraffierten Sperrbereich (1) oder den Sättigungsbereich (2) berührt. Die maximal erreichbare Wechselspannung $u_{CE\sim}$ hat also die Scheitelwerte $U_{CE,A} - U_{CE1}$ und $U_{CE2} - U_{CE,A}$.

Durch zweckmäßige Wahl der Wechselstrom-Arbeitsgeraden des Transistors kann man die maximale Schwingspannung einstellen.

Legt man den Arbeitspunkt A in die Mitte des aussteuerbaren Teils der Arbeitsgeraden, so kann man erreichen, daß die Begrenzung von $u_{CE}(t)$ etwa symmetrisch zur Spannung $U_{CE,A}$ erfolgt.

Für viele Anwendungen ist es von Nachteil, daß bei Einsetzen der Begrenzung im Ausgangskennlinienfeld die Spannung $u_{CE}(t)$ bereits verzerrt ist. Im oberen Teil der

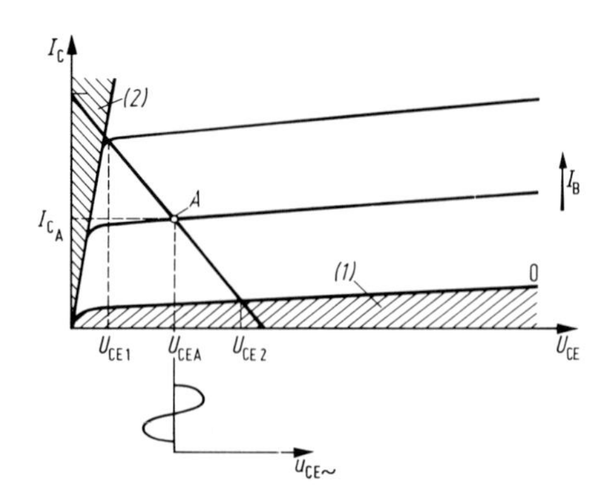

Abb. 10.4/52. Ausgangskennlinienfeld eines Transistors mit Sperrbereich (*1*), Sättigungsbereich (*2*) und Arbeitsgerade mit Arbeitspunkt *A*

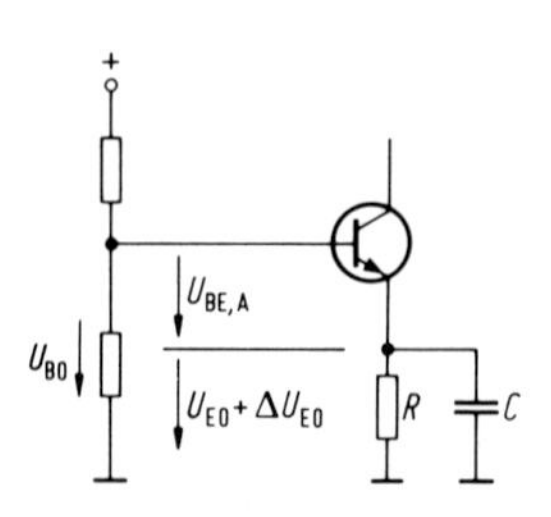

Abb. 10.4/53. RC-Glied in der Emitterzuleitung zur Amplitudenbegrenzung durch den Richtstrom der Basis-Emitter-Diode

Arbeitsgerade entstehen sogar Verzerrungen, bevor der Sättigungsbereich (2) erreicht ist, da dort die Kennlinien gekrümmt sind.

Eine verzerrungsarme Begrenzung läßt sich erreichen, indem man die Lage des Arbeitspunktes von der Aussteuerung abhängig macht. Dazu legt man nach Abb. 10.4/53 dem Emitterwiderstand R einen Kondensator C parallel. Bei wachsender Aussteuerung der Basis-Emitter-Diode entsteht ein Richtstrom, der zusätzlich zum Arbeitspunktstrom durch den Emitterwiderstand fließt und den Spannungsabfall an ihm um ΔU_{E0} erhöht. Ist der Basis-Spannungsteiler niederohmig, $U_{B0} = \text{const}$, so vermindert sich $U_{BE,A}$ um ΔU_{E0}. Ist die Zeitkonstante RC groß gegenüber der Periodendauer der Wechselspannung, so verlagert sich der Arbeitspunkt gemäß der Hüllkurve der Schwingung, so daß die Verzerrungen klein bleiben.

Will man eine hohe Kurzzeitstabilität erreichen, so muß das begrenzende Element von den frequenzbestimmenden Elementen entkoppelt werden. Andernfalls würde z. B. die begrenzende Basis-Emitter-Strecke eines Quarzoszillators die Lastkapazität des Quarzes und den parallel zum Quarz liegenden Verlustwiderstand periodisch verändern und so die erzeugte Frequenz wobbeln. Neben den Oberschwingungen, die bei der erwünschten Begrenzung der harmonischen Schwingung unvermeidlich sind, entstünden auf diese Weise zusätzliche rauschähnliche Seitenbänder.

Die elektrische Entkopplung erreicht man durch zweistufige Schaltungen, die in [177] beschrieben sind und bei denen der zusätzliche Transistor die Begrenzung übernimmt. Eine erprobte Schaltung findet man in [158].

Übertragen auf die Heegner-Schaltung Abb. 10.4/38 bedeuten diese Überlegungen, daß aufklingende Schwingungen zuerst durch den Basisstrom des linken Transistors begrenzt werden müssen.

Die Verfahren der Amplitudenstabilisierung durch Begrenzung haben den Nachteil, daß die Oszillatorschwingung nicht sinusförmig ist. Eine genauere Analyse für Oszillatoren vom N-Typ wurde im Zusammenhang mit der van-der-Polschen Differentialgleichung in [20–22] durchgeführt. Geringere Klirrfaktoren bis zu $k = 0{,}1\%$ erreicht man mit den Verfahren des folgenden Abschnitts.

10.4.8.2 Amplitudenstabilisierung durch nichtlineare Elemente in der äußeren Schaltung. Bei diesen Verfahren wird nicht die einzelne Schwingung begrenzt, sondern einer der Übertragungsfaktoren der Oszillatorschaltung (v, k_m, k_g) in Abhängigkeit von der Hüllkurve der Oszillatorschwingung geregelt. Dazu ist erforderlich, daß ähnlich wie bei der Audionschaltung die Zeitkonstante des Regelkreises groß ist gegenüber der Periodendauer der Oszillatorschwingung.

Ein einfaches Beispiel erhält man aus Abb. 10.4/48, wenn man den Widerstand R_2 durch einen eigenerwärmten Heißleiter ersetzt (NTC-Widerstand). Bei steigender Amplitude sinkt der Übertragungsfaktor k_{m0} des Mitkopplungszweiges und wirkt dem weiteren Anwachsen der Amplitude entgegen.

Eine Schaltung, bei welcher der Übertragungsfaktor k_{g0} des Gegenkopplungszweiges geregelt wird, erhält man, wenn man in Abb. 10.4/40 den Widerstand R_4 durch einen Kaltleiter (z. B. eine Glühlampe oder einen PTC-Widerstand) ersetzt. Bei steigender Amplitude steigt auch k_{g0}.

Die beiden genannten Beispiele erreichen die erforderliche große Zeitkonstante durch thermische Trägheit. Der schaltungstechnischen Einfachheit (Regler und Stellglied in einem Element) steht der Nachteil gegenüber, daß die Auswahl an geeigneten NTC- und PTC-Widerständen klein ist und zu ihrem Betrieb der Oszillator eine Wechselleistung von wenigstens einigen hundert Milliwatt erzeugen muß. Auch wird die Oszillatoramplitude abhängig von der Umgebungstemperatur.

Diese Nachteile vermeidet eine vielverwendete Schaltung (Abb. 10.4/54), bei der der regelbare Bahnwiderstand eines Feldeffekttransistors als Stellglied dient und einen Teil des Widerstandes R_4 aus Abb. 10.4/40 bildet.

Der Feldeffekttransistor wird gesteuert durch die Ausgangsspannung U_{GS} eines Regelverstärkers. Aus der Oszillatorspannung $u_\sim$ wird durch Gleichrichtung und Glättung in einem Tiefpaß die positive Spannung U_{ss} gewonnen und am Eingang des Regelverstärkers mit der Referenzspannung U_{ref} verglichen (Dimensionierung s. [88]).

Die erforderliche hohe Zeitkonstante ist in dieser Schaltung durch den Tiefpaß gegeben.

Für Oszillatoren sehr niedriger Frequenz ($f < 10$ Hz) sind Regelschaltungen mit großen Zeitkonstanten oft nicht brauchbar, da ihre Einschwingzeiten zu groß werden. Diesen Nachteil vermeidet eine Abtastregelschaltung nach [107], bei der in Abb. 10.4/54 anstelle der eingerahmten Gleichrichterschaltung die Anordnung Abb. 10.4/55 einzusetzen ist.

Durchläuft die Oszillatorspannung $u_\sim$ ein Maximum, so schließt die Steuerschaltung ST den Abtastschalter S, wodurch sich C_s auf den Spitzenwert von $u_\sim$ auflädt. Sind aufeinanderfolgende Spitzenwerte gleich, so ist U_{ss} konstant, schwanken sie, so ändert sich U_{ss} treppenförmig, wobei die Höhe einer Stufe gleich dem Unterschied zweier aufeinanderfolgender Spitzenwerte ist. Die Spannung U_{ss} wird nach Abb. 10.4/54 weiterverarbeitet.

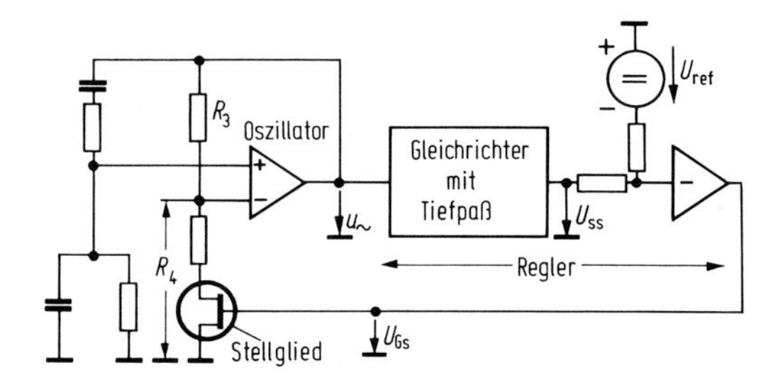

Abb. 10.4/54. Wien-Robinson-Oszillator mit Stellglied und Schaltung zur Regelung der Amplitude

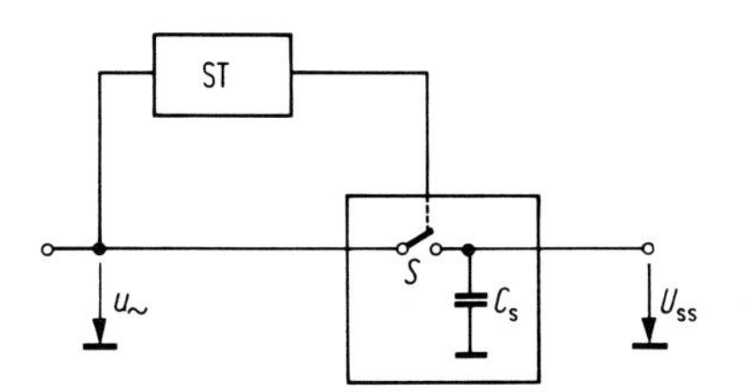

Abb. 10.4/55. Steuerschaltung ST und Abtastschalter S einer Abtastschaltung, die anstelle des Gleichrichters mit Tiefpaß in Abb. 10.4/54 einzusetzen ist. Der Schalter S wird durch ST gesteuert

Bei gleichem Klirrfaktor beträgt die Einschwingzeit der Abtastschaltung etwa 3 Perioden gegenüber 100 bis 1000 Perioden der Gleichrichter-Schaltung mit Tiefpaß, da bei letzterer auch im Falle konstanter Schwingamplitude ein Wechselspannungsanteil ausgesiebt werden muß. Bei der Abtastschaltung dagegen steht bei konstanter Amplitude zur Steuerung des Feldeffekttransistors eine reine Gleichspannung an.

Bei allen Schaltungen zur Amplitudenstabilisierung hat man grundsätzlich darauf zu achten, daß sie keine Frequenzänderung erzeugen. Durch parasitäre Einflüsse lassen sie sich nie ganz ausschließen. So können z. B. die (nicht eingezeichneten) Kapazitäten des Stellglieds der Abb. 10.4/54 die Frequenz beeinflussen.

Von parasitären Einflüssen zu unterscheiden sind Fälle, in denen jede Änderung des Betrags der Verstärkung prinzipiell eine Frequenzänderung zur Folge hat. Beispiele sind die RC-Abzweigschaltungen in Abschn. 10.4.6.3. Da die Ortskurve des Übertragungsfaktors die reelle Achse nicht senkrecht schneidet, hat jede Amplitudenänderung eine Frequenzänderung zur Folge, die durch eine gleichzeitige Änderung der Übertragungsphase ausgeglichen werden müßte. Eine schaltungstechnische Realisierung ist bisher nicht bekannt. Bei den Quarz-, LC- und den übrigen RC-Oszillatoren dieses Buches besteht diese Notwendigkeit nicht, da die „Frequenzempfindlichkeit" [178] des Betrags ihrer Übertragungsfunktion bei der Schwingfrequenz verschwindet, hohe Kreisgüte bei den LC-Oszillatoren vorausgesetzt. Die Ortskurve schneidet die reelle Achse bei der Schwingfrequenz senkrecht. Einzelheiten sind in [175] erstmals systematisch untersucht und in [176] zusammengefaßt. Weitere Literatur siehe [102, 104, 106].

10.4.9 Integrierte Schaltungen für GaAs-FET-Oszillatoren

GaAs-MESFET-Oszillatoren zeigen im Vergleich zu den bisher am häufigsten eingesetzten Lawinenlaufzeitdioden und Gunnelementen oberhalb ca. 6 GHz einige Vorteile, insbesondere einen höheren Konversionswirkungsgrad und geringere Zuverlässigkeitsprobleme. Darüber hinaus erlauben sie als Bauelemente mit drei unabhängigen Elektroden im Hinblick auf Modulation, Kompensation und Stabilisierung des Oszillators verbesserte Kontrollmöglichkeiten. Hinzu kommt, daß mit der Entwicklung von dielektrischen Keramikresonatoren hoher Güte, Schaltkreise für kompakte, sehr stabile Lokaloszillatoren möglich geworden sind und als Teil komplexerer Empfängerschaltungen zum Einsatz gelangen. Die teilweise monolithische Integration solcher Oszillatorschaltungen ist möglich geworden.

10.4.9.1 Oszillator-Schaltungsentwurf. Zur Aufrechterhaltung der Oszillation benötigt ein Transistoroszillator ein Rückkopplungsnetzwerk. Das eigentliche Rückkopplungselement, das den benötigten negativen Widerstand an einem oder an beiden Toren im gewünschten Frequenzbereich liefert, ist gewöhnlich reaktiv und kann mit konzentrierten oder verteilten Elementen konzipiert werden.

Die Abb. 10.4/56 zeigt die Reflexionsfaktoren S_{11}, S_{22} im Smith-Diagramm für den generellen Fall eines MESFETs in Gateschaltung mit Seriengegenkopplung (a) bzw. in Sourceschaltung mit Parallelgegenkopplung (b) angewendet auf einen speziellen Transistor bei einer vorgegebenen Frequenz $f = 10$ GHz [179]. Dargestellt ist der Verlauf des resistiven Teils der Impedanzen des rückgekoppelten Transistors von 0 bis ∞ sowie des reaktiven Teils von $\pm$j0 bis $\pm$j∞. Der Abb. 10.4/56 kann entnommen werden, daß der hier betrachtete MESFET mit Seriengegenkopplung sowohl $|S_{11}| > 1$ als auch $|S_{22}| > 1$ aufweist, d. h. Eingangs- und Ausgangswiderstand sind negativ und die Schaltung schwingt. Dagegen zeigt der Fall mit Parallelgegenkopplung nur einen negativen Widerstand am Ausgangstor, d. h. $|S_{22}| > 1$.

Schließt man das Ausgangstor nun mit einer geeigneten Impedanz ab, die das Anpassungsnetzwerk und die Last enthält, so gelten die folgenden allgemeinen

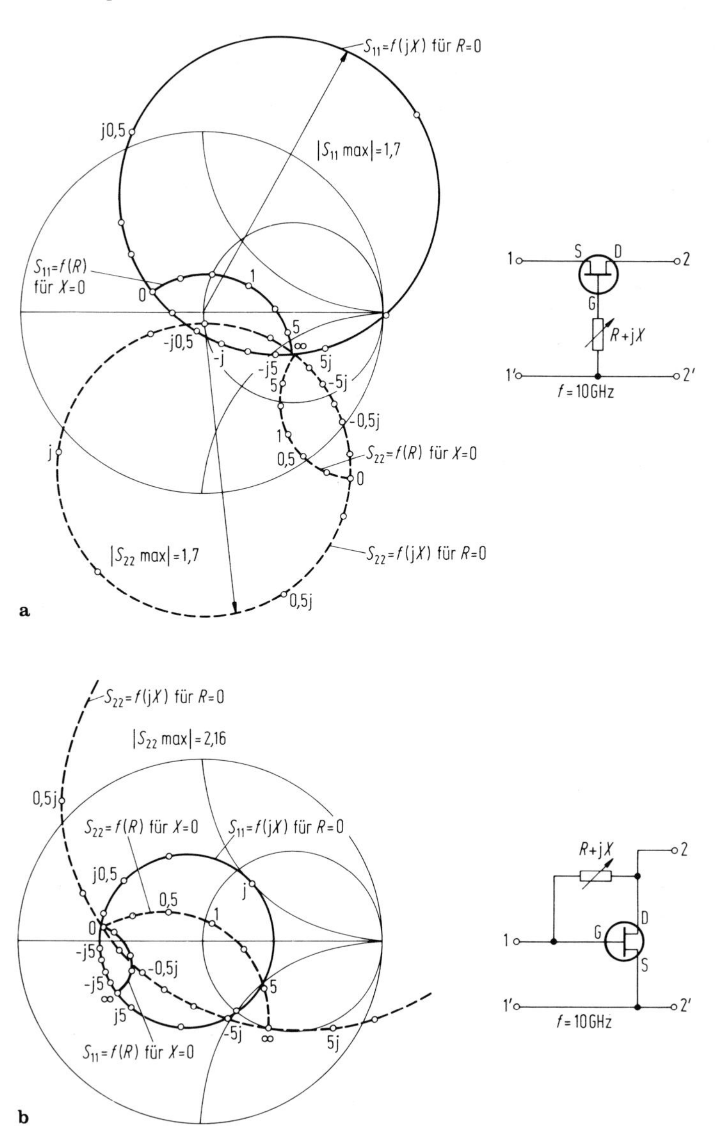

Abb. 10.4/56. S-Parameter eines MESFETs in **a** Gateschaltung mit Serien-Gegenkopplung bzw. **b** in Sourceschaltung mit Parallel-Gegenkopplung [179]

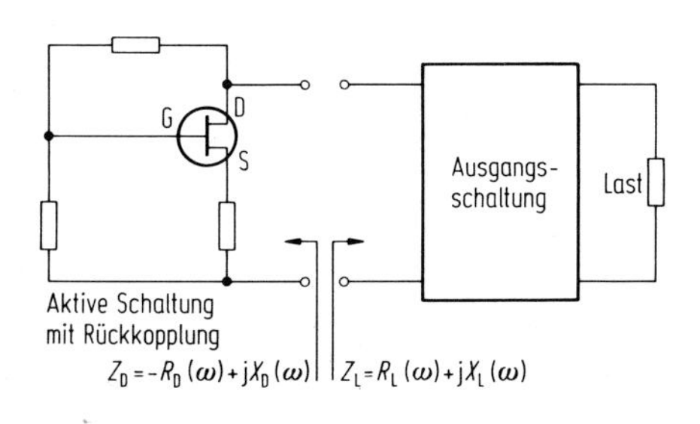

Abb. 10.4/57. Schematische Darstellung eines MESFET-Oszillators mit Rückkopplungs- und Ausgangsnetzwerk

Oszillatorbedingungen und Stabilitätskriterien [179], Abb. 10.4/57

$$R(\omega) = -R_D(\omega) + R_L(\omega) \leq 0 \tag{10.4/69}$$

$$X(\omega) = X_D(\omega) + X_L(\omega) = 0 \tag{10.4/70}$$

$$\frac{\partial R(\omega)}{\partial \omega} > 0 \quad \text{und} \quad \frac{\partial X(\omega)}{\partial \omega} > 0\,. \tag{10.4/71}$$

Für die Oszillatorschaltung gibt es sechs Varianten, je nach Art der Rückkopplung und Lastkopplung [180], die in Abb. 10.4/58 dargestellt sind. Eine Systematik findet man in den Abschn. 10.4.1 und 10.4.2.

Welche dieser Varianten am vorteilhaftesten ist, hängt von der gewünschten Frequenz, Ausgangsleistung, Rauscheigenschaften, Integrationsfähigkeit usw. ab.

Die Berechnung der Schaltungselemente kann mit Hilfe der gemessenen *S*-Parameter erfolgen, muß allerdings nichtlineare Effekte unter Großsignalbedingungen einbeziehen (s. auch hierzu Abschn. 9.2.3.1 und 9.2.3.2). Der Oszillator-Schaltungsentwurf erfolgt i. allg. für die Aussteuerung $P_{ein,op}$, bei der die maximale Oszillatorleistung erreicht werden kann (Abb. 10.4/59). Um ein Ersatzschaltbild-Modell

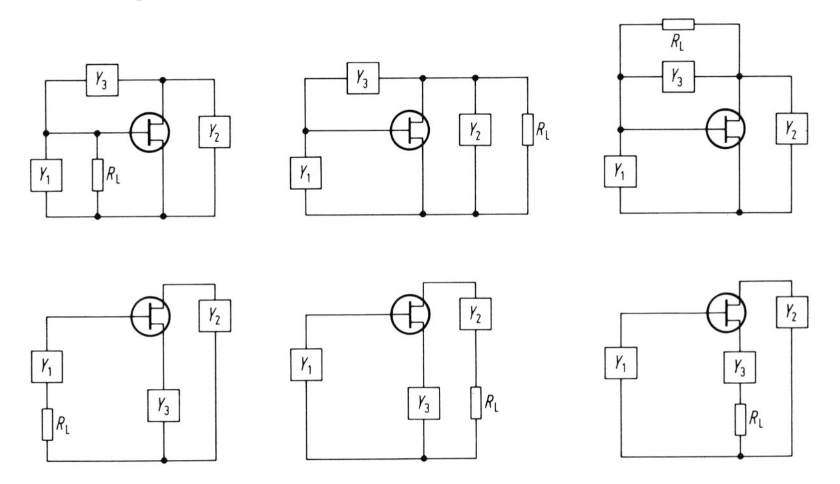

Abb. 10.4/58. Oszillatorschaltungen mit unterschiedlicher Rückkopplung und Lastankopplung

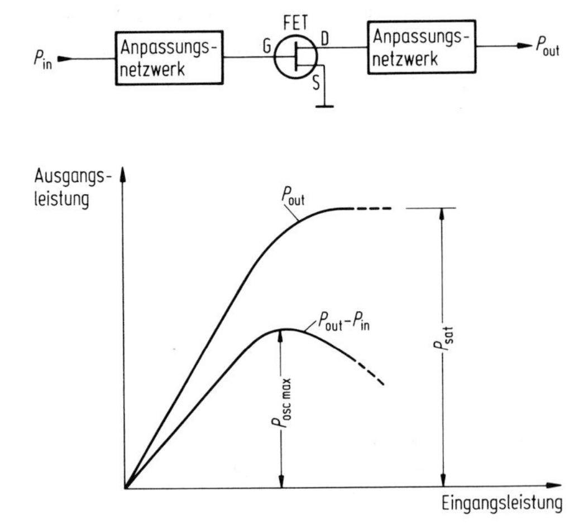

Abb. 10.4/59. Schematische Darstellung der FET-Ausgangsleistung über der Eingangsleistung

des MESFETs abzuleiten, das nichtlineare Schaltelemente enthält, sind umfangreiche Kleinsignal-S-Parametermessungen bei verschiedenen Arbeitspunkten, Frequenzen und Eingangsleistungen notwendig [180, 181]. Da die Änderung der S-Parameter über der Aussteuerung weitgehend resistiv erfolgt (Abschn. 7.4), muß das Ausgangsnetzwerk unter Berücksichtigung des Großsignalverhaltens konzipiert werden, während das Rückkopplungsnetzwerk davon unberührt bleibt, da es durch den reaktiven Teil der Impedanz bestimmt ist.

Die ausschließliche Verwendung von S-Parametern reicht jedoch nicht, um Vorhersagen über Ausgangsleitung und Konversionswirkungsgrad des Oszillators zu ermöglichen. Gute Überinstimmung mit experimentellen Ergebnissen ergibt ein empirischer Ausdruck für die Ausgangsleistung P_{aus} und maximale Leistung $P_{\text{osz, max}}$ des Oszillators, der auf experimentellen Daten der Kleinsignalverstärkung G und Sättigungsleistung beruht [180]:

$$P_{\text{aus}} = P_{\text{sat}}\left(1 - \exp\frac{-G \cdot P_{\text{ein}}}{P_{\text{sat}}}\right) \tag{10.4/72}$$

$$P_{\text{osz, max}} = P_{\text{sat}}\left(1 - \frac{1}{G} - \frac{\ln G}{G}\right). \tag{10.4/73}$$

Der Oszillatorwirkungsgrad stellt sich dann in der üblichen Weise dar:

$$\eta = \frac{P_{\text{aus}} - P_{\text{ein}}}{P_{=}}. \tag{10.4/74}$$

Es wird dann der optimale Lastleitwert bei Kenntnis der Kleinsignalverstärkung G und des Großsignalausgangswiderstandes $\bar{R}_{\text{ds}}$ gemäß

$$g_{\text{L}} \approx \left(1 - \frac{\ln G}{G}\right) \cdot \frac{1}{\bar{R}_{\text{ds}}} \tag{10.4/75}$$

bestimmt. Das Kopplungsnetzwerk wird mit Kenntnis der y-Parameter des MESFETs, des Lastleitwertes und der Resonanzbedingung aus der folgenden Matrix berechnet

$$y_{\text{ik}} = \begin{bmatrix} y_{11} + y_1 + y_3 & y_{12} - y_3 \\ y_{21} - y_3 & y_{22} + y_2 + y_3 + g_{\text{L}} \end{bmatrix}. \tag{10.4/76}$$

Als Beispiel sei die Berechnung eines 10 GHz-Oszillators aufgeführt [182]. Das Ersatzschaltbild mit einem Rückkopplungselement zwischen Source und Masse zeigt Abb. 10.4/60a. Mit Kenntnis der S-Parameter und Transformation in Widerstandsparameter wurden die Reaktanzen ($X_1 = -20\,\Omega$, $X_3 = 44\,\Omega$) und die Ausgangsimpedanz zu $Z_{\text{D}} = (-34 - \text{j}\,67)\,\Omega$ bestimmt. Mit der für diesen Fall abgeleiteten Näherung

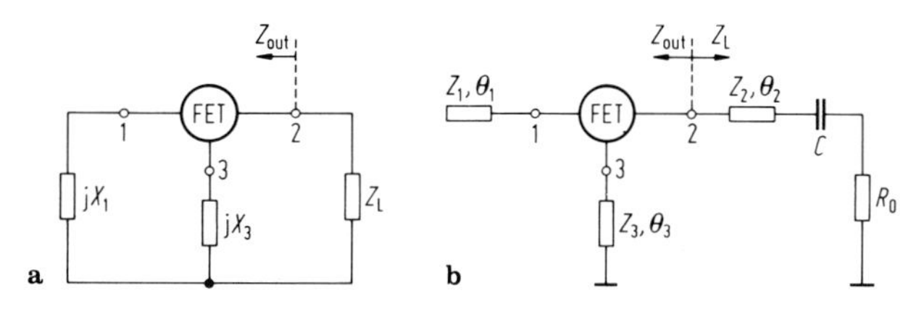

Abb. 10.4/60. Beispiel eines 10 GHz-FET-Oszillators mit **a** Ersatzschaltbild; **b** praktische Schaltung mit Streifenleiteranpassung [182]: $Z_1 = 50\,\Omega$, $\theta_1 = 68°$; $Z_2 = 50\,\Omega$, $\theta_2 = 128°$; $Z_3 = 35\,\Omega$, $\theta_3 = 52°$; $R_0 = 50\,\Omega$, $C = 0{,}1$ pF

$\mathrm{Re}(Z_L) = 1/3\,|\mathrm{Re}(Z_D)|$ und der Oszillatorbedingung folgt für die auf maximale Ausgangsleistung optimierte Lastimpedanz $Z_L = (11 + \mathrm{j}\,67)\,\Omega$. Damit nimmt die Schaltung die in Abb. 10.4/60 b aufgezeigten Werte an. Abbildung 10.4/61 schließlich zeigt, daß mit dieser Schaltung nur eine Oszillation bei 10 GHz möglich ist.

10.4.9.2 Oszillatoren mit dielektrischem Resonator. Zur Verbesserung der Frequenzstabilität von MESFET-Oszillator-ICs können vorteilhaft dielektrische Resonatoren (DR) verwendet werden, sofern sie folgende Anforderungen erfüllen: Hohe relative Permittivität ε_r, um die Resonatorgröße zu begrenzen, hohe Güte Q_r, um die Oszillator-Verlustleistung gering zu halten und schließlich ein kleiner Temperaturkoeffizient zur Verbesserung der Frequenzstabilität. Am besten erfüllen DR auf der Basis von Bariumoxid-Titanoxid bzw. auf der Basis von Zirkonaten das Ziel mit $\varepsilon_r = (35 \ldots 40)$, $Q_r = (7000 \ldots 10\,000)$ bis ins X-Band und einem TK von 1 bis 3 ppm/K [183]. Die niedrigen TKen sind dabei eine Folge der Temperaturkompensation von Ausdehnungseffekten und Änderungen der Permittivität [184].

Die Kopplung des DR mit dem aktiven Teil der Oszillatorschaltung erfolgt elektromagnetisch über einen Mikrostreifenleiter und kann generell an einer Elektrode oder zwischen zwei Anschlüssen erfolgen. Eine theoretische Analyse des hier wirksam werdenden Resonatormode $\mathrm{TE}_{01\vartheta}$ veröffentlichte Pospieszalski [185]. Es kann gezeigt werden, daß der DR als Parallelresonanzkreis hoher Güte betrachtet werden kann und daß die Änderung der Impedanz in der Nähe der Resonanzfrequenz folgendes Aussehen hat [184]

$$Z = Z_0 \left[1 + \frac{\beta}{1 + \mathrm{j}\,2Q_r \Delta f_r} \right]. \tag{10.4/77}$$

Dabei ist Z_0 die charakteristische Impedanz, Q_r die unbelastete Güte des DR, $\Delta f_r = (f - f_r)/f_r$ mit der Resonanzfrequenz f_r und β der Kopplungsfaktor.

In einer praktischen Ausführung stellt der DR-Resonanzkreis eine dreifache Struktur aus dem Trägermaterial (z. B. Aluminiumoxid), dem DR und dem Luftspalt

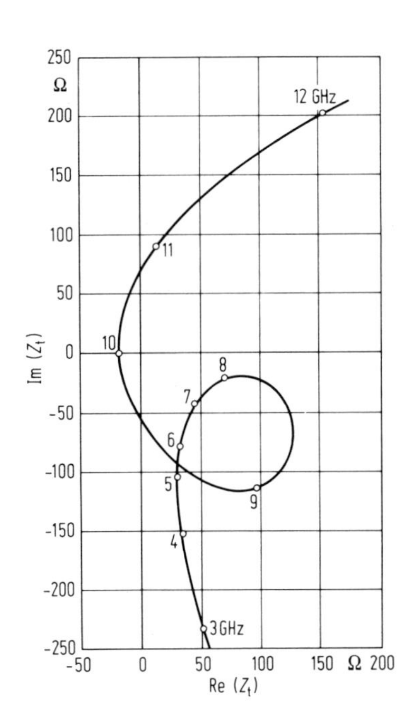

Abb. 10.4/61. Frequenzverlauf von Z_t eines 10 GHz-FET-Oszillators mit $Z_t = Z_D + Z_L$ [182]

zwischen Resonator und Streifenleiter dar. Die Resonanzfrequenz des DR ist wesentlich eine Funktion der Permittivität und Größe der Keramik; eine Feinabstimmung kann mechanisch durch eine Änderung des Luftspalts zum Mikrostreifenleiter erfolgen.

10.4.9.3 Kenndaten und Ausblick. Die zusammenfassende Darstellung der Oszillator-Kenndaten in Tab. 10.4/4 verdeutlicht, daß MESFET-Oszillatoren kleiner Leistung (Gateweite $w \leq 500\ \mu m$) und großer Leistung (w bis 2500 μm) für den Frequenzbereich 6 bis 25 GHz mit einer maximalen Ausgangsleistung bis 500 mW und einem Wirkungsgrad bis zu 45% hergestellt wurden. Analysiert man die Arbeitspunktabhängigkeit der Kenndaten, so gilt folgendes generelles Verhalten: Die Oszillation setzt in der Regel bei einer Versorgungsspannung von 2 bis 3 V ein. Die Änderung der Oszillatorfrequenz mit der Drainspannung ist gering, während sie nahezu linear mit zunehmender negativer Gatespannung infolge der Abnahme der Gate-Source-Kapazität ansteigt. Die maximale Oszillatorausgangsleistung, die primär über den Betriebsstrom und damit der Gateweite des MESFETs eingestellt wird, zeigt ein Optimum bei etwa der halben Abschnürspannung. Vorteilhaft ist, daß auch die Temperaturabhängigkeit der Oszillatorfrequenz mit zunehmender negativer Gatespannung abnimmt. Bezüglich der Rauscheigenschaften liegt der FET-Oszillator zwischen solchen aus Gunnelementen und Impattdioden, wurde in dieser Hinsicht allerdings in den meisten Fällen auch nicht optimiert. Das dominierende FM-Rauschen enthält niederfrequente Anteile und solche aus der Nichtlinearität des Trägersignals. Eine nähere Beschreibung der bauelemente- und schaltungsspezifischen Effekte erfolgte in [191].

Tabelle 10.4/4. Integrierte Schaltungen mit GaAs-MESFET-Oszillatoren

f_{osz} GHz	P_{aus} mW	η %	Gatelänge μm	Gateweite μm	Δf_{osz} ppm/K	Schaltung	Technik	Quelle
8,2	132	36	2	600		Sourceschaltung Parallel-C-Rückk.	Hybrid-IC mit Microstrips	[186]
9,0	500	26,8	1	2400		Gateschaltung Serien-L-Rückk.	Hybrid-IC mit Microstrips	[186]
10,0 25,2	50 6,5	45 4,7	0,5 0.5	300 300		Gateschaltung Serien-L-Rückk.	Hybrid-IC mit Microstrips	[186]
6,0	100	17	1,5	2500	2,3	Sourceschaltung Parallel-C-Rückk.	Hybrid-IC mit Microstrips DR am Drain	[184]
11,0	22	18				Sourceschaltung Parallel-C-Rückk.	Hybrid-IC mit Microstrips Drain-Gate DR	[187]
12,7	8,0	4,0	0,8	300		Gateschaltung Serien-L-Rückk.	monol. IC mit konzentrierten Elem.	[188]
17,0	12	4,0	?	300		Gateschaltung Serien-L-Rückk.	monol. IC mit konzentrierten Elem.	[189]
10,8	30	20	0,6	300	1,0	Sourceschaltung Serien-C-Rückk.	monol. IC mit DR am Gate	[190]

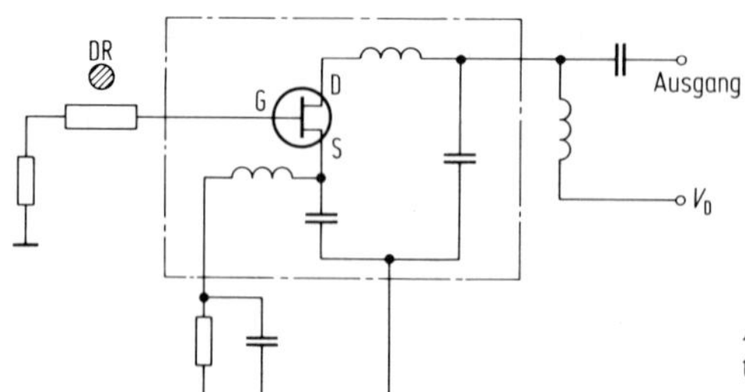

Abb. 10.4/62. Monolithischer X-Band-FET-Oszillator mit Anpassung aus konzentrierten Elementen und dielektrischem Resonator [190]

Es wurden Feldeffekttransistoren in Source- und Gateschaltung sowie kapazitiver Parallel-Rückkopplung und induktiver oder kapazitiver Serien-Rückkopplung realisiert. Die größte Anzahl der Schaltungen wurde in Hybridtechnik mit Streifenleiter-Anpassung entwickelt. Bemerkenswert ist die erreichte Stabilität der Oszillatorfrequenz Δf_{osz} mit 1 bis 2 ppm/K, wenn dielektrische Resonatoren zum Einsatz kommen. Neuerdings sind im Hinblick auf komplexere kompakte Empfängerschaltungen monolithische Oszillatoren mit konzentrierten Elementen auf 1 bis 2 mm^2 Fläche vorgesehen. Dies wird möglich, da die Güteanforderungen an das Netzwerk gering sind und bereits eine Oszillatorleistung von 8 bis 10 mW ausreicht, um einen Dioden- oder Transistormischer zu treiben. Ein monolithischer *X*-Band-Oszillator mit 30 mW Ausgangsleistung ist schließlich in Abb. 10.4/62 dargestellt [190].

10.5 Literatur

1. Strecker, F.: Die elektrische Selbsterregung: Hirzel 1947, S. 17–26.
2. Magnus, K.: Schwingungen. Stuttgart: Teubner 1961, S. 24–25.
3. Steimel, K.: Stabilität und Selbsterregung elektrischer Kreise mit Organen fallender Charakteristik, Z. Hochfrequenztechn. 36 (1960) 161–172.
4. Steimel, K.: Ein zweiter Beitrag zur Lösung des „Rukopschen Problems“. Telefunkenztg. 26 (1953) 73–76.
5. Lukes, J.H.: Halbleiterdiodenschaltungen. München, Wien: Oldenbourg 1968, S. 42–61.
6. Rothe, H., Kleen, W.: Elektronenröhren als Schwingungserzeuger und Gleichrichter. Leipzig: Becker u. Erler 1941, S. 9.
7. Taschenbuch der Hochfrequenztechnik. 2. Aufl. Berlin, Göttingen, Heidelberg: Springer 1962, S. 1175–1177.
8. Dosse, J.: Der Transistor. 4. Aufl. München: Oldenbourg 1962, S. 244–247.
9. Müller, J.: Experimentelle Untersuchungen über Elektronenschwingungen. Z. Hochfrequenztechn. 44 (1934) 195–199.
10. Llewellyn, F.B., Bowen, A.E.: The production of ultra-high-frequency oscillations by means of diodes. Bell Syst. Tech. J. 18 (1939) 280–291.
11. Esaki, L.: New phenomenon in narrow Germanium p-n-junctions. Phys. Rev. 109 (1958) 603–604.
12. Burrus, C.A.: Millimeter wave Esaki diode oscillators. Proc. IRE 48 (1960) 2024.
13. Hines, M.E.: High-frequency negative-resistance circuit principles for esaki diode applications. Bell Syst. Tech. J. 39 (1960) 477–513.
14. Sterzer, F., Nelson, D.E.: Tunnel diode microwave oscillators. Proc. IRE 49 (1961) 744–753.
15. Strauss, L.: Wave generation and shaping. New York: Mc-Graw-Hill 1960, Kap. 15.
16. Klein, E.: Die Tunneldiode als Schwingungserzeuger. NTZ 15 (1962) 135–142.
17. Urtel, R.: Erregung von Schwingungen mit wesentlich nichtlinearen negativen Widerständen. Nachrichtentechn. Fachber. 13 (1958) 1–38.
18. Dermit, G.: High-frequency power in tunnel-diodes. Proc. IRE 49 (1961) 1033–1042.
19. De Loach, Jr., B.C.: Advances in solid state microwave Generators. In: Advances in Microwaves, Vol. 2. New York, London: Akademic Press 1967, S. 43–88.
20. Landvogt, G.F.: Näherungen für die periodische Lösung der van-der-Polschen Differentialgleichung und ihre Bedeutung für Oszillatorschaltungen. NTZ 20 (1967) 601–609.

21. Landvogt, G.F.: Eine Verallgemeinerung des van-der-Polschen Oszillatormodells. NTZ 22 (1969) 390–394.
22. Landvogt, G.F.: Das elektrische Verhalten eines verallgemeinerten van-der-Polschen Oszillatormodells. NTZ 22 (1969) 491–495.
23. van der Pol, B.: On "Relaxation – oscillations". Phil. Mag. 2 (1926) 978–992.
24. Gunn, J.B.: Microwave oscillations of current in III–V semiconductors. Solid State Comm. 1 (1963) 88–91.
25. Ridley, B.K., Watkins, T.B.: The possibility of negative resistance in semiconductors. Proc. Phys. Soc. 78 (1961) 293–304.
26. Hilsum, C.: Transferred electron amplifiers and oscillators. Proc. IRE 50 (1962) 185–189.
27. Kroemer, H.: Theory of the Gunn effect. Proc. IEEE 52 (1964) 1736. Und: Negative conductance in semiconductors. Spectrum IEEE 5 (1968) 47–56.
28. Shurmer, H.V.: Microwave semiconductors devices. München, Wien: Oldenbourg 1971, S. 164–183.
29. Unger, H.G., Harth, W.: Hochfrequenz-Halbleiterelektronik. Stuttgart: Hirzel 1972.
30. Bott, I.B., Fawcett, W.: The Gunn effect in gallium arsenide. In: Advances in microwaves, Vol. 3, Hrsg. L. Young. New York, London: Academic Press 1968, S. 223–300.
31. Gunn, J.B.: Effect of domain and circuit properties on oscillations in GaAs. IBM J. Res. Develop. 10 (1966) 310–320.
32. Mc Cumber, D.B., Chenoweth, A.G.: Theory of negative-conductance amplification and of Gunn-instabilities in "two-valley" semiconductors. IEEE Trans. El. Dev. ED-13 (1966) 4–21.
33. Copeland, J.A.: LSA oscillator diode theory. J. Appl. Phys. 38 (1967) 3096–3101.
34. Read, W.T.: A proposed high-frequency negative resistance diode. Bell Syst. Tech. J. 37 (1958) 401–446.
35. Johnston, R.L., De Loach, B.C., Cohen, B.G.: A silicon diode microwave oscillator. Bell Syst. Tech. J. 44 (1965) 369–372.
36. Lee, C.A. et al.: The READ-diode — an avalanching transit-time, negative-resistance oscillator. Appl. Phys. Letters 6 (1965) 89.
37. Prager, H.J., Chang, K.K.N., Weisbrod, S.: High-power high-efficiency silicon avalanche diodes at ultra-high frequencies. Proc. IEEE 55 (1967) 586–587.
38. Chang, K.K.N.: Avalanche diodes as UHF and L-band sources. RCA Rev. 30 (1969) 3–14.
39. Mouthaan, K.: Lawinen-Laufzeitoszillatoren. Philips techn. Rdsch. 32 (1971/72) 368–384.
40. Hines, M.E.: Noise theory for the READ-type avalanche diode. Trans. IEEE ED-13 (1966) 158–163.
41. Ruegg, H.W.: A proposed punch-through, microwave negative resistance diode. IEEE Trans. ED-15 (1968) 577–585.
42. Coleman, D.J.Jr., Sze, S.M.: A low-noise metal-semiconductor-metal (MSM) microwave oscillator. Bell. Syst. Tech. J. 50 (1971) 1695–1699.
43. Kleen, W.: Geschichte, Systematik und Physik der Höchstfrequenzelektronenröhren. ETZ A 76 (1955) 53–64.
44. Kowalenko, W.F.: Mikrowellenröhren. München: Porta Verlag 1957, S. 25.
45. Kleen, W.: Mikrowellen-Elektronik I. Stuttgart: Hirzel 1952.
46. Guozdover, S.D.: Theory of microwave tubes. Oxford, London, New York, Paris: Pergamon Press 1961, S. 260.
47. Spangenberg, K.R.: Vacuum tubes. New York, Toronto, London: McGraw-Hill 1948, S. 527–620.
48. Hamilton, D.R., Knipp, J.K., Kuper, J.B.H.: Klystrons and microwave triodes. New York, Toronto, London: McGraw-Hill 1948, S. 311–351.
49. Hamilton, J.J.: Reflexklystrons. London: Chapman u. Hall 1958, S. 65–130.
50. Taschenbuch der Hochfrequenztechnik. (Hrsg. F.W. Gundlach, H.H. Meinke) 4. Aufl. Berlin, Heidelberg, New York: Springer 1986, S. 860.
51. Rehwald, W.: Elementare Einführung in die Bessel-, Neumann- und Hankelfunktionen. (Mathematische Funktionen in Physik und Technik, 1. Bd.) Stuttgart: Hirzel 1959, S. 9.
52. Henney, K.: Radio engineering handbook. New York, Toronto, London: McGraw-Hill 1959, S. 8–18.
53. Franz. Pat. Nr. 1035379 v. 13. 4. 1951. (Epsztein, B.).
54. Kleen, W.: Verzögerungsleitungen mit periodischer Struktur in Wanderfeldröhren. NTZ 7 (1954) 547–553.
55. Guénard, P., Döhler, O., Warnecke, R.: Sur les propriétés des lignes à structure périodique. C.R. Acad. Sci. Paris 235 (1952) 32–34.
56. Warnecke, R., Guénard, P.: Some recent works in France on new types of valves for the highest radio frequencies. J. Inst. Electr. Engrs. 100 (1953) Part III, 351–362.
57. Kompfner, R.: Backward-wave oscillator. Bell Labor. Rec. 31 (1953) 281–285.
58. Kompfner, R., Williams, N.T.: Backward-wave tubes. Proc. IRE 41 (1953) 1602–1611.
59. Veith, W.: Das Carcinotron, ein elektrisch durchstimmbarer Generator. NTZ 7 (1954) 554–558.
60. Pöschl, K.: Zur Theorie des Carcinotrons NTZ 7 (1954) 558–561.
61. Goldberger, A.K., Palluel, P.: The "O"-type carcinotron type. Proc. IRE 44 (1956) 333–345.
62. Doehler, O., Epsztein, B., Guénard, P., Warnecke, W.: The "M"-type carcinotron type. Proc. IRE 43 (1955) 413–424.

63. Hull, A.W.: The effect of a uniform magnetic field on the motion of electrons between coaxial cylinders. Phys. Rev. 18 (1921) 31–57. Ferner: The paths of electrons in the magnetron. Phys. Rev. 23 (1924) 112.
64. Brillouin, L.: Theory of the magnetrons, Teil 1. Phys. Rev. 60 (1941) 385–396; desgl. Teil 2. Phys. Rev. 62 (1942) 166–177.
65. Collins, G.B.: Microwave magnetrons. New York, Toronto, London: McGraw-Hill 1948.
66. Habann, E.: Eine neue Generatorröhre. Z. Hochfrequenztechn. 24 (1924) 115–120, 135 bis 141.
67. Gilmour Jr., A.S.: Microwave tubes. Boston, London: Artech House 1986
68. Siehe [65] S. 118.
69. Hinkel, K.: Magnetrons. Philips Technische Bibliothek 1961, 40.
70. Paul, H.: Die Leistungsabgabe des selbsterregten Mikrowellengenerators an eine komplexe Last. Elektron. Rdsch. 10 (1956) 29–33.
71. Küpfmüller, K.: Einführung in die theoretische Elektrotechnik. 10. Aufl. Berlin, Heidelberg, New York: Springer 1973, S. 332.
72. Herzog, W.: Oszillatoren mit Schwingkristallen. Berlin, Göttingen, Heidelberg: Springer 1958, S. 97–101.
73. Telefunken: Laborbuch, Band I, 336. Band III, 272.
74. Gray, L., Graham, R.: Radio transmitters. New York, Toronto, London: McGraw-Hill 1961, S. 84–87.
75. Rockstuhl, F.G.R.: A method of analysis of fundamental and overtone crystaloscillator circuits. J. Inst. electr. Engrs. 99 (1952) Part III, 377–388.
76. Kupka, K., Thanhäuser, G.: Transistorquarzoszillatoren in der Trägerfrequenztechnik. Frequenz 24 (1970) 357–363.
77. Heegner, K.: Gekoppelte selbsterregte elektrische Kreise und Kreisoszillatoren. ENT 15 (1938) 359–368.
78. Herzog, W.: Verfahren zur Veränderung der Resonanzfrequenz von Kristalloszillatoren. AEÜ 2 (1948) 153–163.
79. Scheibe, A., u. a.: Konstruktion und Leistung neuer Quarzuhren der Physikalisch-Technischen Bundesanstalt. Z. angewandte Physik 8 (1956) 175–183.
80. Rockstuhl, F.: Zur Dimensionierung des quarzgesteuerten Dreipunkt-Röhrenoszillators. Telefunken-Ztg. 31 (1958) Heft 119, 50–58.
81. Becker, G.: Über kristallgesteuerte Oszillatoren. AEÜ 11 (1957) 41–47.
82. Awender, H., Sann, K.: Zur Klassifizierung der Quarz-Oszillatorschaltungen. Funk und Ton 8 (1954) 202–214, 253–265.
83. Knapp, G.: Frequency stability analysis of transistorized crystal oscillator. IEEE Trans. IM-12 (1963) 2–6.
84. Smith, W.L.: Precision quartz crystal controlled oscillators using transistor circuits. Bell Lab. Rec. 42 (1964) 273–279.
85. Haller, H.: Zur Beurteilung der Güte von Oscillatorschaltungen. Funk und Ton 11 (1954) 565–575.
86. Mehta, V.B.: Comparison of RC-networks for frequency stability in oscillators. Electronics Rec. 112 (1965) 296–300.
87. Härder, T., Motz, T., Waldinger, P.: Rückkopplungsnetzwerke für RC-Oszillatoren maximaler Frequenzstabilität. Frequenz 26 (1972) 242–248, 281–287.
88. Tietze, U., Schenk, Ch.: Halbleiter-Schaltungstechnik. 5. Aufl. Berlin, Heidelberg, New York: Springer 1980, S. 433.
89. Schaltbeispiele mit diskreten Halbleiterbauelementen. Handbuch der Firma Intermetall, Freiburg 1972/1.
90. Halbleiter-Schaltbeispiele mit integrierten Schaltungen 1971/72. Handbuch der Firma Siemens, Bereich Halbleiter, München.
91. Hinton, W.R.: The design of RC-oscillator phase shifting networks. Electronic Engineering 22 (1950) 13–17.
92. Vaughan, W.C.: Phase-shift oscillators. Wireless Engineer 26 (1949) 391–395.
93. Hollmann, H.E.: Phasenschieber- oder RC-Generatoren. Elektrotechnik 1 (1947) 129 bis 138.
94. Johnson, R.W.: Extending the frequency range of the phase-shift oscillator. Proc. IRE 33 (1945) 597–603.
95. Prabhavathi, G., Ramachandran, V.: High Q resistance-capacitance ladder phase-shift networks. IEEE Trans. CT-14 (1967) 148–153.
96. Wunsch, G.: Theorie und Anwendung linearer Netzwerke, Teil I. Leipzig: Akad. Verlagsges. 1961, S. 337–345.
97. Brown, D.A.H.: The equivalent Q of RC-networks. Electronic Engineering 25 (1953) 294–298.
98. Sidorowicz, R.S.: Some novel RC-oscillators for radio frequencies. Electronic Engineering 39 (1967) 498–502, 560–564.
99. Sulzer, P.G.: The tapered phase-shift oscillator. Proc. IRE 36 (1948) 1302–1305.
100. Edson, W.A.: Tapered distributed RC-lines for phase-shift oscillators. Proc. IRE 49 (1961) 1021–1024.
101. Dutta, R.: Theory of the exponentially tapered RC-transmission lines for phase-shift oscillators. Proc. IEEE 51 (1963) 1764–1770.

102. Sulzer, P.G.: Wide range RC-oscillator. Electronics 23 (1950) 88–89.
103. Bolle, A.P.: Theory of twin-T RC-networks and their application to oscillators. British Inst. of Radio Engineers 13 (1953) 571–587.
104. Shepherd, W.G., Wise, R.O.: Variable-frequency bridge-type frequency-stabilized oscillators. Proc. IRE 31 (1943) 256–268.
105. Smith, D.H.: The characteristics of parallel-T RC-networks. Electronic Engineering 29 (1957) 71–77.
106. Telefunken: Laborbuch, Bd. I, AEG-Telefunken, Ulm, 257–259.
107. Meyer-Ebrecht, D.: Fast amplitude control of a harmonic oscillator. Proc. IEEE 60 (1972) 736 und DAS 2103138 vom 22.1.1971. Schnelle Amplitudenregelung harmonischer Oszillatoren. Phil. Res. Rep. Supplements 1974.
108. Sze, S.M., Ryder, R.M.: Microwave avalanche diodes. Proc. IEEE 59 (1971) 1140–1154.
109. Berson, B.E.: Transferred electron devices. European Microwave Conference, Stockholm, Proc. 1971.
110. Scharfetter, D.L.: Power-impedance-frequency limitations of Impatt oscillators calculated from a scaling approximation. IEEE Trans. electron devices, ED-18 (1971) 536–543.
111. Müller, R.: Bauelemente der Halbleiter-Elektronik. Berlin, Heidelberg, New York: Springer 1973, S. 60.
112. Llewellyn, F.B., Peterson, L.C.: Vacuum-tube networks. Proc. IRE 32 (1944) 144–166.
113. Blievernicht, U.: Integrierte Schaltkreise für Mikrowellen. Elektronik-Industrie 7/8 (1984) 46–49.
114. Hieslmair et al.: State of the art of solid-state and tube transmitters. Microwave J., October (1983) 46–48.
115. Thoren, G.: IMPATT diode progress promises smaller, lightweight mm-wave systems. Microwave System News, . . . (1984) Dec. 96A–98.
116. Pierce, J.R., Shepherd, W.G.: Reflex oscillators. Bell Syst. Tech. J. 26 (1947) 460–681.
117. Berceli, T.: Reflex klystron circuits. Budapest: Akad. KIADÓ, 1967.
118. van Iperen, B.B.: Reflexklystrons für 4 und 2,5 mm Wellenlänge. Philips Tech. Rdsch. 21 (1959/60) 217–225.
119. Liao, S.Y.: Microwave devices and circuits. Englewood Cliffs: Prentice Hall 1980, p. 198
120. Hechtel, R.: Das Vielschlitzklystron, ein Generator für kurze elektromagnetische Wellen. Telefunken Röhre 35 (1958) 5–30.
121. Varian Ass. Canada. Prospekt 10 (1978): Introduction to extended interaction oscillators (EIO).
122. Grow, R.W., Watkins, D.A.: Backward-wave oszillator efficiency. Proc. IRE July (1955) 848–856.
123. Heffner, H.: Analysis of the backward-wave tube. Proc. IRE, June (1954) 930–937.
124. Walker, L.R.: Starting currents in the backward-wave oscillator. J. Appl. Phys. 24 (1953) 854–859.
125. Barnett, L.R., et al.: Backward-wave oscillators for frequencies above 600 GHz. 10. Int. Conf. IR mm-Waves, Florida (1985).
126. Grant, T.J., et al.: An ultrahigh precesion electrongun-tube alignment technique for mm-wave applications. IEDM Meeting, Washington (1985).
127. Bava, E., et al.: Phase-lock of a submillimetric carcinotron. Infrared Phys. 23 (1983) 157–160.
128. Boissiere, Epsztein, B., Teyssier: Advances in submillimeter carcinotrons. IEEE Conference Washington (1981).
129. Epsztein, B.: Recent progress and future performances of millimeter-wave BWO's. AGARD Conf. Proc. No 245 (1978).
130. Glass, E.: Ein Rückwärtswellenoszillator von 110–170 GHz. NTG-Fachber. 71 (1980) 29–33.
131. Herriger, F., Hülster, F.: Die Schwingungen der Magnetfeldröhren, Z. Hochfrequenztech. 49 (1937) 123–132.
132. Chodorow, M.: Susskind, Ch.: Fundamentals of microwave electronics. New York: McGraw-Hill 1964.
133. Okress, E. (Hrsg.): Crossed-field microwave devices, Part I and II. New York: Academic Press 1961.
134. Hinkel, K.: Magnetrons. Philips Tech. Bibl. 1961, 40.
135. Paul, H.: Die Leistungsabgabe des selbsterregten Mikrowellengenerators an eine komplexe Last. Elektron. Rdsch. 10 (1956) 29–33; 146–149; 167–170.
136. Schmitt, H.: Koaxialmagnetrons. Tech. Mitt. AEG-Telefunken 64 (1974) 222–226.
137. Hirshfield, J.L., Granatstein, V.L.: The electron cyclotron maser – a historical survey. IEEE Trans. MTT-25 (1977) 522–527.
138. Flyagin, V.A., Gaponov, A.V., et al.: The Gyrotron. IEEE Trans. MTT-25 (1977) 514–521.
139. Mourier, G.: Gyrotron tubes – a theoretical study. AEÜ 34 (1980) 473–484.
140. Granatstein, V.L., Alexeff, I. (Hrsg.): High-power microwave sources. Boston, London: Artech House, 1987
141. Kim, K.J., et al.: Design considerations for a megawatt CW gyrotron. Int. J. Electronics 51 (1981) 427–445.
142. Sprangle, P., Vomvoridis, J.L., Manheimer, W.M.: A classical electron cyclotron quasioptical maser. Appl. Phys. Lett. 5 (1981) 310–313.
143. Flyagin, V.A., Luchinin, A.G., Nusinovich, G.S.: Submillimeter-wave gyrotrons theory and experiment. Int. J. of Infrared and Millimeter Waves 4 (1983) 629–637.

144. Kreischer, K.E., et al.: Experimental study of a highfrequency Megawatt gyrotron oscillator. Phys. Fluids B 2 (3) 1990, 640–646 und Digest 16. Conference on Infrared and Millimeter Waves, Lausanne 1991, 116–117.
145. Gerber, E.A., Sykes, R.A.: Quartz crystal units and oscillators. Proc. IEEE Feb. (1966) 103–116.
146. Cutler, L.S., Searle, C.L.: Some aspects of the theory and measurement of frequency fluctuations in frequency standards. Proc. IEEE Feb. (1966) 136–154.
147. Vollrath, E.: Die Kurzzeitkonstanz der Frequenz von Sinusgeneratoren. NTZ 21 (1968) 6–8.
148. Sachs, L.: Statistische Auswertungsmethoden. 3. Aufl. Berlin: Springer 1971, S. 57.
149. Allan, D.: Statistics of atomic frequency standards. Proc. IEEE Feb. (1966) 221–230.
150. Martin, D.: Frequency stability measurements by computing counter system. Hewlett-Packard J. Nov. (1971) 9–14.
151. Best, R.: Theorie und Anwendungen des Phase-locked Loops, 2. Aufl. Stuttgart, Aarau: AT Verlag 1981.
152. Cady, W.G.: Piezoelectricity. New York: McGraw-Hill 1946.
153. Bergmann, L.: Der Ultraschall. Stuttgart: Hirzel 1949, S. 42.
154. Awender, H., Sann, K.: Der Quarz in der Hochfrequenztechnik. In: Handbuch für Hochfrequenz- und Elektrotechniker, Bd. II. Berlin-Borsigwalde: Verlag für Radio-Foto-Kinotechnik 1953, S. 160–226.
155. Bechmann, R.: Piezoelektrisch erregte Eigenschwingungen von Platten und Stäben und dynamische Bestimmung der elastischen und piezoelektrischen Konstanten. AEÜ 8 (1954) 481–490; Schwingkristalle für Siebschaltungen. AEÜ 18 (1964) 129–136.
156. Eckstein, H.: High frequency vibrations of thin crystals plates. Phys. Rev. 68 (1945) 11–23.
157. Mindlin, R.O.: Thickness shear and flexual vibrations of crystal plates. J. Appl. Phys. 22 (1951) 316–323.
158. Neubig, B.: Entwurf von Quarzoszillatoren. UKW-Ber. 19 (1979), Hefte 2 und 3. Auch erschienen als Technische Information der Kristall-Verarbeitung Neckarbischofsheim GmbH.
159. Morse, P.M.: Vibration and sound. New York: McGraw-Hill 1948, S. 154.
160. Stark, I.R.: Die Kopplung zwischen Dickenscher- und Biegeschwingungen runder AT-geschnittener Quarzscheiben. Telefunken Ztg. 31 (1958) 179–187.
161. Kusters, J.A.: Transient thermal compensation for quartz resonators. IEEE Trans. Sonics and Ultrasonics, Vol. SU-23, No. 4 (1976).
162. Holland, R.: Nonuniformly heated anisotropic plates: I. Mechanical distortion and relaxation. IEEE Trans. Sonics and Ultrasonics, Vol. SU-21, No. 3 (1974).
163. Eer Nisse, E.P.: Quartz resonator frequency shifts arising from electrode stress. Proc. 29th Anual Symp. on Frequency Control, 1975, pp. 1–4.
164. Kusters, J.A., Leach, J.G.: Further experimental data on stress and thermal gradient compensated crystals. Proc. IEEE Feb. (1977) 282–284.
165. Ward, R.: The SC-CUT CRYSTAL: A review. Colorado Crystal Corporation 1980.
166. Pegeot, Cl.: Etude comparative entre des oscillateurs a quartz en coupe AT et en SC (coupes a simple et double rotation). L'onde electrique 59 (1979) 65–69.
167. Adams, Ch.A., Kusters, J.A.: The SC-Cut, a brief summary. Hewlett-Packard J. März (1981).
168. Brice, J.C.: Crystals for quartz resonators. Rev. Mod. Phys. 57 (1985).
169. Scheibe, A.: Piezoelektrizität des Quarzes. Dresden: Steinkopff 1938, S. 168–175.
170. IEC Publication 444: Basic method for the measurement of resonance frequency and equivalent series resonance of quartz crystal units.
171. IEC Publication 302: Standard definitions and methods of measurement for piezoelectric vibrators operating over the frequency range upto 30 MHz.
172. IEC Publication 283: Methods for the measurement of frequency and equivalent resistance of unwanted resonances of filter crystal units.
173. Burgon, J.RR., Wilson, R.L.: SC-Cut quartz oscillator offers improved performance. Hewlett-Packard J. März (1981).
174. Vöge, K.-H., Zinke, O.: Beziehungen zwischen äquivalenten und dualen Reaktanzzweipolen mit maximal vier Reaktanzen. AEÜ 18 (1964) 342–349.
175. Lutz, R.: Zur Dimensionierung linearer Verstärker-Oszillatoren. Diss. Hochschule der Bundeswehr München 1983.
176. Lutz, R., Gottwald, A.: Ein umfassendes Qualitätsmaß für lineare Verstärker-Oszillatoren. Frequenz 39 (1985) 55–59.
177. Driscoll, M.M.: Two-stage self-limiting series mode type quartz crystal oscillator exhibiting improved short-term frequency stability; Proc. 26th AFSC (1972) p. 43.
178. Fliege, N.: Empfindlichkeitsmaße für lineare Systeme und Netzwerke. AEÜ 32 (1978) 308–313.
179. Pengelly, R.: Microwave field-effect transistors-theory, design and applications. Chichester: Research Studies Press 1983, S. 250–253.
180. Johnson, K.M.: Large signal GaAs MESFET oscillator design. IEEE Trans. MTT-27 (1979) 217–226.
181. Pettenpaul, E., Langer, E., Huber, J., Mampe, H., Zimmermann, W.: Discrete GaAs microwave devices for satellite TV front ends. Siemens Research and Development Rep. 4 (1984).

182. Maeda, M., Kimura, K.,. Kodera, H.: Design and performance of X-band oscillators with GaAs Schottky-gate field-effect transistors. IEEE Trans. MTT-23 (1975) 661–667.
183. Plourde, J.M., Chung-Li Ren: Application of dielectric resonators in microwave components. IEEE Trans. MTT-29 (1981) 754–770.
184. Abe, H., Takayama, Y., Higashisaka, A., Takernizawa, H.: A highly stabilized low-noise GaAs FET integrated oscillator with a dielectric resonator in the C-band. IEEE Trans. MTT-26 (1978) 156–162.
185. Pospieszalski, M.W.: Cylindrical dielectric resonators and their applications in TEM line microwave circuits. IEEE Trans. MTT-27 (1979) 233–238.
186. Tserng, H.Q., Macksey, H.M., Sokolov, V.: Performance of GaAs MESFET oscillators in the frequency range 8–25 GHz. Electron. Lett. 13 (1977) 85–86.
187. Lesartre, P., et al.: Stable FET local oscillator at 11 GHz with electronic amplitude control. Proc. 8th. European Microwave Conf. (1978), p. 269–273.
188. Joshi, J.S., Cockrill, J.R., Turner, J.A.: Monolithic microwave GaAs FET oscillators. IEEE Trans. ED-28 (1981) 158–162.
189. Tserng, H.Q., Macksey, H.M.: Performance of monolithic GaAs FET oscillators at J-band. IEEE Trans. ED-28 (1981) 163–165.
190. Tsironis, C., Kermarrec, C., Faguet, J., Harrop, P.: Stáble monolithic GaAs FET oscillator. Electron. Lett. 18 (1982) 345, 347.
191. Debney, B.T., Joshi, J.S.: A theory of noise in GaAs FET microwave oscillators and its experimental verification. IEEE Trans. ED-30 (1983) 769–776.
192. Hirshfield, J.L., Wachtel, J.M.: Electron cyclotron maser. Phys. Rev. Let. 12 (1964) 533–536.

11. Mischung und Frequenzvervielfachung

11.1 Einführung

Mischung von Signalen verschiedener Frequenz, Frequenzvervielfachung und -teilung sowie Modulation gehören zu dem großen Gebiet der Frequenzumsetzung. Die Frequenzumsetzung läßt sich je nach der Aufgabenstellung in die in Abb. 11.1/1 gezeigten Gruppen aufteilen.

Die einfachste Form der Frequenzumsetzung ist die in Abb. 11.1/1a schematisch angedeutete Frequenzvervielfachung, die durch Verzerrung der Grundschwingung f_1 und Heraussiebung der Oberwelle nf_1 erreicht wird. Den umgekehrten Fall stellt die in Abb. 11.1/1b gezeigte Frequenzteilung dar. Mit Modulation bezeichnet man eine Frequenzumsetzung, bei der meist ein niederfrequentes Signal die Amplitude oder die

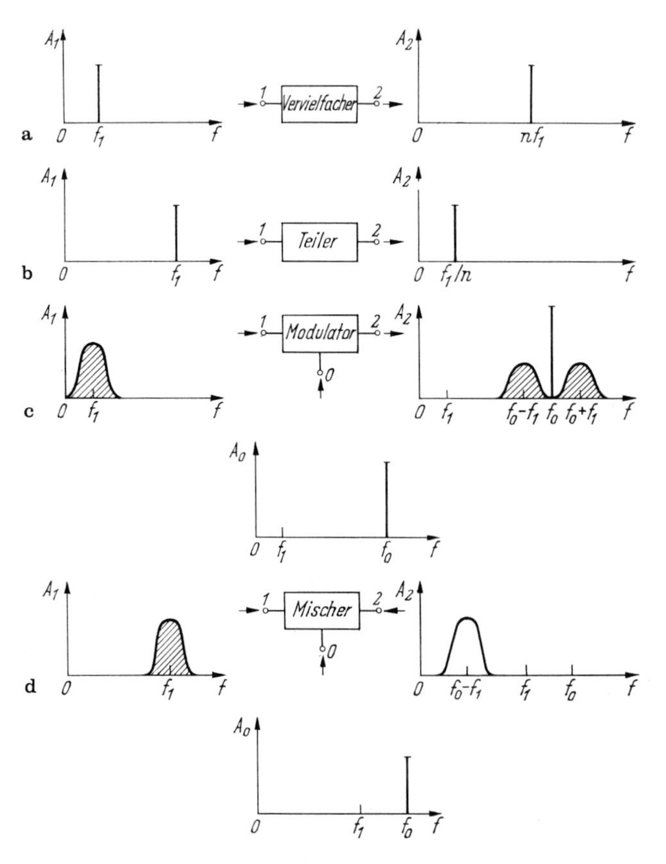

Abb. 11.1/1a–d. Verschiedene Frequenzumsetzer mit prinzipiellen Eingangs- und Ausgangsspektren

Phase einer hochfrequenten Trägerschwingung f_0 steuert (s. Kap. 12). Die dabei entstehenden Spektren sind in Abb. 11.1/1c gezeigt. Bei der Mischung schließlich wird nach Abb. 11.1/1d meist ein hochfrequentes Signal mittels einer hochfrequenten Oszillatorschwingung f_0 in seiner Frequenzlage geändert.

11.2 Anwendungen der Mischung

11.2.1 Überlagerungsempfänger

Das Blockschaltbild eines Überlagerungsempfängers zeigt Abb. 11.2/1. Hier kann in der HF-Mischstufe jede im Empfangsbereich liegende Frequenz f_s durch Mischung mit einer entsprechend einstellbaren Oszillatorfrequenz f_0 in eine feste „Zwischenfrequenz"

$$f_z = |f_0 \pm f_s| \tag{11.2/1a}$$

umgesetzt und in einem einmal fest eingestellten ZF-Verstärker weiterverstärkt werden. Zur Bildung der Zwischenfrequenz f_z nach Gl. (11.2/1a) ist es gleichgültig, ob die Oszillatorfrequenz f_0 ober- oder unterhalb der Signalfrequenz f_s liegt. Meist wird jedoch eine höhere Oszillatorfrequenz vorgezogen, da hiermit bei einer vorgegebenen Breite des Empfangsbereichs die notwendige Variation von f_0 kleiner ist als bei Anwendung einer niedrigeren Oszillatorfrequenz. Löst man bei vorgegebenen f_z und f_0 Gl. (11.2/1a) nach f_s auf, so erhält man 2 Signalfrequenzen

$$f_{s1,2} = f_0 \pm f_z\,, \tag{11.2/1b}$$

die durch Mischung mit f_0 die Zwischenfrequenz ergeben.

Eine von beiden ist stets das zu empfangende Nutzsignal, auf das der HF-Vorverstärker abgestimmt ist, die andere im Abstand der doppelten Zwischenfrequenz wird mit Spiegelfrequenz bezeichnet und muß durch ausreichende Selektion des HF-Vorverstärkers genügend geschwächt werden, da es sonst zu Interferenzstörungen zwischen Nutzfrequenz und Spiegelfrequenz kommt.

Besteht das Eingangssignal aus getasteter Hochfrequenz (Telegraphie) oder ist es einseitenbandmoduliert bei unterdrücktem Träger, so kann man zur Rückgewinnung der Nachricht im Demodulator ebenfalls einen Mischer verwenden, der das Zwischenfrequenzsignal durch Mischung mit einer Oszillatorfrequenz in hörbare Niederfrequenz rückverwandelt.

11.2.2 Frequenzumsetzer für m- und dm-Wellen

Besonders in gebirgigem Gelände, wo die durch Großsender hervorgerufenen Empfangsfeldstärken nicht ausreichen, werden Frequenzumsetzer eingesetzt, die das Signal des Großsenders empfangen und verstärkt auf einer anderen Frequenz wieder

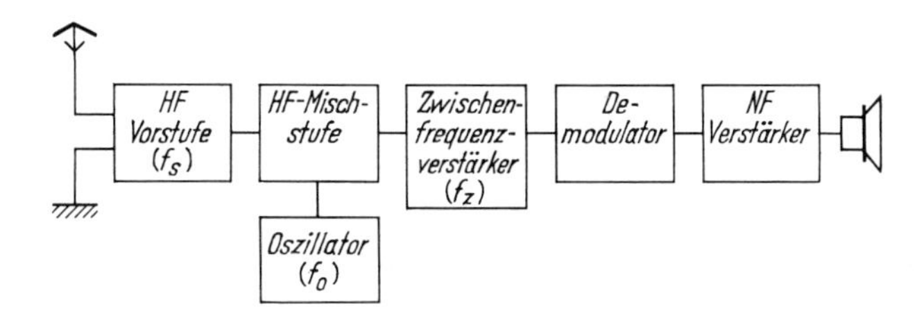

Abb. 11.2/1. Blockschaltbild eines Überlagerungsempfängers

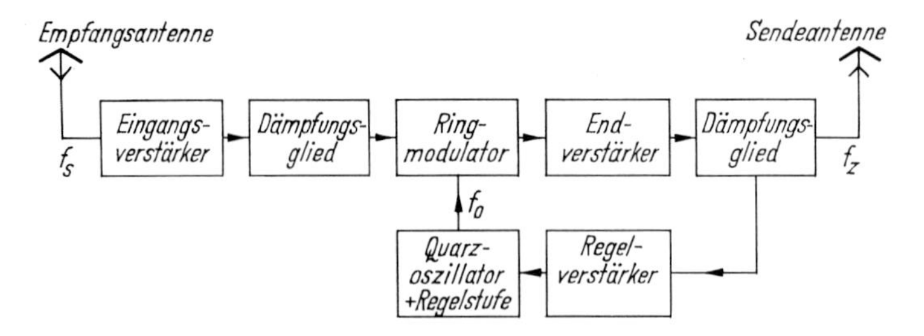

Abb. 11.2/2. Blockschaltbild eines Frequenzumsetzers

abstrahlen. Das Blockschaltbild eines derartigen Umsetzers [1] ist in Abb. 11.2/2 wiedergegeben. Das ankommende Signal mit der Frequenz f_s wird nach entsprechender Verstärkung einem Ringmodulator zugeführt, hier mit der örtlich erzeugten Frequenz f_0 gemischt und so auf die gewünschte Ausgangsfrequenz f_z umgesetzt, die über die am gleichen Mast mit der Empfangsantenne befestigte Sendeantenne abgestrahlt wird. Ein Teil der Ausgangsspannung des Umsetzers steuert rückwärts über einen Regelverstärker eine Regelstufe und gestattet so, Schwankungen des Eingangspegels auszugleichen.

11.3 Kombinationsfrequenzen bei nichtlinearen Bauelementen

Ein Mischer, der in einem der Nachrichtenübermittlung dienenden Gerät eingesetzt wird, erzeugt aus einem modulierten Eingangssignal mit Hilfe einer unmodulierten Oszillatorfrequenz ein moduliertes Zwischenfrequenzsignal. Durch Aussteuern eines nichtlinearen Bauelements, dessen Verhalten z. B. durch die folgende Potenzreihe

$$i = C_0 + C_1 u + C_2 u^2 + C_3 u^3 + \cdots + C_n u^n + \cdots$$

beschrieben wird, können aus einer Signalfrequenz f_s und einer Oszillatorfrequenz f_0 im allgemeinen Fall die Frequenzen

$$f_k = |\pm m f_s \pm n f_0| \qquad \text{mit} \qquad m, n = 0, 1, 2, 3 \ldots \tag{11.3/1}$$

entstehen. Für den Fall $m = 0$ erhält man die Oszillatorfrequenz und ihre Oberschwingungen, für $n = 0$ die Signalfrequenz und ihre Oberschwingungen. Für $n \neq 0$ und $m \neq 0$ ergeben sich Kombinationsfrequenzen. Die „Frequenzpyramide“ in Abb. 11.3/1 zeigt, welche Koeffizienten wesentlich die Amplituden bestimmter Kombinationsfrequenzen bestimmen und wie diese in übersichtlicher Weise den Vielfachen von Signal- und Oszillatorfrequenz zugeordnet sind.

Das Frequenzspektrum nach Gl. (11.3/1) ist in Abb. 11.3/2a für den Fall $f_0 \gg f_s$ dargestellt. Man erkennt, daß zu jeder Oberschwingung nf_0 der Oszillatorfrequenz f_0 eine Anzahl von Seitenfrequenzen im Abstand mf_s gehört.

Im allgemeinen besteht das Eingangssignal selbst aus der Überlagerung verschiedener spektraler Anteile, aus denen ebenfalls infolge von Nichtlinearität Kombinationsfrequenzen entsprechend der Frequenzpyramide Abb. 11.3/1 entstehen. Dieser Vorgang der Signalverzerrung wird als Intermodulation bezeichnet. Je nach dem Einfluß des quadratischen Anteils ($\sim C_2$) bzw. des kubischen Anteils ($\sim C_3$) usw. der Kennlinie entstehen Intermodulationsprodukte 2. Ordnung bzw. 3. Ordnung usw. [51]. Dies ist in Abb. 11.3/2c für ein Signal mit den beiden Spektralkomponenten bei f_1 und f_2 dargestellt. Die Intermodulationsprodukte 2. Ordnung bei $f_1 + f_2$ und bei

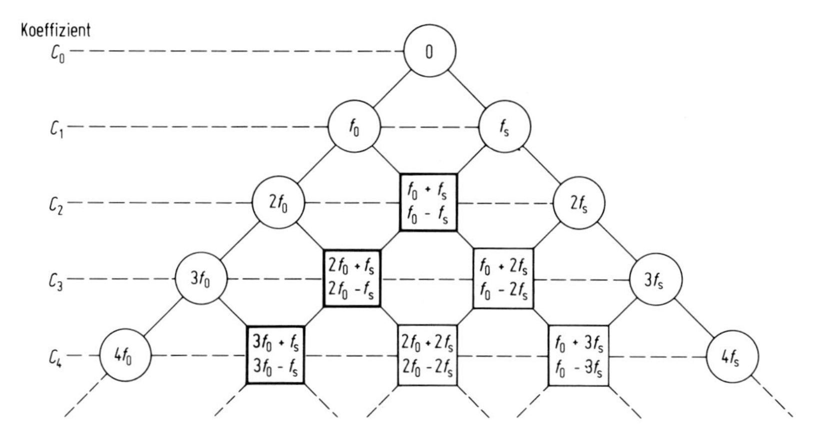

Abb. 11.3/1. Frequenzpyramide der bei Mischung von f_s und f_0 auftretenden Frequenzen mf_s und nf_0 sowie ihrer Kombinationsfrequenzen

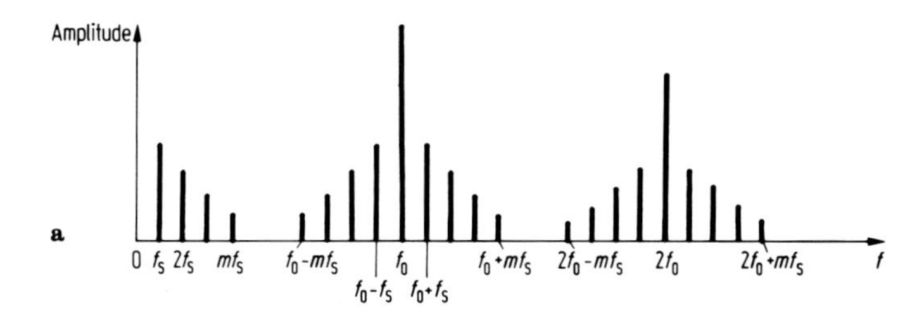

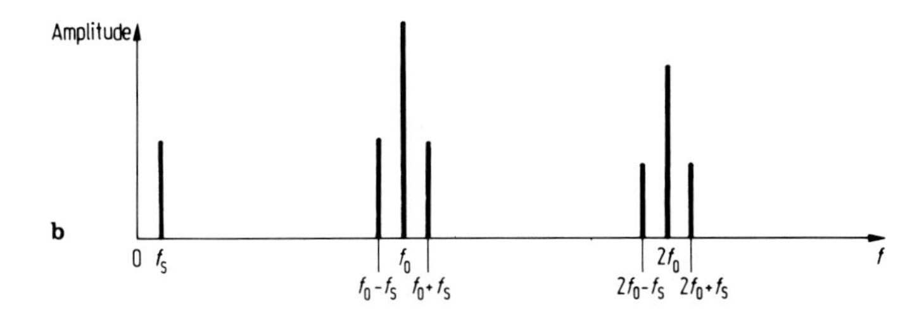

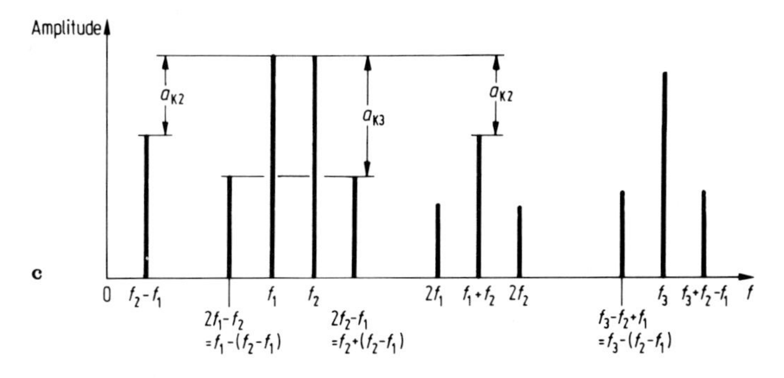

Abb. 11.3/2a–c. Spektren des Mischers: **a** vollständiges Spektrum $f_k = |\pm nf_0 \pm mf_s|$; **b** Kleinsignalspektrum $f_z = |\pm nf_0 \pm f_s|$. Die Spektren wurden für den Sonderfall $f_s = f_0/11$ dargestellt; **c** Intermodulations- und Kreuzmodulationsprodukte, f_1 und f_2 sind Signalfrequenzen

$f_2 - f_1$ sind um den Intermodulationsabstand a_{K2}, die Produkte 3. Ordnung bei $2f_1 - f_2$ und $2f_2 - f_1$ um den Intermodulationsabstand a_{K3} geringer als die Amplituden der Nutzsignale bei f_1 bzw. f_2. Bei Produkten 2. Ordnung nimmt die Amplitude quadratisch mit dem Nutzsignal, bei denen 3. Ordnung kubisch hiermit zu.

Als Interceptpunkt wird jeweils derjenige Pegel bezeichnet, bei dem die Intermodulationsprodukte in der Extrapolation ihrer Zunahme den gleichen Wert wie das Nutzsignal haben.

Die Bildung neuer Kombinationsfrequenzen aus den Frequenzen verschiedener Signale wird als Kreuzmodulation bezeichnet. Dies ist z. B. bei der Modulation des Trägers bei f_3 (Abb. 11.3/2c) durch die Differenzfrequenz $f_2 - f_1$ der Fall. Für die Ermittlung der nichtlinearen Signalverzerrungen werden teilweise besondere Meßverfahren vorgeschlagen [52].

Im folgenden soll das Verhalten der verschiedenen Mischer bei kleinen Signalen untersucht werden. In Abschn. 11.3.1 wird gezeigt, daß die Kleinsignalanalyse nur die Kombinationsfrequenzen erfaßt, die sich aus dem allgemeinen Spektrum für den Sonderfall $m = 1$ ergeben. Wir bezeichnen diese Frequenzen im folgenden als Mischfrequenzen:

$$f_z = |\pm f_s \pm nf_0| \quad n = 0, 1, 2 \ldots \tag{11.3/2}$$

Nur mit diesen Mischfrequenzen ist eine verzerrungsfreie Übertragung der Modulation von f_s auf f_z möglich. Sie sind in Abb. 11.3/1 in den stärker umrandeten Feldern dargestellt. Das Frequenzspektrum nach Gl. (11.3/2) ist in Abb. 11.3/2b für den Fall $f_0 \gg f_s$ gezeichnet. Man erkennt, daß bei jeder Oberschwingung nf_0 der Oszillatorfrequenz f_0 nur 2 Mischfrequenzen im Abstand f_s zu berücksichtigen sind.

Die kleinsignaltheoretische Behandlung nichtlinearer Gleichungen im Zeitbereich führt auf lineare Gleichungen mit periodisch zeitabhängigen Koeffizienten für Ströme und Spannungen der Mischfrequenzen. Durch Übergang zur komplexen Rechnung mittels der komplexen Fourier-Transformation erhält man ein lineares Gleichungssystem mit zeitlich konstanten Koeffizienten, das die komplexen Strom- und Spannungsamplituden der Mischfrequenzen miteinander verknüpft.

Als nichtlineare Elemente werden in der Nachrichtentechnik hauptsächlich Dioden (s. Abschn. 11.4 und 11.5), Transistoren (s. Abschn. 11.6) und Röhren zur Mischung verwendet. Nach der Wirkungsweise der verschiedenen Mischer unterscheidet man zwischen additiver und multiplikativer Mischung. Bei der *additiven Mischung* gibt man die Summe von Signal- und Oszillatorspannung auf das Eingangstor eines Transistors (Abb. 11.3/3) oder das Steuergitter einer Triode oder Pentode [2–4] und nutzt die Nichtlinearität der Steuerkennlinie zur Mischung aus. Bei der in der Sendertechnik vielfach angewendeten Anodenmodulation nach Abb. 12.2/7 wird über einen Übertrager die Signalspannung der Anode zugeführt und steuert so, entsprechend dem Durchgriff vermindert, zusammen mit der am Steuergitter anliegenden Träger- (Oszillator-) Spannung die Triode aus.

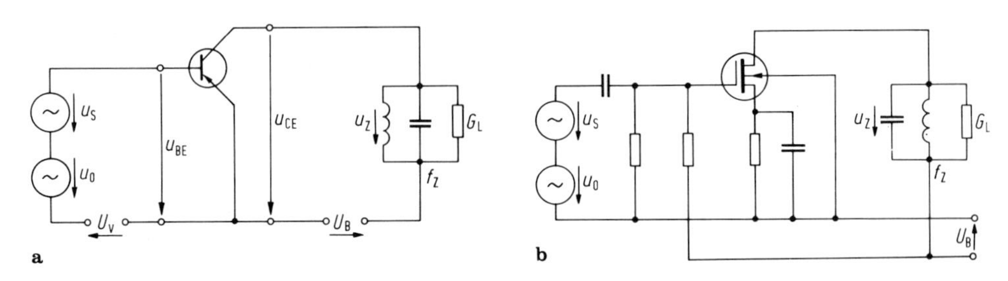

Abb. 11.3/3a u. b. Prinzipschaltbild additiver Mischstufen: **a** Transistor-Mischstufe in Emitter-Grundschaltung; **b** MOSFET-Mischstufe in Sourceschaltung

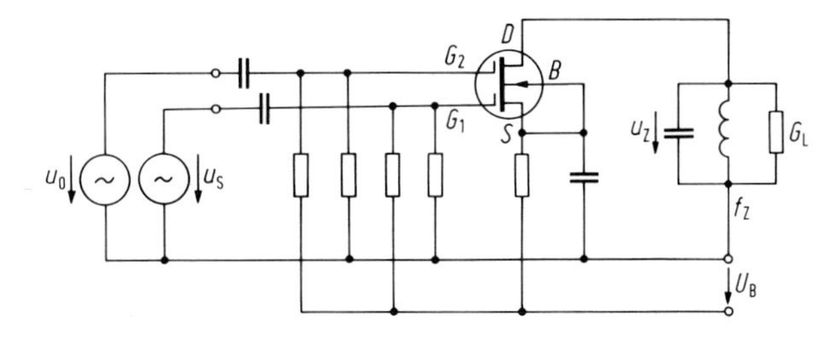

Abb. 11.3/4. Prinzipschaltbild einer multiplikativen Mischstufe mit Dual-Gate-MOSFET

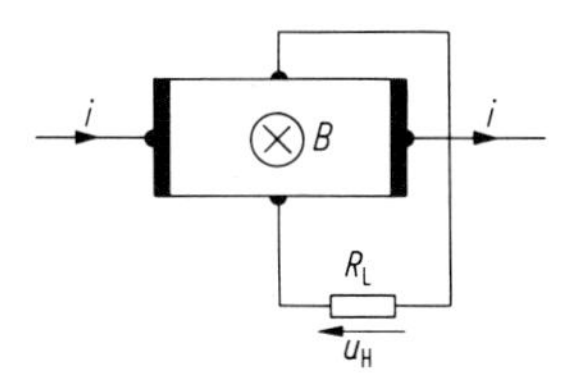

Abb. 11.3/5. Hallelement mit Lastwiderstand R_L

Mischung mit gittergesteuerten Röhren siehe [2] und [3]. Eine Zusammenstellung praktischer Schaltungen findet man bei [4].

Bei der multiplikativen Mischung werden Signal- und Oszillatorspannung zwei verschiedenen Eingangstoren des Mischers zugeführt, wobei durch die Oszillatorspannung dessen Übertragungsfaktor bei der Signalfrequenz gesteuert wird. Dies kann durch einen Dual-Gate-FET (Abb. 11.3/4), durch elektronisch steuerbare Dämpfungsglieder – z. B. PIN-Dioden-Dämpfungsglied, Ringmischer (s. Abschn. 11.4.7) – oder mit Mehrgitterröhren geschehen. Das Hall-Element (Abb. 11.3/5), bei dem die Hall-Spannung proportional dem Produkt von Steuerstrom i und Induktion B ist, läßt sich ebenfalls zur multiplikativen Mischung verwenden [5].

Werden nichtlineare Widerstände oder nichtlineare Reaktanzen zur Frequenzumsetzung benutzt, so lassen sich allgemeine Beziehungen für die dem Element bei den verschiedenen Kombinationsfrequenzen zugeführten oder von ihm entnommenen Leistungen angeben.

Für nichtlineare verlustfreie Reaktanzen werden diese Beziehungen mit Gleichungen von Manley-Rowe (s. Abschn. 11.5.1) beschrieben [10]. In verallgemeinerter Form gelten diese Beziehungen für alle energiespeichernden verlustfreien (konservativen) physikalischen Systeme [11]. Sie gelten jedoch nicht für nichtspeichernde verlustfreie Systeme, z. B. für den idealen Gleichrichter. Die Leistungsverteilung bei positiv nichtlinearen Widerständen wird durch die Beziehungen von Page [12] und Pantell [13] beschrieben (s. Abschn. 11.4.2).

11.3.1 Kleinsignaltheorie der Mischung

Zur Beschreibung des Verhaltens nichtlinearer Systeme gegenüber kleinen Signalen kann man eine Rechenmethode anwenden, die als „Theorie der kleinen Störung" oder auch als „Kleinsignaltheorie" bezeichnet wird. Für die in Abb. 11.3/6 dargestellte Mischschaltung werden folgende Bezeichnungen verwendet:

$f_0 = \dfrac{\omega_0}{2\pi}$ Oszillatorfrequenz $\quad u_0 = u_0(\omega_0 t)$ Oszillatorspannung

$f_s = \dfrac{\omega_s}{2\pi}$ Signalfrequenz $\quad u_s = u_s(\omega_s t)$ Signalspannung

$f_z = \dfrac{\omega_z}{2\pi}$ Zwischenfrequenz $\quad u_z = u_z(\omega_z t)$ Zwischenfrequenzspannung .

Der nichtlineare Leitwert (z. B. realisiert durch Diode, Varistor, Transistor, Röhre) werde durch eine eindeutige (d. h. hysteresefreie) nichtlineare Funktion

$$i = F(u) \tag{11.3/3}$$

beschrieben. Die übrige Schaltung soll nur lineare und zeitlich konstante Elemente enthalten.

Liegt an dem Leitwert eine Spannung, die spektrale Anteile bei den Frequenzen f_0 und f_s enthält, so wird der Strom im allgemeinen Fall einer nichtlinearen Kennlinie nach Gl. (11.3/3) die in Abb. 11.3/1 bzw. 11.3/2a dargestellten Kombinationsfrequenzen f_k enthalten:

$$f_k = |\pm mf_s \pm nf_0| . \tag{11.3/1}$$

Der durch den Strom hervorgerufene Spannungsabfall an der äußeren Beschaltung liegt ebenfalls an dem nichtlinearen Leitwert und trägt zur Mischung bei, so daß im allgemeinen Fall Spannung und Strom die Kombinationsfrequenzen f_k nach Gl. (11.3/1) enthalten. Betrag und Phase der einzelnen Spektralkomponenten werden durch das Zusammenwirken von nichtlinearem Element und äußerer Beschaltung bestimmt. Durch die Beschaltung läßt sich das Betriebsverhalten der Mischstufe innerhalb bestimmter Grenzen beeinflussen, die durch das nichtlineare Element gegeben sind (s. Abschn. 11.4.2 und 11.5.1).

Wenn die Amplitude der Oszillatorspannung U_0 groß gegen die der Signalspannung U_s ist, können wir die folgende „Kleinsignaltheorie“ anwenden. Wir zerlegen die Spannung am nichtlinearen Leitwert in eine Kleinsignalspannung $\Delta u \sim u_s$ und in eine mit f_0 zeitlich veränderliche Großsignalspannung u_{g0}, die auch einen Gleichspannungsanteil U_v enthalten kann:

$$u_{g0} = U_v + u_0 .$$

Wir entwickeln nun Gl. (11.3/3) in eine nach Potenzen der Kleinsignalspannung Δu fortschreitende Taylor-Reihe:

$$\begin{aligned} i &= F(u_{g0} + \Delta u) \\ &= \sum_{k=0}^{\infty} \frac{1}{k!} F^{(k)}(u_{g0}) \Delta u^k \\ &= F(u_{g0}) + F'(u_{g0})\Delta u + \tfrac{1}{2}F''(u_{g0})\Delta u^2 + \tfrac{1}{6}F'''(u_{g0})\Delta u^3 + \cdots \end{aligned} \tag{11.3/4}$$

Für die k-te Ableitung in Gl. (11.3/4) wurde zur Abkürzung geschrieben:

$$F^{(k)}(u_{g0}) = \left.\frac{\mathrm{d}^k F(u)}{\mathrm{d}u^k}\right|_{u=u_{g0}} .$$

Der erste Summand der Taylor-Reihe, Gl. (11.3/4), ist eine Funktion der Großsignalspannung u_{g0} und damit allein eine Funktion der Gleichspannung und der Oszillatorspannung. Er enthält einen Gleichstromanteil sowie Anteile der Oszillatorfrequenz und ihrer Oberschwingungen und ist daher für den Mischvorgang nicht von Interesse. Unter der Annahme $|\Delta u|_{\max} \ll U_{g0}$ kann man die Taylor-Reihe nach dem 2. Glied abbrechen und das System als „quasilinear“ [6 bis 9] betrachten.

Das Verhalten des Leitwertes gegenüber kleinen Signalen läßt sich dann durch die lineare „Kleinsignalgleichung“

$$\Delta i = F'(u_{g0})\Delta u \tag{11.3/5}$$

beschreiben, Mit Δi ist der Teil des Stromes i bezeichnet, welcher der Kleinsignalspannung Δu in Gl. (11.3/4) proportional ist.

In Gl. (11.3/4) ist der Koeffizient $F'(u_{g0})$ eine Funktion der Oszillatorspannung und deshalb mit der Oszillatorfrequenz f_0 periodisch zeitabhängig. Man kann ihn seiner Dimension und seiner Funktion entsprechend als zeitabhängigen Leitwert $G(\omega_0 t)$ deuten. Er läßt sich in eine Fourier-Reihe entwickeln, die ein konstantes Glied sowie Glieder der Oszillatorfrequenz und ihrer Oberschwingungen enthält:

$$G(\omega_0 t) \equiv F'(u_{g0}) = F'(U_v + u_0) = \sum_{\lambda=-\infty}^{\lambda=+\infty} G_\lambda e^{j\lambda\omega_0 t} . \tag{11.3/6}$$

Die einzelnen Koeffizienten dieser Reihe sind aus dem Fourier-Integral

$$G_\lambda = \frac{1}{2\pi} \int_{-\pi}^{+\pi} G(\omega_0 t) e^{-j\lambda\omega_0 t} d(\omega_0 t) \tag{11.3/7}$$

zu berechnen. Da die Funktion $G(\omega_0 t)$ eine reelle Zeitfunktion ist, besteht zwischen den Koeffizienten die Beziehung

$$G_{-\lambda} = G_\lambda^* .$$

Der Stern * bezeichnet konjugiert komplexe Größen. Die Kleinsignalgleichung (11.3/5) hat nach Gl. (11.3/6) auch die Form

$$\Delta i = G(\omega_0 t) \Delta u . \tag{11.3/8}$$

Mit Gl. (11.3/8) erhält man das in Abb. 11.3/7 dargestellte Kleinsignalersatzschaltbild des Mischers.

Gegenüber Abb. 11.3/6 sind in Abb. 11.3/7 Spannung und Strom der Oszillatorfrequenz und ihrer Oberschwingungen nicht mehr enthalten. Der zeitabhängige Leitwert ist somit als eingeprägter zeitabhängiger Parameter zu betrachten, dessen funktionaler Zusammenhang mit der ihn steuernden Großsignalgröße im Kleinsignalersatzschaltbild durch die Koeffizienten G_λ berücksichtigt wird. Für die Kleinsignaltheorie ist daher ein zeitabhängiger Leitwert, der sich nach der Taylor-Entwicklung aus einem nichtlinearen Leitwert nach Gl. (11.3/6) ergibt, und ein zeitabhängiger Leitwert, der durch periodisches Verändern eines linearen Leitwerts erzeugt wird, gleichwertig.

Ein lineares Netzwerk, das zeitabhängige Elemente enthält, wird in der Literatur als *zeitvariables Netzwerk* bezeichnet [9]. Falls die Zeitabhängigkeit der Elemente periodisch ist, werden in einem solchen Netzwerk neue diskrete Frequenzen erzeugt. Im Gegensatz zu den gewöhnlichen linearen Netzwerken mit zeitlich konstanten Elementen können demnach in einem zeitvariablen Netzwerk Eingangs- und Ausgangsfrequenz verschieden sein.

Im Gegensatz zu nichtlinearen Netzwerken ist in einem zeitvariablen Netzwerk der Überlagerungssatz gültig. Wir können deshalb aus dem Verhalten des Netzwerkes

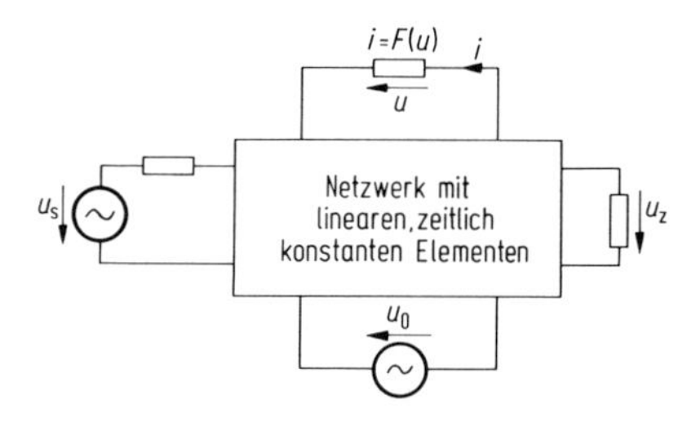

Abb. 11.3/6. Prinzipschaltbild einer Mischstufe mit nichtlinearem Leitwert

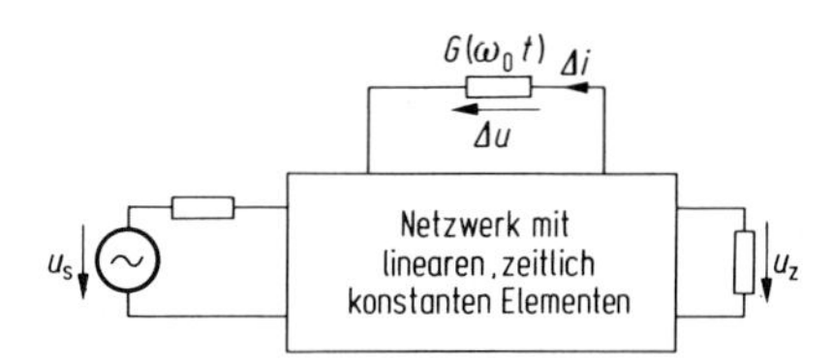

Abb. 11.3/7. Kleinsignalersatzschaltbild für die Mischstufe nach Abb. 11.3/6 mit linearem, zeitabhängigem Leitwert

gegenüber unmodulierten Signalen auf das Verhalten gegenüber modulierten Signalen schließen und uns in den folgenden Untersuchungen auf unmodulierte Signale beschränken.

Die Kleinsignalspannung enthält einen spektralen Anteil bei der Signalfrequenz f_s. Nach Gl. (11.3/8) werden an dem mit f_0 periodisch zeitabhängigen Leitwert jetzt die Kombinationsfrequenzen des *Kleinsignalspektrums*

$$f_z = |\pm f_s \pm n f_0| \tag{11.3/9}$$

erzeugt. Dieses Spektrum stellt mit $m = 1$ einen Sonderfall des allgemeinen Spektrums nach Gl. (11.3/1) dar und ist in Abb. 11.3/2b dargestellt.

Für die Kleinsignalspannung setzen wir nun die folgende Zeitfunktion an:

$$\Delta u = \frac{1}{2} \sum_{m=-1,+1} \sum_{n=-\infty}^{n=+\infty} U_{\mathrm{m,n}} \mathrm{e}^{\mathrm{j}(m\omega_s + n\omega_0)t} . \tag{11.3/10}$$

Für die Fourier-Koeffizienten dieser reellen Funktion gilt:

$$U_{-\mathrm{m},-\mathrm{n}} = U^*_{\mathrm{m,n}} .$$

Wir setzen diese Zeitfunktion sowie die Fourier-Entwicklung des zeitabhängigen Leitwerts Gl. (11.3/7) in Gl. (11.3/8) ein:

$$\begin{aligned}\Delta i &= \frac{1}{2}\left(\sum_{\lambda=-\infty}^{\lambda=+\infty} G_\lambda \mathrm{e}^{\mathrm{j}\lambda\omega_0 t}\right)\left(\sum_{m=-1,+1} \sum_{n=-\infty}^{n=+\infty} U_{\mathrm{m,n}} \mathrm{e}^{\mathrm{j}(m\omega_s + n\omega_0)t}\right) \\ &= \frac{1}{2} \sum_{\lambda=-\infty}^{\lambda=+\infty} \sum_{m=-1,+1} \sum_{n=-\infty}^{n=+\infty} G_\lambda U_{\mathrm{m,n}} \mathrm{e}^{\mathrm{j}(m\omega_s + (n+\lambda)\omega_0)t} .\end{aligned} \tag{11.3/11}$$

Nach Substitution von λ in G_λ durch $(n' - \lambda')$ und von n in $U_{\mathrm{m,n}}$ durch λ' erhalten wir $n + \lambda = n'$ im Exponenten und nach Weglassen der Striche

$$\Delta i = \frac{1}{2} \sum_{m=-1,+1} \sum_{n=-\infty}^{n=+\infty} \sum_{\lambda=-\infty}^{\lambda=+\infty} G_{\mathrm{n}-\lambda} U_{\mathrm{m},\lambda} \mathrm{e}^{\mathrm{j}(m\omega_s + n\omega_0)t} . \tag{11.3/12}$$

Damit sind die Amplituden der Zeitfunktion des Kleinsignalstroms

$$\Delta i = \frac{1}{2} \sum_{m=-1,+1} \sum_{n=-\infty}^{n=+\infty} I_{\mathrm{m,n}} \mathrm{e}^{\mathrm{j}(m\omega_s + n\omega_0)t} \tag{11.3/13}$$

bestimmt. Durch Koeffizientenvergleich von Gl. (11.3/12) mit Gl. (11.3/13) erhalten wir

$$I_{\mathrm{m,n}} = \sum_{\lambda=-\infty}^{\lambda=+\infty} G_{\mathrm{n}-\lambda} U_{\mathrm{m},\lambda} \tag{11.3/14}$$

mit

$$I_{-\mathrm{m},-\mathrm{n}} = I^*_{\mathrm{m,n}} .$$

Hierbei kann m die Werte -1 oder $+1$ annehmen.

Diese durch Gl. (11.3/14) beschriebenen linearen Beziehungen zwischen den komplexen Amplituden von Spannung und Strom bei den Frequenzen des Kleinsignalspektrums heißen *Konversionsgleichungen* des zeitabhängigen Leitwerts. Sie bilden im allgemeinen ein unendlich ausgedehntes Gleichungssystem. Für $m = +1$ erhalten wir Gleichungen, die konjugiert komplex zu denen für $m = -1$ sind. Das Kleinsignalersatzschaltbild des zeitabhängigen Leitwerts im Frequenzbereich wird durch ein n-Tor dargestellt, bei dem jeder Frequenz des Kleinsignalspektrums ein Tor zugeordnet wird. Die Leitwertgleichungen dieses n-Tors sind durch Gl. (11.3/14) gegeben. Das vollständige Ersatzschaltbild der Mischstufe erhalten wir, indem wir an jedem Tor des

n-Tor-Ersatzschaltbildes das Verhalten der übrigen Schaltung der Mischstufe bei der dem jeweiligen Tor zugeordneten Frequenz berücksichtigen.

11.3.2 Aufwärtsmischung, Abwärtsmischung, Gleichlage, Kehrlage

Die Eingangsfrequenz des Mischers ist mit der Signalfrequenz f_s gegeben. Als Ausgangs- oder Zwischenfrequenz können wir nun eine Frequenz des Kleinsignalspektrums auswählen. In der Gl. (11.3/9) sind drei wesentlich verschiedene Möglichkeiten zur Bildung der Zwischenfrequenz enthalten:

1. $f_z = +f_s + nf_0 \quad f_z > f_s$ Aufwärtsmischer, Gleichlage (11.3/15)

2. $f_z = +f_s - nf_0 \quad f_z < f_s$ Abwärtsmischer, Gleichlage (11.3/16)

3. $f_z = -f_s + nf_0$ (11.3/17)

mit der Unterteilung in

3a. $nf_0/2 > f_s \quad f_z > f_s$ Aufwärtsmischer, Kehrlage (11.3/17a)

3b. $nf_0/2 < f_s < nf_0 \quad f_z < f_s$ Abwärtsmischer, Kehrlage (11.3/17b)

Wenn wir die Signalfrequenz erhöhen, wird nach den ersten beiden Frequenzbeziehungen die Zwischenfrequenz ebenfalls erhöht, nach der dritten Frequenzbeziehung wird sie erniedrigt. Die ersten beiden Fälle fassen wir unter dem Begriff *Gleichlage (Regellage) der Frequenzen* zusammen. Den letzten Fall bezeichnen wir als *Kehrlage der Frequenzen.* Einen Mischer, in dem eine Zwischenfrequenz erzeugt wird, die höher als die Signalfrequenz ist, bezeichnen wir als *Aufwärtsmischer*, einen Mischer, in dem eine Zwischenfrequenz erzeugt wird, die tiefer als die Signalfrequenz ist, als *Abwärtsmischer.*

Nach diesen Definitionen kennzeichnet Gl. (11.3/15) den Aufwärtsmischer in Gleichlage, Gl. (11.3/16) den Abwärtsmischer in Gleichlage und Gl. (11.3/17a) den Aufwärtsmischer in Kehrlage, Gl. (11.3/17b) den Abwärtsmischer in Kehrlage.

Für $n = 1$ erhält man die Grundwellenmischung, die in der Praxis am häufigsten angewandt wird, mit $n > 1$ die Oberwellenmischung, die in den Diodenmischern von Mikrowellenempfängern zuweilen benutzt wird. Für den Sonderfall $n = 0$ geht der Mischer in den Geradeausverstärker über, bei dem Eingangs- und Ausgangsfrequenz gleich sind (s. Reaktanzverstärker, Abschn. 11.5.7).

Zusammenfassend läßt sich feststellen, daß der Mischer unter der Voraussetzung, daß die Signalspannung wesentlich kleiner als die Oszillatorspannung bleibt und daß die Zwischenfrequenz eine der durch Gl. (11.3/9) gegebenen Frequenzen ist, durch eine lineare Beziehung zwischen Signalspannung und Zwischenfrequenzspannung beschrieben werden kann. Er überträgt unter diesen Voraussetzungen jede Modulation ohne nichtlineare Verzerrungen von der Signalfrequenz auf die Zwischenfrequenz. Hinsichtlich der Übertragung der Seitenbänder einer Modulation unterscheiden sich Gleich- und Kehrlage.

Beim Mischer in Gleichlage erscheinen die Seitenbänder einer im Eingangssignal enthaltenen Modulation im Zwischenfrequenzsignal in gleicher Lage, beim Mischer in Kehrlage erscheinen sie in vertauschter Lage. Die gegenseitige Lage der Modulationsspektren ist für die beiden Abwärtsmischer in Abb. 11.3/8 gezeigt. Signal- und Zwischenfrequenz wurden mit je einem Seitenbandspektrum dargestellt. Die entsprechenden Bilder für die beiden Aufwärtsmischer erhält man durch Vertauschung der Bezeichnungen f_s und f_z.

Die in der Kleinsignalanalyse nicht erfaßten Kombinationsfrequenzen des allgemeinen Spektrums Gl. (11.3/1) sind nicht als Zwischenfrequenzen geeignet, da sich für

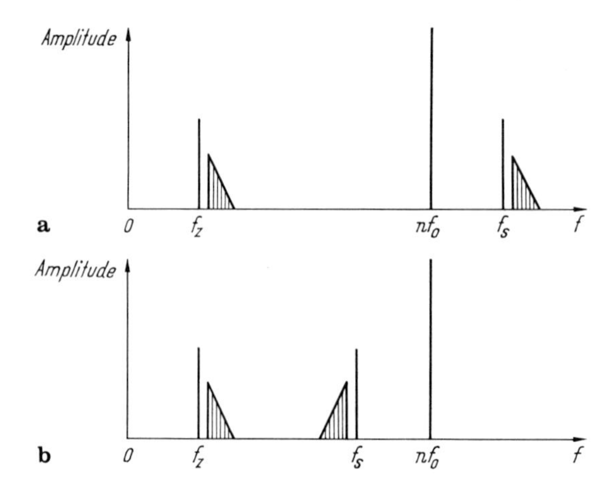

Abb. 11.3/8a u. b. Lage der Modulationsspektren für verschiedene Frequenzbeziehungen von Abwärtsmischern: **a** Gleichlage der Frequenzen, $f_z = f_s - nf_0$; **b** Kehrlage der Frequenzen, $f_z = nf_0 - f_s$ Fall 3b. $nf_0/2 < f_s < nf_0$

alle diese Frequenzen nichtlineare Beziehungen zwischen Eingangs- und Ausgangssignal ergeben. Unter der Voraussetzung $U_s \ll U_0$ sind deren Amplituden wesentlich kleiner als die des Kleinsignalspektrums.

11.4 Mischung mit Halbleiterdioden als nichtlinearen Widerständen

Als Mischelement in nachrichtentechnischen Geräten werden, insbesondere bei Frequenzen über 1 GHz, hauptsächlich Halbleiterdioden eingesetzt. In den Mischstufen von Empfängern benutzt man als nichtlineare Widerstände meist Dioden mit einer Metall-Halbleiter-Sperrschicht (Schottky-Barrier-Dioden; Punkt-Kontakt-Dioden, s. Abschn. 7.23.3). Diese Dioden sind im Schaltverhalten auf Grund geringerer Ladungsträgerspeicherung den pn-Sperrschicht-Dioden überlegen. Letztere finden vorwiegend Verwendung in Reaktanzverstärkern, Frequenzvervielfachern und Aufwärtsmischern, bei denen die Nichtlinearität der Sperrschichtkapazität zur Frequenzumsetzung ausgenutzt wird.

11.4.1 Kleinsignalersatzschaltbild der Halbleiterdiode

Das vereinfachte Kleinsignal-Ersatzschaltbild einer Diode zeigt Abb. 11.4/1 [16]. Im Durchlaßbereich wird das Verhalten der Diode im wesentlichen durch die Diffusionsadmittanz bestimmt, die aus dem Diffusionsleitwert $G_d(u)$ und der Diffusionskapazität $C_d(u)$ gebildet wird. Im Sperrbereich ist die Diffusionsadmittanz sehr viel kleiner als der durch die Sperrschichtkapazität $C_s(u)$ gebildete Leitwert. Ohmsche Spannungsabfälle im Bahngebiet der Diode berücksichtigt der Bahnwiderstand R_B. Auf die im Ersatzschaltbild Abb. 11.4/1 gezeigte Zuleitungsinduktivität L_s und die Gehäusekapazität C_G wird bei der weiteren Behandlung nicht eingegangen, da ihre Größen durch ein geeignetes Diodengehäuse klein gehalten werden können, und ihr Einfluß bei bestimmten Frequenzen stets durch andere verlustfreie Elemente kompensiert werden kann. Sie haben somit keinen Einfluß auf die optimalen Betriebseigenschaften eines Mischers, können jedoch die Realisierung dieser Betriebseigenschaften erschweren.

Das im folgenden für den Durchlaßbereich verwendete Ersatzschaltbild der Diode als nichtlinearer Leitwert zeigt Abb. 11.4/2a. Die dem Diffusionsleitwert parallel geschaltete Kapazität kann vernachlässigt werden, wenn für die Betriebsfrequenzen

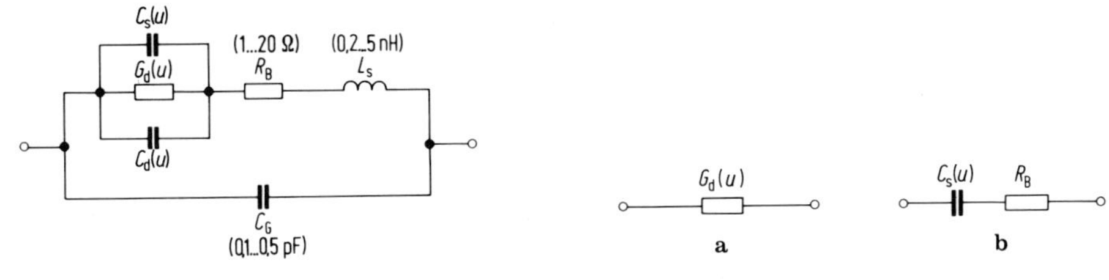

Abb. 11.4/1. Kleinsignal-Ersatzschaltbild einer Halbleiterdiode

Abb. 11.4/2a u. b. Vereinfachtes Kleinsignal-Ersatzschaltbild einer Halbleiterdiode: **a** für den Durchlaßbereich und tiefe Frequenzen; **b** für den Sperrbereich und hohe Frequenzen

$f \ll G_\mathrm{d}/C_\mathrm{d}$ gilt. Wird die Diode im Sperrgebiet als nichtlinearer Kondensator betrieben, verwenden wir das Ersatzschaltbild Abb. 11.4/2b. Hier wird durch die Sperrschichtkapazität $C_\mathrm{s}(u)$ der Leitwert $G_\mathrm{d}(u)$ bei hohen Frequenzen kurzgeschlossen.

Zur Bestimmung des Rauschverhaltens einer Mischstufe wird bei der Verwendung des Ersatzschaltbildes Abb. 11.4/2a das Schrotrauschen des durch die Diode fließenden Oszillatorstroms berücksichtigt, bei der Verwendung des Ersatzschaltbildes Abb. 11.4/2b das thermische Rauschen des als konstant angenommenen Bahnwiderstandes R_B. Weitere wesentliche Rauschbeiträge sind das Amplituden- und Phasenrauschen des Oszillators und das Funkelrauschen der Diode. Ihr Einfluß läßt sich jedoch durch einen geeigneten Oszillator bzw. durch eine geeignete Wahl der Zwischenfrequenz [17] weitgehend verringern.

11.4.2 Leistungsbeziehungen von Page und Pantell

Es wird ein positiv nichtlinearer Leitwert betrachtet, der nach Gl. (11.3/3) durch eine eindeutige nichtlineare Funktion beschreibbar ist. Der differentielle Leitwert sei für alle Werte von u nicht negativ, d. h.

$$\frac{\mathrm{d}i}{\mathrm{d}u} = \frac{\mathrm{d}F(u)}{\mathrm{d}u} \geq 0\,.$$

Es gilt die allgemeine Leistungsverteilungsbeziehung von [11, 14]:

$$\sum_{m=-\infty}^{m=+\infty} \sum_{n=-\infty}^{n=+\infty} P_{\mathrm{m,n}} \omega_{\mathrm{m,n}}^2 \geq 0\,. \tag{11.4/1}$$

Hierin ist $P_{\mathrm{m,n}}$ die bei der Kreisfrequenz $\omega_{\mathrm{m,n}}$ umgesetzte Wirkleistung. Die Kreisfrequenz $\omega_{\mathrm{m,n}} = m\omega_\mathrm{s} + n\omega_0$ berechnet sich aus der linearen Kombination der voneinander unabhängigen Kreisfrequenzen ω_s und ω_0. Anstelle der frequenzabhängigen Beziehung Gl. (11.4/1) erhält man nach Pantell [13] die frequenzunabhängigen Beziehungen (s. hierzu auch [39])

$$\sum_{m=0}^{m=+\infty} \sum_{n=-\infty}^{n=+\infty} m^2 P_{\mathrm{m,n}} \geq 0 \tag{11.4/2}$$

bzw.

$$\sum_{m=-\infty}^{m=+\infty} \sum_{n=0}^{n=+\infty} n^2 P_{\mathrm{m,n}} \geq 0\,. \tag{11.4/3}$$

Der Wertebereich des Parameters m ist in Gl. (11.4/2) auf $0 \leq m \leq +\infty$ gegenüber $-\infty \leq m \leq +\infty$ in Gl. (11.4/1) eingeschränkt, da sich bei $\omega_{\mathrm{m,n}}$ und bei

$\omega_{-m,-n}$ gleiche Leistungen ergeben, d. h. $P_{m,n} = P_{-m,-n}$. Dies gilt ebenso für den Parameter n in Gl. (11.4/3). Werden bei den Kreisfrequenzen ω_s und ω_0 die Leistungen $P_{1,0}$ bzw. $P_{0,1}$ zugeführt und wird bei nur einer Kombinationskreisfrequenz $\omega_k = m_1 \omega_s + n_1 \omega_0$ die Leistung $-P_k$ abgegeben, so beträgt der hierbei maximal erreichbare Wirkungsgrad nach [14]:

$$\eta_{max} = \frac{-P_k}{P_{1,0} + P_{0,1}} = \frac{1}{(|m_1| + |n_1|)^2} .$$

Für die Frequenzen des Kleinsignalspektrums lautet Gl. (11.4/2) mit $m = 1$

$$\sum_{n=-\infty}^{n=+\infty} P_{1,n} \geq 0 . \quad (11.4/4)$$

Die maximal verfügbare Leistungsverstärkung aller Frequenzumsetzer mit positiv nichtlinearem Leitwert wird damit

$$G_{max} \leq 1 .$$

Bei einem Frequenzvervielfacher gilt nach Page [12] für die Kombinationsfrequenzen $f_n = nf_0$

$$P_1 = P_0 + \sum_{n=2}^{n=+\infty} P_n \geq \sum_{n=2}^{n=+\infty} n^2 P_n . \quad (11.4/5)$$

Hierbei ist P_1 die bei der Grundfrequenz f_0 zugeführte Leistung, P_0 die abgegebene Gleichleistung und P_n die bei der n-ten Oberschwingung abgegebene Leistung. Geschieht dies nur bei einer n-ten Oberschwingung, so wird aus Gl. (11.4/5)

$$P_n \leq \frac{1}{n^2} P_1 \quad (11.4/6)$$

und

$$P_0 \geq (n^2 - 1) P_n . \quad (11.4/7)$$

Der Wirkungsgrad eines Vervielfachers mit positiv nichtlinearem Leitwert wird nach Gl. (11.4/6) stets kleiner als

$$\eta \leq \eta_{max} = \frac{1}{n^2} . \quad (11.4/8)$$

Gleichzeitig erkennt man aus Gl. (11.4/7), daß keine Frequenzvervielfachung möglich ist, falls keine Gleichleistung abgegeben werden kann. Eine Frequenzteilung ist nach Gl. (11.4/6) mit $n < 1$ nicht möglich.

11.4.3 Mischung mit Serienschaltung der Steuerspannungen. Konversionsgleichungen

Das Prinzipschaltbild eines Diodenmischers in Serienschaltung zeigt Abb. 11.4/3. Die Diode ist in Serie mit drei auf die Signalfrequenz f_s, die Oszillatorfrequenz f_0 und die Zwischenfrequenz f_z abgestimmten Parallelschwingkreisen und einer Gleichspannungsquelle geschaltet. Zur Vereinfachung nehmen wir an, daß die Parallelschwingkreise verlustfrei sind und daß sie für Frequenzen, die von ihren Resonanzfrequenzen genügend verschieden sind, als ideale Kurzschlüsse angesehen werden können. Der Kondensator C_v dient zur Überbrückung der Gleichspannungsquelle und wird für die Hochfrequenz als Kurzschluß betrachtet. Unter diesen Voraussetzungen liegt an jedem der 3 Schwingkreise nur die Spannung der betreffenden Resonanzfrequenz, an dem Kondensator C_v liegt eine reine Gleichspannung.

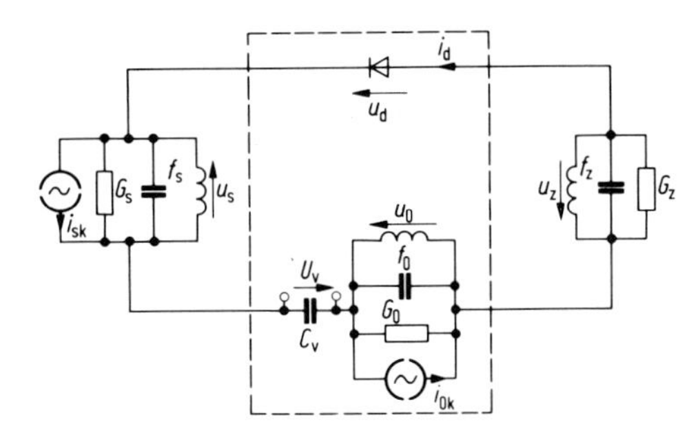

Abb. 11.4/3. Prinzipschaltbild einer Dioden-Mischstufe mit Serienschaltung der Kreise für f_s, f_0 und f_z

Mit den angegebenen Zählpfeilrichtungen ist

$$u_d = -U_v + u_0 + u_s + u_z \, .$$

Die Spannungen u_s und u_z sind Kleinsignalspannungen:

$$\Delta u = u_s + u_z \tag{11.4/9}$$

Die Großsignalspannung u_{d0} setzt sich aus U_v und u_0 zusammen:

$$u_{d0} = -U_v + u_0 = -U_v + U_0 \cos \omega_0 t \, . \tag{11.4/10}$$

Die Diode sei durch eine nichtlineare Beziehung zwischen Strom und Spannung gekennzeichnet:

$$i_d = F(u_d) \, . \tag{11.4/11}$$

Das Verhalten der Diode gegenüber kleinen Signalen läßt sich nach Gl. (11.4/9) analog Gl. (11.3/8) durch die Kleinsignalgleichung

$$\Delta i = G(\omega_0 t)(u_s + u_z) \tag{11.4/12}$$

beschreiben. Der zeitabhängige Leitwert $G(\omega_0 t)$ ist durch den Differentialquotienten

$$G(\omega_0 t) = \left. \frac{dF(u_d)}{du_d} \right|_{u_d = u_{d0}}$$

mit u_{d0} nach Gl. (11.4/10) definiert und läßt sich in der Form einer komplexen Fourier-Reihe

$$G(\omega_0 t) = \sum_{\lambda = -\infty}^{\lambda = +\infty} G_\lambda e^{j\lambda\omega_0 t}$$

mit

$$G_\lambda = \frac{1}{2\pi} \int_{-\pi}^{+\pi} G(\omega_0 t) e^{-j\lambda\omega_0 t} \, d(\omega_0 t) \tag{11.4/13}$$

und

$$G_{-\lambda} = G_\lambda^*$$

darstellen. Aus Gl. (11.4/12) folgt das in Abb. 11.4/4 dargestellte Kleinsignalersatzschaltbild.

Von $G(\omega_0 t)$ werden für die Konversionsgleichungen hier nur die Glieder $G_0 + G_n e^{jn\omega_0 t} + G_n^* e^{-jn\omega_0 t}$ benötigt. In komplexer Schreibweise wird aus

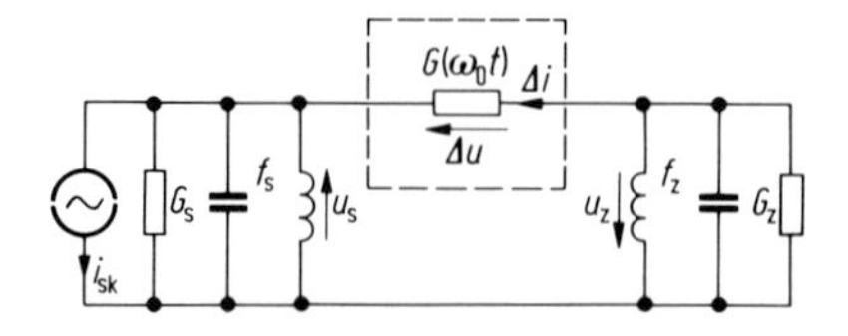

Abb. 11.4/4. Kleinsignal-Ersatzschaltbild für die Dioden-Mischstufe

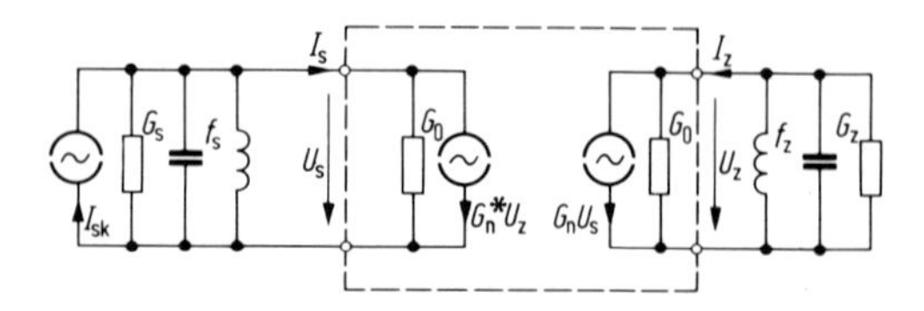

Abb. 11.4/5. Kleinsignal-Ersatzschaltbild für den Mischer in Gleichlage

Gl. (11.4/12), da Δi die Kleinsignalströme i_s und i_z enthält,

$$\left\{\begin{array}{l} \frac{1}{2}(I_s e^{j\omega_s t} + I_s^* e^{-j\omega_s t}) \\ \quad + \frac{1}{2}(I_z e^{j\omega_z t} + I_z^* e^{-j\omega_z t}) \\ \quad + \cdots + \cdots \end{array}\right\} = [G_0 + G_n e^{jn\omega_0 t} + G_n^* e^{-jn\omega_0 t}]$$

$$\times \left\{\begin{array}{l} \frac{1}{2}(U_s e^{j\omega_s t} + U_s^* e^{-j\omega_s t}) \\ \quad + \frac{1}{2}(U_z e^{j\omega_z t} + U_z^* e^{-j\omega_z t}) \end{array}\right\}. \tag{11.4/14}$$

Die Konversionsgleichungen eines Mischers in Gleichlage ergeben sich aus Gl. (11.4/14) mit der Frequenzbeziehung $\omega_s = \omega_z - n\omega_0$ und $\omega_z = \omega_s + n\omega_0$ nach Gl. (11.3/15):

$$\begin{bmatrix} I_s \\ I_z \end{bmatrix} = \begin{bmatrix} G_0 & G_n^* \\ G_n & G_0 \end{bmatrix} \begin{bmatrix} U_s \\ U_z \end{bmatrix}. \tag{11.4/15}$$

Das Kleinsignalersatzschaltbild für den Mischer in Gleichlage nach Gl. (11.4/15) ist in Abb. 11.4/5 dargestellt.

Für einen Mischer in Kehrlage ergeben sich mit der Frequenzbeziehung $\omega_s = n\omega_0 - \omega_z$ und $\omega_z = n\omega_0 - \omega_s$ nach Gl. (11.3/17) die folgenden Konversionsgleichungen:

$$\begin{bmatrix} I_s \\ I_z^* \end{bmatrix} = \begin{bmatrix} G_0 & G_n \\ G_n^* & G_0 \end{bmatrix} \begin{bmatrix} U_s \\ U_z^* \end{bmatrix}. \tag{11.4/16}$$

Die Konversionsgleichungen Gl. (11.4/15) und (11.4/16) beschreiben einen linearen, übertragungsunsymmetrischen Vierpol. Kann bei geeigneter Wahl des Zeitnullpunktes die Funktion $G(\omega_0 t)$ zu einer geraden Funktion der Zeit werden, so sind die Fourier-Koeffizienten in Gl. (11.4/13) reell. Mit

$$G_{-\lambda} = G_\lambda = \text{reell}$$

beschreiben die Konversionsgleichungen dann einen übertragungssymmetrischen Vierpol [7, S. 124 bis 128].

11.4.4 Betriebsleistungsverstärkung der Mischschaltung

Aus den Konversionsgleichungen lassen sich mit Hilfe der Vierpolrechnung die Betriebseigenschaften des Mischers berechnen. Wir beschränken uns darauf, die Betriebsleistungsverstärkung und den Rauschfaktor des Mischers in Bandmitte anzugeben. Wir führen die Berechnung nur für den Mischer in Gleichlage durch, die Ergebnisse gelten jedoch auch für den Mischer in Kehrlage.

Die Betriebsleistungsverstärkung G_B der Mischschaltung wird als das Verhältnis der an den Lastleitwert G_z abgegebenen Wirkleistung

$$P_z = \tfrac{1}{2} G_z |U_z|^2$$

zur verfügbaren (maximal abgebbaren) Wirkleistung der Signalquelle

$$P_{s\,verf} = \frac{1}{8} \frac{|I_{sk}|^2}{G_s}$$

definiert:

$$G_B = \frac{P_z}{P_{s\,verf}} = 4 G_s G_z \left| \frac{U_z}{I_{sk}} \right|^2 . \tag{11.4/17}$$

Falls die Parallelschwingkreise auf die entsprechenden Frequenzen abgestimmt sind, gelten für die Schaltung außerhalb des Mischvierpols mit den in Abb. 11.4/5 angegebenen Zählpfeilen die Beziehungen

$$\begin{aligned} I_s &= I_{sk} - G_s U_s \\ I_z &= -G_z U_z . \end{aligned} \tag{11.4/18}$$

Wenn wir diese Beziehungen in die Konversionsgleichungen (11.4/15) einsetzen, erhalten wir das Gleichungssystem

$$\begin{bmatrix} I_{sk} \\ 0 \end{bmatrix} = \begin{bmatrix} (G_s + G_0) + G_n^* \\ G_n + (G_z + G_0) \end{bmatrix} \begin{bmatrix} U_s \\ U_z \end{bmatrix} \tag{11.4/19}$$

und damit

$$G_B = \frac{4 G_s G_z |G_n|^2}{[(G_s + G_0)(G_z + G_0) - |G_n|^2]^2} . \tag{11.4/20}$$

Wird der Lastleitwert G_z gleich dem ausgangsseitigen Innenleitwert der Schaltung in Abb. 11.4/5

$$G_z = G_{zi} = G_0 - \frac{|G_n|^2}{G_0 + G_s} \tag{11.4/21}$$

ergibt sich aus Gl. (11.4/20) die verfügbare Leistungsverstärkung zu

$$G_{verf} = \frac{G_s |G_n|^2}{(G_s + G_0)[G_0(G_s + G_0) - |G_n|^2]} . \tag{11.4/22}$$

Der Mischverlust L bestimmt sich aus dem Kehrwert der verfügbaren Leistungsverstärkung [3]:

$$L = 1/G_{verf} .$$

Der Mischverlust ist nach Gl. (11.4/22) unabhängig vom Lastleitwert G_z.

Bei zusätzlicher Anpassung am Eingang erhalten wir mit den Anpassungsbedingungen

$$G_s^2 = G_z^2 = G_0^2 - |G_n|^2 \tag{11.4/23}$$

die maximal verfügbare Leistungsverstärkung [18, 19]

$$G_{max} = \frac{1}{L_{min}} = \frac{|G_n|^2}{(G_0 + \sqrt{G_0^2 - |G_n|^2})^2} = \frac{G_0 - \sqrt{G_0^2 - |G_n|^2}}{G_0 + \sqrt{G_0^2 - |G_n|^2}} . \tag{11.4/24}$$

Die Anpassungsbedingungen (11.4/23) führen nur dann auf realisierbare Werte, wenn für den Mischer die Stabilitätsbedingungen erfüllt sind. Sie lassen sich nach [7, S. 406 bis 415] wie folgt formulieren:

1. $G_0 \geq 0$

2. $G_0^2 - |G_n|^2 \geq 0\,.$ (11.4/25)

Falls diese Bedingungen erfüllt sind, ist der Mischer bei beliebigen passiven Abschlußleitwerten auf Signal- und Zwischenfrequenz stabil. Sind diese Bedingungen nicht erfüllt, ist der Mischer potentiell instabil, d. h., er schwingt für bestimmte Bereiche der Abschlußleitwerte auf Signal- und Zwischenfrequenz. Die Stabilitätsbedingungen sind stets erfüllt, wenn die Steigung der Kennlinie Gl. (11.4/11) innerhalb des Aussteuerungsbereichs positiv ist; die Betriebsleistungsverstärkung ist dann stets kleiner als 1. Dies ist bei den üblichen Mischdioden der Fall.

Werden dagegen Tunneldioden, deren Kennlinie einen Bereich mit negativ differentiellen Leitwert hat, zur Mischung verwendet [20], kann man hohe Leistungsverstärkungen erzielen. Dafür besteht die Gefahr der Schwingungserregung (s. Abschn. 10.2.1).

11.4.5 Rauschfaktor des Mischers in Bandmitte

Der spektrale Rauschfaktor F des Mischers bestimmt sich nach Gl. (8.2/2) zu

$$F = 1 + N_{\mathrm{z\,verf}}/G_{\mathrm{verf}}\,kT_0\Delta f\,. \qquad (11.4/26)$$

Es bedeuten:

$N_{\mathrm{z\,verf}}$ verfügbare Rauschleistung am Ausgang des Mischers bei rauschfrei angenommener Signalquelle
G_{verf} verfügbare Leistungsverstärkung
$kT_0\Delta f$ verfügbare Rauschleistung der Signalquelle.

Der Einfluß des Schrotrauschens wird durch eine der Diode parallel geschaltete Stromquelle mit dem Innenleitwert Null erfaßt. Für die spektrale Dichte dieser Rauschquelle gilt [21]:

$$S_{\mathrm{i}}(\omega) = 4nkT_{\mathrm{D}}\,g\,. \qquad (11.4/27)$$

Der Faktor n berücksichtigt die unterschiedliche Temperaturspannung verschiedener Diodenarten. Es wird $n \geq 0{,}5$ für Schottky-Barrier-Dioden und $n \approx 1$ für Punkt-Kontakt-Dioden. T_{D} ist die Temperatur der Diodensperrschicht. Der differentielle Leitwert g der Diode ist mit der Oszillatorfrequenz periodisch zeitabhängig und wird nach Gl. (11.4/13) bestimmt. Zur Berechnung der Rauschzahl des Mischers benutzen wir das in Abb. 11.4/6 dargestellte Ersatzschaltbild. Die am Eingang und am Ausgang parallelgeschalteten Stromquellen mit den spektralen Dichten $S_{\mathrm{ss}}(\omega)$ und $S_{\mathrm{zz}}(\omega)$ berücksichtigen die Rauschanteile im Bereich der Signalfrequenz f_{s} und der Zwischenfrequenz f_{z}. Diese Spektraldichten erhalten wir aus dem Mittelwert über eine Periode der Oszillatorfrequenz $T_0 = 2\pi/\omega_0$ der Spektraldichte nach Gl. (11.4/27) [22]:

$$S_{\mathrm{ss}}(\omega) = S_{\mathrm{zz}}(\omega) = 4nkT_{\mathrm{D}}G_0\,. \qquad (11.4/28)$$

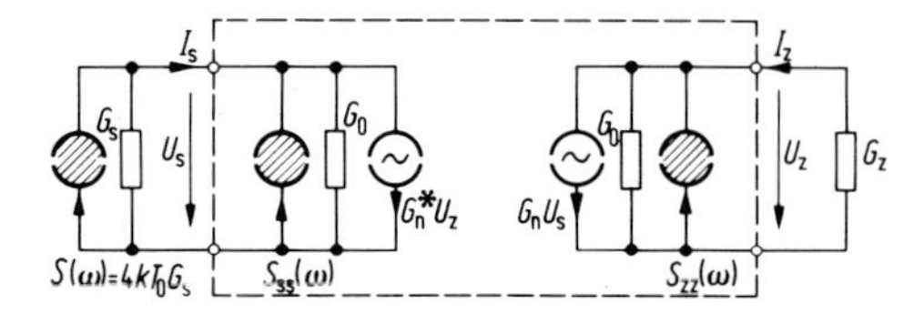

Abb. 11.4/6. Rausch-Ersatzschaltbild für den Mischer in Gleichlage zur Bestimmung des Rauschfaktors in Bandmitte

Beide Rauschquellen sind infolge der Zeitabhängigkeit des differentiellen Leitwerts miteinander korreliert. In Analogie zu den Konversionsgleichungen ergibt sich für die Kreuzspektraldichten $S_{sz}(\omega)$ und $S_{zs}(\omega)$ bei Gleichlage der Frequenzen

$$S_{sz}(\omega) = S_{zs}^*(\omega) = 4nkT_D G_n \,. \qquad (11.4/29)$$

Der Rauschfaktor ist unabhängig vom Lastleitwert G_z des Mischers. Wir können daher G_z durch einen Kurzschluß ersetzen. Die Spektraldichte des durch diesen Kurzschluß fließenden Rauschstroms bestimmt sich in Bandmitte nach Abb. 11.4/6 zu [23]

$$S_{zk}(\omega) = S_{ss}(\omega) \left|\frac{G_n}{G_s + G_0}\right|^2 - S_{sz}(\omega)\frac{G_n^*}{G_s + G_0} - S_{zs}(\omega)\frac{G_n}{G_s + G_0} + S_{zz}(\omega). \qquad (11.4/30)$$

Die in einem Frequenzbereich Δf verfügbare Rauschleistung beträgt

$$N_{z\,verf} = S_{zk}(\omega)\Delta f/4G_{zi}$$

mit G_{zi} nach Gl. (11.4/21). Der Frequenzbereich Δf soll dabei so klein gewählt sein, daß die Resonanzbedingung für die Parallelschwingkreise am Eingang und Ausgang des Mischers stets erfüllt ist. Einsetzen in Gl. (11.4/26) liefert uns den spektralen Rauschfaktor des Mischers in Bandmitte:

$$F = 1 + n\frac{T_D}{T_0}\{[1 + (G_s + G_0)^2/|G_n|^2]G_0/G_s - 2(G_s + G_0)/G_s\}\,. \qquad (11.4/31)$$

Gl. (11.4/31) läßt sich mit Gl. (11.4/22) umformen in

$$F = 1 + n(T_D/T_0)(1/G_{verf} - 1)\,. \qquad (11.4/32)$$

Der minimale Rauschfaktor stellt sich nach Gl. (11.4/32) für maximale Leistungsverstärkung ein:

$$F_{min} = 1 + n(T_D/T_0)(1/G_{max} - 1)\,.$$

Bei einer idealen Schottky-Barrier-Diode ist $n = 0{,}5$. Wird ferner die Sperrschichttemperatur T_D gleich der Temperatur T_0, erhalten wir nach Gl. (11.4/32)

$$F = (1 + 1/G_{verf})/2 = (1 + L)/2\,. \qquad (11.4/33)$$

Zur Ableitung der Leistungsverstärkung und des Rauschfaktors des Mischers nach Abb. 11.4/3 haben wir angenommen, daß alle unerwünschten Frequenzen durch die Schwingkreise kurzgeschlossen werden. Im allgemeinen haben jedoch der Leistungsumsatz bei Frequenzen, die mit weiteren Oberschwingungen der Oszillatorfrequenz zur Mischung beitragen, und vor allem ein Leistungsumsatz bei der Spiegelfrequenz Einfluß auf das Betriebsverhalten.

Beziehungen für den Mischverlust und den Rauschfaktor von Mischern mit leerlaufender Spiegelfrequenz bzw. mit Breitbandverhalten werden in [18] und [19] angegeben.

11.4.6 Fourier-Koeffizienten des Leitwerts bei geknickter Dioden-Kennlinie. Eintaktmischer

Die Kennlinie der Diode sei nach Abb. 11.4/7 durch die folgende geknickte Gerade gegeben:

$$i_d = G_d u_d \quad \text{für } u_d \geq 0$$

$$i_d = 0 \quad \text{für } u_d < 0\,.$$

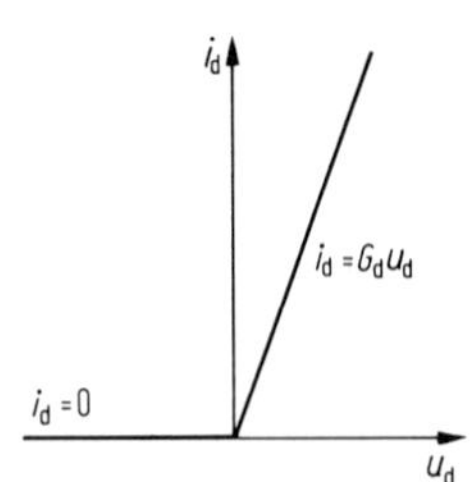

Abb. 11.4/7. Kennlinie einer Diode, angenähert durch eine geknickte Gerade

Die Großsignalspannung ist durch Gl. (11.4/10) gegeben. Zur Abkürzung führen wir den Stromflußwinkel Θ ein mit

$$\cos\Theta = \frac{U_v}{U_0} \qquad (11.4/34)$$

und können damit den zeitlichen Verlauf des Leitwerts wie folgt angeben:

$$G(\omega_0 t) = G_d \quad \text{für} \quad -\Theta \le \omega_0 t \le +\Theta$$

$$G(\omega_0 t) = 0 \quad \text{für} \quad -\pi \le \omega_0 t < -\Theta \qquad \text{und} \qquad +\Theta < \omega_0 t \le +\pi\,. \qquad (11.4/35)$$

Dies ist ein periodischer Rechteckpuls mit dem Tastverhältnis Θ/π. Die Fourier-Koeffizienten des Leitwerts lassen sich aus Gl. (11.4/35) mit Hilfe des Integrals Gl. (11.4/13) berechnen:

$$G_n = \frac{1}{2\pi}\int_{-\pi}^{+\pi} G(\omega_0 t)\mathrm{e}^{-\mathrm{j}n\omega_0 t}\mathrm{d}(\omega_0 t) = \frac{G_d}{2\pi}\int_{-\Theta}^{+\Theta} \mathrm{e}^{-\mathrm{j}n\omega_0 t}\mathrm{d}(\omega_0 t)\,.$$

Das Ergebnis der Integration ist:

$$G_n = \frac{\sin n\Theta}{n\pi} G_d\,. \qquad (11.4/36)$$

Für $n = 0$ ergibt sich

$$G_0 = \frac{\Theta}{\pi} G_d\,. \qquad (11.4/37)$$

Die höheren Fourier-Koeffizienten durchlaufen in Abhängigkeit vom Stromflußwinkel mehrere Nullstellen und Extremwerte.

Wegen

$$\frac{|G_n|}{G_0} = \left|\frac{\sin n\Theta}{n\Theta}\right| \le 1$$

und $G_0 \ge 0$ sind die Stabilitätsbedingungen Gl. (11.4/25) erfüllt. Die Anpaßbedingung Gl. (11.4/23) läßt sich mit Gl. (11.4/36) und Gl. (11.4/37) wie folgt formulieren:

$$G_s^2/G_d^2 = G_z^2/G_d^2 = (\Theta_a^2 - \sin^2(n\Theta_a)/n^2)/\pi^2\,.$$

Falls man das Leitwertverhältnis G_s/G_d als gegeben annimmt, ist dies eine transzendente Bestimmungsgleichung zur Bestimmung des Stromflußwinkels Θ_a, bei dem sich die maximale Leistungsverstärkung ergibt. Die zu diesem Stromflußwinkel gehörende Leistungsverstärkung berechnet man mit den Fourier-Koeffizienten Gl. (11.4/36) und (11.4/37) aus Gl. (11.4/24). In Abb. 11.4/8 wurden der Stromflußwinkel Θ_a und die Leistungsverstärkung bei Anpassung über dem Leitwertverhältnis G_s/G_d für den Fall der Grundwellenmischung dargestellt. Für einen geringen Mischverlust muß der minimale Diodenwiderstand (dies ist im wesentlichen der Bahnwiderstand R_B) klein

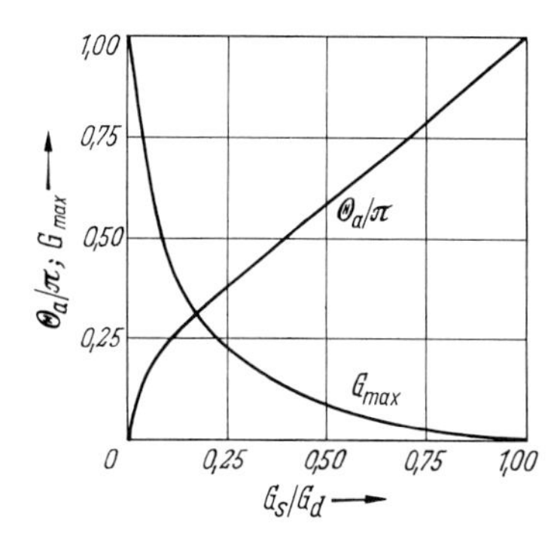

Abb. 11.4/8. Stromflußwinkel und Leistungsverstärkung bei Leistungsanpassung, aufgetragen über dem Leitwertverhältnis G_s/G_d (Grundwellenmischung)

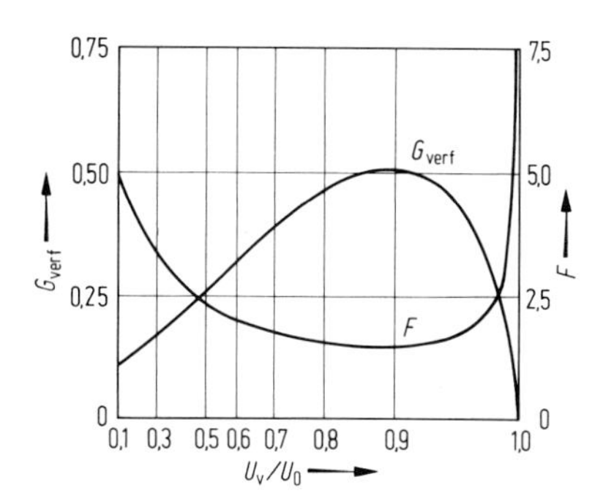

Abb. 11.4/9. Verfügbare Leistungsverstärkung und Rauschfaktor des Dioden-Mischers bei $G_s/G_d = 0{,}1$, aufgetragen über dem Spannungsverhältnis U_v/U_0 (Grundwellenmischung)

sein gegenüber dem Innenwiderstand der Signalquelle. Gleichzeitig muß die Diode nach Abb. 11.4/8 einen kleinen Stromflußwinkel ermöglichen. Das Betriebsverhalten der Mischstufe wird somit sowohl vom Bahnwiderstand der Diode als auch von ihrem Schaltverhalten begrenzt.

Zweckmäßigerweise ersetzt man die Gleichspannungsquelle in Abb. 11.4/3 durch ein RC-Glied und erzeugt die Vorspannung aus der Oszillatorspannung U_0. Mit der Größe des Widerstandes läßt sich die Gleichspannung U_v und damit der Stromflußwinkel variieren. Wenn man die Diode ohne Vorspannung betreibt, erhält man für die Grundwellenmischung mit $\Theta = \pi/2$ die Anpaßbedingung $G_s = G_z = 0{,}385 G_d$ bzw. $R_s = R_z = 2{,}6 R_d$. Für die Betriebsleistungsverstärkung ergibt sich $G_{max} = 0{,}13$, was einem Mischverlust von 8,85 dB entspricht. Da der Durchlaßstrom von Halbleiterdioden erst bei einer Durchlaßspannung von einigen Zehntel Volt einsetzt, erhält man auch ohne Vorspannung einen Stromflußwinkel, der kleiner als $\pi/2$ ist. Dadurch ergibt sich bei gegebenem Signal- und Lastleitwert eine optimale Oszillatorspannung, bei der die Leistungsverstärkung ein Maximum hat. Für das Leitwertverhältnis $G_s/G_d = 0{,}1$ ist in Abb. 11.4/9 die verfügbare Leistungsverstärkung und der Rauschfaktor nach Gl. (11.4/33) über dem Spannungsverhältnis $U_v/U_0 = \cos\Theta$ dargestellt.

Durch andere Abschlüsse für die Spiegelfrequenz läßt sich bei gleichem Stromflußwinkel eine Erhöhung der Betriebsleistungsverstärkung erreichen [18, 19]. Zu höheren Frequenzen hin bewirkt die hier vernachlässigte Sperrschichtkapazität der Diode einen mit der Frequenz ansteigenden zusätzlichen Mischverlust [24], [30, S. 197]. Bezüglich der Schaltungstechnik von Diodenmischstufen sei auf [3] und [7] verwiesen.

11.4.7 Gegentakt- und Brückenmischer (Ringmodulator)

Ein Nachteil der in Abb. 11.4/3 dargestellten einfachen Mischschaltung ist die Verkopplung der 3 Schwingkreise. Dieser Nachteil läßt sich durch Gegentakt- oder Brückenanordnungen vermeiden.

Die Schaltung eines Gegentaktmischers ist in Abb. 11.4/10 dargestellt. Falls die Schaltung symmetrisch aufgebaut ist, sind Eingang und Ausgang frei von Oszillatorspannung. Die beiden Dioden werden von der Oszillatorspannung im Gleichtakt angesteuert. Wir können die von der Oszillatorspannung ausgesteuerten Dioden für kleine Signale durch zwei gleiche zeitabhängige Leitwerte ersetzen, die wir zu einem einzigen zusammenfassen können. Der Gegentaktmischer kann dann wie der Eintaktmischer behandelt werden.

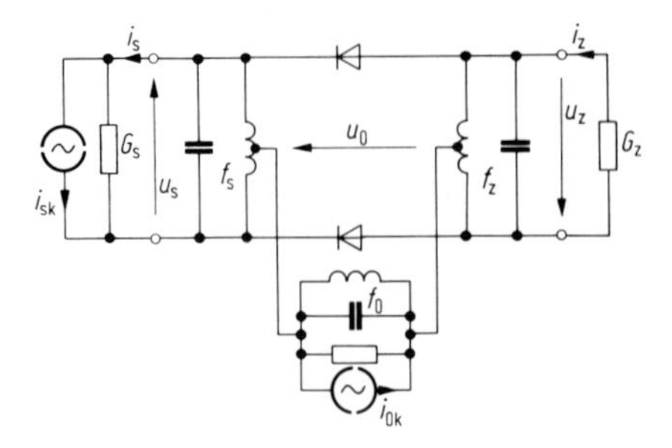

Abb. 11.4/10. Schaltung eines Gegentaktmischers

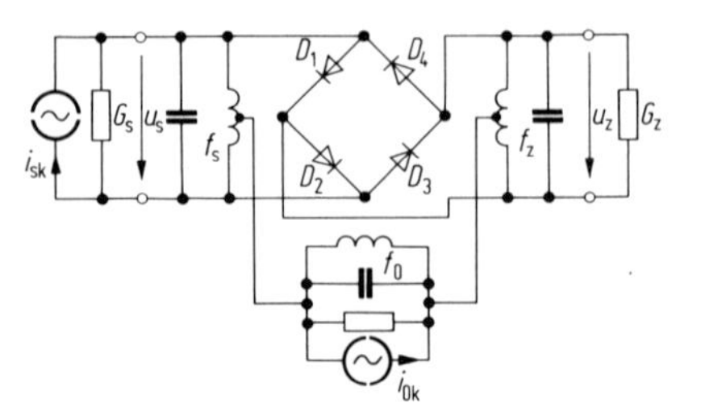

Abb. 11.4/11. Schaltung eines Ringmodulators als Mischer

In Abb. 11.4/11 ist die Schaltung eines Ringmodulators gezeigt. Wenn die Schaltung symmetrisch aufgebaut ist, sind alle 3 Eingänge des Mischers gegeneinander entkoppelt. Für kleine Signale können wir die Dioden durch zeitabhängige Leitwerte ersetzen und erhalten damit das in Abb. 11.4/12 dargestellte Kleinsignalersatzschaltbild. Die Dioden D_1 und D_3 sind, vom Oszillatorkreis aus gesehen, entgegengesetzt zu den Dioden D_2 und D_4 gepolt, die Kennlinien der Dioden D_1 und D_3 werden deshalb gegenphasig zu den Kennlinien der Dioden D_2 und D_4 ausgesteuert. Um diesen Unterschied mathematisch formulieren zu können, nehmen wir an, der zeitabhängige Leitwert der Diode D_1 sei in folgender Form gegeben:

$$G_1(\omega_0 t) = G_0[1 + f(\omega_0 t)] .$$

Der Leitwert G_0 sei der zeitliche Mittelwert von $G_1(\omega_0 t)$, dann ist $f(\omega_0 t)$ eine Zeitfunktion, deren zeitlicher Mittelwert Null ist. Falls die 4 Dioden untereinander gleich sind, läßt sich die Zeitabhängigkeit der Leitwerte unter Berücksichtigung der Phase der Aussteuerung wie folgt formulieren:

$$\begin{aligned} G_1(\omega_0 t) &= G_3(\omega_0 t) = G_0[1 + f(\omega_0 t)] \\ G_2(\omega_0 t) &= G_4(\omega_0 t) = G_0[1 - f(\omega_0 t)] . \end{aligned} \tag{11.4/38}$$

Für das in Abb. 11.4/12 dargestellte Kleinsignalersatzschaltbild lassen sich die folgenden Vierpolgleichungen herleiten:

$$\begin{aligned} i_1 &= \tfrac{1}{2}(G_1 + G_2)u_s + \tfrac{1}{2}(G_1 - G_2)u_z \\ i_2 &= \tfrac{1}{2}(G_1 - G_2)u_s + \tfrac{1}{2}(G_1 + G_2)u_z . \end{aligned}$$

Mit der Gl. (11.4/38) erhalten wir

$$\begin{aligned} i_1 &= G_0 u_s + f(\omega_0 t) G_0 u_z \\ i_2 &= f(\omega_0 t) G_0 u_s + G_0 u_z . \end{aligned} \tag{11.4/39}$$

Die Funktion $f(\omega_0 t)$ sei in Form einer komplexen Fourier-Reihe gegeben

$$f(\omega_0 t) = \sum_{\lambda = -\infty}^{+\infty} a_\lambda e^{j\lambda\omega_0 t}$$

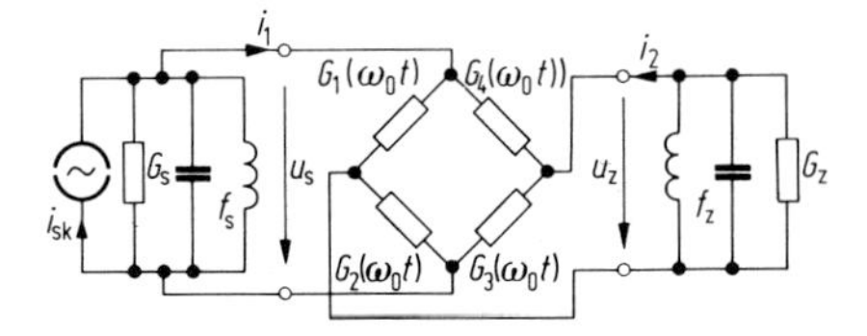

Abb. 11.4/12. Kleinsignal-Ersatzschaltbild des Ringmodulators als Mischer

mit

$$a_\lambda = \frac{1}{2\pi} \int_{-\pi}^{+\pi} f(\omega_0 t) e^{-j\lambda\omega_0 t} d(\omega_0 t)$$

und

$$a_{-\lambda} = a_\lambda^* .$$

Voraussetzungsgemäß ist der Fourier-Koeffizient a_0 gleich Null. Wir erkennen daraus, daß der Eingangsstrom i_1 keine Komponente der Zwischenfrequenz und der Ausgangsstrom i_2 keine Komponente der Signalfrequenz enthält. Aus dem Gleichungssystem (11.4/39) erhalten wir für die Frequenzbeziehungen Gl. (11.3/15) und Gl. (11.3/17) die Konversionsgleichungssysteme (11.4/15) und (11.4/16), wenn wir

$$G_n = a_n G_0$$

setzen. Damit ergeben sich für das Übertragungsverhalten des Ringmodulators dieselben Formeln wie für den Eintaktmischer.

11.4.8 Doppelgegentaktmischer

Wesentliches Merkmal eines Eintaktmischers nach Abb. 11.4/3 sowie eines Gegentakt- bzw. Brückenmischers nach Abb. 11.4/10 und 11.4/11 ist, daß ein geringer Mischverlust sich nur bei kleinem Stromflußwinkel erreichen läßt und der hierfür notwendige Generatorinnenleitwert G_s und der Lastleitwert G_z Funktionen allein des Diodenparameters G_d sind. Für einen idealen Mischer ohne Verluste müssen G_s und G_z zu Null werden.

Im Gegensatz hierzu ist beim Doppelgegentaktmischer der Stromflußwinkel stets $\Theta = \pi/2$. Wir werden sehen, daß beim idealen Doppelgegentaktmischer der optimale Generatorinnenleitwert G_s nur noch durch den Lastleitwert G_z bestimmt wird.

Das Prinzipschaltbild eines Doppelgegentaktmischers zeigt Abb. 11.4/13. Während am Eingang wie in Abb. 11.4/11 ein Parallelschwingkreis vorgesehen ist, finden wir auf der Zwischenfrequenzseite im Gegensatz hierzu einen Serienschwingkreis. Er ist auf die Zwischenfrequenz abgestimmt und soll für alle anderen Frequenzen, die genügend verschieden von seiner Resonanzfrequenz sind, als Leerlauf wirken.

Entsprechend wird der auf die Signalfrequenz abgestimmte Parallelschwingkreis am Eingang für andere Frequenzen als idealer Kurzschluß angesehen. Die Transformatoren T_1 bis T_4 dienen der symmetrischen Zuführung der Oszillatorspannung. Sie sollen keinen Einfluß auf das Verhalten der Mischschaltung haben.

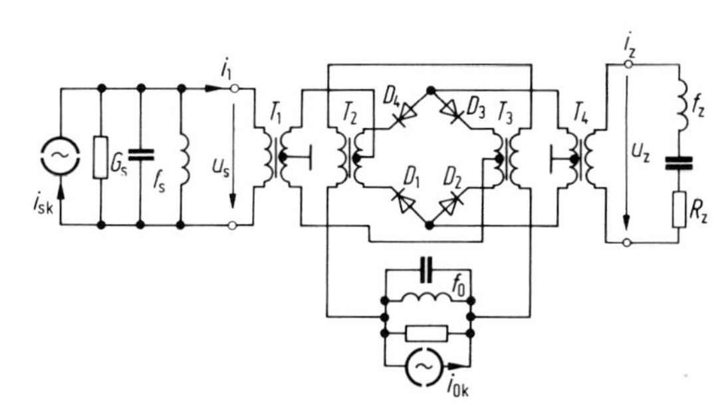

Abb. 11.4/13. Prinzipschaltbild eines Doppelgegentaktmischers

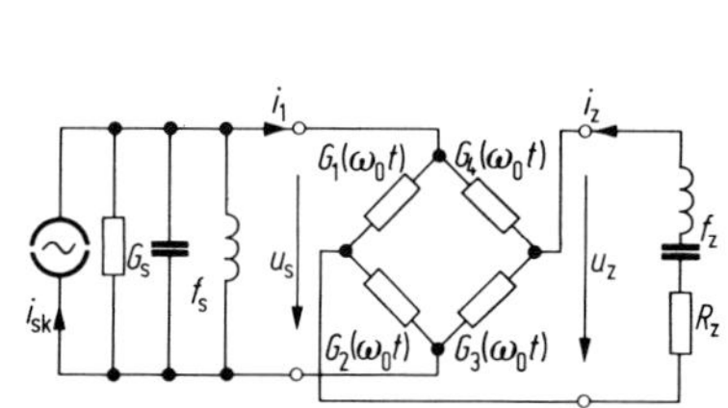

Abb. 11.4/14. Kleinsignal-Ersatzschaltbild für den Doppelgegentaktmischer

Analog hierzu läßt sich ein Doppelgegentaktmischer ebenso mit einem Parallelschwingkreis auf der Zwischenfrequenzseite wie in Abb. 11.4/11 und einem Serienschwingkreis bei der Signalfrequenz betreiben.

Werden die Dioden gemäß Gl. (11.4/38) durch die zeitabhängigen Leitwerte $G_1(\omega_0 t) \ldots G_4(\omega_0 t)$ ersetzt, läßt sich der Mischer durch die folgenden Gleichungen beschreiben:

$$\begin{bmatrix} i_1 \\ u_2 \end{bmatrix} = \begin{bmatrix} f(\omega_0 t) & G_0(1 - f^2(\omega_0 t)) \\ 1/G_0 & -f(\omega_0 t) \end{bmatrix} \begin{bmatrix} i_z \\ u_s \end{bmatrix}. \quad (11.4/40)$$

Das Kleinsignalersatzschaltbild hierfür zeigt Abb. 11.4/14.

Die Diodenkennlinie sei durch die in Abb. 11.4/7 dargestellte geknickte Gerade gegeben. Die Funktionen $G_1(\omega_0 t) \ldots G_4(\omega_0 t)$ werden damit Rechteckfunktionen mit dem Tastverhältnis 1/2. Die Umschaltfunktion $f(\omega_0 t)$ nimmt mit der Oszillatorfrequenz periodisch abwechselnd die Werte $+1$ und -1 an. Wird der Zeitnullpunkt so gewählt, daß $f(\omega_0 t)$ eine gerade Funktion der Zeit ist, erhalten wir

$$f(\omega_0 t) = \frac{4}{\pi} \sum_{n=0}^{n=\infty} \frac{\sin((2n+1)\pi/2)}{2n+1} \cos((2n+1)\omega_0 t) \quad (11.4/41)$$

mit

$$f^2(\omega_0 t) = 1 .$$

Der Doppelgegentaktmischer läßt sich nun durch einen mit der Oszillatorfrequenz periodisch umschaltenden Wechselschalter nach Abb. 11.4/15 darstellen [25].

Bei Grundwellenmischung und Gleichlage der Frequenz ergeben sich aus Gl. (11.4/40) mit Gl. (11.4/41) die folgenden Konversionsgleichungen (mit $R_d = 1/G_d$):

$$\begin{bmatrix} I_s \\ U_z \end{bmatrix} = \begin{bmatrix} -2/\pi & 0 \\ 2R_d & 2/\pi \end{bmatrix} \begin{bmatrix} I_z \\ U_s \end{bmatrix}. \quad (11.4/42)$$

Sind die Schwingkreise auf ihre Resonanzfrequenz abgestimmt, erhalten wir mit den Beziehungen für die Schaltung außerhalb des Mischvierpols

$$I_s = I_{sk} - G_s U_s$$

$$U_z = -I_z R_z$$

das folgende Gleichungssystem:

$$\begin{bmatrix} I_{sk} \\ 0 \end{bmatrix} = \begin{bmatrix} -2/\pi & G_s \\ R_z + 2R_d & 2/\pi \end{bmatrix} \begin{bmatrix} I_z \\ U_s \end{bmatrix}. \quad (11.4/43)$$

Die Betriebsleistungsverstärkung

$$G_B = P_z/P_{s\,verf} = 4R_z G_s |I_z/I_{sk}|^2$$

bestimmt sich mit Hilfe von Gl. (11.4/43) zu

$$G_B = \frac{4R_z G_s}{\left(\frac{2}{\pi} + \frac{\pi}{2} G_s(R_z + 2R_d)\right)^2} . \quad (11.4/44)$$

Die verfügbare Leistungsverstärkung beträgt

$$G_{verf} = \frac{1}{L} = \frac{1}{1 + \frac{\pi^2}{2} G_s R_d} . \quad (11.4/45)$$

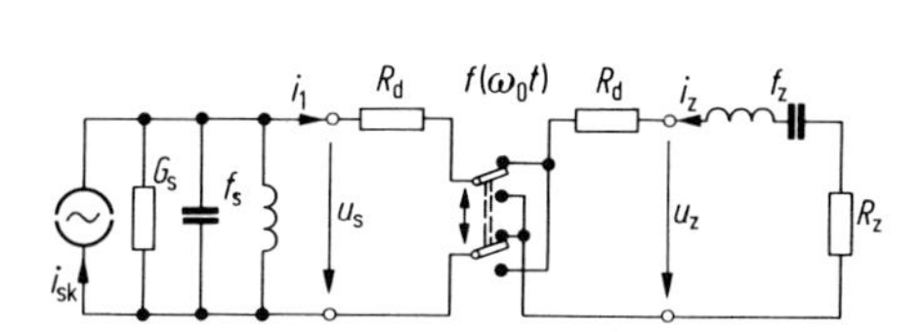

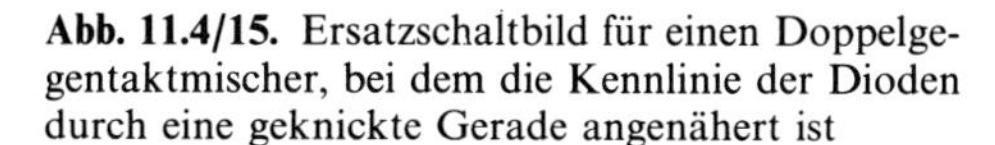

Abb. 11.4/15. Ersatzschaltbild für einen Doppelgegentaktmischer, bei dem die Kennlinie der Dioden durch eine geknickte Gerade angenähert ist

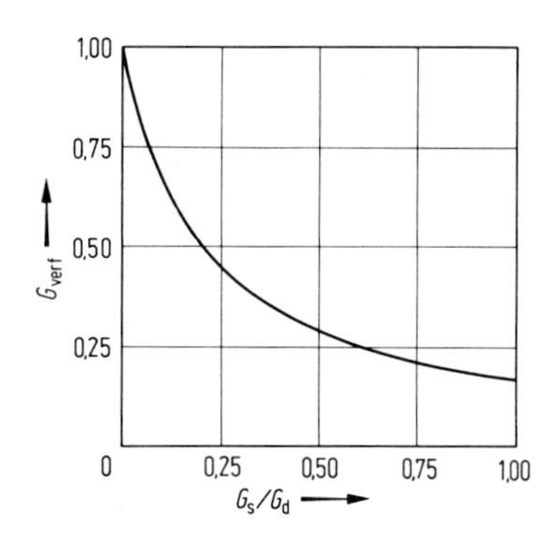

Abb. 11.4/16. Verfügbare Leistungsverstärkung des Doppelgegentaktmischers, aufgetragen über dem Leitwertverhältnis G_s/G_d (Grundwellenmischung)

Sie wird erreicht, wenn der Mischer mit dem Widerstand

$$R_z = R_{zi} = \frac{4}{\pi^2} \frac{1}{G_s} \left(1 + \frac{\pi^2}{2} G_s R_d\right) \tag{11.4/46}$$

belastet wird. In Abb. 11.4/16 ist die verfügbare Leistungsverstärkung über dem Leitwertverhältnis $G_s/G_d = G_s R_d$ aufgetragen. Gegenüber Abb. 11.4/8 ermöglicht der Doppelgegentaktmischer bei gleichem Leitwertverhältnis einen geringeren Mischverlust. Für einen idealen Mischer wird $R_d = 0$ und die Leistungsverstärkung nach Gl. (11.4/45) zu Eins. Der hierfür notwendige Innenleitwert G_s des Signalgenerators wird nach Gl. (11.4/46) nur noch vom Lastwiderstand R_z bestimmt.

Der beschriebene Doppelgegentaktmischer unterscheidet sich in seinem Betriebsverhalten von dem im Abschn. 11.4.6 behandelten Ringmodulator durch die Beschaltung des Mischers (Serienkreis am Ausgang) bei den von Signalfrequenz und Zwischenfrequenz abweichenden Kombinationsfrequenzen. Werden diese besonderen Beschaltungsbedingungen nicht eingehalten, geht das Betriebsverhalten des Doppelgegentaktmischers in das des Ringmodulators bzw. Eintaktmischers über.

11.5 Mischung mit Halbleiterdioden als nichtlinearen Kapazitäten

11.5.1 Leistungsbeziehungen von Manley und Rowe

Wird eine nichtlineare Kapazität in einer Anordnung nach Abb. 11.5/1 bei den unabhängigen Frequenzen f_s und f_0 erregt, so enthalten Spannung und Strom der Kapazität nach Gl. (11.3/1) spektrale Anteile bei den Kombinationsfrequenzen

$$f_k = |\pm m f_s \pm n f_0| \,. \tag{11.3/1}$$

Im allgemeinen Fall findet zwischen der Kapazität und ihrer Beschaltung ein Leistungsumsatz bei allen diesen Frequenzen statt.

Wir bezeichnen mit $\omega_{m,n}$ die Kombinations-Kreisfrequenzen, die aus der linearen Kombination von Vielfachen der unabhängigen Kreisfrequenzen ω_s bzw. ω_0 gebildet werden:

$$\omega_{m,n} = m\omega_s + n\omega_0 \,. \tag{11.5/1}$$

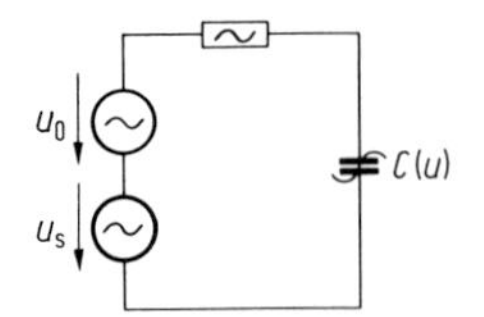

Abb. 11.5/1. Schaltung mit nichtlinearer Kapazität

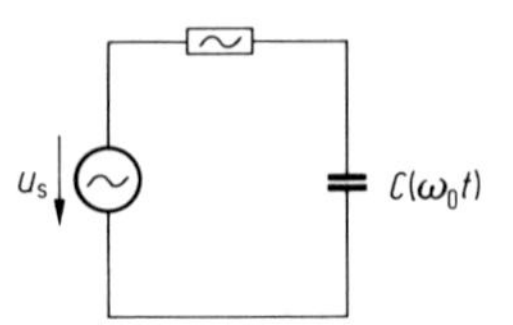

Abb. 11.5/2. Schaltung mit linearer zeitabhängiger Kapazität

Für die Spannung an der Kapazität setzen wir die Zeitfunktion an

$$u = \frac{1}{2} \sum_{m=-\infty}^{m=+\infty} \sum_{n=-\infty}^{n=+\infty} U_{m,n} e^{j\omega_{m,n} t} \tag{11.5/2}$$

mit $U_{-m,-n} = U^*_{m,n}$.

Der Zusammenhang zwischen Ladung und Spannung werde durch eine eindeutige nichtlineare Funktion beschrieben:

$$q = F(u) . \tag{11.5/3}$$

Mit der nach Gl. (11.5/3) bestimmbaren Zeitfunktion der Ladung

$$q = \frac{1}{2} \sum_{m=-\infty}^{m=+\infty} \sum_{n=-\infty}^{n=+\infty} Q_{m,n} e^{j\omega_{m,n} t} \tag{11.5/4}$$

ergibt sich durch Differentiation der Zeitverlauf des Stromes

$$i = \frac{dq}{dt} . \tag{11.5/5}$$

Aus Gl. (11.5/4) und Gl. (11.5/5) erhalten wir für die komplexen Koeffizienten der Funktion

$$i = \frac{1}{2} \sum_{m=-\infty}^{m=+\infty} \sum_{n=-\infty}^{n=+\infty} I_{m,n} e^{j\omega_{m,n} t} \tag{11.5/6}$$

nach Ausführen der Differentiation die Beziehung

$$I_{m,n} = j\omega_{m,n} Q_{m,n} \tag{11.5/7}$$

mit

$$L_{-m,-n} = I^*_{m,n} \qquad \text{und} \qquad Q_{-m,-n} = Q^*_{m,n} .$$

Die in der Kapazität umgesetzte Wirkleistung errechnet sich aus

$$P = \overline{iu} \tag{11.5/8}$$

Wir setzen Gl. (11.5/2), Gl. (11.5/6) und Gl. (11.5/7) in Gl. (11.5/8) ein und erhalten

$$P = \frac{1}{4} \mathrm{Re} \left[\sum_{m=-\infty}^{m=+\infty} \sum_{n=-\infty}^{n=+\infty} j\omega_{m,n} Q_{m,n} U^*_{m,n} \right] . \tag{11.5/9}$$

Die Leistung bei einer Kombinations-Kreisfrequenz $\omega_{m,n}$ bestimmt sich hierbei zu

$$P_{m,n} = \tfrac{1}{2} \mathrm{Re} [j\omega_{m,n} Q_{m,n} U^*_{m,n}] \tag{11.5/10}$$

mit

$$P_{-m,-n} = P_{m,n} . \tag{11.5/11}$$

Unter der Annahme, daß die nichtlineare Kapazität verlustfrei ist, wird die gesamte in der Kapazität umgesetzte Wirkleistung zu Null:

$$P = \sum_{m=-\infty}^{m=+\infty} \sum_{n=-\infty}^{n=+\infty} P_{\mathrm{m,n}} = 0. \qquad (11.5/12)$$

Da Gl. (11.5/12) stets gilt, muß sie für beliebige Werte der unabhängigen Kreisfrequenzen ω_{un} erfüllt sein. Wir berücksichtigen dies durch die Bedingung

$$\frac{\partial}{\partial \omega_{\mathrm{un}}} \left(\sum_{m=-\infty}^{m=+\infty} \sum_{n=-\infty}^{n=+\infty} P_{\mathrm{m,n}} \right) = 0. \qquad (11.5/13)$$

Einsetzen von Gl. (11.5/9) in Gl. (11.5/13) ergibt

$$\frac{\partial}{\partial \omega_{\mathrm{un}}} \left(\sum_{m=-\infty}^{m=+\infty} \sum_{n=-\infty}^{n=+\infty} P_{\mathrm{m,n}} \right) = \sum_{m=-\infty}^{m=+\infty} \sum_{n=-\infty}^{n=+\infty} \frac{\partial \omega_{\mathrm{m,n}}}{\partial \omega_{\mathrm{un}}} \mathrm{Re}[\mathrm{j} Q_{\mathrm{m,n}} U^*_{\mathrm{m,n}}] = 0$$

und mit

$$\sum_{m=-\infty}^{m=+\infty} \sum_{n=-\infty}^{n=+\infty} \frac{P_{\mathrm{m,n}}}{\omega_{\mathrm{m,n}}} \frac{\partial \omega_{\mathrm{m,n}}}{\partial \omega_{\mathrm{un}}} = 0 \qquad (11.5/14)$$

den allgemeinen Leistungsverteilungssatz für konservative Systeme [11].

Nach Gl. (11.5/1) sind nur zwei unabhängige Frequenzen f_0 und f_{s} vorhanden. Wir erhalten für $\omega_{\mathrm{un}} = \omega_0$ bzw. $\omega_{\mathrm{un}} = \omega_{\mathrm{s}}$ nach Ausführen der Differentiation in Gl. (11.5/14) die Manley-Rowe-Beziehungen [10]:

$$\sum_{m=-\infty}^{m=+\infty} \sum_{n=0}^{n=+\infty} \frac{n P_{\mathrm{m,n}}}{m\omega_{\mathrm{s}} + n\omega_0} = 0 \qquad (11.5/15)$$

$$\sum_{m=0}^{m=+\infty} \sum_{n=-\infty}^{n=+\infty} \frac{m P_{\mathrm{m,n}}}{m\omega_{\mathrm{s}} + n\omega_0} = 0. \qquad (11.5/16)$$

Nach Gl. (11.5/10) ergibt sich bei der Kreisfrequenz $\omega_{-\mathrm{m},-\mathrm{n}}$ der gleiche Leistungsanteil wie bei der Kreisfrequenz $\omega_{\mathrm{m,n}}$. Bei der Summation in Gl. (11.5/15) kann daher der Wertebereich des Parameters n auf $0 < n < +\infty$ gegenüber dem Bereich $-\infty < n < +\infty$ in Gl. (11.5/14) eingeschränkt werden. Dies gilt analog für den Parameter m in Gl. (11.5/16).

Bei der kleinsignaltheoretischen Behandlung enthält die Schaltung statt der nichtlinearen Kapazität nach Abb. 11.5/1 eine mit der Oszillatorfrequenz f_0 periodisch zeitabhängige Kapazität $C(\omega_0 t)$ nach Abb. 11.5/2. Das Kleinsignalspektrum nach Gl. (11.3/9)

$$f_{\mathrm{z}} = |\pm f_{\mathrm{s}} \pm n f_0|$$

entsteht aus der linearen Kombination von eingeprägter Oszillatorfrequenz f_0 und ihren Oberschwingungen mit der unabhängigen Signalfrequenz f_{s}.

Aus Gl. (11.5/16) erhalten wir mit $m = 1$ den Leistungsverteilungssatz für das Kleinsignalspektrum:

$$\sum_{n=-\infty}^{n=+\infty} \frac{P_{1,\mathrm{n}}}{\omega_{\mathrm{s}} + n\omega_0} = 0. \qquad (11.5/17)$$

Für die Summe aller Leistungsanteile gilt nach Gl. (11.5/17) demnach:

$$\sum_{n=-\infty}^{n=+\infty} P_{1,\mathrm{n}} \neq 0.$$

Eine zeitabhängige Reaktanz kann somit mehr Leistung abgeben als aufnehmen oder umgekehrt.

Bei einem Aufwärtsumsetzer in Gleichlage gilt nach Gl. (11.3/15):

$$f_z = f_s + nf_0$$

Aus Gl. (11.5/17) erhält man bei Grundwellenmischung mit $n = 1$

$$\sum_{n=0}^{1} \frac{P_{1,n}}{f_s + nf_0} = \frac{P_{1,0}}{f_s} + \frac{P_{1,1}}{f_s + f_0} = 0$$

und mit $P_{1,0} = P_s$, $P_{1,1} = P_z$ und $f_z = f_s + f_0$ die Beziehung

$$\frac{P_s}{f_s} + \frac{P_z}{f_z} = 0 . \qquad (11.5/18)$$

Bezeichnen wir mit P_s die vom Mischer bei f_s aufgenommene Leistung und mit $-P_z$ die bei der Zwischenfrequenz abgegebene Leistung, so erhält man

$$\frac{-P_z}{P_s} = \frac{f_z}{f_s} . \qquad (11.5/19)$$

Wird die vom Mischer aufgenommene Leistung P_s gleich der von der Signalquelle maximal abgebbaren (verfügbaren) Leistung $P_{s\,verf}$, so beschreibt Gl. (11.5/19) die maximal verfügbare Leistungsverstärkung des Aufwärtsumsetzers

$$G_{max} = \frac{f_z}{f_s} > 1 . \qquad (11.5/20)$$

Für einen Abwärtsumsetzer in Gleichlage ergibt sich mit Gl. (11.3/16)

$$f_z = f_s - f_0 < f_s$$

ebenfalls Gl. (11.5/18) und damit

$$G_{max} = \frac{f_z}{f_s} < 1 . \qquad (11.5/21)$$

Während ein Aufwärtsumsetzer in Gleichlage nach Gl. (11.5/20) einen Leistungsgewinn ermöglicht, tritt bei einem Abwärtsumsetzer in Gleichlage, der zur Frequenzumsetzung eine nichtlineare Reaktanz benutzt, nach Gl. (11.5/21) stets ein Leistungsverlust ein.

Für den Frequenzumsetzer in Kehrlage nach Gl. (11.3/17) mit

$$f_z = f_0 - f_s$$

erhält man die Leistungsbeziehungen

$$\frac{P_s}{f_s} - \frac{P_z}{f_z} = 0 \qquad \text{und} \qquad \frac{P_z}{f_z} + \frac{P_0}{f_0} = 0 .$$

Die maximal verfügbare Leistungsverstärkung

$$G_{max} = \frac{-P_z}{P_s} = -\frac{f_z}{f_s} \qquad (11.5/22)$$

wird negativ. Dies bedeutet, daß sowohl bei der Frequenz f_z als auch bei der Frequenz f_s Leistung abgegeben wird. Beide Leistungen werden von der Oszillatorleistung P_0 gedeckt:

$$P_0 = -P_z \frac{f_0}{f_z} = -P_z - P_s .$$

Eingangs- und Ausgangswiderstand des Umsetzers sind somit negativ reell. Für die

Leistungsverstärkung lassen sich durch eine geeignete Beschaltung hohe Werte erreichen. Gleichzeitig ist dies aber auch die Ursache für mögliche Instabilitäten eines Frequenzumsetzers in Kehrlage. Beim parametrischen Verstärker (vgl. Abschn. 11.5.7) wird dieser negativ reelle Eingangswiderstand zum Entdämpfen bei der Signalfrequenz ausgenutzt.

Wir haben bisher Frequenzumsetzer betrachtet, bei denen ein Leistungsumsatz bei nur zwei Frequenzen erfolgt. Kann nun bei einem Aufwärtsumsetzer in Gleichlage außer bei der Frequenz $f_{z+} = f_0 + f_s$ auch ein Leistungsumsatz bei der Frequenz $f_{z-} = f_0 - f_s$ erfolgen, so ergibt sich aus Gl. (11.5/17)

$$\frac{P_s}{f_s} + \frac{P_{z+}}{f_{z+}} - \frac{P_{z-}}{f_{z-}} = 0 .$$

Die maximal verfügbare Leistungsverstärkung bestimmt sich hiernach zu

$$G_{max} = \frac{-P_{z+}}{P_s} = \frac{f_{z+}}{f_s} + \frac{f_{z+}}{f_{z-}} \left(\frac{-P_{z-}}{P_s} \right) .$$

Durch Einschalten eines Hilfskreises mit Lastwiderstand bei f_{z-} läßt sich somit die Leistungsverstärkung gegenüber Gl. (11.5/19) vergrößern [15].

Bei einem Frequenzvervielfacher ergeben sich die Kombinationsfrequenzen

$$f_n = n f_0 .$$

Gleichung (11.5/15) lautet für diesen Fall mit $m = 0$:

$$\sum_{n=1}^{n_{max}} P_{0,n} \equiv \sum_{n=1}^{n_{max}} P_n = 0 . \qquad (11.5/23)$$

Die gesamte bei der Grundschwingung zugeführte Leistung wird in Leistung bei einer oder mehreren Oberschwingungen umgesetzt. Der Vervielfacher (oder Teiler) kann im Idealfall den Wirkungsgrad von $\eta = 100\%$ erreichen.

Alle in diesem Abschnitt angegebenen Leistungsbeziehungen gelten für verlustfreie nichtlineare Reaktanzen (z. B. ideale Kapazitäten). Praktisch verfügbare nichtlineare Kondensatoren (Kapazitätsdioden, Varaktoren) sind jedoch verlustbehaftet, ihr Verhalten wird damit näherungsweise um so besser durch die Manley-Rowe-Beziehungen beschrieben, je kleiner ihre Verlustfaktoren sind. Das Rauschverhalten realer Frequenzumsetzer schließlich läßt sich durch die Manley-Rowe-Beziehungen nicht beschreiben, da internes Rauschen stets mit Verlusten verbunden ist.

11.5.2 Mischung mit Parallelschaltung der Steuerströme. Konversionsgleichungen

Die Spannungsabhängigkeit der Sperrschichtkapazität einer Halbleiterdiode [26]

$$C(u) = \frac{C_0}{\left(1 + \frac{u}{U_\Phi}\right)^\gamma}$$

kann zur Mischung ausgenutzt werden. Spezialdioden mit weitem Variationsbereich von $C(u)$ nennt man *Kapazitätsdioden* oder auch *Varaktoren.*

Die Kapazitätsdiode in der in Abb. 11.5/3 dargestellten Mischschaltung ist parallel zu drei auf die Signalfrequenz f_s, die Oszillatorfrequenz f_0 und die Zwischenfrequenz f_z abgestimmten Reihenschwingkreisen und einer Gleichspannungsquelle geschaltet. Vielfach wird bei Reaktanzmischern die Oszillatorfrequenz auch als Pumpfrequenz bezeichnet. Zur Vereinfachung nehmen wir an, daß die Reihenschwingkreise verlustfrei sind und daß sie für Frequenzen, die von ihrer Resonanzfrequenz genügend verschieden sind, als idealer Leerlauf angesehen werden können. Über die Induktivität L_v wird die Gleichspannung U_v zugeführt. L_v dient als Hochfrequenzsperre. Unter diesen Voraussetzungen fließt in jedem der drei Schwingkreise nur der Strom einer Frequenz. Die Gleichspannung U_v sei so gewählt, daß der Arbeitspunkt der Diode innerhalb des Sperrbereichs liegt.

Die Diode verhält sich dann bei Aussteuerung innerhalb des Sperrbereichs wie ein nichtlinearer Kondensator. Um den Leistungsumsatz in der Diode zu vergrößern, kann sie in den Flußbereich ausgesteuert werden [28]. Bleibt die mittlere Lebensdauer der Minoritätsträger im Bahngebiet groß gegenüber der Periodendauer der Oszillatorfrequenz, erhalten wir nur geringe Rekombinationsverluste und damit nur eine sehr geringe Verschlechterung des Betriebsübertragungsverhaltens.

Ein nichtlinearer Kondensator läßt sich durch eine nichtlineare Beziehung zwischen Ladung und Spannung beschreiben:

$$q_d = F(u_d).$$

Für kleine Signale gilt

$$\Delta q = C(\omega_0 t)\Delta u \tag{11.5/24}$$

und

$$\Delta i = \frac{d}{dt}(\Delta q) = \frac{d}{dt}(C(\omega_0 t)\Delta u) \tag{11.5/25}$$

mit

$$C(\omega_0 t) = \frac{dF(u_{d0})}{du_{d0}}.$$

Hierbei ist u_{d0} die an der Diode anliegende Großsignalspannung. Der Kleinsignalstrom Δi setzt sich aus i_s und i_z zusammen.

Wir wollen im folgenden statt der zeitabhängigen Kapazität deren Kehrwert, die zeitabhängige Elastanz

$$S(\omega_0 t) = 1/C(\omega_0 t)$$

benutzen. Bei zusätzlicher Berücksichtigung des als konstant angenommenen Bahnwiderstandes der Diode nach Abb. 11.4/2b lautet die Kleinsignalgleichung (11.5/24) jetzt

$$\Delta u = S(\omega_0 t)\int (i_s + i_z)\,dt + R_B(i_s + i_z). \tag{11.5/26}$$

Aus Gl. (11.5/26) folgt das in Abb. 11.5/4 dargestellte Kleinsignalersatzschaltbild.

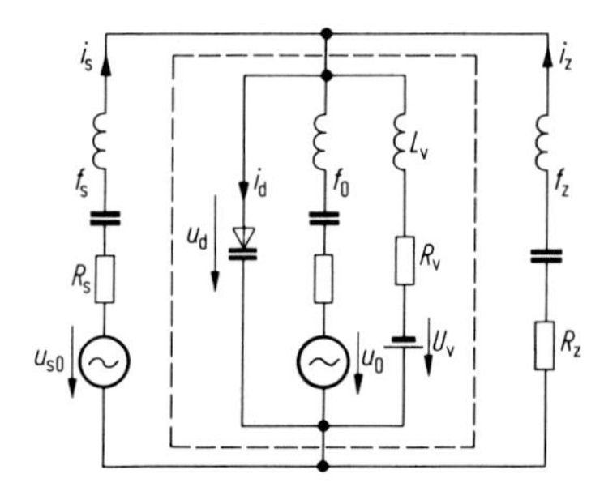

Abb. 11.5/3. Prinzipschaltbild eines Mischers mit Kapazitätsdiode (Reaktanzmischer)

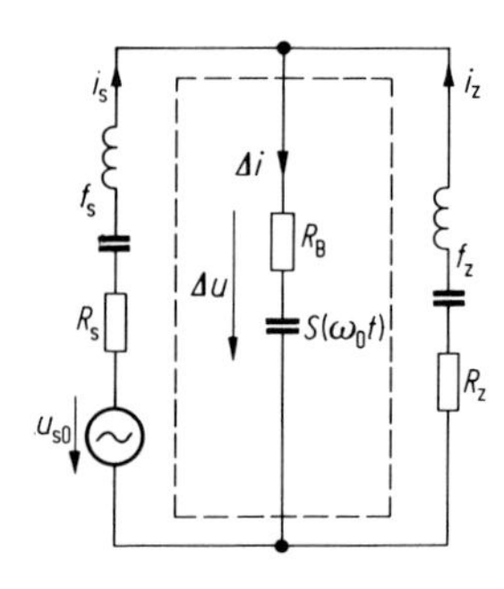

Abb. 11.5/4. Kleinsignal-Ersatzschaltbild für den Reaktanzmischer

Die zeitabhängige Elastanz sei in der Form einer komplexen Fourier-Reihe

$$S(\omega_0 t) = \sum_{\lambda=-\infty}^{\lambda=+\infty} S_\lambda e^{j\lambda\omega_0 t}$$

mit

$$S_\lambda = \frac{1}{2\pi} \int_{-\pi}^{+\pi} S(\omega_0 t) e^{-j\lambda\omega_0 t} d(\omega_0 t)$$

und $S_{-\lambda} = S_\lambda^*$ gegeben. Zur Abkürzung führen wir die Grenzfrequenz der Diode

$$\omega_c = \frac{S_{max} - S_{min}}{R_B} \tag{11.5/27}$$

und die „Modulationsfaktoren" ein [27, S. 237]:

$$m_n = \frac{|S_n|}{S_{max} - S_{min}} . \tag{11.5/28}$$

S_{max} und S_{min} bezeichnen den maximalen bzw. minimalen Wert der Elastanz der Diode bei Aussteuerung durch die Oszillatorspannung. Der Aussteuerbereich und die Spannungsabhängigkeit der Sperrschichtkapazität bestimmen somit die Größe der Modulationsfaktoren. Für m_1 lassen sich je nach Diode Werte von $m_1 \leq 0{,}318$ erreichen [27, S. 239]. Der Faktor m_2 wird wesentlich kleiner als m_1, so daß die Anwendung von Reaktanzmischern auf die Grundwellenmischung beschränkt bleibt.

Wesentlich für das Betriebsverhalten des Mischers ist die dynamische Güte der Diode bei der Signalfrequenz [29]:

$$\tilde{Q}_s = \frac{m_1 \omega_c}{\omega_s} = \frac{|S_1|}{\omega_s R_B} . \tag{11.5/29}$$

Ihren Wert kann man durch die Wahl des Gleichspannungs-Arbeitspunktes und durch die Amplitude der Oszillatorspannung verändern und damit das Betriebsverhalten des Mischers beeinflussen.

Die Kleinsignalgleichung (11.5/26) läßt sich ebenso wie die in einem früheren Abschnitt behandelte Kleinsignalgleichung (11.4/3) auswerten. Wir erhalten nach [27] als Konversionsgleichungen für den Mischer in Gleichlage bei Grundwellenmischung

$$\begin{bmatrix} U_s \\ U_z \end{bmatrix} = \begin{bmatrix} R_B + \dfrac{S_0}{j\omega_s} & \dfrac{S_1^*}{j\omega_z} \\ \dfrac{AS_1}{j\omega_s} & R_B + \dfrac{S_0}{j\omega_z} \end{bmatrix} \begin{bmatrix} I_s \\ I_z \end{bmatrix} \tag{11.5/30}$$

und für den Mischer in Kehrlage

$$\begin{bmatrix} U_S \\ U_z^* \end{bmatrix} = \begin{bmatrix} R_B + \dfrac{S_0}{j\omega_s} & -\dfrac{S_1}{j\omega_z} \\ \dfrac{S_1^*}{j\omega_s} & R_B - \dfrac{S_0}{j\omega_z} \end{bmatrix} \begin{bmatrix} I_s \\ I_z^* \end{bmatrix} . \tag{11.5/31}$$

Die Zwischenfrequenz ist bei Gleichlage der Frequenzen durch Gl. (11.3/15) gegeben, bei Kehrlage durch Gl. (11.3/17).

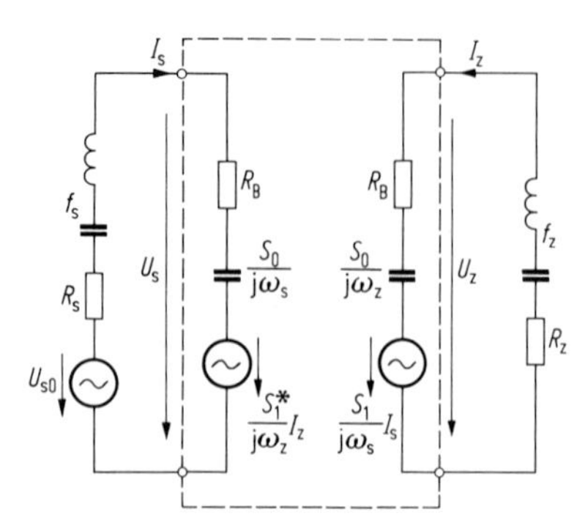

Abb. 11.5/5. Kleinsignal-Ersatzschaltbild für den Reaktanzmischer in Gleichlage

Aus Gl. (11.5/30) folgt das in Abb. 11.5/5 dargestellte Ersatzschaltbild des Mischers in Gleichlage.

Zur Berechnung der Betriebseigenschaften beziehen wir die äußere Schaltung von Abb. 11.5/5 mit in die Konversionsgleichungen ein. Bei Resonanzabstimmung, d. h. die Reihenschwingkreise sind unter Berücksichtigung der Diodenkapazität $C_0 = 1/S_0$ auf Signal- und Zwischenfrequenz abgestimmt, lauten jetzt die Konversionsgleichungen für den Mischer in Gleichlage

$$\begin{bmatrix} U_{s0} \\ 0 \end{bmatrix} = \begin{bmatrix} R_s + R_B & \dfrac{S_1^*}{j\omega_z} \\ \dfrac{S_1}{j\omega_s} & R_z + R_B \end{bmatrix} \begin{bmatrix} I_s \\ I_z \end{bmatrix} \tag{11.5/32}$$

und für den Mischer in Kehrlage

$$\begin{bmatrix} U_{s0} \\ 0 \end{bmatrix} = \begin{bmatrix} R_s + R_B & -\dfrac{S_1}{j\omega_z} \\ \dfrac{S_1^*}{j\omega_s} & R_z + R_B \end{bmatrix} \begin{bmatrix} I_s \\ I_z^* \end{bmatrix}. \tag{11.5/33}$$

11.5.3 Betriebsleistungsverstärkung des Reaktanzmischers

Für die Betriebsleistungsverstärkung des Mischers

$$G_B = \frac{P_z}{P_{s\,verf}} = 4R_s R_z |I_z/U_{s0}|^2$$

ergibt sich mit den aus den Gleichungssystemen (11.5/32) und (11.5/33) zu berechnenden Werten der Quotienten $|I_z/U_{s0}|$ die Beziehung

$$G_B = 4\frac{R_s R_z R_s^2 \tilde{Q}_A^2}{\left((R_s + R_B)(R_z + R_B) \pm \tilde{Q}_s^2 R_B^2 \dfrac{\omega_s}{\omega_z}\right)^2} \tag{11.5/34}$$

mit $\tilde{Q}_s$ nach Gl. (11.5/29). Das Pluszeichen im Nenner gilt für den Mischer in Gleichlage, das Minuszeichen für den Mischer in Kehrlage. Der ausgangsseitige

Innenwiderstand des Mischers beträgt bei der Zwischenfrequenz

$$R_{zi} = R_B \pm \tilde{Q}_s^2 \frac{\omega_s}{\omega_z} \frac{R_B^2}{R_s + R_B} . \tag{11.5/35}$$

Wird $R_z = R_{zi}$, erhalten wir aus Gl. (11.5/34) die verfügbare Betriebsleistungsverstärkung

$$G_{verf} = \frac{1}{\pm \frac{\omega_s}{\omega_z} \frac{R_s + R_B}{R_s} + \frac{1}{\tilde{Q}_s^2} \frac{(R_s + R_B)^2}{R_s R_B}} . \tag{11.5/36}$$

Für einen idealen Varaktor wird $R_B \to 0$ und $\tilde{Q}_s \to \infty$. Gl. (11.5/36) geht damit in die mit Hilfe der Manley-Rowe-Beziehungen abgeleiteten Gl. (11.5/20) und (11.5/22) über:

$$G_{verf} = \pm \frac{f_z}{f_s} .$$

11.5.4 Rauschtemperatur des Reaktanzmischers

Bei der Berechnung des Rauschverhaltens des Mischers berücksichtigen wir das thermische Rauschen des Bahnwiderstandes der Diode. Es läßt sich durch eine Rauschspannungsquelle in Reihe zum Widerstand R_B erfassen. Nach Abb. 11.5/6 erfaßt die Rauschquelle mit der spektralen Dichte $S_s(\omega)$ die Rauschanteile im Bereich der Signalfrequenz, die Quelle mit der Dichte $S_z(\omega)$ die Rauschanteile bei der Zwischenfrequenz. Die Spektraldichten bestimmen sich zu

$$S_z(\omega) = S_s(\omega) = 4kT_D R_B .$$

Da der Bahnwiderstand R_B als zeitlich konstant angenommen wird, sind die beiden Rauschquellen nicht miteinander korreliert. Mit T_D wird die Temperatur der Diode bezeichnet.

Im Gegensatz zu dem im Abschn. (11.4.5) bestimmten Rauschfaktor F für Widerstandsmischer wollen wir hier die bei Reaktanzmischern übliche Rauschtemperatur bestimmen. Sie berechnet sich aus dem Rauschfaktor F nach Gl. (8.2/11) zu

$$T = T_0(F - 1) .$$

Mit Gl. (11.4/26) erhalten wir für die spektrale Rauschtemperatur

$$T = \frac{N_{z\,verf}}{G_{verf} k \Delta f} . \tag{11.5/37}$$

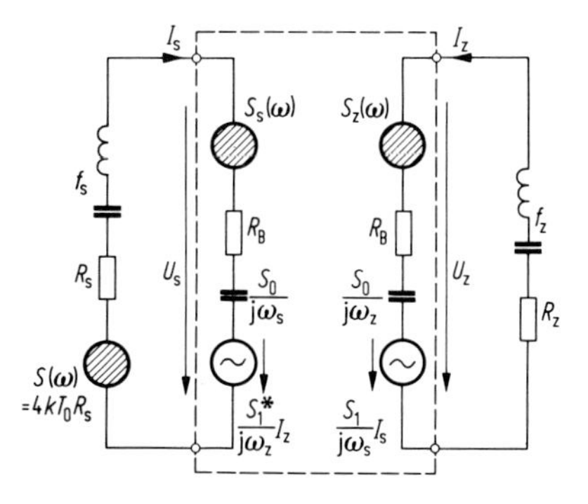

Abb. 11.5/6. Rausch-Ersatzschaltbild für den Reaktanzmischer in Gleichlage zur Bestimmung der Rauschtemperatur in Bandmitte

Die am Ausgang des Mischers verfügbare Rauschleistung $N_{z\,\mathrm{verf}}$ bei als rauschfrei angenommener Signalquelle berechnen wir aus der Leerlauf-Rauschspannung und dem Innenwiderstand nach Gl. (11.5/35). Ersetzt man R_z durch einen Leerlauf, so gilt für die spektrale Dichte der Leerlaufspannung bei Resonanzabstimmung der Reihenschwingkreise nach Abb. 11.5/6 [23]

$$S_{z0}(\omega) = S_s(\omega) \left| \frac{S_1}{\omega_s(R_s + R_B)} \right|^2 + S_z(\omega) . \tag{11.5/38}$$

Die in einem Frequenzbereich Δf, innerhalb dessen die Resonanzbedingung stets erfüllt sei, verfügbare Rauschleistung beträgt damit

$$N_{z\,\mathrm{verf}} = \frac{S_{z0}(\omega)\Delta f}{4R_{zi}} .$$

Einsetzen in Gl. (11.5/37) liefert uns die spektrale Rauschtemperatur für Gleichlage und Kehrlage der Frequenzen mit Gl. (11.5/29), (11.5/35) und (11.5/36)

$$T = T_D \left[\frac{R_B}{R_s} + \frac{1}{\tilde{Q}_s^2} \frac{(R_s + R_B)^2}{R_s R_B} \right] . \tag{11.5/39}$$

Die Rauschtemperatur T ist im Gegensatz zur Leistungsverstärkung nach Gl. (11.5/36) keine Funktion des Frequenzverhältnisses f_z/f_s.

11.5.5 Optimierung von Reaktanzmischern

Eine Optimierung des Betriebsverhaltens des Reaktanzmischers kann nun durch den Generatorinnenwiderstand für maximale Leistungsverstärkung oder für minimale Rauschtemperatur erfolgen [27, S. 156 bis 157].

Wir wollen zuerst den Mischer bei Gleichlage der Frequenzen betrachten. Die maximale Leistungsverstärkung erhalten wir aus Gl. (11.5/36) zu

$$G_{\max} = \frac{\tilde{Q}_s^2}{\left(1 + \sqrt{1 + \tilde{Q}_s^2 \frac{f_s}{f_z}}\right)^2} . \tag{11.5/40}$$

Der hierfür notwendige optimale Generatorinnenwiderstand bei Leistungsanpassung beträgt

$$R_{s,G\max} = R_B \sqrt{1 + \tilde{Q}_s^2 \frac{f_s}{f_z}} . \tag{11.5/41}$$

Einsetzen von Gl. (11.5/41) in Gl. (11.5/39) liefert die in diesem Fall erreichbare Rauschtemperatur

$$T = T_D \frac{1 + \frac{1}{\tilde{Q}_s^2}\left(1 + \sqrt{1 + \tilde{Q}_s^2 \frac{f_s}{f_z}}\right)^2}{\sqrt{1 + \tilde{Q}_s^2 \frac{f_s}{f_z}}} . \tag{11.5/42}$$

Eine Leistungsverstärkung ist nach Gl. (11.5/40) nur unter folgender Bedingung möglich:

$$\frac{f_z}{f_s} > \frac{\tilde{Q}_s}{\tilde{Q}_s - 2} . \tag{11.5/43}$$

Die minimale Rauschtemperatur

$$T_{\min} = 2T_{\mathrm{D}} \frac{1 + \sqrt{1 + \tilde{Q}_{\mathrm{s}}^2}}{\tilde{Q}_{\mathrm{s}}^2} \tag{11.5/44}$$

erhalten wir aus Gl. (11.5/39) für den optimalen Generatorinnenwiderstand bei Rauschanpassung

$$R_{\mathrm{s,T\,min}} = R_{\mathrm{B}} \sqrt{1 + \tilde{Q}_{\mathrm{s}}^2}\,. \tag{11.5/45}$$

Hierbei beträgt die verfügbare Leistungsverstärkung nach Gl. (11.5/36)

$$G_{\mathrm{verf}} = \frac{\tilde{Q}_{\mathrm{s}}^2 \sqrt{1 + \tilde{Q}_{\mathrm{s}}^2}}{[1 + \sqrt{1 + \tilde{Q}_{\mathrm{s}}^2}]\left[1 + \sqrt{1 + \tilde{Q}_{\mathrm{s}}^2} + \tilde{Q}_{\mathrm{s}}^2 \dfrac{f_{\mathrm{s}}}{f_{\mathrm{z}}}\right]}\,. \tag{11.5/46}$$

Der Vergleich von Gl. (11.5/41) und (11.5/45) zeigt, daß ein Wert des Generatorinnenwiderstandes nicht gleichzeitig Leistungsverstärkung und Rauschtemperatur optimieren kann. Für einen Aufwärtsumsetzer in Gleichlage mit dem Frequenzverhältnis $f_{\mathrm{z}}/f_{\mathrm{s}} = 100$ sind in Abb. 11.5/7a und b die maximale Leistungsverstärkung Gl. (11.5/40) und die sich dabei ergebende Rauschtemperatur Gl. (11.5/42) sowie die minimale Rauschtemperatur Gl. (11.5/44) und die zugehörige verfügbare Leistungsverstärkung Gl. (11.5/46) über der dynamischen Güte $\tilde{Q}_{\mathrm{s}}$ aufgetragen. Die Ergebnisse der Optimierung hinsichtlich der Leistungsverstärkung und hinsichtlich der Rauschtemperatur weichen um so stärker voneinander ab, je größer der Wert der dynamischen Güte und das Frequenzverhältnis $f_{\mathrm{z}}/f_{\mathrm{s}}$ wird. In der Praxis wird man den Generatorinnenwiderstand so wählen, daß sich ein Kompromiß zwischen beiden Optimierungen ergibt.

Die optimale Rauschtemperatur des Mischers ist unabhänging vom Frequenzverhältnis $\omega_{\mathrm{z}}/\omega_{\mathrm{s}}$. Ein Abwärtsumsetzer in Gleichlage kann daher trotz des nach

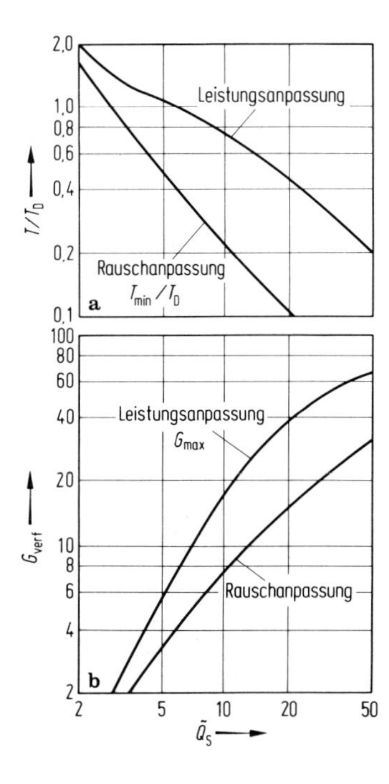

Abb. 11.5/7a u. b. Betriebsverhalten eines Reaktanz-Aufwärtsumsetzers in Gleichlage bei Leistungs- bzw. Rauschanpassung, aufgetragen über der dynamischen Güte $\tilde{Q}_{\mathrm{s}}$ für $f_{\mathrm{z}}/f_{\mathrm{s}} = 100$: **a** bezogene Rauschtemperatur; **b** verfügbare Leistungsverstärkung

Gl. (11.5/43) stets vorhandenen Leistungsverlustes wegen seines günstigeren Rauschverhaltens einem Widerstandsmischer, bei dem die Rauschzahl nach Gl. (11.4/33) direkt proportional dem Mischverlust ist, überlegen sein.

Bei Kehrlage der Frequenzen lassen sich zwei verschiedene Betriebsfälle unterscheiden. Bei kleiner dynamischer Güte bzw.

$$\tilde{Q}_s^2 < \frac{f_z}{f_s} \tag{11.5/47}$$

sind die verfügbare Leistungsverstärkung Gl. (11.5/36) und der Innenwiderstand Gl. (11.5/35) stets positiv. Der Mischer bleibt für alle Abschlußimpedanzen stabil. Das Betriebsverhalten wird durch die Gl. (11.5/40) bis (11.5/46) beschrieben, wenn wir f_z/f_s durch $-f_z/f_s$ ersetzen. Eine Leistungsverstärkung ist nur möglich, wenn gilt:

$$\frac{f_z}{f_s}\,\frac{2-\tilde{Q}_s}{\tilde{Q}_s} < 1\,.$$

Wird die dynamische Güte größer als der durch Gl. (11.5/47) bestimmte Wert, d. h.

$$\tilde{Q}_s^2 < \frac{f_z}{f_s}$$

ist der Mischer potentiell instabil. Durch geeignete Wahl des Generatorinnenwiderstandes und des Lastwiderstandes lassen sich hohe Betriebsleistungsverstärkungen erreichen. Die minimale Rauschtemperatur Gl. (11.5/44) wird dabei unabhängig von Stabilitätsbedingungen bei dem durch Gl. (11.5/45) gegebenen Generatorinnenwiderstand erreicht:

$$R_{s,\,T\min} = R_B\sqrt{1+\tilde{Q}_s^2}\,. \tag{11.5/48}$$

Einsetzen von Gl. (11.5/48) in Gl. (11.5/35) liefert den ausgangsseitigen Innenwiderstand bei Rauschanpassung am Eingang:

$$R_{zi} = R_B\left(1+\frac{f_s}{f_z}\left(1-\sqrt{1+\tilde{Q}_s^2}\right)\right). \tag{11.5/49}$$

Bei Kehrlage der Frequenzen lautet Gl. (11.5/49) mit $f_z = f_0 - f_s$

$$R_{zi} = R_B\left(\frac{f_0 - f_s\sqrt{1+\tilde{Q}_s^2}}{f_z}\right). \tag{11.5/50}$$

Durch geeignete Wahl der Oszillatorfrequenz bzw. der dynamischen Güte kann der Innenwiderstand nach Gl. (11.5/50) zu Null werden. Die verfügbare Leistungsverstärkung wird dann unendlich bei minimaler Rauschtemperatur.

11.5.6 Reaktanzmischer bei hohen Frequenzen

Reaktanzmischer finden Anwendung z. B. als rauscharme Aufwärtsumsetzer mit nachfolgendem Abwärtsumsetzer in der Eingangsstufe empfindlicher UHF-Empfänger oder z. B. zur Frequenzumsetzung und Verstärkung eines mit einer zu übertragenden Nachricht modulierten niederfrequenten Signals in den höher liegenden Sendefrequenzbereich.

Bei Frequenzen im GHz-Bereich werden dabei statt der in Abb. 11.5/3 gezeigten konzentrierten Bauelemente zum Aufbau des Umsetzers Leitungselemente benutzt. Das Prinzipschaltbild eines solchen Aufwärtsumsetzers zeigt Abb. 11.5/8. Die Ankopplung des Oszillators und des Lastwiderstandes an die Diode D erfolgt über Bandpaßfilter BP mit $\lambda/4$-Leitungen, die die Parallelresonanzcharakteristik der Filter

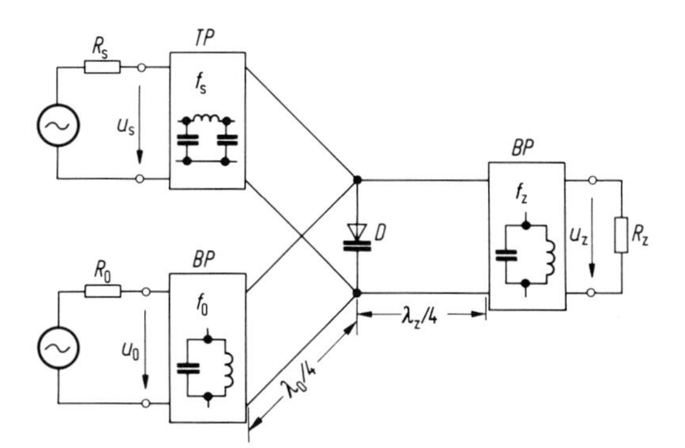

Abb. 11.5/8. Prinzipschaltbild eines Reaktanz-Aufwärtsumsetzers mit Leitungselementen

in eine Serienresonanzcharakteristik entsprechend Abb. 11.5/3 transformieren. Die Signalspannung wird über ein Tiefpaßfilter TP zugeführt. Um Verluste durch den Bahnwiderstand R_B der Diode bei den Kombinationsfrequenzen zu vermeiden, die von der Ausgangsfrequenz des Umsetzers abweichen, muß die Beschaltung der Diode hier Impedanzwerte bieten, die wesentlich höher als der Wert der Diodenimpedanz sind. Hierfür sind gegebenenfalls zusätzliche Kreise bzw. Stichleitungen nötig, die den Blindleitwert der übrigen Beshaltung der Diode bei diesen Frequenzen zu Null kompensieren.

Aus den Manley-Rowe-Beziehungen (Abschn. 11.5.1) ergibt sich, daß bei Aufwärtsumsetzern mit $f_0 \gg f_s$ hohe Werte der Leistungsverstärkung erreicht werden und die abgegebene Ausgangsleistung P_z näherungsweise gleich groß wie die zugeführte Oszillatorleistung P_0 wird, d. h. $P_z \approx -P_0$.

Bei mittleren Leistungspegeln, d. h. $P_z \lesssim 1$ W, kann der Reaktanzaufwärtsumsetzer damit bei entsprechenden Oszillatorleistungen ohne nachfolgenden Leistungsverstärker z. B. direkt als Sendestufe eingesetzt werden. Beim Aufwärtsumsetzer mit nichtlinearen Widerständen ist dies i. allg. nicht möglich, da hier die Leistungsverstärkung stets kleiner als eins ist und damit die Ausgangsleistung kleiner als die zugeführte Signalleistung und somit wesentlich geringer als die Oszillatorleistung ist.

11.5.7 Reaktanzverstärker (Parametrischer Verstärker)

Bei der Frequenzumsetzung in Kehrlage hat die mit der Oszillatorfrequenz periodisch zeitabhängige Reaktanz sowohl bei der Signal- als auch bei der Zwischenfrequenz eine Eingangsimpedanz mit negativem Realteil. Damit ist nicht nur eine Frequenzumsetzung, sondern auch eine Verstärkung bei der Signalfrequenz in einem Reflexionsverstärker (Abschn. 9.1.8) möglich. Die bei der Oszillatorfrequenz (sie wird bei Reaktanzverstärkern allgemein als Pumpfrequenz bezeichnet) der Reaktanz zugeführte Pumpleistung wird dabei sowohl bei der Signalfrequenz als verstärktes Signal als auch bei der Zwischenfrequenz (sie wird hier als Hilfsfrequenz $f_h = f_p - f_s$ bezeichnet) an die äußere Beschaltung abgegeben.

Das Prinzipschaltbild eines Reaktanzgeradeausverstärkers und sein Kleinsignalersatzschaltbild zeigt Abb. 11.5/9. Eine gepumpte Kapazitätsdiode, dargestellt durch die periodisch zeitabhängige Sperrschichtkapazität $C(\omega_p t)$ und den konstanten Bahnwiderstand R_B, dient als Mischelement. Die beiden Reihenschwingkreise seien unter Berücksichtigung der Arbeitspunktkapazität C_0 der Diode auf die Signalfrequenz f_s und die Hilfsfrequenz $f_h = f_p - f_s$ abgestimmt und von so hoher Güte, daß nur Ströme der betreffenden Frequenz fließen (Resonanzabstimmung). Die Widerstände R_s und R_h berücksichtigen die Verluste von Signal- und Hilfskreis. In Reihe zu Signalgenerator und Lastwiderstand R_L liegt die negativ reelle Eingangsimpedanz der

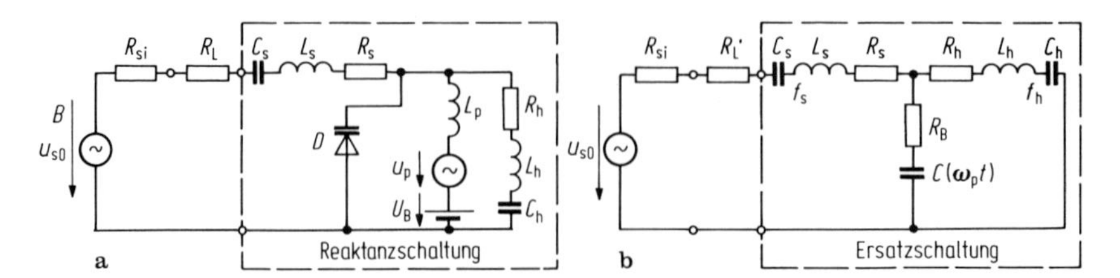

Abb. 11.5/9a u. b. Reaktanz-Geradeausverstärker: **a** Prinzipschaltbild; **b** Kleinsignalersatzschaltbild

Mischschaltung. Die Mischschaltung wird in Abschn. 11.5.2 analysiert. Wir erhalten aus Gl. (11.5/33) den Eingangswiderstand bei Resonanzabstimmung

$$R_e = (R_s + R_B)\left(1 - \tilde{Q}_s^2 \frac{f_s}{f_h} \frac{R_B^2}{(R_h + R_B)(R_s + R_B)}\right). \tag{11.5/51}$$

Hierin ist $\tilde{Q}_s$ die dynamische Güte der Kapazitätsdiode bei der Signalfrequenz nach Gl. (11.5/29).

Eine Verstärkung ist nur möglich, solange der Eingangswiderstand nach Gl. (11.5/51) negativ bleibt, d. h. für

$$Q_s^2 \frac{f_s}{f_h} > \left(1 + \frac{R_h}{R_B}\right)\left(1 + \frac{R_s}{R_B}\right).$$

Hieraus ergibt sich der zulässige Bereich der Signal- und Hilfsfrequenz, in dem ein Verstärker betrieben werden kann. Eine ausführliche Berechnung der Betriebseigenschaften, d. h. der Betriebsleistungsverstärkung und des Rauschverhaltens, erfolgt in [53].

Die Frequenzumsetzung an einem zeitabhängigen Element ist nicht übertragungssymmetrisch. Dies zeigen die Konversionsgleichungen Gl. (11.5/31). Eine Entkopplung des Eingangs vom Ausgang kann beim Reaktanzverstärker nun auch mit übertragungssymmetrischen Elementen realisiert werden [22, 23][1], wobei hierfür mindestens zwei Varaktoren nötig sind. Das Prinzipersatzschaltbild eines solchen Verstärkers zeigt Abb. 11.5/10. Die beiden Varaktoren werden mit einer Phasendifferenz von $-90°$ gepumpt. Eingang und Ausgang des Verstärkers sind durch ein Netzwerk mit 90° Phasendrehung, z. B. eine $\lambda/4$-Leitung, verbunden. Eine Spannung am Eingang bewirkt über die beiden zeitabhängigen Kapazitäten phasengleiche Ströme im Hilfskreis, während eine Spannung am Ausgang Ströme entgegengesetzter Phase hervorruft, die sich zu Null addieren. Umgekehrt bewirkt eine Spannung am Hilfskreis phasengleiche Ströme am Ausgang und Ströme entgegengesetzter Phase am

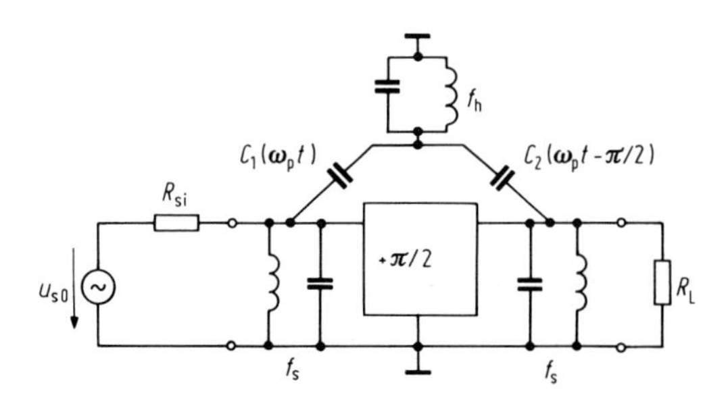

Abb. 11.5/10. Nichtübertragungssymmetrischer Reaktanzverstärker mit zwei Varaktoren. Ersatzschaltbild

[1] Siehe Literatur zu Kap. 9 [17–24].

Eingang. Der für den Verstärkungsvorgang notwendige Leistungsumsatz bei der Hilfsfrequenz kann somit nur vom Eingang her angeregt werden, die verstärkte Signalleistung wird allein dem Ausgang zugeführt.

Einen Sonderfall des Reaktanzverstärkers erhält man, wenn Signalfrequenz und halbe Pumpfrequenz und damit Signalfrequenz und Hilfsfrequenz sich nur geringfügig voneinander unterscheiden bzw. gleich sind, so daß sie von Signal- und Hilfskreis nicht mehr getrennt werden können. Man bezeichnet diesen Verstärker als "degeneriert". Der Hilfskreis entfällt, und seine Funktion wird vom Signalkreis übernommen [24, S. 210 bis 229][1]. Das Ausgangssignal enthält das Eingangssignal, dies gilt ebenso für Rauschen, das sowohl verstärkt als auch in der Frequenz umgesetzt wird. Beide Anteile sind voll miteinander korreliert, ihre Phasenlage zueinander wird bestimmt durch die Phasendifferenz zwischen Pumpspannung und Eingangssignal. Hierin unterscheidet sich der degenerierte Verstärker vom zuvor beschriebenen nichtdegenerierten Verstärker.

Degenerierte Reaktanzverstärker wurden z. B. als empfindliche HF-Verstärker in Radaranlagen oder in der Radioastronomie zur Messung des interstellaren Rauschens verwendet.

11.6 Mischung mit Transistoren

In Abb. 11.3/3a ist das Prinzipschaltbild einer in Emittergrundschaltung arbeitenden Transistormischstufe gezeigt, in Abb. 11.6/1 das dazugehörige Ersatzschaltbild für Frequenzen, die wesentlich kleiner als die β-Grenzfrequenz des Transistors sind. Der durch den nichtlinearen Eingangsleitwert G_e fließende Strom i_B ist dem Kollektorstrom näherungsweise proportional:

$$i_B = \frac{1}{B} i_C$$

mit B der Gleichstromverstärkung in Emitterschaltung. Der Kollektorstrom sei durch die Funktion

$$i_C = F(u_{BE}) \tag{11.6/1}$$

gegeben. Die Basis-Emitter-Spannung u_{BE} setzt sich, wie man aus Abb. 11.3/3a

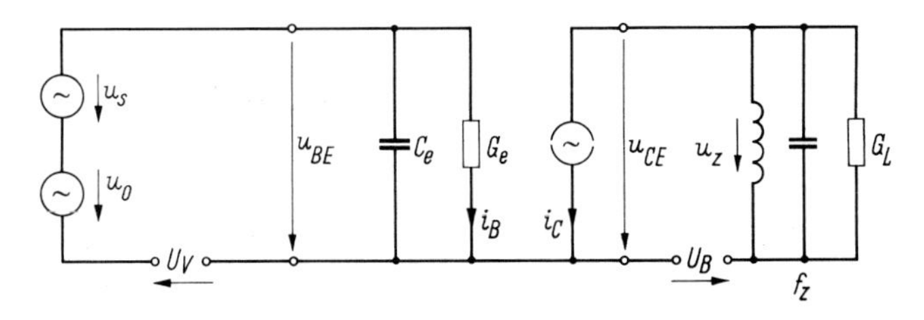

Abb. 11.6/1. Kleinsignal-Ersatzschaltbild der Transistormischstufe von Abb. 11.3/3a im Gleichstromarbeitspunkt

[1] Siehe Literatur zu Kap. 9 [17–24].

erkennen kann, aus der Gleichspannung U_v, der Oszillatorspannung u_0 und der Signalspannung u_s zusammen:

$$u_{BE} = -U_v + u_0 + u_s .$$

Das Verhalten des Transistors gegenüber kleinen Signalen läßt sich durch die Kleinsignalgleichungen

$$\Delta i_B = G_e(\omega_0 t)\, u_s \tag{11.6/2}$$

$$\Delta i_C = S(\omega_0 t)\, u_s \tag{11.6/3}$$

mit

$$S(\omega_0 t) = \frac{dF(u_{BE0})}{du_{BE0}} \qquad G_e(\omega_0 t) = \frac{1}{B} S(\omega_0 t)$$

und

$$S(\omega_0 t) = \sum_{\lambda=-\infty}^{\lambda=+\infty} S_\lambda \, e^{j\lambda\omega_0 t} \qquad G_e(\omega_0 t) = \sum_{\lambda=-\infty}^{\lambda=+\infty} G_{e\lambda} \, e^{j\lambda\omega_0 t}$$

beschreiben. Es ist hierbei $S(\omega_0 t)$ die periodisch zeitabhängige Steilheit, $G_e(\omega_0 t)$ der periodisch zeitabhängige Eingangsleitwert des Transistors. Die Gl. (11.6/2) und (11.6/3) entsprechen Gl. (11.4/12) beim Diodenmischer.

Die Großsignalspannung ist durch den Ausdruck

$$u_{BE0} = -U_v + u_0$$

gegeben. Wir benötigen nur die Signalkomponente des Basisstroms und die Zwischenfrequenzkomponente des Kollektorstroms. In Gl. (11.6/2) brauchen wir deshalb nur den zeitlichen Mittelwert des Eingangsleitwertes

$$G_{e0} = \frac{1}{2\pi} \int_{-\pi}^{+\pi} G_e(\omega_0 t)\, d(\omega_0 t) = \frac{S_0}{B}$$

zu berücksichtigen. Wenn wir noch den zeitlichen Mittelwert C_{e0} der Eingangskapazität berücksichtigen, erhalten wir die folgenden Konversionsgleichungen für den Mischer in Gleichlage:

$$I_s = (G_{e0} + j\omega_s C_{e0})\, U_s$$

$$I_z = S_n U_s$$

und für den Mischer in Kehrlage:

$$I_s = (G_{e0} + j\omega_s C_{e0})\, U_s$$

$$I_z^* = S_n^* U_s .$$

Wir nähern die Funktion Gl. (11.6/1) durch die folgende geknickte Gerade an:

$$i_C = i_B B = K(u_{BE} + U_k) \quad \text{für } -u_{BE} \geq U_k$$

$$i_C = i_B B = 0 \quad \text{für } U_k \geq -U_{BE} .$$

Diese Kennlinie ist in Abb. 11.6/2 dargestellt. Die Knickspannung U_k liegt bei Germanium-HF-Transistoren bei etwa 250 mV, bei Silizium-HF-Transistoren bei etwa 600 mV. Falls man den Transistor als Geradeausverstärker in A-Betrieb betreibt, legt man den Arbeitspunkt in den ansteigenden Teil der Kennlinie. Der Transistor ist dann durch die Steilheit $S_a = K$ und den Eingangsleitwert $G_{ea} = K/B$ gekennzeichnet. Die Fourier-Analyse läßt sich nun ebenso wie beim Diodenmischer

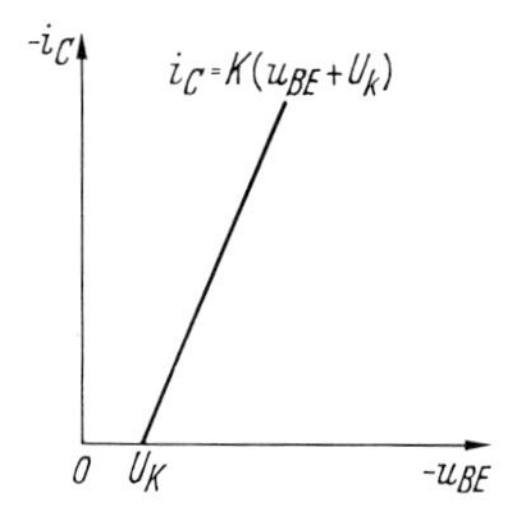

Abb. 11.6/2. Idealisierte Steuerkennlinie des Transistors

im Abschn. 11.4.6 durchführen. Mit dem Stromflußwinkel

$$\cos\Theta = \frac{U_k - U_v}{U_0}$$

erhalten wir:

$$S_n = \frac{\sin n\Theta}{n\pi} S_a \quad \text{bzw. für die Grundwelle} \quad S_1 = \frac{\sin\Theta}{\pi} S_a$$

$$\text{und } G_{e0} = \frac{\Theta}{\pi} G_{ea} \, .$$

Eine Mischung erfolgt nur, wenn der Kennlinienknick innerhalb des Aussteuerbereiches liegt. Eine genauere Berechnung des Transistormischers findet man in [3] und [31]. Bei höheren Frequenzen wird der Mischvorgang durch den Basis-Bahnwiderstand und durch die nichtlineare Basis-Kollektorkapazität beeinflußt.

Wie früher bei Röhren benutzt man bei Transistoren meist selbstschwingende Mischstufen. Gebräuchliche Transistormischschaltungen findet man in [3, 31–33].

Für die Mischstufe mit einem MOSFET nach Abb. 11.3/3b ist das Kleinsignal-Ersatzschaltbild im Gleichstromarbeitspunkt in Abb. 11.6/3 gezeigt, die idealisierte Steuerkennlinie des MOSFET (n-Kanal-Verarmungstyp [57]) zeigt Abb. 11.6/4. Die Berechnung der charakteristischen Betriebsgrößen der Mischstufe erfolgt in gleicher Weise wie bei der zuvor behandelten Transistormischstufe.

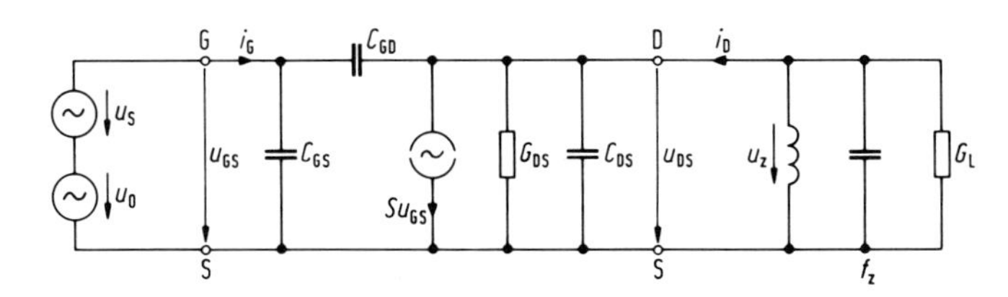

Abb. 11.6/3. Kleinsignal-Ersatzschaltbild der MOSFET-Mischstufe von Abb. 11.3/3b im Gleichstromarbeitspunkt

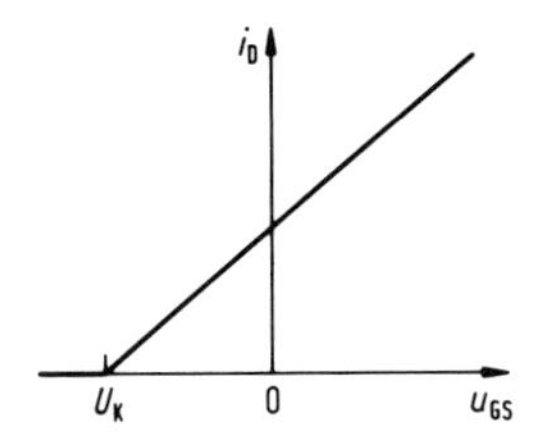

Abb. 11.6/4. Idealisierte Steuerkennlinie des MOSFET (n-Kanal-Verarmungstyp)

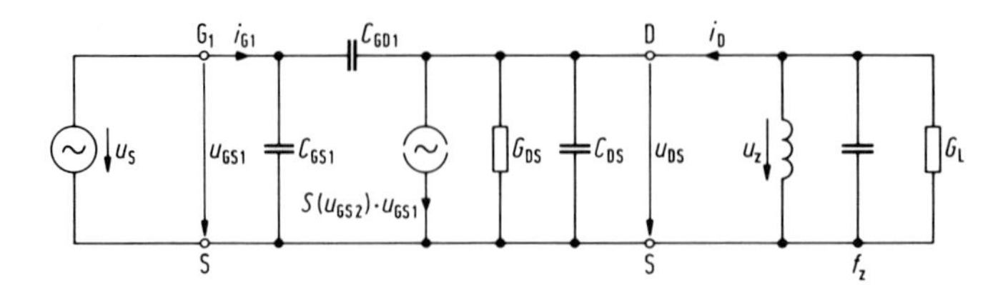

Abb. 11.6/5. Kleinsignal-Ersatzschaltbild der Mischstufe mit Dual-Gate-MOSFET von Abb. 11.3/4

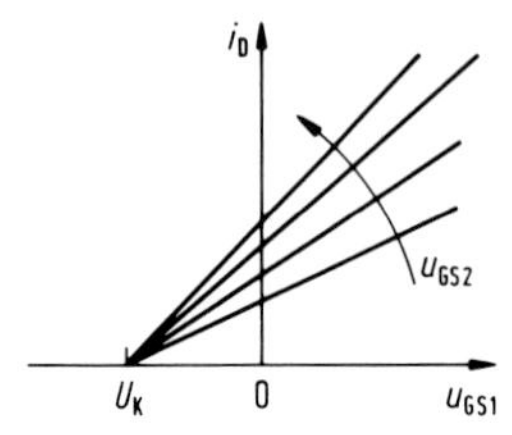

Abb. 11.6/6. Idealisierte Steuerkennlinien des Dual-Gate-MOSFET für verschiedene Werte der Gatespannung U_{GS2}

Mit der Annahme, daß die äußere Beschaltung des FET an dessen Eingang einen Kurzschluß bei f_z und am Ausgang einen Kurzschluß bei f_s bewirkt, lauten die Konversionsgleichungen für den Mischer in Gleichlage

$$I_s = j\omega(C_{GS0} + C_{GD0})\,U_s$$

$$I_z = S_n U_s + (G_{DS0} + j\omega C_{DS0})\,U_z \,. \qquad (11.6/4)$$

Beim Mischer in Kehrlage ist wie zuvor anstelle von $S_n U_s$ dann $S_n^* U_s$ zu setzen.

Beim Dualgate-MOSFET in der Mischschaltung Abb.11.3/4 wird die Vorwärtssteilheit des FET zwischen Signalspannung am Gate 1 und Drainstrom durch die am Gate 2 anliegende Oszillatorspannung gemäß Abb. 11.6/6 im Takte der Oszillatorfrequenz ausgesteuert; hierbei ist es für eine Mischung nun nicht mehr notwendig, daß der Kennlinienknick innerhalb des Aussteuerbereichs der Gatespannung U_{GS1} liegt. Im Kleinsignalersatzschaltbild Abb. 11.6/5 ergibt sich der am Ausgang des FET eingeprägte Strom aus der Multiplikation der – mit der Oszillatorfrequenz periodisch zeitabhängigen – Steilheit $S(U_{GS2}) = S(\omega_o t)$ mit der am Gate 1 anliegenden Signalspannung U_{GS1}. Aus der Fourier-Analyse des Produkts $S(\omega_0 t)$. U_{GS1} ergeben sich die Zwischenfrequenzkomponenten des Drainstromes und damit die Konversionsgleichungen (11.6/4).

11.7 Frequenzvervielfachung und -teilung

11.7.1 Frequenzvervielfacher

Frequenzvervielfacher werden in der Hochfrequenztechnik eingesetzt, wenn die Schwingungserzeugung wegen der geforderten Leistung oder Frequenzstabilität nicht direkt erfolgen kann. In Richtfunksystemen werden z. B. für die Trägerversorgung Leistungen bis zu einigen Watt bei Frequenzen bis über 10 GHz benötigt. Die hierbei notwendige Frequenzstabilität läßt sich allein mit quarzgesteuerten Oszillatoren erreichen. Schwingquarze können bis zu Frequenzen von etwa 100 MHz betrieben werden und sind hierbei schon extrem dünn (s. 10.4.4.2 Schwingungsformen . . . ,

S. 383/384). Durch wiederholte Vervielfachung kann aus der Oszillatorschwingung die gewünschte Hochfrequenzschwingung abgeleitet werden. Als nichtlineare Elemente werden hierfür hauptsächlich Kapazitätsdioden (Sperrschicht- oder Speichervaraktoren, s. Abschn. 7.2.3.2) benutzt, die als nichtlineare Reaktanzen nach Gl. (11.5/23) im Idealfall eine Umsetzung der gesamten bei der Grundschwingung zugeführten Leistung in Leistung bei einer Oberschwingung ermöglichen. Nichtlineare Widerstände sind wegen des nach Gl. (11.4/8) begrenzten Wirkungsgrades $\eta_{\max} = 1/n^2$ zur Frequenzvervielfachung wenig geeignet. Bei Frequenzen $f \lesssim 1$ GHz lassen sich im C-Betrieb arbeitende Transistorverstärker zur Vervielfachung einsetzen [34].

Das Prinzipschaltbild eines Frequenzvervielfachers mit einer Kapazitätsdiode zeigt Abb. 11.7/1. Dem Varaktor, dargestellt durch die nichtlineare Kapazität $C(u)$ und den als konstant angenommenen Bahnwiderstand R_B (s. Abschn. 11.4.1), wird über das Netzwerk N_1 Leistung bei der Grundschwingung f_0 zugeführt. Die bei der Oberschwingung $f_\mathrm{n} = nf_0$ erzeugte Leistung wird über das Netzwerk N_2 an den Lastwiderstand R_L abgegeben. Mit Hilfe der Gleichspannung U_v wird der Arbeitspunkt im Sperrbereich eingestellt. Die Induktivität L_v wirkt als Hochfrequenzsperre.

Die beiden Netzwerke N_1 und N_2 bieten der nichtlinearen Kapazität bei den entstehenden Oberschwingungen die für ein optimales Betriebsverhalten des Vervielfachers notwendigen Impedanzwerte. Neben der Leistungsanpassung von Generatorinnenwiderstand R_0 und Lastwiderstand R_L sind hierbei vor allem Hilfskreise ("Idler") notwendig. Sie ermöglichen einen Blindleistungsumsatz bei Oberschwingungen, die zwischen der Eingangsfrequenz f_0 und der Ausgangsfrequenz nf_0 liegen, und können somit durch gegenseitige Mischung verschiedener Harmonischer die auf die Frequenz nf_0 umgesetzte Wirkleistung verstärken. Ist z. B. die Spannung an der Kapazität proportional dem Quadrat der Ladung – dies ist bei der Sperrschichtkapazität von abrupt dotierten Dioden der Fall –, dann bewirkt ein Strom bei der Frequenz f_0 eine Spannung bei der doppelten Frequenz. Bei der Frequenz f_0 zugeführte Leistung wird in der Frequenz umgesetzt und kann bei $f = 2f_0$ abgegeben werden.

Soll nun Leistung bei der Frequenz $f = 3f_0$ abgegeben werden, so muß bei $f = 2f_0$ ein Hilfskreis vorgesehen werden. Die durch die nichtlineare Kapazität bewirkte Mischung der Grundschwingung f_0 mit der Oberschwingung $2f_0$ führt dann zur Leistungsabgabe bei $3f_0 = 2f_0 + f_0$. Eine zusammenstellung der bei $n \geq 4$ notwendigen Hilfskreise findet man bei [27, S. 307 bis 315]. Bei allen Oberschwingungen, für die keine Hilfskreise vorgesehen sind, und vor allem bei $f > nf_0$ soll die Impedanz, die die äußere Beschaltung dem Varaktor bietet, sehr groß gegen die Varaktorimpedanz sein, um zusätzliche Verluste im Bahnwiderstand R_B zu vermeiden (Stromaussteuerung) [40].

11.7.2 Frequenzvervielfacher mit Sperrschichtvaraktor

Zur Berechnung des Betriebsverhaltens des Frequenzvervielfachers gehen wir von der Beziehung

$$i = \frac{\mathrm{d}q}{\mathrm{d}t} = \frac{\mathrm{d}q}{\mathrm{d}u}\frac{\mathrm{d}u}{\mathrm{d}t} \tag{11.7/1}$$

aus. Die nichtlineare differentielle Kapazität $C = \mathrm{d}q/\mathrm{d}u$ bzw. deren Kehrwert, die Elastanz S, ist im eingeschwungenen Zustand mit f_0 periodisch zeitabhängig und kann durch die Fourier-Reihe

$$\mathrm{d}u/\mathrm{d}q = S(\omega_0 t) = \frac{1}{C(\omega_0 t)} = \sum_{\lambda=-\infty}^{\lambda=+\infty} S_\lambda \,\mathrm{e}^{\mathrm{j}\lambda\omega_0 t} \tag{11.7/2}$$

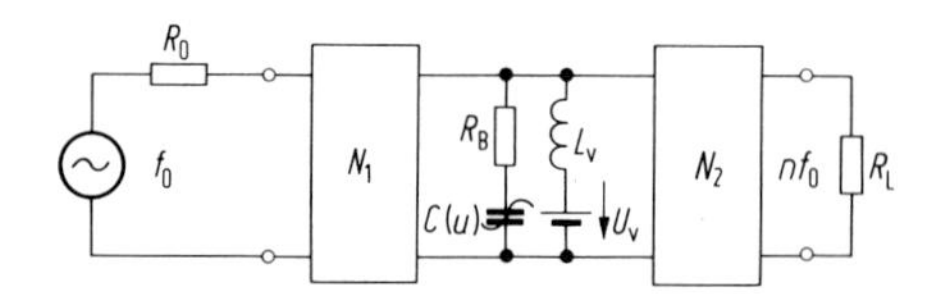

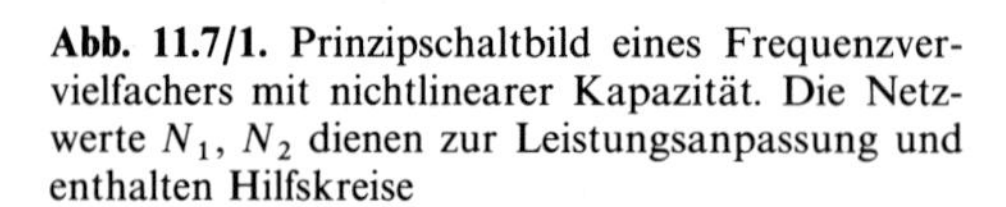
Abb. 11.7/1. Prinzipschaltbild eines Frequenzvervielfachers mit nichtlinearer Kapazität. Die Netzwerte N_1, N_2 dienen zur Leistungsanpassung und enthalten Hilfskreise

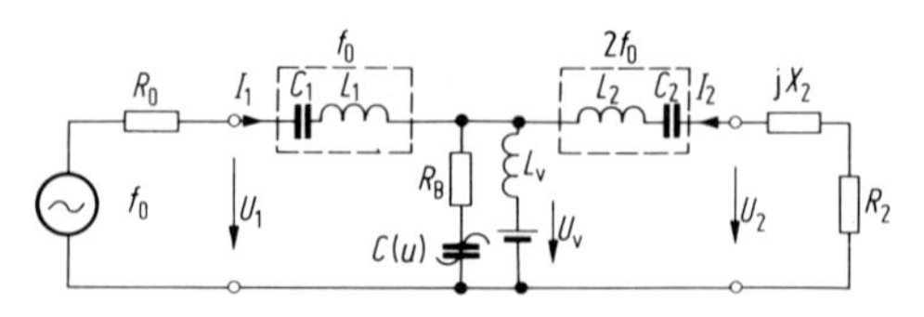

Abb. 11.7/2. Prinzipschaltbild eines Frequenzverdopplers mit Stromaussteuerung

mit $S_{-\lambda} = S_\lambda^*$ und den Modulationsfaktoren

$$m_\lambda = \frac{|S_\lambda|}{S_{\max} - S_{\min}} \tag{11.7/3}$$

beschrieben werden. $S_{\max}$ und $S_{\min}$ sind der maximale bzw. minimale Wert der zeitabhängigen Elastanz $S(\omega_0 t)$.

Die Grenzkreisfrequenz der Kapazitätsdiode ist definiert als

$$\omega_c = \frac{S_{\max} - S_{\min}}{R_B} \; . \tag{11.7/4}$$

Mit Gl. (11.7/1) und (11.7/2) und bei Berücksichtigung des Bahnwiderstandes R_B erhalten wir für Spannung und Strom an der Kapazitätsdiode nach Abb. 11.7/1

$$u = iR_B + \int S(\omega_0 t)\, i \,\mathrm{d}t \tag{11.7/5}$$

u und i sind durch die Fourier-Reihen

$$u = \frac{1}{2} \sum_{n=-\infty}^{n=+\infty} U_n \, e^{jn\omega_0 t} \qquad i = \frac{1}{2} \sum_{n=-\infty}^{n=+\infty} I_n \, e^{jn\omega_0 t} \tag{11.7/6}$$

mit $U_{-n} = U_n^*$ und $I_{-n} = I_n^*$ gegeben.

Wir wollen im folgenden einen Frequenzverdoppler betrachten. Das Prinzipschaltbild zeigt Abb. 11.7/2. Die verlustfreien Reihenschwingkreise L_1, C_1 und L_2, C_2 sind auf die angegebene Frequenz abgestimmt und so bemessen, daß nur Ströme dieser Frequenz fließen. Wir erhalten für die komplexen Amplituden bei den Frequenzen f_0 und $2f_0$ mit Gl. (11.7/6) aus Gl. (11.7/5) [27, S. 307]:

$$U_1 = \left(R_B + \frac{S_0}{j\omega_0} \right) I_1 + \frac{S_2}{j\omega_0} I_1^* + \frac{S_1^*}{j\omega_0} I_2 + \frac{S_3}{j\omega_0} I_2^* \, . \tag{11.7/7}$$

$$U_2 = \frac{S_1}{j2\omega_0} I_1 + \frac{S_3}{j2\omega_0} I_1^* + \left(R_B + \frac{S_0}{j2\omega_0} \right) I_2 + \frac{S_4}{j2\omega_0} I_2^* \, . \tag{11.7/8}$$

Die differentielle Sperrschichtkapazität ist durch die Beziehung

$$C(u) = \frac{C_0}{(1 + u/U_\Phi)^\gamma} \tag{11.7/9}$$

gegeben (s. Abschn. 7.2.3.2). Bei Dioden mit abruptem Dotierungsprofil wird $\gamma = 1/2$. Damit ist die Elastanz proportional zur Ladung und die Spannung proportional zum Quadrat der Ladung. Beim Verdoppler fließen nur Ströme der Frequenzen f_0 und $2f_0$, so daß bei $\gamma = 1/2$ die Fourier-Koeffizienten der Elastanz in Gl. (11.7/2) für $\lambda \geq 3$ zu

Null werden, d. h. $S_3 = S_4 = 0$. Für das Verhältnis der Koeffizienten S_1/S_2 gilt

$$\frac{S_1}{S_2} = \frac{I_1/\mathrm{j}\omega_0}{I_2/\mathrm{j}2\omega_0} = 2\frac{I_1}{I_2}\,. \tag{11.7/10}$$

Die Phasenlage des Stromes wählen wir so, daß I_1 reell wird, die Phase von I_2 wird dann durch

$$I_2/|I_2| = \mathrm{e}^{\mathrm{j}\varphi_2} = \mathrm{j}S_2/|S_2| \tag{11.7/11}$$

gegeben. Wir setzen Gl. (11.7/10) und Gl. (11.7/11) in Gl. (11.7/7) ein und erhalten als Eingangsimpedanz $Z_1 = R_1 + \mathrm{j}X_1$ mit Gl. (11.7/3) und Gl. (11.7/4)

$$\begin{aligned} R_1 + \mathrm{j}X_1 = U_1/I_1 &= R_\mathrm{B}\left(\frac{\omega_\mathrm{c}}{\omega_0} m_2 \cos\varphi_2 + 1\right) \\ &\quad - \mathrm{j}\left(\frac{S_0}{\omega_0} - R_\mathrm{B}\frac{\omega_\mathrm{c}}{\omega_o} m_2 \sin\varphi_2\right). \end{aligned} \tag{11.7/12}$$

Die Abschlußimpedanz $Z_2 = R_2 + \mathrm{j}X_2$ ergibt sich aus Gl. (11.7/8) zu

$$\begin{aligned} R_2 + \mathrm{j}X_2 &= U_2/(-I_2) \\ &= R_\mathrm{B}\left(\frac{\omega_\mathrm{c}}{\omega_0}\frac{m_1^2}{4m_2}\cos\varphi_2 - 1\right) + \mathrm{j}\left(\frac{S_0}{2\omega_0} - R_\mathrm{B}\frac{\omega_\mathrm{c}}{\omega_0}\frac{m_1^2}{4m_2}\sin\varphi_2\right). \end{aligned} \tag{11.7/13}$$

Der Wirkungsgrad η berechnet sich aus dem Verhältnis von abgegebener Leistung P_2 zu aufgenommener Leistung P_1. Bei Berücksichtigung der Verlustleistung in R_B erhalten wir

$$\eta = P_2/P_1 = \frac{R_2/(R_2 + R_\mathrm{B})}{R_1/(R_1 - R_\mathrm{B})}\,. \tag{11.7/14}$$

Einsetzen von Gl. (11.7/12) und Gl. (11.7/13) ergibt:

$$\eta = \frac{\dfrac{\omega_\mathrm{c}}{\omega_0}\cos\varphi_2 - \dfrac{4m_2}{m_1^2}}{\dfrac{\omega_\mathrm{c}}{\omega_0}\cos\varphi_2 + \dfrac{1}{m_2}}\,. \tag{11.7/15}$$

Für gegebene Werte m_1, m_2 hat der Wirkungsgrad ein Maximum bei $\varphi_2 = 0$ bzw. $\cos\varphi_2 = 1$. Hierbei kompensiert die Abschlußreaktanz nach Gl. (11.7/13) gerade den Mittelwert der Elastanz $S_0 = (S_\mathrm{max} + S_\mathrm{min})/2$ bei der Ausgangsfrequenz. Die Werte m_1 und m_2 in Gl. (11.7/15) sind so zu wählen, daß die Elastanz während einer Periode $T_0 = 1/f_0$ jeweils die Grenzwerte S_max und S_min erreicht. Den bei voller Aussteuerung maximal erreichbaren Wirkungsgrad als Funktion des Frequenzverhältnisses $\omega_0/\omega_\mathrm{c}$ zeigt Abb. 11.7/3. Die sich dabei ergebenden Werte der Widerstände R_1 nach Gl. (11.7/12) und R_2 nach Gl. (11.7/13) sind in Abb. 11.7/4 dargestellet. Mit linear dotierten Dioden ($\gamma = 1/3$) lassen sich etwas geringere Wirkungsgrade erreichen [27, S. 603 bis 614]. Die Optimierung des Vervielfachers hinsichtlich maximaler Ausgangsleistung führt zu Ergebnissen, die von den in Abb. 11.7/3 und Abb. 11.7/4 dargestellten nur geringfügig abweichen. Die maximale Eingangsleistung P_1 des Vervielfachers wird durch die maximale Sperrspannung U_B der Diode sowie durch R_B und C_min bestimmt. Für einen Verdoppler ergibt sich nach [27, S. 333] bei $S_\mathrm{max} = 1/C_\mathrm{min} \gg S_\mathrm{min}$

$$P_1 \approx 0{,}025(U_\mathrm{B} + U_\Phi)^2\,\omega_0 C_\mathrm{min}(1 + 20\omega_o/\omega_\mathrm{c})\,. \tag{11.7/16}$$

Die Behandlung von Vervielfachern mit $n \geq 3$ findet man bei [27, 30 und 35].

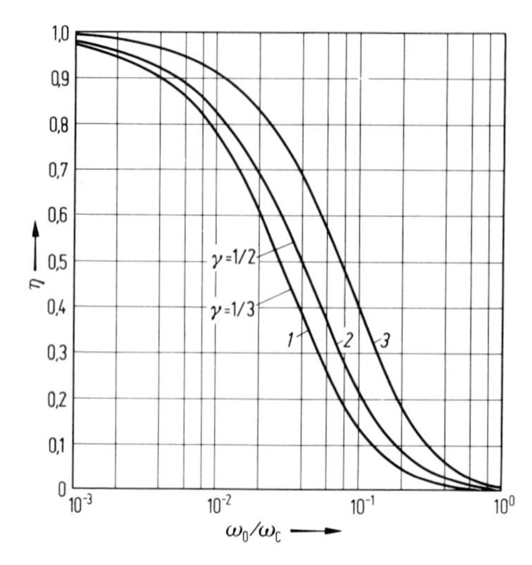

Abb. 11.7/3. Maximale Wirkungsgrade des Verdopplers mit Sperrschichtvaraktor ($\gamma = 1/2$ und $\gamma = 1/3$) bzw. des Speichervaraktors (Kurve *3*) bei voller Aussteuerung, abhängig vom Frequenzverhältnis ω_0/ω_c

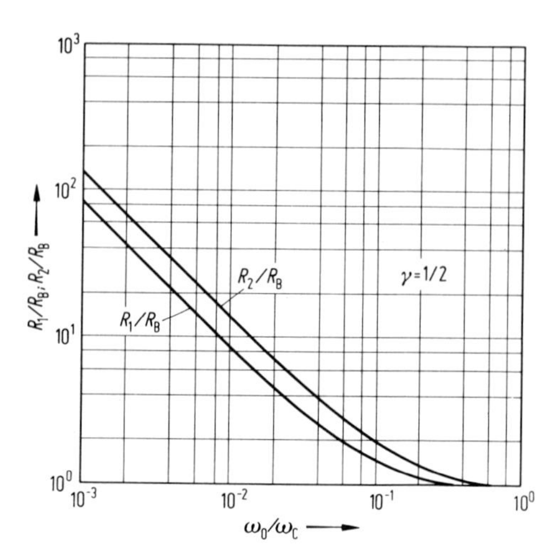

Abb. 11.7/4. Eingangswiderstand und optimaler Lastwiderstand des Verdopplers mit Sperrschichtvaraktor ($\gamma = 1/2$) bei voller Aussteuerung, aufgetragen über ω_0/ω_c

11.7.3. Frequenzvervielfacher mit Speichervaraktor

Die in der Diode umgesetzte Leistung kann vergrößert werden, wenn nicht nur im Sperrbereich, sondern auch in den Flußbereich ausgesteuert wird. Können Rekombination und Diffusion der dabei injizierten Minoritätsträger vernachlässigt werden, wirkt die Diode im Flußbereich wie ein idealer Ladungsspeicher mit unendlich großer Kapazität [30, S. 80 bis 105]. Die bei einem Speichervaraktor beim Übergang vom Sperrbereich zum Flußbereich auftretende Nichtlinearität der differentiellen Kapazität überwiegt bei weitem die Nichtlinearität der Sperrschichtkapazität nach Gl. (11.7/9). Für eine vereinfachte Darstellung kann daher die Sperrschichtkapazität als konstant angenommen werden. Abbildung 11.7/5 zeigt hierfür die Kennlinie einer idealen Speicherdiode. Im Sperrbereich wird

$$q = C_{\min} u \quad \text{für } u < U_{\Phi}$$

und im Flußbereich gilt

$$u = U_{\Phi} \quad \text{für } q > Q_{\Phi} \,.$$

Die Grenzfrequenz der Diode ist nach Gl. (11.7/4) mit $S_{\max} = 1/C_{\min}$ und $S_{\min} = 0$ definiert.

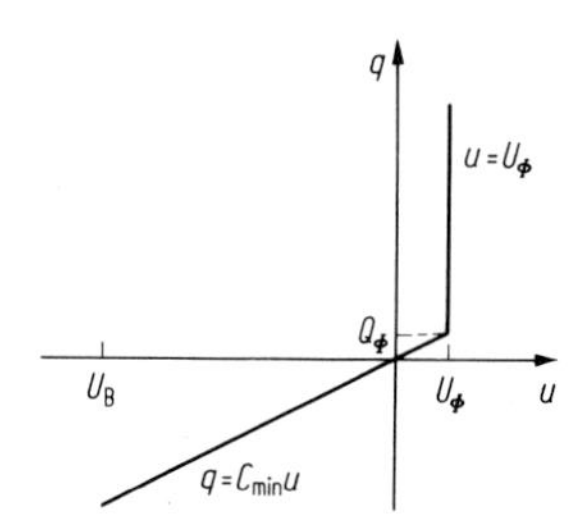

Abb. 11.7/5. Ladungs-Spannungs-Kennlinien eines idealen Speichervaraktors

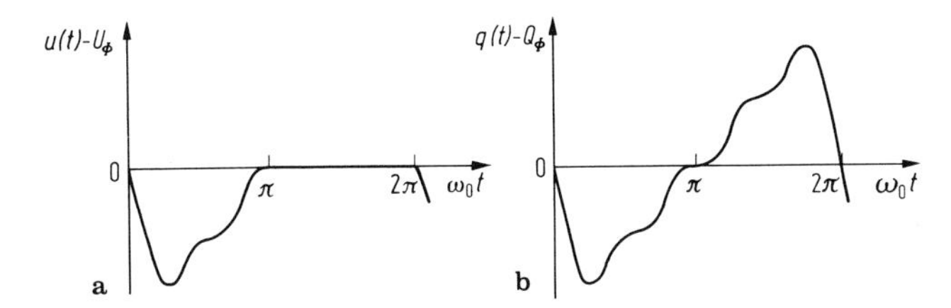

Abb. 11.7/6. Prinzipieller Zeitverlauf von Spannung und Ladung eines idealen Speichervaraktors bei Betrieb in einem Frequenzvervielfacher

Infolge der ausgeprägten Nichtlinearität des Speichervaraktors werden auch höhere Oberschwingungen der Grundschwingung f_0 angeregt, so daß ein Frequenzvervielfacher auch bei hohen Vervielfachungszahlen ohne Hilfskreise betrieben werden kann [36]. Der höchste Wirkungsgrad wird jedoch dann erreicht, wenn bei allen Oberschwingungen zwischen Eingangs- und Ausgangsfrequenz Hilfskreise vorgesehen sind [37, 38]. Zum Vergleich ist in Abb. 11.7/3 der maximale Wirkungsgrad eines Verdopplers aufgetragen (Kurve 3).

Den prinzipiellen Zeitverlauf von Ladung und Spannung bei Betrieb des Speichervaraktors in einem Vervielfacher zeigt Abb. 11.7/6. Der Mittelwert U_0 der Diodenspannung wird mit Hilfe der Gleichspannung U_v (s. Abb. 11.7/1) so eingestellt, daß der Mittelwert der Ladung zu Null wird. Die Diode wird dann für je eine halbe Periode in den Sperrbereich bzw. in den Flußbereich ausgesteuert. Da sich in beiden Bereichen die ideale Diode linear verhält, sind Wirkungsgrad, Eingangs- und optimaler Lastwiderstand im Gegensatz zum Sperrschichtvarakator unabhängig von der umgesetzten Leistung. Beim Sperrschichtvaraktor wird das Betriebsverhalten des Vervielfachers zu höheren Frequenzen hin im wesentlichen durch die Verluste im Bahnwiderstand R_B begrenzt. Bei dem realen Speichervaraktor treten durch die Aussteuerung in den Flußbereich zwei weitere zu Verlusten führende Effekte auf, die die Anwendung sowohl zu höheren als auch zu tieferen Frequenzen hin begrenzen:

Die endliche Lebensdauer der während der Flußphase in das Bahngebiet der Diode injizierten Minoritätsträger führt zu Rekombinationsverlusten und zu einem damit verbundenen Gleichstrom durch die Diode. Um hierdurch den Wirkungsgrad nicht wesentlich zu verringern, muß die Periodendauer $T_0 = 1/f_0$ klein sein gegenüber der mittleren Lebensdauer τ_p der Minoritätsträger, d. h. $f_0 \gg 1/\tau_p$. Mit Hilfe des Gleichstromes läßt sich die Vorspannung der Diode erzeugen, wenn in Abb. 11.7/1 die Spannungsquelle U_v durch einen entsprechenden Widerstand R_v ersetzt wird.

Zum Zeitpunkt des Umschaltens der Diode in den Sperrbereich ist im allgemeinen die Minoritätsträger-Speicherladung noch nicht vollständig abgebaut. Es fließt dadurch bei anliegender Sperrspannung ein Diffusionsstrom, der mit einer Zeitkonstanten τ_T abklingt und zu Hystereseverlusten führt. Um den Elinfluß dieser Verluste zu verringern, muß $f_0 \ll 1/\tau_T$ werden.

Speichervaraktoren finden Anwendung in Frequenzvervielfachern hoher Vervielfachungszahl und hoher Leistung ($\rightarrow$1 W) bei Frequenzen bis etwa 10 GHz. Oberhalb dieser Frequenz werden Sperrschichtvaraktoren benutzt, da Speichervaraktoren hier zu hohe Hystereseverluste haben.

11.7.4 Frequenzteiler

Während mit nichtlinearen Widerständen nur Oberschwingungen von einer dem Element zugeführten Grundschwingung erzeugt werden können, lassen sich mit nichtlinearen Reaktanzen auch Schwingungen bei Subharmonischen anregen [27, S. 436 bis 483]. Dabei verhält sich der Frequenzteiler mit einem Varaktor ähnlich wie ein instabiler Reaktanzverstärker bei Betrieb in Kehrlage (s. Abschn. 11.5). Hieraus folgt, daß die erzeugte subharmonische Schwingung im allgemeinen nicht phasenstarr mit der anregenden Grundschwingung verbunden ist. Eine Ausnahme bilden der Frequenzhalbierer und alle Teiler mit dem Teilerverhältnis $1/n$, bei denen sich n in der Form $n = 2^t$ darstellen läßt. Beim Frequenzhalbierer ist wie beim Verdoppler kein Hilfskreis notwendig; er gleicht in seinem Verhalten einem instabilen degenerierten Reaktanzverstärker (s. Abschn. 11.5.7). Zur Berechnung des Betriebsverhaltens kann von der Schaltung in Abb. 11.7/2 und von Gl. (11.7/7) und Gl. (11.7/8) ausgegangen werden, wenn man berücksichtigt, daß Leistung bei der Frequenz $f = 2f_0$ zugeführt und bei $f = f_0$ abgegeben wird. Wie beim Reaktanzverstärker muß die aus dem Frequenzverhältnis $\omega_c/\omega_0 = Q$ definierte Güte des Varaktors einen Mindestwert überschreiten, damit Schwingungen angeregt werden können. Die zugeführte Eingangsleistung muß dabei so groß sein, daß die dämpfende Wirkung des Verlustwiderstandes R_B kompensiert wird.

11.8 Integrierte Schaltungen für GaAs-FET-Mischer

Für den Frequenzbereich über 1 GHz werden in Weiterführung zu Abschn. 11.6 MESFETs für Mischstufen monolithisch integriert.

Die hier betrachteten Abwärtsmischer mit GaAs-MESFETs zeigen im GHz-Bereich bis etwa ins X-Band gegenüber konventionellen Diodenmischern den wesentlichen Vorteil, daß sie Konversionsgewinn statt Konversionsverlust liefern. Damit wird beispielsweise bei einer vergleichbaren Mischerrauschzahl das Rauschverhalten eines nachfolgenden Zwischenfrequenzverstärkers weniger bedeutend und rauscharme Vorverstärker benötigen nicht unbedingt empfindliche mehrstufige Konzepte. Darüber hinaus wird mit der Einsatzmöglichkeit von Dual-Gate-MESFETs (DGFETs) als Mischer aufgrund der Trennung beider Gates eine einfache Signalzuführung möglich. Der Schaltungsaufwand kann wesentlich reduziert werden, da Eingangs- und Ausgangssignale ohne die Verwendung von Kopplern direkt verarbeitet werden können. Ein wesentlicher Aspekt ist, daß mit der Möglichkeit der monolithischen Integration von FET-Mischern auch die monolithische Realisierung vollständiger Konverter beginnt.

11.8.1 Mischung mit GaAs-MESFETs

GaAs-MESFETs arbeiten als Mikrowellenmischer durch Modulation der Steilheit g_m mit der Frequenz des Lokaloszillators; diese wird zusammen mit dem Signal am Gate eingespeist. Der Mechanismus der Mischung unter der Annahme eines sinusförmigen Oszillatorsignals ist zusammen mit der Konversionssteilheit, die durch Fourier-Analyse von $g_m(t)$ berechnet wird, in Abb. 11.8/1 schematisch dargestellt. Solche Feldeffekttransistoren weisen einen größeren nahezu linearen Bereich der I_d, U_{gs}-Charakteristik auf, was gleichbedeutend mit konstanter Steilheit ist und Konversionsgewinn bis zur Abschnürspannung erlaubt. Die Ableitung der Fourier-Koeffizienten der Steilheit ist in [41] beschrieben. Die Steilheit kann als zeitabhängige Funktion, die von der Oszillatorwinkelfrequenz ω_0 moduliert wird, dargestellt werden:

$$g_m(t) = \sum_{k=-\infty}^{\infty} g_k \, e^{ik\omega_0 t} \tag{11.8/1}$$

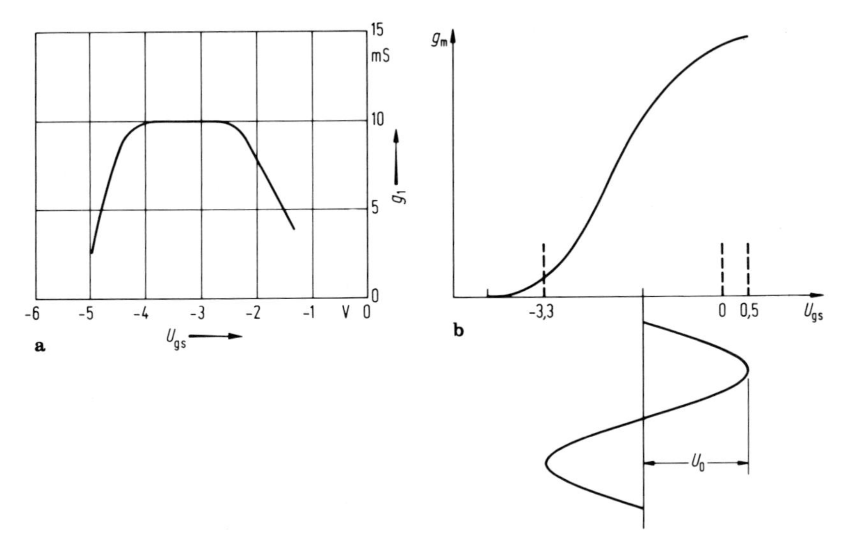

Abb. 11.8/1. **a** Konversionssteilheit g_1 über der Gate-Source-Spannung U_{gs} und **b** Darstellung des Mischvorgangs bei MESFETs [50]

mit

$$g_k = \int_0^{2\pi} g(t)\,\mathrm{e}^{-\mathrm{i}k\omega_0 t}\,\mathrm{d}(\omega_0 t)\,. \tag{11.8/2}$$

Mit Kenntnis der Fourier-Koeffizienten der Steilheit ist es möglich, die Kleinsignal-Konversionsmatrix des MESFETs zu konstruieren. Die Matrix stellt die Wechselwirkung der verschiedenen Frequenzkomponenten der Seitenbänder von Strom und Spannung dar:

$$\begin{aligned} [E] &= [U] + [Z_\mathrm{T}]\cdot[I] \\ [E] &= [Z_\mathrm{m}][I] + [Z_\mathrm{T}][I]\,. \end{aligned} \tag{11.8/3}$$

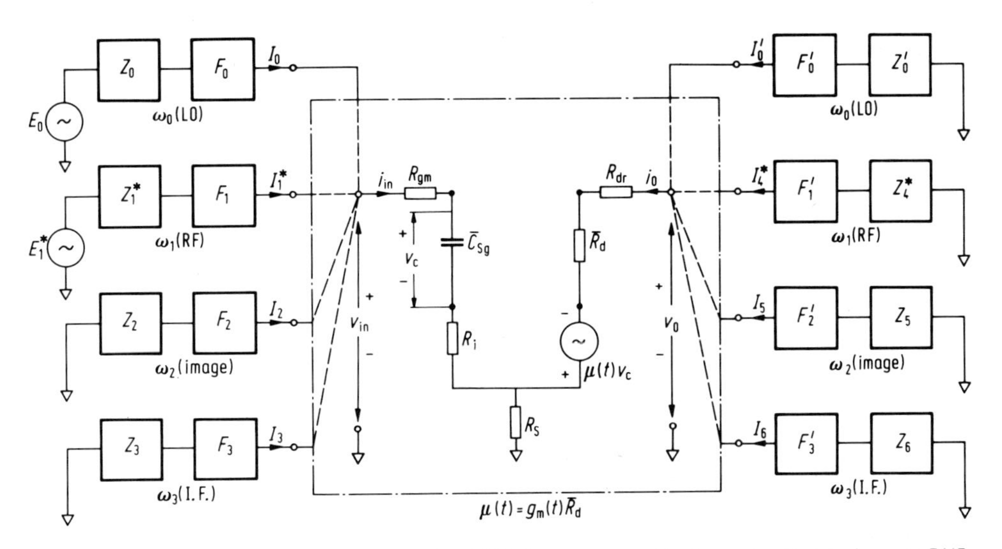

Abb. 11.8/2. MESFET-Mischer mit Ersatzschaltbild-Elementen zur Ableitung der Matrixelemente [41]

Eine shematische Darstellung des FET-Mischers mit Ersatzschaltbild-Elementen ist in Abb. 11.8/2 gegeben; die Berechnung der Matrixelemente findet man in [41]. Daraus läßt sich mit Beschränkung auf Frequenzen 1. Ordnung die Konversionssteilheit g_1 bestimmen, die primär von der Gatespannung abhängt und einen Maximalwert von etwa 1/3 der maximalen Steilheit g_m annehmen kann. Unter der Bedingung der konjugiert komplexen Anpassung von Quelle und Last des FETs, läßt sich dann der Konversionsgewinn G_c wie folgt berechnen

$$G_c = \frac{g_1^2}{\omega_1^2 \cdot \bar{C}_{gs}^2} \frac{\bar{R}_d}{R_g + R_i + R_s}, \tag{11.8/4}$$

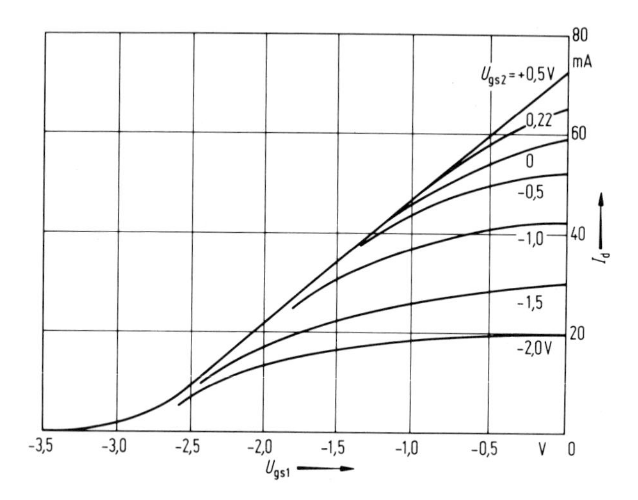

Abb. 11.8/3. Übertragungskennlinie $I_d = f(U_{gs1})$ des Dual-Gate-MESFETs; Parameter: Änderung der Gate-2-Spannung U_{g2} [50]

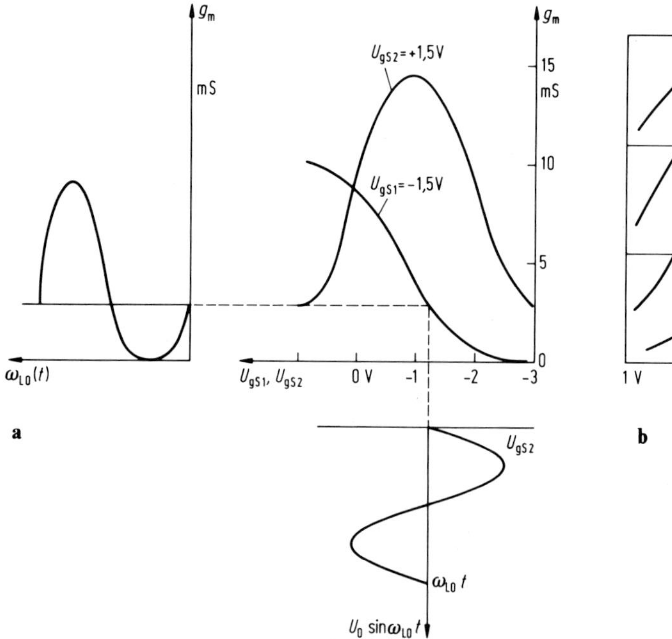

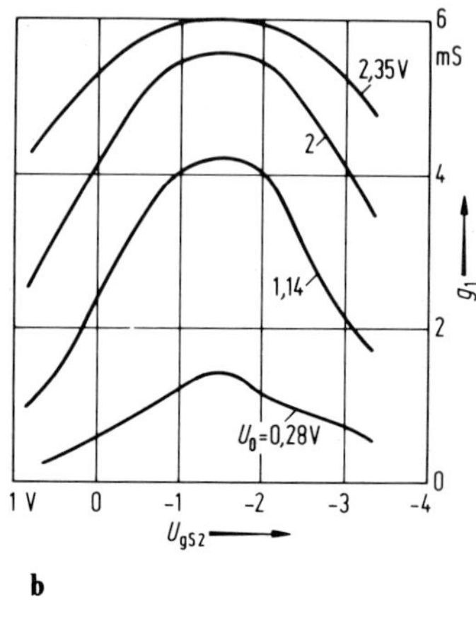

Abb. 11.8/4. a Darstellung des Mischvorgangs bei Dual-Gate-MESFETs; **b** zugehörige berechnete Konversionssteilheit über der Gate-2-Spannung U_{gs2} [47]

wobei $\bar{C}_{gs}$ und $\bar{R}_d$ zeitliche Mittelwerte von Eingangskapazität und Ausgangswiderstand bedeuten.

In analoger Weise läßt sich der DGFET als Mischer darstellen, wenn das Signal an Gate 1 und die Spannung des Lokaloszillators an Gate 2 angelegt werden. Die Variation der für den Mischvorgang maßgebenden Übertragungskennlinie mit dem Gate-2-Potential zeigt Abb. 11.8/3; die schematische Darstellung des Mischvorgangs und der Verlauf der mit Fourier-Analyse berechneten Konversionssteilheit vermittelt Abb. 11.8/4.

11.8.2 Mischer-Schaltungsentwurf

Die Abb. 11.8/5 und 11.8/6 enthalten Schaltungskonfigurationen von fremdgesteuerten Eintaktmischern (single-ended mixer) mit Single-Gate- und Dual-Gate-MESFETs in praktischer bzw. schematischer Darstellung. Die Berechnung der Anpassungsnetzwerke aus Streifenleiterelementen oder konzentrierten Reaktanzelementen erfolgt mit Hilfe von S-Parametern in der Regel für den Arbeitspunkt der maximalen Mischverstärkung bzw. für minimales Rauschen zunächst bei verschiedenen Oszillatorleistungen. Auch hier müssen bei der Aufstellung von Ersatzschaltbildern wie beim Oszillatorentwurf nichtlineare Elemente (g_m, R_d) einbezogen werden. Im Falle des DGFET erfolgt ihre Ableitung durch Aufnahme der S-Parameter bei Oszillator-Aussteuerung über Gate 2. Betrachtet man den DGFET als Serienschaltung von Single-Gate-FETs in Source- bzw. Gateschaltung, so sind bei den üblichen Arbeitspunkten für den Mischerbetrieb die Steilheit g_{m1} und der Ausgangswiderstand R_{d1} des FET1 Großsignalelemente [42]. Gemäß den vorangegangenen Ausführungen

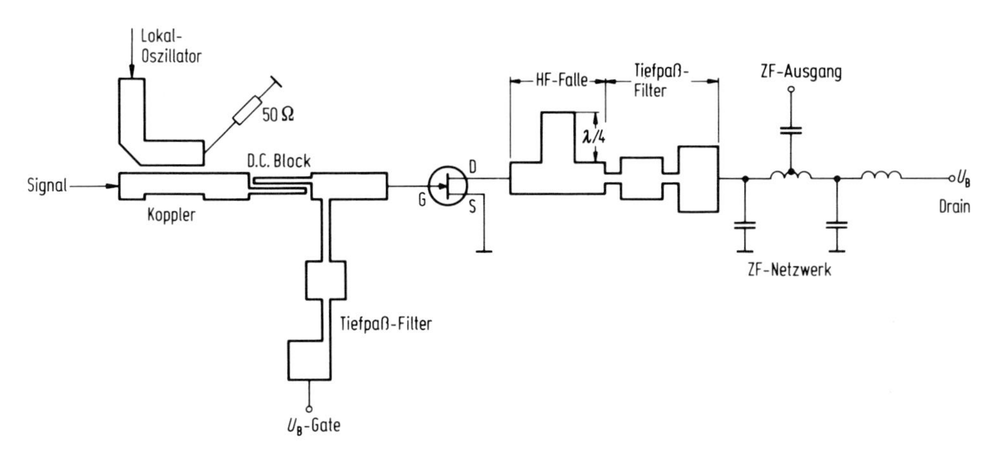

Abb. 11.8/5. Integrierte MESFET-Mischer-Schaltung mit Streifenleiter-Netzwerk. Die gewählten Streifenleitungsgeometrien sind in der Abbildung angedeutet

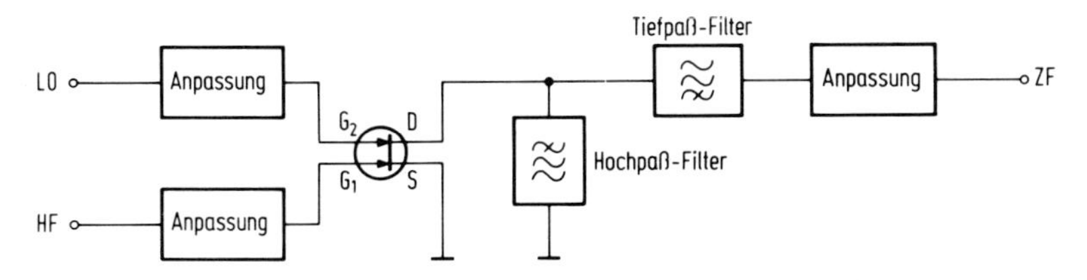

Abb. 11.8/6. Mischer-Schaltung mit Dual-Gate-MESFETs

müssen bei sinusförmiger Oszillatoraussteuerung als nächstes die zeitlichen Mittelwerte der Eingangs- und Ausgangsadmittanzen ermittelt werden.

Während am Mischereingang in der Regel eine Transformation auf 50 Ω erfolgt. ist dies bei breitbandigem Betrieb am Ausgang nicht ratsam. Hier bereitet insbesondere der sonst vorteilhafte Einsatz von DGFET-Mischern infolge hoher Ausgangsimpedanzen Probleme; es werden Systeme mit höherer Steilheit, d. h. größerer Gateweite benötigt. Neben geeigneten Filtern ist insbesondere eine offene $\lambda/4$-Mikrostreifenleitung bzw. ein konzentriertes Kapazitätselement gegen Masse notwendig, um am Ausgang das Hochfrequenz- und Oszillatorsignal zu unterdrücken. Die Reaktanzelemente an Gate 2 und Ausgang sind bezüglich Konversionsgewinn und Bandbreite besonders toleranzempfindlich und in starker Wechselwirkung.

Beim Einsatz von FET-Mischern ist wie bei Diodenmischern die Verwendung von Gegentaktschaltungen (balanced mixer) unter Umständen wünschenswert. Solche Schaltungen benötigen dann allerdings, wie Abb. 11.8/7 zeigt, zusätzliche Koppler und Phasenschieber, die derzeit nicht breitbandig monolithisch integriert werden können. Der Vorteil der Gegentaktschaltung besteht neben der einfachen Signaleinspeisung darin, daß eine Verbesserung der Linearität infolge des halben Leistungsbedarfs pro MESFET sowie eine Unterdrückung der AM-Oszillatorrauschanteile bei guter Eingangsanpassung erreicht wird.

Zusätzliche Verbesserungen in der Selektion und im Rauschen (bis zu 3 dB) erlauben sogenannte Spiegelfrequenz-Rückgewinnungsschaltungen (image recovery mixer), Abb. 11.8/8. Hier erfolgt die Signaleinspeisung an den zwei Gates der Gegentaktschaltung über einen breitbandigen 90°-Koppler, während das Oszillatorsignal

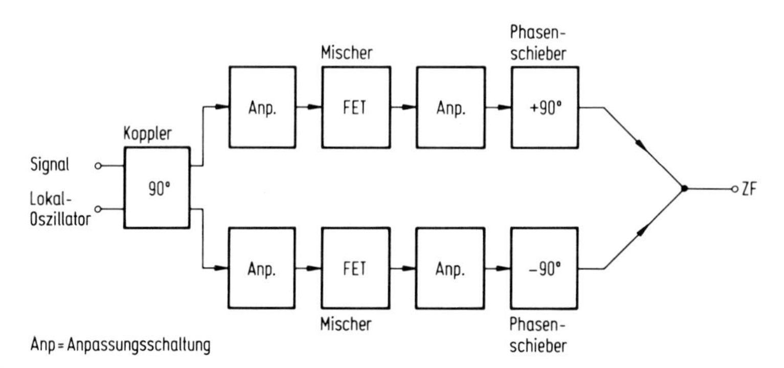

Abb. 11.8/7. Single-Gate-MESFET-Mischer in Gegentaktschaltung

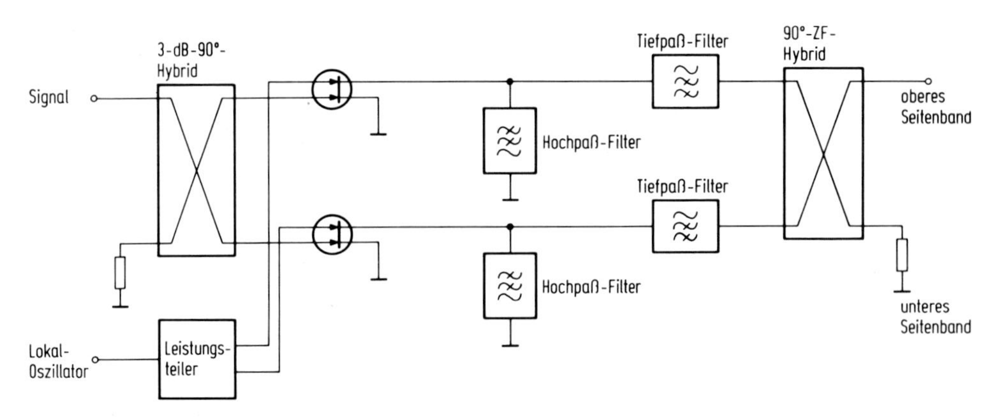

Abb. 11.8/8. Spiegelfrequenz-Rückgewinnungs-Mischerschaltung mit Dual-Gate-MESFETs

phasengleich über einen Leistungsteiler angeboten wird. Auf diese Weise können Nutz- und Spiegelfrequenzband über einen weiteren Koppler im ZF-Kreis an getrennten Ausgängen abgenommen werden.

11.8.3 Kenndaten und Rückblick

Integrierte MESFET-Mischer-Schaltungen im Eintakt- und Gegentaktbetrieb wurden mit Single-Gate-FETs und Dual-Gate-FETs für Signalfrequenzen von ca. 3 bis 12,5 GHz und eine Zwischenfrequenz von 30 MHz bis ca. 2 GHz auf Keramik- und GaAs-Substraten realisiert, Tab. 11.8/1. Vergleicht man die erzielten Rauschzahlen, so findet man neben der für den Mischerbetrieb maßgebenden Einseitenband-SSB-Rauschzahl auch Angaben als Zweiseitenband-DSB-Rauschzahl. Dies ist darin begründet, daß bei der Rauschzahlmessung der breitbandige Rauschgenerator im Spiegelfrequenzband die gleiche Rauschleistung wie im Nutzband anbietet. Wenn daher der Mischereingang nicht selektiv ist, mißt man um 3 dB zu günstig.

Mit SGFETs wurden als Bestwerte eine Rauschzahl von knapp 6 dB und ein Konversionsgewinn von ca. 10 dB bei 6 GHz erzielt, mit einer Spiegelfrequenzschaltung sogar breitbandig ähnlich gute Rauschwerte bei 12 GHz, wenn auch nur mit halb so großem Konversionsgewinn. Deutlich wird der wesentliche Einfluß des $1/f$-Rauschens bei niedriger Zwischenfrequenz; hier treten Unterschiede von 2 bis 3 dB auf, wenn an Stelle einer Zwischenfrequenz von 30 MHz eine ZF von 1 GHz gewählt

Tabelle 11.8/1. Integrierte GaAs-Schaltungen mit Single Gate und Dual Gate MESFETs. G_c Konversionsgewinn, F Rauschzahl

f_s GHz	f_0 GHz	f_z GHz	Gate länge G_1 G_2 µm	G_c dB	F dB	Schaltungs konfiguration	Schaltungstechnik	Quelle
3,0	2,8	0,03	2,0 –	5,5	7,6[a]	FET-Mischer	extrene Tuneranpassung	[43]
6,0	7,0	1,0 0,03	0,5 –	9,8 5,8	5,6[a] 7,5[a]	FET-Mischer	hybrides IC auf Teflon Eingangsnetzwerk	[44]
8,0	8,0	0,03	1,4 –	6,0	7,4[b]	FET-Mischer, Gegentaktschaltung	hybrides IC auf Al_2O_3 Streifenleiteranpassung	[41]
11,8 ··· 12,3	11	0,8 ··· 1,3	0,8 –	4,5	5,3[a]	FET-Mischer, Spiegelfrequenz-schaltung	hybrides IC auf Al_2O_3 Streifenleiteranpassung	[45]
10	10	0,15 0,03	1,0 × 1,0	11 8,0	6,5[b] 5,2[b]	DGFET-Mischer, Eintaktschaltung, Spiegelfrequenz-schaltung	hybrides IC auf Al_2O_3 Streifenleiteranpassung	[46]
10,1 8,5	9,0 8,2	1,1 0,3	1,0 × 2,0	4,0 – 1,5	5,5[b] 7,7[b]	selbstschwingender DGFET-Mischer	externe Tuner-anpassung DRO-Testschaltung	[47]
11,7 ··· 12,5	10,75	0,95 ··· 1,75	0,8 × 0,8	5,0 8,0	8 ··· 9[a] 10 ··· 12[a]	DGFET-Mischer	hybrides IC auf Al_2O_3 Anpassungsnetzwerke	[42]
11,7 ··· 12,2	10,8	0,9 ··· 1,4	1,0 × 1,0	– 6,1	11,1[a]	DGFET-Mischer	monolithisches IC mit Streifeneleiteranpassung	[48]
11,7 ··· 12,5	10,8	0,9 ··· 1,7	0,7 × 0,7	2,0	6,5	DGFET-Mischer	monolithisches IC mit Netzwerk auskonzentrierten Elementen	[49]

[a] SSB-Rauschen, [b] DSB-Rauschen

werden kann. Dies wird z. B. bei den Konvertern für den Satelliten-Fernsehempfang möglich.

Ein hybrider Eintaktmscher mit DGFETs erbrachte mit sehr viel geringerem Schaltungsaufwand eine Rauschzahl von 8 bis 9 dB und zugehörigen Konversionsgewinn von 5,0 dB bei Anpassung auf minimales Rauschen bzw. 8 dB Konversionsgewinn und Rauschzahlen zwischen 10 und 12 dB bei Anpassung auf maximale Verstärkung jeweils im X-Band über 800 MHz. Monolithisch integrierte DGFET-Mischer mit breitbandiger Anpassung sowohl unter Verwendung von Streifenleiterals auch konzentrierten Elementen sind, wenn auch noch mit schlechteren Kenndaten, möglich geworden und werden ein Entwicklungsschwerpunkt sein.

Betrachtet man Konversionsgewinn und Rauschen über dem Oszillatorpegel, Abb. 11.8/9, so genügt für den DGFET-Mischer bereits eine Oszillatorleistung von ca. 8 bis 10 mW, um einen maximalen Konversionsgewinn zu erzielen. Die erforderliche Oszillatorleistung kann durch eine zunehmende negative Gate-1-Spannung reduziert werden, der Konversionsgewinn steigt mit zunehmender positiver Gate-2-Spannung im Rahmen einer stabilen Funktion.

Einen Vergleich eines GaAs-MESFET-Mischers und eines Siliziumdiodenmischers jeweils in Gegentaktschaltung bei 8 GHz zeigt Tab. 11.8/2. Bei etwas schlechterer Rauschzahl weist der FET-Mischer ca. 10 dB höhere Verstärkung und Linearität auf. Während aber beim Diodenmischer der Rauschanteil des ZF-Verstärkers eine dominierende Rolle spielt, beträgt dieser Rauschanteil beim FET-Mischer in der Regel weniger als 1 dB. Für die Gesamtrauschzahl eines FET-Mischers in Eintaktschaltung und nachfolgendem ZF-Filter und ZF-Verstärker gilt:

$$F_M = \frac{1}{G_c}\{n_M + n_{os} + L_F(F_{ZF} - 1)\} . \tag{11.8/5}$$

Hier bedeuten $n_M = T_M/T_0$ und $n_{os} = T_{os}//T_0$ die Rauschtemperaturquotienten von Mischer und Oszillator, L_F ist der Filterverlust und F_{ZF} die Rauschzahl des ZF-

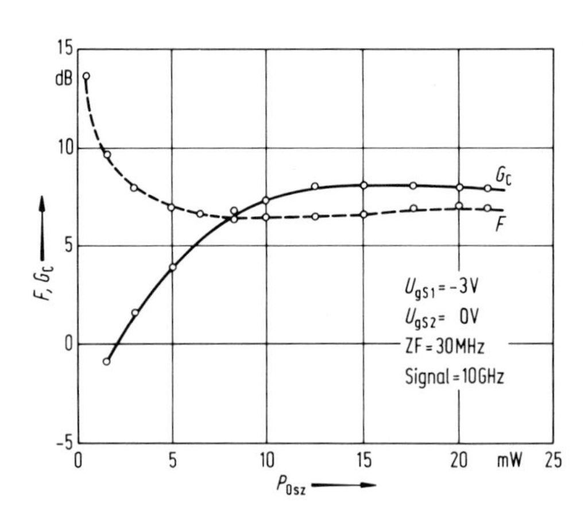

Abb. 11.8/9. Mischergewinn G_c und Rauschzahl F eines Dual-Gate-MESFET über der Oszillatoraussteuerung P_{osz} [46]

Tabelle 11.8/2. Vergleich von GaAs-FET-Mischer und Siliziumdiodenmischer bez. Konversionsgewinn G_0, Rauschen, Nichtlinearität und Ausgangsleistung

Mischer	G_c dB	F dB	IM Intercept 3. Ordnung dBm	P_{aus} bei 1 dB Verstärkungsabfall dBm
GaAs-FET	+6	7,4	+20	+5,5
Siliziumdioden	−5	5...7	+5	−6...−1

Verstärkers. Verbesserungen sind hier primär über das eigentliche Mischerelement notwendig und möglich.

11.9 Literatur

1. Kolarz, A.: Frequenzumsetzer als Kleinstsender. Rundfunktechn. Mitt. 1 (1957) 53–57.
2. Zinke, O., Brunswig, H.: Lehrbuch der Hochfrequenztechnik. 1. Aufl. Berlin, Göttingen, Heidelberg, New York: Springer 1965, S. 436–447.
3. Cantz, R., Olschewski, R., Willwacher, E.: Mischung. In: Taschenbuch der Hochfrequenztechnik. 3. Aufl. Berlin, Heidelberg, New York: Springer 1968, S. 1111–1146.
4. Dammers, B.G. u. a.: Anwendungen der Elektronenröhre in Rundfunkempfängern und Verstärkern. In: Philips Technische Bibliothek IV. Bd., Eindhoven 1949, 132–207.
5. Barlow, H.M. et al.: A new microwave mixer. Nature 181 (1958) 1008.
6. Peterson, L.C., Lilewellyn, F.B.: The performance and measurement of mixers in terms of linear-network theory. Proc. IRE 33 (1945) 458–476.
7. Torrey, H.C., Whitmer, C.A.: Crystal rectifiers. New York: McGraw-Hill 1948.
8. Rowe, H.E.: Some general properties of nonlinear elements. Part II. Small signal theory. Proc. IRE 46 (1958) 850–860.
9. Kurth, C.: Die Analyse von zeitvariablen Netzwerken unter Verwendung einer Spektralmatrix im Frequenzbereich. AEÜ 17 (1963) 237–248.
10. Manley, J.M., Rowe, H. E.: Some general properties of nonlinear elements. Part I: General energy relations. Proc. IRE 44 (1956) 904–913.
11. Penfield, P. Jr.: Frequency-power formulas. New York: Wiley 1960.
12. Page, C.H.: Harmonic generation with ideal rectifiers. Proc. IRE 46 (1958) 1738–1740.
13. Pantell, R.H.: General power relationships for positive and negative nonlinear resistive elements. Proc. IRE 46 (1958) 1910–1913.
14. Gerrath, K.-H.: Maximaler Wirkungsgrad bei der Frequenzumsetzung mit nichtlinearen positiven Widerständen. AEÜ 27 (1973) 453–455.
15. Adams, D.K.: An analysis of four-frequency nonlinear reactance circuits. Trans. IEEE, MTT-8 (1960) 274–283.
16. Wunderlin, W.: Modelle und Ersatzschaltungen von Halbleiterdioden. Basel: Birkhäuser 1966, S. 37–39.
17. Strum, P.D.: Some aspects of crystal mixer performance. Proc. IRE 41 (1953) 875–889.
18. Herold, E.W. et al.: Conversion loss of diode mixers having image-frequency impedance. Proc. IRE 33 (1945) 603–609.
19. Barber, M.R.: Noise figure and conversion loss of the Schottky-barrier mixer diode. Trans. IEEE MTT-15 (1967) 629–635.
20. Sterzer, F., Presser, A.: Stable low-noise tunnel diode frequency converters. RCA Review 23 (1962) 3–28.
21. van der Ziel, A.: Noise in solid-state devices and lasers. Proc. IEEE 58 (1970) 1178–1206.
22. van der Ziel, A.: Noise. Englewood Cliffs: Prentice-Hall 1954, Kap. 9.3.
23. Davenport, W.B., Root, W.L.: An introduction to the theory of random signals and noise. New York: McGraw-Hill 1958.
24. Anand, Y., Moroney, W.J.: Microwave mixer and detector diodes. Proc. IEEE 59 (1971) 1182–1190.
25. Caruthers, R.S.: Copper oxide modulators and carrier telephone systems. Bell Syst. Techn. J. 18 (1939) 305–307.
26. Blackwell, J.L.A., Kotzebue, K.L.: Semiconductor-diode parametric amplifiers. Englewood Cliffs: Prentice Hall 1961, S. 126.
27. Penfield, P. Jr., Rafuse, R.P.: Varactor applications. Cambridge, Mass.: MIT Press 1962.
28. Grayzel, A.I.: The overdriven varactor upper sideband upconverter. Trans. IEEE MTT-15 (1967) 561–565.
29. Uenohara, M.: Cooled varactor parametric amplifiers. In: Advances in Microwaves, Vol. 2. New York, London: Academic Press 1967, S. 89–164.
30. Unger, H.G., Harth, W.: Hochfrequenz-Halbleiterelektronik. Stuttgart: Hirzel 1972.
31. Rusche, G., Wagner, K., Weitzsch, F.: Flächentransistoren. Berlin, Göttingen, Heidelberg: Springer 1962, S. 214–238.
32. Telefunken-Laborbuch II. Bd., 2. Ausgabe. München 1962, 221–229 und 234–246.
33. Telefunken-Fachbuch. Der Transistor II. München 1962, S. 176–177.
34. Walter, G.: Die Erzeugung von Mikrowellen mit Halbleitern in der Richtfunktechnik. Frequenz 21 (1967) 152–161.

35. Burckhardt, C.B.: Analysis of varactor frequency multipliers for arbitrary capacitance variation and drive level. Bell Syst. Tech. J. 44 (1965) 675–690.
36. Schünemann, K.: Theorie der Frequenzvervielfacher mit Speicherdioden. AEÜ 24 (1970) 269–282.
37. Steinbrecher, D.H.: Efficiency limits for tuned harmonic multipliers with punch-through varactors. Digest of Technical Papers, ISSCC (1967).
38. Schünemann, K., Schiek, B.: Optimaler Wirkungsgrad von Frequenzvervielfachern mit Speicherdiode. AEÜ 22 (1968) 186–196, 293–302.
39. Gossel, D.: Frequency conversion with ideal diodes. Unveröffentlichtes Manuskript MS-H 755 des Philips Forschungslaboratoriums Hamburg GmbH, v. 24. 10. 1972.
40. Gerrath, K.-H.: Entwurf von Frequenzvervielfachern mit Speichervaraktor. Nachrichtentech. Z. 26 (1973) 50–53.
41. Pucel, R.A., Massé, D., Bera, R.: Performance of GaAs MESFET mixers at *X*-band. IEEE Trans. MTT-24 (1976) 351–360.
42. Tsironis, C., Meierer, F., Stahlmann, R.: Dual gate MESFET mixers. IEEE Trans. MTT-32 (1984).
43. Sitch, J.E., Robson, P.N.: The performance of GaAs field-effect transistors as microwave mixers. Proc. IEEE 61 (1973) 399–400.
44. Loriou, B., Leost, J.C.: GaAs FET mixer operation with high intermediate frequencies. Electron. Lett. 12 (1976) 373–375.
45. Dessert, R., Harrop, P.: 12 GHz FET front-end for direct satellite T.V. reception. 4th. European Conf. on Electronics, Stuttgart March (1980), S. 273–275.
46. Cripps, S.C., Nielson, O., Parker, D., Turner, J.A.: Auswertung von Experimenten an *X*-Band-Mischern unter Verwendung von Doppelgate GaAs MESFETs. Mikrowellen Magazin 5 (1978) 348–349.
47. Stahlmann, R., Tsironis, C., Ponse, F., Beneking, H.: Dual-Gate MESFET self-oscillating *X*-band mixers. Electron. Lett. 15 (1979) 524–526.
48. Sugiura, T., Honjo, K., Tsuji, T.: 12 GHz-band GaAs dual-gate MESFET monolithic mixers. IEEE GaAs IC Symp. (1983), S. 3–6.
49. Kermarrec, C., Harrop, P., Tsironis, C., Faguet, J.: Monolithic circuits for 12 GHz direct broadcasting satellite reception. IEEE MMIC Symp., Dallas June (1982), S. 5–10.
50. Pengelly, R.: Microwave field-effect transistors-theory, design and applications. Chichester: Research Studies Press (1983), S. 214–244.
51. Schuon, E., Wolf, M.: Nachrichtenmeßtechnik. (Nachrichtentechnik 9.) Berlin: Springer 1981.
52. DIN 45004: Meßverfahren für Antennenverstärker für Ton- und Fernsehrundfunkanlagen im Frequenzbereich von 0,1 bis 1000 MHz.
53. Zinke, O., Brunswig, H.: Lehrbuch der Hochfrequenztechnik, Bd. 2: Elektronik u. Signalverarbeitung. 2. Aufl. Berlin: Springer 1974, S. 163–167.
54. Baldwin, L.D.: Nonreciprocal amplifier circuits. Proc. IRE 49 (1961) 1075.
55. Maurer, R., Löcherer, K.H.: Nichtreziproke Reaktanz- und Tunneldiodenschaltungen. AEÜ 17 (1963) 29–34.
56. Penfield, P. Jr., Rafuse, R. P.: Varactor applications. Cambridge, Mass.: M.I.T. Press 1962.
57. Müller, R.: Bauelemente der Halbleiter-Elektronik (Halbleiter-Elektronik, 2). Berlin: Springer 1973, Kap. 3.

12. Modulation, Tastung, Demodulation

12.1 Einführung

Einen Sender modulieren heißt, dem zunächst gleichförmig periodisch sich wiederholenden Trägersignal in irgendeiner Form eine Nachricht aufzuprägen. Dies kann durch Verändern der Amplitude, der Frequenz oder auch der Phase erfolgen. Das älteste Modulationsverfahren ist die Amplitudenmodulation, bei welcher die Amplitude der Trägerschwingung im Rhythmus des Nachrichtensignals stetig geändert oder getastet wird. Sie wird heute z. B. im Mittel- und Langwellenrundfunk als Zweiseitenbandmodulation allgemein verwendet. Aus ihr ist die insbesondere im kommerziellen Kurzwellenbetrieb und in der trägerfrequenten Vielkanalübertragung weit verbreitete Einseitenbandmodulation mit geschwächtem Träger hervorgegangen.

Die Forderung nach Geräuschminderung, besserer Ausnutzung der Senderleistung und vor allem nach Unabhängigkeit von den insbesondere bei höheren Frequenzen durch Laufzeiteffekte zunehmenden Nichtlinearitäten in den Amplitudenkennlinien der Verstärkerröhren führte zur Entwicklung der Frequenzmodulation, wie sie bei den UKW-Sendern und im Mikrowellenrichtfunk vorwiegend verwendet wird. Eine andere Möglichkeit, auch mit nichtlinearen Amplitudenkennlinien zu arbeiten, bietet die auch bei Richtfunkstrecken angewandte Pulsmodulation.

Wir wollen die verschiedenen Modulationsverfahren in zwei Hauptgruppen einteilen:

Modulation einer harmonischen Schwingung (Sinusträger) (s. Abschn. 12.2 und 12.3) und Modulation von Pulsen (s. Abschn. 12.4).

Bei dem Verfahren mit Sinusträger wird dem Modulator entsprechend Abb. 12.1/1 am Tor 0 eine Trägerschwingung mit konstanter Amplitude c_T und konstanter Trägerfrequenz $f_0 = \Omega_0/2\pi$ zugeführt. Das gegenüber f_0 niederfrequente Signal $c_m s(t)$ der Nachricht mit der Zeitfunktion $s(t)$ wird dem Modulator am Tor 1 zugeführt. $s(t)$ ist eine dimensionsfreie Funktion mit dem Maximalwert $|s(t)|_{\max} = 1$, während c_m Amplitude und Dimension der Steuergröße, z. B. der Spannung enthält. Am Ausgangstor erscheint eine Schwingung der Form

$$a(t) = A(t)\cos(\Phi(t)) = A(t)\cos(\Omega_o t + \varphi(t)) \,. \tag{12.1/1}$$

Hierin bedeutet $A(t)$ die Zeitfunktion der Hüllkurve der hochfrequenten Schwingung und $\varphi(t)$ den Wechselanteil des Gesamtphasenwinkels $\Phi(t)$, der nicht wie $\Omega_0 t$ proportional mit der Zeit ansteigt.

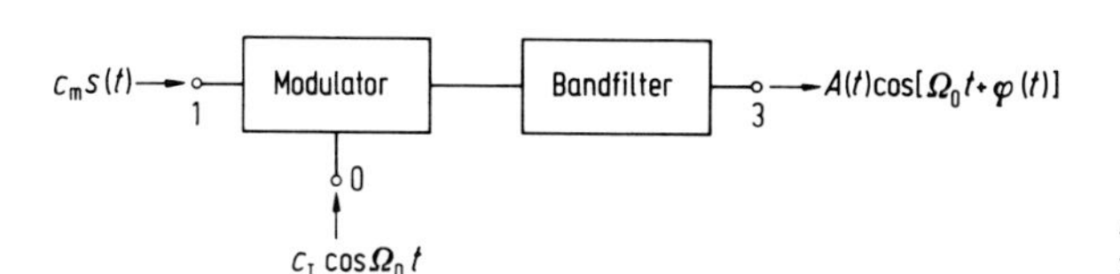

Abb. 12.1/1. Prinzip dêr Modulation mit Sinusträger

Die momentane Kreisfrequenz $\Omega(t)$ ist nach Helmholtz (1856) definiert als Ableitung des Gesamtphasenwinkels $\Phi(t) = \Omega_0 t + \varphi(t)$ nach der Zeit. Für die Momentanfrequenz gilt damit

$$f(t) = \frac{\Omega(t)}{2\pi} = \frac{\Omega_0}{2\pi} + \frac{1}{2\pi}\frac{\mathrm{d}\varphi}{\mathrm{d}t} = f_0 + \frac{1}{2\pi}\frac{\mathrm{d}\varphi}{\mathrm{d}t}. \qquad (12.1/2)$$

$1/2\pi \cdot \mathrm{d}\varphi/\mathrm{d}t$ ist also die Frequenzabweichung vom Mittelwert f_0. Je nach der Beeinflussung von $A(t)$ und $\varphi(t)$ durch das modulierende Signal $c_\mathrm{m} s(t)$ kann man folgende Fälle unterscheiden:

1. *Amplitudenmodulation und Tastung.* $c_\mathrm{m} s(t)$ wirkt nur auf die Hüllkurve, und zwar so, daß $A(t)$ außer einem konstanten Anteil noch einen $s(t)$ proportionalen Anteil besitzt. [Dabei ist $\varphi(t) = \text{const.}$] Dies ist z. B. bei der Zweiseitenband-Modulation mit Träger sowie der Tastung von Wechselstrom-Telegraphie- und Fernschreibzeichen der Fall (s. Abschn. 12.2.1 bis 12.2.6).
2. *Winkelmodulation* (*Frequenz- oder Phasenmodulation*). Die modulierende Schwingung $c_\mathrm{m} s(t)$ beeinflußt nur $\varphi(t)$, während $A(t)$ konstant bleibt (s. Abschn. 12.3). Dabei sind zwei einfache Fälle möglich:

2*a*) *Phasenmodulation.* $c_\mathrm{m} s(t)$ beeinflußt den Wechselanteil $\varphi(t)$ der Phase $\Phi(t)$ in (12.1/1) so, daß $\varphi(t)$ proportional $s(t)$ ist und c_m den „Phasenhub" $\Delta\varphi = \varphi(t)_\mathrm{max}$ aussteuert.

Tabelle 12/0. Modulationsarten

Zeitkontinuierlich Sinusträger					
wertkontinuierlich			wertdiskret		
		Abschn.			Abschn.
Amplitudenmodulation	AM	(12.2)	Amplitudenumtastung	ASK	(12.2.6)
Zweiseitenband-Modulation	ZM	(12.2.1)			
Einseitenband-Modulation	EM	(12.2.5)			
Winkelmodulation		(12.3)			
Phasen-Modulation	PM		Phasenumtastung	PSK	(12.3.2.3)
Frequenz-Modulation	FM		Frequenzumtastung	FSK	(12.3.2.2)
			ASK = amplitude shift keying PSK = phase shift keying FSK = frequency shift keying		

Zeitdiskret Pulsträger					
wertkontinuierlich			wertdiskret		
		Abschn.			Abschn.
Pulsamplitudenmodulation	PAM	(12.4.1)	quantisierte	PAM	(12.6.2)
Pulswinkelmodulation					
Pulsphasen-Modulation	PPM	(12.4.1)	quantisierte	PPM	(12.6.2)
Pulsfrequenz-Modulation	PFM	(12.6.1)	quantisierte	PFM	(12.6.2)
Pulsdauer-Modulation	PDM	(12.4.1)	quantisierte	PDM	(12.6.2)
			Digitale Modulation		
			Puls-Code-Modulation	PCM	(12.4.1)
			Delta-Modulation		(12.4.1)

2b) *Frequenzmodulation.* $c_m s(t)$ beeinflußt die Momentanfrequenz $f(t)$ in (12.1/2) so, daß $d\varphi/dt$ proportional $s(t)$ ist und c_m den „Frequenzhub" $\Delta f = f(t)_{max} - f_0$ aussteuert.
3. *Einseitenbandmodulation.* $c_m m(t)$ wirkt sowohl auf die Hüllkurve $A(t)$ als auch auf den Phasenwinkel $\varphi(t)$ (s. Abb. 12.2/22).

Eine systematische Zusammenstellung der üblichsten Modulationsarten mit ihren Abkürzungen findet man in der Tabelle 12/0.

12.2 Amplitudenmodulation

12.2.1 Zweiseitenband-Amplitudenmodulation mit Träger

Wir wählen als niederfrequente modulierende Signalfunktion eine harmonische Schwingung $c_m s(t) = c_m \cos \omega_s t$ mit $\omega_s < \Omega_0$ als Modellfunktion der Betriebsart A_3.[1]

Gibt man im Modulator die Summe der HF-Schwingung und der NF-Schwingung $u = c_T \cos \Omega_0 t + c_m \cos \omega_s t$ auf eine nichtlineare Kennlinie, die in der Form $i = C_0 + C_1 u + C_2 u^2$ genähert werden kann, so enthält i folgende Anteile:

Gleichanteil $C_0 + \frac{1}{2} C_2 (c_T^2 + c_m^2)$

Linearer Anteil (1. Ordnung) $\underline{C_1 c_T \cos \Omega_0 t} + C_1 c_m \cos \omega_s t$,

Anteil 2. Ordnung

$$\frac{C_2 c_T^2}{2} \cos 2\Omega_0 t + \underline{2 C_2 c_T c_m \cos \Omega_0 t \cos \omega_s t} + \frac{C_2 c_m^2}{2} \cos 2\omega_s t = \frac{C_2 c_T^2}{2} \cos 2\Omega_0 t$$

$$+ \underline{C_2 c_T c_m [\cos(\Omega_0 - \omega_s)t + \cos(\Omega_0 + \omega_s)t]} + \frac{C_2 c_m^2}{2} \cos 2\omega_s t \,, \qquad (12.2/1)$$

der Anteil 2. Ordnung enthält neben den doppelten Frequenzen $2\omega_s$ und $2\Omega_0$, die unerwünscht sind, das wesentliche Glied

$$2 \cos \Omega_0 t \cos \omega_s t = \cos(\Omega_0 - \omega_s) t + \cos(\Omega_0 + \omega_s) t \,.$$

Ein Filter am Ausgang 3 des Modulators (Abb. 12.1/1) läßt nur die Kreisfrequenz Ω_0 und die benachbarten Frequenzen $\Omega_0 - \omega_s$ und $\Omega_0 + \omega_s$ durch. Dementsprechend ist am Tor 3 der Augenblickswert der Schwingung

$$a(t) = A(t) \cos(\Omega_0 t + \varphi(t)) = C_1 c_T \cos \Omega_0 t + 2 C_2 c_T c_m \cos \omega_s t \cos \Omega_0 t \qquad (12.2/2)$$

wirksam. Damit wird $\varphi(t) = 0$ und die Amplitudenfunktion (Hüllkurvenfunktion)

$$A(t) = C_1 c_T + 2 C_2 c_T c_m \cos \omega_s t \quad \text{oder} \quad A(t) = A_T + A_{mod} \cos \omega_s t \,. \qquad (12.2/3)$$

Hierin ist $A_T = C_1 c_T$ die konstante, mittlere Trägeramplitude der HF-Schwingung mit der Frequenz $f_0 = \Omega_0 / 2\pi$ und $A_{mod} \cos \omega_s t = 2 C_2 c_T c_m \cos \omega_s t$ der Wechselanteil der modulierten Schwingung, welcher als getreues Abbild der modulierenden Signalfunktion direkt proportional ist. Man erkennt, daß für A_{mod} außer c_m der Koeffizient

[1] Die Betriebsarten von Nachrichtensendern werden einheitlich gekennzeichnet, z. B. A Amplitudenmodulation, F Frequenzmodulation, P Pulsmodulation. Die folgende Ziffer nennt die Nachrichtenart; 0 unmoduliert, 1 tonlos getastet, 2 tönende Telegraphie, 3 Telephonie, 4 Bildfunk, 5 Fernsehen, 9 gemischte Übertragungen.

C_2 der nichtlinearen Kennlinie und die Amplitude c_{T} der an Tor 0 zugeführten Trägerschwingung maßgebend ist.

Eine für verzerrungsfreie Amplitudenmodulation wichtige Bedingung lautet, daß $A_{\mathrm{mod}} \leq A_{\mathrm{T}}$ bleibt. Man bezeichnet das Verhältnis $A_{\mathrm{mod}}/A_{\mathrm{T}}$ als *Modulationsgrad m*. Die genannte Bedingung lautet dann

$$m = \frac{A_{\mathrm{mod}}}{A_{\mathrm{T}}} = \frac{2C_2 c_{\mathrm{T}} c_{\mathrm{m}}}{C_1 c_{\mathrm{T}}} = \frac{2C_2 c_{\mathrm{m}}}{C_1} \leq 1 . \tag{12.2/4}$$

Der Modulationsgrad m ist im Rahmen der für die nichtlineare Kennlinie getroffenen Näherung von der Amplitude c_{T} unabhängig, aber naturgemäß c_{m} proportional. Bei $m > 1$ tritt Übermodulation mit hohem Klirrfaktor auf. Abbildung 12.2/1 zeigt das Bild einer modulierten Trägerschwingung in 4 Darstellungsarten. Bild a zeigt den Augenblickswert $a(t) = (A_{\mathrm{T}} + mA_{\mathrm{T}} \cos \omega_{\mathrm{s}} t) \cos \Omega_0 t$, Bild b zeigt das sog. „Modulationstrapez", das z. B. entsteht, wenn man den Elektronenstrahl eines Oszillographen in X-Richtung durch das modulierende niederfrequente Signal $a_{\mathrm{mod}} \sim s(t)$ und in Y-Richtung durch das modulierte hochfrequente Signal $a(t)$ ablenkt, Bild c das Zeigerdiagramm und Bild d die Amplituden A_{f} der einzelnen Spektralfrequenzen von $a(t)$. Im Zeigerdiagramm ist der Zeiger A_{T} als ruhend und die Zeitlinie mit der Winkelgeschwindigkeit $\Omega_0 = 2\pi f_0 = 2\pi/T_0$ im Uhrzeigersinn umlaufend angenom-

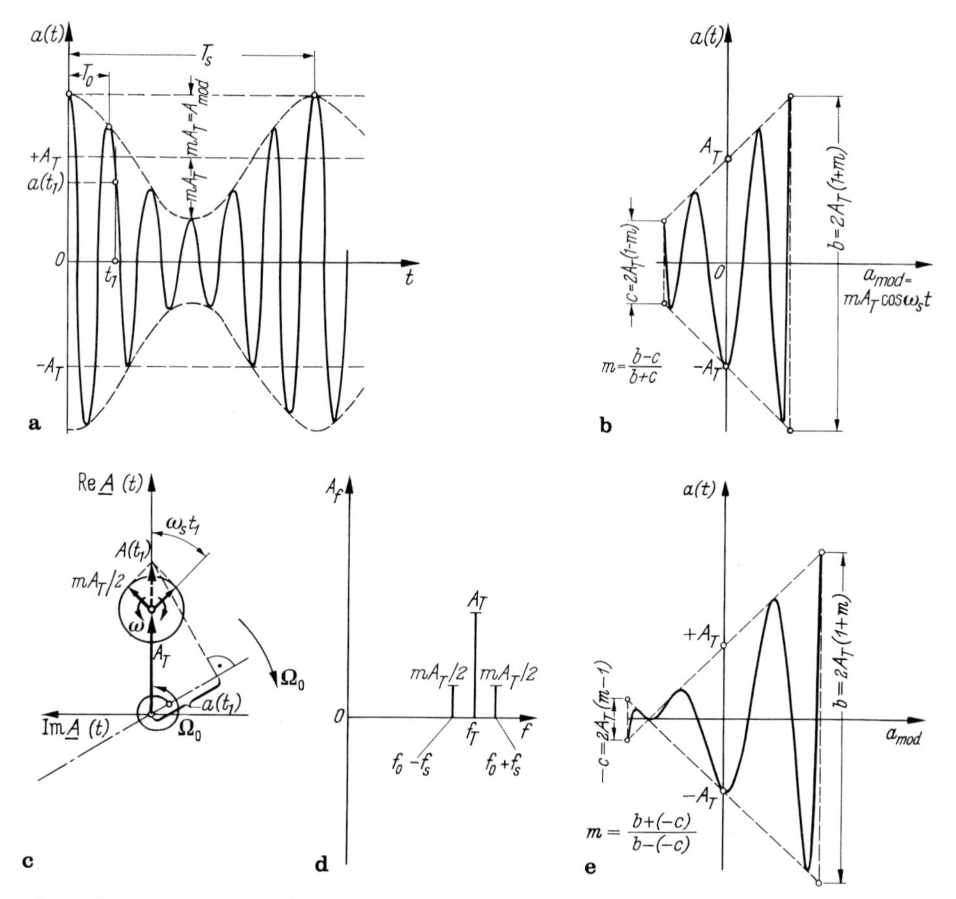

Abb. 12.2/1a–e. Darstellung einer sinusförmig amplitudenmodulierten Hochfrequenzschwingung: **a** Zeitfunktion; **b** Modulationstrapez; **c** Zeigerdiagramm, im beliebigen Zeitpunkt $t = t_1$ gezeichnet; **d** Spektrum; **e** Modulationstrapez bei Übermodulation ($m = 1{,}3$)

men. Man erhält aus dem Zeigerdiagramm den Augenblickswert als Projektion des Zeigers auf die Zeitlinie. f_0 ist die Frequenz der hochfrequenten Schwingung, T_0 ihre Periodendauer. Wird die Trägerschwingung mit einer Niederfrequenz $f_s = \omega_s/2\pi$ amplitudenmoduliert, so wird die Amplitude im Takte der Niederfrequenz geändert, dagegen behalten die Nulldurchgänge in Abb. 12.2/1a – im Gegensatz zur Frequenzmodulation – den gleichen Abstand. Der Augenblickswert der Schwingung erhält mit den Gl. (12.2/2, 3 und 4) die Form

$$\begin{aligned} a(t) &= A(t)\cos\Omega_0 t \\ &= A_T\cos\Omega_0 t + \frac{mA_T}{2}\cos(\Omega_0+\omega_s)t + \frac{mA_T}{2}\cos(\Omega_0-\omega_s)t \\ &= a_{f0} + a_{f_0+f_s} + a_{f_0-f_s} \qquad (12.2/5) \\ a(t) &= A_T\cos\Omega_0 t(1+m\cos\omega_s t)\,. \end{aligned}$$

Das Spektrum der mit der Frequenz f_s amplitudenmodulierten Hochfrequenzschwingung setzt sich zusammen aus der Trägerschwingung der Frequenz f_0 mit der Amplitude A_T und einer Schwebung, die entsteht durch die Überlagerung der beiden Seitenfrequenzen (Summen- und Differenzfrequenz), je mit der Amplitude $mA_T/2$. Die Amplitudenfunktion $A(t) = A_T(1 + m\cos\omega_s t)$, die mit

$$A(t) = A_T + \frac{mA_T}{2}\,e^{j\omega_s t} + \frac{mA_T}{2}\,e^{-j\omega_s t}$$

auch als Summe von drei Zeigern dargestellt werden kann (s. Abb. 12.2/1c), schwankt zeitlich zwischen den Werten $A_T + mA_T$ und $A_T - mA_T$; im Zeigerdiagramm (Bild c) wird dies durch 2 Zeiger der Größe $mA_T/2$ zum Ausdruck gebracht, die gegensinnig mit der Winkelgeschwindigkeit $\omega_s = 2\pi f_s$ rotieren. Ihre Resultierende ist stets in Phase bzw. Gegenphase mit dem Träger. Die Darstellung über der Frequenz (Bild d) liefert ein Spektrum von 3 Frequenzen $f_0 - f_s$; f_0; $f_0 + f_s$.

In Abb. 12.2/2 ist eine modulierte Schwingung konstruiert, indem diese 3 Teilschwingungen graphisch überlagert wurden.

Es sei nun angenommen, daß die Schwingung der Trägerfrequenz f_0 und der Modulationsfrequenz f_s einer nichtlinearen Kennlinie zugeführt werden, die durch die folgende erst nach dem 5. Glied abgebrochene Reihe dargestellt sei:

$$i = C_0 + C_1 u + C_2 u^2 + C_3 u^3 + C_4 u^4 \qquad (12.2/6)$$

Es entstehen dann außer den Harmonischen von f_0 und f_s (Klirrspektren) noch Kombinationsfrequenzen (Abb. 12.2/3), deren Amplituden mit steigender Ordnungszahl abnehmen. Nach Abb. 12.2/3 ist für die Modulation das quadratische Glied wesentlich. Die Glieder, die in Gl. (12.2/6) C_3 und C_4 enthalten, sind sogar unerwünscht, da sie durch Erzeugung von Oberwellen die modulierte Nachricht verzerren.

Erfolgt die Modulation durch ein Spektrum von Tönen (Sprache oder Musik), so treten neben dem Träger nicht zwei diskrete Seitenfrequenzen, sondern „Seitenbänder" auf (Abb. 12.2/4a), die sich von $f_0 \pm f_{min}$ bis $f_0 \pm f_{max}$ erstrecken. Die gesamte „Bandbreite" ist $B = 2f_{max}$. Das Frequenzspektrum, das bei einer Modulation mit einem Frequenzband von f_{min} bis f_{max} bei verschwindendem C_3 und C_4 entsteht, zeigt zusammen mit möglichen Filterkurven Abb. 12.2/4a und b. Wird ein einfacher Schwingkreis (gestrichelte Kurve) verwendet, so ist dessen Güte Q durch $Q = f_0/B$ bestimmt, wenn die Amplituden der äußersten Frequenzen $f_0 + f_{max}$ und $f_0 - f_{max}$ um nicht mehr als 3 dB gegenüber dem Träger geschwächt werden sollen.

Für Sprache in Telephoniekanälen beträgt f_{min} etwa 300 Hz, f_{max} etwa 3,5 kHz, für Musik f_{min} etwa 30 Hz und f_{max} etwa 15 kHz. Die vom Sender abgestrahlte Gesamtleistung verteilt sich auf den Träger und die beiden Seitenbänder. Nach Abb. 12.2/1d

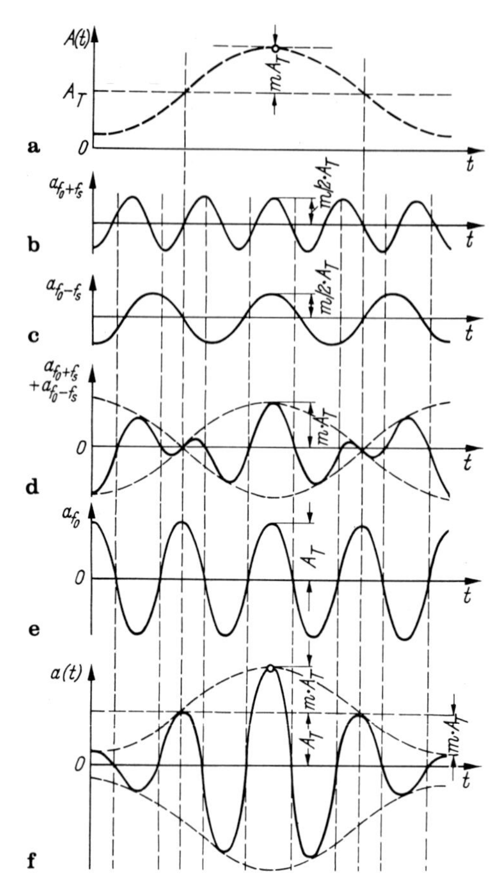

Abb. 12.2/2a–f. Überlagerung von 3 Hochfrequenzschwingungen zu einer amplitudenmodulierten Schwingung: **a** Amplitudenkurve der modulierten Trägerschwingung; **b** obere Seitenschwingung der Frequenz $f_0 + f_s$; **c** untere Seitenschwingung der Frequenz $f_0 - f_s$; **d** Ergebnis der Überlagerung von b und c; **e** Trägerschwingung der Frequenz f_0; **f** amplitudenmodulierte Schwingung als Ergebnis der Überlagerung von b, c und e

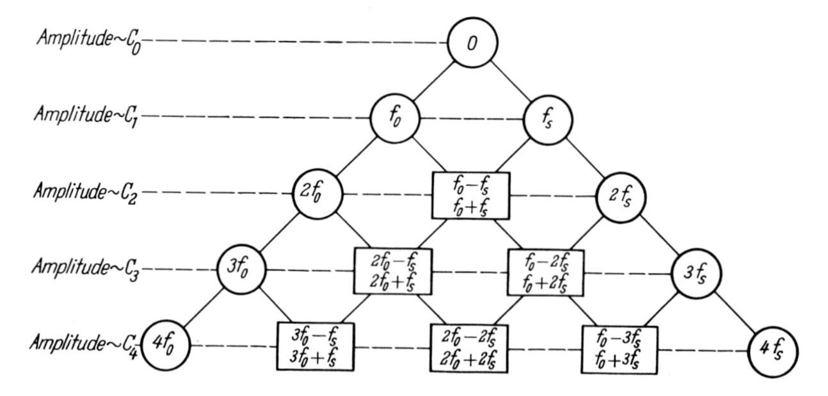

Abb.12.2/3. Bildungsgesetz der Klirrfrequenzen (nf_0 und mf_s) und der Intermodulation ergebenden Kombinationsfrequenzen bei der Aussteuerung einer nichtlinearen Kennlinie durch zwei Schwingungen mit den Frequenzen f_0 und f_s

ist die Gesamtleistung bei einer einzigen Modulationsfrequenz

$$P_{\mathrm{T\,mod}} \sim \left(A_{\mathrm{T}}^2 + \frac{m^2 A_{\mathrm{T}}^2}{4} + \frac{m^2 A_{\mathrm{T}}^2}{4} \right) = A_{\mathrm{T}}^2 \left(1 + \frac{m^2}{2} \right)$$

$$P_{\mathrm{T\,mod}} = P_{\mathrm{T0}} \left(1 + \frac{m^2}{2} \right). \qquad (12.2/7)$$

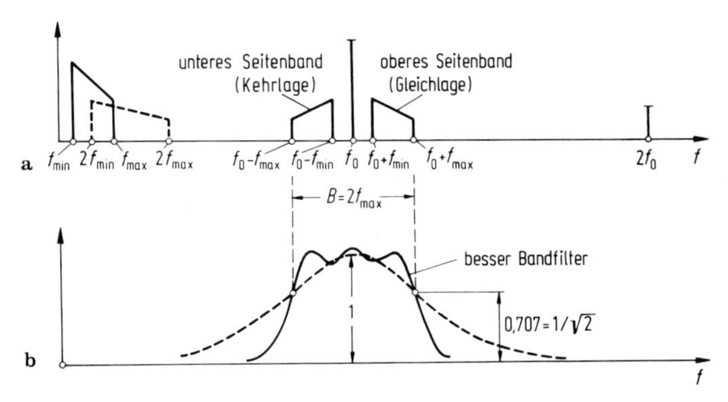

Abb. 12.2/4. **a** Frequenzspektrum bei Zweiseitenband-Amplitudenmodulation (das schräge Dach bedeutet höhere Amplituden bei tieferen Signalfrequenzen); **b** Übertragungsfaktor des Filters in Abb. 12.1/1 für Schwingkreis (- - - -) bzw. Bandfilter (——) bei 3 dB Abfall an den Bandgrenzen

Für $P_{T0} = 1$ kW und $m = 70\%$ ist z. B. in jedem Seitenband nur eine Leistung von 122 W enthalten.

Unerwünschte Amplitudenmodulation kann auftreten, wenn eine oder mehrere modulierte Schwingungen zusammen mit einem unmodulierten Träger abweichender Frequenz auf nichtlineare Glieder mit kubischem oder höherem Anteil nach Gl. (12.2/6) treffen (*Kreuzmodulation*). Dies kann in einem Empfänger bei ungenügender Vorselektion, aber auch senderseitig eintreten, wenn die Endstufen zweier Sender sich gegenseitig beeinflussen. Auch die unter dem Namen „Luxemburgeffekt" bekannte Erscheinung ist eine Kreuzmodulation infolge nichtlinearer Vorgänge in der Ionosphäre:

In den Sendepausen des Senders Beromünster ($f_3 = 556$ kHz) konnte mit auf Beromünster eingestellten Empfängern das Programm des Senders Luxemburg ($f_1 = 230$ kHz) gehört werden, sofern der Träger von Beromünster nicht abgeschaltet war. Es ergeben sich dann

Anteile 3. Ordnung in der Form $\frac{3}{2} C_3 A_1 A_2 A_3 \cos(\pm\omega_1 \pm \omega_2 \pm \omega_3)t$.

Bezeichnen $\omega_1 = \Omega_1$ und $\omega_2 = \Omega_1 \pm \omega_1$ die modulierte Schwingung sowie $\omega_3 = \Omega_3$ den unmodulierten Träger, so liefert die Kombination $\omega_1 - \omega_2 + \omega_3$ oder $-\omega_1 + \omega_2 + \omega_3$ den

Anteil 3. Ordnung $\frac{3}{2} C_3 A_1 A_2 A_3 \cos(\Omega_3 \pm \omega_1)t$.

Dem zunächst unmodulierten Sender 3 mit der Kreisfrequenz Ω_3 wird die Modulation des Senders 1 aufgeprägt.

Diese Kreuzmodulation ergibt also ein verständliches Nebensprechen. Sie ist auch vorhanden, wenn beide Schwingungen moduliert sind, wird aber dann überdeckt von der Eigenmodulation. Kreuzmodulation ist also ein Sonderfall der bei der Bildung von Kombinationsfrequenzen vorhandenen *Intermodulation*, welcher nur bei mindestens 3 Einzelschwingungen, die auf eine nichtlineare Kennlinie mit mindestens kubischem Anteil einwirken, entsteht.

Beim Einwirken von 3 (unmodulierten) Frequenzen auf die nichtlineare Kennlinie läßt sich die graphische Darstellung von Abb. 12.2/3 zu einer dreiseitigen Pyramide erweitern, auf deren Kanten die 3 Klirrspektren liegen. Auf den Seitenflächen kann man die Intermodulationsfrequenzen, die nur zweien der drei Frequenzen zugehören, wie in Abb. 12.2/3 anordnen. Der Kreuzmodulationsanteil liegt dann in der Pyramidenachse auf der C_3 entsprechenden Ebene. Analog kann man die Zuordnung bei Beteiligung von n Frequenzen auf den Kanten, den Flächen und im Inneren einer n-seitigen (regelmäßigen) Pyramide vornehmen.

12.2.2 Amplitudenmodulationsverfahren

Sollen bei der Modulation keine Verzerrungen auftreten, muß die Abhängigkeit der Amplitude der modulierten Hochfrequenzspannung von der Amplitude der modulierenden Niederfrequenzspannung, die „Modulationskennlinie", linear verlaufen. Mißt man den Modulationsgrad als Funktion der modulierenden Wechselspannung, so erhält man die dynamische Modulationskennlinie.

12.2.2.1 Amplitudenmodulation mit gesteuerten passiven Elementen. Bei der Modulation mit Eisendrosseln nach Pungs [1, 2] wurde die Hochfrequenz dadurch beeinflußt, daß die Vormagnetisierung der Drossel und damit ihre Induktivität (und ihr Verlustwiderstand) im Rhythmus der Niederfrequenz verändert wurden.

Bei Laufzeitröhren treten bei Modulation in der Endstufe Verzerrungen auf, weil sich die elektronischen Leitwerte und die Laufzeiten der Elektronen mit der Modulation ändern. Die Hochfrequenzspannung wird hier vor der Endstufe mit *gesteuerten, passiven Elementen* amplitudenmoduliert.

Zur Amplitudenmodulation kleiner Trägerleistungen liegen Hochfrequenz- und Signalspannung in Serie an einer Diode (Abb. 12.2/5a). Die im Frequenzbereich über 3 GHz eingesetzten Siliziumdioden haben zulässige Verlustleistungen von etwa 100 mW. Die Leistung der modulierten Hochfrequenz wird dadurch auf Werte von 100 bis 200 mW beschränkt.

Auch die nicht reziproken magnetischen Eigenschaften von *Ferriten* lassen sich zur Amplitudenmodulation ausnutzen.

Beim *Faraday-Dreher* [3] wird die Polarisationsebene der H_{11}-Welle in einem Rundhohlleiter proportional der Größe des axialen Vormagnetisierungsfeldes gedreht. Ein nachgeschaltetes Polarisationsfilter (Analysator) läßt aber nur Wellen einer Polarisationsebene durch. Die Modulatorkennlinie ist also der Betrag eines Sinus (s. a. Bd. I, Abschn. 5.8.2).

12.2.2.2 Amplitudenmodulation mit gesteuerten Röhren. Bei der *Gitterspannungsmodulation* [4] liegen niederfrequente Modulationsspannung, hochfrequente Steuerspannung und die Gittervorspannung in Serie am Steuergitter (Abb. 12.2/6) [z. B. bei Fernsehsendern verwendet]. Durch die Modulationsspannung wird der Stromflußwinkel Θ_k des Kathodenstroms zwischen etwa 0° und 80° gesteuert. Dem Vorteil

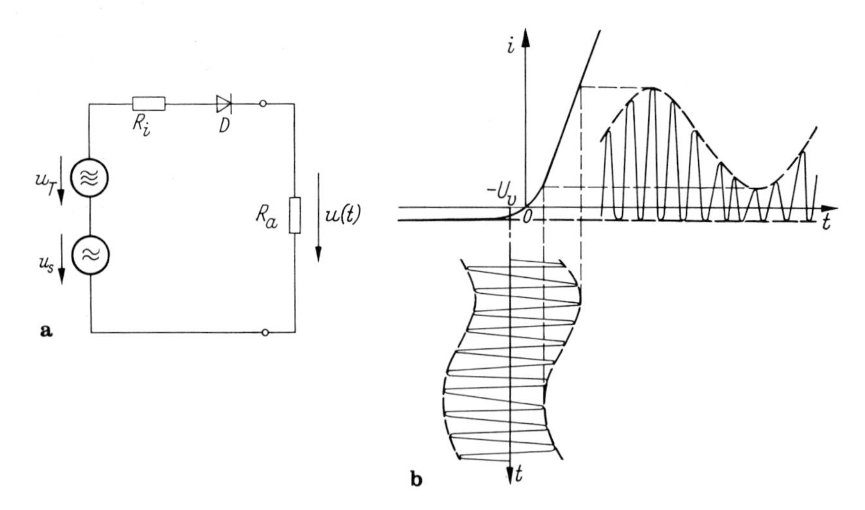

Abb. 12.2/5a u. b. Amplitudenmodulation mit einer Diode: **a** Ersatzschaltbild der Anordnung; **b** Strom- und Spannungsverlauf, unten $u = u_T + u_s = f(t)$; oben rechts $i = i(t)$; oben links ist die Diodenkennlinie $i = f(u)$ durch den Spannungsabfall an $R_a + R_i$ geschert (s. Kap. 7.13.2)

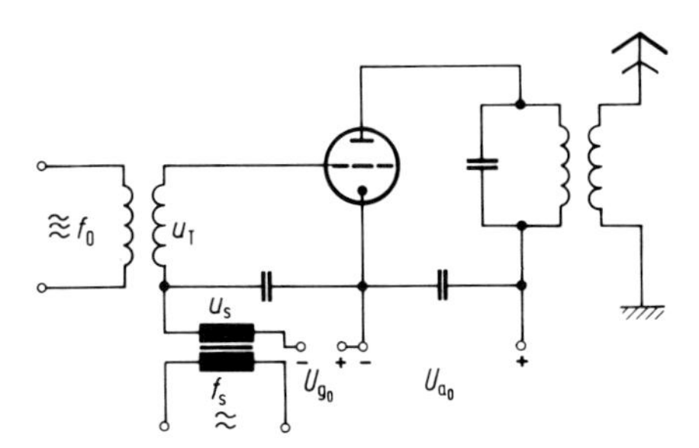

Abb. 12.2/6. Prinzipschaltbild einer Röhrenendstufe mit Gitterspannungsmodulation

der Gitterspannungsmodulation, der geringen benötigten Modulationsleistung, steht der Nachteil gegenüber, daß man den Arbeitspunkt durch Wahl einer entsprechenden Gittervorspannung etwa auf die Mitte der Kennlinie (Trägermittelwert) legen muß, um genügend weit symmetrisch aussteuern zu können. Deshalb ist die Spannungsaussteuerung gering und der Trägerwirkungsgrad η_T im unmodulierten Zustand nur etwa 35%. Der Gesamtwirkungsgrad im modulierten Zustand steigt etwas an entsprechend

$$\eta_m = \eta_T \left(1 + \frac{m^2}{2}\right). \tag{12.2/8}$$

Dabei ist der Trägerwirkungsgrad η_T das Verhältnis der Trägerleistung P_{T0} zur aufgenommenen Gleichstromleistung P_{aufg} ohne Modulation, η_m das Verhältnis der Gesamtleistung $P_{mod} = P_{T0}(1 + m^2/2)$ zur aufgenommenen Gleichstromleistung. Bei der früher benutzten *Gittergleichstrommodulation* (Schäffer, Telefunken) bildet die Modulatorröhre einen im Gitterkreis der Senderöhre liegenden, im Takte der Modulationsspannung veränderbaren Gitterwiderstand. Sie ist heute bedeutungslos. Eine wesentliche Verbesserung des Wirkungsgrades bringen die Verfahren der *Anodenspannungsmodulation* (Abb. 12.2/7). In Serie zur Anodengleichspannung U_{a0} liegt über dem Modulationstransformator T_r die modulierende Niederfrequenzwechselspannung U_{mod}. Die Speisespannung für die Anode der Senderöhre schwankt zwischen $U_{a0} + U_{mod}$ und $U_{a0} - U_{mod}$. Der Arbeitspunkt der Röhre wird so gewählt, daß sie auf „Oberstrich" voll ausgefahren, also gitterseitig bis zur Grenzkennlinie ausgesteuert wird. Die Anodengleichspannung wird dann bis auf die durch den Leistungsinnenwiderstand R_{iL} gegebene Restspannung voll ausgenutzt. Da im überspannten Zustand gearbeitet wird, ist der Wirkungsgrad gut; der theoretische Grenzwert von $\eta \approx 70$ bis 80% ist auch praktisch zu erreichen. Das Ersatzbild der Anordnung zeigt Abb. 12.2/8. Auch bei großen Modulationsgraden ist lineare Modulation möglich, da $f_1(\Theta_k)$ nicht sehr stark schwankt und außerdem $R_{iL}/f_1(\Theta_k) < R_a$ ist. Die Telephoniekennlinie ist praktisch linear. Dagegen ist der Aufwand an Modulationsleistung hoch.

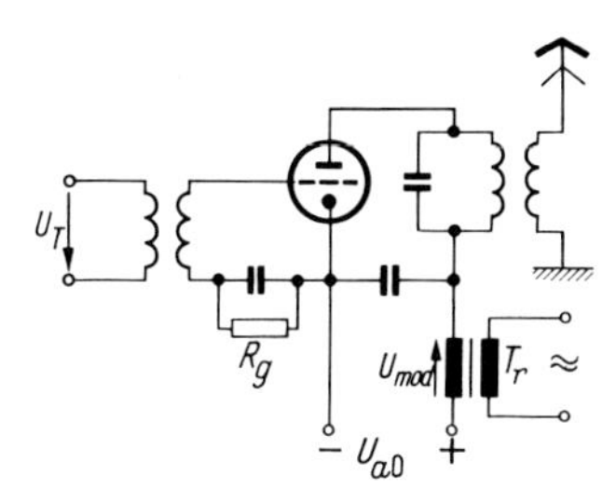

Abb. 12.2/7. Schaltbild eines Senders mit Anodenspannungsmodulation

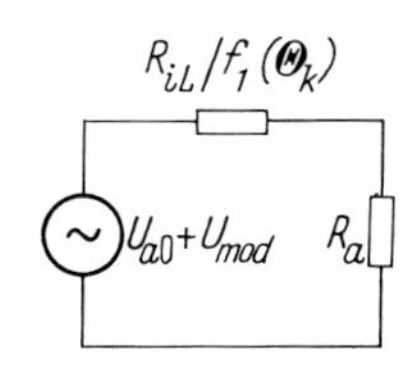

Abb. 12.2/8. Ersatzschaltbild eines Senders mit Anodenspannungsmodulation

Ist die der Senderöhre zugeführte Gleichstromleistung

$$P_{\text{aufg}} = \frac{P_{\text{T0}}}{\eta_{\text{T}}}$$

dann muß der Modulator die Wechselstromleistung

$$P_{\text{mod}} = \frac{P_{\text{T0}}}{\eta_{\text{T}}} \frac{m^2}{2} \tag{12.2/9}$$

aufbringen. P_{T0} ist die Leistung des Trägers. Um auch den Modulator wirtschaftlich zu gestalten, benutzt man hier B-Modulatoren (s. Abschn. 12.2.3). Eine Anodenspannungsmodulation ist auch die früher angewandte *Parallelröhrenschaltung* nach Heising-Latour [5]. Sende- und Modulatorröhre liegen gleichstrommäßig parallel und werden über eine NF-Drossel gespeist. Da der Drossel wegen der Gesamtstrom konstant bleibt, schwankt die an der Anode der Senderöhre liegende Spannung, wenn der Widerstand der Modulatorröhre im Rhythmus der sie steuernden Niederfrequenz sich verändert. Ist die Senderöhre eine Tetrode oder Pentode, wird auch die Schirmgitterspannung mitmoduliert, da der Anodenstrom in erster Linie von der Schirmgitter- und nicht der Anodenspannung bestimmt wird.

12.2.3 Leistungssparende Amplitudenmodulationsverfahren

Diese Modulationsverfahren werden ihres guten Wirkungsgrades wegen bei Großsendern benutzt. Am verbreitetsten ist die *Anoden-B-Modulation* (Abb. 12.2/9) [5, 6]. *Rö′* und *Rö″* sind die Gegentaktendröhren des Modulators. Der Modulationstransformator T_r hat die gesamte niederfrequente Leistung $P_{\text{mod}} = P_{\text{T0}} m^2/2$ (< Leistung der Senderendstufe) zu übertragen. Die Arbeitspunkte S des B-Modulators werden nach Abb. 12.2/10 für beide Röhren gleich und so eingestellt, daß die Steilheit im Arbeitspunkt etwa gleich der Hälfte der maximalen Steilheit ist, und als resultierende Kennlinie eine angenäherte Gerade entsteht. Im Modulator fließt ein geringer Ruhestrom I_0 je Röhre.

Im unmodulierten Zustand wird der Endröhre des Senders eine Gleichstromleistung $U_{\text{a0}} I_{\text{T0}}$ zugeführt (Fläche *a* in Abb. 12.2/11); die abgegebene HF-Leistung ist bei Abstimmung des Anodenkreises auf die Trägerfrequenz $|U_{\text{a}} I_{\text{a}}|/2$. Hierbei ist I_{a} die

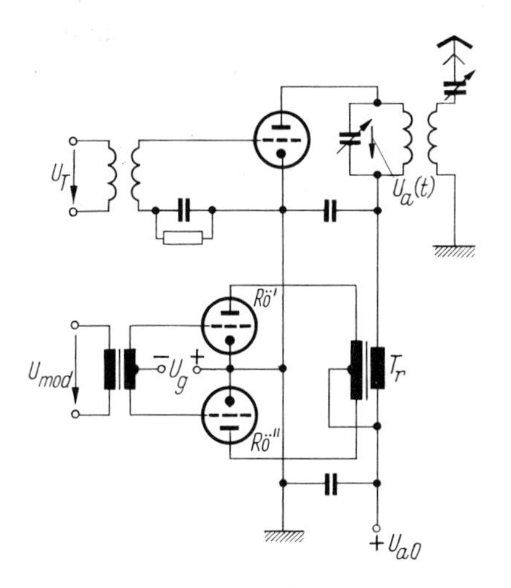

Abb. 12.2/9. Prinzipschaltbild einer Senderendstufe mit Gegentakt-B-Modulator

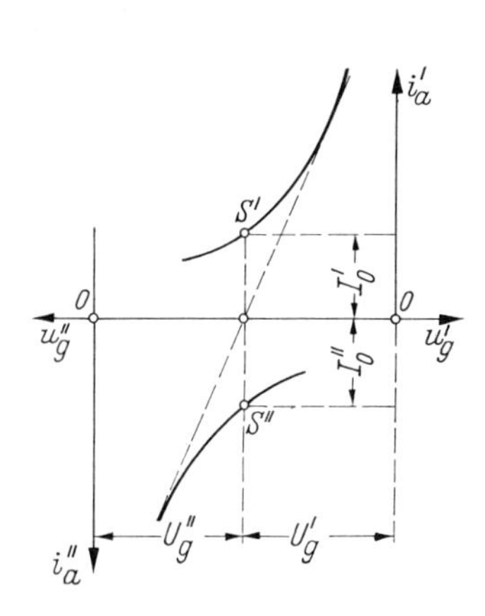

Abb. 12.2/10. Einstellung der Arbeitspunkte des Anoden-B-Modulators

Trägerfrequenzkomponente des Anodenstroms. Damit ergibt sich für die Senderendstufe ein hochfrequenter Wirkungsgrad zu

$$\eta_{\mathrm{T0}} = \frac{|U_{\mathrm{a}} I_{\mathrm{a}}|}{2 U_{\mathrm{a0}} I_{\mathrm{T0}}} . \tag{12.2/10}$$

Bei fehlender Modulationsspannung erhält der Modulator dieselbe Anodengleichspannung wie der Sender und nimmt die Leistung $2U_{\mathrm{a0}} I_0$ (Fläche b) auf; der Gesamtwirkungsgrad von Sender- und Modulatorendstufe im unbesprochenen Zustand ($m = 0$) ergibt sich damit zu

$$\eta_{\mathrm{ges0}} = \frac{|U_{\mathrm{a}} I_{\mathrm{a}}|}{2(U_{\mathrm{a0}} I_{\mathrm{T0}} + 2U_{\mathrm{a0}} I_0)} = \frac{|U_{\mathrm{a}} I_{\mathrm{a}}|}{2 U_{\mathrm{a0}}(I_{\mathrm{T0}} + 2I_0)} ,$$

Wird jetzt der Sender mit dem Modulationsgrad m moduliert, und nehmen wir eine rein ohmsche Belastung des Modulators an (Abb. 12.2/12), so hat der Modulator eine Amplitude des Stromes mI_{T0} und eine Amplitude der Spannung mU_{a0} zu liefern, also an die Senderstufe eine HF-Leistung abzugeben von

$$P_{\mathrm{mod}} = \frac{m^2}{2} U_{\mathrm{a0}} I_{\mathrm{T0}} .$$

Ist η_{mod} der Wirkungsgrad des Modulators, so ist die von ihm bei dem Modulationsgrad m zusätzliche aufgenommene Leistung $\frac{m^2}{2\eta_{\mathrm{mod}}} U_{\mathrm{a0}} I_{\mathrm{T0}}$ (Fläche c). Damit ergibt sich ein Gesamtwirkungsgrad der Leistungsstufe (Sender einschließlich Modulator) im besprochenen Zustand zu

$$\eta_{\mathrm{ges\,m}} = \frac{\frac{|U_{\mathrm{a}} I_{\mathrm{a}}|}{2}\left(1 + \frac{m^2}{2}\right)}{U_{\mathrm{a0}} I_{\mathrm{T0}} + 2U_{\mathrm{a0}} I_0 + \frac{m^2}{2\eta_{\mathrm{mod}}} U_{\mathrm{a0}} I_{\mathrm{T0}}}$$

$$= \frac{\frac{|U_{\mathrm{a}} I_{\mathrm{a}}|}{2}\left(1 + \frac{m^2}{2}\right)}{U_{\mathrm{a0}} I_{\mathrm{T0}}\left(1 + \frac{m^2}{2\eta_{\mathrm{mod}}} + 2\frac{I_0}{I_{\mathrm{T0}}}\right)} = \eta_{\mathrm{T0}} \frac{1 + \frac{m^2}{2}}{1 + \frac{m^2}{2\eta_{\mathrm{mod}}} + 2\frac{I_0}{I_{\mathrm{T0}}}} . \tag{12.2/11}$$

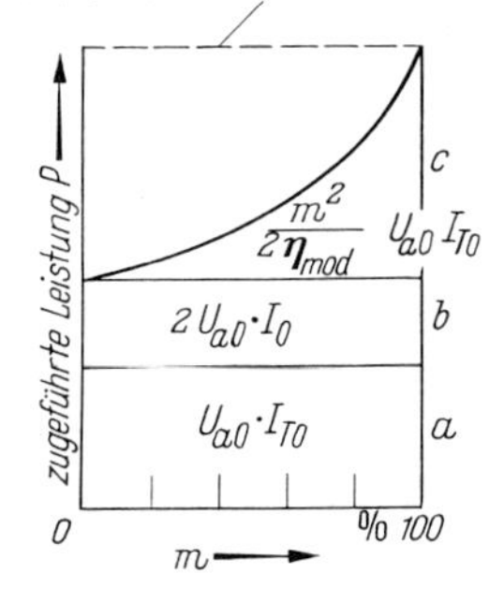

Abb. 12.2/11. Leistungsaufnahme einer Senderstufe mit Anoden-B-Modulation in Abhängigkeit vom Modulationsgrad m

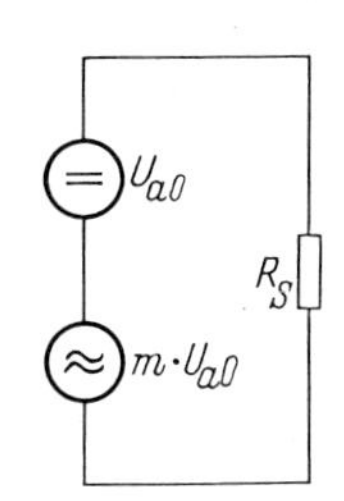

Abb. 12.2/12. Niederfrequentes Ersatzschaltbild des Senderausgangs mit Anodenspannungsquelle U_{a0}, Modulationsspannungsquelle mU_{a0} und dem Lastwiderstand R_{s} zur Ermittlung des Gesamtwirkungsgrades

Die Verbesserung des Wirkungsgrades der Anoden-B-Modulation gegenüber einer Vorstufenmodulation oder einer Gittermodulation in der Endstufe ergibt sich durch einen Vergleich der entsprechenden Flächen in Abb. 12.2/11, da bei letzteren Verfahren auch in unmoduliertem Zustand die gleiche Leistung wie in moduliertem Zustand aufgebracht werden muß. Der Wirkungsgrad beträgt im unmodulierten Zustand etwa 75% und sinkt bei $m = 100\%$ auf etwa 60% ab.

Eine weitere bei Großsendern zur Anwendung kommende Modulationsart ist die *Doherty-Modulation* [7, 8]. Sie arbeitet mit 2 Senderendstufen und stellt eine Kombination eines B- und eines V-Verstärkers dar. Mit der Doherty-Schaltung läßt sich praktisch ein Wirkungsgrad von etwa 65%, unabhängig vom Modulationsgrad, erreichen. – Mit hohem Wirkungsgrad arbeitet auch die Modulationsschaltung nach Chireix [9, 46], bei welcher die Amplitudenmodulation auf dem Umwege über zwei im Gegentakt phasenmodulierte Schwingungen gewonnen wird.

Um den Wirkungsgrad des B-Modulators zu erhöhen, wurde neuerdings die *Pantel-Modulation* eingeführt (P = PDM; an = Anoden; tel = Telefunken): Die Modulationsröhre, welche die Modulation als PDM (Abb. 12.4/2c) verarbeitet, liegt in Serie mit der HF-Endstufe, die als Schalter arbeiten kann und damit Wirkungsgrade von ca. 90% erreicht. Dabei entfällt auch der aufwendige Modulationstransformator.

12.2.4 Demodulationsverfahren für Amplitudenmodulation

Auf der Empfangsseite soll aus dem modulierten HF-Signal $A(t)\cos\Omega_0 t$ die in $A(t) = A_\mathrm{T} + A_\mathrm{mod} m(t)$ enthaltene modulierende Schwingung $s(t)$ wiedergewonnen werden. Üblich sind zwei Verfahren, Synchrondetektion und Hüllkurvendetektion. Die Synchrondetektion ist ein Sonderfall der Abwärtsmischung (s. Abschn. 11.3.2).

12.2.4.1 Synchrondetektor (Kohärentdetektor). Das Prinzip zeigt Abb. 12.2/13a. Dem Multiplizierer $M_{4\cdot 6}$ wird am Tor 4 die modulierte Schwingung $s_4(t) = A(t)\cos\Omega_0 t$, am Tor 5 durch einen lokalen Oszillator die unmodulierte „synchrone" Schwingung $s_5(t) = c_\mathrm{E}\cos(\Omega_0 t + \psi)$ mit der gleichen Kreisfrequenz Ω_0 zugeführt. Dabei bezeichnet ψ eine Phasenverschiebung zwischen $s_5(t)$ und $s_4(t)$. Der Multiplizierer liefert an das Tor 6 das Produkt

$$s_6(t) = s_4(t)\, s_5(t) = A(t)\, c_\mathrm{E}\cos\Omega_0 t\cos(\Omega_0 t + \psi)$$

$$s_6(t) = \frac{A(t)\, c_\mathrm{E}}{2}\cos\psi + \frac{A(t)\, c_\mathrm{E}}{2}\cos(2\Omega_0 t + \psi)\,.$$

Der 2. Summand enthält die mit $A(t)$ modulierte doppelte Trägerfrequenz, die durch den Tiefpaß in Abb. 12.2/13a vom Ausgang 7 ferngehalten wird. Der erste Summand

$$\frac{A(t)\, c_\mathrm{E}}{2}\cos\psi = \frac{A_\mathrm{T} c_\mathrm{E}}{2}\cos\psi + \underbrace{\frac{A_\mathrm{mod} c_\mathrm{E}}{2}\, s(t)\cos\psi}_{s_1(t)} \qquad (12.2/12)$$

enthält neben dem Gleichspannungsterm $A_\mathrm{T} c_\mathrm{E}/2\cdot\cos\psi$, der durch einen Kondensator vom Tor 7 ferngehalten wird, das erwünschte Signal $s_7(t) \sim s(t)\cos\psi$. Die Phase ψ des Lokaloszillators würde bei Werten um $\pi/2$ zu einer mit $\cos\psi$ stark schwankenden Signalspannung führen. Wenn statt des Lokaloszillators der Träger verwendbar ist, und auch bei Fading genügend über dem Rauschen bleibt, ist $\psi = 0$ und $\cos\psi = 1$. Andernfalls kann man zur Kontrolle der phase ψ einen Phasenregelkreis nach Abb. 12.2/13b verwenden. Aus der amplitudenmodulierten Schwingung $s_4(t) = A(t)\cos\Omega_0 t$ wird durch ein schmales Bandfilter die Trägerschwingung $c_\mathrm{T}\cos\Omega_0 t$ ausgesiebt und über Tor 8 dem Multiplizierer $M_{8\cdot 9}$ zugeführt. Der elektronisch in

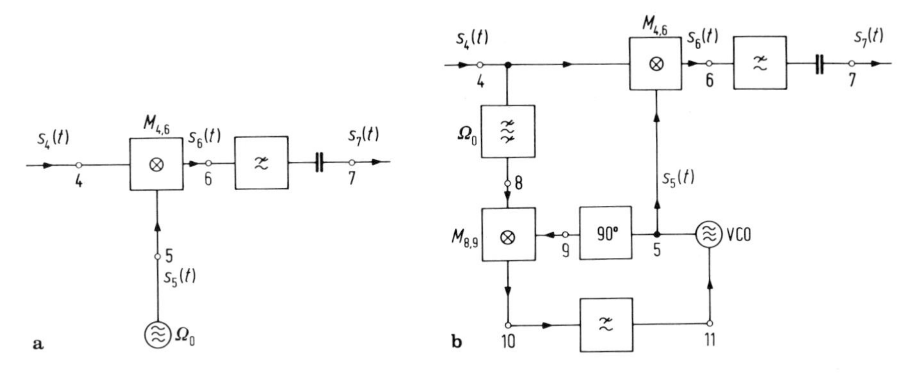

Abb. 12.2/13. **a** Prinzip des Synchron-Detektors; **b** Synchron-Detektor mit Phasenregelkreis

seiner Frequenz regelbare Lokaloszillator VCO[1] mit seiner auf Ω_0 abgestimmten Signalschwingung $s_5(t) = c_E \cos(\Omega_0 t + \psi)$ wirkt über ein 90°-Phasendrehglied auf den Eingang 9 von $M_{8\cdot 9}$ mit der Schwingung $s_9(t) \sim \sin(\Omega_0 t + \psi)$, so daß am Ausgang 10 die Schwingung $s_{10}(t) \sim \cos \Omega_0 t \sin(\Omega_0 t_0 + \psi)$ vorhanden ist. Der nachgeschaltete Tiefpaß unterdrückt den Anteil $\sin(2\Omega_0 t + \psi)$ und läßt den erwünschten Anteil $\sin \psi$ über Tor 11 an den Regeleingang des Oszillators VCO gelangen. Dadurch wird dieser nachgestimmt und damit ψ so klein gehalten, daß $\cos \psi \approx 1$ bleibt. Die Funktion von $M_{4\cdot 6}$, Tiefpaß und Kondensator sind die gleichen wie in Abb. 12.2/13a, und das Ausgangssignal $s_7(t) \sim s(t) \cos \psi$ entspricht wegen $\cos \psi \approx 1$ nahezu unverzerrt dem modulierenden Signal $s(t)$. Die Kombination des Multiplizierers $M_{8\cdot 9}$ mit Phasendrehglied und Tiefpaß 10 bis 11 hat die Funktion eines „Phasendetektors". Zusammen mit 10 bis 11 bildet dieser einen Phasenregelkreis (phase-locked loop = PLL)[2] [21, 22].

12.2.4.2 Linearer Gleichrichter und Hüllkurvendetektor. Der Aufwand zur Demodulation der Schwingung $a(t) = (A_T + A_{mod} s(t)) \cos \Omega_0 t$ ist geringer als beim Synchrondetektor, wenn man einen Diodengleichrichter mit nachgeschaltetem Tiefpaß verwendet. Als Sonderfall des Hüllkurvendetektors wird zunächst der lineare Gleichrichter besprochen.

a) *Der lineare Gleichrichter* wirkt entsprechend Abb. 12.2/14 wie ein Schalter, der die negativen Halbwellen abschaltet. Der Strom i erzeugt an einem ohmschen Widerstand eine Spannung, deren Mittelwert $[A_T + A_{mod} s(t)]/\pi$ ein getreues Abbild der modulierenden Zeitfunktion $s(t)$ darstellt (der arithmetische Mittelwert einer Sinushalbwelle mit der Amplitude 1 ist $2/\pi$ und die Pausendauer ebensolang wie die Dauer der Sinushalbwelle). Dabei ist vorausgesetzt, daß der Eingangswiderstand des nachgeschalteten Tiefpasses rein reell ist oder über eine Entkopplungsschaltung mit reellem Eingangswiderstand angeschlossen ist. – Die Zeitfunktion $e(t)$ und auch das Spektrum der modulierten Halbwellen in Abb. 12.2/14 rechts oben erhält man somit aus der Multiplikation der amplitudenmodulierten Schwingung

[1] VCO = *v*oltage *c*ontroled *o*scillator.

[2] Phasenregelkreise können
a) ein hochfrequentes Signal auf einer Subharmonischen synchronisieren,
b) Sender hoher Energie durch einen stabilen Oszillator niedriger Energie synchronisieren,
c) zur Demodulation winkelmodulierter Signale dienen (s. 12.3.7.1).

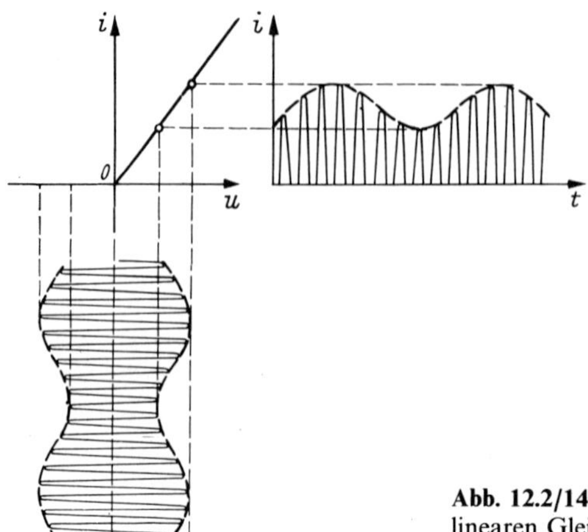

Abb. 12.2/14. Zeitlicher Verlauf von Strom und Spannung beim linearen Gleichrichter

$a(t) = [A_T + A_{mod} s(t)] \cos \Omega_0 t$ mit der geraden Schaltfunktion $S(t)$ der Amplitude 1 (s. Abb. 12.2/15)

$$S(t) = 0{,}5 + \frac{2}{\pi}\left(\cos \Omega_0 t - \frac{1}{3}\cos 3\Omega_0 t + \frac{1}{5}\cos 5\Omega_0 t - \frac{1}{7}\cos 7\Omega_0 t + \ldots - \ldots\right)$$

$$e(t) = a(t)\, S(t) = [A_T + A_{mod} s(t)]\left(\frac{1}{\pi} + \frac{1}{2}\cos \Omega_0 t + \frac{2}{1 \cdot 3\pi}\cos 2\Omega_0 t - \frac{2}{3 \cdot 5\pi}\cos 4\Omega_0 t + \frac{2}{5 \cdot 7\pi}\cos 6\Omega_0 t - \ldots + \ldots\right). \quad (12.2/13)$$

Das Spektrum von $e(t)$ enthält den oben erwähnten Mittelwert $[A_T + A_{mod} s(t)]/\pi$, den man am Ausgang, falls $f_s \ll f_0$ ist, durch einen unkritischen Tiefpaß bequem von den modulierten Schwingungen mit den Kreisfrequenzen Ω_0 und $2n\Omega_0$ (mit $n = 1, 2, 3, \ldots$) abtrennen kann.

Abbildung 12.3/17a zeigt das Oszillogramm einer amplitudenmodulierten Schwingung mit der Trägerfrequenz $\Omega_0/2\pi = 1$ MHz und der Signalfrequenz $\omega_s/2\pi = 50$ kHz bei einem Modulationsgrad $m = 74\%$, darunter die Schwingung nach der Demodulation durch den linearen Gleichrichter. Das Spektrum in Abb. 12.2/17b entspricht dem von Gl. 12.2/13 beschriebenen. Man erkennt deutlich das Abklingen des Spektrums bei $4\Omega_0$ gegenüber $2\Omega_0$ und Ω_0, während der Rest bei $3\Omega_0$ nur durch experimentelle Unvollkommenheiten entsteht.

b) *Der Hüllkurvendetektor* verwendet einen Diodengleichrichter, der außer dem Arbeitswiderstand der Diode noch einen Ladekondensator enthält, welcher die Aufgabe hat, die stromlosen Pausen zwischen den einzelnen Halbwellen unterschiedlicher Höhe aufzufüllen und die hochfrequenten Anteile des Spektrums wesentlich zu vermindern. Die Abtastung der Hüllkurve gibt Spannungswerte, die im Gegensatz zum linearen Gleichrichter nahezu $A_T + A_{mod} s(t)$ entsprechen, also um den Faktor π größer sind.

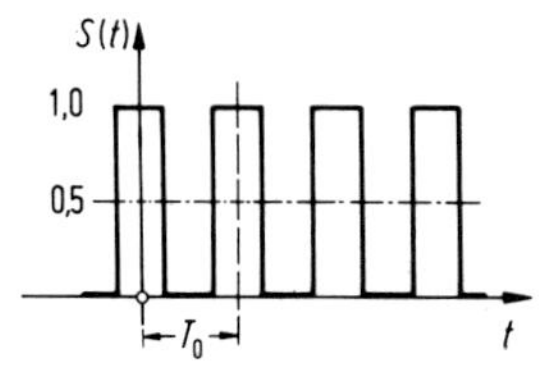

Abb. 12.2/15. Gerade Schaltfunktion $S(t)$ mit der Amplitude 1 und der Periodendauer $T_0 = 2\pi/\Omega_0$

Das Schaltbild eines *Diodengleichrichters* zeigt Abb. 12.2/16 (*a* Serienschaltung, *b* Parallelschaltung von Diode und Arbeitswiderstand). Von Bedeutung ist die Größe der Zeitkonstanten $\tau = RC$ der Kombination aus Ladekondensator C und Ableitwiderstand R (Abb. 12.2/16a). Bei richtiger Dimensionierung folgt die NF-Spannung $u_{\mathrm{NF}}(t)$ der Amplitudenkurve $U(t)$ der modulierten HF-Schwingung (Abb. 12.2/2a). Ist τ zu klein, sinkt die gleichgerichtete Spannung $u_{\mathrm{NF}}(t)$ während der negativen Halbwellen auf Null ab; die Amplitude der Niederfrequenzspannung wird kleiner als die der Umhüllenden. Gleichzeitig treten Oberwellen der Frequenzen $2f_0, 3f_0, \ldots$ auf, die im Empfänger Störungen verursachen können. Bei der Wahl von $\tau \gg T_0 = 1/f_0$ wird das sicher vermieden. Ist τ zu groß, kann die gleichgerichtete Spannung raschen Änderungen der Umhüllenden nicht mehr folgen, die Niederfrequenzspannung wird verzerrt. Bei sinusförmiger Amplitudenmodulation mit der Frequenz $f_{\max}$ hat die Umhüllende die größte negative Steigung $\mathrm{d}U(t)/\mathrm{d}t$ beim Durchgang durch den Wert U_{T} der unmodulierten Spannung. Hier ist

$$\frac{\mathrm{d}U(t)}{\mathrm{d}t} = \frac{\mathrm{d}[U_{\mathrm{T}}(1 + m\cos 2\pi f_{\max} t)]}{\mathrm{d}t}\Bigg|_{t_1 = \frac{1}{4f_{\max}}} = -U_{\mathrm{T}} m 2\pi f_{\max}\,.$$

Solange die Zeitkonstante $\tau > 3T_0$ ist, kann in der gleichgerichteten Spannung die Exponentialfunktion durch eine Gerade angenähert werden (Fehler $< 10\%$):

$$u_{\mathrm{NF}}(t) = U(t_1)\,\mathrm{e}^{-\frac{t-t_1}{\tau}} \approx U(t_1)\left(1 - \frac{t-t_1}{\tau}\right) \quad t_1 \le t \le t_1 + T_0\,.$$

Die Steigung dieser Kurve

$$\frac{\mathrm{d}u_{\mathrm{NF}}(t)}{\mathrm{d}t} = -\,U(t_1)\frac{1}{\tau}$$

muß in der Zeit $t_1 \le t \le t_1 + T_0$ größer sein als die der Umhüllenden. Daraus folgt die Dimensionierungsvorschrift

$$RC \equiv \tau < \frac{1}{2\pi m f_{\max}} \equiv \tau_{\max}\,. \qquad (12.2/14)$$

Ist z. B. $f_{\max} = 8$ kHz und $m = 100\%$, so darf τ den Wert von 20 µs nicht überschreiten. Für $R = 200\,k\Omega$ wird dann $C = 100$ pF.

In den Abb. 12.2/17c und d ist mit $R = 5$ kΩ und $C = 160$ pF die Zeitkonstante $\tau = 0{,}8$ µs zu klein und die Entladung des Kondensators bei den Halbwellen zu schnell. In Abb. 12.2/17e und f ist $C = 640$ pF und $\tau = 3{,}2$ µs viermal größer und annähernd so groß wie $\tau_{\max} = 1/(2\pi m f_{\max}) = 4{,}3$ µs. Dieser günstigste Fall zeigt auch im Spektrogramm die hohe NF-Amplitude und das Zurücktreten der hochfrequenten Anteile. – Abb. 12.2/17g und h geben zeitlichen Verlauf und Spektrum für

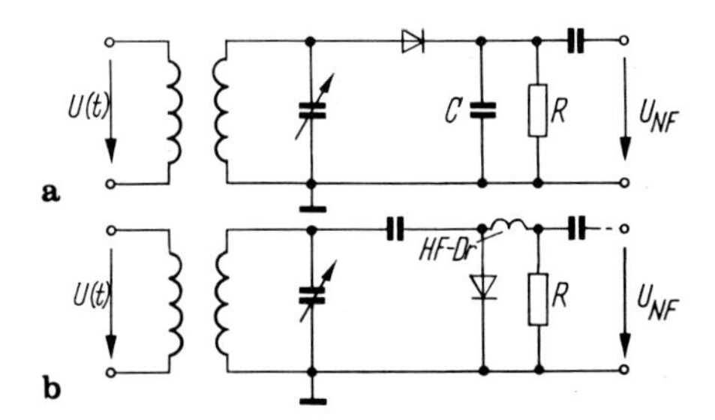

Abb. 12.2/16a u. b. Prinzipschaltbild eines Gleichrichters zur Demodulation amplitudenmodulierter Schwingungen: **a** Serienschaltung; **b** Parallelschaltung von Diode und Lastwiderstand

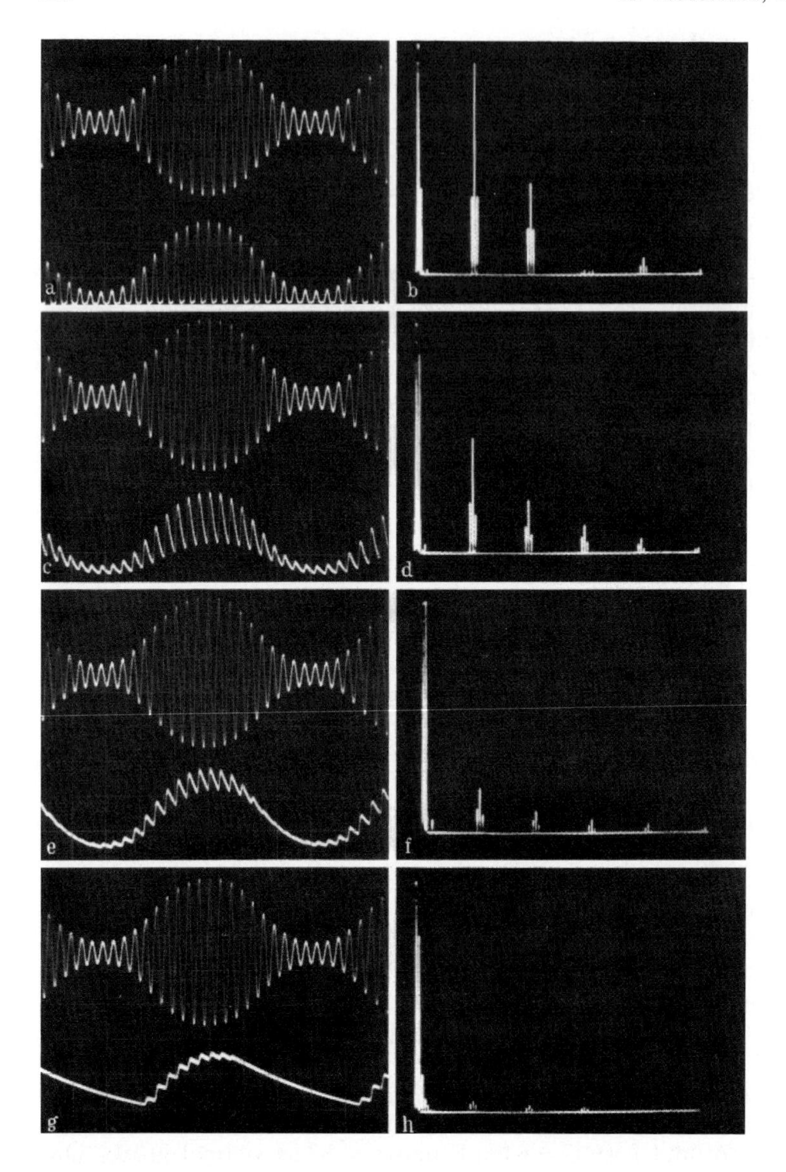

Abb. 12.2/17a–h. Oszillogramme und Spektren bei der Demodulation mit dem Hüllkurvendetektor: **a** und **b** für die Zeitkonstante $\tau = 0$ (linearer Gleichrichter); **c** und **d** für $\tau = 0{,}8$ µs (zu klein); **e** und **f** für $\tau = 3{,}2$ µs (richtig); **g** und **h** für $\tau = 13$ µs (zu groß)

$C = 2{,}46$ nF und $\tau = 13$ µs. Bei dieser zu groß gewählten Entladezeitkonstante folgt die Ladung nicht mehr den niedrigen Amplituden. Der Verzerrung im Schwingungsverlauf entsprechen 2. und 3. Oberwelle im niederfrequenten Spektrum der Abb. 12.2/17h.

12.2.5 Einseitenband-Amplitudenmodulation (EM)

Bei AM nach 12.2.1 ist in beiden Seitenbändern der gleiche Nachrichteninhalt enthalten, und der größte Teil der Sendeleistung wird nach Gl. (12.2/7) für den Träger verbraucht. Diese Nachteile vermeidet die schon 1914 von Carson vorgeschlagene

Einseitenbandmodulation (EM) (englisch: single-sideband-modulation, SSB), Vorteil der EM gegenüber AM sind:

1. Bessere Leistungsausnutzung, Verkleinern der Senderendstufen bei gleicher effektiver Signalleistung. (Einem AM-Sender mit 500 W entspricht etwa ein EM-Sender mit 100 W.)
2. Verdoppelung der verfügbaren Kanäle durch Halbierung der Bandbreite.
3. Vergrößerung des Störabstandes wegen der halbierten Bandbreite (um 3 dB bei weißem Rauschen und 6 dB bei impulsförmigen Störungen).
4. Geringere Empfindlichkeit gegen selektiven Schwund des Trägers, der durch Mehrwegausbreitung in der Ionosphäre entsteht.

Nachteile der EM gegenüber AM sind:

1. Nichtlineare Signalverzerrung bei AM-Demodulation wie in 12.2.4.
2. Größerer apparativer Aufwand bei Modulation und Demodulation.
3. Frequenz- oder Phasenverschiebungen des demodulierten Signals durch falsche Frequenz- oder Phasenlage des für die Demodulation zuzusetzenden Trägers.

Aus dem letzten Grunde wird statt der EM mit unterdrücktem Träger meist die EM mit Trägerrest verwendet, wobei der Pegel des Trägers 10 bis 15 dB unter der Senderspitzenleistung liegt. Anwendung findet die EM in der Trägerfrequenztechnik, in Kurzwellendiensten und im Amateurfunk [12, 13, 46, 47].

Eine Abart der EM ist die Restseitenbandmodulation (RM). Hier wird ein Teil des unteren Seitenbandes durch ein Bandfilter mit relativ geringer Flankensteilheit so beschnitten (Nyquistflanke) [29], daß der Träger gerade auf die Hälfte reduziert ist (s. Abb. 12.2/18). Die RM wird in Fernsehempfängern [23] für das Bildsignal verwendet, da die steile Filterflanke der sonst üblichen EM große Laufzeitverzerrungen zur Folge hätten. Phasen- und Laufzeitverzerrungen wirken sich bei Bild- und Telegraphiesignalen viel stärker aus als bei akustischen Signalen.

12.2.5.1 EM-Modulatoren. Verwendung von Zweiseitenbandamplitudenmodulatoren und die Unterdrückung des einen Seitenbandes am Sender durch Filter stellt um so höhere Anforderungen an die Flankensteilheit des Filters, je geringer der prozentuale Abstand zwischen Träger und Seitenband ist. Zum Beispiel müßte bei einer Trägerfrequenz von 10 MHz und einer tiefsten Modulationsfrequenz von 30 Hz eine im Abstand von 0,003‰ der Trägerfrequenz liegende Frequenz unterdrückt werden. Daher moduliert man das niederfrequente Signal in Abb. 12.2/19a zunächst einem Träger mit niedriger Frequenz f_{01} auf (Bild c). f_{01} liegt in der Größenordnung 25 bis 100 kHz. Zur Unterdrückung des unteren Seitenbandes und f_{01} werden Spulenfilter, mechanische Filter oder Quarzfilter verwendet (Bild d). Gute Unterdrückung ist notwendig, um lineares Nebensprechen zum Nachbarkanal zu verhindern. Mit dem oberen Seitenband wird ein Träger höherer Frequenz f_{02} (Bild e) moduliert. Der Abstand der Seitenbänder dieses Trägers ist also um f_{01} größer, als es bei unmittelbarer Modulation von f_{02} der Fall sein würde (Bild f). Dadurch ist aber die Unterdrückung des einen Seitenbandes – und gegebenenfalls auch des Trägers f_{02}

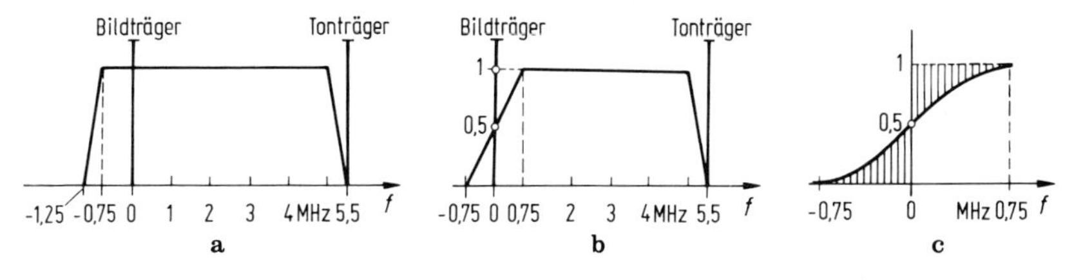

Abb. 12.2/18. **a** Spektrum des ausgestrahlten Bildsignals; **b** Frequenzcharakteristik des Bildempfängers mit schematischer Nyquist-Flanke links; **c** Verlauf der komplementären Nyquist-Flanke

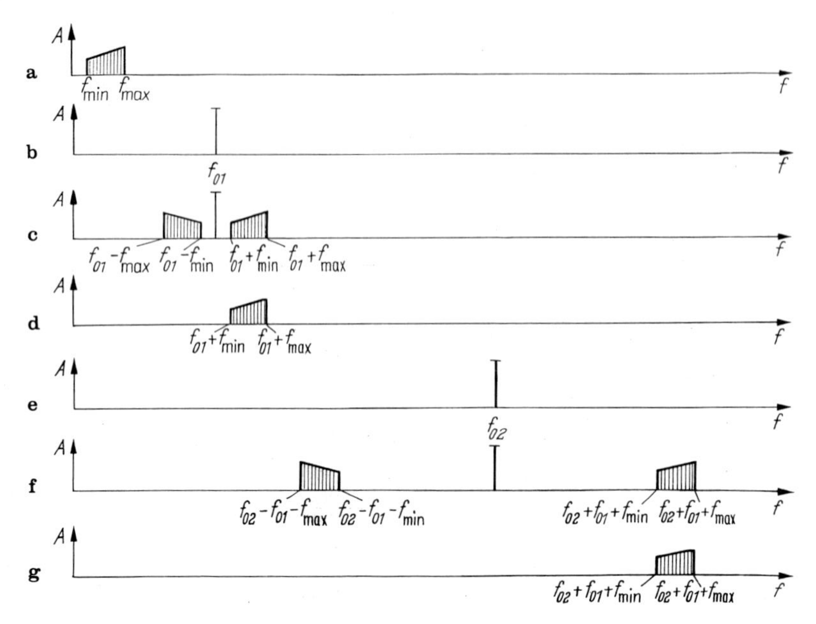

Abb. 12.2/19a–g. Schema der Aufbereitung eines Einseitenbandsignals. Das Signal (Bild **a**) moduliert einen Träger f_{01} (Bild **b**) im Bereich f_{01} = 25 bis 100 kHz. Aus dem Modulationsprodukt (Bild **c**) wird das obere Seitenband ausgefiltert (Bild **d**). Dieses Seitenband moduliert einen zweiten Träger höherer Frequenz f_{02} (Bilder **e** und **f**). Ein weiteres Filter unterdrückt das untere Seitenband und schwächt oder unterdrückt den Träger f_{02} (Bild **g**)

– erleichtert (Bild g). Das Verfahren kann, wenn notwendig, in mehreren Stufen wiederholt werden. Die Mehrfachumsetzung ist besonders in der Trägerfrequenztechnik üblich. Bei Kurzwellendiensten wird sie meist ersetzt durch die Verwendung steiler Quarzfilter.

Ein zweites EM-Modulatorprinzip, die „Phasenmethode“, ist in Abb. 12.2/20a dargestellt. Aus dem Modulationssignal $c_s(t) \equiv c_m s(t)$ wird durch einen breitbandigen 90°-Phasenschieber die Quadraturkomponente $s_s(t)$ erzeugt. Es werden Modulatoren M_1 und M_2 verwendet, bei denen am Ausgang keine Signale mit der Trägerfrequenz f_0 oder der Signalfrequenz f_s auftreten, sofern die Dioden genügend hohe Symmetriedämpfung haben, z. B. Ringmodulatoren (vgl. Abschn. 11.4.7). Am Ausgang der Modulatoren entstehen daher nur Hochfrequenzsignale des oberen und des unteren Seitenbandes und höhere Kombinationsfrequenzen, die ausgefiltert werden. Danach ergibt sich

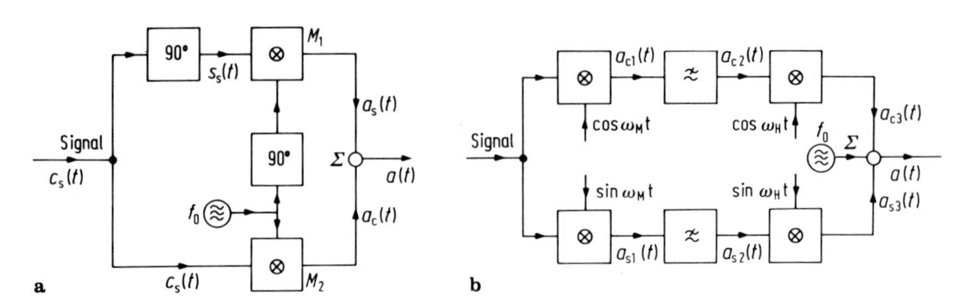

Abb. 12.2/20. **a** Blockschaltbild der Phasenmethode für Einseitenbandmodulation; **b** Blockschaltbild der Einseitenbandmodulation nach Weaver

$$a_c(t) = 2A_c \cos \Omega_0 t \cos \omega_s t = A_c[\cos(\Omega_0 - \omega_s)t + \cos(\Omega_0 + \omega_s)t]$$

$$a_s(t) = 2A_s \sin \Omega_0 t \sin \omega_s t = A_s[\cos(\Omega_0 - \omega_s)t - \cos(\Omega_0 + \omega_s)t]\,. \quad (12.2/15)$$

Wenn beide Modulatoren gleich sind und der Betrag der Übertragungsfaktoren der Phasenschieber gleich eins ist, dann wird $A_c = A_s = A$ und am Ausgang des Summierers erscheint nur das untere Seitenband

$$a(t) = a_c(t) + a_s(t) = 2A\cos(\Omega_0 - \omega_s)t\,. \quad (12.2/16)$$

Das obere Seitenband erhielte man, wenn in einen der beiden Zweige eine Phasenumkehrstufe eingebaut würde.

Schwierigkeiten bereitet der breitbandige 90°-Phasenschieber für das Signal, der nur näherungsweise realisiert werden kann [24].

Ein drittes Prinzip für EM-Modulatoren wurde von Weaver [25] angegeben. Das Blockschaltbild ist in Abb. 12.2/20b gezeichnet. Die Wirkungsweise kann besser verstanden werden, wenn das Modulationssignal nicht monofrequent, sondern als Linienspektrum (Modell für das Basisband) angesetzt wird (s. Abb. 12.2/21a):

$$c_s(t) = \sum_{n=1}^{N} C_n \cos(\omega_{sn} t + \varphi_n)\,. \quad (12.2/17)$$

Dabei ist ω_1 die niedrigste und ω_N die höchste im Signalband enthaltene Kreisfrequenz. Das Modulationssignal wird in zwei Ringmodulation mit Quadratursignalen eines Trägers der Kreisfrequenz $\omega_M = (\omega_1 + \omega_N)/2$ moduliert, der in der Mitte des Basisbandes liegt. Am Ausgang der Modulatoren ergeben sich die Signale

$$\begin{aligned} a_{c1}(t) &= c_s(t) \cos \omega_M t \\ &\sim \sum_{n=1}^{N} C_n \{\cos[(\omega_n - \omega_M)t + \varphi_n] + \cos[(\omega_n + \omega_M)t + \varphi_n]\}\,. \end{aligned} \quad (12.2/18)$$

$$\begin{aligned} a_{s1}(t) &= c_s(t) \sin \omega_M t \\ &\sim \sum_{n=1}^{N} C_n \{+\sin[(\omega_M - \omega_n)t - \varphi_n] + \sin[(\omega_n + \omega_M)t + \varphi_n]\}\,. \end{aligned} \quad (12.2/19)$$

In Abb. 12.2/21b und c sind die Spektren A_{c1} und A_{s1} von $a_{c1}(t)$ und $a_{s1}(t)$ gezeichnet. Durch nachgeschaltete Tiefpässe mit der Grenzfrequenz $\approx f_M$ werden die oberen Seitenbänder eliminiert, und es verbleiben die Zeitfunktionen

$$a_{c2}(t) \sim \sum_{n=1}^{N} C_n \cos[(\omega_n - \omega_M)t + \varphi_n] \quad (12.2/20)$$

$$a_{s2}(t) \sim \sum_{n=1}^{N} C_n \sin[(\omega_M - \omega_n)t - \varphi_n]\,. \quad (12.2/21)$$

Das Spektrum A_{s2} von $a_{s2}(t)$ ist gegenüber dem Spektrum A_{c2} von $a_{c2}(t)$ invertiert, liegt aber im gleichen Frequenzband (s. linkes Teilbild von Abb. 12.2/21c).

In zwei weiteren nachgeschalteten Ringmodulatoren wird mit a_{c2} und a_{s2} eine weitere Schwingung der Frequenz f_H moduliert. $f_H = \omega_H/(2\pi)$ liegt in der Mitte des für die Übertragung gewünschten Seitenbandes. Die Ausgangssignale der Modulatoren sind dann $a_{c3}(t)$ bzw. $a_{s3}(t)$. Das Bildungsgesetz für $a_{c3}(t)$ ist:

$$\begin{aligned} a_{c3}(t) &\sim a_{c2}(t) \cos \omega_H t \\ &\sim \sum_{n=1}^{N} C_n \{\underbrace{\cos[(\omega_H - \omega_n + \omega_M)t - \varphi_n]}_{a_{c3\mathrm{I}}} + \underbrace{\cos[(\omega_H + \omega_n - \omega_M)t + \varphi_n]}_{a_{c3\mathrm{II}}}\}\,. \end{aligned} \quad (12.2/22)$$

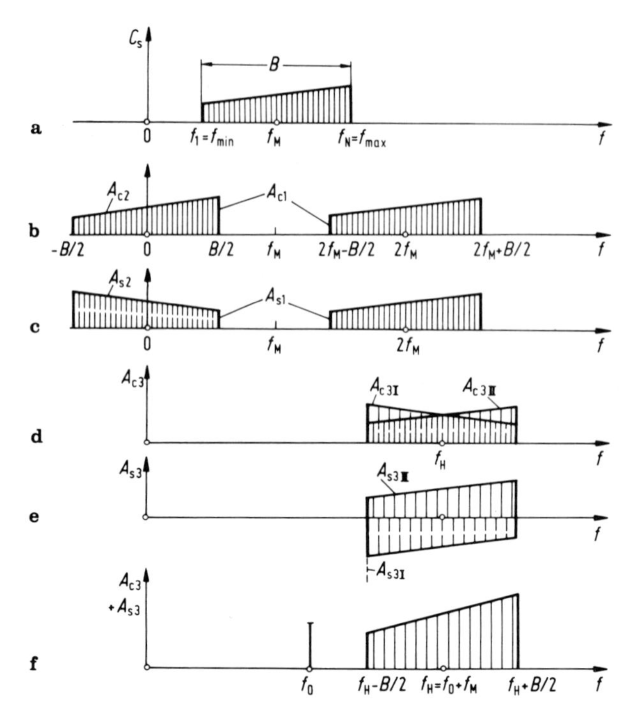

Abb. 12.2/21a–f. Spektren beim Einseitenbandmodulator nach Weaver: **a** Basisband C_s entsprechend der Zeitfunktion $c_s(t)$; **b** Spektrum A_{c1} der Zeitfunktion $a_{c1}(t)$ mit Teilspektrum A_{c2}; **c** Spektrum A_{s1} der Zeitfunktion $a_{s1}(t)$ mit Teilspektrum A_{s2}; **d** Spektrum A_{c3} von $a_{c3}(t)$; **e** Spektrum A_{s3} von $a_{s3}(t)$; **f** Spektrum $A_{c3}+A_{s3}$ des Einseitenbandsignals mit zugesetztem Trägerrest bei f_0

Die Spektren A_{c3I} und A_{c3II} sind in Abb. 12.2/21d gezeichnet. Das Bildungsgesetz für $a_{s3}(t)$ ist:

$$\begin{aligned} a_{s3}(t) &\sim a_{s2}(t)\sin\omega_H t \\ &\sim \sum_{n=1}^{N} C_n\{\underbrace{-\cos[(\omega_H-\omega_n+\omega_M)t+\varphi_n]}_{a_{s3I}}+\underbrace{\cos[(\omega_H+\omega_n-\omega_M)t+\varphi_n]}_{a_{s3II}}\} \end{aligned} \tag{12.2/23}$$

Die Spektren A_{s3I} und A_{s3II} findet man in Abb. 12.2/21e, wobei das negative Vorzeichen von a_{s3I} durch Umklappen von A_{s3I} berücksichtigt ist. Am Ausgang des Summierers heben sich die Spektren A_{c3I} und A_{s3I} auf, und man erhält das Einseitenbandsignal als Summe von A_{c3II} und A_{s3II}

$$a(t)=a_{c3}(t)+a_{s3}(t)\sim\sum_{n=1}^{N} C_n\cos[(\omega_H+\omega_n-\omega_M)t+\varphi_n]\,, \tag{12.2/24}$$

dessen Spektrum in Abb. 12.2/21f gezeichnet ist. Bei EM mit Trägerrest ist der Träger bei $f_0=f_H-f_M$ zuzusetzen.

Wenn die ersten beiden Modulatoren nicht exakt den Träger f_M unterdrücken, verbleibt ein Pfeifton in der Mitte des Basisbandes bei f_M. Wenn der obere und untere Zweig in Abb. 12.2/20b nicht genau gleiche Übertragungsfaktoren hat, löscht sich das invertierte Signal im Seitenband nicht exakt aus, was Störgeräusche verursacht. Nebensprechen zum Nachbarkanal wird aber vermieden.

12.2.5.2 EM-Demodulation. Läßt man im Zeigerdiagramm Abb. 12.2/1c einen der beiden Seitenbandzeiger fort, so erhält man das Zeigerdiagramm für das EM-Verfahren mit Trägerwert, Abb. 12.2/22). Der Zeiger der resultierenden Schwingung behält also nicht mehr, wie beim Zweiseitenbandverfahren, die gleiche Richtung bei, sondern ist nach Amplitude und Phase moduliert. Der maximale Phasenhub $\varphi_{\max}$ ist um so größer, je kleiner der Trägerrest ΔA_{T} im Verhältnis zum Seitenbandzeiger S ist. Das aus diesem Zeigerdiagramm abgeleitete Zeitbild hat daher eine Hüllkurve, die entsprechend der unterschiedlichen Geschwindigkeit gegenüber der ursprünglichen Sinuskurve stark verzerrt ist. Bei der Anwendung eines AM-Demodulators ergeben sich daher nichtlineare Verzerrungen, z. B. ist für $S/\Delta A_{\mathrm{T}} = 1$ der Klirrfaktor 24% [28]. Zur Verringerung von $\varphi_{\max}$ und damit der Verzerrungen kann man den Träger auf der Empfangsseite stark vergrößern, also den Trägerzusatz amplitudenmäßig noch über den Wert des ursprünglichen vollen Trägers A_{T} hinausgehen lassen.

Wir ersetzen in Abb. 12.2/22 ΔA_{T} durch den Trägerzusatz A_{z} und $A(t)$ durch $A_{\mathrm{r}}(t)$ und erhalten

$$A_{\mathrm{r}}(t) = \sqrt{A_{\mathrm{z}}^2 + S^2 + 2A_{\mathrm{z}}S\sin\omega t}\,. \tag{12.2/25}$$

$A_{\mathrm{r}}(t)$ schwankt zwischen $A_{\mathrm{z}} + S$ und $A_{\mathrm{z}} - S$; für die mittlere Größe $A_{\mathrm{rm}} = \sqrt{A_{\mathrm{z}}^2 + S^2}$ ist

$$A_{\mathrm{r}}(t) = A_{\mathrm{rm}}\sqrt{1 + \frac{2A_{\mathrm{z}}S}{A_{\mathrm{rm}}^2}\sin\omega t} \tag{12.2/25a}$$

und durch Reihenentwicklung der Wurzel

$$\frac{A_{\mathrm{r}}(t)}{A_{\mathrm{rm}}} = 1 + \frac{A_{\mathrm{z}}S}{A_{\mathrm{rm}}^2}\sin\omega t - \frac{1}{2}\left(\frac{A_{\mathrm{z}}S}{A_{\mathrm{rm}}^2}\right)^2\sin^2\omega t + \frac{1}{2}\left(\frac{A_{\mathrm{z}}S}{A_{\mathrm{rm}}^2}\right)^3\sin^3\omega t - \cdots \tag{12.2/26}$$

Mit

$$\sin^2\omega t = \tfrac{1}{2} - \tfrac{1}{2}\cos 2\omega t \qquad \text{und} \qquad \sin^3\omega t = \tfrac{3}{4}\sin\omega t - \tfrac{1}{4}\sin 3\omega t$$

erhalten wir als Klirrfaktor der zweiten Harmonischen:

$$k_2 = \frac{\text{Amplitude der Oberwelle }(2\omega)}{\text{Amplitude der Grundwelle }(\omega)} = \frac{1}{4}\frac{A_{\mathrm{z}}S}{A_{\mathrm{rm}}^2} = \frac{1}{4}\frac{A_{\mathrm{z}}S}{A_{\mathrm{z}}^2 + S^2} \approx 0{,}25S/A_{\mathrm{z}} \tag{12.2/27}$$

wenn $S/A_{\mathrm{z}} \ll 1$ gesetzt wird. S/A_{z} muß aber $\ll 1$ sein, wenn k_2 gering sein soll. Für $k_2 = 2{,}5\%$ ist z. B. $A_{\mathrm{z}} = 10S$ zu wählen. Der Klirrfaktor k_3 ergibt sich entsprechend zu

$$k_3 = \frac{\text{Amplitude der Oberwelle }(3\omega)}{\text{Amplitude der Grundwelle }(\omega)} = \frac{1}{8}\left(\frac{A_{\mathrm{z}}S}{A_{\mathrm{rm}}^2}\right)^2 \approx 0{,}125(S/A_{\mathrm{z}})^2 \tag{12.2/28}$$

ist also bei $A_{\mathrm{z}} = 10S$ sehr klein. – Zu den Forderungen an den Trägerzusatz bezüglich

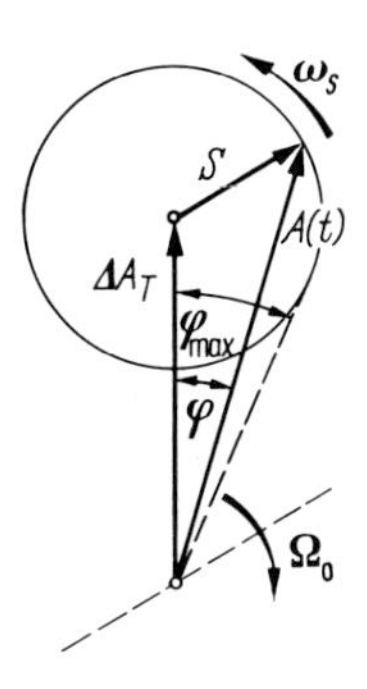

Abb. 12.2/22. Zeigerdiagramm einer nach dem Einseitenbandverfahren modulierten HF-Schwingung

der Amplitude kommt noch die Forderung hinsichtlich der Frequenz. Schwankt die Senderfrequenz f_0 um Δf_0, so ändert sich auch die Seitenbandfrequenz. Würde man also senderseitig den Träger ganz unterdrücken und am Empfänger völlig neu hinzusetzen, wäre das NF-Band um Δf_0 verschoben. Arbeitet beispielsweise ein KW-Sender auf $f_0 = 20$ MHz und hat eine zulässige Frequenzabweichung von $\Delta f_0/f_0 \leqq \pm 30 \cdot 10^{-6}$ bei einer Schwankung der Betriebsspannungen um $\Delta u/u = \pm 5\%$ und Temperaturschwankungen um $\Delta\vartheta = \pm 10°$, so ist $\Delta f_0 = \pm 600$ Hz, d. h., f_0 schwankt zwischen 20000,6 kHz und 19999,4 kHz, d. h., ein Ton von 600 Hz würde dann entweder als 1200-Hz-Ton (also eine Oktave höher) hörbar sein oder sich nach 0 Hz verlagern, d. h. unhörbar bleiben. Ist $\Delta f_0/f_0 = \pm 1 \cdot 10^{-6}$, dann ist Δf_0 immer noch 20 Hz, ein Ton von 435 Hz mit seinen Harmonischen, z. B. 870 Hz, wandert dann auf 415 Hz und 850 Hz. Die Oktaven, Terzen, Quinten usw. bleiben also nicht harmonisch. Gegen diese Verzerrung sind auch unmusikalische Menschen sehr empfindlich. Nach dem Rat des CCIR (s. Band 1, S. 6) soll die Frequenzabweichung des Zusatzträgers bei Musikübertragung 2 Hz, bei Sprache 10 Hz nicht überschreiten. Bei Übertragung eines Trägerrestes aber ergibt sich die Möglichkeit, durch eine Nachlaufeinrichtung am Empfänger Schwankungen der Senderfrequenz bis auf etwa ± 2 Hz zu folgen.

Die bei den EM-Modulatoren beschriebene Phasenmethode und die Methode von Weaver eignen sich ebenfalls zur Demodulation. Auch hier kommt es auf genaue Trägerregeneration an. Man erkennt daraus, daß die Trägerfrequenz eine wesentliche Größe ist, der bei AM allerdings unverhältnismäßig viel Sendeleistung zugeteilt werden muß.

Technische Probleme der EM werden in [26, 30] behandelt. Für die weitergehende mathematische Behandlung sei auf [27] verwiesen. Eine besondere Art der EM, bei der das Einseitenbandsignal so vorgezerrt wird, daß konventionelle Empfänger verwendet werden können und trotzdem einige Vorteile der EM nutzbar sind, wird in [28, 31] angegeben.

Die rechtliche Voraussetzung zur Einführung der EM im Mittelwellen- (MW-) und Langwellen- (LW-) Rundfunk hat das CCIR 1970 dadurch geschaffen, daß neu zu entwickelnde Systeme für konventionelle Empfänger nicht unbedingt kompatibel (verträglich mit der bisherigen Technik) sein müssen, wenn dadurch eine wesentliche Verbesserung erreicht werden kann. Die technische Voraussetzung ist durch die modernen Bauelemente (Quarz- und Keramikfilter, integrierte Halbleiterschaltungen, spulenlose aktive Filter usw.) gegeben, die kostengünstig Empfängerkonzepte möglich machen, welche in den Anfängen des AM-Rundfunks nicht realisierbar waren. Mit den durch EM erreichbaren Vorteilen, Verdopplung der Kanalzahl, geringeres Rauschen und Unempfindlichkeit gegenüber selektivem Fading, können mit MW und LW wieder die dringend nötigen überregionalen Senderreichweiten möglich gemacht werden, die bei den derzeitig überbelegten Kanälen nicht gewährleistet sind.

Bei Einführung der EM würden alle bisher vorhandenen AM-Empfänger unbrauchbar. Ferner wäre eine neue Kanalverteilung nötig, die jedoch mit dem „Independent-Side-Band- (ISB-) System“ vermieden werden könnte [42]. Hier werden in beiden Seitenbändern voneinander unabhängige Programme übertragen, so daß z. B. ein wenig gestörtes Band eines Rundfunksenders doppelt ausgenutzt und dafür die Übertragung auf einem von einem starken Gleichkanalsender gestörten Kanal aufgegeben werden kann. Die ISB-Sendung kann zwar mit einem konventionellen Empfänger nicht empfangen werden, aber von einem ISB-Empfänger kann das normale doppelseitenbandmodulierte Programm mit verbesserter Qualität empfangen werden. Außerdem kann man hierbei das jeweils weniger gestörte Seitenband wählen. Nach einem langfristigen Plan könnten die Rundfunkanstalten schrittweise zum ISB übergehen. Empfängerkonzepte für ISB-Rundfunk werden in [43, 44] beschrieben. Sie verwenden die im Abschn. 12.2.5.1 beschriebenen Verfahren.

12.2.6 Amplitudentastung

Im Falle der Telegraphietastung schwankt die Trägerleistung sprunghaft zwischen Null und Oberstrich. Da dem einzelnen Zeichen der Oberstrichwert entspricht, arbeitet der Sender dabei mit gutem Wirkungsgrad. Je nachdem, ob der Träger unmoduliert getastet wird oder dabei zusätzlich mit einem konstanten niederfrequenten Ton moduliert ist, unterscheidet man zwischen tonloser Tastung (Betriebsart A1) (amplitude shift keying, ASK) oder tönender Tastung (Betriebsart A2). Zur Hörbarmachung der tonlosen Tastung ist empfangsseitig ein zusätzlicher Überlagerer erforderlich (s. a. 11.2.1).

Bei der tonlosen Tastung setzen wir zur Vereinfachung voraus, daß die Zeitdauer der Pausen zwischen den Tastzeichen die gleiche sei wie die Zeichenlänge selbst (Abb. 12.2/23a). Die Zeichen setzen mit steiler Front ein, man spricht von „Harttastung". Die Telegraphiefrequenz sei $f_s = 1/T_s = \omega_s/2\pi$, die Trägerfrequenz $f_0 = \Omega_0/2\pi$ und A_T die Amplitude der Senderschwingung bei Oberstrich. Dann liefert die Analyse nach Fourier

$$a(t) = \frac{A_T}{2}\cos\Omega_0 t \times\left[1 + \frac{4}{\pi}\left(\cos\omega_s t - \frac{1}{3}\cos 3\omega_s t + \frac{1}{5}\cos 5\omega_s t - + \cdots\right)\right]. \qquad (12.2/29)$$

Das Spektrum zeigt Abb. 12.2/24a.

Die weiche Tastung mit allmählichem Anstieg der Amplitude von 0 auf den Maximalwert A_T und ein entsprechender allmählicher Abfall kann durch Einschalten einer Drosselkette oder von RC-Gliedern in den Tastkreis erreicht werden. Bedeutet

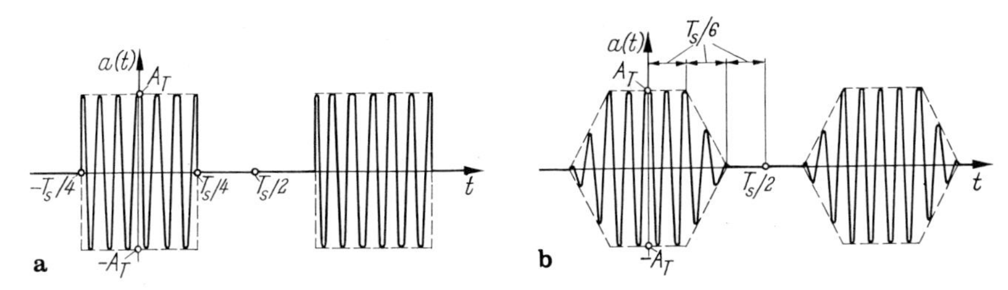

Abb. 12.2/23a u. b. Zeitlicher Verlauf von getasteten HF-Schwingungen: **a** bei „harter" Tastung; **b** bei „weicher" Tastung

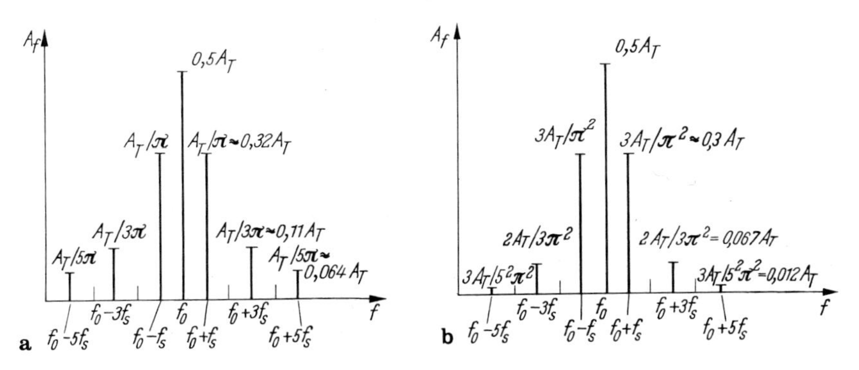

Abb. 12.2/24a u. b. Spektren der getasteten Schwingungen: **a** bei Harttastung; **b** bei Weichtastung

2α die Dauer der Übergangsphasen zwischen 0 und dem Maximalwert, so ergibt das Spektrum bei dieser trapezförmigen Hüllkurve des Signals (s. Abb. 12.2/23b)

$$a(t) = \frac{A_T}{2} \cos \Omega_0 t \left[1 + \frac{4}{\pi} \sum_{n=1}^{\infty} (-1)^n \frac{\sin(2n+1)\alpha}{(2n+1)^2 \alpha} \cos(2n+1)\omega_s t \right]$$

$$a(t) = \frac{A_T}{2} \cos \Omega_0 t \times \left[1 + \frac{4}{\pi} \left(\frac{\sin \alpha}{\alpha} \cos \omega_s t - \frac{\sin 3\alpha}{9\alpha} \cos 3\omega_s t + \frac{\sin 5\alpha}{25\alpha} \cos 5\omega_s t \right) \right] \quad (12.2/30)$$

durch Multiplizieren von $\cos(2n+1)\omega_s t$ mit $\cos \Omega_0 t$ alle Seitenfrequenzen, die sich im Abstand $(2n+1) f_s$ symmetrisch um die Mittenschwingung $A_T/2$ gruppieren. Harte Tastung entspricht $\alpha \approx 0$ (s. Abb. 12.2/23a), weiche Tastung dem Wert $\alpha \to \pi/6$ (s. Abb. 12.2/23b und 24b). Bemerkenswert ist der Spezialwert $\alpha = \pi/3$ bei dem die Amplituden von $\cos 3\omega_s t$, $\cos 9\omega_s t$ usw. und damit die entsprechenden Seitenfrequenzen verschwinden, sowie der Grenzwert $\alpha = \pi/2$, bei dem die Hüllkurve aus Dreiecken besteht.

Die Gl. (12.2/29) und (12.2/30) zeigen, daß die Seitenschwingungen sich weit vom Träger aus zu tiefen und hohen Frequenzen erstrecken, bis sie von Rauschen oder Störungen überdeckt werden. Die Bandbreite des Tastspektrums wird aber nicht so weit gerechnet. Man definiert die sog. *belegte Bandbreite*, innerhalb der alle Spektrallinien liegen, deren Leistungen zusammen 99% der Gesamtleistung ergeben. Einzelne Spektrallinien außerhalb dieses Bandes dürfen nur eine Leistung $<0{,}25\%$ der Gesamtleistung haben. Dementsprechend ist die Bandbreite bei harter Tastung $(\alpha \to 0)$ $B_{\text{hart}} = 2 \cdot 9 f_s = 18 f_s$, während weiche Tastung nur $B_{\text{weich}} = 2 \cdot 3 f_s = 6 f_s$ erfordert.

Erfahrungsgemäß wird der Empfang von zu weich getasteten Telegraphiezeichen bei ungünstigen Übertragungsbedingungen erschwert. Wenn andererseits die Seitenbänder im Abstand $5 f_s$ noch eine merkliche Amplitude haben, dann ist $B = 10 f_s$ und die Gefahr größer, daß Tastklicks die Nachbarkanäle stören.

Tönende Tastung, bei welcher ein mit beispielsweise 1000 Hz amplitudenmodulierter Träger getastet wird, ist im Kurzwellenverkehr der Selektivfadings wegen günstig, da Träger und beide Seitenbänder gleichzeitig seltener durch Schwund beeinträchtigt werden.

12.3 Winkelmodulation (Frequenz- oder Phasenmodulation)

Im Gegensatz zur Amplitudenmodulation bleibt bei der Winkelmodulation die Amplitude der ausgestrahlten Hochfrequenzschwingung konstant, während ihre Frequenz im Rhythmus der modulierenden Niederfrequenz verändert wird. Sie bietet eine Reihe von Vorteilen:

1. besserer Senderwirkungsgrad, da der Sender auf Oberstrich läuft (C-Betrieb),
2. keine Dämpfungsverzerrungen und keine Verzerrungen durch gekrümmte Transistor- und Röhrenkennlinien,
3. leistungsarme Modulation mit Reaktanzschaltungen,
4. ein hoher Grad von Störfreiheit sowohl hinsichtlich Störungen durch Gleichkanalsender als auch durch aperiodische Störgeräusche, deren Hauptanteil amplitudenmodulierter Art ist und empfängerseitig durch Begrenzer abgeschnitten wird.

Nachteile der Winkelmodulation gegenüber Amplitudenmodulation sind:

1. Empfindlichkeit gegen Phasenverzerrungen durch frequenzabhängige Laufzeit, z. B. an den Bandgrenzen von Filtern.
2. Empfindlichkeit gegen Mehrwegeausbreitung.
3. Größeres Frequenzband, wenn Vorteile der Störbefreiung ausgenutzt werden sollen.

12.3.1 Grundbegriffe der Winkelmodulation

Entsprechend Abschn. 12.1 und der Definition der Frequenz aus dem Kehrwert der Periodendauer [14] besteht ein fester Zusammenhang zwischen Momentanfrequenz $f(t)$ und Momentanphase $\Phi(t)$

$$\Phi(t) = \Omega_0 t + \varphi(t)$$

$$\Omega(t) = \frac{d\Phi(t)}{dt} = \Omega_0 + \frac{d\varphi(t)}{dt}$$

$$f(t) = \frac{\Omega_0}{2\pi} + \frac{1}{2\pi}\frac{d\varphi(t)}{dt} = f_0 + \frac{1}{2\pi}\frac{d\varphi(t)}{dt} \,. \tag{12.3/1}$$

Abbildung 12.3/1 zeigt in Abhängigkeit von der Zeit t den Momentanwert $a(t)$ der Schwingung $a(t) = A \sin \Phi(t)$, die Phase $\Phi(t)$ und die Kreisfrequenz $\Omega(t)$, links für den Fall ohne Modulation [$\varphi(t) = \text{const}$], rechts für den Fall, daß der Phase $\Omega_0 t$ eine Wechselphase $\varphi(t)$ überlagert ist.

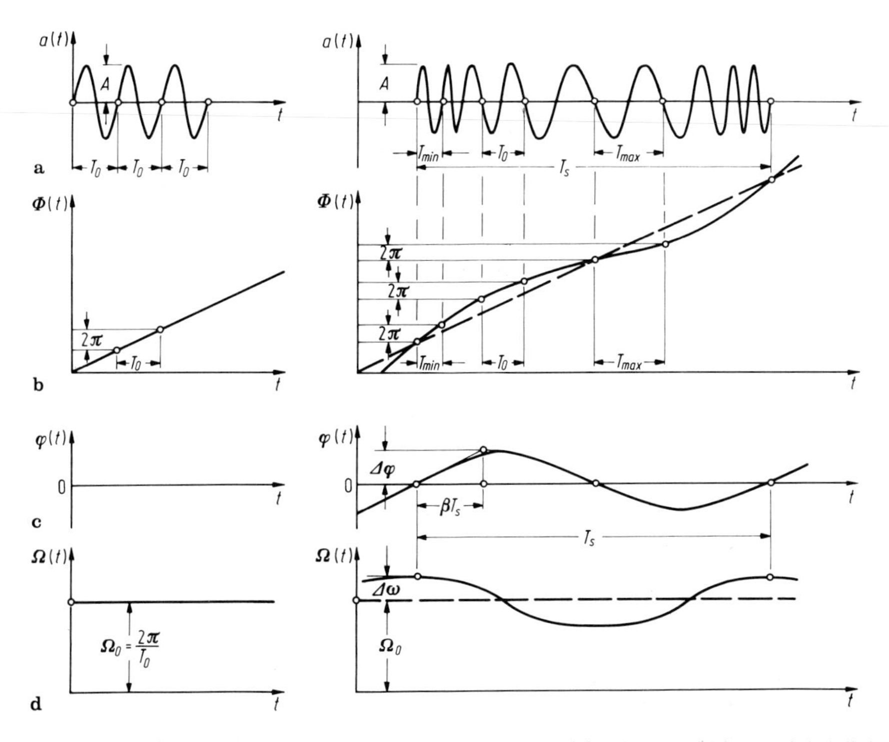

Abb. 12.3/1a–d. Beziehungen zwischen Momentanwert, Kreisfrequenz und Phasenwinkel; links unmodulierte rechts winkelmodulierte Schwingung: **a** zeitlicher Verlauf von $a(t)$; **b** Gesamtphasenwinkel $\Phi(t)$; **c** Wechselphase $\varphi(t)$ und **d** Kreisfrequenz $\Omega(t)$

12.3.1.1 Phasenhub und Frequenzhub bei Winkelmodulation. Der Maximalwert der Wechselphase ist mit $\Delta\varphi$ bezeichnet und heißt „Phasenhub". Die maximale Frequenzabweichung vom Mittelwert f_0 heißt „Frequenzhub" und ist mit Δf bezeichnet. Aus dem allgemeinen Zusammenhang zwischen $f(t)$ und $\mathrm{d}\varphi(t)/\mathrm{d}t$ nach Gl. (12.3/1) folgt auch eine Beziehung zwischen Phasenhub $\Delta\varphi$ und Frequenzhub Δf, die aus Abb. 12.3/1c rechts ersichtlich ist. Betrachtet man die größte Steigung von $\varphi(t)$, so gilt in dem Dreieck mit den Katheten $\Delta\varphi$ und βT_s

$$\left(\frac{\mathrm{d}\varphi}{\mathrm{d}t}\right)_{\max} = \frac{\Delta\varphi}{\beta T_\mathrm{s}} = \frac{\Delta\varphi f_\mathrm{s}}{\beta} \quad \text{mit } \beta < 1 \, .$$

Nach Gl. (12.3/1) ist dann

$$\Delta f \equiv f(t)_{\max} - f_0 = \frac{1}{2\pi}\left(\frac{\mathrm{d}\varphi}{\mathrm{d}t}\right)_{\max} = \frac{\Delta\varphi f_\mathrm{s}}{\beta \cdot 2\pi} \tag{12.3/2}$$

oder

$$\Delta\varphi = \frac{\Delta f}{f_\mathrm{s}}\beta \cdot 2\pi = \eta\beta \cdot 2\pi \, . \tag{12.3/2a}$$

Der Phasenhub ist proportional dem auf die betrachtete Modulationsfrequenz f_s bezogenen Frequenzhub Δf. Dieses für die belegte Bandbreite B und die mögliche Störbefreiung wichtige Verhältnis $\Delta f/f_\mathrm{s}$ heißt

$$\textit{Modulationsindex } \eta = \Delta f/f_\mathrm{s} \, . \tag{12.3/2b}$$

Phasenhub und Modulationsindex sind für alle Arten der Winkelmodulation einander proportional.

12.3.1.2 Pendelzeigerdiagramm bei Winkelmodulation und Frequenzspektrum. Verwendet man, wie üblich, statt des Momentanwerts die komplexe Darstellung

$$a(t) = A \sin \Phi(t) = A[\mathrm{e}^{\mathrm{j}\Phi(t)} - \mathrm{e}^{-\mathrm{j}\Phi(t)}]/2\mathrm{j}$$

oder

$$A \cos \Phi(t) = A[\mathrm{e}^{\mathrm{j}\Phi(t)} + \mathrm{e}^{-\mathrm{j}\Phi(t)}]/2 \, ,$$

so stellt in

$$A\,\mathrm{e}^{\mathrm{j}\Phi(t)} = A\,\mathrm{e}^{\mathrm{j}\Omega_0 t + \mathrm{j}\varphi(t)} = A\,\mathrm{e}^{\mathrm{j}\varphi(t)}\,\mathrm{e}^{\mathrm{j}\Omega_0 t}$$

der Faktor $A\,\mathrm{e}^{\mathrm{j}\varphi(t)}$ die „komplexe Hüllkurve" dar [27].

Bei Winkelmodulation schwankt auf der Sendeseite nicht die Amplitude A, sondern nur die Phase $\varphi(t)$. Die graphische Darstellung ergibt das *Pendelzeigerdiagramm* (s. Abb. 12.3/2a). $A\,\mathrm{e}^{\mathrm{j}\varphi(t)}$ wird durch einen Zeiger der Länge A dargestellt, der entsprechend dem Phasenhub $\Delta\varphi$ zwischen 2 Grenzlagen $+\Delta\varphi$ und $-\Delta\varphi$ hin und her pendelt. Die Zeigerspitze bewegt sich dabei mit relativ kleiner Winkelgeschwindigkeit $\mathrm{d}\varphi/\mathrm{d}t$ hin und her, während die Zeitachse mit der sehr hohen konstanten Winkelgeschwindigkeit Ω_0 im Uhrzeigersinn rotiert. Nach Abb. 12.3/2b kann man diesen Pendelzeiger konstanter Amplitude auch gleichwertig in 2 aufeinander senkrechte Zeiger $A'' = A \cos \varphi(t)$ und $\mathrm{j}A' = \mathrm{j}A \sin \varphi(t)$ zerlegen, die konstante Phase besitzen und allein amplitudenmoduliert sind. Es wird sich zeigen, daß A'' die Amplituden der Mittenfrequenz f_0 und der geradzahligen Seitenfrequenzen bestimmt, während A' die Amplituden der ungeraden Seitenfrequenzen festlegt. Die Abnahme der Amplituden des Spektrums von A' und A'' in größerem Abstand von der Mittenfrequenz ist maßgebend für die belegte Bandbreite.

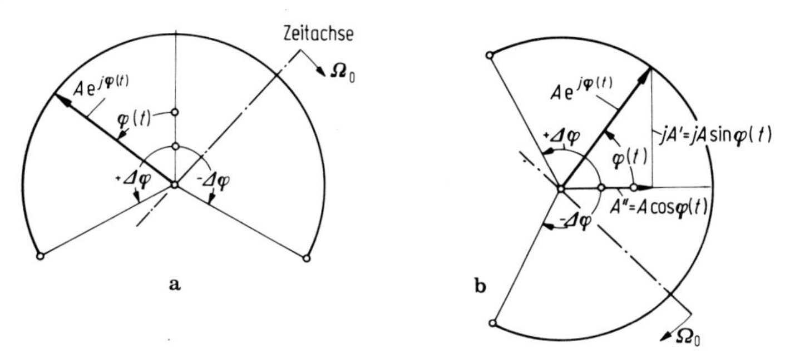

Abb. 12.3/2a u. b. Pendelzeigerdiagramm für Winkelmodulation: **a** Zeiger $A\,e^{j\varphi(t)}$ mit Grenzlagen $+\Delta\varphi$ und $-\Delta\varphi$, übliche Darstellung; **b** Bild a um 90° gedreht. Komponenten-Zerlegung von $A\,e^{j\varphi(t)}$ in $A''(t) + jA'(t)$

Um das Frequenzspektrum darzustellen, bildet man den Realteil des Produkts aus komplexer Hüllkurve $A\,e^{j\varphi(t)}$ und $e^{j\Omega_0 t}$:

$$\begin{aligned}\mathrm{Re}(A\,e^{j\varphi(t)}\,e^{j\Omega_0 t}) &= \mathrm{Re}(A'' + jA')(\cos\Omega_0 t + j\sin\Omega_0 t)\\ &= A''\cos\Omega_0 t - A'\sin\Omega_0 t\,. \end{aligned} \qquad (12.3/3)$$

12.3.2 Frequenzumtastung (FSK). Phasenumtastung (PSK)

Für die Übertragung von Telegraphie- oder Fernschreibzeichen wird im Kurzwellenbereich anstelle der Modulationsarten A_1 oder A_2 auch die Frequenzumtastung (*f*requency *s*hift *k*eying, FSK) in der Modulationsart F 1 verwendet. (Eine Erweiterung der Modulationsart F 1 stellt die Umtastung zwischen 4 Frequenzen nach dem Duoplex- (Twinplex-) Verfahren [37] für 2 Übertragungskanäle dar. Sie wird mit F 6 bezeichnet.)

Die Umtastung erfolgt bei F 1 zwischen der „Zeichenfrequenz" f_A und der „Trennfrequenz" f_Z. Die Differenz $f_A - f_Z$ beträgt nur wenige 100 Hz (vom CCITT sind empfohlen 100 oder 400 oder 500 Hz, der Frequenzhub $\Delta f = (f_A - f_Z)/2$ beträgt die Hälfte). Die Mittenfrequenz $f_0 = (f_A + f_Z)/2$ entspricht der Trägerfrequenz, die aber nicht übertragen wird.

Eine andere für Telegraphiezeichen geeignete Umtastung ist die Phasenumtastung (*p*hase *s*hift *k*eying, PSK), bei der die Phase bei Einsetzen des Zeichens von $+\pi/2$ auf $-\pi/2$ und beim Zeichenende wieder von $-\pi/2$ auf $+\pi/2$ springt. (Eine Erweiterung auf n Übertragungskanäle ist mit kleineren Phasensprüngen π/n möglich.) Hier ist der Phasenhub $\Delta\varphi = \pi/2$ und die Momentanfrequenz außerhalb der Phasensprünge konstant gleich f_0.

Abbildung 12.3/3a, b, c zeigt für Frequenzumtastung in a den Momentanwert $a(t)$ der Schwingung, in b die Phase, in c die Momentanfrequenz in Abhängigkeit von der Zeit. Frequenzumtastung hat einen sägezahnförmigen Phasenverlauf mit gleicher Steilheit von Anstieg und Abfall, wenn Zeichendauer und Pausendauer gleich sind. Phasenumtastung (Abb. 12.3/3d, e, f) bedeutet nahezu rechteckigen, tatsächlich etwa trapezartigen Phasenverlauf (Abb. 12.3/3e) und nach Gl. (12.3/1) zwangsläufig damit verbunden einen pulsartigen Verlauf der Frequenzen (Abb. 12.3/3f).

12.3.2.1 Pendelzeigerdiagramme bei Umtastung. Den Unterschied zwischen Frequenzumtastung und Phasenumtastung kann man auch in den Pendelzeigerdiagrammen erkennen. Abgesehen vom verschiedenen Phasenhub $\Delta\varphi$ ist vor allem die Teilung der Zeitmarken verschieden. In Abb. 12.3/4 ist die Dauer der Modulationsperiode in

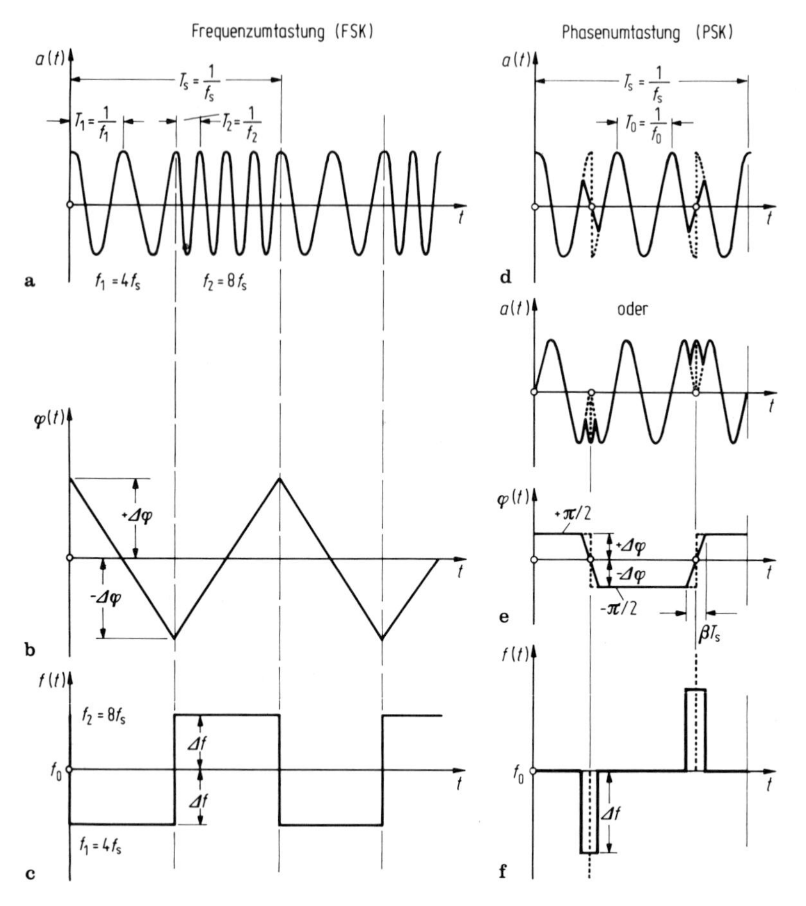

Abb. 12.3/3a–c. Frequenzumtastung (rechteckförmige FM, s. Bild c); **d–f** Phasenumtastung (nahezu rechteckförmige PM, s. Bild **f**): $a(t)$ = Momentanwert der Schwingung; $\varphi(t)$ = Wechselphase; $f(t)$ = Momentanfrequenz

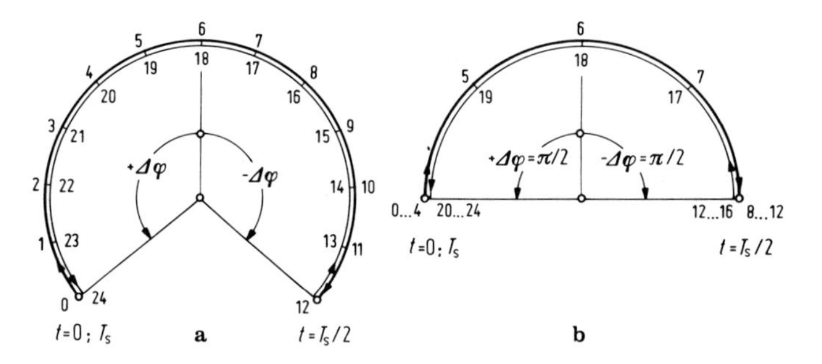

Abb. 12.3/4a u. b. Pendelzeigerdiagramm mit 24 Zeitmarken je Modulationsperiode: **a** Frequenzumtastung, $\Delta\varphi \approx 2{,}2$; $\beta = 1/4$; **b** Phasenumtastung, $\Delta\varphi = \pi/2$; $\beta = 1/12$

24 Teile geteilt. Die Zahlen n geben also die Stellung der Zeigerspitze für n Vielfache von $T_s/24$ an ($n = 1, 2, \cdots, 24$). Man sieht in Abb. 12.3/4a die gleichmäßige Teilung, die innerhalb jeder halben Modulationsperiode von 0 bis $T_s/2$ bzw. $T_s/2$ bis T_s der jeweils konstanten Winkelgeschwindigkeit des Pendelzeigers entspricht. In Abb. 12.3/4a ist willkürlich $\Delta\varphi \approx 2$ gewählt. Die in Abschn. 12.3.1.1 eingeführte

Konstante β[1] hat den festen Wert 1/4. Daher ist nach Gl. (12.3/2a) bei Frequenzumtastung $\Delta\varphi = \eta\pi/2$ und $\eta = \Delta\varphi 2/\pi$. Der Zusammenhang zwischen Modulationsindex und Phasenhub ist durch die Konstante $2/\pi$ bestimmt.

Bei der üblichen Phasenumtastung ist $\Delta\varphi = \pi/2$ eine Konstante (s. Abb. 12.3/4b). Die Schnelligkeit der Umtastung wird durch β bestimmt. In Abb. 12.3/4b ist $\beta = 1/12$ angenommen. Die Phase ändert sich relativ schnell zwischen $n = 4$ bis $n = 8$ und 16 bis 20, während in den übrigen Zeitabschnitten die Phase den Wert $+\pi/2$ oder $-\pi/2$ behält. Daher ist der Wert von η nach Gl. (12.3/2a) bei Phasenumtastung während der Tastzeiten

$$\eta = \frac{1}{4\beta} = 3\,.$$

Bei „harter" Phasenumtastung mit $\beta \to 0$ ginge $\eta \to \infty$. Der Modulationsindex erreicht also hohe Werte, die aber nur während des Bruchteils β der Modulationsperiode vorhanden sind und daher nicht die größten Spektrallinien liefern (s. Abschn. 12.3.2.3).

12.3.2.2 Frequenzspektrum und Bandbreite bei Frequenzumtastung (FSK). Im folgenden wird zunächst ein anschaulicher Weg zur Bestimmung des Tastspektrums eingeschlagen, der das schon bekannte Spektrum bei Amplitudentastung verwertet. Dieser Weg hat folgende Voraussetzungen:

1. Die Zeichenfrequenz $f_A = f_2$ ist ein gerades Vielfaches $2pf_s$ der Signalfrequenz f_s.
2. Die Trennfrequenz $f_Z = f_1$ ist ebenfalls ein gerades Vielfaches $2qf_s$ von f_s.

Unter diesen Voraussetzungen können die Schwingungen verschiedener Frequenz in ihren Nulldurchgängen aneinander anschließen (s. Abb. 12.3/5a), und es ist dann auch der Modulationsindex

$$\eta = \frac{\Delta f}{f} = \frac{f_A - f_Z}{2f_s} \frac{2pf_s - 2qf_s}{2f_s} = p - q \qquad (12.3/4)$$

eine ganze Zahl. Ein Beispiel für $p = 8$ und $q = 4$ ist in Abb. 12.3/5a dargestellt.[2] Mit $\eta = 4$ beträgt der Frequenzhub das 4fache der Signalfrequenz f_s (für $f_s = 62{,}5$ Hz ist $\Delta f = \eta f_s = 250$ Hz und $f_A - f_Z = 500$ Hz, ferner $f_A = 1000$ Hz und $f_Z = 500$ Hz). Bei drahtloser Übertragung sind p und q um viele Zehnerpotenzen höher und nahe benachbart. Dann sind die Bedingungen 1. und 2., wenn nicht exakt, sehr nahe erfüllt. Den in Abb. 12.3/5a dargestellten Vorgang können wir uns nach Bild b und c als die Überlagerung zweier in Betriebsart A 1 getasteter Schwingungen mit den Frequenzen f_1 und f_2 vorstellen, die auf Lücke gegeneinander versetzt sind. Die hierzu gehörenden Frequenzspektren zeigen Bild e und f. Im Summenbild d sind dementsprechend auch nicht der Träger f_0, sondern die beiden Seitenfrequenzen f_1 und f_2 bevorzugt. Rechnet man als Bandbreite den Abstand der Amplituden, die mindestens 10% von A (im vorliegenden Falle also 20% von A/2) betragen, so erhält man für diese rechteckig getastete frequenzmodulierte Schwingung (F 1) eine Bandbreite B von

$$B = 2(\Delta f + 3f_s) = 2\Delta f + 6f_s = 2f_s(\eta + 3)\,. \qquad (12.3/5a)$$

In diesem Band sind etwa 95% der Sendeenergie erfaßt. Wenn man die weitergehende Bedingung von $\approx 99\%$ wie bei der Amplitudentastung stellt, erhält man für die Betriebsart F 1 aber

$$B = 2(\Delta f + 9f_s) = 2\Delta f + 18f_s = 2f_s(\eta + 9)\,. \qquad (12.3/5b)$$

Die belegte Bandbreite wird bei F 1 gegen A 1 um den Summanden $2\Delta f$ bei $\eta \gg 1$ erheblich erhöht, andererseits aber eine Störbefreiung ermöglicht (s. Abschn. 12.3.4).

---

[1] Die Konstante $\beta \cdot 2\pi$ entspricht der Konstanten α im Abschn. 12.2.6 (Amplitudentastung).

[2] Der Deutlichkeit wegen ist nur die halbe Zahl der Schwingungen in den Teilbildern a bis c gezeichnet.

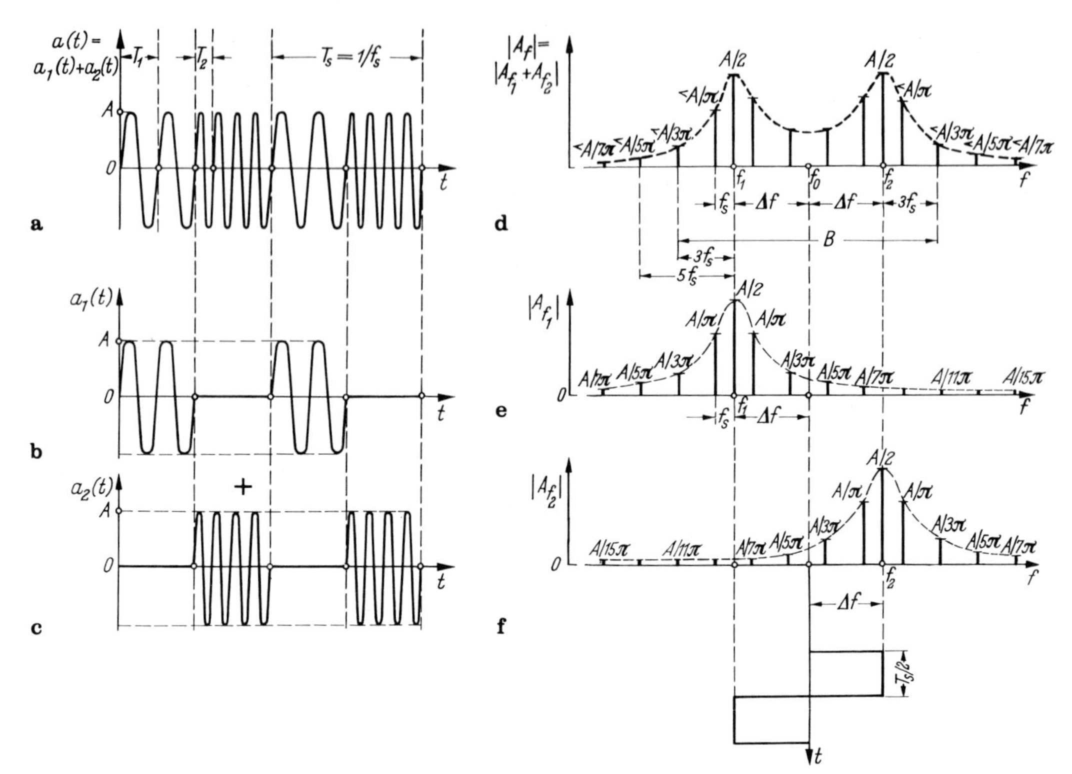

Abb. 12.3/5a–f. Zusammensetzung einer frequenzumgetasteten Schwingung aus zwei im Verhältnis 1:2 amplitudengetasteten Schwingungen verschiedener Frequenz: **a** Zeitbild der umgetasteten Schwingung, aufgelöst in je einen hartgetasteten Anteil **b** niedriger und **c** höherer Frequenz. Das Spektrum **d** dieser umgetasteten Schwingung ergibt sich aus der Überlagerung der Spektren **e** and **f** der Vorgänge **b** und **c**

Bemerkenswert ist noch, daß bei der Mittenfrequenz f_0 für geradzahliges η keine Spektrallinie vorhanden ist. f_0 sollte bei Umtastung daher nicht als Trägerfrequenz bezeichnet werden.

Die stärksten Spektrallinien treten im Abstand Δf beiderseits von f_0 auf. Sind die Bedingungen 1. und 2. nicht exakt erfüllt, so bleibt der Gedanke, daß die Überlagerung von 2 Tastspektren A 1 im Abstand $2\Delta f$ zu dem Spektrum für F 1 führt, wenigstens für die Hüllkurve Abb. 12.3/5d gültig. Natürlich müssen die Spektrallinien in jedem Fall in ganzzahligen Abständen kf_s von f_0 auftreten, wie man auch im folgenden erkennt. Wir leiten jetzt das Spektrum aus dem Pendelzeigerdiagramm (Abb. 12.3/4a) ab.

Das Tastspektrum enthält grundsätzlich die Frequenzen, die sich aus dem Produkt von $\cos \Omega_0 t$ bzw. $\sin \Omega_0 t$ und $\cos \omega_s t$ bzw. $\sin \omega_s t$ und den Harmonischen nf_s der Signalfrequenz f_s ergeben. Die Spektrallinien gruppieren sich also im Abstand $\pm kf_s$ um $f_0 = \Omega_0/2\pi$ $(k = 0, 1, 2, \ldots)$. Ihre Amplitude wird bestimmt durch die Hüllkurve, deren Form durch $\Delta\varphi$ bzw. Δf festgelegt ist und sich stetig mit der Aussteuerung so verändert, daß bei wachsendem Frequenzhub Δf die Spektrallinien maximaler Amplitude proportional Δf größeren Abstand von f_0 erhalten. Wegen der stetigen Veränderung genügt es, die Hüllkurve bei diskreten Einzelwerten zu ermitteln. Dies ist besonders einfach, wenn der Frequenzhub Δf ganze Vielfache der Signalfrequenz f_s ausmacht bzw. der Phasenhub ganze Vielfache von $\pi/2$, also $\Delta\varphi = n\pi/2$. Wir benutzen die Aufspaltung des Pendelzeigers $A(t)$ nach Abb. 12.3/2 in seine Komponenten $A \cos \varphi(t) = A''$ und $\mathrm{j}A \sin \varphi(t) = \mathrm{j}A'$. Da hier φ proportional der Zeit schwankt, werden A' und A'' durch einfache trigonometrische Funktionen dargestellt.

Abbildung 12.3/6 zeigt für $n = 1, 2$ und 3 den zeitlichen Verlauf von A' und A'', während in Abb. 12.3/7 die Tastspektren für $n = 1$ bis $n = 6$ gezeichnet sind.

Beispiele:

1. $\Delta\varphi = \pi/2$; $\Delta f = f_s$; $\eta = \Delta f/f_s = 1$.

$A' = +A\cos\omega_s t$ ist eine reine cos-Schwingung ohne Harmonische. Ihr Beitrag zum Spektrum ist nach Gl. (12.3/3)

$$-A'\sin\Omega_0 t = -A\sin\Omega_0 t\cos\omega_s t$$

$$= -\frac{A}{2}\left[\sin(\Omega_0 - \omega_s)t + \sin(\Omega_0 + \omega_s)t\right]. \qquad (12.3/6)$$

Die Seitenschwingungen im Abstand $f_0 \pm f_s$ haben die Amplitude $A/2$.

A'' zeigt sich in Abb. 12.3/6 links oben als Sinusschwingung, die nach einer halben Periode einen Phasensprung von π erfährt. Anstatt diese „kommutierte" Kurve nach Fourier zu analysieren, ist es einfacher, eine reine Sinusschwingung der Form $A\sin\omega_s t$ mit einer Umschaltfunktion von Rechteckform nach Abb. 12.3/8 mit der Reihendarstellung

$$\frac{4}{\pi}\left(\sin\omega_s t + \frac{1}{3}\sin 3\omega_s t + \frac{1}{5}\sin 5\omega_s t + \cdots\right)$$

multipliziert zu denken. Dann ist

$$A'' = A\sin\omega_s t\,\frac{4}{\pi}\left(\sin\omega_s t + \frac{1}{3}\sin 3\omega_s t + \frac{1}{5}\sin 5\omega_s t + \cdots\right)$$

oder entsprechend $2\sin\alpha\sin\beta = \cos(\alpha - \beta) - \cos(\alpha + \beta)$

$$A'' = \frac{2A}{\pi} - \frac{2A}{\pi}\cos 2\omega_s t + \frac{2A}{3\pi}\cos 2\omega_s t - \frac{2A}{3\pi}\cos 4\omega_s t$$

$$+ \frac{2A}{5\pi}\cos 4\omega_s t - \frac{2A}{5\pi}\cos 6\omega_s t + \frac{2A}{7\pi}\cos 6\omega_s t - \cdots$$

$$= \frac{2A}{\pi} - \frac{2A}{\pi}\left[\left(1 - \frac{1}{3}\right)\cos 2\omega_s t + \left(\frac{1}{3} - \frac{1}{5}\right)\cos 4\omega_s t\right.$$

$$\left. + \left(\frac{1}{5} - \frac{1}{7}\right)\cos 6\omega_s t + \cdots\right]$$

$$A'' = A\frac{2}{\pi} - A\frac{4}{\pi}\left[\frac{1}{1\cdot 3}\cos 2\omega_s t + \frac{1}{3\cdot 5}\cos 4\omega_s t + \frac{1}{5\cdot 7}\cos 6\omega_s t + \cdots\right]. \qquad (12.3/7)$$

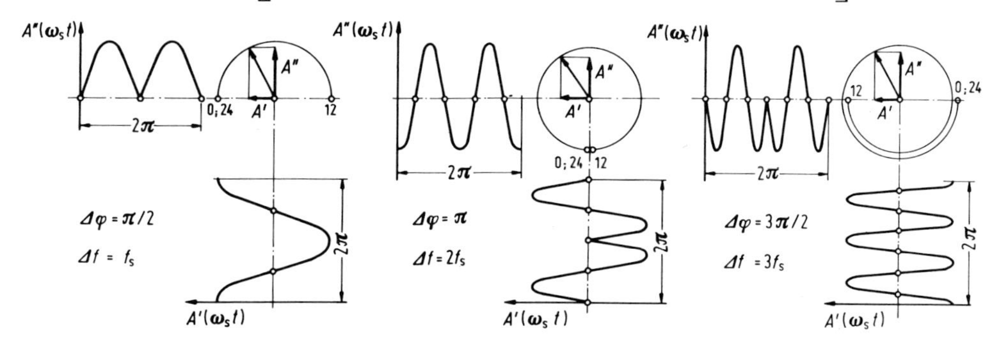

Abb. 12.3/6. $A'(\omega_s t)$ und $A''(\omega_s t)$ für die Phasenhübe $\Delta\varphi = \pi/2$; π; $3\pi/2$ bei Rechteck-Frequenzmodulation (FSK)

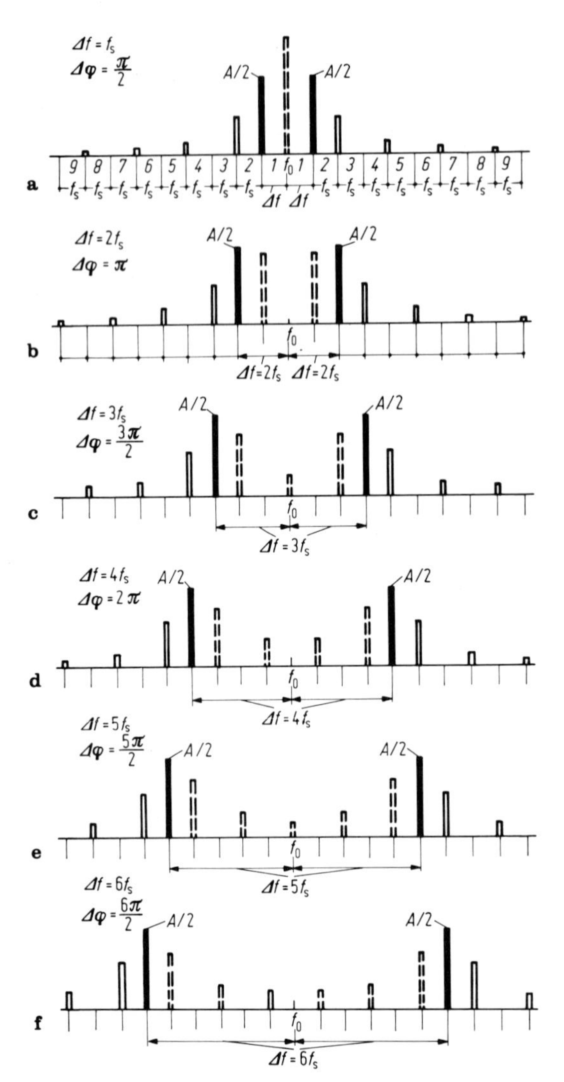

Abb. 12.3/7a–f. Spektren bei Rechteck-Frequenzmodulation (FSK) für kleinen und großen Phasenhub ($\Delta\varphi = \pi/2$ bis $\Delta\varphi = 3\pi$)

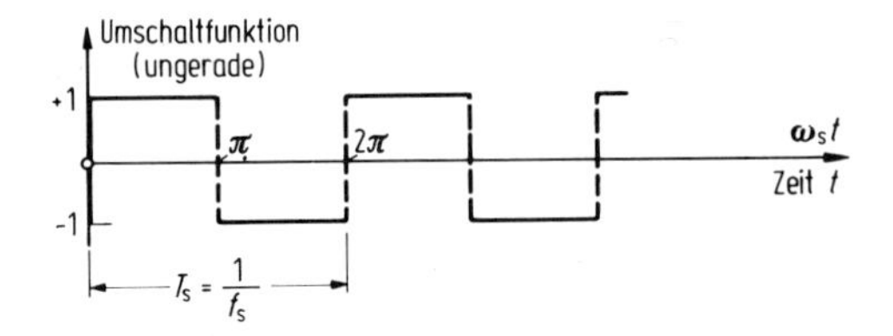

Abb. 12.3/8. Ungerade Umschaltfunktion mit der Amplitude 1 und der Periodendauer $T_s = 1/f_s$

Damit liefert $A'' \cos \Omega_0 t$ folgende Beiträge zum Spektrum: $A \frac{2}{\pi} \cos \Omega_0 t$

$$-A \frac{2}{\pi}\left[\frac{1}{3}\cos(\Omega_0 - 2\omega_s)t\} + \frac{1}{15}\cos(\Omega_0 - 4\omega_s)t + \frac{1}{35}\cos(\Omega_0 - 6\omega_s)t\right.$$

$$\left. + \frac{1}{3}\cos(\Omega_0 + 2\omega_s)t + \frac{1}{15}\cos(\Omega_0 + 4\omega_s)t + \frac{1}{35}\cos(\Omega_0 + 6\omega_s)t + \cdots\right]. \quad (12.3/8)$$

Die „Mittenschwingung" mit der Frequenz f_0 hat die Amplitude $(2/\pi)\,A$ und ist gegenüber den geradzahligen Seitenschwingungen kleinerer Amplituden um π phasenverschoben. Die Seitenschwingungen der Frequenz $(f_0 \pm f_s)$ mit der Amplitude $A/2$ sind nach Gl. (12.3/6) in der Phase um $\pi/2$ gegenüber der Mittenschwingung gedreht. Die Amplituden sind in Abb. 12.3/7a so aufgetragen, daß auch die unterschiedliche Phasenlage angedeutet ist.

2. $\Delta\varphi = \pi;\ \Delta f = 2f_s;\ \eta = \Delta f/f_s = 2$

Hier ist A'' eine rein harmonische Schwingung: $A'' = -A\cos 2\omega_s t$ (s. Abb. 12.3/6 Mitte). Die Amplitude der Mittenschwingung verschwindet, ebenso wie alle weiteren geradzahligen Schwingungen. Im Gegensatz dazu ist die Kurve für A' eine kommutierte Sinusschwingung mit der Frequenz $2\omega_s$

$$A' = +A\sin 2\omega_s t \cdot \frac{4}{\pi}\left(\sin\omega_s t + \frac{1}{3}\sin 3\omega_s t + \frac{1}{5}\sin 5\omega_s t + \cdots\right)$$

$$A' = +\frac{2A}{\pi}\left[\cos\omega_s t - \cos 3\omega_s t + \frac{1}{3}\cos\omega_s t - \frac{1}{3}\cos 5\omega_s t \right.$$
$$\left. + \frac{1}{5}\cos 3\omega_s t - \frac{1}{5}\cos 7\omega_s t + \frac{1}{7}\cos 5\omega_s t - \frac{1}{7}\cos 9\omega_s t\right]$$

$$A' = -\frac{4A}{\pi}\left[\frac{2}{-1\cdot 3}\cos\omega_s t \right.$$
$$\left. + \frac{2}{1\cdot 5}\cos 3\omega_s t + \frac{2}{3\cdot 7}\cos 5\omega_s t + \frac{2}{5\cdot 9}\cos 7\omega_s t + \cdots\right]. \tag{12.3/9}$$

A' liefert mit $-A'\sin\Omega_0 t$ folgende Beiträge zum Spektrum:

$$-A\frac{4}{3\pi}\sin(\Omega_0 - \omega_s)t + A\frac{4}{\pi}\left[\frac{1}{5}\sin(\Omega_0 - 3\omega_s)t + \frac{1}{21}\sin(\Omega_0 - 5\omega_s)t \right.$$
$$\left. + \frac{1}{45}\sin(\Omega_0 - 7\omega_s)t\right]$$
$$-A\frac{4}{3\pi}\sin(\Omega_0 + \omega_s)t + A\frac{4}{\pi}\left[\frac{1}{5}\sin(\Omega_0 + 3\omega_s)t + \frac{1}{21}\sin(\Omega_0 + 5\omega_s)t \right.$$
$$\left. + \frac{1}{45}\sin(\Omega_0 + 7\omega_s)t\right]. \tag{12.3/10}$$

Hinzu kommt $A''\cos\Omega_0 t = -\frac{A}{2}\cos(\Omega_0 - 2\omega_s)t - \frac{A}{2}\cos(\Omega_0 + 2\omega_s)t\,.$

Die stärkste Seitenschwingung liegt mit $A/2$ bei $\pm 2f_s$ und ist um $\pi/2$ phasenverschoben gegen die anderen Schwingungen im Abstand $\pm f_s$, $\pm 3f_s$, $\pm 5f_s$ usw. von f_0. Bei f_0 ist keine Schwingung vorhanden (s. Abb. 12.3/7b).

3. $\Delta\varphi = 3\pi/2;\ \Delta f = 3f_s;\ \eta = \Delta f/f_s = 3$

Es ist $A' = -A\cos 3\omega_s t$ (s. Abb. 12.3/6 rechts unten). Der Beitrag zum Spektrum

$$-A'\sin\Omega_0 t = +A\sin\Omega_0 t\cos 3\omega_s t$$
$$= +\frac{A}{2}[\sin(\Omega_0 - 3\omega_s)t + \sin(\Omega_0 + 3\omega_s)t] \tag{12.3/11}$$

ergibt die stärkste Seitenschwingung mit der Amplitude $A/2$ im Abstand $\pm 3f_s$ von f_0. Ferner ist nach Abb. 12.3/6 rechts oben

$$A'' = -A \sin 3\omega_s t \cdot \frac{4}{\pi}\left(\sin \omega_s t + \frac{1}{3}\sin 3\omega_s t + \frac{1}{5}\sin 5\omega_s t + \frac{1}{7}\sin 7\omega_s t + \cdots\right)$$

$$\begin{aligned} A'' = -A\frac{2}{\pi}\Big[&\cos 2\omega_s t - \cos 4\omega_s t + \frac{1}{3} - \frac{1}{3}\cos 6\omega_s t + \frac{1}{5}\cos 2\omega_s t - \frac{1}{5}\cos 8\omega_s t \\ &+ \frac{1}{7}\cos 4\omega_s t - \frac{1}{7}\cos 10\omega_s t + \frac{1}{9}\cos 6\omega_s t - \frac{1}{9}\cos 12\omega_s t \\ &+ \frac{1}{11}\cos 8\omega_s t - \cdots\Big] \end{aligned}$$

$$\begin{aligned} A'' = -A\frac{2}{3\pi} + A\frac{4}{\pi}\Big[&\frac{3}{-1\cdot 5}\cos 2\omega_s t + \frac{3}{1\cdot 7}\cos 4\omega_s t + \frac{3}{3\cdot 9}\cos 6\omega_s t \\ &+ \frac{3}{5\cdot 11}\cos 8\omega_s t + \cdots\Big]. \end{aligned} \qquad (12.3/12)$$

Der Beitrag zum Spektrum ist $+A''\cos\Omega_0 t$:

$$\begin{aligned} A''\cos\Omega_0 t = -A\frac{2}{3\pi}\cos\Omega_0 t + A\frac{2}{\pi}\Big[&-\frac{3}{5}\cos(\Omega_0 - 2\omega_s)t + \frac{3}{7}\cos(\Omega_0 - 4\omega_s)t \\ &+ \frac{3}{27}\cos(\Omega_0 - 6\omega_s)t + \cdots - \frac{3}{5}\cos(\Omega_0 + 2\omega_s)t \\ &+ \frac{3}{7}\cos(\Omega_0 + 4\omega_s)t + \frac{3}{27}\cos(\Omega_0 + 6\omega_s)t + \cdots\Big]. \end{aligned} \qquad (12.3/13)$$

Die Amplituden sind in Abb. 12.3/7c aufgetragen.

Ergebnis: Die stärksten Seitenschwingungen (mit der Amplitude $A/2$) mit den Frequenzen $f_0 \pm 3f_s$ trennen das Spektrum in „innere" Spektrallinien und „äußere" Spektrallinien. Innere und äußere sind gegeneinander um π phasenverschoben.

Man kann aus den abgeleiteten Bildungsgesetzen (12.3/6) bis (12.3/13) und Abb. 12.3/7a bis f für den Fall der Frequenzumtastung folgende Regeln ableiten:

a) Die stärksten Seitenschwingungen mit der Amplitude $A/2$ haben bei geradzahligem Modulationsindex $\eta \geq 2$ die Frequenzen $f_0 - \eta f_s$ und $f_0 + \eta f_s = f_0 \pm \Delta f$. Sie sind um $\pi/2$ gegen die „inneren" und „äußeren" Schwingungen phasenverschoben.
b) Innere und äußere Schwingungen sind um π phasenverschoben.
c) Ist η geradzahlig, so verschwindet die Amplitude der Mittenschwingung mit der Frequenz f_0.
d) Bei ungeradem η ist die Amplitude A_0 der Mittenschwingung um so kleiner, je größer η wird. Es ist (für $\eta = 1, 3, 5, 7$ usw.) $A_0 = 2/\pi \cdot A/\eta$.
e) Der Mittenschwingung kommt daher ebenso wie bei harmonischer FM (s. Abschn. 12.3.3) eine Bedeutung nur für Meß- und Eichzwecke zu. Der Nachrichteninhalt steckt im Bereich der stärksten Seitenschwingungen.

12.3.2.3 Frequenzspektrum und Bandbreite bei Phasenumtastung (PSK). Aus dem Pendelzeigerdiagramm Abb. 12.3/4b folgt unter der Annahme eines bestimmten Wertes von β der zeitliche Verlauf der Komponenten A' und A'' als Funktion von $\omega_s t$.

Für $\beta = 1/12$ sind $A' = A\sin\varphi(t)$ und $A'' = A\cos\varphi(t)$ in Abb. 12.3/9a und b gezeichnet. $A'(\omega_s t)$ kann man als Trapezkurve (gestrichelt) annähern. Dann ist nach der

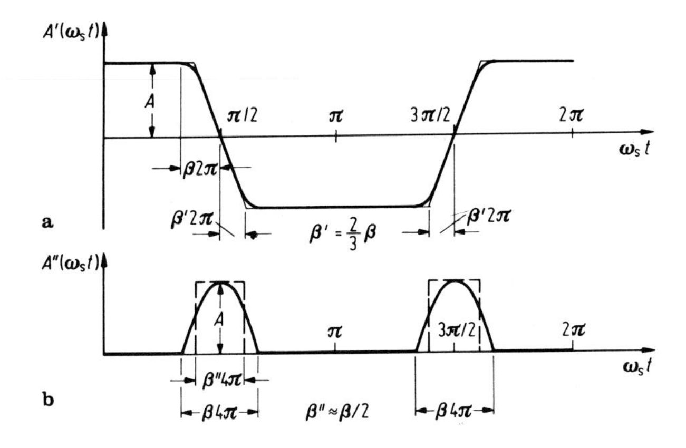

Abb. 12.3/9a u. b. Phasenumtastung (PSK). Zeitverlauf der Komponenten des Pendelzeigers. $\beta = 1/12$: **a** $A' = A \sin \varphi(t)$ abhängig von $\omega_s t$; **b** $A'' = A \cos \varphi(t)$ abhängig von $\omega_s t$

Zeichnung $\beta' = \beta \cdot 2/3$ und aus der Fourier-Analyse

$$A' = A \sin \varphi(t) \approx A \frac{4}{\pi}\left(\frac{\sin(\beta' \cdot 2\pi)}{\beta' \cdot 2\pi} \cos \omega_s t - \frac{\sin(3\beta' \cdot 2\pi)}{9\beta' \cdot 2\pi} \cos 3\omega_s t \right.$$
$$\left. + \frac{\sin(5\beta' \cdot 2\pi)}{25\beta' \cdot 2\pi} \cos 5\omega_s t - \cdots + \cdots \right).$$

Der Beitrag von A' zum Spektrum folgt aus der Multiplikation mit $\sin \Omega_0 t$ [s. Gl. (12.3/7)

$$A' \sin \Omega_0 t \approx A \frac{2}{\pi}\left[\frac{\sin(\beta' \cdot 2\pi)}{\beta' \cdot 2\pi} \sin(\Omega_0 - \omega_s)t - \frac{\sin(3\beta' \cdot 2\pi)}{9\beta' \cdot 2\pi} \sin(\Omega_0 - 3\omega_s)t \right.$$
$$+ \frac{\sin(5\beta' \cdot 2\pi)}{25\beta' \cdot 2\pi} \,\text{in}(\Omega_0 - 5\omega_s)t - \cdots + \cdots$$
$$+ \frac{\sin \beta' \cdot 2\pi}{\beta' \cdot 2\pi} \sin(\Omega_0 + \omega_s)t - \frac{\sin(3\beta' \cdot 2\pi)}{9\beta' \cdot 2\pi} \sin(\Omega_0 + 3\omega_s)t$$
$$\left. + \frac{\sin(5\beta' \cdot 2\pi)}{25\beta' \cdot 2\pi} \sin(\Omega_0 + 5\omega_s)t - \cdots + \cdots \right]. \qquad (12.3/14)$$

A' ergibt alle ungeradzahligen Seitenfrequenzen symmetrisch zu $f_0 = \Omega_0/2\pi$. Es ist bemerkenswert, daß die Amplituden mit wachsendem Abstand von der Mittenfrequenz genauso abnehmen, wie bei der weichen Tastung in Abschn. 12.2.6, wenn $\beta' \cdot 2\pi = \alpha$ gewählt wird.

Die geradzahligen Seitenfrequenzen folgen aus $A'' \cos \Omega_0 t$ [Gl. (12.3/10)]. $A'' = A \cos \varphi(t)$ kann nach Abb. 12.3/9b durch Rechteckpulse der Pulsdauer $\beta'' \cdot 4\pi$ angenähert werden, wobei $\beta'' \approx \beta/2$ ist.

Der Mittelwert von A'' ist $8A\beta/\pi$. Aus der Fourier-Analyse von Abb. 12.3/9b ergibt sich

$$A'' \approx \frac{A}{\pi}\left[8\beta - \sin(\beta'' \cdot 4\pi) \cos 2\omega_s t + \frac{\sin(\beta'' \cdot 8\pi)}{2} \cos 4\omega_s t \right.$$
$$\left. - \frac{\sin(\beta'' \cdot 12\pi)}{3} \cos 6\omega_s t + \cdots - \cdots \right].$$

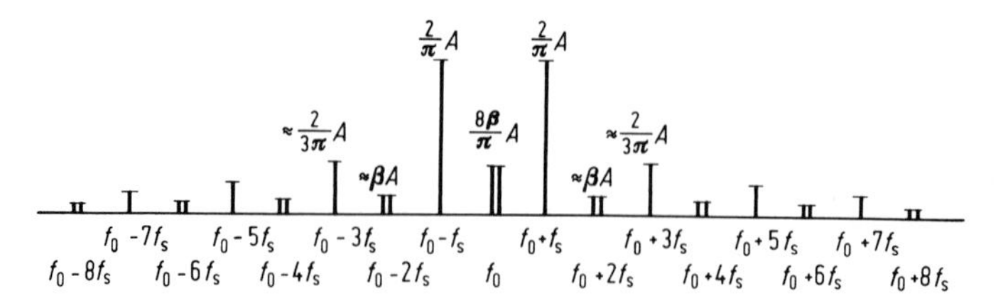

Abb. 12.3/10. Spektrum bei Phasenumtastung (PSK) für $\beta = 1/12$ (geradzahlige Spektrallinien mit Doppelstrich)

Mit $A'' \cos \Omega_0 t$ ist damit die Amplitude der Mittenfrequenz $(8A\beta/\pi)$ gleich dem Mittelwert $A''(\omega_s t)$. Die Amplituden der geradzahligen Seitenfrequenzen folgen aus

$$+\frac{A}{2\pi}\Bigg[-\sin(\beta''\cdot 4\pi)\cos(\Omega_0 - 2\omega_s)t + \frac{\sin(\beta''\cdot 8\pi)}{2}\cos(\Omega_0 - 4\omega_s)t$$

$$-\frac{\sin(\beta''\cdot 12\pi)}{3}\cos(\Omega_0 - 6\omega_s)t + \cdots - \cdots$$

$$-\sin(\beta''\cdot 4\pi)\cos(\Omega_0 + 2\omega_s)t + \frac{\sin(\beta''\cdot 8\pi)}{2}\cos(\Omega_0 + 4\omega_s)t$$

$$-\frac{\sin(\beta''\cdot 12\pi)}{3}\cos(\Omega_0 + 6\omega_s)t + \cdots - \cdots \qquad (12.3/15)$$

Für sehr kleine Werte von β'' haben die benachbarten Amplituden den Wert $2\beta'' A \approx \beta A$, verhalten sich also zu der ersten Seitenschwingung im Abstand f_s von f_0 wie $\beta\pi/2$. Für $\beta = 1/12$, wie in Abschn. 12.3/9 angenommen, zeigt Abb. 12.3/10 das Spektrum der Phasenumtastung. Gegenüber den Amplituden der ungeradzahligen Seitenfrequenzen treten die geradzahligen (mit Doppelstrich gezeichnet) zurück. Ihr Anteil geht bei $\beta \ll 1/12$ wie βA stark zurück und wirkt wie ein Klirrspektrum, das dem von $A' \sin \Omega t$ herrührenden Tastspektrum unterlegt ist. Die belegte Bandbreite ist also nur durch $A' \sin \Omega t$ bestimmt und beträgt bei harter Umtastung $(\beta \to 0)\, 2\cdot 9 f_s = 18 f_s$.

12.3.3 Harmonische Winkelmodulation

Für die Übertragung von Sprache und Musik mit FM bzw. PM kann man die Überlegungen zur Frequenzumtastung bzw. Phasenumtastung mit $\beta \approx 1/6$ qualitativ übernehmen. Üblich ist aber, als Modell eine harmonische Phasenschwankung anzunehmen.

12.3.3.1 Pendelzeigerdiagramm. Frequenz- und Phasenhub. Die Phase schwankt bei obigem Modellgesetz entsprechend

$$\varphi(t) = \Delta\varphi \cos \omega_s t\,.$$

Abbildung 12.3/11 gibt ein Beispiel des Pendelzeigerdiagramms für $\Delta\varphi \approx 2{,}2$ wie in Abb. 12.3/4a. Man erkennt die ungleichen Zeitmarkenabstände mit deutlicher Verlangsamung an den Umkehrpunkten bei $t = 0$, $T_s/2$ und T_s. Dem entspricht eine sinusförmige Winkelgeschwindigkeit des Pendelzeigers. Nach Gl. (12.3/1) hat diese den Wert

$$\Omega(t) - \Omega_0 = \frac{\mathrm{d}\varphi(t)}{\mathrm{d}t} = -\,\omega_s \Delta\varphi \sin \omega_s t\,.$$

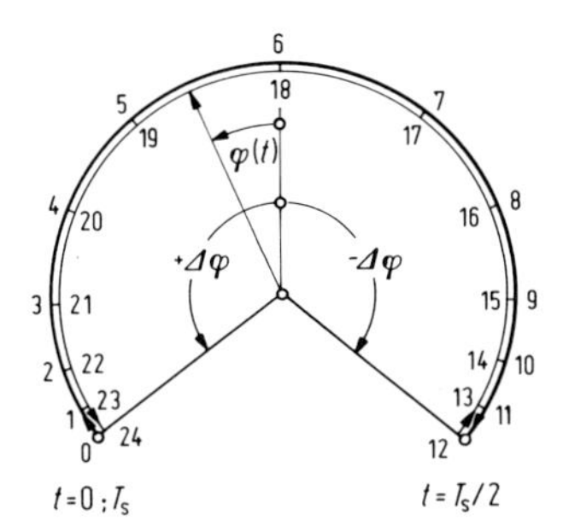

Abb. 12.3/11. Pendelzeigerdiagramm bei harmonischer Frequenzmodulation mit $\varphi(t) = \Delta\varphi \cos \omega_s t$

Damit ergibt sich als Abweichung der Momentanfrequenz $f(t)$ von der Mittenfrequenz f_0

$$f(t) - f_0 = -f_s \Delta\varphi \sin \omega_s t = -\Delta f \sin \omega_s t$$

und man erkennt, daß bei harmonischer Winkelmodulation zwischen Phasenhub $\Delta\varphi$ und Frequenzhub Δf der einfache Zusammenhang

$$\Delta\varphi = \frac{\Delta f}{f_s} = \eta \qquad (12.3/16)$$

besteht. Die allgemeine Konstante in Gl. (12.3/2a) ist also hier $\beta = 1/2\pi$. Es wird sich zeigen, daß die belegte Bandbreite nur wenig größer als $2\Delta f$ ist.

12.3.3.2 Frequenzspektrum und Bandbreite bei harmonischer Winkelmodulation. Für das Spektrum benötigt man

$$A'' = A \cos \varphi(t) = A \cos(\Delta\varphi \cos \omega_s t)$$

und

$$A' = A \sin \varphi(t) = A \sin(\Delta\varphi \cos \omega_s t)\,.$$

Diese trigonometrischen Funktionen mit periodischem Argument führen auf Bessel-Funktionen, wie man auch aus der Reihenentwicklung von A'' und A' erkennen kann, z. B. ist

$$A''/A = \cos(\Delta\varphi \cos \omega_s t) = 1 - \frac{\Delta\varphi^2}{2} \cos^2 \omega_s t + \frac{\Delta\varphi^4}{4!} \cos^4 \omega_s t - \frac{\Delta\varphi^6}{6!} \cos^6 \omega_s t + \cdots -$$

und

$$A'/A = \sin(\Delta\varphi \cos \omega_s t) = \Delta\varphi \cos \omega_s t - \frac{\Delta\varphi^3}{3!} \cos^3 \omega_s t + \frac{\Delta\varphi^5}{5!} \cos^5 \omega_s t - \frac{\Delta\varphi^7}{7!} \cos^7 \omega_s t + \cdots - \cdots$$

Verwandelt man die Potenzen von $\cos \omega_s t$ in Summen von cos-Funktionen, deren Argument Vielfache von $\omega_s t$ sind, und ordnet nach $\cos 2n\omega_s t$ (erste Reihe für A''/A) und $\cos(2n + 1)\omega_s t$ (zweite Reihe für A'/A), so erhält man Reihen in der folgenden

Form:

$$\cos(\Delta\varphi \cos \omega_s t) = J_0(\Delta\varphi) - 2J_2(\Delta\varphi)\cos 2\omega_s t + 2J_4(\Delta\varphi)\cos 4\omega_s t - 2J_6(\Delta\varphi)\cos 6\omega_s t + \cdots - \cdots$$
$$= J_0(\Delta\varphi) + 2\sum_{n=1}^{\infty}(-1)^n J_{2n}(\Delta\varphi)\cos 2n\omega_s t \qquad (12.3/17)$$

$$\sin(\Delta\varphi \cos \omega_s t) = 2J_1(\Delta\varphi)\cos \omega_s t - 2J_3(\Delta\varphi)\cos 3\omega_s t + 2J_5(\Delta\varphi)\cos 5\omega_s t - \cdots +$$
$$= 2\sum_{n=0}^{\infty}(-1)^n J_{2n+1}(\Delta\varphi)\cos(2n+1)\omega_s t\,. \qquad (12.3/18)$$

Hierin bedeutet $J_p(\Delta\varphi)$ die Bessel-Funktion der Ordnung p mit dem Argument $\Delta\varphi = \eta$. Sie ergibt sich aus der Reihe

$$J_p(\Delta\varphi) = \frac{1}{p!}\left(\frac{\Delta\varphi}{2}\right)^p - \frac{1}{1!(p+1)!}\left(\frac{\Delta\varphi}{2}\right)^{p+2} + \frac{1}{2!(p+2)!}\left(\frac{\Delta\varphi}{2}\right)^{p+4} - \frac{1}{3!(p+3)!}\left(\frac{\Delta\varphi}{2}\right)^{p+6} + \cdots - \cdots$$

Die unendlichen Summen in Gl. (12.3/17) und (12.3/18) dürfen nicht zu der Annahme verleiten, daß die aus $A'' \cos \Omega_0 t - A' \sin \Omega_0 t$ gebildeten Spektrallinien bis zu hohen Frequenzen Einfluß haben, denn die Amplitude der Spektrallinien ist durch $J_p(\Delta\varphi)$ bestimmt. Für $p > \Delta\varphi$ und $\Delta\varphi > 4$ wird mit der Stirling-Formel $p! \to \sqrt{2\pi p}\,(p/\mathrm{e})^p$

$$J_p(\Delta\varphi) \approx \frac{1}{p!}\left(\frac{\Delta\varphi}{2}\right)^p \approx \frac{1}{\sqrt{2\pi p}}\left(\frac{\mathrm{e}}{2}\frac{\Delta\varphi}{p}\right)^p \quad \text{mit} \quad \mathrm{e} = 2{,}718\ldots$$

und daher für $\Delta\varphi/p < 1$ mit wachsendem p sehr rasch gegen 0 streben. Schon bei $\Delta\varphi = 3$ sind die Spektrallinien im Abstand $\geq 6f_s$ von der Mittenfrequenz sehr klein, wie Abb. 12.3/12 zeigt. Die belegte Bandbreite ist daher (Formel von Carson)

$$\text{bei harmonischer FM} \quad B = 2(\Delta f + 1\ldots 2f_s) = 2f_s(\eta + 1\ldots 2)\,. \qquad (12.3/19)$$

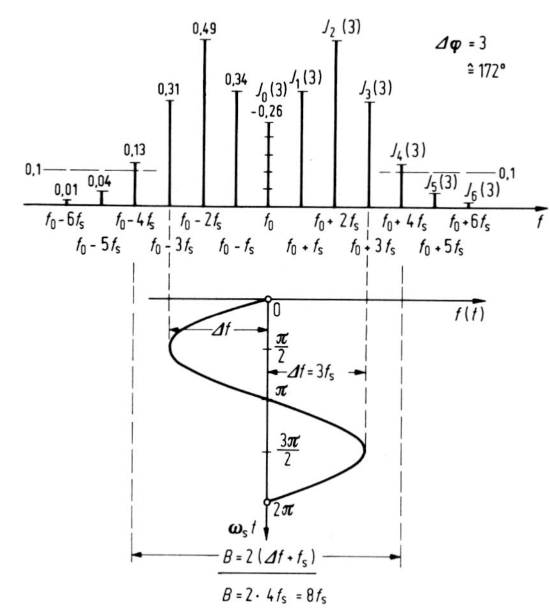

Abb. 12.3/12. Frequenzspektrum bei sinusförmiger Frequenzmodulation und zeitlichem Verlauf der Momentanfrequenz $f(t)$

Symmetrische Bandbegrenzung durch zu enges Bandfilter ergibt nach der Demodulation kubische nichtlineare Verzerrungen [45, S. 282ff.]. Nebensprechfreiheit beim Breitbandrichtfunk erfordert daher in Gl. (12.3/19) $B = 2f_s(\eta + 2)$.

Die Höhe der Spektrallinien folgt aus

$$\begin{aligned} A'' \cos \Omega_0 t = A[&J_0(\Delta\varphi) \cos \Omega_0 t - J_2(\Delta\varphi)\cos(\Omega_0 - 2\omega_s)t + J_4(\Delta\varphi)\cos(\Omega_0 - 4\omega_s)t \\ &- J_6(\Delta\varphi)\cos(\Omega_0 - 6\omega_s)t + \cdots \\ &- J_2(\Delta\varphi)\cos(\Omega_0 + 2\omega_s)t + J_4(\Delta\varphi)\cos(\Omega_0 + 4\omega_s)t \\ &- J_6(\Delta\varphi)\cos(\Omega_0 + 6\omega_s)t + \cdots - \cdots] \end{aligned} \tag{12.3/20}$$

und

$$\begin{aligned} A' \sin \Omega_0 t = A[&J_1(\Delta\varphi)\sin(\Omega_0 - \omega_s)t - J_3(\Delta\varphi)\sin(\Omega_0 - 3\omega_s)t \\ &+ J_5(\Delta\varphi)\sin(\Omega_0 - 5\omega_s)t - \cdots + \cdots \\ &+ J_1(\Delta\varphi)\sin(\Omega_0 + \omega_s)t - J_3(\Delta\varphi)\sin(\Omega_0 + 3\omega_s)t \\ &+ J_5(\Delta\varphi)\sin(\Omega_0 + 5\omega_s)t - \cdots + \cdots \end{aligned} \tag{12.3/21}$$

Wegen des periodischen Charakters der Bessel-Funktionen kann man für Meßzwecke $\Delta\varphi$ aus dem Verschwinden von $J_p(\Delta\varphi)$ entnehmen, z. B. aus den Nullstellen von $J_0(\Delta\varphi)$. Mit wachsendem $\Delta\varphi = \eta$ entfernen sich auch die stärksten Seitenschwingungen von der Bandmitte. Sie liegen bei $p \approx \Delta\varphi - 2$, wie es Tab. 12/1 zeigt.

Bemerkenswert ist noch das Leistungsspektrum, das die Bilanz der Effektivwerte liefert:

Quadrat des Effektivwertes = $\sum$ der Quadrate der Effektivwerte aller Einzelschwingungen

$$\frac{A^2}{2} = \frac{A^2}{2} J_0^2 + \frac{A^2}{2} 2(J_1^2 + J_2^2 + \cdots J_m^2 + \cdots).$$

Also muß sein

$$J_0^2(\Delta\varphi) + 2 \sum_{n=1}^{\infty} J_n^2(\Delta\varphi) = 1$$

oder

$$\sum_{n=-\infty}^{+\infty} J_n^2(\Delta\varphi) = 1 \tag{12.3/22}$$

bei beliebigem $\Delta\varphi$, das aber das gleiche Argument für *alle* Bessel-Funktionen bildet.

Tabelle 12/1. Lage der Nullstellen von $\Delta\varphi$ und der stärksten Seitenschwingungen

Nr.	Nullstellen von $J_0(\Delta\varphi)$ bei $\Delta\varphi$ =	Abstand zwischen 2 aufeinanderfolgenden Nullstellen	Stärkste Seitenschwingung vorhanden bei	Stärkste Seitenschwingung in Höhe von
1	2,40		$f_0 \pm 2f_S$	$J_2(2{,}40) = 0{,}431$
2	5,52	3,12	$f_0 \pm 4f_S$	$J_4(5{,}52) = 0{,}396$
3	8,65	3,13	$f_0 \pm 7f_S$	$J_7(8{,}65) = 0{,}338$
4	11,79	3,14 } ≈ π	$f_0 \pm 10f_S$	$J_{10}(11{,}8) = 0{,}303$
5	14,93	3,14 } ≈ π	$f_0 \pm 13f_S$	$J_{13}(14{,}9) = 0{,}279$
6	18,07	3,14 } ≈ π	$f_0 \pm 16f_S$	$J_{16}(18{,}1) = 0{,}261$
7	21,21	3,14 } ≈ π	$f_0 \pm 19f_S$	$J_{19}(21{,}2) = 0{,}247$

Bei wachsendem $\Delta\varphi$ nimmt die Zahl der für die belegte Bandbreite wesentlichen Spektrallinien zu, dafür aber ihre Amplitude im Verhältnis zu A ab.

12.3.3.3 Unsymmetrisches Spektrum bei Winkelmodulation. In [14] ist die Tatsache diskutiert, daß im Gegensatz zur Amplitudenmodulation bei der Frequenzmodulation ein zu der (ohne Modulation vorhandenen) Frequenz f_0 unsymmetrisches Spektrum vorkommen kann. Bei Zweiseitenband-Amplitudenmodulation ist dies nicht möglich, auch wenn die Modulation ganz unregelmäßig verläuft.

Abbildung 12.3/13a zeigt ein zu f_0 symmetrisches Spektrum, Abb. 12.3/13b ein stark unsymmetrisches Spektrum. Dabei bezieht sich die Unsymmetrie sowohl auf den Abstand der stärksten Spektralfrequenzen rechts und links von f_0, als auch auf deren Amplituden.

Das Spektrum bleibt nur dann symmetrisch zur Frequenz f_0, wenn die Kurve der Momentanfrequenz „radialsymmetrisch" verläuft. Radialsymmetrie bedeutet, daß man von Nulldurchgängen auf der Zeitachse unter beliebigem Winkel mit gleichen Radien r die Kurve der Momentanfrequenz trifft (s. Abb. 12.3/13a für $\Delta f = 2f_s$ bzw. $\Delta\varphi = \pi$). Hier sind wie in Abb. 12.3/5 und 12.3/7b gleichartige Tastspektren in gleichen Abständen Δf gegen f_0 verschoben.

In Abb. 12.3/13b liegt das Maximum der Hüllkurve des Teilspektrums links von f_0 bei $f_0 - \Delta f_1 = f_0 - \frac{2}{3}\Delta f = -\frac{4}{3}f_s$, das Maximum des Teilspektrums rechts von f_0 bei $f < f_0 + \Delta f_2 = f_0 + 2\Delta f$. Die Amplituden des Spektrums können aus dem zugehörigen Pendelzeigerdiagramm durch phasenrichtige Überlagerung der Spektralanteile von $A''(t)\cos\Omega_0 t$ und $-A'(t)\sin\Omega_0 t$ berechnet werden [38].

12.3.3.4 Unterschied zwischen Frequenzmodulation und Phasenmodulation. Definitionsgemäß spricht man von Frequenzmodulation (FM), wenn die augenblickliche Frequenzabweichung von der Trägermittenfrequenz dem niederfrequenten Signal $s(t)$ proportional ist

$$f(t) = F(t) - f_0 \sim s(t)\,.$$

Die auftretende Phasenschwankung ist dann nach Gl. (12.3/1)

$$\varphi_w(t) = 2\pi \int_0^t f(t)\,\mathrm{d}t \sim \int_0^t s(t)\,\mathrm{d}t\,.$$

Ist

$$c_m s(t) = U_{mod} \sin \omega_{mod} t$$

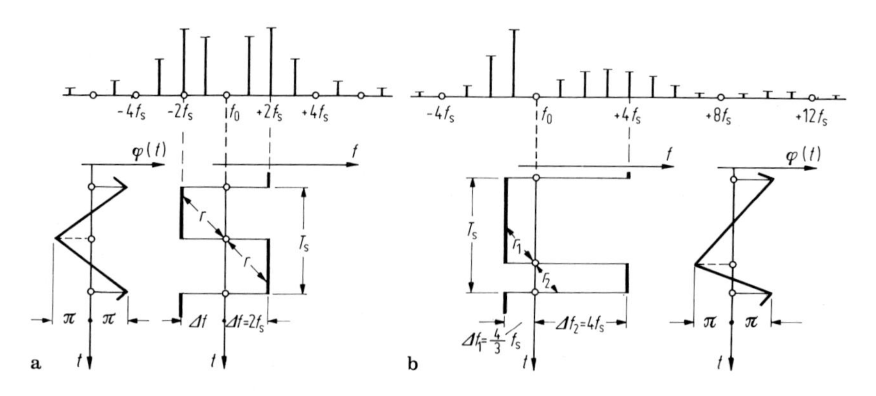

Abb. 12.3/13a u. b. Einfluß einer Frequenzkurven-Unsymmetrie auf die Unsymmetrie des Spektrums bei FSK: **a** radialsymmetrische Frequenz-Zeitkurve; **b** radialunsymmetrische Kurve ($r_1 \neq r_2$) mit $\Delta f_1 = 2/3\,\Delta f = 4/3 f_S$; $\Delta f_2 = 2\Delta f = 4 f_S$. Der Phasenhub beträgt in beiden Fällen $\Delta\varphi = \pi$

so ist

$$\Delta f \sim U_{\text{mod}} \tag{12.3/23a}$$

unabhängig von f_{mod}, dagegen ist

$$\Delta\varphi \sim \frac{U_{\text{mod}}}{\omega_{\text{mod}}} \tag{12.3/23b}$$

d. h., der Phasenhub nimmt mit $1/f_{\text{mod}}$ ab.

Von Phasenmodulation (PM) dagegen spricht man, wenn die Phasenauslenkung $\varphi(t)$ dem niederfrequenten Signal proportional ist

$$\varphi(t) \sim s(t).$$

Als Folge davon tritt dann nach Gl. (12.3/1) eine Frequenzänderung

$$f(t) = \frac{1}{2\pi}\frac{\mathrm{d}\varphi(t)}{\mathrm{d}t} \sim \frac{\mathrm{d}s(t)}{\mathrm{d}t}$$

ein. Ist auch hier wieder $c_{\text{m}} s(t) = U_{\text{mod}} \sin \omega_{\text{mod}} t$, so ist

$$\Delta\varphi \sim U_{\text{mod}} \tag{12.3/24a}$$

unabhängig von f_{mod}, und der Frequenzhub

$$\Delta f \sim U_{\text{mod}} f_{\text{mod}} \tag{12.3/24b}$$

nimmt mit f_{mod} zu. Danach sind bei nur einer einzigen Modulationsfrequenz Frequenzmodulation und Phasenmodulation nicht zu unterscheiden. Hat man verschiedene Modulationsfrequenzen gleicher Lautstärke, so liegt

FM vor, wenn der Frequenzhub Δf konstant bleibt und der Phasenhub $\Delta\varphi$ der Modulationsfrequenz f_{s} umgekehrt proportional ist. Bei FM ist also die Bandbreite von f_{s} unabhängig.

PM liegt vor, wenn der Phasenhub $\Delta\varphi$ konstant bleibt und der Frequenzhub Δf der Modulationsfrequenz f_{s} proportional ist. Bei PM wächst also die Bandbreite mit f_{s}.

Man kann die FM als eine PM ansehen, bei der die Amplitude des Modulationstons umgekehrt proportional zu der Frequenz verläuft. Es ist daher möglich, eine FM auf dem Umweg über eine PM zu erzeugen, wenn man eine entsprechende Verzerrung der Niederfrequenz vornimmt (s. Abschn. 12.3/5).

12.3.4 Unterdrückung von Störungen bei großem Modulationsindex

Die Störbefreiung bei der FM beruht auf der Verwendung
1. eines Begrenzers,
2. eines breiten Frequenzbandes entsprechend einem Frequenzhub, der ein Mehrfaches der niederfrequenten Bandbreite beträgt.

In Abb. 12.3/14a sei A die Amplitude des unmodulierten Trägers des Nutzsenders mit der Frequenz f_0, S die Amplitude eines Störträgers S mit der Frequenz f_{S}. Es sei $|S| < A$ und beispielsweise $f_{\text{S}} > f_0$, also $f_{\text{S}} - f_0 = \Delta f_{\text{S}}$. Im Zeigerdiagramm von A nach Abb. 12.3/14a läuft also S mit der Winkelgeschwindigkeit $\Delta\Omega_{\text{S}} = 2\pi\,\Delta f_{\text{S}}$ gegen den Uhrzeiger um.

Dann bewegt sich der Endpunkt von R, der geometrischen Summe von A und S, auf einem Kreis. R schwankt demnach in Amplitude und Phase. Der für einen AM-Empfänger wesentliche Betrag von R schwankt zwischen $A + S$ und $A - S$; nach der Gleichrichtung erhalten wir einen Gleichstrom proportional A und einen Wechselstrom proportional S, dessen Frequenz von Δf_{S} bestimmt ist. Die prozentuale

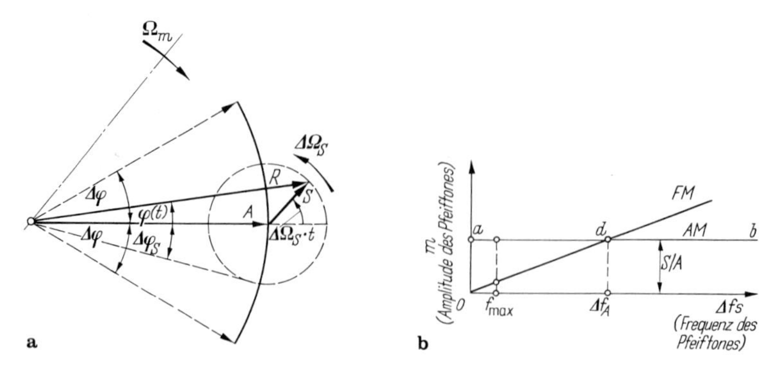

Abb. 12.3/14. **a** Zur Ermittlung der Störung bei FM durch einen Nachbarsender; **b** Störmodulationsgrad bei AM und bei FM in Abhängigkeit von der Frequenzdifferenz zwischen Träger und Störsender

Modulation durch den Störträger wäre

$$\frac{m_{\mathrm{AM}}}{\%} = \frac{S}{A} 100 \,. \qquad (12.3/25)$$

$m = F(\Delta f_{\mathrm{S}})$ ist demnach konstant, stellt also die Gerade ab mit der Ordinate S/A in Abb. 12.3/14b dar; Δf_{S} äußert sich als die Frequenz des hörbaren Pfeiftons.

Bei einem FM-Empfänger werden unter der Voraussetzung $S < A$ die Amplitudenschwankungen vom Begrenzer unterdrückt. Die maximale Phasenänderung ergibt sich zu

$$\sin \Delta\varphi_{\mathrm{S}} = \frac{S}{A}$$

und wenn etwa $S < (A/2)$ ist, praktisch zu

$$\Delta\varphi_{\mathrm{S}} \approx \frac{S}{A} \,.$$

Da $\underline{S}$ mit $\Delta\Omega_{\mathrm{S}}$ umläuft, schwankt die Phase $\varphi(t)$ zwischen $\underline{A}$ und $\underline{R}$ in folgender Weise:

$$\varphi(t) \approx \Delta\varphi_{\mathrm{S}} \sin \Delta\omega_{\mathrm{S}} t \approx \frac{S}{A} \sin \Delta\omega_{\mathrm{S}} t \,.$$

Dies entspricht einer Frequenzmodulation:

$$\frac{\mathrm{d}\varphi(t)}{\mathrm{d}t} \approx \Delta\omega_{\mathrm{S}} \frac{S}{A} \cos \Delta\omega_{\mathrm{S}} t \,.$$

Ist der Demodulator so dimensioniert, daß ein Frequenzhub Δf_{A} ein 100%ig moduliertes Signal ergibt, und der Träger unmoduliert, dann läßt sich der Strörmodulationsgrad ausdrücken durch

$$\frac{m_{\mathrm{FM}}}{\%} = \frac{\Delta f_{\mathrm{S}}}{\Delta f_{\mathrm{A}}} \frac{S}{A} 100 \,. \qquad (12.3/26)$$

Damit ist die Berechnung der Lautstärke des Pfeiftons der Frequenz Δf_{S}, den der Störträger S auf den Nutzträger A aufdrückt, möglich. Die Störungen werden um so stärker empfunden, je größer ihr Frequenzabstand (innerhalb der Durchlaßbreite des Empfängers) von der Senderfrequenz ist. $m = F(\Delta f_{\mathrm{S}})$ ist demnach proportional Δf_{S}, d. h. die Gerade Od in Abb. 12.3/14b. Daraus folgt, daß erst, wenn $\Delta f_{\mathrm{S}} = \Delta f_{\mathrm{A}}$ ist, m_{FM} die gleiche Größe wie m_{AM} hat. Macht man nun Δf_{A}, den größten Hub des Systems, größer als die größte hörbare Frequenz und schneidet außerdem (durch

Tonselektion) das im NF-Verstärker durchgelassene Spektrum bei der Frequenz $f = f_{max}$ ab, so ergeben sich ganz erheblich geringere Störeinflüsse als bei AM.

Außerdem hat man in der Nachrichtentechnik, die mit FM arbeitet, die hohen Signalfrequenzen in ihrer Amplitude relativ zu den niedrigen Signalfrequenzen vor der Modulation angehoben (*Preemphasis*). Diese Vorverzerrung wird nach der Demodulation durch eine Entzerrung (*Deemphasis*) wieder ausgeglichen.

Ist nun statt einer sinusförmigen Störkomponente gleichverteiltes Störrauschen vorhanden, so ist die Rauschspannung

$$\tilde{U}_S \sim \sqrt{\int_0^{f_{max}} m^2 \, d(\Delta f_S)} \, .$$

Bei AM ($m = S/A$) ist

$$\tilde{U}_{SAM} \sim \frac{S}{A} \sqrt{f_{max}} \, . \tag{12.3/27}$$

Dagegen ist bei FM $\left(m = \frac{S}{A} \frac{\Delta f_S}{\Delta f_A}\right)$

$$\tilde{U}_{SFM} \sim \frac{1}{3} \sqrt{3} \, \frac{S}{A} \frac{f_{max}}{\Delta f_A} \sqrt{f_{max}} = \frac{1}{3} \sqrt{3} \, \frac{f_{max}}{\Delta f_A} \tilde{U}_{SAM} \, . \tag{12.3/28}$$

Ist Δf_A nur um mehrere Male größer als f_{max}, so wird $\tilde{U}_{SFM}$ bereits um eine Zehnerpotenz kleiner als $\tilde{U}_{SAM}$. Daraus ergibt sich die Notwendigkeit eines großen Frequenzhubs, d. h. eines breiten Bandes. In der Praxis ist der Hub etwa drei- bis siebenmal größer als die höchste zu übertragende Frequenz, z. B. im UKW-Rundfunk $\Delta f_T = 75$ kHz bei $f_{max} = 15$ kHz.

Bei Gleichkanalsendern setzt die Störzone für FM erst bei einem Amplitudenverhältnis von etwa 1:2 bis 1:3 statt etwa 1:30 bei AM ein.

Diese Betrachtung muß ergänzt werden, wenn S in die Größenordnung von A kommt oder A übertrifft. Während bei $S/A \ll 1$ die Phase des Störers praktisch sinusförmig schwankt, ist dies für $S \approx A$ nicht der Fall. Wie bei der EM ändert sich der Phasenwinkel der Störmodulation am schnellsten, wenn S sich in Gegenphase zu A befindet. Die Winkelgeschwindigkeit des resultierenden Zeigers ist dann nicht mehr S/A proportional, sondern $S/(A - S)$. Damit wird das Störverhältnis

$$\frac{1}{\eta} \frac{S}{A - S} = \frac{1}{\eta} \frac{S}{A} \frac{1}{1 - S/A} \, .$$

Das Störverhältnis wächst also sehr an, wenn $S \approx A$ wird. Für $S > A$ wird sogar die Rolle von Störer und Nutzschwingung vertauscht: Der Störer unterdrückt die Nachricht.

12.3.5 Modulationsverfahren für Frequenzmodulation (FM)

Mit der Signalamplitude soll die Frequenz der hochfrequenten Schwingung beeinflußt werden.

Folgende Methoden werden angewendet:

1. Dem Schwingkreis eines Oszillators liegt die Kapazität eines Kondensatormikrofons parallel, dessen Kapazitätsänderung ΔC dem Schalldruck proportional ist.

   Dann ist die Frequenz $\omega = \dfrac{1}{\sqrt{L(C + \Delta C)}} = \dfrac{1}{\sqrt{LC}} \dfrac{1}{\sqrt{1 + \dfrac{\Delta C}{C}}} = \dfrac{\omega_0}{\sqrt{1 + \dfrac{\Delta C}{C}}}$.

Damit wird $\frac{f}{f_0} = 1 - \frac{1}{2}\frac{\Delta C}{C} + \frac{3}{8}\left(\frac{\Delta C}{C}\right)^2 - \frac{5}{16}\left(\frac{\Delta C}{C}\right)^3 + \cdots$

bzw. $$\frac{f - f_0}{f_0} = -\frac{1}{2}\frac{\Delta C}{C}\Bigg[1 - \underbrace{\frac{3}{4}\frac{\Delta C}{C}}_{k_2} + \underbrace{\frac{5}{8}\left(\frac{\Delta C}{C}\right)^2}_{k_3} - \cdots \qquad (12.3/29)$$

Hierin ist k_2 = Klirrfaktor 2. Ordnung, der die Größe einer Oberschwingung mit doppelter Frequenz bestimmt,

und k_3 = Klirrfaktor 3. Ordnung, der die Amplitude der 3. Oberschwingung festlegt.

Sowohl aus mechanischen Gründen (Membranschwingung im elastischen Bereich) wie aus elektrischen Gründen (Klirrfaktor) sind also nur sehr kleine $\Delta C/C$-Werte zulässig.

Nachteilig ist, daß die mittlere Kapazität des Kondensatormikrofons von seiner Vorspannung abhängt, daher auch f_0 nicht stabil ist. Ein großer Vorteil liegt in dem hohen Störabstand im Verhältnis zum Gleichstrom-Kondensatormikrofon.

2. Die *Sperrschichtkapazität* einer *Varaktordiode* liegt am Schwingkreis z. B. eines Transistor-LC-Oszillators oder im Rückkopplungsnetzwerk eines RC-Oszillators (s. Abschn. 10.4). Hier gelten ähnliche Überlegungen wie unter 1.

   Auch kann die Schwingfrequenz eines Transistoroszillators über die *Kollektor-Emitter-Kapazität* durch die Signalfrequenz beeinflußt werden.

3. Ein prinzipiell wichtiges Verfahren ist die Beeinflussung der Schwingfrequenz durch *Reaktanzschaltungen* mit Transistoren oder Pentoden (s. Abb. 12.3/15a). Bezeichnet Z_1 die parallel zu den Kollektorbasisklemmen liegende Impedanz und Z_2 die Impedanz parallel zur Basis-Emitter-Strecke, so ist der Ausgangsleitwert $\sim SZ_2/Z_1$ und erscheint als verlustarme Reaktanz, wenn $Z_1 \gg Z_2$ bleibt. In Abb. 12.3/15b sind die 4 einfachsten „Reaktanztransistoren" zusammengestellt.

   Die Modulationskennlinie kann durch Gegentakt-Reaktanzschaltungen linearisiert werden, weil die Verzerrungen gerader Ordnung verschwinden.

4. Die Frequenz eines *Reflexklystrons* kann von der Reflektorspannung beeinflußt werden (s. Abschn. 10.3.1). Dadurch ergibt sich die Möglichkeit einer FM durch die Signalschwingung, die im GHz-Bereich für Vielkanal-Richtfunksysteme benutzt wurde.

5. Möglich ist auch die Veränderung der Schwingkreis-*Induktivität* über die *reversible Permeabilität*, die über die Vormagnetisierung durch die Signalamplitude gesteuert werden kann.

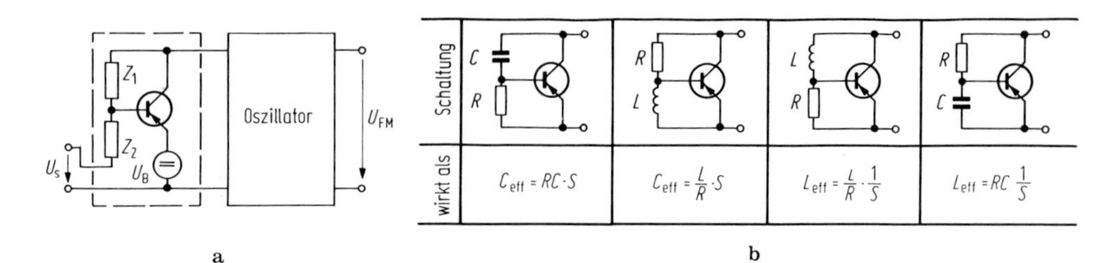

Abb. 12.3/15. **a** Prinzipschaltung eines Transistors in Reaktanzschaltung, dessen spannungsabhängige Ausgangsreaktanz die Frequenz eines Oszillators moduliert. U_S Signalspannung, U_{FM} frequenzmodulierte Ausgangsspannung; **b** Spannungsteiler für Reaktanzschaltungen

Abb. 12.3/16. Integrierendes Netzwerk

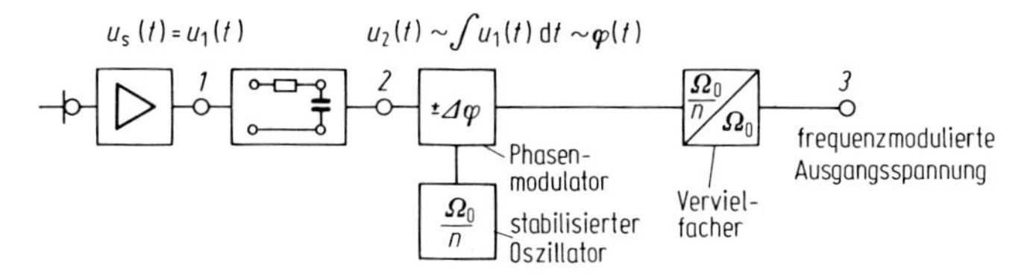

Abb. 12.3/17. Frequenzmodulation mittels eines Phasenmodulators

6. *Frequenzmodulation mittels eines Phasenmodulators.* In der Schaltung nach Armstrong (Abb. 12.3/17) wird zur Erzeugung der FM ein Phasenmodulator verwendet.

Da bei einem Phasenmodulator der Phasenhub proportional der Signalamplitude ist (s. Abschn. 12.3.3.4), bei FM aber dem Integral der Signalfunktion, wird das in Abb. 12.3/17 verwendete RC-Glied als integrierendes Netzwerk dimensioniert. Abbildung 12.3/16 zeigt dieses Netzwerk mit der Eingangsspannung u_1 und der Ausgangsspannung u_2 bei ausgangsseitigem Leerlauf.

Für den Augenblickswert $u_2(t)$ gilt

$$u_2(t) = \frac{q(t)}{C} = \frac{\int i\,\mathrm{d}t}{C}\,.$$

Ist der Widerstand $R \gg 1/\omega_s C$, so bestimmt R allein den Strom $i = u_1/R$, und es gilt

$$u_2 t \approx \frac{1}{RC}\int\limits_{t_1}^{t} u_1(t)\,\mathrm{d}t\,. \tag{12.3/30}$$

Die Ausgangsspannung $u_2(t)$ stellt also das Integral der Signalspannung $u_1(t)$ dar, in welchem alle höheren Frequenzen des Signals zugunsten der tieferen Frequenzen in der Amplitude verringert werden.

Dies sieht man ein, wenn man annimmt, daß $u_1(t)$ sinusförmig mit der Kreisfrequenz ω_s verläuft. Dann gilt bei nicht belastetem Ausgang

$$U_2 = \frac{1}{\mathrm{j}\omega_s C} I = \frac{1/\mathrm{j}\omega_s C}{R + 1/\mathrm{j}\omega_s C} U_1 \quad \text{und für} \quad R \gg 1/\omega_s C \quad \text{ist} \quad U_2 \approx \frac{U_1}{\mathrm{j}\omega_s RC}\,.$$

Das Verfahren hat den Vorteil, daß jetzt die Mittenfrequenz Ω_0 stabil gehalten werden kann. Da der Phasenmodulator gewöhnlich nur einen kleinen Hub $\Delta\varphi$ erzeugt, ist es sinnvoll, im Oszillator von Abb. 12.3/17 nur eine relativ tiefe Mittenfrequenz Ω_0/n zu erzeugen (z. B. mit einem Quarzoszillator) und dann in einer Vervielfacherstufe Mittenfrequenz und Frequenzhub auf den n-fachen Wert bis zur notwendigen Übertragungsfrequenz zu vergrößern.

12.3.6 Modulationsverfahren für Phasenmodulation (PM)

Mit der Signalamplitude soll die Phase der hochfrequenten Schwingung ausgesteuert werden. Dies ist möglich auf dem indirekten Weg über einen Frequenzmodulator mit differenzierendem Netzwerk oder mit direkten Verfahren.

1. *Phasenmodulation mittels eines Frequenzmodulators.* Zur Erzeugung von Phasenmodulation mittels eines Frequenzmodulators benötigt man ein differenzierendes Netzwerk. Das „Differenzierende Netzwerk“ in Abb. 12.3/18 ergibt am unbelasteten Ausgangstor 2, wenn $iR \ll u_1(t)$

$$u_2(t) = iR \approx RC\frac{\mathrm{d}u_1(t)}{\mathrm{d}t} . \tag{12.3/31}$$

Damit ist der im Verhältnis zu Abb. 12.3/17 umgekehrte Aufbau möglich (s. Abb. 12.3/19).

Hinter dem NF-Verstärker für die Signalschwingung liegt das Differenziernetzwerk, an dessen Ausgang 2 der Frequenzmodulator geschaltet ist. Damit ist am Ausgang 3 eine phasenmodulierte Schwingung vorhanden, deren Phase einen Wechselanteil besitzt, welcher mit

$$\varphi_\mathrm{W}(t) = \int_0^t \omega_\mathrm{W}\,\mathrm{d}t = \mathrm{const}\int_0^t \frac{\mathrm{d}u_1(t)}{\mathrm{d}t}\mathrm{d}t = \mathrm{const}\cdot u_1(t) \sim u_\mathrm{s}(t) \tag{12.3/32}$$

der Signalspannung $u_\mathrm{s}(t)$ proportional ist.

2. *Phasenmodulation mittels Amplitudenmodulation und Hilfsträger.* Eine Phasenmodulation mit kleinem Phasenhub $\Delta\varphi$ ist möglich, wenn man einer amplitudenmodulierten Schwingung nach Abb. 12.3/20 einen unmodulierten Hilfsträger H zusetzt, der um $\pi/2$ gegen A verschoben ist. Ein ähnliches, von Armstrong verwendetes Verfahren sieht nach Abb. 12.3/21 zwei um $\pi/2$ phasenverschobene Träger vor, deren Amplitude im Gegentakt moduliert wird. $A_1(1 \mp m)$ ergibt mit $A_2(1 \pm m)$ die beiden Grenzlagen des Pendelzeigers.
3. *Phasenmodulation mittels Serrasoid-Modulator.* Eine auch für die Puls-Phasenmodulation wichtige Modulationsart ist die *Serrasoidmodulation* [16]. Die Nachricht wird auch hierbei zunächst integriert, also $\int S(t)\,\mathrm{d}t$ gebildet. Aus einer Sinusspannung der Frequenz f_Tm wird nun eine linear verlaufende Sägezahnkurve hergestellt und diese der Kurve $\int S(t)\,\mathrm{d}t$ nach Abb. 12.3/22 derartig unterlegt, daß überall dort, wo die Amplitude dieser Kurve und die Augenblicksspannung des ansteigenden Teils der Sägezahnkurve gleich groß sind, ein Impuls erzeugt wird. Alle Impulse haben also gleiche Höhe, aber verschiedene Phase. Aus dieser phasenmodulierten Impulsgruppe kann jetzt durch Filter die sinusförmige Ausgangsspannung wiedergewonnen werden.

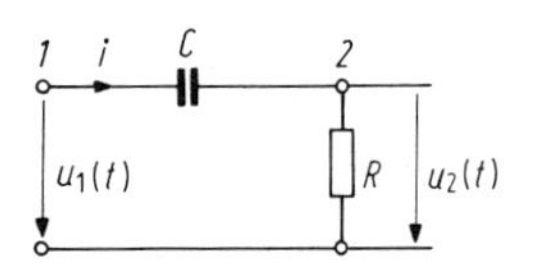

Abb. 12.3/18. Differenzierendes Netzwerk

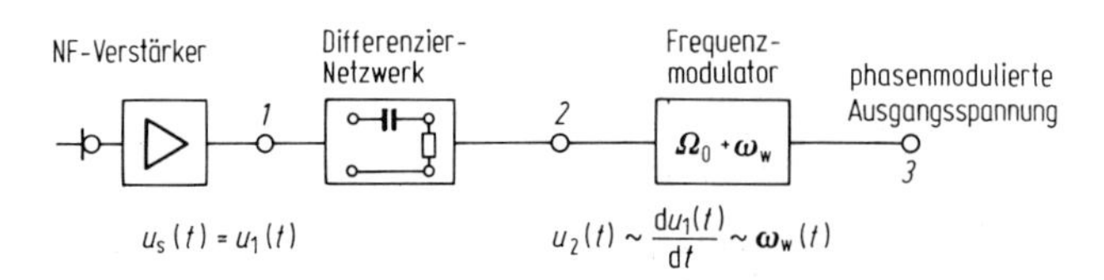

Abb. 12.3/19. Phasenmodulation mittels eines Frequenzmodulators

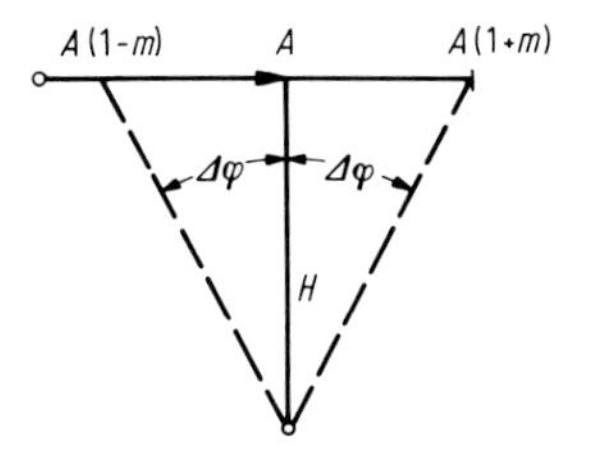

Abb. 12.3/20. Phasenmodulation mit kleinem Phasenhub $\Delta\varphi$

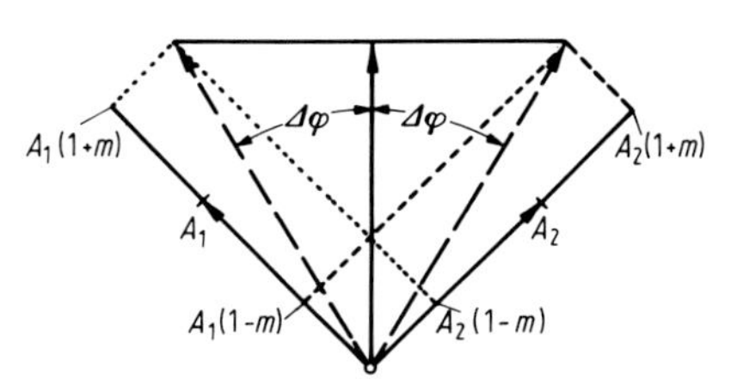

Abb. 12.3/21. Phasenmodulation mit zwei um $\pi/2$ phasenverschobenen Trägern, deren Amplitude im Gegentakt moduliert wird

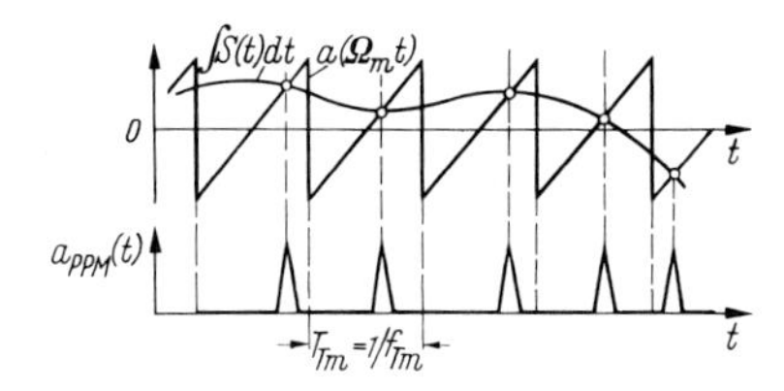

Abb. 12.3/22. Wirkung der Koinzidenzschaltung beim Serrasoid-Modulator: Die Ausgangsimpulse werden im Takt der integrierten Signalspannung phasenmoduliert

12.3.7 Demodulationsverfahren für winkelmodulierte Schwingungen

Die grundsätzliche Anordnung eines FM-Überlagerungsempfängers ist in Abb. 12.3/23 dargestellt. Vorstufe, Mischstufe und Zwischenfrequenzverstärker, ebenso Niederfrequenzverstärker und Lautsprecherausgang entsprechen den gleichen Bauelementen eines AM-Empfängers.

Bei der Demodulation frequenz- oder phasenmodulierter Schwingungen in einem Empfänger für FM oder PM sind die Eingangsamplituden durch Fading oder andere Störungen nicht konstant wie im Idealfall auf der Sendeseite. Daher ist in der Regel vor dem Demodulator eine *Amplitudenbegrenzung* vorgesehen. Diese ist notwendig, da ja die Frequenz- bzw. Phasenschwankungen wieder Amplitudenschwankungen auf der NF-Seite ergeben sollen. Als doppelseitige Amplitudenbegrenzer (Clipper) werden außer Transistoren, die über den linearen Bereich der Kennlinie ausgesteuert werden, Schaltungen mit entgegengesetzt gepolten Dioden eingesetzt, die durch Gleichspannungen z. B. nach Abb. 12.3/24a vorgespannt sind.

Als Demodulator bzw. Diskriminator sind üblich

1. Mitgezogener Oszillator (Phase Locked Loop).
2. Flankendemodulator im Eintakt oder Gegentakt.
3. Riegger-Kreis oder Foster-Seeley-Detektor.
4. Verhältnisgleichrichter oder Ratiodetektor.

1. *Mitgezogener Oszillator.* Die in ihrer Frequenz schwankende Eingangsspannung wird in Abb. 12.3/24b bei 1 einem Bandpaß zugeführt, der eine dem Frequenzhub Δf von $f(t)$ entsprechende Bandbreite $B = 2(\Delta f + f_{s,\max})$ besitzt. Nach Durchlaufen des Begrenzers wird die HF-Schwingung in einem Phasendetektor mit der

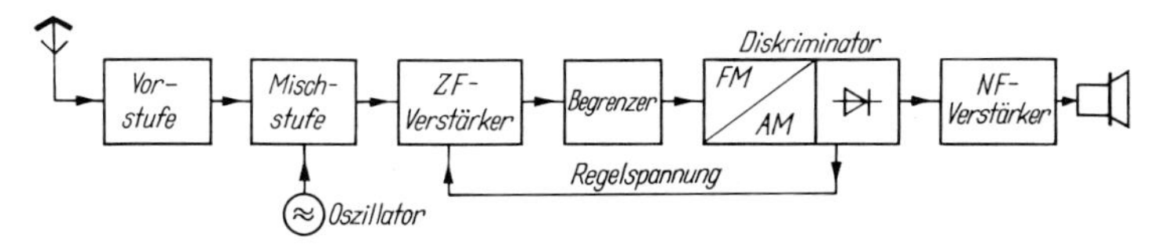

Abb. 12.3/23. Blockschaltbild eines Empfängers für frequenzmodulierte Signale

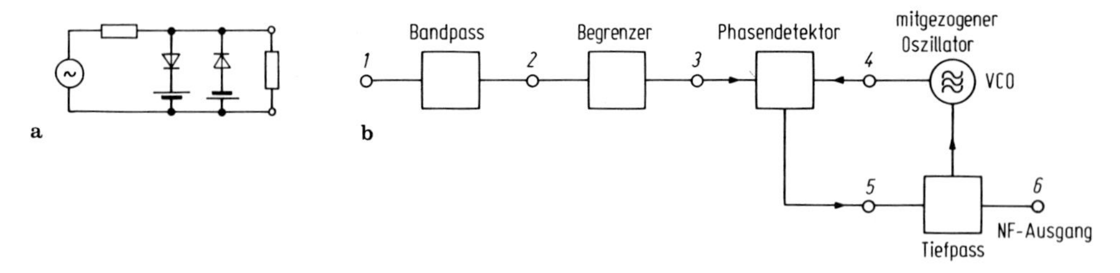

Abb. 12.3/24. Demodulation durch „Mitgezogenen Oszillator“: **a** Amplitudenbegrenzer; **b** Blockschaltbild des Demodulators

Phase des mitgezogenen Oszillators verglichen. Die Phasenabweichung liefert eine Regelspannung, welche die Frequenz und Phase des Empfangsoszillators nachsteuert. Die Regelspannung ist damit ein Abbild der Signalspannung, die am Tor 6 abgenommen wird.

2. *Flankendemodulatoren im Eintakt oder Gegentakt.* Im Prinzip genügt zur Demodulation als FM-AM-Wandler eine Spule, deren Klemmenspannung bei einem eingeprägten FM-modulierten Strom der Momentanfrequenz proportional ist.

   Da die größten Amplitudenunterschiede entsprechend dem Unterschied von $f_0 + \Delta f$ und $f_0 - \Delta f$ relativ klein sind, verwendet man besser die Umwandlung der FM in AM an der Flanke der Übertragungsfunktion eines verstimmten Schwingkreises nach Abb. 12.3/25. Der Aussteuerungsbereich ist durch die um f_0 nicht symmetrische Kennlinie begrenzt.

   Man erhöht den Aussteuerbereich und vermeidet geradzahlige Harmonische der Signalspannung, wenn man einen *Gegentakt-Flanken-Demodulator* nach Abb. 12.3/26a und b verwendet. Die modulierte Hochfrequenzspannung wird

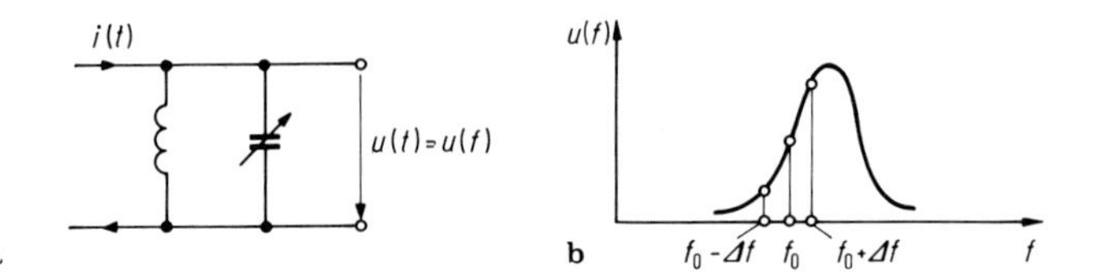

Abb. 12.3/25a u. b. Eintakt-Flankenmodulator: **a** Schaltung; **b** Spannung $u(f)$

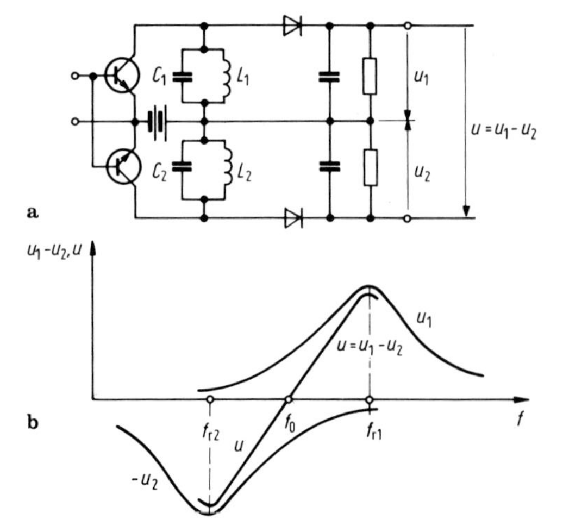

Abb. 12.3/26a u. b. Gegentakt-Flankendemodulator: **a** Schaltung; **b** Übertragungskennlinie $u(f) = u_1 - u_2$

einem am Ausgang im Gegentakt arbeitenden Verstärker zugeführt, dessen Schwingkreise so gegeneinander verstimmt sind, daß z. B. $f_{r1} = 1/(2\pi\sqrt{L_1 C_1}) > f_0 + \Delta f$ und $f_{r2} = 1/(2\pi\sqrt{L_2 C_2}) < f_0 - \Delta f$ bleibt. Dann folgt die Ausgangsspannung $u = u_1 - u_2$ innerhalb des Frequenzbereichs $f_0 - \Delta f$ bis $f_0 + \Delta f$ den Frequenzschwankungen weitgehend linear.

Wichtige Schaltungen zur FM-Demodulation sind der Phasendiskriminator und der Verhältnisgleichrichter (Ratiodetektor).

3. *Der Phasendiskriminator* (Riegger-Kreis), Abb. 12.3/27a, besteht aus einer Gegentaktgleichrichteranordnung mit den Dioden A, B. Die Induktivität L_3 ist sehr fest gekoppelt mit der Primärkreisspule L_1, so daß Phasengleichheit zwischen U_1 und U_3 besteht. Zwischen U_1 und U_2 und demzufolge auch zwischen U_3 und U_2 besteht jedoch wie in jedem normal dimensionierten Bandfilter eine Phasendifferenz von 90°. Diese Differenz gilt jedoch nur für die Resonanzfrequenz. An den Gleichrichtern liegt außer der Spannung $U_2/2$ über die dritte Spule L_3 (auch Tertiärspule genannt) die Spannung U_3, also (unter Berücksichtigung der 90°-Phase, Abb. 12.3/27b):

$$U_A = U_3 + \frac{U_2}{2} \quad \text{und} \quad U_B = U_3 - \frac{U_2}{2}\,.$$

Nach der Gleichrichtung ist dann

$$U_{mod} = U_A - U_B\,.$$

U_{mod} ist für die mittlere Trägerfrequenz (in Bild b dargestellt durch den Index m) gleich Null, nicht dagegen für die anderen Frequenzen. U_{mod} abhängig von f hat den Verlauf von Bild c; der Kurvenast in der Umgebung von f_0 ist dabei praktisch linear. Eine Amplitudenbegrenzung findet im Gegentaktdemodulator selbst nicht statt, sie muß vielmehr getrennt in einem davorgeschalteten Begrenzer durchgeführt werden.

4. *Der Ratiodetektor.* Im Gegensatz zum Phasendiskriminator begrenzt der Ratiodetektor („Verhältnisgleichrichter") selbst. Die Schaltung Abb. 12.3/28 unterscheidet sich von der vorhergehenden dadurch, daß eine Diode umgepolt ist und die Ausgangsklemmen in einer Brücke liegen. Die Zeitkonstante RC' wird so groß

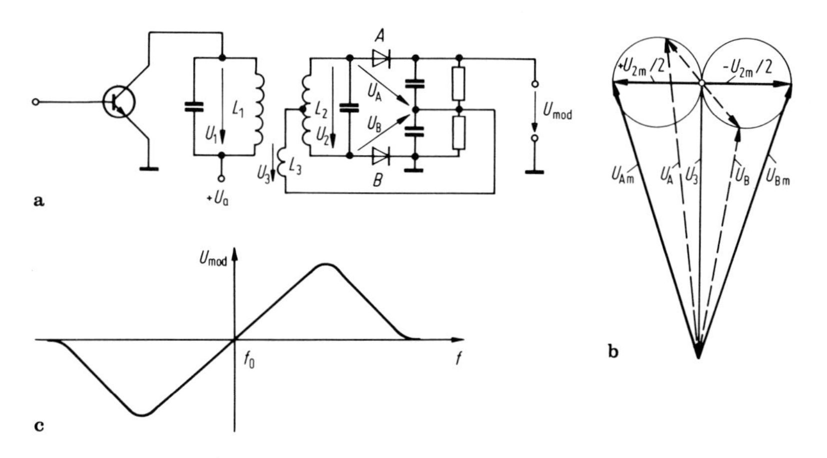

Abb. 12.3/27a–c. Phasen-Diskriminator. Die Dioden A und B im Prinzipschaltbild (**a**) erhalten in Bandmitte gleich große Spannungen U_{Am} und U_{Bm} (Zeigerdiagramm **b**), bei Verstimmung aber verschieden große. Am Ausgang des Demodulators erscheint die Spannung U_{mod}, die proportional ist $U_A - U_B$ (Demodulatorkennlinie **c**)

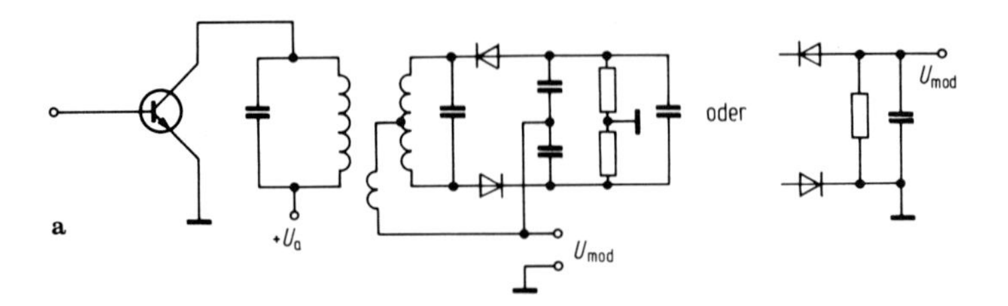

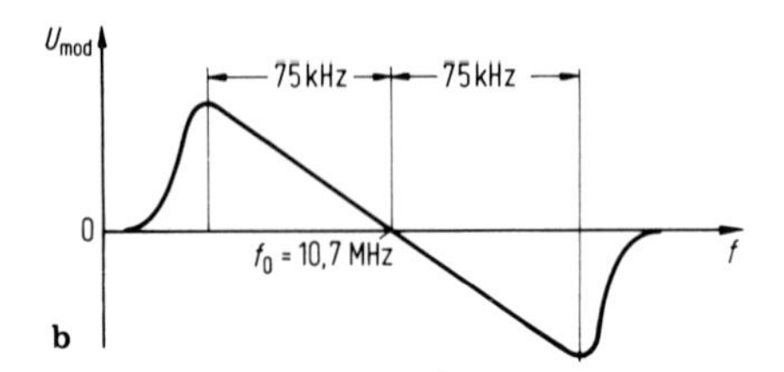

Abb. 12.3/28. Prinzipschaltbild (**a**) und Kennlinie (**b**) des „Ratiodetektors" entsprechen im wesentlichen dem Phasen-Diskriminator. Die Ladeströme des zu den Widerständen parallel geschalteten Kondensators C' unterdrücken störende Amplitudenmodulation

gewählt, daß auch bei einer niederfrequenten Amplitudenmodulation die Spannung an R und C' noch konstant bleibt. Die Amplitudenmodulation wird bei dieser Schaltung unterdrückt, da beim Anwachsen der Amplitude der Ladestrom auf den Kondensator C' steigt und dadurch der Kreis stärker bedämpft wird. Die Kennlinie dieser Anordnung ist in Bild b dargestellt als Beispiel für die in UKW-Rundfunkempfängern gebräuchlichen Werte.

12.3.8 Anwendung mehrerer Modulationsarten (Stereo-Rundfunk-Norm)

Ein Beispiel für die Anwendung mehrerer Modulationsarten bildet die Stereo-Rundfunk-Norm zur stereophonen Übertragung des Schalls (z. B. mit zwei Achtermikrophonen unterschiedlicher Empfangsrichtung). Die entsprechenden Spannungen u_R des „Rechts"-Signals und u_L des „Links"-Signals müssen im Stereoempfänger zwei getrennten Lautsprechern zugeführt werden können.

Die Modulationsbedingungen und das Frequenzspektrum des Stereo-Multiplex-Signals wurden von der Federal Communications Commission (FCC) in Washington vorgeschlagen und von der European Broadcasting Union (E.B.U.) in Paris angenommen. Abbildung 12.3/29 zeigt das Frequenzschema. Es ist so angelegt, daß monophone Rundfunkempfänger die Summe der beiden Signale (monophones Signal $u_M = u_R + u_L$ = Stereo-Haupt-Signal) empfangen können (Kompatibilität = Vereinbarkeit). – Für Stereoempfänger ist außerdem das Stereo-Zusatz-Signal vorgesehen, das durch Modulation der Differenzspannung $u_S = u_R - u_L$ auf einen Stereohilfsträger von 38 kHz in Zweiseitenband-AM entsteht. Das NF-Nutzband von u_S (30 Hz bis 15 kHz) ist dabei in die Gleichlage (38,03 bis 53 kHz) transponiert und erscheint in Kehrlage zwischen 23 kHz und 37,97 kHz. Der Stereo-Hilfs-Träger von 38 kHz ist in seiner Amplitude bis auf $\approx 1\%$ unterdrückt. Damit er beim Empfang mit einfacher Filtertechnik wiedergewonnen werden kann, ist ein Pilotsignal von 19 kHz, also mit dem relativ großen Abstand 4 kHz von den Grenzen des Haupt- und Zusatzsignals,

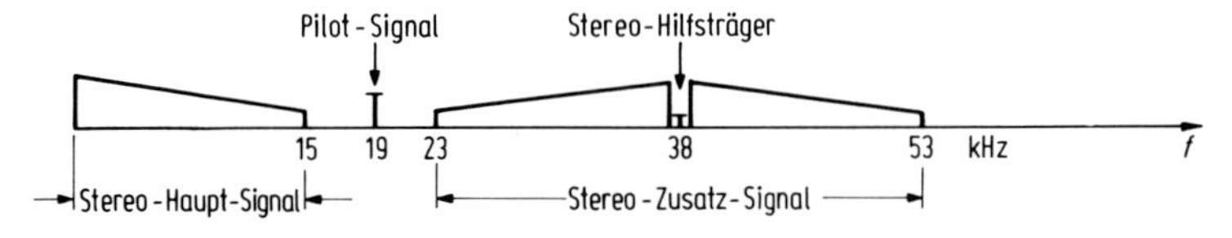

Abb. 12.3/29. Frequenzschema von Stereo-Multiplex-Signalen auf der Sendeseite

vorgesehen, dessen Frequenz im Empfänger auf 38 kHz verdoppelt wird. Das Pilotsignal beansprucht etwa 10% des gesamten Frequenzhubs von maximal 75 kHz. Mit dem in Abb. 12.3/29 dargestellten Stereo-Multiplex-Signal wird der Träger eines UKW-Senders frequenzmoduliert. Auf der Empfangsseite eines Stereophonieempfängers wird die Summe von $u_M + u_S = 2u_R$ und die Differenz $u_M - u_S = 2u_L$ in einem „Matrix"-Decoder wiedergewonnen, getrennt verstärkt und zwei Lautsprechern zugeführt [33, 34].

12.3.9 Quadraturmodulation (QAM)

Alle Modulationsarten, welche mit einem Sinusträger arbeiten, lassen sich entsprechend Gl. (12.1/1) einheitlich durch die Beziehung beschreiben:

$$\begin{aligned} a(t) &= A(t)\cdot\cos(\Omega_0 t - \varphi(t)) \\ &= A(t)\cdot\cos\varphi(t)\cdot\cos\Omega_0 t + A(t)\cdot\sin\varphi(t)\cdot\sin\Omega_0 t \\ &= S_c(t)\cdot\cos\Omega_0 t + S_s(t)\cdot\sin\Omega_0 t\,. \end{aligned} \tag{12.3/33}$$

In Gl. (12.3/33) wird der Ausdruck $S_c(t) = A(t)\cdot\cos\varphi(t)$ als Kophasalkomponente und der Ausdruck $S_s(t) = A(t)\cdot\sin\varphi(t)$ als Quadraturkomponente der Einhüllenden $A(t)$ bezeichnet.

Mit $\varphi(t) = 0$ und $A(t) = A_0(1 + m\cdot f(t))$ beschreibt Gl. (12.3/33) die reine Amplitudenmodulation (AM). Als Beispiel für eine Amplitudenmodulation bei gleichzeitiger Winkeländerung entsteht Einseitenbandmodulation (EM), wenn die kophasale Komponente proportional zur Nachrichtenfunktion $f(t)$ angesetzt wird, $S_c(t) = k\cdot f(t)$, und die Quadraturkomponente $S_s(t)$ gleich der Hilbert-Transformierten von $S_c(t)$ ist (Phasenmethode, Abschn. 12.2.5.1). Im Vergleich zur AM hat EM den Vorteil, daß sie bei gleicher Basisbandbreite der Nachrichtenfunktion nur die halbe Hochfrequenzbandbreite belegt. In der von AM belegten Hochfrequenzbandbreite wird mit EM also die doppelte Informationsmenge untergebracht, z. B. statt einem Sprachkanal deren zwei. Die Trennung der beiden Kanäle erfolgt durch Frequenzselektion. An Hand von Gl. (12.3/33) erkennt man jedoch, daß dieser Vorteil der EM auch für eine AM gilt, bei der die Kophasalkomponente proportional zur Nachrichtenfunktion $f_1(t)$ und die Quadraturkomponente proportional zur Nachrichtenfunktion $f_2(t)$ gemacht wird, und wenn empfangsseitig synchron demoduliert wird. Dieser Sachverhalt wird durch die Darstellung in Abb. 12.3/30 veranschaulicht. Das zugehörige Frequenzspektrum zeigt im Prinzip Abb. 12.3/31. Beim Demodulationsvorgang entsteht bis auf

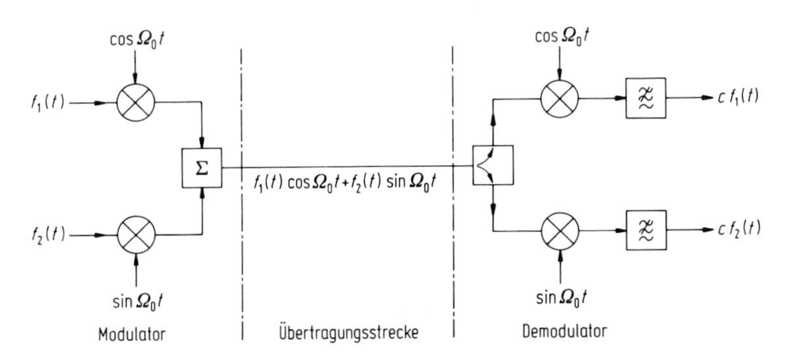

Abb. 12.3/30. Prinzipschaltbild einer Übertragung mit Quadraturmodulation

eine in diesem Zusammenhang unwesentliche Konstante für den oberen Zweig in Abb. 12.3/30 der Ausdruck

$$f_1(t)\cdot\cos^2\Omega_0 t + f_2(t)\sin\Omega_0 t\cos\Omega_0 t = \tfrac{1}{2}\cdot(f_1(t) + f_1(t)\cos 2\Omega_0 t + f_2(t)\sin 2\Omega_0 t) \qquad (12.3/34a)$$

und für den unteren Zweig

$$f_1(t)\cos\Omega_0 t\cdot\sin\Omega_0 t + f_2(t)\sin^2\Omega_0 t = \tfrac{1}{2}\cdot(f_1(t)\sin 2\Omega_0 t + f_2(t) - f_2(t)\cos 2\Omega_0 t)\,. \qquad (12.3/34b)$$

Durch die Tiefpässe in Abb. 12.3/30 werden die hochfrequenten Spektralanteile bei der Kreisfrequenz $2\Omega_0$ unterdrückt, so daß in den beiden Ausgangskanälen die Nachrichtenfunktionen wieder getrennt erscheinen. Die Kanaltrennung erfolgt jetzt anders als bei EM durch Quadraturselektion. Das beschriebene Modulationsverfahren bezeichnet man als *Q*uadratur-*A*mplituden*m*odulation mit dem Kürzel QAM. Wie EM und auch Restseitenbandmodulation zählt sie zu den Amplitudenmodulationen mit gleichzeitiger Winkeländerung. Anwendung findet QAM z. B. bei der Modulation des Farbträgers beim Farbfernsehsignal [46]. QAM wird gelegentlich wegen der besonderen Art der Bündelbildung auch als Quadraturmultiplex bezeichnet.

Besondere Bedeutung hat QAM bei der Ubertragung von wertdiskreten Nachrichtenfunktionen gewonnen. Von der Frequenzbandökonomie aus betrachtet, kann mit ihrer Hilfe die zulässige Bitrate einer hochfrequenten Übertragungsstrecke ohne Bandbreitemehrbedarf verdoppelt werden. Als Nachrichtenfunktionen $f_1(t)$ und $f_2(t)$ werden dazu zwei binäre Datenströme aus bipolaren Impulsen mit jeweils gleichen, aber durchnumerierten Bitdauerintervallen T_v betrachtet (Abb. 12.3/32) und dem Modulator nach Abb. 12.3/30 zugeführt. Die Trägerschwingungen $\cos\Omega_0 t$ und $\sin\Omega_0 t$ werden dadurch je nach den einzelnen Zeichenzuständen mit ± 1 multipliziert. Das der Zeichenfolge nach Abb. 12.3/32 entsprechende Trägerzustandsdiagramm ist in Abb. 12.3/33 dargestellt. Mehr als die dargestellten vier Trägerzustände sind auch bei einer beliebig anderen Zeichenfolge nicht möglich, lediglich die Häufigkeit ihres Eintretens kann sich ändern. Wegen der vier möglichen Trägerzustände bezeichnet man die beschriebene Modulationsart als 4QAM. Bei ihr ändert sich kurioserweise die Trägeramplitude nicht, sondern nur ihre Phasenlage. 4QAM ist deshalb identisch mit 4PSK.

In der Praxis werden die beiden Datenströme nach Abb. 12.3/32 oft durch Serien-Parallel-Wandlung eines Primärsignals der doppelten Bitrate gewonnen, siehe Abb. 12.3/34. An diesen Vorgang kann sich noch eine Wandlung des Binärsignals in ein höherwertiges, z. B. in ein Quaternärsignal mit einer weiteren Bandbreitenreduktion, anschließen. Wählt man die vier Amplitudenstufen des Quaternärsignals wie 1, 1/3, −1/3, −1, so entsteht das Trägerzustandsdiagramm nach Abb. 12.3/35. Es unterscheidet 16 verschiedene Trägerzustände, weshalb Quadraturmodulation mit

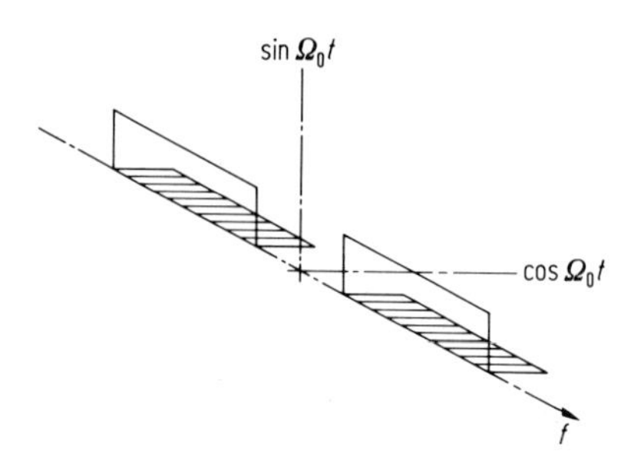

Abb. 12.3/31. Grundsätzliches Frequenzspektrum bei Quadratur-Amplitudenmodulation. Schraffiert: Spektrum durch die kophasale Komponente

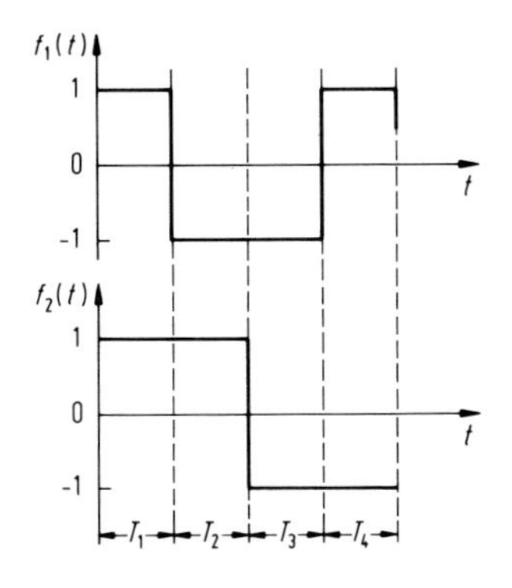

Abb. 12.3/32. Binäre Zeichenfolge aus bipolaren Impulsen. T_ν ist das Bitdauerintervall des ν-ten Zeichens. Es ist hier $T_\nu = T_{11}$

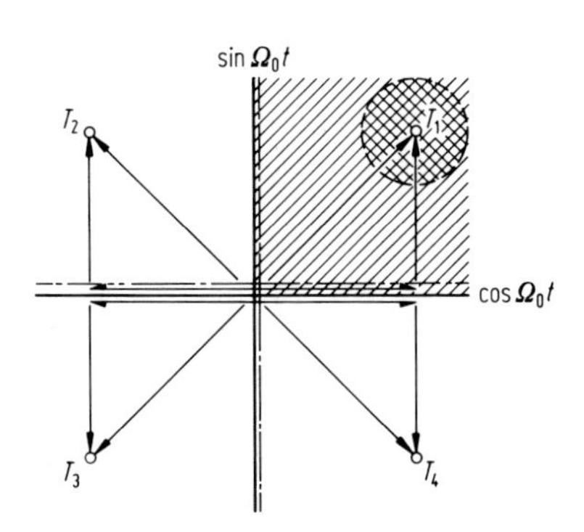

Abb. 12.3/33. Trägerzustandsdiagramm für 4 QAM = 4PSK. –·–·– Entscheidungsgrenzen

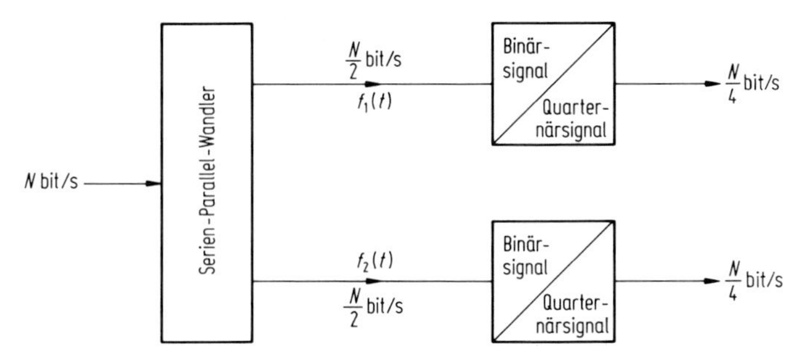

Abb. 12.3/34. Aufspaltung des Primärsignals durch Serien-Parallel-Wandlung und Umcodierung in ein Quaternärsignal

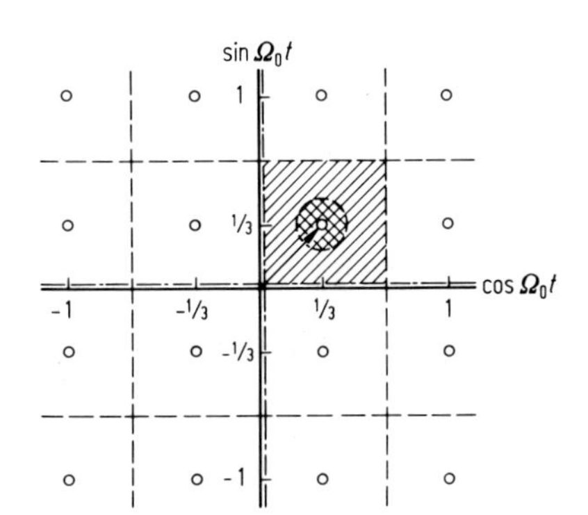

Abb. 12.3/35. Trägerzustandsdiagramm für 16 QAM. --- Entscheidungsgrenzen

Quaternärsignalen als 16QAM bezeichnet wird. Sie ist wie alle Quadraturverfahren eine Amplitudenmodulation mit gleichzeitiger Winkeländerung (12 Phasenzustände, 4 Amplitudenzustände).

Allgemein lassen sich m-wertige QAM-Verfahren (m-QAM) mit entsprechenden Bandbreitegewinnen denken. Dieser Gewinn wird allerdings mit einem Verlust an Signal-Geräusch-Verhältnis erkauft. Ohne auf Details einzugehen, läßt sich dies zumindest qualitativ anhand der Abb. 12.3/33 und 12.3/35 erkennen. Die Trägerzustände sind dort zunächst durch die während eines Bitdauerintervalls unbeweglichen Endpunkte ihrer zugehörigen Zeiger markiert. In Wahrheit sind diese Zeiger aber unvermeidbar in Amplitude und Phase regellosen Schwankungen unterworfen. Ihr Endpunkt liegt deshalb innerhalb eines Schwankungsgebietes, das in den Abb. 12.3/33 und 12.3/35 als kreisförmig und mit Doppelschraffur gekennzeichnet ist. Auf die Signalqualität haben solche Schwankungen so lange keinen Einfluß, als das Schwankungsgebiet ganz innerhalb der Entscheidungsgrenzen für den jeweiligen Trägerzustand liegt. Die Entscheidung, um welchen Trägerzustand es sich handelt, wird im Demodulator getroffen. Ganz offensichtlich sind diese Grenzen unter der Bedingung gleicher Trägerleistung bei 16QAM enger gefaßt als bei 4QAM, und das bedeutet bei gleicher Störleistung schlechtere Signalqualität für 16QAM.

Seit dem Jahre 1982 beschafft die Deutsche Bundespost nur noch Digital-Übertragungssysteme. In terrestrischen Richtfunk haben sich dabei als Modulationsverfahren die FSK (Bitrate 2 Mbit/s) die 4PSK = 4QAM (Bitrate 2×8 Mbit/s, 34 Mbit/s) und die 16QAM (Bitrate 140 Mbit/s) auch international durchgesetzt. Die Erprobung und Entwicklung von 64QAM- und 256QAM-Verfahren sind im Gange [50–52].

Die Trägerzustandsdiagramme der Abb. 12.3/33 und 12.3/35 mit den für die Bitdauer exakt fixierten Endpunkten des Trägerzeigers werden in der Praxis aus zwei Gründen nicht beobachtet. Wie schon erwähnt, ist zum einen der Träger unvermeidbar immer regellos in Amplitude und Phase moduliert, d. h., der Endpunkt des Trägerzeigers bewegt sich während einer Bitdauer innerhalb eines Gebietes, wie es in den Abb. 12.3/33 und 12.3/35 idealisiert als Kreisgebiet mit Doppelschraffur dargestellt ist. Diese Bewegung erfolgt regellos. Zum anderen wird in der Praxis nicht mit den in Abb. 12.3/32 dargestellten Rechteckimpulsen, sondern wegen der günstigeren Frequenzspektren mit Impulsen endlicher Anstiegs- und Abfallszeit gearbeitet. Der Übergang von einem Trägerzustand in einen anderen erfolgt dann nicht mehr momentan, sondern in endlicher Zeit. Im Zustandsdiagramm drückt sich dies ebenfalls als Unschärfe der Trägerendpunkte aus. Ein mit Hilfe eines Oszillographen gemessenes, realistisches Trägerzustandsdiagramm einer 16QAM ist in Abb. 12.3/36 dargestellt.

Neben der gewollten Impulsformung führen auch ungewollte Impulsverzerrungen auf dem Übertragungsweg zu Unschärfen. Das Trägerzustandsdiagramm kann deshalb zur Qualitätsbeurteilung des modulierten Signals z. B. im Hinblick auf seine Demodulation herangezogen werden. Besser allerdings ist das sogenannte Augendiagramm geeignet, das entsteht, wenn man einen Oszillographen im Bittakt triggert und

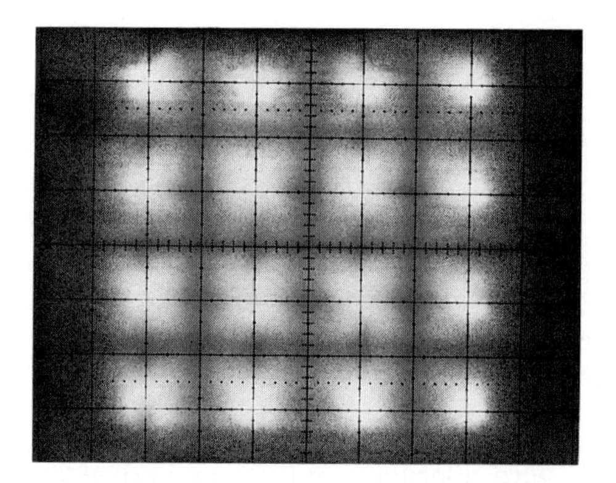

Abb. 12.3/36. Mit Hilfe eines Oszillographen gemessenes Trägerzustandsdiagramm einer 16QAM

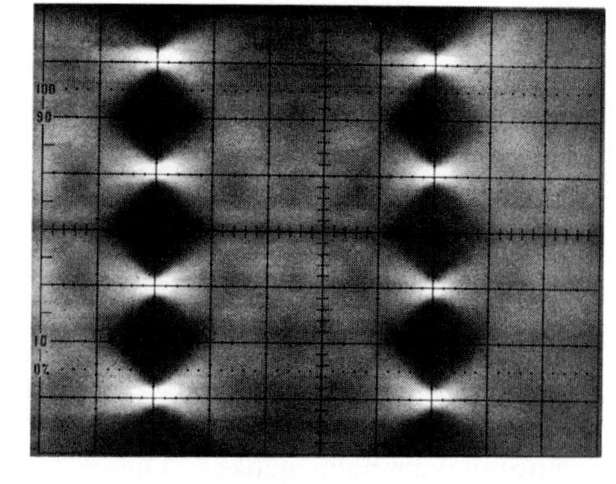

Abb. 12.3/37. Augendiagramm zum Trägerzustandsdiagramm nach Abb. 12.3/36

(Abb. 12.3/36 und Abb. 12.3/37 mit freundlicher Genehmigung der Siemens AG, München)

den Zeichenstrom darstellt. Auf diese Weise werden alle während einer Bitdauer möglichen Übergänge phasenrichtig übereinandergeschrieben, und es entsteht die Darstellung nach Abb. 12.3/37. Dieses Diagramm hat seinen Namen nach der mittleren, dunklen und augenförmigen Fläche erhalten, die auch als Augenöffnung bezeichnet wird. Solange das Auge noch geöffnet ist, so lange ist jedenfalls grundsätzlich eine Demodulation möglich.

Zum Schluß soll hier noch auf die Bezeichnung QAM eingegangen werden. Sie ist zumindest bei wertdiskreter Modulation insofern mißverständlich, als z. B. 4QAM überhaupt keine AM, sondern ein PM darstellt und bei höherwertigen Modulationen neben PM auch AM vorliegt. Die Bezeichnung 16APK usw. (*a*mplitude-*p*haseshift-*k*eying) erscheint deshalb sinngemäßer.

12.4 Pulsmodulation

Benötigt man nicht die Übertragung von großen Gesprächsbündeln (600 Kanäle) zwischen zwei festen Punkten, so ist es bei der Übertragung von z. B. 6, 12 oder 24 Kanälen wirtschaftlich, ein Zeitmultiplexverfahren einzuführen. Die Möglichkeit hierzu ergibt die Pulsmodulation. Grundlage der Pulsverfahren war die Erkenntnis, daß man die niederfrequente Nachrichtenschwingung nicht in ihrem ganzen Verlauf zu übertragen braucht, sondern sich auf die Wiedergabe einzelner diskreter Werte beschränken kann. Es genügt, statt das Signal kontinuierlich über seine volle Periode zu übertragen, in kurzen zeitlichen Abständen von ihm nur einzelne Werte wiederzugeben.

Nach dem *Abtasttheorem* muß die Abtastfrequenz mindestens doppelt so hoch sein wie die höchste im Signal enthaltene Frequenz, also

$$f_p \gtrsim 2 f_{\text{mod max}} , \tag{12.4/1}$$

wenn die Verzerrungen des Signals klein bleiben sollen. Auf diesem Gedanken beruht die Pulsmodulation (Abb. 12.4/1) [49]. Unter einem *Puls* wird dabei eine periodische Folge von *Impulsen* verstanden. A ist die Amplitude des Impulses, T die Dauer (in der Literatur gelegentlich auch noch als Länge, Breite oder Weite bezeichnet) und T_p der Abstand zweier Impulse. Die Pulsfrequenz ergibt sich zu $f_p = 1/T_p$. Um die in den Impulsen von Abb. 12.4/1 enthaltene Nachricht auf der Empfangsseite wiederzugeben, kann man mit einem Tiefpaß alle Frequenzen im Spektrum des Pulses oberhalb der in der Nachricht enthaltenen maximalen Frequenz $f_{\max}$ abschneiden und so die Niederfrequenzschwingung wieder herstellen. Ist z. B. $f_{\max} = 3{,}4$ kHz und $f_p = 8$ kHz, so ist der Impulsabstand $1/f_p = 125$ µs. Die Dauer des Impulses beträgt nur etwa 0,5 bis 1 µs, was einer notwendigen Übertragungsbandbreite von 1 bis 2 MHz entspricht. Damit brauchen diese Verfahren der Pulsmodulation Frequenzbänder von einigen MHz. Zur Übertragung von pulsmodulierten Signalen kommen also nur Höchstfrequenzen in Frage.

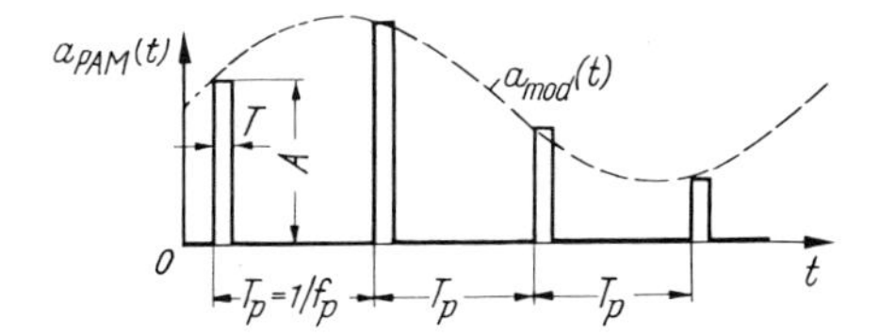

Abb. 12.4/1. Schema eines amplitudenmodulierten Pulses

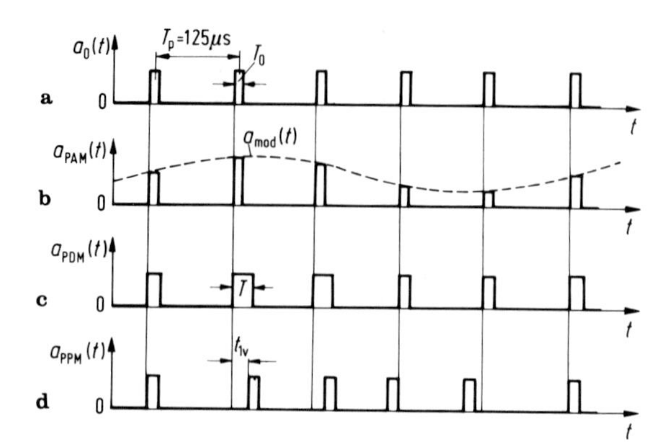

Abb. 12.4/2a–d. Schema verschiedener Pulsmodulationen: **a** unmodulierter Puls; **b** amplitudenmodulierter Puls (PAM); **c** dauermodulierter Puls (PDM); **d** phasenmodulierter Puls (PPM)

Je nachdem, ob das zu übertragende Signal der Größe A, T oder T_p aufmoduliert wird, unterscheidet man zwischen *Pulsamplituden-* (PAM, Abb. 12.4/2b), *Pulsdauer-* (PDM, Abb. 12.4/2c) und *Pulsphasen-Modulation* (PPM, Abb. 12.4/2d). Bei den stetigen Verfahren entspricht der übertragene Wert genau dem Wert der Signalspannung an der abgetasteten Stelle. Es können aber auch einige diskrete, für die Übertragung in Frage kommende Werte fest vorgegeben sein und dann der Wert übertragen werden, dem die Signalspannung am nächsten kommt. Man spricht in diesem Falle von einem *Quantisierungsverfahren.* In diese Gruppe gehören auch die *Pulscodemodulation* (PCM) sowie die *Deltamodulation.*

12.4.1 Pulsmodulationsverfahren

Den Fall einer Pulsamplitudenmodulation (PAM) zeigt Abb. 12.4/2b. Dauer und Abstand der Impulse bleiben konstant, ihre Höhe schwankt im Rhythmus des zu übertragenden niederfrequenten Signals. Zur Sprachübertragung (300 bis 3400 Hz) hat sich ein Impulsabstand von $T_p = 125$ μs eingeführt entsprechend einer Abtastfrequenz von 8 kHz. In bezug auf eine Verbesserung des Signalstörabstandes bringt jedoch die PAM keine Vorteile; sie wird daher innerhalb der Geräte, nicht jedoch für den eigentlichen Übertragungsweg, verwendet. Eine Verbesserung hinsichtlich der Störungen läßt sich dagegen durch Zuhilfenahme einer sog. Quantisierung der Impulse erreichen. Während bisher die Amplitude des Impulses jeden beliebigen Wert annehmen konnte, sind bei Quantisierung bestimmte feste Werte A_1, A_2, A_3 usw. vorgegeben. Soll nach Abb. 12.4/3 ein Signal $a(t)$ übertragen werden, so nehmen die abtastenden Impulse denjenigen Quantenwert an, der dem Wert $a(t)$ am nächsten kommt. Auf der Empfangsseite erscheint dementsprechend nach der Demodulation auch nicht das Ursprungssignal $a(t)$, sondern das davon abweichende, gestrichelt

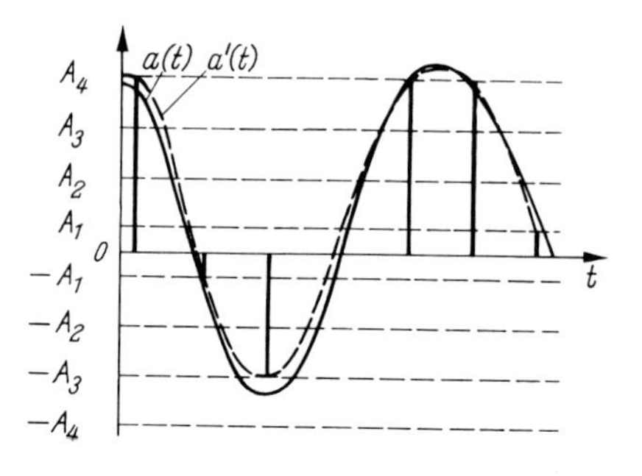

Abb. 12.4/3. Bei den Codierungsverfahren, hier am Beispiel einer PAM gezeigt, kann der einzelne Impuls nur diskrete Werte $A_1, A_2 \ldots$ annehmen. Dadurch wird das Signal $a(t)$ verzerrt wiedergegeben als $a'(t)$

gezeichnete Signal $a'(t)$. Es treten also *Quantisierungsverzerrungen* auf. Sind Störgeräusche vorhanden, deren Amplitude kleiner ist als der halbe Quantensprung, so kann empfangsseitig auf den Sollwert des Quantensprungs hin korrigiert und damit das Störgeräusch völlig eliminiert werden.

Teilt man eine Übertragungsstrecke in so viele Abschnitte ein, daß in jedem dieser Abschnitte die Störgeräusche hinreichend klein bleiben, so können durch diese *Zeichenregenerierung* die Störgeräusche der ganzen Strecke eliminiert werden, während die Quantisierungsverzerrung dabei nicht größer wird, sondern den Ursprungswert, der von der Senderseite herrührt, beibehält.

In der Diodenschaltung, Abb. 12.4/4, als Beispiel einer Schaltung zur Erzeugung von PAM werden den Klemmen *I–I* die unmodulierten Impulse, den Klemmen *II–II* die modulierende Spannung $u_{\text{mod}}(t)$ zugeführt, welche den Begrenzungswert um den Wert der eingestellten Vorspannung U_v schwanken läßt.

Bei der Pulsdauermodulation (PDM) bleibt die Amplitude A konstant, und es ändert sich die Dauer T des Impulses (Abb. 12.4/2c). Die Nachricht steckt in der Breite des einzelnen Impulses, d. h., es ist $T - T_0 \sim s(t)$. Die PDM kann erfolgen, indem entweder die Impulsmitten gleichen Abstand behalten und sich beide Flanken hierzu symmetrisch bewegen, oder nur eine Flanke moduliert wird. Bezüglich der Geräuschunterdrückung bietet die PDM zwar der PAM gegenüber Vorteile, ist aber der im folgenden besprochenen Pulsphasenmodulation hierin unterlegen. Auch die PDM wird daher auf der Übertragungsstrecke nicht verwendet, wohl aber innerhalb der Geräte selbst.

Die zweite Modulationsart konstanter Impulsamplitude ist die Pulsphasenmodulation (PPM). Die modulierende Niederfrequenzspannung beeinflußt dabei die zeitliche Lage, d. h. die Phase der einzelnen Impulse (Abb. 12.4/2d), es ist $t_w \sim s(t)$. Es ergeben sich hierbei keine Verzerrungen durch Nichtlinearitäten im Amplitudengang des Sprechkanals. Die Vorteile der Geräuschunterdrückung kommen hier ganz analog den kontinuierlichen Verfahren voll zur Geltung.

Zwei Modulationsarten, die auf dem Prinzip der Quantisierung beruhen, sind die Pulscode- und die Deltamodulation. Bei der *Pulscodemodulation* (PCM) wird das zu übertragende Signal, ähnlich wie in Abb. 12.4/3, quantisiert, jetzt aber nicht der Absolutwert eines einzelnen Impulses direkt übertragen, sondern ein Codewert.[1] Die

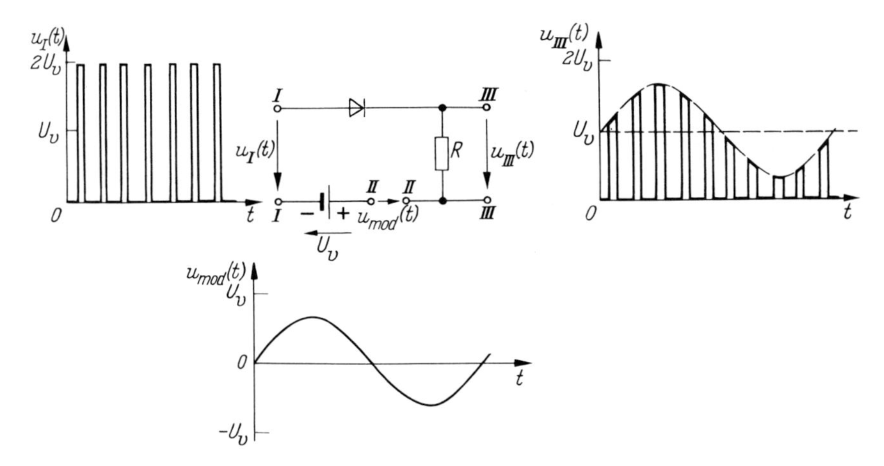

Abb. 12.4/4. Diodenmodulator zur Erzeugung eines amplitudenmodulierten Pulses

[1] Von Alec Harvey Reeves während seiner Tätigkeit im Laboratoire Central de Télécommunication in Paris 1937 angegeben. Franz. Patent 852 183, angemeldet 3. 10. 1938.

stetige Amplitudenschwankung wird z. B. in 32 Stufen unterteilt und diese nach einem 5er-Alphabet ($2^5 = 32$) verarbeitet, Abb. 12.4/5. Das zu übertragende Signal (*a*) werde an den durch die kleinen Kreise bezeichneten Stellen abgetastet. Aus dem willkürlich angenommenen Ordinatenmaßstab ergeben sich für jeden der herausgegriffenen Augenblickswerte Zahlenwerte (*b*), die nach einem Codesystem telegraphisch übertragen werden. Im Beispiel möge dieses System aus 4 Impulsen bestehen und jedem von ihnen eine Zahl zugeordnet sein, dem ersten 2^3 (=8), dem zweiten 2^2 (=4), dem dritten 2^1 (=2) und dem letzten 2^0 (=1). Das Vorhandensein eines dieser Impulse bedeutet die betreffende Zahl. Bei mehreren Impulsen sind ihre Zahlenwerte zu addieren. Der erste Impuls allein bedeutet also 8, der zweite allein 4, der erste plus zweite: $8 + 4 = 12$ usw. (Bild c). Auf der Empfangsseite wird jede Codegruppe wieder in einen Impuls entsprechender Höhe verwandelt und diese so gewonnene PAM in üblicher Weise demoduliert.

Man bezeichnet ein Nachrichtenelement, das nur 2 Werte (vorhanden – nicht vorhanden, „ja" – „nein") annehmen kann, als *Bit* (*b*inary dig*it*) und ein solches System als *Dualsystem.* Näheres s. [15] S. 1338 bis 1341, [17] S. 452 bis 458, [18].

Eine der PCM verwandte Modulationsart ist die *Deltamodulation.* Auch bei ihr wird die Nachricht in einzelne Werte zerlegt. Diese Werte werden jedoch nicht ihrem Betrage nach übertragen, sondern lediglich das Vorzeichen der Differenz Δ des betreffenden Wertes gegenüber dem vorhergehenden Wert (also Größer- oder Kleinerwerden) wird codiert übermittelt[1] [19].

Abbildung 12.4/6 zeigt die Prinzipschaltung, Abb. 12.4/7 die Zeitfunktionen der Spannungen an den einzelnen Toren. Am Eingangstor 1 wird die modulierende Nachricht mit der Spannung $u_1(t)$ als analoges Signal zugeführt. Dieses steuert über eine Vergleichsschaltung in dem Komparator eine Pulsfolge von äquidistanten Impulsen gleicher Höhe, aber mit unterschiedlichen Vorzeichen, die am Ausgangstor

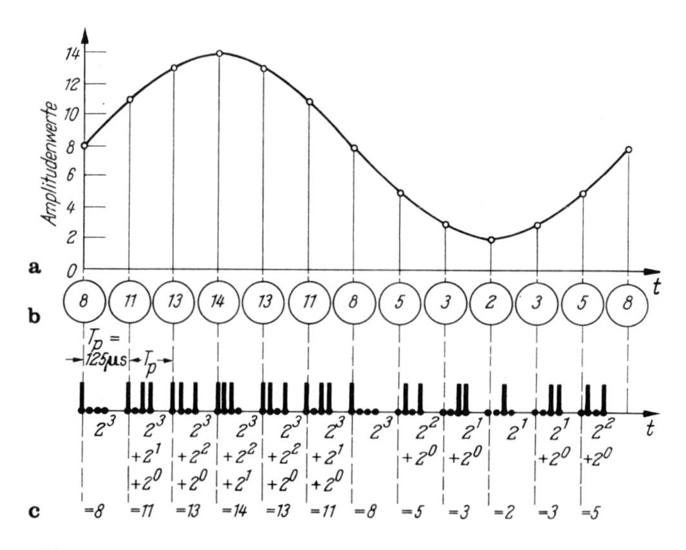

Abb. 12.4/5a–c. Bei der PCM wird das Signal bei der Abtastung quantisiert (Bild **a**). Dieser quantisierte Wert wird als Binärzahl übertragen (Bild **c**)

[1] Von E.M. Deloraine, S. van Mierlo und B. Derjavitch angegeben. Franz. Patent 932 140, angemeldet 10. 8. 1946.
Verbesserungen von F. de Jager, J.F. Schouten und J.A. Greefkes. Niederländ. Patent 96 166 vom 22. 5. 1958.

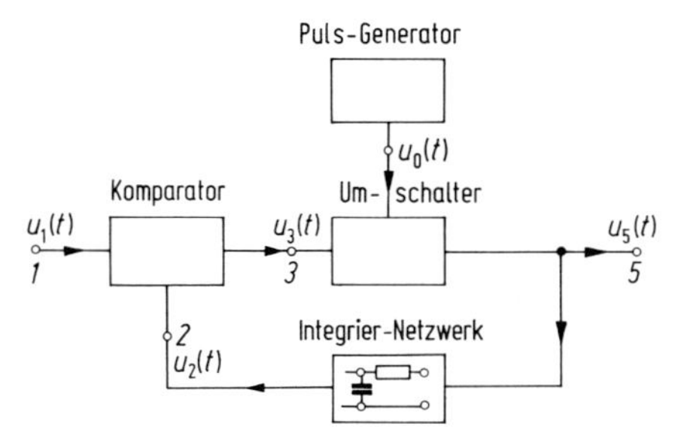

Abb. 12.4/6. Deltamodulation. Blockschaltbild auf der Sendeseite

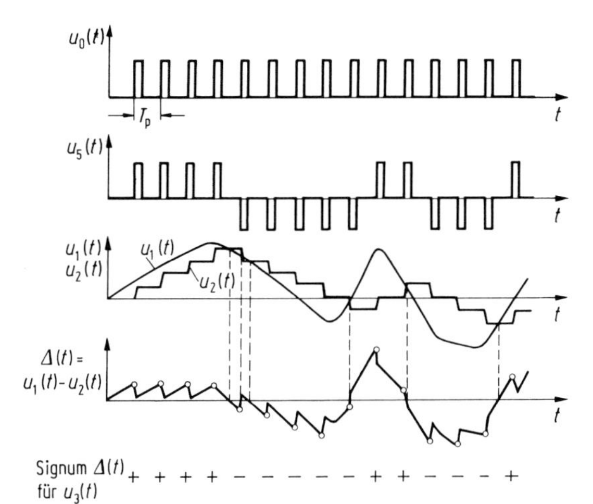

Abb. 12.4/7. Zeitfunktionen bei der Deltamodulation

5 der Übertragungsstrecke zugeführt werden und gleichzeitig über ein Rückkopplungsnetzwerk integriert werden. Die entstehende Treppenkurve $\sim u_2(t)$ wird dem Tor 2 des Komparators zugeführt. Hier wird die Differenz $\Delta(t) = u_1(t) - u_2(t)$ gebildet (s. 4. Zeile in Abb. 12.4/7) und nur das Vorzeichen $\operatorname{sgn}\Delta$ von $\Delta(t)$ verwertet, welches das Schaltkriterium + oder − für den Umschalter liefert. Die Treppenkurve $u_2(t)$ folgt näherungsweise dem Verlauf $u_1(t)$ des Eingangssignals, wenn Anstieg und Abfall von $u_1(t)$ nicht zu schnell im Verhältnis zur Pulsperiode T_p erfolgen.

Auf der Empfangsseite, welche die Impulse $u_5(t)$ erhält, ist dann bei Verwendung eines Integrators wie auf der Sendeseite nur noch ein Tiefpaß zur Glättung der Kurvenform notwendig. Der Geräteaufwand der Deltamodulation ist also im Verhältnis zu dem Aufwand bei PCM sehr gering.

Der in Abb. 12.4/7, Zeile 3 rechts erkennbare zu große Unterschied zwischen $u_1(t)$ und dem mittleren Verlauf der Treppenkurve $u_2(t)$ bedeutet unzulässige Verzerrungen. Sie lassen sich durch zwei Maßnahmen vermindern,

1. durch kürzere Pulsperioden T_p. Das bedeutet Erhöhung der Bandbreite.
2. durch Verringerung der Amplitude bei hohen Frequenzen im Signal $u_1(t)$ mit einer Preemphasis, welche den natürlichen Amplitudengang der Sprachfrequenzen noch wesentlich vertieft, z. B. entsprechend 6 dB Abnahme je höhere Oktave. Diese Preemphasis auf der Sendeseite muß dann durch eine Deemphasis mit relativ großer Verstärkungszunahme für die hohen Sprachfrequenzen auf der Empfangsseite ausgeglichen werden.

Schließlich soll noch darauf hingewiesen werden, daß im Gegensatz zur PCM mit ihrer starren Codierung des Signals die Deltamodulation eine sich an das Signal anpassende „adaptierende“ Codierung bewirkt.

12.4.2 Pulsdemodulationsverfahren

Die Möglichkeit, *Pulsamplitudenmodulation* zu demodulieren, wurde bereits in Abschn. 12.4 kurz angedeutet. Die Niederfrequenz kann wiedergewonnen werden, wenn man mit Hilfe eines Tiefpasses alle Frequenzen oberhalb der in der Nachricht enthaltenen maximalen Frequenz f_{max} abschneidet, also z. B. den Mittelwert über die Periode $T_p = 1/f_p$ der Pulsfrequenz f_p bildet.

In Abb. 12.4/8a ist als Beispiel eine einfache Schaltung gezeichnet, die mit einem Spitzengleichrichter arbeitet. Der Kondensator C wird von dem Impuls über den Widerstand R_1 und den Gleichrichter aufgeladen und entlädt sich nach Aufhören des Impulses über den Widerstand R_2 entsprechend der Zeitkonstante CR_2 (Bild b). Die Zeitkonstante ist dabei so zu wählen, daß die Spannungen an C bis zum Eintreffen des nächsten Impulses bereits bis auf einen Wert abgeklungen ist, der unterhalb des Spitzenwertes dieses Impulses liegt, da letzterer andernfalls nicht zur Anzeige gebracht würde. Sehr hohe Modulationsgrade (100%) können auf diese Weise allerdings nicht verzerrungsfrei demoduliert werden, da eine vollständige Entladung des Kondensators C innerhalb der Pulsperiode T_p nicht zu erwarten ist. In der Schaltung Abb. 12.4/8a erscheint an den Ausgangsklemmen *II–II* der Verlauf von Bild b, aus dem dann durch einen nachfolgenden Tiefpaß die ursprüngliche Nachricht ausgesiebt wird. Man erkennt, daß eine wesentlich größere niederfrequente Leistungsausbeute zu erwarten ist, wenn Bild 12.4/8b in die Form von Abb. 12.4/9b abgewandelt werden könnte. Eine derartig arbeitende Schaltung zeigt Abb. 12.4/9a. Hierbei wird der Kondensator C über die Diode auf die Spitzenspannung des Impulses aufgeladen und auf diesem Wert gehalten, bis er kurz vor dem Eintreffen des neuen Impulses durch einen elektronischen Schalter S vollständig entladen wird.

Die *Pulsdauerdemodulation* erfolgt am einfachsten so, daß man die dauermodulierten Impulse zunächst in amplitudenmodulierte Impulse verwandelt und diese dann demoduliert. Diese Umwandlung kann beispielsweise so erfolgen, daß man nach Abb. 12.4/10 einen Sägezahngenerator durch die dauermodulierten Impulse steuern läßt. Unter der Annahme einer genauen Linearität der Generatorspannung über der Zeit ist dann die Amplitude des Sägezahns der steuernden Impulsdauer proportional.

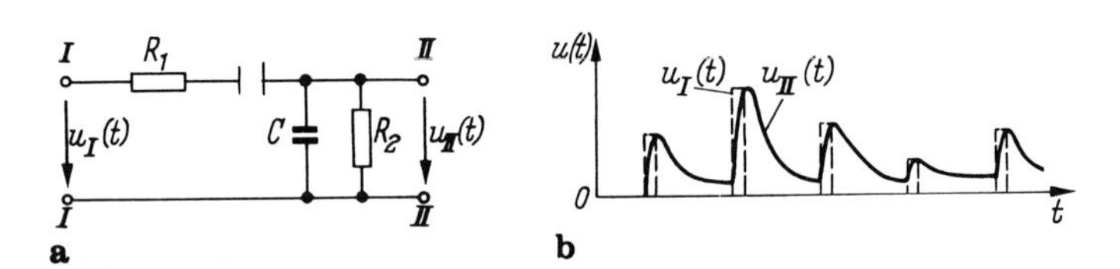

Abb. 12.4/8a u. b. Demodulation von PAM mit einem Spitzenwertgleichrichter: **a** Prinzipschaltbild; **b** Spannungsverlauf

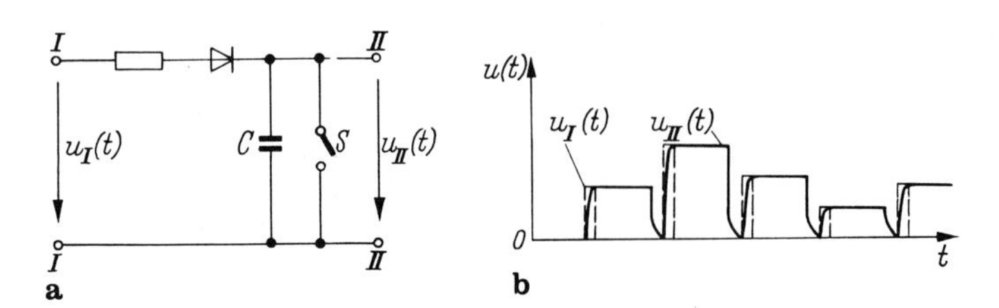

Abb. 12.4/9a u. b. Aus 12.4/8 entwickelte Schaltung mit Hilfsstrecke zur völligen Entladung des Kondensators (Schalter S): **a** Prinzipschaltbild; **b** Spannungsverlauf

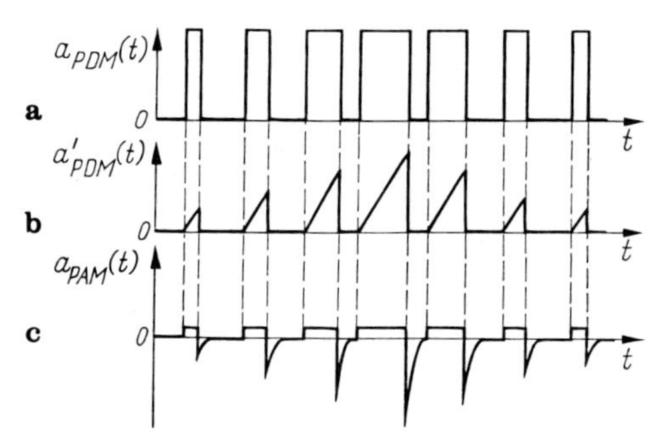

Abb. 12.4/10a–c. Prinzip der Umwandlung eines dauermodulierten Pulses in einen amplitudenmodulierten: Der empfangene Puls (Bild **a**) schaltet einen Sägezahngenerator (Bild **b**). Nach der Differentiation erhält man eine PAM (Bild **c**)

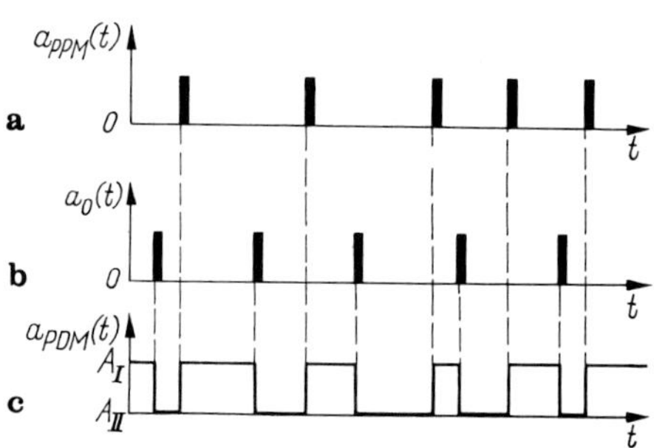

Abb. 12.4/11a–c. Umwandlung von PPM in PDM mittels eines bistabilen Multivibrators, der vom unmodulierten Trägerpuls $a_0(t)$ und dem PPM-Puls abwechselnd umgeschaltet wird

Auch bei der *Pulsphasendemodulation* geht man im allgemeinen so vor, daß man die PPM zunächst wieder in PAM oder PDM verwandelt und diese dann demoduliert. Daneben gibt es allerdings auch direkte Demodulationsverfahren [17, S. 431]. Bei einem indirekten Modulationsverfahren befindet sich auf der Empfangsseite ein bistabiler Multivibrator, der von den phasenmodulierten Impulsen (Abb. 12.4/11a) in die stabile Stellung II und der von den unmodulierten Trägerimpulsen (Abb. 12.4/11b) zurück in die Stellung I geschaltet wird. Dementsprechend ist der Puls am Multivibratorausgang (Abb. 12.4/11c) dauermoduliert; er wird sodann z. B. nach Abb. 12.4/10 in einen amplitudenmodulierten Puls verwandelt und anschließend über einen Tiefpaß die Niederfrequenz zurückgewonnen.

Die *Pulscodedemodulation* kann beispielsweise so vorgenommen werden, daß einem Kondensator eine Ladungsmenge zugeführt wird, die dem Wert des betreffenden einzelnen Codeelements proportional ist. Am Ende einer Codegruppe entspricht die Gesamtladung dann dem Amplitudenwert, der durch diese Codegruppe dargestellt werden sollte [17, 18].

12.4.3 Zeitmultiplexverfahren

Die Tatsache, daß bei einer Impulsbreite von beispielsweise 1 µs und einem Impulsabstand von 125 µs die Zwischenräume gegenüber den Impulsen groß sind, ermöglicht es, zur besseren Ausnutzung des Übertragungsweges mehrere Nachrichtenkanäle ineinanderzuschachteln und so ein Zeitmultiplexsystem zu schaffen. Abbildung 12.4/12 zeigt ein vereinfachtes Beispiel für 2 Kanäle in Bild a im unmodulierten Zustand, in Bild b bei PAM, in Bild c bei PDM und in Bild d für den Fall der PPM. Die einzelnen Nachrichtenkanäle müssen dabei selbstverständlich mit gleicher Taktfrequenz übertragen werden. Die Zahl der übertragbaren Kanäle ist dadurch begrenzt, daß zur Vermeidung von Übersprechen die Impulse des einen Kanals abgeklungen sein müssen, bevor die Impulse des Nachbarkanals einsetzen. Nichtlinearitäten im Übertragungswege können dann zwar Verzerrungen innerhalb eines Kanals, nicht aber ein Übersprechen der Kanäle untereinander bewirken.

Die Aufbereitung eines derartigen Zeitmultiplexsystems erfolgt durch einen mit der Taktfrequenz umlaufenden elektronischen Schalter (Abb. 12.4/13), die Trennung auf der Empfangsseite durch einen dazu synchron laufenden Verteilerschalter. Die

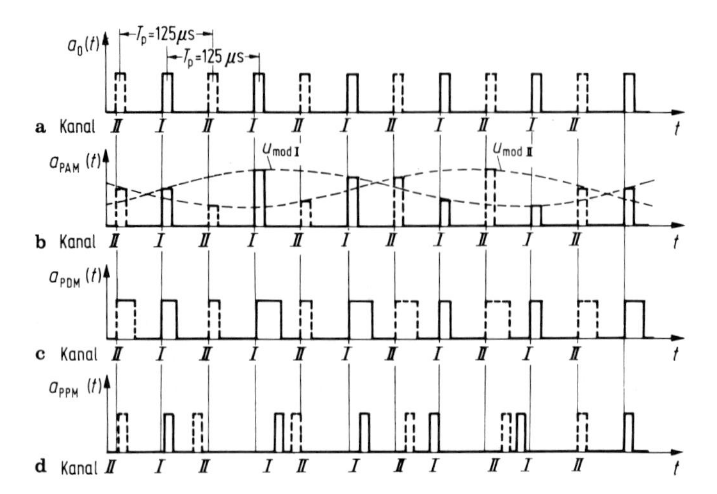

Abb. 12.4/12a–d. Beim Zeitmultiplex-Verfahren werden mehrere Pulse zeitlich versetzt übertragen. Hier sieht man für zwei verschachtelte Pulse in (**a**) den unmodulierten Zustand, in (**b**) PAM, in (**c**) PDM und in (**d**) PPM

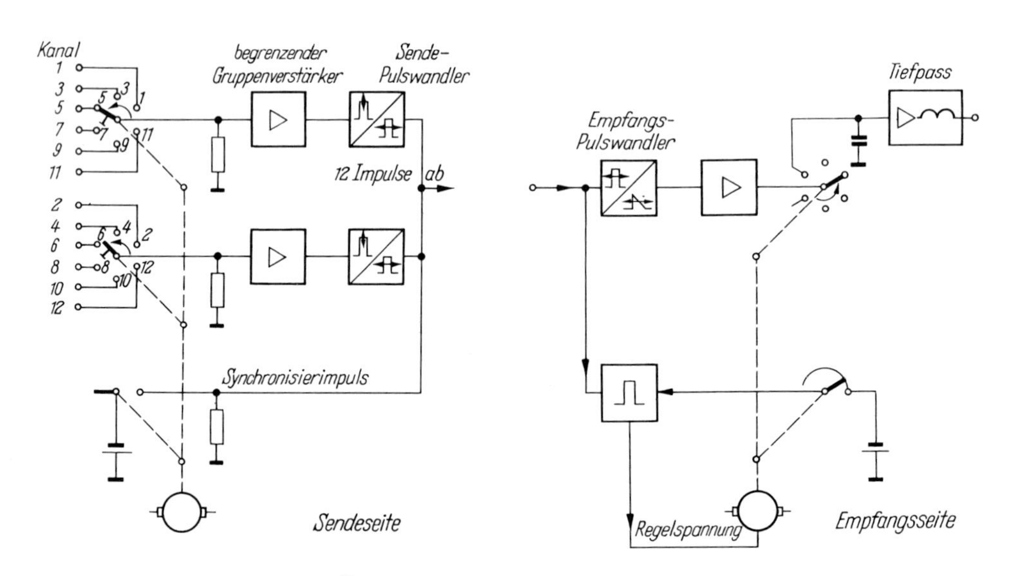

Abb. 12.4/13. Blockschema einer Übertragungsstrecke mit PPM-Zeitmultiplex-Betrieb

Synchronisierung geschieht durch einen mit übertragenen besonderen Synchronisierimpuls. Die Schalter selbst werden durch Elektronenstrahlschalter oder durch Modulatoren mit Dioden oder anderen Halbleiterbauelementen gebildet, denen zeitlich versetzte Öffnungsimpulse zugeführt werden. Eine ausführliche Darstellung eines nach diesen Prinzipien arbeitenden Richtfunksystems mit Pulsphasenmodulation für 12 und 24 Fernsprechkänäle einschließlich der Beschreibung der dafür benötigten Geräte ist in [20] zu finden.

12.5 Frequenzspreizung

12.5.1 Bandbreite und Störabstand

Charakteristisch für Phasen- bzw. Frequenzmodulation (Abschn. 12.3.3) ist, daß die vom modulierten Signal i. allg. belegte Bandbreite B_{HF} wesentlich größer ist als die Bandbreite B_{NF} des modulierenden Signals. Hierbei wird dann in bestimmter Weise der Einfluß von Störungen bei der Übertragung (Rauschen, Interferenz) auf das demodulierte Signal reduziert (Modulationsgewinn). Der theoretische Grenzwert für den Modulationsgewinn ergibt sich aus der von Shannon [53] begründeten Signaltheorie, nach der der Störabstand des demodulierten Signals $(P_S/N)_a$ und die im Übertragungskanal belegte Bandbreite B_{HF} gegeneinander austauschbare Größen sind. Es ist nach [53]

$$\left(\frac{P_S}{N}\right)_a = \left(1 + \frac{1}{\beta} \cdot \frac{P_{Se}}{2B_{NF} S_0}\right)^\beta - 1 \tag{12.5/1}$$

mit $\beta = B_{HF}/B_{NF}$. Der Faktor β wird i. allg. als (Bandbreiten-) Gewinn bezeichnet. Es ist P_{Se} die Signalleistung am Eingang des Empfängers, B_{NF} die Signalbandbreite und S_0 die spektrale Leistungsdichte des dem Signal additiv überlagerten weißen Rauschens.

Bei den Verfahren der Frequenzspreizung wird nun durch eine zusätzlich vorgenommene Modulation die im Übertragungsweg (Kanal) belegte Bandbreite gegenüber der Signalbandbreite wesentlich erhöht, typisch um den Faktor $\beta = 10$ bis 1000. Für zunehmende Wert von β steigt der Wert von $(P_S/N)_a$ in Gl. (12.5/1) zunächst an, für $\beta \gg 1$ erreicht er den Grenzwert

$$\lim_{\beta \to \infty} \left(\frac{P_S}{N}\right)_a = \exp\left(\frac{P_{Se}}{2B_{NF} S_0}\right) - 1 \,. \tag{12.5/2}$$

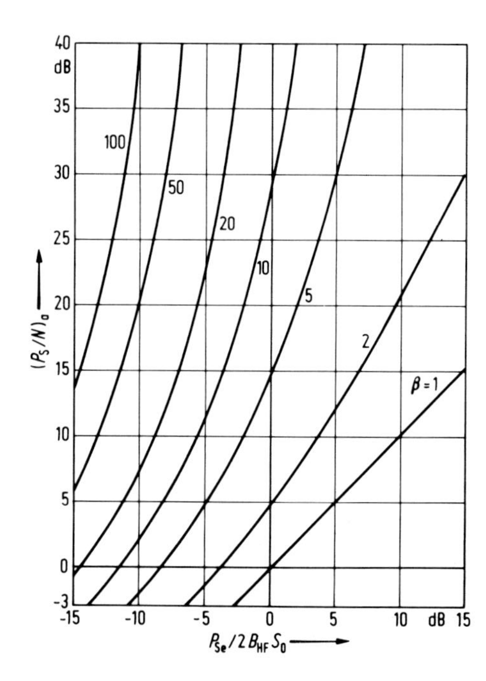

Abb. 12.5/1. Störabstand über der auf die Kanalbandbreite bezogenen Signalleistung nach Shannon. Parameter ist das Bandbreitenverhältnis $\beta = B_{HF}/B_{NF}$

Danach ist der Grenzwert des Störabstandes exponentiell von der bezogenen Signalleistung am Eingang abhängig. Der durch Gl. (12.5/1) beschriebene Störabstand ist in Abb. 12.5/1 über dem Störabstand am Eingang

$$\left(\frac{P_S}{N}\right)_e = \frac{P_{Se}}{2B_{HF}} S_0$$

aufgetragen. Es zeigt sich, daß auch für geringe Werte von $(P_S/N)_e$ ein ausreichend großer Wert des Störabstandes $(P_S/N)_a$ erreicht werden kann, wenn β ausreichend groß gewählt wird.

12.5.2 Code-Spreizverfahren

Das Prinzipschaltbild einer Anordnung zur Übertragung frequenzgespreizter Signale nach dem Code-Spreizverfahren zeigt Abb. 12.5/2. Im Sender wird das Signal $S(t)$ zunächst einem Träger der Frequenz f_0 aufmoduliert (AM oder PM). Danach erfolgt die Modulation zur Frequenzspreizung. Diese kann als Amplituden-oder Phasenmodulation erfolgen. Aus gerätetechnischen Gründen, z. B. wegen der Linearität der Modulations- und Sendestufen, wird jedoch Phasenmodulation bevorzugt. Als modulierendes Signal zur Frequenzspreizung können prinzipiell sowohl kontinuierliche (analoge) als auch wertdiskrete (digitale) Signale benutzt werden. Bevorzugt werden in jedem Falle rauschähnliche Signale, um eine möglichst gleichmäßige Verteilung der Signalleistung über das gespreizte Frequenzband zu erreichen. Dabei werden zumeist digitale Signale – sogenannte Code – benutzt, da sie einfach in einem Codegenerator aus rückgekoppelten Schieberegistern zu erzeugen sind, während entsprechende analoge Signale nur aufwendig zu generieren sind. In Abb. 12.5/2 erfolgt die Spreizmodulation damit als binäre Phasenumtastung (BPSK) mit dem Code $c(t)$. Die spektrale Verteilung der Signale $S_e(t)$ und $S_s(t)$ von Abb. 12.5/2 ist in Abb. 12.5/3a dargestellt. Die im Übertragungskanal belegte Bandbreite B_{HF} wird wesentlich größer als die Signalbandbreite B_{NF} gewählt. Die Leistungsverteilung $S_s(f)$ von $S_s(t)$ über den Frequenzbereich B_{HF} wird durch die Eigenschaften des Codes $c(t)$ bestimmt.

Zur Rückgewinnung des Signals $S_e(t)$ aus dem gespreizten Signal $S_s(t)$ wird dieses im Empfänger mit dem zur Spreizung benutzten Code $c(t)$ korreliert. Hierzu wird der im Empfänger erzeugte Code $c(t)$ phasenrichtig auf den Empfangscode synchronisiert und mit dem Empfangssignal multipliziert. Das über den Frequenzbereich B_{HF} verteilte Signal wird damit wieder auf die ursprüngliche Bandbreite komprimiert. Dem Signal $S_s(t)$ überlagerte schmalbandige Störungen $S_{st}(t)$ werden dagegen, wie in

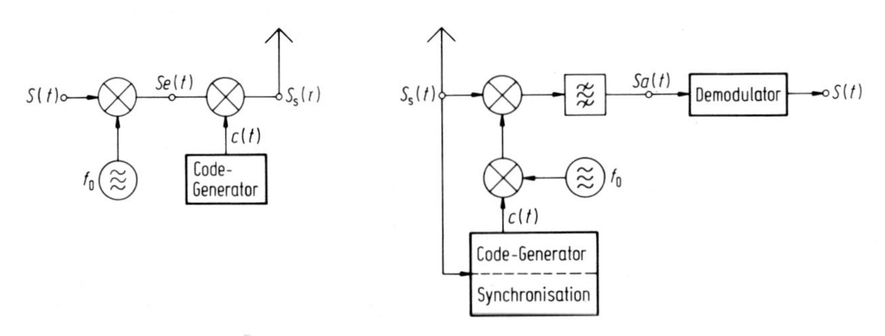

Abb. 12.5/2. Übertragungssystem mit Frequenzspreizung nach dem Code-Spreizverfahren (Direkt-Sequenz-Verfahren)

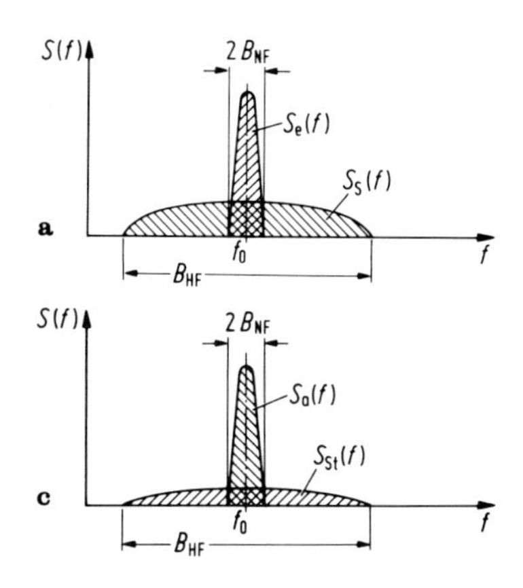

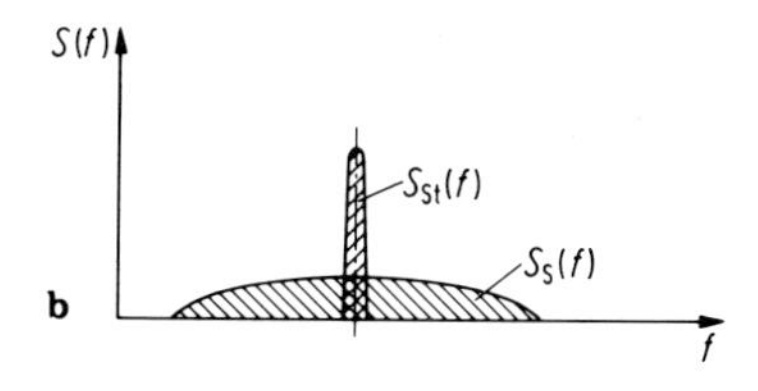

Abb. 12.5/3. Leistungsspektrum der Signale in der Anordnung Abb. 12.5/2: **a** $S_e(f)$ und $S_s(f)$ der Sendersignale $S_e(t)$ und $S_s(t)$; **b** $S_s(f)$ des Empfangssignals mit überlagertem Spektrum $S_{st}(f)$ des Störsignals $S_{st}(t)$; **c** Spektrum der Signale am Ausgang des Empfängerkorrelators

Abb. 12.5/3b und c dargestellt, spektral gespreizt und durch das nachfolgende Bandpaßfilter mit der Bandbreite $2B_{NF}$ in ihrer Amplitude entsprechend dem Bandbreitenverhältnis reduziert. Hierin und in der zuvor erwähnten Möglichkeit, auch stark verrauschte Signale noch einwandfrei empfangen zu können, liegen die wesentlichen Vorteile der Frequenzspreizverfahren.

Neben dem beschriebenen Code-Spreizverfahren, das auch als „Direkt-Sequenz-Verfahren“ bezeichnet wird, finden das Frequenzsprung- und das Zeitsprungverfahren Anwendung, meist ebenfalls als digitale Übertragungsverfahren. Beim Frequenzsprungverfahren wird über einen Quasi-Zufallsgenerator die Trägerfrequenz f_0 des in Abb. 12.5/2 gezeigten Oszillators verändert. Die Frequenzspreizung durch den Code entfällt dann. Beim Zeitsprungverfahren wird nur für jeweils kurze Zeiten ein Signal gesendet. Die Aufeinanderfolge der einzelnen Sendezeiten wird hierbei über den Quasi-Zufallsgenerator gesteuert. Anwendung haben Frequenzspreizverfahren bisher zumeist bei Satellitenverbindungen bzw. bei mobilen Funknetzen gefunden. Eine Darstellung der verschiedenen Verfahren wird in [55, 56] gegeben.

12.5.3 Spreizcodes

Um eine möglichst gleichmäßige Frequenzspreizung zu erreichen, muß das Leistungsspektrum des Codes selbst eine möglichst gleichmäßige Verteilung aufweisen. Dies wird erreicht, wenn der Code eine zufällige Verteilung der Codezeichen (d. h. „0“ und „1“ beim binären Code) aufweist. Der Gebrauch einer vollkommenen Zufallsverteilung scheidet jedoch aus, da zur Korrelation im Empfänger der Code nochmals erzeugt werden muß. Es werden daher rauschähnliche Codes (PN-Codes = *p*seudo-random *n*oise *c*odes) verwendet, die im Sender und im Empfänger unabhängig voneinander reproduzierbar erzeugt werden können. Hierzu gehören die sogenannten Codes maximaler Länge (m-Sequenzen) [57]. Andere mögliche Codes sind z. B. die Gold-Sequenzen [58], die aus der Modulo-2-Verknüpfung zweier verschieden langer m-Sequenzen entstehen. Zur Erzeugung von m-Sequenzen werden rückgekoppelte Schieberegister mit m-Stufen verwendet. Die Länge des erzeugten Codes beträgt $2^m - 1$ Codeelemente. In Abb. 12.5/4a ist das Prinzip eines derartigen Codegenerators für $m = 3$ dargestellt, der erzeugte Code hat die Länge 7 (Abb. 12.5/4b). Die spektrale Leistungsverteilung besteht aus einem Linienspektrum mit einer $(\sin x/x)^2$-Einhüllenden. Der Hauptzipfel des Spektrums erstreckt sich über die doppelte Taktrate $2/\Delta$ des Codes (Abb. 12.5/5), die somit den Grad der spektralen Spreizung bestimmt und entsprechend der gewünschten Bandbreite B_{HF} gewählt werden muß.

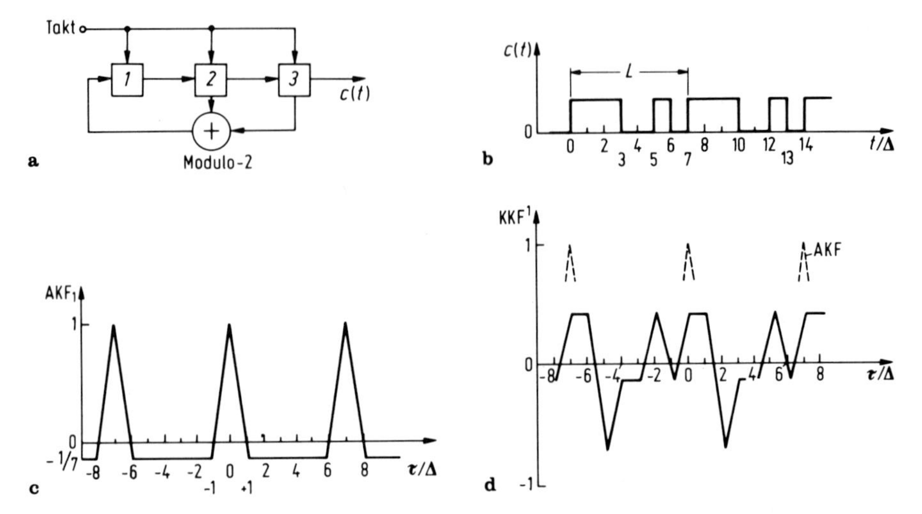

Abb. 12.5/4. Eigenschaften von PN-Codes (m-Sequenzen): **a** Erzeugung mit rückgekoppelten Schieberegistern, $m = 3$; **b** Codeverlauf $c(t)$, Länge $L = 7$, Δ ist die Zeichendauer; **c** Verlauf der Autokorrelationsfunktion (AKF); **d** Verlauf der Kreuzkorrelationsfunktion (KKF) zweier m-Sequenzen der Länge $L = 7$

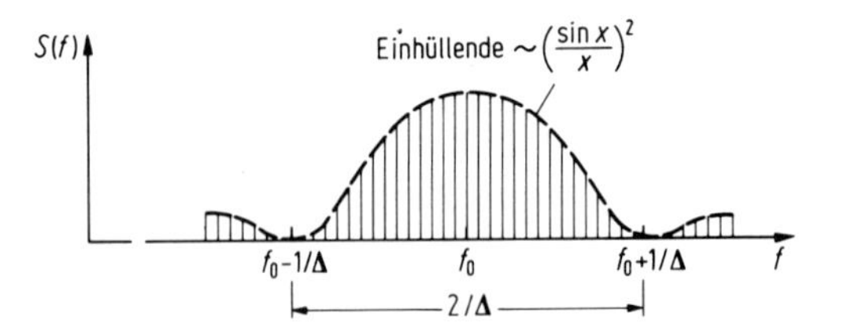

Abb. 12.5/5. Leistungsspektrum eines mit einem PN-Code (m-Sequenz) BPSK-modulierten Trägers der Frequenz f_0. PN-Code = Pseudorandom-Noise-Code; BPSK = Binäre Phasenumtastung; Δ ist die Zeichendauer des Codes

Um eine fehlerfreie Korrelation des empfangenen Signals mit dem Code $c(t)$ zu erreichen, ist es notwendig, daß die Autokorrelationsfunktion (AKF, s. Abschn. 8.1) des Codes

$$R_{11}(\tau) = \frac{1}{T} \int_0^T c(t)\, c(t - \tau)\, \mathrm{d}t$$

ein ausgeprägtes Maximum für $\tau = 0$ und $\tau = T$ hat und für Zwischenwerte von τ möglichst niedrige Werte bzw. Werte mit entgegengesetztem Vorzeichen annimmt. In Abb. 12.5/4c ist der für m-Sequenzen charakteristische Verlauf der AKF am Beispiel $m = 3$ dargestellt. Sind dem Empfangssignal, durch Mehrwegeausbreitung bedingt, verzögerte Signalanteile überlagert, so werden diese entsprechend der AKF im Korrelator in ihrer Amplitude reduziert. Sie sind bei Verzögerungen, die größer als eine Zeichendauer Δ des Codes sind, als rauschähnliche Signale am Empfängerausgang dem Nutzsignal überlagert.

Die Synchronisation des im Empfänger erzeugten Codes auf den Empfangscode erfolgt z. B. über eine Verzögerungs-Regelschleife (DLL = *d*elay *l*ock *l*oop), deren Prinzipschaltbild in Abb. 12.5/6a dargestellt ist. Im Codegenerator werden neben dem Code $c(t)$ auch der um eine halbe Zeichendauer Δ voreilende Code $c(t + \Delta/2)$ sowie der entsprechend verzögerte Code $c(t - \Delta/2)$ erzeugt und jeweils mit dem Oszillatorsignal multipliziert (Phasenumtastung). Nach Multiplikation dieser Signale mit dem

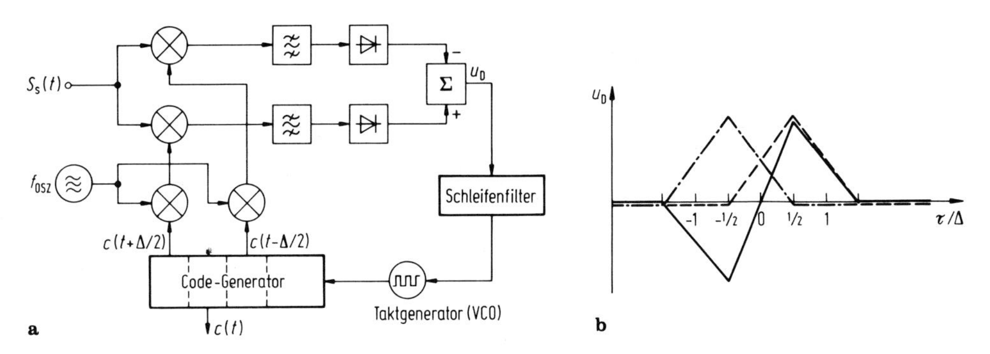

Abb. 12.5/6. Code-Synchronisation im Empfänger: **a** Prinzipschaltbild; **b** Diskriminatorkennlinie; τ ist die Zeitverschiebung zwischen dem Empfangscode und dem Code $c(t)$ im Empfänger; Δ ist die Zeichendauer

Empfangssignal, Bandpaßfilterung und Hüllkurvendetektion erhält man jeweils ein Signal, das entsprechend der AKF des Codes ein Maß für den zeitlichen Versatz zwischen Empfangscode und dem im Empfänger erzeugten voreilenden bzw. verzögerten Code ist.

Die Differenz dieser beiden Signale steuert nach dem Schleifenfilter (Integrator bzw. Tiefpaßfilter) den Takt des Codegenerators. Die Diskriminatorkennlinie der Regelschleife, die sich aus der Differenz der um $\pm\Delta/2$ verschobenen AKFen des Codes ergibt, ist in Abb. 12.5/6b dargestellt.

Ist die Zeitverschiebung im Korrelator größer als eine halbe Zeichendauer, kann die Regelschleife nicht einphasen, hierzu muß zunächst über eine zusätzliche Fangschaltung der Zeitversatz in den Regelbereich der Regelschleife gebracht werden.

12.5.4 Codemultiplex

Bei Vielfachzugriff nutzt eine bestimmte Anzahl von Teilnehmern gemeinsam eine Übertragungsstrecke. Die Trennung der einzelnen übertragenen Nachrichten erfolgt im Multiplexverfahren, bei dem jeder Empfänger in der Lage ist, die für ihn bestimmte Nachricht anhand der Signalstruktur von den übrigen Nachrichten zu unterscheiden. Neben den klassischen Verfahren des Frequenzmultiplex, bei dem jedem Teilnehmer ein schmales Frequenzband innerhalb des Gesamtfrequenzbandes zugeordnet ist, und des Zeitmultiplex, bei dem die Teilnehmer das Gesamtfrequenzband nur für einen kurzen ihm zugeordneten Zeitabschnitt verwenden, ist bei Frequenzspreizung als drittes Verfahren Codemultiplex verwendbar [59, 60]. Alle Teilnehmer nutzen gleichzeitig das Gesamtfrequenzband; die Trennung der Nachrichten untereinander erfolgt durch unterschiedliche Codes, mit denen die Signale der jeweiligen Sender gespreizt werden. Jeder Teilnehmer empfängt die Summe aller im Übertragungskanal übertragenen Nachrichten und korreliert diese mit dem im Empfänger erzeugten Code. Sind $C_1(t) + C_2(t) + C_3(t) + \cdots$ die übertragenen Codes und $C_1(t)$ der im Empfänger verwendete Code, so ergibt sich am Ausgang des Korrelators

$$y(\tau) = \frac{1}{T}\int_0^T C_1(t)\cdot C_1(t-\tau)\,\mathrm{d}t + \frac{1}{T}\int_0^T C_2(t)\cdot C_1(t-\tau)\,\mathrm{d}t$$

$$+ \frac{1}{T}\int_0^T C_3(t)\cdot C_1(t-\tau)\,\mathrm{d}t + \cdots \qquad (12.5/3)$$

Der erste Term der rechten Seite von Gl. (12.5/3) beschreibt die Autokorrelation, die dann zum gewünschten Signal führt. Alle weiteren Terme beschreiben die Kreuzkorrelation zwischen $C_1(t)$ und $C_2(t)$, $C_3(t)$ usw. Diese Anteile bewirken dem Nutzsignal überlagerte Störsignale, d. h. unverständliches Nebensprechen. Um diese Störsignale gering zu halten, müssen die Werte der Kreuzkorrelationsfunktion (KKF) der verwendeten Codes möglichst gering gehalten werden. Für ein Beispiel ist die KKF in Abb. 12.5/4d gezeigt.

Je mehr Teilnehmer Nachrichten übertragen, um so geringer wird der Störabstand beim einzelnen Empfänger. Die maximale Anzahl von Teilnehmern wird erreicht, wenn ein bestimmter Wert des Störabstandes überschritten wird. Jedoch ist dieser Übergang fließend (nicht, wie z. B. bei Frequenzmultiplex eine genau festgelegte Grenze). Man bezeichnet ein Codemultiplexsystem deshalb auch als interferenzbegrenzt.

12.6 Verhalten von amplitudenmodulierten und winkelmodulierten Systemen bei Rauschstörungen

In Kapitel 8 wurde dargestellt, daß bei einer Signalübertragung das Eindringen von Störungen unvermeidlich ist. Hier wollen wir feststellen, wie empfindlich einzelne Modulationsverfahren gegenüber Störungen sind. Bei den Störungen beschränken wir uns dabei auf Gauß-verteiltes Rauschen, das additiv in den Übertragungskanal eindringt, und auf sog. *Schmalbandrauschen.* Darunter versteht man Rauschen, dessen spektrale Leistungsdichte in einem schmalen Intervall $\Delta\omega$ um eine mittlere Frequenz Ω_0 herum vorhanden ist ($\Delta\omega \ll \Omega_0$). In praktisch allen Nachrichtenübertragungssystemen hat man es mit Schmalbandrauschen zu tun, da die Frequenzcharakteristik am Eingang eines Empfängers Bandpaßcharakter besitzt. Schmalbandrauschen wird deshalb oft auch als Bandpaßrauschen bezeichnet. Bei unseren Überlegungen gehen wir von dem in Abb 12.6/1 dargestellten Modell eines Übertragungssystems aus (s. a. [35] und [36]).

12.6.1 Mathematische Beschreibung von Bandpaßrauschen

Stellt man durch einen Bandpaß gefiltertes Rauschen auf dem Schirmbild eines Oszillographen dar, so beobachtet man im Prinzip eine Zeitfunktion entsprechend Abb. 12.6/2.

Analytisch würden wir nun eine solche Zeitfunktion als eine Schwingung beschreiben, deren Amplitudenfunktion (Einhüllende) und deren Phase sich zeitlich vergleichsweise langsam ändern. Die Zeitfunktion von Bandpaßrauschen zeigt die Kennzeichen einer regellos amplituden- und winkelmodulierten Schwingung. Wir beschrei-

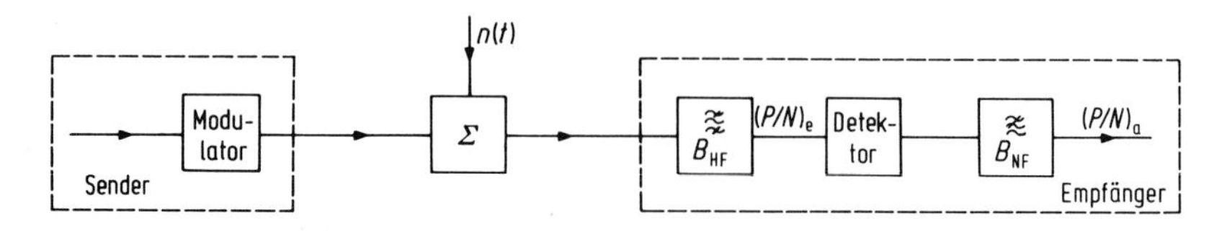

Abb. 12.6/1. Modell eines durch additives Rauschen gestörten Übertragungssystems

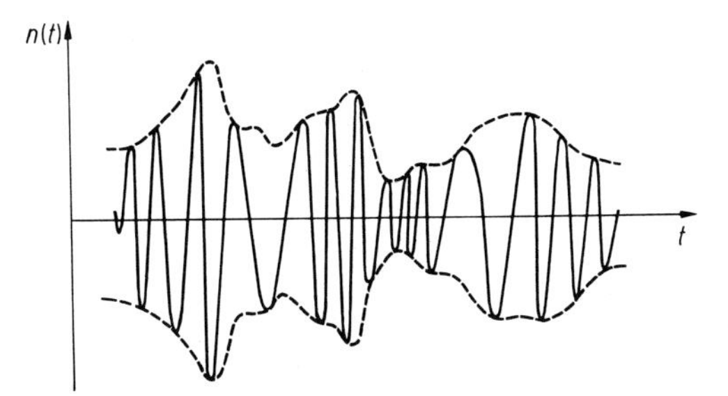

Abb. 12.6/2. Zeitfunktion $n(t)$ von Bandpaßrauschen

ben Bandpaßrauschen daher entsprechend Gl. (12.6/1):

$$\begin{aligned} n(t) &= r(t)\cos(\Omega_0 t + \varphi_n(t)) \\ &= r(t)\cos\varphi_n(t)\cos\Omega_0 t - r(t)\sin\varphi_n(t)\sin\Omega_0 t \\ &= n_c(t)\cos\Omega_0 t - n_s(t)\sin\Omega_0 t\,. \end{aligned} \tag{12.6/1}$$

Die Zufallsvariablen $n_c(t)$ und $n_s(t)$ in Gl. (12.6/1) sind voneinander unabhängig und beschreiben im Vergleich zu cos $\Omega_0 t$ niederfrequente Rauschvorgänge. Zwischen den quadratischen Mittelwerten von $n(t)$, $n_c(t)$ und $n_s(t)$ besteht die Beziehung [35, 41]

$$\overline{n^2(t)} = \overline{n_c^2(t)} = \overline{n_s^2(t)}\,. \tag{12.6/2}$$

12.6.2 Rauschen in amplitudenmodulierten Systemen

Wir behandeln die normale Amplitudenmodulation (AM), die Zweiseitenband-Amplitudenmodulation mit unterdrücktem Träger (ZM) und die Einseitenband-Amplitudenmodulation mit unterdrücktem Träger (EM). Es sei $m(t)$[1] mit $|m(t)|_{max} \leq 1$ und $\overline{m(t)} = 0$ die Zeitfunktion der zu übertragenden Nachricht. Für die Zeitfunktionen der drei Modulationsarten gilt dann

$$a(t)_{AM} = A_{AM}(1 + m(t))\cos\Omega_0 t \tag{12.6/3}$$

$$a(t)_{ZM} = A_{ZM}m(t)\cos\Omega_0 t \tag{12.6/4}$$

$$a(t)_{EM} = A_{EM}\{m(t)\cos\Omega_0 t + (m(t))_{\pi/2}\sin\Omega_0 t\}\,. \tag{12.6/5}$$

Die Zeitfunktion $a(t)_{EM}$ entspricht dabei der Darstellung einer EM-Modulation nach Abb. 12.2/20a. Am Eingang des Detektors in Abb.12.6/1 wird die Zeitfunktion $g(t)$ wirksam, die sich aus $a(t)$ und $n(t)$ nach Voraussetzung aditiv zusammensetzt. Für AM gilt

$$\begin{aligned} g(t)_{AM} &= A_{AM}(1 + m(t))\cos\Omega_0 t + n(t) \\ &= \{A_{AM}(1 + m(t)) + n_c(t)\}\cos\Omega_0 t - n_s(t)\sin\Omega_0 t\,. \end{aligned} \tag{12.6/6}$$

Aus Gl. (12.6/6) lassen sich Signalleistung P_{Se}, Trägerleistung P_{Te}, gesamte HF-Leistung P_{HF} und die Rauschleistung N_e am Eingang des Detektors berechnen:

$$P_{Se} = \tfrac{1}{2}A_{AM}^2\overline{m^2(t)}; \qquad P_{Te} = \tfrac{1}{2}A_{AM}^2; \qquad P_{HF} = \tfrac{1}{2}A_{AM}^2(1 + \overline{m^2(t)}) \tag{12.6/7}$$

$$N_e = \overline{n^2(t)}\,. \tag{12.6/8a}$$

[1] Im folgenden Text ist $m(t)$ eine Modulationsfunktion, die der Funktion $s(t)$ im Abschn. 12.1 entspricht.

Wir setzen das Rauschen $n(t)$ als weiß voraus und bezeichnen seine spektrale Leistungsdichte mit S_0. Bezeichnen wir die niederfrequente Signalbandbreite (Basisbandbreite) der Nachrichtenfunktion mit B_{NF}, so ist zur Übertragung eines AM-Signals die Hochfrequenzbandbreite $B_{HF} = 2B_{NF}$ erforderlich. Für die Rauschleistung N_e gilt somit

$$N_e = S_0 \cdot 2B_{NF} \,. \tag{12.6/8b}$$

Zur Demodulation von $g(t)_{AM}$ sind der Hüllendetektor und der Synchrondetektor anwendbar.

12.6.2.1 Rauschen beim Hüllendetektor. Der ideale Hüllendetektor bildet die exakte Hüllkurve $e(t)$ der Zeitfunktion $g(t)_{AM}$:

$$e(t) = \sqrt{\{A_{AM}(1 + m(t)) + n_c(t)\}^2 + n_s^2(t)} \tag{12.6/9}$$

Wir beschränken uns auf die Diskussion der beiden Extremfälle: (a) Träger sehr viel größer, (b) Träger sehr viel kleiner als die Rauschstörung. Für den *Grenzfall a* entwickeln wir Gl. (12.6/9) in die Potenzreihe

$$e(t) = \{A_{AM}(1 + m(t)) + n_c(t)\} + \frac{1}{2}\,\frac{n_s^2(t)}{A_{AM}(1 + m(t)) + n_c(t)} + \cdots$$

und vernachlässigen alle Glieder mit quadratischen und höheren Rauschanteilen:

$$e(t) \approx A_{AM}(1 + m(t)) + n_c(t) \,. \tag{12.6/10}$$

Am Ausgang des Detektors berechnen wir mit Gl. (12.6/10) die Signalleistung P_{Sa} und die Rauschleistung N_a:

$$P_{Sa} = A_{AM}^2 \overline{m^2(t)} \tag{12.6/11}$$

$$N_a = \overline{n_c^2(t)} = \overline{n^2(t)} = N_e \,. \tag{12.6/12}$$

Mit den Gl. (12.6/7) und (12.6/8) berechnen wir den Störabstand am Detektoreingang und mit den Gl. (12.6/11) und (12.6/12) den Störabstand am Detektorausgang bei schwachen Störungen.

$$\left(\frac{P_S}{N}\right)_c = \frac{1}{2}\,\frac{A_{AM}^2 \overline{m^2(t)}}{2S_0 B_{NF}} = \frac{\overline{m^2(t)}}{2S_0 B_{NF}}\,P_{Te} \tag{12.6/13}$$

$$\left(\frac{P_S}{N}\right)_a = \frac{A_{AM}^2 \overline{m^2(t)}}{2S_0 B_{NF}} = 2\,\frac{\overline{m^2(t)}}{2S_0 B_{NF}}\,P_{Te} \,. \tag{12.6/14}$$

In bezug auf die hochfrequente Signalleistung P_{Se} und bei nur schwachen Störungen wird der Zusammenhang zwischen den Störabständen am Ausgang und Eingang des Detektors durch die Gleichung beschrieben

$$\left(\frac{P_S}{N}\right)_a = 2\left(\frac{P_S}{N}\right)_e \,. \tag{12.6/15}$$

Nach Gl. (12.6/15) ergibt sich bei Hüllkurvendemodulation von nur schwach gestörter AM für den niederfrequenten Störabstand ein Verbesserungsfaktor von 2, entsprechend 3 dB. Zieht man zur Definition des Störabstandes am Detektoreingang die gesamte aufgebrachte HF-Leistung heran, so ergibt sich der Zusammenhang

$$\left(\frac{P_S}{N}\right)_a = 2\,\frac{\overline{m^2(t)}}{1 + \overline{m^2(t)}}\left(\frac{P_{HF}}{N}\right)_e \,. \tag{12.6/16}$$

Für den *Grenzfall b*, wenn also das AM-Signal sehr stark durch Rauschen gestört wird, entwickeln wir die Hüllkurvenfunktion nach Gl. (12.6/9) in die Potenzreihe

$$e(t) = r(t)\left\{1 + \frac{n_c(t)}{r^2(t)} A_{AM}(1 + m(t)) + \frac{1}{2}\frac{1}{r^2(t)} A_{AM}^2(1 + m(t))^2 + \cdots\right\}$$

und erhalten bei Vernachlässigung der quadratischen und aller höheren Signalanteile die Näherung

$$e(t) \approx r(t) + A_{AM}(1 + m(t)) \cos \varphi_n(t) . \qquad (12.6/17)$$

Anhand von Gl. (12.6/17) erkennen wir, daß für den vorliegenden Grenzfall am Ausgang des Detektors kein Nutzsignal aufgefunden werden kann. Die Diskussion der Hüllkurvendetektion bei beliebigem Störabstand ist mathematisch kompliziert. Als Ergebnis einer solchen Analyse wird festgestellt, daß der lineare Zusammenhang zwischen hoch- und niederfrequentem Störabstand [Gl. (12.6/15, 16)] in einen quadratischen übergeht. Der Übergang erfolgt praktisch in einem Bereich von +10 dB bis −10 dB für den hochfrequenten Störabstand. Unterhalb eines HF-Störabstandes von +10 dB verschlechtert sich der NF-Störabstand sehr schnell. Man spricht daher von einer AM-Schwelle bei Hüllkurvendetektion. Unterhalb der AM-Schwelle wird der Hüllendetektor praktisch unbrauchbar.

12.6.2.2 Rauschen beim Synchrondetektor. Der ideale Synchrondetektor bildet das Produkt aus $g(t)_{AM}$ mit der Trägerschwingung $\cos \Omega_0 t$. Im Basisband finden wir entsprechend Gl. (12.5/6)

$$P_{Sa} = \tfrac{1}{4} A_{AM}^2 \overline{m^2(t)} \qquad (12.6/18)$$

$$N_a = \tfrac{1}{4} \overline{n_c^2(t)} = \tfrac{1}{4} N_e . \qquad (12.6/19)$$

An den Verhältnissen am Detektoreingang hat sich gegenüber Hüllkurvendetektion nichts geändert. Wir finden daher als Zusammenhang zwischen den Störabständen an Detektor-Ausgang und -Eingang Gl. (12.6/15) unverändert. Anders als beim Hüllendetektor sind jedoch keine Voraussetzungen hinsichtlich des HF-Störabstandes erforderlich. Der Synchrondetektor zeigt keine Schwelle.

ZM- und EM-Signale werden verzerrungsfrei nur durch einen Synchrondetektor demoduliert. Zusammen mit den bereits gewonnenen Ergebnissen für AM sind in der Tab. 12/2 die entsprechenden Ergebnisse für ZM und EM aufgeführt.

12.6.2.3 Vergleich der verschiedenen Amplitudenmodulationsverfahren. Anhand der Tab. 12/2 vergleichen wir die einzelnen Amplitudenmodulationsverfahren untereinander. Zieht man die Signalleistungen P_{Se} in Betracht, so unterscheiden sich AM und ZM nicht voneinander. Wird hingegen gefordert, daß die bei beiden Modulationsarten aufgebrachte HF-Leistung gleich sein soll, so folgt mit der Bedingung

$$A_{AM}^2 = A_{ZM}^2 \frac{\overline{m^2(t)}}{1 + \overline{m^2(t)}}$$

als Verhältnis der ausgangsseitigen Störabstände

$$\frac{(P_S/N)_{aZM}}{(P_S/N)_{aAM}} = \frac{1 + \overline{m^2(t)}}{\overline{m^2(t)}} . \qquad (12.6/20)$$

Für eine 100%ige harmonische AM ist mit $\overline{m^2(t)} = 1/2$ die ZM der AM um den Faktor 3 entsprechend 4,8 dB überlegen. Wegen des Verbesserungsfaktors 2 aus der letzten Zeile von Tab. 12/2 erscheint ZM der EM überlegen. Es muß jedoch berücksichtigt werden, daß bei ZM eingangsseitig die doppelte Rauschleistung als bei

Tabelle 12/2

	AM	ZM	EM	FM
P_{Se}	$\frac{1}{2} A_{AM}^2 \overline{m^2(t)}$	$\frac{1}{2} A_{ZM}^2 \overline{m^2(t)}$	$A_{EM}^2 \overline{m^2(t)}$	$\frac{1}{2} A_{FM}^2$
P_{HF}	$\frac{1}{2} A_{AM}^2 (1 + \overline{m^2(t)})$	P_{Se}	P_{Se}	P_{Se}
Brandbreiten	$B_{HF} = 2B_{NF}$	$B_{HF} = 2B_{NF}$	$B_{HF} = B_{NF}$	$B_{NF} = 2(\Delta f + B_{NF})$
N_e	$S_0 \cdot 2B_{NF}$	$S_0 \cdot 2B_{NF}$	$S_0 B_{NF}$	$S_0 B_{HF} \approx (S_0 2\Delta f) \quad \Delta f \gg B_{NF}$
P_{Sa}	Hülle $A_{AM}^2 \overline{m^2(t)}$ Synchr. $\frac{1}{4} A_{AM}^2 \overline{m^2(t)}$	$\frac{1}{4} A_{ZM}^2 \overline{m^2(t)}$	$\frac{1}{4} A_{EM}^2 \overline{m^2(t)}$	$k_D^2 k_{FM}^2 \overline{m_{FM}^2(t)}$
N_a	Hülle $S_0 \cdot 2B_{NF}$ Synchr. $\frac{1}{4} S_0 \cdot 2B_{NF}$	$\frac{1}{4} S_0 \cdot 2B_{NF}$	$\frac{1}{4} S_0 B_{NF}$	$\frac{2}{3} \left(\frac{k_D}{A_{FM}}\right)^2 S_0 \frac{\Delta\omega_{NF}^3}{2\pi}$ für $\Delta f \gg B_{NF}$
$(P_S/N)_e$	$\frac{1}{2} \frac{A_{AM}^2 \overline{m^2(t)}}{S_0 \cdot 2B_{NF}}$	$\frac{1}{2} \frac{A_{ZM}^2 \overline{m^2(t)}}{S_0 \cdot 2B_{NF}}$	$\frac{A_{EM}^2 \overline{m^2(t)}}{S_0 B_{NF}}$	$\frac{1}{2} \frac{A_{FM}^2}{S_0 B_{HF}} \approx \frac{1}{2} \frac{A_{FM}^2}{S_0 \cdot 2\Delta f}$
$(P_S/N)_a$	$\frac{A_{AM}^2 \overline{m^2(t)}}{S_0 \cdot 2B_{NF}}$	$\frac{A_{ZM}^2 \overline{m^2(t)}}{S_0 \cdot 2B_{NF}}$	$\frac{A_{EM}^2 \overline{m^2(t)}}{S_0 B_{NF}}$	$\frac{3}{2} \frac{(A_{FM} k_{FM})^2 \, 2\pi \overline{m_{FM}^2(t)}}{S_0 \Delta\omega_{NF}^3}$
$(P_S/N)_a/(P_S/N)_e$	2	2	1	$6k_{FM}^2 \overline{m_{FM}^2(t)} \frac{\Delta\Omega}{\Delta\omega_{NF}^3}$

EM auftritt. Bei gleicher Signalleistung am Eingang des Demodulators erscheinen an seinem Ausgang in beiden Fällen die gleichen Rauschabstände. Der Verbesserungsfaktor 2 wird durch die doppelte Rauschleistung bei ZM gerade aufgewogen. EM ist daher ZM insofern überlegen, als sie bei gleicher Signalleistung, gleicher Demodulationsart und gleichem Störabstand nur die halbe HF-Bandbreite wie ZM belegt.

12.6.3 Rauschen in winkelmodulierten Systemen

Mit $m(t)$ als der Nachrichtenfunktion beschreiben wir frequenz- bzw. phasenmodulierte Signale durch die Zeitfunktionen

$$a(t)_{FM} = A_{FM} \cos(\Omega_0 t + k_{FM} \int m_{FM}(t)\, dt) \qquad (12.6/21)$$

$$a(t)_{PM} = A_{PM} \cos(\Omega_0 t + k_{PM} m_{PM}(t)) \,. \qquad (12.6/22)$$

In den Gl. (12.6/21) und (12.6/22) bedeuten k_{FM} und k_{PM} Modulatorkonstanten. Für die Signalleistung am Demodulatoreingang gilt

$$(P_{Se})_{FM} = \tfrac{1}{2} A_{FM}^2; \qquad (P_{Se})_{PM} = \tfrac{1}{2} A_{PM}^2 \,.$$

Wir betrachten ein frequenzmoduliertes Signal mit der Hochfrequenzbandbreite B_{HF} entsprechend Gl. (12.3/19), der Niederfrequenzbandbreite B_{NF} und dem Frequenzhub Δf:

$$B_{HF} = 2(\Delta f + B_{NF}) \,.$$

Das frequenzmodulierte Signal wird additiv durch weißes Rauschen gestört. Am Demodulatoreingang ist somit die Rauschleistung

$$N_e = S_0 B_{HF} \approx (S_0 \cdot 2\Delta f)_{\Delta f \gg B_{NF}} \qquad (12.6/23)$$

vorhanden. Für den hochfrequenten Störabstand haben wir damit gefunden

$$\left(\frac{P_S}{N}\right)_e = \frac{1}{2}\frac{A_{FM}^2}{S_0 B_{HF}} \approx \left(\frac{1}{2}\frac{A_{FM}^2}{S_0 \cdot 2\Delta f}\right)_{\Delta f \gg B_{NF}} . \tag{12.6/24}$$

Ein idealer konventioneller FM-Demodulator erzeugt an seinem Ausgang ein Signal, das der momentanen Kreisfrequenz $\omega(t)$ proportional ist. Unter der Voraussetzung $\Delta f \gg B_{NF}$ können wir Signal und Rauschleistung am Ausgang des Demodulators als voneinander unabhängig behandeln. Bedeutet k_D eine Demodulatorkonstante, so finden wir entsprechend Gl. (12.6/21) am Demodulatorausgang die Zeitfunktion

$$u(t)_{FM} = k_D(\Omega_0 + k_{FM} m_{FM}(t)) \tag{12.6/25a}$$

und somit für Signalleistung

$$(P_{Sa})_{FM} = k_D^2 k_{FM}^2 \overline{m_{FM}^2(t)} . \tag{12.6/25b}$$

Zur Berechnung der Rauschleistung am Demodulatorausgang betrachten wir den unmodulierten Träger und additives Rauschen:

$$\begin{aligned} a(t) &= A_{FM} \cos \Omega_0 t + n(t) \\ &= (A_{FM} + n_c(t)) \cos \Omega_0 t + n_s(t) \sin \Omega_0 t \\ &= e(t) \cos (\Omega_0 t + \Theta(t)) . \end{aligned} \tag{12.6/26}$$

In Gl. (12.6/26) bedeutet $e(t) = \sqrt{(A_{FM} + n_c(t))^2 + n_s^2(t)}$ die für den Demodulationsvorgang unwesentliche Einhüllende von $a(t)$, ferner $\Theta(t)$ die Wechselphase, die durch das Rauschen hervorgerufen wird:

$$\Theta(t) = -\arctan \frac{n_s(t)}{A_{FM} + n_c(t)} . \tag{12.6/27a}$$

Für schwache Störungen vernachlässigen wir $n_c(t)$ gegenüber A_{FM} und berücksichtigen in der Reihenentwicklung von arctan nur das erste Glied. An die Stelle der Gl. (12.6/27a) tritt dann die Näherung

$$\Theta(t) \approx -\frac{n_s(t)}{A_{FM}} . \tag{12.6/27b}$$

Das Rauschen am Demodulatorausgang wird somit durch die Zeitfunktion beschrieben

$$u(t)_N \approx -k_D \frac{1}{A_{FM}} \frac{dn_s(t)}{dt} .$$

Hat das Rauschsignal $n_s(t)$ die spektrale Leistungsdichte S_0, so hat seine Zeitableitung eine Leistungsdichte, die proportional ω^2 anwächst. Am Demodulatorausgang ist die Leistungsdichte

$$S_{aN}(\omega) = \left(\frac{k_D}{A_{FM}}\right)^2 \omega^2 S_0 \tag{12.6/28}$$

vorhanden. Durch den Vorgang der Demodulation wird das konstante Eingangsrauschspektrum in ein Ausgangsrauschspektrum mit parabolischem Frequenzanstieg umgewandelt (Abb. 12.6/3).

Die Rauschleistung N_a gewinnen wir nach Gl. (8.1/20) durch Integration von Gl. (12.6/28) über die Niederfrequenzbandbreite. Mit $\Delta\omega_{NF} = 2\pi B_{NF}$ finden wir

$$N_a = \frac{2}{2\pi} \int_0^{\Delta\omega_{NF}} S_{aN}(\omega)\, d\omega = \frac{2}{3}\left(\frac{k_D}{A_{FM}}\right)^2 S_0 \frac{\Delta\omega_{NF}^3}{2\pi} \tag{12.6/29}$$

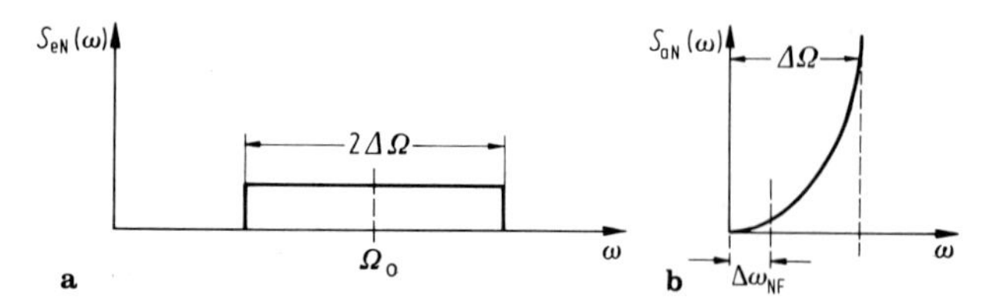

Abb. 12.6/3. a Hochfrequente Rauschleistungsdichte $S_{eN}(\omega)$, **b** niederfrequente Rauschleistungsdichte $S_{aN}(\omega)$ als Funktion der Kreisfrequenz. $\Delta\Omega$ ist der Kreisfrequenzhub, $\Delta\omega_{NF}$ ist das 2π-fache der Niederfrequenzbandbreite. Die Spektren sind zu $\omega = 0$ spiegelsymmetrisch (s. Faktor 2 in Gl. (12.6/29))

und für den niederfrequenten Störabstand

$$\left(\frac{P_S}{N}\right)_a = \frac{3}{2}\frac{(A_{FM}k_{FM})^2 \cdot 2\pi \overline{m_{FM}^2(t)}}{S_0 \Delta\omega_{NF}^3} . \qquad (12.6/30)$$

Bei Beschränkung auf nur schwache Störungen wird der Zusammenhang zwischen ausgangs- und eingangsseitigem Störabstand bei FM entsprechend den Gl. (12.6/30) und (12.6/24) durch die folgende Beziehung beschrieben:

$$\frac{(P_S/N)_a}{(P_S/N)_e} = 6k_{FM}^2\overline{m_{FM}^2(t)}\frac{\Delta\Omega}{\Delta\omega_{NF}^3} = 6k_{FM}^2\overline{m_{FM}^2(t)}\frac{\eta}{\Delta\omega_{NF}^2} . \qquad (12.6/31)$$

Anhand von Gl. (12.6/31) erkennen wir, daß bei FM der niederfrequente Störabstand bei unveränderter Signalleistung und gutem hochfrequentem Störabstand schon alleine durch einen größeren Frequenzhub bzw. einen höheren Modulationsindex $\eta = \Delta\Omega/\Delta\omega_{NF}$ verbessert werden kann. Dies wird allerdings zwangsläufig mit einer größeren belegten HF-Bandbreite erkauft. Der gewonnenen Erkenntnis liegt die fundamentale Gesetzmäßigkeit zugrunde, daß Bandbreite und Störabstand gegeneinander ausgetauscht werden können. Die einzelnen Kenngrößen der FM sind in Tab. 12/2 noch einmal zusammenfassend dargestellt.

Zum Vergleich zwischen frequenzmodulierten und amplitudenmodulierten Signalen bilden wir das Verhältnis der ausgangsseitigen Störabstände von FM und EM. Mit Hilfe der in Tab. 12/2 angegebenen Beziehungen finden wir

$$\frac{(P_S/N)_{aFM}}{(P_S/N)_{aEM}} = \frac{3}{2}\left(\frac{A_{FM}}{A_{EM}}\right)^2 \frac{k_{FM}^2\overline{m_{FM}^2(t)} \cdot 2\pi B_{NF}}{\Delta\omega_{NF}^3\overline{m^2(t)}} = \frac{3}{2}\left(\frac{A_{FM}}{A_{EM}}\right)^2 \frac{k_{FM}^2\overline{m_{FM}^2(t)}}{\Delta\omega_{NF}^2\overline{m^2(t)}} . \qquad (12.6/32)$$

Um beide Modulationsarten sinnvoll vergleichen zu können, setzen wir $A_{FM} = A_{EM}$. Entsprechend Gl. (12.6/25a) führen wir weiterhin mit $k_{FM}|m_{FM}(t)|_{max} = \Delta\Omega$ den Kreisfrequenzhub ein und finden mit $m_{FM}(t) = |m_{FM}(t)|_{max} \cdot m(t)$ und $|m(t)|_{max} = 1$

$$\left(\frac{P_S}{N}\right)_{aFM} = \frac{3}{2}\left(\frac{\Delta\Omega}{\Delta\omega_{NF}}\right)^2\left(\frac{P_S}{N}\right)_{EM} = \frac{3}{2}\eta^2\left(\frac{P_S}{N}\right)_{EM} . \qquad (12.6/33)$$

In Gl. (12.6/33) wurde der Index a bei EM fortgelassen, weil zwischen $(P_s/N)_{aEM}$ und $(P_s/N)_{eEM}$ nach Tab. 12/2 kein Unterschied besteht. $(P_s/N)_{EM}$ wird oft auch als normierte Signalleistung bezeichnet. Diese gibt somit an, welcher niederfrequente Störabstand bei EM erzielt werden kann. Gleichung (12.6/33) beschreibt daher den Modulationsgewinn von FM bezogen auf EM für den Fall nur schwacher Störungen. Die Berechnung des allgemeinen Falls findet man in [35]. In Abschn. 12.3.4 wurde jedoch bereits auf einfache Weise verdeutlicht, daß es bei FM ebenso wie schon bei

Hüllendetektion von AM zu einer Schwelle kommt. Unterhalb der FM-Schwelle kommt es zu einem steilen Abfall des Störabstandes mit abnehmender normierter Signalleistung. Exakte Berechnungen wurden von Stumpers [39] und Rice [40] durchgeführt. Danach ist die FM-Schwelle eine Funktion des Modulationsindex. Sie wird mit zunehmendem η zu höheren normierten Signalleistungen hin verschoben. Die Verhältnisse sind in Abb. 12.6/4 dargestellt. Anhand dieser Darstellung erkennen wir z. B., daß oberhalb der Schwelle und für $\eta = 10$ gegenüber EM ein Modulationsgewinn von ≈ 22 dB erzielt wird. Für eine normierte Signalleistung von ≈ 18 dB beträgt der Modulationsgewinn wegen der Schwellenwirkung nur noch ≈ 18 dB. Ein solcher Gewinn läßt sich aber auch mit $\eta = 5$ oberhalb der Schwelle und mit nur der halben HF-Bandbreite erzielen. Der Betriebsfall $(P_s/N)_{EM} \approx 18$ dB und $\eta = 10$ ist deshalb sehr unzweckmäßig.

Der parabolische Anstieg der Rauschleistungsdichte entsprechend Gl. (12.6/28) hat zur Folge, daß höherfrequente spektrale Anteile der Nachricht stärker gestört werden als niederfrequentere. Da dazu im allgemeinen auch noch die Signalleistungsdichte nach höheren Frequenzen hin abnimmt, verschlechtert sich der spektrale Rauschabstand zu höheren Frequenzen hin sehr schnell. Um dem entgegen zu wirken, hebt man durch ein differenzierendes Netzwerk (Hochpaßverhalten) die höherfrequenten Signalanteile an. Dieser Vorgang wird Preemphasis genannt. Die Preemphase wirkt der Abnahme des Phasenhubs bei FM zu höheren Frequenzen hin entgegen. Das resultierende Signal ist ein Kompromß zwischen FM und PM. Nach der Demodulation werden die dabei entstehenden Signalverzerrungen durch ein integrierendes Netzwerk (Tiefpaßverhalten) wieder aufgehoben. Dieser Vorgang wird Deemphasis genannt. Durch das integrierende Tiefpaßnetzwerk der Deemphasis wird aber auch das Rauschen selbst gefiltert, was zu einer Verminderung der Rauschleistung und d. h. zu einer Erhöhung des Rauschabstandes führt. Durch Pre- und Deemphasis läßt sich der Modulationsgewinn der FM weiter erhöhen.

Die Behandlung der Phasenmodulation nach Gl. (12.6/22) können wir insofern sehr kurz fassen, als sich an den Verhältnissen am Demodulatoreingang gegenüber FM nichts ändert und wir uns die Demodulation mit einem FM-Demodulator und anschließendem Integrator vorstellen können. Dabei ist die Rauschleistungsdichte im Gegensatz zu Gl. (12.6/28) frequenzunabhängig und wirkt sich um den Faktor 3 stärker als bei FM aus. Damit finden wir für den Vergleich mit EM

$$\left(\frac{P_S}{N}\right)_{aPM} = \frac{1}{2}\eta^2 \left(\frac{P_S}{N}\right)_{EM} . \qquad (12.6/34)$$

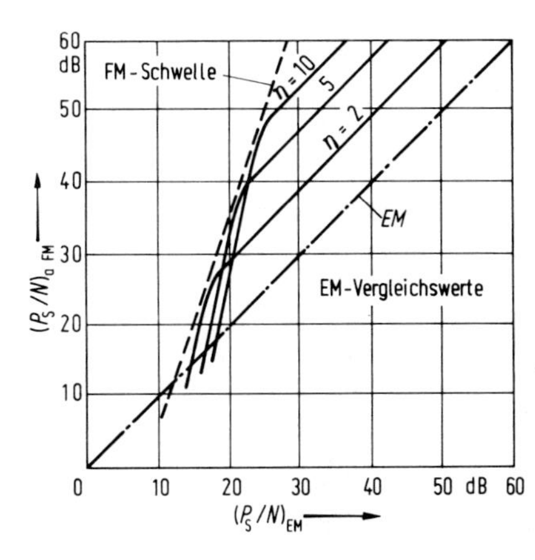

Abb. 12.6/4. Niederfrequenter Rauschabstand $(P_s/N)_{aFM}$ als Funktion der normierten Signalleistung mit dem Modulationsindex η als Parameter

12.7 Geräusch in pulsmodulierten Systemen

Die in Abschn. 12.2 und 12.3 behandelten zeitkontinuierlichen Modulationen sind gekennzeichnet durch Sinusschwingungen als Modulationsträger und durch modulierende Signale, die einen kontinuierlichen Wertebereich ausfüllen, also wertkontinuierlich sind. Bei Pulsmodulationen hingegen tritt der Modulationsträger nur innerhalb bestimmter Zeitintervalle auf, die in gesetzmäßiger Weise aufeinander folgen. Man spricht dann von zeitdiskreter Modulation. Bei diesen können zeitkontinuierliche Signale nur über eine Abtastung unter Einhaltung des Abtasttheorems übertragen werden. Innerhalb seines Wertebereichs kann das modulierende Signal dabei in seinen Abtastwerten kontinuierlich oder diskret sein. Ist es nicht a priori wertdiskret, so kann es aus einem wertkontinuierlichen durch den Prozeß der Quantisierung dazu werden. Seine Werte können dann entweder direkt, oder da die Zahl der Werte endlich ist, durch endlich lange Codewörter übertragen werden. Als entscheidend neue Elemente muß das Modell eines Übertragungssystems mit zeitdiskreter und gegebenenfalls auch wertdiskreter Modulation im Vergleich zu dem Modell für zeit- und wertkontinuierliche Modulation nach Abb. 12.5/1 daher auf der Senderseite einen Abtaster, bei wertdiskreter Modulation einen Quantisierer und gegebenenfalls einen Codierer, und auf der Empfangsseite dann einen Entscheider und Decodierer aufweisen. In Abb. 12.7/1 ist ein solches Modell dargestellt. Es gilt in der Schalterstellung 1 1′ für wertkontinuierliche, aber in der Schalterstellung 2 2′ für wertdiskrete Signale.

12.7.1 Wertkontinuierliche Pulsmodulationen

Nach den Signalparametern beurteilt gehören zu diesen Modulationen die Pulsamplitudenmodulation (PAM) und die Pulswinkelmodulation, wie die Pulsphasenmodulation (PPM), die Pulsfrequenzmodulation (PFM) und die Pulsdauermodulation (PDM). Praktische Bedeutung hat PAM nur als Vormodulation beim Vorgang der Abtastung. Der Grund dafür liegt darin, daß sich mit PAM ebenso wie mit der zeit- und wertkontinuierlichen EM keine Störminderung erzielen läßt. Diese wird erst mit Pulswinkelmodulation erreicht, insbesondere mit PPM. Bei ihr steigt das Signal-Geräusch-Verhältnis am Ausgang des Demodulators bei Rauschstörungen oberhalb einer Schwelle wie auch bei breitbandiger Frequenzmodulation mit dem Quadrat der Hochfrequenzbandbreite an. Die Berechnung dieser Sachverhalte verläuft praktisch ebenso wie in Abschn. 12.6, im übrigen sei auf die Literatur, z. B. [48, 49] hingewiesen. In [49] wird auch auf Geräuschwirkungen eingegangen, wie sie bei einer Bündelung als Nebensprechen auftreten. Im Gegensatz zu wertkontinuierlichen Modulationen ist

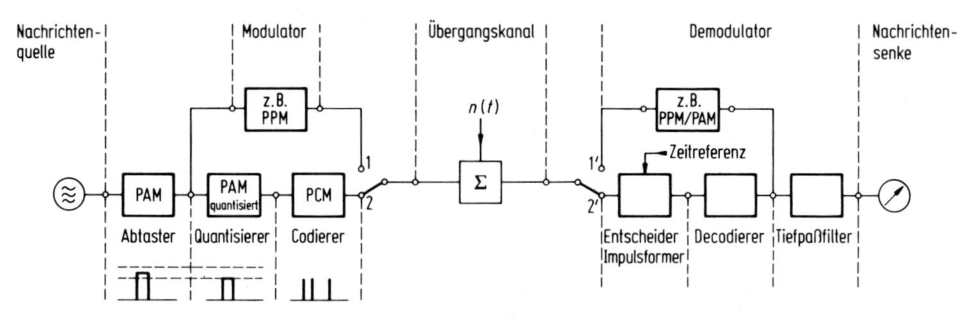

Abb. 12.7/1. Modell eines Übertragungssystems für zeitdiskrete Modulation. Schalterstellung 1 1′ wertkontinuierlich. Schalterstellung 2 2′ wertdiskret

eine Bündelung jetzt nicht nur im Frequenzmultiplex, sondern auch im Zeitmultiplex möglich.

12.7.2 Wertdiskrete Modulationen

Da der Wertevorrat einer wertdiskreten Modulation endlich ist, ergibt sich hier die Möglichkeit nicht nur einer Störminderung, sondern einer zumindest theoretisch beliebig guten Störbefreiung, solange nur die in das Übertragungssystem von außen eindringende Störung unterhalb einer bestimmten Schwelle bleibt. Zu den bezüglich der Übertragungsstörungen störbefreienden Modulation gehören die quantisierte PAM, PPM, PFM und PDM sowie die aus einem zusätzlichen Codierungsvorgang entstehenden „digitalen Modulationen" wie die Puls-Code-Modulation (PCM) und die Delta-Modulation. Die geräuschbefreiende Wirkung dieser Modulationsarten wird allerdings mit der Einführung eines neuen Geräuschs, des sogenannten Quantisierungsgeräuschs oder besser der Quantisierungsverzerrungen erkauft. Durch den Vorgang der Quantisierung wird nämlich bereits senderseitig, und nur dort, eine Verzerrung produziert, so daß selbst in einem System, das völlig frei von Übertragungsstörungen wäre, eine fehlerfreie Wiedergewinnung des Nachrichtensignals unmöglich ist. Quantisierungsgeräusche können deshalb nur über die Anzahl der Quantisierungsstufen und deren Auslegung (Kompander s. [49]) beeinflußt werden. Im folgenden wird nur auf die PCM etwas näher eingegangen. Für weitere Informationen wird auf die Literatur verwiesen.

12.7.2.1 Detektion von binären Impulsen. Übertragungsgeräusche können sich bei PCM störend nur insofern auswirken als sie im Entscheider falsche Entscheidungen herbeiführen. Falsche Entscheidungen heißt hier, daß bei gesendetem logisch L auf logisch 0 und umgekehrt entschieden wird. Die Verhältnisse sind in Abb. 12.7/2 verdeutlicht. Als Entscheidungskriterium wird dort wie auch im folgenden zugrunde gelegt, daß bei einer Impulsamplitude A und einem Abtastzeitpunkt T_v ein Abtastwert $g(T_v) > A/2$ zur Entscheidung „Impuls" und ein Abtastwert $g(T_v) < A/2$ zur Entscheidung „kein Impuls" führt. Eine Fehlentscheidung wird danach immer dann gefällt, wenn der Momentanwert $n(T_v)$ der Störung den Abtastwert, wie er bei störungsfreiem Empfang festgestellt würde, von dem einen in den anderen Entscheiderbereich verschiebt. Das Ergebnis einer Fehlentscheidung ist ein „sauberes" Codewort aber mit einem falschen Nachrichteninhalt. Zum Abtastzeitpunkt T_v, der sinnvollerweise so gewählt wird, daß mit dem Eintreffen eines Impulses gerechnet werden

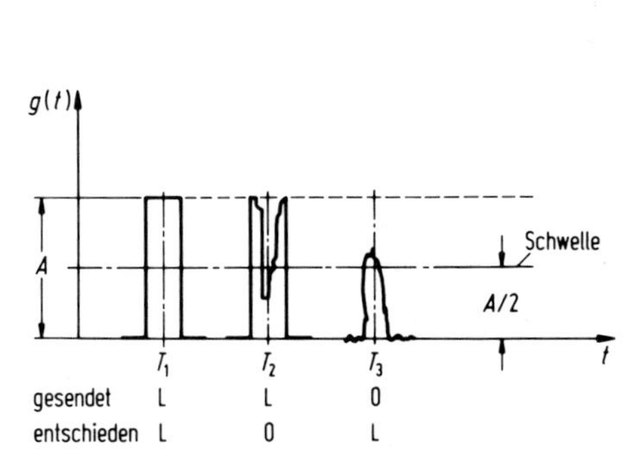

Abb. 12.7/2. Empfangssignal vor dem Entscheider. Zum Zeitpunkt T_1 ungestört, zu den Zeitpunkten T_2 und T_3 gestört

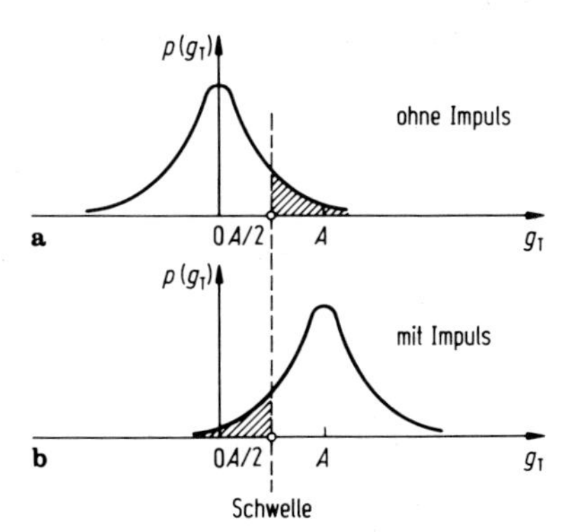

Abb. 12.7/3. Verteilungsdichte $p(g_T)$ bei thermischem Rauschen: **a** ohne gesendeten Impuls (0); **b** mit gesendetem Impuls (L)

kann, und sofern es sich um Ein-Aus-Impulse handelt, können die Verhältnisse vor dem Entscheider durch die Gleichungen beschrieben werden,

$$g(T_v) = n(T_v) + A \quad \text{„Impuls gesendet"} \tag{12.7/1a}$$

$$g(T_v) = n(T_v) \quad \text{„Kein Impuls gesendet"} \tag{12.7/1b}$$

mit den Entscheidungskriterien im Entscheider

$$g(T_v) > A/2 \quad \text{„Impuls"} \tag{12.7/2a}$$

$$g(T_v) < A/2 \quad \text{„Kein Impuls"}. \tag{12.7/2b}$$

Es seien Rechteckimpulse angenommen, die als logisch L im Mittel ebenso häufig auftreten sollen wie logisch 0 (kein Impuls). Die Wahrscheinlichkeit P_F dafür, daß eine Fehlentscheidung getroffen wird, ist dann zur Hälfte gleich der der bedingten Wahrscheinlichkeit, daß $g(T_v) > A/2$ ist, wenn kein Impuls vorhanden ist und zur anderen Hälfte gleich der bedingten Wahrscheinlichkeit, daß $g(T_v) < A/2$ ist, wenn ein Impuls gesendet wurde. Mathematisch heißt das

$$P_F = \tfrac{1}{2} P\{g(T_v) > \tfrac{1}{2} A | g(T_v) = n(T_v)\} + \tfrac{1}{2} P\{g(T_v) < \tfrac{1}{2} A | g(T_v) = n(T_v) + A\}. \tag{12.7/3}$$

Als Störung werde nunmehr thermisches Rauschen mit einem quadratischen Mittelwert von $\overline{n^2(t)} = N$ angenommen. Wird kein Impuls gesendet, so ist $g(T_v)$ dann einfach eine Probe aus einem Zufallsprozeß mit dem Mittelwert 0 und einer Verteilungsdichte nach Gl. (8.1/12)

$$p(g_T) = \frac{1}{\sqrt{2\pi N}} \cdot e^{-\frac{g_T^2}{2N}}. \tag{12.7/4}$$

Es entspricht in Gl. (12.7/4) $g_T = g(T_v)$ der Zufallsvariablen x und N als Rauschleistung innerhalb der Filterbandbreite dem Quadrat der Varianz nach Gl. (8.1/8). Wenn ein Impuls gesendet wird, so ist $g(T_v)$ wieder eine Probe aus einem Zufallsprozeß, jetzt aber nicht mehr mit dem Mittelwert 0, sondern mit dem Mittelwert A. Es gilt also

$$p(g_T) = \frac{1}{\sqrt{2\pi N}} \cdot e^{-\frac{(g_T - A)^2}{2N}}. \tag{12.7/5}$$

Die Verteilungsdichten nach den Gln. (12.7/4) und (12.7/5) sind in Abb. 12.7/3 skizziert. Ihre Beiträge zur Fehlerwahrscheinlichkeit, die nach Gl. (8.1/3) zu berechnen sind, wurden durch Schraffur hervorgehoben. Ersichtlich sind beide Beiträge gleich, so daß es genügt, einen doppelt zu nehmen. Für die Fehlerwahrscheinlichkeit im vorliegenden Fall gilt deshalb

$$P_F = \frac{1}{\sqrt{2\pi N}} \cdot \int_{A/2}^{\infty} e^{-\frac{g_T^2}{2N}} \, d(g_T). \tag{12.7/6}$$

Mit der Substitution $g_T^2/2N = x^2$ erhält Gl. (12.7/6) die Form

$$P_F = \frac{1}{\sqrt{\pi}} \cdot \int_{A/2\sqrt{2N}}^{\infty} e^{-x^2} \, dx, \tag{12.7/7}$$

welche bis auf einen Faktor 2 mit dem komplementären Gaußschen Fehlerintegral übereinstimmt. Der Wert des Integrals nach Gl. (12.7/7) ist eine Funktion der unteren Grenze, die man mit der Signalspitzenleistung $S_{max} = A^2$ in der Form

$1/2\sqrt{2}\,\sqrt{S_{max}/N}$ angeben kann. Die Fehlerwahrscheinlichkeit ist in Abb. 12.7/4 als Funktion des Signal-Geräusch-Abstandes dargestellt. Für ein Signal-Geräusch-Verhältnis entsprechend 20 dB ergibt sich eine Fehlerwahrscheinlichkeit von praktisch 10^{-6}, für alle besseren Verhältnisse sind Fehler in vielen Fällen bereits vernachlässigbar selten. Der Wert 20 dB wird deshalb als Detektionsschwelle bezeichnet. Führt man statt der Signalspitzenleistung den Mittelwert ein, der in unserem Falle gleich $S = A^2/2$ ist, so verschiebt sich die Kurve in Abb. 12.7/4 um 3 dB nach links. Werden NRZ-Impulse mit gleichem Amplitudenhub eingeführt ($S = A^2/4$), so ergibt sich eine gleichgerichtete Verschiebung um weitere 3 dB (NRZ = *n*on *r*eturn to *z*ero).

12.7.2.2 Quantisierungsgeräusch. In Übertragungssystemen mit codierter, d. h. zeit- und wertdiskreter Modulation tritt, wie schon erwähnt, neben den Übertragungsgeräuschen unvermeidbar ein Quantisierungsgeräusch auf. Anders als in Systemen mit analoger Modulation (zeit- und wertkontinuierlich) treten Übertragungsgeräusche nach der Demodulation nicht mehr als kontinuierliche Störungen auf, sondern führen über Fehlentscheidung zu falschen Codewörtern, deren Auftreten bei $S_{max}/N > 20$ dB schnell sehr unwahrscheinlich gemacht werden kann (Abb. 12.7/4). Das Signal-Geräusch-Verhältnis in einem PCM-System wird deshalb praktisch nur durch das Quantisierungsgeräusch bestimmt. Zu seiner Berechnung gehen wir etwas näher auf den Demodulationsvorgang ein. Allgemein gilt, daß sich ein mit der Kreisfrequenz ω_m bandbegrenztes Nachrichtensignal $f(t)$ aus den zu den Abtastzeitpunkten $t_a = n \cdot T_m = n\pi/\omega_m$ (Nyquist-Intervall) genommenen Abtastwerten $f_a(n \cdot T_m)$ rekonstruieren läßt, und zwar nach der Beziehung

$$f(t) = \sum_{n=-\infty}^{\infty} f_a(nT_m) \cdot \frac{\sin(\omega_m t - n\pi)}{\omega_m t - n\pi}, \qquad (12.7/8)$$

was der rechteckförmigen Tiefpaß-Filterung eines PAM-Signals entspricht. Der Demodulationsvorgang ist damit für wertdiskrete Pulsmodulationen bereits vollständig beschrieben. Er besteht aus der Wandlung der ankommenden Modulation im PAM und anschließender Tiefpaß-Filterung. Bei PCM erfolgt die Wandlung in PAM durch einen Entscheidungs- und Decodier-Vorgang. Da bereits im Modulator quantisiert wurde, ist jetzt die gewandelte PAM ebenfalls quantisiert und es wird nicht mehr die

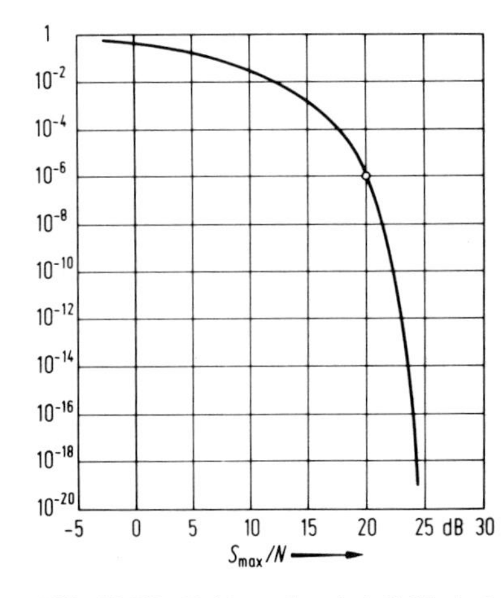

Abb. 12.7/4. Fehlerwahrscheinlichkeit in digitalen Systemen durch thermisches Rauschen als Funktion des Signalgeräuschabstandes

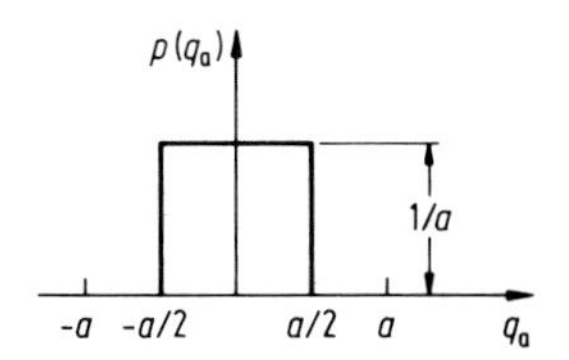

Abb. 12.7/5. Verteilungsdichte $p(q_a)$ der Abtastwerte $q_a(nT_m)$ der Fehlerfunktion $q(t)$ nach Gl. (12.7/10)

Nachrichtenfunktion $f(t)$, sondern eine geräuschbehaftete Funktion $f_q(t)$ mit ihren Abtastwerten $f_{qa}(nT_m)$ übertragen.

$$f_q(t) = \sum_{n=-\infty}^{\infty} f_{qa}(nT_m) \cdot \frac{\sin(\omega_m t - n\pi)}{\omega_m t - n\pi} . \tag{12.7/9}$$

Das Fehlersignal $q(t)$, das wie eine Störung wirkt, gewinnen wir als Differenz zwischen $f(t)$ und $f_q(t)$.

$$q(t) = f(t) - f_q(t) = \sum_{n=-\infty}^{\infty} (f_a - f_{qa}) \frac{\sin(\omega_m t - n\pi)}{\omega_m t - n\pi}$$

$$= \sum_{n=-\infty}^{\infty} q_a(nT_m) \frac{\sin(\omega_m t - n\pi)}{\omega_m t - n\pi} . \tag{12.7/10}$$

Zur Berechnung der Störleistung durch Quantisierung haben wir den quadratischen Mittelwert von $q(t)$ zu bilden:

$$\overline{q^2(t)} = \sum_{n=-\infty}^{\infty} \lim_{T\to\infty} \frac{1}{T} \int_{+T/2}^{+T/2} \left\{ q_a(nT_m) \frac{\sin(\omega_m t - n\pi)}{\omega_m t - n\pi} \right\}^2 dt$$

$$= \frac{\pi}{\omega_m T} \sum_{n=-\infty}^{\infty} \cdot \, q_a^2(nT_m) . \tag{12.7/11}$$

Mit $\omega_m = 2\pi f_m$ gilt $\omega_m T = 2\pi f_m T$. Dabei ist $2 f_m T$ die Anzahl der Impulse im Mittelungszeitraum. Gleichung (12.7/11) drückt daher das bemerkenswerte Ergebnis aus, daß das quadratische Mittel einer Funktion gleich dem quadratischen Mittel seiner Abtastwerte ist.

$$\overline{q^2(t)} = \frac{1}{2 f_m T} \sum_{n=-\infty}^{\infty} q_a^2(nT_m) = \overline{q_a^2(t)} \tag{12.7/12}$$

Das Nachrichtensignal habe einen Dynamikbereich V und sei mit m Impulsen codiert, so daß sich $M = 2^m$ verschiedene Codeworte bilden lassen, d. h., daß ebensoviel verschiedene Abtastwerte übertragen werden können. Bei gleichmäßiger Stufung gilt dann für jeden Stufenschritt $a = V/M$. Die Werte des Fehlersignals $g(t)$ müssen dann zwischen $-a/2$ und $+a/2$ liegen. Es werde nun angenommen, daß für das Nachrichtensignal alle Momentanwerte innerhalb seines Dynamikbereichs gleich wahrscheinlich sind. Dann gilt dies auch für die Werte q_a in Gl. (12.7/12). Ihre Verteilungsdichtefunktion $p(q_a)$, siehe Gl. (8.1/4), ist in Abb. 12.7/5 dargestellt. Sie verschwindet für $|q_a| > a/2$ und hat für $-a/2 \leq q_a \leq +a/2$ den konstanten Wert $1/a$, der sich nach Gl. (8.1/3) ergibt. Den quadratischen Mittelwert berechnen wir jetzt entsprechend Gl. (8.1/6):

$$\overline{q_a^2} = \int_{-\infty}^{+\infty} q_a^2 \cdot p(q_a) \, dq_a = \frac{1}{a} \int_{-\infty}^{+\infty} q_a^2 \, dq_a = \frac{a^2}{12} . \tag{12.7/13}$$

Die Signalleistung für das gleichverteilte Signal läßt sich ebenfalls als das quadratische Mittel seiner Abtastwerte bestimmen, und es gilt

$$\overline{f_q^2(t)} = \overline{f_{qa}^2(nT_m)} = \frac{1}{M} (a^2 + (2a)^2 + \cdots ((M-1)a))^2) = \frac{a^2}{M} \sum_{\mu=1}^{M-1} \mu^2 . \tag{12.7/14}$$

Die endliche Reihe in Gl. (12.7/14) kann summiert werden, und es ergibt sich

$$\overline{f_q^2(t)} = \frac{a^2}{M} \frac{M(M-1)(2M-1)}{6} . \qquad (12.7/15)$$

Für den praktisch immer erfüllten Fall $M \gg 1$ erhalten wir näherungsweise

$$\overline{f_q^2(t)} = \frac{M^2}{3} \cdot a^2 . \qquad (12.7/16)$$

Wir setzen $\overline{f_q^2(t)} = S_a$, also gleich der Signalleistung am Ausgang des Demodulators und $\overline{q_a^2(t)} = N_a$ als Rauschleistung an derselben Stelle und gewinnen für den gesuchten Signal-Geräusch-Abstand in einem PCM-System den Ausdruck

$$\frac{S_a}{N_a} = \frac{M^2}{3} a^2 \cdot \frac{12}{a^2} = 4M^2 . \qquad (12.7/17)$$

Um $m = \mathrm{ld}\, M$ Impulse pro Nyquist-Intervall zu übertragen, ist eine Systembandbreite von

$$B = \frac{2}{T_m} \cdot \mathrm{ld}\, M = 2 f_m \,\mathrm{ld}\, M \qquad (12.7/18)$$

erforderlich. Setzen wir M aus Gl. (12.7/18) in Gl. (12.7/17) ein, so nimmt sie die Form an:

$$\frac{S_a}{N_a} = 4 \cdot (2)^{\frac{2B}{f_m}} . \qquad (12.7/19)$$

Hier zeigt sich deutlich die Überlegenheit von wertdiskreten Modulationen gegenüber den wertkontinuierlichen. Während bei letzteren S_a/N_a linear mit der belegten Systembandbreite ansteigt, erfolgt dieser Anstieg bei ersteren exponentiell.

12.8 Literatur

1. Pungs, L.: Die Steuerung von Hochfrequenzströmen durch Eisendrosseln mit überlagerter Magnetisierung. ETZ 44 (1923) 78–81.
2. Feige, A.: Die Wirkungsweise des Eisenmodulators. ENT 2 (1925) 96–103.
3. Hogan, C.L.: The Ferromagnetic Faraday Effect at Microwave Frequencies and its Application. Bell Syst. Techn. J. 31 (1952) 1–31.
4. Prokott, E.: Theoretische Grundlagen und Anwendungen der Modulation in der elektrischen Nachrichtentechnik. Leipzig 1943, 104–114.
5. Hofer, R.: Theorie der Anodenspannungsmodulation. Telefunken-Ztg. 15 (1934) 34–42; 16 (1935) 22–30.
6. Hofer, R.: Leistungsbedarf einer Senderendstufe bei Gegentakt-B-Modulation. Telefunken-Ztg. 16 (1935) 30–35.
7. Doherty, W.H.: A New High Efficiency Power Amplifier for Modulated Waves. Proc. IRE 24 (1936) 1163–1182.
8. Simon, A.: Ein Beitrag zur Theorie der Endstufenmodulation nach Doherty. NTZ 5 (1952) 201–210.
9. Chireix, H.: High Power Outphasing Modulation. Proc. IRE 23 (1935) 1370–1392.
10. Pungs, L., Gerth, F.: Ein neues Modulationsverfahren für Rundfunksender. Z. techn. Phys. 15 (1934) 609–613.
11. Harbich, H., Gerth, F., Pungs, L.: Modulation mit veränderlichem Trägerwert. Z. Hochfrequenztechn. 47 (1936) 141–147; 48 (1936) 33 (Berichtigung dazu).
12. Kotowski, P., Sobotka, I., Vogt, G.: Drahtloser Überseeverkehr. In: Fortschritte der Hochfrequenztechnik. Hrsg.: F. Vilbig. II. Bd. Leipzig 1943.
13. Piloty, H.: Hochfrequente Trägerstromtelephonie und Breitbandkabel. In: Fortschritte der Hochfrequenztechnik. Hrsg.: F. Vilbig. I. Bd. Leipzig 1941.

14. Zinke, O.: Seitenband- und Pendelzeigertheorie der Frequenzmodulation für Sinus- und Rechteckmodulation. ENT 20 (1943) 93–102.
15. Meinke, H., Gundlach, F.W.: Taschenbuch der Hochfrequenztechnik. 2. Aufl. Berlin, Göttingen, Heidelberg 1962.
16. Day, J.R.: Serrasoid FM-Modulator. Electronics 21 (1948) 72–76.
17. Hölzler, E., Holzwarth, H.: Theorie und Technik der Pulsmodulation. Berlin, Göttingen, Heidelberg 1957.
18. Mayer, H.F.: Prinzipien der Pulse-Code-Modulation. Berlin, München 1952.
19. Winkel, F.: Impulstechnik. Berlin, Göttingen, Heidelberg 1956.
20. Hölzler, E., Holzwarth, H., Arens, W.: Ein Richtfunksystem mit Pulsphasenmodulation zur Übertragung von 12 und 24 Fernsprechkanälen Teil I. NTZ 5 (1952) 397–405. – Schulz, F., Piefke, G., Seibt, E.: dgl. Teil II. NTZ 5 (1952) 456–467.
21. Gardner, F.M.: Phaselock Techniques. 2. Aufl. New York usw.: Witey 1967.
22. Phase-Locked Loop Design Fundamentals. Application Note AN-535, Motorola Semiconductor Products. Inc., 1970.
23. Schröter, F., Theile, R., Wendt, G.: Fernsehtechnik, 1. Teil. Springer 1956, S. 166ff.
24. Weaver, D.K.: Design of RC Wide-Band 90-Degree Phase-Difference Network. Proc. IRE 42 (1954) 671–676.
25. Weaver, D.K.: A Third Method of Generation and Detection of Single-Sideband Signals. Proc. IRE 44 (1956) 1703–1705.
26. Single -Sideband Techniques. Proc. IRE 44 (1956) December-Issue, 1663–1873.
27. Kühne, F.: Modulationssysteme mit Sinusträger. AEÜ 24 (1970) 139–150 und 25 (1971) 117–128.
28. Kahn, L.R.: Compatible Single-Sideband. Proc. IRE 49 (1961) 1503–1527.
29. Nyquist, H.: Selective Sideband Transmission. Trans. Amer. LEE. 47 (1928) 617–644.
30. Pappenfus, E.W., Bruene, W.B., Schoenike, E.O.: Single Sideband Principles and Circuits. New York: McGraw-Hill 1964.
31. v. Kessel, Th. J.: „Kompatible" Einseitenbandmodulation. Philips Techn. Rdsch. 25 (1963/64) 431–440. – v. Kessel, Th. J., Stumpers, F.L.H.M., Uyen, J.M.A. A method for obtaining compatible single-sideband modulation E.B.U. Review, Teil A, Nr. 71 (1962) 12–19.
32. Woschni, E.-G.: Frequenzmodulation, Theorie und Technik. Berlin: VEB Verlag Technik 1960.
33. Telefunken-Laborbuch, Band 4, 2. Ausg. 1968, S. 222–259.
34. Moeller, F.: Leitfaden der Elektrotechnik, Band IV, Teil 2, Hochfrequenztechnik. Stuttgart 1967, S. 195–198.
35. Panter, P.F.: Modulation, Noise and Spectral Analysis. New York: McGraw-Hill 1965.
36. Johns, P.B., Rowbotham, T.R.: Communication Systems Analysis. London: Butterworth 1972.
37. Schmidt, K.O.u.a.: Funktechnik (7. Teil des Bandes 6 Fernmeldetechnik, Der Dienst bei der Deutschen Bundespost). Hamburg, Berlin, Bonn 1960, S. 577.
38. Knörr, M., Kullen, F.: Berechnung und Messung von unsymmetrischen Spektren bei Frequenzumtastung mit ungleicher Dauer von Zeichen und Pause. Studienarbeit Fachgebiet Hochfrequenztechnik der T.H. Darmstadt.
39. Stumpers, F.L.M.H.: Theory of frequency modulation noise. Proc. Inst. Radio Engrs. 36 (1948) 1081–1092.
40. Rice, S.O.: Statistical properties of a sine wave plus random noise. Bell Syst. Techn. J. 27 (1948) 109–157.
41. Stein, S., Jones, J.J.: Modern communication principles. New York: McGraw-Hill 1967, S. 132–136.
42. Langer, E.: Reform des AM-Rundfunksystems – eine neue Chance für die europäische Rundfunkindustrie. Siemens-Bauteile-Informationen 11 (1973) 52–55.
43. Stumpers, F.L., van Hurck, N., Voorman, J.O.: Ein Empfänger für Zweiseitenband-AM und für Einseitenband-AM mit teilweise unterdrücktem Träger. Rundfunktechn. Mitteilungen 16 (1972) 202–206.
44. Langecker, K., Tropper, H.: Ein Empfängerkonzept zum Empfang von amplitudenmoduliertem Einseitenband- und Zweiseitenband-Rundfunk. Rundfunktechn. Mitteilungen 17 (1973) 93–98.
45. Küpfmüller, K.: Die Systemtheorie der elektrischen Nachrichtenübertragung, 3. Aufl. Stuttgart: Hirzel 1968.
46. Prokott, E.: Modulation und Demodulation. 2. Aufl. Berlin: Elitera 1978.
47. Haberkant, E., Meinel, E.: Beitrag zur Theorie und Technik der drahtlosen Einseitenbandtelephonie. TFT 28 (1939) 140–151.
48. Lathi, B.P.: Communication systems. New York: Wiley 1968.
49. Hölzler, E., Holzwarth, H.: Pulstechnik. I, Grundlagen. 2. Aufl. 1982. Pulstechnik II, Anwendungen und Systeme, 2. Aufl. 1984: Berlin: Springer.
50. Lorek, W.: Ein 16-QAM-Modem für 140 Mbit/s-Richtfunksysteme. Techn. Ber. des Forschungsinst. der DBP beim FTZ (FI 445 TBr 20, Mai 1981).
51. Bessai, H.: Beschreibung von *m*-QAM-Modems und einige ihrer Eigenschaften. Techn. Ber. des Forschungsinst. der DBP beim FTZ (FI 445 TBr 21, April 1982).
52. Donnevert, J.: Modulationsverfahren für Digitalsignal-Richtfunksysteme. Der Fernmelde-Ingenieur 38 (1984) 2–55.

53. Shannon, C.E.: A mathematical theory of communication. Bell Syst. Tech. J. 42 (1963) 1977–1997.
54. Lüke, H.D.: Signalübertragung. Berlin: Springer 1975.
55. Spread Spectrum Communications. AGARD – LS – 58 (1973).
56. Dixon, R.C.: Spread spectrum techniques. New York: IEEE Press 1976.
57. Golomb, S.W.: Digital communications with space applications. Englewood Cliffs: Prentice-Hall 1964.
58. Gold, R.: Optimal binary sequences for spread spectrum multiplexing. IEEE Trans. Information Theory 13 (1967) 619–621.
59. Herold, W.: Ein Funktelephonsystem mit Codemultiplex. Nachrichtentechn. Z. 27 (1974) 253–259.
60. Aldinger, M. et al.: Spektrale Spreizung als Multiplex-Verfahren. Eine Einführung. Nachrichtentechn. Z. 28 (1975) 79–88.

Anhang

A. Integraltransformationen

A.1 Die Impulsfunktion $\delta(x)$

Die Impulsfunktion, auch Deltafunktion, Stoßfunktion oder Dirac-Funktion genannt, wurde auf einer mehr intuitiven Basis erstmals wohl von Kirchhoff eingeführt und dann insbesondere von Dirac sehr intensiv genutzt, um viele mathematische Herleitungen zu vereinfachen. Beim sachgerechten Umgang mit der Impulsfunktion ist die letztlich auf Erfahrung beruhende Intuition heute nicht mehr nötig. Mit der noch recht jungen Theorie der Distributionen haben Mathematiker wie S. Bochner [A.1], L. Schwartz [A.2], G. Temple [A.3] und M.J. Lighthill [A.4], um nur einige zu nennen, eine gesicherte Grundlage geschaffen, mit der ein vergleichsweise einfacher Zugang zur Anwendung der Impulsfunktion möglich ist. Sie wird durch die Integralbeziehung

$$\int_{-\infty}^{+\infty} \delta(x - x_0) \cdot f(x) \mathrm{d}x = f(x_0) \tag{A/1}$$

definiert, also als ein Funktional oder eine Rechenvorschrift (Operator), welche der Funktion $f(x)$ den Wert $f(x_0)$ zuordnet. Solange wir uns an die Definition der Gl. (A/1) halten, können wir die Impulsfunktion wie eine gewöhnliche Funktion behandeln, obwohl Gl. (A/1) natürlich keinen Sinn ergeben würde, wenn sie eine solche wäre. Der Funktionsbegriff muß deshalb um die Distribution (auch erweiterte Funktion) erweitert werden. Einer Distribution kann man nicht zu jedem x einen „Funktionswert" zuordnen, für die Impulsfunktion gilt jedoch die Aussage,

$$\delta(x - x_0) = 0 \quad \text{für } |x - x_0| > 0 \,. \tag{A/2}$$

Die Gleichungen (A/1) und (A/2) gelten auch für $x_0 = 0$, womit die Impulsfunktion $\delta(x)$ erklärt ist.

Setzt man in Gl. (A/1) $x - x_0 = y$, so folgt

$$\int_{-\infty}^{+\infty} \delta(x - x_0) \cdot f(x) \mathrm{d}x = \int_{-\infty}^{+\infty} \delta(y) \cdot f(x_0 + y) \mathrm{d}y \,. \tag{A/3}$$

Faßt man x_0 als unabhängige Variable z auf, so drücken Gl. (A/1) und (A/3) eine Funktion $f(z)$ als Linearkombination von gewichteten Impulsen $\delta(x - z) \cdot f(x) \mathrm{d}x = \delta(y) f(z + y) \mathrm{d}y$ aus.

Diese Interpretation der beiden Gleichungen ist von fundamentaler Bedeutung bei der Behandlung linearer Systeme. Von den mannigfachen weiteren Eigenschaften der Impulsfunktion sollen noch die Skalierung und die Differenzierung angegeben werden, weil sie in den Anwendungen eine wichtige Rolle spielen. Durch Substitution und mit a als Konstanten erhält man die Beziehung

$$\int_{-\infty}^{+\infty} \delta(ax) \cdot f(x) \mathrm{d}x = \frac{1}{|a|} \int_{-\infty}^{+\infty} \delta(x) \cdot f\left(\frac{x}{a}\right) \mathrm{d}x \tag{A/4}$$

und für die Differentiation gilt

$$\int_{-\infty}^{+\infty} \frac{\partial^n}{\partial x^n}(\delta(x-x_0))f(x)\mathrm{d}x = (-1)^n \int_{-\infty}^{+\infty} \delta(x-x_0)\frac{\partial^n f(x)}{\partial x^n}\cdot \mathrm{d}x$$

$$= (-1)^n \left.\frac{\partial^n f(x)}{\partial x^n}\right|_{x=x_0} \qquad (A/5)$$

wovon man sich durch partielle Integration und Berücksichtigung von Gl. (A/2) überzeugt. Im übrigen gilt dann auch

$$\delta(x) = \frac{\mathrm{d}\sigma(x)}{\mathrm{d}x} \qquad (A/6)$$

mit der Umkehr

$$\int_{-\infty}^{+\infty} \delta(x)\,\mathrm{d}x = \sigma(x)\,. \qquad (A/7)$$

In den Gleichungen (A/6) und (A/7) ist $\sigma(x)$ das Formelzeichen für die Sprungfunktion.

Auf der Basis von Gl. (A/1) kann die Distribution Impulsfunktion auch als Grenzwert bestimmter, gewöhnlicher Funktionen aufgefaßt werden. Die entsprechende Funktion $\chi(x, \alpha)$, welche von einem freien Parameter abhängen soll, muß dazu lediglich der folgenden Bedingung genügen:

$$\lim_{\alpha\to\alpha_0} \int_{-\infty}^{+\infty} \chi(x,\alpha)\cdot f(x)\mathrm{d}x = f(0)\,.$$

In diesem Sinne gilt dann

$$\delta(x) = \lim_{\alpha\to\alpha_0} \chi(x,\alpha)\,. \qquad (A/8)$$

Es gibt viele gewöhnliche Funktionen welche Gl. (A/8) erfüllen, unter ihnen sind für die Anwendungen besonders geeignet die Gauß-Funktion und die si-Funktion:

$$\delta(x) = \lim_{\alpha\to 0} \frac{\mathrm{e}^{-\frac{x^2}{\alpha}}}{\sqrt{\pi\cdot\alpha}} = \lim_{\alpha\to\infty} \frac{\sin\alpha\cdot x}{\pi\cdot x} \qquad (A/9)$$

Zum Abschluß dieser kurzen Einführung in die Theorie der Impulsfunktion sei noch erwähnt, daß sie auf mehr als eine Dimension erweitert werden kann.

A.2 Die Fourier-Transformation

Mit den beiden reellen Variablen x und y versteht man unter einem Fourier-Integral den Ausdruck

$$F(y) = \int_{-\infty}^{+\infty} f(x)\mathrm{e}^{-\mathrm{j}xy}\,\mathrm{d}x\,. \qquad (A/10)$$

Die Funktion $F(y)$ ist i. allg. komplex, so daß auch gilt

$$F(y) = \mathrm{Re}(y) + \mathrm{j}\,\mathrm{Im}(y) = A(y)\mathrm{e}^{\mathrm{j}\varphi(y)}\,. \qquad (A/11)$$

Es bedeutet $\mathrm{Re}(y)$ den Realteil und $\mathrm{Im}(y)$ den Imaginärteil der Funktion $F(y)$, $A(y)$ deren Betrag und $\varphi(y)$ ihren Phasenwinkel. Mit Hilfe des Fourier-Integrals wird eine Funktion aus dem x-Bereich in ihren y-Bereich transformiert. Man sagt deshalb $F(y)$ ist die Fourier-Transformierte von $f(x)$.

Seine Bedeutung erhält das Fourier-Integral (A/10) erst durch die Tatsache, daß eine inverse Beziehung existiert, welche die Funktion $f(x)$ durch ihre Fourier-Transformierte $F(y)$ beschreibt. Zum Beweis bildet man das Integral des Produkts von $F(y)$ mit $e^{jx \cdot y}$ zwischen den Grenzen α, $-\alpha$ und erhält unter Zuhilfenahme von Gl. (A/10) sowie Vertauschung der Integrationsreihenfolge zunächst

$$\int_{-\infty}^{+\infty} F(y) e^{jxy} \, dy = \int_{-\infty}^{+\infty} f(x') \int_{-\alpha}^{+\alpha} e^{j(x-x')} dy \, dx' = 2 \int_{-\infty}^{+\infty} f(x') \frac{\sin \alpha(x-x')}{x-x'} \, dx' . \quad (A/12)$$

Wenn jetzt in Gl. (A/12) der Grenzwert für $\alpha \to \infty$ gebildet wird, so folgt unter Beachtung von Gl. (A/9)

$$\int_{-\infty}^{+\infty} F(y) e^{jxy} \, dy = 2\pi \int_{-\infty}^{+\infty} f(x') \cdot d(x-x') \, dx'$$

und nach Gl. (A/1) die behauptete Inversionsformel

$$f(x) = \frac{1}{2\pi} \int_{-\infty}^{+\infty} F(y) e^{jxy} \, dy . \quad (A/13)$$

Nach Gl. (A/13) ist $f(x)$ ebenso wie $F(y)$ i. allg. komplex.

$$f(x) = f_R(x) + j f_I(x) . \quad (A/14)$$

Mit Gl. (A/14) und $e^{\pm jx \cdot y} = \cos(xy) \pm j \sin(xy)$ lassen sich noch die folgenden, für die Anwendung nützlichen Beziehungen angeben

$$\mathrm{Re}(y) = \int_{-\infty}^{+\infty} [f_R(x) \cos(xy) + f_I(x) \sin(xy)] \, dx \quad (A/15a)$$

$$\mathrm{Im}(y) = - \int_{-\infty}^{+\infty} [f_R(x) \sin(xy) - f_I(x) \cos(xy)] \, dx \quad (A/15b)$$

und als Inverse

$$f_R(x) = \frac{1}{2\pi} \int_{-\infty}^{+\infty} [\mathrm{Re}(y) \cos(xy) - \mathrm{Im}(y) \sin(xy)] \, dy . \quad (A/16a)$$

$$f_I(x) = \frac{1}{2\pi} \int_{-\infty}^{+\infty} [\mathrm{Re}(y) \sin(xy) + \mathrm{Im}(y) \cos(xy)] \, dy . \quad (A/16b)$$

Ist insbesondere die Funktion $f(x)$ reell, so folgt aus den obigen Gleichungen

$$\mathrm{Re}(y) = \int_{-\infty}^{+\infty} f(x) \cos(xy) \, dx \quad (A/17a)$$

$$\mathrm{Im}(y) = - \int_{-\infty}^{+\infty} f(x) \sin(xy) \, dx \quad (A/17b)$$

und

$$f(x) = \frac{1}{2\pi} \int_{-\infty}^{+\infty} [\mathrm{Re}(y) \cos(xy) - \mathrm{Im}(y) \sin(xy)] \, \mathrm{d}y . \tag{A/18}$$

Bei geradem $f(x)$, d. h. $f(x) = f(-x)$ gilt

$$\mathrm{Re}(y) = 2 \int_0^{\infty} f(x) \cos(xy) \, \mathrm{d}x \tag{A/19a}$$

$$\mathrm{Im}(y) = 0 \tag{A/19b}$$

und

$$f(x) = \frac{1}{\pi} \int_0^{\infty} \mathrm{Re}(y) \cdot \cos(xy) \mathrm{d}y \tag{A/20}$$

und bei ungeradem $f(x)$, also $f(x) = -f(-x)$

$$\mathrm{Re}(y) = 0 \tag{A/21a}$$

$$\mathrm{Im}(y) = -2 \int_0^{\infty} f(x) \sin(xy) \mathrm{d}x \tag{A/21b}$$

und

$$f(x) = -\frac{1}{\pi} \int_0^{\infty} \mathrm{Im}(y) \sin(xy) \mathrm{d}y . \tag{A/22}$$

Da sich jede beliebige Funktion aus ihren geraden und ungeraden Anteilen $f_g(x)$ und $f_u(x)$ zusammensetzen läßt, haben die Gln. (A/19) bis (A/22) allgemeine Bedeutung. Es ist

$$f_g(x) = \frac{f(x) + f(-x)}{2} \tag{A/23a}$$

$$f_u(x) = \frac{f(x) - f(-x)}{2} . \tag{A/23b}$$

In der Theorie linearer Systeme spielen kausale Funktionen mit der Eigenschaft

$$f(x) = 0 \quad \text{für } x < 0$$

eine wichtige Rolle. Für kausale Funktionen gilt die Zerlegung

$$f(x) = 2f_g(x) = 2f_u(x) \quad x > 0 , \tag{A/24}$$

so daß die Gln. (A/20) und (A/22) gleichermaßen zur Darstellung herangezogen werden können.

$$f(x) = \frac{2}{\pi} \int_0^{\infty} \mathrm{Re}(y) \cos(xy) \mathrm{d}y = -\frac{2}{\pi} \int_0^{\infty} \mathrm{Im}(y) \sin(xy) \mathrm{d}y . \tag{A/25}$$

Mit Gl. (A/25) kommt zum Ausdruck, daß für eine kausale Funktion Re(y) und Im(y) voneinander nicht unabhängig sind, sondern auseinander hervorgehen müssen. Der entsprechende Zusammenhang ergibt sich, wenn man Gl. (A/25) in Gl. (A/17a) bzw. in Gl. (A/17b) einsetzt.

$$\mathrm{Re}(y) = -\frac{2}{\pi}\int_0^\infty\int_0^\infty \mathrm{Im}(y')\sin(xy')\cos(xy)\,\mathrm{d}y'\,\mathrm{d}x \tag{A/26a}$$

$$\mathrm{Im}(y) = -\frac{2}{\pi}\int_0^\infty\int_0^\infty \mathrm{Re}(y')\cos(xy')\sin(xy)\,\mathrm{d}y'\,\mathrm{d}x\,. \tag{A/26b}$$

A.3 Lineare Systeme

Unter einem System versteht man ganz allgemein eine Einrichtung, die einer bestimmten Ursache eine bestimmte Wirkung zuordnet. Man kann auch sagen, daß durch ein System eine Ursachenfunktion in eine Wirkungsfunktion transformiert wird. In der Elektrotechnik ist die unabhängige Variable der beiden Funktionen meist die Zeit t. Die Transformationseigenschaften des Systems seien durch den Operator T beschrieben. Im Hinblick auf Abb. A/1 und mit $u(t)$ als Ursachenfunktion sowie $w(t)$ als Wirkungsfunktion gilt

$$w(t) = T\{u(t)\}\,. \tag{A/27}$$

Im allgemeinen sind die Eigenschaften des Operators T sowohl von $u(t)$ als auch von t abhängig. Das System ist dann nichtlinear und zeitvariant. Ist das System linear, so ist T nicht von $u(t)$ abhängig und es muß gelten

$$T\left\{\sum_{n=1}^{N} a_n u_n(t)\right\} = \sum_{n=1}^{N} a_n T\{u_n(t)\}\,. \tag{A/28}$$

Die Wirkungsfunktion eines linearen Systems auf eine Impulsfunktion $\delta(t-\tau)$ als Ursachenfunktion (auch Anregungsfunktion genannt) wird als Impulsantwort $h(t;\tau)$ bezeichnet. Ist das System auch noch zeitinvariant, so gilt

$$T[\delta(t-\tau)] = h(t;\tau) = h(t-\tau)\,. \tag{A/29}$$

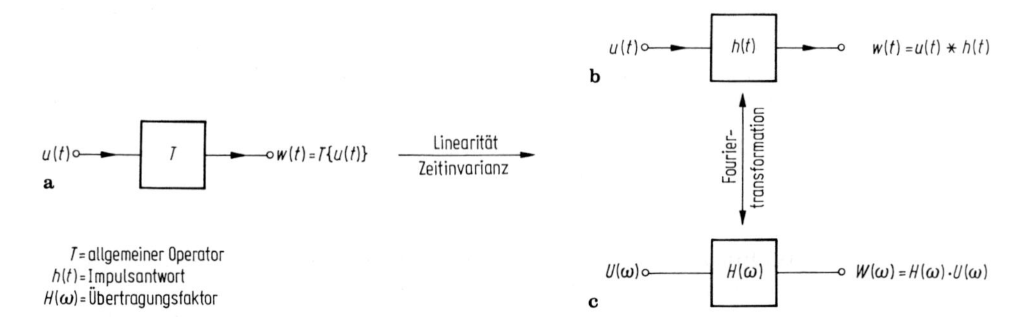

Abb. A.1. a Allgemeines System; **b** lineares, zeitinvariantes System im Zeitbereich; **c** lineares zeitinvariantes System im Frequenzbereich

Eine allgemeine Ursachenfunktion kann nach Gl. (A/1) als Linearkombination von Impulsfunktionen dargestellt werden,

$$u(t) = \int_{-\infty}^{+\infty} u(\tau)\cdot\delta(t-\tau)\cdot d\tau$$

und die zugehörige Wirkungsfunktion findet man mit Hilfe der Gln. (A/27) bis (A/29).

$$w(t) = T\{u(t)\} = T\left\{\int_{-\infty}^{+\infty} u(\tau)\cdot\delta(t-\tau)\cdot d\tau\right\} = \int_{-\infty}^{+\infty} u(\tau)T\{\delta(t-\tau)\}\cdot d\tau$$

$$w(t) = \int_{-\infty}^{+\infty} u(\tau)\cdot h(t-\tau)\cdot d\tau = \int_{-\infty}^{+\infty} u(t-\tau)\cdot h(\tau)d\tau\,. \tag{A/30}$$

Integrale der Form von Gl. (A/30) werden Faltungsintegrale genannt, für welche die nachfolgende symbolische Schreibweise eingeführt ist:

$$w(t) = u(t) * h(t)\,. \tag{A/31}$$

Der Zusammenhang nach Gl. (A/31), der in Abb. A.1b dargestellt ist, besagt, daß die Eigenschaften eines linearen zeitinvarianten Systems eindeutig durch die Impulsantwort beschrieben werden.

Auf die Zeitfunktionen $u(t)$, $h(t)$ und $w(t)$ können Fourier-Transformationen angewendet werden. In Gl. (A/10) tritt dabei an die Stelle von x die Zeit t und an die Stelle von y die Kreisfrequenz ω. Den genannten Funktionen im Zeitbereich entsprechen dann im Spektralbereich die Frequenzfunktionen $U(\omega)$, $H(\omega)$ und $W(\omega)$. Bei Anwendung der Fourier-Transformation auf Gl. (A/30) ergibt sich somit

$$W(\omega) = \int_{-\infty}^{+\infty} w(t)e^{-j\omega t}dt = \int_{-\infty}^{+\infty} u(\tau)\int_{-\infty}^{+\infty} h(t-\tau)e^{-j\omega t}dt\,d\tau = H(\omega)\int_{-\infty}^{+\infty} u(\tau)e^{-j\omega\tau}\cdot d\tau$$

$$W(\omega) = H(\omega)\cdot U(\omega)\,. \tag{A/32}$$

Im Spektralbereich tritt an die Stelle von Gl. (A/30) die einfache Multiplikation der entsprechenden Spektralfunktionen. Dieser Sachverhalt ist in Abb. A.1c dargestellt (s. auch Abb. 8.1/7).

A.4 Die Hilbert-Transformation

Bereits mit den Gleichungen (A/26) wurde gezeigt, daß Real- und Imaginärteil der Fourier-Transformierten einer kausalen Funktion voneinander nicht unabhängig sind. Durch die Hilbert-Transformation wird dies noch einfacher zum Ausdruck gebracht. Zu ihrer Herleitung wird zunächst festgestellt, daß gerader und ungerader Anteil einer kausalen Funktion ebenfalls miteinander verknüpft sind, und zwar nach den Beziehungen

$$f_g(x) = f_u(x)\,\mathrm{sgn}(x) \tag{A/33a}$$

$$f_u(x) = f_g(x)\,\mathrm{sgn}(x)\,. \tag{A/33b}$$

Es ist $\mathrm{sgn}(x)$ das Formelzeichen für die Signumfunktion mit der Eigenschaft $\mathrm{sgn}(x) = -1$ für $x < 0$ und $\mathrm{sgn}(x) = 1$ für $x > 0$. Nun ist die Fourier-Transformierte einer geraden Funktion gleich $\mathrm{Re}(y)$ (Gl. (A/19a)), die einer ungeraden gleich $j\,\mathrm{Im}(y)$ (Gl. (A/21b)). Für die Funktion $\mathrm{sgn}(x)$ existiert die Fourier-Transformation $2/jy$. Im x-Bereich sind die Zusammenhänge zwischen $f_g(x)$ bzw. $f_u(x)$ mit $\mathrm{sgn}(x)$ multiplikativ.

Im y-Bereich müssen die entsprechenden Funktionen daher gefaltet werden, und es gilt

$$\mathrm{Re}(y) = \frac{1}{2\pi} \cdot \mathrm{j}\,\mathrm{Im}(y) * \frac{2}{\mathrm{j}y} = \frac{1}{\pi} \int_{-\infty}^{+\infty} \frac{\mathrm{Im}(y')}{y - y'} \mathrm{d}y' \tag{A/34a}$$

$$\mathrm{Im}(y) = \frac{1}{2\pi} \cdot \frac{1}{\mathrm{j}} \mathrm{Re}(y) * \frac{2}{\mathrm{j}y} = -\frac{1}{\pi} \int_{-\infty}^{+\infty} \frac{\mathrm{Re}(y')}{y - y'} \mathrm{d}y'. \tag{A/34b}$$

Das Integralpaar Gl. (A/34) ist als Hilbert-Transformation bekannt.

B. Die Radargleichung für Primärradar

Die Radargleichung geht aus der Fränzschen Formel, auch Grundübertragungsgleichung genannt, hervor, wie sie in Band 1 im Abschnitt 6.1 dargestellt ist und wie sie im Abschnitt 8.4.2 zur Dimensionierung einer Funkstrecke angewendet wurde. Sie unterscheidet sich von dieser dadurch, daß sie ein Szenar beschreibt, in dem die Verbindung zwischen Sender und Empfänger nicht direkt, sondern, wie in Abb. A/2 dargestellt, über ein passiv wirkendes Radarziel erfolgt. Hat die Antenne der Sendestation den Gewinn G_s, so folgt mit der Sendeleistung P_s am Ort des Radarziels die Strahlungsdichte

$$S_{\mathrm{RZ}} = \frac{P_s}{4\pi R_s^2} G_s\,. \tag{A/35}$$

Aus diesem Strahlungsfeld nimmt das Radarziel mit seiner Wirkfläche $A_{\mathrm{RZ}}(\vartheta_s, \varphi_s)$ die Leistung

$$P_{\mathrm{RZ}} = \frac{P_s}{4\pi R_s^2} G_s A_{\mathrm{RZ}}(\vartheta_s, \varphi_s) \tag{A/36}$$

auf und strahlt sie mit dem Wirkungsgrad η wieder ab. Die Abstrahlung erfolgt nicht isotrop, sondern nach Maßgabe eines Zielgewinns $G_{\mathrm{RZ}}(\vartheta_{\mathrm{E}}, \varphi_{\mathrm{E}})$ gerichtet. Am Emp-

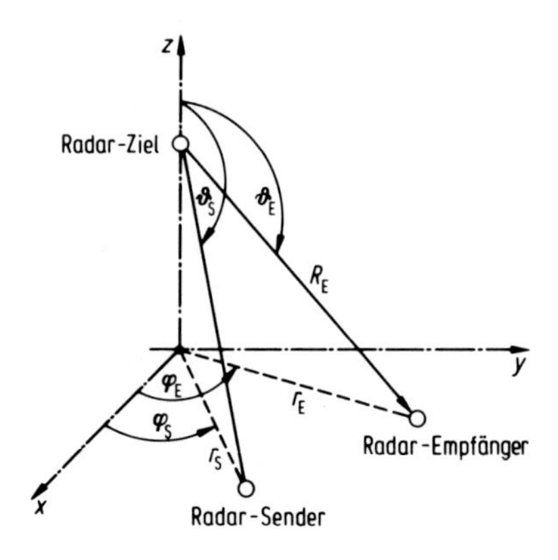

Abb. A.2. Scenar einer bistatischen Radarverbindung

fangsort wird dadurch eine Strahlungsdichte

$$S_E = \frac{P_s}{4\pi R_s^2} G_s \frac{1}{4\pi R_E^2} \eta A_{RZ}(\vartheta_s, \varphi_s) G_{RZ}(\vartheta_E, \varphi_E) \tag{A/37}$$

erzielt. Das ergibt schließlich in der Empfangsstation, deren Antenne die Wirkfläche A_E habe, die Empfangsleistung

$$P_E = \frac{P_s}{4\pi R_s^2} G_s \frac{1}{4\pi R_E^2} A_E \eta A_{RZ}(\vartheta_s, \varphi_s) G_{RZ}(\vartheta_E, \varphi_E)\,. \tag{A/38}$$

Gleichung (A/38) beschreibt wegen des getrennten Sende- und Empfangsorts ein sogenanntes bistatisches Radarverfahren. Das in ihr auftretende Produkt $\eta A_{RZ} G_{RZ}$ wird bistatischer Radarquerschnitt σ_b genannt.

$$\sigma_b = \eta A_{RZ}(\vartheta_s, \varphi_s) G_{RZ}(\vartheta_E, \varphi_E)\,. \tag{A/39}$$

Der Radarquerschnitt ist über die Winkel ϑ_s, φ_s und ϑ_E, φ_E eine Funktion der Geometrie des Radarziels und seiner Orientierung zu den Radarstationen sowie über den Wirkungsgrad η eine Funktion seiner Materialeigenschaften. Über die Beziehung $A_w = \frac{\lambda^2}{4\pi} G$ (siehe Band 1, Abschnitt 6.1) kann die Gl. (A/38) für ein bistatisches Radarverfahren jetzt in der Form angegeben werden:

$$P_E = P_s G_s G_E \frac{\sigma_b}{R_s^2 R_E^2} \cdot \frac{\lambda^2}{(4\pi)^3}\,. \tag{A/40}$$

Der in der Praxis am häufigsten vorkommende Fall liegt vor, wenn $\varphi_s = \varphi_E$, $\vartheta_s = \vartheta_E$, $r_s = r_E$ und $G_s = G_E = G$ ist. Es handelt sich dann um ein monostatisches Radarverfahren, bei dem also Sende- und Empfangsort und Sende- und Empfangsantenne gleich sind. Die monostatische Radargleichung lautet dann

$$P_E = P_s G^2 \frac{\sigma}{R^4} \frac{\lambda^2}{(4\pi)^3} \tag{A/41}$$

oder, wenn der Antennengewinn G in die zugehörige Wirkfläche A_W umgerechnet wird,

$$P_E = P_s A_w^2 \frac{\sigma}{R^4} \frac{1}{4\pi\lambda^2}\,. \tag{A/42}$$

Literatur zu Anhang A

A1. Bochner, S.: Vorlesungen über Fouriersche Integrale. Leipzig 1932.
A2. Schwartz, L.: Theorie des distributions. Hermann et Cie 1951.
A3. Temple, H.: Proc. Roy. Soc. A 228 (1955) 175.
A4. Lighthill, M.J.: Fourier analysis and generalized functions. Cambridge University Press 1958.

Sachverzeichnis